书中部分彩图

第2章　火车行动图一

第2章　火车行动图二

第3章　BN塔防图一

第3章　BN塔防图二

第4章　3D极品桌球图一

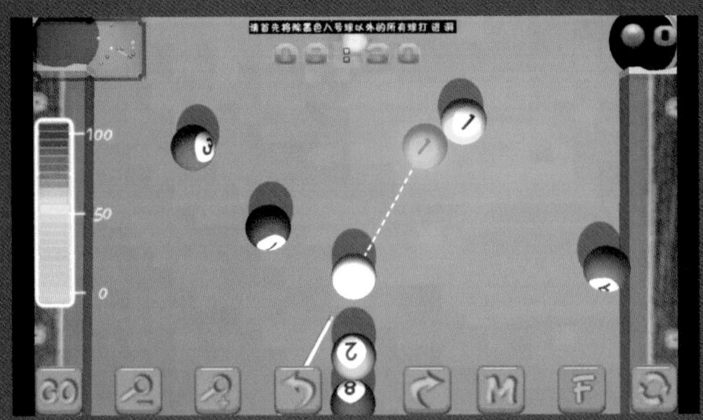

第4章　3D极品桌球图二

第5章　固守阵线图一

第5章　固守阵线图二

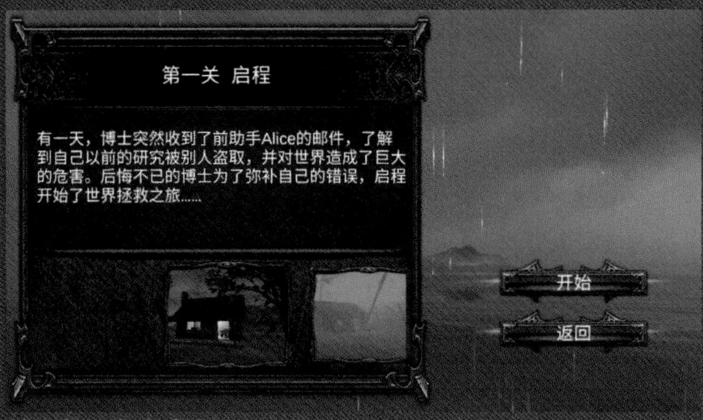

第6章　海岛危机图一

第6章　海岛危机图二

第7章　指尖网球图一

第7章　指尖网球图二

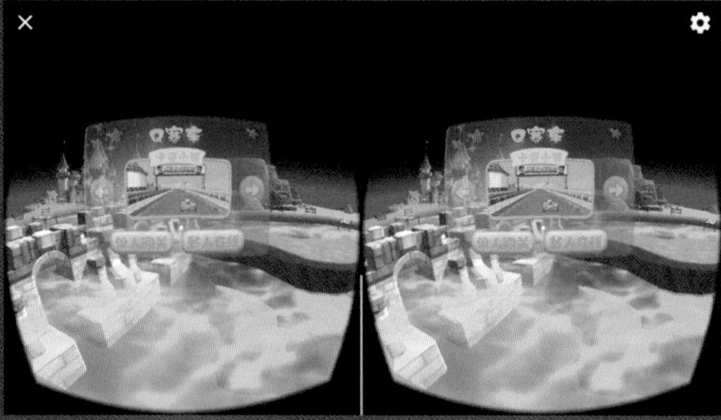

第8章　Q赛车图一

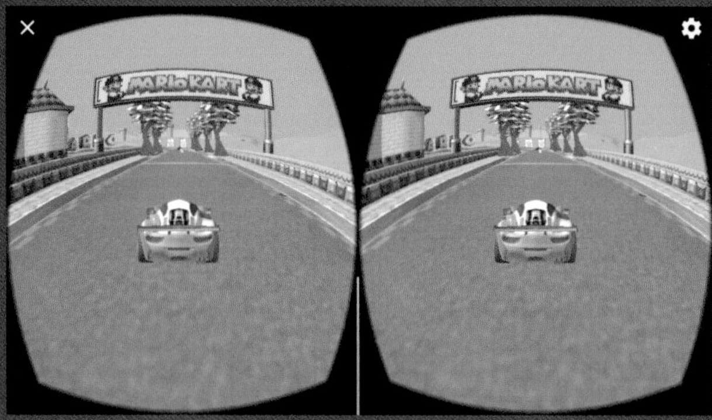

第8章　Q赛车图二

第9章　英雄传说图一

第9章　英雄传说图二

Unity案例开发大全

（第2版）

吴亚峰
索依娜 ◎编著
于复兴

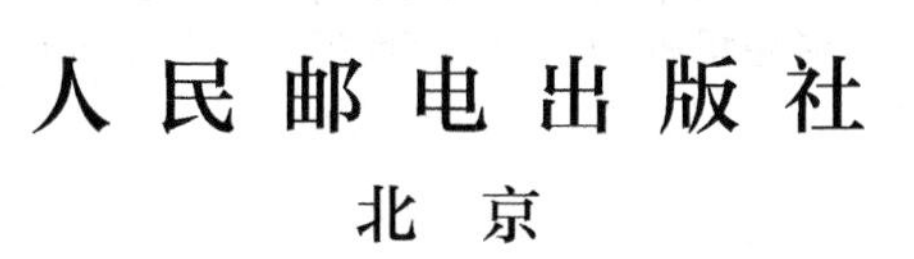

人民邮电出版社
北京

图书在版编目（CIP）数据

Unity 案例开发大全 / 吴亚峰，索依娜，于复兴编著. -- 2版. -- 北京 : 人民邮电出版社，2018.8
ISBN 978-7-115-48160-3

Ⅰ. ①U… Ⅱ. ①吴… ②索… ③于… Ⅲ. ①游戏程序一程序设计 Ⅳ. ①TP311.5

中国版本图书馆CIP数据核字(2018)第133374号

内 容 提 要

本书作者结合多年从事游戏应用开发的经验，详细介绍了 8 款 Unity 3D 游戏案例的开发。

本书主要内容包括 Unity 3D 的基础知识、开发环境的搭建及其运行机制，益智休闲类游戏、3D 塔防类游戏、3D 极品桌球类游戏、射击类游戏、第三人称射击类游戏、休闲体育类游戏、VR 休闲竞技类游戏、多人在线角色扮演游戏的开发。

本书适合有一定基础、有志于游戏开发的读者学习，也可以作为相关培训学校和大专院校相关专业的教学用书。

◆ 编　　著　吴亚峰　索依娜　于复兴
　责任编辑　张　涛
　责任印制　焦志炜
◆ 人民邮电出版社出版发行　　北京市丰台区成寿寺路 11 号
　邮编　100164　　电子邮件　315@ptpress.com.cn
　网址　https://www.ptpress.com.cn
　北京九州迅驰传媒文化有限公司印刷
◆ 开本：787×1092　1/16　　彩插：2
　印张：26.75　　2018 年 8 月第 2 版
　字数：708 千字　　2024 年 8 月北京第 18 次印刷

定价：99.80 元

读者服务热线：(010)81055410　印装质量热线：(010)81055316
反盗版热线：(010)81055315
广告经营许可证：京东市监广登字 20170147 号

前　言

为什么要写这本书

近几年来，Android、iOS 平台游戏以及 Web 的网页游戏发展迅猛，已然成为带动游戏行业发展的新生力量。遗憾的是，目前除了一些成功作品外，很多的游戏都属宣传攻势大于内容品质的平庸之作。面对这种局面，3D 游戏成为独辟蹊径的一种选择。但是传统的 3D 游戏开发有门槛高、成本高的问题，中小公司一般难以切入。而 Unity 3D 引擎的出现，大大改善了这一情况。

Unity 3D 是由 Unity Technologies 开发的一款可以方便地开发 3D 游戏、实现建筑可视化、创建实时交互式三维动画的 3D 引擎。通过 Unity 3D 能方便地创造高质量的 3D 游戏和非常真实的视觉效果，这大大降低了开发 3D 游戏的门槛与成本。

由于最近几年 Unity 3D 的迅猛发展，该游戏引擎通过不断优化与改进已经升级到 5.5 版本。在 Unity 5.5 中增加了许多新的特性，如支持 HoloLens 应用开发、Codeless IAP 和扩展平台，具有全新的启动画面制作工具等。本书案例也随着该游戏引擎的升级加入了许多新的内容，希望对不同学习层次的读者都有所帮助。

本书通过对 Unity 3D 集成开发环境的搭建，以及 8 个游戏案例进行实战介绍，为读者提供由浅入深、循序渐进的学习过程。相信每一位读者都会通过本书得到意想不到的收获。

经过近一年见缝插针式的奋战，终于完成了书稿。回顾写书的这段时间，不禁为自己能最终完成这个耗时费力的“大制作”而感到欣慰。同时也为自己能将从事游戏开发近 10 年来积累的宝贵经验以及编程感悟分享给正在开发阵线上埋头苦干的广大编程人员而感到高兴。

本书特点

1. 内容丰富，由浅入深

本书中的案例内容覆盖了从学习 Unity 3D 必知必会的基础知识，到基于着色器语言所实现的高级特效。这样的内容组织使得初学者可以一步一步成长为 3D 开发的达人，符合绝大部分想学习 3D 开发的学生与技术人员，以及正在学习 3D 开发的人员的需求。

2. 结构清晰，讲解到位

本书中的案例在讲解每一个具体步骤时，都给出了丰富的插图和注意要点，使得初学者易于上手，有一定基础的读者便于深入学习。书中所有的案例均是根据笔者多年的开发心得进行设计的，结构清晰、明朗，便于读者进行学习与参考。同时书中还给出了笔者多年来积累的很多编程技巧以及心得，具有很高的参考价值。

3. 实用的资源内容

为了便于读者学习，随书资源中包含了书中所有案例的完整源代码，读者可以直接导入运行，仔细体会其效果，以便快速掌握开发技术。

内容导读

本书共分为 9 章，其中第 1 章介绍了基本开发环境的搭建，第 2～9 章分别给出了一个具体的游戏案例，涵盖了多种不同类型的游戏，具体内容如下。

主 题 名	主 要 内 容
Unity 3D 基础和开发环境的搭建	本章主要介绍 Unity 3D 的基础知识以及 Unity 集成开发环境的安装，有助于读者对 Unity 3D 有一个大致的了解
益智休闲类游戏——火车行动	玩家通过触摸屏幕来实现箭头模型弯曲，更改火车运行轨道，完成火车变轨等效果，玩家在有限的时间内使火车沿着正确的轨道到达正确终点。游戏情节紧张刺激，敏锐的观察能力和果断的执行能力是完成游戏挑战的不二法则
3D 塔防类游戏——BN 塔防	《BN 塔防》是一款以守卫基地为主要目的地的 3D 塔防游戏，玩家在自定义玩家信息后，设置游戏难度，选择游戏人物进入游戏，在游戏中玩家可以通过修建自己的防御塔来阻止怪物的入侵，同时操控英雄用武器阻击小兵，守卫自己的家园，界面精美，玩法多样
3D 极品桌球	《3D 极品桌球》使用了着色器，极大地丰富了游戏的视觉效果，增强了用户体验。桌球运动十分真实、酷炫，玩家在玩的同时还会体会到无限乐趣
射击类游戏——固守阵线	《固守阵线》是一款类似抢滩登陆战的第一人称射击类游戏。玩家在一个固定的位置作防御，所以要考虑如何合理地分配子弹的消耗和武器的使用来打击入侵的敌人，同时玩家还需要计算子弹飞行的偏移量来打击移动的坦克、装甲车等敌方单位
第三人称射击类游戏——海岛危机	《海岛危机》是一款第三人称射击类游戏，通过 Unity 引擎可以呈现出更加绚丽的视听效果和流畅的游戏体验。同时玩家通过触摸屏幕的方式控制游戏人物实现移动、开枪等功能，操作简单容易上手，剧情丰富，玩家在游戏中将会体会到射击游戏的无限乐趣
休闲体育类游戏——指尖网球	《指尖网球》是一款类似虚拟网球的体育竞技类游戏。玩家在游戏中控制的一名网球运动员，玩家对球的方向要有很好的掌握，球的运动方向取决于玩家手指的滑动方向。要适当地做出预判，以便更好地接到对手的击球，同时让自己不会在接球过程中遇到问题
VR 休闲竞技类游戏——Q 赛车	《Q 赛车》是一款结合虚拟现实的休闲竞技类游戏。玩家在游戏中控制一辆赛车的前进和转向，玩家对赛车的方向要有很好的掌握，赛车的运动方向取决于玩家手中蓝牙摇杆的滑动方向。要适当地做出预判，以便更好地转弯。玩家可以选择“单人闯关”和“多人在线”两种模式，既可以在单机模式下自己闯关，也可以在联网模式下双人对战
多人在线角色扮演游戏——英雄传说	《英雄传说》是一款 MMORPG（大型多人在线角色扮演游戏）。在游戏中，玩家通过扮演一位英雄角色完成游戏任务，获得经验和金币，完善角色装备，提升角色能力。为提高玩家之间的合作，玩家可以组队，凭借团队力量完成游戏中的任务

本书案例所使用的知识点丰富，从基本知识到高级特效以及 Unity 3D 强大的物理引擎，适合不同需求、不同水平层次的读者。

❑ 初学 Unity 3D 应用开发的读者

本书案例涉及大量 Unity 3D 开发的基础知识，配合本书附赠资源中所有案例的完整源代码，非常适合初学者学习，有助于他们最终成为 Unity 3D 游戏应用开发达人。

❑ 具有少量 3D 开发经验与图形学知识的开发人员

此类开发人员具有一定的编程基础，但缺乏此方面的开发经验，在实际的项目开发中往往感到吃力。本书在使用 Unity 进行开发的过程中，对每一步骤都进行了详细的介绍。通过本书的学习，读者可快速掌握相关开发技巧，了解详细的开发流程。

❑ 有一定 3D 开发基础并且希望进一步深入学习 Unity 3D 的高级开发技术

本书中的案例不仅使用了 Unity 3D 开发的基础知识，同时也使用了基于着色器语言、关节、动画等技术所实现的高级特效，以及 Unity 3D 强大的物理引擎，有利于有一定基础的开发人员进一步提高开发水平与能力。

❑ 跨平台的 3D 开发人员

由于 Unity 3D 是跨平台的，可以开发基于多个不同平台的 3D 游戏应用项目，因此本书非常适合跨平台的 3D 开发人员。

本书作者

吴亚峰，毕业于北京邮电大学，后留学澳大利亚卧龙岗大学取得硕士学位。1998 年开始从事 Java 应用的开发，有 10 多年的 Java 开发与培训经验。目前主要的研究方向为 OpenGL ES、Vulkan、VR/AR、手机游戏。同时为手机游戏、OpenGL ES 独立软件开发工程师，现任职于华北理工大学并兼任华北理工大学以升大学生创新实验中心移动及互联网软件工作室负责人。10 多年来，他不仅多次指导学生制作手游作品，获得多项学科竞赛大奖，还为数十家著名企业培养了上千名高级软件开发人员。曾编写过《OpenGL ES 3.x 游戏开发》（上下卷）《Unity3D 游戏开发标准教程》《Unity 5.x 3D 游戏开发技术详解与典型案例》《Unity 4 3D 开发实战详解》《Android 应用案例开发大全》（第 1 版～第 4 版）《Android 游戏开发大全》（第 1 版～第 4 版）等多本畅销技术书。2008 年年初开始关注 Android 平台下的 3D 应用开发，并开发出一系列优秀的 Android 应用程序与 3D 游戏。

索依娜，毕业于燕山大学，现任职于华北理工大学。2003 年开始从事计算机领域教学及软件开发工作，曾参与编写《Cocos2d-x 游戏开发标准教程》《Unity 3D 游戏开发标准教程》等多本技术书，近几年曾主持市级科研项目一项，发表论文 8 篇，拥有软件著作权多项，发明及实用新型专利多项。同时多次指导学生参加国家级、省级计算机设计大赛并获奖。

于复兴，北京科技大学硕士，从业于计算机软件领域 10 年，在软件开发和计算机教学方面有着丰富的经验。工作期间曾主持科研项目“PSP 流量可视化检测系统研究与实现”，主持研发了省市级项目多项，同时为多家单位设计开发了管理信息系统，并在各种科技刊物上发表多篇相关论文。2012 年开始关注 HTML5 平台下的应用开发，参与开发了多款手机娱乐、游戏应用。

本书在编写过程中得到了唐山百纳科技有限公司 Java 培训中心的大力支持，同时代其祥、陈泽鑫、倪文帅、汪博文、张靖豪、张腾飞、李程光、李林浩、王旭、高鑫以及作者的家人为本书的编写提供了很多帮助，在此表示衷心的感谢！

由于作者的水平和学识有限，且书中涉及的知识较多，难免有错误疏漏之处，敬请广大读者批评指正，并多提宝贵意见。本书责任编辑联系邮箱为 zhangtao@ptpress.com.cn。本书源程序可在 www.ptpress.com.cn 网站中下载。在该网站中，单击“图书”选项，在“全部分类”后面输入对应书名，在弹出的网页中，单击“资源下载”链接，即可下载对应的源程序。

作者

目　录

第1章 Unity 3D 基础和开发环境的搭建

本章主要向读者介绍 Unity 3D 的基础知识和 Unity 集成开发环境的安装，读者会对 Unity 3D 有一个大致的了解。通过本书案例的导入和运行，读者可以方便地将本书中的各个项目案例导入到 Unity 上进行效果预览和其他操作。

1.1 Unity 3D 基础知识概览

本节主要向读者介绍 Unity 3D 的发展历史及其特点，包括 Unity 3D 的简介、Unity 3D 广阔的市场前景、Unity 3D 的发展和 Unity 3D 的特点等。通过本节的学习，读者将对 Unity 3D 有一个基本的认识。

1.1.1 初识 Unity 3D

Unity 3D 是由 Unity Technologies 开发的一个轻松创建三维视频游戏、建筑可视化、实时三维动画等互动内容的、多平台的综合型游戏开发工具，是一个全面整合的专业游戏引擎。通过 Unity 简单的用户界面，玩家可以完成任何工作。

Unity 类似于 Director、Blender Game Engine、Virtools 和 Torque Game Builder 等利用交互的图形化开发环境为首要方式的 3D 游戏引擎软件。内置的 NVIDIAPhysX 物理引擎带给玩家生活的互动，如实时三维图形混合音频流、视频流。

其编辑器运行在 Windows 和 Mac OS X 下，可发布游戏至 Windows、Mac、Wii、iPhone 和 Android 平台，也可以利用 Unity Web Player 插件发布网页游戏，支持 Mac 和 Windows 的网页浏览，并且 Unity 的网页播放器也被 Mac Widgets 所支持。

1.1.2 Unity 的诞生及其发展

通过前面小节的学习，相信读者对 Unity 有了一个简单的认识。Unity 现在已经是移动游戏领域较为优秀的游戏引擎，能从诞生到现在不到十年的时间取得如此成绩，Unity 可谓生逢其时。而本节为了让读者对 Unity 有更进一步的了解，将为读者介绍 Unity 的发展史。

- 2005 年 6 月，Unity 1.0 发布。Unity 1.0 是一个轻量级、可扩展的依赖注入容器，有助于构建松散耦合的系统。它支持构造子注入（Constructor Injection）、属性/设值方法注入（Property/Setter Injection）和方法调用注入（Method Call Injection）。
- 2009 年 3 月，Unity 2.5 加入了对 Windows 的支持。Unity 发展到 2.5 版完全支持 Windows Vista 与 Windows XP 的全部功能和互操作性，而且 Mac OS X 中的 Unity 编辑器也已经重建，在外观和功能上都相互统一。Unity 2.5 的优点就是 Unity 3D 可以在任意平台建立任何游戏，实现了真正的跨平台。
- 2009 年 10 月，Unity 2.6 独立版开始免费。Unity 2.6 支持了许多的外部版本控制系统，例如 Subversion、Perforce、Bazaar，或是其他的 VCS 系统等。除此之外，Unity 2.6 与 Visual Studio 完整的一体化也增加了 Unity 自动同步 Visual Studio 项目的源代码，实现所有脚本的解决方案和智能配置。

- 2010 年 9 月，Unity 3.0 支持多平台。新增加的功能有方便编辑桌面左侧的快速启动栏、增加支持 Ubuntu 12.04、更改桌面主题和在 dash 中隐藏“可下载的软件”类别等。
- 2012 年 2 月，Unity Technologies 发布 Unity 3.5。纵观其发展历程，Unity Technologies 公司一直在快速强化 Unity，Unity 3.5 版提供了大量的新增功能和改进功能。所有使用 Unity 3.0 或更高版本的用户均可免费升级到 Unity 3.5。
- 2012 年 11 月，Unity Technologies 公司正式推出 Unity 4.0 版，新加入对于 DirectX 11 的支持和全新的 Mecanim 动画工具，支持移动平台的动态阴影，减少移动平台 Mesh 内存消耗，支持动态字体渲染，以及为用户提供 Linux 和 Adobe Flash Player 的部署预览功能。
- 2013 年 11 月，Unity 4.3 版本发布。同时 Unity 正式发布 2D 工具，标志着 Unity 不再是单一的 3D 工具，而是真正能够同时支持二维和三维内容的开发和发布。发布 2D 工具的预告已经让 Unity 开发者兴奋不已，这也正是开发者长久以来所期待的。
- 2014 年 11 月，Unity 4.6 版本发布，加入了新的 UI 系统，Unity 开发者可以使用基于 UI 框架和视觉工具的 Unity 强大的新组件来设计游戏或应用程序。
- 2015 年 3 月，Unity Technologies 在 GDC2015 上正式发布了 Unity 5.0，Unity 首席执行官 John Riccitiello 表示，Unity 5 是 Unity 的重要里程碑。Unity 5.0 实现了实时全局光照，加入了对 WebGL 的支持，实现了完全的多线程。
- 2015 年 6 月，Unity 5.1 发布，加入了为 VR 和 AR 设备优化的渲染管道，可以直接插入 Oculus Rift 开发机进行测试。头部追踪等功能会自动应用在摄像头上。
- 2016 年 11 月，Unity 5.5 版本正式发布，能够很好地支持 Microsoft Holographic，直接在 Unity 编辑器中加入全息模拟功能以改善开发流程，开发者将能够直接在 Unity 编辑器中创建原型、调试，而无需在真实的 HoloLens 设备上构建和配置。

1.1.3　Unity 3D 广阔的市场前景

近几年来，Android 平台游戏、iPhone 平台游戏以及 Web 的网页游戏发展迅猛，已然成为带动游戏发展的新生力量。遗憾的是目前除了少数的作品成功外，大部分的游戏都属宣传攻势大于内容品质的平庸之作。

面对这种局面，3D 游戏成为独辟蹊径的一种选择，而为 3D 游戏研发提供强大技术支持的 Unity 3D 引擎，对 DirectX 和 OpenGL 拥有高度优化的图形渲染管道，以其创造高质量的 3D 游戏和真实视觉效果的核心技术，为开发 3D 游戏提供了强大的源动力。

提示　Unity 3D 游戏引擎后来居上，近几年发行的几款风靡一时的 iPhone 和 Android 平台上的游戏，如《炉石传说》《王者之剑》《王者荣耀》等都选择了这款游戏引擎。

Unity 3D 不仅在游戏领域里有广阔的应用，还可以用于 3D 虚拟仿真、大型产品 3D 展示、3D 虚拟展会、3D 场景导航以及一些精密仪器使用方法的演示等，可谓领域非常广泛。

Unity 3D 游戏引擎技术研讨会最早于 2011 年 5 月在韩国举行。据悉，现在 10 种以上的新引擎开发，都是采用了 Unity 3D 游戏引擎技术。现已有部分开发商利用 China Joy 展会的契机，展示了该引擎的运行效果，目前已有不少厂商与开发商签订了提前预订引擎的协议。

> **提示** Unity 引擎可以帮助开发人员制作出炫丽的 3D 效果，并实时生成查看，目前已推出了对应 iPhone、iPad、PC、Mac、Android、Flash Player、Wii、PS3、Xbox360 等平台的版本，促进了游戏跨平台的应用。读者要做的，只是在编辑器中选择使用哪一个平台来预览游戏作品。

未来几年内必定是 Unity 3D 大行其道的时代，因其开发群体的迅速扩大，Web Player 装机率的快速上升，使 Unity 3D 迅速爆发的时机已经到来。

1.1.4 独具特色的 Unity 3D

通过前面的学习，相信读者对 Unity 3D 有了一个基本的认识。Unity 在游戏开发领域用其独特、强大的技术理念征服了全球众多的业界公司以及游戏开发者。本小节将为读者介绍 Unity 3D 的特点，帮助读者进一步学习 Unity 3D。

1. Unity 3D 本身所具有的特点

- 综合编辑

Unity 简单的用户界面是层级式的综合开发环境，具备视觉化编辑、详细的属性编辑器和动态的游戏预览特性。由于其强大的综合编辑特性，因此，Unity 也被用来快速地制作游戏或者开发游戏原型，如图 1-1 所示。

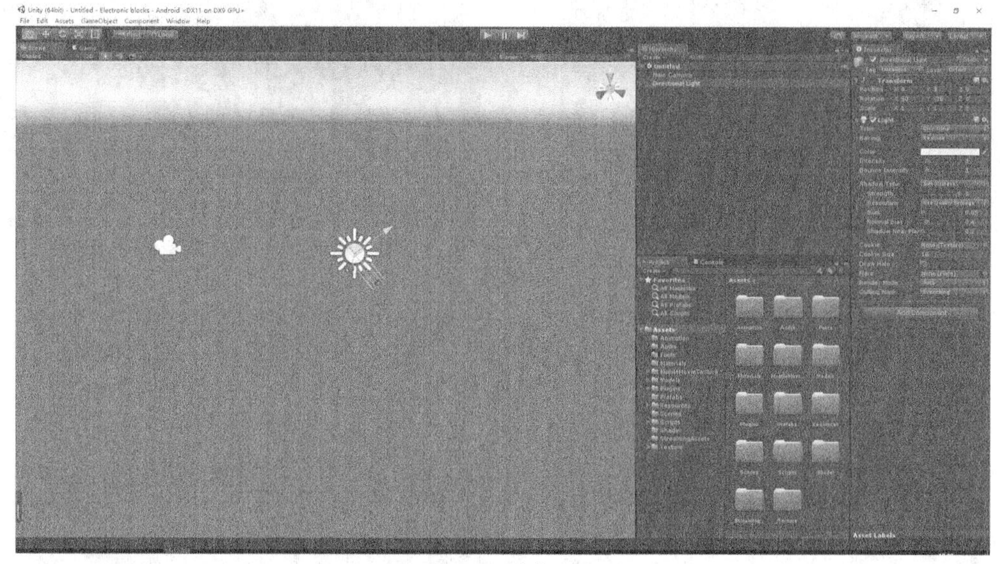

▲图 1-1　综合编辑

- 图形引擎

Unity 的图形引擎使用的是 Direct3D（Windows）、OpenGL（Mac、Windows）和自有的 APIs（Wii）。它可以支持 Bump mapping、Reflection mapping、Parallax mapping、Screen Space Ambient Occlusion、动态阴影所使用的 Shadow Map 技术、Render-to-texture 和全屏 Post Processing 效果。

- 资源导入

项目中的资源会被自动导入，并根据资源的改动自动更新。虽然很多主流的三维建模软件为 Unity 所支持，不过对于 3ds Max、Maya、Blender、Cinema 4D 和 Cheetah3D 的支持比较好，并支持一些其他的三维格式。

❑ 一键部署

Unity 可开发微软 Microsoft Windows 和 Mac OS X 的可执行文件，在线内容通过 Unity Web Player 插件支持 Internet Explorer、Mozilla、Netscape、Opera 和 Camino、Mac OS X 的 Dashboard 工具，但是 Wii 程序和 iPhone 应用程序的开发需要用户购买额外的授权，在价格上有所不同，如图 1-2 所示。

❑ 着色器（Shader）

编写 Shader 使用 ShaderLab 语言，同时支持自有工作流中的编程方式 Cg 或 GLSL 语言编写的 Shader。Shader 对游戏画面的控制力就好比在 Photoshop 中编辑数码照片，在高手手里可以营造出各种惊人的画面效果。图 1-3 所示为 Unity 经典游戏“愤怒的机器人”场景中的 Shader 应用效果。

一个 Shader 可以包含多个变量和一个参数接口，允许 Unity 去判定参数是否为当前所支持并适配最适合的参数，选择相应的 shader 类型，以获得广大的兼容性。因此，Unity 的着色器系统具有易用、灵活和高性能的特性。

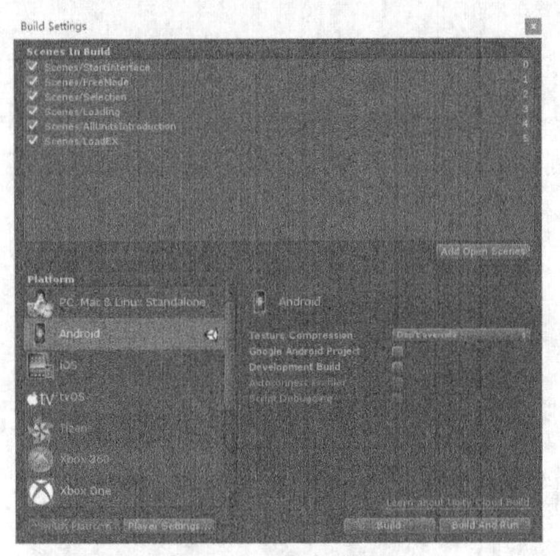

▲图 1-2　一键部署

▲图 1-3　游戏“愤怒的机器人”场景中的 Shader 应用效果

❑ 地形编辑器

Unity 内建强大的地形编辑器，支持地形创建和树木与植被贴片，还支持自动的地形 LOD，而且还支持水面特效，尤其是低端硬件亦可流畅运行广阔茂盛的植被景观。还可以使用 Tree Create 来编辑树木的各部位细节，如图 1-4 和图 1-5 所示。

▲图 1-4　地形 1

▲图 1-5　地形 2

❑ 联网

现在大部分的游戏都是联网的，令人惊喜的是，Unity 内置了强大的多人联网游戏引擎，具有 Unity 自带的客户端和服务器端，省去了并发、多任务等一系列繁琐而困难的操作，可以简单地完成所需的任务。其多人网络连线采用 Raknet，可以从单人游戏到全实时多人游戏。

❑ 物理特效

物理引擎是一个计算机程序模拟牛顿力学模型，使用质量、速度、摩擦力和空气阻力等变量，可以用来预测各种不同情况下的效果。Unity 内置 NVIDIA 强大的 PhysX 物理引擎，可以方便、准确地开发出所需要的物理特效。

PhysX 可以由 CPU 计算，但其程序本身在设计上还可以调用独立的浮点处理器（如 GPU 和 PPU）来计算，也正因为如此，它可以轻松完成像流体力学模拟那样的大计算量的物理模拟计算。PhysX 物理引擎还可以在包括 Windows、Linux、Xbox360、Mac、Android 等在内的全平台上运行。

❑ 音频和视频

音效系统基于 OpenAL 程式库，可以播放 Ogg Vorbis 的压缩音效，视频播放采用 Theora 编码，并支持实时三维图形混合音频流和视频流。

OpenAL 主要的功能是在来源物体、音效缓冲和收听者中编码。来源物体包含一个指向缓冲区的指标、声音的速度、位置和方向，以及声音强度。收听者物体包含收听者的速度、位置和方向，以及全部声音的整体增益。缓冲里包含 8 位或 16 位、单声道或立体声 PCM 格式的音效资料，表现引擎进行所有必要的计算，如距离衰减、多普勒效应等。

❑ 脚本

游戏脚本为基于 Mono 的 Mono 脚本，是一个基于.NET Framework 的开源语言，因此，程序员可用 JavaScript 与 C#加以编写，如图 1-6 所示。

提示 由于 JavaScript 和 C#脚本语言是目前 Unity 开发中比较流行的语言，同时，考虑到脚本语言的通用性，因此，本书采用 JavaScript 和 C#两种脚本语言编写脚本，给读者带来更多的选择。

❑ Unity 资源服务器

Unity 资源服务器具有一个支持各种游戏和脚本版本的控制方案，使用 PostgreSql 作为后端。其可以保证在开发过程中多人并行开发，保证不同的开发人员在使用不同版本的开发工具所编写的脚本能够顺利地集成。

❑ 动画系统

Unity 全新推出了 Mecanim 动画系统，具有重定向、可融合等诸多特性，通过和美工人员的紧密合作，可以帮助程序设计人员快速地设计出角色动画，使游戏动画师能够参与到游戏的开发中来。除此之外，还可以足够精密地对两种以上的动画进行叠加并预览该动画，极大地减少了代码的复杂度。

❑ 真实的光影效果

Unity 提供了具有柔和阴影与光照图的高度完善的光影渲染系统。光照图（lightmap）是包含了视频游戏中面的光照信息的一种三维引擎的光强数据。光照图是预先计算好的，而且要用在静态目标上。

Unity 5 融入了 Geomerics 行业领先的实时全局光照技术 Enlighten。Enlighten 是目前仅有的，为实现 PC、主机和移动游戏中的完全动态光照效果而进行了优化的实时全局光照技术。Enlighten 的实时技术也极大地改善了工作流程，使美工和设计师能够直接在 Unity 5 编辑器中为所有游戏风格创建引人入胜的逼真视觉效果。Enlighten 实时全局光照效果如图 1-7 所示。

说明 静态目标在三维引擎里是区别于动态目标的一种分类。

❑ 集成 2D 游戏开发工具

当今的游戏市场中 2D 游戏仍然占据很大的市场份额，尤其是对于移动设备，比如手机、平板电脑等，2D 游戏仍然是一种主要的开发方式。针对这种情况，Unity 在 4.3 版本以后正式加入了 Unity 2D 游戏开发工具集。

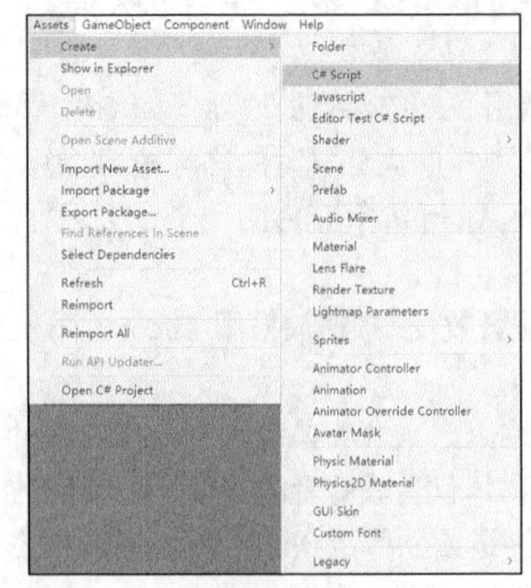

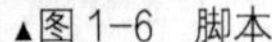
▲图 1-6　脚本

▲图 1-7　Enlighten 实时全局光照效果

使用 Unity 2D 游戏开发工具集可以非常方便地开发 2D 游戏，利用工具集中的 2D 游戏换帧动画图片的制作工具可以快速地制作 2D 游戏换帧动画。Unity 为 2D 游戏开发集成了 Box2D 物理引擎，并提供一系列 2D 物理组件，通过这些组件可以非常简单地在 2D 游戏中实现物理特性。

❑ VR 开发集成环境

在 Unity 中，仅仅用单个的 API 且无需针对不同设备做过多的调整就可以将项目编译到 SteamVR、Oculus Rift、GearVR、PlayStationVR 以及 HoloLens，能够直接在 Unity 编辑器中创建原型、调试以及迭代设计。

同时，得益于双宽渲染，能够在 Windows 以及 PS4 平台上将一个图像同时渲染出两个视窗，利用图形作业特性，还可将作业从主线程迁移到工作线程，从而获得极大渲染性能上的提升。

2. Unity 3D 的跨平台特性

Unity 类似于 Director、Blender Game Engine、Virtools 或 Torque Game Builder 等利用交互的图形化开发环境为首要方式的软件。其编辑器运行在 Windows 和 Mac OS X 下，可发布游戏至 Windows、Mac、Wii、iPhone 和 Android 平台，也可以利用 Unity Web Player 插件发布网页游戏，支持 Mac 和 Windows 的网页浏览。

现在市面上已经推出了很多由 Unity 开发的基于 Android 平台、iPhone 平台以及大型的 3D 网页游戏，这些游戏都得到了很高评价。接下来将分别为读者介绍这 3 类游戏。

❑ 基于 Android 平台的游戏

Unity 可以基于 Android 平台进行游戏开发，由于其自身存在的优势，因此开发的游戏也让人赏心悦目，赞不绝口。

例如，《捣蛋猪》是 Rovio Entertainment 继《愤怒的小鸟》之后的又一款力作，如图 1-8 所示；由暴雪开发的《炉石传说》，如图 1-9 所示；由 GluMobile 开发的《血之荣耀 2：传奇》，如图 1-10 所示；由蓝港在线开发的《王者之剑 2》，如图 1-11 所示。

▲图 1-8　《捣蛋猪》

▲图 1-9　《炉石传说》

▲图 1-10 《血之荣耀 2：传奇》

▲图 1-11 《王者之剑 2》

❑ 基于 iPhone 平台的游戏

Unity 依然可以基于 iPhone 平台进行游戏开发，由于其自身存在的优势，可以制作出绚丽多彩的 iPhone 平台游戏。

例如，由腾讯游戏天美工作室开发的《王者荣耀》，如图 1-12 所示；由 Defiant Development Pty.Ltd 开发的《滑雪大冒险》，如图 1-13 所示；由 YANSHU SUN 开发的《崩坏学园 2》，如图 1-14 所示；由 Crescent Moon Games LLC 开发的 *Slingshot Racing*，如图 1-15 所示。

▲图 1-12 《王者荣耀》

▲图 1-13 《滑雪大冒险》

▲图 1-14 《崩坏学园 2》

▲图 1-15 *Slingshot Racing*

❑ 基于 Web 的大型 3D 网页游戏

同样，Unity 也可以开发基于 Web 的大型 3D 网页游戏，网页类游戏不用下载客户端，也是近几年比较流行的一种游戏类型，市面上已经推出了很多这样的 3D 网页游戏。

例如《新仙剑奇侠传 online》是骏梦游戏的最新力作，如图 1-16 所示；由上海友齐开发的《坦克英雄》，如图 1-17 所示；《绝代双骄》是由开发商昆仑在线开发的一款全新网页游戏，如图 1-18 所示；《蒸汽之城》是厦门梦加网络科技有限公司开发的一款 3D 网页 MMORPG，如图 1-19 所示。

▲图 1-16 《新仙剑奇侠传 online》

▲图 1-17 《坦克英雄》

▲图 1-18　《绝代双骄》

▲图 1-19　《蒸汽之城》

Unity 基础知识到此介绍完毕，接下来将详细介绍 Unity 中开发环境的搭建，这是进行 Unity 开发的第一步。通过讲解 Unity 集成开发环境的安装和将目标平台的 SDK 集成到 Unity，读者可以顺利地进入 Unity 集成开发环境。

1.2 开发环境的搭建

本节介绍 Unity 集成开发环境的搭建。开发环境的搭建分为两个步骤：Unity 集成开发环境的安装和目标平台的 SDK 与 Unity 3D 的集成。其中包括在 Windows 下安装 Android SDK 和在 Mac OS 平台下安装 SDK。

1.2.1　Unity 集成开发环境的安装

本小节主要讲述如何构建 Unity 3D 的开发环境，之后对开发环境进行测试一个本书中的案例。前面已经对 Unity 3D 这个游戏引擎进行了简单的介绍，从本小节开始，将带领读者逐步搭建自己的开发环境，具体的步骤如下。

（1）登录到 Unity 官方网站下载最新的 Unity 安装程序，如图 1-20 所示，单击资源栏下的“Unity 旧版本”超链接进入 Unity 5.5.2 版本的下载页面，然后单击“下载（Win）”下拉框内的 Unity 编辑器（64 位）Unity 安装程序，如图 1-21 所示。

▲图 1-20　Unity 5.5.2 版本的官方下载链接图

（2）双击下载好的 Unity 安装程序 UnitySetup64.exe，会打开 Welcome to the Unity 5.5.2f1 Setup 窗口，如图 1-22 所示。单击“Next”按钮进入 License Agreement 窗口，如图 1-23 所示。

（3）在 License Agreement 窗口中，勾选“I accept the terms of the License Agreement”后单击“Next”按钮进入 Choose Components 窗口，如图 1-24 所示。然后在 Choose Components 窗口，全部选中并单击“Next”按钮进入 Choose Install Location 窗口，如图 1-25 所示。

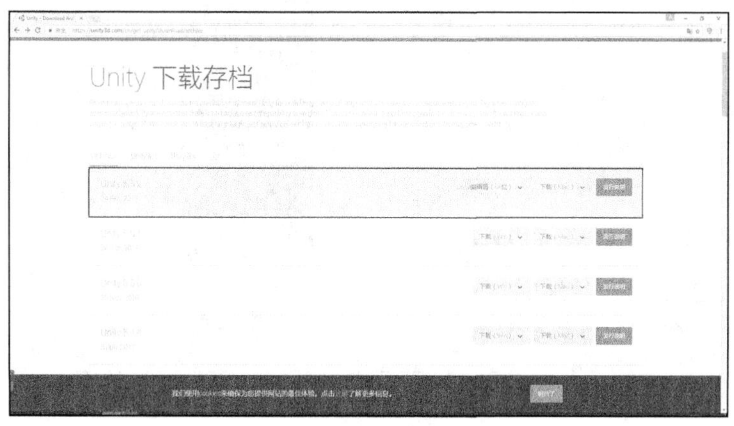

▲图 1-21　Unity 的官方下载

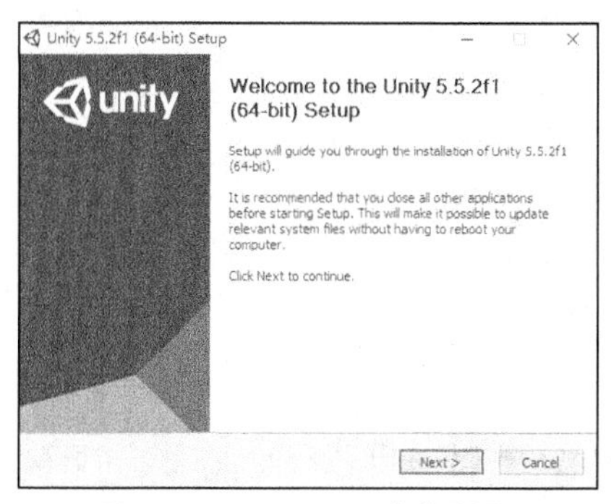

▲图 1-22　Unity 5.5.2 安装界面

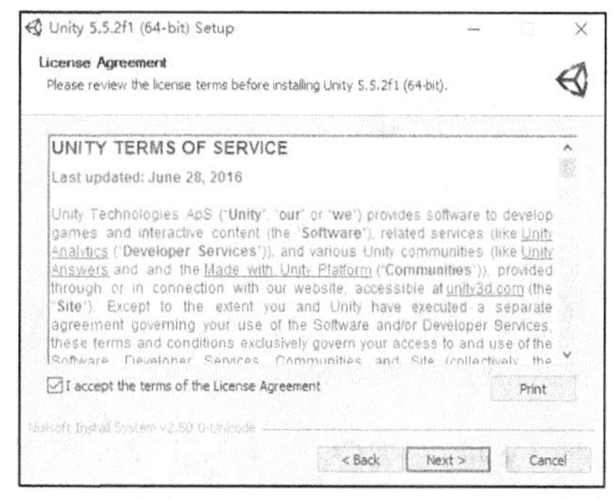

▲图 1-23　License Agreement 窗口

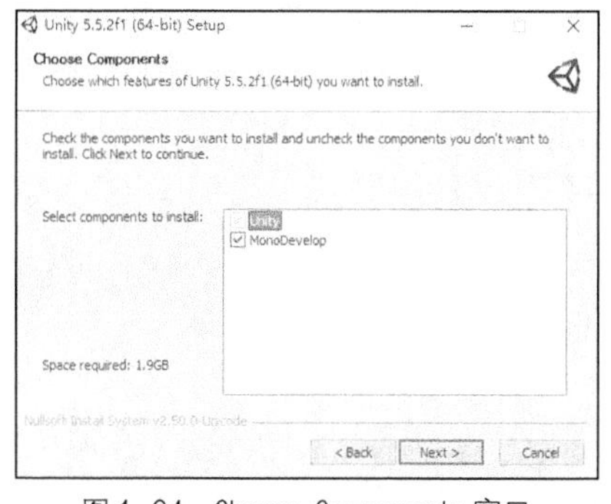

▲图 1-24　Choose Components 窗口

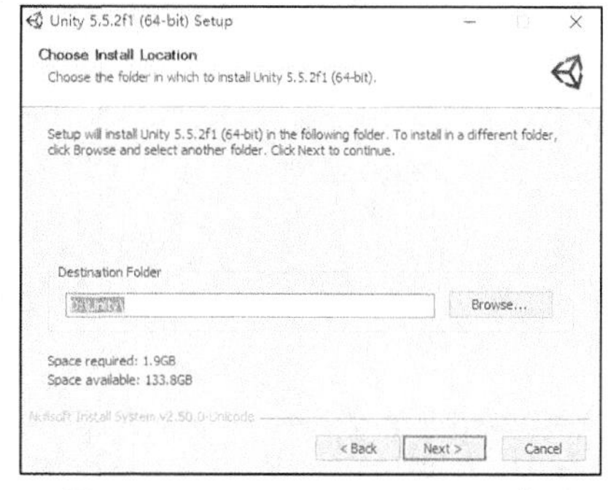

▲图 1-25　Choose Install Location 窗口

（4）在 Choose Install Location 窗口，选择好安装路径（本书以默认路径为例），单击“Install”按钮进行安装，并进入 Installing 窗口，进入 Installing 窗口后（这是 Unity 的安装过程）会需要一定的时间，请耐心等待，如图 1-26 所示。

（5）安装结束，会跳转到 Finish 窗口，单击“Finish”按钮即可，如果选中“Run Unity 5.5.2f1”选项，则单击“Finish”按钮就会跳转到 License 注册窗口，此时桌面上会出现一个 Unity.exe 的图标，如图 1-27 和图 1-28 所示。

（6）如果没有选中“Run Unity 5.5.2f1”选项，则双击桌面上 Unity.exe 快捷方式，也将会跳转到 License 注册窗口，如图 1-29 所示，这里提示当前没有登录，操作权限会受到限制，单击右上角的“SIGN IN”按钮登录 Unity，进入登录界面。

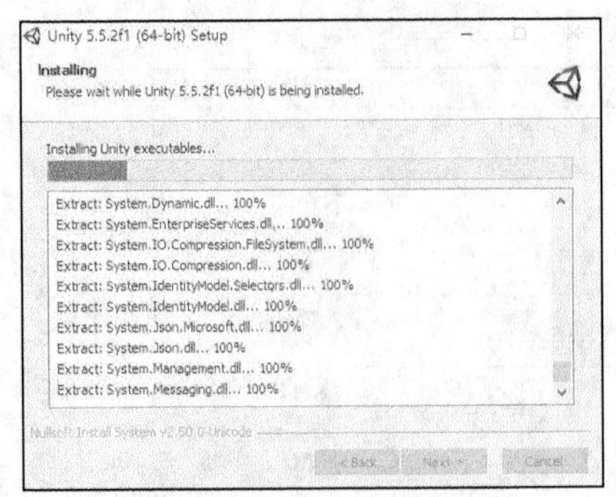

▲图 1-26　Installing 窗口

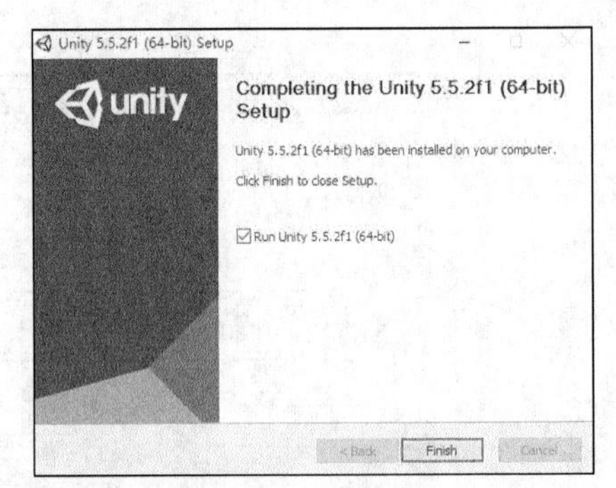

▲图 1-27　Finish 窗口

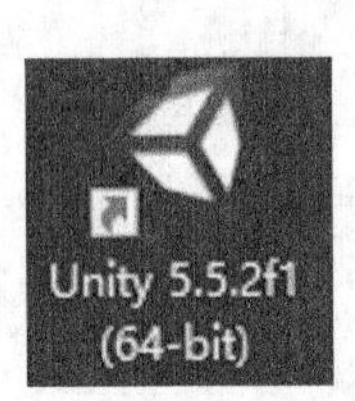

▲图 1-28　Unity.exe 快捷方式

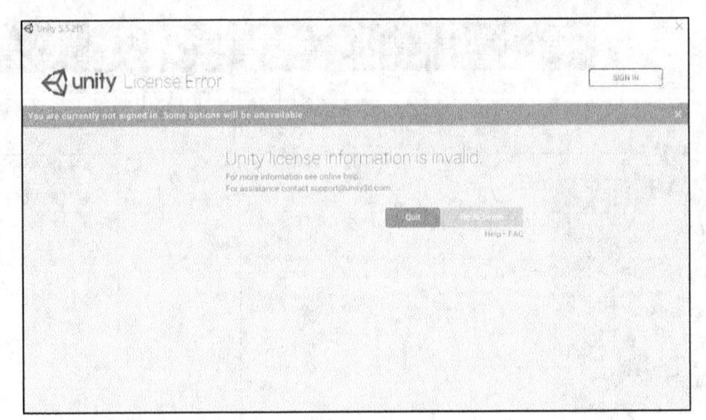

▲图 1-29　注册窗口

（7）登录界面内，如图 1-30 所示，提示用户输入用户名与密码。如果没有 Unity 账户，可单击“create one”创建账户，在此输入笔者的账号后，单击“Sign in”按钮进行登录，登录后才能正确地进入 License 注册窗口，“Unity Plus or Pro”为专业版，“Unity Personal”为个人版，如图 1-31 所示。

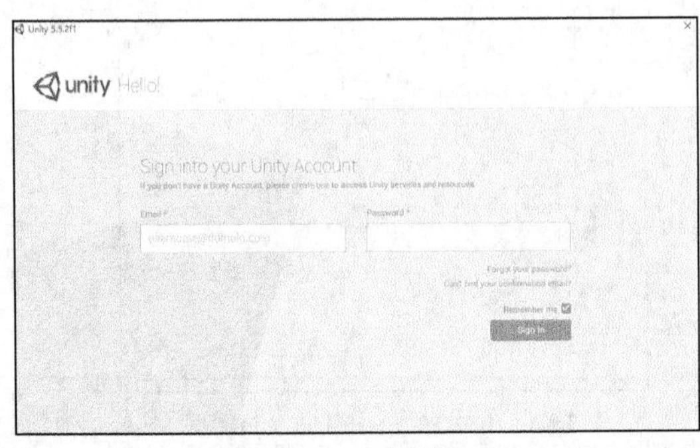

▲图 1-30　登录窗口

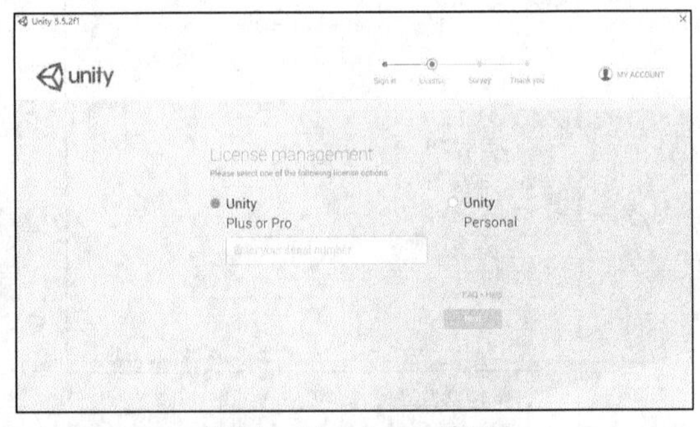

▲图 1-31　License 窗口

提示　选择使用专业版需要序列号，有序列号的用户可以选择该项然后输入序列号，没有序列号的用户可以到官方购买。选择使用个人版的用户，需要在官方网站注册一个账号，通过账号激活 Unity。该版本有诸多限制，许多功能都不能够在该版本中使用，不建议选择该版本。

（8）在这里勾选“Unity Personal”后，单击“Next”按钮弹出 License agreement 界面，如图 1-32 所示，此界面中需要选择使用 Unity 的用途，前两项为公司开发所用，此处选择第 3 项“不需要使用 Unity 的专业版”，之后单击“Next”按钮，进入 Unity 公司的调查问卷窗口，如图 1-33 所示。

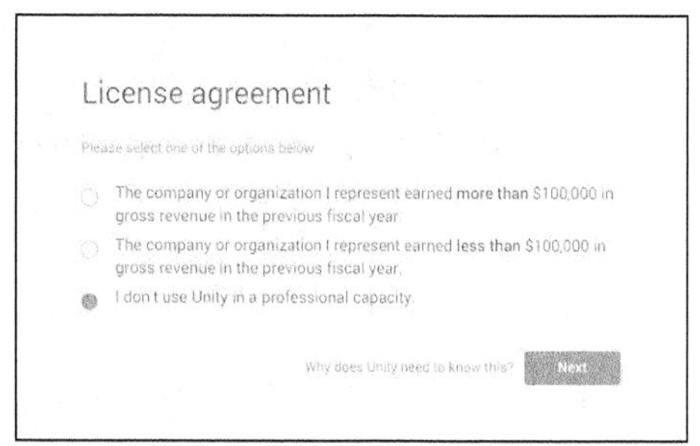

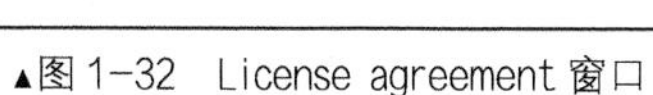

▲图 1-32　License agreement 窗口

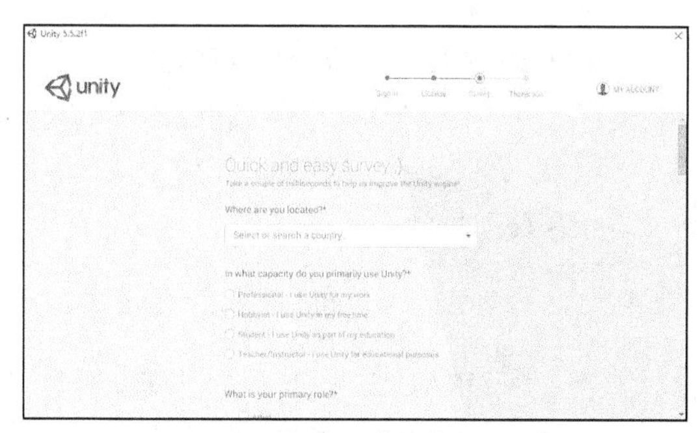

▲图 1-33　调查问卷窗口

（9）完成调查问卷后，单击“OK”按钮，跳转到 Thank you 窗口，如图 1-34 所示，单击“Start Using Unity”进入到 Unity 的启动界面，如图 1-35 所示，OnDisk 选项卡中为本地的 Unity 项目，选择相应的项目能够打开项目；In The Cloud 选项卡为云端的项目。

▲图 1-34　Thank you 窗口

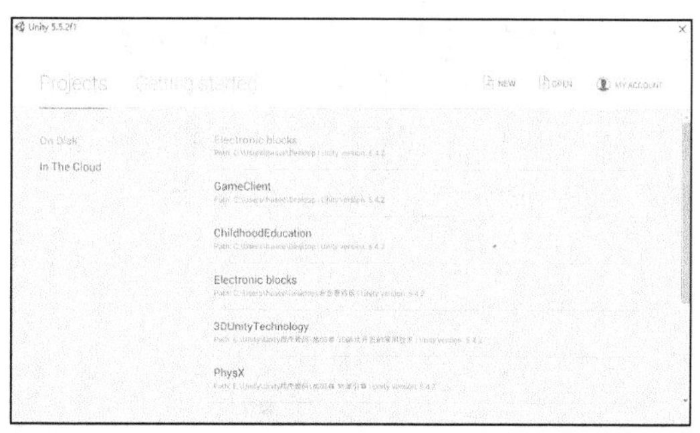

▲图 1-35　启动窗口

（10）选择 New，进入创建项目界面，如图 1-36 所示，这里的项目路径选择默认路径，然后单击“Create Project”按钮进入 Unity 集成开发环境，如图 1-37 所示。

▲图 1-36　创建项目界面

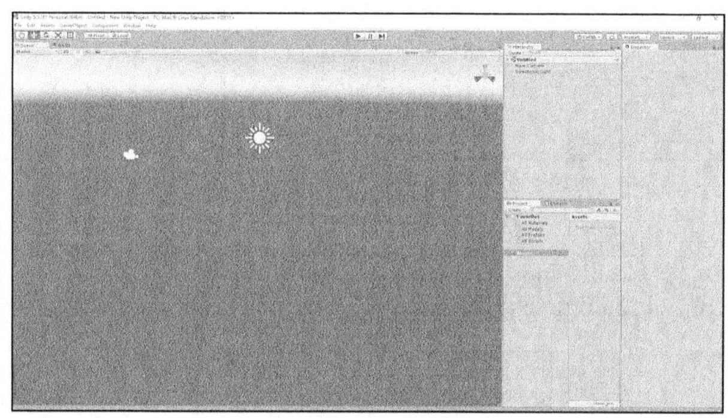

▲图 1-37　Unity 开发窗口

提示　Unity 的安装要求操作系统为 Windows XP SP2 以上，或者 Windows 7 SP1 以上、Windows 8、Windows 10，不支持 Windows Vista；GPU 要求有 DX9（着色器模型 2.0）功能的显卡，2004 年以来的产品都可以。对于整体要求，现在所使用的计算机以上两点都满足。

1.2.2　目标平台的 SDK 与 Unity 3D 的集成

本小节将详细地为读者介绍如何把目标平台的 SDK 集成到 Unity 3D。

1. Android 的 SDK 下载安装与集成

前面已经对 Unity 3D 这个游戏引擎的下载安装过程进行了详细的介绍，从本小节开始，将带领读者进行 JDK 的安装、Android 平台下的 SDK 安装和 Unity 3D 的集成，使读者可以运行游戏中的项目，具体的步骤如下。

> **说明**　由于 Android 是基于 Java 的，所以要先安装 JDK。

（1）登录到 ORACLE 官方网站下载最新的 JDK 安装程序。双击刚刚下载的 JDK 安装程序 jdk-8u121-windows-x64，根据提示将 JDK 安装到默认目录。

（2）右键单击我的电脑，依次选择属性/高级/环境变量，在系统变量中新建一个名为 JAVA_HOME，值为“C:\Program Files\Java\jdk1.8.0_121”的环境变量，如图 1-38 所示。再打开 Path 环境变量，在最后加上“C:\Program Files\Java\ jdk1.8.0_121\bin”，单击“确定”按钮即可。

（3）到 Android 官方网站页面下载 Android 的 SDK，本书使用的版本是 5.0，其他版本的安装与配置方法基本相同。将下载好的 SDK 压缩包解压到指定目录下，如图 1-39 所示。

（4）右键单击我的电脑，依次选择属性/高级/环境变量，打开 Path 系统环境变量，在最后加上 SDK 的解压目录中的 tools 目录“D:\Android\adt-bundle-windows-x86_64\sdk\ tools”，单击“确定”按钮完成配置，如图 1-40 所示。

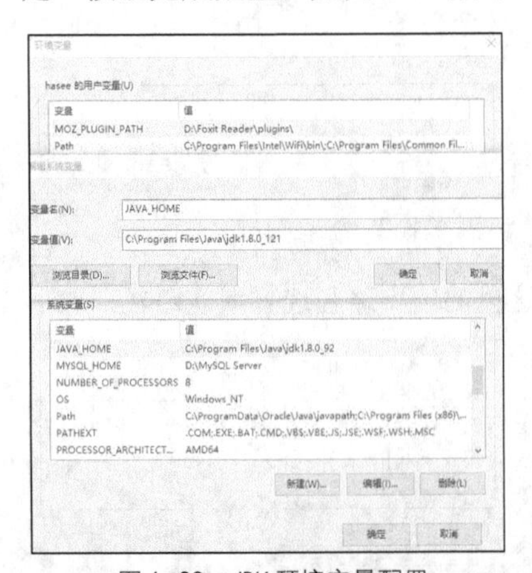

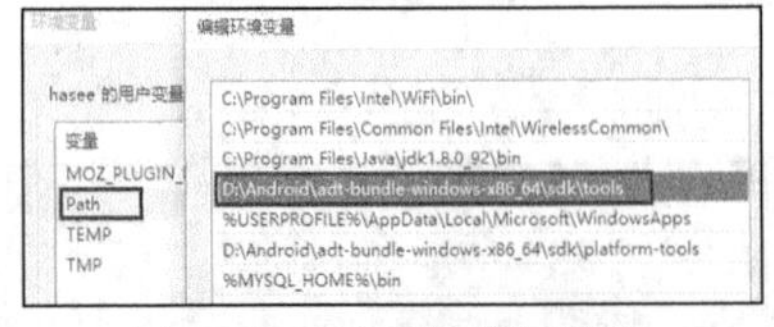

▲图 1-38　JDK 环境变量配置　　▲图 1-39　SDK 的安装目录图　　▲图 1-40　SDK 环境变量配置

（5）进入 Unity 集成开发环境，单击菜单 Edit/Preferences，如图 1-41 所示，会弹出新的对话框 Unity Preferences，然后选择“External Tool”选项，选择正确的 Android SDK 路径，如图 1-42 所示。

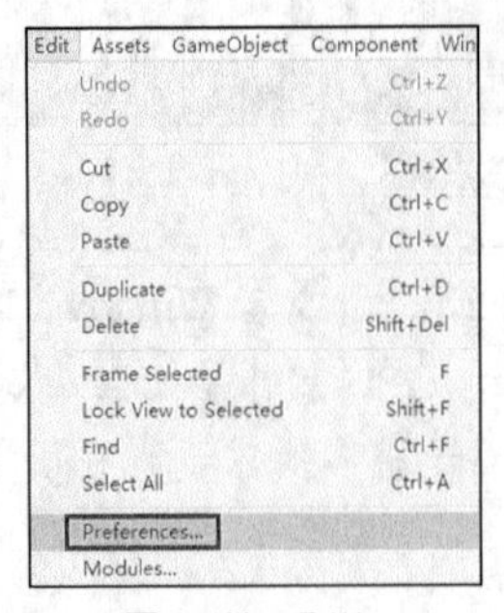

▲图 1-41　Edit

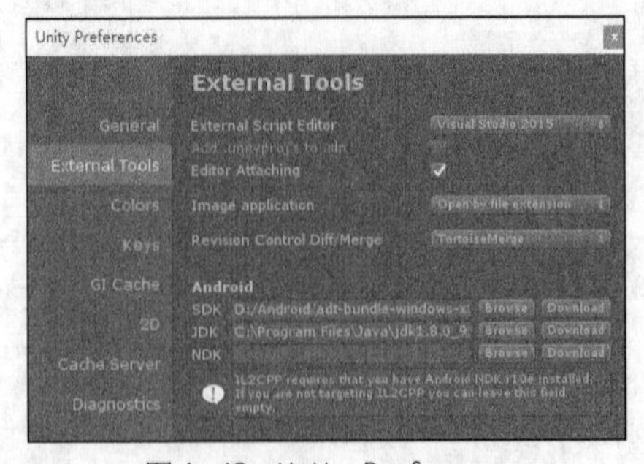

▲图 1-42　Unity Preferences

2. iPhone 的 SDK 下载安装与集成

由于 Unity 是跨平台的，所以对于 Unity 而言，在 iPhone 平台下同样正常运行。iPhone 的 SDK

下载安装和集成与 Android 的 SDK 下载安装和集成大体相同。

（1）登录 Apple Developer Connection 的网站下载，如果已经有 Apple ID 了，则只需填写好账号和密码，单击“Sign In”按钮登录，如图 1-43 所示。

（2）若还没有 Apple ID，则需先创建一个，创建账号是免费的，在注册信息界面，所有必需的信息都要填写正确，最好用英文，如图 1-44 所示。

▲图 1-43　登录界面

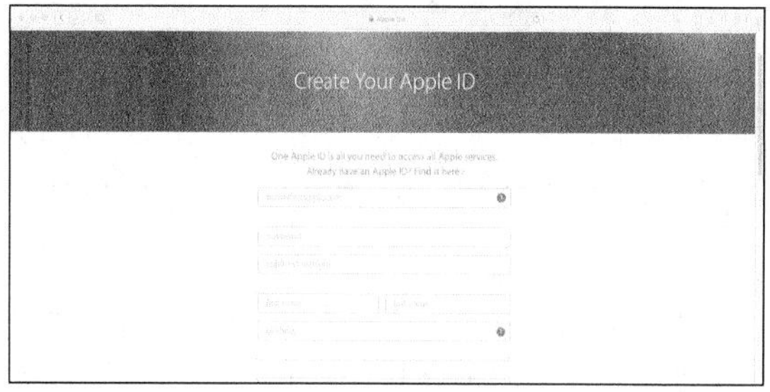

▲图 1-44　创建 Apple ID

（3）注册结束，并成功登录，下载 iPhone SDK。整个发布包大约 5.5GB 大小，因此，最好通过高速 Internet 连接来下载，这样可以提高下载速度。SDK 是以磁盘镜像文件的形式提供的，默认保存在 Downloads 文件夹下，如图 1-45 所示。

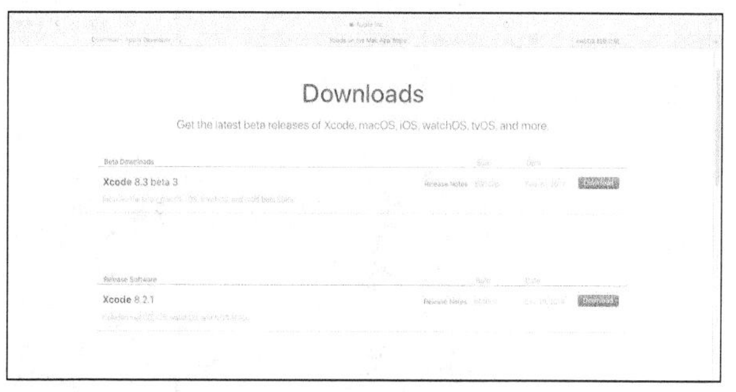

▲图 1-45　注册结束，下载 iPhone SDK

（4）双击此磁盘镜像文件即可进行加载。加载后就会看到一个名为 iPhone SDK 的卷。打开这个卷会出现一个显示该卷内容的窗口。在此窗口中，能看到一个名为 iPhone SDK 的包。双击此包即可开始安装。同意若干许可条款并等待一段时间后，安装即可结束。

提示　确保选择了 iPhone SDK 这一项，然后单击“Continue”按钮。安装程序会将 Xcode 和 iPhone SDK 安装到桌面计算机的/Developer 目录下。由于 iPhone 平台是非开放平台，因此，在我们使用的过程中会遇到各种各样的阻碍，本书的案例都是基于 Android 平台的。

1.3 本书案例的导入及运行

本节将以随书项目中第 9 章英雄传说项目为例，详细地介绍如何导入运行已完成的项目。读者可参照以下的操作步骤将随书资源中的各个项目案例导入到自己电脑上的 Unity 进行效果预览和其他操作。具体的导入操作步骤如下。

（1）启动 Unity，然后在菜单栏中选择“File”→“Open Project”打开一个项目，如图 1-46 所示。进入项目向导界面，然后单击“Open”按钮找到要导入的项目，如图 1-47 所示。

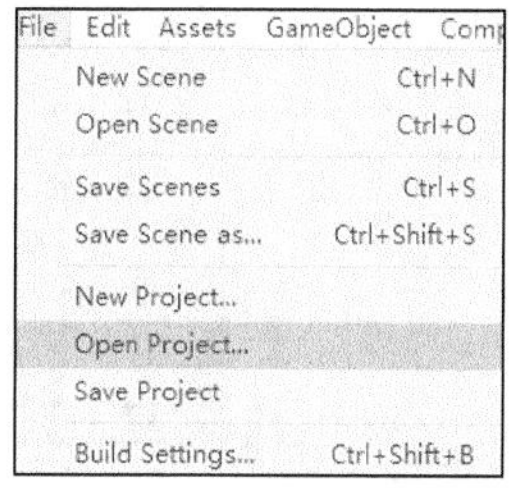

▲图 1-46　打开项目

（2）找到项目文件夹存放的路径，选择要导入的项目文件夹，这里以书中英雄传说案例项目为例，选择 GameClient 文件夹，然后单击“选择文件夹”按钮，如图 1-48 所示。

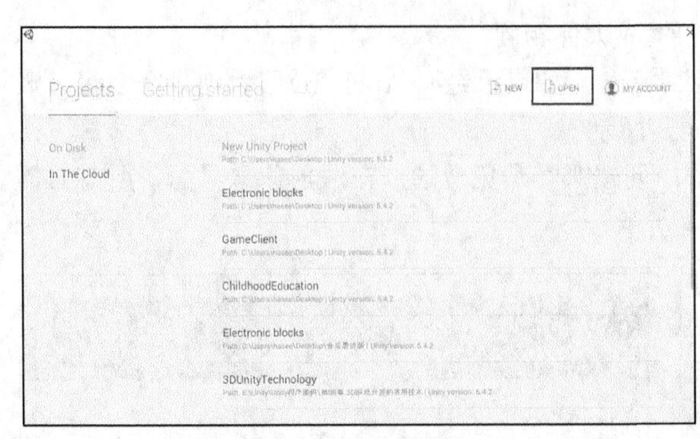

▲图 1-47　选择项目

▲图 1-48　Open existing project 界面

提示　读者在进行这一步之前必须把随书项目中对应的案例项目文件夹复制到计算机的某个路径下（路径不能出现中文），这里 GameClient 项目文件夹存放在 D 盘根目录下。

（3）操作到这里，Unity 会重新启动，进入到 Unity 后在 Project 视图中的 Assets/Scene 文件夹下找 01-start_menu.unity 文件，然后双击该文件就能在场景中看到，如图 1-49 所示的效果了。读者还可以自己运行导入的案例。

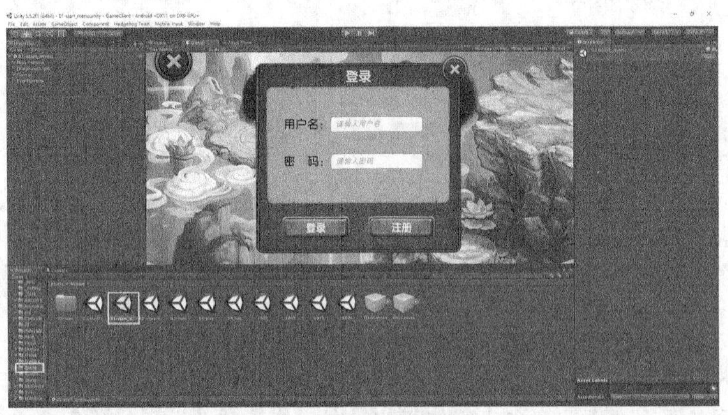

▲图 1-49　项目预览界面

（4）将游戏导入手机。主要步骤为在菜单栏中选择“File”→“Build Settings”，如图 1-50 所示，进入 Build Settings 界面，如图 1-51 所示。然后单击“Add Current”按钮添加游戏需要的场景，在“Platform”中选择“Android”选项。

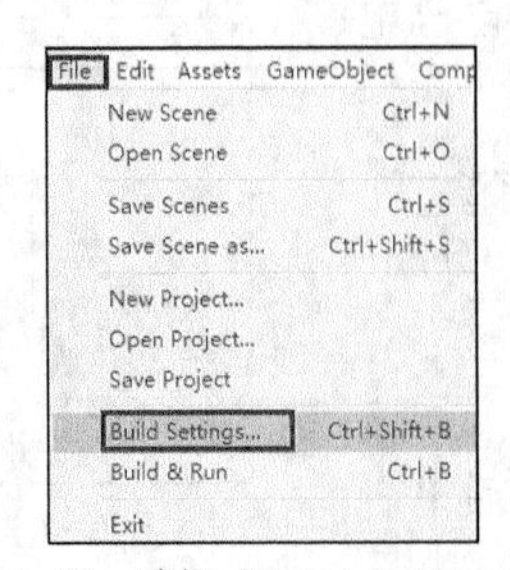

▲图 1-50　选择“Build Settings”

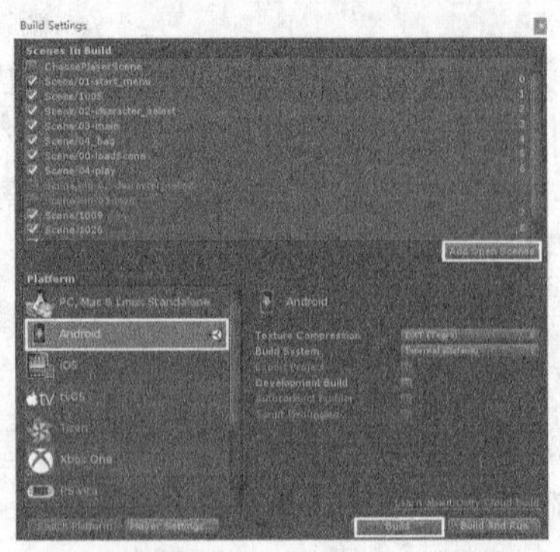

▲图 1-51　“Build Settings”界面

（5）单击“Build And Run”按钮弹出选择apk包存放路径对话框，如图1-52所示。然后选择一个路径用于存放生成的游戏apk包，在文件名处输入生成apk包的名字，单击“保存按钮”开始将游戏导入手机，弹出导入进度条，如图1-53所示。

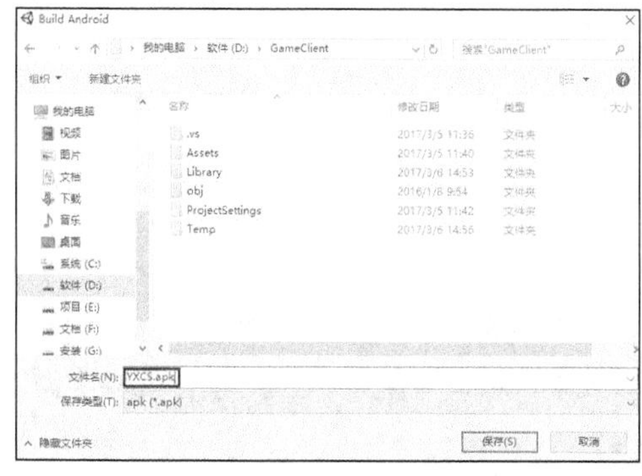

▲图1-52 “Build Android”界面

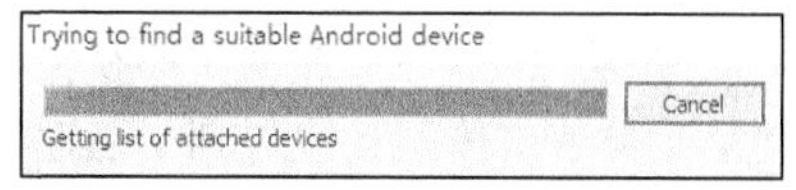

▲图1-53 导入进度条

（6）进入导入进度条界面后会需要一定的时间，请耐心等待。生成过程结束后手机就会自动进入游戏界面并且会在手机上显示一个游戏图标，如图1-54和图1-55所示。在原来选择的路径下出现此游戏的apk包，如图1-56所示。

▲图1-54 《英雄传说》游戏界面

▲图1-55 导入手机的游戏图标

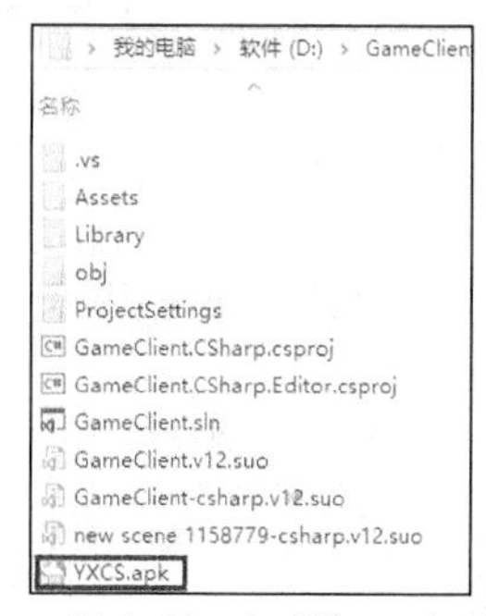

▲图1-56 生成的apk包

（7）如果单击“Build”按钮，只会生成apk包不会将游戏自动导入手机，所以使用这种方法生成游戏apk包不用连接手机。

提示 该游戏为大型多人在线联网游戏，需要对服务器、数据库等资源进行配置，此处只是对项目的导入及运行过程进行介绍，若读者希望能够正常进入该游戏，请认真阅读本书第9章进行相应的配置。

1.4 本章小结

本章首先介绍了Unity 3D的发展历史以及其独具特色的特点，主要内容包括Unity 3D的简介、Unity 3D的发展和Unity 3D的特点等。相信读者对Unity 3D已经有了初步的了解。对于Unity 3D的发展历史读者只需大致了解，不需深究。

其次，本章通过讲解Unity集成开发环境的安装和将目标平台的SDK集成到Unity，使读者可以顺利地进入Unity集成开发环境，再次，通过本书案例的导入及运行，可以使读者方便地将随书资源各个项目案例导入到自己电脑上的Unity进行效果预览和其他操作。

第2章　益智休闲类游戏——火车行动

随着手持式终端的日渐强大，移动手持设备在模拟现实方面的技术日趋成熟。人们在移动设备上可以体验到比以往更加真实的视觉冲击和立体效果，同时伴随着人们对模拟现实类游戏的青睐，使得此类手机休闲游戏得到了迅速的发展。

本章介绍的游戏“火车行动”是使用Unity 3D游戏引擎开发的一款基于Android平台的益智休闲类游戏。通过本章的学习，读者将对使用Unity 3D游戏引擎开发Android平台下的3D益智休闲类游戏的流程有更深入的了解。

2.1 游戏的开发背景和功能概述

本节将对本游戏的开发背景进行详细的介绍，并对其功能进行简要概述。通过对本节的学习，读者将会对本游戏有一个简单的整体认知，明确本游戏的开发思路，直观了解本游戏所实现的功能和所要达到的各种效果。

2.1.1　游戏背景简介

随着现代生活节奏的加快，人们的生活压力也越来越大，休闲益智类游戏成为了缓解人们压力的最佳选择。在此趋势下，益智休闲类游戏应运而生，受到很多人的喜爱。

大部分动休闲益智类游戏的特色是操作简单、画面精美，在带来愉悦的同时还需要玩家对游戏进行思考从而通关。当下非常流行的休闲益智类游戏有《托马斯与朋友：竞速挑战》和《托马斯小火车：比赛开始!》等，如图2-1和图2-2所示。

▲图2-1　《托马斯与朋友：竞速挑战》

▲图2-2　《托马斯小火车：比赛开始!》

火车行动是一款益智休闲类游戏。玩家通过在有限的时间内通过变轨改变火车行运行方向，使火车抵达与其颜色相同的终点目标，否则火车可能被摧毁，游戏任务失败。该类游戏情节紧张刺激，敏锐的观察能力和果断的执行能力是完成游戏挑战的不二法则。

火车行动是使用当前最为流行的Unity 3D开发工具，结合智能手机的触摸技术打造的一款小型手机游戏。玩家通过触摸屏幕来实现箭头模型弯曲，更改火车运行轨道，完成火车变轨等效果，玩家在有限的时间内使火车沿着正确的轨道到达正确终点。

2.1.2 游戏功能简介

本小节将对该游戏的主要功能和游戏规则进行简单的介绍。其中包括游戏主菜单界面的介绍，游戏 UI 界面的展示和按钮的功能并详细介绍游戏运行场景的展示等。

（1）运行游戏，首先进入的是欢迎界面，如图 2-3 所示。经过欢迎界面后进入游戏的主菜单界面，如图 2-4 所示，这里是游戏中枢，从这里可以通过单击不同的功能按钮进入到不同的界面，在这里创建了一个主菜单场景，使摄像机跟随火车移动，达到一个动态的视觉效果。

▲图 2-3 欢迎界面

▲图 2-4 主菜单界面

（2）单击主菜单界面中的设置按钮进入设置界面，如图 2-5 所示，设置界面前两个切换键分别控制音乐开关和音效开关。单击下方的“确定”按钮可以返回主菜单界面。单击主菜单界面中的“帮助”按钮进入帮助界面，如图 2-6 所示，玩家可根据帮助图片了解游戏规则。

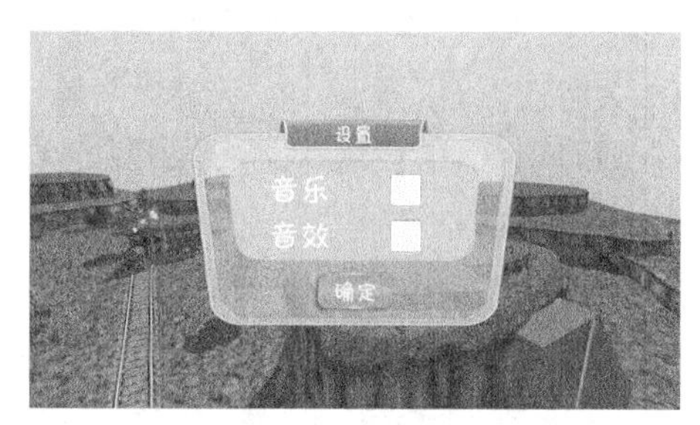

▲图 2-5 设置界面

▲图 2-6 帮助界面

（3）单击主菜单界面中的“开始游戏”按钮进入关卡选择界面，如图 2-7 所示。本游戏共包括两关，分别为“蛮荒时代”和“钢铁时代”。单击屏幕左上方的“返回”按钮即可返回到游戏主菜单界面。单击主菜单界面的“退出”按钮，即可退出游戏，如图 2-8 所示。

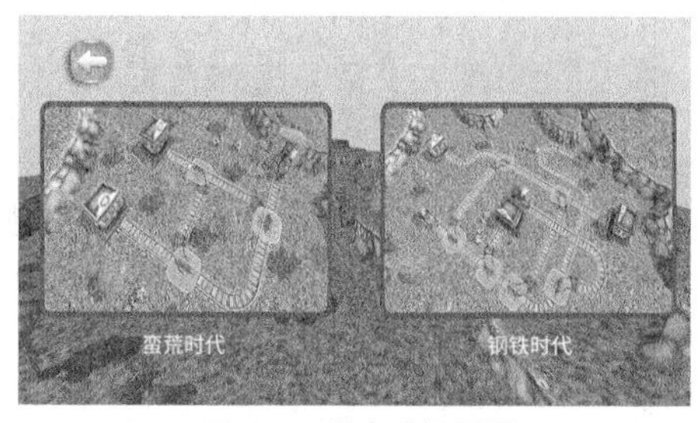

▲图 2-7 关卡选择界面

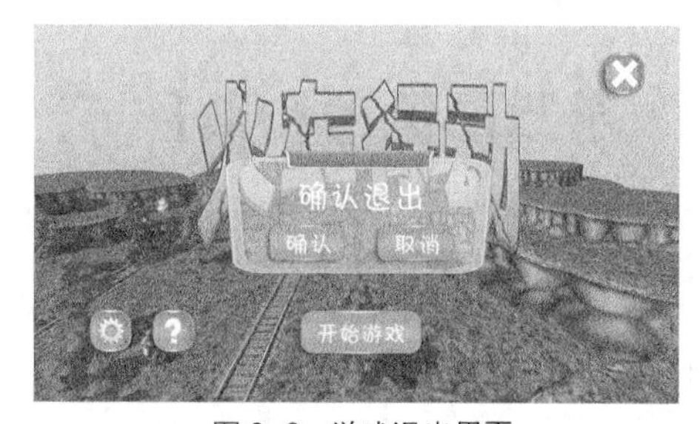

▲图 2-8 游戏退出界面

（4）单击关卡选择界面中的第一关按钮，进入第一关游戏界面，如图 2-9 所示。玩家可以任意触摸屏幕则游戏开始。游戏开始后火车沿铁路轨道行驶，玩家通过变轨操作使火车运行线路进行改变，如图 2-10 所示。

▲图 2-9　第一关游戏界面

▲图 2-10　游戏开始

（5）游戏开始后，单击屏幕左上角“暂停”按钮，即可暂停游戏，出现暂停界面，如图 2-11 所示。玩家可以重新开始游戏，继续游戏和返回主界面。当火车到达与其颜色相同的终点站后，弹出通关界面，提示玩家完成挑战，如图 2-12 所示。

▲图 2-11　游戏暂停界面

▲图 2-12　游戏通关界面

（6）单击关卡选择界面中的第二关按钮，进入第二关游戏界面，如图 2-13 所示。与第一关相比第二关难度大大增加，玩家需要控制三辆火车到达正确的终点站。任意触摸屏幕后则游戏开始，玩家通过变轨使三辆火车的行驶路线进行改变，如图 2-14 所示。

▲图 2-13　第二关游戏界面

▲图 2-14　游戏操作界面

2.2　游戏的策划和准备工作

本节主要对游戏的策划和开发前的一些准备工作进行介绍。在游戏开发之前做一个细致的准备工作可以起到事半功倍的效果。准备工作大体上包括游戏主体策划、相关美工及音效准备等。

2.2.1　游戏的策划

本节将对本游戏的具体策划工作进行简单的介绍。在项目的实际开发过程中，要想使自己将要开发的项目更加具体、细致和全面，准备一个相对完善的游戏策划工作可以使开发事半功倍，读者在以后的实际开发工程中将有所体会。本游戏的策划工作如下所示。

1. 游戏类型

本游戏是以 Unity 3D 游戏引擎作为开发工具，C#作为开发语言开发的一款模拟现实火车变轨类游戏。游戏中使用了 UGUI 绘制主菜单及相关界面，以不同按钮实现不同界面和不同场景之间的切换，通过玩家正确及时的变轨操作使火车到达正确的终点站，从而完成任务。

2. 运行目标平台

运行平台为 Android 2.2 或者更高的版本。

3. 目标受众

本游戏以手持移动设备为载体，大部分 Android 平台手持设备均可安装。操作难度适中，画面效果逼真，耗时适中。游戏题材为蒸汽火车时代，考验玩家的观察力和分析能力，可以让玩家体验到紧张的游戏氛围和新鲜感，是适合全年龄段人群的一款游戏。

4. 操作方式

本游戏操作难度适中，玩家通过单击游戏场景或界面中的相关按钮进行场景或界面的转换，背景音乐和音效的开关以及火车的行驶轨道。在关卡中通过改变火车行驶轨道进而使火车前往不同的目的地，火车和终点颜色相同即为完成挑战。

5. 呈现技术

本游戏以 Unity 3D 游戏引擎为开发工具。使用粒子系统实现各种游戏特效，着色器对模型和效果进行美化，物理引擎模拟现实物体特性，UGUI 绘制主菜单及相关场景界面，游戏场景具有很强的立体感、逼真的光影效果和真实的物理碰撞，玩家将在游戏中获得绚丽真实的视觉体验。

2.2.2 使用 Unity 开发游戏前的准备工作

本节将对本游戏开发之前的准备工作，包括相关的图片、声音、模型等资源的选择与用途进行简单介绍；资源名、大小、像素（格式）和用途以及各资源的存储位置并将其整理列表。具体如下。

（1）首先对本游戏帮助场景中 UI 界面用到的背景图片和按钮图片进行详细介绍，游戏中将其中部分图片制作成图集，在这里将依次介绍，包括图片名、图片大小（KB）、图片像素（W×H）以及图片的用途，所有按钮图片资源全部存放在项目文件 Assets/Texture/文件夹下，如表 2-1 所示。

表 2-1　　游戏中 UI 图片资源

图　片　名	大小（KB）	像素（W×H）	用　　途
UI_GameName.png	76.5	520×110	游戏名称图片
UI_SplashScreen01.png	88.9	960×540	游戏闪屏图片
UI_Button02.png	83.1	475×189	主菜单界面开始按钮图片
UI_control.png	49.0	166×155	主菜单界面设置按钮图片
UI_helpButton.png	43.7	166×155	主菜单界面帮助按钮图片
UI_quitButton.png	51.7	168×158	主菜单界面退出按钮图片
UI_ControlBackGround.png	285.0	471×420	控制界面背景图片
UI_SV0.png~UI_SV3.png	412.0	520×292	帮助界面背景图片
UI_CG0.png~UI_CG1.png	414.0	520×293	关卡选择背景图片
UI_backButton.png	46.1	166×155	关卡选择界面返回按钮图片
UI_ExitB.png	289.0	257×426	退出界面背景图片
UI_PauseButton01.png	42.1	166×155	游戏界面暂停按钮图片

（2）对本游戏中的游戏场景模型纹理图片进行详细介绍，包括图片名、图片大小（KB）、图片像素（W×H）以及这些图片的用途，所有按钮图片资源全部存放在项目文件 Assets/ Texture / 文件夹下，如表 2-2 所示。

表 2-2　　游戏模型纹理图片资源

图　片　名	大小（KB）	像素（W×H）	用　　途
H_house_red.png	52.3	256×256	红色终点纹理图片
H_house_blue.png	53.7	256×256	蓝色终点纹理图片
H_house_green.png	53.7	256×256	绿色终点纹理图片
H_touch.png	35.8	256×256	触摸板可触纹理图片
H_touch01.png	34.7	256×256	触摸板禁用纹理图片
H_tree.png	297.0	512×512	游戏场景树木纹理图片
H_tunnel.png	15.3	454×129	游戏场景隧道纹理图片
H_cows.png	34.1	128×128	游戏场景奶牛纹理图片
H_ground.png	87.7	256×256	游戏场景草地纹理图片
H_destoryTrain.png	31.5	128×128	游戏场景撞毁纹理图片
H_mountain.png	68.5	256×256	游戏场景山丘纹理图片
H_rail.png	25.7	128×128	游戏场景铁轨纹理图片
H_railChoice.png	17.7	64×64	游戏场景铁轨纹理图片
H_stone.png	501.0	512×512	游戏场景石头纹理图片
H_trainBody_green.png	42.2	256×256	游戏场景绿色车厢纹理图片
H_trainBody_red.png	41.8	256×256	游戏场景红色车厢纹理图片
H_trainTop_red.png	49.3	256×256	游戏场景红色车头纹理图片
H_trainTop_blue.png	52.2	256×256	游戏场景蓝色车头纹理图片
H_trainTop_green.png	51.6	256×256	游戏场景绿色车头纹理图片

（3）本游戏具有各种声音效果，这些音效使游戏更加真实。下面将对游戏中所用到的各种音效进行详细介绍，包括文件名、文件大小（KB）、文件格式以及用途，并将声音资源全部存放在项目目录中的 Assets/Audio/文件夹下，如表 2-3 所示。

表 2-3　　声音资源列表

文　件　名	大小（KB）	格　　式	用　　途
trainCollision.mp3	13.9	mp3	火车碰撞音效
trainGoing.mp3	145	mp3	火车行驶音效
trainWhistle.mp3	7.23	mp3	火车鸣笛音效

（4）本游戏中所用到的 3D 模型是用 3d Max 生成的 FBX 文件导入的。下面将对其进行详细介绍，包括文件名、文件大小（KB）、文件格式以及用途。FBX 全部存放在项目目录中的 Assets/FBX/文件夹下。其详细情况如表 2-4 所示。

表 2-4　　模型文件清单

文　件　名	大小（KB）	格　　式	用　　途
arrow.FBX	25.0	FBX	箭头模型
cows.FBX	30.9	FBX	奶牛模型
house.FBX	29.5	FBX	房屋模型

续表

文 件 名	大小（KB）	格 式	用 途
stone01.FBX~stone03.FBX	36.8	FBX	石子模型
tree.FBX	46.6	FBX	树木模型
mountainBiger.FBX	44.9	FBX	大山丘模型
mountainSmall.FBX	45.0	FBX	小山丘模型
rail.FBX	23.2	FBX	短铁轨模型
rail02.FBX	21.9	FBX	长铁轨模型
railBend01.FBX	26.3	FBX	弯曲铁轨模型
railBendChoice.FBX	22.3	FBX	弯曲铁轨模型
tunnel.FBX	22.9	FBX	火车隧道模型
train01.FBX	51.3	FBX	火车头模型
train02.FBX	37.8	FBX	火车厢模型

2.3 游戏的架构

本节将介绍本游戏的整体架构以及对游戏中的各个场景进行简单的介绍。通过本节的学习，读者可以对本游戏的整体开发思路有一定的了解，并对本游戏的开发过程更加熟悉。

2.3.1 各个场景的简要介绍

Unity 3D 游戏开发中，场景开发是游戏开发的主要工作。每个场景包含了多个游戏对象，其中某些对象还被附加了特定功能的脚本。本游戏包含了 3 个场景，接下来对这 3 个场景进行简要的介绍。

1. 主菜单场景

主菜单场景“TGameStart”是转向各个场景的中心场景。此界面是用 UGUI 插件编写而成。UGUI 控件与控件之间可以进行嵌套，父控件可以包含子控件，子控件又可以进一步包含子控件。在该场景中可以通过单击按钮进入其他界面，如选关界面、设置界面和帮助界面等，如图 2-15 所示。

▲图 2-15 主菜单游戏场景框架图

2. 关卡一游戏场景

关卡一游戏场景“TGameOne”是本游戏最重要的场景之一。该场景中有多个游戏对象，主要包括主摄像机、游戏关卡模型等模型或场景对象。本关卡较为简单，主要是为了让玩家熟悉游戏规则和游戏模式，让玩家对游戏主体有个全面的掌控。该场景中所包含脚本如图 2-16 所示。

▲图 2-16 关卡一游戏场景框架图

3. 关卡二游戏场景

关卡二游戏场景“TGameTwo”是本游戏最重要的场景之一。该场景和第一关游戏场景基本相同，但难度上则加大了许多。场景中铁轨的复杂程度大大提高，同时由第一关卡的一辆火车增加到了三辆火车，玩家可以得到更好的游戏体验。该场景中所包含脚本如图2-17所示。

关卡二游戏场景

游戏对象（Control.cs,F_GameOneTrain.cs,UI_ToPoint.cs,MyCenter.cs,MyWay.cs）

主摄像机（F_touchPlane.cs,FreeUnGo.cs,CheckisEndaboe.cs,cameraShake.cs）

暂停界面UGUI（UI_Pause.cs）

▲图2-17　关卡二游戏场景框架图

2.3.2　游戏架构简介

在这一节中将介绍游戏的整体架构。本游戏中使用了很多脚本，接下来将按照程序运行的顺序介绍脚本的作用以及游戏的整体框架，具体步骤如下。

（1）运行本游戏，首先会进入到主菜单场景“TGameStart”。此界面是用UGUI编写，整个场景布局格式为：在画布上放置了4个不同界面方便玩家的使用。

（2）单击主菜单场景中的“开始”按钮，则会跳转到选关界面，玩家可以通关观察不同关卡的背景图片来选择自己想要通过的关卡，游戏通过“UI_startButton.cs”来控制调取玩家选择的游戏关卡。单击“退出”按钮可以在退出界面中退出游戏。

（3）单击主菜单场景中的“设置“按钮，即可跳转到游戏音效设置界面。游戏通过“SoundPuase.cs”和“F_Toggle.cs”来控制游戏音效。单击主菜单中的“帮助”按钮跳转至游戏帮助界面，玩家可以通过“ScrollView”滚动图片查看游戏玩法。

（4）单击主菜单场景中的“开始”按钮，进入第一关选关界面“TGameOne”。任意单击屏幕会触发挂载“MainCamera”上的“F_touchPlane.cs”脚本里的UpDate方法，则火车开始行驶，游戏开始。单击右上角的“暂停”按钮可以暂停游戏，在弹出窗口中可以选择继续游戏、重新开始和进入下一关。

（5）选关界面选择第二关卡，通过“UI_startButton.cs”脚本中的“choiceGameTwo”方法进入第二关。与第一关相同，任意单击屏幕则开始游戏，火车通过挂载的“MyWay.cs”脚本进行行动和变轨，玩家单击触摸板，通过“F_touchPlane.cs”脚本来改变轨道，使火车变轨。

2.4　主菜单场景

从本节开始将依次介绍本游戏中各个场景的开发，首先介绍的是本案例中的主菜单场景。该场景在游戏开始时呈现，控制所有界面之间的跳转，同时也可以在其他场景中跳转到主菜单场景。

2.4.1　场景的搭建及相关设置

场景的搭建主要是针对游戏灯光和基础界面等因素的设置。通过本节的学习，读者将会了解到如何构建出一个基本的游戏场景界面。由于本场景是游戏中创建的第一个场景，所有步骤均有详细介绍。之后的场景搭建中省略了部分重复步骤，读者应注意，具体步骤如下。

（1）新建项目。在计算机的某个磁盘下新建一个空文件夹，命名为“TrainAction”。本游戏的项目文件夹在开发者的“F:\bn_Unity”文件夹下。打开Unity，单击“New Project”，选择已创建的空文件夹“TrainAction”，单击“Create project”按钮即可生成项目，如图2-18和图2-19所示。

（2）新建场景并设置环境光。具体操作为单击“File”→“New Scene”，如图2-20所示。单击“File”选项中的“Save Scene”选项，将场景命名为“TGameStart”作为游戏的主菜单场景。然后单击左侧列表的“Directional Light”，在右侧“Inspector”中查看属性，此处为默认值，如图2-21所示。

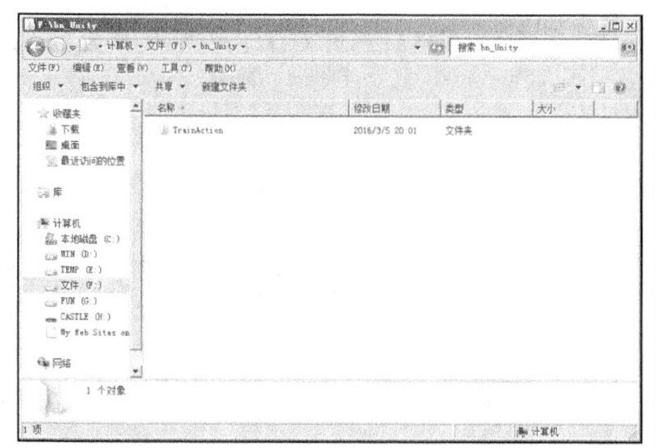

▲图 2-18 新建文件夹

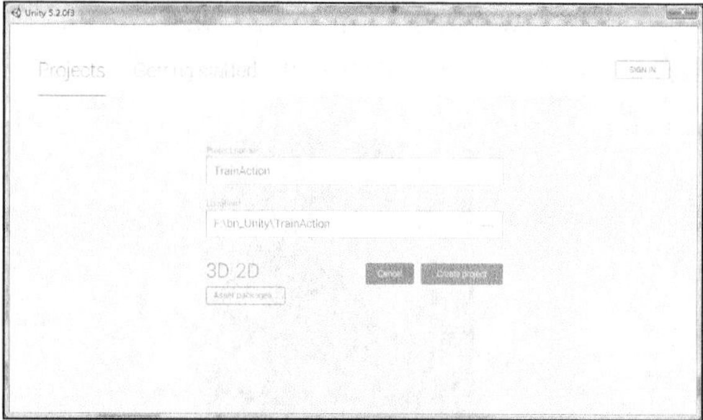

▲图 2-19 新建项目

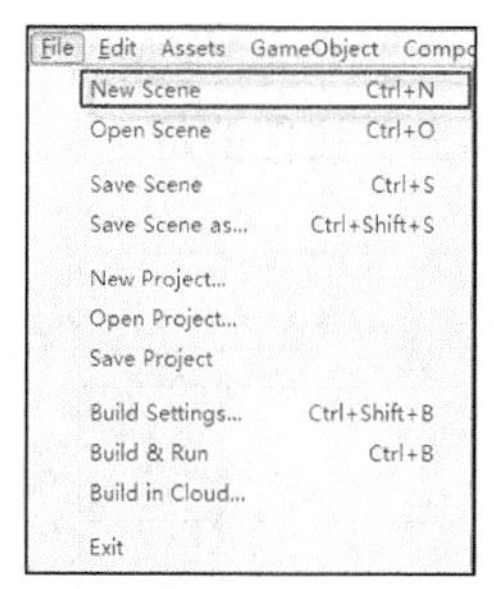

▲图 2-20 新建场景

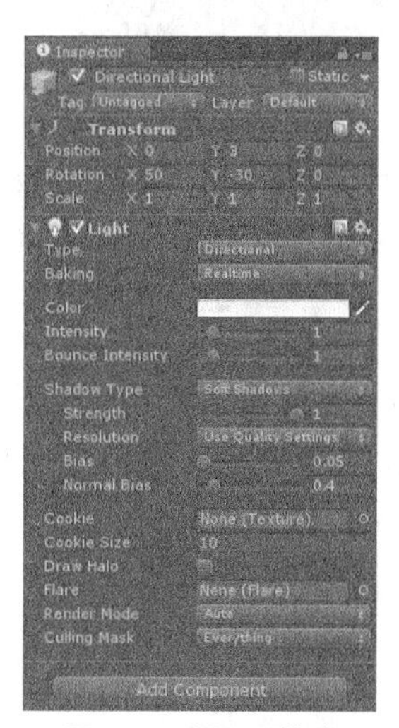

▲图 2-21 设置环境光

（3）单击“Scene”界面的“2D”按钮进入2D模式，然后单击左侧“Hierarchy”面板上方“Create”→“UI”→“Canvas”，如图2-22所示。即可看到在窗口中创建了一个画布，选中画布将其命名为“Panel_Menu”，如图2-23所示。

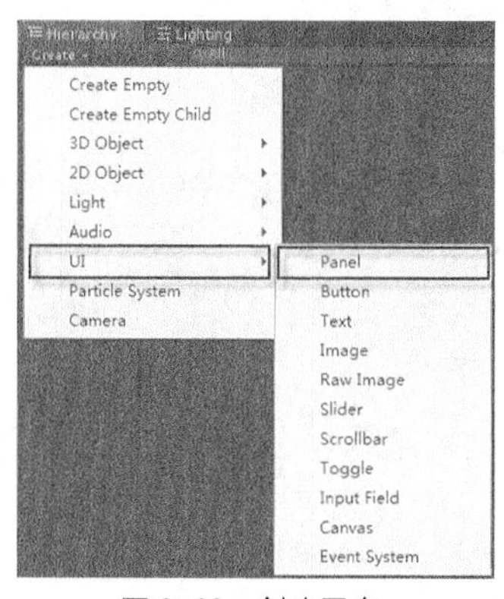

▲图 2-22 创建画布

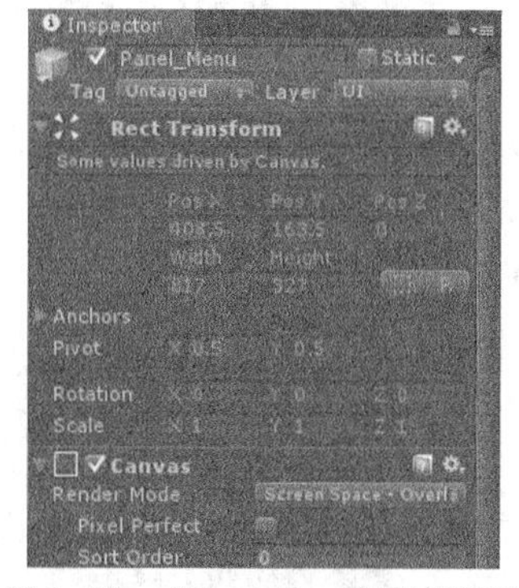

▲图 2-23 “Panel_Menu”面板设置

（4）创建主菜单场景中的各个界面，分别是“选关界面”“设置界面”“帮助界面”。选中“Panel_Menu”，然后创建3个“Panel”并分别将其重命名为“ChoicePanel”“AudioPanel”“HelpPanel”，如图2-24所示。

（5）打开示例文件中的“Assets”→“NGUI”→“Texture”文件夹，然后在面板中单击“Assets”

→"Import New Assets"，如图 2-25 所示。选中文件下的所有图片资源，导入图片资源，该文件夹中包括所有"主菜单界面"中的图片。

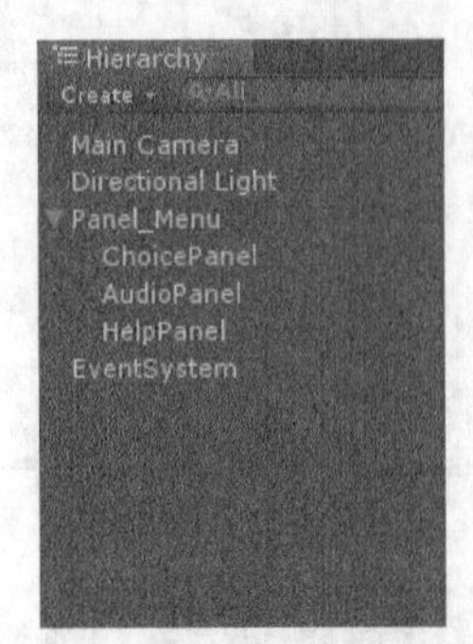

▲图 2-24　创建场景中各界面面板

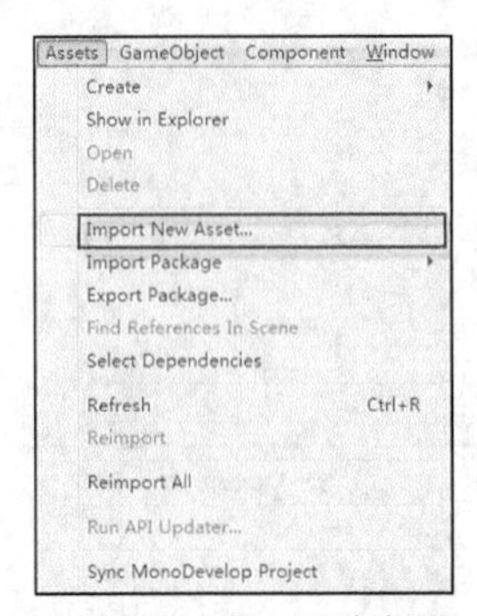

▲图 2-25　导入图片资源

（6）导入图片资源后，在画布上添加游戏名称图片。单击"Create"→"UI"→"Image"，然后在右侧面板单击"Image"→"Texture"，选中背景图片"UI_GameName1.png"，如图 2-26 所示。然后在 Scene 窗口调节"Image"与"Panel_Menu"的相对大小。

（7）创建按钮，选中"Panel_Menu"，单击"Create"→"UI"→"Button"，如图 2-27 所示。在 Button 自带 Text 部件中设置 Font 为"方正卡通简体"，并调整按钮的位置及大小，将其重命名为"StartButton"，作为主菜单界面的"开始"按钮。

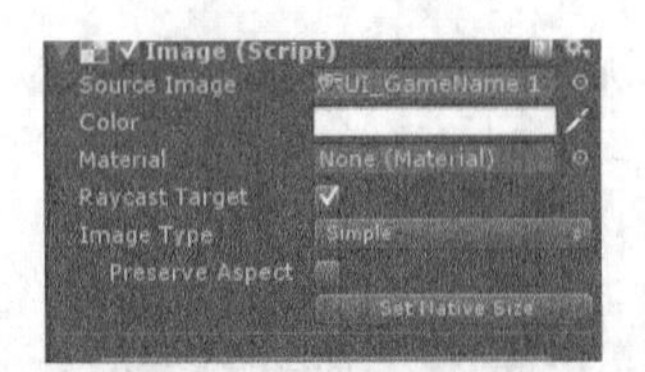

▲图 2-26　添加游戏名称图片

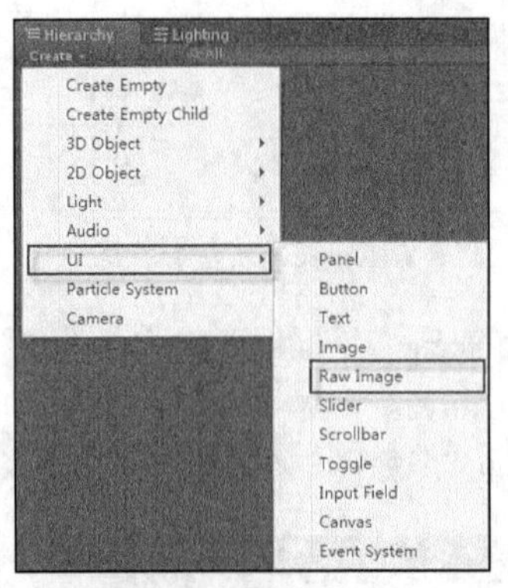

▲图 2-27　创建 Button

（8）设置按钮背景格式。单击"UI_Button02"图片，在右侧"Inspector"面板中将"Texture Type"设置为"Sprite"格式，如图 2-28 所示。然后单击"StartButton"按钮，将修改格式后的"UI_Button02"图片拖到"Image"组件的"Source Image"上，如图 2-29 所示。

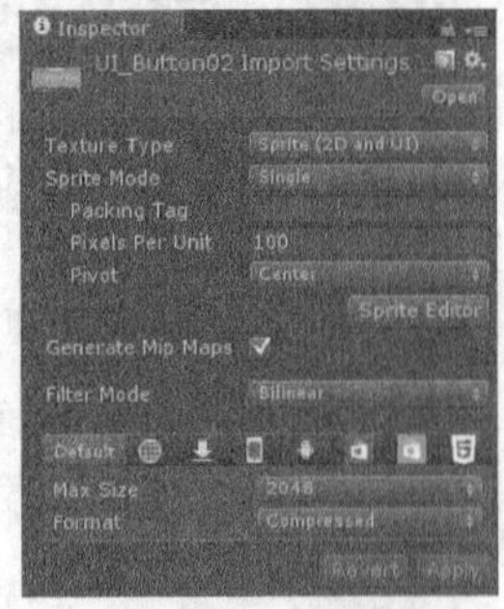

▲图 2-28　图片类型设置

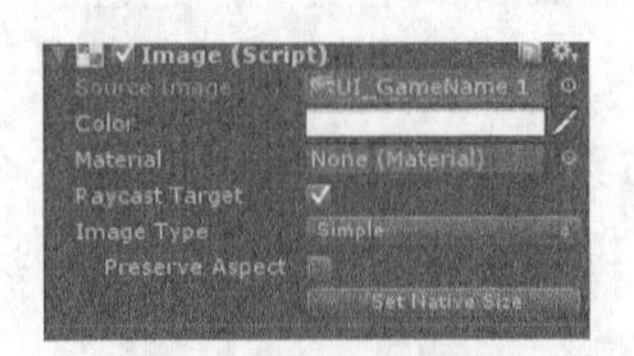

▲图 2-29　按钮背景设置

（9）按照上述方法继续创建按钮，拖曳 3 个按钮到“Panel_Main”下，将其分别重命名为“ControlButton”“HelpButton”“QuitButton”，分别将各个按钮调至合适位置，并修改其背景图片。

（10）创建好按钮后，在项目中搜索“UI_stratButton.cs”脚本并挂载到“StartButton”上，在右侧“Inspector”面板中找到此代码并将各个组件挂到各种位置上，如图 2-30 所示。此步骤实现了单击不同按钮界面的切换效果。

（11）选中“ChoicetPanel”，创建“Image”。将其重命名为“GameOne”，并将游戏名称图片“UI_CG0.png”挂载到“Image”组件“Source Image”上，如图 2-31 所示。重复同样的操作，创建“Image”，将其重命名为“GameTwo”，作为进入第二关的游戏按钮。

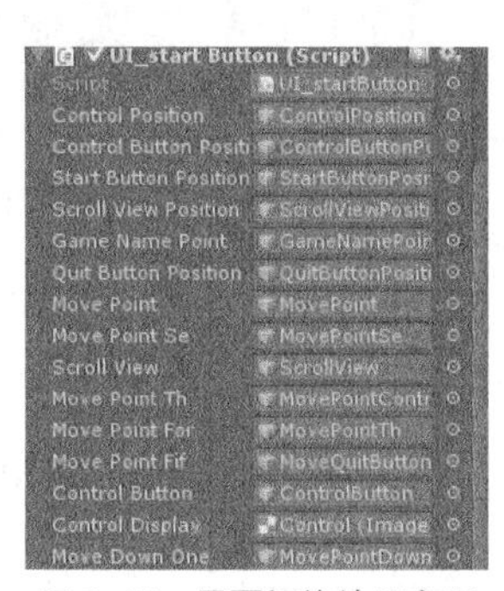

▲图 2-30　界面切换效果实现

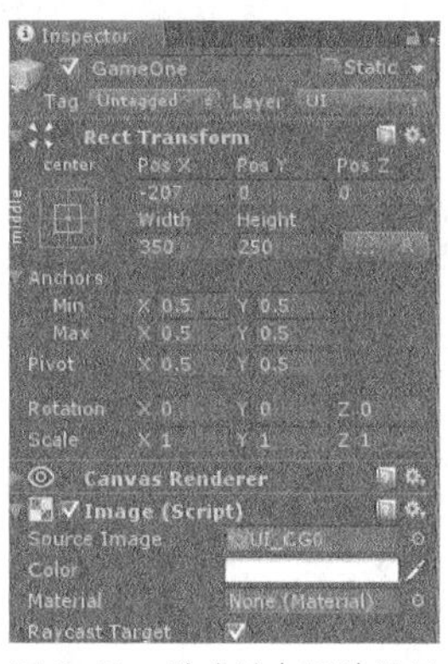

▲图 2-31　游戏关卡图片设置

（12）接下来开始搭建“AudioPanel”，创建 3 个“Text”、两个“Toggle”、一个“Button”，分别将其调至合适的位置并对其进行相关设置，包括图片、深度、大小等，如图 2-32 所示。在“AudioPanel”上挂载“SoundPuase.cs”脚本和“F_Toggle.cs”脚本，如图 2-33 所示。

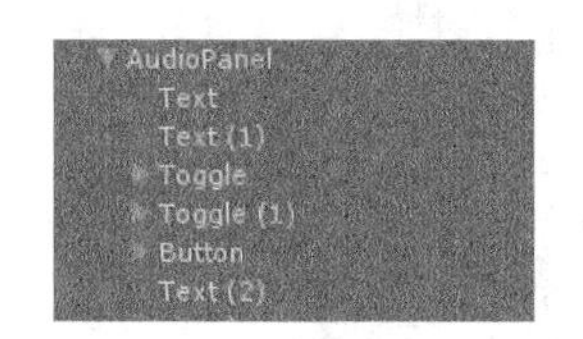

▲图 2-32　“AudioPanel”内容

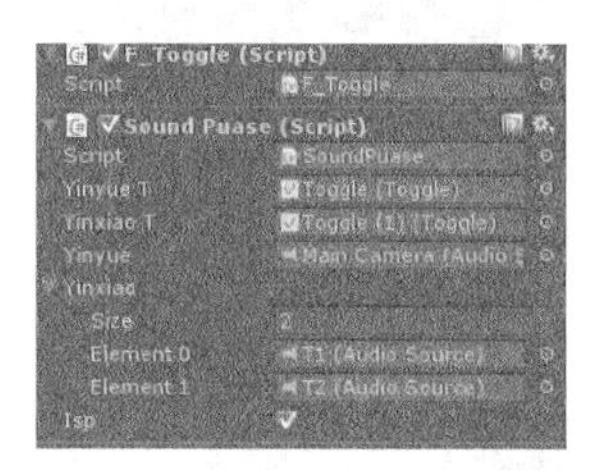

▲图 2-33　“AudioPanel”挂载脚本

（13）然后开始搭建“HelpPanel”，选中“HelpPanel”，单击“Create”→“Create Empty”，并将其改名为“Grid”，选中“Grid”，单击“Create”→“UI”→“Image”，创建 4 个“Image”，然后分别将其调至合适的位置并对其进行相关设置，如图 2-34 所示。

（14）在项目中搜索“NewBehaviourScript1.cs”脚本，将其挂载到“HelpPanel”，如图 2-35 所示。为了达到帮助图片自动居中对齐屏幕的目的，需选中“HelpPanel”，单击“Create”→“UI”→“Button”，创建一个 Button，然后将其调至合适的位置并设置返回监听。

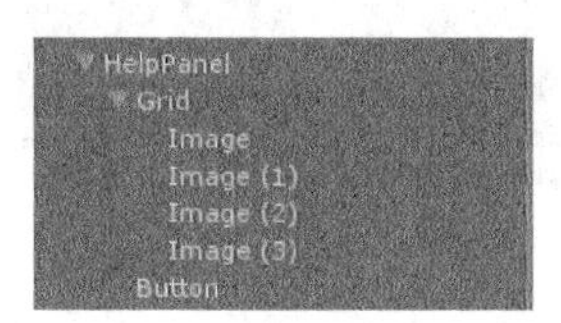

▲图 2-34　“AudioPanel”内容

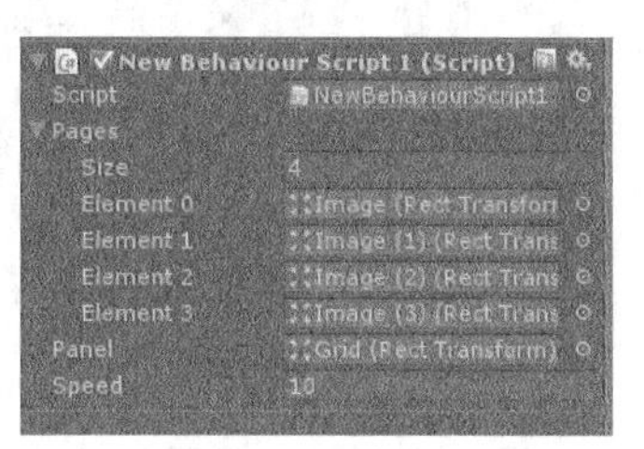

▲图 2-35　代码挂载

（15）单击“Scene”界面的“2D”按钮退出 2D 模式。在 Project 面板中选中“Assets”，右击，单击“Create”→“Folder”，创建一个文件夹，并将其改名为“FBX”，如图 2-36 所示，并将场景所需模型导入到“FBX”中。

（16）下面说明一下主菜单 3D 场景的制作。单击“Create”→“3D Object”→“Plane”，并命名为“ground”，然后将其调至合适的大小，并添加草地的材质球，在 Assets 中搜索“H_ground.png”，如图 2-37 所示。

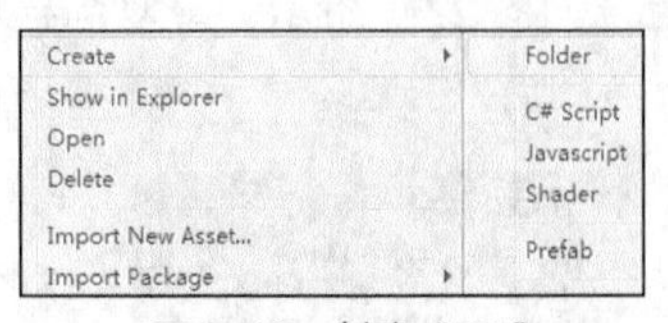

▲图 2-36　创建“FBX”

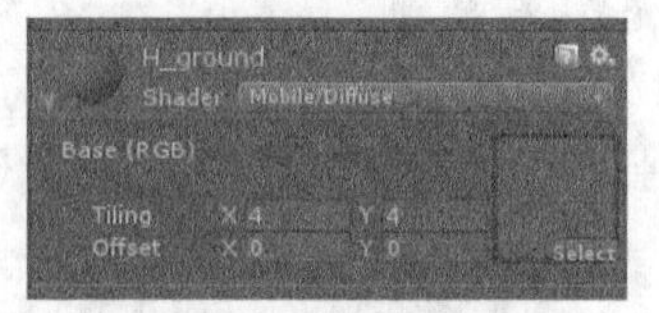

▲图 2-37　添加草地的材质球

（17）游戏地面搭建好后，在“FBX”文件中搜索“rail”“mountain”“arrow”和“train”等模型，并将其拖曳到 Scene 界面，然后将其调至合适大小位置，搭建出主菜单界面 3D 场景，如图 2-38 所示。

（18）界面搭建好以后自制一个天空盒，单击“Create”→“Material”，创建一个材质，在“Inspector”面板中选择“Skybox”→“6 Sided”，将图片拖至 Texture 面板中，如图 2-39 所示。创建完天空盒后，将其挂载到主摄像机上。

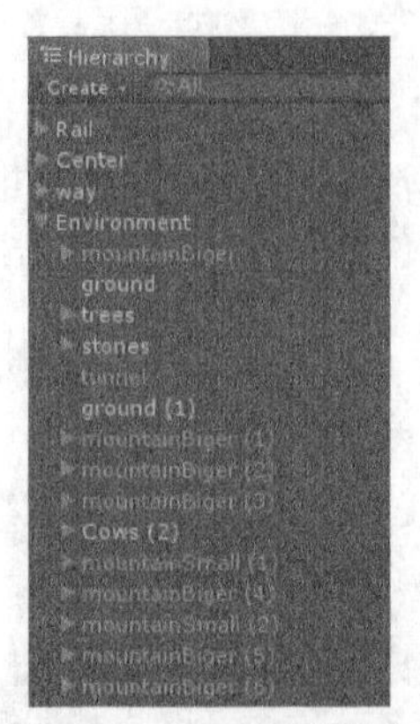

▲图 2-38　3D 界面的搭建

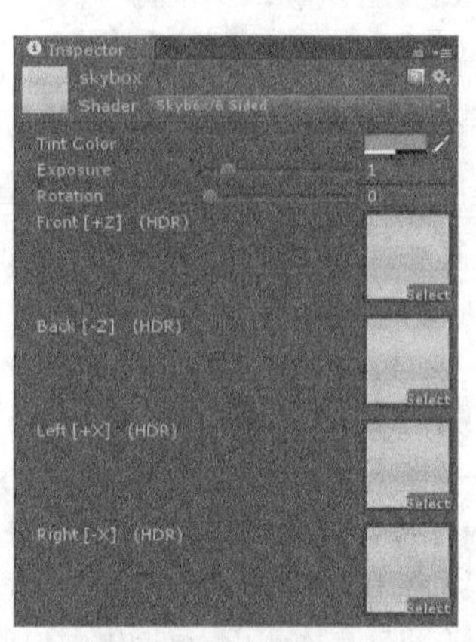

▲图 2-39　创建天空盒

（19）3D 场景搭建好后，在“Texture”文件中给各个模型挂载上合适的纹理图，如图 2-40 所示。然后搜索“MyWay.cs”脚本，并将其挂载到“train”游戏对象上，在右侧“Inspector”面板中找到此代码并将各个组件挂到各种位置上，如图 2-41 所示。

▲图 2-40　添加纹理图

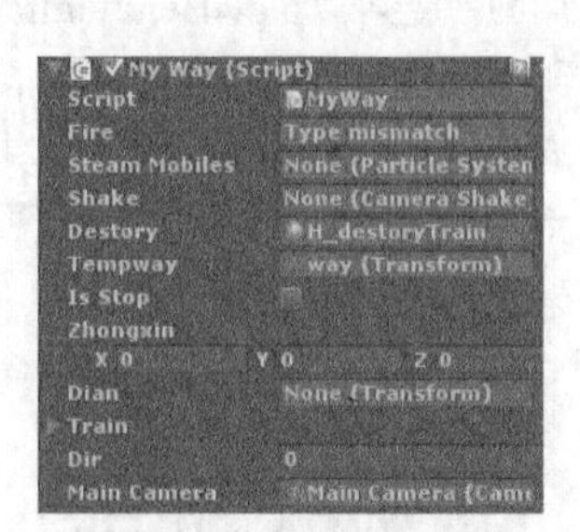

▲图 2-41　挂载脚本

（20）为了使场景更加细腻、鲜活，选中 Cows 模型，单击“Component”→“Miscellaneous”

→“Animation”，如图 2-42 所示。然后在“Animation”中设置 Cows 模型的摇头动作，使整个画面鲜活起来，如图 2-43 所示。

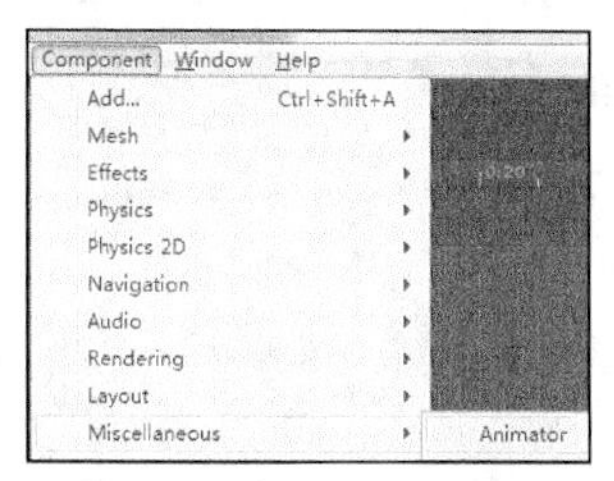

▲图 2-42 打开“Animation”

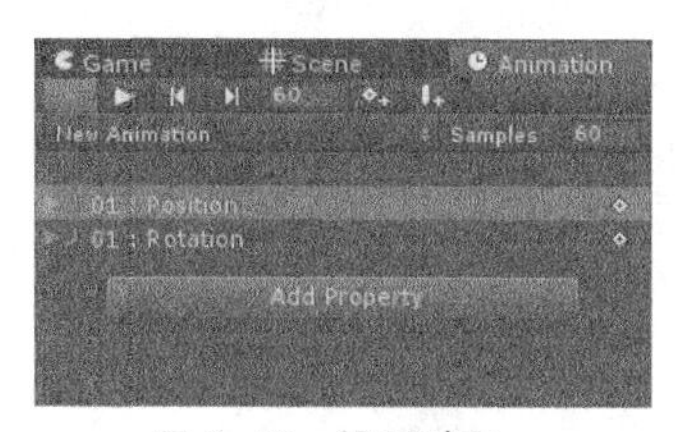

▲图 2-43 设置动画

（21）在 Project 面板中搜索“SteamMobile”粒子系统，在 Inspector 属性面板中设置该粒子系统的相关参数，并将其调整至最佳，如图 2-44 所示。然后将其挂载至火车烟筒位置，使火车在运行时具有蒸汽从烟筒中冒出，更具有真实感，如图 2-45 所示。

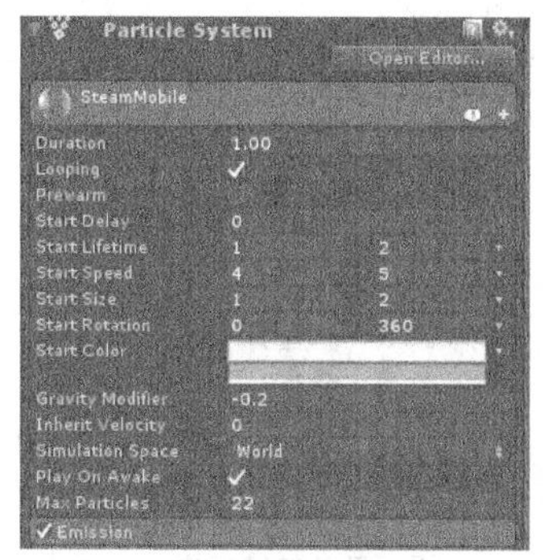

▲图 2-44 设置粒子系统参数

▲图 2-45 挂载粒子系统

（22）当模型贴上纹理贴图后，需要单击“Shader”右侧的下拉列表，单击“Mobile”→“Diffuse”，这样模型可以在手机上呈现更好的效果，如图 2-46 所示。同时为了达到摄像机一直跟随火车的效果，则需要把主摄像机挂到火车上，如图 2-47 所示。

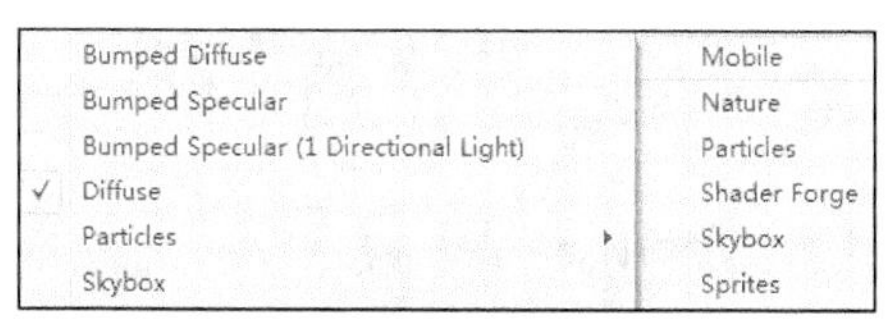

▲图 2-46 设置“Shader”脚本

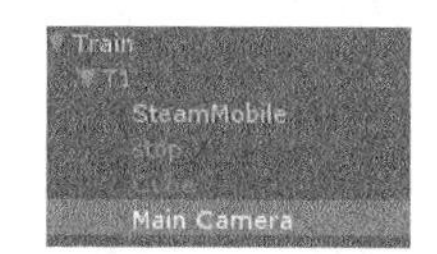

▲图 2-47 挂载主摄像机

2.4.2 各对象的脚本开发及相关设置

本节将介绍各个对象相关脚本的开发，实现各个界面的呈现和界面之间的跳转。此次设置中所有步骤均有详细介绍，下文中各个对象的脚本及相关设置开发中省略了部分重复步骤，读者应注意。具体步骤如下。

（1）在 Asserts 下右键单击“Create”→“Folder”，新建一个文件夹，如图 2-48 所示，并命名为“C#”。在文件夹中右键单击“Create”→“C# Script”，新建一个 C#脚本。命名为“UI_startButton.cs”，如图 2-49 所示。

（2）双击“UI_startButton.cs”脚本，进入“MonoDevelop”编辑器中，开始编写“UI_startButton.cs”脚本。本脚本主要是实现主菜单界面各个 Panel 的转换以及各个 Panel 按钮代码的实现，其中包括了 UI 界面各个按钮的功能方法，脚本代码如下。

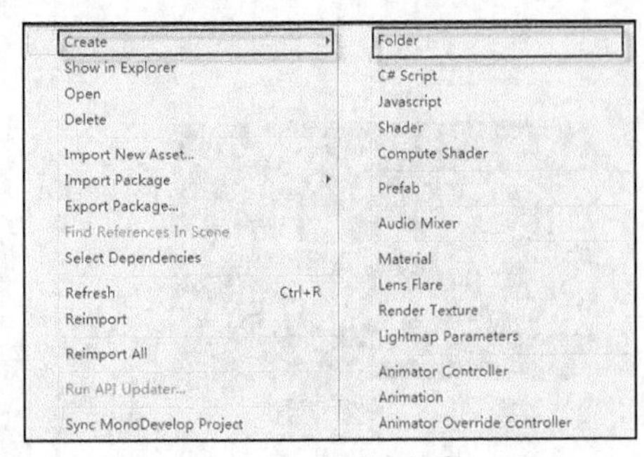

▲图 2-48　新建文件夹

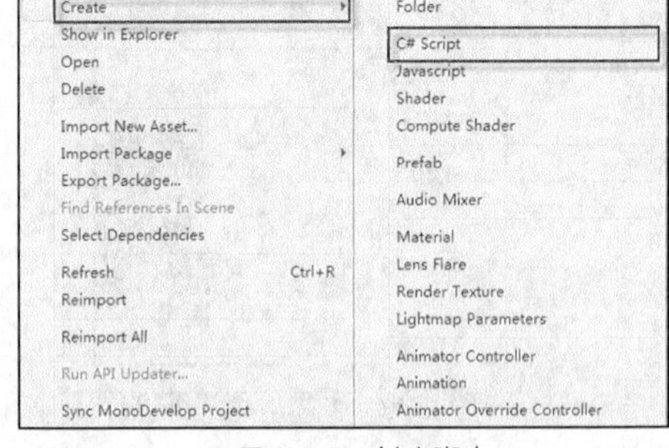

▲图 2-49　创建脚本

代码位置：见随书源代码/第 2 章目录下的 TrainAction/Assets/Resource/C#/ UI_startButton.cs。

```
1     using UnityEngine;
2     using System.Collections;
3     using UnityEngine.UI;
4     public class UI_startButton : MonoBehaviour{
5       /*篇幅有限，此处省略一些代码，有兴趣的读者可以自行查看源代码*/
6       void Start () {
7         thisT = this.transform;                         //声明坐标变量
8       }
9       void Update () {                                  //触摸屏幕游戏即可开始
10        if (Input.GetKey(KeyCode.Escape)){              //如果按到 Android 返回键
11          escapeTimes++;                                //标志位自加
12          StartCoroutine("resetTimes");                 //调用协程延期 1s
13          if (isMain && escapeTimes == 1){              //若为主界面
14            quitImage.SetActive(true);                  //显示退出界面
15          }else if(!isMain && escapeTimes ==1){         //若非主界面
16            back = true;                                //设置标志位为 true
17            isMain = true;                              //设置主界面标志位为 true
18            startButtonFlag = false;                    //设置开始按钮标志位 false
19            controlButtonFlag = false;                  //设置控制按钮标志位 false
20        }}
21        if (startButtonFlag){                           //回到主菜单界面
22          /*篇幅有限，此处省略一些代码，有兴趣的读者可以自行查看源代码*/
23      }}
24      public void click(){                              //进入到选关界面
25        /*篇幅有限，此处省略一些代码，有兴趣的读者可以自行查看源代码*/
26      }
27      public void choiceGameOne(){                      //进入第一关
28        /*篇幅有限，此处省略一些代码，有兴趣的读者可以自行查看源代码*/
29      }
30      public void choiceGameTwo(){                      //进入第二关
31        /*篇幅有限，此处省略一些代码，有兴趣的读者可以自行查看源代码*/
32      }
33      public void controlAudio(){                       //控制背景音乐和音效
34        /*篇幅有限，此处省略一些代码，有兴趣的读者可以自行查看源代码*/
35      }
36      public void controlAudioFlag(){                   //切换到控制界面
37        /*篇幅有限，此处省略一些代码，有兴趣的读者可以自行查看源代码*/
38      }
39      public void quit(){                               //确认退出游戏
40        Application.Quit();                             //退出游戏
41      }
42      public void cancel(){                             //取消退出游戏
43        /*篇幅有限，此处省略一些代码，有兴趣的读者可以自行查看源代码*/
44      }
45      public void quitButtonClick(){                    //切换到退出界面
46        /*篇幅有限，此处省略一些代码，有兴趣的读者可以自行查看源代码*/
47      }
48      public void backClick(){                          //返回游戏主界面
49        /*篇幅有限，此处省略一些代码，有兴趣的读者可以自行查看源代码*/
50      }
```

```
51      public void helpClick(){                          //切换到帮助界面
52          /*篇幅有限，此处省略一些代码，有兴趣的读者可以自行查看源代码*/
53      }}
```

- 第 1～3 行导入了本段代码所需要的系统包。
- 第 4、5 行的主要功能是系统包的导入以及变量的声明，主要声明了游戏开始界面的游戏对象，以及开始界面是否在摄像机前的标志位和按钮等。
- 第 6～8 行的主要功能是声明 thisT 为获取目标位置属性变量，使程序运行效率提高。
- 第 9～20 行的主要功能是实现 Android 返回键的监听，退出界面的切换和返回主菜单界面的功能。若当前界面为主界面，则使退出界面为可见，否则重置标志位，返回主界面。
- 第 21～23 行的主要功能是实现主菜单场景的切换。
- 第 24～32 行主要实现了关卡选择界面的切换，进入第一关和进入第二关功能，两个背景图片分别展示了第一关和第二关的游戏界面。玩家通过单击不同的关卡背景图片进入不同的关卡。
- 第 33～38 行主要是切换到控制音乐界面，通过选择不同的选项来调节游戏音效和背景音乐，给予玩家更好的游戏体验。
- 第 39～47 行主要实现了单击“退出”按钮切换到退出游戏界面，玩家通过单击“确定”或“取消”按钮选择继续或退出游戏。
- 第 48～50 行主要是单击“返回”按钮返回到游戏主菜单界面。
- 第 51～53 行主要是“帮助”按钮，单击“帮助”按钮后切换到帮助界面，玩家通过“帮助”按钮了解游戏规则。

（3）将脚本“UI_startButton.cs”拖曳到游戏对象列表中的“StartButton”对象上，实现单击不同的按钮完成不同的操作。单击“StartButton”对象，在 Inspector 属性面板中会出现此脚本的相应组件，单击展开脚本组件的内容，下面进行脚本相应对象的挂载。

（4）新建一个 C#脚本。命名为“MyWay.cs”，双击“MyWay.cs”脚本，进入“MonoDevelop”编辑器中，开始编写“MyWay.cs”脚本。该脚本主要是实现火车沿轨道运行，火车在变轨处转弯动作和火车碰撞翻车等效果，脚本代码如下。

代码位置：见随书源代码/第 2 章目录下的 TrainAction/Assets/Resource/C#/ UI_ MyWay.cs。

```
1      using UnityEngine;
2      using System.Collections;
3      using System.Collections.Generic;
4      public class MyWay : MonoBehaviour {
5      /*篇幅有限，此处省略一些代码，有兴趣的读者可以自行查看源代码*/
6      void Awake () {
7      /*篇幅有限，此处省略一些代码，有兴趣的读者可以自行查看源代码*/
8      }
9      void Update () {
10      /*篇幅有限，此处省略一些代码，有兴趣的读者可以自行查看源代码*/
11         Rotate();                                        //火车转向
12         thisT.Translate(thisT.forward * Time.deltaTime * 5, Space.World);//火车动力方向
13     }
14     IEnumerator change(int ind){                         //恢复火车进行
15         yield return new WaitForSeconds(1);              //暂停一秒钟
16         isCheck[ind] = false;                            //查看标志位置为 false
17     }
18     void Rotate(){                                       //火车旋转方向
19      /*篇幅有限，此处省略一些代码，有兴趣的读者可以自行查看源代码*/
20      }}
21     bool Dis(Vector3 a, Vector3 b,float dis){            //判断距离大小
22     /*篇幅有限，此处省略一些代码，有兴趣的读者可以自行查看源代码*/
23     }
24     bool Traversal(){                                    //遍历铁轨标志位
25     /*篇幅有限，此处省略一些代码，有兴趣的读者可以自行查看源代码*/
26     }
```

```
27      void initPoint(){                                      //初始化铁轨节点
28      /*篇幅有限，此处省略一些代码，有兴趣的读者可以自行查看源代码*/
29      }
30      public void TurnOver(){                                //使火车翻车
31          F_touchPlane.trainStatus = 2;                      //重置触屏状态置
32          F_staticNum.isStartSence = false;                  //游戏开始标志位置为 false
33          GetComponent<AudioSource>().Play();                //开启碰撞音效
34          if(!SoundPuase.isYinxiao){                         //如果音效未开
35              GetComponent<AudioSource>().Pause();           //暂停音效
36          }
37          thisT.gameObject.AddComponent<Rigidbody>();        //添加刚体
38          foreach(Transform tempt in thisT.parent){
39              tempt.GetComponent<Collider>().enabled = true; //开启碰撞器
40          }
41          thisT.GetComponent<Renderer>().material = destory; //更换材质为摧毁材质
42          isStop = true;
43          thisT.GetComponent<Rigidbody>().velocity           //随机产生力度
44                 =newVector3(Random.Range(-10,10),0,Random.Range(-10, 10));
45          shake.Shake();                                     //摄像机抖动
46          fire.Play();                                       //火焰启用
47          steamMobiles.Stop();
48          isSucc.Change(false);                              //重置火车状态
49      }
50      private void checkOver(){                              //查看火车与节点距离
51      /*篇幅有限，此处省略一些代码，有兴趣的读者可以自行查看源代码*/
52      }}}}
```

- ❑ 第 1～3 行导入了本段代码所需要的系统包。
- ❑ 第 4～5 行的主要功能是系统包的导入以及变量的声明，主要声明了游戏开始界面这一游戏对象，以及火车状态的标志位和火车需要的材质等。
- ❑ 第 6～8 行的主要功能是声明 thisT 为获取目标位置属性变量，使程序运行效率提高，同时调用 initPoint 方法初始化铁轨节点。
- ❑ 第 9～13 行的主要功能是根据火车与铁轨标志点的距离大小，控制火车的前进方向和火车拐弯的时机，通过根据圆心更改火车模型坐标系使火车发生转动。通过 Update 方法实时监控火车的运行动态，使火车运行效果真实感大大提高。
- ❑ 第 14～17 行为协程的运用，在 Update 方法调用中暂停 1s，同时更改铁轨标志位的状态值，时刻监控火车运行位置。
- ❑ 第 18～20 行为火车转向的方法，控制火车模型坐标系发生旋转，使火车实现在拐角处发生转弯动作。
- ❑ 第 21～23 行的主要功能为时刻检测火车与铁路轨道节点之间的距离大小，当距离小于设定界限时，则操纵火车变轨操作。
- ❑ 第 24～26 行的功能为遍历铁轨所有节点。
- ❑ 第 27～29 行的主要功能为初始化铁轨节点，在 Awake 方法中调用此方法。
- ❑ 第 30～49 行的主要功能为使火车在相撞时翻车，先修改触屏时的标志位，关闭火车运行时音效，开启火车碰撞音效，随机产生碰撞力使火车翻滚，更换纹理图，启动火焰离子效果，摄像机启动抖动效果。
- ❑ 第 50～52 行的主要功能是核查火车与铁轨节点之间距离，若铁路轨道未及时变轨，火车会调用 TurnOver 方法使火车进行翻转动作。

（5）新建一个 C#脚本。命名为“SoundPuase.cs”，双击“SoundPuase.cs”脚本，进入“MonoDevelop”编辑器中，开始编写“SoundPuase.cs”脚本。该脚本主要是实现控制游戏背景音乐和音效的开启和关闭，其脚本代码具体如下。

代码位置：见随书源代码/第 2 章目录下的 TrainAction/Assets/Resource/C#/my/SoundPuase.cs。

```
1       using UnityEngine;
2       using System.Collections;
```

```
3     using UnityEngine.UI;
4     public class SoundPuase : MonoBehaviour {
5     /*篇幅有限，此处省略一些代码，有兴趣的读者可以自行查看源代码*/
6     void Awake(){
7       thisT = this;                                          //声明 thisT 变量
8       isplay = isp;                                          //设置开始标志位
9       int tempy = 0;                                         //设置标识变量
10      int tempx = 0;                                         //设置标识变量
11      if (PlayerPrefs.GetInt("yinyue") == 0){                //若音乐未播放
12          PlayerPrefs.SetInt("yinyue", 2);                   /开启背景音乐
13      }else{
14         tempy = PlayerPrefs.GetInt("yinyue");               //获取当前音乐编号
15         yinyueT.isOn = (tempy == 1 ? false : true);  //设置音乐开启或关闭
16      }
17      if (PlayerPrefs.GetInt("yinxiao") == 0){               //若音效未播放
18          PlayerPrefs.SetInt("yinxiao", 2);                  //开始动作音效
19      }else{
20         tempx = PlayerPrefs.GetInt("yinxiao");              //获取当前音效编号
21         yinxiaoT.isOn = (tempx == 1 ? false : true);//设置音效开启或关闭
22      }}
23      void Start(){
24      /*篇幅有限，此处省略一些代码，有兴趣的读者可以自行查看源代码*/
25      }
26      public void Changeyinyue(){                            //开始背景音乐
27          yinyuechange(yinyueT.isOn);                        //调用开启音乐方法
28      }
29      public void Changeyinxiao(){                           //开始动作音效
30          yinxiaoChange(yinxiaoT.isOn);                      //调用开启音效方法
31      }
32      private static void yinyuechange(bool flag){
33      /*篇幅有限，此处省略一些代码，有兴趣的读者可以自行查看源代码*/
34      }}
35      private static void yinxiaoChange(bool flag){
36         isYinxiao = flag;                           //重置音乐状态标志位
37        if (!isplay){                                //若没有播放
38         return;                                     //直接返回
39        }
40        if (!flag){                                            //若没有开启音乐
41         for (int i = 0; i < thisT.yinxiao.Length; i++){ //遍历音乐列表
42               thisT.yinxiao[i].Pause();                       //暂停音乐
43           }
44           PlayerPrefs.SetInt("yinxiao", 1);                   //设置音乐状态
45        }else{
46         for (int i = 0; i < thisT.yinxiao.Length; i++){ //遍历音乐列表
47               thisT.yinxiao[i].UnPause();                     //暂停音乐
48           }
49           PlayerPrefs.SetInt("yinxiao", 2);                   //设置音乐状态
50    }}}
```

- 第 1～3 行导入了本段代码所需要的系统包。
- 第 4～5 行的主要功能是系统包的导入以及变量的声明，其中包含了游戏音乐音效，以及火车状态的标志位和火车音效标志位等。
- 第 6～10 行的主要功能是初始化游戏标志位，并声明标识变量。
- 第 11～22 行的功能为获取当前音乐播放编号，设置游戏背景音乐和游戏音效的开启和关闭。获取当前的音乐编号，若当前没有开启火车运行音效，则根据标志位开启或关闭火车运行音效。若当前没有开启游戏背景音乐，则根据标志位开启或关闭音乐。
- 第 23～31 行的主要功能为开启游戏背景音乐和火车运行音效的设置方法。
- 第 32～34 行的功能是开启关闭音乐后改变音乐和音效的标志位。
- 第 35～50 行的主要功能是重置音乐状态标志位，若没有开启音乐则直接返回，否则遍历音乐列表，暂停已播放的音乐，重新设置音乐状态。

（6）新建一个 C#脚本。命名为“Help.cs”，双击“Help.cs”脚本，进入“MonoDevelop”编辑器中，开始编写“Help.cs”脚本。该脚本主要是实现帮助界面图片自动居中效果，随意滑动帮

助界面，帮助图片自动居中，脚本代码如下。

代码位置：见随书源代码/第 2 章目录下的 TrainAction/Assets/Resource/C#/my/Help.cs。

```
1     using UnityEngine;
2     using System.Collections;
3     using System.Collections.Generic;
4     public class Help : MonoBehaviour {
5         /*篇幅有限，此处省略一些代码，有兴趣的读者可以自行查看源代码*/
6         void Awake(){
7             thisT = this.transform;
8             init();                                              //把所有子图放到数组
9         }
10        void Update(){
11            if (count >22 &&Input.touchCount > 0            //若滑动屏幕
12                   && Input.touches[0].phase == TouchPhase.Moved){
13                float temp1 = Input.touches[0].deltaPosition.x;  //声明距离增量
14                if (temp1 > 0.5f){                                //若大于 0.5f
15                     if (imageIndex <= 0){                         //若居中图片小于 0
16                          return;                                  //直接返回
17                     }
18                     LR = 1;                                      //设置滑动方向为右
19                     count = 0;                                   //计时器置为 0
20                     imageIndex--;                                //居中图片号减 1
21                }else if (temp1 < -0.5f){                         //若小于 0.5f
22                    if (imageIndex >=3){                          //若图片号大于等于 3
23                         return;                                  //直接返回
24                    }
25                    LR = -1;                                      //设置滑动方向为左
26                    count = 0;                                    //计时器置为 0
27                    imageIndex++;                                 //居中图片号加 1
28            }}
29            if (count <= 22){                                     //计时器小于 22
30                trans(LR);                                        //移动图片
31                count++;                                          //计时器自加
32        }}
33        private void init(){
34            List<Transform> temp = new List<Transform>();         //创建新的图片列表
35            foreach (Transform tr in thisT){                      //遍历所有图片
36                temp.Add(tr);                                     //添加图片
37            }
38            SonHelp = temp.ToArray();
39        }
40        private void trans(int dir){                              //设置图片位置
41            thisT.localPosition = new Vector3(thisT.localPosition.x + 25 * dir, 0, 0);
42    }}
```

- 第 1～3 行导入了本段代码所需要的系统包。
- 第 4～5 行的主要功能为变量的声明，其中包括图片位置数组，当前居中图片编号，计时器和左划右划标志位等。
- 第 6～9 行的具体功能为声明 thisT 变量，并把所有的子图放到数组。
- 第 10～28 行的主要功能为监听触控事件，当计时器大于设定值，手指滑动屏幕，获取滑动距离增量，判断如果值大于 0.5f，则把滑动方向置为右，重置计时器，居中图号减 1。
- 第 29～32 行的功能为更新帮助图片位置。当计时器小于设定值，移动图片位置，计时器自加。
- 第 33～39 行的主要功能为更新图片列表，创建新的图片列表，遍历所有图片，添加图片。
- 第 40～42 行的主要功能为设置图片位置，根据滑动方向标志位重新设定图片位置。

（7）建立一个 C#脚本，并将其命名为“isSucc.cs”，双击“isSucc.cs”脚本，进入“MonoDevelop”编辑器中，开始编写“isSucc.cs”脚本。该脚本的具体功能为控制游戏 UI 层界面的显示和切换，根据火车状态控制不同界面可见或不可见，具体脚本代码如下。

代码位置：见随书源代码/第 2 章目录下的 TrainAction/Assets/Resource/C#/my/ isSucc.cs。

```
1     using UnityEngine;
2     using System.Collections;
3     public class isSucc : MonoBehaviour {
```

```
4        public static int level = 1;                       //初始化游戏场景标志位
5        public GameObject fail;                            //声明游戏失败界面
6        public GameObject pu;                              //声明游戏暂停界面
7        public GameObject suc;                             //声明完成游戏界面
8        public GameObject puase;                           //声明暂停按钮
9        public static isSucc thisT;
10       void Awake(){
11           thisT = this;                                  //初始化 thisT 变量
12       }
13       public static void Change(bool flag){             //游戏失败为 fail
14           if (flag){                                     //若完成任务
15               level--;                                   //场景标志位自减
16               if (level == 0){
17                   thisT.isSuc();                         //调用游戏通关界面
18           }}else{
19               thisT.isfaill();                           //调用游戏失败界面
20       }}
21       public void isSuc(){                               //完成任务
22           Enables();                                     //关闭暂停界面
23           suc.SetActive(true);                           //通关界面置为可见
24       }
25       public void isfaill(){                             //游戏失败
26           Enables();                                     //关闭暂停界面
27           fail.SetActive(true);                          //失败界面置为可见
28       }
29       private void Enables(){                            //关闭暂停界面
30           puase.SetActive(false);                        //暂停按钮置为不可见
31           pu.SetActive(false);                           //暂停界面置为不可见
32   }}
```

- 第 1～2 行的主要功能为导入了本段代码所需要的系统包。
- 第 3～9 行的功能为变量的声明。其中包括游戏暂停界面、游戏失败界面、完成游戏任务界面、初始化游戏场景标志位和“暂停”按钮等。
- 第 10～12 行的功能为初始化 thisT 变量。
- 第 13～20 行的主要功能为控制游戏 UI 界面的显示。若 flag 标志位为 true，场景标志位自减，若 level 为 0，则开启游戏通关界面。若 flag 为 false，则调用游戏失败 UI 界面。
- 第 21～24 行的功能为切换的完成任务界面。关闭暂停界面，通关游戏 UI 界面置为可见。
- 第 25～28 行的功能为切换到游戏失败界面。关闭暂停界面，游戏失败界面置为可见。
- 第 29～32 行的功能为“暂停”按钮置为不可见，暂停界面置为不可见。

2.5 游戏场景

从本节开始将依次介绍本游戏中各个游戏场景的开发，首先介绍的是本案例中的第一关游戏场景。该场景为玩家在关卡界面单击第一关后呈现，第一关为试玩关卡，较为简单。

2.5.1 关卡一游戏场景搭建

搭建游戏界面的场景，步骤比较繁琐。通过此游戏界面的开发，读者可以熟练地掌握游戏场景开发的基础知识，同时也会积累一些开发技巧和开发细节，具体步骤如下。

（1）创建一个“TGameOne”场景，具体参考主菜单界面开发的相应步骤，此处不再赘述。需要的音效与图片资源已经放在对应文件夹下，读者可参看第 2.4.1 节中的相关内容。

（2）创建地面。平行光源、主摄像机已自动生成，下面需单击“Create”→“3D Object”→“Plane”，如图 2-50 所示，并将其改名为“Ground”。在 Texture 文件夹下搜索“H_ground”材质球，将其挂载到“Ground”组件上，如图 2-51 所示。

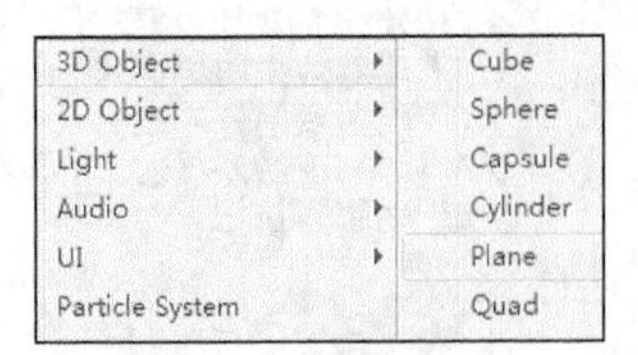

▲图 2-50　新建 Plane

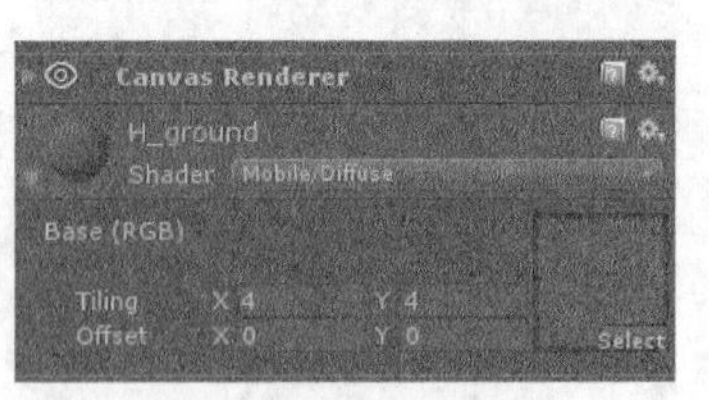

▲图 2-51　添加材质球

（3）创建铁轨。单击“Create”→“Create Empty”，将其改名为“Rail”。然后在 Assets 下搜索“rail”轨道模型，如图 2-52 所示，按照设计好的游戏场景，将轨道调整到合适的大小和角度，并与“Rail”建立父子关系，使 Hierarchy 界面容易维护，如图 2-53 所示。

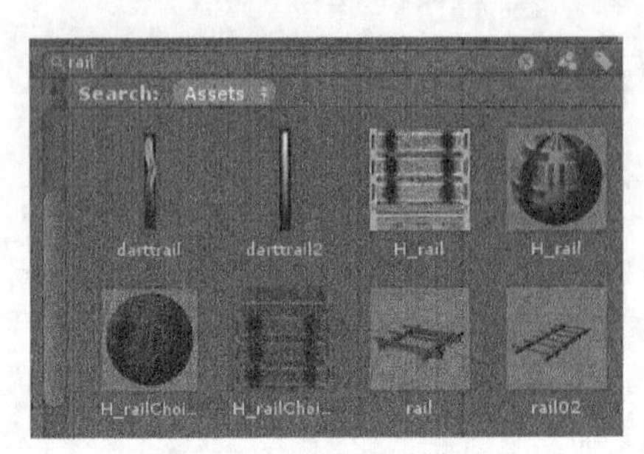

▲图 2-52　搜索 rail 模型

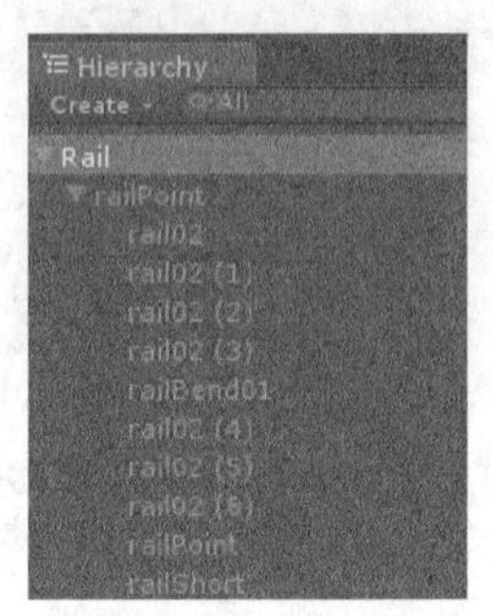

▲图 2-53　创建 rail

（4）为“Rail”模型添加纹理图。在 Texture 文件夹下搜索“H_rail”，如图 2-54 所示。将其挂载到“Rail”模型上。接下来添加终点模型，在 Assets 下搜索“house”，将其调整到合适大小和位置，向 Scene 中添加两个“house”模型，如图 2-55 所示。

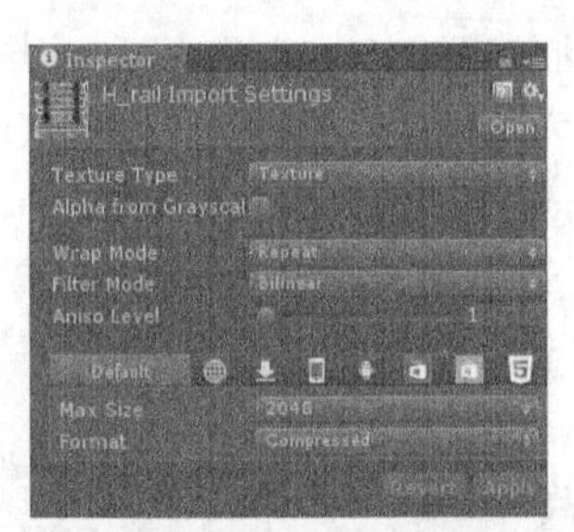

▲图 2-54　搜索 rail 纹理图

▲图 2-55　添加终点站

（5）为“house”模型添加纹理图。在 Assets 中搜索“H_house”，如图 2-56 所示，选择“H_house_red”和“H_house_green”材质球分别添加在两个“house”模型上，如图 2-57 所示。

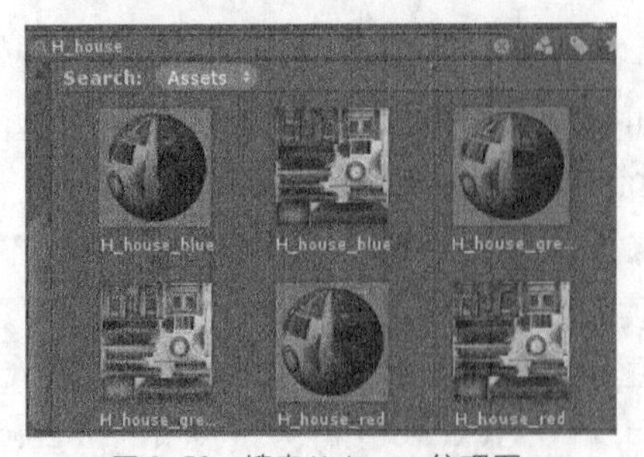

▲图 2-56　搜索 H_house 纹理图

▲图 2-57　添加纹理图

（6）在场景中添加树木模型。单击“Create”→“Create Empty”，将其改名为“Environment”。

在 Assets 中搜索“tree”模型，向场景中随机加入多棵树木，如图 2-58 所示。然后为“tree”模型添加“H_tree”纹理图，如图 2-59 所示。

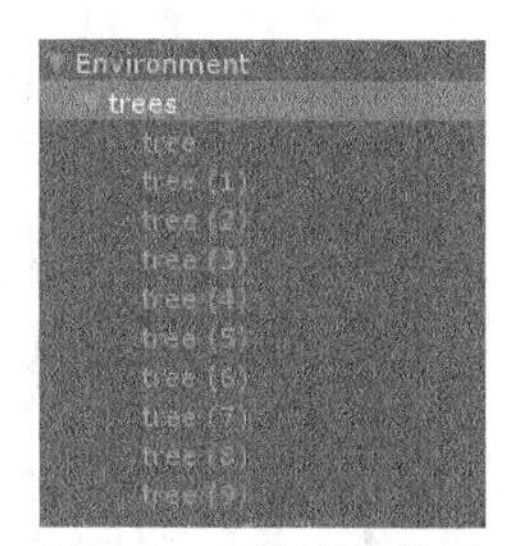

▲图 2-58　添加树木模型

▲图 2-59　添加纹理图

（7）添加山丘模型。在 Assets 中搜索“mountain”，向游戏场景中添加多个山丘模型，调整山丘模型大小和位置，并为其添加纹理图“H_mountain”，如图 2-60 所示。之后在 Assets 中搜索“cow”模型，如图 2-61 所示。

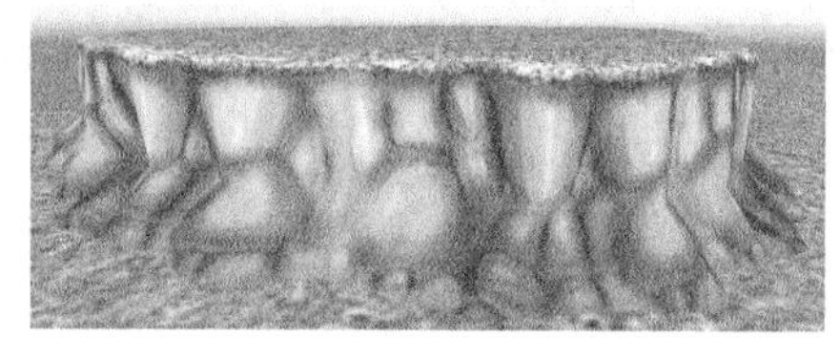

▲图 2-60　添加山丘模型

（8）为“cow”模型添加纹理图和动画。在 Assets 中搜索“H_cows”纹理图，将其添加到“cow”模型上。然后向游戏场景中添加多个“cow”模型，调整其位置和大小。单击“Window”→“Animation”，打开“Animation”，然后选中“cows”的子类“01”，为其添加动画，如图 2-62 所示。

▲图 2-61　添加 cow 模型

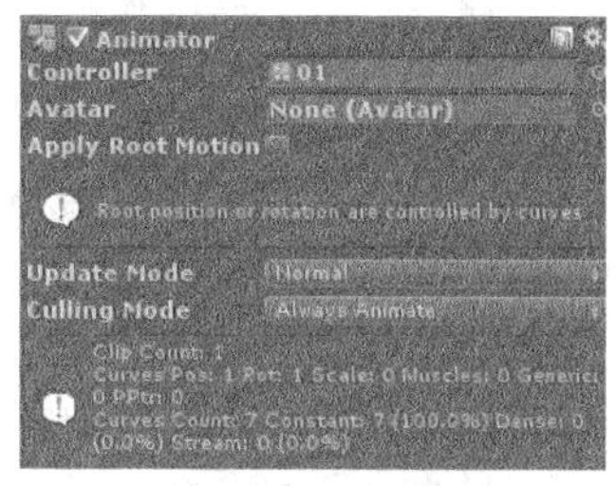

▲图 2-62　添加动画

（9）为场景添加火车隧道模型。在 Assets 中搜索“tunnel”模型，将其添加到 Scene 场景中，调整其大小和位置，并为其添加“H_tunnel”纹理图，如图 2-63 所示。下面为场景中添加火车模型，搜索“train”模型，将其添加到 Scene 场景中，如图 2-64 所示。

▲图 2-63　调整隧道模型

▲图 2-64　添加火车模型

（10）给火车模型添加纹理图。在 Assets 中搜索“H_train”，选中“H_trainBody_red”和“H_trainTop_red”两个纹理图，分别为火车车头和车身添加纹理图，调整游戏场景模型之间的大小和位置关系，如图 2-65 所示。

（11）为场景中添加触碰板和指示箭头。首先创建 3 个“Plane”，分别放置铁轨变轨处，为其添加“H_touch”纹理图，单击“Shader”→“Standard”。然后搜索“arrow”模型，将其放置 Scene 场景中 “Plane”上方，如图 2-66 所示。

▲图 2-65　调整游戏场景模型

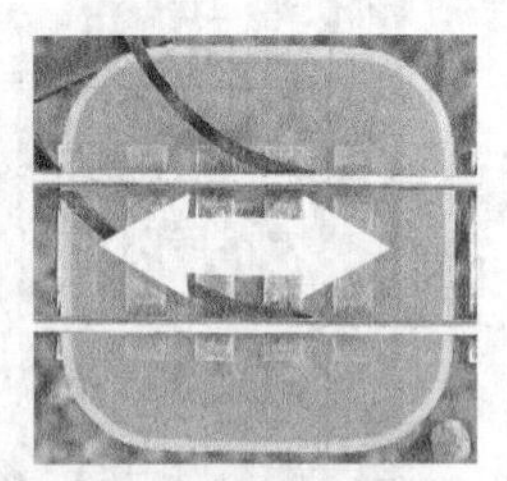
▲图 2-66　添加触摸板

（12）接下来为铁轨添加辅助节点。单击“Create”→“Create Empty”，将其改名为“way”。然后选中“Resources”，单击“Create”→“Prefab”，创建一个预制件，并将其改名为“pint”，如图 2-67 所示。然后将其安置在铁轨的各个变轨处，并与“way”组件建立父子关系，如图 2-68 所示。

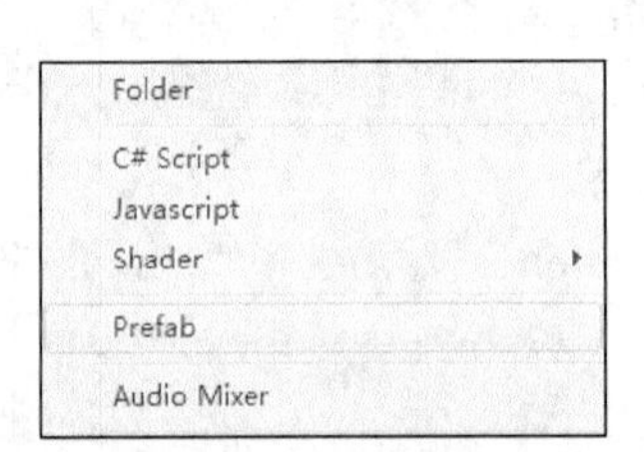

▲图 2-67　创建预制件

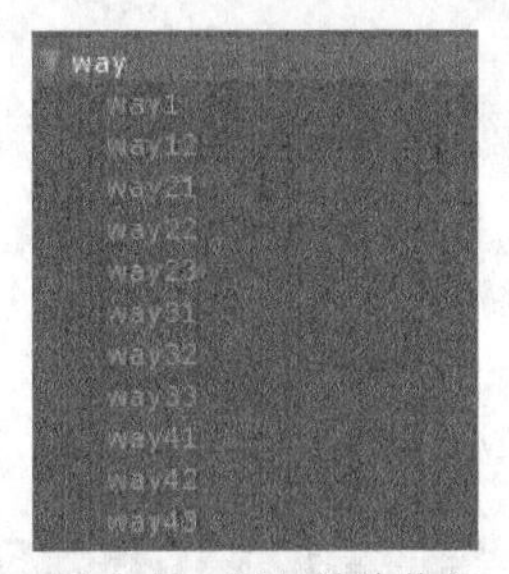

▲图 2-68　添加铁轨节点

（13）下面创建铁路变轨处中心节点。单击“Create”→“Create Empty”，将其改名为“Center”。选中“Resources”，单击“Create”→“Prefab”，创建一个预制件，并将其改名为“Center”，如图 2-69 所示。然后使 4 个预制件与“Center”建立父子关系，并将其改名为“point”，如图 2-70 所示。

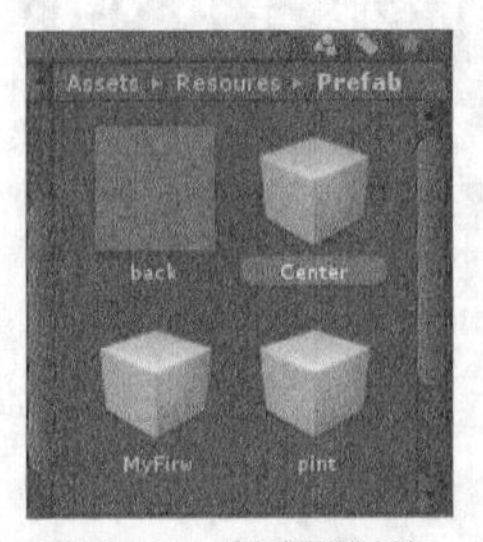

▲图 2-69　创建预制件

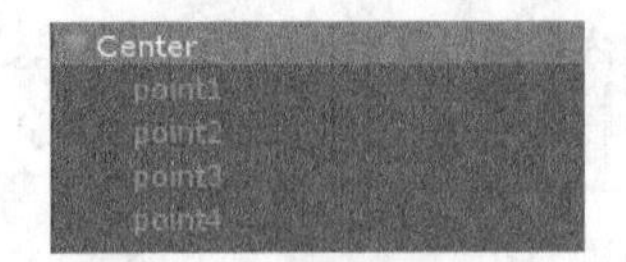

▲图 2-70　添加变轨中心

（14）接着需要为每一个铁轨节点挂载“MyCenter.cs”脚本，设置对应属性面板上的变量参数，如图 2-71 所示。然后为所有铁路变轨处的中心节点挂载“ToPoint.cs”脚本，并设置属性面板上变量参数，如图 2-72 所示。

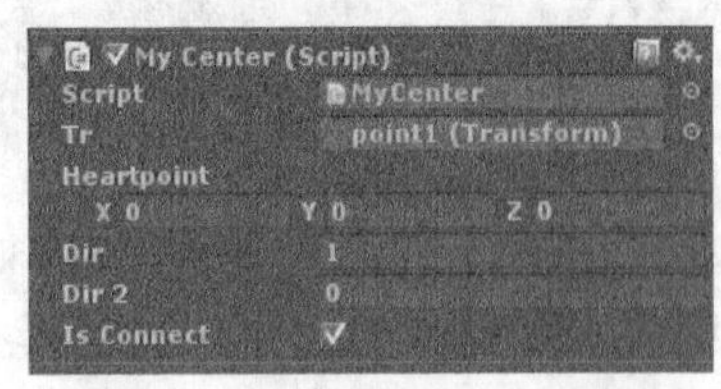

▲图 2-71　挂载脚本“MyCenter.cs”

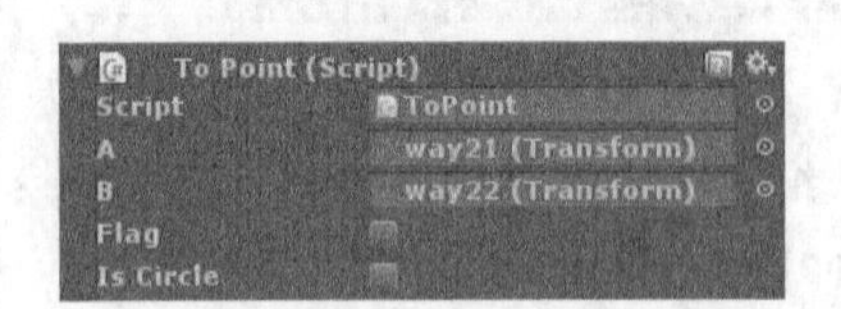

▲图 2-72　挂载脚本“ToPoint.cs”

（15）为终点添加标示节点。单击“Create”→“Create Empty”，将其改名为“Stop”。将两个“Center”预制件分别放置两处终点模型处，并与“Stop”建立父子关系，如图 2-73 所示。

（16）下面为火车模型“Train”挂载“Control.cs”脚本。设置 Inspector 面板上的对应变量参数，其中包括火车头和车身、终点标示节点等，如图 2-74 所示。

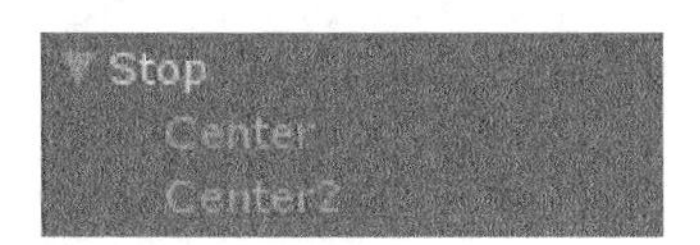

▲图 2-73　添加终点标示节点

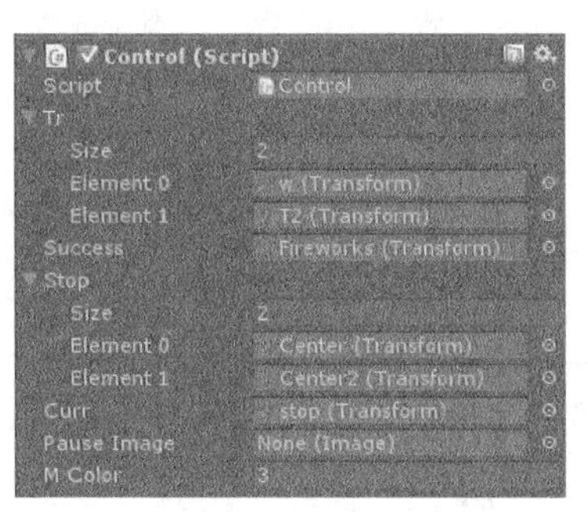

▲图 2-74　挂载脚本“Control.cs”

（17）接着为火车模型添加粒子系统。在 Assets 中搜索“fx_fire_g (1)”烟火粒子系统，将其加载到 Scene 场景中，调整其位置和 Inspector 面板上的属性变量，如图 2-75 所示。当火车到达正确终点站时，开启烟火粒子系统，标志完成游戏任务。

（18）为火车添加火焰粒子系统。在 Assets 中搜索“Fireworks”，将其添加至 Scene 场景中，调整其位置和 Inspector 面板上的属性变量，如图 2-76 所示。

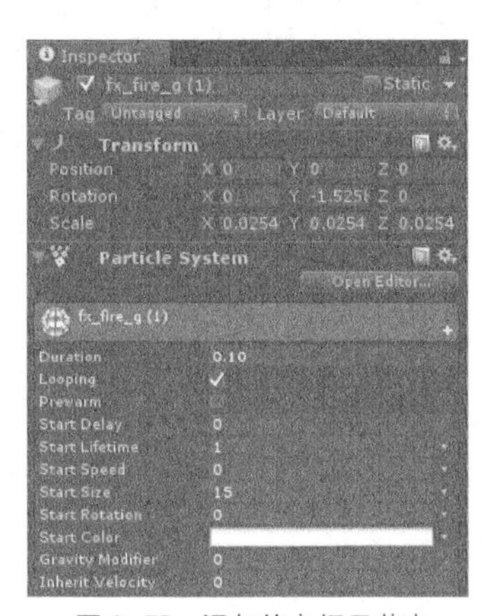

▲图 2-75　添加终点标示节点

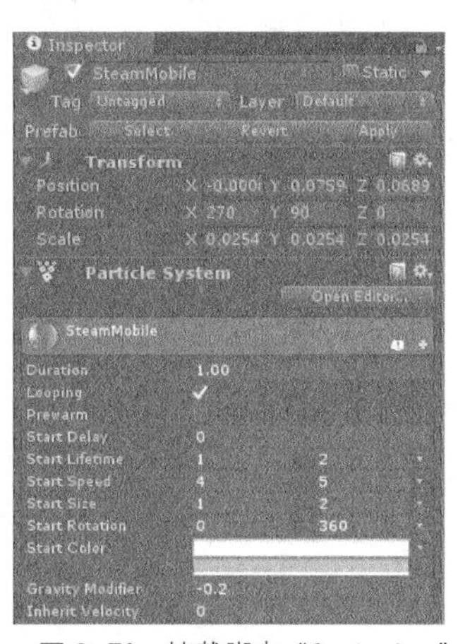

▲图 2-76　挂载脚本“Control.cs”

2.5.2　游戏模型设置及脚本开发

本节将要介绍游戏箭头 Shader 脚本的开发和火车移动脚本的开发，实现箭头模型弯曲和火车变轨转弯等功能，具体步骤如下。

（1）首先选中“Resources”文件夹，右击，“Create”→“Folder”，并将其改名为“Shaders”，如图 2-77 所示。单击“Create”→“Shader”→“Standard Surfface Shader”，创建一个 Shader 脚本，将其改名为“arrowNiuqu01”，如图 2-78 所示。

（2）双击“arrowNiuqu01”脚本，进入“MonoDevelop”编辑器中，开始“arrowNiuqu01.shader”脚本的编写。此脚本的具体功能为根据模型点的 x 坐标是否小于 0，控制箭头模型发生弯曲效果，设置模型颜色为红色，脚本代码如下。

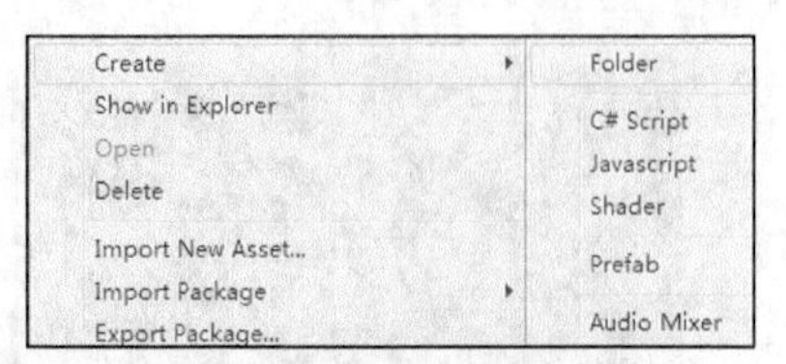

▲图 2-77　创建“Folder”

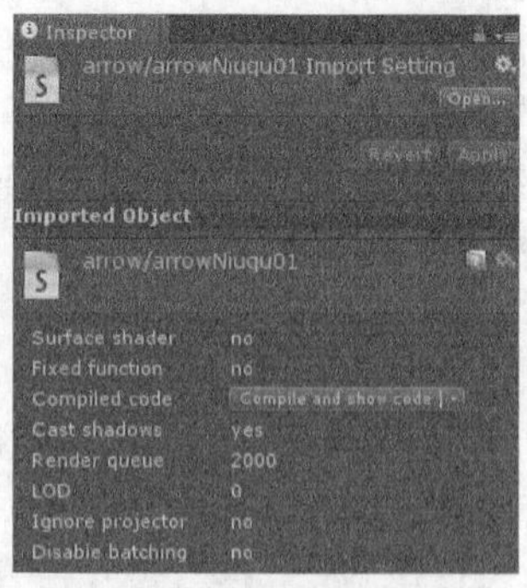

▲图 2-78　创建“Shader”脚本

代码位置：见随书源代码/第 2 章目录下的 TrainAction/Assets/Resources/Shaders/arrowNiuqu01.shader。

```
1    Shader "arrow/arrowNiuqu01" {
2        Properties{
3            _Angle("angle",Range(-1.785,0))=0         //声明 angle 属性变量
4            _Ads("ads",Range(0,1))=0.1                //声明 ads 属性变量
5        }
6        SubShader {                                   //创建 SubShader
7            pass{                                     //创建 psss
8                CGPROGRAM
9                #pragma vertex vert                   //创建 vert 函数
10               #pragma fragment frag                 //创建 frag 函数
11               #include "UnityCG.cginc"              //导入 UnityCG.cginc
12               float4x4 sm;                          //创建 4x4 矩阵
13               float _Angle;                         //创建 Angle 变量
14               float _Ads;                           //创建 Ads 变量
15               struct df{                            //创建结构体 df
16                   float4 pos:POSITION;              //声明 position 变量
17                   fixed4 color:COLOR;               //声明 color 变量
18               };
19               df vert(appdata_base v){
20                   float angle = _Angle;             //获取当前角度
21                   float4x4 n={                      //创建坐标系
22                       float4(cos(angle*2),0,sin(angle*2),0), //确定 x 坐标位置
23                       float4(0,1,0,0),                      //确定 y 坐标位置
24                       float4(-sin(angle*2),0,cos(angle*2),0),//确定 z 坐标位置
25                       float4(0,0,0,1)
26                   };
27                   float4x4 n2={                             //创建坐标系
28                       float4(cos(angle),0,sin(angle),0),    //确定 x 坐标位置
29                       float4(0,1,0,0),                      //确定 y 坐标位置
30                       float4(-sin(angle),0,cos(angle),0),   //确定 z 坐标位置
31                       float4(0,0,0,1)
32                   };
33                   df d;                                     //声明结构体
34                   float4 b;                                 //声明辅助变量
35                   if(v.vertex.x >0){                        //如果节点坐标大于 0
36                       b=mul(v.vertex,n);                    //节点坐标与 n 相乘
37                   }else{                                    //如果节点坐标小于 0
38                        b=mul(v.vertex,n2);                  //节点坐标与 n2 相乘
39                   }
40                   b.z+=angle/20;                     //增加节点 z 值
41                   d.pos = mul(UNITY_MATRIX_MVP,b);   //将物体坐标转到屏幕坐标
42                   d.color=fixed4(1,0,0,1);           //设置坐标颜色为红色
43                   return d;
44               }
45               fixed4 frag(df IN):COLOR{              //设置节点颜色
46                   return IN.color;                   //返回结构体中节点颜色
47               }
48               ENDCG
49       }}
50       FallBack "Diffuse"
51   }
```

- ❑ 第 1～5 行主要在“Properties”属性中添加_Angle 和_Ads 属性，以帮助在 Inspector 面板中调试程序，同时把默认“Custom”改成“arrow”，便于后期调试。
- ❑ 第 6～14 行主要导入所需“UnityCG.cginc”和创建变量。
- ❑ 第 15～18 行主要创建 df 结构体，声明 Position 和 Color 变量。
- ❑ 第 19～32 行主要创建两个坐标系，分别与箭头模型前半部分和后半部分坐标相乘，其中前半部分坐标的改变角度是后半部分的 2 倍。
- ❑ 第 33～44 行用于判断节点是前半部分或后半部分，将其坐标与对应 n 或 n2 坐标系相乘，得到更改后的坐标系。然后增加节点坐标 z 值，使指针模型扭转更自然，接下来与系统坐标系“UNITY_MATRIX_MVP”相乘，得到屏幕坐标，最后设置节点颜色为红色。
- ❑ 第 45～51 行返回节点颜色，即结构体中颜色值。

（3）选中 C#文件夹，单击“Create”→“C# Script”，并将其改名为“F_touchPlane”。此脚本的具体功能是控制游戏的开始、改变铁路变轨操作和火车拐弯动作等，进入游戏界面时火车停在起点，屏幕下方出现“单击游戏开始”字样，随意单击屏幕，则游戏开始，脚本代码如下。

代码位置：见随书源代码/第 2 章目录下的 TrainAction/Assets/Resources/C#/ F_touchPlane.cs。

```
1      using UnityEngine;
2      using System.Threading;
3      using System.Collections;
4      using UnityEngine.UI;
5      public class F_touchPlane : MonoBehaviour {
6          /*篇幅有限，此处省略一些代码，有兴趣的读者可以自行查看源代码*/
7          void Update () {
8          /*此处省略 Update 方法详细代码，将在下面进行详细介绍*/
9          }
10         void ro(){                                            //火车旋转
11             for (int i = 0; i < tempI.Length;i++ ){           //遍历辅助节点
12                 if (tempI[i] < speed){                        //小于设定速度值
13                     array[i].GetComponent<Renderer>()         //调用着色器改变指针角度
14                       .material.SetFloat("_Angle", Mathf.Lerp(b[i], a[i], tempI[i]/speed));
15                     tempI[i]++;                               //节点值自加
16         }}}
17         void init(){                                          //初始化节点值
18             for(int i=0;i<tempI.Length;i++){                  //遍历所有节点
19                 tempI[i] = 1000;                              //设置节点值
20         }}
21         void changeMateral(){                                 //交换铁轨材质
22             tempM = BendRoad[index].GetComponent<Renderer>().material;//获取当前材质
23             BendRoad[index].GetComponent<Renderer>()          //获取禁行材质
24                 .material = StrightRoad[index].GetComponent<Renderer>().material;
25             StrightRoad[index].GetComponent<Renderer>().material = tempM;//设置铁轨材质
26         }
27         void trainGoing(){                                      //火车出发
28             trainStatus = 1;                                    //设置火车状态值
29             audioManager();                                     //调用火车音效函数
30         }
31         void audioManager(){                                    //火车声音
32                 this.GetComponent<AudioSource>().Play();        //开启火车进行音效
33                 if (!SoundPuase.isYinxiao){                     //如果暂停音效
34                     this.GetComponent<AudioSource>().Pause();   //暂停音效
35                 }else{                                                //开启火车鸣笛音效
36                     AudioSource.PlayClipAtPoint(trainWhistle, this.transform.position);
37     }}}
```

- ❑ 第 1～4 行主要导入了本段代码所需要的系统包。
- ❑ 第 5～9 行的主要功能是系统包的导入以及变量的声明，主要声明了游戏界面这一游戏对象，以及游戏界面火车模型和铁轨标志等变量。此处暂且省去 Update 方法，下面将详细介绍。
- ❑ 第 10～16 行的主要功能是调整火车旋转动作。遍历辅助节点，当节点值小于规定值，通过控制着色器调整火车运行角度，使火车运行效果逼真。

- ❑ 第 17～20 行的功能是初始化节点值，遍历所有节点。
- ❑ 第 21～26 行的功能是交换铁轨材质。单击触摸板改变箭头模型旋转角度，同时交换两段铁轨的材质，使玩家更直观地看到火车进行路线。
- ❑ 第 27～30 行的功能是火车出发后，更改火车状态值，同时调用火车音效函数。
- ❑ 第 31～37 行的功能为开启火车进行音效，同时判断是否暂停音效或开启火车鸣笛音效。

（4）下面介绍“F_touchPlane.cs”中“Update”方法中代码，其中主要功能是相应触摸屏幕游戏开始动作和更改游戏模型和铁轨标志点状态值，未触摸屏幕前，游戏处于未开始状态，单击屏幕则触发 UpData 函数，更改标志位，游戏开始，具体代码如下。

代码位置：见随书源代码/第 2 章目录下的 TrainAction/Assets/Resources/C#/ F_touchPlane.cs。

```
1     void Update () {
2          if (Input.GetMouseButtonDown(0)){                        //当开始触摸屏幕
3               sGameText.GetComponent<UI_touchBegin>().gStartFlag = true;
4               sGameText.SetActive(false);                         //关闭开始游戏字幕
5               if(trainStatus == 0){                               //若火车未启动
6                     isSucc.level = numofstop;                     //设置节点标志位
7                     SoundPuase.isplay = true;                     //音效标志位为 true
8                     pause.SetActive(true);                        //开启暂停按钮
9                     trainGoing();                                 //调用火车运行函数
10              }
11              Ray ray = Camera.main.ScreenPointToRay(Input.mousePosition);
12              RaycastHit hitInfo;                                 //获取射线
13              if (Physics.Raycast(ray, out hitInfo, 150, planeLayer)){
14                   index = hitInfo.collider.gameObject.name[0] - 'A';//设置触摸板下标
15                   if (index > array.Length){                     //若下标大于触摸板数目
16                         return;                                  //直接返回
17                   }
18                   a[index] = spped[index] * count[index]; //设置标志位值
19                   b[index] = spped[index] * ((count[index] + 1) & 1);//设置控制点数值
20                   tempI[index] = 0;
21                   changeMateral();                               //更改铁轨材质
22                   count[index] = (count[index] + 1) & 1;
23                   srcdir[index].GetComponent<MyCenter>().changeDir();
24                   tarcon[index].GetComponent<MyCenter>().changeConnect();
25                   tar2con[index].GetComponent<MyCenter>().changeConnect();
26         }}
27         ro();                                                    //调用火车转弯函数
28    }
```

- ❑ 第 1～10 行的主要功能是触摸屏幕开启游戏，关闭游戏开始字幕。设置节点标志位，开启“暂停”按钮，调用火车运行 trainGoing 函数，同时更改音效标志位。
- ❑ 第 11～17 行的主要功能是获取射线 Ray 指定点位置，设置触摸板下标，若触摸板下标大于触摸板数目，则直接返回。
- ❑ 第 18～28 行的功能是设置标志位，设置控制点数值，同时随时与箭头模型保持一致，更换铁轨纹理图，然后更改铁路节点标志位，最后调用火车运行转弯函数进行火车转弯动作。

（5）选中 my 文件夹，单击“Create”→“C# Script”，并将其改名为“cameraShake”。其功能为当火车相撞时，使摄像机抖动，具体代码如下。

代码位置：见随书源代码/第 2 章目录下的 TrainAction/Assets/Resources/C#/my/ cameraShake.cs。

```
1     using UnityEngine;
2     using System.Collections;
3     public class cameraShake : MonoBehaviour{
4         /*篇幅有限，此处省略一些代码，有兴趣的读者可以自行查看源代码*/
5         void Update(){
6            if (shake_intensity > 0){                          //若摄像机抖动标志位大于 0
7                 transform.position = originPosition + Random.insideUnitSphere * sh
ake_intensity;
8                 transform.rotation = new Quaternion(   //创建四元数
9                      originRotation.x + Random.Range(-shake_intensity, shake_intens
ity) * 0.2f,
```

```
10                    originRotation.y + Random.Range(-shake_intensity, shake_intens
ity) * 0.2f,
11                    originRotation.z + Random.Range(-shake_intensity, shake_intens
ity) * 0.2f,
12                    originRotation.w + Random.Range(-shake_intensity, shake_intens
ity) * 0.2f);
13                shake_intensity -= shake_decay;      //减小抖动标志位值
14            }}
15            public void Shake(){
16                originPosition = transform.position;     //获取当前 position
17                originRotation = transform.rotation;     //获取当前 rotation
18                shake_intensity = 0.1f;                  //设置摄像机抖动标志位
19                shake_decay = 0.002f;                    //设置辅助值大小
20        }}
```

- 第1～2行导入了本段代码所需要的系统包。
- 第3～14行的功能是变量的声明，主要包括摄像机的位置和角度、摄像机抖动四元数等变量。Update函数中主要是设置摄像机位置、创建四元数、设置摄像机角度改变值。
- 第15～20行的主要功能是当火车发生碰撞时，调用Shake函数，获取摄像机当前Position和Rotation，设置摄像机抖动标志位，使摄像机发生抖动。

（6）选中my文件夹，创建一个C#脚本，并将其改名为“CheckisEndaboe.cs”，具体功能为时刻监听并改变触摸板状态，当火车与触摸板距离小于设定值时，更换纹理图，触摸板置标志位置为false，具体代码如下。

代码位置：见随书源代码/第2章目录下的TrainAction/Assets/Resources/C#/my/ CheckisEndaboe.cs。

```
1     using UnityEngine;
2     using System.Collections;
3     using System.Collections.Generic;
4     public class CheckisEndaboe : MonoBehaviour {
5         /*篇幅有限，此处省略一些代码，有兴趣的读者可以自行查看源代码*/
6         void Start () {
7             InitPlane();                              //初始化触摸板
8         }
9         void Update () {
10            if (Time.frameCount % 5 == 0){            //每 5f 刷新一次
11                PlaneDisenable();                     //调用改变触摸板状态函数
12        }}
13        void PlaneDisenable(){                        //改变触摸板状态
14            for (int k = 0; k < splane.Count; k++){  //遍历所有触摸板
15                for (int i = 0; i < sptrain.Count; i++){       //遍历火车车头和车身
16                    if (Dis(sptrain[i].position, splane[k].position, 10)){
                                                                 //判断距离过小
17                        splaneR[k].material = gray;            //更换触摸板材质
18                        splaneC[k].enabled = false;            //触摸板状态置为 false
19                        break;
20                    }
21                    splaneR[k].material = normal;              //触摸板置为正常纹理
22                    splaneC[k].enabled = true;                 //触摸板置为可单击
23        }}}
24        bool Dis(Vector3 a, Vector3 b, float dis){             //判断距离大小
25            if (Mathf.Abs(a.x - b.x) + Mathf.Abs(a.z - b.z) < dis){ //距离小于设定值
26                return true;                                   //返回 true
27            }
28            return false;                             //距离大于设定值返回 false
29        }
30        void InitPlane(){                             //初始化触摸板
31            foreach (Transform tr in myPlane){        //遍历所有触摸板
32                if (tr.name.Length == 2){
33                    splane.Add(tr);                   //添加触摸板
34                    splaneC.Add(tr.GetComponent<Collider>());   //添加碰撞器
35                    splaneR.Add(tr.GetComponent<Renderer>());   //添加纹理图
36    }}}}
```

- 第1～3行导入了本段代码所需要的系统包。

- ❑ 第 4～8 行的主要功能是变量的声明，包括火车车头和车身、触摸板状态和纹理图等变量。当游戏场景开始时调用 InitPlane 方法初始化触摸板。
- ❑ 第 9～12 行的功能为每 5f 刷新一次，更改触摸板的状态和纹理图。
- ❑ 第 13～23 行的功能为更改触摸板状态。遍历所有触摸板和火车的车头车身，并调用 Dis 函数判断之间的距离是否小于设定值，若小于则更改触摸板纹理图，并置为不可单击，否则设置为 true。
- ❑ 第 24～29 行的主要功能是根据得到的两个位置形参之间的距离大小与设定值进行比较，如小于则返回 true，否则返回 false。
- ❑ 第 30～36 行的主要功能是初始化所有触摸板状态，为所有触摸板添加碰撞器，添加默认纹理图。

（7）创建一个 C#脚本，将其改名为“Control.cs”。此脚本的功能为随着火车到达正确的终点站或到达错误的终点，导致玩家游戏任务失败。每 10 帧刷新一次，判断当前位置和终点距离，同时更改火车运行状态值，具体代码如下。

代码位置：见随书源代码/第 2 章目录下的 TrainAction/Assets/Resources/C#/my/ Control.cs。

```
1     using UnityEngine;
2     using System.Collections;
3     using UnityEngine.UI;
4     public class Control : MonoBehaviour {
5         /*篇幅有限，此处省略一些代码，有兴趣的读者可以自行查看源代码*/
6         void Awake(){
7             v3 = new Vector3[stop.Length];                    //新建位置数组
8             for (int i = 0; i < stop.Length;i++ ){            //遍历终点数组
9                 v3[i] = stop[i].position;                     //更新位置数组信息
10        }}
11        void Update(){
12            if(Time.frameCount % 10 ==0){                     //每 10 帧刷新一次
13                for (int i = 0; i < v3.Length;i++ ){          //遍历位置数组
14                    if (Dis(v3[i], curr.position)){           //判断当前位置和终点距离
15                        for (int j = 0; j < tr.Length; j++){      //遍历车头和车身
16                            tr[j].GetComponent<MyWay>().isStop = true;//设置火车运作标志位
17                        }
18                        if(F_controlEmdPoint.color == i || mColor==i){ //若火车到达正确终点
19                            success.GetComponent<ParticleSystem>().Play(); //开启粒子系统
20                            Destroy(transform.GetComponent<Control>());
21                            isSucc.Change(true);              //火车到达终点站
22                        }else{
23                            isSucc.Change(false);             //火车未到达终点
24        }}}}}
25        bool Dis(Vector3 a, Vector3 b){                       //判断距离大小
26            if (Mathf.Abs(a.x - b.x) + Mathf.Abs(a.z - b.z) < 3f){ //若距离小于 3f
27                return true;                                  //返回 true
28            }
29            return false;                                     //返回 false
30    }}
```

- ❑ 第 1～3 行导入了本段代码所需要的系统包。
- ❑ 第 4～5 行是变量的声明，包括终点数组、火车的车头和车身、火车运行状态值等变量。
- ❑ 第 6～10 行的主要功能是新建位置数组，遍历终点站位置坐标，更新位置数组信息。
- ❑ 第 11～24 行的功能为每 10 帧刷新一次，遍历终点位置数组，获取火车当前位置与终点位置进行判断，当火车位置与终点位置距离小于设定值时，设置火车运行标志位。若火车到达正确的终点站，则开启粒子系统，否则游戏任务失败。
- ❑ 第 25～30 行的功能为判断两个位置的距离大小。若两者之间距离小于 3f，则返回 true；反之，则返回 false。

（8）选中 my 文件夹，单击“Create”→“C# Script”，并将其改名为“MyWay.cs”。其主要功

能为控制火车模型的运动状态，包括前进、旋转、翻车等动作，还包括成功完成游戏任务后粒子系统的开启、火车撞翻后火焰效果的产生，具体代码如下。

代码位置：见随书源代码/第 2 章目录下的 TrainAction/Assets/Resources/C#/my/ MyWay.cs。

```
1      using UnityEngine;
2      using System.Collections;
3      using System.Collections.Generic;
4      public class MyWay : MonoBehaviour {
5          /*篇幅有限，此处省略一些代码，有兴趣的读者可以自行查看源代码*/
6          void Awake () {
7              thisT = this.transform;                          //创建变换变量
8              initPoint();                                     //初始化铁路节点
9          }
10         void Update () {                                     //控制火车运动状态
11             /*此处省略 Update 方法详细代码，将在下面进行详细介绍*/
12         }
13         IEnumerator change(int ind){                         //使用协程
14             yield return new WaitForSeconds(1);              //使线程暂停 1s
15             isCheck[ind] = false;                            //设置节点标志位为 false
16         }
17         void Rotate(){                                       //设置火车转弯状态
18             if(dir == 1){                                    //火车左转弯
19                 thisT.right = (zhongxin - thisT.position);         //改变火车坐标系
20             }
21             if(dir == 2){                                          //火车右转
22                 thisT.right = (thisT.position - zhongxin);         //改变火车坐标系
23         }}
24         bool Dis(Vector3 a, Vector3 b,float dis){                  //判断距离大小
25             if(Mathf.Abs(a.x-b.x)+Mathf.Abs(a.z-b.z)<dis){        //若距离小于设定值
26                 return true;                                       //返回 true
27             }
28             return false;                                          //返回 false
29         }
30         bool Traversal(){                                          //查看当前位置和节点位置
31             for(int i = 0;i<wayPoint.Count;i++){                   //遍历铁路节点
32                 if (!isCheck[i]&& Dis(CalwayPoint[i], thisT.position, 0.5f)){
33                     isCheck[i] = true;                             //设置节点标志位为 true
34                     StartCoroutine(change(i));                     //启用检测
35                     tempP = wayPoint[i];
36                     return true;                                   //返回 true
37             }}
38             return false;                                          //返回 false
39         }
40         void initPoint(){                                          //初始化节点
41             foreach (Transform v3 in tempway){
42                 CalwayPoint.Add(v3.position);                      //添加节点位置
43                 wayPoint.Add(v3);                                  //添加节点
44             }
45             isCheck = new bool[wayPoint.Count];                    //创建标志位数组
46         }
47         public void TurnOver(){                                    //火车翻车
48             /*此处省略 TurnOver 方法详细代码，将在下面进行详细介绍*/
49         }
50         private void checkOver(){                                  //监听火车运行状态
51             for(int i=0;i<train.Count;i++){                        //遍历火车列表
52                 if (Dis(train[i].transform.position, thisT.position, 5f)){
                                                                      //当距离小于设定值
53                     TurnOver();                                    //使火车翻车
54                     isStop = true;                                 //设置火车状态标志位
55     }}}}
```

- 第 1～3 行导入了本段代码所需要的系统包。
- 第 4～5 行主要是变量的声明，包括火车模型状态值、铁路节点数组、铁路节点位置数组和标志位数组等变量。
- 第 6～9 行的主要功能是初始化铁路节点信息。
- 第 10～12 行是 Update 方法，主要功能为控制火车运行状态和设置火车相关标志位，此处

暂且省略详细代码，下面将详细讲述。

- 第 13～16 行的功能为使用协程，使线程暂停 1s，同时设定节点标志位为 false。
- 第 17～23 行用于设置火车转弯状态。当标志位为左转弯时，根据火车当前位置和中心点位置，旋转火车模型的坐标系，从而使火车模型发生转弯动作。反之当标志位为右转弯时，控制火车模型的坐标系右转，使火车旋转动作准确逼真。
- 第 24～29 行的主要功能是判断两个位置之间的距离大小，当距离小于设定值时，返回 true，反之则返回 false。
- 第 30～39 行的主要功能是查看当前火车位置和节点位置，遍历节点列表，查看火车与其距离大小，更改节点标志位为 true，启用位置检测。
- 第 40～46 行的功能为初始化铁路节点信息。向数组中添加节点位置和节点变量。
- 第 47～49 行的功能为使火车发生翻车动作，当火车发生碰撞或铁轨导致其翻车时，调用此函数发生火车翻转动作，此处省略其详细代码，下面将进行详细介绍。
- 第 50～55 行的主要功能是监听火车运行状态，遍历火车列表，判断火车的当前位置和其他列车之间的距离大小，若小于设定值，则调用 TurnOver 函数使火车进行翻车动作，同时设定火车状态标志位为 false。

（9）前面讲述了“MyWay.cs”的大部分代码，下面将讲述其中的 Update 方法。此方法的主要功能是控制火车模型运动状态，使火车在铁轨变轨处发生转弯动作，具体代码如下。

代码位置：见随书源代码/第 2 章目录下的 TrainAction/Assets/Resources/C#/my/ MyWay.cs。

```
1     void Update () {
2         if (F_touchPlane.trainStatus !=1 && !F_staticNum.isStartSence){ //若火车未运行
3             return;                                             //则直接返回
4         }
5         if (isStop){                                            //火车是否停车
6             mainCamera.GetComponent<AudioSource>().Stop();      //关闭火车碰撞音效
7             return;
8         }
9         checkOver();                                            //查看火车之间距离
10        if (Traversal()){                                       //查看节点与火车之间距离
11            thisT.position = tempP.position;
12            thisT.right = new Vector3(System.Convert            //纠正火车模型坐标系
13                .ToInt32(thisT.right.x), 0, System.Convert.ToInt32(thisT.right.z));
14            tempMyCenter = tempP.GetComponent<MyCenter>(); //获取路点
15            if (!tempMyCenter.isConnect){                       //判断是否连接
16                TurnOver();                                     //火车翻车
17            }
18            zhongxin = tempMyCenter.heartpoint;                 //获取中线点
19            if (dir == 0){                                      //获取箭头方向
20                dir = tempMyCenter.dir;                         //设置方向为右方向
21            }else{
22                dir = 0;                                        //设置方向为左方向
23        }}
24        Rotate();                                               //使火车转向
25        thisT.Translate(thisT.forward                           //设置火车动力方向
26            * Time.deltaTime * 5, Space.World);
27    }
```

- 第 1～4 行的主要功能是判断当前火车运行状态，若火车未运行，则直接返回。
- 第 5～8 行的功能为若火车撞击停止运行，同时关闭碰撞音效，直接返回。
- 第 9～17 行的主要功能为查看火车与火车之间的距离，若小于设定值，则调用 TurnOver 方法，使火车翻车。然后查看火车与节点之间的距离，纠正火车模型坐标系，获取铁路路点，判断铁路是否连接，否则则使火车翻车。
- 第 18～23 行的功能为获取中线点，根据箭头方向设置方向标志位，为左方向或右方向。
- 第 24～27 行的功能为调用 Rotate 方法使火车转向，同时设置火车动力方向。

（10）前面讲述了“MyWay.cs”中的 Update 方法，下面将讲述 TurnOver 方法。此方法的主要功能是控制火车模型翻车状态，使火车在与其他火车相撞时或铁轨未连接的情况下发生翻滚动作，同时开启火焰离子效果，碰撞音效和摄像机抖动等效果，具体代码如下。

代码位置：见随书源代码/第 2 章目录下的 TrainAction/Assets/Resources/C#/my/ MyWay.cs。

```
1      public void TurnOver(){
2          F_touchPlane.trainStatus = 2;                    //设置触摸板状态
3          F_staticNum.isStartSence = false;                //设置游戏开始场景标志位
4          GetComponent<AudioSource>().Play();              //开启火车碰撞音效
5          if(!SoundPuase.isYinxiao){                       //若打开暂停界面
6              GetComponent<AudioSource>().Pause();         //暂停碰撞音效
7          }
8          thisT.gameObject.AddComponent<Rigidbody>();      //添加刚体
9          foreach(Transform tempt in thisT.parent){        //遍历火车列表
10             tempt.GetComponent<Collider>().enabled = true;   //碰撞器置为 true
11         }
12         thisT.GetComponent<Renderer>().material = destory;   //更改火车模型纹理图
13         isStop = true;                                       //设置状态标志位为 true
14         thisT.GetComponent<Rigidbody>().velocity             //随机产生力度
15             = new Vector3(Random.Range(-10, 10), 0, Random.Range(-10, 10));
16         shake.Shake();                                       //摄像机抖动
17         fire.Play();                                         //火焰粒子系统启用
18         steamMobiles.Stop();                                 //停止烟火粒子系统
19         isSucc.Change(false);
20     }
```

- 第 1～7 行的功能为设置触摸板状态，设置游戏开始场景标志位，开启火车碰撞音效。判断若开启暂停界面，则暂停碰撞音效。
- 第 8～11 行的功能为火车添加刚体，同时遍历火车列表，把碰撞器置为 true。
- 第 12～20 行的主要功能为更改火车模型的纹理图为“H_destoryTrain”纹理图，设置火车运行状态标志位为 true，随机产生力度给火车一个推动力，使火车翻车，调用 Shake 方法，使摄像机发生抖动，开启火焰粒子效果，关闭烟火粒子效果。

2.5.3　游戏 UI 层的开发

本小节将主要介绍游戏 UI 的搭建和脚本开发流程。这里开发出了暂停界面、通关界面和游戏失败等界面，其功能为控制游戏背景音乐和音效，进入下一关卡或重新开始本关卡等，具体步骤如下。

（1）创建一个画布。单击“Create”→“UI”→“Canvas”，如图 2-79 所示。然后创建一个“Text”，单击“Create”→“UI”→“Text”，并将其改名为“TouchBegin”，在 Inspector 面板上设置其相关参数，字体设置为“方正卡通简体”，如图 2-80 所示。

（2）单击“Create”→“UI”→“Image”，创建 3 个“Image”，分别将其改名为“WinPlane”，“LosePlane”和“PausePlane”，如图 2-81 所示，调整其大小和位置相关属性。

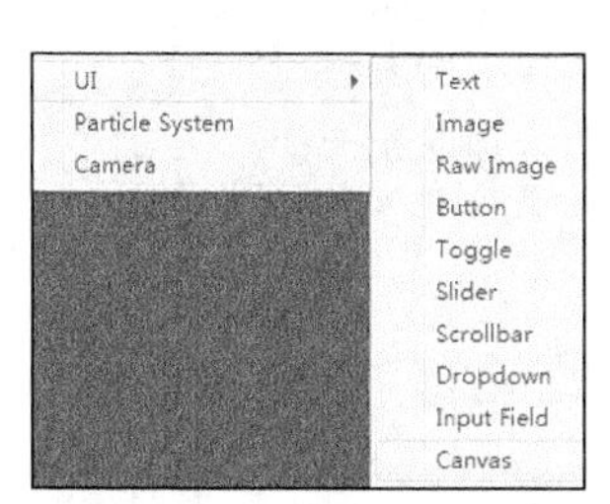

▲图 2-79　创建 Canvas

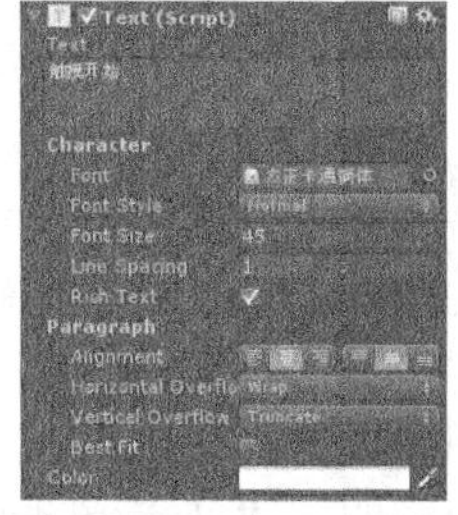

▲图 2-80　设置“TouchBegin”面板属性

▲图 2-81　创建“Image”

（3）在 Assets 中搜索“H_planeBackground.png”图片，在 Inspector 面板中单击“Texture Type”右边的下拉列表中选择“Sprite（2D and UI）”，如图 2-82 所示，然后单击“Apply”，将 Texture 图片设置为图片精灵，将其拖至“WinPlane”的 Inspector 面板中的“Source Image”中，如图 2-83 所示。

（4）将“H_planeBackground.png”分别添加至“LosePlane”和“PausePlane”的 Inspector 面板中的“Source Image”上。然后单击“Create”→“UI”→“Button”，将其改名为“ButtonPause”，设置 Inspector 面板中的位置和相关参数，如图 2-84 所示。

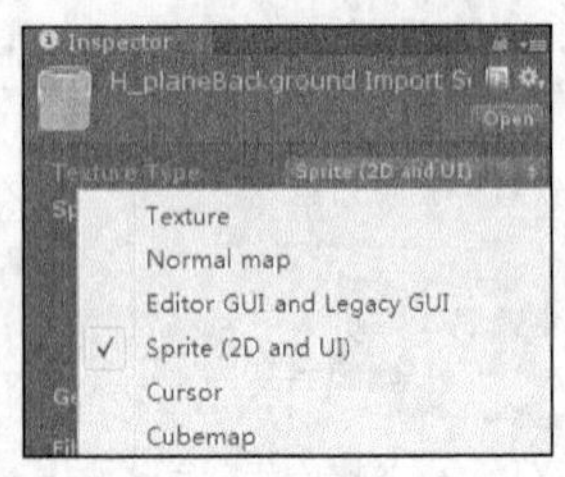

▲图 2-82　设置图片属性

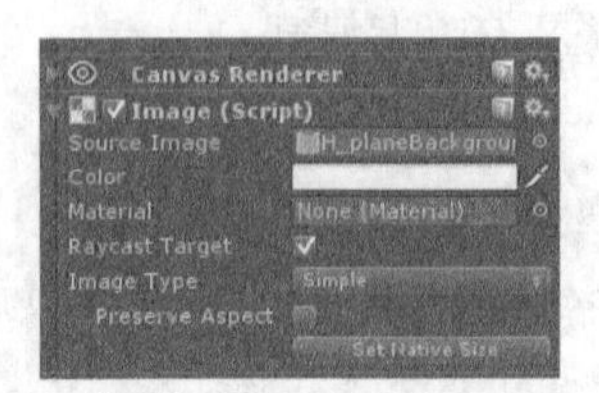

▲图 2-83　添加“Source Image”

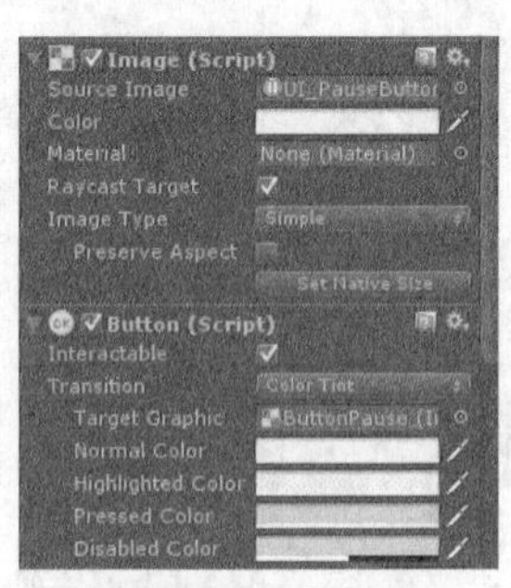

▲图 2-84　设置属性变量

（5）选中“C#”文件夹，单击“Create”→“C# Script”，将其改名为“UI_pause.cs”，其具体功能为暂停本关游戏，进入下一游戏关卡，返回主菜单界面，重新开始本关游戏和继续本关游戏等功能，脚本代码如下。

代码位置：见随书源代码/第 2 章目录下的 TrainAction/Assets/Resources/C#/ UI_pause.cs。

```
1      using UnityEngine;
2      using System.Collections;
3      public class UI_pause : MonoBehaviour {
4          public GameObject pausePlane;                            //声明暂停界面变量
5          public GameObject pauseButton;                           //声明暂停按钮变量
6          public void ContinueGame(){                              //继续本关游戏
7              F_touchPlane.trainStatus = 1;                        //设置火车运行标志位
8              pausePlane.SetActive(false);                         //暂停界面置为不可见
9              pauseButton.SetActive(true);                         //暂停按钮置为不可见
10         }
11         public void ReplayGame(){                                //重新挑战本关游戏
12             pausePlane.SetActive(false);                         //暂停按钮置为不可见
13             F_touchPlane.trainStatus = 0;                        //设置火车运行标志位
14             Application.LoadLevelAsync("TGameOne");              //加载第一关场景
15         }
16         public void ReplayGameTwo(){                             //重新挑战第二关卡
17             pausePlane.SetActive(false);                         //暂停界面置为不可见
18             F_touchPlane.trainStatus = 0;                        //设置火车运行标志位
19             Application.LoadLevelAsync("TGameTwo");              //加载第二关场景
20         }
21         public void OnPause(){                                   //单击暂停按钮
22             pausePlane.SetActive(true);                          //暂停界面置为可见
23             pauseButton.SetActive(false);                        //暂停按钮置为不可见
24             F_touchPlane.trainStatus = 2;                        //设置火车运行标志位
25         }
26         public void backMain(){                                  //返回主菜单界面
27             F_touchPlane.trainStatus = 1;                        //设置火车运行标志位
28             Application.LoadLevelAsync("TGameStart");            //加载游戏开始场景
29         }
30         public void nextGame(){                                  //进入第二关卡
31             F_touchPlane.trainStatus = 0;                        //设置火车运行标志位
32             F_controlEmdPoint.color = 5;
33             Application.LoadLevelAsync("TGameTwo");              //加载第二关游戏场景
34     }}
```

- 第 1～2 行导入了本段代码所需要的系统包。
- 第 3～5 行的功能是变量的声明，包括暂停界面和“暂停”按钮。
- 第 6～10 行的主要功能为继续本关游戏，设置火车运行标志位，暂停界面和按钮置为不可见。
- 第 11～15 行的功能为重新挑战本关游戏，设置“暂停”按钮为不可见，设置火车运行标志位，加载第一关场景。

- 第 16～20 行的主要功能为重新挑战第二关卡，设置“暂停”按钮为不可见，重置火车运行标志位，加载第二关场景。
- 第 21～25 行的主要功能为单击“暂停”按钮，暂停界面设置为可见，“暂停”按钮置为不可见，设置火车运行标志位。
- 第 26～29 行的功能为返回主菜单界面，设置火车运行标志位，加载游戏开始场景。
- 第 30～34 行的功能为进入游戏第二关卡，设置火车运行标志位，加载第二关游戏场景。

（6）然后将“UI_pause.cs”脚本挂载到“ButtonPause”组件上，设置 Inspector 面板上的属性变量，如图 2-85 所示。选中“WinPlane”，单击“Create”→“UI”→“Button”，创建两个按钮，分别将其改名为“NextGameButton”和“BackMainButton”，如图 2-86 所示。

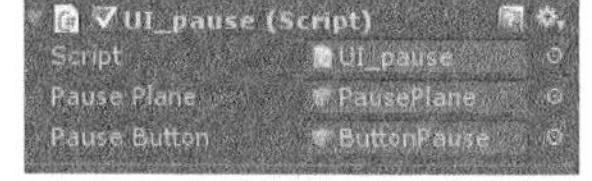

▲图 2-85　挂载脚本

（7）接下来设置两个按钮 Inspector 面板中的“Source Image”，在 Assets 中搜索“UI_Button02”图片，如图 2-87 所示。单击“On Click”处的加号，将“ButtonPause”拖至按钮上，分别选择 nextGame 和 backMain 方法，如图 2-88 所示。

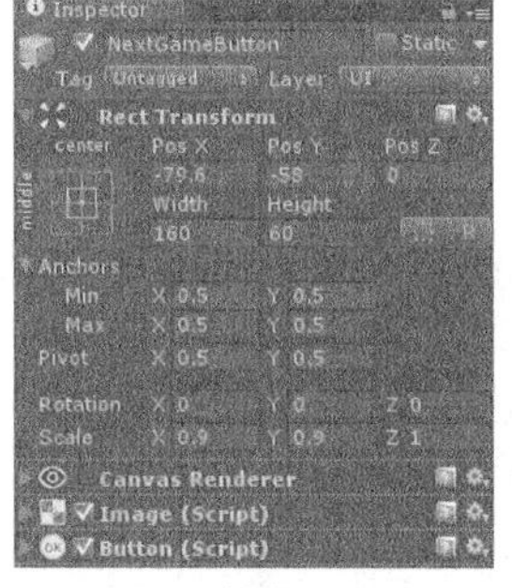

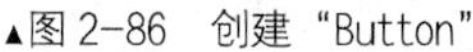

▲图 2-86　创建“Button”

▲图 2-87　通关界面

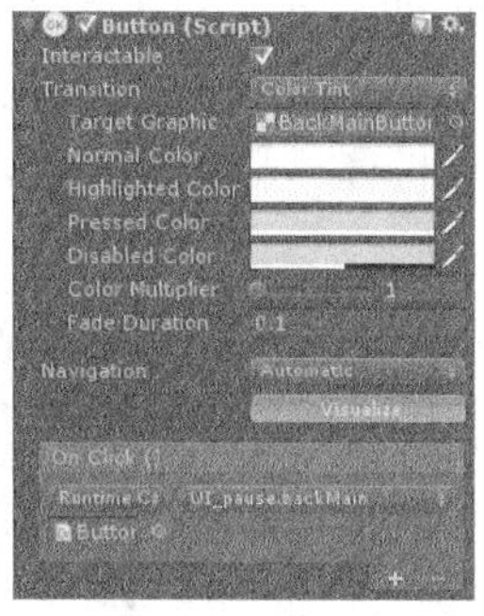

▲图 2-88　设置 Button

（8）下面选中“C#”文件夹，单击“Create”→“C# Script”，将其改名为“UI_touchBegin.cs”，其功能为使“触摸开始”4 个字出现淡入淡出状态。首先设置一个透明度标志位，随着字体透明度值判断透明度值的增加或减少，脚本代码如下。

代码位置：见随书源代码/第 2 章目录下的 TrainAction/Assets/Resources/C#/ UI_ touchBegin.cs。

```
1     using UnityEngine;
2     using System.Collections;
3     using UnityEngine.UI;
4     public class UI_touchBegin : MonoBehaviour {
5         public GameObject touchBeginText;          //声明游戏开始 text 变量
6         private bool flag = true;                  //声明透明度标志位
7         private float textA = 0;                   //声明文字透明度值
8         public bool gStartFlag = false;            //声明开始游戏标志位
9         void Update () {
10            if(!gStartFlag){                       //如果游戏未开始
11                if (flag){                         //增加文字透明度
12                    textA += Time.deltaTime;       //增加透明度值
13                    touchBeginText.gameObject      //设置文字透明度
14                      .GetComponent<CanvasRenderer>().SetAlpha(textA);
15                }else{                             //减小文字透明度
16                    textA -= Time.deltaTime;       //减小透明度值
17                    touchBeginText.gameObject      //设置文字透明度
18                    .GetComponent<CanvasRenderer>().SetAlpha(textA);
19                }
20                if (textA > 1){                    //若文字透明度值大于 1
21                    flag = false;                  //设置透明度标志位为 false
22                }else if (textA < 0){              //若文字透明度值小于 1
23                    flag = true;                   //设置透明度标志位为 true
24        }}}
25        bool myTime(){                             //监听时间事件
26            if(Time.time % 10 == 0){               //每过 10s
27                return true;                       //返回 true
```

```
28            }else{
29                return false;                               //否则返回 false
30        }}
31        IEnumerator wait(){                                 //使用协程
32            yield return new WaitForSeconds(1);             //使线程暂停 1s
33    }}
```

- 第 1～3 行是导入了本段代码所需要的系统包。
- 第 4～8 行的主要功能为声明所需变量，主要包括游戏开始 Text 变量，text 透明度标志位，透明度值和游戏开始标志位等。
- 第 9～24 行的功能为使 text 产生透明度渐变的效果。当游戏未开始时，根据透明度标志位，增加或减少透明度值。
- 第 25～30 行的功能为监听时间事件，每 10s 则返回一个 true 值，否则返回 false。
- 第 31～33 行的主要功能为使用协程，使线程暂停 1s。

（9）之后将“UI_ touchBegin.cs”脚本挂载到“TouchBegin”上，设置 Inspector 面板上的属性变量，如图 2-89 所示。接着为“LosePlane”添加按钮，设置大小和背景图片，具体步骤和为“WindPlane”添加按钮类似，如图 2-90 所示。

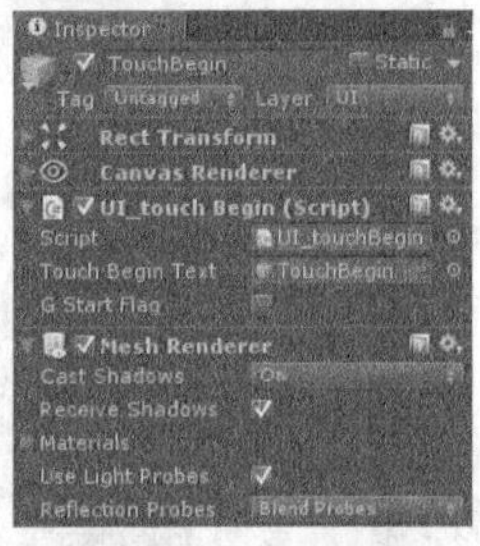

▲图 2-89　挂载脚本

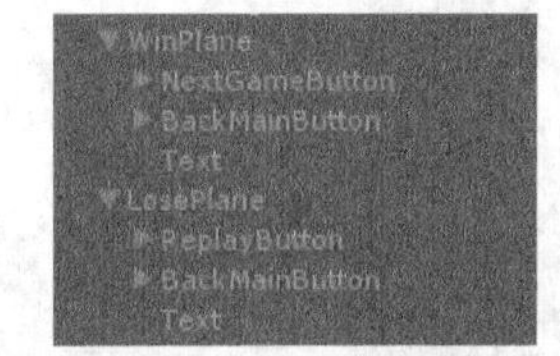

▲图 2-90　添加按钮

（10）下面为“PausePlane”添加开关。选中“PausePlane”，单击“Create”→“UI”→“Toggle”，创建两个“Toggle”、两个“Text”和 3 个“Button”，如图 2-91 所示。分别为其添加背景图，调整位置和大小，如图 2-92 所示。

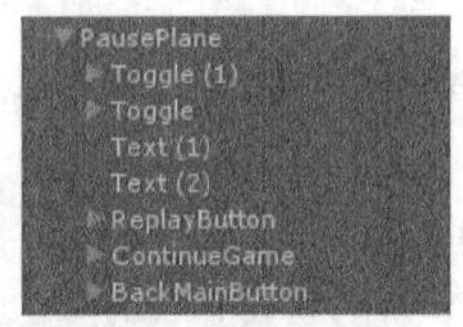

▲图 2-91　创建“Toggle”

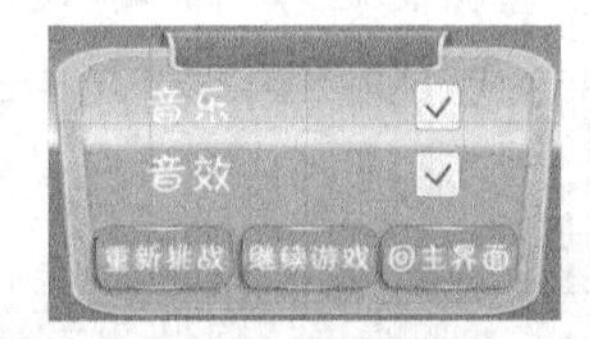

▲图 2-92　暂停界面

2.5.4　关卡二游戏场景搭建

下面将讲述第二关卡游戏场景的搭建，模型的添加和 UI 层界面的构建。第二关卡的难度比第一关高了不少，游戏场景中的铁路模型也复杂了不少，使玩家能够更好地体验到游戏的乐趣。

（1）创建一个“TGameTwo”场景，具体步骤参考主菜单界面开发的相应步骤，此处不再赘述。需要的音效与图片资源已经放在对应文件夹下，读者可参看第 2.4.1 节中的相关内容。

（2）设置游戏场景，具体步骤和关卡一场景“TGameTwo”类似，此处就不再赘述，读者可直接参考第 2.5.1 节中的搭建流程。其中有所变化的是本关卡中需要建造多个终点站，在 Assets 中搜索“H_house”，如图 2-93 所示。

（3）第二个关卡中，需要仔细度量模型大小和模型之间的位置关系。此关卡的铁路模型搭建完成后，需要创建 6 个触摸板和箭头模型在铁路变轨处。单击“Create”→“Create Empty”，并将其改名为“Arrows”，如图 2-94 所示。

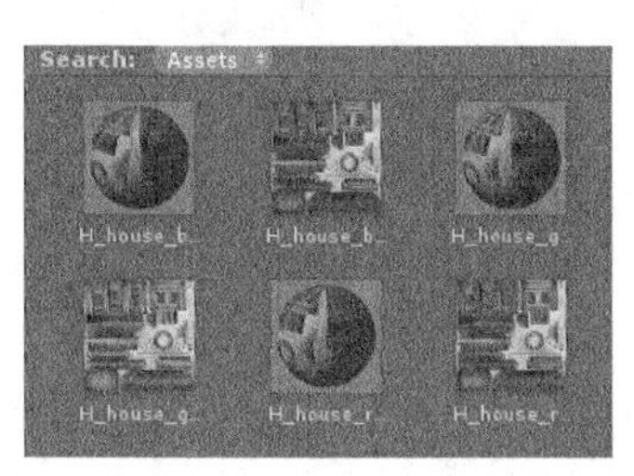

▲图 2-93　搜索“H_house”

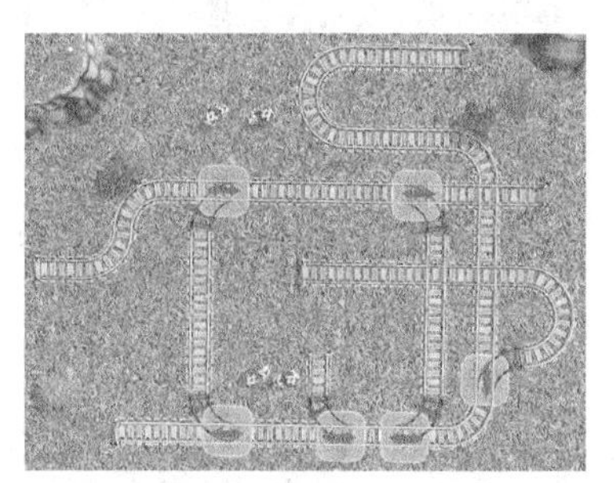

▲图 2-94　搭建游戏场景

（4）然后创建一个“Empty”。单击“Create”→“Create Empty”，并将其改名为“AllTrain”。之后选中“AllTrain”，为其添加三个火车模型，如图 2-95 所示。之后在 Assets 中搜索“H_train”，获取火车模型的纹理图，并分别为其添加，如图 2-96 所示。

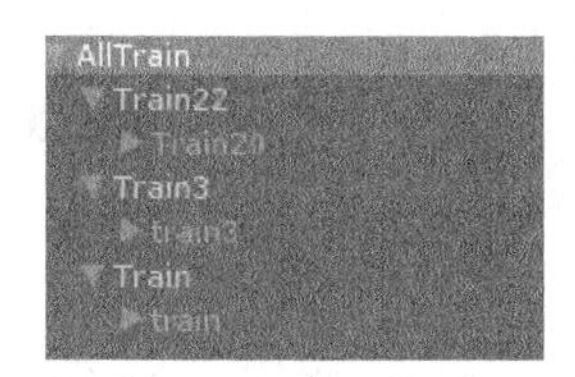

▲图 2-95　添加火车模型

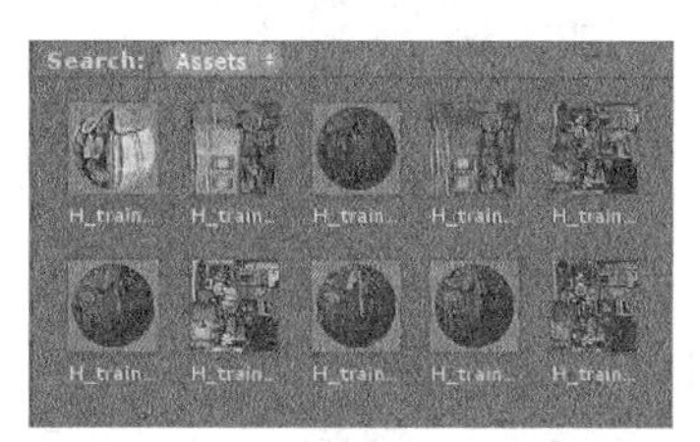

▲图 2-96　搜索火车纹理图

（5）添加火车撞击音效。单击“Add Component”，输入“Audio”，创建一个“Audio Source”。接着在 Assets 中搜索音效文件“trainCollision”，将其添加到火车模型 Inspector 面板中的“AudioClip”中，更改属性面板中的属性变量，如图 2-97 所示。

（6）创建铁路标志节点。本关卡中铁路的复杂程度大大增加，火车所需要发生转弯动作的地点也大大增加，所以火车转弯铁路标志节点的数量点也需要增加。单击“Create”→“Create Empty”，并将其改名为“way”，如图 2-98 所示。

▲图 2-97　添加音频文件

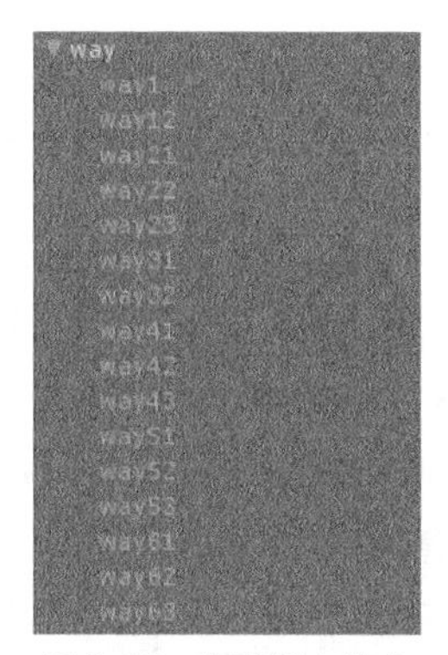

▲图 2-98　创建标志节点

（7）然后为每个火车模型添加一个位置标志点。在 Assets 中搜索“pint”预制件，选中火车模型，添加一个预制件，并将其改名为“stop”，此节点的具体功能为判断火车距离终点的距离长度，判断火车是否到达正确的终点站，如图 2-99 所示。

（8）游戏 UI 层的建立中，完成任务界面“WinPlane”与第一关有少许不同，因为本游戏只开发了两个关卡，所以“WinPlane”中的 Text 改为“重新开始”和“回主界面”，如图 2-100 所示。

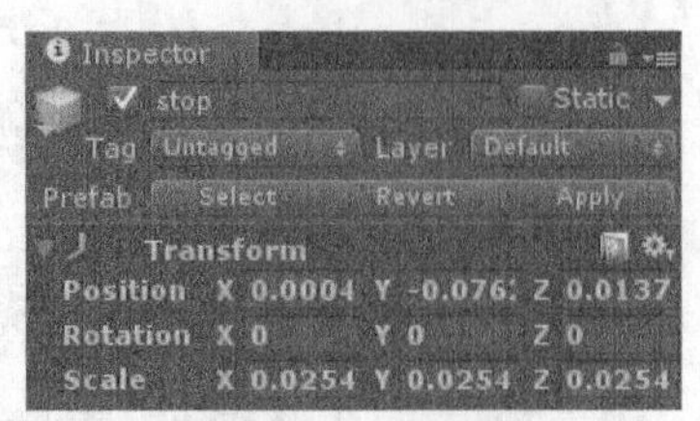

▲图 2-99　添加 Prefab

▲图 2-100　完成任务界面

2.6 游戏的优化与改进

至此，本案例的开发部分已经介绍完毕。本游戏基于 Unity 3D 平台开发，使用 C#作为游戏脚本的开发语言，笔者在开发过程中，已经注意到游戏性能方面的表现，所以，很注意降低游戏的内存消耗量。但实际上还是有一定的优化空间。

1. 游戏界面的改进

本游戏的场景搭建使用的图片已经相当华丽，有兴趣的读者可以更换图片以达到更换的效果。另外，由于在 Unity 中有很多内建的着色器，可以使效果更佳地体现出来。有兴趣的读者可以更改各个纹理材质的着色器，以改变渲染风格，进而得到很好的效果。

2. 游戏性能的进一步优化

虽然在游戏的开发中，已经对游戏的性能优化做了一部分工作，但是，本游戏的开发中存在的某些未知错误，在性能比较优异的移动手持数字终端上，可以更加优异地运行，但是在一些低端机器上的表现则未必能够达到预期的效果，还需要进一步优化。

3. 优化游戏模型

本游戏所用的地图中的各部分模型均由开发者使用 3d Max 进行制作。由于是开发者自己制作，模型可能存在几点缺陷：模型贴图没有合成一张图，模型没有进行合理的分组，模型中面的共用顶点没有进行融合等。

4. 优化细节处理

虽然笔者已经对此游戏做了很多细节上的处理与优化，但还是有些地方的细节需要优化。各种机关的物理特性、角色移动速度、各种声音效果等，都可以调节各个参数，使其模拟现实世界更加逼真。

2.7 本章小结

本章以开发益智休闲类游戏——火车行动为主题，详细地介绍了使用 Unity 3D 引擎开发的全过程。学习完本章并配合本书基于网络提供的游戏项目，相信读者可以快速掌握开发游戏的具体流程，经过仔细钻研学习后，应该会有较大的进步。

第3章　3D塔防类游戏——BN塔防

随着 Android 手机市场的发展，大部分人都拥有了一部自己的安卓智能手机，而在闲暇之余，手机游戏已经成为人们放松和娱乐活动的主要方式。长久以来，2D 游戏一直充斥着我们的娱乐生活，但是随着技术的进步，3D 手机游戏已经逐渐发展起来。3D 手机游戏以其独特的风格让人们体验到与 2D 手机游戏截然不同的乐趣。

本章介绍的游戏《BN 塔防》是使用 Unity 3D 游戏引擎开发的一款基于 Android 平台的 3D 塔防类游戏。下面将对该游戏进行详细的介绍。通过本章的学习，读者将对使用 Unity 3D 游戏引擎开发 Android 平台下的 3D 塔防类游戏的流程有更深入的了解。

3.1 游戏的开发背景和功能概述

本节将对《BN 塔防》游戏的开发背景进行详细的介绍，并对其功能进行简要概述。读者通过对本节的学习，将会对本游戏的整体结构有一个简单的认识，明确本游戏的开发思路，更加直观地了解到本游戏的设计构思，为更好的学习本款游戏的开发打下良好基础。

3.1.1 游戏背景简介

塔防类游戏能够充分调动人们的积极性，以其独特的风格吸引着广大的玩家，其游戏本身独有的特点，让玩家能够体验到完成游戏的成就感。此类游戏玩法多样，在游戏中每个玩家解决问题的方式均有所不同，能够充分调动玩家，让玩家能深入到游戏之中，体验快乐。

大部分的塔防类游戏，都能够让玩家感受到轻松愉悦的气氛、卡通式的风格、生动的背景音乐以及音效等，都让此类游戏在人群之中迅速蔓延开来。比较有代表性的塔防类游戏，如《保卫萝卜》《植物大战僵尸》等，如图 3-1 和图 3-2 所示，都能让玩家感受轻松、愉悦的游戏氛围。

▲图 3-1　《保卫萝卜》

▲图 3-2　《植物大战僵尸》

《BN 塔防》是一款以守卫基地为主要目的地的 3D 塔防游戏，玩家在自定义玩家信息后，设置游戏难度，选择游戏人物进入游戏，在游戏中玩家可以通过修建自己的防御塔来阻止怪物的入侵，玩家可以同时操控英雄用武器阻击小兵，守卫自己的家园。

本款游戏是用 Unity 游戏开发引擎制作的一款 3D 手机游戏，界面精美，场景绚丽，玩法多样，能让玩家时刻感受到刺激并且震撼的效果。

3.1.2　游戏功能简介

本小节将对游戏主要的功能进行简介。读者将了解到本游戏的主要功能，并对本游戏有一个最初的了解，通过这些了解，读者可以大致了解本游戏的玩法，对本游戏的操作有简单的认识。

（1）运行游戏，首先进入的是欢迎界面，如图 3-3 所示。经过欢迎界面进入游戏的玩家设置界面，如图 3-4 所示，在玩家设置界面中玩家可以选择自己的游戏头像，玩家可以通过摇骰子或者直接输入两种方式定义玩家昵称，同时玩家可以自由选择游戏的难度。

▲图 3-3　欢迎界面

▲图 3-4　玩家设置界面

（2）单击玩家设置界面的进入游戏按钮，进入游戏功能界面，如图 3-5 所示，在游戏功能界面中，玩家可以单击下方的各个功能按钮进入不同的界面。单击下方左起第一个按钮进入设置界面，如图 3-6 所示，在设置界面中，玩家可以对游戏进行基础的设置。

▲图 3-5　游戏功能界面

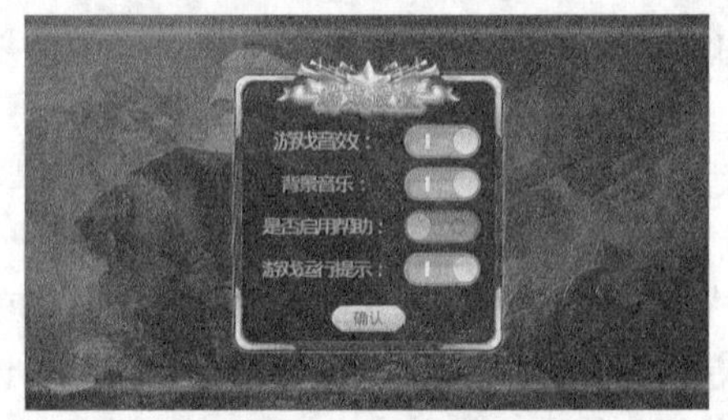

▲图 3-6　游戏设置界面

（3）单击游戏设置界面中的“确认”按钮，退出设置界面到游戏功能界面。单击游戏功能界面下方左起第二个按钮进入英雄属性界面，如图 3-7 所示。属性介绍界面中玩家可以选择不同的英雄了解不同的英雄属性。单击左上角切换按钮进入怪物属性界面，如图 3-8 所示。

▲图 3-7　英雄属性界面

▲图 3-8　怪物属性界面

（4）单击怪物属性界面右上角的“退出”按钮进入游戏功能界面。单击游戏功能界面下方左起第四个按钮进入游戏简介界面，如图 3-9 所示，滑动图片可大致了解本款游戏操作。单击右上角的“退出”按钮退出到游戏简介界面。单击游戏功能界面下方左起第五个按钮进入游戏关于界面，如图 3-10 所示。

▲图 3-9　游戏帮助界面

▲图 3-10　游戏关于界面

（5）单击游戏关于界面的“退出”按钮退出到游戏功能界面。单击游戏功能界面下方左起第三个按钮进入游戏选关界面，如图 3-11 所示，玩家可以通过左右选关按钮选择不同关卡。单击“开始游戏”按钮，进入加载界面，如图 3-12 所示。

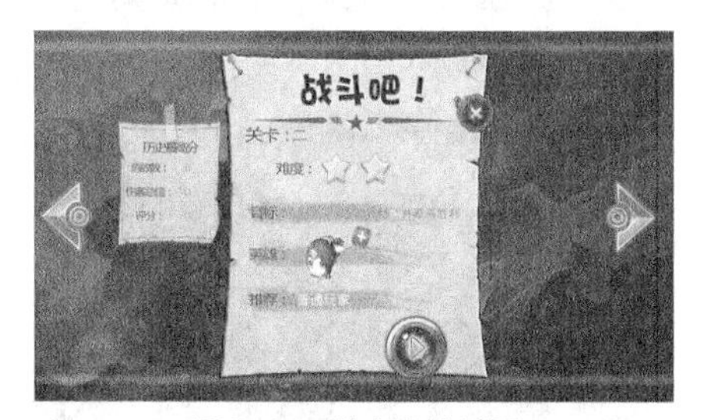

▲图 3-11　游戏选关界面

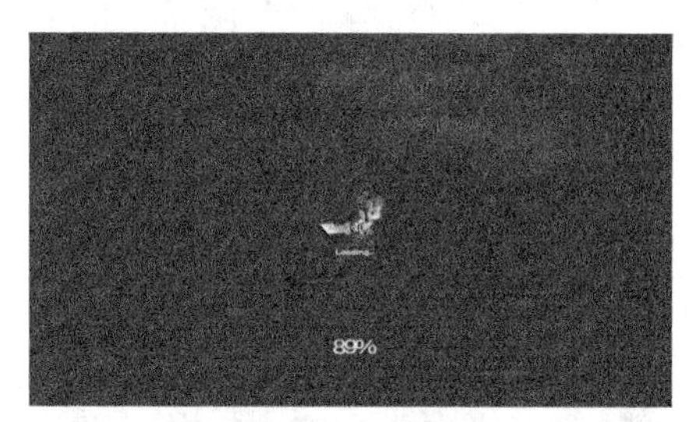

▲图 3-12　加载界面

（6）经过加载界面，进入游戏第一关，第一次进入会显示游戏帮助，如图 3-13 和图 3-14 所示，游戏帮助会在手机安装完成第一次运行第一关时出现，之后会被关闭。玩家如果想再次打开游戏帮助，可以在设置界面中进行设置。游戏帮助只在第一关显示。

▲图 3-13　游戏帮助 1

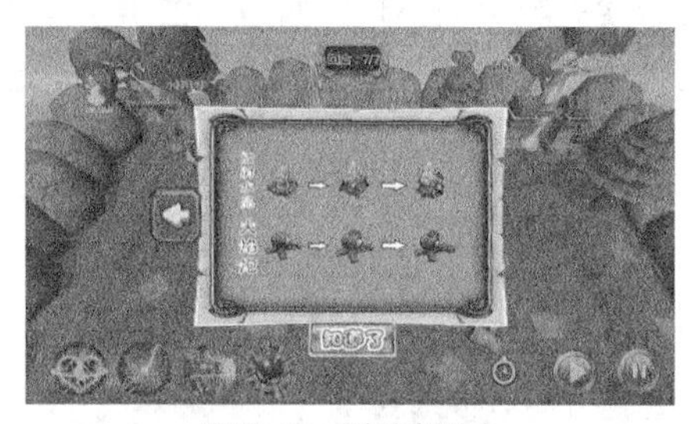

▲图 3-14　游戏帮助 2

（7）进入第一关的游戏场景中，玩家根据游戏提示进行相应操作，玩家在选择技能后单击地面进行施放，如图 3-15 所示，技能范围略有不同。玩家单击地图中小的方形区域，选择不同的防御塔进行修建，防御塔分为四种样式，如图 3-16 所示。

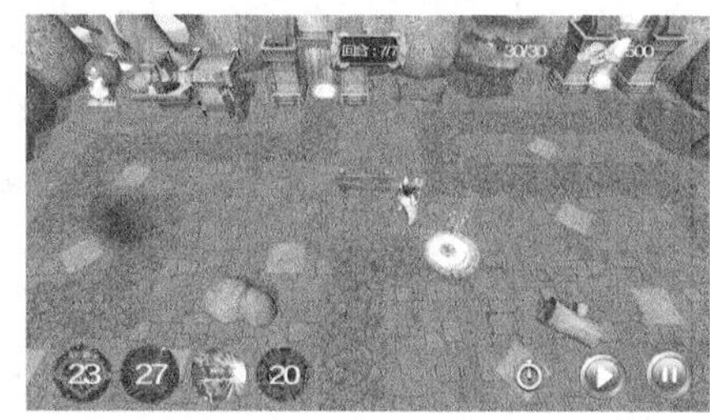

▲图 3-15　技能施放

▲图 3-16　选择防御塔修建

（8）单击地图上已经修建的防御塔，出现防御塔升级 UI 与炮塔攻击范围提示，玩家可以选择升级防御塔，也可以选择卖出防御塔，如图 3-17 所示。每种防御塔都分为三级，每升一级，防御塔的攻击力和攻击速度，均有所提升。玩家同样可以控制英雄，对怪物进行攻击，如图 3-18 所示。

▲图 3-17　选择防御塔修建

▲图 3-18　英雄攻击怪物

（9）每个回合有新怪物出现时会有游戏提示按钮闪烁，游戏提示功能可在游戏设置界面中关闭，单击技能按钮上方的新敌人提示按钮，可以弹出怪物信息，发现新敌军界面，如图 3-19 所示。单击右下角的游戏“暂停”按钮，可以进入游戏暂停界面，如图 3-20 所示。

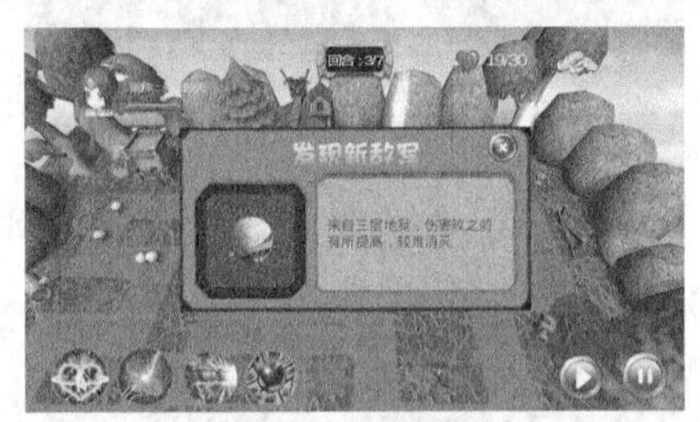

▲图 3-19　游戏提示

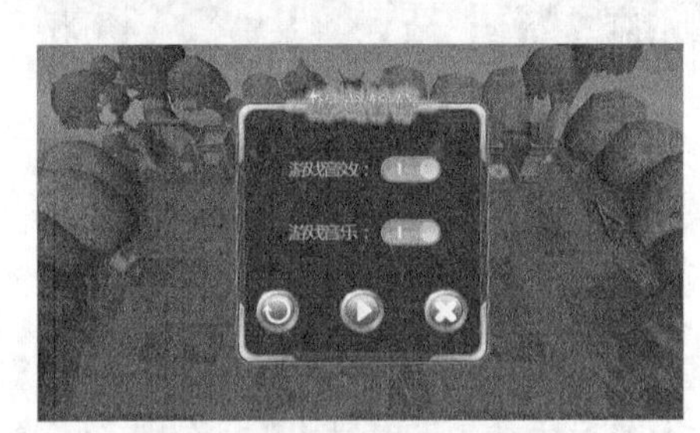

▲图 3-20　游戏暂停

（10）玩家在顺利保卫基地后会有游戏成功界面出现，如图 3-21 所示。如果玩家不慎输掉游戏会有游戏失败界面出现，如图 3-22 所示。在两种界面中均会体现杀敌数、伤害总值以及对本局游戏的评分，这些评分会被记录下来，并在选关场景体现。

▲图 3-21　游戏成功界面

▲图 3-22　游戏失败界面

3.2　游戏的策划和准备工作

本节主要对游戏的策划和开发前的一些准备工作进行介绍。在游戏开发之前做一个细致的准备工作可以起到事半功倍的效果。准备工作大体上包括游戏主体策划、相关图片及音效准备等。

3.2.1　游戏的策划

本节将对本游戏的具体策划工作进行简单的介绍。在项目的实际开发过程中，要想使自己将要开发的项目更加具体、细致和全面，准备一个相对完善的游戏策划工作可以使开发事半功倍，读者在以后的实际开发工程中将有所体会，本游戏的策划工作如下所示。

1. 游戏类型

本游戏是以 Unity 3D 游戏引擎作为开发工具，C#作为开发语言开发的一款精美的 3D 塔防类游戏。游戏中使用了 UGUI 绘制游戏相关界面，以不同按钮实现不同界面和不同场景之间的切换，玩法多样，操作自然，不落俗套，是一款不错的 3D 手机游戏。

2. 运行目标平台

运行平台为 Android 2.2 或者更高的版本。

3. 目标受众

本游戏以手持移动设备为载体，大部分安卓平台手持设备均可安装。操作难度适中，画面效果逼真，耗时适中。游戏题材为防御塔保卫家园，考验玩家的观察能力、分析能力和动手操作能力，可以让玩家体验到守卫家园的乐趣，适合全年龄段人群进行游戏。

4. 操作方式

本游戏操作难度适中，在关卡中，玩家通过手指在屏幕上的滑动来控制屏幕的移动和缩放，玩家通过单击英雄头像或者直接单击英雄来选择英雄，并单击地面进行英雄的移动。选择游戏技能后，单击地面可释放技能，加之防御塔辅助可有效阻击敌人。

5. 呈现技术

本游戏以 Unity 3D 游戏引擎为开发工具。使用粒子系统实现各种游戏特效，着色器对模型和效果进行美化，物理引擎模拟现实物体特性，UGUI 绘制主菜单及相关场景界面，游戏场景具有很强的立体感和逼真的光影效果以及真实的物理碰撞，玩家将在游戏中获得更为真实的视觉体验。

3.2.2 使用 Unity 开发游戏前的准备工作

本小节将对本游戏开发之前的准备工作，包括相关的图片、声音、模型等资源的选择与用途进行简单介绍，包括资源的资源名、大小、像素（格式）以及用途和各资源的存储位置并将其整理列表。

（1）下面对本游戏功能界面所用到的图片资源进行介绍，游戏中将其中部分图片制作成图集，在这里将依次介绍，包括图片名、图片大小（KB）、图片像素（W×H）以及图片的用途，这些图片资源全部放在项目文件 Assets/Textures 文件夹下，如表 3-1 所示。

表 3-1 图片资源

图　片　名	大小（KB）	像素（W×H）	用　　途
background _splash.jpg	85.4	512×256	用于闪屏的图片
background_main.jpg	355.0	1136×640	游戏背景图片
background_grid.png	97.5	316×316	背景框图片
timu.png	309.4	400×792	各种界面标题制成的图集
back_1.png~back_12.png	0.5～385.6	大小不一	游戏用到的各种背景图与修饰图
back_tu_1.png~back_tu_3.png	85.4	256×256	游戏成功和失败的背景图集
set_tex.png	6.9	84×84	游戏设置按钮的图片
attribute_tex.png	6.9	84×84	属性设置按钮的图片
start_tex.png	6.9	84×84	开始游戏按钮的图片
brief_tex.png	6.9	84×84	游戏简介按钮的图片
relate_tex.png	6.9	84×84	游戏关于按钮的图片

续表

图　片　名	大小（KB）	像素（W×H）	用　　途
blood_hero.png	23.3	150×40	英雄红色血条图片
cao_hero.png	23.3	150×40	英雄血条底槽图片
di_back.png	99.3	310×82	玩家设置界面复选框底槽图片
di_select.png	99.3	310×82	玩家设置界面复选框选中图片
game_icon	87.5	700×128	游戏中相关图标的图集
exitselectscene	43.0	110×100	选关界面退出按钮图片
zhandou.png	221.0	220×256	选关界面战斗背景图片
hong_tex.png	29.7	152×50	属性介绍界面复选框选中图片
huang_tex.png	29.7	152×50	属性介绍界面复选框底图片
hard_hui.png	71.3	114×160	玩家设置界面困难选项复选框底图片
hard_liang.png	71.3	114×160	玩家设置中困难选项复选框选中图片
normal_hui.png	71.3	114×160	玩家设置界面正常难度复选框底图片
normal_liang.png	71.3	114×160	玩家设置中正常难度复选框选中图片
switch.png	16.0	128×128	选关按钮图片
select_1.png	30.3	176×176	选中英雄头像的图片 1
select_2.png	30.3	176×176	选中英雄头像的图片 2
effect_1.png~effect_4.png	16.0	128×128	游戏技能图片 1～4
healthpoint.png	16.0	128×128	基地生命值图片
money.png	16.0	128×128	购塔金钱图片
mengban.png	74.4	272×70	背景覆盖图片
helpconfirm.png	16.0	128×128	帮助界面的图片
help_tex.png	16.0	128×128	帮助界面闪烁的图片
start.png	16.0	128×128	星星的图片
tip_1.png~tip_3.png	4.0	64×64	提示界面图片 1～3
tubiao.png	13.8	168×168	游戏图标
vel_back.png	64.0	256×256	成功界面背景图片
gamename.png	64.0	512×128	游戏名称图片

（2）下面对本游戏中用到的几组相关的图片进行详细介绍，内容包括图片名、图片大小（KB）、图片像素（W×H）以及这些图片的用途，这些图片资源全部放在项目文件 Assets/Textures 文件夹下，如表 3-2 所示。

表 3-2　　游戏中几组相关图片资源

图　片　名	大小（KB）	像素（W×H）	用　　途
hei.png	4.4	80×20	怪物血条底版图片
hong.png	4.4	80×20	怪物血条前景图片
brief_1.png~ brief_12.png	288.0	1024×576	游戏简介图片 1～12
frame_1.png~frame_6.png	179.7	200×230	帧动画图片 1～6
guai_1.png~guai_7.png	64.0	256×256	怪物图片 1～7
hero_1.png~hero_6.png	64.0	256×256	英雄头像图片 1～6
m1.png	64.0	256×256	玩家头像图片 1

续表

图 片 名	大小（KB）	像素（W×H）	用 途
m2.png	64.0	256×256	玩家头像图片 2
dice_1.png~dice_6.png	52.0	100×100	骰子静态图片 1～6
dice_act_1.png~dice_act_4.png	52.0	100×100	骰子动态图片 1～4
f1.png~f3.png	6.3	80×80	范围塔图片 1～3
h1.png~h3.png	6.3	80×80	红色炮塔图片 1～3
j1.png~j3.png	6.3	80×80	弓弩塔图片 1～3
l1.png~l3.png	6.3	80×80	绿色炮塔图片 1～3
circle_t.png	21.4	128×128	选塔界面圆圈图片
locktower.png	33.3	80×80	不能修建塔的按钮图片
sell.png	33.3	80×80	卖塔的按钮图片

（3）下面对本游戏中所用到的地形贴图资源进行详细介绍，内容包括图片名、图片大小（KB）、图片像素（W×H）以及这些图片的用途，所有图片资源全部放在项目文件 Assets/Terrain/Model/Textures 文件夹下，如表 3-3 所示。

表 3-3 游戏中地形贴图资源

图 片 名	大小（KB）	像素（W×H）	用 途
map_1.png	42.7	256×256	地形贴图 1
map_2.png	42.7	256×256	地形贴图 2
map_3.png	42.7	256×256	地形贴图 3
map_4.png	42.7	256×256	地形贴图 4
map_5.png	42.7	256×256	地形贴图 5
map_6.png	42.7	256×256	地形贴图 6
map_7.png	42.7	256×256	地形贴图 7
map_8.png	42.7	256×256	地形贴图 8
map_9.png	42.7	256×256	地形贴图 9
map_10.png	42.7	256×256	地形贴图 10
map_11.png	42.7	256×256	地形贴图 11
background_back.png	8.0	128×128	地形背景图片
_help.png	16.0	128×128	显示帮助时闪烁的图片

（4）本游戏中用到各种声音效果，这些音效使游戏更加真实。下面将对游戏中所用到的各种音效进行详细介绍，内容包括文件名、文件大小（KB）、文件格式以及用途。将声音资源全部放在项目目录中的 Assets/Audio/文件夹下，如表 3-4 所示。

表 3-4 声音资源列表

文 件 名	大小（KB）	格 式	用 途
gameback.mp3	141.0	Mp3	主场景背景音乐
ui_back.mp3	189.0	Mp3	UI 场景背景音乐
select_back.mp3	38.7	Mp3	选关场景背景音乐
startround.mp3	16.0	Mp3	出兵音效
buttonclickmp3	1.01	Mp3	按钮单击音效
pursetower.mp3	6.62	Mp3	购塔音效

续表

文　件　名	大小（KB）	格　　式	用　　途
select.mp3	1.01	Mp3	选中 UI 音效
selltower.mp3	6.21	Mp3	卖塔音效
shaketice.mp3	4.48	Mp3	摇动骰子音效
switch.mp3	2.84	Mp3	切换面板音效
effect_1.map3~effect_4.mp3	9～16	Mp3	技能音效 1～4
f_aduio.mp3	3.66	Mp3	范围塔攻击音效
h_audio.mp3	12.2	Mp3	红色防御塔攻击音效
j_aduio.mp3	2.64	Mp3	箭塔攻击音效
l_aduio.mp3	5.7	Mp3	绿色防御塔攻击音效

（5）本游戏中所用到的 3D 模型是用 3d Max 生成的 FBX 文件导入的。下面将对英雄模型进行详细介绍，内容包括文件名、文件大小（KB）、文件格式以及用途。游戏中用到的英雄的 FBX 文件全部放在项目目录中的 Assets/Hero/juese 文件夹下。其详细情况如表 3-5 所示。

表 3-5　　英雄模型文件清单

文　件　名	大小（KB）	格　　式	用　　途
assassin1.fbx	195	FBX	拿着双剑的男刺客模型
assassin6.fbx	226	FBX	拿着双剑的女刺客模型
fighter0.fbx	622	FBX	拿着刀的男战士模型
fighter1.fbx	764	FBX	拿着刀的女战士模型
master4.fbx	228	FBX	拿着法杖的男法师模型
master6.fbx	400	FBX	拿着法杖的女法师模型

（6）下面将对怪物模型进行详细介绍，内容包括文件名、文件大小（KB）、文件格式以及用途。游戏中用到的怪物模型的 FBX 文件全部放在项目目录中的 Assets/Enemy/Mobile 文件夹下。这些模型的详细情况如表 3-6 所示。

表 3-6　　怪物模型文件清单

文　件　名	大小（KB）	格　　式	用　　途
micro_dragon_mobile.fbx	332	FBX	怪物模型 1
micro_ghost_mobile.fbx	356	FBX	怪物模型 2
micro_mummy_tal_mobile.fbx	463	FBX	怪物模型 3
micro_orc_mobile.fbx	324	FBX	怪物模型 4
micro_skeleton_tom_mobile.fbx	434	FBX	怪物模型 5
micro_werewolf_mobile.fbx	267	FBX	怪物模型 6
micro_zombi_mobile.fbx	198	FBX	怪物模型 7

3.3 游戏的架构

本节将介绍本游戏的开发思路以及各个场景的结构。读者通过在本节的学习，可以对本游戏的整体开发思路有一定的了解，并对本游戏的开发过程有更进一步的了解。

3.3.1 各个场景简介

Unity 3D 游戏开发中，场景的开发是游戏开发的主要工作。每个场景包含了多个游戏对象，其中某些对象还被附加了特定功能的脚本。本游戏包含了 7 个场景，接下来对这几个场景进行简要的介绍。游戏的整体架构，如图 3-23 所示。

1. 玩家设置场景

玩家设置场景是进入游戏以后的第一个场景。此界面是利用 UGUI 编写而成。在此场景中玩家可以选择自己的头像，通过摇动骰子或者直接输入两种方式自定义游戏昵称，还可以自由选择游戏难度。完成相关设置以后，单击“进入游戏”按钮可进入游戏功能场景。该场景的框架如图 3-23 所示。

2. 游戏功能场景

游戏功能场景是游戏的枢纽中心，能切换到本游戏的多数场景，在此场景中，玩家可以通过单击界面下方的几个按钮进行操作，如打开游戏设置界面、转到属性设置场景、开启选关场景、打开游戏简介以及查看游戏关于等。该场景的框架如图 3-24 所示。

▲图 3-23 玩家设置场景框架图

▲图 3-24 游戏功能场景框架图

3. 属性介绍场景

属性介绍场景介绍英雄和怪物的相关属性，可以通过左上角切换按钮，自由切换英雄介绍面板和怪物介绍面板。在选中英雄或者怪物头像以后，可以了解英雄和怪物的相关属性。该场景的框架如图 3-25 所示。

4. 选关场景

游戏的选关场景中，玩家可以通过选关按钮自由的选择游戏关卡。在打开游戏帮助的前提下，玩家可以在第一关体验游戏帮助，第二关和第三关较之前一关在难度上均有所提升。玩家可以单击英雄头像旁旋转的按钮，进入属性介绍场景选择英雄。该场景的框架如图 3-26 所示。

▲图 3-25 属性介绍场景框架图

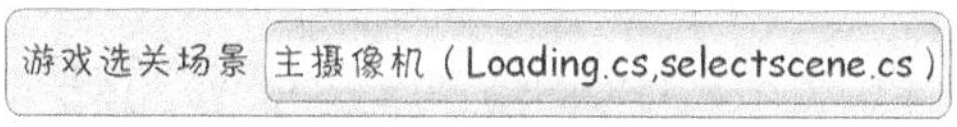

▲图 3-26 选关场景框架图

5. 关卡场景

关卡场景涉及多个管理器，每个管理器都控制着游戏的一个方面，这些管理器的协同工作，让游戏能够有效率地运行，也让游戏的结构更加清晰。在关卡一场景中，默认游戏帮助开启的情况下，会出现游戏帮助，玩家可根据操作提示进行操作。该场景的框架如图 3-27 所示。

▲图 3-27 关卡场景框架图

3.3.2 游戏架构简介

在这一节中将介绍游戏的整体架构。本游戏中使用了很多脚本，接下来将按照程序运行的顺序介绍脚本的作用以及游戏的整体框架，具体步骤如下。

（1）运行本游戏，首先会进入到玩家设置场景“welcome”。此场景中，主摄像机上挂载的“Loading.cs”控制游戏异步加载的效果，同时主摄像机挂载“welcome.cs”控制各个面板的切换，实时检测玩家头像的选中状态，骰子是否开始摇动，以及游戏难度的选中状态，并在切换时播放相应的声音。

（2）进入游戏功能界面“main”，进入场景，挂载在主摄像机的“Loading.cs”脚本被激活，控制黑色幕布“Panel”透明度有 1 到 0 变化，玩家可以看到自己选中的头像，主摄像机挂载的“main.cs”控制界面下方各个按钮的功能，玩家单击相应的按钮，会出现不同的界面。

（3）需要特别说明的是，游戏的在各个场景中切换时，游戏的音乐控制器是不会被销毁的，背景音乐循环播放，当玩家在游戏设置界面中关闭背景音乐，游戏背景音乐则被关闭。

（4）单击游戏功能界面中设置按钮进入设置界面，玩家可以进行游戏的基础设置，在玩家单击“确认”按钮后，这些设置被“UIData.cs”脚本记录下来。在其他脚本中均有检测之前记录的代码。这样就实现了相关的设置功能。

（5）单击属性按钮进入属性介绍场景“attribute.cs”，挂载在主摄像机上的“a_people.cs”被激活，英雄面板显示，界面英雄模型出现，“a_people.cs”中有检测英雄选定的方法。当玩家选取不同的英雄头像时，游戏英雄介绍的内容会改变，玩家可以自行查看，同时英雄模型也会相应改变。

（6）单击“切换”按钮，挂载到主摄像机上的“a_guai.cs”被激活，怪物面板显示，此脚本时时检测怪物的选中状态，当怪物被选中后，相应的属性介绍会发生改变。

（7）单击属性介绍场景中的选择英雄按钮，挂载在主摄像机上的“Loading.cs”使黑色幕布透明度由 0 变为 1，并实现异步加载，切换到游戏选关界面。

（8）进入游戏选关界面“selectscene”，挂载在主摄像机上的“selectscene.cs”控制游戏的选关按钮，回到属性介绍按钮，以及一些游戏的简介等功能，在左侧的最高分面板可显示玩家通关的最高成绩，此成绩即使玩家退出游戏，也会被记录下来，再次进入游戏依然会显示。

（9）选择第一关“scene1”进入，挂载在主摄像机上的“CamaraManager.cs”控制摄像机的平移和缩放功能，“Loading.cs”脚本控制切换场景时游戏的异步加载功能。

（10）挂载在游戏控制器上的脚本“GameManager.cs”是关卡场景的枢纽，可以控制其他控制器，在此脚本中控制游戏拾取功能，如选中修建防御塔的板子，单击防御塔出现升级塔的 UI，单击英雄选中英雄，并且再次单击地面，英雄会移动到此处等。

（11）挂载在界面管理器上的“UIManager.cs”脚本，负责游戏中的 UI 界面，包括选塔的 UI，升级塔的 UI，技能的 UI，显示游戏状态的 UI 以及游戏的暂停界面，成功界面和失败界面等。

（12）挂载在界面管理器的“UIHelp.cs”脚本，控制游戏中英雄的选定，玩家可以直接单击英雄选中，也可以通过单击左上角英雄的头像选中英雄，并单击地面，英雄会移动到单击的地方。同时显示英雄的昵称与血条等。

（13）挂载在界面管理器的“UIFirstHelp.cs”脚本，控制第一关的帮助功能，在玩家第一次进入关卡，会出现游戏帮助，在玩家根据帮助做出相应操作后，帮助会继续执行，直到玩家掌握此游戏的简单玩法，之后帮助会自动关闭，玩家可以在游戏设置界面打开游戏帮助。

（14）挂载在防御塔管理器上的“TowerManager.cs”脚本，控制游戏修建防御塔相关的一系列功能，玩家可以选塔修建，升级防御塔。防御塔的攻击类型、攻击力、攻速、购买时花费的金钱等均由此脚本赋予。在每个防御塔模型上均挂载了“Tower.cs”控制防御塔的一系列活动，如寻找敌人并攻击敌人等。

（15）挂载在怪物管理器上的“SpawnManager.cs”脚本，控制游戏的出兵功能，怪物的路径点均挂载到路径点管理对象“Path.cs”上，同时出兵数，怪物移动速度，以及怪物的一些其他功能，均由怪物管理器控制。每个怪物上挂载了“Enemy.cs”脚本，实现怪物的移动、攻击英雄等。

（16）挂载在技能管理器上的“EffectManager.cs”脚本，控制游戏技能的施放，技能攻击范围，以及对范围内怪物的判定掉血等。

（17）挂载在英雄管理器上的“HeroManager.cs”脚本，控制英雄的出现以及英雄相关参数的赋值等。场景中的英雄均挂载了“Hero.cs”脚本，控制英雄的选中状态，转向敌人，移动到怪物身边，并攻击敌人等。

（18）挂载在音频管理器上的“AudioManager.cs”脚本，控制游戏的音效播放，如按钮单击音效、游戏中的防御塔出现的音效、卖塔的音效、每种防御塔攻击的音效等。同时控制游戏的背景音乐的播放。所有的声音文件的播放均由此音频管理器控制。

（19）关卡中单击“暂停”按钮，进入暂停界面，玩家可以选择单击“重新开始”本关按钮，“继续游戏”按钮，以及“退出场景”按钮。单击“退出场景”按钮到游戏功能界面。

（20）单击游戏功能场景的下方左起第四个游戏简介按钮，可以查看游戏简介。单击右下角的按钮，进入游戏关于界面，最后退出游戏。

3.4 玩家设置场景的开发

从本节开始将依次介绍本游戏中各个场景的开发，首先介绍的是本游戏的玩家设置场景，该场景在游戏开始时呈现，玩家可以对游戏中用到的相关信息进行简单的设置，下面将对其进行详细介绍。具体开发步骤如下。

3.4.1　场景的搭建及其相关设置

此处的场景的搭建主要是针对游戏基础页面的设置。通过本节的学习，读者将会了解到如何搭建出一个基本的游戏场景界面。由于本场景是游戏中创建的第一个场景，所有步骤均有详细介绍，下面的场景搭建中省略了部分重复步骤，具体步骤如下。

（1）新建项目。在计算机的某个磁盘下新建一个空文件夹，命名为“BNTowerDefense”。本游戏的项目文件夹在开发者的“C:\Users\WX\Desktop\BN”文件夹下。打开 Unity，单击“New Project”，选择已创建的空文件夹“BN”，单击“Create project”按钮即可生成项目，如图 3-28 和图 3-29 所示。

▲图 3-28　新建文件夹

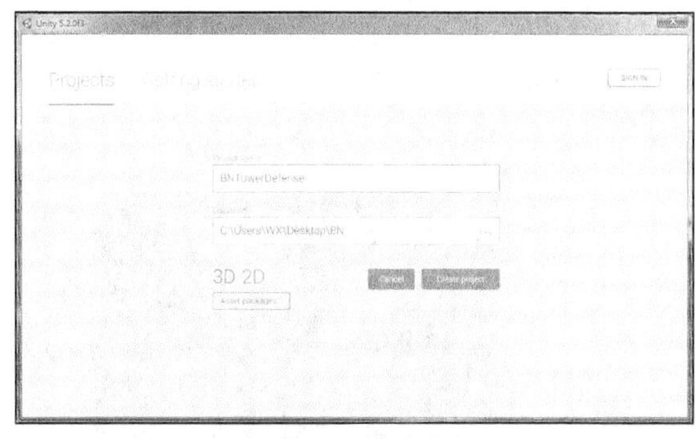

▲图 3-29　新建项目

（2）新建场景。具体操作为单击“File”→“New Scene”。单击 File 选项中的“Save Scene”选项，将场景命名为“welcome”作为游戏的玩家设置场景。本场景并不涉及光照等问题，需删除创建场景时的“Directional light”，右击该对象，选中“Delete”删除。

（3）单击“Scene”面板的“2D”按钮进入 2D 模式，然后单击左侧“Hierarchy”面板上方“Create”→“UI”→“Canvas”，如图 3-30 所示。即可看到在窗口中创建了一个画布，点中画布对象，按下“F2”，将其重命名为“WelcomeUI”，此场景其他的 UI 将全部放置在此画布下。

（4）由于本游戏是在手机上运行的游戏，需要解决屏幕自适应问题，随着 Unity 5.x 版本的到来，只需要调整几个参数，便能轻松完成 Unity 的屏幕自适应，点中上一步创建的画布，将参数调整为以下状态，如图 3-31 所示。本游戏的开发基准屏幕分辨率是“1920×1080”，故调整为相应参数。

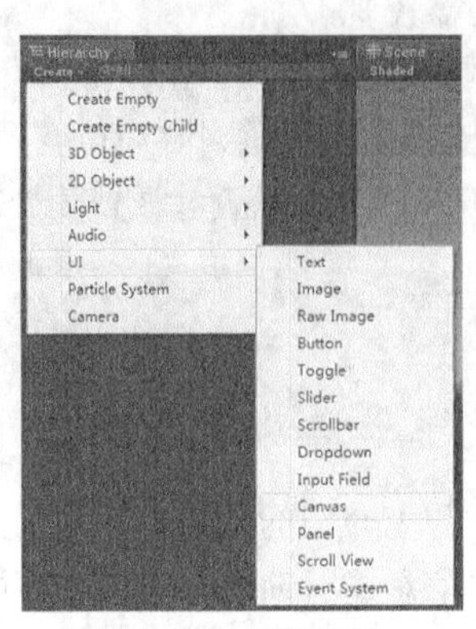

▲图 3-30　创建画布

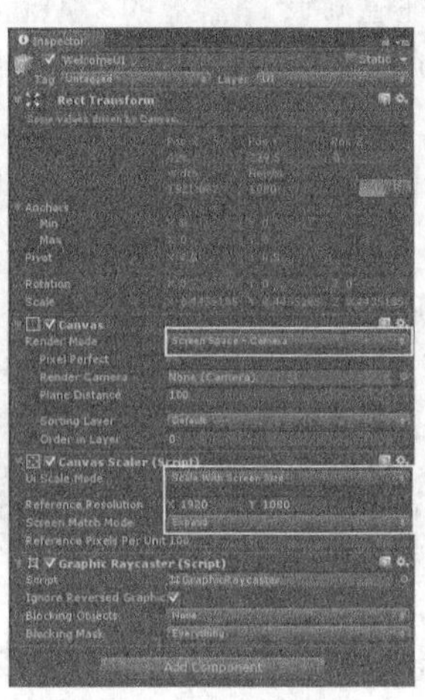

▲图 3-31　屏幕自适应

（5）导入相关图片，在制作这款游戏前，笔者已经制作出了相关的图片，在 Assets 目录下新建一个文件夹，右击→“Folder”创建，重命名为“Textures”，可在此文件夹下继续创建一个文件夹，重命名为“Base_UI”，在“Base_UI”中右击→“Import New Asset…”选中相关图片导入。

（6）添加背景图片，单击上一步创建的“WelcomeUI”，右击以后，选中“UI”　→“Panel”。作者在开发游戏之前就制作出了相关的 UI 图片。将创建的 Panel 重命名为“background”，并为其添加图片，将 Assets/Textures 中需要的图片直接拖动到 Source Image 中。

（7）创建复选框，右击“back 2”对象，选中“UI”→“Toggle”。调整复选框的位置及大小，将其重命名为“1”，依次创建其他两个 Toggle 对象，并分别重命名为“2”和“3”。

（8）添加“Toggle”的背景显示图片“Background 与选中时的显示图片“Checkmark”，如图 3-32 所示，将“Background”添加到“Toggle”组件下的“TargetGraphic”，将“Checkmark”添加到“Toggle”组件下的“Graphic”，如图 3-33 所示。

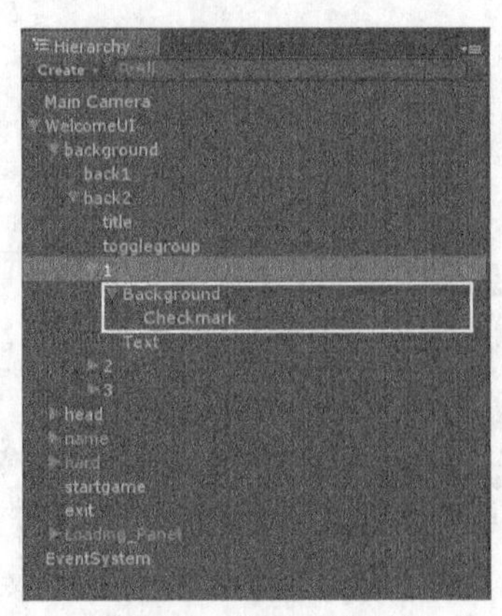

▲图 3-32　“Toggle”结构

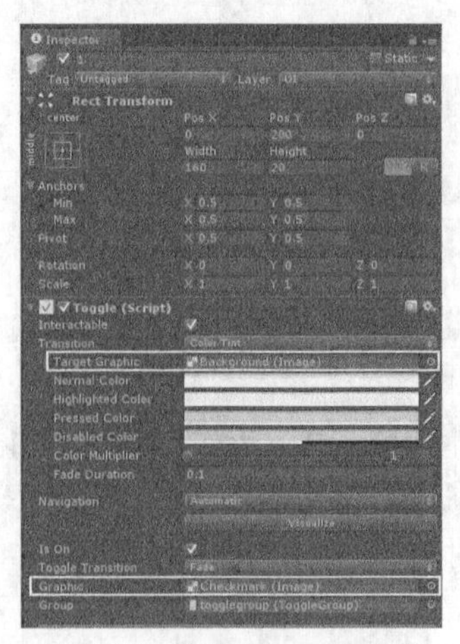

▲图 3-33　设置“Toggle”组件

（9）为保证几个复选框对象在切换时，只选中一个对象，其他对象不被选中。需要创建一个空对象，将其重命名为“togglegroup”，并添加一个“ToggleGroup”脚本，如图 3-34 所示。将此对象添加到创建好的复选框对象的 Group 参数中，如图 3-35 和图 3-36 所示。

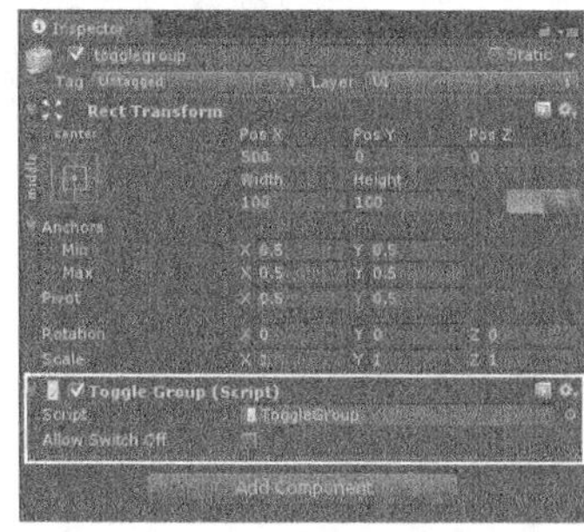

▲图 3-34　创建“ToggleGroup”对象

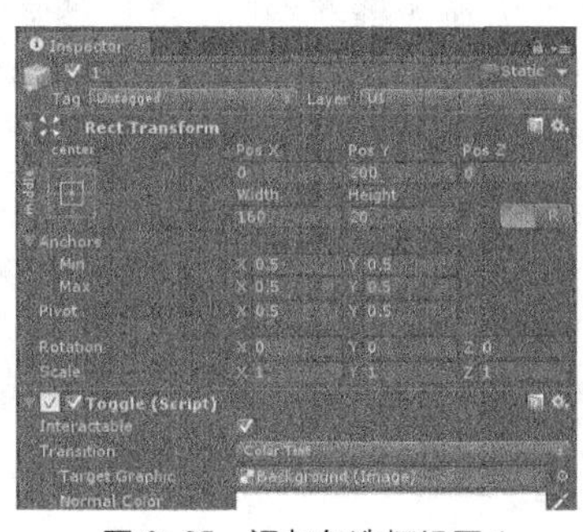

▲图 3-35　添加复选框组图 1

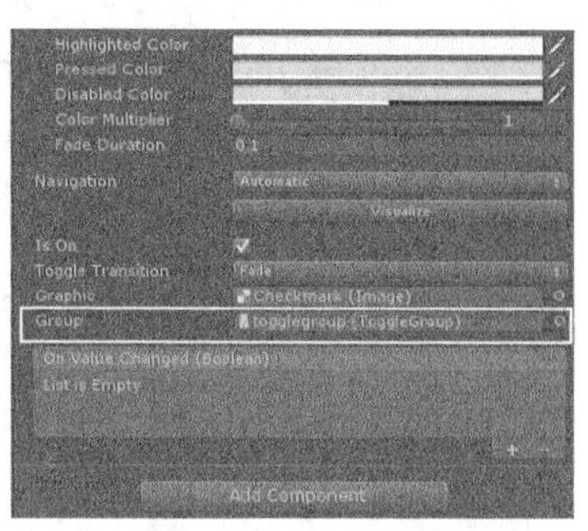

▲图 3-36　添加复选框组图 2

（10）按照上述方法继续创建按钮，拖曳两个按钮到“WelcomeUI”下，将其分别重命名为“exit”，“startgame”，分别将两个按钮调至合适位置并修改其背景图片。选中“WelcomeUI”创建几个空对象分别命名为“head”“name”“hard”“Loading_Panel”。

（11）选中“Loading_Panel”对象，此对象可控制切换场景时屏幕的淡入/淡出效果已经控制游戏切换场景时的异步加载功能，为其添加“Image”脚本可以设置其背景图片，并添加“Cavas Group”脚本，可以控制此对象以及其子对象不会阻挡其他 UI 的单击。添加效果如图 3-37 所示。

（12）为“Loading_Panel”对象添加文本子对象与图片子对象，分别命名为“Text”和“loadingImage”，“Text”对象用于游戏场景切换时，显示加载进度，“loadingImage”对象控制异步加载中帧动画图片的显示，如图 3-38 所示。调整这两个子对象的大小和位置。

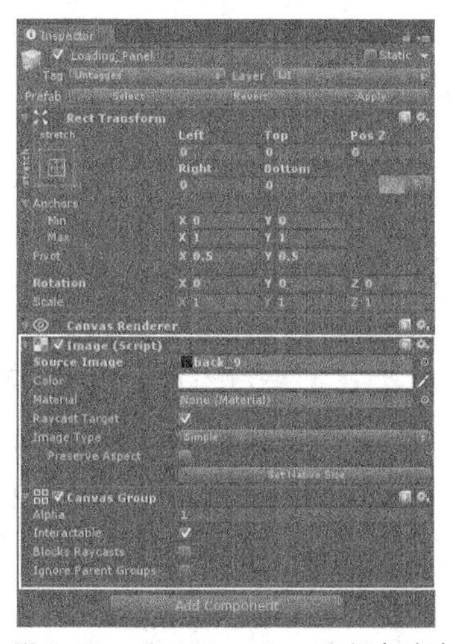

▲图 3-37　“Loading_Panel”添加脚本

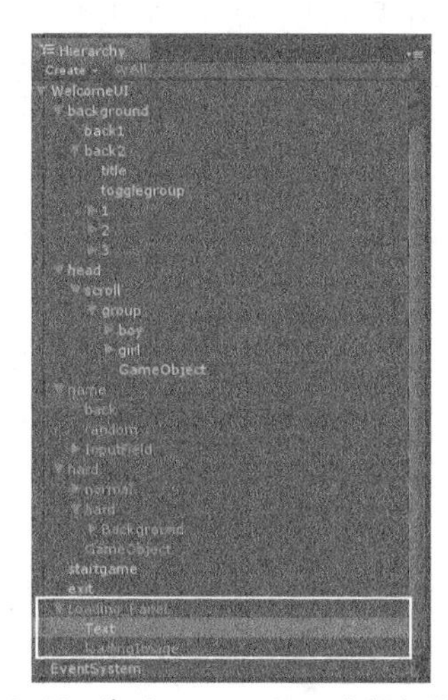

▲图 3-38　为“Loading_Panel”添加子对象

（13）选中“head”对象，为其添加两个“Toggle”子对象，分别为创建的两个子对象删除“Label”对象，并添加“ToggleGroup”对象，以确保每次选中的头像只有一个。复选框的设置可参考前几个步骤。对“hard”对象做同样创建。

（14）选中“name”对象，为其添加一个按钮，并将按钮重命名为“random”，此按钮用来随机玩家昵称。添加按钮完成后，继续为“name”对象添加“InputField”子对象，用于显示玩家昵称，并且单击此输入框，玩家可以自定义输入昵称。

3.4.2　各对象的脚本开发及其相关设置

本小节将各个对象相关脚本的开发进行介绍。此次设置中所有步骤均有详细介绍，下文中各个对象的脚本及相关设置开发小节中省略了部分重复步骤，读者应注意。具体步骤如下。

（1）Asserts 面板中右键单击“Create”→“Folder”，新建一个文件夹，如图 3-39 所示，并将其重命名为“Scripts”。在该文件夹中右键单击“Create”→“C# Script”，新建一个 C#脚本。将其重命名为“welcome.cs”，如图 3-40 所示。

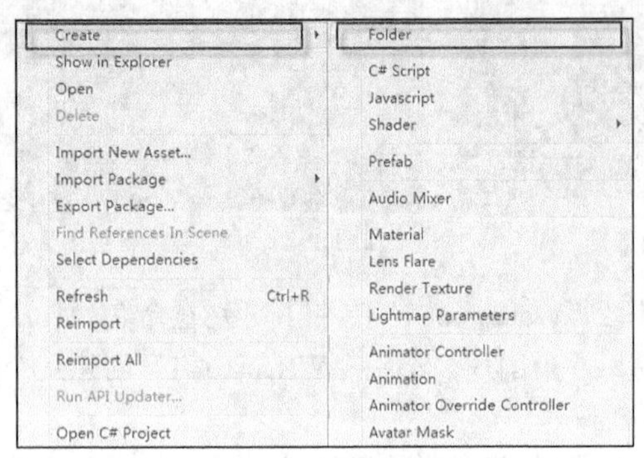

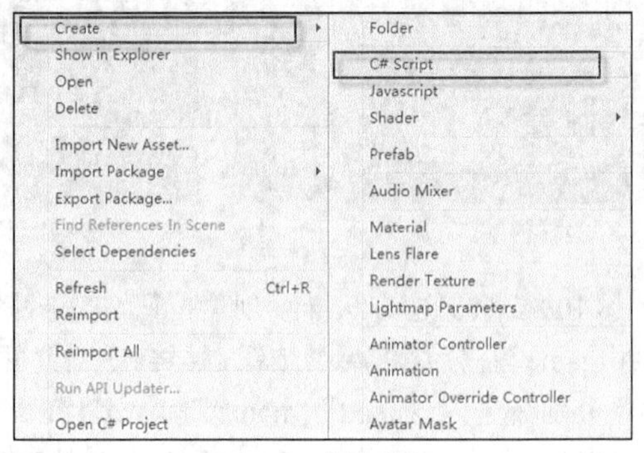

▲图 3-39　新建文件夹　　▲图 3-40　创建脚本

（2）双击“welcome.cs”脚本，进入“Visual Studio”编辑器中，开始编写“welcome.cs”脚本。该脚本主要是实现复选框选中时切换相应内容功能、选择玩家头像、摇骰子功能以及退出游戏记录游戏信息功能，脚本代码如下。

代码位置：见随书源代码/第 3 章目录下的 Assets/Scripts/UI/welcome.cs。

```
1    using UnityEngine;
2    using System.Collections;
3    using UnityEngine.UI;          //引用系统包
4    public class welcome : MonoBehaviour{
5      /*此处省略了定义一些变量的代码，有兴趣的读者可以自行查看源代码*/
6      void Awake(){
7        CheckExit();               //检测初始状态，读取之前游戏存档信息
8      }
9      void Start(){
10       SetPlayer();               //设置当前场景信息
11       if (!isExitAudio){         //如果不存在声音源文件，就创建一个，并且切换场景不销毁此对象
12         a_clone = Instantiate(aduioPrefab) as GameObject;//实例化一个声音控制器
13         DontDestroyOnLoad(a_clone);                    //切换场景不予销毁
14         isExitAudio = true;                            //存在声音源的标志位置真
15       }
16       isEndShake = true;                               //初始状态骰子不摇动
17       len = doing_texture.Length;                      //获取执行模糊切换骰子图长度
18       playername = -1;                                 //避免第一次骰子发出声
19       headindex = UIData.player_texture_int;           //头像索引
20       hardindex = UIData.gamehard_int;                 //难度索引
21       random.GetComponent<Image>().sprite = done_texture[UIData.player_name_int];
                                                          //图片初始化
22       inputname.text = UIData.player_name;             //昵称初始化
23       startgame.onClick.AddListener(StartMain);        //对进入游戏按钮注册监听
24       /*此处省略一些对按钮注册监听的代码，有兴趣的读者可以自行查看源代码*/
25     }
26     void Update(){
27       CheakSelect();   //检测选中项目，每有切换直接更换内容，包括玩家昵称，玩家头像，游戏难度
28       JudgeHead();                                     //判断选中的头像
29       JudgeHard();                                     //判断选中的游戏难度
30       StartShake();                                    //摇骰子的效果
31     }
32     /*此处省略了实现玩家设置场景其他功能代码的编写，在下面将详细介绍*/
33   }
```

- ❑ 第4～5行是声明相关变量的方法，包括游戏中相关按钮的声明、显示对象的声明、相关复选框数组的声明等。
- ❑ 第6～8行实现检测游戏初始状态，并读取游戏的存档信息，为之后将介绍的“UIData”类中全局变量赋值的功能。
- ❑ 第9～10行的主要功能是调用设置当前场景相关信息的方法。此方法功能包括读取到的游戏存档信息，并显示出来，例如改变玩家头像以及游戏难度初始选定状态等。
- ❑ 第11～15行的主要功能是创建游戏声音控制器，如果已经当前场景不存在声音控制器，就实例化一个声音控制器，实现音效的播放控制功能。
- ❑ 第16～24行的主要功能是对游戏进行初始化设置，对相关索引值进行初始化，并且对相关按钮注册监听。
- ❑ 第26～31行的主要功能是每帧调用这些方法，实现游戏选中相关内容后显示相关信息的功能，摇骰子的功能等。

（3）“welcome.cs”脚本中通过CheckExit方法实现了游戏的初始检测功能、读取游戏的存档信息功能，通过SetPlayer方法实现了游戏初始设置，将读取到的存档信息显示出来，例如玩家头像的选定和游戏难度的选定等，具体代码如下。

代码位置：见随书源代码/第3章目录下的Assets/Scripts/UI/welcome.cs。

```
1     void CheckExit() {//初始检测状态，读取之前游戏存档信息
2       UIData.player_texture_int = PlayerPrefs.GetInt("playerTextureIntOut", 0);//图片索引
3       //将外部昵称索引赋予游戏静态昵称索引，如果不存在就赋值为0
4       UIData.player_name_int = PlayerPrefs.GetInt("playerNameIntOut", 0);
5       UIData.gamehard_int = PlayerPrefs.GetInt("gameHardIntOut", 0); //游戏难度索引
6       //获取游戏玩家昵称
7       UIData.player_name = PlayerPrefs.GetString("playerNameOut", Names[UIData.
        player_name_int]);
8       //获取背景音乐开闭索引值
9       gamebackgroundmusic_i = PlayerPrefs.GetInt("gameBackGroudMusic", 1);
10      gameeffectmusic_i = PlayerPrefs.GetInt("gameEffectMusic", 1);
                                                         //获取游戏音效开闭索引值
11      gamehelp_i = PlayerPrefs.GetInt("gamehelp", 1);     //获取游戏帮助索引值
12      gametip_i = PlayerPrefs.GetInt("gametip", 1);       //获取游戏提示索引值
13      //如果背景音乐索引值为1，游戏音乐布尔值为真
14      if (gamebackgroundmusic_i == 1) UIData.game_backmusic_bool = true;
15      else UIData.game_backmusic_bool = false;            //否则为假
16      //如果游戏音效索引值为1，游戏音乐布尔值为真
17      if (gameeffectmusic_i == 1) UIData.game_effectmusic_bool = true;
18      else UIData.game_effectmusic_bool = false; //否则为假
19      if (gamehelp_i == 1) UIData.game_help = true; //如果游戏帮助索引值为1，游戏音乐布尔值为真
20      else UIData.game_help = false;             //否则为假
21      if (gametip_i == 1) UIData.game_tip = true;//如果游戏提示索引值为1,游戏音乐布尔值为真
22      else UIData.game_tip = false;              //否则为假
23    }
24    void SetPlayer() {                           //当前场景初始状态设置
25      if (UIData.player_texture_int == 0) {      //如果玩家头像索引为0
26        head[0].isOn = true;                     //头像1被选中
27        head[1].isOn = false;                    //头像2未选中
28      }
29      else {
30        head[0].isOn = false;                    //头像1未选中
31        head[1].isOn = true;                     //头像2被选中
32      }
33      inputname.text = UIData.player_name;       //玩家昵称初始设定
34      if (UIData.gamehard_int == 0) {            //如果游戏难度索引为0
35        hard[0].isOn = true;                     //普通难度被选中
36        hard[1].isOn = false;                    //地狱难度未选中
37      }
38      else {
39        hard[0].isOn = false;                    //普通难度未选中
40        hard[1].isOn = true;                     //地狱难度被选中
41    }}
```

- 第 1～7 行实现获取玩家设置场景信息的功能，获取的内容包括玩家头像索引、昵称、昵称索引、游戏难度索引。
- 第 8～12 行实现获取游戏基础设置存档的功能，获取的内容包括游戏背景音乐索引、游戏音效索引、游戏帮助索引和游戏提示索引等。
- 第 9～23 行实现为游戏全局变量赋值的功能，这些全局变量将在其他脚本中调用。
- 第 24～32 行根据读出的存档信息，实现玩家头像选中功能。如果玩家在退出游戏之前已经选中了头像 2，则再次进入游戏头像 2 依然会被选中。
- 第 33 行实现设置玩家初始昵称的功能。
- 第 34～41 行根据读出的存档信息，实现恢复游戏难度选中状态的功能。

（4）“welcome.cs”脚本中通过 Check 方法实现游戏复选框组改变选定项时，显示不同界面的功能，通过 JudgeHead 方法实现游戏头像选定状态改变时的相关功能，通过 JudgeHard 方法实现游戏难度选定状态改变时的相关功能，以上几个方法每帧都会调用，赋值仅有一次，改变即赋值，具体代码如下。

代码位置：见随书源代码/第 3 章目录下的 Assets/Scripts/UI/welcome.cs。

```
1      void CheakSelect() {                                    //改变内容选中状态
2        for (int i = 0;i < select.Length;i++) {               //遍历内容复选框组
3          b_select = select[i].isOn;                          //获取复选框状态
4          if (b_select && i_select != i) {                    //复选框被选中，并且不是第一次被选中
5            if (i_select != -1) {                             //如果不是第一次赋值
6              AudioManager.PlayAudio(14);                     //播放选中声效
7            }
8            i_select = i;                                     //对内容复选框索引赋值
9            select_appear[i].SetActive(true);                 //相应界面出现
10           for (int j = 0;j < select.Length;j++) {           //遍历所有页面
11             if (j == i) continue;                           //如果与复选框索引值相等，跳过当前循环
12             select_appear[j].SetActive(false);              //页面被关闭
13           }}}}
14     void JudgeHead() {                                      //切换头像播放改变全局值的方法
15       if (head[0].isOn && headindex != 0) {                 //头像 1 被选中，并且不是第一次被选中
16         AudioManager.PlayAudio(17);                         //播放选中声效
17         headindex = 0;                                      //头像索引赋值
18         UIData.player_texture_int = headindex;              //全局头像索引赋值
19       }
20       else if (head[1].isOn && headindex != 1){             //头像 1 被选中，并且不是第一次被选中
21         AudioManager.PlayAudio(17);                         //播放选中声效
22         headindex = 1;                                      //头像索引赋值
23         UIData.player_texture_int = headindex;              //全局头像索引赋值
24       }}
25     void JudgeHard() {                          //切换完成直接改变游戏难度索引值的方法
26       if (hard[0].isOn && hardindex != 0)                   //普通难度被选中，并且不是初始状态赋值
27       {
28         AudioManager.PlayAudio(17);                         //播放选中声效
29         hardindex = 0;                                      //难度索引赋值
30         UIData.gamehard_int = hardindex;                    //全局难度索引赋值
31       }
32       else if (hard[1].isOn && hardindex != 1)              //地狱难度被选中，并且不是初始状态赋值
33       {
34         AudioManager.PlayAudio(17);                         //播放选中声效
35         hardindex = 1;                                      //难度索引赋值
36         UIData.gamehard_int = hardindex;                    //全局难度索引赋值
37     }}
```

- 第 1～7 行实现复选框改变内容时播放切换声效的功能。
- 第 8～13 行实现复选框改变选定状态时，通过遍历内容的数组，选定的内容出现，未选定的内容设置为不可见的功能。
- 第 14～24 行实现游戏玩家头像选中状态改变时，播放切换的声效，并且为全局变量赋值的功能。

- 第 25～37 行实现游戏难度设定状态改变时，播放切换声效，为全局变量赋值的功能。

（5）“welcome.cs”脚本中通过 ChangeName 方法实现开始摇骰子的功能，通过协程 EndShake 方法实现骰子摇动停止的功能，并实现了玩家昵称索引的随机功能，通过 StartShake 实现摇骰子的动态效果，即切换图片实现帧动画，具体代码如下。

代码位置：见随书源代码/第 3 章目录下的 Assets/Scripts/UI/welcome.cs。

```
1    void ChangeName() {                                  //改变玩家昵称
2      if (playername != -1) {                            //不是第一次摇骰子
3        AudioManager.PlayAudio(16);                      //播放摇骰子音效
4      }
5      playername++;                                      //游戏昵称索引增加
6      isEndShake = false;                                //开始摇骰子
7      StartCoroutine(EndShake());                        //开启结束摇动协程
8      StopCoroutine(EndShake());                         //关闭结束摇动协程
9    }
10   IEnumerator EndShake() {                            //结束摇动协程
11     yield return new WaitForSeconds(1f);              //摇动时间为 1s
12     int index = (int)(Random.Range(0, 5));            //随机获取 0-5 的整数
13     isEndShake = true;                                //停止摇动
14     random.GetComponent<Image>().sprite = done_texture[index];//切换最后的骰子图片
15     UIData.player_name_int = index;                   //全局玩家昵称索引赋值
16     inputname.text = Names[index];                    //显示名字
17   }
18   void StartShake() {                                 //实现摇骰子功能
19     if (isEndShake) return;                           //如果停止切换就返回
20     if (Time.frameCount % 8 == 0) {                   //开始切换
21       Sprite cur_texture = doing_texture[frameindex];      //获取骰子摇动中的图
22       random.GetComponent<Image>().sprite = cur_texture;   //换图
23       frameindex++;                                   //帧率增加
24       frameindex %= len;                              //获取骰子摇动索引
25   }}
```

- 第 1～6 行实现通过设置标志位激活骰子摇动的功能。
- 第 7～17 行实现骰子停止摇动的功能，包括随机玩家昵称索引，为全局变量赋值的功能，以及改变玩家昵称显示的功能。
- 第 18～25 行的方法每帧调用，当开始摇动骰子的标志位为真时，开始切换摇动中的图片，实现骰子摇动的功能。

（6）“welcome.cs”脚本中，通过 StartMain 方法调用切换场景时异步加载方法，实现场景切换的功能，通过 ExitGame 实现退出游戏，记录当前游戏存档的功能，具体代码如下。

代码位置：见随书源代码/第 3 章目录下的 Assets/Scripts/UI/welcome.cs。

```
1    void StartMain() {                                       //进入游戏按钮
2      AudioManager.PlayAudio(0);                             //播放按钮声效
3      GetComponent<Loading>().LoadScene(3);                  //切换到游戏功能场景
4    }
5    void ExitGame() {                                        //退出游戏，记录游戏状态
6      AudioManager.PlayAudio(0);                             //播放按钮音效
7      UIData.player_name = inputname.text;                   //全局玩家昵称赋值
8      //退出之前记录当前游戏设置
9      PlayerPrefs.SetString("playerNameOut", UIData.player_name);     //记录昵称
10     PlayerPrefs.SetInt("playerTextureIntOut", UIData.player_texture_int);//记录头像索引
11     PlayerPrefs.SetInt("playerNameIntOut", UIData.player_name_int);//记录昵称索引
12     PlayerPrefs.SetInt("gameHardIntOut", UIData.gamehard_int); //记录游戏难度索引
13     if (UIData.game_backmusic_bool) gamebackgroundmusic_i = 1;
                                                         //如果游戏背景音乐开，相应索引值为 1
14     else gamebackgroundmusic_i = 0;                   //如果游戏背景音乐关，相应索引值为 0
15     if (UIData.game_effectmusic_bool) gameeffectmusic_i = 1;//如果游戏音效开，相应索引值为 1
16     else gameeffectmusic_i = 0;                        //如果游戏音效关，相应索引值为 0
17     if (UIData.game_help) gamehelp_i = 1;              //如果游戏帮助开，相应索引值为 1
18     else gamehelp_i = 0;                               //如果游戏帮助关，相应索引值为 0
19     if (UIData.game_tip) gametip_i = 1;                //如果游戏提示开，相应索引值为 1
20     else gametip_i = 0;                                //如果游戏提示开，相应索引值为 0
21     PlayerPrefs.SetInt("gameBackGroudMusic", gamebackgroundmusic_i);
```

```
                                                    //记录背景音乐开闭索引
22      PlayerPrefs.SetInt("gameEffectMusic", gameeffectmusic_i);//记录游戏音效开闭索引
23      PlayerPrefs.SetInt("gamehelp", gamehelp_i);     //记录游戏帮助开闭索引
24      PlayerPrefs.SetInt("gametip", gametip_i);       //记录游戏提示开闭索引
25      Application.Quit();                             //退出游戏
26    }
```

- ❑ 第 1～4 行实现调用场景切换时的异步加载方法的功能，游戏的切换场景时所用的异步加载将在本章后边的小节中详细介绍。
- ❑ 第 5～12 行实现存档游戏玩家设置场景中玩家相关设定的功能，存档的内容包括玩家头像索引、玩家昵称、玩家昵称索引、游戏难度索引等，与获取游戏存档的方法很类似，读者可以将以上两个方法对比，游戏存档是不动用数据库存档游戏信息的方法，极其简便，读者可自行了解。
- ❑ 第 13～24 行实现存档玩家基础设置的功能，包括背景音乐开闭、游戏音效开闭、游戏帮助的开闭，以及游戏提示的开闭等，这些设置在游戏退出时被记录下来，在第二次进入游戏时，会被读取出来，并显示，增强玩家的游戏体验。
- ❑ 第 25～26 行为实现退出游戏功能的代码。

（7）将“welcome.cs”脚本拖曳到场景创建时自动生成的“MainCamera”对象上，单击“MainCamera”对象，在 Inspector 面板中可查看该脚本，为该脚本挂载相关的图片以及游戏对象等。相关的挂载设置，如图 3-41 和图 3-42 所示。

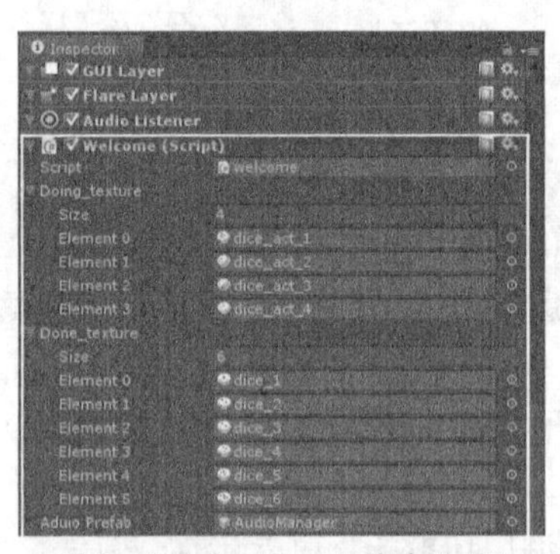

▲图 3-41　“welcome”脚本设置 1

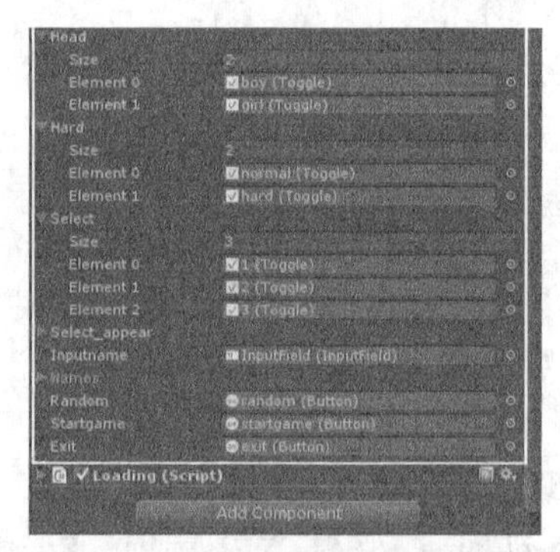

▲图 3-42　“welcome”脚本设置 2

（8）将“Assets/Scripts”目录下的“Loading.cs”脚本挂载到“MainCamera”对象上，“Loading.cs”脚本实现了游戏场景切换时的淡入/淡出效果，以及异步加载功能。“Loading.cs”具体代码如下。

代码位置：见随书源代码/第 3 章目录下的 Assets/Scripts/Loading.cs。

```
1     using UnityEngine;
2     using System.Collections;
3     using UnityEngine.UI;                          //引用系统包
4     public class Loading : MonoBehaviour {         //声明类名
5       /*此处省略了定义一些变量的声明代码，有兴趣的读者可以自行查看源代码*/
6       void Start() {                               //进入游戏是调用的方法
7         scene_index = -1;                          //场景索引值为-1
8         isStart = true;                            //开始场景
9         alpha = 1;                                 //设置背景图片为不透明
10        isAsyn = false;                           //不开始异步加载
11        loadingImage.gameObject.SetActive(false);        //场景切换时的帧动画图片不显示
12      }
13      void Update() {                             //每帧调用的方法
14        if (isStart) {                            //进入场景
15          StartScene();                           //开始场景的方法
16        }
17        ChangeTexture();                          //改变帧动画图片的方法
18        if (isAsyn) {                             //开始异步加载
19          ChangeScene();                          //切换场景的方法
```

```
20        }
21        if (alpha >= 1) {                          //如果背景图片的透明度大于 1
22          if (asyn == null) return;                //如果跟踪异步操作的生存期不存在则返回
23          loadingImage.gameObject.SetActive(true);     //显示帧动画
24          progess.text = (int)(asyn.progress * 100) + "" + "%";//显示加载进度
25      }}
26      public void LoadScene(int index) {           //外部调用，传进来要切换场景的索引值
27        isAsyn = true;                             //开始异步加载的标志
28        scene_index = index;                       //要切换到的场景的索引
29      }
30      void StartScene() {                          //开始场景的方法
31        alpha -= 0.08f;                            //透明度依次递减
32        curtain.gameObject.GetComponent<CanvasRenderer>().SetAlpha(alpha);
                                                     //改变背景图片的透明度
33        if (alpha <= 0) {                          //如果透明度的值小于 0
34          isStart = false;                         //进入场景结束
35      }}
36      void ChangeScene() {                         //切换场景的方法
37        alpha += 0.08f;                            //索引值由 0 开始增加
38        curtain.gameObject.GetComponent<CanvasRenderer>().SetAlpha(alpha);
                                                     //改变背景图片的透明度
39        if (alpha >= 1) {                          //如果透明度的值大于 1
40          if (scene_index == -1) return;           //如果没有进行场景的切换，则返回
41          StartCoroutine(LoadingScene());          //开启协程方法，实现场景的异步加载
42          isAsyn = false;                          //协程方法执行完毕，异步加载结束
43      }}
44      IEnumerator LoadingScene() {                 //协程方法，用来实现场景的异步加载
45        asyn = Application.LoadLevelAsync(sceneName[scene_index]);
                                                     //对跟踪异步操作的生存期变量赋值
46        yield return asyn;                         //返回此变量到方法中
47      }
48      void ChangeTexture() {                       //切换场景帧动画的实现
49        if (!loadingImage.gameObject.activeInHierarchy) return;//如果当前的图片载体没有被禁用
50        curTexture += Time.deltaTime * 8;          //当前图片浮点型索引值增加
51        curIndex = (int)curTexture;                //当前图片索引值
52        loadingImage.sprite = loadingTextures[curIndex % 5];//切换图片
53    }}
```

- 第 6～12 行的主要功能是，对一些变量的初始化，例如设置场景索引为-1，是否开始场景的标志初始为真，背景图为不透明即黑色，开始异步加载的标志位为假，帧动画图片不显示。
- 第 13～25 行的主要功能是如果开始进入场景，则调用开始场景的方法。如果切换场景的话，帧动画图片显示。如果图片透明度索引大于 1，开始异步加载，并实现切换场景的方法。
- 第 26～35 行的主要功能是，由外部调用 LoadScene 方法，传进来要切换的场景的索引值，置开始切换标志位，StartScene 方法是实现开始场景的方法，改变黑色幕布的透明度等。
- 第 36～53 行的主要功能是 ChangeScene 实现切换场景的方法，黑色图片透明度由 0 到 1，调用协程获取跟踪异步加载操作的生存期变量，实现异步加载。同时 ChangeTexture 实现帧动画。

（9）前面“welcome.cs”中获取了 AudioManager 预制件的引用，此对象作为预制件将在“welcome”场景中首次被创建，在几个场景相互切换时不会被销毁，对象上挂载的“AudioManager.cs”脚本控制声效的播放，以及游戏背景音乐的播放。此声音控制器将在后面的小节中详细介绍。

（10）至此玩家设置场景的脚本开发基本介绍完毕，作者在介绍游戏中一些相关设置时难以面面俱到，不免有疏漏，敬请谅解，读者可通过查看中源程序自行学习。下面将继续介绍本游戏其他场景的开发。

3.5 游戏功能场景的开发

上一节中已经介绍了玩家场景的开发过程，游戏功能场景是游戏的枢纽中心，能切换到本游戏的多数场景，在此场景中，玩家可以通过单击界面下方几个按钮进行操作，如打开游戏设置界

面、转到属性设置场景、开启选关场景、打开游戏简介界面以及查看游戏关于等，下面将详细介绍本场景的开发。

3.5.1　场景搭建及其相关设置

搭建游戏功能的场景，步骤比较简单。通过此游戏界面的开发，读者可以熟练地掌握基础知识，同时也会积累一些开发技巧和开发细节，具体步骤如下。

（1）创建一个“Main”场景，具体步骤参考玩家设置场景开发的相应步骤，此处不再赘述。需要的音效与图片资源已经放在对应文件夹下，读者可参考 3.2.2 节中的相关内容。

（2）创建一个画布，重命名为“Main”，设置屏幕自适应参数，创建背景图片，背景图片的大小设置为屏幕自适应设置的自适应的屏幕大小，即“1920×1080”，背景图片恰好全部覆盖在摄像机视口中，玩家可以看到整张背景图。

（3）创建一个按钮，单击“Main”对象，右击→“UI”→“Button”，将此按钮重命名为“set”，继续创建其他的五个按钮，并依次命名为“attribute”“start”“selectscene”“brief”“relate”“exit”，如图 3-43 所示，删除创建按钮时系统创建的“Text”对象。

（4）创建几个“Image”对象，对这几个对象添加图片，用于显示玩家头像。这里除了要设置两个头像显示背景图外，还需一张圆形的图片，在其所在对象上添加“Mask”脚本，用于遮挡头像方形图片不必要的部分，让人物头像显示为圆形。添加“Mask”组件，如图 3-44 所示。

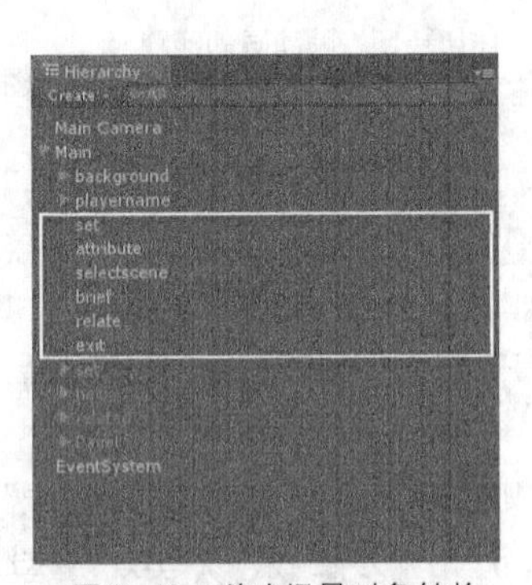

▲图 3-43　游戏场景对象结构

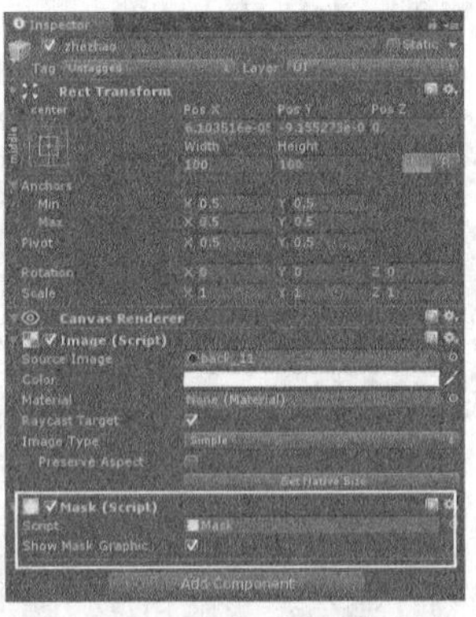

▲图 3-44　添加“Mask”脚本

（5）搭建游戏设置界面，新建一个“Image”对象，将其重命名为“set”，为其添加“mengban.png”图片，大小设置为“1920×1080”，作为游戏设置界面的背景图，在此背景图对象下添加一个按钮，调整其大小和位置，并将其“Text”对象中“Text”文本设置为“确认”。

（6）设置界面背景图片下创建四个“Text”对象，创建步骤请参考搭建玩家设置场景中的相应步骤，单击创建好的“Text”对象对其进行设置，如图 3-45 和图 3-46 所示，调整这些对象的名称和大小，为其添加字体，并设置字体大小和文字颜色等。

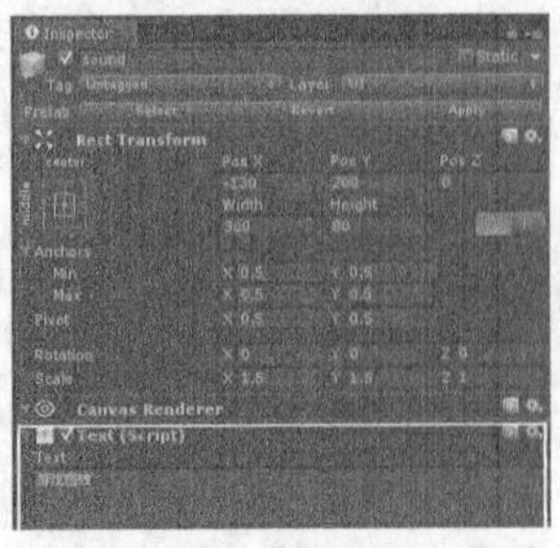

▲图 3-45　“Text”设置 1

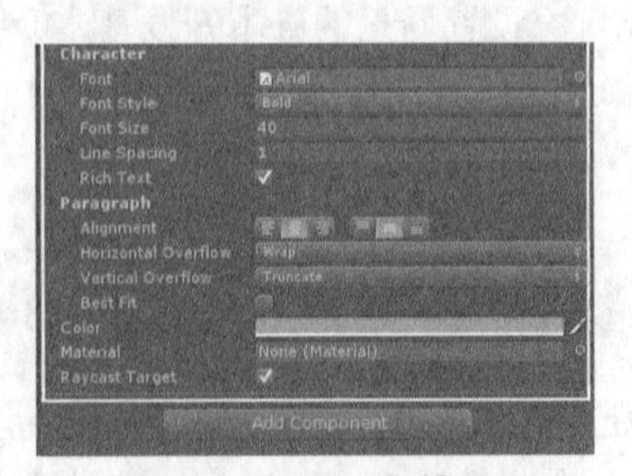

▲图 3-46　“Text”设置 2

（7）创建完成四个“Text”对象，在每个对象下分别创建“Toggle”，这些复选框分别控制游戏背景音乐的开闭、游戏音效的开闭、游戏帮助的开闭以及游戏提示的开闭。将 Assets/Textures 中相应的图片拖曳到这些复选框对象中。

（8）搭建游戏简介界面，玩家可以在此界面中滑动图片，了解本款游戏的大致玩法，关于相关背景图的创建效果，有兴趣的读者可以查看本书的随机中的项目文件，自行了解。

（9）创建滑动条，读者可以通过修改系统自带的“ScrollView”对象创建滑动条，也可以通过直接创建的方式，即创建一个空对象，为其添加“ScrollRect”脚本，创建一个子对象并为其添加“Horizontal Layout Group”脚本，在该子对象下继续添加 12 个“Image”对象。创建结果如图 3-47 和图 3-48 所示。

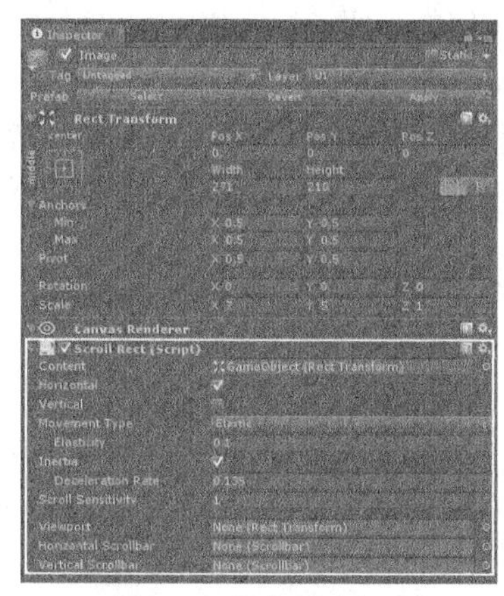

▲图 3-47　添加滑动条图 1

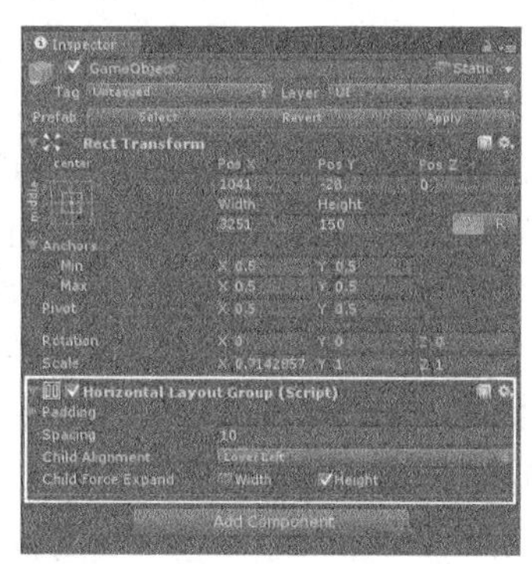

▲图 3-48　添加滑动图 2

3.5.2　各对象的脚本开发及相关设置

本小节将要介绍相关功能的脚本的开发，实现打开游戏设置界面对游戏进行设置，转到属性设置场景，开启选关场景，打开游戏简介界面查看游戏简介以及了解游戏关于等功能，具体步骤如下。

（1）在 Assets/Scripts/UI 中新建一个脚本，将其重命名为“main.cs”，此脚本实现单击按钮的相关功能，游戏设置功能等。具体代码如下。

代码位置：见随书源代码/第 3 章目录下的 Assets/Scripts/UI/main.cs。

```
1     using UnityEngine;
2     using System.Collections;
3     using UnityEngine.UI;
4     public class main : MonoBehaviour {
5       public GameObject[] icon;                        //各个图标对象
6       public Toggle isBackGroundMusic;                 //检测背景音乐开闭的复选框
7       /*此处省略了定义一些变量的代码，有兴趣的读者可以自行查看源代码*/
8       void Awake() {                   //游戏进入是调用的方法啊，在 Start()方法前调用
9         //如果背景音乐开启，背景音乐复选框为选中状态
10        if (UIData.game_backmusic_bool) isBackGroundMusic.isOn = true;
11        //如果背景音乐关闭，背景音乐复选框为未选中状态
12        else isBackGroundMusic.isOn = false;
13        //如果背景音效开启，背景音效复选框为选中状态
14        if (UIData.game_effectmusic_bool) isEffectMusic.isOn = true;
15        //如果背景音效关闭，背景音效复选框为未选中状态
16        else isEffectMusic.isOn = false;
17        if (UIData.game_help) isHelp.isOn = true;//如果游戏帮助开启，游戏帮助复选框为选中状态
18        else isHelp.isOn = false;        //如果游戏帮助关闭，游戏帮助复选框为未选中状态
19        if (UIData.game_tip) isTip.isOn = true;//如果游戏提示开启，游戏提示复选框为选中状态
20        else isTip.isOn = false;         //如果游戏提示关闭，游戏提示复选框为未选中状态
21      }
22      void Start() {                     //游戏开始时调用
23        if (!welcome.isExitAudio) {      //如果当前场景背景音乐不存在
```

```
24          a_clone = Instantiate(aduioPrefab) as GameObject;//实例化一个音乐播放器
25          DontDestroyOnLoad(a_clone);    //切换场景是不销毁该对象
26          welcome.isExitAudio = true;    //记录音乐播放器是否存在全局变量设为真
27        }
28        playerTexture.sprite = player_texture[UIData.player_texture_int];//显示玩家头像
29        /*此处省略一些对按钮注册监听的代码，有兴趣的读者可以自行查看源代码*/
30      }
31      void Update() {                          //每帧调用的方法
32        ChangeBackGroundMusic();               //检测是否关闭或者打开背景音乐的方法
33        ChangeEffectMusic();                   //检测是否关闭或者打开游戏音效的方法
34        ChangeHelp();                          //检测是否关闭或者打开游戏帮助的方法
35        ChaneTip();                            //检测是否关闭或者打开游戏提示的方法
36      }
37      /*此处省略了实现玩家设置场景其他功能代码的编写，在下面将详细介绍*/
38    }
```

- 第 5～7 行是游戏相关变量的声明，包括各个按钮的声明、游戏相关对象的声明、游戏复选框组件的声明，游戏声音控制器预制件的声明等。
- 第 8～21 行的主要功能是根据全局变量的值来初始化游戏设置复选框组件的选定状态，例如游戏背景音乐的全局变量值为真，则游戏背景音乐应为选定状态，否则为未选中状态。其他的复选框组件的设定也按照此步骤执行。
- 第 22～27 行的主要功能是如果游戏当前没有声音控制器，就实例化一个声音控制器，并且切换场景时，该声音控制器不被销毁。
- 第 28～30 行的主要功能是玩家头像的显示以及对游戏中用到的按钮注册监听。
- 第 31～36 检测游戏相关设置的选定状态，并改变相关全局数据的值，包括游戏背景音乐的开闭值索引、游戏音效的开闭值索引、游戏帮助是否开启的值索引，以及游戏提示的开闭值索引。

（2）“main.cs”脚本中通过 HideIcon 方法实现隐藏相关图标的功能，通过 Display 方法显示相关图标，通过一系列进入的方法，进入到不同的界面，通过一系列退出的方法，实现退出当前界面到主界面的功能，具体代码如下。

代码位置：见随书源代码/第 3 章目录下的 Assets/Scripts/UI/main.cs。

```
1     void HideIcon() {                          //隐藏图标的方法
2       for (int i = 0;i < icon.Length;i++) {    //遍历图标对象数组
3         icon[i].SetActive(false);              //禁用图标对象
4       }}
5     void DisplayIcon() {                       //显示图标的方法
6       for (int i = 0;i < icon.Length;i++) {    //遍历图标对象数组
7         icon[i].SetActive(true);               //显示图标对象
8       }}
9     void LoadSelectScene() {                   //切换到选关场景的方法
10      AudioManager.PlayAudio(0);               //播放单击按钮声效
11      GetComponent<Loading>().LoadScene(5);    //切换场景
12    }
13    void Set() {                               //进行设置界面的方法
14      AudioManager.PlayAudio(0);               //播放单击按钮声效
15      plane_set.SetActive(true);               //显示设置界面
16      HideIcon();                              //隐藏原界面图标
17    }
18    void ExitSet() {                           //退出设置界面的方法
19      AudioManager.PlayAudio(0);               //播放单击按钮声效
20      plane_set.SetActive(false);              //隐藏设置界面
21      DisplayIcon();                           //还原界面图标
22    }
23    void Attribute() {                         //进入属性介绍场景的方法
24      AudioManager.PlayAudio(0);               //播放单击按钮声效
25      GetComponent<Loading>().LoadScene(4);    //切换场景
26    }
27    void Help() {                              //进入游戏简介的方法
28      AudioManager.PlayAudio(0);               //播放单击按钮声效
29      plane_help.SetActive(true);              //游戏简介界面出现
30      HideIcon();                              //隐藏图标
```

```
31      }
32      void ExitHelp() {                                  //退出游戏简介界面的方法
33        AudioManager.PlayAudio(0);                       //播放单击按钮声效
34        plane_help.SetActive(false);                     //游戏简介界面隐藏
35        DisplayIcon();                                   //隐藏图标
36      }
37      void Related() {                                   //进入关于界面的方法
38        AudioManager.PlayAudio(0);                       //播放单击按钮声效
39        plane_related.SetActive(true);                   //游戏关于界面出现
40        HideIcon();                                      //隐藏图标
41      }
42      void ExitRelated() {                               //退出关于界面的方法
43        AudioManager.PlayAudio(0);                       //播放单击按钮声效
44        plane_related.SetActive(false);                  //游戏关于界面隐藏
45        DisplayIcon();                                   //显示图标
46      }
47      void BackScene() {                                 //回到欢迎场景的方法
48        AudioManager.PlayAudio(0);                       //播放单击按钮声效
49        GetComponent<Loading>().LoadScene(6);            //切换到玩家设置场景
50      }
```

- 第1～12行的主要功能是隐藏和显示按钮等图标，目的是为了切换界面时，相关图标的存在影响玩家的游戏体验，故将其隐藏。
- 第13～50行的主要功能分别是进入游戏的设置界面，退出设置界面，切换到属性介绍场景，开启游戏简介界面，关闭游戏简介界面，打开游戏关于，关闭游戏关于界面，退出当前界面到玩家设置界面。

（3）“main.cs”脚本中通过每帧调用检测的方法，对游戏设置的改变进行记录，并对全局变量进行赋值。具体代码如下。

代码位置：见随书源代码/第3章目录下的Assets/Scripts/UI/main.cs。

```
1    void ChangeBackGroundMusic() {                    //检测是否关闭或者打开背景音乐的方法
2      //如果背景音乐为选定状态，并且游戏背景音乐的全局值为假
3      if (isBackGroundMusic.isOn && !UIData.game_backmusic_bool) {
4        UIData.game_backmusic_bool = true;      //将记录游戏背景音乐全局变量设置为真
5      }
6      //如果背景音乐为未选定状态，并且游戏背景音乐的全局值为真
7      else if (!isBackGroundMusic.isOn && UIData.game_backmusic_bool) {
8        UIData.game_backmusic_bool = false;     //将记录游戏背景音乐全局变量设置为假
9    }}
```

> **说明** 此方法检测游戏背景音乐的改变状态，改变后对全局变量进行赋值。除此之外的其他检测的方法与此方法大同小异，这里不再赘述，分别检测游戏音效的改变，游戏帮助的改变以及游戏提示的改变。有兴趣的读者可以自行查看源代码。

（4）将“main.cs”脚本挂载到“MainCamera”对象上，将相关的图片以及对象挂载到该脚本上，挂载的结果，如图3-49和图3-50所示。将“Loading.cs”脚本挂载到主摄像机对象上，并对其进行相应的设置，实现游戏切换场景时淡入/淡出效果以及异步加载功能，该脚本在玩家设置场景已有详细介绍。

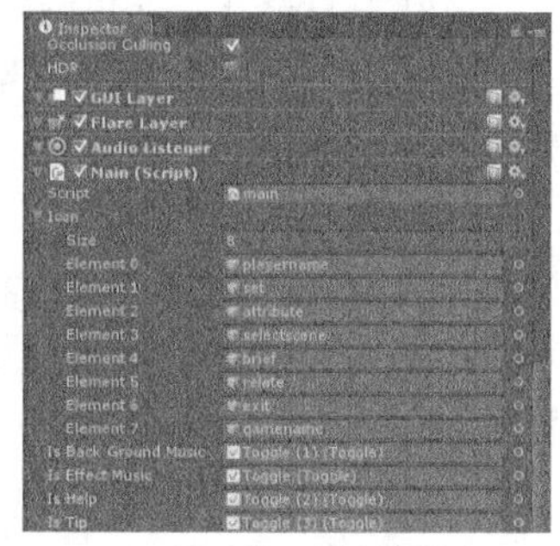

▲图3-49　“main”脚本设置1

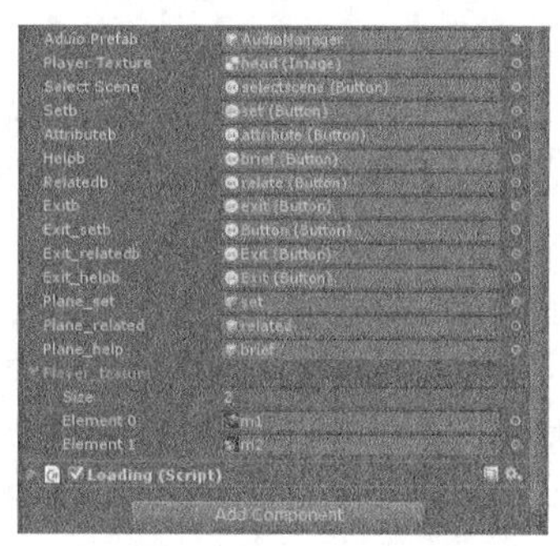

▲图3-50　“main”脚本设置2

3.6 属性介绍场景的开发

上一节中已经介绍了游戏功能场景的开发过程，属性介绍场景是本游戏较为繁琐的场景，此场景分为英雄介绍界面和怪物介绍界面，属性介绍场景的开发对于提高此游戏的观赏性和可玩性起到至关重要的作用。在本节中，将对此场景的开发进行进一步的介绍。

3.6.1　英雄属性介绍界面搭建

本小节将详细介绍英雄属性介绍界面的开发过程，此界面的开发较为繁琐，用到的知识涵盖大部分 UI 制作的精髓，读者可以通过搭建此界面打牢基础，为之后能够开发更好的 UI 界面做准备，接下来将具体介绍该界面的搭建步骤。

（1）新建一个“attribute”场景，具体步骤参考玩家设置场景开发的相应步骤，此处不再赘述。需要的图片以及模型等资源已经放在对应文件夹下，读者可参考 3.2.2 节中的相关内容。

（2）创建一个“Attribute”画布，为其设置屏幕自适应参数，具体设置请参考玩家设置场景搭建的相关内容，在此画布下创建几张背景图片，设置这些图片的位置和大小，将 Assets/Textures 目录下的相关图片拖曳到创建的图片对象上。

（3）本游戏的开发中用到了图集，这就涉及了图集的切割，图集的切割就是将一张整图切割成几张小图，选中图片，例如选中 Assets/Textures/Base_UI 目录下的 timu.png 图片，在 Inspector 面板中对其进行相应的设置，如图 3-51 所示。

（4）上一步的 Inspector 面板中单击 SpriteEditor 进入图形切割界面，单击左上角的 Slice 按钮，Type 选项选择 Automatic 选项，然后单击下方的 Slice，对图形进行切割，切割图形是自动完成的。完成切割后单击 Apply 按钮，完成切割，如图 3-52 所示。

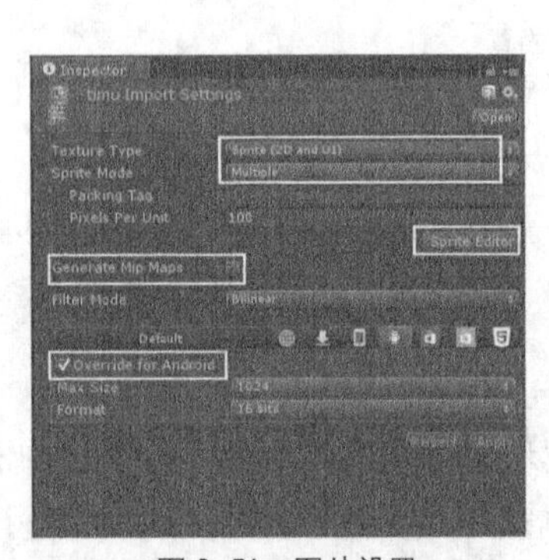

▲图 3-51　图片设置

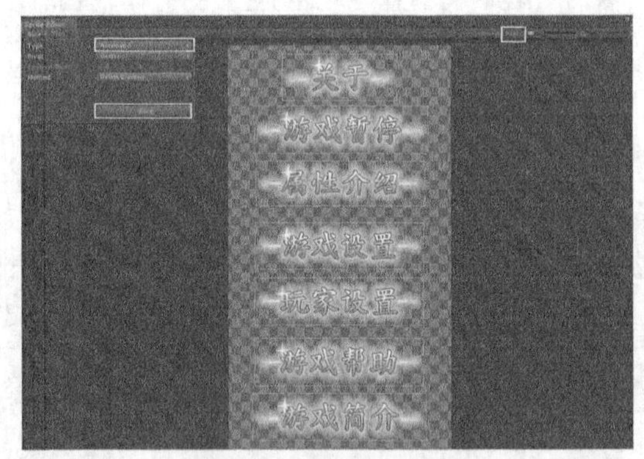

▲图 3-52　图形切割界面

（5）切割的过程，由于是自动完成的，有些图片的切割难以达到要求，这就需要手动操作，选中图形周围白色切割线，如图 3-53 所示，选中状态下直接按键盘上的“Del”键可删除切割线，选中后按下“Ctrl+D”组合键可以复制切割线，调整切割线位置，切割完单击应用，切割效果如图 3-54 所示。

（6）继续搭建英雄属性介绍界面，创建一个空对象“Player”，在此对象下创建 13 个“Image”对象，将 Assets/Textures/Base_UI 目录下的相应图片，拖曳到“Image”对象的 SourceImage 属性中，为其添加图片，并将这些对象重命名，其结构如图 3-55 所示。

（7）分别在“back2”对象下的 4 个对象下创建 4 个界面，用于显示英雄详细信息，英雄技能，英雄背景，以及游戏中用到的必杀技。其中包括创建“Text”对象用于显示标题，“Image”对象用于显示图片，“Slider”对象用于滑动显示背景对象，如图 3-56 所示。

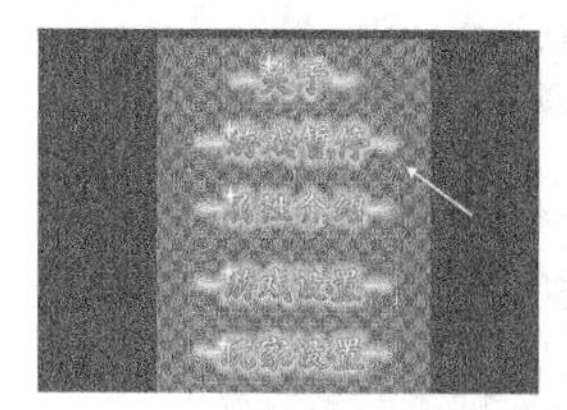

▲图 3-53　修改切割线

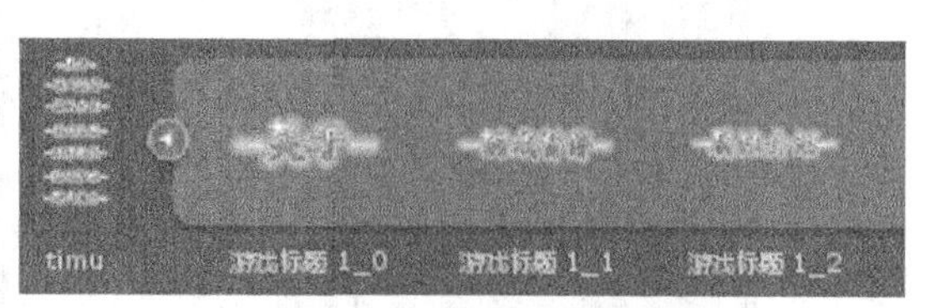

▲图 3-54　图片切割完成部分效果图

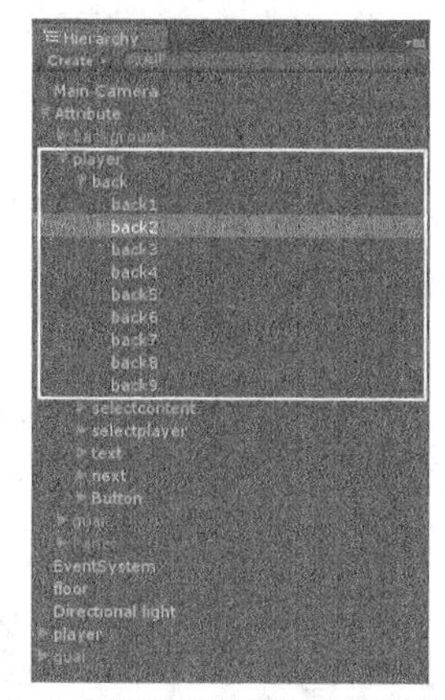

▲图 3-55　英雄属性介绍背景结构图

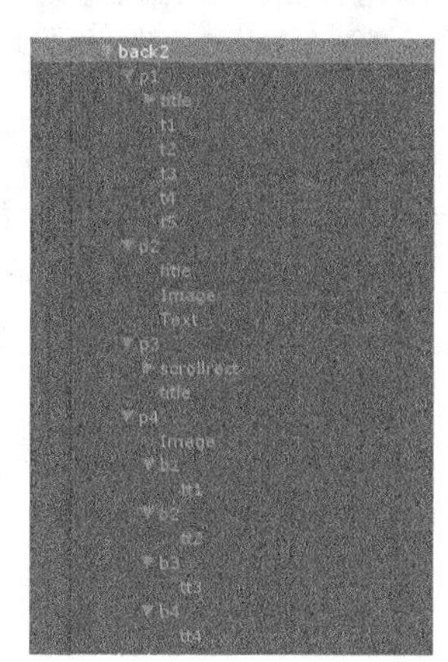

▲图 3-56　“back2”对象下搭建的四个界面

（8）在“selectcontent”和“selectplayer”对象下，分别创建复选框组对象，“selectcontent”用于控制上一步“back2”对象下四个界面的显示，“selectplayer”用于控制英雄头像的选择。当选中不同英雄头像以后，会有相应的英雄介绍。这两个对象下的结构图，如图 3-57 所示。

（9）创建 4 个“Text”对象，用于显示英雄等级、战斗力、经验值、评级。对这些“Text”对象进行设置，调整其大小和位置，并调整 Text 组件下的字体颜色，字体大小等相关参数。“Text”对象的设置，如图 3-58 所示。

（10）添加两个按钮，分别负责切换当前界面到怪物属性介绍界面，以及进入游戏选关场景。按钮的制作过程请参考玩家设置场景的相关步骤，这里不再赘述。进入游戏选关场景按钮的摆放位置需要特别说明，将其摆放在英雄模型前方，如图 3-59 所示。

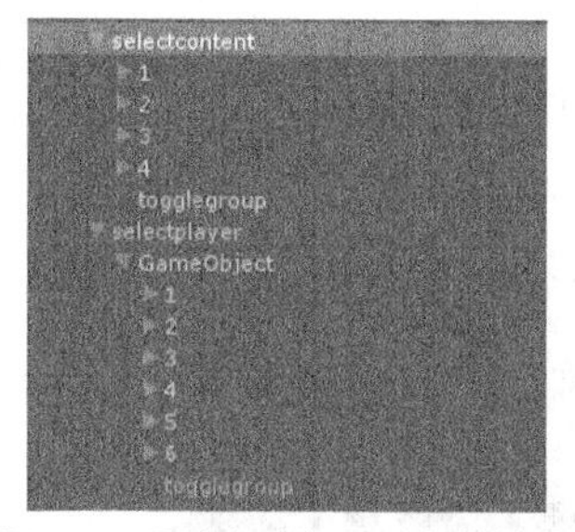

▲图 3-57　两个复选框组对象的结构图

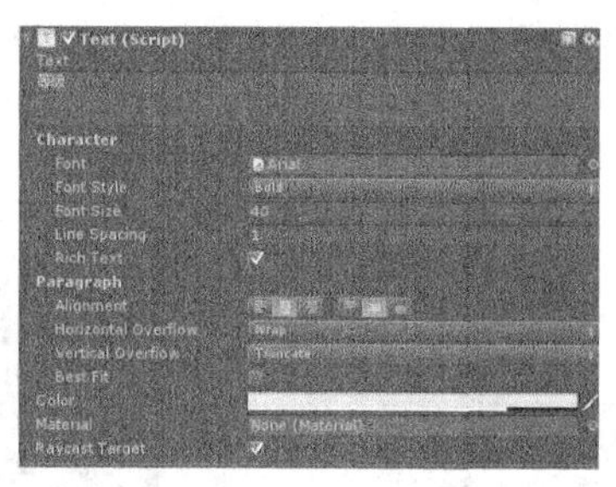

▲图 3-58　“Text”参数设置

▲图 3-59　进入选关按钮摆放位置

3.6.2 怪物属性介绍界面搭建

本小节讲解的是怪物属性介绍界面的搭建，与英雄属性介绍的开发在操作流程上大体一致，这里不再赘述，有兴趣的读者可以查看中的项目查看。怪物属性界面的结构图，包括选择怪物头像的复选框组，切换到英雄属性介绍界面的按钮，以及显示怪物属性的文本框等。如图 3-60 和

图 3-61 所示。

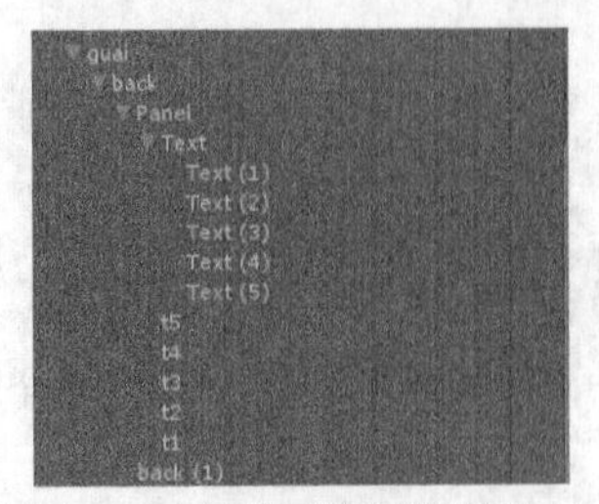

▲图 3-60　怪物属性介绍结构图 1

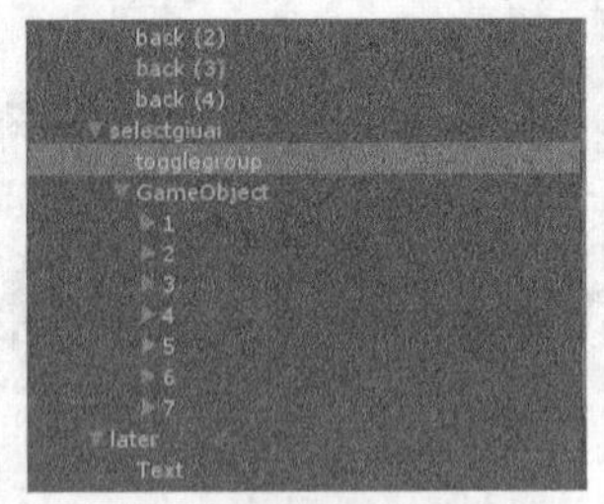

▲图 3-61　怪物属性介绍结构图 2

3.6.3　英雄以及怪物模型创建

前面两个小节介绍了英雄属性介绍界面与怪物属性介绍界面的搭建，在两个界面中，选定英雄头像以及选定怪物头像后都会有相应的模型出现，这就是本小节的开发要点，即英雄以及怪物模型的创建，下面将详细介绍模型的创建步骤。

（1）创建环境光，在 Hierarchy 面板中单击“Create”→“Light”→“Directional Light”，如图 3-62 所示，对环境光进行设置，调节环境光的位置、方向等光照的相关参数，如图 3-63 所示。光照目的是为更清晰地显示英雄以及怪物模型，增加玩家体验。

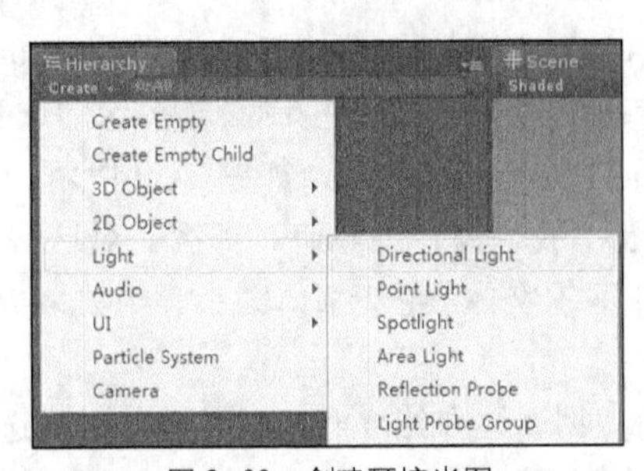

▲图 3-62　创建环境光图

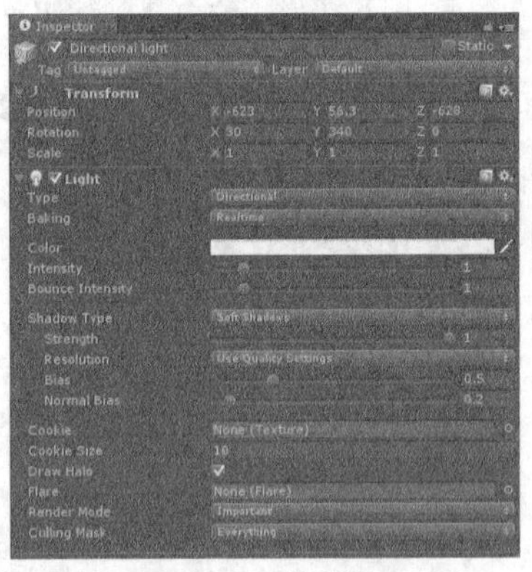

▲图 3-63　环境光设置

（2）创建英雄下方的地板模型，在 Hierarchy 面板中单击“Create”→“3D Object”→“Cube”创建一个立方体，如图 3-64 所示。调整立方体的位置和大小，对其 Mesh Renderer 组件设置，Cast Shadows 设置为 On，将 Receive Shadows 参数勾选，将贴图直接拖曳到立方体上，立方体的设置如图 3-65 所示。

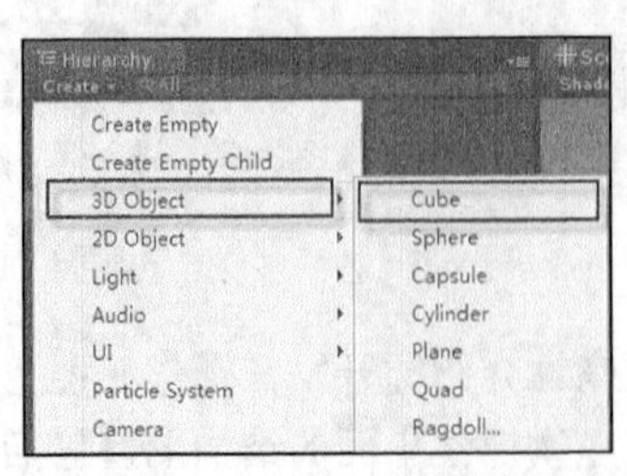

▲图 3-64　创建立方体对象

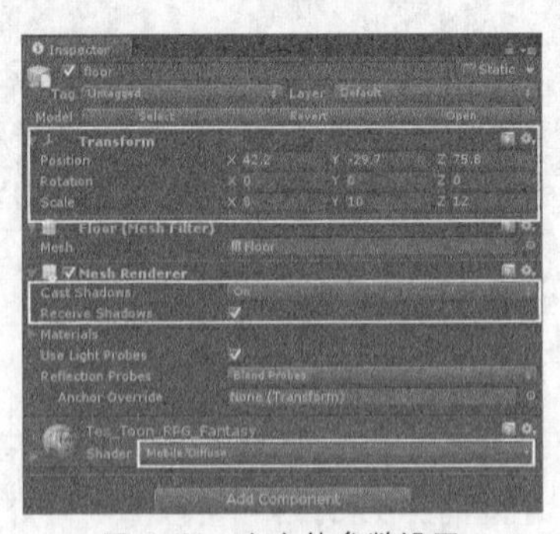

▲图 3-65　立方体参数设置

（3）本场景所用到的英雄模型等资源已经放在对应文件夹下，读者可参看第 3.2.2 节中的相关内容。将英雄模型拖曳进 Scene 面板中，对英雄的位置以及大小参数进行设定，并为其添加 Animator 脚本，添加英雄动画状态机对象到该脚本的 Controller 参数中，如图 3-66 所示。

（4）上一步中已经创建了英雄的模型，并为其添加相应的动画状态机，其制作过程将在本章后面的部分详细讲解，按照上边的步骤制作六个英雄模型，将这些模型放在对象“player”下，并将这些模型隐藏，如图 3-67 所示。

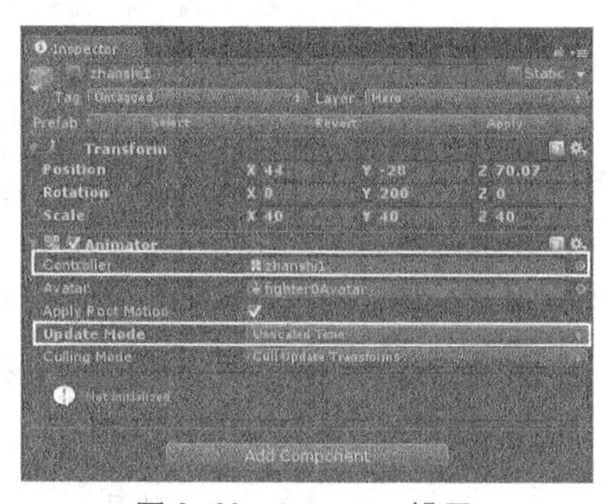

▲图 3-66　Animator 设置

▲图 3-67　创建六个英雄模型

（5）怪物模型的制作流程与英雄模型的制作流程相似，唯一不同的就是怪物模型上添加的是 Animation 组件，并没有创建动画状态机，通过脚本可直接控制怪物模型动画的播放。如图 3-68 所示。创建七个不同的怪物模型，将这些模型进行相关设置，重命名后放在对象“guai”下，如图 3-69 所示。

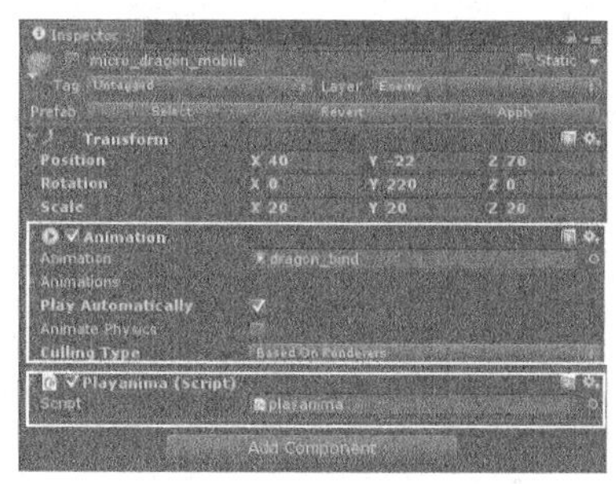

▲图 3-68　Animation 组件设置

▲图 3-69　创建七个怪物模型

（6）对摄像机进行设定，使渲染模型的摄像机与渲染 UI 的摄像机为同一摄像机，选中画布“Attribute”，在 Inspector 面板中将 Canvas 组件的 Render Camera 对象设定为主摄像机对象，将 Main Camera 对象直接拖曳进该参数中即可，如图 3-70 所示。

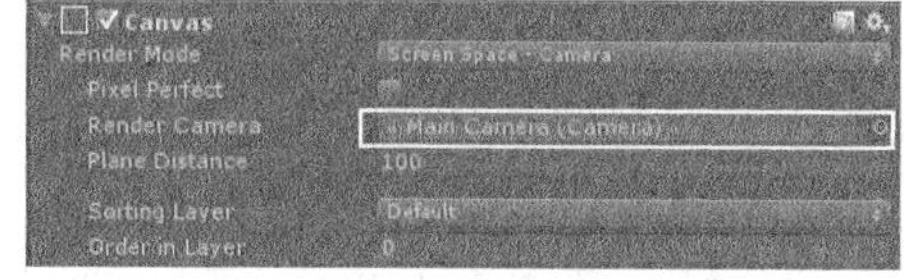

▲图 3-70　渲染摄像机设置

3.6.4　各对象的脚本开发及相关设置

本小节将介绍场景中各对象脚本开发。通过这些脚本实现选定英雄头像或者怪物头像，以及相关内容的切换功能、播放模型动画功能、切换场景功能等，具体开发步骤如下。

（1）创建一个脚本“attribute.cs”，创建脚本的步骤请参考玩家设置场景相关内容，这里不再赘述。该脚本实现创建声音控制器功能，以及退出当前场景到游戏功能场景的功能。具体代码如下。

代码位置：见随书源代码/第 3 章目录下的 Assets/Scripts/UI/attribute.cs。

```
1      using UnityEngine;
2      using System.Collections;
3      using UnityEngine.UI;
4      public class attribute : MonoBehaviour {
```

```
5       public Button exit;                                          //退出按钮
6       public GameObject aduioPrefab;                               //声音控制的预制件
7       private GameObject a_clone;                                  //声音控制器缓存
8       void Start() {
9         //将影子长度设为 90，如果这个值太小则手机上不会显示人物影子
10        QualitySettings.shadowDistance = 90;
11        exit.onClick.AddListener(BackScene);                       //对退出当前界面按钮注册监听
12        if (!welcome.isExitAudio) {                                //如果当前没有声音
13          a_clone = Instantiate(aduioPrefab) as GameObject;//实例化一个声音控制器
14          DontDestroyOnLoad(a_clone);                            //切换场景不销毁此对象
15          welcome.isExitAudio = true;                            //声音控制器存在的全局变量赋值
16        }}
17      void BackScene() {                                         //退出当前场景
18        AudioManager.PlayAudio(0);                               //按钮单击的声效
19        QualitySettings.shadowDistance = 40;                     //影子距离下调
20        GetComponent<Loading>().LoadScene(3);                    //异步加载切换场景
21    }}
```

- 第 4～7 行为游戏相关变量的声明，包括“退出”按钮的声明、声音控制器的声明等。
- 第 8～10 行的主要功能是设置游戏中影子的长度，避免因影子长度太小导致的手机上运行后，模型没有影子的现象。
- 第 12～16 行的主要功能是如果当前场景没有声音控制器，实例化一个声音控制器，并且在切换场景时该声音控制器不会被销毁。
- 第 17～21 行的主要功能是退出当前场景进行的相关设置，包括“播放”按钮单击声效、模型影子距离下调、调用异步加载方法实现切换场景的功能。

（2）本场景中英雄属性介绍界面的相关功能均由“a_people.cs”脚本控制，其主要功能是检测英雄头像选中状态，根据选中英雄后的索引，改变显示的英雄的属性信息等。具体的代码如下。

代码位置：见随书源代码/第 3 章目录下的 Assets/Scripts/UI/a_people.cs。

```
1     using UnityEngine;
2     using System.Collections;
3     using UnityEngine.UI;
4     public class a_people : MonoBehaviour {
5       /*此处省略了定义一些变量的代码，有兴趣的读者可以自行查看源代码*/
6       void Start() {
7         switch_next.onClick.AddListener(SwitchNext);   //切换怪物属性界面按钮注册监听
8         selectHero.onClick.AddListener(SelectHeroMoveTo);//选中英雄按钮注册监听
9         player_z.SetActive(true);                      //英雄模型汇总显示
10        guai_z.SetActive(false);                       //怪物模型汇总消失
11        plane_player.SetActive(true);                  //英雄面板显示
12        plane_guai.SetActive(false);                   //怪物面板消失
13        FirstChange();                                 //第一次赋值
14      }
15      void Update() {
16        CheakSelectPlayer();                           //判断当前选中的英雄
17        ChangeContent();                               //判断选中英雄，内容显示改变
18        ChangeValue();                                 //改变文本框的值
19      }
20      void SwitchNext() {                              //切换到怪物界面
21        AudioManager.PlayAudio(18);                    //切换上下界面的声效
22        plane_player.SetActive(false);                 //英雄面板消失
23        plane_guai.SetActive(true);                    //怪物面板出现
24        player_z.SetActive(false);                     //英雄模型汇总对象消失
25        guai_z.SetActive(true);                        //怪物模型汇总对象出现
26      }
27      void CheakSelectPlayer() {                       //判断人物选定状态
28        for (int i = 0;i < select_player.Length;i++){  //遍历人物数组
29          player_select = select_player[i].isOn;       //获取人物头像被选中的状态
30          if (player_select && player_i_select != i){  //如果被选中并且是第一次执行
31            if (player_i_select != -1) AudioManager.PlayAudio(17);//按钮单击的声效
32            player_select_static = i;                  //记录全局英雄索引
33            player_i_select = i;                       //记录当前英雄索引
34            ChangeRightContent(i);                     //改变显示的内容
35          }}}
36    void CheckSelectContent(){
```

```
37          /*此处省略了对 CheckSelectContent 方法的编写，有兴趣的读者可以自行查看源代码*/
38        }
39        /*此处省略了实现玩家设置场景其他功能代码的编写，在下面将详细介绍*/
40    }
```

- ❑ 第 4～5 行是游戏变量的声明，读者可查看游戏中的源代码。
- ❑ 第 6～8 行对切换到怪物属性介绍界面的按钮与进入选关的按钮注册监听。
- ❑ 第 9～12 行的主要功能是进入英雄属性介绍界面时的初始化，将有英雄属性介绍界面与英雄模型对应对象显示，将怪物属性介绍界面与怪物模型对应对象隐藏。
- ❑ 第 13～14 行是进入游戏的第一次赋值，即当玩家已经进入到该场景，并且选择了英雄，游戏全局变量便会将该英雄索引记录下来。当玩家再次进入该场景，此时该脚本会读取该全局变量，并将该英雄的模型以及相关信息显示出来。
- ❑ 第 15～19 行的主要功能是每帧调用检测英雄的选定状态的方法，当英雄选定状态改变时，改变英雄的显示内容，改变界面右侧文本框的数值。
- ❑ 第 20～26 行的主要功能是切换当前界面到怪物属性介绍界面，隐藏英雄相关模型与界面，显示怪物模型和界面，并播放切换声效。
- ❑ 第 27～35 行的主要功能就是检测英雄的选定状态，当被选中不同的英雄头像，则记录该选中英雄的索引值，并调用改变显示内容的方法，通过设置游戏索引值，所有的赋值均只有一次。
- ❑ 第 36～38 行是检测与查看英雄相关属性部分选中状态的代码，通过该部分可以查看英雄的详细属性、英雄技能、英雄背景介绍、游戏必杀技等。该部分的代码与英雄选定的代码相差不大，都是获取选定索引，这里不再赘述。
- ❑ 第 39～40 行是省略了“a_people.cs”脚本的其他功能方法，后面将详细介绍。

（3）“a_people.cs”脚本通过 FirstChange 方法实现进入场景后对英雄第一次赋值，通过 ChangeRightContent 方法实现右侧英雄属性赋值，通过 ChangeValue 方法改变所选英雄所有信息的赋值，通过 SelectHeroMoveTo 方法实现选定英雄，并切换到游戏选关场景的功能。具体代码如下。

代码位置：见随书源代码/第 3 章目录下的 Assets/Scripts/UI/a_people.cs。

```
1     //第一次赋值，这个方法是用在从选关界面返回时，英雄应该与之前选择的一样，并不是初始状态
2     void FirstChange() {
3       if (player_select_static == -1) return;          //如果还没有选中英雄，则不进行赋值
4       for (int i = 0;i < select_player.Length;i++) {  //遍历英雄头像复选框数组
5         if (player_select_static == i) {              //将已经选中的英雄，表示选中的状态
6           select_player[i].isOn = true;               //英雄头像被选中
7           player_i_select = i;                        //记录选中的英雄
8           ChangeRightContent(i);                      //改变游戏的属性值
9         }
10        else {
11          select_player[i].isOn = false;             //其他没有被选中的英雄，没有选中状态
12        }}}
13    void ChangeRightContent(int index) {             //展示右侧英雄的属性
14      experience.fillAmount = GameData.exprience[index];//经验值改变
15      fight.text = GameData.fight[index] + "";       //战斗力改变
16      grade.text = GameData.grade[index] + "";       //评分改变
17      for (int i = 0;i < 5;i++) {                    //评级改变，将星级显示
18        if (i == GameData.gradeTexture[index]) {     //如果到达显示的星星数
19          gradeTextureInt = i;                       //记录到达时候的索引
20          break;                                     //退出当前循环
21        }
22        grade_texture[i].SetActive(true);            //将星星设为可见
23      }
24      for (int i = gradeTextureInt + 1;i < 5;i++) { //将不是评级的星星设置的不可见
25        grade_texture[i].SetActive(false);           //将星星设为不可见
26      }}
27    void ChangeValue(){                              //改变英雄属性
28      if (contentchange == player_i_select) return; //如果不是第一次改变则返回
29      contentchange = player_i_select;               //记录当前选中英雄索引，避免多次赋值
30      player[player_i_select].SetActive(true);       //将选中你的英雄模型显示
31      for (int j = 0;j < select_player.Length;j++) {//将未选中的英雄隐藏
```

```
32          if (j == player_i_select) continue;            //跳过要显示的英雄
33          player[j].SetActive(false);                    //隐藏未选中英雄
34        }
35        content_1[0].text = GameData.healthPoint_Hero[player_i_select] + ""; //生命值显示
36        content_1[1].text = GameData.attackSpeed_Hero[player_i_select] + ""; //攻击速度显示
37        content_1[2].text = GameData.damage_Hero[player_i_select] + "";  //伤害值显示
38        content_1[3].text = GameData.attackRange + "";                  //攻击范围显示
39        content_1[4].text = GameData.moveSpeed_Hero[player_i_select] + ""; //移动速度显示
40        content_2_image.sprite = content_wantselect[player_i_select];  //技能图片显示
41        content_2_text.text = GameData.skill[player_i_select] + "";     //技能介绍显示
42        content_3.text = GameData.introduce[player_i_select];        //英雄背景介绍显示
43      }
44      void SelectHeroMoveTo() {                               //切换当前场景到游戏选关场景
45        for (int i = 0;i < select_player.Length;i++) {
46          if (select_player[i].isOn) {//如果英雄被选中，将索引传给全局记录参数，并切换到选关界面
47            UIData.heroselectindex_int = i;                  //记录选中的英雄
48            AudioManager.PlayAudio(0);                       //按钮单击的声效
49            QualitySettings.shadowDistance = 40;             //将影子距离改为 40
50            this.gameObject.GetComponent<Loading>().LoadScene(5);//异步加载游戏选关场景
51            break;                                          //退出当前循环
52      }}}
```

- 第 1～12 行是进入属性介绍场景以后第一次赋值的方法，读取全局英雄索引值变量，并将此脚本的英雄索引值设置为与之相同的值，改变英雄复选框组的选中状态，并将该索引值英雄的内容显示出来。
- 第 13～16 行的主要功能是传进英雄的索引值，显示英雄的评分、战斗力和经验值，其中经验值显示时需对充当经验值的图片进行设置，具体设置在后面章节会有介绍。
- 第 17～26 行的主要功能是遍历评级时用到的五角星数组，从“GameData.cs”脚本中读取到当前选中英雄的索引值对应的星级的索引值，将到该索引的五角星显示，并将其他的五角星隐藏，从而显示英雄的评级。
- 第 27～34 行的主要功能是显示选中英雄的模型，这些模型通过动画控制器的动画状态机实现英雄模型的待机动画。
- 第 35～43 行的主要功能是将英雄的属性值显示从“GameData.cs”中读取出来，并显示，显示的内容包括该英雄的生命值、攻击速度、伤害值、攻击范围、移动速度等。
- 第 44～52 行的主要功能是切换当前场景到游戏选关场景，播放按钮单击声效，将影子距离改为 40，调用异步加载方法，实现切换游戏异步加载功能。

（4）上面介绍了控制英雄介绍界面代码的编写，怪物属性介绍界面在实现切换界面功能、怪物头像选择以及属性文本显示功能上，与英雄介绍界面控制代码大同小异，这里不再赘述。有兴趣的读者可以自行查看源代码。

（5）之前介绍了游戏中相关脚本的编写，将“attribute.cs”脚本、“a_people.cs”脚本、“a_guai.cs”脚本挂载到“Main Camera”对象上，将相关的对象、模型拖曳到相关脚本对应参数中。将“Loading.cs”脚本挂载到“Main Camera”对象实现切换场景时的异步加载功能，具体设置如图 3-71 和图 3-72 所示。

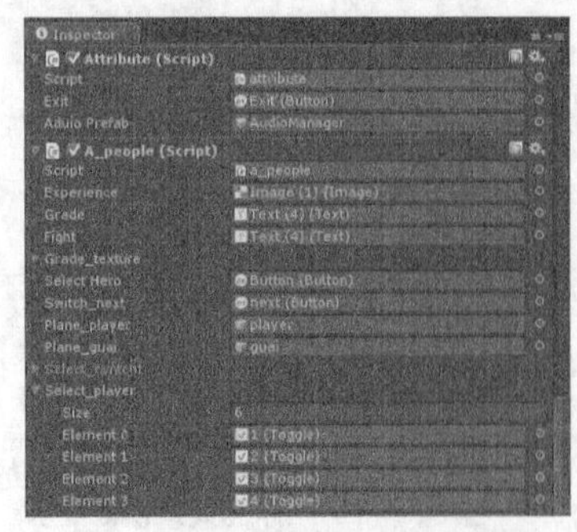

▲图 3-71　属性介绍场景部分脚本设置图 1

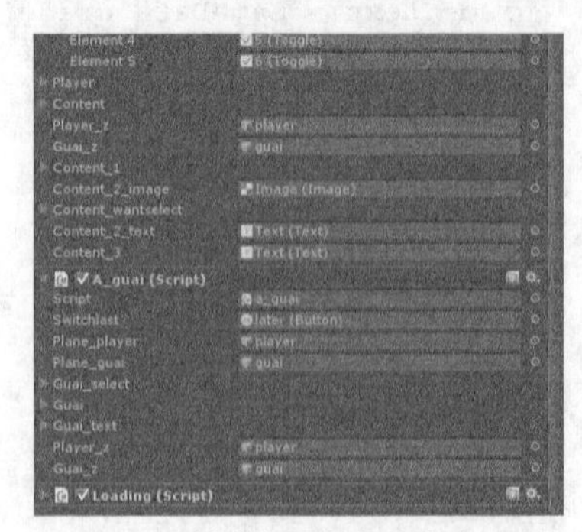

▲图 3-72　属性介绍场景部分脚本设置图 2

3.7 选关场景的开发

本节将介绍选关场景的开发过程。选关场景主要是帮助玩家选取合适的关卡进行游戏，同时左侧的最高分面板记录了玩家通关以后的最高分。在本节中，将对此场景的开发做进一步的介绍。

3.7.1 场景的搭建及其相关设置

本小节将详细介绍游戏选关场景的开发过程，此界面的开发较为简单。在此界面中还播放了不同的背景音乐，并未用到之前提到过的声音控制器，而是通过代码控制相关声音的播放，游戏中也涉及游戏最高分的存档功能的编写，搭建场景的具体步骤如下。

（1）新建一个“selectscene”场景，具体步骤参考玩家设置场景开发的相应步骤，此处不再赘述。需要的图片以及声音等资源已经放在对应文件夹下，读者可参看第 3.2.2 节中的相关内容。

（2）创建完成场景后，创建一个画布并将其重命名为“SelectScene”，选中该画布，设置游戏的屏幕自适应参数，屏幕自适应参数读者可参考玩家设置场景中的相应参数，并为该画布添加背景图片，图片的大小设置为“1920×1080”。

（3）创建完成背景图以后，继续为该场景添加显示游戏最高分的面板，创建“Image”对象，将 Assets/Textures/Base_UI 中准备好的图片拖曳到“Image”对象的 Source Image 参数中，这样就完成了图片的添加。本场景之后创建了多个“Image”对象，添加图片的方式不再赘述。

（4）上面添加了显示游戏最高分的面板，在该对象下，创建七个“Text”对象，如图 3-73 所示，用于显示游戏的最高分，包括最高杀敌数、最高伤害总值、最高评分三项。

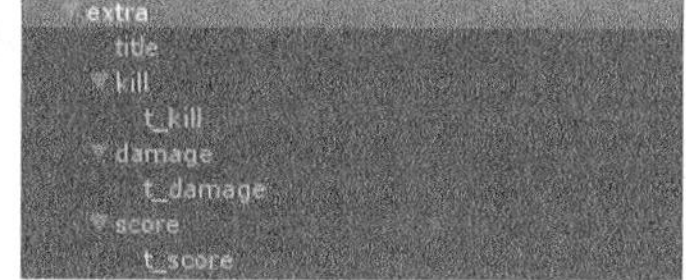

▲图 3-73　最高分显示面板结构图

（5）接下来继续创建游戏选关主面板，创建多个“Text”对象，用于显示当前关卡名称、关卡通过目标、推荐难度等。并创建多个“Image”对象，用于显示关卡难度以及当前游戏头像等。

（6）创建四个按钮，分别为两个切换关卡按钮，确认进入游戏按钮以及回到属性介绍场景按钮等。其中回到属性介绍按钮在英雄头像的上方，笔者为其添加了旋转的动画。该动画的制作用到 Unity 游戏开发引擎的动画制作器，用法较为简便。

（7）为按钮添加动画步骤包括，选中该按钮“switchattri”后，再选中编辑器菜单中“Window”项，单击“Animator”，为该按钮创建动画控制器，如图 3-74 所示。然后打开 Animator 面板，打开的步骤为选中编辑器菜单中“Window”项，单击 Animation，即可打开动画制作器，如图 3-75 所示。

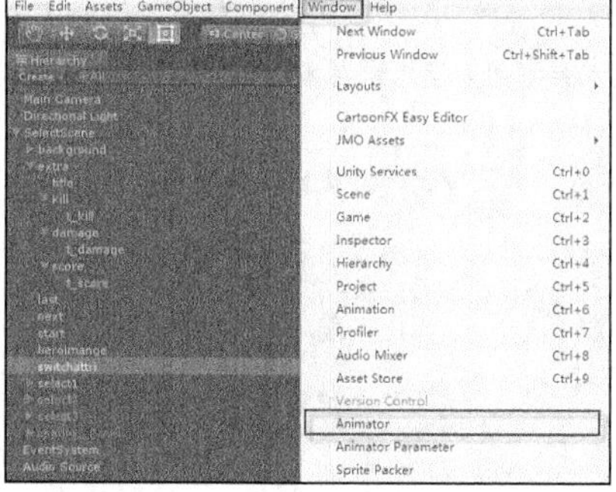

▲图 3-74　创建动画控制器

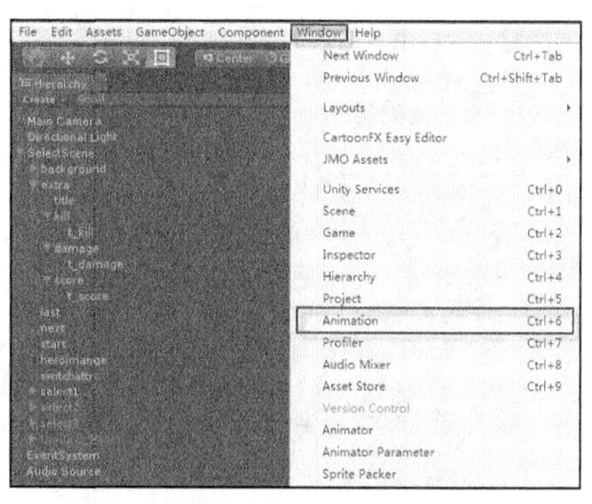

▲图 3-75　打开动画制作器

（8）打开动画制作器以后，选中按钮对象，单击 Animation 面板中的“Create”按钮，为按钮创建一个动画，将该动画存放在 Assets/UIPrefab/anima 目录下。为按钮添加控制，单击“Add Property”按钮，选中 Rotation 后方的加号，如图 3-76 所示，单击后可以为按钮添加旋转的动画。

（9）添加 Rotation 参数后，选中该参数，调整动画每一帧按钮所在的位置，读取红色线的位置，在该位置上设置按钮的旋转角度，如图 3-77 所示，运行游戏即可让按钮旋转。

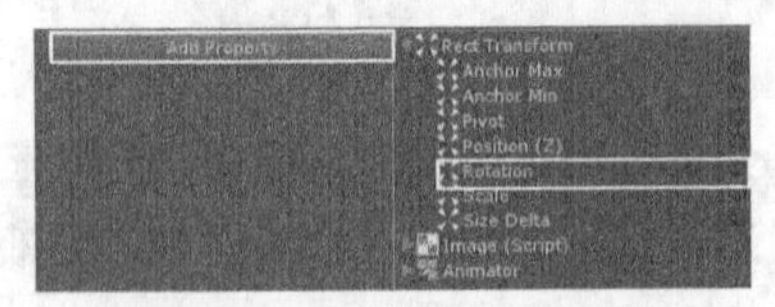
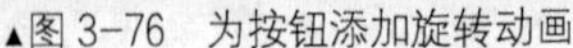

▲图 3-76　为按钮添加旋转动画

▲图 3-77　改变按钮在某些帧时的位置

（10）至此游戏选关场景的搭建工作就基本完成了，下面将详细介绍利用脚本控制游戏切换关卡，播放场景中的音乐，以及显示游戏最高分等功能。

3.7.2　各对象的脚本开发及相关设置

选关场景中，文字的介绍十分重要，以便让玩家直观地了解到游戏每个关卡的目标以及游戏的最高分等，本游戏在开发相应脚本的过程中用到的方法较为简便，读者可通过这些脚本的编写，提高自己对基础脚本的掌握，并提升自己的熟练程度，具体步骤如下。

（1）创建一个脚本，并将其重命名为“selectscene.cs”。此脚本的功能是控制游戏的选关，实现切换场景功能，以及播放背景音乐和音效的功能。具体代码如下。

代码位置：见随书源代码/第 3 章目录下的 Assets/Scripts/UI/selectscene.cs。

```
1    using UnityEngine;
2    using System.Collections;
3    using UnityEngine.UI;
4    public class selectscene : MonoBehaviour {
5      /*此处省略了定义一些变量的代码，有兴趣的读者可以自行查看源代码*/
6      void Start() {
7        history_kill.text = PlayerPrefs.GetInt("historykill", 0) + "";
                                                          //游戏存档中最高杀敌数
8        history_damage.text = PlayerPrefs.GetInt("historydamage", 0) + "";
                                                          //游戏存档中最高伤害值
9        history_score.text = PlayerPrefs.GetInt("historyscore", 0) + "";
                                                          //游戏存档中最高评分
10       if (GameObject.Find("AudioManager(Clone)") != null) {//如果存在音频对象就将其销毁
11         welcome.isExitAudio = false;                        //全局变量赋值
12         Destroy(GameObject.Find("AudioManager(Clone)"));    //存在音频对象就销毁
13       }
14       backgoundaudio = GetComponent<AudioSource>();          //获取当前场景的音频对象
15       heroselect.sprite = herotexture[UIData.heroselectindex_int];  //英雄头像显示
16       lastselect.gameObject.SetActive(false);            //初始状态将上一界面按钮隐藏
17       heroindex = UIData.heroselectindex_int;            //获取被选中的英雄的索引值
18       Time.timeScale = 1;                                //设置游戏的时间分度值
19       sceneindex = 0;                                    //默认为第一关
20       /*此处省略一些对按钮注册监听的代码，有兴趣的读者可以自行查看源代码*/
21     }
22     void Update() {
23       JudgeBackGroundMusic();                        //判断背景音乐是否要播放
24     }
25     void ExitCurrentScene() {                        //退出当前场景到游戏功能场景
26       PlayAudio(0);                                  //播放单击按钮声效
27       GetComponent<Loading>().LoadScene(3);          //调用当前场景的异步加载方法
28     }
29     void LoadingScene() {                            //切换到游戏场景
30       PlayAudio(0);                                  //播放单击按钮声效
31       GetComponent<Loading>().LoadScene(sceneindex); //调用当前场景的异步加载方法
32     }
```

```
33      void SelectHero() {                                //切换到属性介绍场景选英雄
34        PlayAudio(0);                                    //播放单击按钮声效
35        GetComponent<Loading>().LoadScene(4);            //调用当前场景的异步加载方法
36      }
37      /*此处省略了实现玩家设置场景其他功能代码的编写，在下面将详细介绍*/
38    }
```

- 第6～9行的主要功能是读取存档信息，获取游戏的最高分，最高分的内容包括最高杀敌数、最高伤害总值以及最高评分3项，并将最高分显示出来。
- 第10～14行的主要功能是，如果该场景在初始状态下，已经存在了声音控制器，通过判断该声音控制不为空，将游戏存在声音控制器的全局变量赋值为假，并将声音控制器销毁，当退出此场景后，该声音控制器会被再次创建，本段代码获取了本场景中的声音源。
- 第15～21行是游戏的预处理，包括将游戏的记录英雄索引的全局数据读出来，并将选中的英雄头像显示出来，将切换到上一界面的按钮隐藏起来，将时间的分度值设置为1，避免出现有的动画不播放的现象，同时省略了对按钮注册监听的代码。
- 第22～36行是游戏的几个主要方法，Update方法每帧都有调用，用于控制游戏的声音播放，ExitCurrentScene方法用于实现退出当前场景的功能，LoadingScene方法用于实现进入游戏场景的功能，SelectHero方法用于实现进入属性介绍界面选择英雄的功能。

（2）“selectscene.cs”脚本中NextSelect方法与LastSelect方法实现选关按钮切换界面的功能，SetActive方法控制关卡对象的可见性，通过JudgeBackGround方法实现判断背景音乐的播放功能，通过PlayAudio方法实现“播放”按钮音乐，这些方法较为简单，这里不再赘述。读者可查阅源代码。

（3）将“selectscene.cs”脚本和“Loading.cs”脚本都挂载到“Main Camera”对象上，将场景中相应的图片、对象、声音等资源挂载到这两个脚本上，从而实现游戏的选关功能，同时将“AudioSource”组件挂载到该场景的声音控制器上，挂载方法和参数设置在后面的小节会有详细的介绍。

（4）至此，游戏的选关场景的开发就基本完成了，玩家可以通过此场景了解到各个关卡的信息，增加了该游戏的可玩性。

3.8 关卡场景的开发

接下来介绍关卡场景。本游戏的关卡场景是本款游戏最主要的部分，本场景涵盖了大部分内容，包括场景地形的制作、游戏动态UI界面的开发、各种游戏控制器的开发等。通过学习本节的内容，读者可以了解到一款塔防游戏场景的制作流程。

需要特别说明的是，本款游戏设置了3个关卡，每个关卡在难度上有所差别，但是在功能上差别不大，所以本节只介绍第一关场景的开发。其他两个关卡的内容，有兴趣的读者可以自行查看中的项目文件，自行学习。具体开发步骤如下。

3.8.1 场景地形的制作

本款游戏在地形制作上，用到的Unity游戏开发引擎自带的地形制作器，通过该地形制作器的笔刷工具将游戏中敌人行走的路径刷出来，同时为创建出来的地形设置合适的位置和大小参数，这样地形的制作就简便很多，制作步骤如下。

（1）创建一个场景“scene1”，场景的创建步骤在玩家设置场景中已经做了详细的介绍，这里不再赘述。创建完场景以后，在Hierarchy面板中，依次单击“Create”→“3D Object”→“Terrain”，如图3-78所示，创建一个地形。

（2）为该地形设置合适的大小参数，选中该地形对象，在Inspector面板中，单击“Terrain”

组件最右侧的设置图标后，对地形的长度和宽度进行设置，本场景在地形长度和宽度上测试了多组参数，最终将此参数设置为“30×40”，大小设置完成后，调整地形的位置，相关设置如图 3-79 和图 3-80 所示。

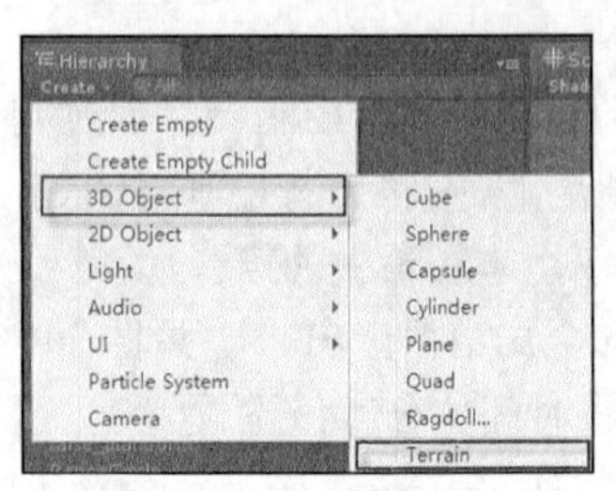

▲图 3-78　创建地形对象

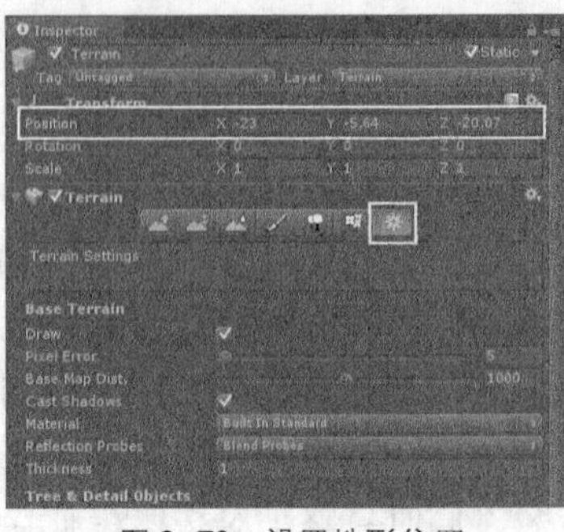

▲图 3-79　设置地形位置

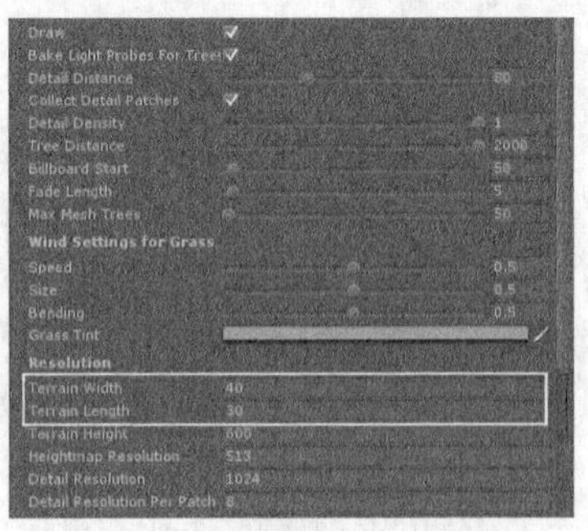

▲图 3-80　设置地形长度和宽度

（3）地形创建完成后，需要对地形进行绘制，绘制时用到该地形组件上的笔刷工具，将需要的地形刷出来。选中地形对象，在 Inspector 面板中选中地形组件上的画笔工具，然后单击“Edit Textures…”→“Add Textures”，如图 3-81 所示。将准备好的地形贴图拖进去，调整后点“添加”，如图 3-82 所示。

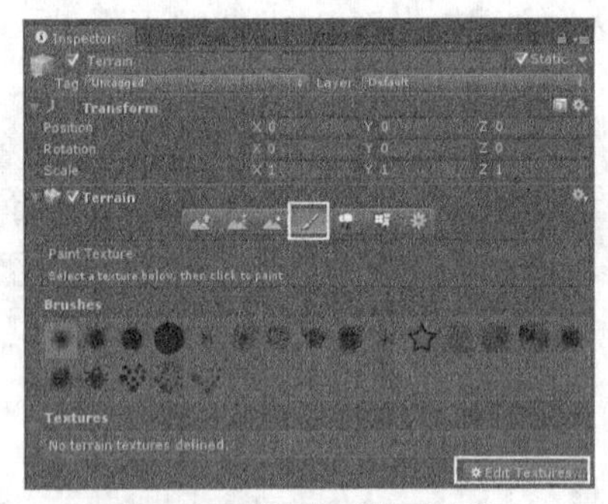

▲图 3-81　添加地形贴图步骤

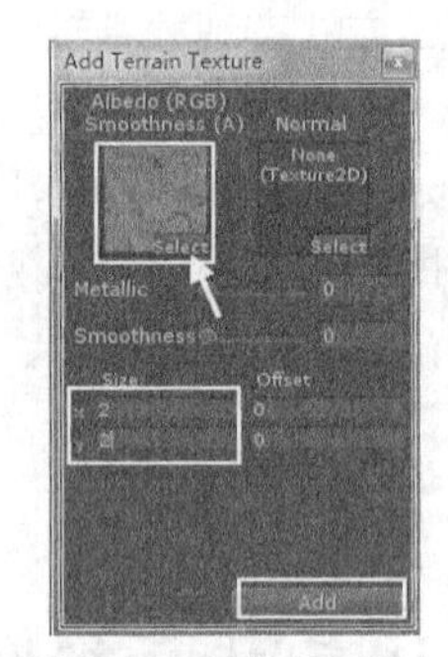

▲图 3-82　选择贴图添加

（4）添加多张地形贴图，选中一张添加的贴图，调整笔刷的大小即调整“Brush Size”参数，选定笔刷形状以后，在地形上绘制，绘制时按住鼠标左键，在创建好的地形上，将关卡中敌人所走的地形刷出来，笔刷的设置如图 3-83 所示。

（5）创建完成地形后，将一些模型和粒子特效等资源拖进关卡场景中，如图 3-84 所示，这些的地形模型均放在 Assets/Terrain/Model 目录下，调整模型的大小，在关卡中用到的模型对象和粒子特效对象均放在“map”对象下，如图 3-85 和图 3-86 所示。

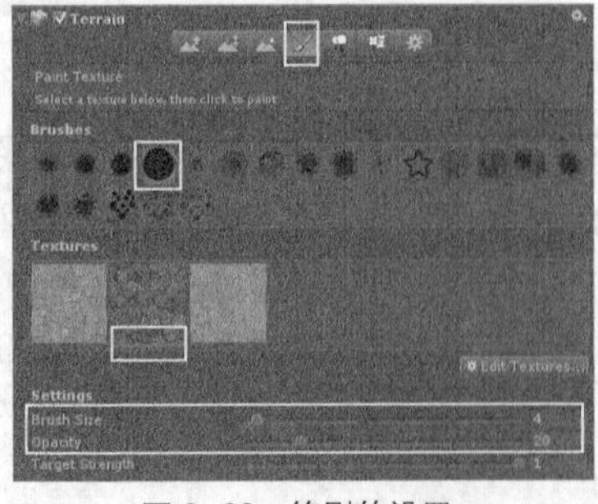

▲图 3-83　笔刷的设置

▲图 3-84　模型摆放效果图

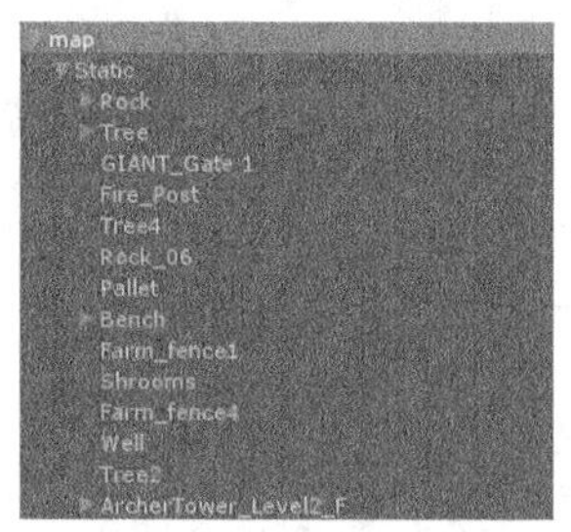

▲图 3-85　模型对象结构图 1

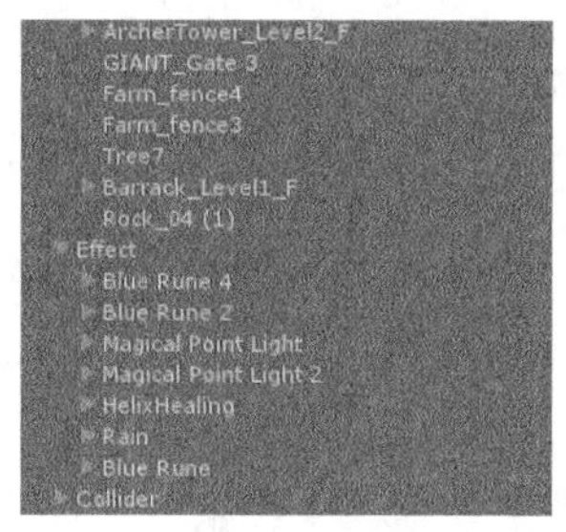

▲图 3-86　模型对象结构图 2

（6）至此地形的制作就基本完成了，有兴趣的读者可以自行查看中的项目文件，对场景中用到的模型、粒子特效等资源，进行大小和位置的调整。

3.8.2　摄像机的移动和缩放功能的开发

本小节将介绍摄像机的移动和缩放功能的开发，这部分内容较难理解。有兴趣的读者可以结合中的项目文件，对此部分进行研究。摄像机的移动涉及对手指触控点行为的判定，下面将详细介绍此部分的开发。

（1）创建一个脚本，将其重命名为“CameraManager.cs”。此脚本的主要功能是通过判定屏幕上触控点的个数来判定屏幕的移动和缩放。如果仅有一个触控点，并且该触控点移动，则对摄像机进行移动；如果至少两个触控点，则计算最初两个触控点距离；如果某一触控点移动，则开始缩放，具体代码如下。

代码位置：见随书源代码/第 3 章目录下的 Assets/Scripts/CameraManager.cs。

```
1     using UnityEngine;
2     using System.Collections;
3     public class CameraManager : MonoBehaviour {
4       private Transform thisT;                          //当前脚本所在对象的位置引用
5       public float space_move = 0.001f;                 //摄像机移动步距
6       public float space_zoom = 0.003f;                 //摄像机缩放步距
7       /*此处省略了定义一些变量的代码，有兴趣的读者可以自行查看源代码*/
8       void Start() {
9         thisT = this.transform;                       //获取脚本所在对象位置的引用
10      }
11      void Update() {                                 //每帧调用的方法
12        CameraMove();                                 //摄像机缩放或者移动的方法
13      }
14      void CameraMove() {                             /摄像机缩放或者移动的方法
15        if (Input.touchCount == 1) {                  //如果触控点的个数为 1
16          start_move = false;                         //置未开始移动标志位
17          Touch[] touch = Input.touches;                //获取触控点移动信息
18          if (touch[0].phase == TouchPhase.Moved) {//如果与屏幕接触的第一个触控点开始移动
19            UIManager.uimanager.Tower_UI_Disappear();//添加的 ui 消失的方法
20            start_move = true;                          //设置开始移动的标志量
21            vx = touch[0].deltaPosition.x * 300;        //移动后 x 轴的冲量
22            vz = touch[0].deltaPosition.y * 300;        //移动后 z 轴的冲量
23            //x 轴移动(后边的移动对应的是手指在屏幕上滑动)
24            temp1 = thisT.position.x - touch[0].deltaPosition.x * space_move;
25            temp2 = thisT.position.z - touch[0].deltaPosition.y * space_move;//z 轴移动
26            ChangePosition(temp1, temp2);               //改变摄像机位置的方法
27        }}
28        else if (Input.touchCount > 1) {                //如果触控点的个数大于 1
29          start_zoom = false;                           //置未开始缩放标志位
30          Touch[] touch = Input.touches;                //获取触控点移动信息
31          float length_temp = 0f;                       //临时记录最先接触手指间距离
32          //最开始触碰到屏幕的两个触控点未开始移动
33          if (touch[0].phase == TouchPhase.Began || touch[1].phase == TouchPhase.Began) {
34            zoom_depth = Distance(touch[0].position.x, touch[0].position.y,
35            touch[1].position.x, touch[1].position.y);//记录最先接触屏幕的两个手指的距离
36          }
```

```
37            //最开始触碰到屏幕的两个触控点开始移动
38            if (touch[0].phase == TouchPhase.Moved || touch[1].phase == TouchPhase.Moved) {
39              UIManager.uimanager.Tower_UI_Disappear();     // ui 消失的方法
40              length_temp = Distance(touch[0].position.x, touch[0].position.y,
41              touch[1].position.x, touch[1].position.y); //记录最先接触屏幕触控点距离
42              ChangePosition((zoom_depth - length_temp) * space_zoom);//摄像机缩放的方法
43              start_zoom = true;                             //开始缩放
44          }}
45          SlowSlide();                                       //平滑移动的方法
46        }
47        /*此处省略了实现摄像机移动和缩放方法代码的编写，在下面将详细介绍*/
48      }
```

- 第 4～7 行为控制摄像机移动和缩放的相关变量的声明，例如摄像机的移动上下左右边界变量的声明，摄像机缩放边界远近变量的声明，一些缓冲数据变量的声明等。
- 第 8～13 行中，在 Start 方法中将摄像机的位置用 thisT 参数代替，在 Update 方法中通过每帧调用摄像机移动判定的方法实现摄像机的移动和缩放功能。
- 第 14～27 行的主要功能是实现摄像机的移动，当触控点的个数为 1 是获取触控点的数组，判断触控点的状态；如果触控点移动，则让屏幕中的动态 UI 消失，动态 UI 的开发将在后面的小节中涉及。通过计算移动的冲量调用摄像机的移动方法。
- 第 28～44 行的主要功能是实现摄像机的缩放功能，如果屏幕的触控点至少为两个时，记录最初两个接触屏幕的触控点，并记录两个触控点的距离；如果两个触控点中某一触控移动，通过再次计算两个触控点的距离，乘以相应的比例参数，实现摄像机的缩放。
- 第 45～46 行是调用摄像机平滑移动的方法，摄像机在移动过程中，为了避免其移动不平滑的状态，需要使其冲量每次减少，当达到阈值，则停止移动，这样能实现移动和缩放的缓冲效果。
- 第 47～48 行省略了实现摄像机移动、缩放和平滑移动方法的编写，在下面的内容中将详细介绍。

（2）“CameraManager.cs”脚本通过 Distance 方法计算两点间距离，并返回距离计算结果，通过对 ChangePosition 方法重写实现摄像机的移动，并且对摄像机的边界进行处理。当摄像机超出边界以后，对边界进行锁死，通过 SlowSlide 方法实现摄像机的缓动效果，具体代码如下。

代码位置：见随书源代码/第 3 章目录下的 Assets/Scripts/CameraManager.cs。

```
1       float Distance(float x1, float y1, float x2, float y2) {  //计算两点间距离的方法
2         return Mathf.Sqrt((x1 - x2) * (x1 - x2) + (y1 - y2) * (y1 - y2));
                                                              //x 的平方-y 的平方，再开根号
3       }
4       void ChangePosition(float limit_x_temp, float limit_z_temp) {//改变摄像机位置的方法，移动
5         if (limit_x_temp < limit_x_left) {                  //超出滑动范围，左边界锁死
6           limit_x_temp = limit_x_left;                      //x 轴左边界
7         }
8         else if (limit_x_temp > limit_x_right) {            //超出滑动范围，右边界锁死
9           limit_x_temp = limit_x_right;                     //x 轴右边界
10        }
11        /*此处省略了对 z 轴边界处理的代码，有兴趣的读者可以查看源代码*/
12        thisT.position = new Vector3(limit_x_temp, thisT.position.y, limit_z_temp);
                                                              //更新摄像机的位置
13      }
14      void ChangePosition(float zoom_length) {              //改变摄像机位置的方法，缩放
15        if (thisT.position.y + zoom_length > far) {//超出缩放范围，最远距离锁死
16          vy = 0;                                           //y 轴速度冲量为 0
17          length = far;                                     //当前位置为最远位置
18        }
19        else if (thisT.position.y + zoom_length < near) {    //超出缩放范围，最近距离锁死
20          vy = 0;                                           //y 轴速度冲量为 0
21          length = near;                                    //当前位置为最近位置
22        }
23        else {                                              //未超出缩放范围
24          length = thisT.position.y + zoom_length; //缩放滑动长度
```

```
25          vy = zoom_length;                                //获取 y 轴速度冲量
26        }
27        limit_x_left += (length - thisT.position.y) * 0.9f;     //x 轴的左边界更新
28        limit_x_right -= (length - thisT.position.y) * 0.9f;    //x 轴的右边界更新
29        limit_z_down += (length - thisT.position.y) * 0.0001f; //z 轴的下边界更新
30        limit_z_up -= (length - thisT.position.y) * 0.9f;       //z 轴的上边界更新
31        temp1 = thisT.position.x;                          //缓存 x 轴的位置信息
32        temp2 = thisT.position.z;                          //缓存 y 轴的位置信息
33        /*此处省略了对边界处理的代码，有兴趣的读者可以查看源代码*/
34        thisT.localPosition = new Vector3(temp1, length, temp2);  //更新摄像机位置
35      }
36      void SlowSlide() {                                   //实现摄像机缓慢滑动的方法
37        if (start_zoom == false && vy != 0) {              //未缩放时 y 轴存在速度分量
38          vy *= 0.1f;                                      //y 轴速度分量递减
39          ChangePosition(vy);                              //改变摄像机位置，实现缓动
40          if (Mathf.Abs(vy) < 0.01) {                      //如果 y 轴速度分量小于阈值
41            vy = 0;                                        //速度分量为 0
42          }}
43        //如果没有开始滑动，x 轴存在速度分量或者 z 轴存在速度分量
44        if (start_move == false && (vz != 0 || vx != 0)) {
45          vx = vx * 0.06f;                                 //x 轴速度分量递减
46          vz = vz * 0.06f;                                 //z 轴速度分量递减
47          temp1 = thisT.position.x - (vx * space_move * 0.01f);    //记录摄像机 x 轴位置
48          temp2 = thisT.position.z - (vz * space_move * 0.01f);    //记录摄像机 z 轴位置
49          ChangePosition(temp1, temp2);                    //改变摄像机的位置
50          if (Mathf.Abs(vx) < 0.1f) {                      //如果 x 轴速度分量小于阈值
51            vx = 0;                                        //x 轴速度分量为 0
52          }
53          if (Mathf.Abs(vz) < 0.1f) {                      //如果 z 轴速度分量小于阈值
54            vz = 0;                                        //z 轴速度分量为 0
55          }
56      }}}
```

- ❑ 第 1～3 行的主要功能通过传进来的两个点的 x、y 坐标计算两点间距离，并将距离值返回。
- ❑ 第 4～13 行是实现摄像机移动的方法，当传进来的数据，超过既定的阈值，需要对摄像机移动边界进行处理，之后将摄像机的位置进行更新。
- ❑ 第 14～26 行的主要功能是，将摄像机在 y 轴方向的移动数据进行处理，如果超出缩放范围，将最近和最远的距离锁死；当摄像机移动并未超过缩放的范围时，获取缩放长度，并计算 y 轴的速度分量，为之后计算摄像机缓动效果保存数据。
- ❑ 第 27～35 行是当摄像机缩放时，需要重新计算摄像机当前位置下 x 轴和 z 轴的移动范围，并对摄像机移动的位置进行处理，使其不超过计算出的当前摄像机的边界，然后更新摄像机的位置。
- ❑ 第 36～56 行的主要功能是实现摄像机的缓动效果，当摄像机在 y 轴运动时，通过将 y 轴的速度分量递减，并调用改变摄像机位置的方法，从而实现摄像机 y 轴缓动。当摄像机在 x 轴和 z 轴方向缓动，通过将 x 轴或者 z 轴的速度冲量递减，实现缓动效果。

（3）上面介绍了“CameraManager.cs”脚本的开发，将此脚本挂载到“Main Camera”对象上，笔者通过多次测试计算，最终获取了摄像机的边界数值，该脚本的参数如图 3-87 所示。通过以上设置，这样就基本完成了摄像机移动和缩放功能的开发。

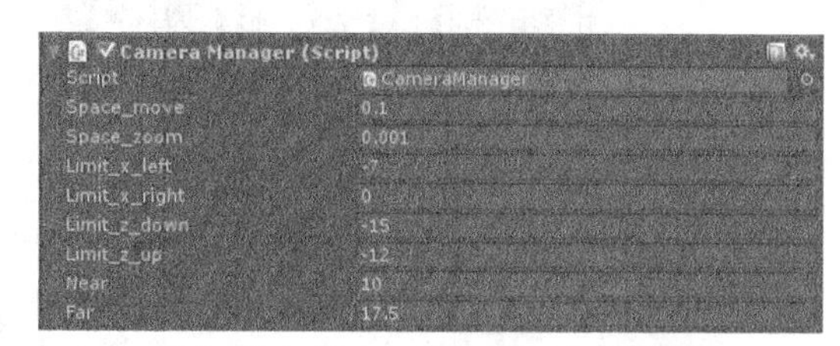

▲图 3-87 “CameraManager.cs”参数设置

3.8.3 敌人相关功能的开发

本小节将向读者介绍敌人相关功能的开发。此功能是本游戏的开发重点，敌人相关的功能包括敌人行进路径的开发、敌人模型的制作以及相关功能脚本的开发等。下面将对敌人的开发步骤做详细介绍。

（1）创建一个脚本“Path.cs”，此脚本用于存放敌人的行进路径点，在敌人的管理器“SpawnManager”中，对每一个敌人设置一个路径，每个敌人通过读取路径点，进行移动，具体代码如下。

代码位置：见随书源代码/第 3 章目录下的 Assets/Scripts/Path.cs。

```
1    using UnityEngine;
2    using System.Collections;
3    public class Path : MonoBehaviour {
4      public Transform[] waypoints;                          //声明存放路径点的数组
5    }
```

说明　此脚本声明了存放路径点的数组。

（2）上面创建了存放路径点的脚本，在 Hierarchy 面板中，依次单击“Create”→“Create Empty”创建空对象，将其重命名为“Path”，在此总路径对象下创建多个空对象作为路径点，该对象的结构如图 3-88 所示。将“Path.cs”脚本挂载到几条路径的总对象上，如图 3-89 所示。

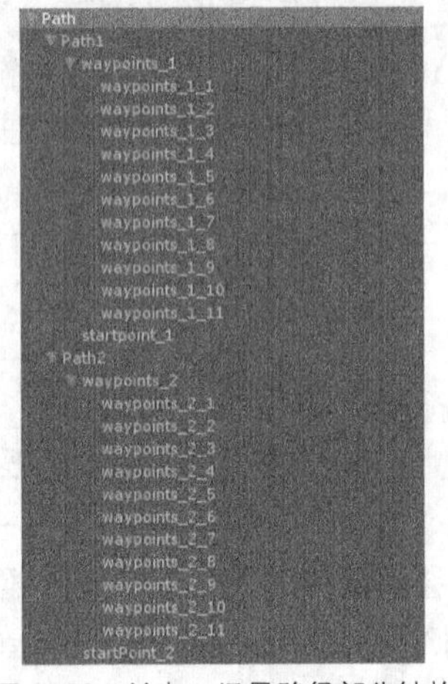

▲图 3-88　关卡一场景路径部分结构

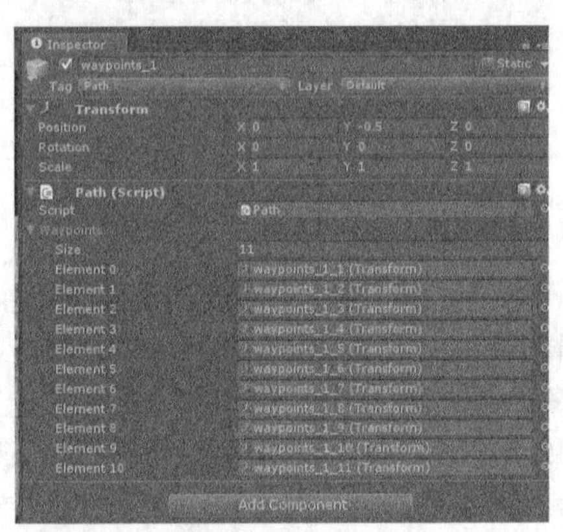

▲图 3-89　路径点挂载到脚本“Path.cs”

（3）在场景中调整路径点的位置，在 Inspector 面板中调整空对象的标志，让路径点在场景中可见，如图 3-90 所示。为每条路径，分别设置路径点的位置，摆放的位置如图 3-91 所示。

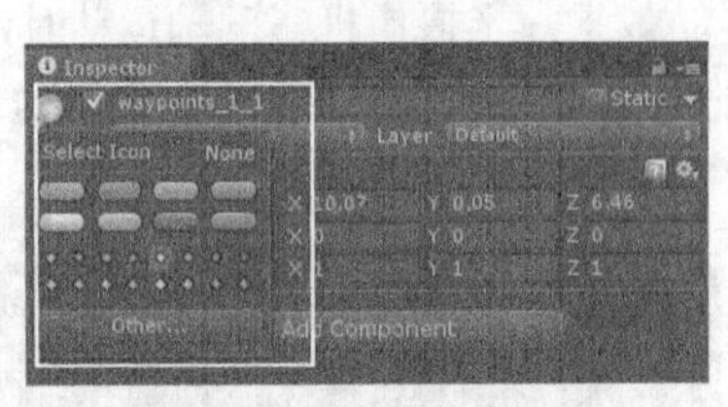

▲图 3-90　路径点标志设置

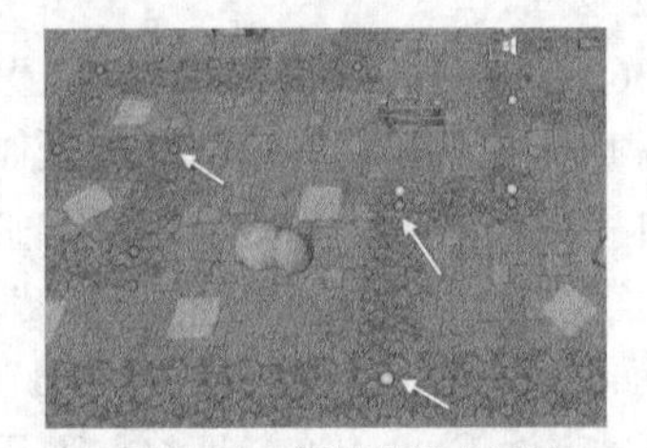

▲图 3-91　部分路径点摆放

（4）接下来需要制作敌人模型，敌人的模型均放在相应的文件夹下，读者可参见 3.2.2 节中的相关内容。将敌人模型拖进场景中，选中该模型，在右侧 Inspector 面板中，为该模型添加“Animation”动画、“Rigidbody”刚体以及“SphereCollider”球形碰撞器等组件，如图 3-92 和图 3-93 所示。

（5）将“Enemy”脚本挂载到每个敌人模型上，并将敌人模型直接拖到 Assects/Enemy/ChangePrefab 目录下，制作成预制体。在实例化敌人时，这些预制体能够节省相应的资源，有兴趣的读者可以自行查阅相关的资料。

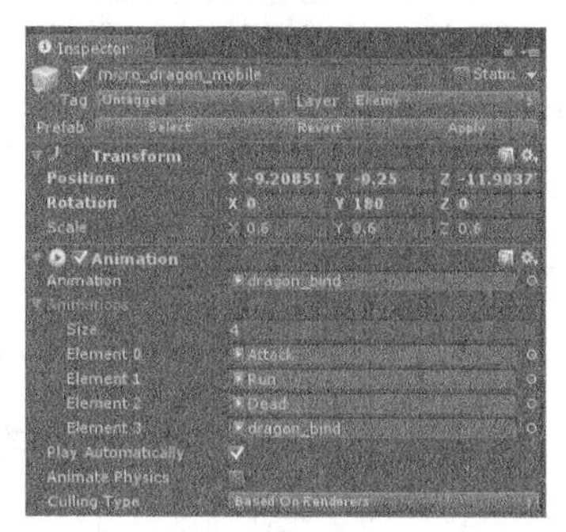

▲图 3-92 敌人模型设置 1

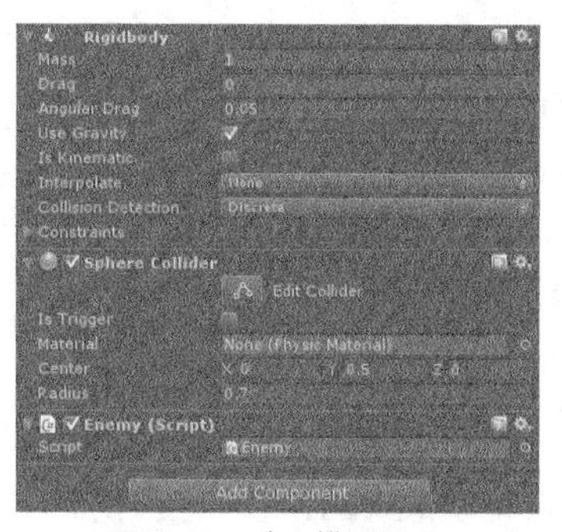

▲图 3-93 敌人模型设置 2

（6）创建一个脚本“Enemy.cs”，此脚本挂载到每个怪物模型上，用来控制怪物即敌人的移动，并对怪物的相关属性进行赋值，包括攻击速度、攻击力、移动速度、死亡金钱等，同时实现怪物的行进，以及对英雄的攻击等。具体代码如下。

代码位置：见随书源代码/第 3 章目录下的 Assets/Scripts/Enemy.cs。

```
1      using UnityEngine;
2      using System.Collections;
3      using System.Collections.Generic;
4      public class Enemy : MonoBehaviour {
5        /*此处省略了定义一些变量的代码，有兴趣的读者可以自行查看源代码*/
6        void Start() {
7          isBeAttack_Other = false;                    //没有被第三方攻击，血条不显示
8          thisT = this.transform;                      //第一次调用脚本，缓存当前的位置
9          HealthPoint = healthPoint;                   //记录初始血量，用于以后进度条的更新
10         m_timer = attackSpeed;                       //初始攻击速度
11       }
12       public void init() {//路径点初始化
13         waypoints = new List<Vector3>();             //声明路径点的集合
14         for (int i = 0;i < path.waypoints.Length;i++) {   //遍历路径点集合
15           waypoints.Add(path.waypoints[i].position);     //将路径点添加到路径点集合中
16         }
17         GetNextPoint();                             //调用获取下一个路径点的方法
18       }
19       void GetNextPoint() {                         //获取下一个路径点的方法
20         if (waypoints.Count > 0) {                  //如果集合中有路径点
21           target = waypoints[0];                    //取集合中的第一个点作为下一个目标点
22           waypoints.RemoveAt(0);                    //获取成为 target 对象，之后移除
23         }
24         else {
25           StartCoroutine(endComplete());            //如果小兵已经到达基地，开启到达基地协程
26       }}
27       void Update() {
28         if (isDead) return;                         //如果小兵已经死亡，返回
29         if (healthPoint <= 0) die();                //如果生命值小于 0，调用死亡的方法
30         if (!isDead) {                              //如果生成的敌人没有死
31           if (!isBeAttack) {                        //如果正在被英雄攻击
32             float dis = ReturnDistance(thisT.position, target);//获取当前点与目标点的距离
33             if (dis < 0.15f) GetNextPoint();              //判断是否移动到下个点
34             Enemy_Rotate_Move(target);              //转向并且移动到目标点的方法
35           }
36           else {
37             if (hero_cur.GetComponent<Hero>().isDead) {//如果英雄已经死亡
38               isBeAttack = false;                   //不被英雄攻击
39               return;
40             }
41             float dis = ReturnDistance(thisT.position, hero_cur.transform.position);
                                                       //获取距离
42             if (dis >= 2.5f) {                      //如果距离不够
43               isBeAttack = false;                   //小兵不被攻击
44               hero_cur.GetComponent<Hero>().FoundEnemy = null; //要攻击的英雄不存在
45               return; }
```

```
46            if (dis > 1f) {                              //判断是否移动到下个点
47              Enemy_Rotate_Move(hero_cur.transform.position);  //敌人转向和行进的方法
48            }
49            PlayAnimation(3);                            //播放攻击动画
50            m_timer -= Time.deltaTime;                   //间断性攻击
51            if (m_timer > 0) return;
52            m_timer = attackSpeed;
53            hero_cur.GetComponent<Hero>().AttackHero(attackDamage);//每隔一定时间英雄掉血
54      }}}
55      /*此处省略了实现其他敌人功能代码的编写，在下面将详细介绍*/
56    }
```

- 第 6～11 行是游戏中一些变量的初始化，包括没有受到攻击血条不显示，缓存敌人的位置信息，记录敌人的血量以及记录英雄的攻击速度等。
- 第 12～18 行的主要功能是敌人路径点的初始化，创建一个链表，遍历敌人的路径点的数组，将这些路径点存进链表中，调用获取下一路径点的方法。
- 第 19～26 行的主要功能是如果存放路径点的链表不为空，将索引为 0 的路径点读取出来，作为敌人移动的下一目标点，并将该路径点从路径点链表删除。如果路径点链表为空，则敌人已经到达了基地，这时开启敌人到达基地的协程。该协程的内容会在后面介绍。
- 第 27～35 行的主要功能是通过每帧调用的方法，若敌人已经死了，则直接返回，不执行任何操作；如果敌人生命值小于零，则调用敌人死亡的方法；如果敌人没有死亡并且没有受到英雄攻击，则调用敌人移动的方法，敌人会按照预设路径点移动。
- 第 36～54 行的主要功能是敌人受到英雄的攻击以后，会转向英雄并移动到英雄位置攻击英雄，当敌人与英雄相距太远则敌人停止攻击英雄，并按照路径点继续移动。

（7）“Enemy.cs”脚本通过 OnGUI 方法绘制敌人的血条，通过将英雄具体代码如下。

代码位置：见随书源代码/第 3 章目录下的 Assets/Scripts/Enemy.cs。

```
1     void OnGUI() {                                  //绘制血条的方法
2       if (!isBeAttack_Other) return;                //如果小兵没有受到攻击，不显示血条
3       if (thisT == null) return;                    //如果当前小兵的位置不存在，则不进行绘制
4       if (Camera.main == null || isDead) return;//如果主摄像机不存在或者小兵已经死亡，不进行绘制
5       //默认 NPC 坐标点在脚底下，所以这里加上 npcHeight 它模型的高度即可
6       Vector3 worldPosition = new Vector3(thisT.position.x, thisT.position.y + 1f,
        thisT.position.z);
7       //根据 NPC 头顶的 3D 坐标换算成它在 2D 屏幕中的坐标
8       Vector2 position = Camera.main.WorldToScreenPoint(worldPosition);
9       position = new Vector2(position.x, Screen.height - position.y);//得到头顶的 2D 坐标
10      Vector2 bloodSize = GUI.skin.label.CalcSize(new GUIContent(blood_red));
                                                       //计算出血条的宽高
11      float blood_width = bloodSize.x * healthPoint / HealthPoint;
                                                       //通过血值计算红色血条显示区域
12      if (blood_width < 0) {                         //如果小兵的生命值低于零
13        blood_width = 0;                             //让其的血条显示为 0
14      }
15      GUI.DrawTexture(new Rect(position.x - (bloodSize.x / 4 * Scale), position.
        y - bloodSize.y * Scale * 0.3f,
16      bloodSize.x * Scale, bloodSize.y * Scale * 0.3f), blood_black);//先绘制黑色血条
17      GUI.DrawTexture(new Rect(position.x - (bloodSize.x / 4 * Scale), position.
        y - bloodSize.y * Scale * 0.3f,
18      blood_width * Scale, bloodSize.y * Scale * 0.3f), blood_red); //再绘制红色血条
19    }
```

说明　此方法用于绘制敌人头顶的血条，当敌人受到攻击以后，血条会显示出来，通过获取敌人的模型高度，然后在敌人头上绘制血槽和血条。

（8）“Enemy.cs”脚本通过 Enemy_Rotate_Move 方法控制英雄的转向并移动到目标点，通过 die 方法控制小兵的死亡，通过几个协程用法对小兵到达基地以及彻底死亡处理，通过关键词 Be_Attack 方法对敌人受到攻击掉血处理，同时 PlayAnimation 方法控制播放动画。具体代码如下。

代码位置：见随书源代码/第 3 章目录下的 Assets/Scripts/Enemy.cs。

```
1      void Enemy_Rotate_Move(Vector3 point) {            //敌人转向和行进的方法
2        Quaternion wantedRotate = Quaternion.LookRotation(point - thisT.position);
                                                           //获取转动变量
3        // 敌人转身动作的实现
4        thisT.rotation = Quaternion.Slerp(thisT.rotation, wantedRotate, rotateSpeed
* Time.deltaTime);
5        Vector3 d_range = point - thisT.position;        //获取方向距离
6        Vector3 dir = d_range.normalized;                //敌人移动到目标点单位化
7        PlayAnimation(1);                                //播放移动动画
8        thisT.Translate(dir * moveSpeed * Time.deltaTime, Space.World);//移动
9      }
10     public void die() {                                //敌人死亡，并播放动画
11       isDead = true;                                   //是否已经死亡的标志位
12       UIManager.remainMonney += deadPrice;             //游戏金钱增加
13       UIManager.kill++;                                //记录杀敌数增加
14       PlayAnimation(2);                                //播放小兵死亡的动画
15       GameManager.game.EnemyList.Remove(this.gameObject);//将小兵集合中的当前小兵去掉
16       StartCoroutine(dieComplete());                   //调用彻底死亡的方法
17     }
18     IEnumerator dieComplete() {                        //协程用法，敌人死后的处理
19       yield return new WaitForSeconds(1.4f);           //等待 1.4s
20       Destroy(this.gameObject);                        //敌人消失
21     }
22     IEnumerator endComplete() {                        //到达基地
23       isDead = true;                                   //到达终点小兵死亡的标志位
24       yield return new WaitForSeconds(0.05f);          //等待 0.05s
25       GameManager.game.EnemyList.Remove(this.gameObject);    //从列表中移除当前小兵
26       Destroy(this.gameObject);                        //销毁当前物体
27       UIManager.remainLife--;                          //游戏生命值减少
28     }
29     public void Be_Attack(int attackDamage) {          //受到塔攻击或者技能攻击的方法
30       isBeAttack_Other = true;                         //正在被攻击标志位
31       UIManager.damage += attackDamage;                //伤害总值增加
32       healthPoint -= attackDamage;                     //对小兵生命值的递减
33     }
34     /*此处省略了敌人受到英雄以及火焰攻击生命值降低的方法，有兴趣的读者可以查看源代码*/
35     void OnParticleCollision(GameObject other) {       //火炮塔喷出火的粒子碰撞检测
36       huoDamage = other.GetComponentInParent<ShootObject>().attackDamage;
                                                          //获取火的伤害值引用
37       Be_Attack_Huo();                                 //受到火攻
38     }
```

- 第 1～9 行是实现敌人转向并移动到目标点的方法，通过计算传进来的向量，计算敌人当前位置与传进来三维向量的转动参数，然后实现敌人的转身动作，并将敌人移动，播放移动动画。
- 第 10～17 行是敌人死亡的方法实现，当敌人生命值低于零后调用此方法，通过此方法实现播放敌人死亡动画，并设置相应的标志位，最后开启敌人尸体消失的协程。
- 第 18～28 行分别是敌人彻底死亡的协程以及敌人到达基地死亡的协程，在等待几秒后敌人尸体消失，并设置相应的标志位以及改变相应的游戏记录。
- 第 29～45 行是敌人受到攻击的方法，包括受到英雄攻击的方法，以及受到防御塔攻击的方法。
- 第 46～49 行是对火炮塔发射的火焰粒子特效的碰撞检测，当发生碰撞是则调用敌人受到火攻击的方法，敌人生命值减少。

（9）创建一个脚本“SpawnManager.cs”，该脚本的是敌人管理器，通过读取 XML 文件控制敌人的出兵，并将“GameData.cs”脚本中有关敌人的数据读出来，传递给即将生成的敌人模型。由于篇幅限制，本脚本中敌人模型的赋值代码均有省略，有兴趣的读者可以查看源代码。该脚本具体代码如下。

代码位置：见随书源代码/第 3 章目录下的 Assets/Scripts/SpawnManager.cs。

```
1      using UnityEngine;
2      using System.Collections;
3      using System.Collections.Generic;
```

```
4     public class SpawnManager : MonoBehaviour {
5       [System.Serializable]                          //对象序列化
6       public class EnemyTable {                      //定义敌人标识
7         public string enemyName = "";                //敌人的名称
8         public GameObject enemyPrefab;               //敌人的 prefab
9       }
10      public class SpawnData {                       //XML 数据
11        public int wave = 1;                         //波数
12        public string enemyname = "";                //敌人名称
13        /*此处省略了当前类一些公有变量的声明，有兴趣的读者可以自行查看源代码*/
14      }
15      /*此处省略了定义一些变量的代码，有兴趣的读者可以自行查看源代码*/
16      void Start() {
17        ReadXML();                                   //读取 XML 敌人出兵数据的方法
18        remainEnemy = amount;                        //记录总敌人数
19      }
20      void Update() {
21        SpawnEnemy();                                //出兵的方法
22      }
23      void ReadXML() {                               //读取 xml 数据
24        /*此处省略了读取 XML 敌人出兵数据的代码，有兴趣的读者可以自行查看源代码*/
25      }
26      void SpawnEnemy() {                            //每隔一定时间生成一个敌人
27        if (!UIManager.uimanager.isStartRound) {return;}    //如果没有单击出兵
28        if (m_index >= m_enemylist.Count) {return;} //如果出场敌人的索引大于当前的波数
29        SpawnData data = (SpawnData)m_enemylist[m_index];//获取下一个敌人
30        if (!isFuzhi) {                                     //如果还没赋值
31          isFuzhi = true;                                   //已经赋值的标志位
32          m_liveEnemy = data.spawncount;                    //读取本回合出兵数
33          m_timer = data.wait;                              //读取出兵等待时间
34          UIManager.currentwave = data.wave;                //读取当前回合数
35          count = 0;                                        //记录总出兵数
36          if (UIData.game_tip) uihelp.StartOpenWaveDetial(UIManager.currentwave - 1);
                                                              //游戏提示出兵按钮
37          AudioManager.PlayAudio(13);                       //播放出兵音效
38        }
39        if (m_liveEnemy == 0) {                             //如果本回合已经出完兵
40          if (GameManager.game.EnemyList.Count > 0) { return;}//并且敌人集合中还有敌人
41          m_index++;                                        //回合数增加
42          isFuzhi = false;                                  //为下回合敌人赋初值
43        }
44        if (count % (20 * ReturnTime(m_timer)) == 0) {           //控制本回合敌人出兵时间
45          GameObject enemyprefab = FindEnemy(data.enemyname); //查找敌人
46          if (enemyprefab != null) {                             //生成敌人
47            Transform currentspawnPoint = spawnPoints[data.spawnpoint].transform;
                                                                   //获取当前出生点
48            GameObject dis = GameObject.Instantiate(enemyprefab, currentspawnPoint
.position,
49            Quaternion.identity) as GameObject;                  //实例化一个敌人
50            GameManager.game.EnemyList.Add(dis);        //将生成的敌人添加到敌人的 list 中
51            Enemy enemy = dis.GetComponent<Enemy>();   //获取敌人的脚本
52            /*此处省略了为模型中的参数赋值的代码，有兴趣的读者可以自行查看源代码*/
53            enemy.init();}                              //调用敌人路径初始化的方法
54          number++;                                     //记录敌人数量的参数每次加一
55          m_liveEnemy--;                                //本回合剩余出兵数每次减少一
56        }
57        count++;                                        //控制出兵时间索引每帧增加一
58      }
59      /*此处省略了一些出兵用到的方法的编写，有兴趣的读者可以自行查看源代码*/
60    }
```

- 第 4～9 行是定义敌人对象的标识，通过将对象序列化，使其在 Inspector 面板中显示，可将敌人的预制件与敌人相应的名称添加进去。
- 第 10～14 行是声明 XML 文本中涉及的参数。
- 第 15～22 行的主要功能是在 Start 方法中，读取 XML 数据，并记录本关游戏总出兵数，在 Update 方法中每帧调用敌人出兵的方法。

- ❑ 第 26～43 行的主要功能是如果没有单击出兵，则不进行以下操作；如果单击了出兵，则对本回合敌人进行赋值操作；如果是第一次单击出兵，则开启敌人提示。
- ❑ 第 44～59 行的主要功能是每隔一段时间实例化一个敌人，并对该敌人参数进行赋值，包括敌人攻击力、移动速度、攻击速度、死亡金钱、行进路径以及出生点等。赋值完成调用敌人路径初始化的方法，然后对相关索引进行累加。

（10）接着在 Hierarchy 面板中创建一个空对象重命名为“SpawnManager”，为其挂载“SpawnManager.cs”脚本，并将相关模型以及对象挂载到该脚本上，例如对敌人模型、敌人行进路径以及敌人出生点等的挂载，通过这些设置就完成了对敌人的控制。

（11）至此敌人相关功能的开发就基本完成了。本小节由于篇幅有限，许多介绍并不能面面俱到，读者可以自行查看本书源程序，结合本小节所介绍的内容进行学习。

3.8.4　防御塔功能的开发

本小节将介绍本游戏另一重要部分内容，即防御塔功能的开发，防御塔主要分为范围型防御塔和单独攻击型防御塔，在开发上相差不大。本小节将主要介绍防御塔模型的制作以及相关功能的脚本的编写。具体步骤如下。

（1）防御塔模型的制作较为简单，防御塔的模型均放在相应的文件夹下，读者可参看第 3.2.2 节中的相关内容。由于本款游戏涉及四类防御塔，范围型防御塔制作比较简单，在设置防御塔参数时需将 IsRangeTower 标志位勾选即可。

（2）本游戏在后面会用到射线检测碰撞体，选中防御塔会出现升级塔 UI 等功能，所以为防御塔添加“Capsule Collider”碰撞体，添加的方法在之前已经介绍，这里不再赘述，同时将防御塔 Layer 设置为“Tower”，如图 3-94 所示。将“Tower.cs”脚本拖曳到防御塔模型上，相关设置如图 3-95 所示。

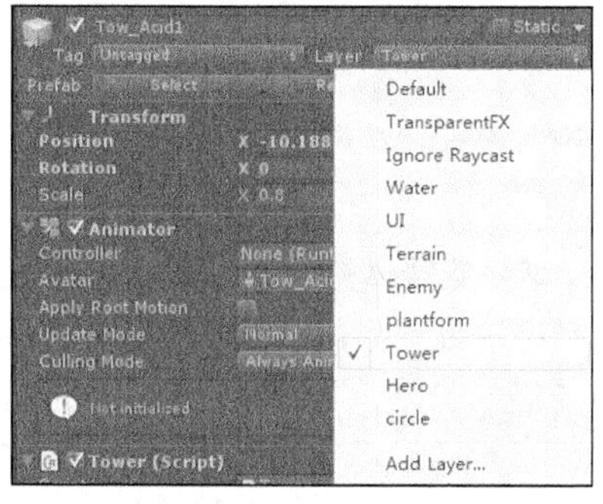

▲图 3-94　设置 Tower 层级

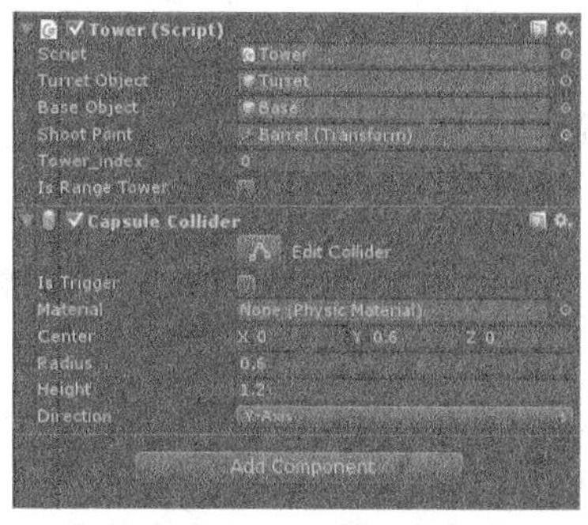

▲图 3-95　“Tower.cs”脚本设置

（3）上面提到了每个炮塔模型上均挂载了“Enemy.cs”脚本，下面介绍该脚本的主要内容，创建一个脚本重命名为“Tower.cs”，此脚本控制单独攻击型防御塔发射武器以及范围型攻击防御塔攻击敌人。具体代码如下。

代码位置：见随书源代码/第 3 章目录下的 Assets/Scripts/Tower.cs。

```
1    using UnityEngine;
2    using System.Collections;
3    using UnityEngine.UI;
4    public class Tower : MonoBehaviour {
5      /*此处省略了对一些变量的声明，有兴趣的读者自行查看源代码*、
6      void Start() {
7        thisT = this.transform;                          //获取塔的位置引用
8        if (turretObject != null) {                      //如果防御塔旋转体存在
9          turrentT = turretObject.transform;             //获取旋转体的位置引用
```

```
10        }
11        attack_s = 1 / attackSpeed;                    //记录防御塔攻击速度
12      }
13      void Update() {
14        //如果不是范围型防御塔调用单打型防御塔攻击的方法
15        if (!isRangeTower) {Normal_Tower_Attack();}
16        else {Range_Tower_Attack();}                   //否则调用范围塔攻击的方法
17      }
18      void Normal_Tower_Attack() {                     //单打型防御塔攻击的方法
19        SearchTarget();                                //寻找敌人
20        if (target != null) {                          //如果存在敌人，完成转向
21          Vector3 targetPosition = target.transform.position; //获取发射点的位置
22          targetPosition.y = turretObject.transform.position.y;//固定 y 轴，避免出现转动错误
23          Quaternion wantedRotate = Quaternion.LookRotation
24          (targetPosition - turretObject.transform.position);//获取旋转角度的四元数
25          turrentT.rotation = Quaternion.Slerp(turrentT.rotation,
26          wantedRotate, rotateSpeed * Time.deltaTime);    ///旋转
27          Normal_Attack();                                //普通攻击
28      }}
29      void Normal_Attack() {                              //普通攻击
30        /*此处省略了控制攻击速度的方法，有兴趣的读者可以查看源代码*/
31        if (target.GetComponent<Enemy>().healthPoint > 0) {   //如果敌人没有死亡
32          GameObject go = Instantiate(shootPrefab, shootPoint.position,
33          shootPoint.rotation) as GameObject;                 //实例化发射武器
34          ShootObject so = go.GetComponent<ShootObject>();    // 获取引用射击敌人
35          so.attackDamage = attackDamage;                     //发射武器伤害值传递
36          so.Shoot(target, this);                             //调用发射的方法
37          AudioManager.PlayAudio((tower_index + 1) % 4);      //播放防御塔攻击声效
38        }
39        else {
40          target = null;                                      //否则攻击对象为空
41      }}
42      void SearchTarget() {                                   //寻找敌人的方法
43        if (target == null) {                                 //如果防御塔攻击对象不存在
44          for (int i = GameManager.game.EnemyList.Count - 1;i >= 0;i--) {
                                                                //搜寻敌人，遍历敌人的集合
45            //在攻击范围内的敌人受到攻击
46            if (CheckRange(thisT.position, GameManager.game.EnemyList[i].transform
              .position)) {
47              target = GameManager.game.EnemyList[i];     //获取攻击对象
48        }}}
49        else {
50          if (!CheckRange(thisT.position, target.transform.position)) {//若大于攻击范围
51            target = null;                                //判定目标为 null
52    }}}
```

- 第 6～12 行的主要功能是获取炮塔的位置引用、炮塔旋转体的位置引用以及记录游戏速度。
- 第 13～17 行的主要功能是判断当前防御塔的类型，如果当前防御塔不是范围型攻击防御塔，则调用单打型攻击防御塔；如果是范围攻击型防御塔，则调用范围型攻击防御塔攻击敌人的方法。
- 第 18～28 行的主要功能是调用防御塔寻找敌人的方法，当要攻击敌人存在，则实现防御塔转向敌人并调用普通攻击的方法。
- 第 29～41 行的主要功能是判断如果敌人没有死亡，则实例化发射武器，并调用该武器对象射向敌人的方法；如果敌人死亡，则将要攻击的敌人置空，重新检测敌人。
- 第 42～52 行的主要功能是实现寻找敌人的方法，通过遍历存放敌人的链表，如果敌人在范围内，则将该敌人作为攻击对象，同时检测作为攻击对象的敌人是否在攻击范围；如果超过攻击范围，则将要攻击的敌人置空值，重新寻找敌人。

（4）以上介绍了单独攻击型防御塔功能脚本的开发，范围攻击型防御塔功能的开发比较简单，需要遍历敌人链表，如果敌人在该塔攻击范围内，则每隔一段时间对敌人进行减血。控制攻击速度的方法在之前已经有所介绍，有兴趣的读者可以自行查看源代码。

（5）除以上防御塔攻击敌人功能外，当单击防御塔的时候，会出现升级塔的 UI 和卖塔的 UI，

而且当防御塔为最高级别的时候，只出现卖塔的UI，这两种UI的实现代码都比较类似，通过界面管理器将两种UI的引用传递过来，通过3D和2D坐标的转换，出现UI，具体代码如下。

代码位置：见随书源代码/第3章目录下的Assets/Scripts/Tower.cs。

```
1      public void Appear_Tower_Up() {                              //出现升级塔的UI
2        GameObject tower_up = UIManager.Send_Tower_Up();           //获取升级塔的UI
3        GameObject.FindGameObjectWithTag("uptower").GetComponent<Image>().sprite =
4        UIManager.uimanager.towerTextures[tower_index + 4];  //获取比当前塔高一级的图片
5        Vector3 pt = Camera.main.WorldToScreenPoint
6        (new Vector3(thisT.position.x, thisT.position.y, thisT.position.z));//3D转2D
7        tower_up.transform.position = pt;                          //升级塔的UI移动到板子位置
8        UIManager.uimanager.Set_State(3);                          //播放UI出现动画
9        UIManager.uimanager.palnt = plantform;                     //种塔的板子引用传递
10       UIManager.uimanager.tower_index_up = tower_index + 4;        //升级以后塔的索引
11       UIManager.uimanager.tower_exit = this.gameObject;            //传递当前塔的引用
12       UIManager.uimanager.ChangeText();                            //改变买塔卖塔数值
13     }
```

说明 此段代码的主要功能当单击防御塔的时候，会调用此方法，将UIManager中的升级塔的UI引用传递过来，同时将升级的图片换掉，将塔位置3D坐标转换成2D坐标，让UI出现在2D坐标位置，同时记录修建塔的板子的引用，改变当前场景UI界面的数值。

（6）前面介绍了防御塔脚本的开发，在该脚本开发中，单独攻击型防御塔发射了武器。下面介绍该发射武器脚本的开发， 创建一个脚本“ShootObject.cs”，该脚本是将实例化的武器移动到敌人周围。实现防御塔攻击敌人，该脚本主要通过“ShootTarget”方法实现飞行并攻击敌人功能，具体代码如下。

代码位置：见随书源代码/第3章目录下的Assets/Scripts/ShootObject.cs。

```
1      void ShootTarget() {                                  //武器飞向敌人的方法
2        if (e.isDead) {                                     //如果敌人已经死亡
3          Destroy(this.gameObject);                         //销毁当前武器
4          return;
5        }
6        dis = GetDistance(thisT.position, e.transform.position); //获取武器与敌人的距离
7        if (dis < touchTarget) {                           //距离达到阈值
8          if (!(t.tower_index % 4 == 1)) {                 //如果攻击的不是火炮塔,即普通炮塔
9            e.Be_Attack(attackDamage);                     //调用敌人减血的方法
10           Destroy(this.gameObject);                      //销毁当前武器
11         }
12         else {                                           //如果是火炮塔
13           Destroy(this.gameObject);                      //销毁当前武器
14         }}
15       else {                                             //距离未达到阈值
16         if (t.tower_index % 4 == 2 || t.tower_index % 4 == 0) {//如果是箭塔或者炮塔发射武器
17           Vector3 dir = (e.transform.position - thisT.position).normalized;
                                                            //获取发射的单位向量
18           thisT.Translate(dir * moveSpeed * Time.deltaTime * 5, Space.World);//实现移动
19         }
20         else {                                           //如果是火炮塔发射火
21           Vector3 dir = (e.transform.position - thisT.position).normalized;
                                                            //获取发射的单位向量
22           thisT.Translate(dir * moveSpeed * Time.deltaTime, Space.World);
                                                            //实现移动，速度低
23     }}}
```

说明 此段代码的主要功能是，实现防御塔发射的武器移动到敌人的位置。如果敌人死亡，则将该武器销毁；如果没有到达敌人的位置，则实现移动；如果到达了敌人的位置，销毁该武器，并调用敌人减血的方法。此脚本省略了部分获取敌人引用的代码，有兴趣的读者可以查看源代码。

（7）同敌人相关功能类似，防御塔功能的开发用到了防御塔管理器，用于实例化防御塔模型，该管理器较为简单，通过界面管理器“UIManager”调用防御塔管理器中的方法，从而实现修建防御塔的功能。下面对其进行简要介绍。

代码位置：见随书源代码/第 3 章目录下的 Assets/Scripts/TowerManager.cs。

```
1      using UnityEngine;
2      using System.Collections;
3      using System.Collections.Generic;
4      public class TowerManager : MonoBehaviour {
5        /*此处省略了一些变量的声明代码，有兴趣的读者可以自行查看源代码*/
6        public void SetTowerPrefab(int receive_index, PlantForm plant) { //防御塔赋值
7          //旋转速度设置
8          tower_prefab[receive_index].GetComponent<Tower>().rotateSpeed = GameData.
           rotateSpeed_Hero;
9          /*此处省略了对即将修建的防御塔模型赋值的代码，有兴趣的读者可以自行查看源代码*/
10         if (tower_prefab[receive_index].GetComponent<Tower>().isRangeTower) {
                                                                     //如果是范围塔
11           //范围塔的攻击特效赋值
12           tower_prefab[receive_index].GetComponent<Tower>().Range_Tower_Effect =
             rangetower_Effect;
13         }
14         InitTower(tower_prefab[receive_index], plant);            //生成防御塔的方法
15       }
16       public void InitTower(GameObject tower, PlantForm plant) { //销毁防御塔的方法
17         if (uimanager.tower_exit != null && tower.GetComponent<Tower>().tower_index ==
18        uimanager.tower_exit.GetComponent<Tower>().tower_index + 4) { //避免误删不是当下索引
19           Destroy(uimanager.tower_exit);                     //删除已经存在的防御塔
20         }
21         AudioManager.PlayAudio(11);                          //播放生成防御塔时的声音
22         Instantiate(tower, plant.gameObject.transform.position,
23         plant.gameObject.transform.rotation);                //生成防御塔
24         if (uimanager.gameObject.GetComponent<UIFirstHelp>() != null)
25         uimanager.gameObject.GetComponent<UIFirstHelp>().countTower = 1;//记录已经种塔
26         GameObject go = Instantiate(appearEffect, plant.gameObject.transform.position,
27         plant.gameObject.transform.rotation) as GameObject;   //防御塔生成特效
28         Destroy(go, 0.7f);                                     //生成特效消失
29         UIManager.remainMonney -= tower.GetComponent<Tower>().pursePrice;//游戏金钱减少
30         uimanager.Tower_UI_Disappear();                        //无关 UI 消失
31         plant.PlantForm_DisAppear();                           //种塔板子消失
32     }}
```

- 第 6～15 行实现对防御塔模型的赋值，包括旋转速度、攻击速度、攻击力、购塔金钱、攻击武器、修建塔的板子的引用等。如果是防御塔的话，则需要获取防御塔的攻击特效，赋值完成，调用生成防御塔的方法。
- 第 16～20 行的主要功能是判断防御塔是否存在，并且当前需要修建的防御塔索引为原来防御塔的高一级的索引，则销毁原来的防御塔。
- 第 21～32 行的主要功能是生成防御塔，并出现生成防御塔的特效，播放生成防御塔音效，让修建塔的板子消失，同时改变一些游戏中相关的 UI 参数。

3.8.5　英雄相关功能的开发

本小节将向读者介绍英雄相关功能的开发。在游戏关卡中，英雄不仅具有移动功能，还具有自动攻击敌人的功能。当英雄攻击敌人的同时，英雄会朝向移动的敌人周围攻击敌人。敌人的这些功能前面已有介绍，这里不再赘述。下面将介绍英雄功能开发的具体步骤。

（1）在属性介绍场景中已经简单地介绍英雄模型的制作流程，这里不再赘述，读者可参见 3.6.3 节中的相关内容，与属性介绍场景不同的是，游戏关卡中的英雄模型需要挂载更多的组件与脚本，下面将以“cike1”模型的制作为例介绍。

（2）将“cike1”模型拖到场景中，英雄模型均放在相应的文件夹下，读者可参见 3.2.2 节中

的相关内容。为该模型添加“Hero.cs”脚本，并添加 Animator 组件，同时为该模型添加 CapsuleCollider 碰撞器，这些组件的具体设置如图 3-96 和图 3-97 所示。

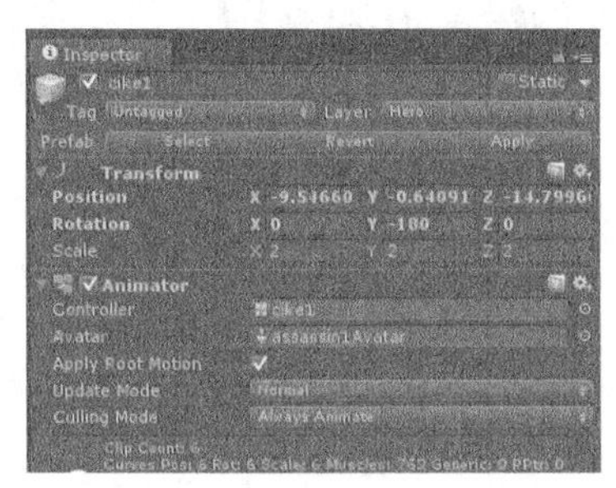

▲图 3-96　英雄模型组件设置图 1

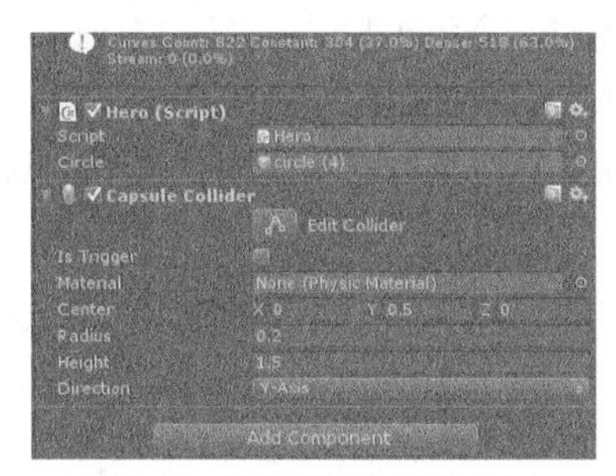

▲图 3-97　英雄模型组件设置图 2

（3）上面介绍英雄模型的组件设置，其中为英雄模型添加了“Animator”动画控制器，添加此控制器后需要为英雄模型创建动画状态机，步骤是在 Assets/Animation/Hero/AnimaControl 目录下右击→“Create”→“Animator Controller”，如图 3-98 所示，将其重命名为“cike1”。

（4）双击创建“cike1”，打开动画制作器，在动画制作器中制作此模型的动画，在该制作器中右击→“Create State”→“Empty”可创建空的动画状态，单击新建的动画状态，在 Inspector 面板中可重命名该动画状态。

（5）右击创建的动画状态，单击“MakeTransition”可以创建动画之间的联系，如果需要重复播放该动画，则将指向的箭头指向该动画状态本身。创建多个动画状态，并创建多组联系，例如 Run→Attack2、Attack1→Attack2、Attack2→Dead 等，如图 3-99 所示。

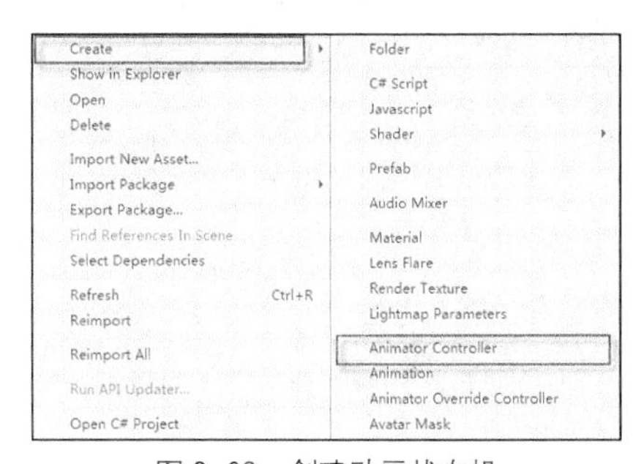

▲图 3-98　创建动画状态机

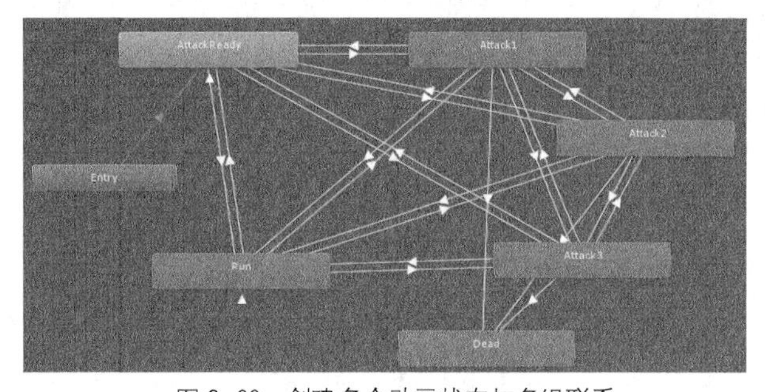

▲图 3-99　创建多个动画状态与多组联系

（6）接下来为创建好的动画状态设置标志位，当控制代码满足条件时播放相应的动画，以“AttackReady”为例，选中该对象，在 Inspector 面板中选中“AttackReady→Attack1”将“Has Exit Time”勾掉，这样在切换动画时会直接切换，同时设置切换条件，相关设置如图 3-100 和图 3-101 所示。

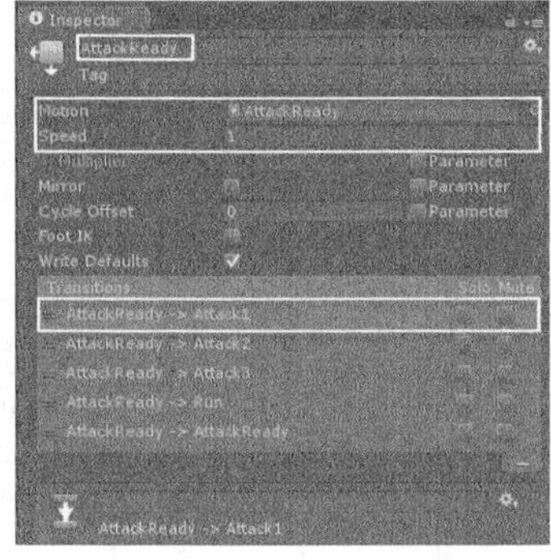

▲图 3-100　动画状态设置

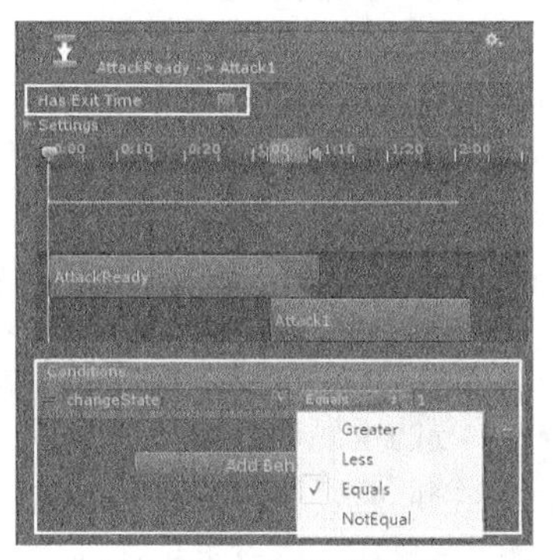

▲图 3-101　动画切换设置

（7）按照以上步骤制作其他的英雄模型，并将制作好的模型拖进 Assets/Hero/Selected 目录下制成预制体。这样就完成了英雄模型的制作。

（8）创建一个脚本并重命名为“Hero.cs”，此脚本控制英雄的移动到目标点，同时攻击在攻击范围内的某个敌人，如果敌人死亡会寻找下一个敌人攻击。同时会播放相应的动画，具体代码如下。

代码位置：见随书源代码/第 3 章目录下的 Assets/Scripts/Hero.cs。

```
1    using UnityEngine;
2    using System.Collections;
3    public class Hero : MonoBehaviour {
4      /*此处省略了一些定义变量的代码，有兴趣的读者可以查看源代码*/
5      void Start() {
6        thisT = this.transform;                              //位置缓存
7        m_timer = attackSpeed;                               //记录攻击速度
8      }
9      void Update() {
10       if (healthPoint < 0) die();                         //英雄血量低于 0，调用英雄死亡的方法
11       if (isGo) {                                         //开始移动标志位为真
12         GoToPosition(targetPosition);                     //移向目标点
13         rotate(targetPosition);                           //转向目标点
14       }
15       else {
16         PlayAnimation(4);                                 //1-3 攻击，4 待机，5 跑动，6 死亡
17         SearchEnemy();                                    //待机检测身边是否有敌人
18     }}
19     public void BeSelected() {                            //光圈选中
20       circle.layer = 12;
21     }
22     public void MoveSelected() {                          //光圈取消
23       circle.layer = 13;
24     }
25     public void GoToPosition(Vector3 pos) {               //移动到鼠标单击的位置
26       /*此处省略了移动到目标点的代码，有兴趣的读者可以查看源代码*/
27     }
28     void rotate(Vector3 pos) {                            //转向目标点
29       /*此处省略了转向目标点的代码，有兴趣的读者可以查看源代码*/
30     }
31     void SearchEnemy() {
32       /*此处省略了寻找敌人的代码，有兴趣的读者可以查看源代码*/
33     }
34     void AttackEnemy() {                                  //攻击敌人的方法
35       rotate(FoundEnemy.transform.position);              //转向敌人
36       PlayAnimation(1);                                   //1-3 攻击，4 待机，5 跑动，6 死亡
37       /*此处省略了实现敌人攻击间隔的方法，有兴趣的读者可以查看源代码*/
38       //调用敌人受到攻击的方法
39       FoundEnemy.GetComponent<Enemy>().Be_Attack_Hero(attackDamage, this.gameObject);
40     }
41     public void AttackHero(int enemydamage) {             //当前英雄被攻击的方法
42       isBeAttack = true;                                  //正在被攻击
43       healthPoint -= enemydamage;                         //血量减少
44     }
45     /*此处省略了处理敌人死亡的代码，有兴趣的读者可以查看源代码*/
46     public void PlayAnimation(int index) {
47       switch (index) {
48         //攻击
49         case 1:
50         case 2:
51         case 3: GetComponent<Animator>().SetInteger("changeState", attackRangeInt(3)); break;
52         case 4: GetComponent<Animator>().SetInteger("changeState", 4); break; //待机动作
53         case 5: GetComponent<Animator>().SetInteger("changeState", 5); break;//跑动
54         case 6: GetComponent<Animator>().SetInteger("changeState", 6); break;//死亡
55   }}}
```

- 第 5～18 行的主要功能是在 Start 方法里缓存英雄位置，并获取攻击速度，在 Update 里根据标志位判断是否待机。如果待机，则播放待机动画，并寻找敌人；如果正在移动，就转向并移动到目标点，该目标点是选中英雄后的触控点。

- ❑ 第 19～24 行的主要功能是控制敌人脚下光圈的显示与隐藏。
- ❑ 第 25～33 行的主要功能是实现转向以及移动到目标点，并搜寻敌人的方法，这些方法在前边均有所介绍，这里不再赘述，有兴趣的读者可以查看源代码。
- ❑ 第 34～44 行的主要功能是实现攻击敌人的方法，攻击时转向敌人，并播放攻击动画，每隔一段时间对敌人进行减血，同时在敌人的脚本中调用英雄受到攻击的方法，英雄减血。
- ❑ 第 46～55 行是控制动画控制器播放动画的方法，动画包括攻击、待机动、跑动以及死亡动画。

（9）以上介绍了英雄脚本“Hero.cs”的开发，和其他防御塔管理器类似，英雄管理器的开发更加的简单，游戏属性介绍界面中选择了英雄，设置了全局索引，在游戏关卡中，对英雄的预制体进行赋值以后，直接实例化该英雄，就完成了英雄的创建。这里不再赘述。英雄管理器相关设置如图 3-102 所示。

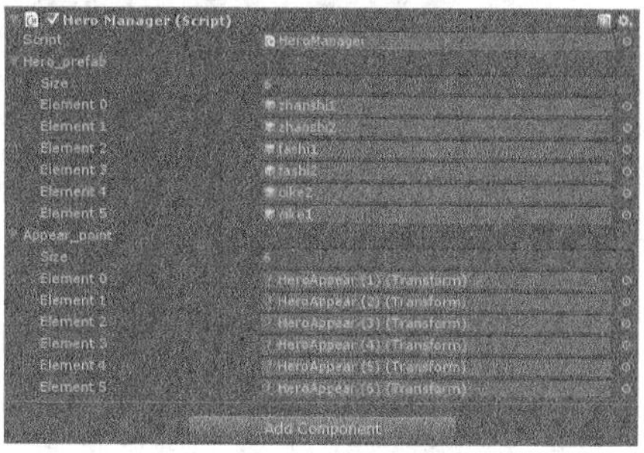

▲图 3-102　英雄管理器设置

3.8.6　技能的开发

接下来将介绍游戏中技能的开发，游戏中涉及 4 种技能的释放，玩家需先选中游戏中的技能图标，然后单击地面施放技能，技能在施放完成后会有冷却时间，同时在技能范围内敌人会减血，下面将具体进行介绍。

（1）技能的开发与 UI 密切相关，这里主要介绍技能管理器的开发，UI 部分将在下一小节进行介绍。创建一个脚本“EffectManager.cs”，该脚本控制技能施放，同时调用敌人减血的方法，使技能范围内的所有敌人都受到伤害。具体代码如下。

代码位置：见随书源代码/第 3 章目录下的 Assets/Scripts/EffectManager.cs。

```
1     using UnityEngine;
2     using System.Collections;
3     public class EffectManager : MonoBehaviour {
4       /*此处省略了定义一些变量的代码，有兴趣的读者可以查看源代码*/
5       public void DamageAllEnemy(int index, Vector3 hitPoint) {   //技能攻击敌人的方法
6         AudioManager.PlayAudio(index+5);                          //播放技能攻击声效
7         GameObject go = effects[index];                           //获取技能特效的引用
8         Instantiate(go, hitPoint, Quaternion.identity);           //实现技能特效
9         if (uifirsthelp != null) uifirsthelp.isEffectTip = true; //技能施放完成
10        UIManager.uimanager.SetIsOn(index);                      //技能 UI 表示未选中状态
11        for (int i = GameManager.game.EnemyList.Count - 1;i >= 0;i--) { //遍历敌人的集合
12          if (CheckRange(hitPoint, GameManager.game.EnemyList[i].transform.position,
13            attackRange[index])) {                               //如果在攻击范围内
14            //获取受到攻击敌人的引用
15            Enemy e = GameManager.game.EnemyList[i].GetComponent<Enemy>();
16            e.Be_Attack(damage[index]);                          //敌人受到攻击并掉血
17      }}}
18      bool CheckRange(Vector3 v1, Vector3 v2, float attackRange_) {//范围判定的方法
19        if ((v1.x - v2.x) * (v1.x - v2.x) + (v1.z - v2.z) * (v1.z - v2.z) <
20        attackRange_ * attackRange_) {                          //如果在范围内
21          return true;                                          //返回在范围内
22        }
23        return false;                                           //返回不在范围内
24    }}
```

说明　这段代码的主要功能是外部调用技能攻击敌人的方法，内容包括播放技能攻击声效、实例化技能特效、技能 UI 表示为未选中状态、遍历敌人集合对范围内敌人减血等功能。这段代码比较简单，读者可以结合源代码进行学习。

（2）上面介绍了技能管理器脚本的开发，在 Hierarchy 面板中创建一个空对象重命名为

“EffectManager”，将“EffectManager.cs”脚本拖曳到技能管理器对象中，对该对象相关参数进行设置，并将一些相关的预制体拖进脚本参数中。如图 3-103 和图 3-104 所示。

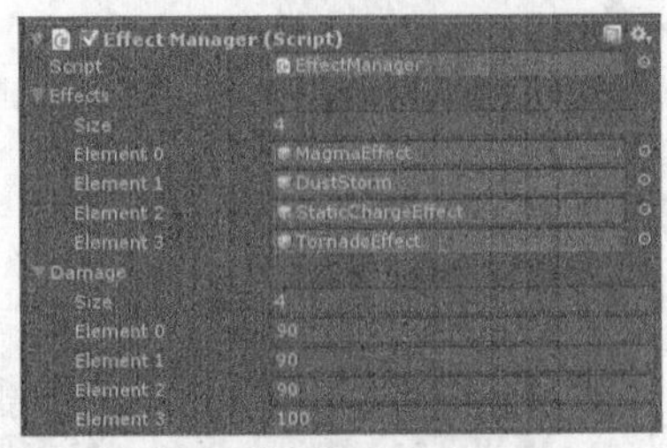

▲图 3-103　技能管理器设置图 1

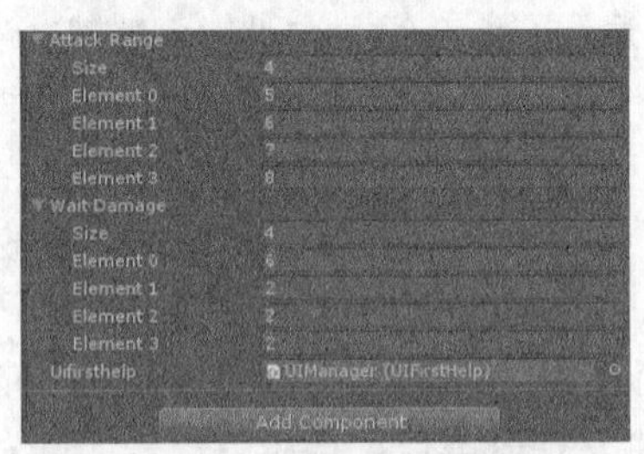

▲图 3-104　技能管理器设置图 2

3.8.7　创建声音管理器

游戏中涉及很多声音的播放，如按钮单击的音效、切换界面的音效、防御塔攻击的音效、技能攻击时播放的音效等，这些音效均由声音管理器 AudioManager 控制播放，同时该管理器还控制背景音乐的开闭，具体开发步骤如下。

（1）创建一个脚本，将其重命名为“AudioManager.cs”。此脚本控制各种音效的缩放，由其他脚本调用 PlayAudio 方法，同时该脚本每帧检测背景音乐的开闭，如果背景音乐关闭，则停止背景音乐播放，相反，继续播放背景音乐。具体代码如下。

代码位置：见随书源代码/第 3 章目录下的 Assets/Scripts/AudioManager.cs。

```
1    using UnityEngine;
2    using System.Collections;
3    public class AudioManager : MonoBehaviour {
4      public static AudioManager audiomanger;                    //当前类的引用
5      public AudioSource backgroundmusic;                        //当前场景的背景音乐
6      public AudioSource effectmusic;                            //当前场景的游戏音效
7      public AudioClip switch_aduio;                             //各种切换的音效
8      /*此处省略了声明一些变量的代码，有兴趣的读者可以自行查看源代码*/
9      void Start() {
10       audiomanger = this;                                      //获取当前类的引用
11       //获取游戏音效 AudioSource 组件的引用
12       audio = effectmusic.GetComponent<AudioSource>();
13       //获取背景音乐 AudioSource 组件的引用
14       backgoundaudio = backgroundmusic.GetComponent<AudioSource>();
15     }
16     void Update() {
17       JudgeBackGroundMusic();                                  //检测背景音乐是否需要播放
18     }
19     public static void PlayAudio(int index) {                  //播放游戏音效的方法
20       if (!UIData.game_effectmusic_bool) return;               //背景音效不允许播放
21       audiomanger.audio.volume = 0.8f;                         //控制音效音量为 0.8
22       //0 表示按钮单击;1 表示绿塔攻击;2 表示红塔攻击;3 表示箭塔攻击;4 表示范围塔攻击;
         5～8 表示技能攻击;9 表示英雄攻击;
23       //10 表示小兵攻击;11 表示种塔;12 表示卖塔;13 表示出兵;14 表示各种切换;15 表示选中英雄;
         16 表示摇骰子;17 表示选中;18 表示切换上下
24       switch (index) {                                         //为 AudioSource 指定 clip
25         case 0:                                                //按钮单击音效
26           audiomanger.audio.clip = audiomanger.buttonClick_audio; break;
27         /*此处省略了为 AudioSource 指定 clip 的代码，有兴趣的读者可以自行查看源代码*/
28         case 18:                                               //切换上下界面的声效
29           audiomanger.audio.clip = audiomanger.switccNextLast_audio; break;
30       }
31       audiomanger.audio.Play();                                //播放声音，默认播放一次
32     }
33     void JudgeBackGroundMusic() {                              //判断是否进行背景音乐的播放
34       if (UIData.game_backmusic_bool) {                        //如果可以进行背景音乐播放
35         if (backgoundaudio.isPlaying) return;                  //正在播放，则返回
36         else backgoundaudio.Play();                            //否则开始播放
37       }
38       else {//如果不可以播放背景音乐
```

```
39          if (backgoundaudio.isPlaying) backgoundaudio.Pause();//如果正在播放，就停止播放
40      }}
```

- 第 4～8 行是声明一些变量的代码，包括对游戏音效和背景音乐声音源的声明、各种声音文件的声明等这些声明的变量会在后边用到。
- 第 9～18 行的主要功能是通过 Start 方法获取当前类的引用，并获取两个声音源的引用。通过 Update 方法每帧调用检测背景音乐播放的方法。
- 第 19～32 行的主要功能实现播放游戏音效的方法，如果游戏音效被关闭，则不进行播放，否则正常播放，将音效音量控制为 0.8，根据传进来的索引值确定 AudioSource 组件的声音文件 clip，然后播放该声音文件，默认播放一次。
- 第 33～40 行的主要功能是判断是否进行背景音乐的播放，根据全局标志位判定，如果背景音乐正在播放，不进行任何操作；如果没有播放，则播放。如果背景音乐关闭，则停止播放正在播放的音乐。

（2）上面介绍了声音管理器类的开发，接下来制作声音管理器预制体。在 Hierarchy 面板中创建一个空对象“AudioManager”，为其挂载“AudioManager.cs”脚本，并将相应的声音文件挂载上，声音文件均放在相应的文件夹下，读者可参见 3.2.2 节中的相关内容。相关设置如图 3-105 和图 3-106 所示。

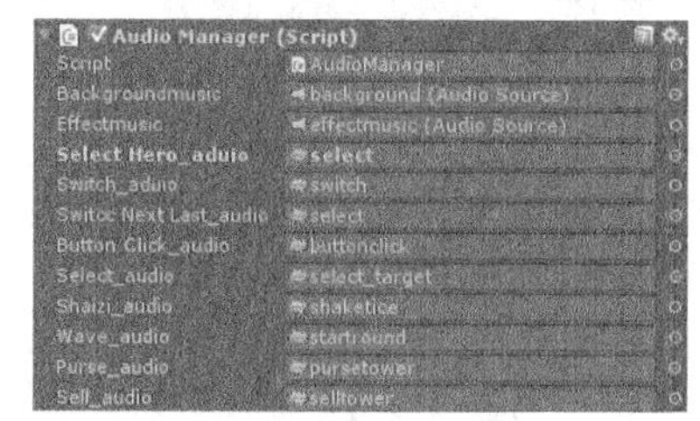

▲图 3-105　声音管理器设置图 1

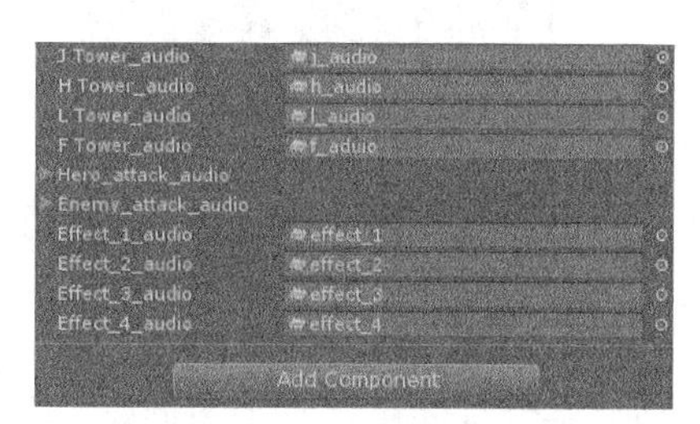

▲图 3-106　声音管理器设置图 2

3.8.8 场景 UI 的制作与相关脚本的开发

本小节将介绍本游戏关卡场景中 UI 部分的开发。该部分在本游戏占比重比较大，与其他部分联系比较紧密，读者在学习此部分内容时需结合本节介绍的其他部分的内容。具体开发步骤如下。

（1）创建一个画布“GameUI”，按照玩家设置场景中对画布的设置，设置游戏的屏幕自适应方案，在该画布下创建一个空对象“Game”，首先创建几个“Image”对象，分别命名为“tower_select”“tower_up”“tower_top”分别用于显示选塔界面、炮塔升级界面、顶级塔出售界面。

（2）在上一步创建的“tower_select”对象下创建 4 个“Button”、4 个“Text”以及 4 个“Image”对象，用于存放 4 种炮塔的图片，“Text”对象用于显示购塔金钱。图片资源均放在相应的文件夹下，读者可参看第 3.2.2 节中的相关内容。创建方法在玩家设置场景已详细介绍，这里不再赘述。

（3）按照上一步的操作对“tower_up”和“tower_top”界面进行搭建，其目录结构如图 3-107 所示，在创建“tower_up”对象下的“confirm”对象，需为其添加标签“uptower”，如图 3-108 所示。选中的防御塔会调用方法更改该标签对象“Image”下的“Source Image”参数，更改为升级后的图片。

（4）为以上的“tower_select”“tower_up”“tower_top”等对象添加动画，添加动画的方法，在介绍本节英雄相关功能的开发时，已有详细介绍，这里不再赘述。

（5）接下来创建游戏界面 UI，包括英雄头像界面显示中的英雄昵称、血量以及英雄头像，游戏回合显示，基地血量显示，当前购塔金钱，4 种技能的 UI，开始出兵按钮，改变游戏速度的复选框，“暂停”按钮等，如图 3-109 和图 3-110 所示。UI 创建方式可参看玩家设置场景中的相应内

容，这里不再赘述。

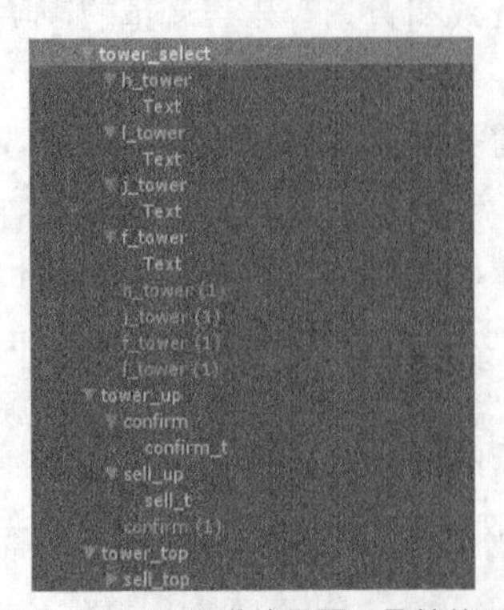

▲图 3-107　防御塔的界面目录结构图

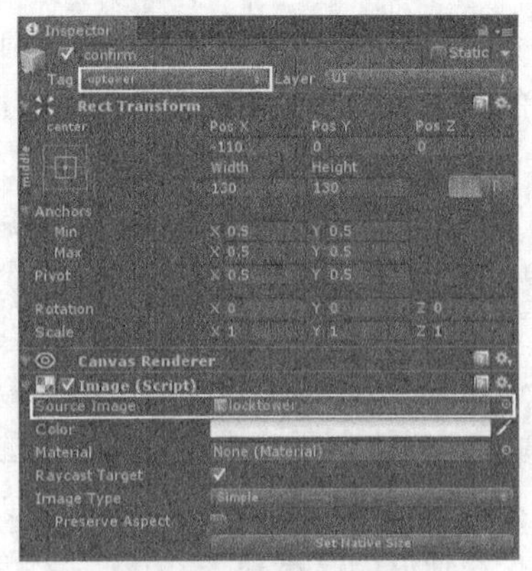

▲图 3-108　设置标签

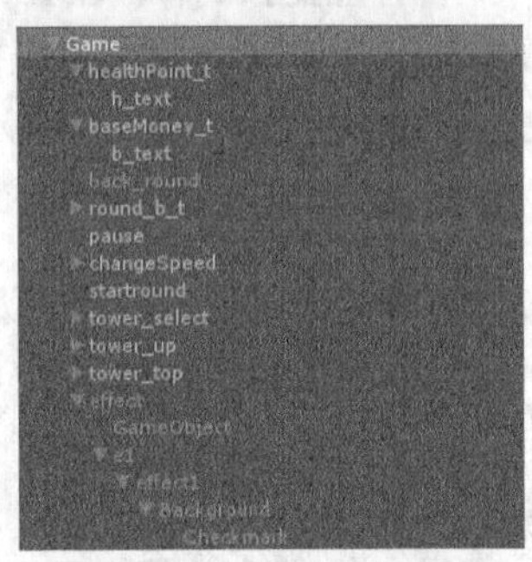

▲图 3-109　“Game”结构图 1

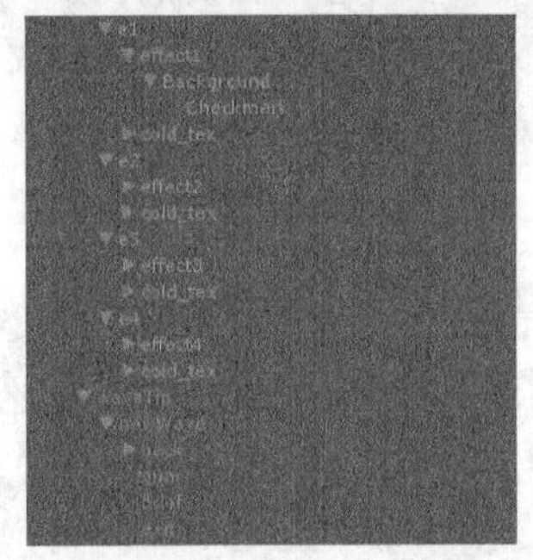

▲图 3-110　“Game”结构图 2

（6）上面介绍“Game”下的对象创建，游戏中还涉及几个独立的 UI 界面，分别是暂停界面、胜利界面、失败界面等。由于篇幅所限，这个几个界面的搭建相对简单这里只介绍其目录结构，如图 3-111～图 3-113 所示，有兴趣的读者可以自行查看源程序。

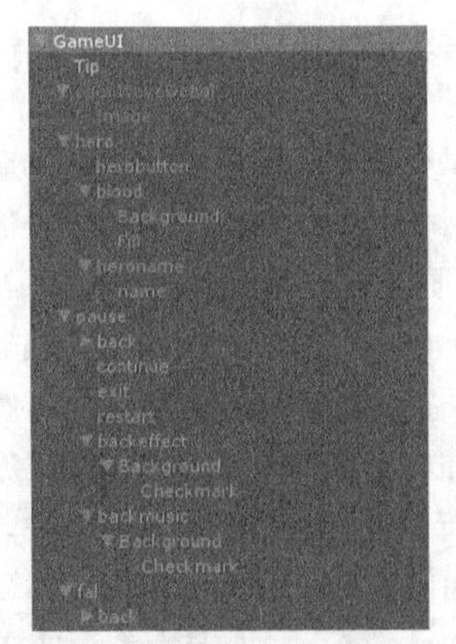

▲图 3-111　“GameUI”结构图 1

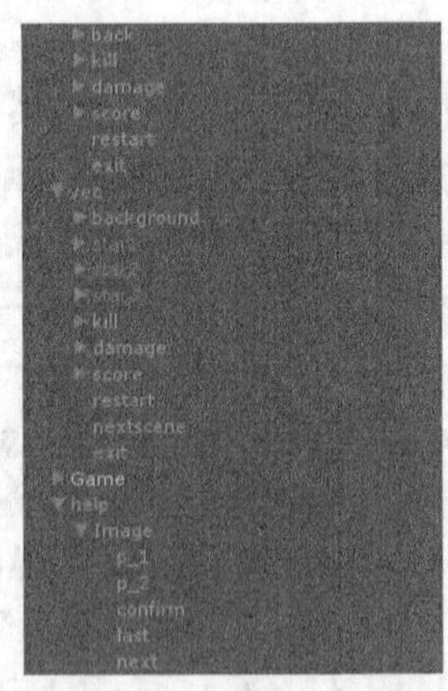

▲图 3-112　“GameUI”结构图 2

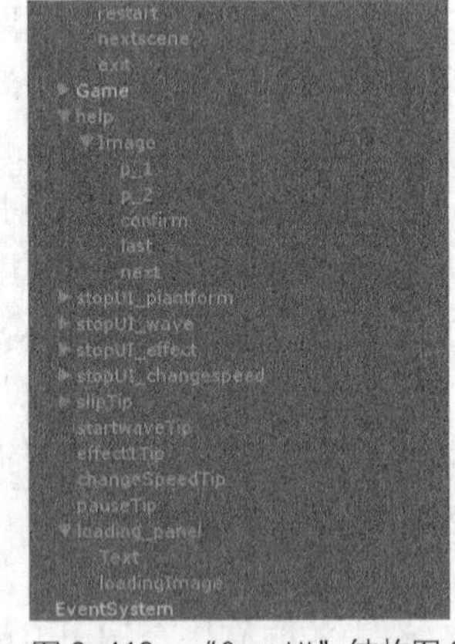

▲图 3-113　“GameUI”结构图 3

（7）上面大致了解了游戏关卡场景的 UI 结构，下面将介绍游戏中界面控制器脚本的开发。创建一个脚本“UIManager.cs”。此脚本控制“GameUI”下大部分 UI 对象的功能，例如回合数、购塔金钱、暂停按钮、出兵按钮等，具体代码如下。

代码位置：见随书源代码/第 3 章目录下的 Assets/Scripts/UIManager.cs。

```
1      using UnityEngine;
2      using System.Collections;
```

```
3     using UnityEngine.UI;
4     public class UIManager : MonoBehaviour {
5       /*此处省略了定义一些变量的代码，有兴趣的读者可以自行查看源代码*/
6       void Start() {
7         isStartCheck = false;                      //开始检测是否可以买塔的标志位
8         SwitchPlane(1);                            //只显示"Game"界面
9         uimanager = this;                          //获取当前类的引用
10        remainLife = set_remainLife;               //记录基地生命值
11        remainMonney = set_remainMoney;            //记录总金钱
12        currentwave = set_wave;//记录总回合
13        anim_select = tower_select.GetComponent<Animator>();//获取选塔 UI 动画控制器引用
14        anim_up = tower_up.GetComponent<Animator>();    //获取升级塔 UI 动画控制器引用
15        anim_top = tower_top.GetComponent<Animator>();  //获取顶级塔 UI 动画控制器引用
16        if (scene == 1 || scene == 2) {                 //如果为第一关或者第二关的话
17          nextscene.gameObject.SetActive(true);         //将开始下一关的按钮设为可见
18          nextscene.onClick.AddListener(LoadNextScene); //对开始下一关的按钮注册监听
19        }
20        else {                                       //如果为第三关
21          nextscene.gameObject.SetActive(false);     //不显示开启下一关的按钮
22        }
23        /*此处省略了对一些按钮注册监听的代码，有兴趣的读者可以自行查看源代码*/
24      }
25      void Update() {
26        if (isEnd) return;                          //如果游戏已经结束，返回
27        if (isStartCheck) {                         //开始检查是否单击购塔或者升级的方法
28          CheckIsPurse();                           //购塔的方法
29          CheckIsUp();                              //升级的方法
30        }
31        CheckSelectEffect();                        //技能选定的方法
32        ChangeUI();                                 //改变 UI 的方法
33        ChangeSpeed();                              //是否改变速度的方法
34        ChangeBackGroundMusic();                    //是否开启或者关闭背景音乐的方法
35        ChangeEffectMusic();                        //是否开启或者关闭游戏音效的方法
36        JudgeState();                               //判断暂停或者游戏速度改变的状态
37        if (remainLife <= 0 && !plane_[3].activeInHierarchy) {      //如果失败
38          isEnd = true;                             //游戏结束的标志位置真
39          ChangeTextEnd();                          //改变游戏结束时统计文本的值
40          SwitchPlane(4);                           //失败界面显示
41        }
42        else if (spawnmanager.allEnemyDie() && remainLife > 0 && !plane_[2].
          activeInHierarchy) {//成功
43          isEnd = true;                             //游戏结束的标志位置真
44          ChangeTextEnd();                          //改变游戏结束时统计文本的值
45          SwitchPlane(3);                           //成功界面显示
46      }}
47      void JudgeState() {                           //判断暂停或者游戏速度改变的状态
48        if (isPause && !isEnd) {                    //如果是暂停了，让暂停的 panel 可见
49          SwitchPlane(2);                           //1game, 2pause, 3vec, 4fal
50          Time.timeScale = 0;                       //游戏暂停
51        }
52        else {
53          SwitchPlane(1);                           //显示主界面
54          if (isChangeSpeed) Time.timeScale = 1.5f;//游戏 1.5 倍加速
55          else Time.timeScale = 1;                  //游戏正常速度
56      }}
57      /*此处省略了界面管理器中实现其他功能的代码，有兴趣的玩家可以自行查看源代码*/
58    }
```

- 第 6～15 行的主要功能是对游戏中用到的一些方法赋初值，获取动画控制器的引用。
- 第 16～24 行的主要功能是判断当前的场景是不是前两关，如果是前两关的话，则进入下一关的按钮注册监听，并显示该按钮；如果是第三关的话，隐藏该按钮。
- 第 25～46 行的主要功能是实现每帧调用的方法，如果游戏结束，则直接返回；如果未结束，则开始检测是否可以购塔，是否可以升级塔，调用技能选定的方法，改变显示的 UI 的方法，判断速度是否改变，游戏胜利的判定以及游戏失败的判定等。
- 第 47～56 行的主要功能是判断游戏的状态，如果游戏暂停，则将游戏速度设为 0，并显

示暂停界面；如果没有暂停，并且已经游戏加速，则调整游戏速度为原来的 1.5 倍；如果没有加速，则让游戏的速度保持不变。

（8）以上介绍了“UIManager.cs”脚本的主要的功能实现的代码，对于一些比较简单的功能并未详细介绍，如实现各个按钮功能，读者可以结合源代码进行学习。在 Hierarchy 创建一个对象“UIManager”，挂载“UIManager.cs”脚本，并对其进行设置，如图 3-114 和图 3-115 所示。

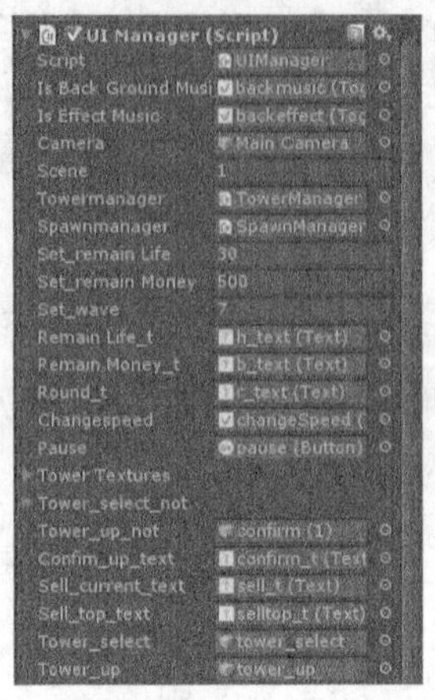

▲图 3-114　“UIManager.cs”设置图 1

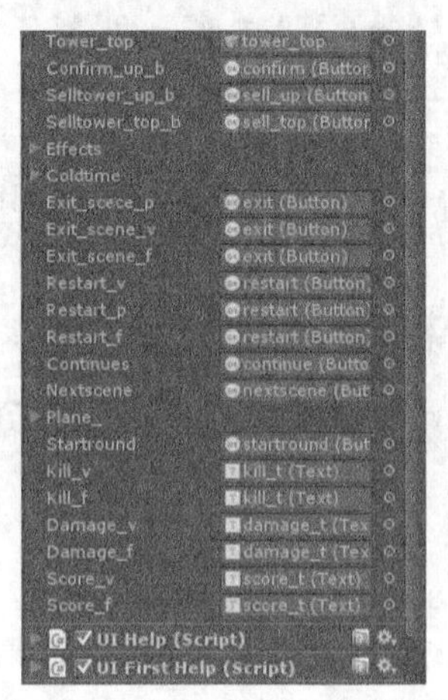

▲图 3-115　“UIManager.cs”设置图 2

（9）以上所讲的界面管理器 UIManager，笔者同时编写了辅助类“UIHelp.cs”脚本控制英雄头像的选定，通过“UIFirstHelp.cs”脚本实现游戏第一关的帮助，以上的两个脚本在编写上比较容易，一些方法在其他场景的介绍中均有所介绍，这里不再赘述。对这两个脚本的设置如图 3-116 和图 3-117 所示。

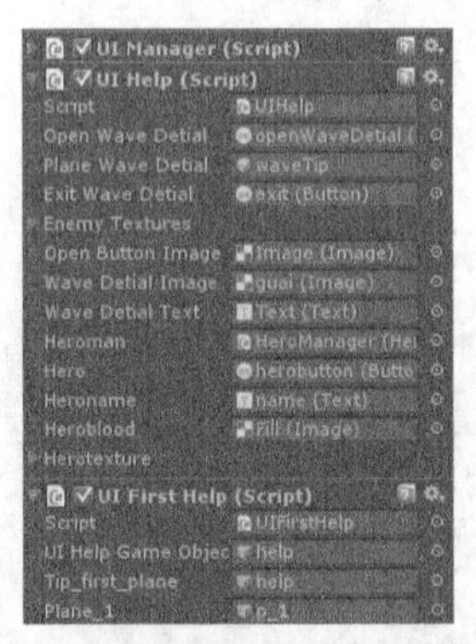

▲图 3-116　“UIHelp.cs”设置图

▲图 3-117　“UIFirtHelp.cs”设置图

3.8.9　创建游戏控制器

接下来要介绍的是游戏控制器，游戏控制器是本游戏中含金量最高的一部分，涉及游戏关卡场景中的 3D 物体的拾取，调用不同的控制器中的方法，接下来将详细介绍该控制器的开发流程。

（1）创建一个脚本，将其重命名为“GameManager.cs”，此脚本控制游戏中 3D 物体的拾取，例如选中防御塔、选中英雄控制其移动、实现技能的施放等。具体代码如下。

代码位置：见随书源代码/第 3 章目录下的 Assets/Scripts/GameManager.cs。

```
1      using UnityEngine;
2      using UnityEngine.EventSystems;
3      using System.Collections;
```

```
4    using System.Collections.Generic;
5    using UnityEngine.UI;
6    public class GameManager : MonoBehaviour {
7      /*此处省略了定义一些变量的代码，有兴趣的读者可以自行查看源代码*/
8      void Start() {
9        game = this;                                    //获取当前类的引用
10     }
11     void Update() {
12       Check_Select();                                 //检测拾取状态的方法
13     }
14     void Check_Select(){                              //检测拾取状态的方法
15       //如果单击到屏幕的触控点移动了，则没有单击对象
16       if (Input.touchCount > 0 && Input.touches[0].phase == TouchPhase.Moved) {
         Click = false; }
17       if (!Input.GetMouseButtonUp(0)) { return; }//如果单击后没有抬起手指,则没有实现单击
18       if (!Click) { Click = true; return; }       //单击实现
19       Ray ray = mainCamera.ScreenPointToRay(Input.mousePosition);//由主摄像机发一条射线
20       RaycastHit hit;//射线内容
21       if (CheckGuiRaycastObjects()) { return; }              //防止点穿 UI
22       if (Physics.Raycast(ray, out hit, 40f, PlantForm)) { //如果单击了种塔的板子
23         GameObject plantform = hit.transform.gameObject;//获取该板子的引用
24         plantform.GetComponent<PlantForm>().Appear_Tower_Select();
                                                       //获取板子上的 PlantForm 脚本
25         return;
26       }
27       if (Physics.Raycast(ray, out hit, 40f, Tower)) { //如果单击了防御塔
28         Tower tower = hit.transform.gameObject.GetComponent<Tower>();//获取选中塔的引用
29         rangeCircle.gameObject.GetComponent<RangeCircle>().
30         AppearCircle(tower.transform, tower.attackRange);        //出现塔的攻击范围
31         if (tower.tower_index >= 8) {/                     /如果选中塔为顶级塔
32           tower.Appear_Tower_Top();                        //出现卖出顶级塔的 UI
33         }
34         else {
35           tower.Appear_Tower_Up();                        //出现升级塔和卖塔的 UI
36         }
37         return;
38       }
39       if (Physics.Raycast(ray, out hit, 40f, Terrain)) {          //如果单击了地面
40         UIManager.uimanager.Tower_UI_Disappear();      //添加的 ui 消失的方法
41         if (isSelectHero) {                            //如果已经选中了英雄
42           Instantiate(hitTerrainEffect, hit.point, Quaternion.identity);
                                                        //实例化一个单击地面的特效
43           hero.GetComponent<Hero>().GoToPosition(hit.point);//调用英雄移动到单击的点的方法
44           isSelectHero = false;                           //英雄取消选中状态
45           return;
46         }
47         else if (effect_index != -1 && UIManager.uimanager.CheckIsOn()) {
                                                            //如果已经选中了技能图标
48           effectmanager.DamageAllEnemy(effect_index, hit.point);//调用施放技能的方法
49           UIManager.uimanager.effects[effect_index].gameObject.
             GetComponentInParent<ColdTime>().
50           StartCold(UIManager.uimanager.coldtime[effect_index]); //调用技能冷却的方法
51           effect_index = -1;                                //技能施放结束
52           return;
53       }}
54       if (Physics.Raycast(ray, out hit, 40f, Hero)) {      //如果选中了英雄
55         isSelectHero = true;                              //选中英雄的标志位设置为真
56         hero = hit.transform.gameObject;                  //获取选中的英雄对象
57         hero.GetComponent<Hero>().BeSelected();           //调用英雄被选中的方法
58         return;
59     }}
```

- 第 6～13 行的主要功能是声明一些变量，例如声明相关层级、主摄像机、技能管理器、敌人管理器、防御塔管理器等，在 Start 方法中获取当前类的引用，在 Update 方法中每帧调用检测拾取状态的方法。
- 第 14～18 行的主要功能是通过检测对触控点行为的检测，实现单击屏幕中的 3D 物体的功能。

- 第 19～59 行的主要功能是由屏幕发射线，获取拾取状态，如果单击了修建塔的板子，则出现选塔 UI；如果单击防御塔，根据防御塔等级会出现不同的 UI；如果单击英雄，则会选中英雄，在选中英雄的情况下，单击地面，调用英雄移动到该点的方法等。

（2）上面介绍游戏管理器脚本的开发，在 Hierarchy 中创建一个对象“GameManager”，为其添加“GameManager.cs”脚本，在脚本上挂载相关的对象，并对该脚本进行相关的设置，如图 3-118 所示。读者可以查看源程序，深入了解游戏管理器的开发。

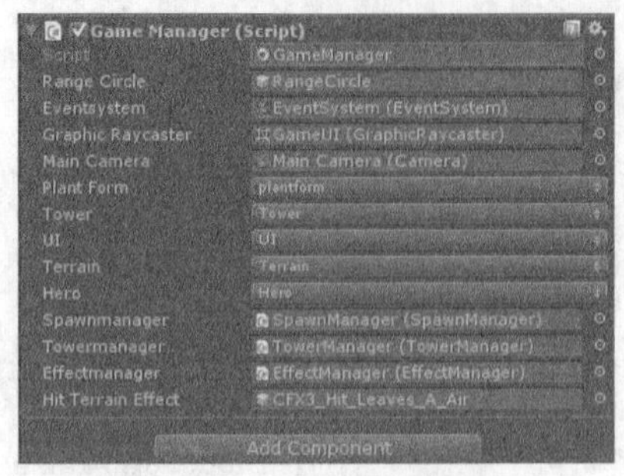

▲图 3-118　游戏管理器设置

3.9 游戏的优化与改进

至此，本案例的开发部分已经介绍完毕。本游戏基于 Unity 3D 平台开发，使用 C#作为游戏脚本的开发语言，笔者在开发过程中，已经注意到游戏性能方面的表现，所以，需要特别注意降低游戏的内存消耗量。但实际上还是有一定的优化空间。

1. 游戏界面的改进

本游戏的场景搭建使用的图片已经相当华丽，有兴趣的读者可以更换图片以达到更换的效果。另外，由于在 Unity 中有很多内建的着色器，可以用效果更佳的着色器。有兴趣的读者可以更改各个纹理材质的着色器，以改变渲染风格，进而得到很好的效果。

2. 优化游戏模型

本游戏所用的地图中的各部分模型均由开发者使用 3ds Max 进行制作。由于是开发者自己制作，模型可能存在几个缺陷：模型贴图没有合成一张图、模型没有进行合理的分组、模型中面的共用顶点没有进行融合等。

3. 游戏性能的进一步优化

虽然在游戏的开发中，已经对游戏的性能优化做了一部分工作，但是，本游戏的开发中存在的某些未知错误在所难免，在性能比较优异的移动手持数字终端上，可以更加优异地运行，但是在一些低端机器上的表现则未必能够达到预期的效果，还需要进一步优化。

4. 优化细节处理

虽然笔者已经对此游戏做了很多细节上的处理与优化，但还是有些地方的细节需要优化，在游戏的关卡中防御塔、敌人以及英雄的攻击力和攻击速度等都可以调节参数，使其达到更加完美的效果，增加玩家的游戏体验。

5. 界面动画的添加

虽然笔者在本游戏 UI 界面制作上颇费手脚，但是对 UI 动画方面做得还不是很完美，有兴趣的读者可以采用相关动画制作的插件，如 iTween 插件，为游戏中的 UI 元素添加动画，使游戏界面充满动感，提高本游戏的可玩性。

6. 人物动画优化

本游戏中，游戏人物动画均为笔者在 3ds Max 中自己剪辑，其中动画会有些许的不协调、不规范，一些地方动画并没有添加完整。读者可以自己搜集、制作更好的动画资源，使得游戏中人物的动作更加协调流畅，提升游戏的观赏性。

第4章　3D极品桌球

如今，休闲类桌球小游戏变得越来越丰富，操作简单而且富有一定难度，受到游戏爱好者追捧。但随着手持式终端的快速推广与发展，2D游戏效果已经无法满足人们的需求，大家更希望在手持式终端游戏的同时，体验到模拟现实的真实感。本章的游戏“3D极品桌球”，便是基于Unity平台开发的一款休闲娱乐小游戏。下面就详细地了解该游戏的开发过程。

4.1 游戏背景和功能概述

本节将对“3D极品桌球”游戏的背景及功能进行简单的介绍。通过本节的学习，读者将对本游戏有一个整体的了解，了解该游戏实现的功能和达到的效果，对游戏开发有一个明确的思路。

4.1.1　游戏背景简介

桌球游戏是一项在国际上广泛流行的高雅室内体育运动，但随着社会生活节奏的不断加快，人们更加倾向于在手持端来体验这款休闲游戏，由桌球衍生的小游戏数不胜数。比如现在比较流行的休闲类桌球游戏“疯狂台球”（见图4-1），以及“国际斯诺克”（见图4-2），因为其画面丰富精美，游戏可玩性高，在用户中受到了热捧。

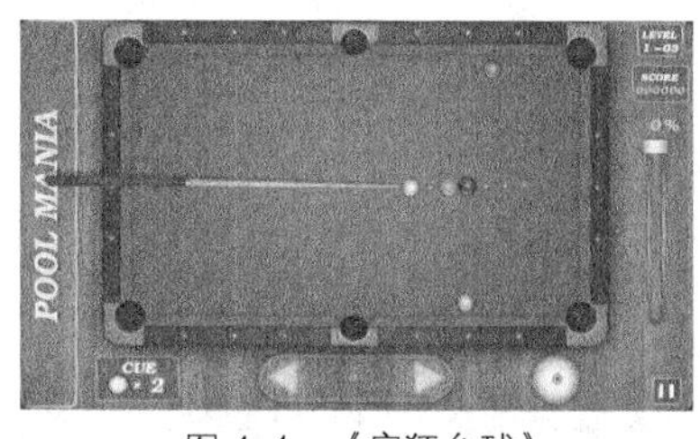

▲图4-1　《疯狂台球》

▲图4-2　《国际斯诺克》

而本章游戏“3D极品桌球”使用了当下非常流行的游戏开发平台Unity 3D进行开发，极大地丰富了游戏的视觉效果，增强了用户体验，桌球运动十分真实酷炫。玩家在游戏的同时将会体会到无限乐趣。

4.1.2　游戏功能简介

本小节将详细介绍本游戏中各个界面的构成、本游戏的玩法以及各个按钮的具体功能。具体的操作步骤如下。

（1）运行本游戏，首先进入游戏的菜单界面，如图4-3所示，在菜单界面中，单击“开始游戏”按钮会进入游戏模式选择场景；单击“声音设置”按钮进入声音设置界面；单击“帮助”按钮进入帮助界面；单击“关于”按钮进入关于界面；单击“返回键”则退出游戏。

（2）单击菜单界面中的“声音设置”按钮进入声音设置界面，如图 4-4 所示，单击声音设置界面的音乐开关按钮，能够进行背景音乐播放的控制；单击声音设置界面的音效开关按钮，能够进行游戏过程中音效播放的控制。单击“返回键”按钮，能够返回主菜单界面。

▲图 4-3　菜单界面

▲图 4-4　声音设置界面

（3）当单击了菜单界面的“帮助”按钮后，进入游戏的帮助界面。该界面介绍了游戏的玩法，示意图如图 4-5 和图 4-6 所示，通过手指上下滑动屏幕，可实现翻页功能。帮助界面共 8 条规则，在这里不一一列举。单击“返回键”按钮返回菜单界面。

▲图 4-5　帮助界面

▲图 4-6　帮助界面

（4）当单击了菜单界面的“关于”按钮后，进入游戏的关于界面。该界面介绍了游戏的名称、版本号，以及版权所有者“百纳科技”，如图 4-7 所示。

（5）单击菜单界面中的“开始游戏”按钮进入游戏种类选择界面，如图 4-8 所示。在该界面中共有两个按钮，分别为八球模式和九球模式。玩家可根据自己喜好来选择桌球游戏种类。

▲图 4-7　关于界面

▲图 4-8　游戏种类选择界面

（6）选择一种模式（以九球模式为例），跳转到游戏模式选择界面。在该界面中共有三个按钮，如图 4-9 所示。单击“倒计时模式”按钮进入倒计时模式，如图 4-10 所示。单击“练习模式”按钮进入练习模式，如图 4-11 所示。单击“排行榜”按钮，进入排行榜查看界面，如图 4-12 所示。

▲图 4-9　游戏模式选择界面

▲图 4-10　倒计时模式界面

▲图 4-11　练习模式界面

▲图 4-12　排行榜界面

（7）游戏界面的下方共 8 个按钮，单击游戏界面的“Go”按钮击打母球；单击放大和缩小按钮能调整视野远近，如图 4-13 和图 4-14 所示。单击向左旋转和向右旋转两个按钮，精细调整球杆的角度，以便击打方位更准确；单击“M”按钮控制是否显示小地图；单击“F”按钮，切换辅助线的显示。

▲图 4-13　视野拉远按钮

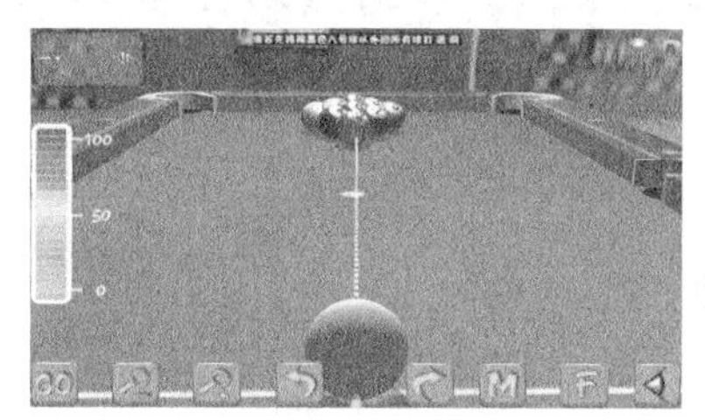

▲图 4-14　视野拉近按钮

（8）单击最右下角的视角按钮，切换视角，默认视角为第一人称视角，如图 4-15 所示。单击该按钮切换到第三人称视角，玩家可抹动屏幕全方位观看游戏场景，如图 4-16 所示。

▲图 4-15　第一人称视角

▲图 4-16　第三人称视角

（9）游戏界面左侧为能量条高度，能量条的高低直接关系到球杆击打母球的力度。玩家可根据需要，上下滑动能量条，调整击打力度，如图 4-17 所示。游戏右上角显示进球数目，单击该处，可以迅速切换至俯视界面，如图 4-18 所示。再次单击右下角视角按钮，切换第一人称视角。

▲图 4-17　调整能量条力度

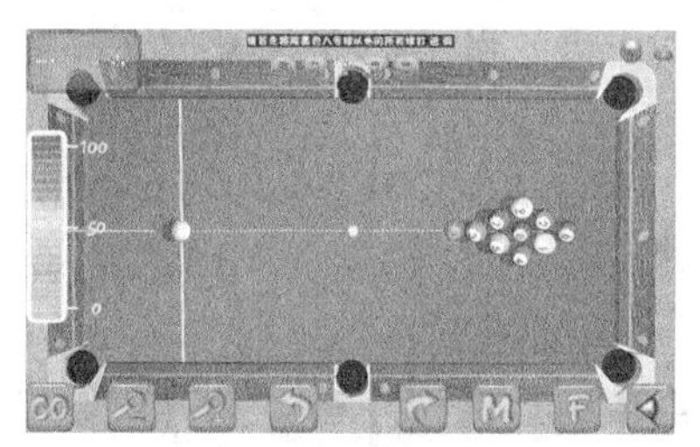

▲图 4-18　俯视界面

（10）当玩家将花色球或者全色球全部打入洞中，并且最后黑色 8 号球进洞，会进入游戏胜利界面，如图 4-19 所示。

（11）在八球模式下，若花色球未全部打入洞中，黑色 8 号球先进洞则游戏失败；在九球模式下，若未按照规则将所有球打入洞中或黑色 8 号球提前进洞则游戏失败；若在倒计时模式下，未按照规定时间顺利通关，则游戏失败，进入游戏失败界面，如图 4-20 所示。

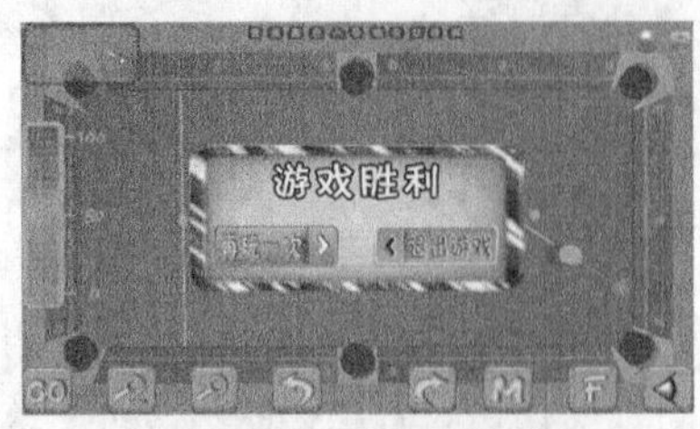

▲图 4-19　游戏胜利界面

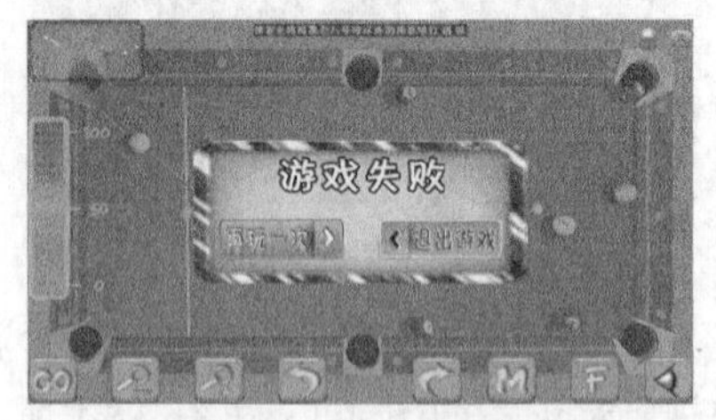

▲图 4-20　游戏失败界面

4.2 游戏的策划和准备工作

本节将着重讲解游戏开发的前期准备工作，这里主要包含游戏的策划和游戏中资源的准备。这些适当的准备，可以使开发人员在开发过程中有一个很好的思路，保证开发的顺利进行。

4.2.1　游戏的策划

本小节将对游戏的策划进行简单的介绍，在真实的游戏开发中，策划工作还需要更细致、更全面。该游戏的策划主要包含游戏类型定位、目标平台的确定以及呈现技术等工作。

1. 游戏类型

该游戏为使用 Unity 3D 游戏引擎开发 Android 平台下的 3D 类休闲类桌球游戏。

2. 运行目标平台

本游戏的目标平台为 Android 2.0.1 以及以上版本。

3. 操作方式

本游戏中的操作为触屏，玩家可以操纵球杆的方位，球杆击打母球的力度，切换游戏视觉，并按照八球或者九球规则顺利通过游戏。同时，玩家可以在排行榜查看以往游戏胜利的记录和得分。

4. 呈现技术

本游戏采用 Unity 3D 游戏引擎开发。游戏场景具有很强的立体感、逼真的光影效果以及真实的物理碰撞，玩家将在游戏中获得绚丽真实的视觉体验。

4.2.2　使用 Unity 开发游戏前的准备工作

本小节将做一些开发前的准备工作，包括图片、声音等资源的选择和制作。其详细开发步骤如下。

（1）下面介绍的是本游戏中用到的图片资源，系统将所有图片资源都存放在项目文件下的 Assets/Textures 文件夹下，部分资源图片如表 4-1 所示。

表 4-1　图片清单

图　片　名	大小（KB）	像素（W×H）	用　　途
flash.png	19.3	512×128	欢迎界面
icon.png	7.71	72×72	图标
about.png	206	504×299	关于界面图
again.png	11.3	140×35	再玩一次按钮

续表

图　片　名	大小（KB）	像素（W×H）	用　　途
ball8_btn.png	33.2	131×131	八球模式按钮
ball9_btn.png	35.5	131×131	九球模式按钮
bg.png	243	800×480	背景图片
bmp.png	166	604×310	排行榜背景图片
choice0.png	13.3	233×60	开始游戏按钮
choice1.png	12.9	233×60	声音控制按钮
choice2.png	12.6	233×60	帮助按钮
choice3.png	10.0	233×60	关于按钮
choice00.png	16.0	233×60	选中开始游戏按钮
choice11.png	15.6	233×60	选中声音控制按钮
choice22.png	12.6	233×60	选中帮助按钮
choice33.png	12.6	233×60	选中关于按钮
daojishi.png	8.91	233×60	倒计时模式按钮
daojishi1.png	11.5	233×60	选中倒计时模式按钮
lianxi.png	8.49	233×60	练习模式按钮
lianxi1.png	11.1	233×60	选中联系模式按钮
F.png	5.43	64×64	切换辅助线按钮
F1.png	5.40	64×64	选中辅助线按钮
far.png	4.21	64×64	拉远视野按钮
far1.png	6.85	64×64	选中拉远视野按钮
left.png	4.60	64×64	向左微调球杆按钮
left1.png	7.23	64×64	选中向左微调球杆按钮
lvoff.png	4.68	110×80	音效关闭图片
lvon.png	4.42	110×80	音效开启图片
m.png	4.61	64×64	切换小地图按钮
m1.png	7.24	64×64	选中小地图按钮
near.png	4.54	64×64	拉近视野按钮
near1.png	7.17	64×64	选中拉近视野按钮
off.png	6.13	110×80	背景音乐关闭按钮
on.png	5.58	110×80	选中背景音乐关闭按钮
paihang.png	5.93	233×60	排行榜按钮
paihang1.png	8.58	233×60	选中排行榜按钮
defen.png	10.6	130×40	得分文字图片
riqi.png	10.4	130×40	日期文字图片
sight_first.png	4.43	64×64	视野切换按钮
space.png	5.37	64×64	击球按钮
space1.png	8.01	64×64	选中击球按钮
yinxiaoguan.png	21.2	273×80	音效关文字图
yinxiaokai.png	20.7	273×80	音效开文字图
yinyueguan.png	20.8	273×80	音乐关文字图

续表

图　片　名	大小（KB）	像素（W×H）	用　　途
yinyuekai.png	19.8	273×80	音乐开文字图
tip5.png	20.5	403×100	游戏失败文字图
tip6.png	19.7	403×100	游戏胜利文字图
ruler.png	7.32	100×230	能量条图片
ruler_inner.png	5.98	40×220	能量条内部色彩图

（2）接下来介绍游戏中用到的声音资源，系统将声音资源存放在项目目录中的 Assets/Sounds 文件夹下。其详细情况如表 4-2 所示。

表 4-2　　声音清单

声音文件名	大小（KB）	格　　式	用　　途
backsound.mp3	896	mp3	游戏的背景音乐
ballin.mp3	36.3	mp3	桌球进洞音效
hit.mp3	35.1	mp3	桌球之间的碰撞音效
start.mp3	33.8	mp3	球杆和桌球撞击音效

（3）本游戏中所用到的房间、球桌和球杆都是通过 3ds Max 生成的 fbx 文件，然后导入 Unity 的。这些 fbx 文件存放在项目目录中的 Assets/Models/Materials 文件夹下。其详细情况如表 4-3 所示。

表 4-3　　模型文件清单

粒子系统文件名	大小（KB）	格　　式	用　　途
room.FBX	35.1	fbx	房间模型
table.FBX	265	fbx	球桌模型
qiugan.FBX	23.9	fbx	球杆模型

4.3 游戏的架构

本节将简单介绍该游戏的架构，读者可以通过本节进一步了解游戏的开发思路，对本游戏的开发有更深层次的认识。

4.3.1　各个场景简介

在 Unity 中，场景的开发是游戏开发的主要工作。每个场景包含了多个游戏组成对象，其中某些对象还被附加了特定功能的脚本。本游戏包含两个场景。

1. 主菜单界面

主菜单界面“MainScene”是转向各个场景的中心场景。在该界面中可以通过单击按钮进入其他界面，如游戏种类选择界面、声音控制界面、帮助界面、关于界面、游戏模式选择界面以及排行榜界面。该场景中的主摄像机“Main Camera”游戏对象被挂载了被挂载了 9 个不同的脚本组件，它们分别负责不同的工作，已达到最终呈现的完好效果。

（1）“MainLayer.cs”脚本：该脚本主要负责绘制主菜单界面以及 4 个按钮初始化的动态效果。其中，4 个按钮分别为“开始游戏”按钮、“声音控制”按钮、“帮助”按钮以及“关于”按钮。

（2）“MusicLayer.cs”脚本：该脚本主要负责游戏背景音乐和背景音效状态的切换。同时，该脚本将实现声音控制界面的背景音乐和游戏音效的开启和关闭。

（3）“HelpLayer.cs”脚本：该脚本主要负责绘制帮助界面，根据玩家手指的上下滑动，实现帮助界面的翻页。帮助界面共 8 页，详细介绍了该游戏的具体操作玩法。

（4）“AboutLayer.cs”脚本：该脚本主要负责绘制游戏关于界面。在关于界面介绍了游戏的名称、版本号，以及版权所有者“百纳科技”。

（5）“ChoiceLayer.cs”脚本：该脚本主要负责桌球两个游戏种类选择界面，实现了界面初始化时，两个按钮由小放大的动态效果。同时实现了两个按钮的跳转功能，并为后续的游戏界面初始化提供相应的数据。

（6）“ModeChoiceLayer.cs”脚本：该脚本主要负责实现 3 个按钮的动态效果初始化以及跳转功能，其中包括倒计时模式和练习模式两种模式的选择，以及查看排行榜功能。

（7）“RankLayer.cs”脚本：该脚本主要负责绘制排行榜界面。排行榜会实时记录玩家成功完成一次游戏的日期以及得分，并且按照分数由高到低排序，方便玩家查看。

（8）“ConstOfMenu.cs”脚本：该脚本主要负责初始化常量，方便各个脚本的开发。其中包括各个界面中按钮图片索引，界面按钮的移动速度、位置和移动方向等。

（9）“Constroler.cs”脚本：该脚本主要负责统一各个界面的跳转和返回键的应用，同时负责调用各个脚本组件的重新设置数据的方法。

2. 游戏界面

游戏界面“GameScene”是本游戏最为重要的界面，也是本游戏的开发重点。该界面中有多个游戏对象，主要包括摄像机、光源、母球、球杆模型和场景模型对象等。

其中，“Ball”和“CueBall”游戏对象被挂载了“BallScript.cs”脚本组件。该组件主要负责为母球和其他花色球和全色球模拟现实的物理性质以及运动状态。“plan”游戏对象则被挂载了“Shadow.cs”脚本组件，主要负责游戏对象的实时阴影。

“AssistBall”游戏对象被挂载了“CalculateLine.cs”脚本组件，主要负责母球到其最近距离的桌球的辅助线的绘制，同时根据桌球规则，负责实时闪烁阴影球的发光功能。“CubeB”游戏对象被挂载了“Cube.cs”脚本组件，该脚本负责桌球进洞检测以及音效播放。

该游戏界面还包括其他多个脚本组件，分别负责游戏界面的不同功能，其中包括游戏界面的小地图功能、能量条功能、游戏胜利失败场景绘制功能，第一人称和第三人称视角切换功能和数据记录功能等。

4.3.2 游戏框架简介

本小节将从游戏的整体架构上进行介绍，使读者对本游戏有更好的理解。其框架如图 4-21 所示。

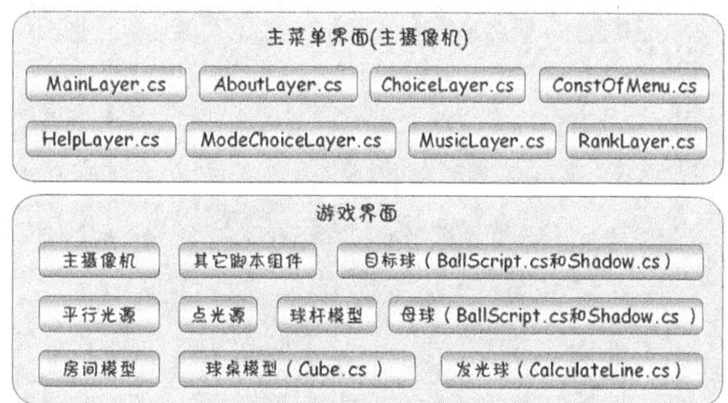

▲图 4-21 游戏框架图

从图 4-21 中可以看出，本游戏主要由两个界面组成，接下来按照程序运行的顺序介绍各个界面的作用以及游戏的整体框架，具体步骤如下。

（1）打开本游戏，首先进入主菜单界面“MainMenu”，主摄像机“Main Camera”被激活，其上挂载的脚本开始执行，显示出主菜单界面。

（2）在主菜单中单击“开始游戏”按钮，进入游戏种类选择界面。选择八球或者九球模式后，进入游戏模式选择界面，游戏模式分为倒计时模式和练习模式。玩家可以任意选择喜欢的游戏模式，单击相应的按钮就可进入相应的模式。在该游戏模式选择界面单击“排行榜”按钮也可以查看排行榜界面。

（3）在主菜单界面中单击“声音控制”按钮可弹出设置子界面，可以对游戏的背景音乐和游戏音效进行设置；在设置子界面中单击音乐开关按钮，可以开关背景音乐；单击音效开关按钮，可以开关游戏音效。

（4）在主菜单界面中单击“帮助”按钮，可以从主菜单界面切换到帮助界面，可以通过上下抹动手机屏幕进行翻页查看游戏的帮助信息。按返回键可以返回主菜单界面。

（5）在主菜单界面中单击“关于”按钮，可以从主菜单界面切换到关于界面，可查看本游戏的关于信息，在帮助子界面中单击返回键，可以返回主菜单界面。

（6）在主菜单界面单击返回键，游戏就会正常结束并退出整个程序。

4.4 主菜单界面

从本节开始将介绍本案例场景的开发，首先介绍本案例的主菜单场景，该场景在游戏开始时呈现，控制所有界面之间的跳转。其主要的开发步骤介绍如下。

4.4.1 项目的基本创建

这一小节首先对项目的新建以及资源的准备进行详细的介绍，读者可以通过一些基本的操作，对该游戏的开发有一个较好的开始。

（1）新建项目文件夹。首先在计算机的某个磁盘下新建一个空的文件夹“Table3D”，笔者的项目文件夹新建在“F:\U3D”文件夹下，如图 4-22 所示。

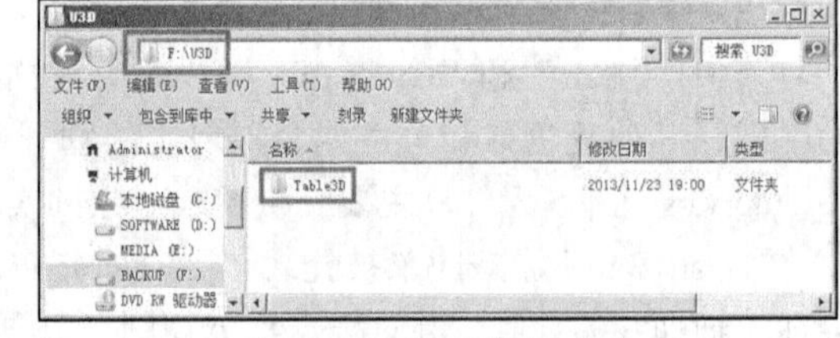

▲图 4-22　新建项目文件夹

（2）新建工程。双击桌面的 Unity 快捷方式打开 Unity，选择“Create New Project”，然后单击“Browse”按钮，选择刚刚新建的“Table3D”空文件夹，最后单击“Create”按钮，如图 4-23 所示。

（3）导入资源。将本游戏所要用到的资源分类整理好，然后将分类好的资源都复制到项目文件夹下的“Assets”文件夹下，如图 4-24 所示。

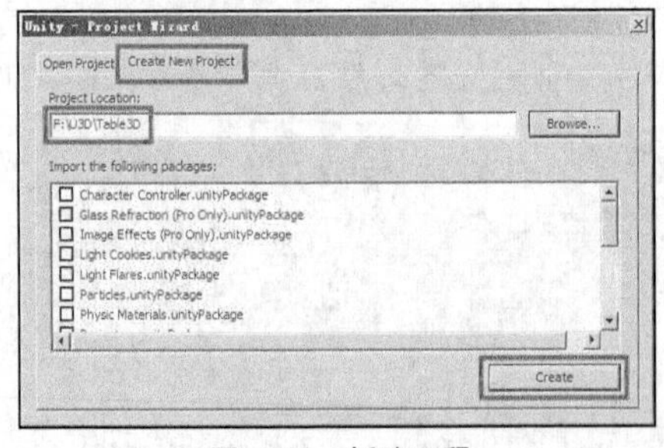

▲图 4-23　新建工程

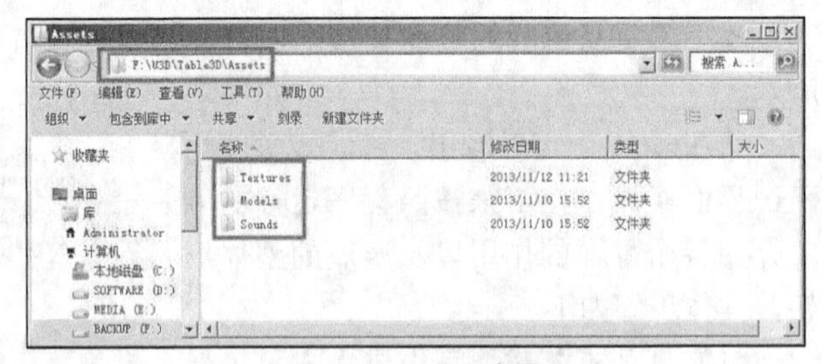

▲图 4-24　导入资源

> **说明**　本游戏中所有的资源文件都已经整理好了，存放在“第 04 章/资源包”文件夹下。读者可自行将“第 04 章/资源包”文件夹下的所有文件夹复制到项目文件夹下的“Assets”文件夹下。

（4）创建脚本文件夹。在项目资源列表中，单击鼠标右键，在弹出的菜单中选择“Create”

→“Folder”，创建脚本文件夹，命名为“Scripts”，如图 4-25 所示。并用同样的方法，在 Scripts 文件夹下创建“MenuScript”脚本文件夹和“GameScript”脚本文件夹，如图 4-26 所示。

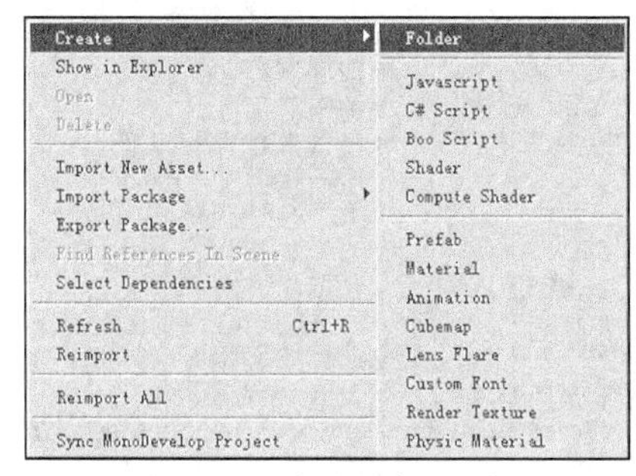

▲图 4-25　创建脚本文件夹

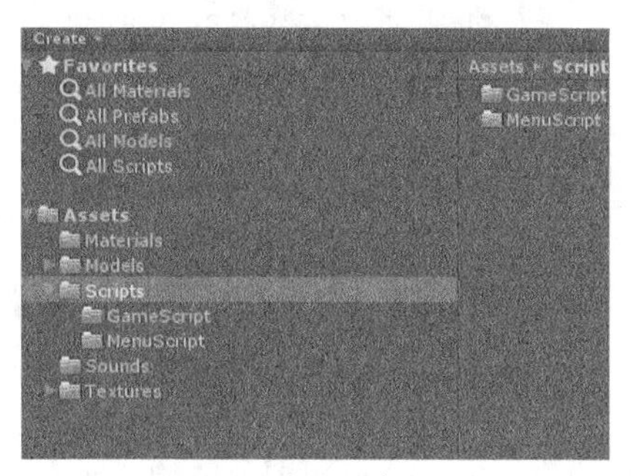

▲图 4-26　创建两个文件夹

（5）创建脚本。单击项目资源列表中的 MenuScript 文件夹，单击鼠标右键，在弹出的菜单中选择“Create”→“C# Script”，创建脚本，如图 4-27 所示。将脚本命名为“ConstOfMenu.cs”，如图 4-28 所示。创建好脚本后，就可以根据游戏开发的相应需要进行编写了。

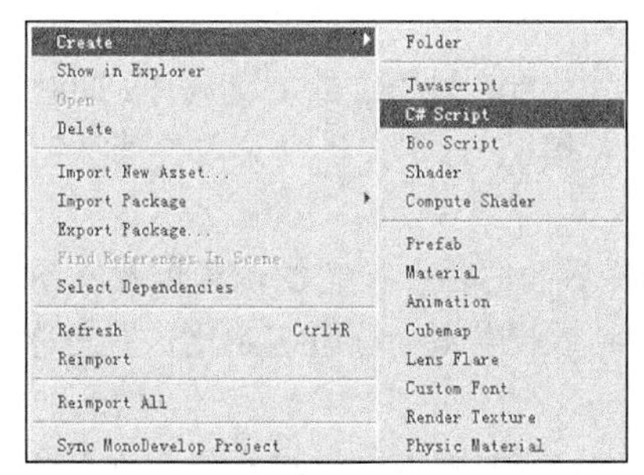

▲图 4-27　创建脚本

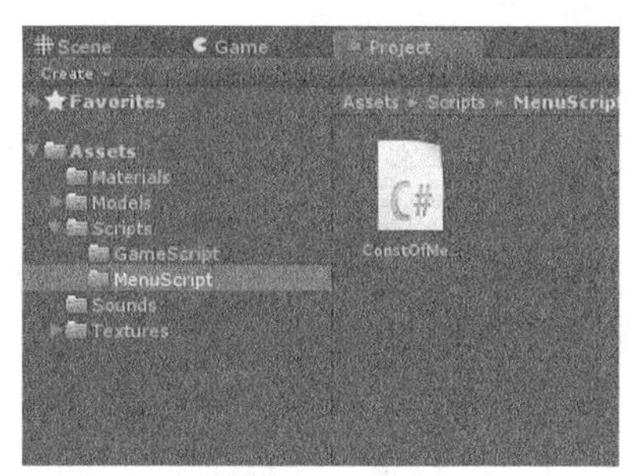

▲图 4-28　脚本

4.4.2　脚本的编写与挂载

下面开始介绍脚本的编写，以及本游戏主菜单界面的开发所需要的各个脚本功能的详细介绍。

（1）编写常量类脚本。双击“ConstOfMenu.cs”脚本，进入“MonoDevelop”编辑器中，开始脚本的编写。该脚本主要负责初始化游戏开发所需用的各类常量。其详细代码如下。

代码位置：见本书随书源代码/第 04 章/Table3D/Asstes/Scripts/MenuScript 目录下的 ConstOfMenu.cs。

```
1     using UnityEngine;
2     using System.Collections;
3     public class ConstOfMenu : MonoBehaviour{
4         public static float desiginWidth = 800.0f;      //标准屏的宽度
5         public static float desiginHeight = 480.0f;     //标准屏的高度
6         public static int START_BUTTON = 0;             //开始按钮的索引
7         public static int MUSSIC_BUTTON = 1;            //声音设置按钮的索引
8         public static int HELP_BUTTON = 2;              //帮助按钮的索引
9         public static int ABOUT_BUTTON = 3;             //关于按钮的索引
10        public static int EIGHT_BUTTON = 0;             //八球模式按钮的索引
11        public static int NINE_BUTTON = 1;              //九球模式按钮的索引
12        public static int COUNTDOW_BUTTON = 0;          //倒计时模式按钮的索引
13        public static int PRACTICE_BUTTON = 1;          //练习模式按钮的索引
14        public static int RANK_BUTTON = 2;              //排行榜按钮的索引
15        public static float movingSpeed = 80f;          //主界面按钮的移动速度
16        public static float[] ButtonPositionOfX = new float[4] { 128, 416, 128, 416 };
                                                          //主界面按钮的位置
17        public static float[] ButtonMovingStep = new float[4] { 1, -1, 1, -1 };
                                                          //主界面按钮的移动方向
18        public static float[] BPositionXOfMode = new float[3] { 128, 416, 128 };
                                                          //模式选择界面按钮位置
```

```
19        public static float[] BMovingXStepOfMode = new float[3] { -1, 1, -1 };
                                                                //按钮移动方向
20        public static float movingSpeedOFMode = 80f;          //该界面按钮的移动速度
21        public static int MainID = 1;                         //主菜单界面 ID
22        public static int ChoiceID = 2;                       //种类选择界面 ID
23        public static int SoundID = 3;                        //声音控制界面 ID
24        public static int HelpID = 4;                         //帮助界面 ID
25        public static int AboutID = 5;                        //关于界面 ID
26        public static int ModeChoiceID = 6;                   //模式选择界面界面 ID
27        public static int RankID = 7;                         //排行榜界面 ID
28        public static Matrix4x4 getMatrix()                   //GUI 自适应矩阵
29        {
30            Matrix4x4 guiMatrix = Matrix4x4.identity;         //获取单位矩阵
31            float lux = (Screen.width - ConstOfMenu.desiginWidth * Screen.height
32                / ConstOfMenu.desiginHeight) / 2.0f;          //计算位移距离
33                guiMatrix.SetTRS(new Vector3(lux,0,0), //设置 GUI 矩阵
34                Quaternion.identity, new Vector3(Screen.height / ConstOfMenu.desiginHeight,
35                Screen.height / ConstOfMenu.desiginHeight, 1));
36             return guiMatrix;                                //返回该矩阵
37        }
38        public static Matrix4x4 getInvertMatrix()             //GUI 逆矩阵
39        {
40            Matrix4x4 guiInverseMatrix = getMatrix();         //获取 GUI 矩阵
41            guiInverseMatrix = Matrix4x4.Inverse(guiInverseMatrix); //计算 GUI 逆矩阵
42            return guiInverseMatrix;                                 //返回该矩阵
43    }}
```

- 第 4～15 行定义了标准屏幕的高度与宽度，分别为 800 与 480 的屏幕高宽。同时为各个界面上涉及的按钮定义索引，方便后续处理使用。第 15 行定义了主菜单界面按钮动态移动效果的速度。
- 第 16～20 行定义了主菜单界面和游戏模式选择界面的各个按钮的位置以及移动方向。两个界面上的按钮采用了动态移动的效果，为达到效果美观，按钮初始化位置对称，同时在按钮运动方向上采用了交叉运动的方式。
- 第 21～27 行定义了游戏所涉及的各个界面的 ID，方便脚本开发过程中的管理和使用。其中包括主菜单界面、声音控制界面、关于界面、帮助界面、游戏种类选择界面、游戏模式选择界面以及排行榜界面。
- 第 28～43 行是游戏自适应矩阵方法，获取玩家手机屏幕高度宽度，通过严格的矩阵计算，重新为矩阵赋值，已达到该游戏在任何设备上都能进行自适应呈现的目的。

（2）挂载常量类脚本。将 Project 界面内的常量脚本，拖曳到游戏对象“Main Camera”上。脚本挂载如图 4-29 和图 4-30 所示。

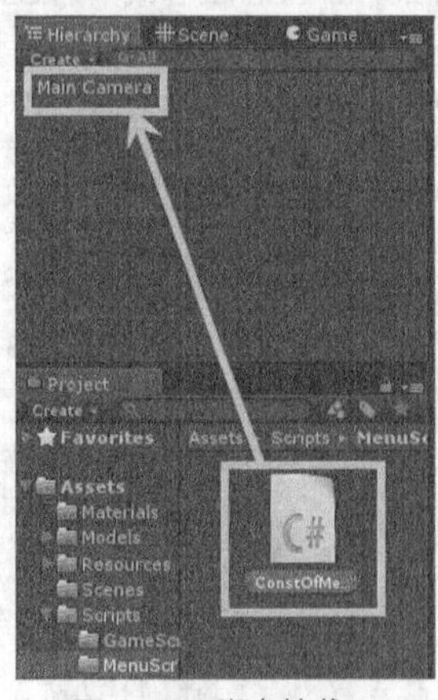

▲图 4-29　脚本挂载 1

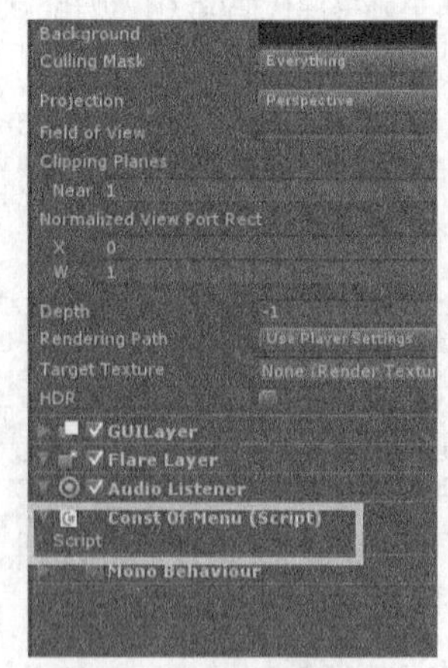

▲图 4-30　脚本挂载 2

（3）编写主菜单界面脚本“MainLayer.cs”。前面已经详细介绍创建脚本的过程，这里不再赘

述。该脚本主要负责搭建主菜单界面以及 4 个按钮初始化的动态效果等工作。其详细代码如下。

代码位置：见本书随书源代码/第 04 章/Table3D/Asstes/Scripts/MenuScript 目录下的 MainLayer.cs。

```
1     using UnityEngine;
2     using System.Collections;
3     public class MainLayer : MonoBehaviour {
4         public Texture backgroundOfMainMenu;                    //菜单界面背景图片
5         public GUIStyle[] buttonStyleOfMain;                    //菜单界面按钮图样式
6         private float[] ButtonPositionOfX = new float[4];       //创建按钮数组
7         private float buttonOfficerOfHeight;                    //按钮之间的高度差
8         private float startYOfMainMenu;                         //第一个按钮的起始 y 坐标
9         public bool moveFlag;                          //主菜单界面按钮是否进行移动的标志位
10        private float buttonOfCurrentMovingDistance;//主菜单界面按钮当前移动的距离
11        private float buttonOfMaxDistance;             //主菜单界面按钮移动的最大距离
12        private Matrix4x4 guiMatrix;                   //GUI 矩阵
13        void Start () {
14            buttonOfficerOfHeight = 75;                //初始图片的高度
15            startYOfMainMenu = 150;                    //主菜单界面中首个按钮位置
16            moveFlag = true;                           //按钮移动的标志位
17            restData();                                //重新设置位置等信息
18            buttonOfCurrentMovingDistance = 0;         //按钮移动距离
19            buttonOfMaxDistance = 80;                  //按钮最大移动距离
20            guiMatrix = ConstOfMenu.getMatrix();       //获取 GUI 自适应矩阵
21        }
22        void OnGUI(){
23            GUI.matrix = guiMatrix;                    //设置 GUI 自适应矩阵
24            GUI.DrawTexture(new Rect(0, 0, ConstOfMenu.desiginWidth,
25            ConstOfMenu.desiginHeight), backgroundOfMainMenu);      //绘制背景图片
26            DrawMainMenu();                          //绘制 menu 界面
27            if (moveFlag) {                          //判断是否允许移动
28                ButtonOfManiMenuMove();              //若标志位为移动，则调用移动方法
29            }
30        }
31        public void restData(){                      //重新设置数据的方法
32            for (int i = 0; i < ConstOfMenu.ButtonPositionOfX.Length; i++){
33            ButtonPositionOfX[i] = ConstOfMenu.ButtonPositionOfX[i]; //设置位置
34            }
35            buttonOfCurrentMovingDistance = 0;       //重置当前移动距离为 0
36            moveFlag = true;                         //移动的标志位置为 true
37        }
38        ……//此处省略了 DrawMainMenu 方法，将在下面进行介绍
39       ……//此处省略了 ButtonOfManiMenuMove 方法，将在下面进行介绍
40    }
```

- 第 4～12 行声明了按钮图以及按钮样式，同时创建了主菜单界面 4 个按钮的数组。其中，第 7 行和第 8 行声明 4 个按钮之间的高度差以及第一个按钮的起始 y 坐标，方便了游戏开发后续的其他 3 个按钮的位置确定。
- 第 13～21 行为 Start 方法，该方法主要初始化定义了按钮的高度以及第一个按钮的位置，将按钮移动标志位置为 true。调用 restData 方法，重新设置按钮初始化默认的位置。同时定义了按钮移动的当前距离和最大距离，为按钮动态移动效果做了准备。
- 第 22～30 行为 OnGUI 方法，设置 GUI 自适应矩阵，通过矩阵计算后，绘制主菜单界面的背景图，并调用 DrawMainMenu 方法绘制主菜单界面。同时判断按钮移动标志位，若标志位为 true，则调用 ButtonOfManiMenuMove 方法，实现按钮动态移动效果。
- 第 31～37 行为重新设置数据的方法，一旦重新设置位置，主菜单界面中的 4 个按钮全部回归为初始化位置，当前移动距离置为 0，同时移动标志位置为 true。

（4）前面介绍了主菜单界面脚本，接下来介绍上述代码省略的绘制主菜单界面“DrawMain Menu”方法和按钮移动“ButtonOfManiMenuMove”方法，脚本代码如下。

代码位置：见本书随书源代码/第 04 章/Table3D/Asstes/Scripts/MenuScript 目录下的 MainLayer.cs。

```
1     void DrawMainMenu(){                                         //绘制主菜单界面
2     if (GUI.Button(new Rect(ButtonPositionOfX[ConstOfMenu.START_BUTTON],
```

```
3          startYOfMainMenu + buttonOfficerOfHeight * 0, 256, 64),
4          "", buttonStyleOfMain[ConstOfMenu.START_BUTTON])){   //如果单击开始游戏按钮
6          if (!moveFlag){                                      //如果按钮没有移动
7              (GetComponent("Constroler") as Constroler).ChangeScrip(
8              ConstOfMenu.MainID, ConstOfMenu.ChoiceID); //实现从主界面跳转到种类选择界面
9      }}
10     if (GUI.Button(new Rect(ButtonPositionOfX[ConstOfMenu.MUSSIC_BUTTON],
11         startYOfMainMenu + buttonOfficerOfHeight * 1, 256, 64),
12         "", buttonStyleOfMain[ConstOfMenu.MUSSIC_BUTTON])){ //如果单击声音控制按钮
13         if (!moveFlag) {                                     //如果按钮没有移动
14             (GetComponent("Constroler") as Constroler).ChangeScrip(
15             ConstOfMenu.MainID, ConstOfMenu.SoundID);  //实现从主界面跳转到声音设置界面
16     }}
17     if (GUI.Button(new Rect(ButtonPositionOfX[ConstOfMenu.HELP_BUTTON],
18         startYOfMainMenu + buttonOfficerOfHeight * 2, 256, 64),
19         "", buttonStyleOfMain[ConstOfMenu.HELP_BUTTON])) { //如果单击帮助按钮
20         if (!moveFlag){                                   //如果按钮没有移动
21             (GetComponent("Constroler") as Constroler).ChangeScrip(
22             ConstOfMenu.MainID, ConstOfMenu.HelpID); //实现从主界面跳转到帮助界面
23     }}
24     if (GUI.Button(new Rect(ButtonPositionOfX[ConstOfMenu.ABOUT_BUTTON],
25         startYOfMainMenu + buttonOfficerOfHeight * 3, 256, 64),
26         "", buttonStyleOfMain[ConstOfMenu.ABOUT_BUTTON])){      //如果单击关于按钮
27         if (!moveFlag){                                          //如果按钮没有移动
28             (GetComponent("Constroler") as Constroler).ChangeScrip(
29             ConstOfMenu.MainID, ConstOfMenu.AboutID);     //实现从主界面跳转到关于界面
30     }}}
31     void ButtonOfManiMenuMove(){                          //按钮移动的方法
32         float length = ConstOfMenu.movingSpeed * Time.deltaTime;    //按钮移动的距离
33         buttonOfCurrentMovingDistance += length;          //按钮移动一次
34         for (int i = 0; i < ButtonPositionOfX.Length; i++){  //设置按钮的位置
35         ButtonPositionOfX[i] += (ConstOfMenu.ButtonMovingStep[i] * length); }
                                                              //按钮交叉方向移动
36         moveFlag = buttonOfCurrentMovingDistance < buttonOfMaxDistance;
                                                              //计算是否移动到最大距离
37     }
```

- 第 2～16 行为绘制主菜单界面的两个按钮，其中包括开始游戏按钮和声音控制按钮。在主菜单界面加载时按钮有动态效果，按钮处于静态时，用户方可单击按钮实现界面跳转。当用户单击开始游戏按钮，界面跳转至游戏种类选择界面；当用户单击声音控制按钮，界面跳转至游戏音乐及音效开关界面。
- 第 17～30 行为绘制主菜单界面的两个按钮，其中包括帮助按钮和关于按钮。当用户单击“帮助”按钮和“关于”按钮，分别跳转至帮助界面和关于界面，供用户查看。
- 第 31～37 行为控制主菜单界面按钮移动的方法，为了实现 4 个按钮交叉移动的效果，在规定的时间内让按钮匀速交叉运动，实时更改按钮的位置，最终呈现按钮的动态初始化效果。

（5）挂载主菜单界面脚本和变量赋值。关于脚本的挂载在前面已经介绍过，这里不再赘述。关于脚本的变量赋值，如图 4-31 所示。

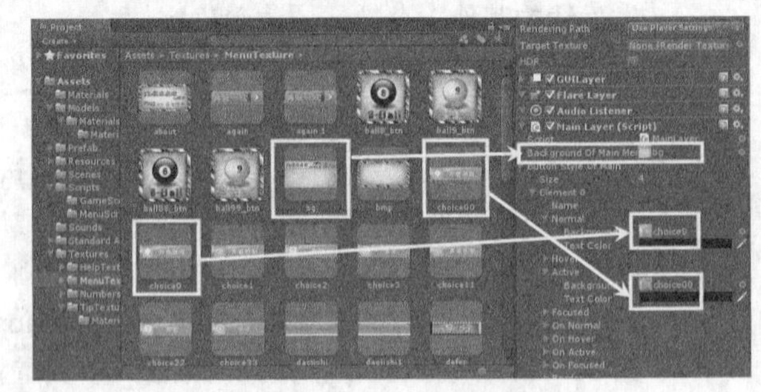

▲图 4-31　脚本变量赋值

（6）前面介绍了主菜单界面中脚本的所有方法，接下来介绍控制界面跳转脚本。该脚本主要负责各个界面之间的跳转调度，并将其挂载到游戏对象“Main Camera”上，详细挂载步骤和变量赋值前面已经介绍过，不再赘述。其详细代码如下。

代码位置：见本书随书源代码/第 04 章/Table3D/Asstes/Scripts/MenuScript 目录下的 Constroler.cs。

```
1      using UnityEngine;
2      using System.Collections;
```

```
3    public class Constroler : MonoBehaviour {
4    private int currentID = ConstOfMenu.MainID;          //初始当前界面 ID
5    MonoBehaviour[] script;                              //声明脚本组件
6    void Awake() {
7        script = GetComponents<MonoBehaviour>();         //定义脚本组件
8    }
9    void Update () {                                     //返回键监听
10       if(Input.GetKeyDown(KeyCode.Escape)){
11           EscapeEvent();                              //调用 EscapeEvent 方法
12   }}
13   public void ChangeScrip(int offID,int onID ) {      //修改界面的方法
14       restData();                                     //重新设置界面中的相应数据
15       script[offID].enabled = false;                  //禁用当前界面脚本组件
16       script[onID].enabled = true;                    //启用需要进入界面的脚本组件
17       currentID = onID;                               //设置当前界面 ID
18   }
19   void EscapeEvent(){                             //返回键调用的方法
20       switch (currentID) {                        //按下返回键时检测跳转到哪个界面
21       case 1: if ((GetComponent("MainLayer") as MainLayer).moveFlag) {
22               break; }Application.Quit(); break;
23       case 2:
24       case 3:
25       case 4:
26       case 5:
27           ChangeScrip(currentID,ConstOfMenu.MainID); break;    //跳转到主菜单界面
28       case 6:
29           ChangeScrip(currentID,ConstOfMenu.ChoiceID); break;//跳转到游戏种类选择界面
30       case 7:
31           ChangeScrip(currentID,ConstOfMenu.ModeChoiceID); break;//跳转到游戏模式选择界面
32   }}
33   private void restData(){                   //对各个脚本组件的重新设置数据的方法
34       (GetComponent("MainLayer") as MainLayer).restData();
35       (GetComponent("ChoiceLayer") as ChoiceLayer).restData();
36       (GetComponent("ModeChoiceLayer") as ModeChoiceLayer).restData();
37       HelpLayer helpLayer = GetComponent("HelpLayer") as HelpLayer;
38       helpLayer.restData();
39   } }
```

- 第 4～12 行声明当前界面 ID，初始化界面时定义脚本组件，当用户按下返回键时，调用界面跳转控制方法 EscapeEvent，判断如何跳转界面。
- 第 13～18 行为修改界面的方法，首先需要重新设置当前界面数据，例如主菜单界面中 4 个按钮的初始化位置。然后禁用本界面的脚本组件并启用即将跳转到的界面的脚本组件，同时将界面 ID 索引更改为即将跳转到的界面的 ID。
- 第 19～32 行为返回键调用的方法。由于游戏开发的脚本组件是按顺序加载的，所以可按顺序直接跳转到其他的界面。在这里，本游戏采用了为各个界面编码的方式，方便界面跳转管理。
- 第 33～39 行为对各个脚本组件的重新设置数据的方法。其中包括 3 个界面的重设数据方法，分别为主菜单界面、游戏种类选择界面和游戏模式选择界面。

（7）前面介绍了控制界面跳转脚本代码，接下来介绍声音控制脚本。该脚本主要负责游戏背景音乐和游戏音效的开关控制，并将其挂载到游戏对象“Main Camera”上，详细挂载步骤和变量赋值前面已经介绍过，不再赘述。脚本详细代码如下。

代码位置：见本书随书源代码/第 04 章/Table3D/Asstes/Scripts/MenuScript 目录下的 MusicLayer.cs。

```
1    using UnityEngine;
2    using System.Collections;
3    public class MusicLayer : MonoBehaviour{
4    public Texture backgroundOfMusicLayer;        //菜单界面背景图片
5    public Texture2D[] musicBtns;                 //声明音乐按钮数组
6    public Texture2D[] musicTex;                  //声音按钮对应的图片
7    public Texture2D[] effectBtns;                //声明音效按钮数组
8    public Texture2D[] effectTex;                 //音效按钮对应的图片
9    private int effectIndex;                      //音效索引
```

```
10     private int musicIndex;                        //音乐索引
11     public GUIStyle btStyle;                       //按钮样式
12     private Matrix4x4 guiMatrix;                   //GUI 自适应矩阵
13     void Start(){
14         effectIndex = PlayerPrefs.GetInt("offEffect");          //初始化音效索引
15         musicIndex = PlayerPrefs.GetInt("offMusic");            //初始化音乐索引
16         guiMatrix = ConstOfMenu.getMatrix();                    //初始化 GUI 自适应矩阵
17     }
18     void OnGUI(){
19         GUI.matrix = guiMatrix;                                       //设置 GUI 矩阵
20         GUI.DrawTexture(new Rect(0, 0, ConstOfMenu.desiginWidth, //绘制背景图片
21         ConstOfMenu.desiginHeight), backgroundOfMusicLayer);
22         GUI.DrawTexture(new Rect(200, 180, 273, 80), musicTex[musicIndex % 2]);
23         if (GUI.Button(new Rect(473, 190, 110, 80), musicBtns[musicIndex % 2], btS
tyle)){
24             musicIndex++;                                       //按钮索引加一
25             PlayerPrefs.SetInt("offMusic", musicIndex % 2);//将新的按钮索引存入prefer中
26         }
27         GUI.DrawTexture(new Rect(200, 320, 273, 80), effectTex[effectIndex % 2]);
                                                                   //绘制显示图片
28         if (GUI.Button(new Rect(473, 330, 110, 80), effectBtns[effectIndex % 2], b
tStyle)){
29             effectIndex++;                                      //按钮索引加一
30             PlayerPrefs.SetInt("offEffect", effectIndex % 2); //将新的按钮索引存入prefer中
31     }}}
```

- 第 4～12 行声明了声音控制界面背景图片、音乐按钮数组和其文字图片、音效按钮数组和其文字图片、背景音乐和游戏音效索引以及两个按钮样式。
- 第 13～17 行为初始化背景音乐和游戏音效索引，初始化 GUI 自适应矩阵，为了该声音控制界面同样自适应各种客户端。
- 第 18～31 行为绘制背景音乐和游戏音效的按钮开关图，以及“音乐关”“音乐开”“音效关”和“音效开”的文字图片。同时，根据玩家按下按钮的次数，来调控每次按钮图片和文字的切换。同时，存储两个按钮状态，方便游戏后续开发使用。

（8）挂载声音控制脚本和变量赋值。关于脚本的挂载在前面已经介绍过，这里不再赘述。关于脚本的变量赋值，如图 4-32 所示。

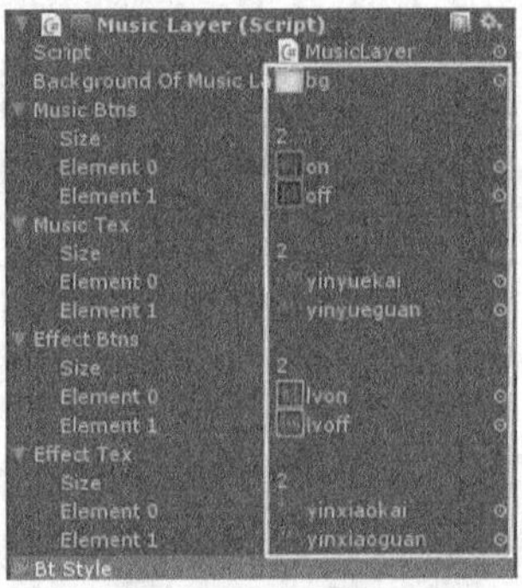

▲图 4-32　声音控制界面变量赋值

（9）前面介绍了声音设置脚本所有方法，接下来介绍关于界面脚本。该脚本主要介绍了游戏的名称、版本号，以及版权所有者“百纳科技”，并将其挂载到游戏对象“Main Camera”上，详细挂载步骤和变量赋值前面已经介绍过，不再赘述。其脚本详细代码如下。

代码位置：见本书随书源代码/第 04 章/Table3D/Asstes/Scripts/MenuScript 目录下的 AboutLayer.cs。

```
1      using UnityEngine;
2      using System.Collections;
3      public class AboutLayer : MonoBehaviour {
4          public Texture backgroundOfAboutLayer;                  //界面背景图片
5          public Texture aboutOfAboutLayer;                       //关于界面背景图片
6          private Matrix4x4 guiMatrix;                            //GUI 自适应矩阵
7          void Start () {
8              guiMatrix = ConstOfMenu.getMatrix();                //获取 GUI 自适应矩阵
9          }
10         void OnGUI(){
11             GUI.matrix = guiMatrix;                            //设置 GUI 矩阵
12             GUI.DrawTexture(new Rect(0, 0, ConstOfMenu.desiginWidth, //绘制界面背景
13             ConstOfMenu.desiginHeight), backgroundOfAboutLayer);
14             GUI.DrawTexture(new Rect(148, 150, 504, 299), aboutOfAboutLayer);
                                                                  //绘制关于图片
15     }}
```

- 第 4～9 行声明了关于界面大背景图以及关于界面小背景图，并声明 GUI 自适应矩阵，通过获取自适应矩阵，来调整关于界面以便适应各种客户端，达到美观效果。
- 第 10～15 行为设置 GUI 矩阵的同时，按照客户端设备的宽高比，在准确位置绘制关于界面主背景，并绘制关于图片。

（10）挂载关于界面脚本和变量赋值。关于脚本的挂载在前面已经介绍过，这里不再赘述。关于脚本的变量赋值，如图 4-33 所示。

▲图 4-33　关于界面变量赋值

（11）前面介绍了关于界面脚本所有方法，接下来介绍帮助界面脚本。该脚本主要介绍了游戏的玩法，通过手指上下滑动屏幕，可实现翻页功能。帮助界面共 8 条规则，将其挂载到游戏对象“Main Camera”上，详细挂载步骤和变量赋值前面已经介绍过，不再赘述。其脚本详细代码如下。

代码位置：见本书随书源代码/第 04 章/Table3D/Asstes/Scripts/MenuScript 目录下的 HelpLayer.cs。

```
1     using UnityEngine;
2     using System.Collections;
3     public class HelpLayer : MonoBehaviour {
4         public Texture2D[] helpTexture;        //帮助界面的图片
5         private float positionY;               //第一张图片的位置
6         private float officerY;                //图片直接 Y 方向的偏移量
7         private Matrix4x4 guiMatrix;           //GUI 自适应矩阵
8         private int currentIndex;              //当前显示图片的索引
9         private Vector2 touchPoint ;           //触控点坐标
10        private float currentDistance;         //当前移动距离
11        private float scale;                   //自适应的滑动距离缩放系数
12        private bool isMoving;                 //图片是否移动
13        private float moveStep;                //图片移动的步径
14        private int stepHao;                   //移动距离的正负行
15        private Vector2 prePositon;            //上一次触控点的位置
16        void Start () {
17            touchPoint = Vector2.zero;         //初始化二维向量
18            prePositon = Vector2.zero;
19            currentIndex = 0;                  //当前图片索引
20            positionY = 0.0f;                  //移动的 Y 距离
21            moveStep = 300;                    //移动步径
22            currentDistance = 0;               //当前移动距离
23            isMoving = false;                  //是否移动的标志位
24            officerY = ConstOfMenu.desiginHeight;      //屏幕高度
25            guiMatrix = ConstOfMenu.getMatrix();       //获取 GUI 自适应矩阵
26            scale = Screen.height / 480.0f;            //滑动自适应系数
27        }
28    void OnGUI(){
29        GUI.matrix = guiMatrix;                          //设置 GUI 自适应矩阵
30        for (int i = 0; i < helpTexture.Length; i++){    //循环数组
31        if (Mathf.Abs(currentIndex - i) < 2){            //每次绘制当前显示图片与上下两张
32            GUI.DrawTexture(new Rect(0, positionY + officerY * i, ConstOfMenu.desiginWidth,
33            ConstOfMenu.desiginHeight), helpTexture[i]);
34        }}
35        if(isMoving){                                     //如果允许图片移动，则移动
36            textureMove();                                //调用 textureMove 方法
37    }}
38    void indexChange(int step){
39        int newIndex = currentIndex+step;                 //计算当前编号
40        if (newIndex>7||newIndex<0) {                     //如果编号超出边界
41            return;
42        }
43        currentIndex = newIndex;             //修改当前索引值 currentIndex 确保其在 0～6
44        isMoving = true;                     //设置为可移动
45    }
46    public void restData(){
47        currentIndex = 0;                    //重新设置当前所有
48        positionY = 0.0f;                    //重新设置 Y 的位置
49        moveStep = 300;                      //设置移动步径
50        currentDistance = 0;                 //设置移动距离
51        isMoving = false;                    //设置移动的标志位
```

```
52      }
53      ……//此处省略了 Update 方法，将在下面进行介绍
54      ……//此处省略了 textureMove 方法，将在下面进行介绍
55      }
```

- 第 4～15 行声明帮助界面所需要的变量，包括帮助界面的背景图，以及帮助界面 8 条规则的第一条的图片的坐标，帮助图片的移动标志位和移动步径。还有最重要的，用户触控点的坐标。这关系到该游戏帮助界面实现上下翻页的功能。
- 第 16～27 行是 Start 方法，初始化帮助界面翻页功能所用到的二维向量。同时声明当前界面的索引、移动的步径，以及移动的距离，界面移动标志位置为 false。
- 第 38～45 行是 indexChange 方法，由于帮助界面有 8 页，计算当前页面的步径索引的同时，要检测该值是否超出范围。同时，界面移动标志位置为 true。
- 第 46～52 行是重置数据的方法，由于每次初始化帮助界面，规则一的页面显示在首页。定义了翻页时候的移动步径。同时默认的帮助界面移动的标志位置为 false。只有当用户滑动界面的时候，界面才会翻页。

（12）前面介绍了帮助界面脚本的部分方法，接下来介绍上述代码省略的“Update”方法和“textureMove”方法，这两个方法至关重要，直接关系到帮助界面翻页功能的实现。其脚本代码如下。

代码位置：见本书随书源代码/第 04 章/Table3D/Asstes/Scripts/MenuScript 目录下的 HelpLayer.cs。

```
1       void Update(){
2       if(!isMoving && Input.touchCount>0) {                          //判断是否允许触控
3           Touch touch = Input.GetTouch(0);                           //获取一个触控点
4           if (touch.phase == TouchPhase.Began) {                     //按钮按下时的回调方法
5               touchPoint = touch.position;                           //记录 down 点
6               prePositon = touch.position;                           //记录 down 点
7       }else if (touch.phase == TouchPhase.Moved){                    //positionY 的范围-480*7-0
8           float newPositonY= positionY - touch.position.y + prePositon.y;
                                                                       //等号后面为 move 的距离
9           positionY=(newPositonY>0)?0:(newPositonY>(-480*7)?newPositonY:(-480 * 7));
10          prePositon = touch.position;                               //记录上一次的触控点
11      }else if (touch.phase == TouchPhase.Ended){                    //用户触控结束
12          isMoving = true;                                           //图片开始自动移动
13          currentDistance = (touch.position.y - touchPoint.y) / scale;
                                                                       //计算从触控开始到抬起的距离
14      stepHao=(Mathf.Abs(currentDistance)>150.0f)?(currentDistance>0?1:(-1)) : 0;
                                                        //执行移动方法
15        moveStep = (Mathf.Abs(currentDistance) > 150.0f) ? (currentDistance > 0 ?
                                                        //计算当前移动步径
16              -Mathf.Abs(moveStep) : Mathf.Abs(moveStep)) : (currentDistance > 0 ?
17              Mathf.Abs(moveStep) : -Mathf.Abs(moveStep));
18          indexChange(stepHao);                       //调用 indexChange 方法修改移动索引值
19      } } }
20      void textureMove(){
21          float positionYOfNew = positionY + moveStep * Time.deltaTime;  //计算新位置
22          float minDistance = -480*Mathf.Abs(currentIndex);   //计算 positonY 的最大值
23          if (stepHao==1)  {                                   //判断移动方向
24              positionY = Mathf.Max(positionYOfNew, minDistance);//计算 positionY 的值
25          }else if (stepHao == -1){
26              positionY = Mathf.Min(positionYOfNew, minDistance);//计算 positionY 的值
27          } else{
28              if (moveStep > 0){
29              positionY = Mathf.Min(positionYOfNew, minDistance);//计算 positionY 的值
30          }else{
31          positionY = Mathf.Max(positionYOfNew, minDistance);//计算 positionY 的值
32      }}
33      isMoving = !(positionY == minDistance);            //计算是否可移动的标志位
34      }
```

- 第 2～6 行用于判断帮助界面是否允许触控，由于帮助图片在移动过程中不允许触控移动，所以当移动标志位为 false 时，获取用户设备的触控点。

- 第 7～10 行用于在用户滑动屏幕的过程中记录用户滑动的距离。距离大小直接关系到帮助界面翻过的页数，如果移动距离过小，帮助界面将不执行翻页功能。
- 第 11～19 行用于在用户滑动屏幕结束时候，记录结束触控点，并将帮助界面移动标志位置为 true，计算从触控开始到抬起的距离，判断距离是否达到翻页步径后执行翻页功能。
- 第 20～34 行是帮助界面翻页的方法。根据用户移动的方向以及距离，来判断是向上翻页还是向下翻页。

（13）挂载帮助界面脚本和变量赋值。关于脚本的挂载在前面已经介绍过，这里不再赘述。关于脚本的变量赋值，如图 4-34 所示。

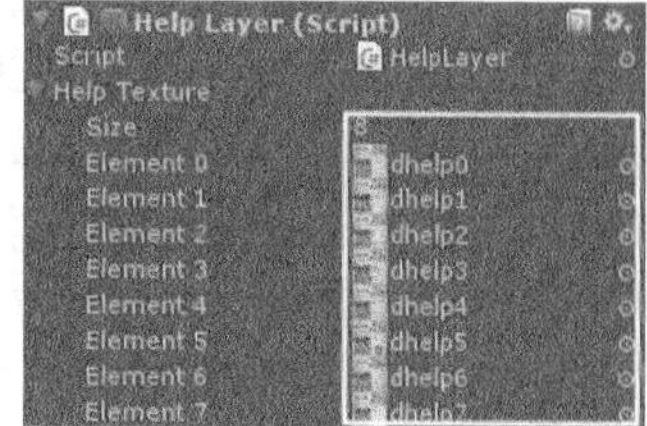

▲图 4-34　帮助界面变量赋值

（14）前面介绍了帮助界面脚本所有方法，接下来介绍游戏种类选择界面脚本。该脚本主要负责绘制游戏种类选择界面的两个按钮，供用户选择八球模式或九球模式。同时，该游戏切换至相应的游戏界面，并将其挂载到游戏对象“Main Camera”上，详细挂载步骤和变量赋值前面已经介绍过，不再赘述。其脚本详细代码如下。

代码位置：见本书随书源代码/第 04 章/Table3D/Asstes/Scripts/MenuScript 目录下的 ChoiceLayer.cs。

```
1     using UnityEngine;
2     using System.Collections;
3     public class ChoiceLayer : MonoBehaviour {
4     public Texture backgroundOfChoiceMenu;                    //菜单界面背景图片
5     public GUIStyle[] buttonStyleOfChoice;                    //菜单界面按钮图样式
6     private bool scaleFlag;                                   //进行缩放的标志位
7     private float scaleFactor;                                //缩放因子
8     private float buttonSize;                                 //按钮大小
9     private float buttonStartX;                               //按钮 X 方向位置
10    private float buttonStartY;                               //按钮 Y 方向位置
11    private Matrix4x4 guiMatrix;                              //GUI 自适应矩阵
12    void Start () {
13        scaleFlag = true;                                     //初始化缩放的标志位
14        scaleFactor = 0.0f;                                   //设置缩放因子
15        buttonSize = 120;                                     //按钮大小
16        buttonStartX = 200;                                   //按钮 X 方向位置
17        buttonStartY = 220;                                   //按钮 Y 方向的位置
18        guiMatrix = ConstOfMenu.getMatrix();                  //获取 GUI 自适应矩阵
19    }void OnGUI(){
20        GUI.matrix = guiMatrix;                               //设置 GUI 自适应矩阵
21        GUI.DrawTexture(new Rect(0, 0, ConstOfMenu.desiginWidth, //绘制背景图片
22            ConstOfMenu.desiginHeight), backgroundOfChoiceMenu);
23        ButtonScale();                                                //按钮的执行缩放动作
24        if (GUI.Button(new Rect(buttonStartX, buttonStartY, buttonSize * scaleFactor,
25            buttonSize*scaleFactor),"",buttonStyleOfChoice[ConstOfMenu.EIGHT_BUTTON])){
26            if (!scaleFlag){
27                PlayerPrefs.SetInt("billiard", 8);                 //八球模式标志存入
28        (GetComponent("Constroler") as Constroler).ChangeScrip( //界面切换
29        ConstOfMenu.ChoiceID, ConstOfMenu.ModeChoiceID);
30        } }if (GUI.Button(new Rect(buttonStartX+240.0f, buttonStartY, buttonSize *
31        scaleFactor, buttonSize * scaleFactor), "", buttonStyleOfChoice [ConstOfMenu.
          NINE_BUTTON])){
32            if (!scaleFlag){
33                PlayerPrefs.SetInt("billiard", 9);                 //九球模式标志存入
34                (GetComponent("Constroler") as Constroler).ChangeScrip( //界面切换
35                ConstOfMenu.ChoiceID, ConstOfMenu.ModeChoiceID);      }}}
36     void ButtonScale(){                                         //按钮执行缩放动作
37        scaleFactor = Mathf.Min(1.0f, scaleFactor + Time.deltaTime);    //计算缩放比
38        scaleFlag = (scaleFactor != 1f); }                       //计算缩放标志位
39    public void restData(){                                      //重置缩放比
40         scaleFlag = true;                                       //设置缩放标志位
41        scaleFactor = 0.0f;                                      //计算缩放因子
42    }}
```

- 第 4～11 行声明了菜单界面背景图片、菜单界面按钮图样式、两个游戏种类按钮进行缩放的标志位以及按钮 X、Y 方向位置。

- ❑ 第 12～18 行是 Start 方法，初始化缩放的标志位的同时设置按钮缩放因子，初始化两个按钮的大小，以及它们的位置坐标。同时获取 GUI 自适应矩阵，通过矩阵计算，使得该界面适用各种终端设备。
- ❑ 第 19～35 行设置 GUI 自适应矩阵，绘制该界面的背景图片和两个按钮图片。同时，执行两个按钮的缩放动作。当用户单击这两个按钮的时候，分别执行相应的操作，包括数据的存储以及界面的切换。
- ❑ 第 36～41 行是按钮执行缩放动作和重置数据的两个方法。由于两个按钮都有缩放动态效果，所以需要进行计算按钮的缩放比。初始化该界面的时候，需要重新进行缩放。

（15）挂载游戏种类选择界面脚本和变量赋值。关于脚本的挂载在前面已经介绍过，这里不再赘述。关于脚本的变量赋值，如图 4-35 所示。

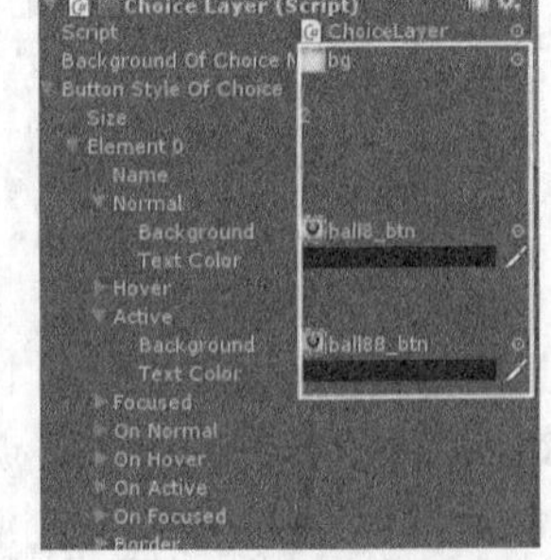

▲图 4-35　游戏种类选择界面变量赋值

（16）前面介绍了游戏种类选择界面脚本的所有方法，接下来介绍游戏模式选择界面脚本。该脚本主要负责绘制 3 个按钮以及两种游戏模式界面加载，并将其挂载到游戏对象“Main Camera”上，详细挂载步骤和变量赋值前面已经介绍过，不再赘述。其脚本详细代码如下。

代码位置：见本书随书源代码/第 04 章/Table3D/Asstes/Scripts/MenuScript 目录下的 ModeChoice Layer.cs。

```
1     using UnityEngine;
2     using System.Collections;
3     public class ModeChoiceLayer : MonoBehaviour {
4         public Texture backgroundOfModeChoicerMenu;              //菜单界面背景图片
5         public GUIStyle[] buttonStyleOfModeChoice;               //菜单界面按钮图样式
6         private float[] ButtonPositionOfX = new float[3];        //首先需要创建数组
7         private float buttonOfCurrentMovingDistance;             //按钮移动的距离
8         private float buttonOfMaxDistance;                       //按钮移动的最大距离
9         private float startYOfModeChoice;                        //第一个按钮的起始 y 坐标
10        private float buttonOfficerOfHeight;                     //按钮直接的高度差
11        private bool moveFlag;                                   //按钮移动的标志位
12        private Matrix4x4 guiMatrix;                             //定义 GUI 自适应矩阵
13        void Start () {
14            moveFlag = true;                                     //移动的标志位
15            restData();                               //获取菜单界面 3 个按钮的 X 方向位置
16            buttonOfCurrentMovingDistance = 0;        //按钮当前移动的距离
17            buttonOfMaxDistance = 144f;               //按钮移动的最大距离
18            startYOfModeChoice = 180f;                //按钮起始高度
19            buttonOfficerOfHeight = 90f;              //按钮间距
20            guiMatrix = ConstOfMenu.getMatrix();      //GUI 自适应矩阵
21        }
22        void ButtonMove(){
23            float length = ConstOfMenu.movingSpeedOFMode * Time.deltaTime; //计算移动距离
24            buttonOfCurrentMovingDistance += length;                  //按钮移动
25            for (int i = 0; i < ButtonPositionOfX.Length; i++){
26            ButtonPositionOfX[i] += (ConstOfMenu.ButtonMovingStep[i] * length);
27            }
28        moveFlag = buttonOfCurrentMovingDistance < buttonOfMaxDistance;
                                                   //计算是否移动到最大距离
29        }
30        public void restData(){                  //重置数据方法
31            for (int i = 0; i < ConstOfMenu.BPositionXOfMode.Length; i++){
32            ButtonPositionOfX[i] = ConstOfMenu.BPositionXOfMode[i]; //设置位置
33            }
34            buttonOfCurrentMovingDistance = 0;   //重置当前移动距离为 0
35            moveFlag = true;                     //移动标志位置为 true
36        }
37    ……//此处省略了 OnGUI 方法，将在下面进行介绍
38    }
```

- 第4～12行声明了菜单界面背景图片、菜单界面按钮图样式、创建3个按钮的数组、按钮移动的距离、按钮直接的高度差和按钮移动的标志位。
- 第13～21行是Start方法，按钮移动标志位置为true，通过调用重置数据方法获取菜单界面3个按钮的X方向位置。同时，定义了按钮移动的距离，以及按钮之间高度差。
- 第22～29行是按钮移动方法，由于初始化界面的按钮移动是匀速的，所以可以通过时间和固定速度计算出按钮移动的距离，直到移动到按钮可以移动的最大距离。
- 第30～35行是重置数据的方法，设置按钮的最初位置，重置当前移动距离为0，并且移动标志位重新置为true。

（17）前面介绍了游戏种类选择界面脚本的部分方法，接下来介绍上述代码省略的OnGUI方法代码，脚本详细代码如下。

代码位置：见本书随书源代码/第04章/Table3D/Asstes/Scripts/MenuScript目录下的ModeChoiceLayer.cs。

```
1     void OnGUI(){
2         GUI.matrix = guiMatrix;                                    //设置GUI的自适应矩阵
3         GUI.DrawTexture(new Rect(0, 0, ConstOfMenu.desiginWidth, //绘制背景图片
4         ConstOfMenu.desiginHeight), backgroundOfModeChoicerMenu);
5         if (GUI.Button(new Rect(ButtonPositionOfX[ConstOfMenu.COUNTDOW_BUTTON],
6             startYOfModeChoice, 256, 64), "",
7             buttonStyleOfModeChoice[ConstOfMenu.COUNTDOW_BUTTON])){
8                 if (!moveFlag){
9                     PlayerPrefs.SetInt("isTime", 1);     //倒计时模式
10                    GameLayer.resetAllStaticData();      //设置游戏界面的静态变量数据
11                    Application.LoadLevel("GameScene"); //加载LevelSelectScene场景
12        } }
13        if (GUI.Button(new Rect(ButtonPositionOfX[ConstOfMenu.PRACTICE_BUTTON],
14            startYOfModeChoice + buttonOfficerOfHeight * 1, 256, 64), "",
15            buttonStyleOfModeChoice[ConstOfMenu.PRACTICE_BUTTON])){
16                if (!moveFlag){
17                    PlayerPrefs.SetInt("isTime", 0);      //练习模式
18                    GameLayer.resetAllStaticData();       //设置游戏界面的静态变量数据
19                    Application.LoadLevel("GameScene");  //加载LevelSelectScene场景
20        } }
21        if (GUI.Button(new Rect(ButtonPositionOfX[ConstOfMenu.RANK_BUTTON],
22            startYOfModeChoice + buttonOfficerOfHeight * 2, 256, 64),
23            "", buttonStyleOfModeChoice[ConstOfMenu.RANK_BUTTON])){
24                if (!moveFlag){
25                    (GetComponent("Constroler") as Constroler).ChangeScrip(
                                                       //切换到历史记录界面
26                        ConstOfMenu.ModeChoiceID, ConstOfMenu.RankID);
27        }}
28        if (moveFlag){                               //如果按钮移动标志位为true
29            ButtonMove();                            //则调用按钮移动方法
30    }}
```

- 第5～20行绘制倒计时模式按钮和练习模式按钮，当用户单击任一按钮的时候，将该模式索引存储起来，设置游戏界面的静态变量数据。最后加载该模式的游戏界面。
- 第21～29行绘制了排行榜模式按钮，当用户单击该按钮的时候，切换到排行榜记录界面。同时，如果按钮移动标志位为true，则调用按钮移动方法。

（18）挂载游戏种类选择界面脚本和变量赋值。关于脚本的挂载在前面已经介绍过，这里不再赘述。关于脚本的变量赋值，如图4-36所示。

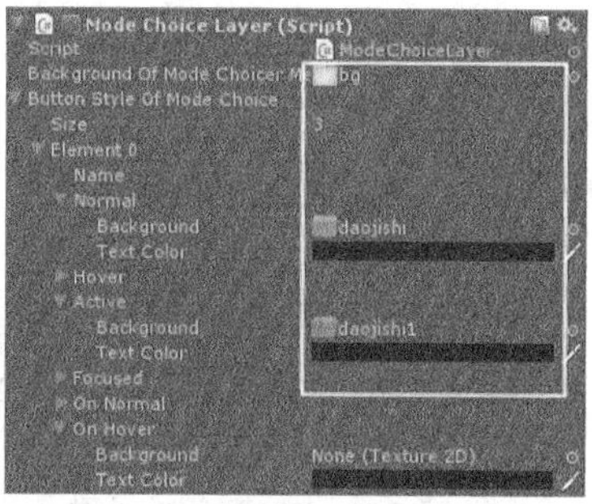

▲图4-36 游戏模式选择界面变量赋值

（19）前面介绍了游戏模式选择界面脚本所有方法，接下来介绍排行榜界面脚本。该脚本主要负责记录玩家的游戏记录，并将其挂载到游戏对象“Main Camera”上，详细挂载步骤和变量赋值前面已经介绍过，不再赘述。其脚本详细代码如下。

代码位置：见本书随书源代码/第 04 章/Table3D/Asstes/Scripts/MenuScript 目录下的 RankLayer.cs。

```
1     using UnityEngine;
2     using System.Collections;
3     public class RankLayer : MonoBehaviour {
4         public float groupX = 177, groupY = 0, groupW = 300, groupH = 240;
                                                 //显示数字图片的宽和高
5         private int maxHeight;                 //移动的最大距离
6         private int numSize = 19;              //数字图片的大小
7         public Texture2D bg;                   //背景图片
8         public Texture2D box;                  //中间显示的背景图片
9         public Texture2D date;                 //时间按钮图片
10        public Texture2D score;                //分数按钮图片
11        public Texture2D[] textures;           //数字图片数组
12        public GUIStyle style;                 //GUIStyle
13        private string txt = "";               //初始字符串
14        private float oldPosY;                 //位置比变量
15        private float currPosY;
16        private string[] showRecords;          //分数数组
17        private Matrix4x4 guiMatrix;           //GUI 自适应矩阵
18        void Start(){
19            guiMatrix = ConstOfMenu.getMatrix();  //获取 GUI 自适应矩阵
20            showRecords = Result.LoadData();      //通过调用 LoadData 方法初始化数组
21            maxHeight = numSize * showRecords.Length - 192;        //计算最大高度
22        }
23        void Update(){
24            if (Input.GetMouseButtonDown(0)) {     //计算每条记录移动
25                oldPosY = Input.mousePosition.y;
26            }
27            if (Input.GetMouseButton(0)){
28                currPosY = Input.mousePosition.y;
29                groupY = Mathf.Clamp((groupY - currPosY + oldPosY), -maxHeight, 0);
30                oldPosY = currPosY;
31        }}
32        void OnGUI(){
33            GUI.matrix = guiMatrix;                          //设置 GUI 自适应矩阵
34            GUI.DrawTexture(new Rect(0, 0, 800, 480), bg);        //绘制大背景图片
35            GUI.DrawTexture(new Rect(150, 150, 530, 294), box); //绘制中心小背景图
36            if (GUI.Button(new Rect(230, 180, 130, 40), date, style)){
37                string[] records = Result.LoadData(); //通过调用 LoadData 方法初始化数组
38                showRecords = records;
39            }
40            if (GUI.Button(new Rect(470, 180, 130, 40), score, style)){
41                string[] records = Result.LoadData();//通过调用 LoadData 方法初始化数组
42                RecordsSort(ref records);
43                showRecords = records;
44            }
45            GUI.BeginGroup(new Rect(177, 220, 476, 192));     //绘制图片
46            GUI.BeginGroup(new Rect(0, groupY, 476, numSize * showRecords.Length));
47            if (showRecords[0] != ""){
48                DrawRecords(showRecords);                          //需要绘制的时候绘制记录
49            }
50            GUI.EndGroup();
51            GUI.EndGroup();
52    }}
```

- 第 4～17 行定义了显示数字图片的宽和高，声明了数字图片的大小和排行榜界面背景图，声明了时间、分数和数字的图片，声明按钮样式以及位置变量。
- 第 18～22 行是 Start 方法，获取 GUI 自适应矩阵，以便该排行榜界面能够适应各种手机终端，通过调用 LoadData 方法初始化数组，同时计算各条记录的最大高度。
- 第 23～31 行是 Update 方法，每当有新的游戏记录产生，就要在排行榜界面的固定位置进行绘制。绘制所需要计算上一条记录的位置，同时确定本条记录移动的距离。
- 第 32～52 行绘制了排行榜的大背景图和中心小背景图，时间和得分记录都按照固定位置进行绘制。如果游戏记录不为空，则进行绘制。

（20）前面介绍了排行榜界面脚本部分方法，接下来介绍上述代码省略的 DrawRecords 方法，

RecordsSort 方法和 StringToNumber 方法代码，脚本详细代码如下。

代码位置：见本书随书源代码/第 04 章/Table3D/Asstes/Scripts/MenuScript 目录下的 RankLayer.cs。

```
1      public void DrawRecords(string[] records){        //绘制记录方法
2          for (int i = 0; i < records.Length; i++){
3              string date = records[i].Split(',')[0];  //按照逗号拆分日期记录
4              string score = records[i].Split(',')[1]; //按照逗号拆分分数记录
5              int[] dateNum = StringToNumber(date);     //string 型转化成整型数据
6              int[] scoreNum = StringToNumber(score);   //string 型转化成整型数据
7              for (int j = 0; j < dateNum.Length; j++){//根据日期选择对应的数字图进行绘制
8                  GUI.DrawTexture(new Rect((j + 1) * numSize, i * numSize,
9                  numSize, numSize), textures[dateNum[j]]);
10             }
11             for (int j = 0; j < scoreNum.Length; j++){//根据日期选择对应的数字图进行绘制
12             GUI.DrawTexture(new Rect((j + 17) * numSize, i * numSize,
13             numSize, numSize), textures[scoreNum[j]]);
14     }}}
15     public void RecordsSort(ref string[] records){     //记录排序方法
16         for (int i = 0; i < records.Length - 1; i++){
17             for (int j = i + 1; j < records.Length; j++){
18                 if (int.Parse(records[i].Split(',')[1]) < int.Parse(records[j].Spl
it(',')[1])){
19                     string tempRecord = records[i];    //赋值
20                     records[i] = records[j];           //赋值
21                     records[j] = tempRecord;           //赋值，实现位置的交换
22     }}}}
23     public static int[] StringToNumber(string str){    //数据类型转换方法
24         int[] result = new int[str.Length];            //将游戏记录的结果转换成整型数组
25         for (int i = 0; i < str.Length; i++){
26             char c = str[i];                           //拆分整条记录
27             if (c == '-'){
28                 result[i] = 10;
29             }else{
30                 result[i] = str[i] - '0';
31         }}
32         return result;                                 //返回结果
33     }
```

- 第 2～14 行按照逗号拆分日期记录和分数记录，并根据这两条记录里面的数字，选择对应的图片索引，进行排行榜时间和得分绘制。
- 第 15～22 行是记录排序方法，由于排行榜的记录是有高低之分的，所以需要对其进行排序处理。对比每次得分情况，进行排序。
- 第 23～32 行是数据类型转换方法，将游戏记录的结果转换成整型数组，方便游戏开发的其他操作。

（21）挂载排行榜界面脚本和变量赋值。关于脚本的挂载在前面已经介绍过，这里不再赘述。关于脚本的变量赋值，如图 4-37 所示。

（22）至此，本游戏的主菜单界面开发所需要的各个脚本的编写挂载、变量赋值以及功能的详细介绍都已结束。所有脚本的挂载效果如图 4-38 所示。

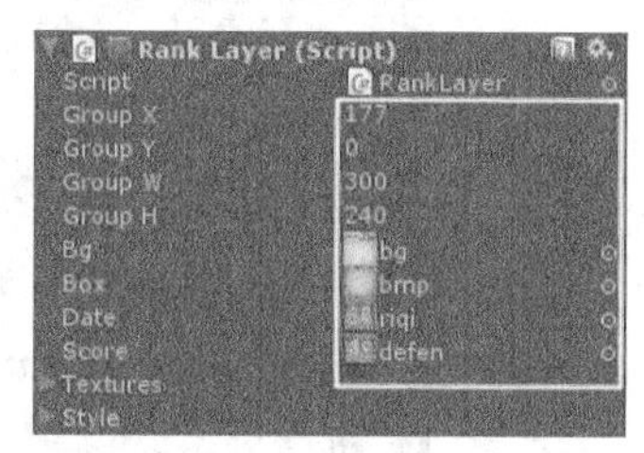

▲图 4-37　排行榜界面变量赋值

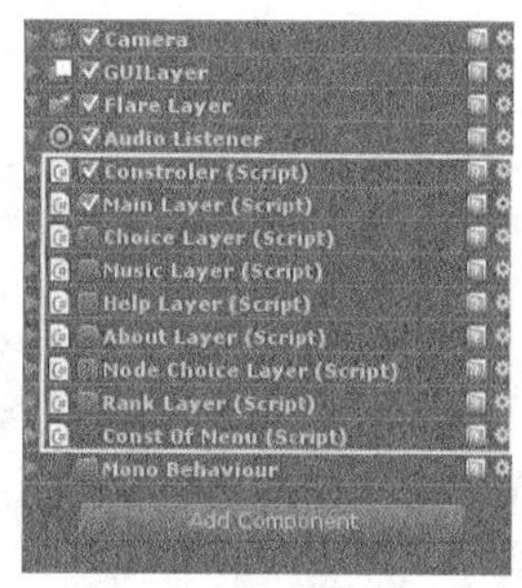

▲图 4-38　所有脚本的挂载效果

4.5 游戏界面

本节将要介绍的游戏界面是本游戏开发的中心场景，其他的场景都是为此场景服务的，游戏场景的开发对于此游戏的可玩性有至关重要的作用。在本节中，将对此界面的开发进行进一步的介绍。

4.5.1　场景的搭建

搭建游戏界面场景的步骤比较烦琐，由于篇幅有限不能很详细地介绍每一个细节，所以，要求读者对 Unity 的基础知识有一定的了解。接下来对游戏界面的开发步骤进行具体的介绍。

（1）新建场景。选择“File”→“New Scene”，然后选择“File”→“Save Scene”选项（或者按 Ctrl+S 快捷键），在保存对话框中输入场景名为“GameScene”，如图 4-39 所示。

（2）创建定向光源。选择“GameObject”→“Create Other”→“Directional Light”后会自动创建一个定向光源，如图 4-40 所示。调整定向光源位置，如图 4-41 所示。定向光源“Color”选项，为其选择适当颜色，如图 4-42 所示。

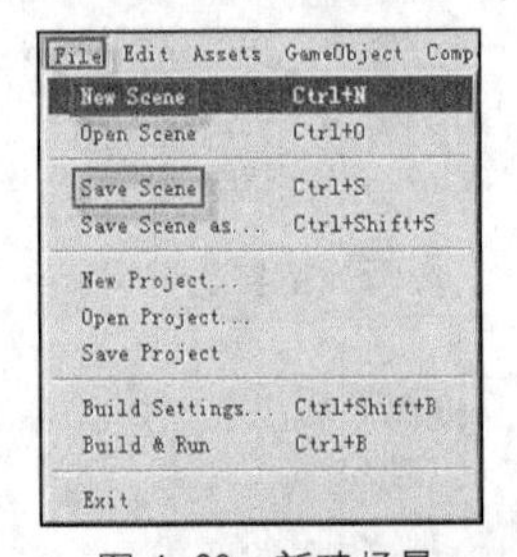

▲图 4-39　新建场景

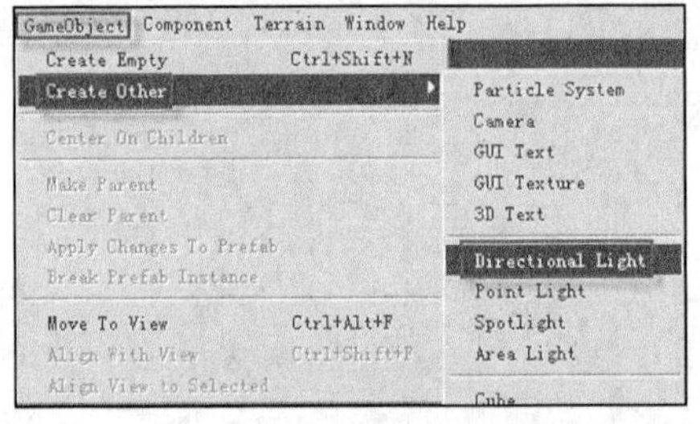

▲图 4-40　创建定向光源

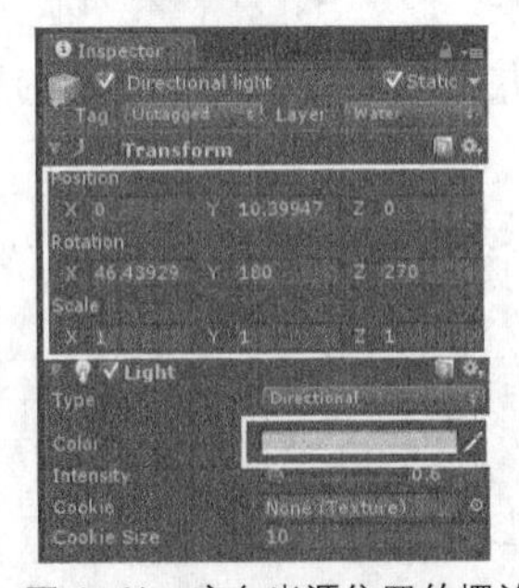

▲图 4-41　定向光源位置的摆放

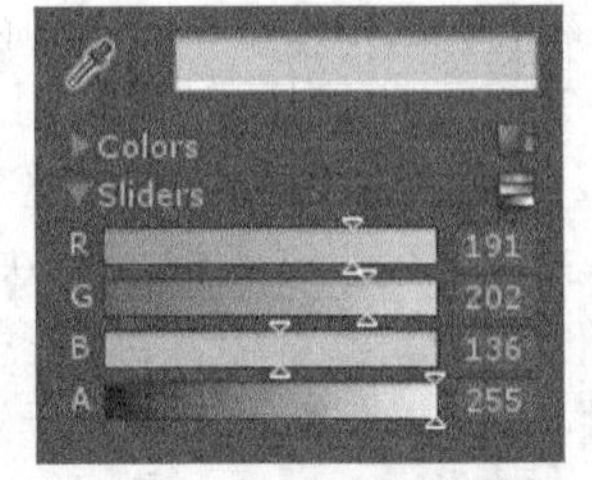

▲图 4-42　定向光源颜色选择

（3）创建点光源。选择“GameObject”→“Create Other”→“Point Light”后会自动创建一个点光源，如图 4-43 所示。调整点光源位置，如图 4-44 所示。

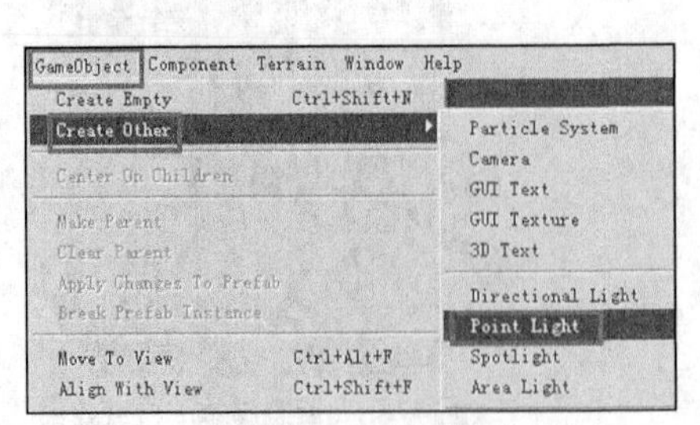

▲图 4-43　创建点光源

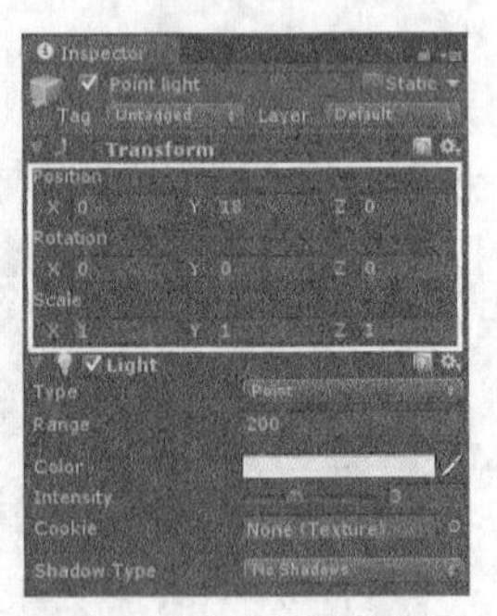

▲图 4-44　点光源摆放位置

（4）导入房间和球桌模型。将房间模型拖入游戏场景，然后调整位置、姿态和大小，如图 4-45 所示。然后将球桌模型拖入游戏场景，置于房间模型中央，调整位置、姿态和大小，如图 4-46 所示。

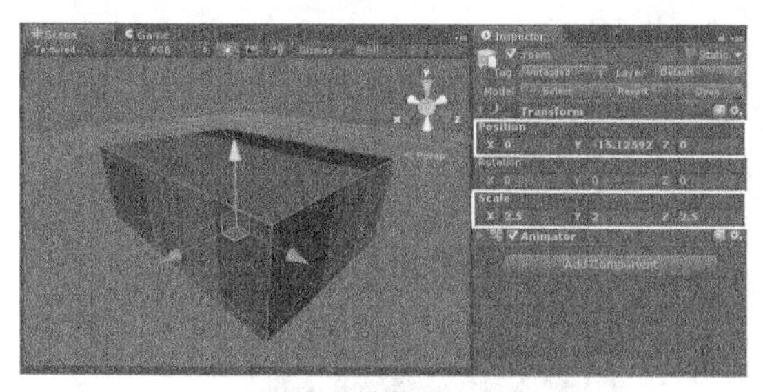

▲图 4-45　房间模型摆放

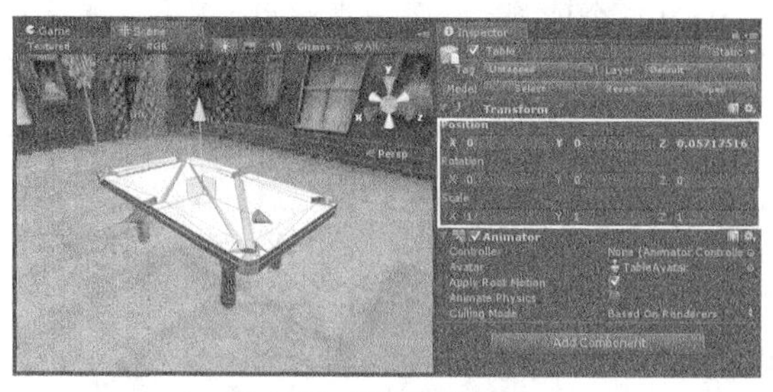

▲图 4-46　球桌模型摆放

（5）为球桌贴纹理。将球桌纹理拖入到桌球模型上，如图 4-47 所示。其中，桌案的不同部位需要不同的材质，需要分别贴图。由于桌案组成部分复杂，各个部分贴图不再一一赘述。

▲图 4-47　球桌贴纹理

（6）导入球杆模型。将球杆模型拖入游戏场景，然后调整位置、姿态和大小，如图 4-48 所示。然后将球杆模型拖入游戏场景，置于房间模型中央，调整位置、姿态和大小，如图 4-49 所示。

（7）制作桌球预制件。首先移除“Ball”球体对象的“Mesh Renderer”组件，然后将“plan”游戏对象拖入到“Ball”对象下变成父子关系。然后将“Ball”对象直接拖入到“Project”视图中的“Assets/Prefab”文件夹下，这样桌球预制件就制作成功了，如图 4-50 所示。

（8）添加球体碰撞器。由于球桌需发生碰撞并反弹，所以要为其添加球体碰撞器。首先选中“Ball”游戏对象，然后选择“Component”→“Physics”→“Sphere Collider”，Material 则选择为 Bouncy。具体情况如图 4-51 所示。

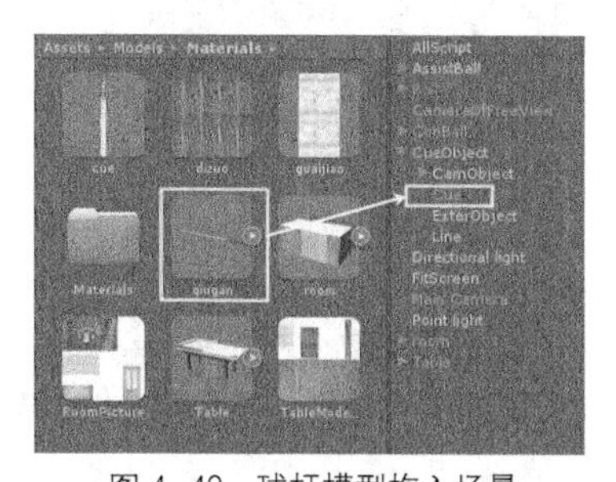

▲图 4-48　球杆模型拖入场景

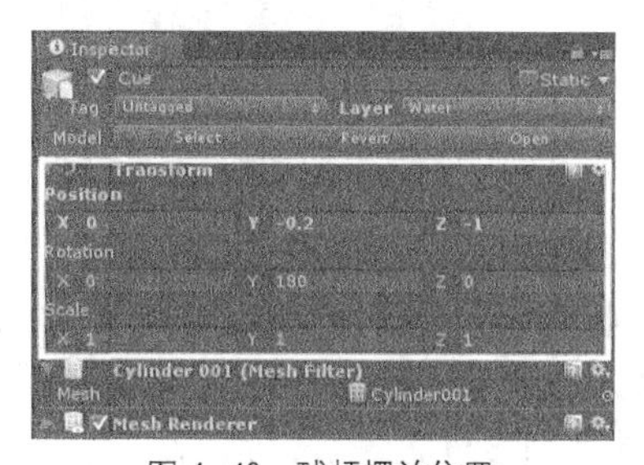

▲图 4-49　球杆摆放位置

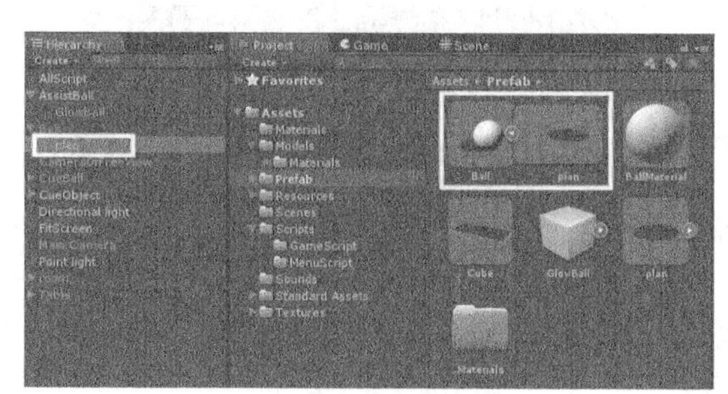

▲图 4-50　桌球预制件

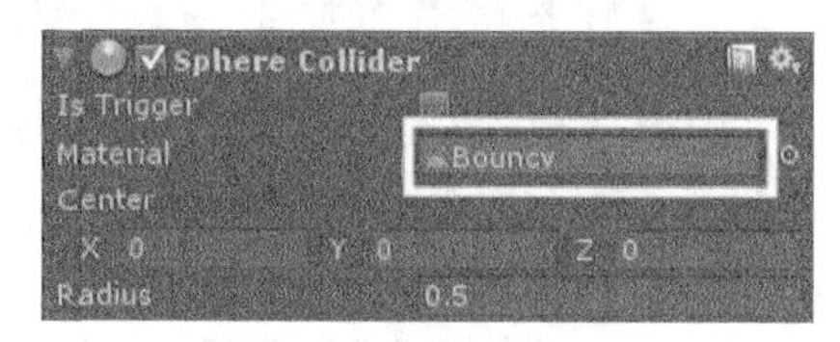

▲图 4-51　添加球体碰撞器

（9）创建球洞平面。选择“GameObject”→“Create Other”→“Plane”选项，如图 4-52 所示。然后调整平面位置、姿态和大小，并命名为“BlackPlane”，置于“Table”游戏对象内。由于球桌共 6 个球洞，这里只举一例。其各项参数如图 4-53 所示。

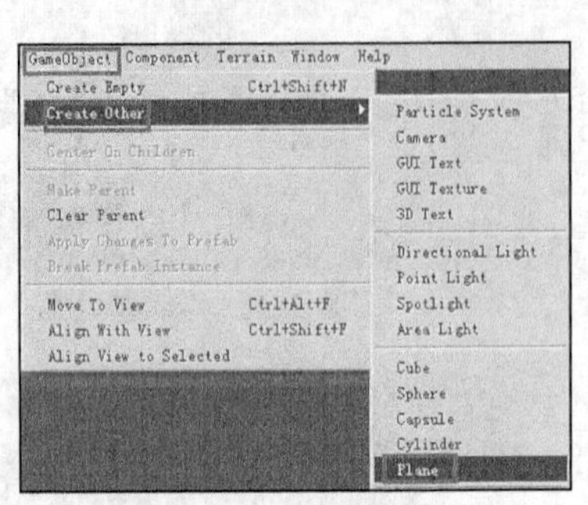

▲图 4-52　创建平面

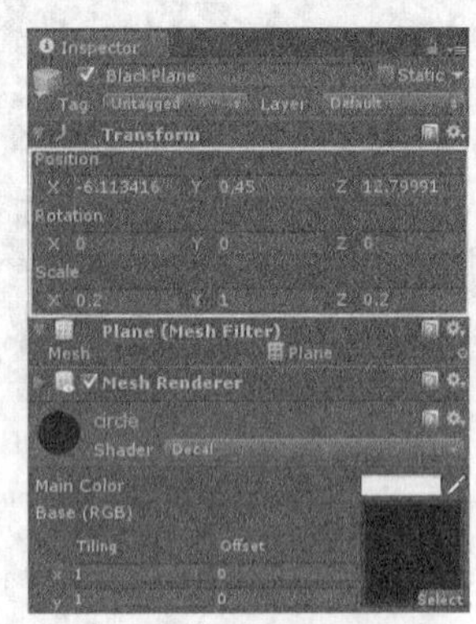

▲图 4-53　球洞平面参数

（10）添加盒子碰撞器。由于球桌的围栏需要阻挡并反弹桌球，所以要为其添加盒子碰撞器。首先选中“Table”游戏对象中的“Box001”～“Box007”和“CubeB”，然后选择“Component”→“Physics”→“Box Collider”，具体情况如图 4-54 所示。

（11）添加刚体。首先选中“CubeB”对象，然后选择“Component”→“Physics”→“Rigidbody”选项，具体情况如图 4-55 所示。

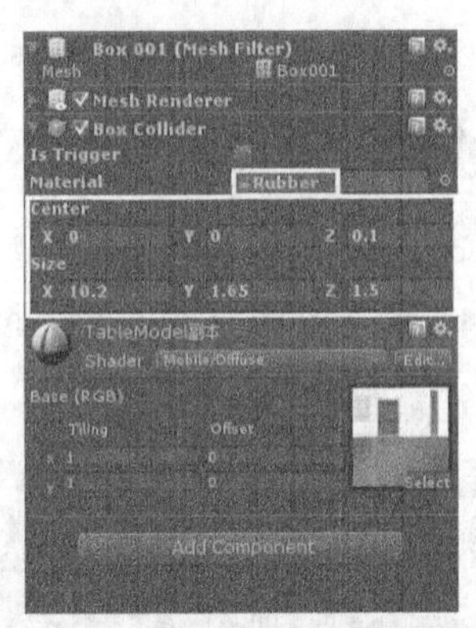

▲图 4-54　添加盒子碰撞器

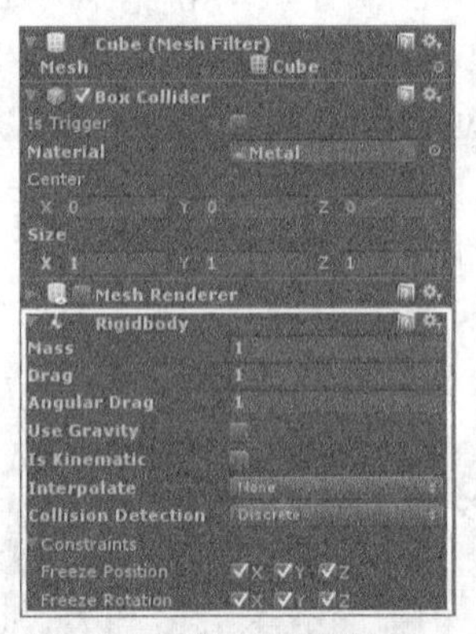

▲图 4-55　添加刚体

（12）添加粒子系统。选择“GameObject”→“Create Other”→“Particle System”选项，如图 4-56 所示。然后调整平面位置、姿态和大小，并命名为“GlowBall”，置于“AssistBall”游戏对象内，其各项参数如图 4-57 所示。

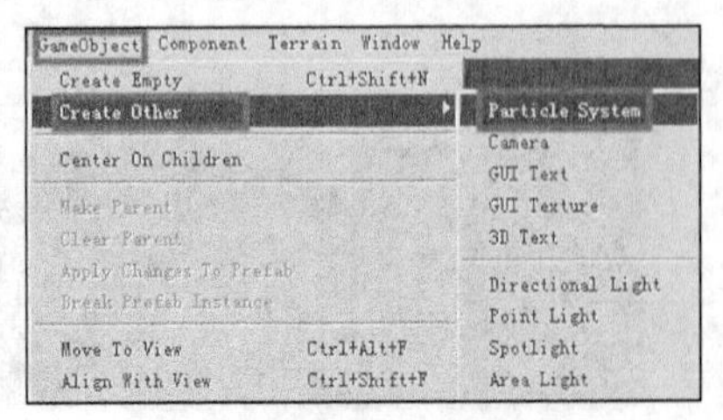

▲图 4-56　添加粒子系统

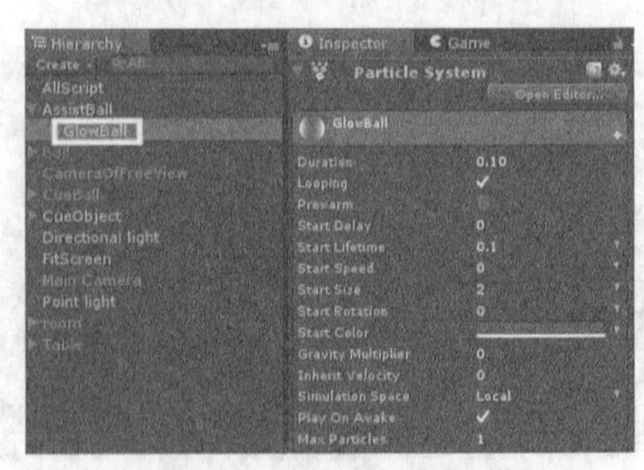

▲图 4-57　粒子系统对象赋值

4.5.2 多视角的制作与切换

本小节将向读者介绍多视角的制作与切换。本游戏中主要有 3 个摄像机，游戏运行时，摄像机根据玩家切换视角的情况只有一个处于激活状态。具体的开发步骤如下。

（1）制作主摄像机。调整主摄像机“Main Camera”摄像机到适当位置，并设置“Field of View”属性值为 30，去掉属性查看器中对象名称前的单选框中的对勾，如图 4-58 所示。

（2）制作第一人称摄像机。首先选择“GameObject”→“Create Other”→“Camera”，新建一个摄像机对象，命名为“CameraOfFirstView”。然后调整摄像机到适当位置，可调整“Field of View”属性值为 30，如图 4-59 所示。

▲图 4-58　制作主摄像机

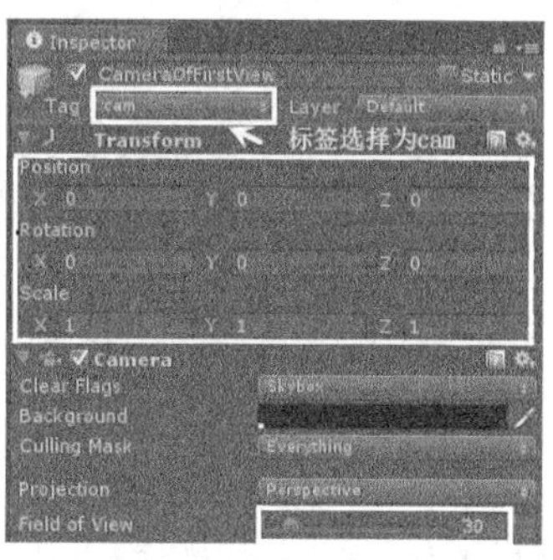

▲图 4-59　制作第一人称摄像机

（3）设置标签。首先选中第一人称摄像机对象，再选择属性查看器中的“Tag”→“Add Tag...”选项，如图 4-60 所示。然后会打开“TagManager”视图，在“Tags”选项下的“Element0”后填入“cam”，如图 4-61 所示。其他标签的添加，步骤相似，不再赘述。

（4）制作自由视角摄像机。首先选择“GameObject”→“Create Other”→“Camera”，新建一个摄像机对象，命名为“CameraOfFreeView”，并将其标签修改为“cam”。然后调整摄像机到适当位置，可调整“Field of View”属性值为 30。最后，去掉属性查看器中对象名称前的单选框中的对勾，如图 4-62 所示。

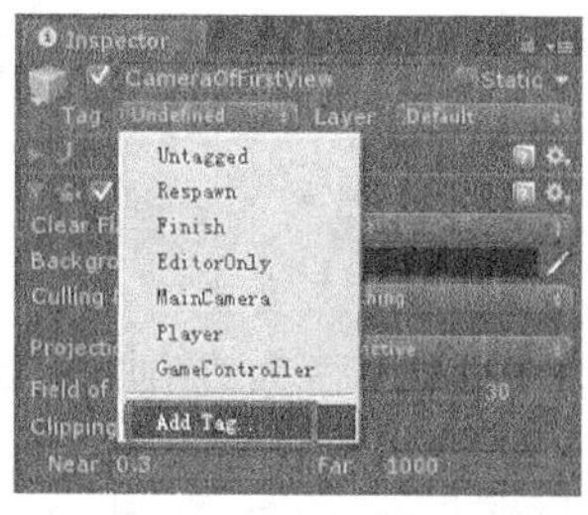

▲图 4-60　添加标签

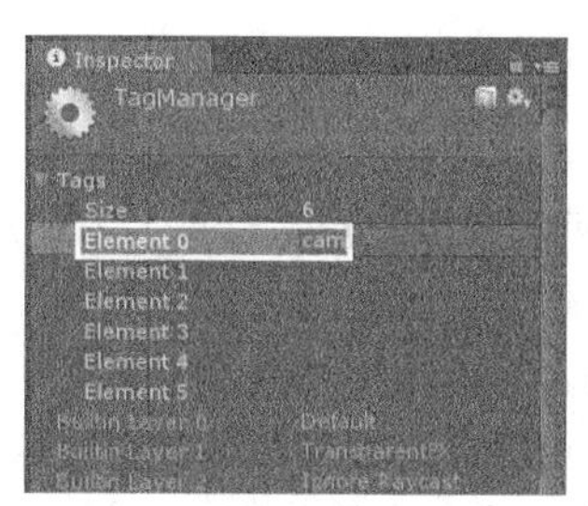

▲图 4-61　输入标签名称

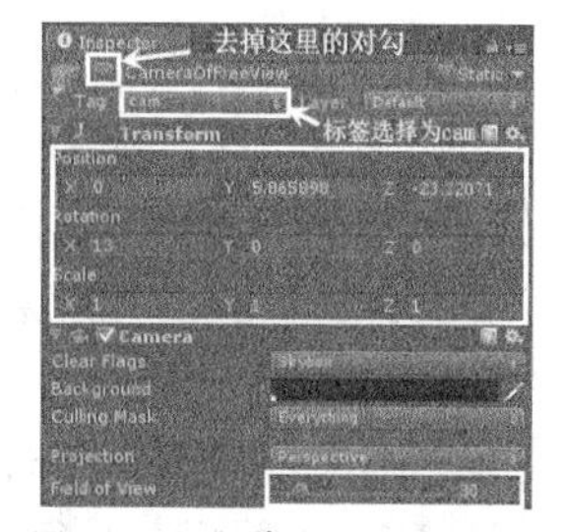

▲图 4-62　制作自由视角摄像机

（5）编写摄像机切换控制脚本。该脚本主要负责摄像机的切换，包括第一人称视角和第三人称视角，同时负责切换后摄像机角度和位置的恢复，具体代码如下所示。

代码位置：见本书随书源代码/第 04 章/Table3D/Asstes/Scripts/GameScript 目录下的 CamControl.cs。

```
1      using UnityEngine;
2      using System.Collections;
3      public class CamControl : MonoBehaviour {
4          public LayerMask mask = -1;
5          public GameObject cueBall;
6          private float total_RotationX;                //绕 x 轴的旋转角度
7          public float freeViewRotationMatrixY = 0;     //free 视角时绕 y 轴的旋转角度
```

```
8        Logic logic;                                       //获取组件
9        public GameObject []cameras;                       //摄像机数组
10       public static int curCam = 1;                      //当前摄像机编号
11       public static Vector3 prePosition = Vector3.zero; //初始化上一次触控点的位置
12       public static bool touchFlag = true;               //是否允许触控的标志位
13       Matrix4x4 inverse;                                 //GUI 的逆矩阵
14       Quaternion qua;                                    //记录初始旋转位置的变量
15       Vector3 vec;                                       //记录初始位置的变量
16       void Start () {
17           qua = cameras[4].transform.rotation;           //记录初始位置，主要是用于恢复位置
18           vec = cameras[4].transform.position;
19           for (int i = 0; i < 3; i++){                   //进行自适应
20               cameras[i].camera.aspect = 800.0f / 480.0f;  //设置视口的缩放比
21               float lux = (Screen.width - ConstOfMenu.desiginWidth *
22                       Screen.height / ConstOfMenu.desiginHeight) / 2.0f;
                                                            //计算视口的 GUI 矩阵
23               cameras[i].camera.pixelRect=new Rect(lux,0,Screen.width-2*lux,Screen.height);
24           }
25           total_RotationX = 13;                          //设置旋转角度为 13 度
26           logic = GetComponent("Logic") as Logic;        //获取脚本组件
27           inverse = ConstOfMenu.getInvertMatrix();       //获取逆矩阵
28       }
29       public void ChangeCam(int index)
30       {
31           setFreeCame();                                 //每次切换时都调用恢复数据方法
32           cameras[curCam].SetActive(false);              //设置当前摄像机不可用
33           cameras[index].SetActive(true);                //启用相应摄像机
34           curCam = index;                                //设置当前摄像机索引
35       }
36       public void moveCame(int sign)  //对应于 gameLayer 类中的 far 与 near 按钮
37       {
38           cameras[curCam].transform.Translate(new Vector3(0, 0, sign * Time.deltaTime));
39           Vector3 posCueBall=
40               cameras[curCam].transform.InverseTransformPoint(cueBall.transform.position);
41           if (posCueBall.z > 35 || posCueBall.z < 7) { //设置移动的最大距离与最新记录
42               cameras[curCam].transform.Translate(new Vector3(0,0,-sign*Time.deltaTime));
43           }
44       }
45       ……//此处省略了 Update 方法，将在下面进行介绍
46       ……//此处省略了 setFreeCame 方法，将在下面进行介绍
47       ……//此处省略了 mainFunction 方法，将在下面进行介绍
48       ……//此处省略了 firstFunction 方法，将在下面进行介绍
49       ……//此处省略了 freeFunction 方法，将在下面进行介绍
50   }
```

- 第 4～15 行主要声明关于摄像机位置变换和旋转角度变换的变量，声明摄像机初始位置变量以及为每个摄像机编号，方便切换处理。
- 第 16～28 行主要负责记录摄像机的初始位置，方便后续恢复角度和位置的处理。同时进行自适应的相关计算和处理。
- 第 29～35 行是切换摄像机方法，每次切换完，都要对相应摄像机进行恢复初始位置角度。同时关闭当前摄像机，启用相应的摄像机，并记录该摄像机索引。
- 第 36～44 行主要负责摄像机角度的移动变换，该片段主要对应游戏主界面中的“far”和“near”按钮，当用户单击这两个按钮的时候，摄像机会进行匀速的移动，调整摄像机位置，或远或近。

（6）下面介绍上述代码省略的 Update 方法以及 setFreeCame 方法。前者主要负责当玩家滑动屏幕时候，摄像机角度的旋转。后者主要负责切换了视角之后，重新设置摄像机的各种信息。具体代码如下所示。

代码位置：见本书随书源代码/第 04 章/Table3D/Asstes/Scripts/GameScript 目录下的 CamControl.cs。

```
1    void Update () {
2        if (!touchFlag) {                                  //如果不触控
3            return;
```

```
4        }
5        if (!GameLayer.TOTAL_FLAG) {                    //如果允许触控
6            return;
7        }
8        if (Input.GetMouseButton(0)) {                  //手指滑动时的回调方法
9            float angleY=(Input.mousePosition.x - prePosition.x)/
10                       ConstOfGame.SCALEX;             //计算绕 y 轴的旋转角度
11           float angleX=(Input.mousePosition.y - prePosition.y) /
12                      ConstOfGame.SCALEY;              //计算绕 x 轴的旋转角度
13           Vector3 newPoint=
14               ConstOfMenu.getInvertMatrix().MultiplyVector(Input.mousePosition);
15           switch (curCam) {                           //不同的摄像机执行不同的方法
16               case 0: mainFunction(Input.mousePosition); break;
17               case 1: firstFunction(angleY, angleX); break;
18               case 2: freeFunction(angleY, angleX); break;
19           }
20           prePosition = Input.mousePosition;          //记录上一次的触控位置
21   }}
22   public void setFreeCame(){                          //重新设置各个摄像机的各种信息
23       cameras[3].transform.rotation = cameras[4].transform.rotation;
24       cameras[3].transform.position = cameras[4].transform.position;
25       freeViewRotationMatrixY = GameLayer.totalRotation;
26       total_RotationX = 13;                           //重新设置旋转角度的度数
27       cameras[2].transform.position = cameras[4].transform.position;
28       cameras[2].transform.rotation = cameras[4].transform.rotation;
29       cameras[1].transform.position = cameras[4].transform.position;
30       cameras[1].transform.rotation = cameras[4].transform.rotation;
31   }
```

- 第 8～14 行是手指滑动时的回调方法，根据用户触控的位置，计算摄像机绕 x 和 y 轴的旋转角度。
- 第 15～20 行表示不同的摄像机执行不同的旋转方法，根据当前摄像机编号，调用各自方法。同时需要记录上一次触控位置，方便后续操作使用。
- 第 22～30 行主要负责重新设置各个摄像机的各种信息，其中包括摄像机的位置和旋转角度的恢复。

（7）下面介绍上述代码省略的 mainFunction 方法，firstFunction 方法以及 freeFunction 方法。这 3 个方法分别负责主摄像机，第一人称视角摄像机和第三人称视角摄像机的旋转操作。具体代码如下所示。

代码位置：见本书随书源代码/第 04 章/Table3D/Asstes/Scripts/GameScript 目录下的 CamControl.cs。

```
1    void mainFunction(Vector3 pos)
2    {
3        RaycastHit hit;
4        Ray ray = Camera.main.ScreenPointToRay(pos);
5        if (Physics.Raycast(ray, out hit, 100, mask.value)) {
6        cameras[3].transform.rotation = qua;             //重置位置以及旋转角度
7        cameras[3].transform.position = vec;
8        Vector3 hitPoint = hit.point;                    //获取碰撞点坐标
9        Vector3 cubBallPoint = cueBall.transform.position; //获取与球台交点坐标
10       float angle=180 - Mathf.Atan2(cubBallPoint.x - hitPoint.x, //计算旋转角度
11                cubBallPoint.z - hitPoint.z) * Mathf.Rad2Deg;
12       GameLayer.totalRotation = -angle;                           //计算总的旋转角度
13       cameras[3].transform.transform.RotateAround(ConstOfGame.CUEBALL_POSITION,
14                Vector3.up, GameLayer.totalRotation);
15       logic.cueObject.transform.rotation=
16                cameras[3].transform.rotation;       //设置球杆的旋转角度
17   }
18   void firstFunction(float angleY,float angleX)        //第一人称视角的回调方法
19   {
20       if (Mathf.Abs(angleY) > Mathf.Abs(angleX) && Mathf.Abs(angleY)>1f) {
21           GameLayer.totalRotation += angleY;           //计算 Y 的旋转角度
22           logic.cueObject.transform.RotateAround(
23               logic.cueBall.transform.position, Vector3.up, angleY);
                                                          //设置球杆的旋转角度
```

```
24          }else{
25              if (total_RotationX + angleX > 10 && total_RotationX + angleX < 90){
26                  if (Mathf.Abs(angleX) > 1f){
27                      Vector3 right=new Vector3(Mathf.Cos(-GameLayer.totalRotation /
28                                  180.0f * Mathf.PI),0, Mathf.Sin(-GameLayer.totalRotation /
29                                  180.0f * Mathf.PI));          //计算旋转轴
30                      total_RotationX += angleX;               //计算 x 轴的总旋转角度
31                      cameras[1].transform.RotateAround(
32                          logic.cueBall.transform.position, right, angleX); //摄像机旋转
33      }}}}
34      void freeFunction(float angleY, float angleX)          //第三人称视角的回调方法
35      {
36          if (Mathf.Abs(angleY) > 0.5f) {
37              freeViewRotationMatrixY += angleY;               //计算 Y 的旋转角度
38              cameras[2].transform.RotateAround(
39                  logic.cueBall.transform.position, Vector3.up, angleY);//设置球杆的旋转角度
40          }else{
41              if (total_RotationX + angleX > 10 && total_RotationX + angleX < 90f) {
42                  Vector3 right =
43                      cameras[curCam].transform.TransformDirection(Vector3.right);
                                                            //计算旋转轴
44                  total_RotationX += angleX;              //计算 x 轴的总旋转角度
45                  cameras[2].transform.RotateAround(
46                      logic.cueBall.transform.position, right, angleX); //摄像机旋转
47      }}}
```

- 第 1～17 行主要为主摄像机视角的角度旋转方法，获取碰撞点坐标，获取碰撞点与球台的交点坐标，然后利用该点坐标与白球坐标连线重新计算球杆的旋转角度。最后重新设置球杆的旋转角度。
- 第 18～33 行主要表示第一人称视角的回调方法，为了呈现第一人称更好的视觉效果，*y* 轴旋转没有限制，*x* 轴旋转取值为 0～90。将球杆旋转后，为摄像机定义旋转角度。
- 第 34～47 行主要表示第三人称视角的回调方法，计算 *x* 轴的总旋转角度，总旋转角度主要是限制旋转的幅度。将球杆旋转后，为摄像机定义旋转角度。

4.5.3　游戏界面脚本的编写

本小节将向读者介绍游戏界面绘制构造的相关脚本。每个脚本负责游戏界面不同的部分，详细的编写介绍如下。

（1）编写游戏界面脚本。该脚本主要负责绘制游戏主界面，包括游戏主界面的多个按钮等，具体代码如下所示。

代码位置：见本书随书源代码/第 04 章/Table3D/Asstes/Scripts/GameScript 目录下的 GameLayer.cs。

```
1     using UnityEngine;
2     using System.Collections;
3     using System.Collections.Generic;
4     public class GameLayer : MonoBehaviour
5     {
6         enum ButtonS{                                              //声明按钮系列
7             Go = 0, Far, Near, Left, Right, M, firstV, freeV, thirdV}
8         public static ArrayList BallGroup_ONE_EIGHT = new ArrayList();
                                                    //八球模式下的两个辅助列表
9         public static ArrayList BallGroup_TWO_EIGHT = new ArrayList();
10        public static ArrayList BallGroup_ONE_NINE = new ArrayList();
                                                    //九球模式下的一个辅助列表
11        public static ArrayList BallGroup_TOTAL = new ArrayList();    //所有球的列表
12        public static int ballInNum = 0;                     //进球个数
13        public static float totalRotation = 0.0f;            //绕 y 轴的总旋转角度
14        public static bool TOTAL_FLAG = true;                //触控与按钮是否可用的总标志位
15        public static bool isStartAction = false;            //球杆是否运动的总标志位
16        private bool isFirstView;                            //左下角显示按钮的标志位
17        private bool isFirstActionOver;                      //第一次运动是否结束的标志位
18        private bool isSecondActionOver;                     //第二次运动是否结束的标志位
19        private int tbtIndex;                                //控制右下角图片的变量
```

```
20      Matrix4x4 guiMatrix;                              //GUI 的自适应矩阵
21      public GUIStyle[] btnStyle;                       //按钮的 Style
22      public GUIStyle fbtnStyle;                        //按钮的 GUIStyle
23      Logic logic;                                      //主逻辑类组件
24      MiniMap miniMap;                                  //小地图组件
25      InitAllBalls initClass;                           //初始化桌球的组件
26      public Texture2D[] nums;
27      public AudioClip startSound;                      //进球的音效
28      void Start()
29      {
30          isFirstView = true;                           //左下角显示按钮的标志位
31          isFirstActionOver = false;                    //第一次运动是否结束的标志位
32          isSecondActionOver = false;                   //第二次运动是否结束的标志位
33          GameLayer.BallGroup_TOTAL.Add(GameObject.Find("CueBall"));
                                                          //首先将母球添加进总列表
34          initClass = GetComponent("InitAllBalls") as InitAllBalls;
35          miniMap = GetComponent("MiniMap") as MiniMap;
36          initClass.initAllBalls(PlayerPrefs.GetInt("billiard"));//初始化所有的桌球
37          logic = GetComponent("Logic") as Logic;      //获取该组件
38          if (PlayerPrefs.GetInt("offMusic") != 0){    //播放背景音乐的判断
39          audio.Pause();                                //播放背景音乐
40          }
41          guiMatrix = ConstOfMenu.getMatrix();          //获取 GUI 矩阵
42      }
43      void Update(){
44        if (Input.GetKeyDown(KeyCode.Escape)) {         //如果按下的是返回键
45              Application.LoadLevel("MenuScene");       //加载 LevelSelectScene 场景
46       }}
47      ……//此处省略了 OnGUI 方法，将在下面进行介绍
48      ……//此处省略了 resetAllStaticData 方法，将在下面进行介绍
49      ……//此处省略了 DrawButtons 方法，将在下面进行介绍
50      ……//此处省略了 cueRunAction 方法，将在下面进行介绍
51  }
```

- 第 6～11 行主要声明了游戏主界面上的各个按钮，声明了八球游戏模式下的全色球和花色球的两个辅助列表，九球游戏模式下的桌球辅助列表以及所有桌球的一个辅助列表。
- 第 12～27 行主要声明了游戏相关变量和相关的多种标志位，其中包括进球个数和按钮样式等。同时声明了 3 个脚本组件，包括主控逻辑组件、游戏小地图组件和初始化桌球组件。这些组件在主界面的绘制构造上起到一定的作用，将在后面进行详细介绍。
- 第 28～42 行主要为 Start 方法，首先对所需的标志位进行设置，然后将母球添加进桌球总列表，同时设置背景音乐的播放。
- 第 43～46 行表示当用户按下返回键的时候，退出游戏界面，加载游戏模式选择界面。

（2）下面介绍上述代码省略的 DrawButtons 方法，该方法主要负责游戏界面各个按钮的绘制。具体代码如下所示。

代码位置：见本书随书源代码/第 04 章/Table3D/Asstes/Scripts/GameScript 目录下的 GameLayer.cs。

```
1     void DrawButtons()                                          //绘制按钮方法
2     {
3         if (GUI.Button(new Rect(0, ConstOfGame.btnPositonY, //Go 按钮
4             ConstOfGame.btnSize, ConstOfGame.btnSize), "", btnStyle[(int)ButtonS.G
o])) {
5                 if (GameLayer.TOTAL_FLAG) {                     //如果允许按钮起作用
6                     GameLayer.TOTAL_FLAG = false;
7                     isFirstActionOver = false;          //第一次运动是否结束的标志位
8                     isSecondActionOver = false;         //第二次运动是否结束的标志位
9                     GameLayer.isStartAction = true;    //设置移动的标志位
10                    logic.cuePosition = logic.cueBall.transform.position;
11        }}
12        if (GUI.RepeatButton(new Rect(100, ConstOfGame.btnPositonY,   //缩小按钮
13            ConstOfGame.btnSize, ConstOfGame.btnSize), "", btnStyle[(int)ButtonS.Far])){
14                if (GameLayer.TOTAL_FLAG) {                     //如果允许按钮起作用
15                    (GetComponent("CamControl") as CamControl).moveCame(-5);
16        }}
```

```
17          if (GUI.RepeatButton(new Rect(200, ConstOfGame.btnPositonY,    //放大按钮
18              ConstOfGame.btnSize, ConstOfGame.btnSize), "", btnStyle[(int)ButtonS.Near])){
19                  if (GameLayer.TOTAL_FLAG) {                  //如果允许按钮起作用
20                      (GetComponent("CamControl") as CamControl).moveCame(5);
21          }}
22          if (GUI.RepeatButton(new Rect(300, ConstOfGame.btnPositonY, //左旋转按钮
23              ConstOfGame.btnSize, ConstOfGame.btnSize), "", btnStyle[(int)ButtonS.Left])) {
24                  if (GameLayer.TOTAL_FLAG) {                  //如果允许按钮起作用
25                      GameLayer.totalRotation -= ConstOfGame.rotationStep;
                                                                 //计算总的旋转角度
26                      logic.cueObject.transform.RotateAround(logic.cueBall.transform.position,
27                      Vector3.up, -ConstOfGame.rotationStep);      //设置球杆的旋转角度
28          }}
29          if (GUI.RepeatButton(new Rect(460, ConstOfGame.btnPositonY,  //右旋转按钮
30              ConstOfGame.btnSize, ConstOfGame.btnSize), "", btnStyle[(int)ButtonS.Right])) {
31                  if (GameLayer.TOTAL_FLAG){                   //如果允许按钮起作用
32                      GameLayer.totalRotation += ConstOfGame.rotationStep;
                                                                 //计算总的旋转角度
33                      logic.cueObject.transform.RotateAround(logic.cueBall.transform.position,
34                      Vector3.up, ConstOfGame.rotationStep);     //设置球杆的旋转角度
35          }}
36          if (GUI.Button(new Rect(550, ConstOfGame.btnPositonY,  //M 按钮
37              ConstOfGame.btnSize, ConstOfGame.btnSize), "", btnStyle[(int)ButtonS.M])){
38                  if (GameLayer.TOTAL_FLAG){                         //如果允许按钮起作用
39                      MiniMap.isMiniMap = !MiniMap.isMiniMap;//重新设置绘制小地图的标志位
40          }}
41          if (GUI.Button(new Rect(650, ConstOfGame.btnPositonY,              //F 按钮
42              ConstOfGame.btnSize, ConstOfGame.btnSize), "", fbtnStyle)){
43                  if (GameLayer.TOTAL_FLAG){          //如果允许按钮起作用
44                      logic.assistBall.SetActive(!logic.assistBall.activeSelf);
                                                        //调用辅助线
45                      logic.line.SetActive(!logic.line.activeSelf);
46          }}
47          if (isFirstView){
48              if (GUI.Button(new Rect(740, ConstOfGame.btnPositonY,
49                  ConstOfGame.btnSize,ConstOfGame.btnSize),"",btnStyle[(int)ButtonS.firstV])){
50                      if (GameLayer.TOTAL_FLAG){       //如果允许按钮起作用
51                          (GetComponent("CamControl") as CamControl).ChangeCam(2);
52                          isFirstView = !isFirstView;
53          }}}else {
54              if (GUI.Button(new Rect(740, ConstOfGame.btnPositonY,
55              ConstOfGame.btnSize, ConstOfGame.btnSize), "", btnStyle[(int)ButtonS.freeV])){
56                  if (GameLayer.TOTAL_FLAG){         //如果允许按钮起作用
57                      (GetComponent("CamControl") as CamControl).ChangeCam(1);
58                      isFirstView = !isFirstView;
59          }}}
60          if (GUI.Button(new Rect(730, 10, 30, 30), "", btnStyle[(int)ButtonS.thirdV])){
61              if (GameLayer.TOTAL_FLAG){                              //如果允许按钮起作用
62                  (GetComponent("CamControl") as CamControl).ChangeCam(0);
63      }}}
```

- 第 3～11 行绘制了 GO 按钮的时候，当用户单击该按钮的时候，母球进行击打。由于击打过程中，屏幕不允许触碰，摄像机不移动，所以对各个标志位进行设置。
- 第 12～21 行绘制了视野缩小和放大两个按钮，用户单击视野缩小和放大两个按钮的时候，每单击一次，摄像机移动固定距离，调整视野的远近，也可以说是对游戏界面内实物显示大小的调整。
- 第 22～35 行绘制了左旋转和右旋转按钮。用户单击该按钮的时候，会使球杆进行一定的角度旋转，从而调整击球位置。
- 第 36～46 行绘制了 M 按钮和 F 按钮，分别代表游戏界面左上角的小地图显示按钮，以及母球和目标球之间的辅助线显示按钮。用户单击这两个按钮的时候，进行相应切换。
- 第 47～62 行绘制了游戏视觉切换按钮。单击最右下角视角按钮，切换视角。默认视角为第一人称视角，单击该按钮切换到第三人称视角，玩家可滑动屏幕全方位观看游戏场景。

单击右上角进球个数按钮，切换至俯视视角。用户可根据自己的喜好，进行相应的调整。

（3）下面介绍上述代码省略的 OnGUI 方法、resetAllStaticData 方法以及 cueRunAction 方法。这 3 个方法分别负责游戏界面相应内容的绘制，游戏界面相关变量的数据恢复重置和母球运动状态控制。具体代码如下所示。

代码位置：见本书随书源代码/第 04 章/Table3D/Asstes/Scripts/GameScript 目录下的 GameLayer.cs。

```
1      void OnGUI()
2      {
3          GUI.matrix = guiMatrix;                          //设置 GUI 的矩阵
4          GUI.DrawTexture(new Rect(770, 10, 30, 30), nums[GameLayer.ballInNum]);
                                                            //绘制提示 UI
5          DrawButtons();                                   //绘制按钮
6          miniMap.drawMiniMap();                           //绘制 mini 地图
7          if (GameLayer.isStartAction)                     //如果允许球杆运动
8          {
9              cueRunAction();                              //球杆执行动作
10         }}
11     public static void resetAllStaticData(){             //重置数据
12         BallGroup_ONE_EIGHT.Clear();                     //清空八球模式两个列表
13         BallGroup_TWO_EIGHT.Clear();
14         BallGroup_ONE_NINE.Clear();                      //清空九球模式辅助列表
15         BallGroup_TOTAL.Clear();                         //清空桌球总列表
16         ballInNum = 0;                                   //进球个数
17         totalRotation = 0.0f;                            //绕 y 轴的总旋转角度
18         TOTAL_FLAG = true;                               //触控与按钮是否可用的总标志位
19         isStartAction = false;                           //球杆是否运动的总标志为
20         CamControl.curCam = 1;                           //相机索引
21         CamControl.prePosition = Vector3.zero;           //上一次的触控位置
22         CamControl.touchFlag = true;                     //触控的标志位
23         PowerBar.showTime = 720;                         //剩余时间
24         PowerBar.restBars = 22;                          //能量条格子大小
25         }
26     }
27     void cueRunAction()
28     {
29         if (!isFirstActionOver)  {                       //如果第一次没有运动完成
30             logic.cue.transform.Translate(new Vector3(0, 0, Time.deltaTime));
31             if (logic.cue.transform.localPosition.z <= -2){
32                 isFirstActionOver = true;                //第一次运动完成
33         }}else if (!isSecondActionOver && isFirstActionOver) {
                                                            //第一次运动结束，第二次运动没有结束
34             logic.cue.transform.Translate(new Vector3(0, 0, -2 * Time.deltaTime));
35             if (logic.cue.transform.localPosition.z >= -0.45f){
36                 isSecondActionOver = true;               //第一次运动完成
37         }}else {                                         //全部运动都结束
38             if (PlayerPrefs.GetInt("offEffect") == 0)  {              //如果播放音效
39                 audio.PlayOneShot(startSound);
40             }
41             logic.cue.transform.localPosition = new Vector3(0, 0, -1); //重新设置其位置
42             logic.cue.renderer.enabled = false;               //设置球杆不可见
43             logic.assistBall.transform.position = new Vector3(100, 0.98f, 100);
                                                                 //设置球杆可见
44             logic.line.renderer.enabled = false;              //设置辅助线可见
45             logic.cueBall.rigidbody.velocity =                //给白球设置速度
46                 new Vector3((PowerBar.restBars - 1) / 22.0f * ConstOfGame.MAX_SPEED *
47                 Mathf.Sin(GameLayer.totalRotation / 180.0f * Mathf.PI),
48                 0, (PowerBar.restBars - 1) / 22.0f * ConstOfGame.MAX_SPEED *
49                 Mathf.Cos(GameLayer.totalRotation / 180.0f * Mathf.PI));
50                 GameLayer.isStartAction = false;                          //不允许运动
51     }}
```

- 第 3～10 行主要负责绘制提示游戏胜利失败的小界面，调用绘制游戏界面按钮方法，调用绘制小地图方法，并且根据球杆运动标志位，执行相应的球杆运动操作。
- 第 11～25 行是重置数据的方法，包括清空两种游戏模式下的桌球列表，各种游戏对象的位置和角度，各种游戏相关物体运动的标志位，以及倒计时模式的初始时间和能量条的初始

能量大小。

- 第 29～36 行主要负责更改游戏相关运动的标志位。每当玩家按下“GO”按钮进行击打的时候，游戏场景中分有两部分运动，第一部分为球杆向后运动，准备进行击打；第二部分运动为球杆向白球运动，进行击打。
- 第 37～50 行主要负责当球杆全部运动结束后的相关操作，首先播放击打白球声效，然后给白球赋予相应速度，进行击打目标球运动，同时设置球杆不可见。当所有桌球运动停止，球杆和辅助线重新可见。

（4）编写小地图脚本。该脚本主要负责绘制游戏主界面上的小地图，是桌球游戏的俯视图的缩略图。具体代码如下所示。

代码位置：见本书随书源代码/第 04 章/Table3D/Asstes/Scripts/GameScript 目录下的 MiniMap.cs。

```
1       using UnityEngine;
2       using System.Collections;
3       public class MiniMap : MonoBehaviour {
4           public static bool isMiniMap = true;        //是否绘制小地图的标志位
5           private Texture2D[] textures;               //桌球图片
6           private Texture2D miniTable;                //球台的图片
7           private Texture2D cue;                      //球杆的图片
8           private float scale;                        //缩放比
9           private Vector2 pivotPoint;                 //旋转点
10          Matrix4x4 guiInvert;                        //获取 GUI 的逆矩阵
11          void Start(){
12              guiInvert = ConstOfMenu.getMatrix();
13              scale = ConstOfGame.miniMapScale;       //初始化缩放比
14              InitMiniTexture(PlayerPrefs.GetInt("billiard"));  //初始化桌球图片
15              miniTable = Resources.Load("minitable") as Texture2D;  //初始化球台的图片
16              cue = Resources.Load("cueMini") as Texture2D;          //初始球杆的图片
17          }
18      public void drawMiniMap()
19      {
20          if (MiniMap.isMiniMap){
21              GUI.DrawTexture(new Rect(0, 0, 283.0f / scale, 153.0f / scale), miniTable);
22              for (int i = 0; i < GameLayer.BallGroup_TOTAL.Count; i++){
23                  GameObject tran = GameLayer.BallGroup_TOTAL[i] as GameObject;
                                                             //获取该物体 ID 值
24                  BallScript ballScript = tran.GetComponent("BallScript") as BallScr
ipt;                                                         //获取脚本组件
25                  Vector3 ballPosition = tran.transform.position;  //桌球的位置
26                  int ballId = ballScript.ballId;                  //获取桌球的 ID
27                  GUI.DrawTexture(new Rect(ballPosition.z * 5 + 70,
28                  ballPosition.x * 5 + 35f, 5, 5), textures[ballId]);
29              }
30      if ((GameObject.Find("Cue") as GameObject).renderer.enabled) //如果球杆可见，则绘制球杆
31      {
32          Vector3 cuePosition = (GameObject.Find("CueObject") as GameObject).transform.position;
33          Vector3 cueBallPosition = (GameObject.Find("CueBall") as GameObject).
            transform.position;
34          pivotPoint = new Vector2(cueBallPosition.z * 5 + 72.5f, cueBallPosition.x * 5 + 37f);
35          Vector3 m = guiInvert.MultiplyPoint3x4(new Vector3(pivotPoint.x, pivotPoint.y,0));
36          GUIUtility.RotateAroundPivot(GameLayer.totalRotation, new Vector2(m.x, m.y));
37          GUI.DrawTexture(new Rect(cuePosition.z * 5 + 45, cuePosition.x * 5 + 37f,
            20, 2), cue);
38      }}}
39      void InitMiniTexture(int billiard)
40      {
41          bool init = (billiard - 8) > 0;         //判断模式
42          if (!init){
43              textures = new Texture2D[16];       //如果是八球模式则初始化 16 张纹理图
44              for (int i = 0; i < 16; i++){       //加载纹理图
45                  textures[i] = Resources.Load("minimap" + i) as Texture2D;
46              }}else{
47                  textures = new Texture2D[10];
48                  for (int i = 0; i < 10; i++){ //加载纹理图
49                  textures[i] = Resources.Load("minimap" + i) as Texture2D;
50      }}}}
```

- ❑ 第4～10行主要负责声明相应变量数据，包括是否绘制小地图的标志位。声明缩略图里面的球桌，球杆和桌球缩略图片素材，以及缩略比和旋转点。
- ❑ 第11～17行是Start方法，主要负责初始化小地图相关数据，包括初始化缩放比、小地图桌球图片、小地图球台的图片，以及小地图球杆的图片。
- ❑ 第21～29行主要负责绘制小地图内的球台以及桌球，而桌球的绘制需要根据玩家选择的游戏模式，以及实时桌球的运动和数量的减少。
- ❑ 第30～38行主要负责绘制球杆方法，主要根据球杆的显示与否，以及球杆运动前后的位置，进行确切的绘制。
- ❑ 第39～49行主要负责初始化小地图中桌球的数量，游戏分为八球模式和九球模式，两种模式下的桌球数量不同，八球模式需要加载16张纹理图，九球模式需要加载9张纹理图。同时，需要加载的小桌球纹理图每一个也不尽相同。

（5）编写能量条脚本。该脚本主要负责绘制并实时更改母球撞击力度的能量条，具体代码如下所示。

代码位置：见本书随书源代码/第04章/Table3D/Asstes/Scripts/GameScript目录下的PowerBar.cs。

```
1     using UnityEngine;
2     using System.Collections;
3     public class PowerBar : MonoBehaviour
4     {
5         public static int tipIndex;
6         public Texture2D[] tipTexture;
7         public Texture2D bg;                              //力量滑动条背景图片
8         public Texture2D bar;                             //力量块整张图片
9         private int groupX = 0, groupY = 120, groupWidth = 100, groupHeight = 230,
                                                          //背景图片矩形框参数
10        barX = 5, barY = 5, barW = 40, barH = 220;       //力量块图片矩形参数
11        private float texX = 0, texY = 0, texW = 1, texH = 1;    //纹理矩形参数
12        private int totalBars = 22;                      //力量块的个数
13        private int barWidth;                            //每个力量块的宽度
14        private Rect groupRect;                          //声明群组矩形变量
15        public static int restBars = 22;                 //定义私有变量
16        private Matrix4x4 invertMatrix;
17        Vector3 movePosition;                            //移动向量
18        Vector3 startPositon;                            //初始位置向量
19        public Texture2D[] textures;                     //与计时器相关的变量
20        public bool isStartTime;                         //初始时间
21        private  int totalTime;                          //总时间
22        private  int countTime;                          //计算时间
23        public static  int showTime = 720;               //总倒数时间
24        private int startTime;                           //初始化起始时间
25        private  int x = 300, y = 30, numWidth = 32, numHeight = 32, span = 6;
26        private Result result;                           //结果类的引用
27        void Start()
28        {
29            result = GetComponent("Result") as Result;
30            if (PlayerPrefs.GetInt("billiard") == 8) {           //如果是八球模式
31                tipIndex = 0;
32            }else{
33                tipIndex = 3;
34            }
35            startTime = (int)Time.time;
36            countTime = 0;
37            totalTime = 720;                                 //总时间为720s
38            isStartTime = PlayerPrefs.GetInt("isTime") > 0;//是否为倒计时模式的标志位
39            startPositon = Vector3.zero;
40            movePosition = Vector3.zero;
41            invertMatrix = ConstOfMenu.getInvertMatrix();
42            groupRect = new Rect(groupX, groupY, groupWidth, groupHeight + 100);
                                                              //初始化变量
43            barWidth = barH / totalBars;                     //计算每个力量块的宽度
44        }
```

```
45          ……//此处省略了 Update 方法，将在下面进行介绍
46            ……//此处省略了 DrawTime 方法，将在下面进行介绍
47            ……//此处省略了 OnGUI 方法，将在下面进行介绍
48      }
```

- 第 5～15 行声明了力量条的相关变量，包括整个能量条的背景纹理图和色彩纹理图，以及能量条和每个能量块的宽度高度等。由于在该游戏中，将能量条均匀分成了多个能量块，固能按比例转化为白球击球的能量。
- 第 17～26 行主要负责游戏进行过程中的计时变量的声明，其中包括倒计时模式的总时间，从零开始的计时时间和倒计时模式的剩余时间等。
- 第 28～43 行是 Start 方法，主要负责初始化声明的相关变量，定义倒计时模式总时间为 720s，即 12 分，须对能量块进行绘制。

（6）下面介绍能量条脚本中省略的 Update 方法和 DrawTime 方法，具体代码如下所示。

代码位置：见本书随书源代码/第 04 章/Table3D/Asstes/Scripts/GameScript 目录下的 PowerBar.cs。

```
1      void Update(){
2          if (isStartTime) {                              //如果为倒计时模式
3              countTime = (int)Time.time - startTime;
4              showTime = totalTime - countTime;       //显示的时间为总时间与计时的差
5              if (showTime<=0) {                      //如果时间小于 0 则表示游戏失败
6                  result.goLoseScene();  //调用 result 组件的 goLoseScene 方法进入到失败界面
7          }}
8          if (GameLayer.TOTAL_FLAG){
9              if (Input.GetMouseButtonDown(0)){
10                 CamControl.prePosition = Input.mousePosition;
11                 CamControl.touchFlag = false;
12                 startPositon = invertMatrix.MultiplyPoint3x4(Input.mousePosition);
13                 movePosition = startPositon;
14             }
15             if (Input.GetMouseButton(0)) {          //当触摸单击屏幕或在屏幕上滑动时
16                 movePosition =                      //得到触摸点位置,并进行自适应
17                     invertMatrix.MultiplyPoint3x4(Input.mousePosition);
18             }
19             if (Input.GetMouseButtonUp(0)){         //当触摸结束
20                 CamControl.touchFlag = false;       //触摸标志位置为 false
21     }}}
22     void DrawTime(int time)                         //绘制时间方法
23     {
24         int minute = time / 60;                     //定义分，取整
25         int seconds = time % 60;                    //定义秒，   取余
26         int num1 = minute / 10;                     //定义 num1，取整
27         int num2 = minute % 10;                     //定义 num2，取余
28         int num3 = seconds / 10;                    //定义 num3，取整
29         int num4 = seconds % 10;                    //定义 num4，取余
30         GUI.BeginGroup(new Rect(x, y, 5 * (numWidth + span), numHeight));
                                                       //绘制分钟纹理图
31         GUI.DrawTexture(new Rect(0, 0, numWidth, numHeight), textures[num1]);
32         GUI.DrawTexture(new Rect((numWidth + span), 0, numWidth, numHeight), textures[num2]);
33         GUI.DrawTexture(new Rect(2 * (numWidth + span), 0,
34             numWidth, numHeight), textures[textures.Length - 1]);  //绘制秒钟纹理图
35         GUI.DrawTexture(new Rect(3 * (numWidth + span), 0, numWidth, numHeight),
           textures[num3]);
36         GUI.DrawTexture(new Rect(4 * (numWidth + span), 0, numWidth, numHeight),
           textures[num4]);
37         GUI.EndGroup();
38     }
```

- 第 2～7 行主要负责倒计时模式下的计时功能。随着游戏开始，时间进行缩减。如果时间小于 0 则表示游戏失败，会调用 Result 组件的 goLoseScene 方法进入到失败界面。
- 第 8～20 行主要负责能量条的实时更改。在该游戏中，用户可以通过移动进行能量条的调整，或者直接单击需要的能量大小，便根据用户需要，更改能量条能量。
- 第 22～37 行主要负责绘制时间方法，总时间为 12 分，秒数精确到第二位。每一个时间数

字都是固定的纹理图，根据时间的更改，更换纹理图的绘制。

（7）下面介绍能量条脚本中省略的 OnGUI 方法。该方法主要负责能量条的具体绘制，以及当用户单击能量条的时候，对能量块的绘制进行相应更改。具体代码如下所示。

代码位置：见本书随书源代码/第 04 章/Table3D/Asstes/Scripts/GameScript 目录下的 PowerBar.cs。

```
1      void OnGUI()
2      {
3          GUI.matrix = ConstOfMenu.getMatrix();
4          GUI.DrawTexture(new Rect(272, 5, 256, 16), tipTexture[tipIndex]);//绘制纹理图
5          if (isStartTime){
6              DrawTime(showTime);                                     //显示时间
7          }
8          GUI.BeginGroup(groupRect);                                  //开始群组
9          GUI.DrawTexture(new Rect(0, 0, groupWidth, groupHeight), bg);//绘制能量条背景
10         GUI.DrawTextureWithTexCoords(new Rect(barX, barY +
11             barWidth * (totalBars - restBars), barW, barWidth * restBars), bar,
12             new Rect(texX, texY, texW, texH * restBars / totalBars)); //绘制能量块
13         GUI.EndGroup();                                            //结束群组
14         if (new Rect(barX + groupX, barY + groupY, barW,
15              barH).Contains(new Vector2(startPositon.x, 480.0f - startPositon.y)))
{
16                 CamControl.touchFlag = false;        //如果鼠标能量条区域
17                 restBars = Mathf.Clamp(totalBars -   //如果鼠标位于能量条矩形内
18                     (int)(480.0f - movePosition.y - barY - groupY) /
19                     barWidth, 1, 22);                //计算需要绘制的能量块个数
20         }else{
21             if (new Rect(0, 420, 800, 60).Contains(new Vector2(
22                 movePosition.x, 480.0f - movePosition.y))){
23                     if (new Rect(0, 420, 800, 60).Contains(new Vector2(
24                         startPositon.x, 480.0f - startPositon.y))){
25                             CamControl.touchFlag = false;         //如果鼠标按钮区域
26             }}else if (new Rect(730, 10, 30, 30).Contains(new Vector2(
27                     movePosition.x, 480.0f - movePosition.y))){
28                         if (new Rect(730, 10, 30, 30).Contains(new Vector2(
29                             startPositon.x, 480.0f - startPositon.y))){
30                                 CamControl.touchFlag = false;     //如果鼠标按钮区域
31             }}else{
32                 ontrol.touchFlag = true;
33     }}}}
```

- 第 3～13 行是基本绘制方法，主要负责绘制能量条的透明背景图，即能量百分比显示图。同时绘制能量块纹理图。
- 第 14～19 行主要负责能量条绘制的更改方法，当用户对能量条进行单击的时候，需要计算用户单击的能量块，重新绘制，同时更改能量大小。
- 第 20～32 行主要负责当用户在能量条上移动的时候，能量条需要跟随触摸点的移动，进行实时绘制，与此同时能量条不允许单击。

（8）下面介绍能量条脚本的变量赋值。在该脚本中包括能量条纹理图、能量块纹理图，以及需要绘制的时间纹理图，详细如图 4-63 所示。变量赋值在前面章节已经详细讲过，不再赘述。

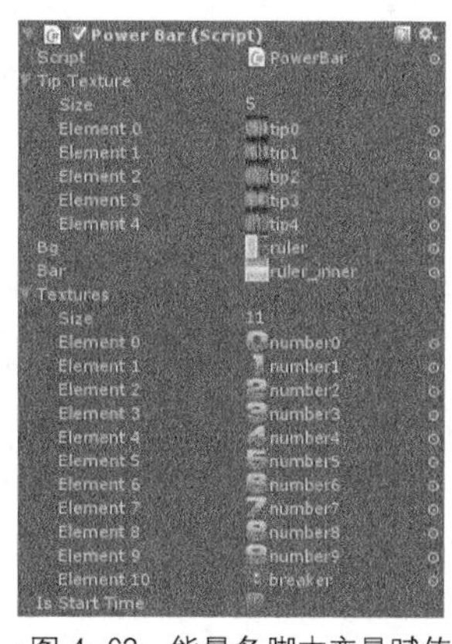

▲图 4-63　能量条脚本变量赋值

4.5.4　功能脚本的编写

本小节将向读者介绍关于游戏功能的相关脚本。每个脚本负责不同的功能，详细的编写和挂载步骤介绍如下。

（1）编写进球检测脚本。该脚本挂载在“CubeB”球洞面板游戏对象下，主要为桌球进洞的回调方法，同时检测桌球进洞后播放音效。具体代码如下所示。

代码位置：见本书随书源代码/第 04 章/Table3D/Asstes/Scripts/GameScript 目录下的 Cube.cs。

```
1     using UnityEngine;
2     using System.Collections;
3     public class Cube : MonoBehaviour {
4         public AudioClip BallinEffect;                       //进球的音效
5         void OnCollisionEnter(Collision other) {     //刚体碰撞时的回调方法
6             if (other.gameObject.tag == "Balls"){   //如果球和此刚体碰撞，则表明球已经进洞
7                 if (PlayerPrefs.GetInt("offEffect") == 0) {//如果播放音效
8                     audio.PlayOneShot(BallinEffect);          //播放音效
9                 }
10            (other.gameObject.GetComponent("BallScript") as BallScript).
              isAlowRemove = true;
11            }                                                //设置球删除的标志位为 true
12        }
13    }
```

- 第 4～9 行声明了桌球进洞的音效，同时介绍了桌球与该游戏对象碰撞时候的回调方法。如果桌球和此刚体碰撞，则表明球已经进入洞中，此时要播放桌球进洞音效。
- 第 10 行设置将要进洞的桌球的删除标志位为 true。游戏对象的桌球个数根据玩家选择的游戏种类分为两种，要分别记载未进洞和进洞的桌球的个数，进洞的桌球需要删除。

（2）编写桌球脚本。该脚本挂载在“Ball”和“CueBall”游戏对象下，主要负责控制桌球碰撞的声音以及桌球碰撞效果，具体代码如下所示。

代码位置：见本书随书源代码/第 04 章/Table3D/Asstes/Scripts/GameScript 目录下的 BallScript.cs。

```
1     using UnityEngine;
2     using System.Collections;
3     public class BallScript : MonoBehaviour {
4     public bool isAlowRemove = false;                        //是否删除的标志位
5     public int ballId = 0;                                   //桌球 ID
6     public AudioClip BallHit;                                //桌球互相碰撞发出的声音
7     public bool setData = true;                              //桌球数据标志位
8     void Update()
9     {
10        this.transform.rigidbody.velocity = this.transform.rigidbody.velocity * 0.988f;
11        this.transform.rigidbody.angularVelocity = this.transform.rigidbody.
          angularVelocity * 0.988f;
12        if (this.transform.rigidbody.velocity.sqrMagnitude < 0.01f) { //设置速度阈值
13            this.transform.rigidbody.velocity = Vector3.zero; }
14        if (Mathf.Abs(this.transform.position.z) > 12.3f || Mathf.Abs(this.
          transform.position.x) > 6.1f)
15        {
16            if (setData) {
17                collider.material.bounciness = 0.2f; //设置弹性系数
18                this.transform.rigidbody.velocity = this.transform.rigidbody.
                  velocity / 4;  //重新设置其速度
19                setData = false;                             //重新设置数据的标志位为 false
20        }}else{
21             if (Mathf.Abs(this.transform.rigidbody.velocity.y) >= 3f) {
                                                               //防止桌球蹦起来
22                this.transform.rigidbody.velocity = Vector3.zero; }
23            collider.material.bounciness = 1;                //重新设置弹性系数
24            setData = true;                                  //重新设置重置数据标志位
25    }}
26    void OnCollisionEnter(Collision collision)
27    {
28        if (PlayerPrefs.GetInt("offEffect") == 0){    //如果播放音效
29            if (collision.gameObject.tag == "Balls"){//如图是球和球之间的碰撞
30            float speedOfMySelf = gameObject.rigidbody.velocity.magnitude;
                                                               //比较两个球的速度大小
31            float speedOfAnother = collision.rigidbody.velocity.magnitude;
32            if (speedOfMySelf > speedOfAnother) {     //速度大的播放音效
33            audio.volume = speedOfMySelf / ConstOfGame.MAX_SPEED;
34            audio.PlayOneShot(BallHit);                      //播放碰撞音效
35    }}}}}
```

- 第 4～7 行声明了桌球是否需要删除的标志位，如果桌球进洞，需要在桌球系统中删除掉

该桌球的号码；声明了桌球 ID，方便管理桌球系统；声明桌球碰撞的声音；声明了桌球数据标志位。

- ❑ 第 10～13 行主要为桌球赋予一定的速度控制。为了模拟现实状况，桌球的速度需要有一定的衰减。完成运动后，桌球的速度需要自动归零。
- ❑ 第 14～24 行主要负责控制桌球的速度。为了模拟现实中桌球的运动碰撞状态，需要为其设置相应的弹性系数。同时为了防止桌球在球桌上弹跳起来，需要控制其速度。
- ❑ 第 26～34 行主要负责桌球之间碰撞的时候，播放音效。首先要比较两个桌球速度的大小，速度较大的球播放音效。

（3）桌球脚本的变量赋值。由于桌球在碰撞过程中会产生撞击声音，所以为其添加碰撞音效，将文件夹 Assets/Sounds 中的声音资源拖到桌球脚本下，详细如图 4-64 所示。

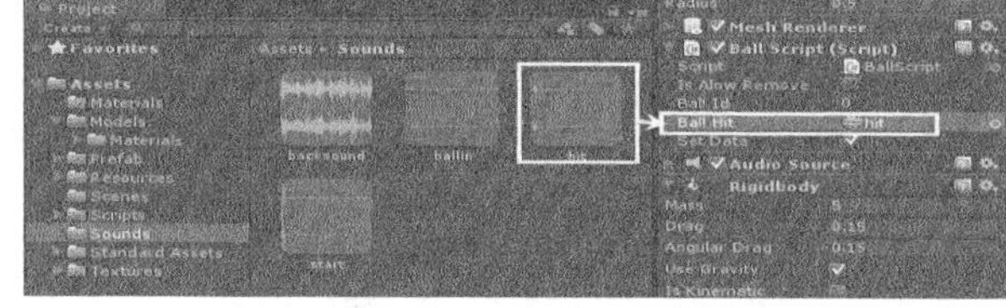

▲图 4-64　桌球脚本变量赋值

（4）编写桌球阴影脚本。该脚本挂载在“Shadow”桌球阴影游戏对象下，主要为桌球绘制实时阴影，具体代码如下所示。

代码位置：见本书随书源代码/第 04 章/Table3D/Asstes/Scripts/GameScript 目录下的 Shadow.cs。

```
1     using UnityEngine;
2     using System.Collections;
3     public class Shadow : MonoBehaviour {
4         Vector3 parentPosition;                          //桌球的位置变量
5         void Update () {
6             parentPosition = transform.parent.position; //获取其父类位置
7             transform.rotation = new Quaternion(1,0,0,-Mathf.PI*0.32f);
                                                           //设置阴影屏幕的旋转角度
8             transform.position=new Vector3(parentPosition.x,0.55f,parentPosition.z-0.4f);
9         }                                                //根据桌球的位置，设置阴影的位置
10    }
```

说明　该脚本主要负责绘制桌球阴影，首先获取父类桌球位置，然后在此位置绘制桌球实时阴影。同时，桌球阴影需要根据玩家视角实时更新。

（5）编写计算辅助线脚本。该脚本挂载在“AssistBall”游戏对象下，主要负责绘制母球与目标球之间的辅助线，具体代码如下所示。

代码位置：见本书随书源代码/第 04 章/Table3D/Asstes/Scripts/GameScript 目录下的 CalculateLine.cs。

```
1      using UnityEngine;
2      using System.Collections;
3      public class CalculateLine : MonoBehaviour{
4          public GameObject line;                          //声明辅助线对象
5          public GameObject cueBall;                       //声明母球对象
6          public GameObject allScript;                     //声明图片资源
7          InitAllBalls initAllBalls;                       //声明 initAllBalls 脚本组件
8          CamControl camControl;                           //声明 camControl 脚本组件
9          public ParticleSystem particle;                  //声明粒子系统
10         public Color c = Color.green;                   //声明桌球闪烁颜色，默认为绿色
11         private float alpha = 1;
12         private int mode;                               //得到模式的整数形式
13         void Start(){
14             mode = PlayerPrefs.GetInt("billiard");
15             initAllBalls = allScript.GetComponent("InitAllBalls") as InitAllBalls;
           //获取脚本组件
16             camControl = allScript.GetComponent("CamControl") as CamControl;
                                                           //获取脚本组件
17         }
```

```
18          void Update()
19          {
20              if (GameLayer.TOTAL_FLAG)
21              {
22                  GameObject tableBall_N = calculateBall(); //计算距离母球辅助线最近的球
23                  calculateUtil(tableBall_N);    //计算辅助线的位置，长度，以及辅助球的位置等
24                  ParticalBlint(tableBall_N);    //粒子闪烁的方法
25          }}
26          Vector3 HitPoint()
27          {
28              Vector3 point = Vector3.zero;        //声明碰撞点位置
29              RaycastHit hit;
30              if(Physics.Raycast(cueBall.transform.position,line.transform.forward,
                out hit,100))
31              {
32                  if (hit.transform.tag == "table"){
33                      point = hit.point;
34              }}
35              return point;
36          }
37          void RedColor(){                         //球进行红色闪烁
38              c = Color.Lerp(Color.red, Color.red/2, Mathf.PingPong(Time.time, 1));

39          }
40          void GreenColor(){                       //球进行绿色闪烁
41              c = Color.Lerp(Color.green, Color.green/2, Mathf.PingPong(Time.time, 1));
42          }
43          void FullColor(){                        //球进行彩色闪烁
44              c = Color.Lerp(Color.yellow, Color.blue, Mathf.PingPong(Time.time, 1));
45          }
46            ……//此处省略了 calculateBall 方法，将在下面进行介绍
47            ……//此处省略了 calculateUtil 方法，将在下面进行介绍
48            ……//此处省略了 ParticalBlint 方法，将在下面进行介绍
49      }
```

- 第 4～12 行主要负责声明相关内容，其中包括辅助线对象、母球对象、粒子系统和所用的图片资源等。同时声明了 initAllBalls 脚本组件和 camControl 脚本组件。
- 第 13～17 行主要为 Start 方法，在此获取了两个文本组件。获取 initAllBalls 组件的目的主要是为了使用其已经加载好的纹理图。获取 CamControl 组件主要负责统一桌球行为和性质。
- 第 18～25 行主要为 Update 方法，主要负责计算距离母球辅助线最近的球，计算辅助线的位置、长度，以及辅助球的位置等。同时调用粒子闪烁的方法，该方法将在后面进行详细介绍。
- 第 26～36 行主要负责进行碰撞点计算。游戏对象附加的 table 层用于进行碰撞检测，碰撞到的点用于计算线的位置以及线的长度。
- 第 37～45 行为桌球闪烁的 3 种颜色的闪烁方法，其中包括红色、绿色和彩色闪烁。

（6）下面开始介绍上述计算辅助线脚本中省略的 calculateBall 方法。该方法用于寻找距离白球最近的桌球，具体代码如下所示。

代码位置：见本书随书源代码/第 04 章/Table3D/Asstes/Scripts/GameScript 目录下的 CalculateLine.cs。

```
1       GameObject calculateBall()
2       {
3           GameObject tableBall_N = null;                        //初始化一个球对象
5           if (Mathf.Abs(GameLayer.totalRotation) == 90)         //判断斜率是否存在
6           {
7               return null;
8           }
9           Vector2 position0 = new Vector2(                    //获取白球的位置，转换到 2D 平面
10              cueBall.transform.position.z,-cueBall.transform.position.x);
11          Vector2 forceVector = new Vector2(Mathf.Cos(-GameLayer.totalRotation
                                                                //计算方向向量
12              / 180.0f * Mathf.PI), Mathf.Sin(-GameLayer.totalRotation / 180.0f * Mathf.PI));
13          float k = forceVector.y / forceVector.x;      //计算斜率
14          for (int i = 1; i < GameLayer.BallGroup_TOTAL.Count; i++)
15          {
```

```
16            GameObject tableBall_M =
17                GameLayer.BallGroup_TOTAL[i] as GameObject;          //获取球的位置
18            BallScript ballScript =
19                tableBall_M.GetComponent("BallScript") as BallScript; //获取脚本组件
20            Vector2 position_M = new Vector2(
21                tableBall_M.transform.position.z, -tableBall_M.transform.position.
x);               //计算两个点
22            Vector2 vectorM_0 = new Vector2(
23                position_M.x - position0.x, position_M.y - position0.y);
24            float length = Mathf.Abs(position_M.y - k * position_M.x - position0.y+
              //计算距离
25                position0.x * k) / Mathf.Sqrt(1 + k * k);
26            if (length <= 1 && Vector2.Angle(vectorM_0, forceVector) <
27                Mathf.Acos(1 / 2) * Mathf.Rad2Deg)
28            {
29                if(tableBall_N)        //若 tableBall_N 存在
30                {
31                    Vector2 position_A =
32                        new Vector2(tableBall_N.transform.position.z, //找到球的位置
33                            -tableBall_N.transform.position.x);
34                    Vector2 position_B = position_M;              //待判定球的位置
35                    float length1 =                               //计算 lenght1
36                        Vector2.SqrMagnitude(new Vector2(
37                            position_A.x - position0.x,position_A.y - position0.y));
38                    float length2 =                               //计算 lenght2
39                        Vector2.SqrMagnitude(new Vector2(
40                            position_B.x - position0.x,position_B.y - position0.y));
41                    if (length1 > length2)     {     //若 length1 大于 length2
42                        tableBall_N = tableBall_M;
43                }}else{
44                    tableBall_N = tableBall_M;   //如果 tableBall_N 不存在，则直接赋值
45        }}}
46        return tableBall_N;                        //返回计算出的球体
47    }
```

- 第 3～13 行主要负责初始化一个桌球对象，判断斜率，获取白球的位置并转换到 2D 平面，最后计算辅助线方向向量。
- 第 14～25 行主要负责循环桌球列表，寻找距离辅助线最近的球。首先获取球的位置，然后获取 BallScript 脚本组件。最后计算白球与目标球的两个点，从而计算出两球的距离。
- 第 26～46 行负责判定与白球距离最近的球。其中包括比较规则，要求与母球距离更近的球为 tableBall_N。

（7）下面开始介绍上述计算辅助线脚本中省略的 calculateUtil 方法。该方法用于计算白球与对应桌球的碰撞点，具体代码如下所示。

代码位置：见本书源代码/第 04 章/Table3D/Asstes/Scripts/GameScript 目录下的 CalculateLine.cs。

```
1     void calculateUtil(GameObject tableBall_N )       //计算球的碰撞点的方法
2     {
3         Vector2 forceVector =                         //计算方向向量
4             new Vector2(Mathf.Cos(-GameLayer.totalRotation / 180.0f * Mathf.PI),
5             Mathf.Sin(-GameLayer.totalRotation / 180.0f * Mathf.PI));
6         if (tableBall_N)
7         {
8             BallScript ballScript =
9                 tableBall_N.GetComponent("BallScript") as BallScript; //获取脚本组件
10            transform.LookAt(camControl.cameras[CamControl.curCam].transform.position);
11            float k = forceVector.y / forceVector.x;          //计算斜率
12            Vector2 position_N = new Vector2(                 //获取位置
13                tableBall_N.transform.position.z, -tableBall_N.transform.position.x);
14            Vector2 position0 = new Vector2(                  //白球的位置
15                cueBall.transform.position.z,-cueBall.transform.position.x);
16            Vector2 vector0_N = new Vector2(                  //计算两个球的连线向量
17                position_N.x - position0.x,position_N.y - position0.y);

18            float length1 = Mathf.Abs(position_N.y - k * position_N.x - position0.y
19                + position0.x * k) / Mathf.Sqrt(1 + k * k);    //计算球与直线的距离
```

```
20          float length2 = Vector2.SqrMagnitude(vector0_N);//计算两个球之间的距离的平方
21          float length3 = Mathf.Sqrt(1 - length1 * length1); //计算距离
22          float length4 = Mathf.Sqrt(length2 - length1 * length1) - length3;
                                                            //计算距离
23          Vector2 point1 = forceVector * length4;
24          Vector2 point2 = position0 + point1;
25          transform.position = new Vector3(-point2.y, 0.98f, point2.x);//变换位置
26          Vector2 point3 = forceVector * length4;                  //线的长度
27          Vector2 point4 = position0 + point3 / 2;                 //线的位置
28          line.transform.position =
29              new Vector3(-point4.y, 0.98f, point4.x);        //设置辅助线的位置
30          line.transform.localScale =
31              new Vector3(0.005f, 1, (length4 - 1f) / 10.0f);  //设置缩放比
32          line.renderer.material.mainTextureOffset =
33              new Vector2(0, Time.time * 0.03f);              //设置图片偏移量
34          line.renderer.material.mainTextureScale =
35              new Vector2(1, (length4 - 1) / 12);             //设置缩放比
36      }else{
37          Vector3 hitPoint3 = HitPoint();
38          Vector2 hitPoint = new Vector2(hitPoint3.z, -hitPoint3.x);
39          Vector2 position0 = new Vector2(                          //白球的位置
40              cueBall.transform.position.z,-cueBall.transform.position.x);
41          Vector2 vector0_N = new Vector2(
42              hitPoint.x - position0.x, hitPoint.y - position0.y);//计算两个球的连线向量
43          Vector2 point1 = (position0 + hitPoint) / 2 + 0.5f * forceVector;
44          transform.position = new Vector3(100, 0.98f,100);    //把辅助球移动出屏幕
45          float length1 = Vector2.Distance(Vector2.zero,vector0_N);
46          line.transform.position = new Vector3(-point1.y, 0.98f, point1.x);
                                                     //设置辅助线的位置
47          line.transform.localScale =
48              new Vector3(0.005f, 1, length1 / 10.0f);    //设置缩放比
49          line.renderer.material.mainTextureOffset =
50              new Vector2(0, Time.time * 0.03f);          //设置图片偏移量
51          line.renderer.material.mainTextureScale =
52              new Vector2(1, length1 / 12);               //设置缩放比
53  }}
```

- 第3～5行主要负责计算方向向量，由于该方法需要计算两个球的碰撞点，所以首先需要通过相关数学公式计算出方向向量，以便后续使用。
- 第8～17行中，当tableBall_N存在的时候，首先获取BallScript脚本组件，为辅助球赋予相应的桌球性质特点。然后获取发生碰撞的白球和另一个桌球的位置，计算其斜率，并计算两个球的连线向量，方便后续使用。
- 第18～36行主要负责计算球与直线的距离，计算两个球之间的距离的平方，从而计算出两球之间的距离。通过相应的变换位置能确定辅助线的长度，从而设置辅助线位置和偏移量。由于游戏需要适应各种移动终端设备，需要进行缩放比设置。
- 第37～43行中，当tableBall_N不存在的时候，首先确定两个球的位置，从而计算两个球的连线方向向量。
- 第44～52行主要负责设置白球到目标球的辅助线的位置和偏移量。由于游戏需要适应各种移动终端设备，需要进行缩放比设置。

（8）下面开始介绍上述计算辅助线脚本中省略的ParticalBlint方法。该方法用于控制桌球闪烁的颜色。当白球想要击打一个桌球的时候，辅助球根据游戏规则会闪烁不同的颜色。红色表示警告不可击打，绿色表示可以击打，彩色表示该球进洞即为胜利，具体代码如下所示。

代码位置：见本书随书源代码/第04章/Table3D/Asstes/Scripts/GameScript目录下的CalculateLine.cs。

```
1   void ParticalBlint(GameObject tableBall_N)
2   {
3       if (tableBall_N){
4           BallScript ballScript =
5               tableBall_N.GetComponent("BallScript") as BallScript; //获取脚本组件
6           transform.renderer.material.mainTexture =
```

```
7                   initAllBalls.textures[ballScript.ballId];       //设置辅助球的材质
8               int num = ConstOfGame.kitBallNum;                   //设置辅助球的闪烁颜色
9               if (mode < 9){                                      //如果是八球模式
10                  if (num == 0) {                                 //表示可击打任意球
11                      if (ballScript.ballId == 8) {
12                          RedColor();                       //红色警告不可击打
13                      }else{
14                          GreenColor();                     //绿色闪烁，可以击打
15              }}else if (num == 1){                         //击打全色球
16                  if (ballScript.ballId > 8) {
17                      RedColor();                           //红色闪烁表示警告不可击打
18                  }else if (ballScript.ballId == 8){
19                      int one_count = GameLayer.BallGroup_ONE_EIGHT.Count;
20                      int two_count = GameLayer.BallGroup_TWO_EIGHT.Count;
21                      if (one_count == 0 || two_count == 0) {
22                          FullColor();                                  //彩色闪烁
23                      }else{
24                          RedColor();                       //红色闪烁表示警告不可击打
25                  }}else{                                   //击打全色球
26                      GreenColor();                         //绿色闪烁，可以击打
27                  }}else{                                   //击打花色球
28                      if (ballScript.ballId > 8) {
29                          GreenColor();                     //绿色闪烁，可以击打
30                      }else if (ballScript.ballId == 8){
31                          int one_count = GameLayer.BallGroup_ONE_EIGHT.Count;
32                          int two_count = GameLayer.BallGroup_TWO_EIGHT.Count;
33                          if (one_count == 0 || two_count == 0){
34                              FullColor();                  //表示同一种球全部进洞，彩色闪烁
35                          }else{
36                              RedColor();                   //红色闪烁表示警告不可击打
37                  }}else{                                   //击打全色球
38                      RedColor();                           //红色闪烁表示警告不可击打
39          }}}else {                                         //如果是九球模式即共有 9 个球
40              if (ballScript.ballId == 8) {
41                  int one_nine = GameLayer.BallGroup_ONE_NINE.Count;
42                  if (one_nine == 0){
43                      FullColor();              //表示可击打黑色八号球进洞，彩色闪烁
44                  }else{
45                      RedColor();               //红色闪烁，表示不可击打
46              }}else{
47                  GreenColor();                 //可击打任意球，绿色闪烁
48          }}
49          alpha = Mathf.Lerp(0.5f, 1, Mathf.PingPong(Time.time, 1));
50          particle.startColor = c;
51      }}
```

- 第 4～8 行主要负责设置辅助球的材质和辅助球的闪烁颜色，同时获取 BallScript 脚本组件。
- 第 9～38 行主要负责八球模式桌球闪烁颜色，即共有 15 个球。其中第一个球可以击打任意一个，若第一个入洞的球为花色，则下一个必修为全色球，绿色闪烁。若不按规则击打，则红色闪烁。当所有球入洞后，最后击打黑色 8 号球，闪烁彩色，表示该球入洞后即可胜利。
- 第 39～50 行主要负责九球模式，即共有 9 个球。所有球可任意击打，绿色闪烁。但若离白球最近的为黑色 8 号球，闪烁红色表示不可击打。最后击打黑色 8 号球，闪烁彩色，表示该球入洞后即可胜利。

（9）计算辅助线脚本的挂载和变量赋值。将 CalculateLine 脚本拖曳到 AssistBall 游戏对象下，如图 4-65 所示。

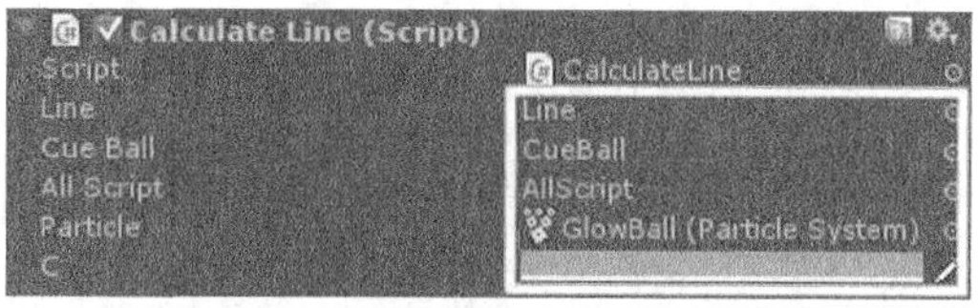

▲图 4-65　辅助线脚本的挂载和变量赋值

（10）初始化桌球脚本。在前面计算辅助线脚本中，加载了该脚本，在这里进行详细介绍。该脚本主要负责根据不同游戏模式，初始化相应数目的桌球，详细代码如下。

代码位置：见本书随书源代码/第 04 章/Table3D/Asstes/Scripts/GameScript 目录下的 initAllBalls.cs。

```
1       using UnityEngine;
2       using System.Collections;
```

```
3     public class InitAllBalls : MonoBehaviour {
4     public GameObject ball;                               //预设对象
5     public Texture2D[] textures;                          //桌球图片
6     public void initAllBalls(int billiard) {              //初始化桌球的方法
7         int[] randomArray = RandomArray(billiard,7);
8         bool init = (billiard - 8) > 0;                   //判断模式，大于 0 为九球模式
9         int sum = 0;
10        if (!init){
11            textures = new Texture2D[16];               //如果是八球模式则初始化 16 张纹理图
12            for (int i = 0; i < 16; i++){
13                textures[i] = Resources.Load("snooker" + i) as Texture2D;//加载纹理图
14            }
15            for (int i = 1; i <= 5; i++){
16                for (int j = 1; j <= i; j++){
17                    Vector3 ballPosition = new Vector3(-(0.5f + 0.05f) *
18                        (i - 1) + (j - 1) * (0.5f + 0.05f) * 2, 0.98f, 5.8f +
19                        (0.5f + 0.05f) * 2 * (i - 1));       //计算桌球的位置
20                    GameObject obj = Instantiate(ball, ballPosition,
21                    new Quaternion(1,0,0,Mathf.PI/2)) as GameObject; //实例化桌球
22                    obj.transform.renderer.material.mainTexture =
23                        textures[randomArray[sum + j - 1] + 1];         //设置桌球图片
24                    (obj.GetComponent("BallScript") as BallScript).ballId =
25                        randomArray[sum + j - 1] + 1;        //设置桌球的 ID 号码
26                    if ((randomArray[sum + j - 1] + 1) < 8)
27                    {                   //将 1～7 号球添加到八球模式下的 1 号列表
28                        GameLayer.BallGroup_ONE_EIGHT.Add(obj);
29                    }else if ((randomArray[sum + j - 1] + 1) > 8)
30                    {                   //将 9～15 号球添加到八球模式下的 2 号列表
31                        GameLayer.BallGroup_TWO_EIGHT.Add(obj);
32                    }
33                GameLayer.BallGroup_TOTAL.Add(obj);
34                }
35                sum += i;
36        }}else{
37        ……//此处省略了九球模式的桌球初始化代码，与八球模式类似，不再赘述
38        }}
39         ……//此处省略了 RandomArray 方法，将在下面进行介绍
40    }
```

- 第 4～14 行声明了桌球预设对象和桌球的纹理图片。同时需要判断玩家选择何种游戏模式，游戏模式分为八球模式和九球模式。根据不同的模式，加载不同数目和样式的桌球纹理图。
- 第 15～25 行计算每一个桌球的位置，并实例化桌球，同时设置各个桌球的图片。并为每个桌球设置固定的 ID 号码，方便后续使用。
- 第 26～32 行表示将八号球的两种花色分别添加到各自的列表，由于八球模式分为全色球和花色球，根据八球模式游戏的规则，必须交叉入洞，所以要为两种桌球分类管理。

（11）下面开始介绍上述初始化桌球脚本中省略的 RandomArray 方法。该方法用于将八球模式和九球模式分别设置相应的 ID 号码，具体代码如下所示。

代码位置：见本书随书源代码/第 04 章/Table3D/Asstes/Scripts/GameScript 目录下的 initAllBalls.cs。

```
1     private int[] RandomArray(int length, int index)
2     {
3         length = length > 8 ? 9 : 15;                          //生成特定随机数序列的数组
4         ArrayList origin = new ArrayList();                    //实例化一个 ArrayList
5         int[] result = new int[length];     //实例化一个长度为 length 的数组，最后返回该数组
6         for (int i = 0; i < length; i++){                      //遍历列表并初始化
7             if (i == index) {                                  //当遍历到第 index 个元素时
8                 continue;                                      //不将 index 个元素放入列表
9             }
10            origin.Add(i);                                     //将 index 个元素加入列表中
11        }
12        for (int i = 0; i < length; i++) {                     //遍历数组
13            if (i == 4) {                                      //当遍历到第 index 个元素时
14                result[i] = index;                             //为第 index 个元素赋固定的值
15                continue;                                      //继续下一次遍历
16            }
```

```
17          int tempIndex = (int)Random.Range(0, origin.Count - 0.1f);//产生随机位置
18          result[i] = (int)origin[tempIndex];//将从列表中随机位置上取出的元素赋值给数组
19          origin.RemoveAt(tempIndex);          //从列表中删除对应的取出的元素
20      }
21      return result;                           //返回结果
22  }
```

- 第3～11行主要负责判断传入参数为八球模式还是九球模式，根据判断结果进行相应的实例化数组操作，同时遍历列表并初始化。
- 第12～21行遍历数组，当遍历到第index个元素时，为该元素赋固定的值。同时产生随机位置，将从列表中随机位置上取出的元素赋值给数组，并从列表中删除对应的取出的元素。最后返回操作结果。

（12）编写游戏结果脚本。该脚本根据游戏进行的情况，判断胜利与失败，同时在游戏界面上显示相应的提示小界面，详细代码如下。

代码位置：见本书随书源代码/第04章/Table3D/Asstes/Scripts/GameScript目录下的Result.cs。

```
1   using UnityEngine;
2   using System.Collections;
3   public class Result : MonoBehaviour {
4       private bool isResult;                   //是否已经产生结果的标志位
5       public Texture2D backGround;             //背景图片
6       public Texture2D dialog;                 //中心背景图片
7       public Texture2D[] tipTexture;           //提示信息图片
8       private int tipIndex;                    //提示信息索引
9       Matrix4x4 guiMatrix;                     //GUI自适应矩阵
10      public GUIStyle[] guiSytle;              //按钮样式
11      Logic logic;                             //获取logic脚步组件
12      PowerBar powerBar;                       //获取PowerBar脚步组件
13      void Awake()
14      {
15          logic = GetComponent("Logic") as Logic;           //获取主控逻辑脚本组件
16          powerBar = GetComponent("PowerBar") as PowerBar;  //获取能量条脚本组件
17          tipIndex = 0;                                     //定义相应变量
18          guiMatrix = ConstOfMenu.getMatrix();
19          isResult = false;                                 //结果标志位置为false
20      }
21      void OnGUI()
22      {
23          if (isResult){
24              GameLayer.TOTAL_FLAG = false;
25              GUI.matrix = guiMatrix;
26              GUI.DrawTexture(new Rect(0, 0, 800, 480), backGround); //绘制灰色的背景图片
27              GUI.BeginGroup(new Rect(200,150,400,180));          //设定组
28              GUI.DrawTexture(new Rect(0, 0, 400, 180), dialog);   //绘制背景
29              GUI.DrawTexture(new Rect(100, 20, 200,50), tipTexture[tipIndex]);
                                                    //绘制提示信息
30              if (GUI.Button(new Rect(30,100,150,50), "", guiSytle[0])) {
31              GameLayer.resetAllStaticData();     //如果重新开始，则重新进行常量的设置
32              Application.LoadLevel("GameScene"); //重新加载该场景
33          }
34          if (GUI.Button(new Rect(220, 100, 150, 50), "", guiSytle[1])){
35              Application.Quit();                 //按下退出游戏，游戏退出
36          }
37          GUI.EndGroup();
38      }}
39      public static string[] LoadData()           //加载数据方法
40      {
41          string[] records = PlayerPrefs.GetString("gameData").Split(';');//游戏记录
42          return records;                         //返回结果
43      }
44      ……//此处省略了goVectorScene方法，将在下面进行介绍
45       ……//此处省略了goLoseScene方法，将在下面进行介绍
46      ……//此处省略了SaveData方法，将在下面进行介绍
47  }
```

- 第4～12行声明了该游戏是否结束的标志位，按钮样式，以及游戏结束后提示的小界面的

背景图，覆盖在游戏界面上的纹理图，以及提示再玩一次和退出游戏两个按钮的纹理图。

- 第 13～20 行主要负责获取主控逻辑脚本组件和能量条脚本组件，同时对相应变量进行初始化。
- 第 23～38 行中，当游戏结束标志位为 true 的时候，便对结束提示界面进行绘制，同时将游戏背景用灰度图覆盖，当玩家单击在玩一次的时候，游戏重新开始，所有变量恢复初始化状态。当玩家单击退出游戏的时候，游戏便退出。
- 第 39～43 行主要为加载数据的方法，在该方法中，对游戏时间记录进行了获取，同时返回结果。

（13）下面介绍上述游戏结果脚本省略的 goVectorScene 方法、goLoseScene 方法和 SaveData 方法。前两者为游戏胜利和失败界面的方法，后者为保存数据方法，保存的数据用于显示在排行榜中。其详细代码如下。

代码位置：见本书随书源代码/第 04 章/Table3D/Asstes/Scripts/GameScript 目录下的 Result.cs。

```
1     public void goVectorScene()                    //游戏胜利的方法
2     {
3         powerBar.isStartTime = false;     //标志位置为 false
4         logic.enabled = false;
5         for (int i = 0; i < GameLayer.BallGroup_TOTAL.Count; i++)
6         {                                         //循环遍历需要列表，将球的速度设置为 0
7             GameObject ball = GameLayer.BallGroup_TOTAL[i] as GameObject;
8             ball.transform.rigidbody.velocity = Vector3.zero;
9             ball.transform.rigidbody.angularVelocity = Vector3.zero;
10        }
11        isResult = true;
12        tipIndex = 1;
13        if (PowerBar.showTime != 720){
14            SaveData(PowerBar.showTime);       //数据存储，到时候把代码粘贴过来
15    }}
16    public void goLoseScene()                     //游戏失败的方法
17    {
18        powerBar.isStartTime = false;
19        logic.enabled = false;
20        for (int i = 0; i < GameLayer.BallGroup_TOTAL.Count; i++)
21        {                                         //循环遍历需要列表，将球的速度设置为 0
22            GameObject ball = GameLayer.BallGroup_TOTAL[i] as GameObject;
23            ball.transform.rigidbody.velocity = Vector3.zero;
24            ball.transform.rigidbody.angularVelocity = Vector3.zero;
25        }
26        isResult = true;
27        tipIndex = 0;
28    }
29    public static void SaveData(int score)                   //数据保存方法
30    {
31        int year = System.DateTime.Now.Year;                //获取年份
32        int month = System.DateTime.Now.Month;              //获取月份
33        int day = System.DateTime.Now.Day;                  //获取日子
34        string date = year + "-" + month + "-" + day; //按照日期格式进行重组
35        string oldData = PlayerPrefs.GetString("gameData");
36        string gameData = "";                               //定义游戏数据存储变量
37        if (oldData == ""){                                 //当存储为空时
38            gameData = date + "," + score;                  //为游戏数据存储变量赋值
39          }else{
40            gameData = oldData + ";" + date + "," + score;  //为游戏数据存储变量赋值
41        }
42        PlayerPrefs.SetString("gameData", gameData);            //保存游戏数据
43    }
```

- 第 1～15 行主要为游戏胜利的方法，当游戏胜利之后，将所有球速度设置为“0”，同时记录游戏胜利的时间，用于显示在排行榜上。
- 第 16～28 行主要为游戏失败的方法，将所有桌球速度设置为“0”，因为游戏失败，则无需做任何记录。

❑ 第 29～43 行主要为数据保存方法，该方法主要负责保存游戏胜利的数据，包括游戏的年份、月份和日期，同时整理为“年-月-日”格式。

（14）下面介绍游戏结果脚本的变量赋值，包括游戏结束后提示的小界面的背景图，覆盖在游戏界面上的纹理图，以及提示再玩一次和退出游戏两个按钮的纹理图，如图 4-66 所示。变量赋值在前面章节已经详细讲过，不再赘述。

（15）主控逻辑脚本的编写。该脚本主要负责游戏中各个游戏对象的正常运转、功能的正常执行，以及遵循游戏规则进行判断输赢。其详细代码如下。

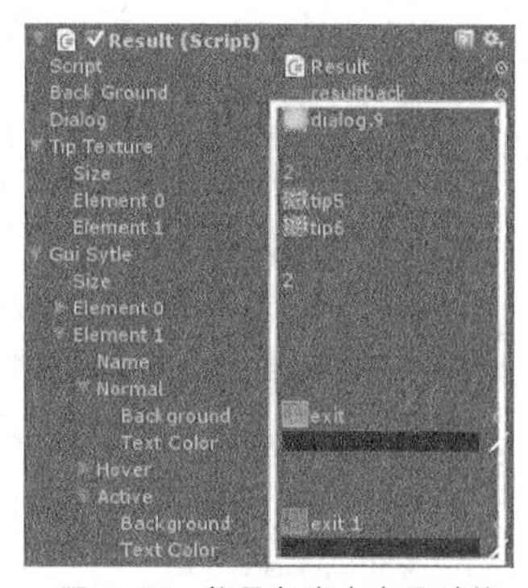

▲图 4-66　能量条脚本变量赋值

代码位置：见本书随书源代码/第 04 章/Table3D/Asstes/Scripts/GameScript 目录下的 Logic.cs。

```
1     using UnityEngine;
2     using System.Collections;
3     public class Logic : MonoBehaviour {
4         private bool isEightMode;             //模式的标志位
5         private bool isJudgeOver;             //第一次击球是否结束的标志位
6         public bool resetPositionFlag;        //白球是否重置位置的标志位
7         public GameObject cue;                //球杆对象
8         public GameObject line;               //球线对象
9         public GameObject assistBall;         //辅助球对象
10        public GameObject cueObject;          //球杆的父节点,主要是起到简化球杆计算的方法
11        public GameObject cueBall;            //母球对象
12        public  Vector3 cuePosition;          //用于储存球杆父节点位置的变量
13        ArrayList ballNeedRemove;             //辅助删除列表
14        private float t = 0;                  //插值变量
15        private Result result;                //结果类的引用
16        void Start () {
17            result = GetComponent("Result") as Result;
18            cuePosition = cueBall.transform.position;
19            isEightMode = PlayerPrefs.GetInt("billiard") < 9;  //模式的标志位
20            isJudgeOver = PlayerPrefs.GetInt("billiard") == 9;//第一次击球是否结束的标志位
21            resetPositionFlag = false;                        //白球重置的标志位
22            ballNeedRemove = new ArrayList();                 //创建删除列表
23        }
24        private void afterBallStopCallback()                  //摄像机跟随方法
25        {
26            if (CamControl.curCam == 1){                      //如果为第一人称视角
27                if (resetPositionFlag){                       //如该标志位为 true
28                setData();                                    //设置数据
29                resetData();                                  //重置数据
30            }else{
31                t = Mathf.Min(t + Time.deltaTime / 2.0f, 1);         //进行插值计算
32                cueObject.transform.position =               //计算 cueObject 的位置
33                    Vector3.Lerp(cuePosition, cueBall.transform.position, t);
34                if (t == 1) {                 //等于 1 之后开始重新设置一些信息
35                setData();
36                t = 0;
37            }}} else{
38            setData();
39        }}
40        void resetData()                      //重新设置各种信息
41        {
42            GameLayer.totalRotation = 0;    //白球入洞后恢复位置
43            cueObject.transform.rotation = new Quaternion(1,0,0,13); //恢复球杆起始状态
44            (GetComponent("CamControl") as CamControl).setFreeCame(); //重置摄像机的信息
45        }
46        ……//此处省略了 Update 方法，将在下面进行介绍
47         ……//此处省略了 Setdata 方法，将在下面进行介绍
48        ……//此处省略了 removeBalls 方法，将在下面进行介绍
49    }
```

❑ 第 4～15 行声明了该组件控制的游戏对象，包括球杆、辅助线、辅助球和母球等。同时声明了需要控制逻辑的脚本引用，以及游戏过程中相关的部分标志位的声明。

- 第 16～23 行是 Start 方法，在该方法中，获取组件并初始化球杆，初始化了部分游戏相关变量的标志位。包括第一次进球是否结束标志位，这里也分八球模式与九球模式，九球模式不需要进行第一次击球的判断，只要最后黑色八号球进洞即可。同时要为进洞的桌球创建一个删除列表。
- 第 24～39 行是摄像机跟随方法。如果是第一人称，则慢慢跟随；如果是其他两人称，直接重新设置球杆的位置，而不是摄像机的位置。
- 第 40～45 行主要为重新设置各种信息的方法，当游戏视角为第一人称时，白球进洞之后，要让球杆白球等回到起始点，同时调用 CamControl 类的 setFreeCame 方法重新设置摄像机的信息。

（16）下面介绍上述主控逻辑脚本代码中省略的 Update 方法和 setData 方法，前者代码主要负责实时判断桌球是否需要删除，是否全部停止运动。后者主要负责为八球模式判断应该击打哪种花色的桌球。详细代码如下。

代码位置：见本书随书源代码/第 04 章/Table3D/Asstes/Scripts/GameScript 目录下的 Logic.cs。

```
1     void Update()
2     {
3         for (int i = 0; i < GameLayer.BallGroup_TOTAL.Count; i++)
                                              //循环遍历需要列表，找到需要删除球
4         {
5             GameObject tran = GameLayer.BallGroup_TOTAL[i] as GameObject;

6             BallScript ballScript = tran.GetComponent("BallScript") as BallScript;
                                              //获取脚本组件
7             if (ballScript.isAlowRemove) {   //判断是否允许删除
8                 ballNeedRemove.Add(tran);
9         } }
10        removeBalls();                     //调用 removeBalls 方法，删除允许删除的桌球
11        if (!GameLayer.TOTAL_FLAG && !GameLayer.isStartAction){
12            for (int i = 1; i < GameLayer.BallGroup_TOTAL.Count; i++)
13            {                               //循环判断所有桌球是否停止运动
14                GameObject obj = (GameLayer.BallGroup_TOTAL[i] as GameObject);
15                if (obj.rigidbody.velocity.sqrMagnitude > 0.01f) { //判断球是否停止
16                    return;
17            }}
18            if (resetPositionFlag) {         //如果白球掉落出球台
19                afterBallStopCallback();     //调用寻回方法
20            }
21            if (cueBall.rigidbody.velocity.sqrMagnitude < 0.01f) {//如果所有球都停止
22                afterBallStopCallback();
23    }}}
24    private void setData()
25    {
26        if (resetPositionFlag){
27            resetPositionFlag = false;       //将标志位置反
28            cueBall.transform.position = ConstOfGame.CUEBALL_POSITION;
                                              //重新设置白球的位置
29            cueBall.transform.rigidbody.velocity = Vector3.zero; //重新设置白球的速度
30            cueBall.transform.renderer.enabled = true;    //重新设置 0 号球的位置
31        }
32        if (!isJudgeOver) {                               //如果还是第一次击球
33            int one_count = GameLayer.BallGroup_ONE_EIGHT.Count; //八球模式桌球列表一
34            int two_count = GameLayer.BallGroup_TWO_EIGHT.Count; //八球模式桌球列表二
35            if (one_count == two_count){          //如果两个列表大小相等
36                ConstOfGame.kitBallNum = 0;       //可以任意击球
37                PowerBar.tipIndex = 0;
38            }else if (one_count < two_count){     //列表一比列表二小
39                ConstOfGame.kitBallNum = 1;       //表示可以击打花色球
40                isJudgeOver = true;               //重置标志位，表示第一次击球结束
41                PowerBar.tipIndex = 1;
42            }else{
43                ConstOfGame.kitBallNum = 2;       //表示可以击打全色球
44                PowerBar.tipIndex = 2;
45                isJudgeOver = true;               //重置标志位，表示第一次击球结束
46        }}
```

```
47         cueObject.transform.position = cueBall.transform.position;//设置球杆父节点的位置
48         cue.renderer.enabled = true;                     //设置球杆可见
49         line.renderer.enabled = true;                    //设置球线可见
50         GameLayer.TOTAL_FLAG = true;                     //运行触控以及按钮起作用
51     }
```

- 第 3～10 行主要负责删除进洞的桌球，首先遍历桌球列表，通过调用 BallScript 脚本，判断每一个桌球是否需要删除。如果删除标志位为 true，则调用相应方法，将该桌球添加到删除列表。
- 第 11～22 行主要负责循环判断所有桌球是否停止运动，由于在击球过程中，会出现连环碰撞效果，只有当所有球全部停止运动，摄像机跟随白球到白球停止的位置，然后进入下一次击球。
- 第 26～30 行表示重置信息，将标志位置反的同时，重置白球的位置和速度。
- 第 32～46 行表示如果还是第一次击球，则根据两个数组的大小判断应该打几号球，相等时可以任意击球。
- 第 47～50 行表示设置球杆的相应操作，每次击球后，球杆会消失不见，摄像机跟随运动结束后，球杆和辅助线会显示。

（17）下面介绍上述主控逻辑脚本代码中省略的 removeBalls 方法。该部分代码主要负责删除桌球方法，同时根据进洞的桌球判断游戏的胜利和失败。其详细代码如下。

```
1      void removeBalls()
2      {
3          if (isEightMode) {                                       //若游戏模式为八球模式
4          if (GameLayer.BallGroup_ONE_EIGHT.Count == 0 ||         //若八球模式列表一为 0
5              GameLayer.BallGroup_TWO_EIGHT.Count == 0){          //若八球模式列表二为 0
6                  PowerBar.tipIndex = 4;                           //所有为 4
7          }
8          for (int i = ballNeedRemove.Count - 1; i >= 0; i--){
9              GameObject tran = ballNeedRemove[i] as GameObject;
10             BallScript ballScript = tran.GetComponent("BallScript") as BallScript;
                                                       //获取脚本组件
11             if (ballScript.ballId == 0) {           //如果是 0 号球
12                 resetPositionFlag = true;           //重置白球位置的标志位变为 true
13                 ballScript.isAlowRemove = false;    //设置允许删除的标志位为 false
14                 tran.transform.renderer.enabled = false;//重新设置 0 号球的位置，出屏幕即可
15                 tran.rigidbody.velocity = Vector3.zero; //设置白球的速度
16                 tran.rigidbody.angularVelocity = Vector3.zero;
17             }else if (ballScript.ballId< 8){
18                 GameLayer.BallGroup_ONE_EIGHT.Remove(tran);   //删除该组件
19                 GameLayer.BallGroup_TOTAL.Remove(tran);
20                 DestroyImmediate(tran);
21                 GameLayer.ballInNum++;                         //进球数加一
22                 if (ConstOfGame.kitBallNum == 2){
23                     result.goLoseScene();                           //去往失败界面
24             }}else if (ballScript.ballId == 8){
25                 GameLayer.BallGroup_TOTAL.Remove(tran);             //删除该组件
26                 DestroyImmediate(tran);
27                 if (GameLayer.BallGroup_ONE_EIGHT.Count == 0 ||
28                     GameLayer.BallGroup_TWO_EIGHT.Count == 0){
29                         result.goVectorScene();                     //去往胜利界面
30                 }else{
31                     result.goLoseScene();                           //去往失败界面
32             }}else{
33                 GameLayer.BallGroup_TWO_EIGHT.Remove(tran);         //删除该组件
34                 GameLayer.BallGroup_TOTAL.Remove(tran);
35                 DestroyImmediate(tran);
36                 GameLayer.ballInNum++;                       //进球数加一
37                 if (ConstOfGame.kitBallNum == 1){
38                     result.goLoseScene();                    //去往失败界面
39         }}}}else{
40             if (GameLayer.BallGroup_ONE_NINE.Count == 0) {//如果除黑色八号球全部进洞
41                 PowerBar.tipIn dex = 4;                  //则提示可以击打黑色八号球
42             }
43             for (int i = ballNeedRemove.Count - 1; i >= 0; i--){
44                 GameObject tran = ballNeedRemove[i] as GameObject;      //获取物体
45                 BallScript ballScript = tran.GetComponent("BallScript")
                   as BallScript;//获取脚本组件
```

```
46            if (ballScript.ballId == 0) {        //如果是 0 号球
47                resetPositionFlag = true;        //重置白球位置的标志位变为 true
48                ballScript.isAlowRemove = false; //设置允许删除的标志位为 false
49                tran.transform.renderer.enabled = false; //重新设置 0 号球的位置，出屏幕即可
50                tran.rigidbody.velocity = Vector3.zero;//设置白球的线速度与角速度
51                tran.rigidbody.angularVelocity = Vector3.zero;
52            }else if (ballScript.ballId == 8){
53                GameLayer.BallGroup_ONE_NINE.Remove(tran);      //删除该组件
54                GameLayer.BallGroup_TOTAL.Remove(tran);
55                DestroyImmediate(tran);
56                if (GameLayer.BallGroup_ONE_NINE.Count == 0){
57                    result.goVectorScene();      //去往胜利界面
58                }else{
59                    result.goLoseScene();        //去往失败界面
60            }}else{
61                PowerBar.tipIndex =3;
62                GameLayer.BallGroup_ONE_NINE.Remove(tran);  //删除该组件物体
63                GameLayer.BallGroup_TOTAL.Remove(tran);
64                DestroyImmediate(tran);
65                GameLayer.ballInNum++;                      //进球数加一
66        }}}
67        ballNeedRemove.Clear();                             //清空列表
68    }
```

- 第 3～7 行表示当游戏为八球模式的时候，进行提示的判断，如果 1～7 号球或者 9～15 号球全部进洞，则提示可以击打黑色 8 号球。
- 第 8～23 行是判断桌球是否可以从桌球列表删除的方法。如果桌球 ID 为 0，重新设置白球位置速度，桌球不许删除；当桌球 ID 小于 8 的时候，表示全色球进洞，而此时可为进球数加一，但是若此时击球种类全局变量为 2，表示进球出错，游戏失败。
- 第 24～39 行是判断桌球是否可以从桌球列表删除的方法。当 ID 等于 8 的时候，即为黑色 8 号球入洞。而此时，若八球模式的花色球和全色球列表都清零，游戏即为胜利，否则游戏失败；当 ID 大于 8 的时候，表示花色球进洞，而此时可为进球数加一，但是若此时击球种类全局变量为 1，表示进球出错，游戏失败。
- 第 43～67 行表示当游戏为九球模式的时候，同样根据 ID 号进行判断。如果桌球 ID 为 0，重新设置白球位置速度，桌球不许删除；当 ID 等于 8 的时候，即为黑色 8 号球入洞。而此时，若八球模式的花色球和全色球列表都清零，游戏即为胜利，否则游戏失败。

4.6 游戏的优化与改进

至此，本案例的开发部分已经介绍完毕。本游戏是使用 Unity 3D 游戏引擎进行开发的，虽然本游戏的基本框架已经开发完毕，但是还有着许多地方需要优化和改进。

1．游戏界面的优化

虽然本游戏界面已经很漂亮，但是还有一定的改进空间，在美工上面还可以做得更好一些，比如背景图片等，读者可以根据个人的爱好和需求做进一步的改进，可以加载一些更加精细的图片，使其更加完美。

2．游戏模式的优化

该游戏包括桌球的八球模式和九球模式，当然，还可以添加更多种玩法。只要理解玩法的通用规则，便可对本游戏进行改良。

3．游戏对抗赛模式

该游戏为单人版桌球游戏，读者可以尝试将其更改为网络在线对抗赛模式。两个玩家可以在不同的终端设备上同时进行比赛，最后决出胜负，提升了游戏的可玩性，享受到多人游戏和比赛带来的乐趣。

第5章 射击类游戏——固守阵线

随着手持式终端的快速推广与发展，人们开始逐渐习惯于在手持设备上寻求乐趣，加之一系列物理引擎对手持设备的支持，使得移动终端的游戏场景变得非常生动而且逼真，因此通过移动终端对显示的模拟得以实现。

本章的游戏“固守阵线”模拟的战争里的阵地防御战，是一款使用Unity 3D游戏引擎开发制作的基于Android平台，可在手机或者平板电脑上运行的第一人称射击类游戏。接下来，将对游戏的背景和功能，以及开发的流程逐一进行介绍。

5.1 游戏背景和功能概述

这一节中，将主要介绍本游戏的背景和游戏功能，让读者了解该类型的游戏特色，并且对本游戏的开发有一个整体的认知，方便读者快速理解本游戏的开发技术。同时希望通过本节的学习，读者能对本游戏所达到的效果和所实现的功能有一个更为直观的了解。

5.1.1 游戏背景简介

第一人称射击类游戏是以人物主视角进行的射击游戏，不再像别的游戏类型一样操纵屏幕中的虚拟人物来进行游戏，而是身临其境的主视角，体验游戏带来的视觉冲击，这就大大增强了游戏的主动性和真实感。当下非常流行的射击类游戏有《最后的防线》《抢滩前线》等，如图5-1和图5-2所示。

▲图5-1 《最后的防线》

▲图5-2 《抢滩前线》

“固守阵线”是一款类似抢滩登录战的第一人称射击类游戏。玩家是在一个固定的位置作防御，所以要考虑如何合理地分配子弹的消耗和使用的武器来打击入侵的敌人，同时玩家还需要计算子弹飞行的偏移量来打击移动的坦克、装甲车等敌方单位。

本游戏是使用当前最为流行的Unity 3D开发工具，借助火热的界面搭建插件NGUI和EasyTouch，结合智能手机的触摸技术打造的一款小型手机游戏。玩家通过触摸屏幕上的摇杆或者各个按钮，实现视线转换、发射子弹、切换武器、开启望远镜等效果。

5.1.2 游戏功能简介

（1）单击桌面上的游戏图标运行游戏，首先进入的是欢迎界面，如图5-3所示。随后进入的是本游戏的加载界面，这里使用了异步加载技术，屏幕正中心的“固守阵线”4 个字会随着时间逐渐地变暗，如图 5-4 所示。

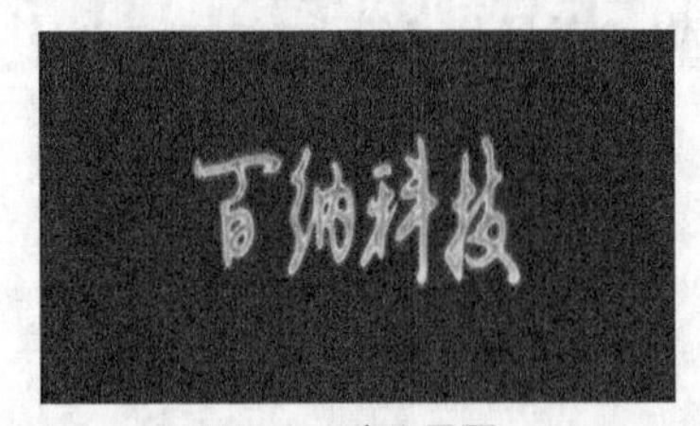

▲图 5-3　欢迎界面

▲图 5-4　加载界面

（2）加载结束后进入本游戏的主菜单界面。主菜单界面是整个游戏的中转站，从这里可以通过单击不同的功能按钮切换到不同的操作界面，如图 5-5 所示。

（3）在主菜单中，单击“战役模式”按钮或者“无尽模式”按钮，进入游戏的选关界面，如图 5-6 所示。在选关界面里，选中不同的关卡按钮会播放对应的关卡预览视频。选择好关卡后，单击界面右下角的“确定”按钮进入游戏场景。

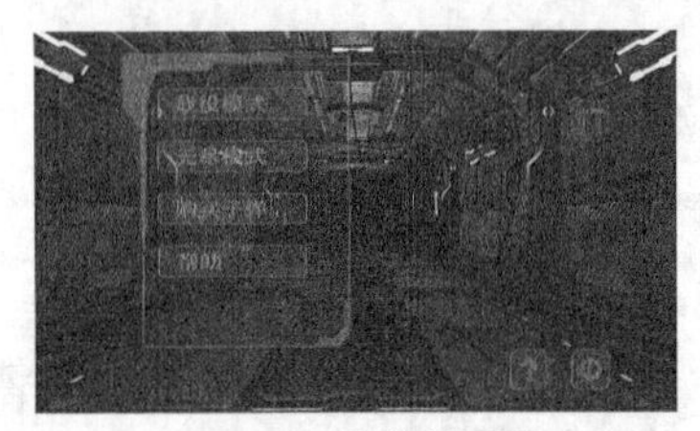
▲图 5-5　主菜单界面

▲图 5-6　选关界面

（4）经过加载界面进入到游戏场景，正式开始游戏，如图 5-7 所示。游戏界面的左上角为“暂停”按钮。紧挨着的是生命值，生命值下面的是金币数量和当前武器的子弹剩余量。左下角为操控主视线的摇杆；右上角为雷达，用于显示敌人的位置；右下角为开火按钮、换枪按钮和瞄准按钮。

▲图 5-7　游戏界面

▲图 5-8　开火射击

（5）单击开火按钮，进行射击敌人，如图 5-8 所示。单击换枪按钮，弹出换枪界面，如图 5-9 所示。单击任意按钮，切换对应的枪械。单击瞄准按钮，切换到瞄准视角，如图 5-10 所示。在瞄准视角下视线的移动速度会变慢，以便于准确射击。

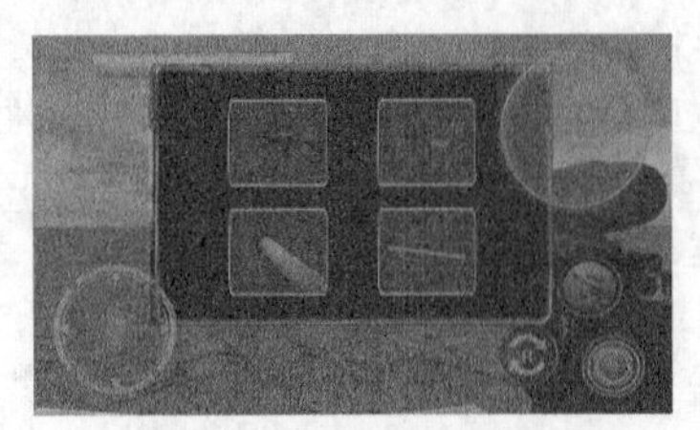
▲图 5-9　换枪界面

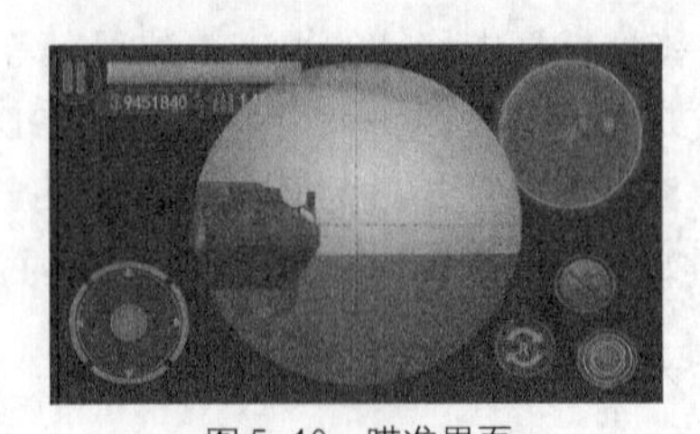
▲图 5-10　瞄准界面

（6）当玩家把场景里的敌方单位全部消灭时，会弹出游戏的胜利界面，如图 5-11 所示。界面显示出本次游戏的得分、增加的金币数、现金币的总数和历史最高分。单击“返回主菜单”按钮，返回主菜单界面；单击“下一关”按钮，跳转到下一关的游戏场景；单击“重新挑战”按钮，重新开始本关游戏。

（7）当玩家生命值变为 0 时，会弹出游戏的失败界面，如图 5-12 所示。游戏失败玩家不能得到任何的游戏奖励，并且不恢复消耗掉的弹药。单击“返回主菜单”按钮，返回主菜单界面。单击“重新挑战”按钮，重新开始本关游戏。

▲图 5-11 胜利界面

▲图 5-12 失败界面

（8）游戏界面单击暂停按钮后，会弹出游戏的暂停界面，如图 5-13 所示。该界面是由一个半透明的黑色背景和 3 个按钮组成。单击“返回主菜单”按钮，返回主菜单界面；单击“重新开始”按钮，重新开始本关游戏；单击“继续游戏”按钮，继续本关游戏。

（9）在主菜单中，单击“购买子弹”按钮，进入子弹选择界面，如图 5-14 所示。在界面的左侧是为玩家提供的 4 种武器，选中任意武器即为选择购买该武器的弹药，同时在界面的右侧是一个滚动的介绍栏，显示的是对应选中武器的介绍，让玩家了解该武器。单击“确定”按钮，进入对应的子弹购买界面。

▲图 5-13 暂停界面

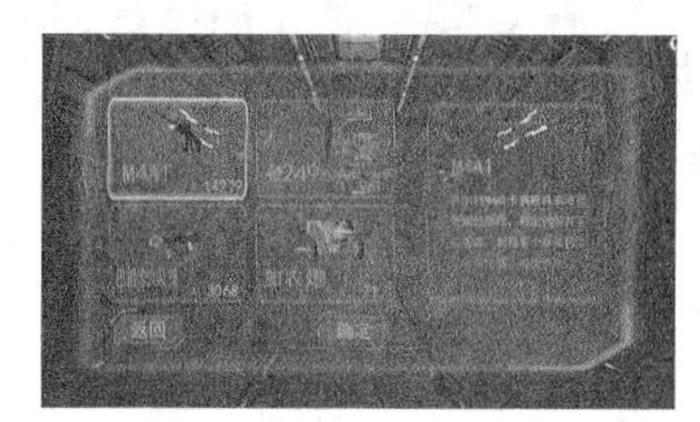

▲图 5-14 子弹选择界面

（10）子弹购买界面显示的是该类子弹的单价、购买的数量、购买的总价和金币余额，如图 5-15 所示。单击向上或向下箭头按钮，调整购买的数量，两个按钮中间会显示对应的数值。当金币余额大于购买的总价，单击“购买”按钮完成购买，反之则无法购买。单击“返回”按钮，返回子弹选择界面。

（11）在主菜单中，单击“帮助”按钮，进入帮助界面，如图 5-16 和图 5-17 所示。首先显示的是游戏操作界面的按钮功能说明。单击左或右箭头按钮，切换画面，接着是本游戏的系统说明，让玩家初步了解本游戏两种模式的玩法。

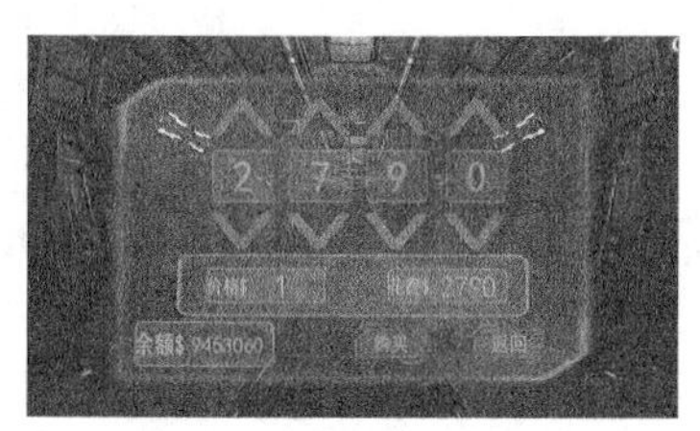

▲图 5-15 购买子弹界面

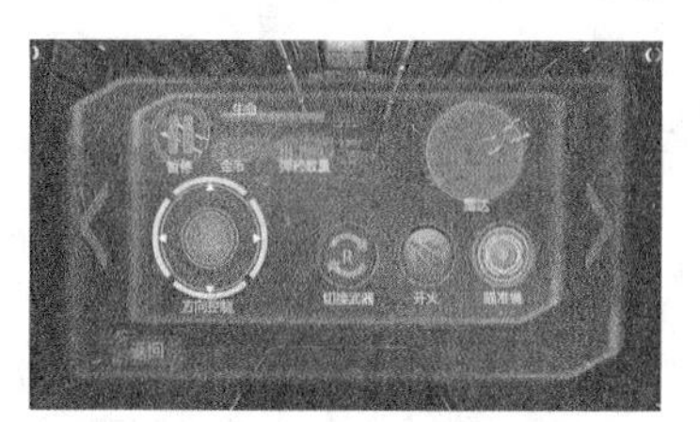

▲图 5-16 帮助界面 1

（12）在主菜单中，单击右上角的设置按钮，进入设置界面，如图 5-18 所示。通过滑动滚动条能设置背景音乐的音量大小和游戏移动灵敏度大小。单击音效的开关按钮，单击音效和游戏场景里枪声炮声等音效。

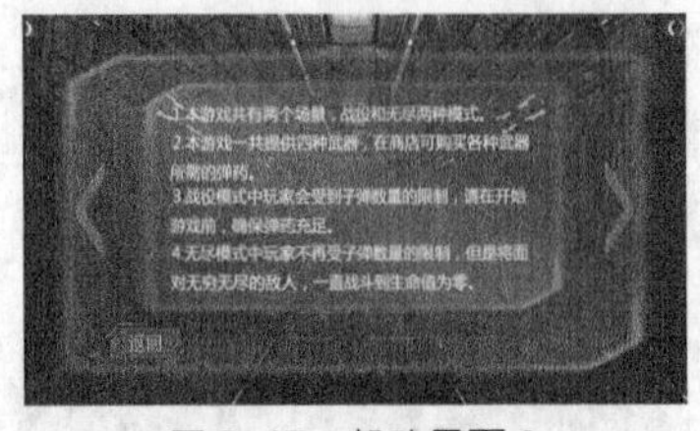

▲图 5-17　帮助界面 2

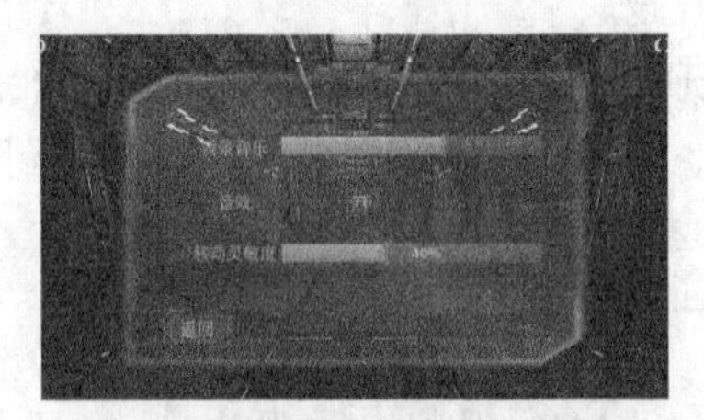

▲图 5-18　设置界面

（13）在主菜单中，单击右下方的“关于”按钮，进入关于界面，如图 5-19 所示。单击“返回”按钮回到主菜单界面。在主菜单中单击右下方的“退出”按钮，进入退出界面，如图 5-20 所示，单击“确定”按钮退出游戏。

▲图 5-19　关于界面

▲图 5-20　退出界面

5.2 游戏的策划及准备工作

本节主要介绍本游戏的策划及正式开发前的一些准备工作。游戏的开发需要做的准备工作，大体上包括游戏策划、美工需求、音效等。游戏开发前的准备充分，可以保证开发人员有一个顺畅的开发流程，保证开发顺利进行。

5.2.1　游戏的策划

本小节将对本游戏的策划进行简单的介绍。通过本小节的介绍，读者将对本游戏的基本开发流程和方法有一个基本的了解。在实际的游戏开发过程中，还需更细致、更具体、更全面的策划。

1. 游戏类型

本游戏是使用 Unity 3D 游戏开发引擎作为开发工具，并且以 C#脚本作为开发语言开发的一款第一人称射击类游戏。在本款游戏中，大量使用粒子系统、物体碰撞的计算，以及真实战争的音效。因此，本游戏中的爆炸特效显得十分逼真绚丽。

2. 运行目标平台

本例运行平台为 Android 2.0 或者更高的版本。

3. 目标受众

由于本游戏场景真实、操作简单、节奏轻快、氛围紧张，所以本游戏所适用的目标群体有以下几类。

（1）由于本游戏属于第一人称射击类游戏，又包含了塔防游戏的元素，所以上述游戏的爱好人群都可以通过本游戏来体验不用风格的全方位射击游戏。

（2）在咖啡厅等待朋友的人、在公交车站地铁站候车的人等拥有大量碎片化时间的对象非常适合玩本游戏来消磨时间，愉悦心情。

4. 操作方式

在游戏中玩家使用摇杆操作主角，单击开枪按钮可进行射击。对于距离较远的敌人，可通过望远镜来瞄准。在战役模式下，玩家在生命值耗尽前，消灭所有敌人方可获得胜利。而在无尽模式下，子弹是不限数量的，玩家需要在有限的生命下，尽可能多地消灭敌人。

5. 呈现技术

本游戏采用 Unity 3D 游戏开发引擎制作。游戏场景具有很强的立体感和逼真的光影效果以及真实的物理碰撞，同时在绘制方面使用了着色器技术，配合粒子系统和精美的模型，玩家将在游戏中获得绚丽真实的视觉体验。

5.2.2 使用 Unity 开发游戏前的准备工作

本小节将介绍一些游戏开发前的准备工作，包括图片、声音、模型等资源的选择与制作。其详细步骤如下。

（1）下面介绍的是本游戏中所用到的纹理图片的资源，将所有按钮图片资源全部放在项目文件 Assets\HuangMoMap\Assets\Texture 文件夹下。详细情况如表 5-1 所示。

表 5-1 游戏中的贴图资源

图 片 名	大小（KB）	像素（W×H）	用 途
Striker AV.bmp	48	128×128	装甲车贴图
shadow.png	4.55	500×500	敌人士兵脚下阴影
MuzzleFlash_1.jpg	62.1	512×512	枪口火光贴图
Node.tif	13	16×16	结点标识图片
hud_10.png	4	16×16	头顶冒 10 金币
hud_150.png	4	16×16	头顶冒 150 金币
hud_200.png	4	16×16	头顶冒 200 金币
hud_250.png	4	16×16	头顶冒 250 金币
Missile.tif	112	128×128	火箭炮炮弹贴图
Tank_Col.TGA	237	1024×1024	坦克纹理贴图
Tank_Nrm.tga	4079	1024×1024	坦克纹理凹凸贴图
backMenu.png	13.2	238×85	返回主菜单按钮图标
buy.png	38.4	1024×512	子弹购买按钮图标
continue.png	14.8	283×85	继续游戏按钮图标
cost.png	13.3	283×85	花费金额显示图标
fail.png	700.0	512×256	挑战失败提示
jieshao1.png	20	256×512	武器介绍 1
jieshao2.png	21	256×512	武器介绍 2
jieshao3.png	19	256×512	武器介绍 3
jieshao4.png	21	256×512	武器介绍 4
jinbiPlus.png	13	283×85	金币显示
restart.png	17	283×85	重新开始按钮图标
Wujinmoshi.png	14	283×85	无尽模式按钮图标

续表

图　片　名	大小（KB）	像素（W×H）	用　　途
zhanyimoshi.png	14	283×85	战役模式按钮图标
bangzhu1.png	140	512×256	操作介绍图 1
bangzhu2.png	95	512×256	操作介绍图 2
area.png	12	134×134	雷达显示区域
enemy_head.png	5	64×64	敌军单位位置标志图

（2）本游戏中添加了声音，这样使游戏更加真实。其中需要将声音资源存放在项目文件目录中的 Assets 文件夹下。其详细情况如表 5-2 所示。

表 5-2　　声音资源列表

文　件　名	大小（KB）	格　　式	用　　途
helicopter_fx.wav	3072	wav	直升机螺旋桨转动音效
enemyFrie.wav	126	wav	敌军战士开火音效
player_killed_5.wav	84	wav	敌军战士死亡音效
jiGuan gun.wav	97	wav	机关枪开枪音效
explosion01.ogg	36	ogg	爆炸音效
dapao.wav	105	wav	大炮开火音效
click.ogg	5	ogg	按钮单击音效
g_50ca.ogg	8	ogg	M249 开火音效
missilefire.ogg	13	ogg	火箭筒开火音效
paofire.ogg	11	ogg	加农炮开火音效
MainTheme.mp3	1400	mp3	主菜单背景音乐
m16_loop5.ogg	12	ogg	M4A1 开火音效

（3）本游戏用的 3D 模型是通过 3ds Max 生成的 FBX 文件，然后导入 Unity 的。而生成的 FBX 文件需要放在项目目录中的 Assets 文件夹下。其详细情况如表 5-3 所示。

表 5-3　　模型文件清单

文　件　名	大小（KB）	格　　式	用　　途
zhuangjiache.FBX	402	FBX	装甲车模型
bullet.FBX	21	FBX	坦克炮弹
Police.FBX	8667	FBX	敌人士兵模型
enemy@die.FBX	2079	FBX	敌人士兵阵亡模型
MuzzleFlash.fbx	75	FBX	枪口火光模型
radar_occluder.FBX	27	FBX	雷达模型
DaPao.FBX	91	FBX	大炮武器模型
Missile.FBX	28	FBX	火箭炮炮弹模型
Model_Tank. FBX	185	FBX	敌军坦克模型
JiaNongPao.FBX	4096	FBX	加农炮模型
Barbed_wire_LOD1. FBX	28	FBX	铁丝网模型
Container2_LOD1. FBX	24	FBX	铁皮箱模型
FuelTank_LOD2. FBX	25	FBX	油罐模型
GuardTower1_LOD2. FBX	32	FBX	高塔模型

续表

文 件 名	大小（KB）	格 式	用 途
Hangar1_LOD1. FBX	76	FBX	铁皮棚模型
Wallbags_LOD1. FBX	24	FBX	垒包模型
House_02_Doors1_LOD2. FBX	22	FBX	土房模型

5.3 游戏的架构

本节将简单介绍一下游戏的架构，读者可以进一步了解游戏的开发思路，对整个开发过程也会更加熟悉。

5.3.1 各个场景简介

使用 Unity 时，场景开发是开发游戏的主要工作。游戏中的主要功能都是在各个场景中实现的。每个场景包含了多个游戏对象，其中某些对象还被附加了特定功能的脚本。本游戏包含了 5 个场景，接下来对这几个场景中重要游戏对象上挂载的脚本进行简要的介绍。

1. 主菜单界面

主菜单界面是游戏中所有关卡和所有与菜单界面有关的相关界面的中转站。主菜单界面控制着整个游戏的跳转，游戏中大部分界面均可通过在主菜单界面中单击相应的按钮进入。所以说，主菜单界面是整个游戏的中心枢纽。该场景中所包含的脚本如图 5-21 所示。

▲图 5-21 主菜单场景框架及其脚本

本游戏中主菜单界面的主要功能均通过著名的 Unity 3D 插件 NGUI 进行实现。该插件实现的菜单界面有流畅、炫丽等特点。主摄像机上挂载了 UIListener.cs 脚本，主要用于对 NGUI 中的按钮单击进行监听，并实时地对当前的触摸进行相对应的操作。

2. 游戏关卡场景

本游戏中包含两种游戏关卡，分别对应 4 个游戏场景："战役模式—边境荒漠""战役模式—高原雪地""无尽模式—边境荒漠"和"无尽模式—高原雪地"，每个场景中包含的脚本和设置基本相同，仅仅在生成敌军单位的规则上不同，这些场景中所包含的脚本如图 5-22 和图 5-23 所示。

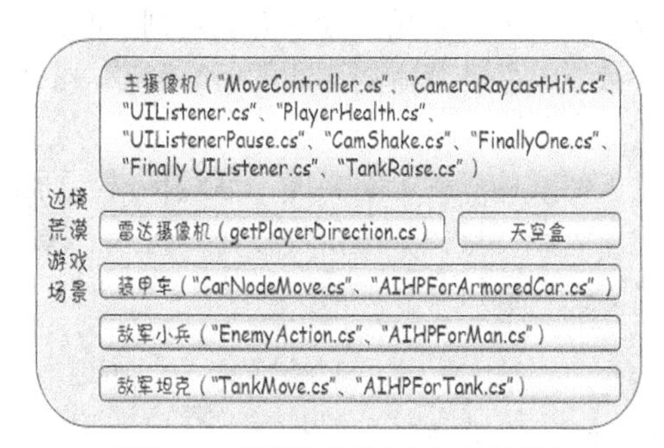

▲图 5-22 荒漠边境场景框架及其脚本

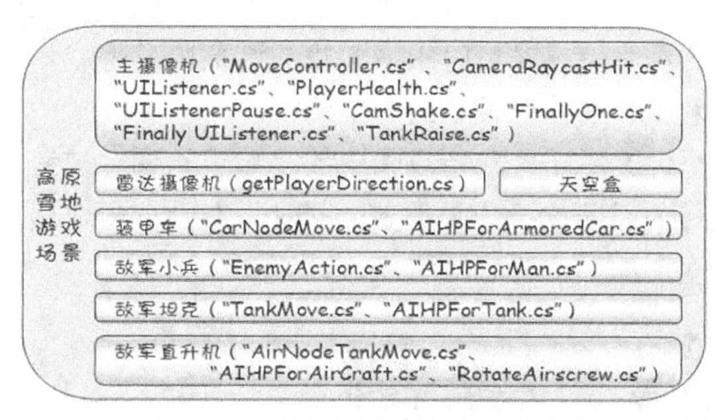

▲图 5-23 高原雪地场景框架及其脚本

（1）主摄像机 MainCamera 用于在屏幕上呈现游戏画面，相当于玩家在游戏中的眼睛。该游戏对象上挂载了脚本 MoveController.cs、CameraRaycastHit.cs、UIListener.cs、PlayerHealth.cs、

UIListenerPause.cs、CamShake.cs、FinallyOne.cs 和 Finally UIListener.cs 用于实现对主摄像机的控制，以及场景中游戏对象的管理。

（2）雷达摄像机 TopCamera 用于在游戏界面右上方的小地图中显示每一个敌军单位的位置。该游戏对象无需额外挂载脚本，只需要将其参数按照游戏的要求进行设置。

（3）敌军小兵在每一个游戏关卡中都会生成。每个敌军小兵游戏对象上都挂载了 EnemyAction.cs 和 AIHPForMan.cs，分别控制小兵的动作切换和生命值。

（4）敌军小兵游戏对象是通过装甲车游戏对象来运输，所以装甲车游戏对象是挂载的 CarNodeMove.cs 和 AIHPForArmoredCar.cs 脚本用于控制对象的移动、生命值，以及生成小兵游戏对象。

5.3.2　游戏架构简介

在这一节中将介绍一下游戏的整体架构。本游戏中使用了很多脚本，接下来将按照程序运行的顺序介绍脚本的作用以及游戏的整体框架，具体步骤如下。

（1）单击游戏图标进入游戏后，经过加载界面。首先来到了游戏的主菜单场景 MainMenu，主菜单场景的主摄像机被激活。

（2）单击“战役模式”按钮，会进入游戏的选关界面，在战役模式下有两个选关按钮，单击任意一个选关按钮，上面会播放这个关卡游戏内容的预览动画。在选择好关卡后，单击“确定”按钮，就会进入选中的游戏场景，开始游戏。主界面下的“无尽模式”按钮的功能与“战役模式”按钮的功能相似，这里不再赘述。具体区别会在后面的内容中提到。

（3）单击战役模式下的“边境荒漠”关卡，单击“确定”按钮，进入游戏场景 huangmo，主摄像机 MainCamera 以及雷达摄像机 TopCamera 被激活。游戏开始，通过屏幕左下方的虚拟摇杆来控制主摄像机的朝向，进而改变玩家的视野。单击右下方的“射击”按钮使在当前屏幕上的武器发射子弹，来对敌军单位进行攻击。其他关卡的功能与此关卡类似，这里不再赘述。具体区别会在后面的内容提到。

（4）当发射出去的子弹碰到敌军单位时，会触发敌军游戏对象身上的脚本，来实现让对方掉血或者死亡。如果子弹是碰到了地面，会触发地面上的脚本，使子弹碰到的地方弹起灰尘，增强真实感。如果子弹是碰到了场景中的建筑游戏对象，碰到的地方会冒火光，同样是为了增强真实感。

（5）当玩家单击左上角的“暂停”按钮，游戏会暂停，并且会显示出“继续游戏”“重新开始”“返回主菜单”的功能按钮。单击“继续游戏”，则会返回游戏场景并继续游戏。单击“重新开始”，则会重新开始当前游戏关卡。单击“返回主菜单”，则会结束当前游戏，并返回到主菜单界面。

（6）当游戏在进行过程中，主摄像机上挂载的 GameRule.cs 脚本始终根据游戏规则判断游戏是否结束，在结束时根据游戏的胜负情况生成相应的分数板，并计算本局游戏的得分和获得的星星数量，在分数板上绘制呈现。

（7）单击主菜单场景中的“购买子弹”按钮，会进入游戏的子弹购买界面。通过单击界面上旋转的武器选择子弹类型，同时，右侧会出现相应的武器介绍。单击“确定”按钮，进入子弹的购买界面，选择好数量后，系统会计算出价格，单击“购买”按钮，完成购买。

5.4　主菜单场景

从本节开始将介绍本案例场景的开发，首先介绍本案例的主菜单场景。该场景在游戏开始时呈现，控制所有界面之间的跳转和绘制主菜单界面。在本节中，将对此场景的开发进行进一步的介绍。

5.4.1 场景搭建

场景搭建主要是针对游戏地图、灯光、天空盒等环境因素的设置。通过本小节的学习，读者将会了解到如何构建出一个基本的游戏世界，接下来将具体介绍场景的搭建步骤。

（1）新建一个场景，单击“File”菜单中的“New Scene”选项，如图5-24所示。单击“File”菜单中的“Save Scene”选项，在保存对话框中添加场景名为“MainMenu”，作为主菜单场景，用于显示主菜单界面。

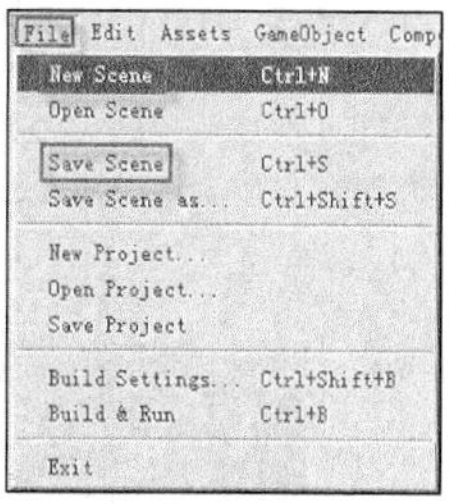

（2）导入资源。将本游戏所要用到的资源分类整理好，然后将分类好的资源都复制到项目文件夹下的“Assets”文件夹下，所放位置在前面的介绍中提过，读者可参见5.2.2节的相关内容。

（3）在场景中摆放模型。在本游戏中场景中需要的模型如背景、房屋、垒包、高塔等模型资源已经放在对应的文件夹下，读者可以参看5.2.2节的相关内容。

▲图5-24 新建场景

（4）导入NGUI资源包。双击NGUI安装包，导入NGUI资源，如图5-25所示。单击“import”按钮，导入完成后重启Unity，可以看到在工具栏处出现了NGUI按钮。如果读者的计算机上没有NGUI资源包，可自行从网上搜索下载。

（5）因为NGUI自带摄像机，所以需要首先删除“Main Camera”对象，然后单击“NGUI”→“Create”→“Panel”，即可看到在左侧窗口创建了一个NGUI Panel，选中“Panel”，将其重命名为“MessageRoot”，如图5-26所示。

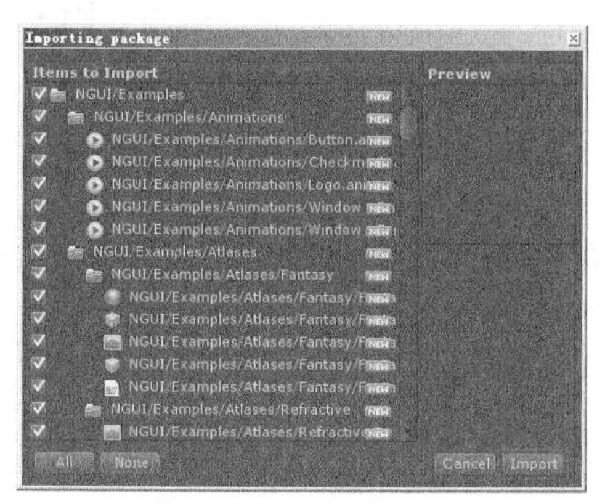

▲图5-25 导入NGUI资源包

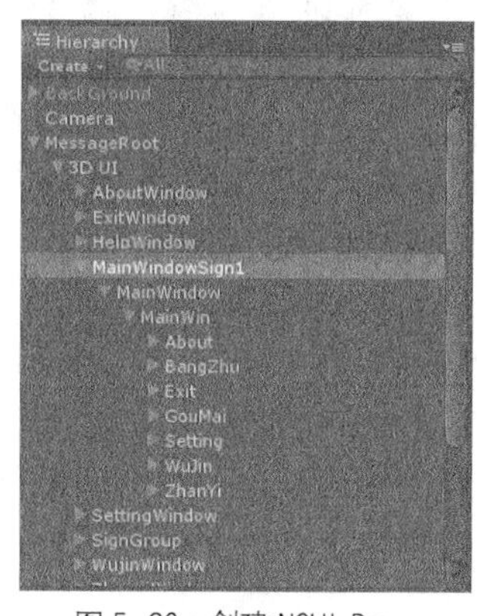

▲图5-26 创建NGUI Pane

（6）制作图集。按步骤单击“NGUI”→“Open”→“Atlas Maker”，之后读者可以在Project视窗中打开Assets/Textures文件夹，用鼠标选中所有图片，在Atlas Maker窗口中写上图集名字：uiPlay，单击“Create”。之后可看到在Textures文件夹下面多出来了3个文件uiPlay.mat、uiPlay.png和uiPlay.prefab。如图5-27所示。

（7）接下来创建主菜单界面。单击“GameObject”→“Creat Empty”，创建一个空对象，重命名为“MainWindow”，单击“NGUI”→“Create”→“Sprite”，创建一个精灵并重命名为“MainWin”。Atlas选择另外创建的MainMenu图集，Sprite中选择需要的图片“window”，如图5-28所示。

（8）剩余子菜单界面的创建重复步骤（7）即可。对于实现主菜单与子菜单的滑动交互功能，下面的章节中会介绍，或者读者可以自行参考NGUI的官方案例——Interaction。在此暂不赘述。

（9）接下来创建主菜单背景。将资源包“SF Pack”导入Unity中并从资源列表中找到“BackGround.prefab”拖拉到游戏场景中，自动生成名为“BackGround”的游戏对象。由于是预制件图片和模型摆放是已经设置好的，只需调整其大小和位置，如图 5-29 和图 5-30 所示。

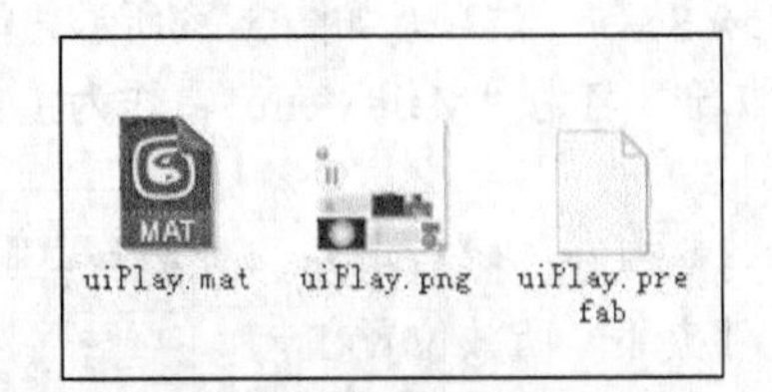

▲图 5-27　创建的图集

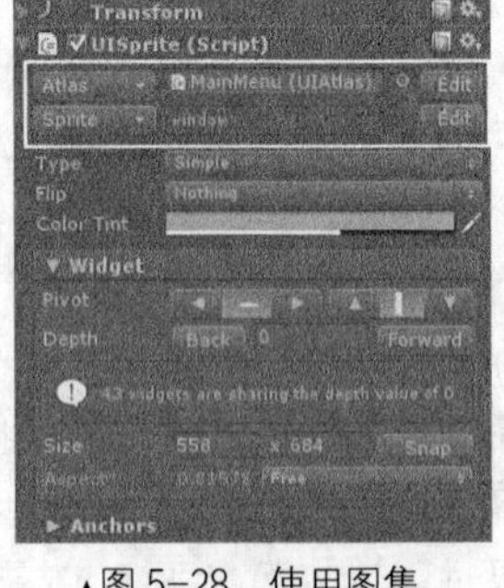

▲图 5-28　使用图集

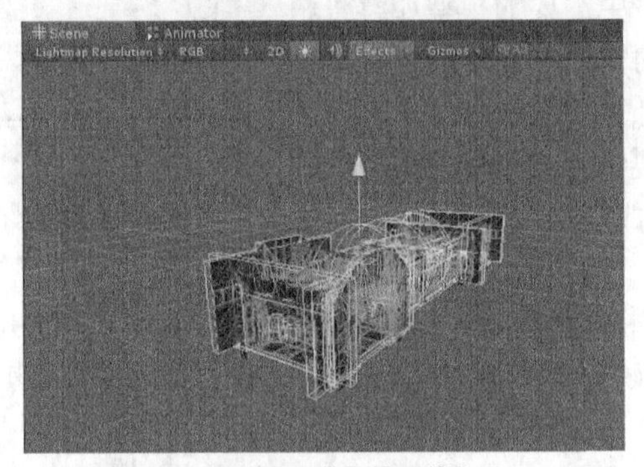

▲图 5-29　设置背景模型的位置

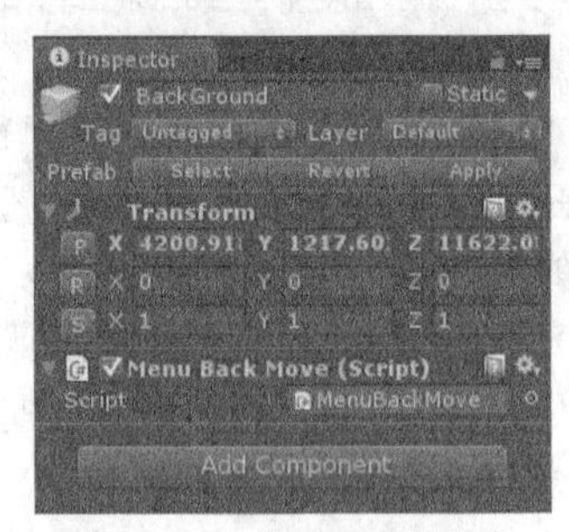

▲图 5-30　背景的属性设置

5.4.2　主摄像机设置及脚本开发

本小节将要介绍主摄像机相关脚本的开发，以及实现各个界面的呈现和每个界面之间的跳转。具体步骤如下。

（1）在“Assets”文件夹中单击鼠标右键，在弹出的菜单中选择“Create”→“Folder”，新建文件夹，重命名为“Script”。在“Script”文件夹中，单击鼠标右键，在弹出的菜单中选择“Create”→“C# Script”，创建脚本，命名为“MenuBackMove.cs”，如图 5-31 所示。

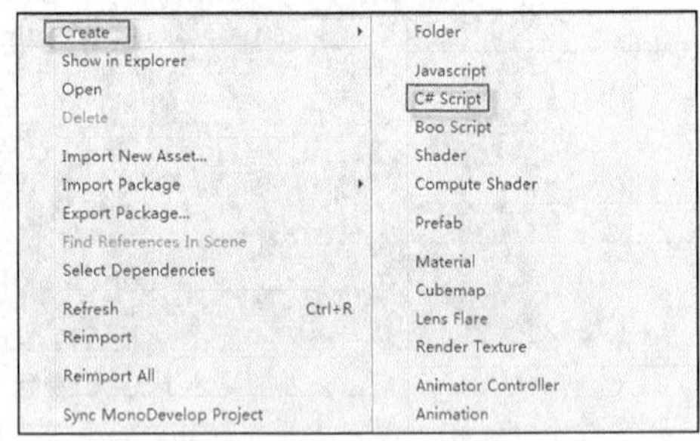

▲图 5-31　创建脚本

（2）然后双击脚本，进入“Microsoft Visual Studio”编辑器中，开始“MenuBackMove.cs”脚本的编写。该脚本主要完成主菜单场景载入完成后，刚进入场景就向前移动一段距离后，后撤一小段距离的视觉感受的效果，脚本代码如下。

代码位置：见随书源代码/第 5 章目录下的 HuangMoMap/Assets/Script/MainMenuScene/MenuBackMove.cs。

```
1      using UnityEngine;
2      using System.Collections;
3      public class MenuBackMove : MonoBehaviour {
4          Transform m_transform;                          //变换对象
5              float moveX = 0;                            // X方向的移动距离
6              float moveY = 0;                            //Y方向的移动距离
7              float firstBackTime;                        //记录第一段移动的开始时间
8              void Start () {
9                  m_transform = this.transform;           //移动前的坐标值赋值给m_transform
10                 StaticValue.lastTime = Time.time;//当前时间赋值给静态常量类的lastTime
```

```
11                firstBackTime = Time.time;}       //当前时间赋值给 firstBackTime
12        void Update () {
13               if (Time.time < StaticValue.lastTime+StaticValue.timer){
                                                   //当时间在 timer 秒内，向前移动
14                   this.gameObject.transform.Translate(new Vector3(moveX, moveY,
15                       StaticValue.BackgroudMoveSpeed * Time.deltaTime));}
16                if (Time.time < firstBackTime+StaticValue.timer+0.7f){
                                                   //当时间在 0.7 秒内，向后移动
17                    this.gameObject.transform.Translate(new Vector3(moveX, moveY,
18                       -StaticValue.BackgroudMoveSpeed * 0.2f * Time.deltaTime));
19    }}}
```

- 第 4～7 行的主要功能是声明了下面代码需要用到的变量，主要有变换移动的变换对象，*x*、*y* 的坐标值和时间记录变量。
- 第 8～11 行的主要功能是为前面声明的变量在启用该脚本是赋予初始值，以便稳妥地实现相应的功能效果。
- 第 12～15 行的主要功能是利用判断时间差来控制画面，先 *z* 轴方向前进一段时间，使用静态类中的背景移动速度控制前进距离。
- 第 16～18 行的主要功能是当背景画面前进到指定位置后，以相同的速度向后移动 0.7s。最终停在目的位置上，在对主菜单场景进行操作时不再触发该脚本。

（3）前面介绍了“MenuBackMove.cs”的开发，将该脚本拖曳到游戏组成对象列表中的“BackGround”对象上。接下来新建一个 C#脚本，并将脚本命名为“BackGroundContronl.cs”。该脚本主要用于在主菜单下选择子菜单时，背景向后移动，返回主菜单时，背景向前移动。具体代码如下。

代码位置：见随书源代码/第 5 章目录下的 HuangMoMap/Assets/Script/MainMenuScene/BackGroundContronl.cs。

```
1     using UnityEngine;
2     using System.Collections;
3     public class BackGroudContronl : MonoBehaviour {
4     ......//此处省略声明的游戏对象，请读者自行查阅随书的源代码
5         void Awake() {
6             UIEventListener.Get(GameObject.Find("MessageRoot/3D UI/MainWindowSign1/
7         MainWindow/MainWin/ZhanYi")).onClick = BtnZhanYiOnClick;//战役模式按钮监听方法
8         ......//此处省略部分按钮监听声明代码，请读者自行查阅随书的源代码}
9        void BgBack() {                                     //背景向后移动方法
10            StaticValue.BackgroudMoveSpeed = 2500;           //给移动速度赋值
11            StaticValue.lastTime = Time.time;                //移动记录时间
12            StaticValue.timer = 1f; }                        //移动时长
13        void BgForwad() {                                    //背景向前移动方法
14            StaticValue.BackgroudMoveSpeed = -2500;          //给移动速度赋值
15            StaticValue.lastTime = Time.time;                //移动记录时间
16            StaticValue.timer = 1f;    }                     //移动时长
17        void BtnZhanYiOnClick(GameObject button)  {          //战役模式按钮监听
18            loadOne.SetActive(true);                         //loadOne 的活动状态设为 true
19            loadTwo.SetActive(false);                        //loadTwo 的活动状态设为 false
20            loadSelectOne.SetActive(true);             //loadSelectOne 的活动状态设为 true
21            loadSelectTwo.SetActive(false);            //loadSelectTwo 的活动状态设为 false
22            loadSelectOne2.SetActive(true);            //loadSelectOne2 的活动状态设为 true
23            loadSelectTwo2.SetActive(false);           //loadSelectTwo2 的活动状态设为 false
24            if (StaticValue.isPlay) {                  //当 isPlay 标志位为 true
25                EmptyObj1.GetComponent<TestMobileTexture>().StateChanged();//播放视频纹理
26                StaticValue.isPlay = !StaticValue.isPlay;  } //标志位置反
27            BgBack();  }                                     //调用背景向后移动方法
28        ......//此处代码与上述方法代码类似，请读者自行查阅随书的源代码。
29        void BtnBangZhuOnClick(GameObject button) {              //帮助
30            BgBack(); }                                          //调用背景向后移动方法
31        ......//此处代码与上述方法代码类似，请读者自行查阅随书的源代码。
32        void BtnZhanYiBackOnClick(GameObject button){            //战役返回
33            BgForwad(); }}                                       //调用背景向前移动方法
34        ......//此处代码与上述方法代码类似，请读者自行查阅随书的源代码。
```

- 第 4 行的主要功能为变量对象声明，主要声明了几个子菜单里的按钮的图片、按钮的选中

框图片和武器介绍图片等游戏对象变量。

- 第 5～8 行实现了 Awake 方法的重写，该方法在脚本加载时执行，主要功能是获得声明路径里的 NGUI Button 的游戏对象，并赋予各个按钮监听的方法。
- 第 9～16 行实现了背景的向前、向后移动的方法。主要方法是通过改变静态常量类 StaticValue 中的时间记录变量 lastTime、timer 和背景移动的速度 BackgroudMoveSpeed 的值来触发上述 MenuBackMove.cs 脚本实现背景的移动。
- 第 17～27 行的主要是为单击各个子菜单按钮初始化子菜单界面设置，通过声明可挂载的游戏对象来设置初始化状态，并且调用背景向后移动方法。

（4）将脚本“BackGroundContronl.cs”拖曳到游戏组成对象列表中的“Camera”对象上。单击“Camera”对象，在属性查看器中会出现对应到此脚本的组件，单击组件前面的三角形展开按钮可看到脚本组件的内容，如图 5-32 所示。

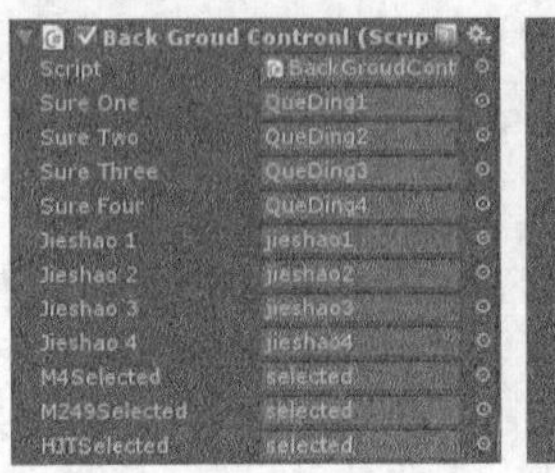
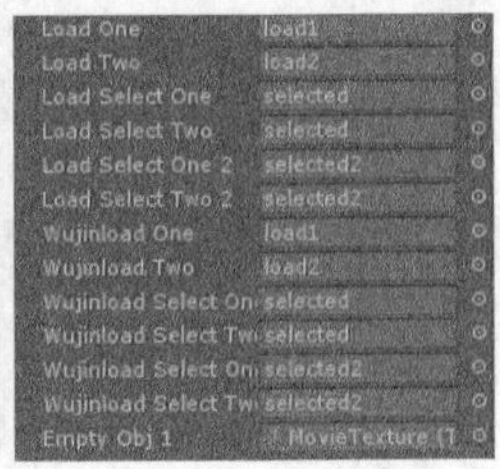

▲图 5-32　“BackGroundContronl.cs”脚本组件

（5）上面介绍了“BackGroundContronl.cs”的开发，接下来新建一个 C#脚本，并将脚本命名为“BuyBullet.cs”。该脚本主要用于子弹购买界面里购买子弹功能的实现。脚本编写完毕之后，将此脚本拖曳到“Camera”上，具体代码如下。

代码位置：见随书源代码/第 5 章目录下的 HuangMoMap/Assets/Script/MainMenuScene/BuyBullet.cs。

```
1    using UnityEngine;
2    using System.Collections;
3    public class BuyBullet : MonoBehaviour {
4    ......//此处省略声明的游戏对象，请读者自行查阅随书的源代码
5        void Start () {
6            tempMoney = PlayerPrefs.GetInt("Money");           //取出键名为 Money 的值
7            tempBullet = PlayerPrefs.GetInt("BulletNum"); }//取出键名为 BulletNum 的值
8        void Awake() {
9            UIEventListener.Get(GameObject.Find("MessageRoot/3D UI/ZiDanWindow2/
10               bg/Buy")).onClick = BtnBuyOnClick;              //购买按钮监听方法
11   ......//此处省略部分类似的代码，请读者自行查阅随书的源代码
12       }
13       void Update () {
14         GameObject.Find("MessageRoot/3D UI/ZiDanWindow2/bg/YuE/YuE_Num").GetComponent
15               <UILabel>().text = PlayerPrefs.GetInt("Money") + ""; }//显示tempMoney 的值
16       void BtnBuyOnClick(GameObject button) {        //购买按钮监听方法
17           if (tempCost > tempMoney) {                 //支付总价大于余额，不执行下面代码
18               return; }
19           tempBullet += tempCount;                     //添加购买的子弹数量
20           PlayerPrefs.SetInt("BulletNum", tempBullet);   //把子弹数目存入数据
21           tempMoney = tempMoney - tempCost;              //减去购买子弹总价
22           GameObject.Find("MessageRoot/3D UI/ZiDanWindow2/bg/YuE/YuE_Num").
23               GetComponent<UILabel>().text = tempMoney + "";      //更新当前余额
24           temp1 = 0;                                             //temp1 的值置为 1
25           GameObject.Find("MessageRoot/3D UI/ZiDanWindow2/bg/Number/Number1").
26               GetComponent<UILabel>().text = temp1 + "";          //各位显示数字清零
27   ......//此处省略部分类似的代码，请读者自行查阅随书的源代码
28           PlayerPrefs.SetInt("Money", tempMoney);}                //把余额存入数据
29       void CostCount() {                                          //计算购买总价方法
30           tempCount = temp4 * 1000 + temp3 * 100 + temp2 * 10 + temp1;//计算总数目
31           tempCost = tempCount * 1;                               //乘以单价
32           GameObject.Find("MessageRoot/3D UI/ZiDanWindow2/bg/Cost/CostNum").
33               GetComponent<UILabel>().text = tempCost + ""; }    //显示购买总价
34       void BtnZiDanUp1OnClick(GameObject button) {      //Up 上升键监听方法
35           if (temp1 == 9) {                             //若当前数为 9,按下上升键则置为 0
36               GameObject.Find("MessageRoot/3D UI/ZiDanWindow2/bg/Number/Number1").
37                   GetComponent<UILabel>().text = 0 + "";          //数字显示为 0
38               temp1=0;                                        //临时变量 temp1 置为 0
39               CostCount();                                    //执行计算总价方法
```

```
40            } else{                                           //不为 9，按下上升键数目+1
41               temp1++;                                       //临时变量 temp1 加 1
42               GameObject.Find("MessageRoot/3D UI/ZiDanWindow2/bg/Number/Number1").
43                   GetComponent<UILabel>().text = temp1 + "";        //更新显示数字
44               CostCount();        }}                         //执行计算总价方法
45      ......//此处省略部分类似的代码，请读者自行查阅随书的源代码
46          void BtnZiDanDown1OnClick(GameObject button) {  //Down  下降键监听方法
47              if (temp1 == 0) {               //若当前数为 0，按下下降键则置为 9
48                  GameObject.Find("MessageRoot/3D UI/ZiDanWindow2/bg/Number/Number1").
49                      GetComponent<UILabel>().text = 9 + "";    //数字显示为 9
50                  temp1=9;                                      //临时变量 temp1 置为 9
51                  CostCount();                                  //执行计算总价方法
52              } else {                                          //不为 0，按下下降键-1
53                  temp1--;                                      //临时变量 temp1 减 1
54                  GameObject.Find("MessageRoot/3D UI/ZiDanWindow2/bg/Number/Number1").
55                      GetComponent<UILabel>().text = temp1 + "";  //更新显示数字
56                  CostCount();          } }                      //执行计算总价方法
57      ......//此处省略部分类似的代码，请读者自行查阅随书的源代码
58      }
```

- 第 4 行的主要功能为变量对象的声明，主要声明了用于存储的子弹购买数量的临时变量、金币余额的临时变量、子弹总数的临时变量和需要购买总价的临时变量。
- 第 5～7 行实现了 Start 方法的重写，该方法在脚本加载时执行，主要功能是从数据库中取出金币余额数，并赋值给一个临时变量 tempMoney。从数据库中取出当前子弹数量，并赋值给一个临时变量 tempBullet。
- 第 8～10 行实现了 Awake 方法的重写，该方法在脚本加载时执行，主要功能是获得声明路径里的 NGUI Button 的游戏对象，并赋予各个按钮监听的方法。
- 第 13～15 行实现了 Update 方法的重写，主要功能是保证购买子弹界面的当前金币余额数量一直是正确，实时更新的。
- 第 16～28 行实现了购买按钮的监听方法 BtnBuyOnClick。如果金币余额大于购买总价时，把购买的子弹数量添加进子弹总数的临时变量中，再通过键值对存入数据库；同时用购买总价减去金币余额，并通过键值对存入数据库，更新界面显示；购买结束后把购买数量的数位全部置为 0。否则，无法购买。
- 第 29～33 行的主要功能是计算购买的总价。通过将对应的临时变量乘以对应的数位，再乘以子弹的单价得出总价，并在购买界面显示出来。
- 第 34～44 行的主要功能是向上调整购买数量。每按下一次对应的临时变量就加 1，并赋值显示；如果当前的临时变量值为 9，就置为 0。最后调用计算购买总价的方法，更新显示。
- 第 46～56 行的主要功能是向下调整购买数量。每按下一次对应的临时变量就减 1，并赋值显示；如果当前的临时变量值为 0，就置为 9。最后调用计算购买总价的方法，更新显示。

（6）上面介绍了“BuyBullet.cs”的开发，接下来新建一个 C#脚本，并将脚本命名为“LabelAni.cs”。该脚本主要通过使用纹理偏移来实现本游戏提供 4 种武器的介绍文字的滚动效果。脚本编写完毕之后，将此脚本拖曳到“Camera”上，具体代码如下。

代码位置：见随书源代码/第 5 章目录下的 HuangMoMap/Assets/Script/MainMenuScene/LabelAni.cs。

```
1       using UnityEngine;
2       using System.Collections;
3       public class LabelAni : MonoBehaviour {
4           public GameObject jieshao1;                          //第一块武器介绍板
5           public GameObject jieshao2;                          //第二块武器介绍板
6           public GameObject jieshao3;                          //第三块武器介绍板
7           public GameObject jieshao4;                          //第四块武器介绍板
8           public int materialIndex = 0;
9           public Vector2 uvAnimationRate = new Vector2(0, 1);//纹理偏移的方向，沿 Y 轴偏移
10          public string textureName = "_MainTex";
11          Vector2 uvOffset = Vector2.zero;                     //初始偏移量
12          void Update () {
```

```
13          uvOffset += (-uvAnimationRate * 0.1f * Time.deltaTime);//每一帧偏移量的增量
14          if (jieshao1.renderer.enabled){      //介绍板 1 渲染可用，则让纹理按偏移量偏移
15              jieshao1.renderer.materials[materialIndex].SetTextureOffset
                (textureName, uvOffset);
16          }if(jieshao2.renderer.enabled) {     //介绍板 2 渲染可用，则让纹理按偏移量偏移
17              jieshao2.renderer.materials[materialIndex].SetTextureOffset
                (textureName, uvOffset);
18          }if (jieshao3.renderer.enabled){     //介绍板 3 渲染可用，则让纹理按偏移量偏移
19              jieshao3.renderer.materials[materialIndex].SetTextureOffset
                (textureName, uvOffset);
20          }if(jieshao4.renderer.enabled){      //介绍板 4 渲染可用，则让纹理按偏移量偏移
21              jieshao4.renderer.materials[materialIndex].SetTextureOffset
                (textureName, uvOffset);
22  }}}
```

- 第 4～10 行的主要功能为变量声明。主要声明了 4 块游戏对象类型的介绍板和实现纹理偏移必需的变量。其中第 8 行的“materialIndex”和第 10 行的“textureName”为固定的值，不需改动。
- 第 12～22 行实现了“Update”方法的重写。主要功能是实现介绍纹理图按照纹理偏移量在每一帧画面进行偏移，呈现出滚动的效果。

（7）上面介绍了“LabelAni.cs”的开发，接下来新建一个 C#脚本，并将脚本命名为“LoadingLA.cs”。该脚本主要实现从主菜单场景进入游戏场景的异步加载效果。脚本编写完毕之后，将此脚本拖曳到“Camera”上，具体代码如下。

代码位置：见随书源代码/第 5 章目录下的 HuangMoMap/Assets/Script/LoadingLA.cs。

```
1   using UnityEngine;
2   using System.Collections;
3   public class LoadingLA: MonoBehaviour {
4       AsyncOperation async;                    //异步加载返回对象
5       private float progress;                  //异步加载进度
6       public Texture2D showTexture;            //加载走动条
7       public Texture2D loadBg;                 //加载背景
8       private float loadX;
9       private float lastProgress;              //记录上一次加载进度
10      void Start () {
11          loadX = -Screen.width *0.7f;         //进度条初始 x 坐标位置
12          StartCoroutine(loadScene());}        //进行异步加载
13      IEnumerator loadScene(){
14          async = Application.LoadLevelAsync("huangmo");//异步加载指定场景并返回
15          yield return async;}                             //异步加载对象
16      void Update () {
17          progress = async.progress;                      //获取加载进度
18          loadX += Screen.width * 0.8f * (progress - lastProgress);//换算进度条长度
19          lastProgress = progress;}                       //更新记录
20      void OnGUI () {                                     //对加载面板进行绘制
21          GUI.DrawTexture(new Rect(0, 0, Screen.width, Screen.height),
22              loadBg, ScaleMode.StretchToFill, true, of);          //绘制背景
23         GUI.DrawTexture(new Rect(loadX, Screen.height * 0.803f, //对进度条进行绘制
24         Screen.width * 0.8f, Screen.height * 0.15f), showTexture, ScaleMode.
           StretchToFill, true, of);
25}}
```

- 第 4～9 行的主要功能为变量声明，主要声明了一个异步加载返回类型的对象、记录加载进度的 float 对象和加载界面背景和进度条的 2D 纹理对象。
- 第 10～12 行实现了 Start 方法的重写，主要功能是为加载进度条的初始位置赋值和开始执行协同方法 loadScene。
- 第 13～15 行编写了 loadScene 方法，主要功能是设置异步加载的指定场景，并以异步加载返回类型对象返回。
- 第 16～19 行实现了 Update 方法的重写，主要功能是不断获取加载进度的值并赋值给“progress”变量，然后换算成一个 x 轴的坐标值赋给 loadX 变量。

- 第 20～25 行实现了 OnGUI 方法的重写，主要功能是根据给定的坐标值和纹理对象进行异步加载界面的绘制。

（8）上面介绍了“LoadingLA.cs”的开发，接下来新建一个 C#脚本，并将脚本命名为“MainMenuControl.cs”。该脚本主要实现从主菜单场景选择关卡进入对应游戏场景的功能。脚本编写完毕之后，将此脚本拖曳到“Camera”上，具体代码如下。

代码位置：见随书源代码/第 5 章目录下的 HuangMoMap/Assets/Script/LoadingLA.cs。

```
1      using UnityEngine;
2      using System.Collections;
3      public class MainMenuControl : MonoBehaviour{
4          void Start () {
5              if (PlayerPrefs.GetInt("isFirstStart") == 0) { //判断是否首次运行游戏
6                  PlayerPrefs.SetInt("BulletNum", 15000);     //初始化第一种武器子弹数量
7                  PlayerPrefs.SetInt("BulletTwoNum", 1000);   //初始化第二种武器子弹数量
8                  PlayerPrefs.SetInt("ShellNum", 100);        //初始化第三种武器子弹数量
9                  PlayerPrefs.SetInt("MissileNum", 100);      //初始化第四种武器子弹数量
10                 PlayerPrefs.SetInt("Money", 9900000);       //初始化金币数量
11                 PlayerPrefs.SetInt("isFirstStart", 1);      //将标记置为 1
12             }else{
13                 return; }}                                  //返回，不执行 Start 方法
14         void Awake() {
15             UIEventListener.Get(GameObject.Find("MessageRoot/3D UI/ZhanyiWindow/bg/
16         Mission1")).onClick = BtnZhanYiMissionOneOnClick;  //荒漠关卡
17        ......//此处省略部分类似的代码，请读者自行查阅随书的源代码}
18         void Update () {
19             Time.timeScale = 1;}                   //时间缩放置为 1
20         void BtnZhanYiMissionOneOnClick(GameObject button){ //荒漠关卡按钮监听方法
21             loadOne.SetActive(true);               //loadOne 的活动状态设为 true
22             loadTwo.SetActive(false);              //loadTwo 的活动状态设为 false
23             loadSelectOne.SetActive(true);         //loadSelectOne 的活动状态设为 true
24             loadSelectTwo.SetActive(false);        //loadSelectTwo 的活动状态设为 false
25             loadSelectOne2.SetActive(true);        //loadSelectOne2 的活动状态设为 true
26             loadSelectTwo2.SetActive(false);       //loadSelectTwo2 的活动状态设为 false
27             if (StaticValue.isPlay) {              //当 isPlay 标志位为 true 时
28                 EmptyObj1.GetComponent<TestMobileTexture>().StateChanged();
                                                      //播放该视频纹理
29                 StaticValue.isPlay = !StaticValue.isPlay; }} //isPlay 标志位置反
30     ......//此处省略部分类似的代码，请读者自行查阅随书的源代码
31         void BtnZhanYiMissionOneLoadOnClick(GameObject button){ //荒漠关卡确定按钮监听方法
32             StaticValue.RotateSpeed = 40f;          //设置默认的转速
33             StaticValue.currentWeapon = 0;          //设置默认武器编号
34             Time.timeScale = 1;                     //时间缩放置为 1
35             camera.GetComponent<LoadingLA>().enabled = true;} //启用 LoadingLA 脚本
36     ......//此处省略部分类似的代码，请读者自行查阅随书的源代码
37         void BtnExitYesOnClick(GameObject button){          //退出游戏按钮监听方法
38             Application.Quit();                             //退出游戏
39     }}
```

- 第 4～13 行实现了 Start 方法的重写，主要功能是判断是否首次运行本游戏。若是，则将初始化 4 种武器的基本子弹数量和金币数量，然后将存储于数据库的首次运行标志位置为 1，不再改动，再次运行不再执行 Start 方法。
- 第 14～17 行实现了 Awake 方法的重写。该方法在脚本加载时执行，主要功能是获得声明路径里的 NGUI Button 的游戏对象，并赋予各个按钮监听的方法。
- 第 20～29 行编写了 BtnZhanYiMissionOneOnClick 方法，主要功能是单击关卡按钮时激活选中框和确定按钮，并且在按钮框里播放预览视频。
- 第 31～35 行编写了 BtnZhanYiMissionOneLoadOnClick 方法，主要功能是在进入游戏场景前设置好默认值并启动异步加载脚本。
- 第 37～39 行编写了 BtnExitYesOnClick 方法。在退出界面单击“确定”退出游戏。

（9）为“Main Camera”对象添加背景音乐控制器。选中“Main Camera”后，然后单击“Component”→“Audio”→“Audio Source”给该对象添加一个“Audio Source”组件。将背景音乐

资源“i_comic.ogg”拖曳到“Audio Source”组件的“Audio Clip”右侧的取值框内，如图 5-33 所示。

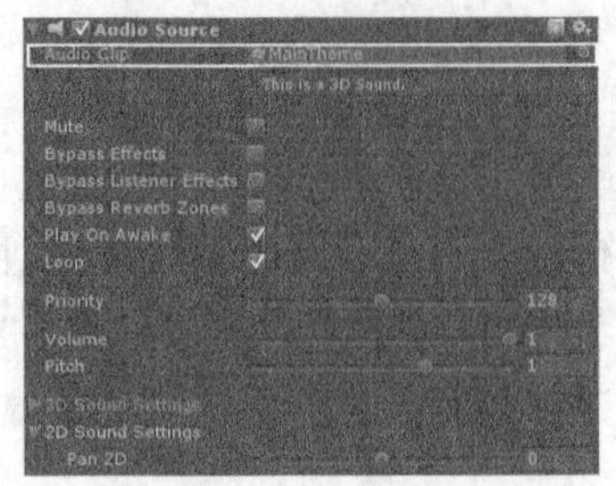

▲图 5-33　Audio Source 组件

5.4.3　主菜单场景中各个界面移动的实现

本小节将对主菜单场景里各个界面移动功能是怎么样实现的方法进行详述，具体讲解内容如下。

（1）上面已经提到介绍了场景的界面搭建，在这就不重复介绍。按照步骤“NGUI”→“Create”→“Panel”，创建一个 Panel 并且命名为“MessageRoot”。再创建一个空对象，命名为“3D UI”，然后拖曳在“MessageRoot”下，如图 5-34 所示。

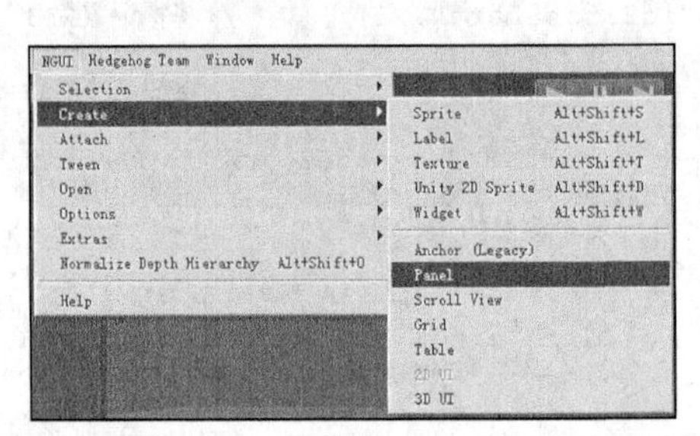

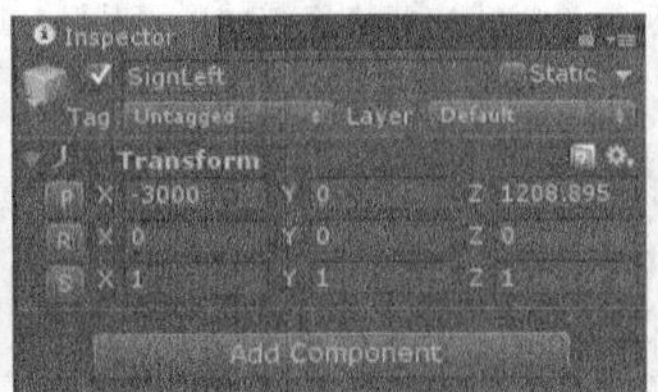

▲图 5-34　创建“MessageRoot”和“3D UI”

（2）上一小节已经提及到界面的创建，接下来按照步骤“GameObject”→“Create Empty”，创建一个空对象，并命名为“SignCenter”，拖曳在“3D UI”下，调整其位置，具体参数如图 5-35 所示。重复上述步骤，创建“SignLeft”和“SignRight”对象，具体参数如图 5-35 所示。

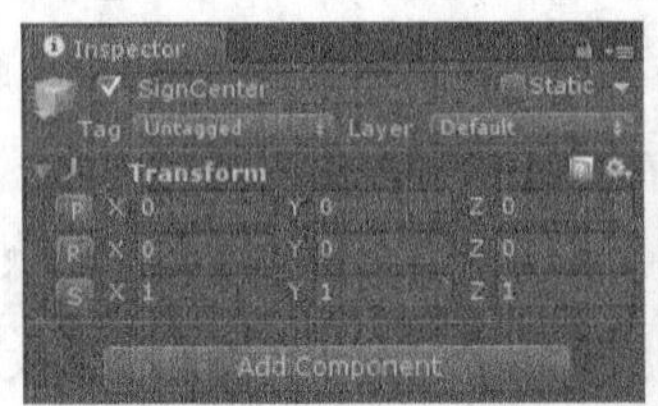

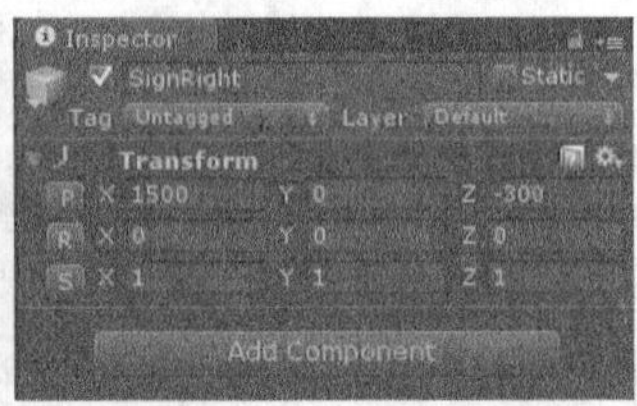

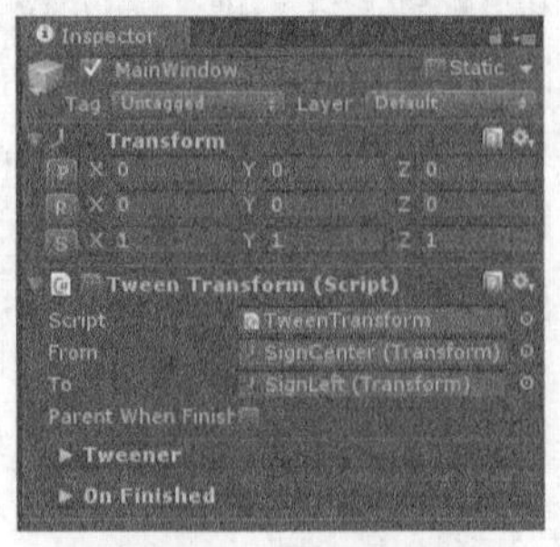

▲图 5-35　“SignCenter”“SignLeft”“SignRight”参数的设置

（3）在“project”框的搜索栏下搜索“TweenTransform.cs”脚本，如图 5-36 所示。把该脚本拖曳到界面“MainWindow”下，单击“MainWindow”对象，找到刚拖曳进来的“TweenTransform.cs”脚本，设置参数，将上一步创建的空对象挂载上去，把代表“Enable”的勾去掉，如图 5-37 所示。

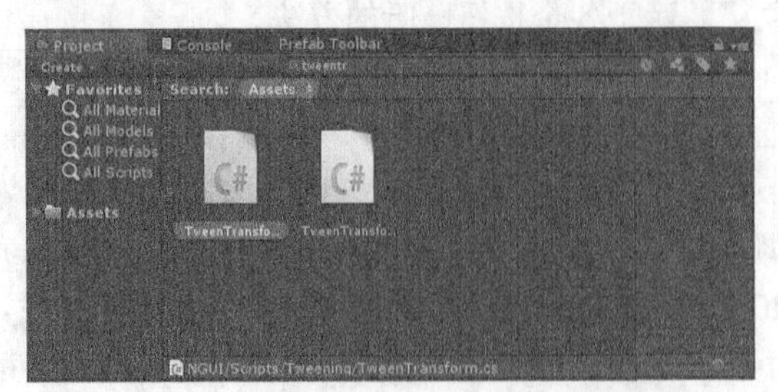

▲图 5-36　搜索“TweenTransform.cs”脚本

▲图 5-37　脚本参数设置

（4）在界面创建对应的“UIButton”，在“project”框的搜索栏下搜索“UIPlayTween.cs”脚本，把该脚本拖曳两次到对应的按钮下，单击“UIButton”对象，设置脚本参数，如图 5-38 所示。接着把相同的脚本拖曳到对应界面的“返回”按钮下，设置脚本参数，如图 5-39 所示。

（5）最后在相对应的一个移动界面，如“HelpWindow”游戏对象下按步骤（3）操作一遍，把“TweenTransform.cs”脚本拖曳到“HelpWindow”对象上，脚本参数设置如图 5-40 所示，至此基本的界面移动功能已实现。

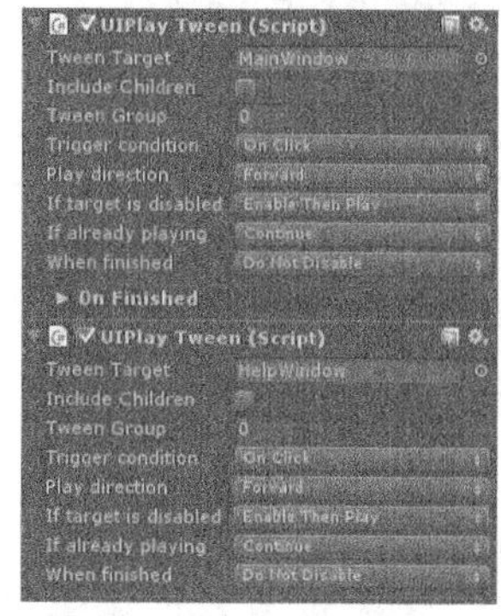

▲图 5-38　脚本参数设置

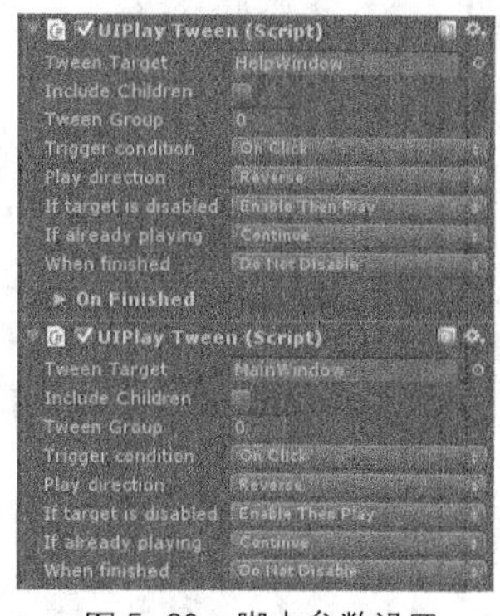

▲图 5-39　脚本参数设置

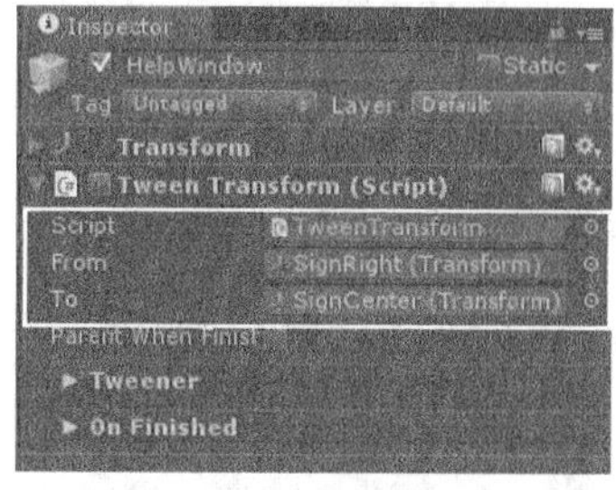

▲图 5-40　脚本参数设置

5.5 游戏场景

本游戏共有两个关卡，两种模式，对应 4 个不同的场景，其开发方法基本相同，这里以战役模式的关卡荒漠为例进行详解。

5.5.1　场景搭建

搭建游戏界面的场景，步骤比较繁琐，包括模型的摆放、组件的添加、参数的设置等。通过此游戏界面的开发，读者可以熟练地掌握基础知识，同时也会积累一些开发技巧和开发细节。接下来对游戏界面的开发进行详细的介绍。

（1）创建一个“huangmo”场景，具体步骤参考主菜单界面开发的相应步骤，此处不再赘述。需要的音效与图片资源已经放在对应文件夹下，读者可参见 5.2.2 节的相关内容。

（2）接下来，按照步骤“GameObject”→“Create Other”→“Plane”创建一个平面作为地面。设置其位置和大小，并且添加一个 Box Collider，以防子弹飞出地面不便于回收。如图 5-41 所示，为创建完成之后的效果。

（3）添加天空盒。首先应该从资源文件“Assets”中导入非 Unity 自带的资源包。然后按照步骤，单击“Edit”→“Render Settings”，打开“RenderSettings”属性窗口，设置“Skybox Material”属性为“Skybox5”，如图 5-42 所示。

（4）在地形场景内添加一些建筑和防御垒包。按照步骤“GameObject”→“Create Empty”创建一个空对象，并重命名为“Model”。将之前导入的模型资源一一拖拉到场景中，设置其位置，并且归在“Model”的子对象下，如图 5-43 所示。

（5）设置地图模型的边界。创建空的“GameObject”，改名为“SkyCover”，然后创建 4 个子物体，为其添加“Box Collider”，调整各自位置使其处于地图的 4 个边缘，以防止子弹飞行距离太远不便于回收。如图 5-44 所示，为创建完成之后的效果。

▲图 5-41　设置地面 Collider

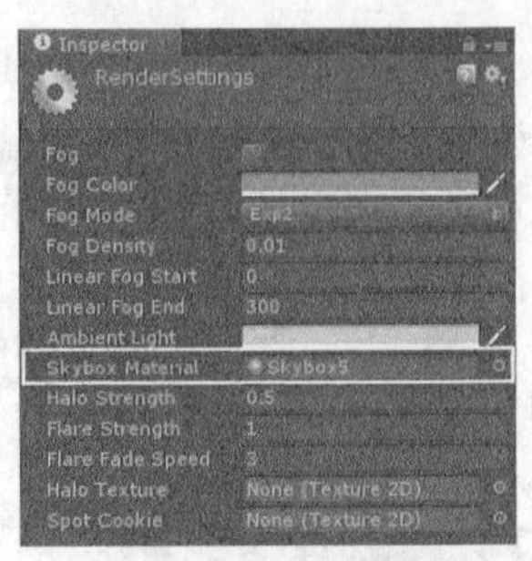

▲图 5-42　添加天空盒

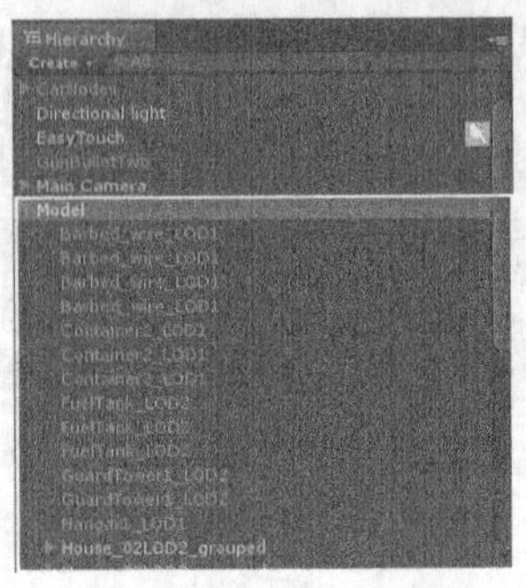

▲图 5-43　导入场景模型

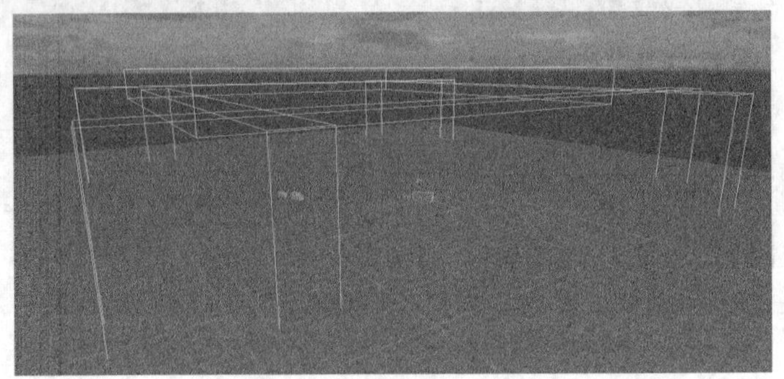

▲图 5-44　设置地图 Collider

5.5.2　主摄像机设置及脚本开发

本小节将介绍主摄像机相关脚本的开发。希望读者通过阅读本小节，了解如何实现在屏幕中心生成一条向里发出瞄准射线、玩家生命值控制等功能。具体步骤如下。

（1）实现发射瞄准射线。新建一个 C#脚本命名为“CameraRaycastHit.cs”，并拖曳到“Main Camera”对象上。该脚本的主要功能是在游戏场景中玩家开火时发出一条射线获取瞄准点的坐标值，生成一个向量。脚本代码如下。

代码位置：见随书源代码/第 5 章目录下的 HuangMoMap/Assets/Script/PlayScene/CameraRaycastHit.cs。

```
1     using UnityEngine;
2     using System.Collections;
3     public class CameraRaycastHit : MonoBehaviour {
4         public LayerMask mask = -1;                              //声明一个 LayerMask 变量
5         void Update() {
6             Ray ray = Camera.main.ScreenPointToRay(new Vector3
7                 (0.5f * Screen.width, 0.5f * Screen.height, 0));   //声明一条射线
8             RaycastHit hit;                                      //射线碰撞检测
9             if(Physics.Raycast(ray,out hit,Mathf.Infinity,mask.value)) //如果发生碰撞
10            {
11                StaticValue.RaycastHitPosition=hit.point;        //获取碰撞点坐标
12    }}}
```

- 第 4 行是变量声明，声明了一个“LayerMask”对象并赋值为-1，用于检测碰撞。
- 第 5～12 行实现了 Update 方法的重写，该方法在脚本加载时执行，主要功能是屏幕中心位置发射一条射线，获取碰撞点。
- 第 6 行用于创建了一条从屏幕中心发射出来的射线。
- 第 9 行判断射线是否发生碰撞。第 11 行把第一个碰撞的点坐标值赋予“RaycastHit Position”变量。

（2）前面介绍了“CameraRaycastHit.cs”的开发，接下来新建一个 C#脚本，并将脚本重命名为“PlayerHealth.cs”。该脚本主要用于玩家生命值显示的控制，当受到不同类型的攻击时，减去

对应的生命。具体代码如下。

代码位置：见随书源代码/第 5 章目录下的 HuangMoMap/Assets/Script/PlayScene/PlayHealth.cs。

```
1      using UnityEngine;
2      using System.Collections;
3      public class PlayerHealth : MonoBehaviour {
4          private float hpScale;                    //生命值显示换算值
5          public GameObject xuetiao;                //血条游戏对象
6          void Start () {
7              StaticValue.PlayerHP = 1000f;}        //初始化生命值为 1000
8          void Update () {
9              if (StaticValue.hitType == 1){        //当攻击类型为 1
10                 StaticValue.PlayerHP -= 1;        //生命值-1
11                 hpScale = StaticValue.PlayerHP / 1000f;    //换算血条长度值
12                 xuetiao.GetComponent<UISlider>().value = hpScale; //设置血条长度值
13                 GameObject.Find("UI Root/Anchor/PlayMenu-Panel/HPNUM").GetComponent
14                     <UILabel>().text = StaticValue.PlayerHP + "";//在仪表板显示生命值剩余
15                 StaticValue.hitType = 0;}         //攻击类型为 0
16             if (StaticValue.hitType == 2) {       //当攻击类型为 2
17                 StaticValue.PlayerHP -= 5;        //生命值-5
18      ......//此处代码与上述方法代码类似，请读者自行查阅随书的源代码}
19             if (StaticValue.hitType == 3){        //当攻击类型为 3
20                 StaticValue.PlayerHP -= 10;       //生命值-10
21      ......//此处代码与上述方法代码类似，请读者自行查阅随书的源代码}
22     }}
```

- 第 4～5 行的主要功能是变量声明，主要声明了一个生命值的 Scale 的换算值和血条的游戏对象。
- 第 6～7 行实现了 Start 方法的重写。该方法在脚本加载时执行，主要功能是初始化玩家生命值。
- 第 8～22 行实现了 Update 方法的重写。该方法在脚本加载时开始执行，主要功能是判断当前攻击类型。1 是小兵的攻击，生命值会减 1；2 是坦克的攻击，生命值会减 5；3 是飞机的攻击，生命值会减 10。第 11 行是当生命值发生改变时换算成一个大于等于 0，小于等于 1 的“float”类型的值“hpScale”。第 12～14 行则根据“hpScale”改变仪表板的血量值和血条长度。

5.5.3 操作界面的创建

操作界面的搭建和主菜单界面的搭建类似，本游戏采用 NGUI 界面和 EasyTouch 摇杆插件搭建的。NGUI 主要负责显示对一些对 Player 进行操作的按钮，如瞄准、开枪和换枪，以及剩余生命值和剩余子弹的显示等。EasyTouch 负责 Player 的视角移动。最终效果如图 5-45 所示。

（1）NGUI 主要的技术本书已经在第 4 节主菜单界面详细介绍过，此处不再详述。下面介绍对于 EasyTouch 摇杆插件的应用，双击 EasyTouch 安装包，导入 EasyTouch 资源。按照步骤“Hedgehog”→“Extensions”→“Adding a new joystick”，添加“EasyTouch”摇杆，如图 5-46 所示。

▲图 5-45 操作界面

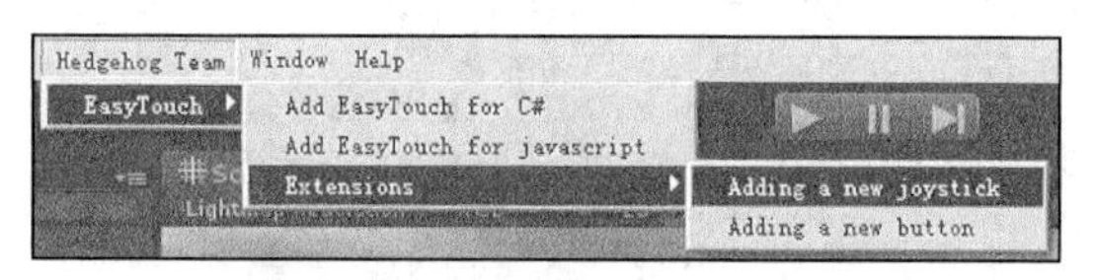

▲图 5-46 添加 EasyTouch 摇杆

（2）上一步介绍了如何导入 EasyTouch 资源和在操作界面添加 EasyTouch 的摇杆，接下来新建一个 C#脚本，并重命名为“MoveController”该脚本用于实现让玩家通过摇杆来实现视角的转动和变换。脚本的具体代码如下。

代码位置：见随书源代码/第 5 章目录下的 HuangMoMap/Assets/Script/PlayScene/MoveController.cs。

```
1     using UnityEngine;
2     using System.Collections;
3     public class MoveController : MonoBehaviour {
4         void OnEnable(){                                    //EasyTouch 启用方法
5             EasyJoystick.On_JoystickMove += OnJoystickMove;
6             EasyJoystick.On_JoystickMoveEnd += OnJoystickMoveEnd; }
7         void OnDisable() {                                  //EasyTouch 失效方法
8             EasyJoystick.On_JoystickMove -= OnJoystickMove;
9             EasyJoystick.On_JoystickMoveEnd -= OnJoystickMoveEnd;}
10        void OnDestroy() {                                  //EasyTouch 销毁方法
11            EasyJoystick.On_JoystickMove -= OnJoystickMove;
12            EasyJoystick.On_JoystickMoveEnd -= OnJoystickMoveEnd; }
13        void OnJoystickMoveEnd(MovingJoystick move) {               //移动结束方法
14            if (move.joystickName == "ViewJoystick"){} }
15        void OnJoystickMove(MovingJoystick move){   //摇杆动移动调用方法
16            if (move.joystickName != "ViewJoystick"){//easytouch 名是否为 ViewJoystick
17            return;}
18            float joyTouch_X = move.joystickAxis.x;          //获得摇杆偏移量 X 的值
19            float joyTouch_Y = move.joystickAxis.y;          //获得摇杆偏移量 Y 的值
20            if (joyTouch_X != 0 || joyTouch_Y != 0){         //当偏移量 X 或 Y 不为 0
21                if (joyTouch_Y <= 0.2 && joyTouch_Y >= -0.2){
22                joyTouch_Y = 0;}
23              //按摇杆偏移量来调整视角移动速度
24                this.transform.Rotate(-joyTouch_Y * Time.deltaTime * StaticValue.
25                RotateSpeed, joyTouch_X * Time.deltaTime * StaticValue.RotateSpeed, 0);
26                Quaternion temp = transform.rotation;        //声明一个四元数
27                if (temp.eulerAngles.x < 180)                 //欧拉角的 X 值 小于 180
28                {temp.eulerAngles = new Vector3(Mathf.Clamp(temp.eulerAngles.x, 0, 10) ,
29                    temp.eulerAngles.y, 0);                   //设置仰角阈值，转动冰冻
30                } else {temp.eulerAngles=new Vector3(Mathf.Clamp(temp.eulerAngles.
31                x, 280, 360), temp.eulerAngles.y, 0);         //设置仰角阈值，转动冰冻
32                } transform.rotation = temp;
33    }}}
```

- 第 4～14 行是调用 EasyTouch 摇杆必须存在的方法，其中包括启用时调用的方法、失效时调用的方法、销毁时调用的方法和结束移动是调用的方法。
- 第 15～32 行编写了 EasyTouch 摇杆移动时调用的方法。主要功能是控制摇杆移动实现视角的转动变换。第 16～17 行判断 EasyTouch 摇杆的名称是否存在。第 18～19 行声明两个“float”类型的变量并分别赋予摇杆偏移量 *X*、*Y* 的值。第 21～22 行设置摇杆偏移量 *Y* 值的阈值，大于 0.2 时才发生转动。第 23～24 行用于按摇杆的偏移量调整视角移动的方向和速度。第 26～32 行实现当仰角或者俯角到达一定角度时不再移动，设置一个移动上的阈值。

（3）上面介绍了实现视角转动的“MoveController.cs”脚本，新建一个 C#脚本，并重命名为“UIListener”，主要功能是操作界面其他功能按钮的监听实现，主要方法在前面已经提及过，现在再详细介绍一下。脚本的具体代码如下。

代码位置：见随书源代码/第 5 章目录下的 HuangMoMap/Assets/Script/PlayScene/UIListener.cs。

```
1     using UnityEngine;
2     using System.Collections;
3     public class UIListener : MonoBehaviour {
4         void Start () {
5             lastFireTime = Time.time;                              //当前时间赋值给开火时间
6             StaticValue.GameBulletManager = new BulletManager();//创建一个弹药管理对象
7             StaticValue.BulletNum = PlayerPrefs.GetInt("BulletNum");//获取m4 子弹数量
8             GameObject.Find("UI Root/Anchor/PlayMenu-Panel/BulletNum").GetComponent
9                 <UILabel>().text = StaticValue.BulletNum + "";          //在仪表板显示
10            StaticValue.theMoney = PlayerPrefs.GetInt("Money");     //获取金币余额
```

```
11          GameObject.Find("UI Root/Anchor/PlayMenu-Panel/Money"). GetComponent
12              <UILabel>().text = StaticValue.theMoney + "";}          //在仪表板显示
13      void Enable() {
14          StaticValue.GameBulletManager = new BulletManager(); }//创建一个弹药管理对象
15      void Update () {
16          if (isButtonFireClick){
17              if (Time.time > lastFireTime + 0.07f)     //让连续开火间隔 0.1s
18              {if (StaticValue.BulletNum <= 0){         //子弹剩余数量是否小于等于零
19                   return;}                             //为 0 返回不执行下面的代码
20                  lastFireTime = Time.time;
21                  GameObject bullet = StaticValue.GameBulletManager.
22                      GetGunBullets(StaticValue.currentWeapon);//调用获取子弹的方法
23                  audio.PlayOneShot(m4a1Audio);
24                  bullet.GetComponent<Bullets>().hitPosition =
25                       StaticValue.RaycastHitPosition;          //把碰撞点赋值
26                  bullet.transform.position = Gunfire.transform.position;
                                                          //设置发射子弹的坐标点
27                  bullet.transform.rotation = Gunfire.transform.rotation;
                                                          //设置发射子弹的朝向
28                  bullet.GetComponent<Bullets>().enabled=true; //开启 Bullets 脚本
29                  bullet.collider.enabled =true;          //开启 Bullet 的碰撞器
30                  fireLizi = Instantiate(fire, Gunfire.transform.position,
31                      Gunfire.transform.rotation) as GameObject;//实例化开枪火花粒子
32                  Destroy(fireLizi,0.12f);                     //0.15s 后自动销毁
33                  StaticValue.BulletNum-=1;                    //子弹剩余量-1
34                  PlayerPrefs.SetInt("BulletNum", StaticValue.BulletNum);
35                  GameObject.Find("UI Root/Anchor/PlayMenu-Panel/BulletNum").
36                  GetComponent<UILabel>().text = StaticValue.BulletNum + "";
                                                                 //显示子弹剩余
37              }}if(fireLizi != null) {                         //实例化了火花粒子
38                   fireLizi.transform.position = Gunfire.transform.position; }}
    //火花粒子跟随
39      void Awake() {
40          UIEventListener.Get(GameObject.Find("UI Root/Anchor/Control-Panel/
41      Button-anim")).onClick = ButtonAnimOnClick;          //声明瞄准按钮监听方法
42   ......//此处声明监听代码与上述代码类似，请读者自行查阅随书的源代码}
43      void ButtonTestOnClick(GameObject button) {Application.Quit();}
44      void ButtonAnimOnClick(GameObject button) {          //瞄准的方法
45          if (isBigAnim){
46              GameObject.Find("UI Root/Anchor/Big-AnimPanel").
47                  GetComponent<UIPanel>().alpha = 1;   //瞄准 panel 的 alpha 为 1
48              GameObject.Find("UI Root/Anchor/Anim-Panel").
49                  GetComponent<UIPanel>().alpha = 0;   //游戏菜单 panel 的 alpha 为 0
50              Camera.main.fieldOfView=10;              //摄像机视镜口设置为 10
51              StaticValue.RotateSpeed=5.0f;            //旋转速度设置为 5
52              isBigAnim=false;                         //标志位置反
53          }else{                                       //再按下瞄准按钮
54              GameObject.Find("UI Root/Anchor/Big-AnimPanel").
55                  GetComponent<UIPanel>().alpha = 0;   //瞄准 panel 的 alpha 为 0
56              GameObject.Find("UI Root/Anchor/Anim-Panel").
57                  GetComponent<UIPanel>().alpha = 1;   //游戏菜单 panel 的 alpha 为 1
58              Camera.main.fieldOfView = 40;            //摄像机视镜口设置为 40
59              StaticValue.RotateSpeed = 40.0f;         //旋转速度设置为 5
60              isBigAnim = true;} }                     //置为 true
61      void ButtonFireOnPress(GameObject button, bool isPress) {     //开火按钮方法
62          if (StaticValue.currentWeapon == 0){ isButtonFireClick = isPress;}
63          else if (StaticValue.currentWeapon == 1){          //大炮
64   ......//此处代码与上述 m4a1 开火代码类似，请读者自行查阅随书的源代码}
65          else if (StaticValue.currentWeapon == 2) {isM249FireClick = isPress;}
66          else if (StaticValue.currentWeapon == 3){
67   ......//此处代码与上述 m4a1 开火代码类似，请读者自行查阅随书的源代码} }
70      void ButtonChangeOnClick(GameObject button)//换枪按钮方法
71      {......//此处方法代码省略，在下面接着介绍。}}
```

- 第 4～12 行实现了 Start 方法的重写。该方法在脚本加载时执行，主要功能是初始化仪表板显示的数据，包括默认武器 M4A1 的子弹数量和金币余额。
- 第 13～14 行实现了 Enable 方法的重现。该方法在脚本加载时执行，主要功能是保证创建出一个子弹管理对象。

- 第15～38行实现了Update方法的重写。该方法主要实现了机械枪M4A1的连续射击。第17行设置了一个比较小的开火间隔。第18～19行判断子弹剩余是否为0，等于0时无法开火。第21行取出一个子弹对象。第23行播放开火声音。第24～29行把目标坐标值设置个子弹并发射子弹。第30～32行实例化火花的粒子效果。第33～36行更新仪表板的信息。第37～38行实现火花粒子在枪口的跟随。
- 第39～42行实现了Awake方法的重写。该方法主要是声明了NGUI Button的监听方法。
- 第44～60行编写了瞄准按钮的监听方法，主要功能是实现按下瞄准按钮后玩家视线往前推送一段距离。第47～49行为显示瞄准画面，其他画面隐藏。第50～52行把摄像机视镜口缩小实现往前推的效果以及降低转动的速度方便瞄准。第53～60则为再次按下瞄准按钮后取消瞄准，即上述代码的反操作。
- 第61～67行编写了开火按钮的监听方法，主要功能是控制4种武器的开火。通过判断当前武器编号，选择执行的代码，具体实现上述Update方法已经介绍，详细代码请读者自行查阅随书的源代码。

（4）上面介绍了“UIListener.cs”的开发，接下来介绍之前省略的换枪界面按钮和换枪按钮的监听方法的实现。具体代码如下。

```
1      void ButtonChangeOnClick(GameObject button) {              //换枪按钮方法
2          if (isChangeWeapon){
3                  GameObject.Find("UI Root/Anchor/ChooseWeapon-Panel").
4                    GetComponent<UIPanel>().alpha = 1;         //选枪 Panel 的 Alpha 为 1
5               GameObject.Find("UI Root/Anchor/ChooseWeapon-Panel").
6                    GetComponent<UIPanel>().depth = 3;          //选枪 Panel 的 Depth 为 3
7                 isChangeWeapon = false;                        //标志位置反
8              }else{
9                  GameObject.Find("UI Root/Anchor/ChooseWeapon-Panel").
10                     GetComponent<UIPanel>().alpha = 0;       //选枪 Panel 的 Alpha 为 0
11                 GameObject.Find("UI Root/Anchor/ChooseWeapon-Panel").
12                     GetComponent<UIPanel>().depth = -2;      //选枪 Panel 的 Depth 为-2
13                 isChangeWeapon = true; } }                   //标志位为 True
14         void ButtonChangeButtonChooseM4A1(GameObject button){       //选择 m4a1
15             weaponM4A1.SetActive(true);                       //M4A1 的活动状态为 True
16             weaponM249.SetActive(false);                      //M249 的活动状态为 False
17             weaponPao001.SetActive(false);                    //大炮的活动状态为 False
18             weaponHJT.SetActive(false);                       //火箭筒的活动状态为 False
19             StaticValue.currentWeapon = StaticValue.WeaponM4A1;      //设置当前武器编号
20             GameObject.Find("UI Root/Anchor/ChooseWeapon-Panel").
21                 GetComponent<UIPanel>().alpha = 0;            //选枪 Panel 的 Alpha 为 0
22             GameObject.Find("UI Root/Anchor/ChooseWeapon-Panel").
23                 GetComponent<UIPanel>().depth = -2;           //选枪 Panel 的 Depth 为-2
24             StaticValue.BulletNum = PlayerPrefs.GetInt("BulletNum");//获取 M4A1 的子弹数
25             GameObject.Find("UI Root/Anchor/PlayMenu-Panel/BulletNum"). GetCompone
nt
26                 <UILabel>().text = StaticValue.BulletNum + "";   //更新仪表板
27             isChangeWeapon = true;                           //标志位置为 True
28            ......//此处代码与上述代码类似，请读者自行查阅随书的源代码} }
```

- 第1～13行编写了ButtonChangeOnClick方法，主要功能是显示出换枪界面。通过调整“NGUI Panel”的“Alpha”和“Depth”两个参数显示界面的显示和隐藏。
- 第14～28行编写了ButtonChangeButtonChooseM4A1方法，主要功能是隐藏其他武器，显示玩家选择的武器，并更新仪表板显示的子弹剩余量。第15～18行是设置显示选中武器的代码实现。第19行用于设置当前武器编号，更新当前武器的伤害和子弹剩余数量。

（5）上面介绍了“UIListener.cs”的开发。当然，为了实现NGUI的控制，还是需要很多脚本的配合，才能更好地加强游戏的可玩性和娱乐效果，在这里因为篇幅的限制，就不逐一详细介绍，请读者自行查阅随书的源代码。

5.5.4 子弹的创建

本小节将对游戏场景中子弹的创建以及其相关脚本的编写进行详述，由于本游戏设置有 4 种武器，对应有 4 种子弹的创建都比较类似，在这里就选择 M4A1 的子弹创建进行介绍。其具体的讲解内容如下。

（1）创建一个“Cube”对象，具体步骤为“GameObject”→“Create Other”→“Plane”。创建一个平面，调整其大小，从资源文件夹 Texture 里把子弹的纹理贴图拖曳到刚创建的平板上。具体设置如图 5-47 所示。最后把设好的子弹对象制作成预制件，命名为“GunBullet”并存放在 Resource 文件夹里。

（2）接下来把 Plane 对象自带的 Mesh Collider 移除，按步骤“Add Component”→“Physics”→“Box Collider”为子弹对象添加 Box 碰撞器，并设置大小，把 Is Trigger 选项勾选上，具体设置如图 5-48 所示。最后按照同样步骤添加上刚体。子弹的预制件到此创建完成。

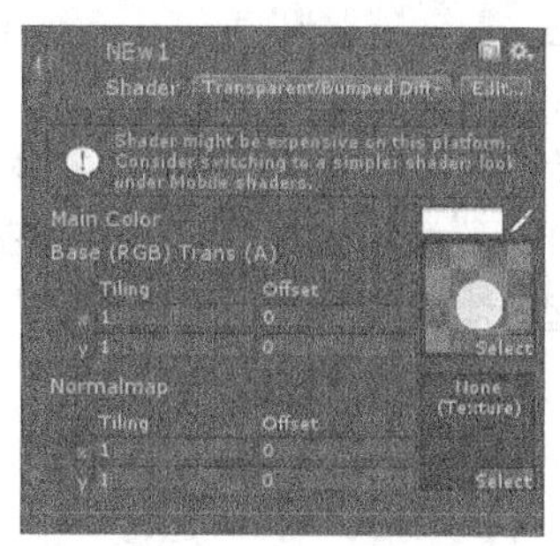

▲图 5-47　子弹纹理贴图

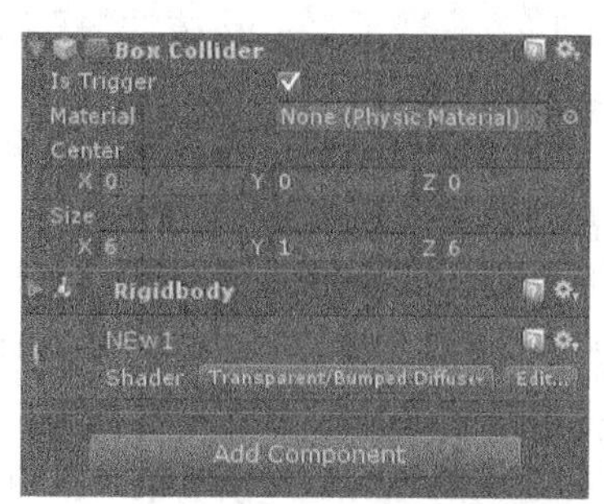

▲图 5-48　添加 Box Collider

（3）上面介绍了子弹预制件的创建，接下来创建一个 C#脚本“Bullets.cs”并拖曳到上面创建的子弹预制件上，把“Bullets”脚本的勾选去掉，由开火方法来触发该脚本。该脚本主要用于子弹的飞行，碰撞检测和子弹的回收。脚本的具体代码如下。

代码位置：见随书源代码/第 5 章目录下的 HuangMoMap/Assets/Script/PlayScene/Bullets.cs。

```
1      using UnityEngine;
2      using System.Collections;
3      using System.Collections.Generic;
4      public class Bullets : MonoBehaviour {
5          public Vector3 hitPosition;                 //声明 存储碰撞点的变量
6          Vector3 space;                              //发射方向向量
7          private GameObject bullectFag;              //雾粒子
8          public GameObject bFag;
9          private GameObject fireSpark;               //火花粒子
10         public GameObject fSpark;
11         void OnEnable() {
12             space = Vector3.Normalize(hitPosition - transform.position);}
                                                       //规范化发射方向向量
13         void Update () {
14             transform.position += space * 2f; }              //让子弹匀速前进
15         void OnTriggerEnter(Collider other){                  //子弹的碰撞检测
16             this.transform.position = Vector3.zero;           //子弹坐标置为 0 0 0
17             collider.enabled = false;                         //子弹碰撞器关闭
18             StaticValue.GameBulletManager.SetGunBullets(gameObject, 0);//调用存放子弹方法
19             GetComponent<Bullets>().enabled = false;          //关闭 Bullets 脚本
20             if (other.gameObject.tag == "AI-Human"){          //击中敌人
21                 other.gameObject.GetComponent<AIHPForMan>().enabled = true;
22                 StaticValue.theMoney += 10;                   //击中敌人金钱+10
23                 StaticValue.tempMoney += 10;
24                 GameObject.Find("UI Root/Anchor/PlayMenu-Panel/Money"). GetComponent
25                     <UILabel>().text = StaticValue.theMoney+"";  //显示剩余金额
26             }if (other.gameObject.tag == "Ground"){                 //击中地面
```

```
27            bullectFag = Instantiate(bFag, hitPosition,
28    other.gameObject.transform.rotation) as GameObject;     //实例化烟雾粒子
29            Destroy(bullectFag,0.5f);                       //0.5s 后自动销毁
30        }if (other.gameObject.tag == "Metal"){              //击中金属物
31            fireSpark = Instantiate(fSpark, hitPosition, transform.rotation)
              as GameObject;
32            Destroy(fireSpark, 0.06f);                      //实例化火花粒子
33        }if (other.gameObject.tag == "Tank"){               //击中坦克
34            fireSpark=Instantiate(fSpark,hitPosition,transform.rotation)
35                as GameObject;                              //实例化火花粒子
36            Destroy(fireSpark,0.06f);                       //0.06s 后自动销毁
37            other.GetComponent<AIHPForTank>().tankHealth -= 1;     //坦克生命值-1
38        }
39      ......//此处代码与上述代码类似，请读者自行查阅随书的源代码。
40    }}}}
```

- 第 5～10 行主要声明了一些变量，声明了一个碰撞点变量、方向向量和一些粒子对象。
- 第 11～12 行实现了 OnEnable 方法的重写。该方法在脚本加载时执行，主要功能是发射子弹时，根据碰撞点和枪口标记点确定一个方向向量，并对它规范化。
- 第 13～14 行实现了 Update 方法的重写。该方法主要功能是在确定了一个方向向量后，让子弹匀速地前进。
- 第 15～38 行实现了 OnTriggerEnter 方法的重写。该方法在子弹碰到碰撞体时执行，主要功能是在发生碰撞后回收子弹，并通过碰撞体身上的标签来做出相应的反应。碰到的是小兵，则小兵死亡；碰到的是地面，则在地面扬起灰尘；碰到的是金属，则产生火花；碰到的是坦克、飞机或装甲车，则产生火花并减去它们的生命值。

（4）上一小节和上述方法都有提到子弹的获取和回收，在本游戏中，考虑到如果每次开火才实例化一个子弹对象，会出现卡顿现象，影响流畅性。所以采用加载时就实例化一批子弹对象，然后用一个子弹管理类实现子弹的存取。脚本的具体代码如下。

代码位置：见随书源代码/第 5 章目录下的 HuangMoMap/Assets/Script/PlayScene/ BulletManager.cs。

```
1     using UnityEngine;
2     using System.Collections;
3     public class BulletManager{
4         public GameObject GunBullet;                        //声明 M4A1 子弹对象
5         public GameObject GunBulletTwo;                     //声明 M249 子弹对象
6         public GameObject PaoShell;                         //声明炮弹对象
7         public GameObject Missile;                          //声明火箭弹对象
8         public GameObject[][] GameBullets;                  //子弹管理数组
9         public BulletManager() {                            //管理方法
10            GunBullet = (GameObject)Resources.Load("GunBullet");     //获得预制件
11            GunBulletTwo = (GameObject)Resources.Load("GunBulletTwo");//获得预制件
12            PaoShell = (GameObject)Resources.Load("PaoShell");    //获得预制件
13            Missile = (GameObject)Resources.Load("Missile");      //获得预制件
14            GameBullets = new GameObject[4][];              //生成 4 种子弹类型
15            GameBullets[0] = new GameObject[100];           //生成 100 个第一种子弹
16            GameBullets[1] = new GameObject[100];           //生成 100 个第二种子弹
17            GameBullets[2] = new GameObject[100];           //生成 100 个第三种子弹
18            GameBullets[3] = new GameObject[3];             //生成 3 个第四种子弹
19            for (int i = 0; i < GameBullets[0].Length; i++){
20             GameBullets[0][i] = GameObject.Instantiate(GunBullet, new Vector3
               (0,-100,0),
21              new Quaternion(0, 0, 0, 0)) as GameObject;    //实例化子弹预制件
22            }for (int i = 0; i < GameBullets[1].Length; i++){
23             GameBullets[1][i] = GameObject.Instantiate(PaoShell, new Vector3
               (0,-100,0),
24             new Quaternion(0, 0, 0, 0)) as GameObject;     //实例化子弹预制件
25            }for (int i = 0; i < GameBullets[2].Length; i++){
26             GameBullets[2][i] = GameObject.Instantiate(GunBulletTwo, new Vector3
               (0, -100, 0),
27             new Quaternion(0, 0, 0, 0)) as GameObject;     //实例化子弹预制件
28            }for (int i = 0; i < GameBullets[3].Length; i++){
29             GameBullets[3][i] = GameObject.Instantiate(Missile, new Vector3
               (0, -600, 0),
```

```
30            new Quaternion(0, 0, 0, 0)) as GameObject;}}        //实例化子弹预制件
31        public GameObject GetGunBullets(int kindIndex){        //获取一个子弹对象
32            GameObject[] temp = new GameObject[GameBullets[kindIndex].Length - 1];
33            for (int i = 0; i < temp.Length; i++) {
34                temp[i] = GameBullets[kindIndex][i];}            //获得对应类型的子弹数组
35            GameObject tempBullet = GameBullets[kindIndex][GameBullets[kindIndex].
              Length - 1];
36            GameBullets[kindIndex] = temp;
37            return tempBullet;}                                   //取出一个子弹返回
38        public void SetGunBullets(GameObject bullet, int kindIndex) {//存入一个子弹对象
39            GameObject[] temp = new GameObject[GameBullets[kindIndex].Length + 1];
40            for (int i = 0; i < GameBullets[kindIndex].Length; i++){
41                temp[i] = GameBullets[kindIndex][i];}            //获取对应类型的子弹数组
42            temp[temp.Length - 1] = bullet;
43            GameBullets[kindIndex] = temp;                        //存入一个子弹对象
44    }}
```

- 第 4～8 行声明了一些变量，主要声明了一些子弹的游戏对象和一个管理数组。
- 第 9～30 行编写了 BulletManager 方法，主要功能是在游戏场景加载时执行生成 4 种类型的子弹。第 10～13 行是在资源文件夹里获取子弹的预制件。第 14～18 行为声明子弹类型数组和各个子弹的存储数组。第 19～30 行为使用 for 循环生产目标数量的预制件。
- 第 31～37 行编写了 GetGunBullets 方法，主要功能是调用该方法时，取出一个对应“kindIndex”值的子弹对象。
- 第 38～43 行编写了 SetGunBullets 方法，主要功能是调用该方法是，把对应的“bullet”对象存放入对应“kindIndex”值的子弹类型数组里。

5.5.5 敌人小兵的创建及脚本开发

本小节将详细介绍敌人小兵的创建和对应的脚本开发。具体实现了在游戏场景中移动和切换动作，对玩家进行射击，中弹倒地身亡等活动。具体步骤如下。

（1）创建敌人小兵预制件，具体步骤为“Assets”→“Create”→“Prefab”，此时 Project 视图的资源显示框中会出现一个白色正方体，默认名称为 New Prefab，将其重命名为“enemylive”。将模型“enemy@live.FBX”拖曳到游戏场景中，并将纹理图“enemy_head_dif”“enemy_head_nor”“enemy_body_dif”“enemy_body_nor”拖到模型上。最后将 Hirearchy 视图中的“enemy@live.FBX”拖曳到预制件上。

（2）上面介绍了如何创建敌人小兵的预制件。下面将具体介绍敌人小兵身上所需要挂载的脚本的创建。首先新建脚本“EnemyAction.cs”并挂载到预制件“enemylive”上。该脚本用于控制游戏对象动作的切换。具体的脚本代码如下。

代码位置：见随书源代码/第 5 章目录下的 HuangMoMap\Assets\Enemy\Scripts\EnemyAction.cs。

```
1     using UnityEngine;
2     using System.Collections;
3     public class EnemyAction : MonoBehaviour {
4         public AnimationClip run;                          //跑步动作
5     ……//此处动画对象的创建与上述相似，故省略，请自行查阅随书中的源代码
6         public float rotate_angle = 90f;                   //敌人转身角度
7         public int state = 2;                              //敌人的动作状态
8         public float Min_Distance = 10f;                   //敌人与玩家的最小距离限制
9         float m_distance;                                  //敌人与玩家的实时距离
10        float lastActionTime;                              //记录上一次执行动作时间
11        float EnemyMoveSpeed = 1f;                         //敌人移动的速度
12        void Start () {}
13        void OnEnable() {
14            lastActionTime = Time.time;                    //给时间标志赋值为当前时间
15             //设置各个动作为可用，layer 为同一层
16            animation [run.name].enabled = true;
17            animation [run.name].layer = 1;
18        ……//此处设置工作与上述相似，故省略，请自行查阅随书中的源代码
19        }
```

```
20        void Update () {
21            //计算游戏对象当前位置与坐标原点之间的距离
22            m_distance = Vector3.Distance(this.transform.position,Vector3.zero);
23            if (Time.time > lastActionTime + 2f) {        //如果时间过去了 2s
24                if (m_distance < Min_Distance){           //如果当前距离小于最小距离限制
25                    state = 0;                            //将动作状态设置为 0
26                }else {
27                    state = new System.Random().Next(0, 9);     //生成一个 0~9 的随机数
28                if (state == 3 | state == 7 ){                 //如果随机数为 3 或 7
29                    animation.CrossFade(run.name);        //游戏对象的动画切换为跑步动作
30                    MoveToRight(2f);                      //执行向右转方法，速度为 2
31                }else if (state == 4 | state == 8 ){      //如果随机数为 1 或 8
32                    animation.CrossFade(run.name);        //游戏对象的动画切换为跑步动作
33                    MoveToLeft(2f);                       //执行向左转方法，速度为 2
34                }
35                if (state == 0){                          //如果随机数为 0
36                    animation.CrossFade(standing_fire.name);//动画切换站立开火动作
37                    MovetoPlayer(0);      //执行面向玩家的方法，速度为 0，只改变朝向，不移动
38                }else if (state ==1){     //如果随机数为 1
39                    animation.CrossFade(crouch_fire.name);//动画切换半蹲开火动作
40                    MovetoPlayer(0);      //执行面向玩家的方法，速度为 0，只改变朝向，不移动
41            ……//此处切换动画的实现与上述相似，故省略，请自行查阅随书中的源代码
42                lastActionTime = Time.time; }              //将当前时间复制给时间标志
43                //在场景中移动游戏对象，速度为 EnemyMoveSpeed
44            this.transform.Translate(new Vector3(0, 0, EnemyMoveSpeed * Time.deltaTime));
45        }
46        void MoveToLeft(float speed) {              //向左转方法
47            this.EnemyMoveSpeed = speed;            //将传入的参数赋给 EnemyMoveSpeed
48            //先朝向玩家
49            this.transform.rotation = Quaternion.LookRotation(Vector3.zero - this.
              transform.position);
50            this.transform.Rotate(Vector3.up * rotate_angle);
              //围绕 Up 向量旋转 rotate_angle 角度
51            ……//向前进方法与向右转方法的创建与上述相似，故省略，请自行查阅随书中的源代码
52    }}
```

- 第 4～11 行用于声明变量，在该脚本中使用到较多变量，在这里进行声明并初始化。在使用 C#编写的脚本中，使用 public 修饰符修饰的变量，是可以在 Unity 3D 里进行编辑的。
- 第 14～18 行用于将对象需要使用的动画设为可用。将 layer 设为同一层。
- 第 22 行用于计算对象当前位置与坐标原点之间的距离。使用了 Vector3 下的 Distance 方法，所用到的参数为两个对象的三维坐标。
- 第 23～25 行用于游戏对象在近距离的行为的切换。首先判断小兵与玩家之间的距离，如果距离小于一定的阈值，小兵的动作状态为 0。小兵则不会再向前进攻，而是站在原地进行站立射击。
- 第 26～41 行用于游戏对象在远距离的行为的切换，首先生成一个 0～9 的随机数，将其赋值给 state 变量。之后根据判断 state 变量的值来执行不同的动作。通过此方法来实现游戏对象动作的随机性。
- 第 46～50 行用于实现向左转方法。需要传去的参数是速度。实现的方法是先使游戏对象朝向玩家，再围绕自身的 UP 向量旋转 90°。这样在玩家看来游戏对象始终都是向左跑或走。

（3）上面介绍了敌军小兵的创建以及奔跑、射击等具体活动的实现。下面介绍小兵中弹身亡倒地功能的实现。在这里也需要创建敌人小兵预制件，其模型是“enemy@die.FBX”，预制件名称为“enemyDie”。预制件的制作方法与上述相似。脚本代码如下。

代码位置：见随书源代码/第 5 章目录下的 HuangMoMap\Assets\Enemy\Scripts\EnemyDie.cs。

```
1     using UnityEngine;
2     using System.Collections;
3     public class EnemyDie : MonoBehaviour
4     {
5         public GameObject enemy_object;                       //声明游戏对象
6         public AnimationClip guy_die;                         //游戏对象死亡的动画
```

```
7          public AudioSource dieSound;                      //声明一个音频源对象
8          float lastTime;                                   //时间标记
9          void Start() {
10             animation.CrossFade(guy_die.name);            //动画切换死亡倒地动作
11         }
12         void Awake() {
13             dieSound.Play();                              //播放死亡音效
14             lastTime = Time.time;                         //将当前时间复制给时间标志
15             this.transform.rotation = Quaternion.LookRotation
16                         (Vector3.zero - this.transform.position);
17         }
18         void Update() {
19             if (Time.time > lastTime + 2.5f) {            //如果时间经过2.5s
20                 Destroy(enemy_object);                    //销毁游戏对象
21     }}}
```

- 第5～8行用于声明变量。声明了一个游戏对象，游戏对象死亡倒地的动画，一个音频源对象，lastTime是一个时间标记，用于记录某一时刻时间的值，通过计算游戏内时间和时间标记的差值来判断是否销毁游戏对象。
- 第15～16行用于使游戏对象面朝玩家。在游戏中，玩家的位置为Vector3.zero，通过求玩家位置与游戏对象位置的差，来获得游戏对象朝向玩家的向量。
- 第19～20行用于判断及销毁游戏对象。当游戏内时间和时间标记的差值大于2.5时，表示该游戏对象在场景中存在了2.5s，执行销毁游戏对象的方法。

5.5.6　场景中结点的设置与脚本开发

在本小节中将详细介绍场景中结点的设置与脚本开发。在游戏中，敌军中的装甲车和直升机是以一条预置的路线行动的。这条路线是由多个结点连起来组成的。结点的具体制作步骤如下。

（1）在场景中新建结点对象。方法为“GameObject”→“CreateEmpty”，此时Hierarchy视图中会多出一个名为“GameObject”的空对象，将其重命名为“CarNodes”，新建“NodeLine.cs”脚本，挂载到“CarNodes”对象身上。重复上述方法，新建多个结点对象，将其Tag标签设置为“carnode”，并拖曳到“CarNodes”下，形成如图5-49所示的结构。新建“PathNode.cs”脚本，挂载到每一个结点对象身上，并将其下一个结点对象拖曳到“Next”参数下，如图5-50所示。

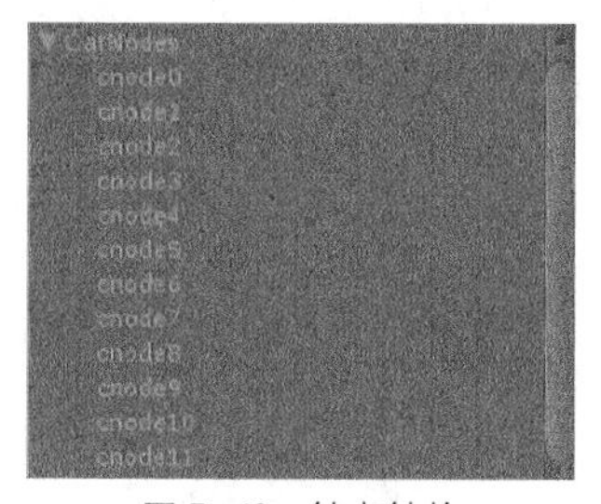

▲图5-49　结点结构

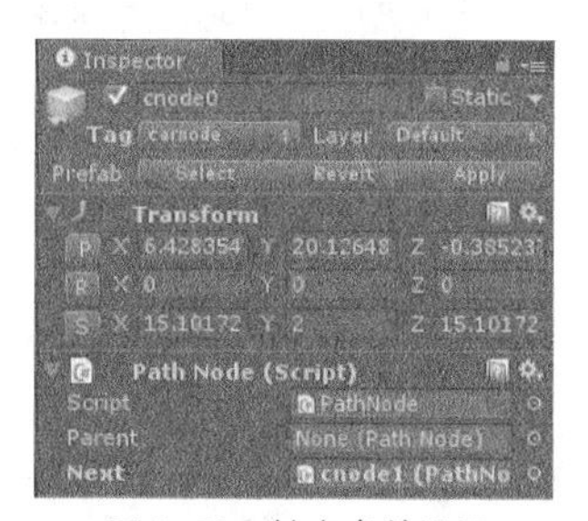

▲图5-50　结点参数设置

（2）下面将介绍结点对象身上需要挂载的脚本。首先介绍CarNode对象身上挂载的“NodeLine.cs”脚本的创建。该脚本用于绘制相联系的结点间的连线，也就是游戏对象移动的路线。脚本代码如下。

代码位置：见随书源代码/第5章目录下的HuangMoMap\Assets\Nodes\NodeLine.cs。

```
1      using UnityEngine;
2      using System.Collections;
3      public class NodeLine : MonoBehaviour {
4          public bool m_debug = false;              //用于判断是否在场景是否显示出连线
5          public ArrayList m_PathNodes;             //用于存放结点对象的动态数组
6          void Start() {
7              BuildPath("carnode");
```

```
8          }
9          void Update() {}
10         //重写 MonoBehaviour 下的 OnDrawGizmos 方法
11         void OnDrawGizmos() {
12             if (!m_debug || m_PathNodes == null)
13                 return;                                  //如果没有结点存在就不绘制
14             Gizmos.color = Color.cyan;                   //设置连线的颜色为青色
15             foreach (PathNode node in m_PathNodes) {     //遍历对象数组
16                 if (node.m_next != null) {
17                     Gizmos.DrawLine(                     //绘制连线
18                         node.transform.position,         //当前结点对象的位置
19                         node.m_next.transform.position);//下一个结点对象的位置
20                 } } }
21         void BuildPath(string nodeTag) {                 //传入标签名称的字符串
22             m_PathNodes = new ArrayList();               //创建结点对象数组
23             //获取场景中标签为 nodeTag 参数的对象，并存放到 ojbs 临时数组中
24             GameObject[] objs = GameObject.FindGameObjectsWithTag(nodeTag);
25             for (int i = 0;i < objs.Length;i++) {
26                 PathNode node = objs[i].GetComponent<PathNode>();
27                 m_PathNodes.Add(node);                   //将结点对象添加进数组
28         }}}
```

- 第 4～5 行用于声明变量。m_debug 用于判断是否在场景是否显示出连线，便于在程序运行时进行每个结点位置的调试。
- 第 10～20 行为重写 MonoBehaviour 类中的 OnDrawGizmos 方法，OnDrawGizmos 在每帧调用。功能是通过调用辅助线框类 Gizmos 下的 DrawLine 方法来绘制线段。每段线段的起点与终点分别是一个父结点与其对应子结点的位置。
- 第 21～27 行用于为 m_PathNodes 动态数组添加成员。首先要获取在场景中的结点对象。通过调用 FindGameObjectsWithTag 方法，找到所有标签为“carnode”的对象，将他们存放在临时数组里。最后遍历数组，添加进结点对象。

（3）下面将介绍每个结点对象身上都需要挂载的脚本“PathNode.cs”，该脚本用于设置每个结点的子结点。新建“PathNode.cs”脚本并挂载在每个结点对象上。脚本代码如下。

代码位置：见随书源代码/第 5 章目录下的 HuangMoMap\Assets\Nodes\PathNode.cs。

```
1     using UnityEngine;
2     using System.Collections;
3     public class PathNode : MonoBehaviour {
4         public PathNode m_parent;                          //父结点
5         public PathNode m_next;                            //子结点
6
7         public void SetNext(PathNode node) {               //向下传递
8             if (m_next != null)
9                 m_next.m_parent = null;
10            m_next = node;
11            node.m_parent = this;
12        }
13        void OnDrawGizmos() {                   //在结点的位置上绘制一个标记图标
14            Gizmos.DrawIcon(this.transform.position, "Node.png");
15    }}
```

- 第 4～5 行用于声明当前结点的父结点对象和子结点对象。
- 第 7～12 行用于将结点对象向下传递。
- 第 13～15 行用于在结点的位置上绘制一个标记。

> **说明**　要绘制的标记图标文件一定要放在“Assets/Gizmos”路径下,如果没有，需要自己新建一个。

5.5.7　敌人装甲车的创建与脚本开发

在本小节中，将详细介绍装甲车游戏对象在场景中的生成，以及根据预先设置好的结点移动，

最后实现为装甲车游戏对象在游戏场景中运输小兵游戏对象效果。

（1）创建装甲车对象的预制件。具体步骤与敌人小兵预制件的创建相同。装甲车的模型文件的路径为 Assets/Armored car/Model/zhuangjiache.FBX，创建的预制件文件为“Armored car.prefab”。存放路径为 Assets/Armored car/Prefab/Armoredcar.prefab。

（2）上面介绍了如何创建敌人装甲车的预制件。下面将具体介绍敌人装甲车对象身上所需要挂载的脚本的创建。新建脚本“CarRaise.cs”并挂载在摄像机对象 MainCamera 下的 cam_dir 对象上。该脚本用于在场景中生成装甲车对象。脚本代码如下。

代码位置：见随书源代码/第 5 章目录下的 HuangMoMap\Assets\Armored car\Scripts\CarRaise.cs。

```
1     using UnityEngine;
2     using System.Collections;
3     public class CarRaise : MonoBehaviour {
4         public PathNode m_startNode;                          //目标结点
5         public Transform car;                                 //装甲车游戏对象
6         public float m_radius = 50f;                          //生成装甲车距离半径
7         public bool isWin = false;                            //判断装甲车是否全部消灭
8         public float TimeSpace = 3;                           //时间间隔
9         CarNodeMove enemy;                                    //声明一个CarNodeMove对象
10        GameObject[] ArmoredCar;                              //装甲车对象数组
11        GameObject[] EnemyPeople;                             //敌军小兵对象数组
12        int carSum;                                           //计数器
13        void Start() {}
14        void Update() {
15             //获取当期场景中所有标签为"ArmoredCar"的对象的数组
16            ArmoredCar = GameObject.FindGameObjectsWithTag("ArmoredCar");
17            TimeSpace -= Time.deltaTime;              //实现时间标记的递减
18            for (int i = 0;i < ArmoredCar.Length;i++) {
19                if (ArmoredCar.Length > 0 && ArmoredCar[i] != null) {
20                    enemy = ArmoredCar[i].GetComponent<CarNodeMove>();
21                    if (!enemy.m_currentNode) {
22                        //设置敌人的出发结点
23                        enemy.m_currentNode = m_startNode;
24                 } } }
25            if (TimeSpace < 0) {
26                newCar();                   //执行 newCar 方法，实例化装甲车对象
27                TimeSpace = 3 + 2 * carSum;                   //改变时间间隔
28            }
29            isFinish();                                       //判断是否结束
30        }
31        void newCar() {                                       //实例化装甲车对象方法
32                //如果当前场景中生成过的装甲车对象不超过 2 辆
33            if (carSum < 2) {
34                Instantiate(car, new Vector3(
35                                    m_radius * this.transform.position.x,
36                                    0, m_radius * this.transform.position.z),
37                                    Quaternion.identity);
38                carSum++;
39         } }
40        void isFinish() {//
41                //获取当期场景中所有标签为"AI-Human"的对象的数组
42            EnemyPeople = GameObject.FindGameObjectsWithTag("AI-Human");
43                //如果当前场景中装甲车对象和小兵对象的数量为 0，且生成过的装甲车对象已超过两辆
44            if (ArmoredCar.Length == 0 && EnemyPeople.Length == 0 && (carSum >= 2)) {
45                isWin = true;
46         } } }
```

- 第 4～12 行用于声明变量。这里声明了装甲车的目标结点、生成装甲车距离半径、判断装甲车是否全部消灭、时间间隔等用于在 Unity 3D 中显示与设置。“CarNodeMove”对象、计数器、装甲车对象数组、敌人小兵对象数组用于在后面的代码中调用。
- 第 19～24 行用于为新创建的游戏对象添加第一个目标结点。该结点是装甲车对象的第一个目标结点，装甲车被创建后会转向这个结点，并向其移动。因为不能在装甲车预制件中直接添加结点对象，所以需要在游戏对象创建后，给对象上的 m_startNode 赋值。

- 第 31～39 行用于实现装甲车对象的创建。如果当前场景中生成过的装甲车对象不超过两辆时，就实例化一个装甲车游戏对象。实例化的位置根据半径变量 m_radius 的值来判断确定。为了避免游戏对象在玩家的面前直接生成，造成过于突兀的感觉，应该在玩家的背后区域生成。cam_dir 对象为 MainCamera 对象的子对象，将 cam_die 置于主摄像机的后方，跟随 MainCamera 一起移动和旋转，所以任何时刻从 MainCamrea 指向 cam_dir 的向量都指向主摄像机的后方。将该向量的 X 和 Z 分量乘以 m_radius，即可以获得实例化游戏对象的位置。
- 第 40～46 行用于判断该脚本的功能是否执行完毕。首先获取当期场景中所有标签为“AI-Human”的对象存放在 EnemyPeople 数组里。当 EnemyPeople 和 ArmoredCar 的长度为 0，即场景中没有敌军小兵对象和装甲车对象存在，并且该脚本在场景中已将生成过两个装甲车对象。满足上述判断条件则为该脚本的功能是否执行完毕。将 isWin 参数置为 true。

（3）上面介绍装甲车游戏对象在场景中的实例化。下面将具体介绍装甲车对象在场景中如何按照预定路线移动以及实现在背面生成小兵游戏对象的功能。新建脚本“CarNodeMove.cs”并挂载在装甲车模型上。脚本代码如下。

代码位置：见随书源代码/第 5 章目录下的 HuangMoMap\Assets\Armored car\Scripts\CarNodeMove.cs。

```
1      using UnityEngine;
2      using System.Collections;
3      public class CarNodeMove : MonoBehaviour {
4          GameObject[] enep;                          //用于存放小兵游戏对象的数组
5          public GameObject enemyPeople;              //小兵游戏对象，用于实例化
6          public PathNode m_currentNode;              //装甲车当前的目标结点
7          public float m_speed = 2.0f;                //装甲车移动速度
8          public float move_time = 8f;                //装甲车移动时间
9          public float stop_time = 2f;                //装甲车停留时间
10         public bool isMove = true;                  //是否移动的标志
11         bool isArise = true;                        //是否生成小兵的标志
12         float lastTime;                             //时间标志
13         int enemySum;                               //一辆装甲车生成过小兵的总个数
14         void Start() {
15             lastTime = Time.time;                   //将当前运行时间赋给时间标志
16         }
17         void Update() {
18             //获取当期场景中所有标签为"AI-Human"的对象的数组
19             enep = GameObject.FindGameObjectsWithTag("AI-Human");
                                                       //获取标签为"AI-Human"的对象
20             if (isArise) {                          //如果要实例化小兵游戏对象
21                 raisePeople(1);                     //实例化一个游戏对象
22                 isArise = false;                    //将标志置为 false
23             }
24             if (Time.time > lastTime + move_time) {
25                 isMove = false;                     //更改为不能移动
26                 if (Time.time > lastTime + move_time + stop_time) {
27                     lastTime = Time.time;/
28                     raisePeople(3);                 //实例化三个游戏对象
29                     isMove = true;                  //将移动标志置为 true
30                     isArise = true;                 //将生成标志置为 true
31             } }
32             if (isMove) {
33                 RotateTo();//朝向下一个结点          MoveTo();     //向下一个结点移动
34             } }
35         public void RotateTo() {                                      //转向目标结点
36             float current = this.transform.eulerAngles.y;//获取当前对象绕世界 y 轴的旋转角度
37             this.transform.LookAt(m_currentNode.transform);//当前对象的向前向量指向目标对象
38             Vector3 target = this.transform.eulerAngles;//获取当前对象在世界坐标中的欧拉角
39             float next = Mathf.MoveTowardsAngle(current, target.y, 120 * Time.deltaTime);
40             this.transform.eulerAngles = new Vector3(0, next, 0);//为当前对象设置新的欧拉角
41         }
42         public void MoveTo() {                                       //向下一个结点移动
43             Vector3 pos1 = this.transform.position;                  //装甲车自身的位置
```

```
44          Vector3 pos2 = m_currentNode.transform.position;     //目标结点的位置
45          float dist = Vector2.Distance(      //装甲车当前位置与目标结点的 2D 距离
46              new Vector2(pos1.x, pos1.z), new Vector2(pos2.x, pos2.z));
47          if (dist < 1.0f) {
48              if (m_currentNode.m_next == null) {          //如果走到所有结点的尽头
49                  Destroy(this.gameObject);                //销毁自身对象
50              } else
51                  m_currentNode = m_currentNode.m_next;    //将下一个结点作为目标结点
52          }
53          this.transform.Translate(                        //向目标节点移动
54              new Vector3(0, 0, m_speed * Time.deltaTime));
55          ……//此处省略 raisePeople 方法的代码，下面将详细介绍
56      } }
```

- ❑ 第 4～13 行用于声明变量，主要包括了装甲车的目标结点对象、移动的相关参数、用于存放小兵游戏对象的数组、一辆装甲车生成过小兵的总个数等。
- ❑ 第 18～19 行用于获取该场景中标签为“AI-Human”的游戏对象并存放在“enep”对象数组中。使用到了“GameObject”类下的“FindGameObjectsWithTag”方法，其参数为标签名称的字符串。
- ❑ 第 20～31 行用于控制装甲车游戏对象行为。当 isMove 变量为 true 时，装甲车对象才会移动。同样当 isArise 变量为 true 时，装甲车对象就会执行实例化小兵游戏对象的方法。这里是通过运行时间来判断的。当装甲车对象移动的时间经过了 move_time 的值后，将 isMove 变量置为 false。再当装甲车对象静止的时间经过了 stop_time 的值后，将 isMove 变量置为 true，并给时间标志重新赋值。
- ❑ 第 32～34 行用于执行装甲车游戏像的移动任务。装甲车的移动分为两部分，朝向下一个结点和下一个结点移动。
- ❑ 第 35～41 行是转向目标结点的“RotateTo”方法。该方法的实现主要用到了数学运算类中的“MoveTowardsAngle”方法，变量“current”和“target”是作为度数，意为从“target”角推开“current”。
- ❑ 第 42～55 行是向下一个结点移动的“MoveTo”方法。首先获取当前装甲车游戏对象自身的位置和目标结点的位置。计算两个坐标之间的距离，如果小于一定预设的值，而且目标结点没有了子结点，说明该条路线走到了尽头，对象就会销毁自己。若有子结点，则将子结点设置为新的目标结点，继续移动。

（4）上面省略的“raisePeople”方法的具体代码如下。该方法用于在场景中实例化敌人小兵对象。

脚本代码如下。

```
1       public void raisePeople ( int num ) {           //生成 num 个小兵游戏对象
2           for (int i = 0;i < num;i++) {
3           //如果场景中的小兵小于 15 个并且一辆装甲车生成的小兵数量小于 15 个
4           if (enemySum < 15 && enep.Length < 15) {
5               float _a = this.transform.position.x;      //装甲车当前的 X 坐标
6               float _b = this.transform.position.z;      //装甲车当前的 Z 坐标
7                //根据装甲车位置计算实例化小兵的位置
8               float _x = (1f + (0.5f) / Mathf.Abs(_a)) * _a;
9               float _z = _x / _a * _b + 3f * i;
10               //实例化小兵游戏对象
11              Instantiate(enemyPeople, new Vector3(_x, 0, _z), Quaternion.identity);
12              enemySum++;
13      } } }
```

- ❑ 第 4 行为判断条件。当满足当前场景中的小兵数量小于 15 个，并且该个装甲车游戏对象生成的小兵数量小于 15 个时，实例化小兵游戏对象。
- ❑ 第 5～9 行用于计算要实例化小兵游戏对象的位置。为了在游戏中达到车辆运输小兵到场

景中的效果，小兵应该在车辆的后面生成。首先获取车辆当前的位置的 x 与 z 坐标值，使这两个值成一定的比例扩大，所获得的位置从坐标原点来观察就为车辆对象的后面。

注意说明　游戏场景中的直升机游戏对象的生成方法与装甲车游戏对象大致相同。由于篇幅有限，故不再赘述，读者可自行查看随书附赠的源码。

5.5.8　敌人坦克的创建与脚本开发

下面将详细介绍游戏场景中坦克游戏对象的创建以及脚本开发。坦克游戏对象是游戏中攻击力最大的敌军单位。坦克在场景中移动，经过一段时间后静止，进行开火行为，生成炮弹对象。

当炮弹攻击到玩家的时候。玩家的血量减少，主摄像机产生震颤效果。坦克游戏对象上挂载了“TankMove.cs”“FacePlayer.cs”“TankFire.cs”。生成坦克游戏对象的脚本“TankRaise.cs”挂在主摄像机上。具体的脚本介绍如下。

（1）新建脚本“TankRaise.cs”并挂载在主摄像机上。该脚本用于在场景中生成坦克游戏对象。脚本代码如下。

代码位置：见随书源代码/第 5 章目录下的 HuangMoMap\Assets\Tank001\Scripts\TankRaise.cs。

```
1     using UnityEngine;
2     using System.Collections;
3     public class TankRaise : MonoBehaviour {
4         public GameObject TankPrefab;                 //要实例化的对象
5         private float lastTime;                       //记录生成对象的时间
6         private int time = 0;                         //记录执行实例化的次数
7         private float AriseSpace = 15f;               //执行实例化的时间间隔
8         private float radius = 40f;                   //实例化对象生成位置与原点的距离
9         public GameObject m_direction;
10        public bool isWin = false;                    //判断是否胜利
11        public GameObject[] TankInScreen;             //当前场景中的坦克对象数组
12        void Start() {
13            lastTime = Time.time;
14        }
15        void Update() {
16            if (Time.time > lastTime + AriseSpace && time < 2) {
17                Vector3 InstantPosition = new Vector3(
18                    radius * m_direction.transform.position.x, 0,
19                   radius * m_direction.transform.position.z);
20                Instantiate(TankPrefab, InstantPosition, Quaternion.identity);
                                                        //实例化坦克对象
21                lastTime = Time.time;
22                time++;                               //生成次数加 1
23                AriseSpace += 2;
24            }
25            isFinish();                               //判断是否胜利
26        }
27        void isFinish() {                             //获取标签为 Tank 的对象
28            TankInScreen = GameObject.FindGameObjectsWithTag("Tank");
29            if (TankInScreen.Length == 0 && time >= 2) {
30                isWin = true;
31        } } }
```

- 第 1～11 行用于声明变量。主要是有关坦克游戏对象实例化位置的参数，以及判断是否胜利的标志、存放和坦克对象的数组等。
- 第 16～24 行为实例化坦克游戏对象。通过坦克运行时间与时间标志的差值大于 AriseSpace 的值，而且共生成过两部坦克，就以 radius 的值为半径在玩家视野的后方生成一个坦克游戏对象。这与前面所讲到的生成装甲车游戏对象的原理相同。
- 第 27～31 行用于判断该脚本功能是否结束。首先获取场景中标签为“Tank”的游戏对象，存放到一个数组中。该数组的长度为零，即场景中不存在坦克游戏对象。代表该脚本的全部功能已经实现。将 isWin 变量置为“true”；

（2）下面将介绍坦克游戏对象在游戏场景中是怎样实现的移动与静止之间的行为切换。新建脚本“TankMove.cs”并挂载在坦克游戏对象的预制件上。脚本代码如下。

代码位置：见随书源代码/第 5 章目录下的 HuangMoMap\Assets\Tank001\Scripts\TankMove.cs。

```
1      using UnityEngine;
2      using System.Collections;
3      public class TankMove : MonoBehaviour {
4          Vector3 movementDirection;                          //坦克移动方向
5          private float lastActionTime;                       //时间标志
6          private float speed = 0.05f;                        //坦克移动速度
7          private float staticSpeed = 0.05f;                  //原始速度
8          void Start() {
9              TankFacePalyer();                               //面朝玩家
10             movementDirection = (new Vector3(0, 0, 0) - this.transform.position);
11             lastActionTime = Time.time;
12         }
13         void Update() {
14         if (Time.time > lastActionTime + 10f) {
15             speed = 0;                                      //静止 3s
16             if (Time.time > lastActionTime + 13f) {
17                 speed = - staticSpeed;                      //反向运动 10s
18                 if (Time.time > lastActionTime + 23f) {
19                     speed = 0;                              //静止 4s
20                     if (Time.time > lastActionTime + 27f) {
21                         speed = staticSpeed;                //正向运动 10s
22                         lastActionTime = Time.time; //重新为时间标志赋值
23             }}}}
24             EnemyMove(speed);
25         }
26         void EnemyMove(float speed) {
27             Vector3 enemyleft = new Vector3( //计算出 movementDirection 向量的垂直向量
28                 movementDirection.z, movementDirection.y, -movementDirection.x);
29             this.transform.Translate(enemyleft * Time.deltaTime * speed, Space.World);
30         }
31         void TankFacePalyer() {
32             this.transform.rotation =                                   //注视旋转
33                 Quaternion.LookRotation(Vector3.zero - this.transform.position);
34     }}
```

- 第 4～7 行用于声明变量，主要有坦克游戏对象移动的方向向量、坦克的移动速度、坦克的原始速度等。
- 第 8～12 行为初始化方法，实现了让坦克游戏对象首先要面朝玩家，然后计算出移动的方向向量，给时间标志赋值。
- 第 10～23 行用于控制坦克游戏对象的移动操作。坦克游戏对象首先是向前移动的，当运行时间与时间标记的差值大于 10 个单位时，坦克的速度减为零，即静止。在经过 3s 后，速度为负值，即反向运动。
- 第 26～30 行用于实现坦克游戏对象的移动。以一个浮点数“speed”为参数，当作移动的速度传入。计算出 movementDirection 向量的垂直向量，以这个垂直向量为运动方向。
- 第 31～33 行用于实现坦克游戏对象时时注视着玩家。调用了 Quaternion 下的 LookRotation 方法，其参数是要注视方向的向量。

（3）上面介绍了坦克游戏对象移动功能的实现。下面将介绍坦克游戏对象开火特效的实现。新建脚本“TankFire.cs”并挂载在坦克游戏对象上。该脚本通过定时在炮筒实例化炮弹与粒子效果，来实现开火攻击玩家的效果。

代码位置：见随书源代码/第 5 章目录下的 HuangMoMap\Assets\Tank001\Scripts\TankFire.cs。

```
1      using UnityEngine;
2      using System.Collections;
3      public class TankFire : MonoBehaviour {
```

```
4          private float lastTime;                                    //时间标志
5          public GameObject FireParticle;                            //开火特效粒子对象
6          public GameObject tank_bullet;                             //坦克炮弹对象
7          public GameObject TankGunTop;                              //坦克炮筒顶端位置
8          void Start() {
9              lastTime = Time.time;
10         }
11         void Update() {
12             if (Time.time > lastTime + 8f) {
13                     //实例化开火粒子效果
14                 Instantiate(FireParticle, TankGunTop.transform.position,
15                                         Quaternion.identity);
16                     //实例化坦克炮弹对象
17                 Instantiate(tank_bullet, TankGunTop.transform.position,
18                                          Quaternion.identity);
19                 lastTime = Time.time;
20     }}}
```

- 第 4～7 行用于说明变量，主要有时间标志、坦克炮弹对象、炮口粒子特效对象、炮筒生成炮弹位置的对象。
- 第 12～19 行用于实现开火特效。当运行时间与时间标志的差值大于 8 时，在坦克炮口实例化炮弹对象、粒子特效对象，给时间标志重新赋值。

5.5.9 小地图的制作

上一步骤介绍了角色、枪械的界面搭建和脚本编写，基本完成了本游戏的制作。为了能够使在屏幕上实时显示玩家在地图上当前所处的位置，为此需要制作小地图，使用摄像机跟踪 Player 的位置。接下来介绍小地图如何制作。具体步骤如下。

（1）需要添加一个层。具体方法为在 Inspector 视图下的 Layer 中单击“Add Layer”，之后添加一个名为“SmallMap”的层，如图 5-51 所示。

（2）在主摄像机“Main Camera”的遮罩剔除“Culling Mask”中将“SmallMap”层剔除掉，即取消勾选。这样“SamllMap”层下的对象就不会在主摄像机中显示。

（3）新建摄像机，方法为“GameObject”→“CreateOther”→“Camera”，将其重命名为“TopCamera”。将“Clear Flags”选项改为“Depth only”，“Culling Mask”选项改为“SmallMap”，“Projection”选项改为“Orthographic”，“Depth”选项改为“1”或者其他比主摄像机高的数值，“Rendering Path”选项改为“Forward”，如图 5-52 所示。

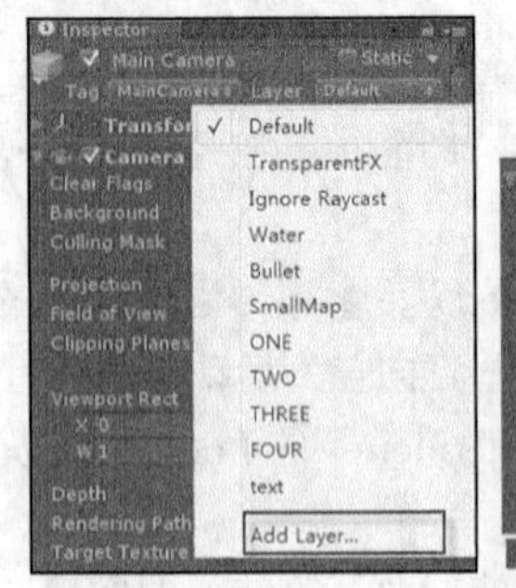

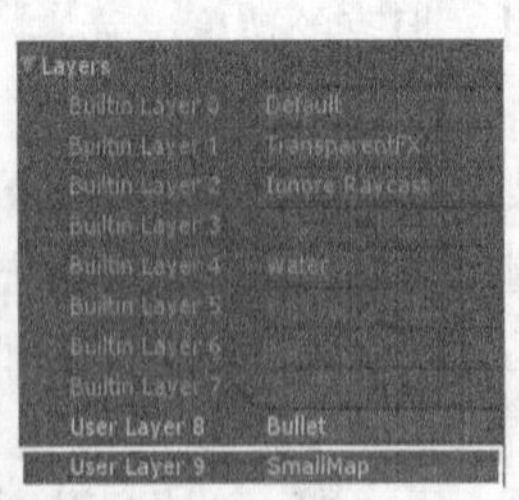

▲图 5-51 添加 Layer 层

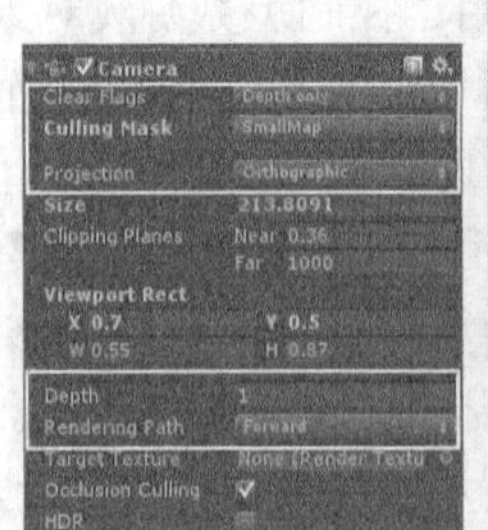

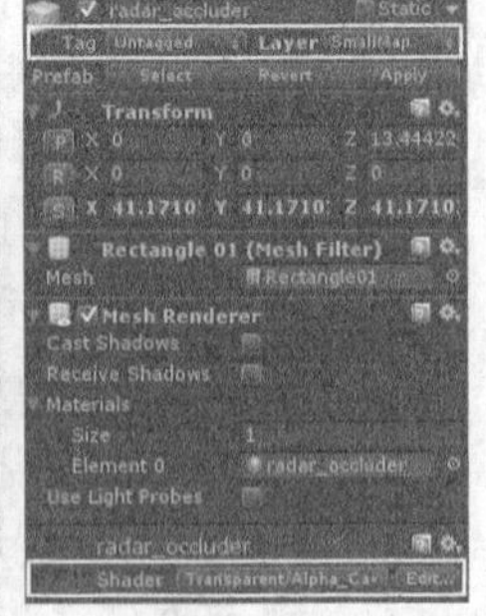

▲图 5-52 TopCamera 的设置

（4）将“Assets/TopCamera”下的“radar_occluder.FBX”模型拖曳场景中。将其所在层选为“SmallMap”，着色器“shader”选为“Transparent/Alpha_Cancel”。在“Hierarchy”视图中，将其拖曳到“TopCamera”下，成为“TopCamera”的子对象。

（5）在场景中调整摄像机“TopCamera”与模型“radar_occluder.FBX”的大小及位置。如

图 5-53 所示，矩形框为摄像机的视景体，视景体上端为模型“radar_occluder.FBX”。

▲图 5-53 雷达模型位置设置

（6）在场景中添加一个“Panel”组件，方法为“GameObject”→“CreateOther”→“Plane”，将其重命名为“PlayerPoint”。同样将其层设为“SmallMap”，将“Cast Shadows”与“Receive Shadows”选项取消勾选。将“Assets/TopCamera”下的“area.png”拖曳到组件上面。该组件的着色器“Shader”选为“Transparent/VertexLit”，如图 5-54 所示。最后在场景中调整摄像机“TopCamera”与“Panel”的大小及位置。如图 5-54 所示，选中的组件为新添加的“Panel”组件。

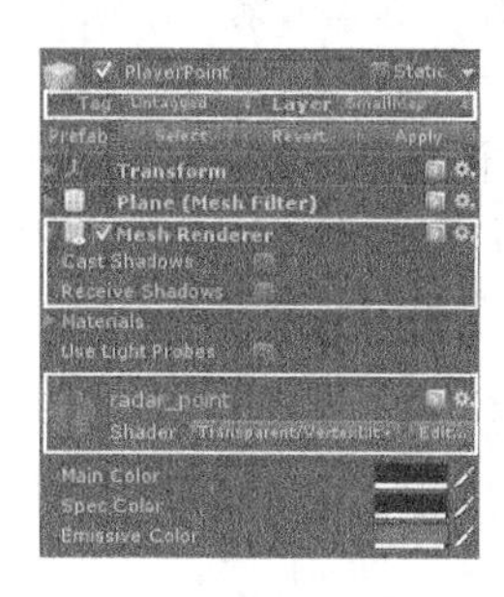

▲图 5-54 添加设置 Plane

5.6 游戏的优化与改进

至此，本案例的开发部分已经介绍完毕。本游戏是基于 Unity 3D 平台开发的，笔者在开发的过程中，已经注意到游戏可玩性、流畅性等方面的表现，同时注意降低游戏的内存消耗量。但实际上它还是有一定的优化空间。

1. 游戏界面的改进

本游戏的场景搭建使用的图片已经相当华丽，有兴趣的读者可以更换图片以达到更换的效果。另外，由于在 Unity 中有很多内建的着色器，本游戏使用的着色器有限，可能还有效果更佳的着色器，有兴趣的读者可以更改各个纹理材质的着色器，以改变渲染风格，进而得到更好的效果。

2. 游戏性能的进一步优化

虽然在游戏的开发中，已经对游戏的性能做了一部分优化工作，但是仍然存在一些问题，游戏在性能优异的移动终端上，可以比较完美地运行，但是在一些低端机器上的表现却无法达到预期的效果，还需要进一步优化。

3. 优化游戏模型

本游戏所用的跑道模型部分是从网上下载的，使用 3ds Max 进行了简单的分组处理。由于是在网上免费下载的，模型存在几点缺陷：模型贴图没有合成一张图，模型没有进行合理的分组，模型中面的共用顶点没有进行融合。

4. 游戏动画的优化

本游戏所用的小兵、坦克和装甲车的动画是使用 3ds Max 制作的。在制作的过程中没有对动画进行复杂的调节，导致动画不是非常完美，还有一定的优化空间。有兴趣的读者可以对动画进行细致的调节或者可以自己重新制作动画，进而得到更好的效果。

第6章 第三人称射击类游戏——海岛危机

随着掌上终端的日渐强大，人们使用 PC 玩游戏的时间开始减少，把更多的时间放在了手机游戏上。但相对于 PC 平台，基于 Android 平台的第三人称射击类游戏可谓少之又少。那些喜爱第三人称射击类游戏（TPS）的 PC 玩家很难找到一款同类型的手机游戏。

本章介绍的游戏《海岛危机》就是使用 Unity 3D 游戏引擎开发的一款基于 Android 平台的第三人称射击类（Third Personal Shooting，TPS）游戏。通过本章的学习，读者将对使用 Unity 3D 游戏引擎开发第三人称射击类游戏（TPS）的流程有更深的了解。

6.1 游戏背景和功能概述

本节将对本游戏的开发背景以及游戏中涉及的各种功能按照运行的顺序进行详细的介绍。通过对本节的学习，读者能用最短的时间在整体上对本游戏的内容和运行过程有一个简单的了解，为后面更加深入的学习提供方便。

6.1.1 游戏背景简介

目前市面上各种平台中有很多第三人称射击类游戏，比如其中经典的日本 CAPCOM 公司出品的《生化危机》和欧美 RPG 梦工厂 BioWare 研发的《质量效应》，如图 6-1 和图 6-2 所示。此类游戏以震撼的游戏场景，华丽的游戏特效和真实的打击感吸引着大量玩家，另外 TPS 游戏还有如下特点。

- 精彩的游戏内容，第三人称射击类游戏（TPS）为玩家提供各种各样的任务，如获取线索、杀死怪物等，并在完成任务时获取各种奖励，满足玩家的成就感。同时将整个游戏的剧情通过任务连接到一起，在玩家感受游戏的乐趣的同时还能享受丰富的故事情节。
- 游戏的表现形式才是此类游戏的最大特点。与第一人称射击游戏不同，第三人称射击类游戏（TPS）中主角在游戏屏幕上是可见的，这样可以更直观地看到角色的动作、服装等，更有利于观察角色的受伤情况和周围环境信息。

▲图 6-1 《生化危机》

▲图 6-2 质量效应

本章案例《海岛危机》就是一款在 Unity 3D 引擎的支持下开发的一款第三人称射击类游戏，通过该引擎可以呈现出更加绚丽的视听效果和流畅的游戏体验。同时玩家通过触摸屏幕的方式控制游戏人物实现移动、开枪等功能，操作简单，容易上手。

6.1.2 游戏功能简介

在这一节中我们将按照游戏的运行顺序对游戏的主要功能进行介绍。其中包括游戏 UI 界面的展示和功能介绍，游戏的操作方法以及游戏中特色的功能。通过本小节的学习，读者可以快速掌握本游戏的主要内容，并对开发的重点有一个简单的认识。

（1）单击游戏图示运行游戏，进入闪屏界面，如图 6-3 所示，在这里可以看到游戏名称和可以体现出游戏主题的 LOGO。本游戏的主题类似于《生化危机》，游戏中玩家会遇到被病毒感染的僵尸等怪物。

（2）闪屏界面结束后，将会自动跳转到游戏的主界面，如图 6-4 所示，玩家可以看到充满恐怖气息的黑色大海和一个神秘的小岛，也就是本游戏故事的发生地点。在屏幕的右下方是按钮区，包括“新游戏”“选择关卡”和“关于”按钮。

▲图 6-3 闪屏界面

▲图 6-4 游戏主界面

（3）当处于游戏主界面时，单击手机自带“返回”按钮，将会弹出窗口提示“确认退出游戏？”，单击“是”，游戏将会退出，如图 6-5 所示。单击“新游戏”按钮，如果是第一次进入本游戏，将会直接开始播放游戏 CG。若已经播放过 CG 会弹窗提示玩家，可能丢失进度，如图 6-6 所示。

▲图 6-5 单击返回键提示窗口

▲图 6-6 单击“新游戏”提示窗口

（4）单击“关卡”按钮，会出现选择关卡界面，如图 6-7 所示。玩家可以左右滑动关卡区域实现关卡的选择。当关卡被选中时相应的关卡图片会变大，并在上方显示相应关卡的介绍，玩家还没有解锁的关卡在介绍中将会提示关卡尚未解锁，如图 6-8 所示。

▲图 6-7 选择关卡界面

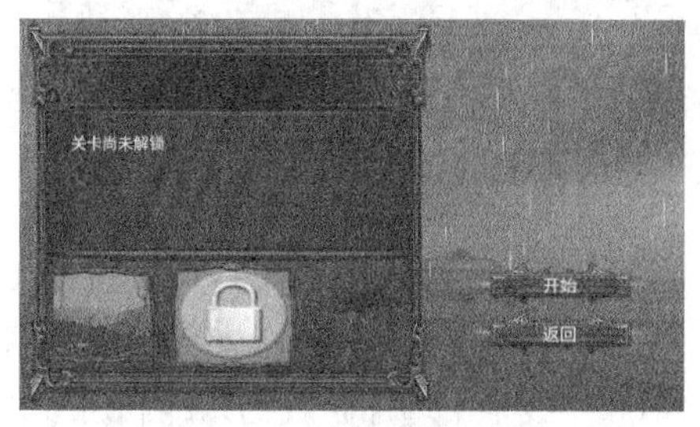

▲图 6-8 关卡尚未解锁

（5）单击“关于”按钮，会出现游戏关于界面。在这个界面中将会向玩家介绍游戏的开发信息，软件为华北理工大学软件工作室开发，如图 6-9 所示。当播放 CG 结束后或者跳转关卡时，会进入游戏关卡跳转载入界面，如图 6-10 所示，实现对游戏关卡的预加载，提高游戏的整体性。

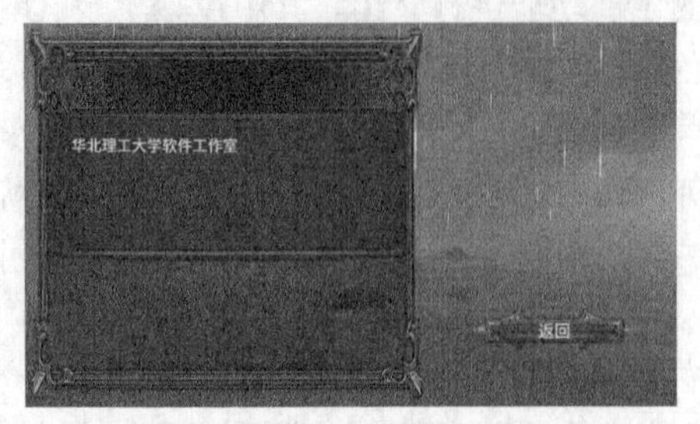

▲图 6-9　关于界面

▲图 6-10　关卡加载界面

（6）基本游戏操作界面，如图 6-11 所示，屏幕左下角是控制人物移动的虚拟摇杆，右下角是状态转换按钮和主控制按钮。状态转换按钮是控制人物在持枪与不持枪的两种状态间相互转换。主控制按钮在持枪状态下，实现人物开枪射击。在不持枪状态下，与摇杆配合可以实现人物奔跑。

（7）UI 特色功能展示界面，如图 6-12 所示。屏幕的左上方是人物的生命值提示区，当人物的绿色生命值减少到 0 时，人物死亡，游戏结束。单击屏幕右上方的小地图按钮，会弹出小地图，再次单击小地图关闭，方便玩家查看环境信息。在小地图的下方，是任务提示区，用于提示任务的开始和完成。

▲图 6-11　基本游戏操作界面

▲图 6-12　UI 特色功能展示界面

（8）游戏过程中会遇到“查看”线索或者与人物“对话”等功能。当遇到这种情况时，会在屏幕准星的上方进行提示，如图 6-13 和图 6-14 所示。当发现线索时，在准星上会提示“查看”，当遇到幸存者与之对话时，也会提示“对话”。

▲图 6-13　提示“查看”

▲图 6-14　提示“对话”

（9）当准星上方有类似图 6-13 和图 6-14 所示的提示时，单击主控制按钮，会触发相应的事件，比如播放游戏 CG，弹出线索界面（见图 6-15）或者进行对话（见图 6-16）等，玩家可以从中获取不同的线索，增加游戏的乐趣和游戏内容的丰富度。

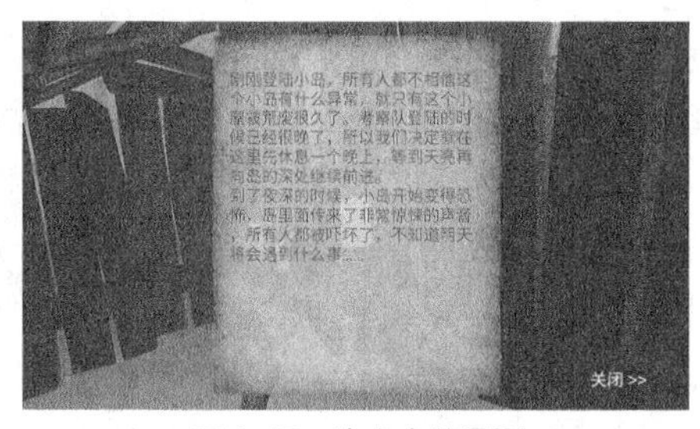

▲图 6-15 线索事件界面

▲图 6-16 对话界面

（10）当在关卡中完成所有任务时，即本关卡完成，游戏会弹出窗口提示，关卡完成，如图 6-17 所示。玩家可以选择回到主界面和进行下一关两种选项。当在游戏进行时单击手机自带的返回按钮时，会弹出提示，是否返回主界面，如图 6-18 所示。

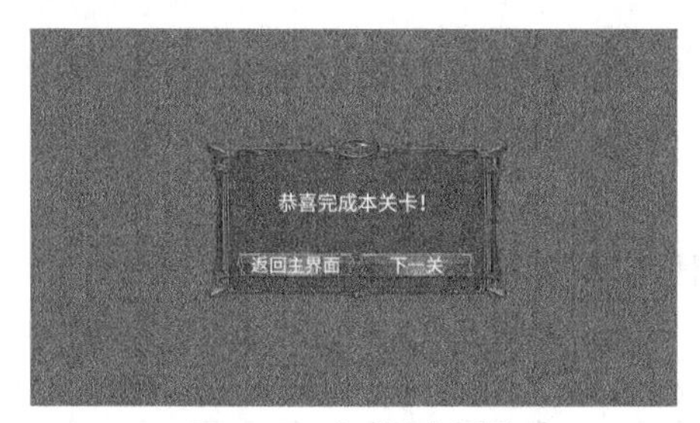

▲图 6-17 完成关卡界面

▲图 6-18 单击返回键界面

6.2 游戏的策划及准备工作

在本节中主要对游戏的策划和开发前的一些准备工作进行介绍。一个好的策划对与一个好的游戏来说是必不可少的，在策划中含有明确的开发目标和注意事项，提高开发的速度。准备工作大体上包括游戏主体策划、相关图片、模型及音效等。

6.2.1 游戏的策划

本节将对本游戏的具体策划工作进行简单的介绍。一个完善的游戏策划不仅可以明确游戏的开发内容和目标，还可以对游戏中可能会遇到的问题起到预防作用，能够大大地提高游戏的开发效率，节约开发成本。本游戏的策划工作如下。

1. 游戏类型

本游戏是以 Unity 3D 游戏引擎作为开发工具，C#作为开发语言开发的一款第三人称射击类游戏。此类游戏的特点是玩家控制的人物清晰地展示在游戏屏幕上，同时还可以看到人物华丽的动作和自己流畅的操作，能直观地看到周围实物和环境，方便针对不同的情况进行快速的处理。

2. 运行目标平台

运行平台为 Android 4.4 或者更高的版本。

3. 目标受众

本游戏以手持移动设备为载体，大部分安卓平台手持设备均可安装。操作难度适中，画面效果逼真，耗时适中。游戏以拯救被病毒感染的小岛为题材，在为玩家讲述一个精彩的故事的同时，还可以使玩家体验到游戏的快感和乐趣，适合全年龄段人群进行游戏。

4. 操作方式

本游戏操作难度适中，玩家通过滑动虚拟摇杆使人物实现前后左右的移动，通过单击相应的按钮实现游戏人物射击、奔跑等动作，还可以单击按钮实现人物和游戏中的物品互动，从而触发某些任务或者游戏 CG。单击小地图按钮可以打开或关闭小地图，方便在必要时查看周围环境的情况。

5. 呈现技术

本游戏以 Unity 3D 游戏引擎为开发工具，并且使用引擎中自带的粒子系统实现下雨、灰尘等特效。使用 UGUI 绘制主菜单和各个游戏场景中的 UI 界面。游戏场景具有很强的立体感和逼真的光影效果以及真实的物理碰撞，玩家将在游戏中获得绚丽和真实的视觉体验。

6.2.2　使用 Unity 开发游戏前的准备工作

本节将对本游戏开发之前的准备工作，包括相关的图片、声音、模型等资源的选择与用途进行简单介绍，内容包括资源的资源名、大小、像素（格式）以及用途和各资源的存储位置并将其整理列表。

（1）下面对本游戏中主菜单界面所用到的背景图片和按钮图片资源等进行介绍，包括图片名、图片大小（KB）、图片像素（W×H）以及图片的用途，所有图片资源全部分类放在项目文件 HaiDaoWeiJi/Assets/Textures/ UI/文件夹下，如表 6-1 所示。

表 6-1　　主菜单场景图片资源

图　片　名	大小（KB）	像素（W×H）	用　途
ICon.png	42.7	256×256	显示在 Android 桌面的游戏图示
Logo.png	716.8	1024×512	闪屏界面游戏 Logo 图片
UI_Button.png	91.6	256×69	主菜单界面按钮图片
UI_SelectPass_BackGround.png	716.8	512×271	主菜单界面选择关卡界面背景图片
LockedTexture.png	21.4	128×128	关卡选择界面关卡未解锁图片
UI_Pass_Forward.png	53.8	101×103	关卡选择界面关卡的前景图片
Terr_House_Small.jpg	42.7	256×256	关卡选择界面关卡一图片
Terr_Beach_Small.jpg	42.7	256×256	关卡选择界面关卡二图片
Terr_Town_Small.jpg	42.7	256×256	关卡选择界面关卡三图片
Terr_River_Small.jpg	42.7	256×256	关卡选择界面关卡四图片
Terr_Factory_Small.jpg	42.7	256×256	关卡选择界面关卡五图片
StartGameUIIsland.jpg	85.4	512×128	主菜单界面中远处小岛的图片

（2）下面对本游戏中各个游戏场景中基本 UI 界面用到的背景图片和按钮图片进行详细介绍，包括图片名、图片大小（KB）、图片像素（W×H）以及这些图片的用途，所有图片资源全部分类放在项目文件 HaiDaoWeiJi/Assets/ Textures /UI/文件夹下，具体如表 6-2 所示。

表 6-2　　游戏中基本 UI 图片资源

图　片　名	大小（KB）	像素（W×H）	用　途
ButtonShotTexture.png	85.4	256×256	游戏界面中射击按钮图片
ButtonChangeTexture.png	85.4	256×256	游戏界面中状态转换按钮图片
TaskBackGround.png	341.4	512×512	游戏界面中任务提示背景图片
WoundedTexture.png	170.7	512×256	游戏界面中人物受伤提示图片
yaoganBack.png	21.4	128×128	游戏界面中摇杆背景图片
zhunxing.png	1.4	32×32	游戏界面中准星图片
Arrow1.png	42.7	128×259	游戏提示信息箭头一图片
Arrow2.png	170.7	256×512	游戏提示信息箭头二图片

续表

图 片 名	大小（KB）	像素（W×H）	用 途
HP_FG.png	85.4	256×256	游戏人物血条的前景图片
Panel_FG.png	341.4	512×512	游戏人物血条的轮廓屏蔽图片
Map_Background.png	42.7	256×128	小地图背景图片
Map_ButtonTextTexture.png	22.7	37×119	小地图文字背景图片
Map_Open_ButtonTexture.png	7.5	34×43	小地图打开按钮背景图片
Map_Close_ButtonTexture.png	7.5	34×43	小地图关闭按钮背景图片
Map_Mask.png	42.7	256×128	小地图轮廓屏蔽图片
Terr_Beach_BoatTexture.png	42.7	128×256	小地图关卡二船图片
Terr_Beach_MapTexture.png	341.4	512×512	小地图关卡二地图图片
Terr_Beach_MapWater.png	42.7	256×256	小地图关卡二海洋图片
Terr_Town_MapTexture.png	170.7	512×512	小地图关卡三地图图片
Terr_Town_BackGround.png	170.7	512×512	小地图关卡三背景图片
Terr_River_MapTexture.png	341.4	1024×512	小地图关卡四地图图片
Terr_River_BackGround.png	170.7	512×512	小地图关卡四背景图片
Terr_Factory_MapTexture.png	170.7	512×256	小地图关卡五地图图片
Terr_Factory_BackGround.png	1.4	64×32	小地图关卡五背景图片

（3）下面对本游戏中其他特殊 UI 功能所用到的背景图片、按钮图片进行详细介绍，包括图片名、图片大小（KB）、图片像素（W×H）以及这些图片的用途，所有图片资源全部分类放在项目文件 HaiDaoWeiJi/Assets/Textures/ UI/文件夹下，具体如表 6-3 所示。

表 6-3 游戏中其他特殊 UI 图片资源

图 片 名	大小（KB）	像素（W×H）	用 途
MonsterBlood_Forward.png	130.0	512×49	怪物血条前景图片
ClueImageBackGround.png	170.7	256×512	线索界面背景图片
PopWindow_BackGround.png	282.6	212×256	提示窗口背景图片
PopWindow_Bt_Back.png	42.3	167×49	提示窗口按钮背景图片
AirPop.png	85.4	256×256	提示对话气泡图片
HeroDialogTexture.png	341.4	1024×256	游戏主人物对话界面背景图片
OldManDialogTexture.png	341.4	1024×256	游戏 NPC 对话界面背景图片
InputPassWord_BG.png	85.4	512×256	输入密码界面的背景图片
ButtonBack.png	29.5	190×30	输入密码界面的按钮背景图片
CloseButton.png	341.4	512×512	输入密码界面的关闭按钮图片
PassWord.png	85.4	256×256	输入密码界面的密码字符图片
Load_BackGround.png	43.0	1024×32	游戏加载界面进度条背景图片
Load_BackGround2.png	11.0	512×16	游戏加载界面进度条背景图片二
Load_Forward.png	5.5	256×16	游戏加载界面进度条前景图片
StartGame_Big.png	341.4	1024×512	游戏加载界面返回主界面背景图片
Terr_House_Big.png	341.4	1024×512	游戏加载界面第一关背景图片
Terr_Beach_Big.png	341.4	1024×512	游戏加载界面第二关背景图片
Terr_Town_Big.png	341.4	1024×512	游戏加载界面第三关背景图片

续表

图 片 名	大小（KB）	像素（W×H）	用 途
Terr_River_Big.png	341.4	1024×512	游戏加载界面第四关背景图片
Terr_Factory_Big.png	341.4	1024×512	游戏加载界面第五关背景图片
0～9.png	42.7	128×256	倒计时数字 0～9 图片
DD.png	21.4	64×256	倒计时冒号图片

（4）本游戏加载有各种声音效果，这些音效使游戏更加真实。下面将对游戏中所用到的各种音效进行详细介绍，介绍内容包括文件名、大小（KB）、格式以及用途。将声音资源全部分类放在项目目录中的 HaiDaoWeiJi/Assets/Music/文件夹下，具体如表 6-4 所示。

表 6-4　　声音资源列表

文 件 名	大小（KB）	格式	用 途	文 件 名	大小（KB）	格式	用 途
Zhuanzhe.mp3	37.3	mp3	CG 背景转折音效	Zhenjing.mp3	216.0	mp3	CG 背景震惊音效
Movechair.wav	140.0	wav	移动椅子音效	Bird.mp3	1464.3	mp3	鸟鸣环境音效
forest.wav	186.0	wav	森林环境音效	Rain.wav	1372.2	wav	下雨音效
Sea_Sound.wav	2744.3	wav	海边环境音效	FireLoop.ogg	122.0	ogg	火焰音效
Thunder1~4.wav	171.0	wav	雷声音效 1-4	ding1~4.wav	69.0	mp3	CG 背景音效 1～4
Gun_Sound.wav	5.07	wav	枪声音效	girlcry.wav	202.0	wav	女孩哭泣音效
girlLaugh.wav	247.0	wav	女孩笑声音效	girlScream.mp3	23.6	mp3	女孩尖叫音效
HeroDead.wav	201.0	wav	人物死亡音效	maleScream.wav	114.0	wav	男人尖叫音效
Walk _Sound.wav	16.3	mp3	脚步声音效	ButtonClick.wav	8.57	wav	单击按钮音效
Clue.wav	34.3	wav	打开线索音效	ElecButton.wav	3.09	wav	单击电子按钮音效
Email.mp3	11.6	mp3	Email 提醒音效	Select.wav	15.7	wav	关卡选中音效
TaskStart.wav	302.0	wav	任务开始音效	TaskDone.wav	97.0	wav	任务完成音效
Warning.wav	81.0	wav	警报音效	Wrong.wav	5.33	wav	错误音效
Wolf_Attack.wav	58.9	wav	狼攻击音效	Wolf_dead.wav	65.6	wav	狼死亡音效
Wolf_Scream.wav	854.0	wav	狼嚎叫音效	Wolf_Wound.wav	57.0	wav	狼受伤音效
zombieAttack.wav	55.6	wav	僵尸攻击音效	zombieDead.wav	192.0	wav	僵尸死亡音效
zombieeat.wav	344.0	wav	僵尸吃东西音效	zombieIdle1-4.wav	123.0	wav	僵尸哀鸣音效 1-4
Explosion.mp3	26.5	mp3	爆炸音效	Door0~3.wav	164.0	wav	门音效 0-3
Helicopter.wav	267.0	wav	直升飞机音效				

（5）本游戏中所用到的 3D 模型是用 3D Max 生成的 FBX 文件导入的。下面将对其进行详细介绍，包括文件名、大小（KB）、格式以及用途。FBX 全部分类放在项目目录中的 HaiDaoWeiJi/Assets/Models/文件夹下。其详细情况如表 6-5 所示。

表 6-5　　模型文件清单

文 件 名	大小（KB）	格式	用 途	文 件 名	大小（KB）	格式	用 途
BoatBody.fbx	51.0	FBX	船身模型	Child_Boy. fbx	408.0	FBX	男孩模型
child_girl. fbx	405.0	FBX	女孩模型	Female1. fbx	376.0	FBX	女人模型一
Female2. fbx	337.0	FBX	女人模型二	Granny. fbx	340.0	FBX	老奶奶模型
Hero. fbx	392.0	FBX	主人物模型	Male1. fbx	371.0	FBX	男人模型一

续表

文 件 名	大小（KB）	格式	用 途	文 件 名	大小（KB）	格式	用 途
Male2. fbx	334.0	FBX	男人模型二	OldMan. fbx	341.0.0	FBX	老爷爷模型
zombie. fbx	2723.8	FBX	僵尸模型	RABBIT. fbx	283.0	FBX	兔子模型
Terr_Beach. fbx	2252.8	FBX	海滩地形模型	Terr_River. fbx	3727.36	FBX	河流地形模型
Terr_Town. fbx	3379.2	FBX	小镇地形模型	LightInHouse. fbx	2478.08	FBX	室内吊灯模型
RiflePlaceholder.fbx	26.9	FBX	步枪模型	STANDARD_WOLF.fbx	1822.72	FBX	狼模型

6.3 游戏的架构

本节将介绍本游戏的整体架构以及对游戏中的各个场景进行简单的介绍。读者通过在本节的学习，可以对本游戏的整体开发思路有一定的了解，并对本游戏的开发过程更加熟悉。

6.3.1 各个场景简介

Unity 3D 游戏开发中，场景开发是游戏开发的主要工作。每个场景中包含了大量的游戏对象，其中某些对象还被附加了特定功能的脚本。本游戏共包含了 8 个不同功能的场景，接下来将对这 8 个场景进行简要的介绍。

1. 闪屏场景

闪屏场景“SplashScene”是游戏开始时向玩家展示游戏的名称和游戏 LOGO 的场景。此场景主要使用 UGUI 技术进行制作，实现了游戏 LOGO 由暗变亮再由亮变暗的呼吸特效。此场景在介绍名称和 LOGO 的同时还向玩家暗示了本游戏中可能会出现的内容。

2. 主菜单场景

主菜单场景“StartGame”是游戏的最主要场景，可以在此场景中选择关卡和查看游戏关于等。此场景主要部分依然使用 UGUI 插件编写而成，在该场景中可以通过单击按钮开始新游戏或者进入选关界面、关于界面等，并通过选择关卡跳转到其他场景。

3. 关卡一游戏场景

关卡一游戏场景“Terr_House”小屋场景是游戏的第一个游戏场景。该场景中有多个游戏对象，主要包括地形、房子，游戏角色等模型和主摄像机、天空盒等。在本关卡中将会提示玩家如何使用手机操作游戏，并在完成提示操作后触发一小段 CG 动画。该场景中所包含脚本如图 6-19 所示。

4. 关卡二游戏场景

关卡二游戏场景是“Terr_Beach”海滩场景。本关卡的主要内容是在小岛的海滩上进行的，在本关卡中将会加入小地图和角色状态转换功能，在关卡二开始时同样会有提示信息，提示玩家如何操作使用这些新加入的功能。玩家使用这些功能找到线索并杀死怪物后即可完成本关卡。该场景中的脚本如图 6-20 所示。

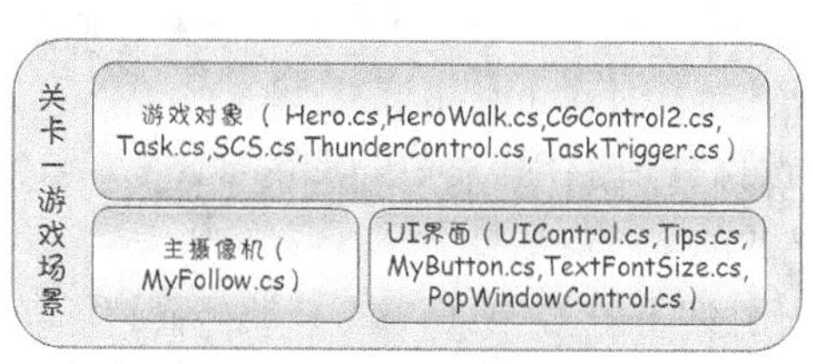

▲图 6-19 关卡一游戏场景框架图

▲图 6-20 关卡二游戏场景框架

5. 关卡三游戏场景

关卡三游戏场景是“Terr_Town”小镇场景。小镇场景是本游戏中最为复杂的一个场景。此场景除了作为本游戏的关卡场景之外，还是游戏 CG 场景。在玩家第一次进入游戏单击新游戏时将会跳转到本场景中播放游戏 CG 动画，动画播放完成后会自动跳转到关卡一场景。

作为游戏场景时与其他游戏场景相同，玩家通过完成本关卡中的所有任务后即可完成本关卡，在本关卡中会出现很多的怪物，玩家在消灭这些怪物后，找到幸存者并与之对话获取新的线索。该场景中所包含的脚本如图 6-21 所示。

6. 关卡四游戏场景

关卡四游戏场景是“Terr_River”河流场景。本场景中以一条河流为主线，玩家沿着河流边的一条小路探索大雾弥漫的未知世界，根据任务提示玩家消灭敌人，获取线索并找到出口后就可以完成本关卡，同时根据玩家的选择跳转到相应的场景。本场景中所包含的脚本如图 6-22 所示。

▲图 6-21　关卡三游戏场景框架

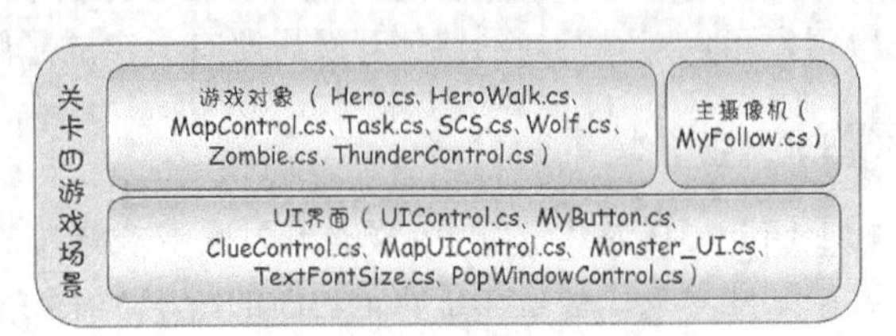

▲图 6-22　关卡四游戏场景框架

7. 关卡五游戏场景

关卡五游戏场景是“Terr_Factory”工厂场景。此场景是本游戏的最后一个游戏场景，相对其他场景比较复杂。玩家首先进入一个工厂场景，根据任务提示找到隐藏在工厂中的实验室，在实验室中找到线索并将实验室炸毁后乘坐直升飞机逃离，玩家成功完成任务后，游戏结束。本场景中脚本如图 6-23 所示。

8. 载入场景

载入场景“Load”用于实现游戏场景的异步加载。场景中包含主摄像机“MainCamera”，并在摄像机上挂载载入脚本“Loading.cs”，此脚本使用代码的方式绘制了游戏加载界面，加载界面中将会显示加载关卡的提示和任务以及游戏加载的进度条。该场景中所包含脚本如图 6-24 所示。

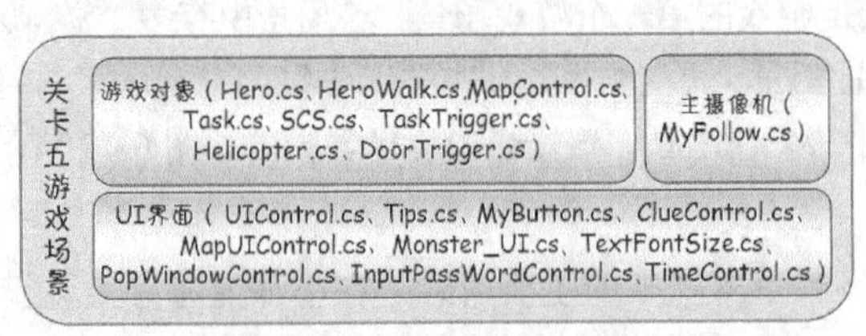

▲图 6-23　关卡五游戏场景框架

▲图 6-24　载入场景框架

6.3.2　游戏架构简介

在这一节中将对本游戏的整体架构进行介绍。本游戏中使用了很多脚本，接下来将按照程序运行的顺序介绍游戏的整体框架以及所使用到的脚本的作用，具体步骤如下。

（1）运行本游戏，首先会进入到“SplashScene”闪屏场景，执行脚本“SplashImageControl.cs”实现闪屏界面呼吸效果。闪屏结束后将会自动跳转到游戏的主菜单场景“StartGame”。

（2）在主菜单场景中，最主要的部分是由 UGUI 插件编辑的 UI 界面部分，跳转到该场景后执行“StartGameUI.cs”脚本。此脚本控制主菜单 UI 控件的所有行为。进入场景时按钮移动出现在屏幕上，分别为“新游戏”“选择关卡”和“关于”3 个按钮单击“新游戏”按钮会跳转到 CG 场景开始播放游戏 CG。

（3）单击“选择关卡”按钮，选择关卡界面出现，在选择关卡界面的下部分是关卡选项，玩家可以滑动选择想要的关卡，“StartGameUI.cs”脚本会控制被选择的关卡选项变大显示，并执行调用在关卡选项上的“SelectImage.cs”脚本，获取关卡的 ID，将选中关卡的信息显示在界面的上部分。

（4）单击“选择关卡”按钮的同时原本的按钮会消失并被新的按钮代替，包括“开始”和“返回”两个按钮。单击“开始”按钮跳转到相应游戏场景。单击“返回”按钮，选择关卡界面消失，返回上一级主菜单界面。单击主菜单界面的“关于”按钮，会出现关于界面，介绍本游戏信息，其他与选择关卡按钮相似，不再重复赘述。

（5）当玩家在主菜单界面中单击“返回”键时或者要“重新开始”游戏时“StartGame.cs”会执行相应的代码弹出提示界面，执行挂载在该界面上的“PopWindowControl.cs”脚本。除了 UI 界面，在主菜单场景中还包括使天空盒转动的脚本“SCS.cs”以及播放雷声的脚本“ThunderControl.cs”。

（6）单击“新游戏”按钮后进入游戏 CG 场景“Terr_Town”，前面说过这个游戏场景有两个作用，一个是播放 CG，另一个是作为游戏场景，所以进入该场景时会执行挂载在“Camera”相机上的“TownControl.cs”脚本判断当前操作是 CG 播放还是进行游戏。当然这里是进行 CG 的播放。

（7）进行游戏 CG 播放后，“TownControl.cs”会初始化与 CG 播放有关的游戏对象，并销毁其他对象。初始化完毕后会执行挂载在“Camera”摄像机上的“CGControl.cs”脚本，实现 CG 中的各种动画效果，如摄像机的移动、各种动画的播放、字幕的显示等。

（8）游戏 CG 播放完毕会自动进入游戏关卡一的加载场景“Load”，进入场景后执行挂载在主摄像机上的“Loading.cs”脚本。该脚本根据要跳转到的场景动态修改 UI 界面的背景图片，同时实现场景的异步加载，并以进度条的方式显示在屏幕上，加载完毕后自动进入相应的游戏关卡。

（9）进入关卡一场景“Terr_House”，执行挂载在“Canvas”上的“UIControl.cs”脚本初始化游戏 UI 界面的各个功能。同时执行“Tips.cs”脚本实现游戏操作提示功能。同样在单击“返回”按钮或者完成本关卡时，“PopWindowControl.cs 脚本”，将弹出提示界面，实现返回主界面和进入下一关卡功能。

（10）执行挂载在“MainCamera”主摄像机上的“MyFollow.cs”脚本实现人物跟随功能。执行挂载在“Hero”游戏物体上的“Hero.cs”脚本初始化人物的各种属性，并且通过调用脚本中的各个公共方法实现人物动画的播放与停止，声音的播放等功能，

（11）执行“HeroWalk.cs”脚本实现虚拟摇杆控制人物行走以及地面高度检测功能，使人物行走更加真实。执行“Task.cs”脚本实现任务系统功能，并与挂载在用于任务完成的碰撞体上的“TaskTrigger.cs”脚本和其他方式配合实现人物的开始与完成。

（12）关卡一中当达到相应的条件将触发一小段 CG 动画，这一小段动画由挂载在“Hero”游戏对象上的“CGControl2.cs”脚本控制，动画完成后将弹出显示游戏线索的界面，单击右下角的“关闭”按钮，弹出“PopWindow”提示本关卡结束。

（13）进入关卡二场景“Terr_Beach”，有一些功能与关卡一相同不再重复赘述，执行“UIControl.cs”脚本除关卡一中的功能外还加入了状态转换按钮，单击该按钮可以实现游戏人物状态转换，同时还加入了小地图功能，此功能主要由“MapControl.cs”脚本控制，玩家通过单击按钮实现小地图的“打开”和“关闭”。

（14）关卡开始时将执行“Boat.cs”脚本实现船的移动。玩家找到线索后，单击主按钮触发“ClueControl.cs”脚本显示线索界面。本关卡中的怪物由“Wolf.cs”脚本控制，实现追逐人物并攻击等功能，并与挂载在“MonsterCanvas”对象上的“Monster_UI.cs”脚本实现怪物的血条显示。

（15）进入关卡三场景“Terr_Town”，如前面所说，首先通过“TownControl.cs”脚本判断当

前为进行游戏，保留游戏需要的对象，销毁其他对象。本关卡中怪物由“Zombie.cs”脚本控制的僵尸。关卡最后找到幸存者并与之对话，弹出由“DialogControl.cs”脚本控制的对话界面，对话结束本关卡完成。

（16）进入关卡四场景“Terr_River”，本关卡中有两种不同的怪物，不同的怪物由相应的脚本控制，狼是由“Wolf.cs”脚本控制，僵尸由“Zombie.cs”控制，其他功能与前面所讲相同不再重复赘述。

（17）进入关卡五场景“Terr_Factory”，相较于其他场景本关卡的场景相对复杂，因此功能也相对较多，除前面介绍过的以外，还包括实验室中各个门的控制脚本“DoorTrigger.cs”，实现门的打开、关闭以及音效功能。

（18）当玩家控制计算机炸毁实验室时，将弹出输入密码界面，此界面由“InputPassWord.cs”脚本控制，实现判断输入的密码是否正确以及播放警报声音的功能。在游戏的最后玩家通过直升飞机离开，这里的直升飞机由“Helicopter.cs”脚本控制。

6.4 闪屏和主菜单场景

从本节开始将依次介绍本游戏中各个场景的开发过程。本节将详细向大家介绍闪屏和主菜单场景的开发过程，这两个场景都是以 UI 界面为主，主菜单场景相对复杂，除 UI 界面以外还包括海洋、小岛、天空盒以及下雨效果的实现，具体实现过程如下。

6.4.1 闪屏场景的搭建与脚本开发

本小节将介绍闪屏场景搭建以及脚本的具体开发过程，在本场景中只包括一个简单的 UI 界面，使用到的功能并不多，由于本场景是游戏的第一个场景，所以将会从最基础的如何建立一个 Unity 项目开始介绍，具体步骤如下。

（1）新建项目。在计算机某磁盘下建立一个用于存放 Unity 项目的文件夹，如图 6-25 所示，在 D 盘下建立一个文件夹“Unity Project”。打开 Unity，单击“New Project”，输入创建项目的名称“Game”，选择保存路径为刚刚创建的文件夹，单击“Create project”按钮即可生成项目，如图 6-26 所示。

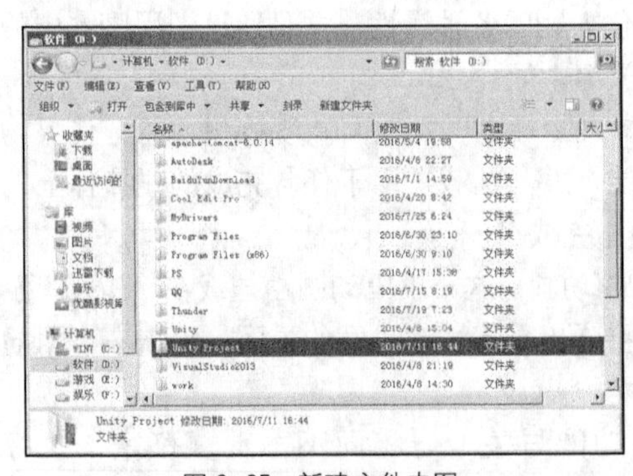

▲图 6-25　新建文件夹图

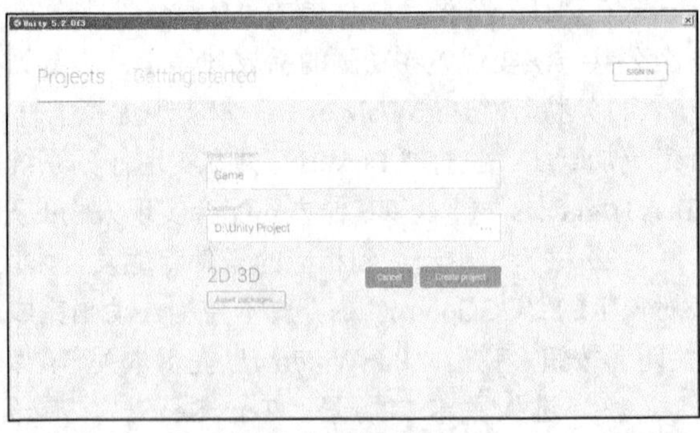

▲图 6-26　创建新项目

（2）创建新场景。新项目创建完成后自动进入 Unity 主面板，依次单击“File”→“New Scene”，如图 6-27 所示。单击“File”选项中的“Save Scene”选项，会弹出提示为场景命名，将场景命名为“SplashScene”作为游戏的闪屏场景。

新建的场景中包括两个游戏基本对象，主摄像机“Main Camera”和环境光“Directional Light”，本场景无需光源所以将“Directional Light”删除，保留主摄像机对象“Main Camera”，单击摄像机在“Inspector”面板中查看其属性，如图 6-28 所示。

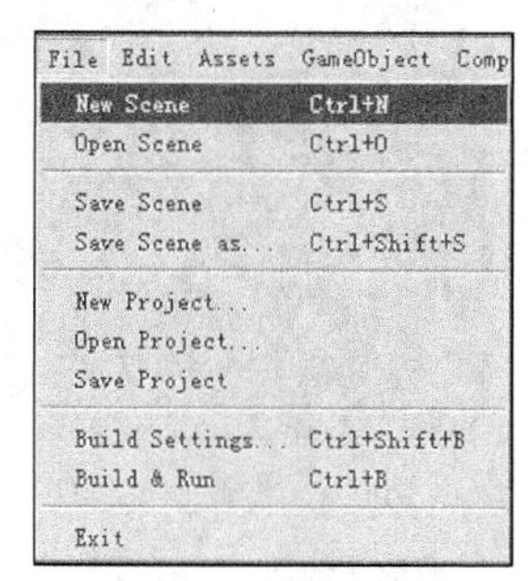

▲图 6-27　创建新场景

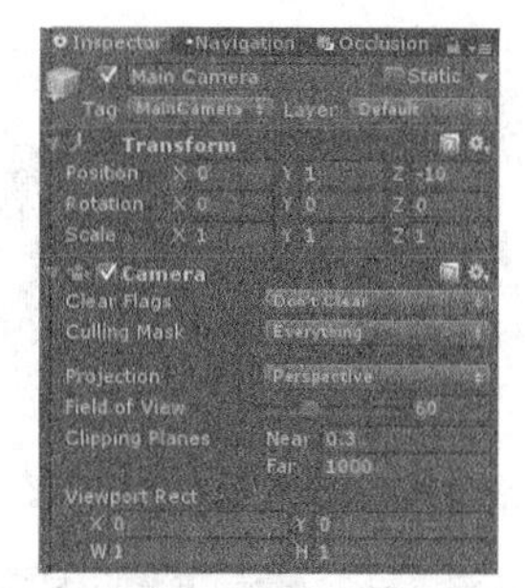

▲图 6-28　主摄像机的属性面板

（3）创建画布。依次单击“Hierarchy”面板上方“Create”→“UI”　→“Canvas”创建画布，如图 6-29 所示。在面板中出现了“Canvas”对象，选中该对象，鼠标右击→“UI”　→“RawImage”创建图片对象，如图 6-30 所示，并修改其名称为“SplashImage”。

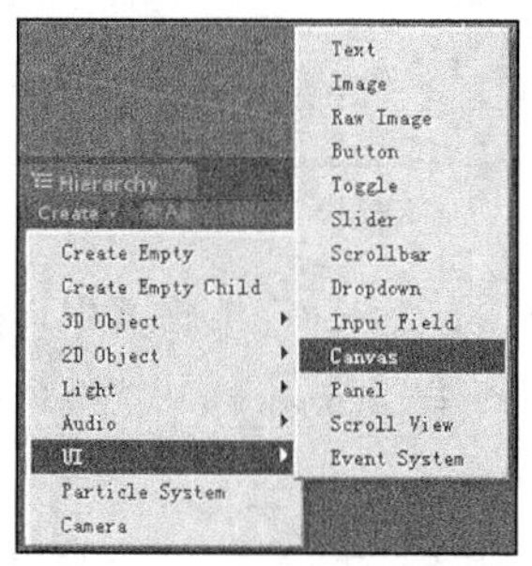

▲图 6-29　创建画布

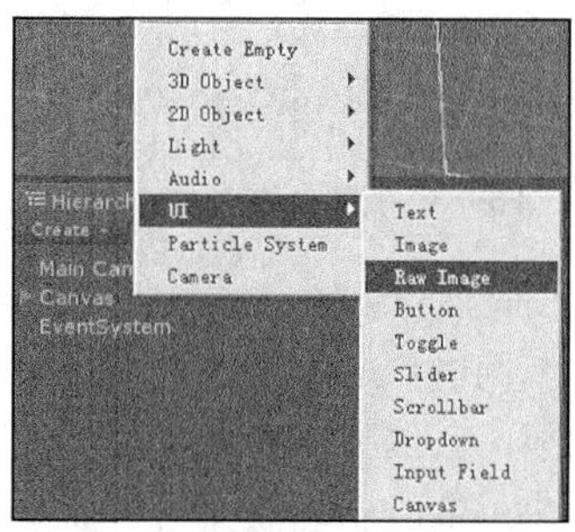

▲图 6-30　在画布中创建图片对象

（4）导入资源。开发过程中我们会使用到其他软件开发的各种资源，通过单击工具栏中“Assets”→“Import New Asset…”，如图 6-31 所示，选择相应的资源进行导入，在这里我们使用 PhotoShop 制作的图片，名称为“Logo”，其属性面板如图 6-32 所示。

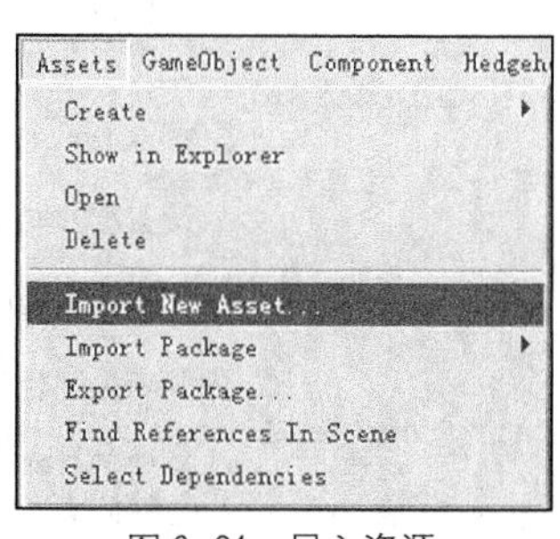

▲图 6-31　导入资源

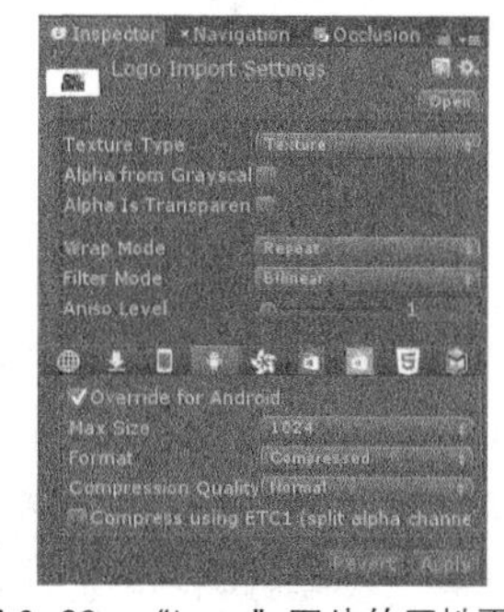

▲图 6-32　“Logo”图片的属性面板

（5）将导入的图片挂载到画布中创建的“SplashImage”图片对象上，拖动“Logo”图片到图片对象“RawImage”脚本的“Texture”属性框中，如图 6-33 所示。单击“SplashImage”图片对象在“Inspector ”面板中设置其属性，使图片对象全屏显示并根据屏幕分辨率的变化而改变大小，属性如图 6-34 所示。

（6）在 Assets 下右键单击“Create”　→“Folder”，新建一个文件夹，如图 6-35 所示，并命名为“Scripts”。在文件夹中右键单击“Create”→“C# Script”，新建一个 C#脚本，命名为“SplashImageControl.cs”，如图 6-36 所示。

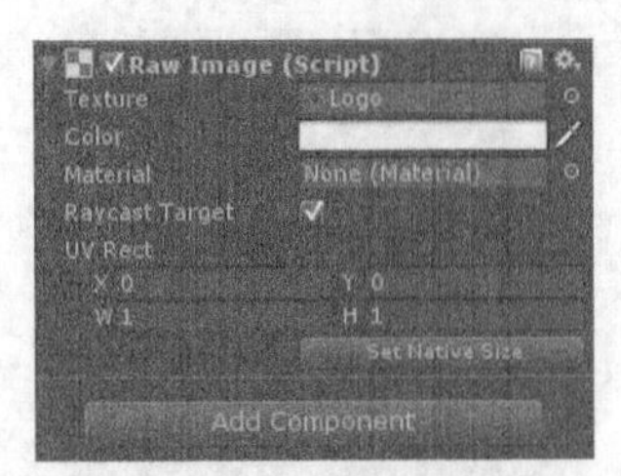

▲图 6-33　将“Logo”图片挂载到图片对象

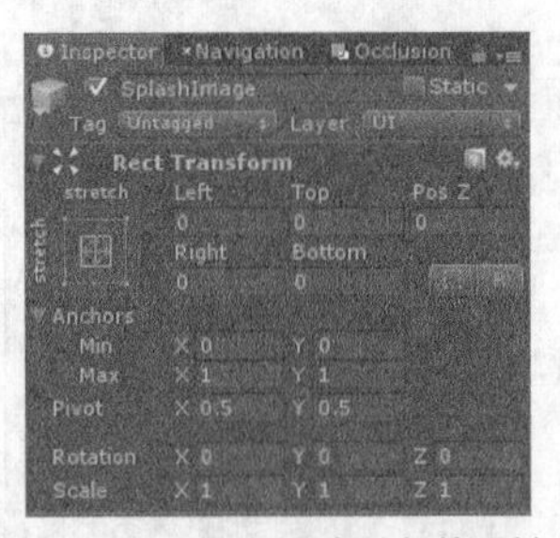

▲图 6-34　设置图片对象的属性

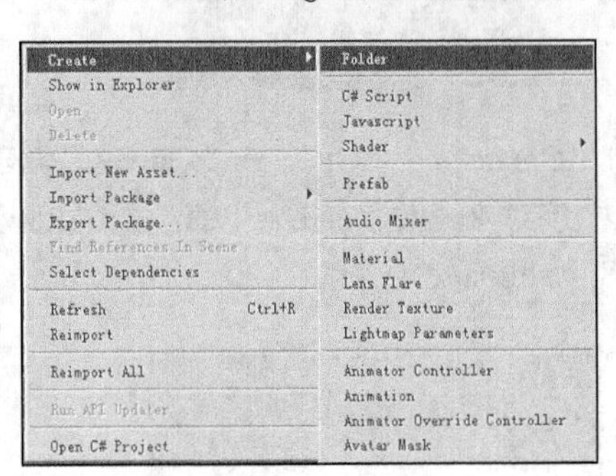

▲图 6-35　新建文件夹

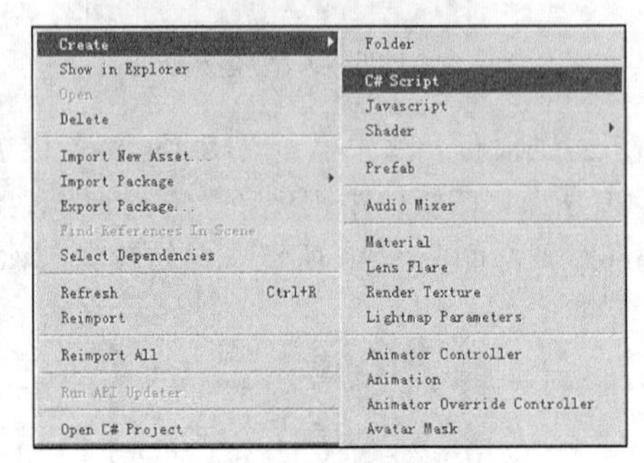

▲图 6-36　创建脚本

（7）双击“SplashImageControl.cs”脚本，进入“MonoDevelop”编辑器中，开始编写脚本。该脚本主要是控制闪屏界面的淡入淡出效果，以及实现闪屏结束后加载下一场景，并自动跳转到主菜单界面的功能，具体脚本代码如下。

代码位置：见随书源代码/第 6 章目录下的 HaiDaoWeiJi/Assets/Scripts/ SplashImageControl.cs。

```
1      using UnityEngine;                                    //导入该脚本中所需要的系统包
2      using System.Collections;
3      public class SplashImageControl : MonoBehaviour {
4          float timeFlag;                                   //用于累加时间的变量
5          bool isDone;                                      //判断闪屏是否结束的标志位
6          bool isStart;                                     //判断是否开始的标志位
7          GameObject SplashIamge;                           //闪屏图片对象
8          void Start () {
9              timeFlag = 0f;                                //初始化时间变量为 0
10             isDone = false;                               //设置结束标志位为 false
11             isStart = false;                              //设置开始标志位为 false
12             SplashIamge = this.transform.FindChild("SplashImage").gameObject;
13                                                           //获取 SplashImage 图片对象
14             SplashIamge.GetComponent<UnityEngine.UI.RawImage>()
15             .CrossFadeAlpha(0, 0, true);}                 //设置图片对象的透明度为全透明
16         void Update () {
17             timeFlag += Time.deltaTime;                   //时间变量随时间增加
18             if (!isStart){
19                 isStart = true;                           //判断未开始置开始标志位为 true
20                 SplashIamge.GetComponent<UnityEngine.UI.RawImage>()
21                 .CrossFadeAlpha(1, 4, true);}             //设置图片在 4s 变为不透明
22             if (timeFlag >= 5f && !isDone){               //当时间大于 5s 且尚未结束时
23                 isDone = true;                            //设置结束标志位为 true
24                 SplashIamge.GetComponent<UnityEngine.UI.RawImage>()
25                 .CrossFadeAlpha(0, 1, true);}             //设置图片在 1s 变为全透明
26             if (timeFlag >= 6f){                          //当时间大于 6s 时
27                 timeFlag = 0f;                            //初始化时间变量为 0
28                 Application.LoadLevel("StartGame");}}}    //跳转到主菜单场景
```

- 第 4～7 行的主要功能是声明该脚本中可能使用到的变量。
- 第 8～15 行的主要功能是初始化声明的变量，获取图片对象并设置其透明度为全透明，CrossFadeAlpha 方法的 3 个参数分别是要变化到的 Alpha 的级别（0～1），经历的时间和是否忽略 Time.scale 的影响。

- 第 16～21 行的主要实现了时间变量的自加，并判断闪屏界面的开始，实现闪屏的淡入效果。
- 第 22～28 行主要是当时间大于 5 秒时判断闪屏结束，实现闪屏界面的淡出效果。时间大于 6 秒时重置时间变量，闪屏结束自动跳转到主菜单场景。

6.4.2　常量类与简单游戏保存功能的开发

下面开始介绍主菜单场景的搭建以及各种功能实现。主菜单场景是游戏的主要控制场景，所以要包含一些游戏数据初始化和保存的功能。本节将对主菜单场景中常量类以及简单游戏保存功能脚本的开发进行介绍，具体的脚本代码如下。

（1）开发游戏常量类。在创建好的“Script”文件夹中建立新的 C#脚本，并命名为“Constant.cs”。双击打开该脚本，将类名后面的继承部分“: MonoBehaviour”删除，即可进行 “Constant.cs”常量类脚本的开发。

代码位置：见随书源代码/第 6 章目录下的 HaiDaoWeiJi/Assets/Script/Constant.cs。

```
1      using UnityEngine;                                  //导入该脚本中所需要的系统包
2      using System.Collections;
3      public class Constant{
4          public const int StartGameID = -1;            //主菜单场景的 ID
5          public const int Terr_HouseID = 0;            //关卡一场景的 ID
6          public const int Terr_BeachID = 1;            //关卡二场景的 ID
7          public const int Terr_TownID = 2;             //关卡三场景的 ID
8          public const int Terr_RiverID = 3    ;        //关卡四场景的 ID
9          public const int Terr_FactoryID = 4;          //关卡五场景的 ID
10         public const int startPass = Terr_TownID; //第一次进入游戏的场景
11         public static int JumpTo = -2;                //要跳转到的场景
12         public static int currentPass = StartGameID;   //当前关卡
13         public static int[] PassIsLocked = { 0, 0, 0, 0, 0 }; //关卡是否解锁判断数组
14         public static string[] PassName = { "......" };         //关卡名数组
15         public static string[] PassTitle={"......" };          //关卡介绍标题数组
16         public static string[] PassText ={"......"};           //关卡介绍内容数组
17         public static bool isCG = false;                      //是否播放过 CG 的标志位
18         public static bool isGameDone = false;                //游戏是否通关的标志位
19         public static float ScreenRate = 0;                   //屏幕比例
20         public static int[] TBWolf_isDead = {0,0,0};//关卡二中判断怪物死亡情况的数组
21         public static int[] TTMonster_isDead ={0,0......0};//关卡三中判断怪物死亡情况的数组
22         public static int CurrentTask = -1;              //当前任务 ID
23         public static int[] TaskStatus={ 0, 0......0};     //保存任务状态的数组
24         public static string[] TaskContent= {"......"};}  //保存任务内容的数组
```

- 第 4～10 行创建了各个场景的唯一 ID，方便在场景跳转时进行判断，第 10 行创建游戏开始的第一个关卡为关卡三场景 ID，当单击新游戏时会自动跳转到该场景，此时关卡三场景用于播放游戏 CG。
- 第 11～12 行创建了控制想要跳转到的场景的变量和判断当前场景的 ID 的变量。
- 第 13～16 行中的变量主要用于关卡控制，第 13 行创建了判断关卡是否解锁的数组，第 14～16 行创建了保存关卡信息数据的数组。
- 第 17 行用于判断游戏 CG 是否已经播放。
- 第 18 行判断游戏是否已经通关。
- 第 19 行变量用于储存手机屏幕的比例，用于参与 UI 界面的自适应计算。
- 第 20、21 行数组判断关卡中怪物死亡情况，用于任务的完成。
- 第 22～24 行创建了控制任务的变量，包括当前任务，各个任务的状态和任务内容。

> **提示**　本段代码中省略了一些关卡介绍信息、数据的相关代码，有兴趣的读者可以自行查看源代码进行学习。

（2）保存简单游戏数据以及实现恢复。在这里主要用到了 Unity 引擎中自带的“PlayerPrefs”

类进行简单数据的保存，在游戏的过程中保存各种游戏数据，并在游戏开始时自动恢复保存的数据。下面是在主界面中实现恢复保存的资料的脚本。

代码位置：见随书源代码/第 6 章目录下的 HaiDaoWeiJi/Assets/Script/StartGameUI.cs。

```
1       void Awake(){
2           Time.timeScale = 1;                                      //取消游戏暂停
3           Constant.isGameDone = false;                             //置通关标志位为 false
4           Constant.TBWolf_isDead = new int[] { 0, 0, 0 }; //初始化怪物的死亡判断数组
5           Constant.TTMonster_isDead = new int[] { 0, 0......0 };//初始化怪物的死亡判断数组
6           Constant.CurrentTask = -1;                               //初始化当前的任务
7           Constant.TaskStatus = new int[] { 0, 0......0 };    //初始化任务状态
8           for (int i = 0; i < 5; i++){                             //恢复关卡解锁信息
9               Constant.PassIsLocked[i] = PlayerPrefs.GetInt("Pass_" + i + "_IsLocked");}
10          if (Constant.PassIsLocked[0] == 0){                      //如果第一关未解锁
11              Constant.currentPass = -1;}                          //设置当前关卡为空
12          else{
13              Constant.currentPass = PlayerPrefs.GetInt("currentPass");}//初始化当前关卡
14          Constant.isCG = PlayerPrefs.GetInt("isCG") == 1 ? true : false;}//设置 CG 标志位
```

- 第 1 行将游戏初始化及数据恢复代码写在 Awake 方法中，因为 Awake 方法比其他方法更早执行，更适合初始化各种游戏数据。
- 第 2 行 Time.timeScale 越大游戏的进行速度越快，相反速度越慢，为 0 时游戏静止，为 1 时游戏正常运行。这里初始化 Time.timeScale 为 1，保证游戏的正常进行。
- 第 3 行设置通关的标志位为 false。
- 第 4、5 行是初始化各关卡中判断怪物死亡状态的标志位。
- 第 6、7 行是初始化当前任务和任务状态数组。
- 第 8、9 行是初始化关卡的解锁信息。
- 第 10～13 行设置当前进行到的关卡。
- 第 14 行是初始化判断游戏 CG 是否播放过的标志位。

> **提示**　本段代码中省略了一些初始化数组时相关数据的代码，有兴趣的读者可以自行查看源代码。

6.4.3　主菜单场景基本 UI 的搭建与脚本开发

下面将对基本 UI 界面搭建过程进行详细的介绍，包括各种界面的创建过程以及各个按钮的功能实现。

（1）上一小节中我们已经介绍过新场景和画布的建立，在这里不再重复赘述。单击“Hierarchy”面板上方“Create”→“Camera”，创建一个 UI 摄像机，命名为“UICamera”，拖动将其设置为“Canvas”的子物体，并修改其属性如图 6-37 所示。再修改“Canvas”的属性，如图 6-38 所示。

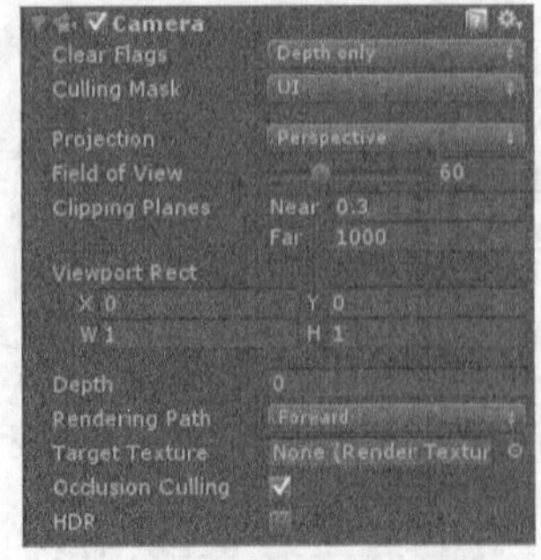

▲图 6-37　“UICamera”属性

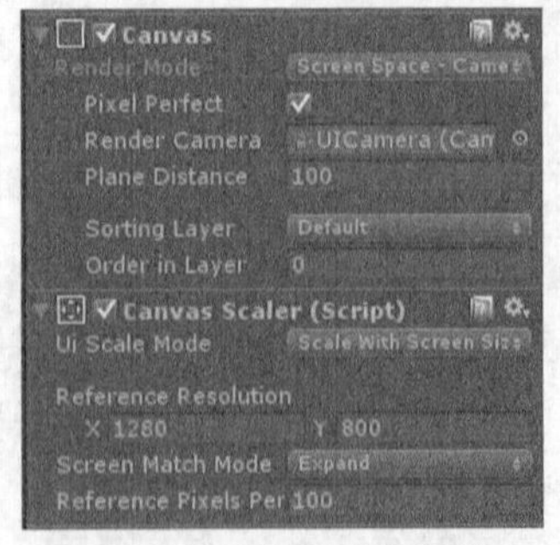

▲图 6-38　“Canvas”属性

（2）在创建好的“Canvas”画布中创建一个 Panel 物件，依次单击“Hierarchy”面板上方的“Create”→“UI”→“Panel”创建分组存放控件的容器，并命名为“MainButton”，用于存放主菜单界面中的主要按钮，其属性如图 6-39 所示。

（3）容器创建完成后，开始创建容器中的按钮，右击“MainButton”容器控件→“UI” →“Button”创建 4 个按钮，并修改各按钮名称以及其“Text”子控件为相应的文本。修改各个按钮的属性使其在容器中顺序排列，以“Bt_Continue”按钮为例属性如图 6-40 所示。

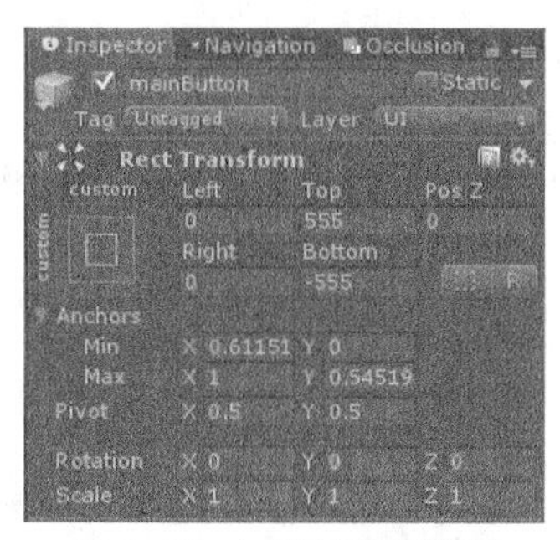

▲图 6-39 主要按钮容器属性

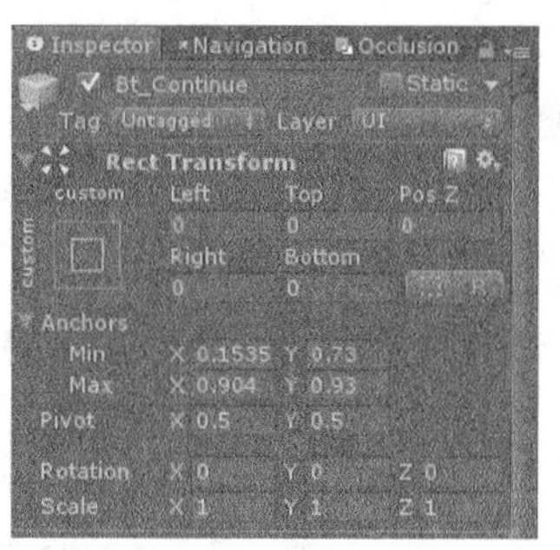

▲图 6-40 设置按钮属性

（4）按钮创建完成后，按照上一小节中导入资源的方法导入按钮的背景图片，并挂载到按钮上，完成后的效果如图 6-41 所示，到此主菜单主要按钮搭建完毕。使用相同的方法创建“选择关卡”按钮，创建一个“Panel”，命名为“selectButton”其属性如图 6-42 所示，其他与主要按钮的搭建方法相同。

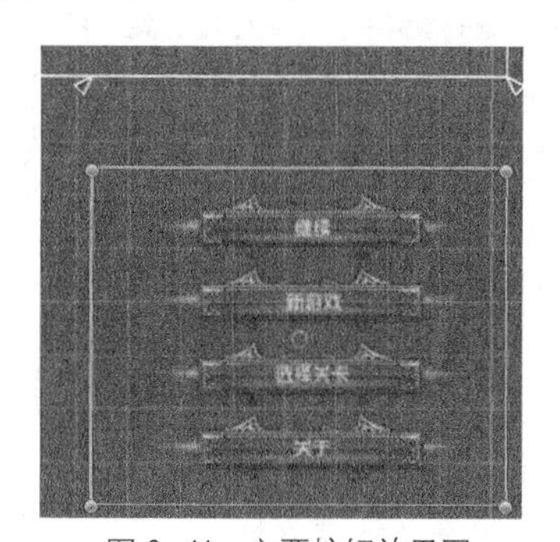

▲图 6-41 主要按钮效果图

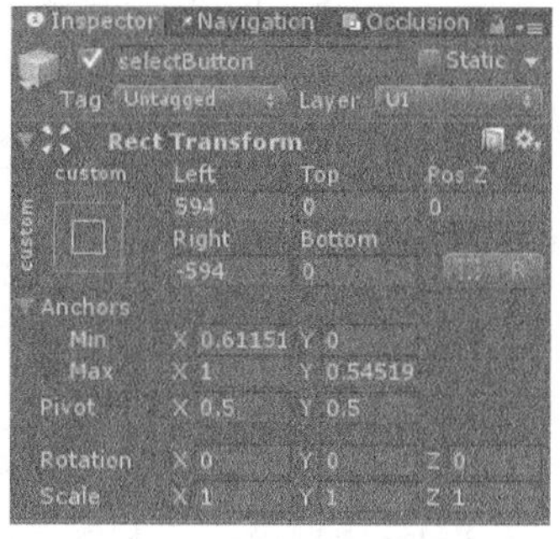

▲图 6-42 选择关卡按钮属性

（5）接下来介绍各个按钮功能的实现代码，主要包括主按钮界面的继续、新游戏、选择关卡和关于按钮，以及关卡选择按钮界面的“开始”和“返回”按钮。首先介绍主按钮界面中继续和新游戏按钮的功能实现，具体代码如下。

代码位置：见随书源代码/第 6 章目录下的 HaiDaoWeiJi/Assets/Script/StartGameUI.cs。

```
1      public void onGoOnButtonClick(){                       //继续按钮的功能实现
2          playSound(1);                                      //播放按钮按下音效
3          Constant.JumpTo = Constant.currentPass;            //要跳转的场景设置为当前进行到的关卡
4          Application.LoadLevel("Load");}                    //开始异步加载场景
5      public void onStartNewButtonClick(){                   //新游戏按钮的功能实现
6          playSound(1);                                      //播放按钮按下音效
7          Constant.JumpTo = Constant.startPass;              //要跳转的场景设置为开始的关卡
8          if (Constant.currentPass == Constant.StartGameID
                                                              //如果当前进行到的关卡为主菜单界面
9              && !Constant.isCG){                            //且未播放过 CG
10             Application.LoadLevel("Terr_Town");}           //跳转到小镇场景播放 CG 动画
11         else{                                              //如果已经播放过 CG
12             Constant.isCG = false;                         //置判断 CG 的标志位为 false
13             PlayerPrefs.SetInt("isCG", 0);                 //保存是否播放过 CG 的资料
```

```
14              this.transform.FindChild("POPWindow")//弹窗警告可能丢失进度
15                  .GetComponent<POPWindowControl>().setPOPWindowModel(5);
16              this.transform.FindChild("POPWindow")                //显示提示框
17                  .gameObject.SetActive(true);}}
```

- 第 1～4 行是“继续”按钮的代码实现，设置要跳转到的场景，并跳转到加载场景中对游戏场景进行加载。
- 第 5～7 行是“开始新游戏”按钮的代码实现，播放相应音效，设置跳转关卡为游戏的第一个场景。
- 第 8～10 行的功能如下。当进行到的关卡为主菜单场景且 CG 播放标志位为 false 时，说明游戏尚未开始过，则直接跳转到 CG 播放的场景，开始 CG 的播放。
- 第 11～17 行的功能如下。如果已经播放过 CG，弹出窗口提示可能会丢失进度。

（6）下面介绍主按钮界面中选择关卡按钮的功能实现，具体代码如下。

代码位置：见随书源代码/第 6 章目录下的 HaiDaoWeiJi/Assets/Script/StartGameUI.cs。

```
1     public void onSelectButtonClick(){
2             playSound(1);                                    //播放按钮按下音效
3             selectButtonPanel.transform.FindChild("Bt_Start")
4                 .gameObject.SetActive(true);                 //设置开始按钮为 true
5             selectPanel.transform.FindChild("SelectScroll")
6                 .gameObject.SetActive(true);                 //设置关卡滑动的界面为 true
7             selectPanel.transform.FindChild("SelectTitle")
8                 .gameObject.SetActive(true);                 //设置关卡标题为 true
9             if (passID >= 0){                                //如果当前有选择的关卡
10                if (Constant.PassIsLocked[passID] == 1){     //该关卡为解锁状态
11                    selectText.GetComponent<Text>().text
12                        = Constant.PassText[passID];         //设置关卡介绍为该关卡的内容
13                    selectTitle.GetComponent<Text>().text
14                        = Constant.PassTitle[passID];}        //设置关卡标题为该关卡的标题
15                else{                                        //如果尚未解锁
16                    selectText.GetComponent<Text>().text = "\n\t 关卡尚未解锁";
                                                               //显示尚未解锁
17                    selectTitle.GetComponent<Text>().text = "";}}   //设置关卡标题为空
18            else{                                            //如果没有被选中的关卡
19                selectText.GetComponent<Text>().text = "";//将关卡的标题和内容都置为空
20                selectTitle.GetComponent<Text>().text = "";}
21            isMainButtonPanel = false;                       //使主界面按钮消失
22            mainButtonPanelV = 30f;                          //设置主界面移动速度
23            isSelectButtonPanel = true;}                     //使选择关卡界面出现
```

- 第 1～8 行用于初始化在关卡选择界面中要用到的控件，设置关卡“开始”按钮、关卡滑动界面和关卡标题为 true，保证关卡选择界面的各个功能正常实现。
- 第 9～14 行的功能如下。如果当前选择的关卡为解锁状态，关卡信息正常显示，将保存在常量类中的关卡信息赋给显示介绍信息的控件。
- 第 15～19 行的功能如下。如果选择的关卡尚未解锁，则在关卡介绍信息中显示关卡尚未解锁。如果当前没有选择的关卡，则关卡介绍全部置为空。
- 第 20～23 行的功能如下。单击“选择关卡”按钮，主界面按钮消失，选择关卡界面出现。

（7）下面介绍主按钮界面中关于按钮的功能实现，具体代码如下。

代码位置：见随书源代码/第 6 章目录下的 HaiDaoWeiJi/Assets/Script/StartGameUI.cs。

```
1     public void onAboutButtonClick(){                   //关于按钮的功能实现
2             playSound(1);                               //播放按钮按下音效
3             isMainButtonPanel = false;                  //使主界面按钮消失
4             mainButtonPanelV = 30f;                     //设置主界面移动速度
5             isSelectButtonPanel = true;                 //使关于界面出现
6             selectPanel.transform.FindChild("SelectScroll")
7                 .gameObject.SetActive(false);           //置关卡滑动界面为 false
8             selectTitle.SetActive(false);               //关卡标题置为 false
9             selectText.GetComponent<Text>().text
10                = "\n\t 华北理工大学软件工作室";          //使关卡内容显示提示信息
```

```
11              selectButtonPanel.transform.FindChild("Bt_Start")
12                  .gameObject.SetActive(false);}      //开始按钮置为 false
```

- ❑ 第 1～5 行单击“关于”按钮播放相应音效，主界面按钮消失，关于界面出现。
- ❑ 第 6～12 行是初始化关于界面的控件，关于界面与选择关卡界面使同一个界面，只是关于界面中只需要显示对游戏的介绍，只需要一个“SelectText”控件，则其他控件全部置为不可见。

（8）下面介绍关卡选择界面中“开始”和“返回”按钮的功能实现，具体代码如下。

代码位置：见随书源代码/第 6 章目录下的 HaiDaoWeiJi/Assets/Script/StartGameUI.cs。

```
1     public void onStartSelectedPassButtonClick(){          //选择关卡开始按钮的功能实现
2         playSound(1);                                      //播放按钮按下音效
3         if (Constant.PassIsLocked[passID] == 1){           //如果所选择关卡已经解锁
4             Constant.JumpTo = passID;                      //设置要跳转的关卡为此关卡
5                 this.transform.FindChild("POPWindow")      //弹窗警告可能丢失进度
6                    .GetComponent<POPWindowControl>().setPOPWindowModel(3);
7                this.transform.FindChild("POPWindow").gameObject.SetActive(true);}}
                                                    //显示提示框
8     public void onBackButtonClick(){              //返回按钮功能实现
9         playSound(1);                             //播放按钮按下音效
10        isMainButtonPanel = true;                 //使主按钮界面出现
11        isSelectButtonPanel = false;              //是选择关卡界面或者关于界面消失
12        selectPanelV = 30f;                       //设置选择关卡界面的移动速度
13        selectButtonPanelV = -30f;}               //设置选择关卡按钮区的移动速度
```

- ❑ 第 1～7 行的功能如下。单击“开始关卡”按钮，播放相应音效，如果关卡已经解锁，设置要跳转的关卡为当前选择的关卡，则弹窗警告可能会丢失进度。
- ❑ 第 8～13 行的功能如下。单击“返回”按钮，播放相应音效，选择关卡界面消失，主按钮界面出现。

6.4.4　选择关卡界面的搭建与脚本开发

下面进行关卡选择界面的搭建。在关卡选择界面中，主要包括关卡介绍、滑动选择关卡等功能，本界面依然由 UGUI 系统搭建，下面介绍其搭建过程以及功能实现。

（1）创建一个名为“SelectPanel”的容器控件，修改其属性如图 6-43 所示。导入选择关卡界面的背景图片并挂载到“SelectPanel”控件的“Image”组件的“Source Image”属性框中，并取消“Raycast Target”选项，为后面的代码开发做准备，如图 6-44 所示。

（2）右键单击“SelectPanel” →“UI”→“Text”，创建两个文本控件，修改其名称为“SelectTitle”和“SelectText”，并修改其属性，使其处于合适的位置以及合适的大小。“SelectTitle”用于显示所选择关卡的名称，“SelectText”用于介绍所选择关卡的主要内容信息。

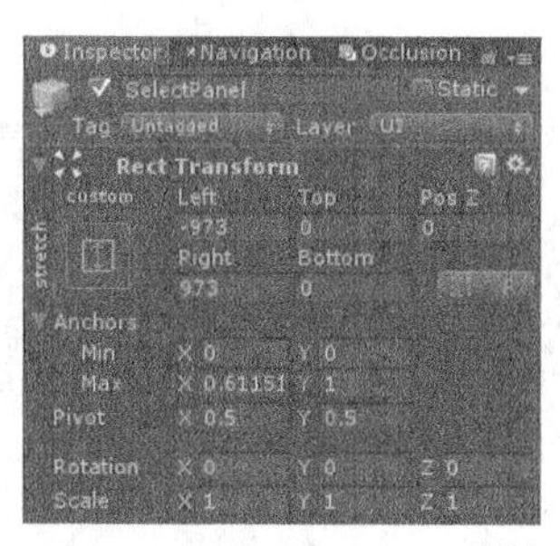

▲图 6-43　“selectPanel”属性

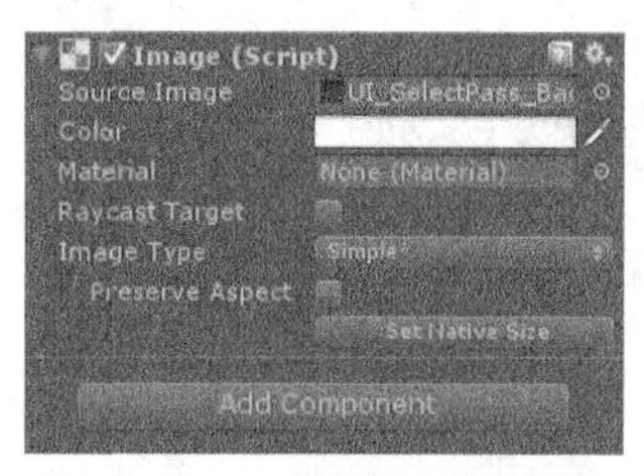

▲图 6-44　“Image”组件属性

（3）右键单击“SelectPanel”→“UI”→“Scroll View”，创建 Scroll 控件，并修改其名称为“SelectScroll”，Scroll 控件可以实现屏幕滑动的效果，用于选择关卡，设置其属性如图 6-45 所示，并取消“Image”组件中“Raycast Target”选项，使其不被 UI 射线检测。

（4）由于只需要使用到滑动的效果，不必显示滚动条，所以删除“SelectScroll”的所有预置的子对象，重新建立一个 panel 子对象，命名为“GridView”，并删除其“CanvasRender”和“Image”组件，修改其属性如图 6-46 所示。

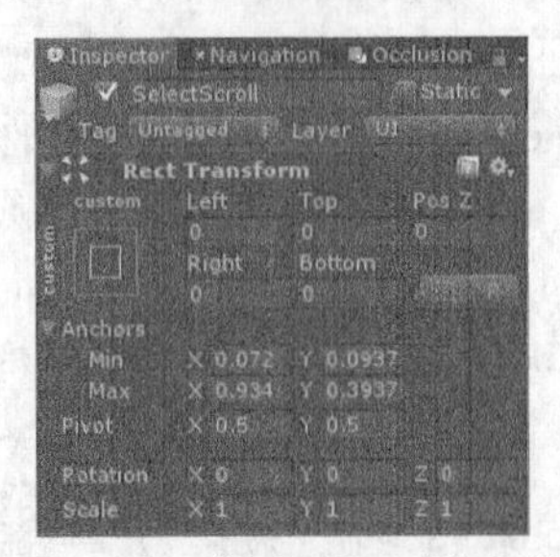

▲图 6-45　“SelectScroll”属性

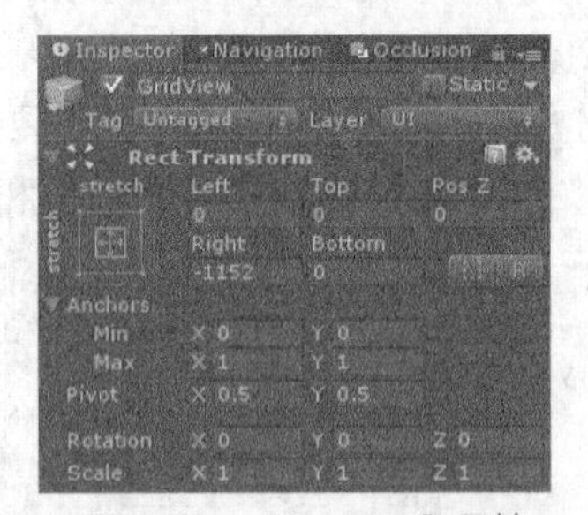

▲图 6-46　“Gridview”属性

（5）将创建好的“GridView”拖动到其父对象“SelectScroll”中 Scroll Rect 组件的“Content”属性框中，就可以实现滑动效果。由于在这里我们只需要横向滑动，所以将该脚本中“Vertical”属性的对勾取消，如图 6-47 所示。

（6）在“GridView”中创建 5 个“RawImage”对象，分别用于代表 5 个关卡，修改这 5 个对象的属性使其拥有合适的大小以及处于合适的位置，并按照顺序依次排列，以关卡一“RawImage”对象为例，其属性如图 6-48 所示。

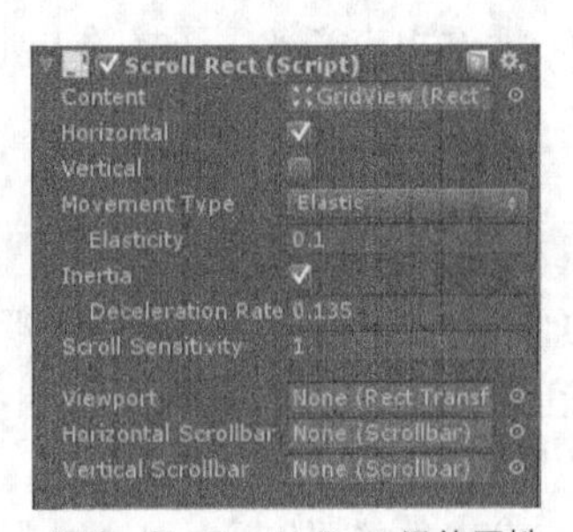

▲图 6-47　Scroll Rect 组件属性

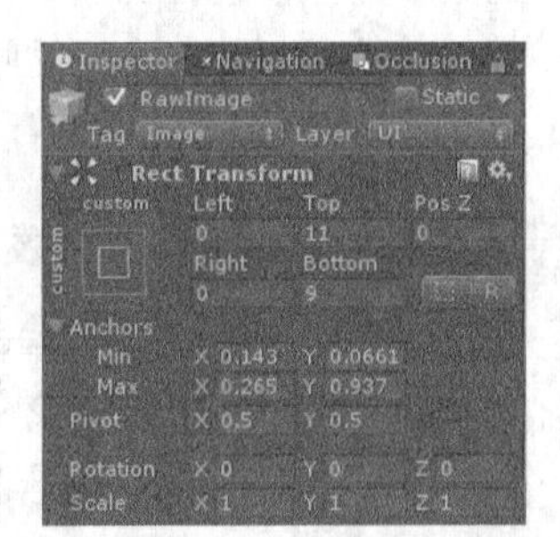

▲图 6-48　“RawImage”对象属性

（7）导入各个关卡的图片，并挂载到相应的“RawImage”对象上，如图 6-49 所示。挂载完毕后开始为“RawImage”对象添加碰撞器，在 Inspector 面板中单击“Add Component”按钮→“Physics”→“Box Collider”，如图 6-50 所示，单击“Edit Collider”按钮即可在“Scene”面板中修改碰撞器大小。

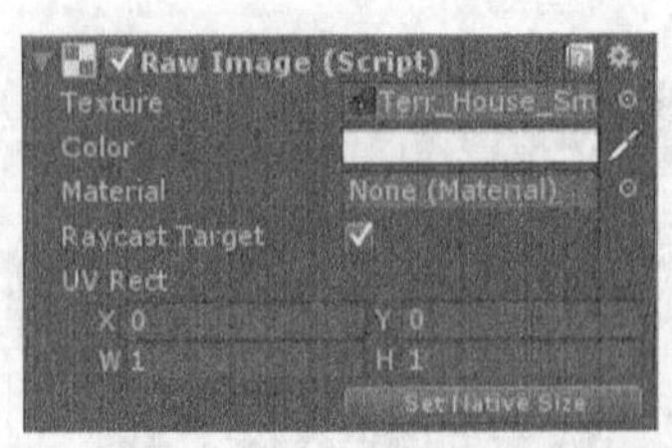

▲图 6-49　“RawImage”组件属性

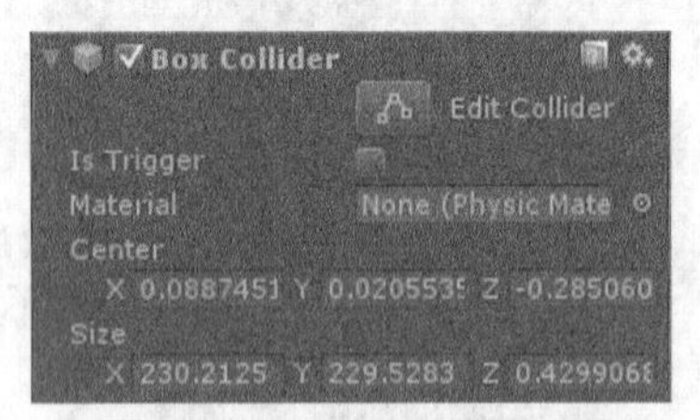

▲图 6-50　“BoxCollider”组件属性

（8）右键单击各个“RawImage”物件为其添加“Image”对象，用于关卡选项的前景图片，导入前景图片的资源并挂载到“Image”对象上“Image”组件中的“Source Image”属性框中，并取消“Raycast Target”属性，如图 6-51 所示，添加前景图片的目的时为了美化关卡选项，效果如图 6-52 所示。

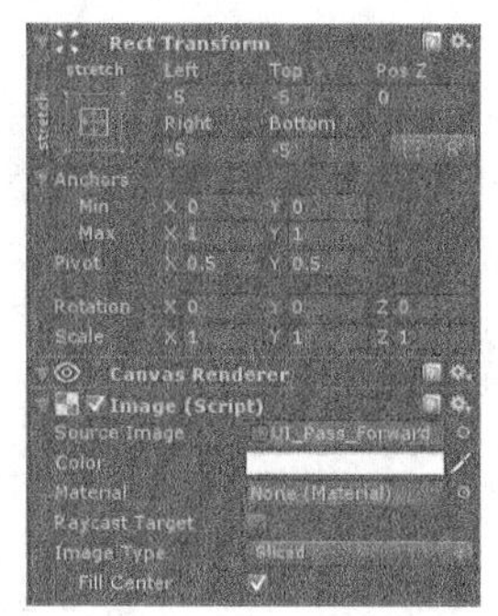

▲图 6-51 前景图片“Image”属性

▲图 6-52 关卡选项效果

（9）下面开始介绍关卡选择界面的功能实现，在介绍其功能实现代码之前，先要介绍“StartGameUI.cs”脚本中最主要的两个方法“Start”和“Update”方法的实现。首先介绍“Start”方法，在此方法里初始化了此脚本中所需要用到的大部分对象，下面开始详细介绍。

代码位置：见随书源代码/第 6 章目录下的 HaiDaoWeiJi/Assets/Script/StartGameUI.cs。

```
1     void Start () {
2             Constant.ScreenRate =                                   //计算手机屏幕比例
3                 ((float)Screen.width / (float)Screen.height) / (1280f / 800f);
4             isMainButtonPanel = true;                   //设置是否显示主按钮区的标志位为 true
5             mainButtonPanel = this.transform            //初始化主按钮区
6                 .FindChild("mainButton").gameObject;
7             selectButtonPanel = this.transform          //初始化选择关卡按钮区
8                 .FindChild("selectButton").gameObject;
9             selectPanel = this.transform                //初始化关卡选择区
10                .FindChild("SelectPanel").gameObject;
11            selectText = this.transform.FindChild("SelectPanel")//初始化关卡内容 Text 对象
12                .FindChild("SelectText").gameObject;
13            selectTitle = this.transform.FindChild("SelectPanel")//初始化关卡标题 Text 对象
14                .FindChild("SelectTitle").gameObject;
15            UIRayCaster = this.GetComponent<GraphicRaycaster>();//初始化检测 UI 界面的射线
16            UIAudioSource = this.GetComponent<AudioSource>();//初始化 UI 界面的的声音源
17            resultLists = new List<RaycastResult>();     //初始化返回检测信息的链表
18            if (Constant.currentPass == Constant.StartGameID){ //初始化继续按钮
19                mainButtonPanel.transform.FindChild("Bt_Continue")//设置继续按钮为不可用
20                    .gameObject.SetActive(false);}
21            else{
22                mainButtonPanel.transform.FindChild("Bt_Continue")//设置继续按钮为可用
23                    .gameObject.SetActive(true);}}
```

- 第 2、3 行用于计算玩家手机屏幕和游戏开发时的屏幕分辨率的比例，用于误差计算，实现屏幕的自适应。
- 第 4 行将主按钮区的标志位置为 true，使主按钮区显示。
- 第 5～14 行为初始化本脚本中要用到的 UI 控件。
- 第 15～17 行为初始化用于检测 UI 控件的射线以及保存射线返回信息的数组，并初始化播放声音的声音源控件。
- 第 18～23 行根据当前进行到的关卡，判断继续按钮是否可用。

（10）下面介绍“StartGameUI.cs”脚本中的 Update 方法中的代码，在此方法中主要实现了关卡检测，界面的移动以及对手机返回键的重写。由于部分代码功能相似，在这里不进行重复介绍，读者可以自行查看源代码。

代码位置：见随书源代码/第 6 章目录下的 HaiDaoWeiJi/Assets/Script/StartGameUI.cs。

```
1     void Update () {
2         if (isSelectButtonPanel                         //如果当前处于选择关卡界面
3              && selectPanel.transform.position.x >= -35.8f * Constant.ScreenRate){
4              resultLists.Clear();                       //清空碰撞检测返回结果链表
5              eventDataCurrentPosition.position =        //设置 UI 检测射线在屏幕上的位置
```

```
6                new Vector2(Screen.width / 3.5f, Screen.height / 4);
7            UIRayCaster.Raycast(eventDataCurrentPosition, resultLists);//开始射线检测
8            if (resultLists.Count > 0){                         //如果结果链表不为空
9            RaycastResult[] RR = resultLists.ToArray();    //将链表转换成数组
10           for (int i = 0; i < RR.Length; i++){
11               if (RR[i].gameObject.tag == "Image"){//如果检测到物体 tag==“Image”
12                   RR[i].gameObject.GetComponent<SelectImage>().setSelect(true);
13                   break;}}}}        //调用该物体挂载的脚本的 setSelect 方法
14       if (isMainButtonPanel             //判断是否符合进入主按钮界面的要求
15           && mainButtonPanel.transform.position.y <= -26.5f * Constant.ScreenRate){
16           mainButtonPanel.transform.Translate(    //使主按钮界面移动到预先设置的位置
17               new Vector3(0,80f*Time.deltaTime,0));}
18       if (!isMainButtonPanel                        //判断是否符合退出主按钮界面的要求
19            && mainButtonPanel.transform.position.y > -110f * Constant.ScreenRate){
20            mainButtonPanelV -= 160f * Time.deltaTime; //使主按钮界面的移动速度反向减小
21            mainButtonPanel.transform.Translate(     //使主按钮界面移动到屏幕外
22                new Vector3(0, mainButtonPanelV * Time.deltaTime, 0));}
23       ...//此处省略一些相似的代码，有兴趣的读者可以自行查看源代码
24       if (Application.platform == RuntimePlatform.Android  //复写手机的返回键
25           && (Input.GetKeyDown(KeyCode.Escape))){
26           this.transform.FindChild("POPWindow")      //设置提示框的显示内容
27               .GetComponent<POPWindowControl>().setPOPWindowModel(0);
28           this.transform.FindChild("POPWindow").gameObject
                                                   //设置提示框的可用性与原来相反
29               .SetActive(!this.transform.FindChild("POPWindow").gameObject.
                 activeSelf);}}}
```

- 第 1～13 行主要用于在选择关卡时，实现关卡被选中的效果。当处于关卡选择界面，处于关卡选择位置的射线会被启动，判断当前所选择的关卡，并触发挂载在相应关卡物体上的“SelectImage”脚本实现被选中的效果。
- 第 14～23 行是控制各界面移动的代码，以主按钮界面为例，刚进入主场景时，在 Start 方法中置 isMainButtonPanel 标志位为 true，此时满足主按钮界面进入的要求。当单击“选择关卡”或者“关于”按钮时置 isMainButtonPanel 标志位为 false，则主按钮界面自动移动到屏幕外。
- 第 24～29 行的主要功能是复写 Android 平台手机下的“返回”键，单击“返回”键时设置提示框要显示的内容，并将提示界面的可用性置为相反，实现单击出现，再次单击消失。

（11）下面开始正式介绍关卡选择界面的功能实现，而实现该功能的就是“StartGameUI.cs”脚本中的 SelectPass 方法，在此方法中实现了获取选择关卡 ID 并将所选关卡的选项变大显示的功能，具体代码如下。

代码位置：见随书源代码/第 6 章目录下的 HaiDaoWeiJi/Assets/Script/StartGameUI.cs。

```
1     public void SelectPass(int ID){                   //设置当前选择的关卡 ID
2         if (this.passID != ID){                       //如果被选中关卡发生变化
3             playSound(0);                             //播放关卡选中音效
4             this.passID = ID;                         //设置当前选中关卡为新选中的关卡
5             for (int i = 0; i < SelectImageList.Length; i++){ //初始化所有关卡选项的大小
6                 SelectImageList[i].transform.localScale = new Vector3(1, 1, 1);}
7             SelectImageList[ID].transform.localScale      //使选中关卡变大显示
8                 = new Vector3(1.1f, 1.1f, 1.1f);
9             if (Constant.PassIsLocked[ID] == 1){          //如果关卡为解锁状态
10                selectText.GetComponent<Text>().text = Constant.PassText[ID];
                                                            //显示该关卡的介绍
11                selectTitle.GetComponent<Text>().text = Constant.PassTitle[ID];}
                                                            //显示该关卡的标题
12            else{
13                selectText.GetComponent<Text>().text = "\n\t 关卡尚未解锁";
                                                            //显示关卡尚未解锁
14                selectTitle.GetComponent<Text>().text = "";}}}
```

- 第 1～8 行判断被选中的关卡如果发生变化，播放关卡被选中的音效，设置选中新的关卡，并将选中的关卡变大显示。

- ❑ 第 9～14 行为如果选中的关卡已经解锁，则在关卡介绍中显示该关卡的对应信息。若未解锁，则在介绍中提示关卡尚未解锁。

（12）下面开始介绍挂载在关卡选项上的“SelectImage”脚本，此脚本与“StartGameUI”脚本相互调用实现了关卡选择的功能。

代码位置：见随书源代码/第 6 章目录下的 HaiDaoWeiJi/Assets/Script/SelectImage.cs。

```
1      using UnityEngine;
2      using System.Collections;
3      public class SelectImage : MonoBehaviour {
4          public int ID;                                  //此关卡选项的 ID
5          public Texture2D UnlockedTexture;               //解锁后该关卡显示的图片
6          public Texture2D LockedTexture;                 //未解锁时的关卡显示图片
7          void Start(){
8              if (Constant.PassIsLocked[ID] == 1){ //判断当前关卡是否已经解锁
9                  this.GetComponent<UnityEngine.UI.RawImage>()
10                     .texture = UnlockedTexture;}  //如果已经解锁，设置要显示的图片为解锁图片
11             else{
12                 this.GetComponent<UnityEngine.UI.RawImage>()
13                     .texture = LockedTexture;}}  //如果尚未解锁，设置为未解锁图片
14         public void setSelect(bool isSelect){     //该方法用于设置此关卡是否被选中
15             if (isSelect){
16                 this.transform.GetComponentInParent<StartGameUI>()
17                     .SelectPass(ID);}}} //如果被选中，调用 SelectPass 方法设置被选中的关卡
```

- ❑ 第 1、2 行导入了本段代码所需要的系统包。
- ❑ 第 4～6 行创建脚本中所需要的公共变量，关卡选项的 ID 以及解锁和未解锁状态下的图片。
- ❑ 第 7～13 行判断当前脚本所挂载关卡选项的关卡是否解锁，并根据解锁状态更换要显示的图片。
- ❑ 第 14～17 行的 setSelect 方法用于设置该关卡是否被选中，如果被选中，则调用 SelectPass 方法设置“StartGameUI”脚本中被选中的关卡 ID。

6.4.5 信息提示界面的搭建与脚本开发

下面介绍主菜单场景中一个重要的功能，提示窗口界面的开发，此界面不仅用于主菜单场景，在整个游戏过程中都会用到提示界面，它实现了游戏中的各种功能，如退出游戏、进入下一关、返回主界面等。下面将对其搭建过程以及代码实现进行详细介绍。

（1）关卡选择界面搭建完成，下面进行提示窗口界面的搭建。创建一个 Panel，命名为“PopWindow”，在 Image 组件中将其背景改为全透明。在此容器中再建立一个容器，命名为“Window”，设置其属性如图 6-53 所示。导入提示界面的背景资源，并挂载到“Window”上。

（2）在“Window”中创建一个用于信息提示的“Text”控件和两个按钮控件，分别命名为“Text”、“Button_L”和“Button_R”，修改其属性，并将按钮图片资源挂载到按钮上，搭建完成后效果如图 6-54 所示。由于在通常情况下提示窗口是隐藏的，所以将“PopWindow”的属性置为 false。

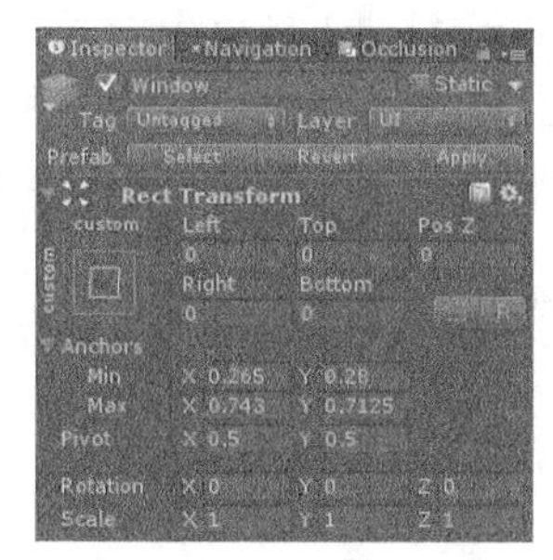

▲图 6-53 “Window”属性

▲图 6-54 提示窗口效果

（3）下面将介绍提示界面控制脚本，创建一个新的 C#脚本，并命名为“PopWindowControl.cs”，此脚本实现了提示界面在不同的模式下的不同的功能，在游戏开发过程中我们只需要修改该脚本中的模式变量即可方便地实现不同的提示功能，具体代码如下。

代码位置：见随书源代码/第 6 章目录下的 HaiDaoWeiJi/Assets/Script/ PopWindowControl.cs。

```
1      using UnityEngine;                                        //导入该脚本所需要的系统包
2      using System.Collections;
3      public class POPWindowControl : MonoBehaviour {
4          private int POPWindowModel = 0;                       //用于控制提示信息模式的变量
5          public void setPOPWindowModel(int Model) { //设置要显示的提示信息的方法
6              this.POPWindowModel=Model;                        //将设置要显示的模式
7              switch (POPWindowModel){                          //判断当前模式
8                  case 0:                                       //如果模式变量为 0，即显示退出游戏
9                      this.transform.FindChild("Window").FindChild("Text") //修改提示信息
10                       .GetComponent<UnityEngine.UI.Text>().text = "确认退出游戏？";
11                     this.transform.FindChild("Window").FindChild("Button_L")
                                                                 //修改左按钮文本
12                       .FindChild("Text").GetComponent<UnityEngine.UI.Text>().text
                         = "确认";
13                     this.transform.FindChild("Window").FindChild("Button_R")
                                                                 //修改右按钮文本
14                       .FindChild("Text").GetComponent<UnityEngine.UI.Text>().text
                         = "取消";
15                     break;
16         ... //此处省略一些相似的代码，有兴趣的读者可以自行查看源代码}}
17         public void OnButton_LClick() {               //当单击提示界面中的左按钮
18             if (this.transform.parent.GetComponent<StartGameUI>()) {   //在主菜单界面
19                 this.transform.parent.GetComponent<StartGameUI>().playSound(1);}
                                                                 //播放按钮音效
20             if (this.transform.parent.GetComponent<UIControl>()){      //在游戏界面
21                 this.transform.parent.GetComponent<UIControl>().playSound(1);}
                                                                 //播放按钮音效
22             switch (POPWindowModel){                  //判断当前模式
23                 case 0:                               //模式为 0 时，为退出游戏
24                     Application.Quit();               //左按钮为确认，游戏退出
25                     break;
26         ... //此处省略一些相似的代码，有兴趣的读者可以自行查看源代码}}
27         public void OnButton_RClick(){                //当单击右按钮
28             if (this.transform.parent.GetComponent<StartGameUI>()){   //在主菜单界面
29                 this.transform.parent.GetComponent<StartGameUI>().playSound(1);}
                                                                 //播放按钮音效
30             if (this.transform.parent.GetComponent<UIControl>()){     //在游戏界面
31                 this.transform.parent.GetComponent<UIControl>().playSound(1);}
                                                                 //播放按钮音效
32             switch (POPWindowModel){                  //判断当前模式
33                 case 0:                               //模式为 0 时，为退出游戏
34                     this.gameObject.SetActive(false);  //右按钮为取消，关闭提示界面
35                     break;
36         ... //此处省略一些相似的代码，有兴趣的读者可以自行查看源代码}}}
```

- 第 4 行创建控制提示信息模式的变量，一共有 7 种模式实现退出游戏，进入下一关，返回主界面等功能，在这里不一一进行说明，请读者自行查看代码学习。
- 第 5～16 行中，创建一个公共的方法，实现对提示界面模式的设置，设置要显示的提示信息模式，并根据模式改变提示界面中的提示信息，如当 Model 参数为 0 时，即为退出游戏模式，将相应的提示信息修改为“确认退出游戏？”，按钮改为“确定”和 “取消”。
- 第 17～26 行中，根据前面设置的模式更改左按钮的功能，如 POPWindowModel 为 0 时，左按钮的功能为应用退出。
- 第 27～36 行中，根据前面设置的模式更改右按钮的功能，如 POPWindowModel 为 0 时，右按钮的功能为关闭提示界面继续游戏。

6.4.6　其他部分的搭建

这一小节中将介绍主菜单界面其他部分的开发，包括小岛、海洋、天空盒以及下雨效果的实现。

（1）首先介绍小岛的创建过程，单击“Hierarchy”面板上方“Create”→“3D Object” →“Plane”，并命名为“Island”，设置其属性如图 6-55 所示。导入使用 PhotoShop 制作的小岛资源图片，将其拖动到创建好的“Island”上，并修改其材质如图 6-56 所示，将小岛移动到合适的位置，到此小岛创建完毕。

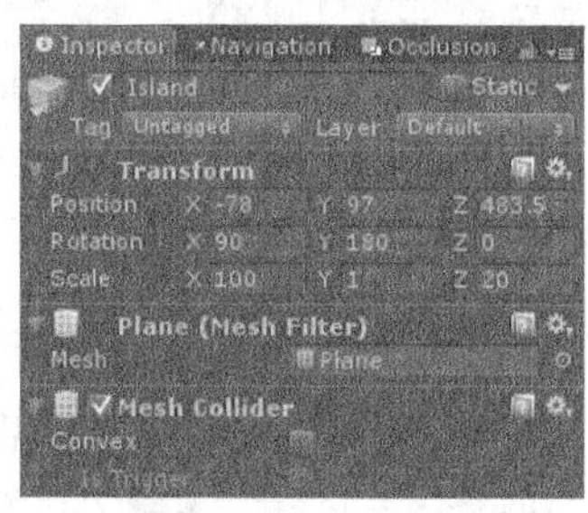

▲图 6-55 “Island” 属性

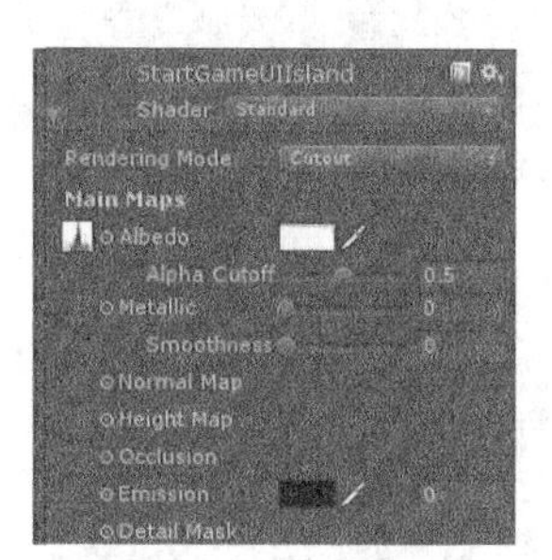

▲图 6-56 “Island” 材质属性

（2）下面介绍海洋的开发。海洋开发的过程中我们主要用到了 Unity 中的水资源，Unity 本身并不包含水资源，读者可以通过资源商店搜索下载，单击“Window” →“Asset Store”，在搜索框中搜索“Standard Assets”，找到如图 6-57 所示的搜索结果，单击下载即可。

（3）下载完成后，在下载界面中单击导入按钮，经过一段时间的加载后，弹出如图 6-58 所示的窗口，即可选择想要导入的资源。在这个资源包中包括水、树木、地形资源以及 UI 界面开发所需要的字体资源等，在这里我们选择“Water”资源。

▲图 6-57 搜索结果

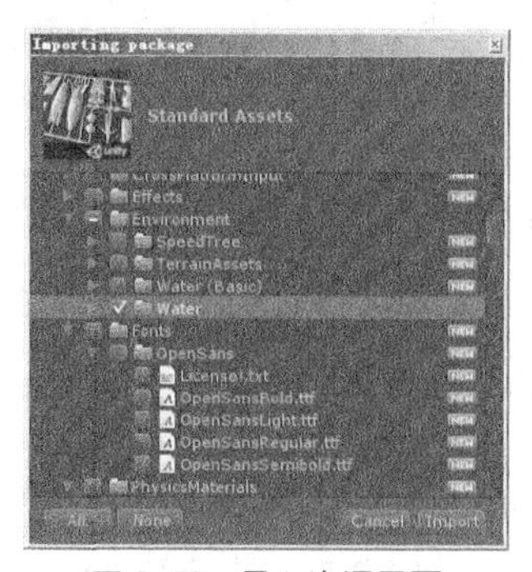

▲图 6-58 导入资源界面

（4）资源导入完毕后，在“Project”面板中会多出一个文件夹，在文件夹中包含已经制作完成的水的资源，读者只需要将制作好的模型拖动到场景中即可。如图 6-59 所示，找到我们要使用的“Water4Simple”水资源将其拖动到场景中，并调整大小以及数量。

（5）最后介绍本游戏中天空盒的搭建方法。为了实现更加逼真的天空效果，可以在资源商店中寻找更加真实的天空盒资源。本游戏就是使用“SimpleCloudSystem by RM”这款天空盒资源，读者可以自行到资源商店中下载使用。

（6）将下载完成的资源导入，找到预制体“CloudSystem”将其拖入场景中，调整大小和位置就可以实现天空盒的效果，如图 6-60 所示。该资源中包括多种天气效果的天空盒，只需要拖动就可以改变天气。

（7）下面介绍下雨效果的实现。单击“Hierarchy”面板上方“Create”→“Particle System”新建一个粒子系统，命名为“Rain”，设置其粒子系统属性如图 6-61 和图 6-62 所示，并导入雨滴的图片“RainSteak”将其拖动到“Rain”上，就可以实现下雨的效果。

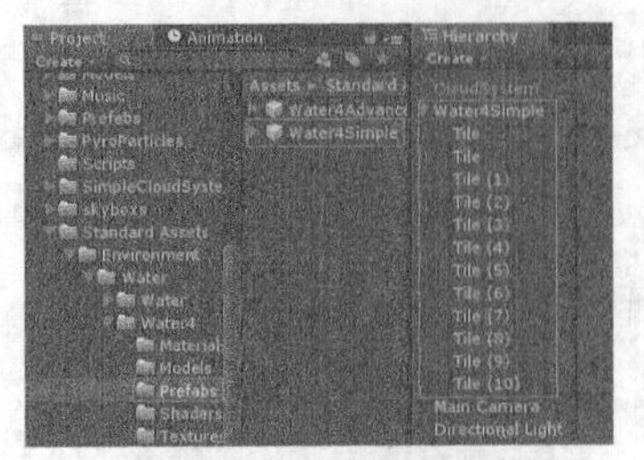

▲图 6-59　水资源的使用

▲图 6-60　海洋以及天空盒效果

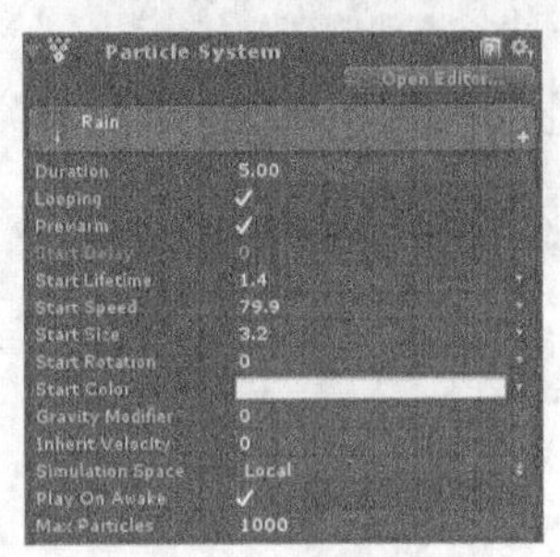

▲图 6-61　粒子系统属性

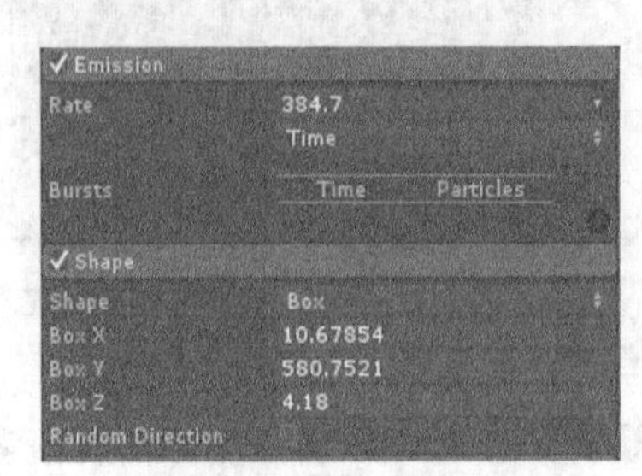

▲图 6-62　粒子系统属性

6.5 游戏加载场景

下面介绍游戏加载场景的搭建以及脚本实现。游戏加载场景主要由 UI 界面构成，在该界面中不仅实现了对游戏场景的异步加载，同时也实现了根据加载的游戏场景更换加载场景的背景图片和游戏提示信息。接下来将对这一部分内容进行详细的介绍。

6.5.1　场景搭建

游戏加载场景主要由 UI 界面构成，这一部分的 UI 界面使用代码进行开发，实现了加载场景时进度条的效果，同时实现了根据不同的游戏关卡对本场景的背景图片的更换。下面开始介绍游戏加载场景的搭建过程。

（1）创建一个新场景，命名为“Load”，利用代码创建加载界面的背景，设置背景图片的位置和大小，使图片全屏幕显示，利用 PhotoShop 制作不同关卡的背景图片，在图片中加入相应关卡的内容和任务提示，制作完成后利用代码实现根据要跳转的关卡，更换相应的背景图片的功能。

（2）进度条由 3 个部分组成、两个背景图片和一个进度条的图片，同样设置图片的位置和大小处于合适的位置，搭建完成后加载界面的整体效果如图 6-63 所示。再利用代码实现根据场景的加载进度实现进度条的滚动。

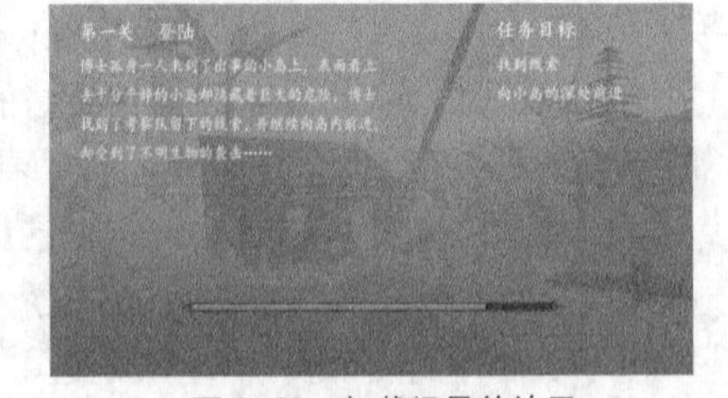

▲图 6-63　加载场景的效果

6.5.2　异步加载场景功能的实现与脚本开发

接下来介绍加载场景中异步加载场景功能的实现和脚本开发，在进入加载场景之前，通常都会更改常量类中控制要跳转场景的变量，进入加载场景后，根据该变量更换背景图片，并加载相应的游戏场景。下面将对这一部分功能的实现进行详细介绍。

创建一个新的 C#脚本，命名为“Loading.cs”。该脚本根据要跳转的场景设置加载场景的背景图片，对即将开始的关卡进行详细的介绍。同时实现异步加载场景的功能，并根据加载的进度实现进度条的滚动，具体的代码如下。

代码位置：见随书源代码/第 6 章目录下的 HaiDaoWeiJi/Assets/Script/ Loading.cs。

```
1       void Start(){
2           Time.timeScale = 1;                                 //取消游戏暂停
3           if (Constant.JumpTo == Constant.StartGameID){       //判断要跳转到的关卡
4               this.JumpToID = 5;}                             //主界面场景的 ID 为 5
5           else{
6               if (Constant.isCG){                             //判断是否播放过 CG
7                   this.JumpToID = Constant.JumpTo;}}}         //设置要跳转场景的 ID
8       void Update(){
9           if (progress <= 0.8){                               //判断场景加载进度
10              progress += 0.01f;}                             //实现进度条滚动
11          else{                                               //当进度大于 80%时
12              if (!isLoad){                                   //如果未开始加载
13                  StartCoroutine(loadScene());                //开启异步任务，加载场景
14                  isLoad = true;}}                            //使这一步分代码只执行一次
15          if (async!=null&&async.progress >= 0.89){           //判断当加载完成
16              progress = 1f;}}                                //完成加载，进度条滚动到最后
17      IEnumerator loadScene(){                                //异步读取场景。
18          if (Constant.JumpTo == Constant.StartGameID){       //判断要跳转的场景
19              async = Application.LoadLevelAsync("StartGame");}   //加载主界面场景
20          else{                                                   //加载要跳转的游戏场景
21              async = Application.LoadLevelAsync(Constant.PassName[Constant.JumpTo]);
22              if (Constant.isCG){                                 //如果播放过 CG
23                  Constant.currentPass = Constant.JumpTo;         //设置当前场景
24                  PlayerPrefs.SetInt("currentPass", Constant.JumpTo);}} //保存游戏信息
25          yield return async;}                        //读取完毕后返回,系统自动进入该场景
```

- 第 1～7 行取消游戏暂停，实现游戏的正常运行，根据要跳转的关卡设置该脚本中设置要跳转场景的 ID 标志位用于更换背景图片。
- 第 8～16 行由于场景加载的速度很快，所以在这里利用代码实现进度条加载的效果，防止加载场景一闪而过。当进度条滚动到 80%时开始加载场景，当场景加载完毕时，进度条滚动到最后。
- 第 17～25 行是实现异步场景加载的方法，根据要跳转的场景异步实现对此场景的加载，由于是异步操作，所以此时加载场景中的 UI 界面依然可以正常运行。根据 CG 的播放情况判断是否要保存游戏数据等。

6.6 关卡一游戏场景

下面开始游戏场景的介绍，关卡一游戏场景是本游戏第一个游戏场景，在此场景中实现了游戏过程中用到的部分功能。下面将对关卡一场景的开发过程进行详细的介绍。

6.6.1 场景搭建

接下来介绍关卡一的场景搭建过程，该场景相对简单，因此搭建的过程也比较容易，主要包括模型导入和位置摆放、灯光的创建、碰撞器的创建等。下面详细进行介绍。

（1）创建一个场景，命名为“Terr_House”。创建“Models”文件夹用于保存导入的 FBX 格式的模型文件，具体导入模型的过程请参照上一节中导入图片的过程。导入关卡一场景的地形模型保存在 Models/house 文件夹中，同时导入模型所需的图片资源文件，导入完成后将模型拖入场景中。

（2）通过修改模型“Inspector”面板中的属性或者使用鼠标进行操作都可以改变模型的大小以及位置，也可以通过模型本身的属性进行模型大小的更改，如图 6-64 所示，通过模型的“Scale Factor”就可以整体上放大或者缩小模型，比使用鼠标或者修改属性要方便得多。

（3）下面介绍灯光效果的开发，在创建场景时会自动生成定向环境光。由于关卡一场景是阴天，所以要更改环境光源的阴影类型，如图 6-65 所示。除了环境光，在房屋内还有灯光。创建一个点光源模拟灯光，将其放在适当的位置，并修改其“Light”组件属性，如图 6-66 所示。

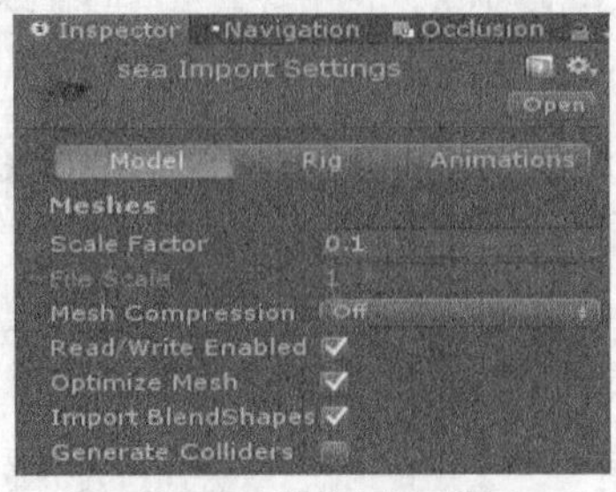

▲图 6-64　模型本身属性图

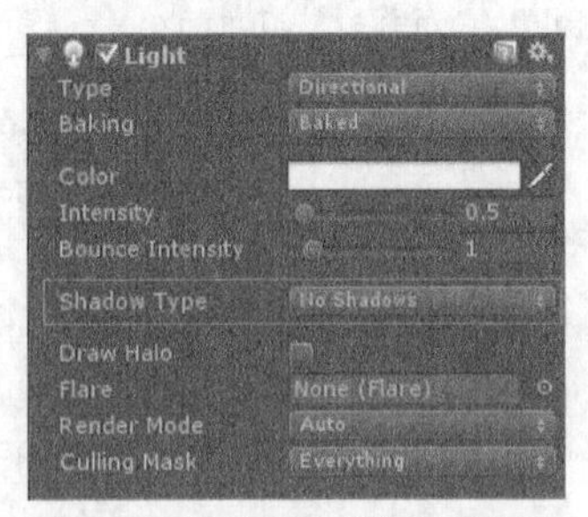

▲图 6-65　修改环境光的阴影类型

（4）场景中可见部分的搭建完成，下面介绍场景中碰撞器的添加，在上一节中我们已经介绍过“Box Collider”的创建方法，在这里不再进行重复说明。其实在场景中碰撞器还有另一个作用，就是作为触发器，触发器的使用我们将在下文中进行详细的介绍，在这里不再深入讲解。

（5）下面介绍 Unity 中标签 Tag 和层级 Layer 的使用。在开发中我们经常要区分不同类的物体，在这里使用标签和层级就可以解决这个问题。单击“InSpector”面板上的 Tag 或 Layer 选项，再单击“Add Tag/Add Layer”为与玩家互动的计算机添加如图 6-67 所示的标签和层级，即可利用代码实现对计算机的检测，并实现查看邮件等功能。

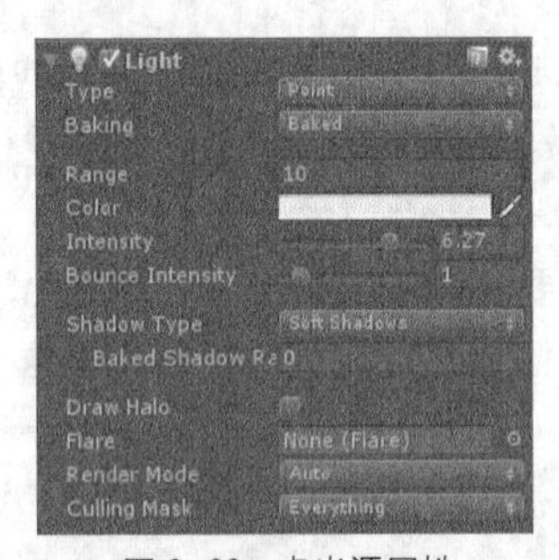

▲图 6-66　点光源属性

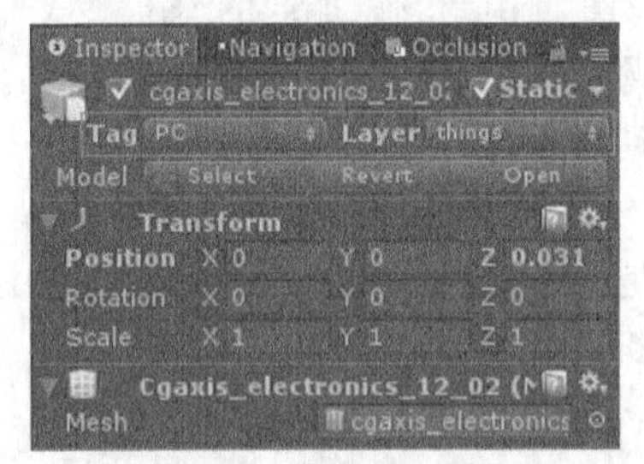

▲图 6-67　设置层级和标签

6.6.2　主人物模型的搭建及脚本开发

接下来介绍人物模型的搭建以及人物自身属性的脚本实现，人物模型是贯穿整个游戏的模型，在此模型中实现了大量的动画效果和功能，并使用脚本实现了人物动画的播放控制、播放人物音效以及人物生命值恢复等功能，接下来对人物模型的创建进行详细介绍。

（1）导入人物模型以及其图片资源文件，修改其属性如图 6-68 所示，修改其 Animation Type 属性为 Humanoid，Unity 会自动为该人物模型匹配骨骼，完成后在“Configure”按钮前会显示正确符号，如果不正确，单击“Configure”按钮进入骨骼匹配界面，进行手动匹配。

（2）骨骼匹配完成后，将人物模型拖入到场景中，并修改其属性，保持适当的大小和位置。完成后为人物添加刚体和碰撞器，单击“Add Component”按钮→“Phycise”→“Rigidbody/Capsule Collider”添加刚体和胶囊型碰撞器，修改其属性如图 6-69 和图 6-70 所示。

（3）为人物模型添加一个子物体，命名为“Sound”，单击“Add Component” →“Audio” →“Audio Source”为其添加用于播放声音的组件，修改其属性如图 6-71 所示。该物体主要用于播放人物脚步声、枪声等音效。

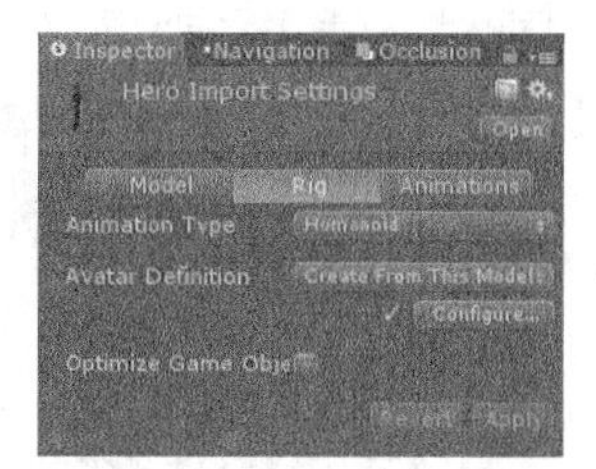

▲图 6-68　人物模型属性

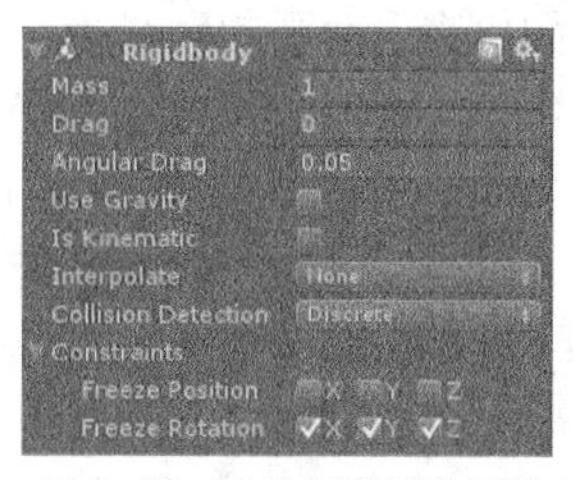

▲图 6-69　人物对象刚体属性

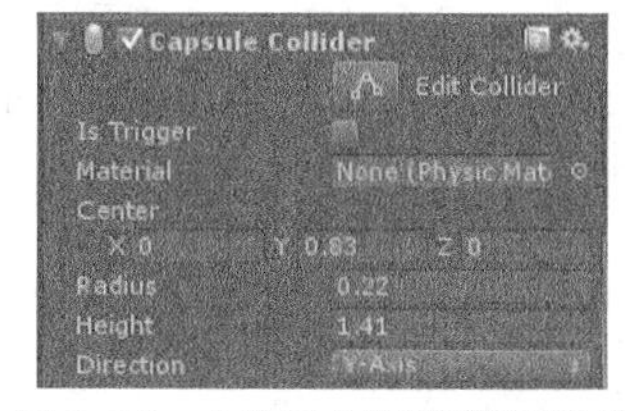

▲图 6-70　人物对象胶囊碰撞器属性

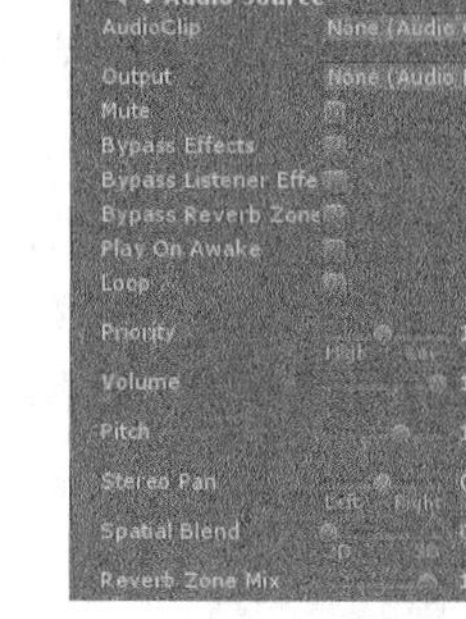

▲图 6-71　声音源属性

（4）人物模型的准备工作完成，下面开始介绍 Unity 中人物模型动画控制器的使用方式。创建“Animator”文件夹用于保存动画控制器文件，单击“Create”→“Animator Controller”，创建一个动画控制器，命名为“Hero”。再创建一个文件夹“Animation”，用于保存使用 3ds Max 等软件制作的骨骼动画。

（5）将制作好的骨骼动画导入后，双击“Hero”动画控制器，进入 Animator 面板，将所要用到的动画拖入到 Animator 面板中。右击面板中导入的动画选择“Make Transition”，可以在两个动画之间建立联系，如图 6-72 所示。

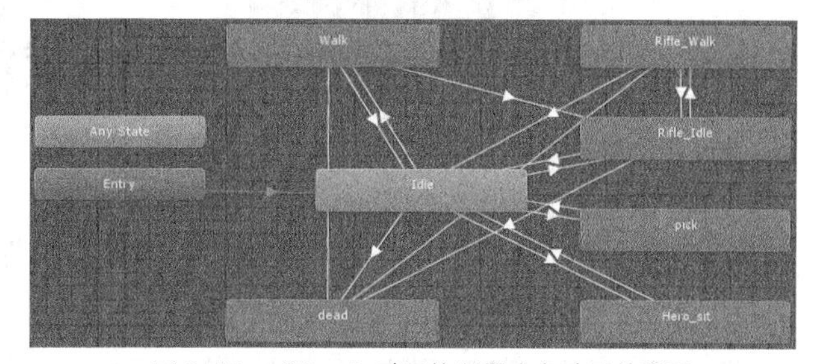

▲图 6-72　“Hero”动画控制器中各动画的联系

（6）动画之间的联系建立好以后，动画之间就可以实现切换，同时我们也需要一些条件来控制这些联系。单击“Animator”面板左上角的“Parameters”选项，单击加号即可添加条件参数变量，为变量设置合适的名称以及默认值，如图 6-73 所示。

（7）变量建立完毕后，就开始为动画之间的联系添加条件。单击建立的联系，在“Inspector”面板中出现如 6-74 所示的属性面板。单击“Conditions”属性栏下方的加号即可添加多个参数条件，当满足联系中的所有条件时，动画就会实现跳转。

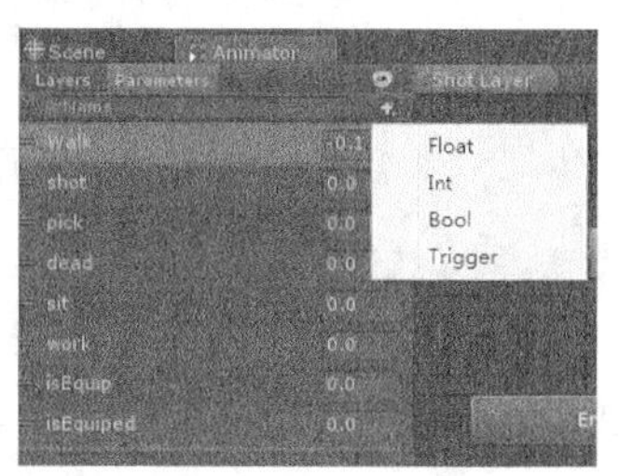

▲图 6-73　条件参数变量

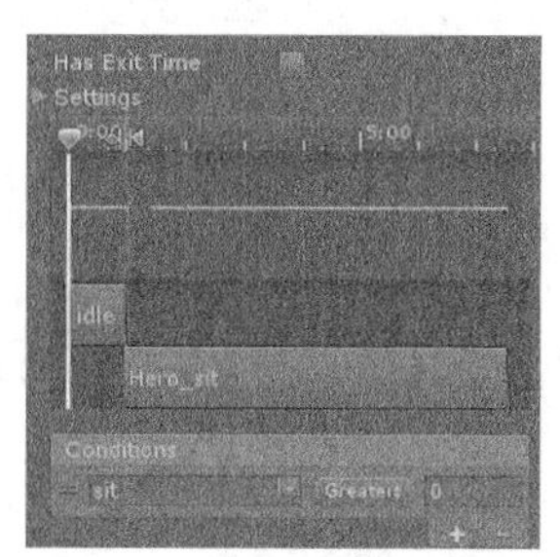

▲图 6-74　动画联系的属性图

（8）下面介绍如何实现动画的融合，比如在跑动的同时播放射击的动画。单击“Animator”界面的“Layers”选项进入动画的分层界面，单击加号新建一个层，命名为“Shot Layer”，单击该层的设置按钮，设置该层的属性如图6-75所示，设置权重为1，实现与“Base Layer”的动画同步。

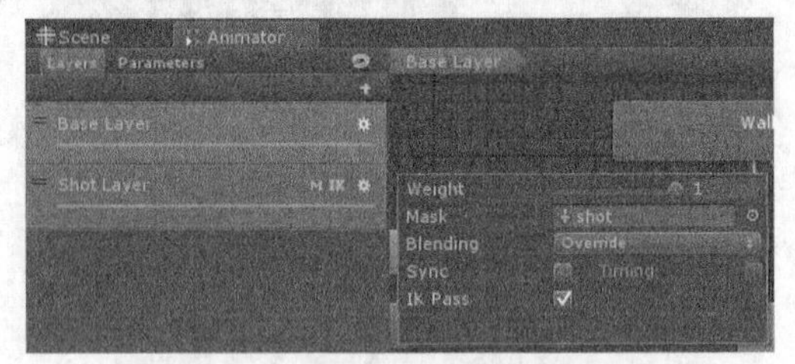

▲图6-75　动画分层界面和属性设置

（9）下面介绍如何建立一个AvatorMask，用于规定要融合动画的骨骼部分。单击“Project”面板的“Create”按钮→“Avator Mask”，命名为“shot”，双击打开，射击动画只需要使用到上肢和头部，所以设置其属性如图6-76所示，完成后将其拖入Mask属性框中。

（10）到此人物动画的控制器的创建就算完成了，单击“Hierarchy”面板中的人物游戏对象，将创建好的“Hero”游戏动画控制器拖入其“Animator”组件中的“Controller”属性框中，如图6-77所示，开发人员即可利用代码实现各种动画的效果。

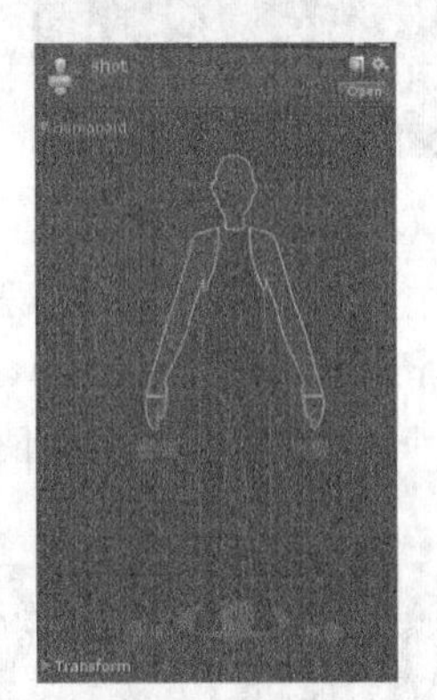

▲图6-76　AvatorMask属性

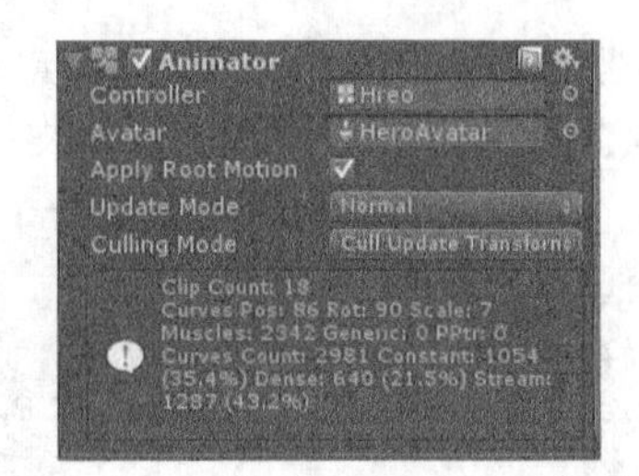

▲图6-77　人物对象Animator组件属性

（11）下面开始介绍人物模型的相关脚本实现，首先介绍的是人物血量属性的各个方法的代码实现，其中包括血量的自动回复、获取和设置血量的公共方法以及判断人物被击中的方法。接下来对这些功能的代码进行详细的介绍。

代码位置：见随书源代码/第6章目录下的HaiDaoWeiJi/Assets/Script/ Hero.cs。

```
1       void Update () {
2           if (!isDead){                                   //判断人物是否死亡
3               if (HeroHP < 100f){                         //当人物的血量小于100时
4                   recoverTimeFlag += Time.deltaTime;      //开始计时
5                   if (recoverTimeFlag >= 5f){             //当大于5秒时
6                       recoverTimeFlag = 0f;               //计时变量置0
7                       HeroHP += 10;                       //人物血量加10
8                       if (HeroHP > 100){                  //当人物血量大于100时
9                           HeroHP = 100f;}}}}}             //将人物血量置为100避免出现错误
10      public float getHeroHP(){                           //获取人物血量的方法
11          if (HeroHP > 0){                                //当人物血量大于零时
12              return HeroHP;}                             //返回人物的实际血量
13          else{                                           //如果人物血量小于0
14              return 0;}}                                 //返回血量为0
15      public void setHeroHP(float HeroHP){                //设置人物血量的方法
16          this.HeroHP = HeroHP;                           //设置当前的血量为要设置的血量
17          if (HeroHP <= 0){                               //如果血量小于或者等于0
18              isDead = true;                              //人物死亡
19              myCanvas.GetComponent<UIControl>().heroWounded(); //屏幕出现人物受伤的效果
20              myAnimator.SetFloat("dead", 1f);                       //播放人物死亡的动画
21              myAnimator.SetFloat("shot", -1f);                      //停止射击
22              playSound(2);                                          //播放人物死亡的声音
23              this.GetComponent<CapsuleCollider>().enabled = false; //取消人物碰撞器
```

```
24              this.GetComponent<HeroWalk>().enabled = false;}} //取消控制人物行走的脚本
25      public void BeHit(){                                      //人物被击中时执行的方法
26          if (!isDead){                                         //如果人物没有死亡
27              HeroHP -= 10f;                                    //人物掉 10 滴血
28              myCanvas.GetComponent<UIControl>().heroWounded(); //显示受伤效果
29              if (HeroHP <= 0){                                  //当人物血量小于等于 0 时
30                  isDead = true;                                 //人物死亡
31                  myAnimator.SetFloat("dead", 1f);               //播放人物死亡动画
32                  myAnimator.SetFloat("shot", -1f);              //停止射击
33                  playSound(2);                                  //播放人物死亡的声音
34                  this.GetComponent<CapsuleCollider>().enabled = false;//取消人物碰撞器
35                  this.GetComponent<HeroWalk>().enabled = false;}}}//取消控制人物行走的脚本
```

- 第 1～9 行实现了在人物生存的状态下，当人物血量小于 100 时，会以每 5 秒 10 滴血的恢复速度增加；当大于 100 时，不再增加并将血量一直保持在 100。
- 第 10～14 行实现了其他脚本中对人物血量的获取，如在实现人物血量的脚本中会一直获取人物血量，对血量进行更新，人物血量的脚本将在关卡二场景中进行介绍。
- 第 15～24 行实现了其他脚本对人物血量的设置，如在关卡五场景中，实验室爆炸后，如果人物未能及时逃离，人物将死亡，此时应该将人物的血量置为 0。
- 第 25～35 行在人物生存的情况下实现了人物被击中的效果，此方法由怪物的攻击动作调用，当满足怪物的攻击条件时，该方法就会执行，人物血量减少，屏幕变红模拟人物受伤的效果，并判断如果人物死亡，播放死亡动画和声音并取消一切对人物的控制。

（12）接下来介绍人物射击方法的实现。当按下主控制按钮时会播放射击动画，松开则停止，同时当人物进行射击动作时，会调用 fire()方法进行判断是否击中怪物，击中怪物又分为击中头部和身体。下面将对这一部分代码进行详细介绍。

代码位置：见随书源代码/第 6 章目录下的 HaiDaoWeiJi/Assets/Script/ Hero.cs。

```
1       void fire(){                                       //当人物进行射击时要执行的方法
2           if (!isDead){                                  //判断人物是否死亡
3              cameraRay = mainCamera.ScreenPointToRay        //创建屏幕中心发出的一条射线
4                  (new Vector3(Screen.width / 2, Screen.height / 2, 0));
5              Gun_hand.transform.FindChild("MuzzleFlash")  //播放枪口火焰的粒子系统
6                  .GetComponent<ParticleSystem>().Play();
7              playSound(0);                                 //播放射击声音
8              if (Physics.Raycast(cameraRay, out cameraHit, 200f,
               //开始射线检测，打开 monster 怪物层
9                  1 << (LayerMask.NameToLayer("monster")))){
10                 if (cameraHit.collider.tag == "monster_head"){ //如果击中怪物的头部
11                     if (cameraHit.collider.gameObject            //判断击中的是否是狼
12                         .GetComponentInParent<wolf>()){
13                         cameraHit.collider.gameObject            //调用狼被爆头的方法
14                             .GetComponentInParent<wolf>().HeadBeHit();}
15                     if (cameraHit.collider.gameObject            //判断击中的是否是僵尸
16                         .GetComponentInParent<Zombie>()){
17                         cameraHit.collider.gameObject            //调用僵尸被爆头的方法
18                             .GetComponentInParent<Zombie>().HeadBeHit();}}
19                 else if (cameraHit.collider.tag == "monster_body"){ //如果击中怪物的身体
20                     if (cameraHit.collider.gameObject            //判断击中的是否是狼
21                         .GetComponentInParent<wolf>()){
22                         cameraHit.collider.gameObject        //调用狼被击中身体的方法
23                             .GetComponentInParent<wolf>().BodyBeHit();}
24                     if (cameraHit.collider.gameObject        //判断击中的是否是僵尸
25                         .GetComponentInParent<Zombie>()){
26                         cameraHit.collider.gameObject        //调用僵尸被击中身体方法
27                             .GetComponentInParent<Zombie>().BodyBeHit();}}}}}
28      public void HeroShot(bool shotFlag){                    //播放人物射击动画的方法
29          if (shotFlag){                                      //判断是否要播放射击动画
30              myAnimator.SetFloat("shot", 1f);}               //播放射击动画
31          else{myAnimator.SetFloat("shot", -1f);}}            //停止射击动画
```

- 第 1～7 行中的 fire()方法在射击动画播放时被调用，在人物生存的状态下，从屏幕的中心发出一条射线模拟子弹的路径，并播放预先准备好的枪口火焰的粒子系统，同时播放枪声的音效。

- ❑ 第 8～18 行开始射线检测，只打开 Monster 层，根据射线碰撞返回的对象的标签，判断是否击中怪物的头部，并根据怪物的种类执行不同的方法，怪物的实现将会在后面的内容中进行介绍，击中怪物的头部时，怪物会立即死亡。
- ❑ 第 19～27 行根据射线返回对象的标签判断是否击中怪物的身体，当击中身体时怪物会失去一定的血量，直到死亡。
- ❑ 第 28～31 行是控制设计动作的方法，当按下主控制按钮时开始射击动画，松开时动画停止，主控制按钮的开发将会在后面的内容中详细介绍。

（13）下面介绍人物装备状态的开发。游戏中人物有两个状态：装备武器的状态和无装备武器的状态。这两个状态通过状态转换按钮进行控制，状态转换按钮将会在关卡二场景中进行详细介绍。在这里主要实现了人物状态动画的播放和人物装备的改变。

代码位置：见随书源代码/第 6 章目录下的 HaiDaoWeiJi/Assets/Script/ Hero.cs。

```
1     public bool getIsEquiped(){                                  //获取装备状态的方法
2         return isEquipflag;}                                     //返回当前的装备状态
3     public void startEquipAnimation(){                           //播放装备动画的方法
4         if (!isDead){                                            //判断人物是否死亡
5             isEquipflag = !isEquipflag;                          //切换装备状态
6             if (isEquipflag){                                    //判断是否播放动画
7                 myAnimator.SetFloat("isEquip", 1f);}             //播放装备武器动画
8             else{myAnimator.SetFloat("isEquip", -1f);}}}          //否则播放卸下武器动画
9     public void setEquiped(int isEquiped){                        //设置装备状态的方法
10        if (isEquiped == 1){                                      //如果播放了装备武器的动画
11            isEquipedflag = true;}                                //设置当前为装备武器的状态
12        else{isEquipedflag = false;}                              //否则设置为无装备武器的状态
13        Gun_back.SetActive(!isEquipedflag);                       //设置后背的枪的状态
14        Gun_hand.SetActive(isEquipedflag);                        //设置手中的枪的状态
15        myAnimator.SetFloat("isEquiped",isEquiped); //设置 isEquiped 参数变量更换默认动画
16        myAnimator.SetFloat("isEquip", 0f);}              //停止播放装备动画
17    public void setBT_ChangeEnable(){                      //设置状态按钮为可用的方法
18        myCanvas.transform.FindChild("BT_Change") //找到状态改变按钮并置 Button 组件可用
19            .GetComponent<UnityEngine.UI.Button>().enabled = true;}
```

- ❑ 第 1～2 行是在其他脚本中获取人物装备状态的方法。
- ❑ 第 3～8 行是控制人物装备和卸下武器动画的方法，在人物生存的状态下，单击状态转换按钮调用该方法实现两种状态的切换。
- ❑ 第 9～16 行是对人物的装备状态进行设置，根据当前的武器状态，设置人物背后和手上的枪的状态，并且更换人物的默认动画，不持枪状态下，人物默认动画为直立行走；在持枪状态下，默认动画为持枪行走。
- ❑ 第 17～19 行设置状态转换按钮为可用，在执行更换状态的动画期间，要将状态按钮设置为不可用，否则会出现动画混乱的错误。

（14）下面将介绍在人物对象中实现的一些其他的功能，其中包括人物始终看着准星的方向，以及人物的各种音效的播放方法。下面将进行详细介绍。

代码位置：见随书源代码/第 6 章目录下的 HaiDaoWeiJi/Assets/Script/ Hero.cs。

```
1     void OnAnimatorIK(){                                   //设置人物脸部朝向的方法
2         if (myAnimator&&!isDead){                          //如果人物动画组件可用且未死亡
3             if (isEquipedflag){                            //如果在装备武器的状态下
4                 ShotPoint = mainCamera.transform.position          //计算要射击的点
5                     + mainCamera.transform.forward * 100
6                     - new Vector3(0,
7                         -200 * mainCamera.GetComponent<MyFollow>()
8                         .getLookAtPoint_Y() + 400,0);
9                 myAnimator.SetLookAtPosition(ShotPoint);          //设置人物要朝向的点
10                myAnimator.SetLookAtWeight(1f, 0.5f, 0.1f);} //设置人物身体各部分的权重
11            else{                                                  //在无装备武器的情况下
12                ShotPoint = mainCamera.transform.position    //计算人物要朝向的点
13                    + mainCamera.transform.forward * 100;
```

```
14              myAnimator.SetLookAtPosition(ShotPoint);      //设置人物要朝向的点
15              myAnimator.SetLookAtWeight(1f, 0, 0.5f);}}} //设置人物身体各部分的权重
16      public void playSound(int soundNum){                   //播放人物各种声音的方法
17          this.transform.FindChild("Sound")                  //设置要播放的声音文件
18              .GetComponent<AudioSource>().clip = Hero_Sound[soundNum];
19          this.transform.FindChild("Sound")                  //开始播放
20              .GetComponent<AudioSource>().Play();}
```

- 第 1～10 行在人物生存的状态且人物的动画组件可用时，判断人物的装备状态，在装备武器的状态下，人物的上肢要始终看着屏幕中心点，即准星指向的目标点。
- 第 11～15 行在无装备武器的状态下，只需要人物的头部看着屏幕的前方。
- 第 16～20 行实现了人物的各种音效的播放，例如脚步声和枪声，找到声音源组件并设置要播放的声音文件，即可实现声音的播放。

6.6.3 虚拟摇杆和摄像机跟随功能及脚本开发

本小节介绍游戏中虚拟摇杆和摄像机跟随功能的搭建过程以及对于其功能的脚本实现。虚拟摇杆依然使用到 Unity 插件进行开发，对于摄像机实现了对角色跟随功能并成功解决了如何避免摄像机穿墙的问题。下面将对这一部分进行详细介绍。

（1）虚拟摇杆的开发使用到了 Unity 的一款免费插件“Easy Touch”，读者可以自行到网上查找下载或者直接使用的随书附带中的资源包即可。导入该插件后在工具栏中会多出一个选项“Hedgehog Team”，单击该选项→“EasyTouch”→“Extensions”→“Add a new joystick”，如图 6-78 所示。

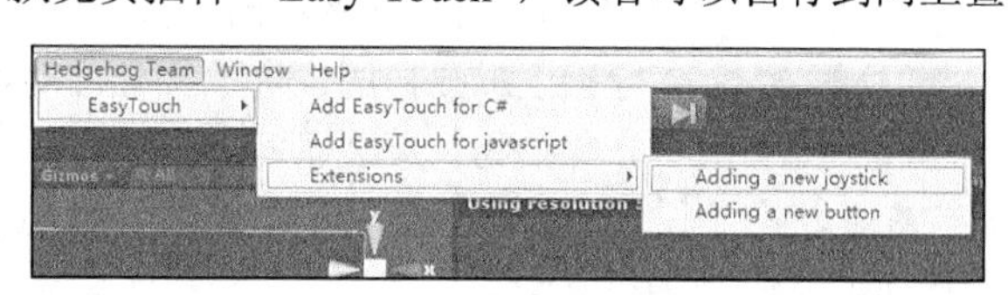

▲图 6-78　点光源属性

（2）完成操作后，在 Game 面板中出现了虚拟摇杆，在 Hierarchy 面板中多出了 3 个对象，如图 6-79 所示，单击“new joystick”对象，即可对虚拟摇杆的属性进行设置。导入虚拟摇杆的背景图片资源，并拖入“Joystick Textures”属性界面中，即可更改摇杆的样式，效果如图 6-80 所示。

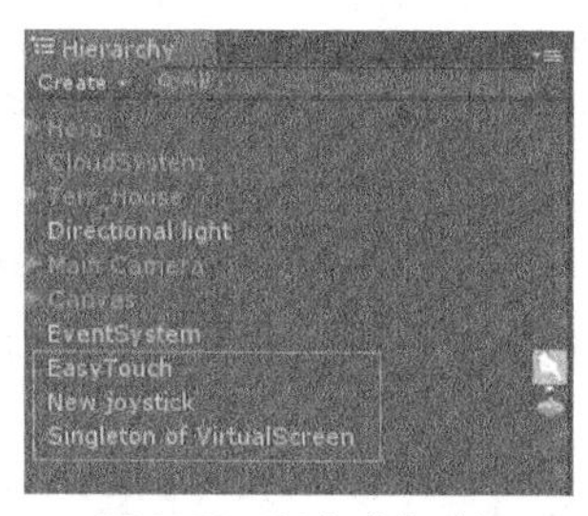

▲图 6-79　新生成的对象

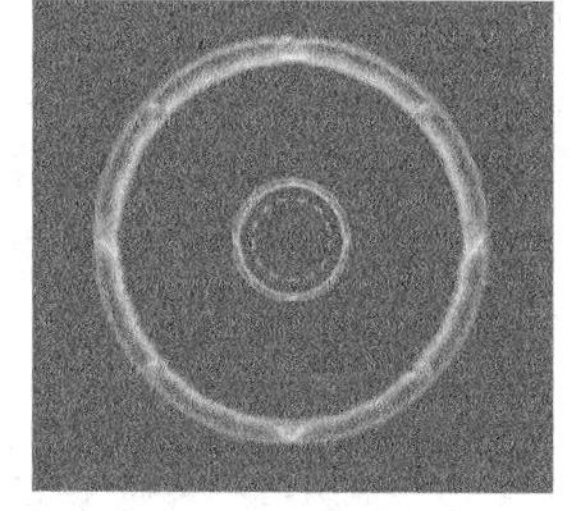

▲图 6-80　虚拟摇杆效果

（3）下面开始介绍使用虚拟摇杆实现角色移动的代码实现。角色移动分为两种方式，即装备武器和无装备武器的状态。首先介绍在装备武器的状态下如何实现虚拟摇杆控制角色行走，接下来将进行详细介绍。

代码位置：见随书源代码/第 6 章目录下的 HaiDaoWeiJi/Assets/Script/ HeroWalk.cs。

```
1       void Update(){
2           isEquipflag = this.GetComponent<Hero>().getIsEquiped();   //获取人物的装备状态
3           Vector3 HeroCenterPoint = new Vector3(                     //创建人物的中心点
4               this.transform.position.x, this.transform.position.y + 1f, this.
                transform.position.z);
5           if (Physics.Raycast(HeroCenterPoint, Vector3.down, out RHit, 5)){
                                                                  //从中心点向下发一条射线
6               if (RHit.collider.CompareTag("myTerrain")){       //检测地面高度
7                   this.transform.position = new Vector3(        //设置人物的高度
8                       this.transform.position.x, RHit.point.y, this.transform.position.z);}}
```

```
9        if (isEquipflag){                                    //在装备武器的状态下
10           isRun = false;                                   //设置奔跑的标志位为 false
11           if(myJoystick.JoystickTouch.x >0.5f){            //监听虚拟摇杆的位置
12               myAnimator.SetFloat("Walk",1f);              //播放人物向右走的动画
13               this.transform.forward = new Vector3(        //设置人物朝向
14                   mainCamera.transform.forward.x, 0, mainCamera.transform.forward.z);}
15           ...//此处省略一些相似的代码，有兴趣的读者可以自行查看源代码
16           else if (myJoystick.JoystickTouch.y > 0.1f      //监听摇杆位置
17               && Mathf.Abs(myJoystick.JoystickTouch.x) <= 0.5f){
18               myAnimator.SetFloat("Walk",0f);              //播放人物向前走的动画
19               this.transform.forward = new Vector3(        //设置人物朝向
20                   mainCamera.transform.forward.x, 0, mainCamera.transform.forward.z);}
21           ...//此处省略一些相似的代码，有兴趣的读者可以自行查看源代码
22           else if (Mathf.Abs(myJoystick.JoystickTouch.y) <=0.1f  //监听摇杆位置
23               && Mathf.Abs(myJoystick.JoystickTouch.x) <= 0.5f){
24               stopWalk();}}                                //摇杆回到原点，停止走动
```

- 第 1～8 行获取人物的装备状态，从人物向地面发出一条射线检测地面高度，根据地面高度设置人物的高度，实现人物在始终保持在地面上。
- 第 9～15 行中，在装备武器的状态下，检测虚拟摇杆的位置，如果满足在 x 轴右侧大于 0.5 的条件控制人物向右侧移动，同理满足在 x 轴左侧小于−0.5 的条件时，人物向左侧移动。
- 第 16～21 行中，当虚拟摇杆满足 x 坐标绝对值小于 0.5 且 y 大于 0.1 时，人物将向前移动。当 y 的值小于−0.1 时，人物将向后移动。
- 第 22～24 行当虚拟摇杆的位置不符合移动条件时，人物将停止移动。

（4）接下来将介绍人物在无装备武器的状态下，利用虚拟摇杆对人物移动进行控制的代码实现。在此状态下，人物可以实现奔跑功能。同时还会对控制奔跑的方法和停止移动的方法。下面进行详细介绍。

代码位置：见随书源代码/第 6 章目录下的 HaiDaoWeiJi/Assets/Script/ HeroWalk.cs。

```
1    else{                                                    //当无装备武器的状态下
2        float myJoystickAngle =                              //计算摇杆的角度
3            ((450 - Mathf.Atan2(myJoystick.JoystickTouch.y, myJoystick.
             JoystickTouch.x)
4            / Mathf.PI * 180) % 360) / 180 * Mathf.PI;
5        float mainCameraAngle =                              //计算摄像机角度
6          mainCamera.transform.eulerAngles.y / 180 * Mathf.PI;
7        float ADD_Angle = myJoystickAngle + mainCameraAngle; //将角度相加
8        if (myJoystick.JoystickTouch.y > 0){                 //监听虚拟摇杆的位置
9            if (isRun){                                      //判断奔跑的标志位
10               myAnimator.SetFloat("Walk", 1f);}            //播放向前跑的动画
11           else{
12               myAnimator.SetFloat("Walk", 0f);}        //播放向前走的动画
13           this.transform.forward = new Vector3(        //设置人物朝向与摇杆的方向相同
14               Mathf.Sin(ADD_Angle), 0, Mathf.Cos(ADD_Angle));}
15       else if (myJoystick.JoystickTouch.y < 0){        //监听摇杆的位置
16           myAnimator.SetFloat("Walk", 0.5f);           //播放向后走的动画
17           isRun = false;                               //置奔跑的标志位为 false
18           this.transform.forward = new Vector3(        //设置人物朝向与摇杆的方向相同
19               -Mathf.Sin(ADD_Angle), 0, -Mathf.Cos(ADD_Angle));}
20       else if (Mathf.Abs(myJoystick.JoystickTouch.y) <= 0   //监听摇杆位置
21           && Mathf.Abs(myJoystick.JoystickTouch.x) <= 0){
22           stopWalk();}}}                               //摇杆回到原点时，停止走动
23   public void HeroRun(bool runFlag){                   //控制人物奔跑的方法
24       isRun = runFlag;}                                //设置人物奔跑标志位
25   void stopWalk(){                                     //停止走动的方法
26       myAnimator.SetFloat("Walk", -0.2f);              //停止走动
27       isRun = false;                                   //停止奔跑
28       this.transform.forward = new Vector3(            //设置人物朝向
29           mainCamera.transform.forward.x,0, mainCamera.transform.forward.z);}
```

- 第 2～7 行计算摇杆和摄像机所朝向的角度，将两个角度相加就可以得到人物应该朝向的角度。
- 第 8～14 行中，当虚拟摇杆的 y 轴坐标大于 0 时，表示人物将会向前移动，此时判断控制

人物奔跑的标志位状态，如果为 true，则播放人物奔跑的动画，否则播放人物行走的动画，同时根据计算的角度设置人物行走的方向。

- 第 15～19 行中，当摇杆的 y 轴坐标小于 0 时，表示人物向后移动，由于向后移动不可以奔跑，所以直接播放行走的动画，并设置人物的朝向。
- 第 20～22 行中，当虚拟摇杆回到原点时，人物移动停止。
- 第 23～29 行是控制人物奔跑的方法和使人物停止移动的方法。

（5）虚拟摇杆控制人物移动功能介绍完毕，接下来开始介绍摄像机跟随功能。通过滑动屏幕可以改变视角。下面将详细介绍如何通过对屏幕中触控点的监听，实现对游戏中摄像机的控制，具体代码如下。

代码位置：见随书源代码/第 6 章目录下的 HaiDaoWeiJi/Assets/Script/ MyFollow.cs。

```
1      void Update(){
2          if (Input.touchCount == 1){              //如果当前的触控点只有一个
3               Touch t = Input.GetTouch(0);        //获取当前触控点
4               if(t.position.x<Screen.width/2){//如果次触控点在摇杆的位置,即要进行行走
5                     if (FirstTouch == -1){        //firstTouch 标志为-1，表示尚未获取触控点
6                            FirstTouch=0;}         //则置标志位为 0，即摇杆控制行走
7                    isWalkTouch= true;             //行走控制设为 true
8                    isMoveTouch = false;}          //转向控制设为 false
9               else{                               //如果次触控点不在摇杆的位置,即要进行转动
10                   if (FirstTouch == -1){         //firstTouch 标志为-1，表示尚未获取触控点
11                          FirstTouch = 1;}        //则置标志位为 1，即控制转向
12                   isWalkTouch = false;           //行走控制设为 false
13                   isMoveTouch=true;}             //转向控制设置为 true
14              if(isMoveTouch&&!isWalkTouch){      //如果是控制转向
15                   if (t.phase == TouchPhase.Moved){   //如果手指在屏幕上发生了移动
16                      rotateCamera(t.deltaPosition.x * 2,    //根据移动的距离转动摄像机
17                         t.deltaPosition.y * 2);}}
18         }else if(Input.touchCount==2){                        //如果当前有两个触控点
19              Touch t0=Input.GetTouch(0);                      //获取第一个触控点
20              Touch t1=Input.GetTouch(1);                      //获取第二个触控点
21              if(FirstTouch==0){                        //判断第一个触控点的功能为控制行走
22                  if (t1.phase == TouchPhase.Moved             //第二触控点发生移动
23                     && t1.position.x > Screen.width / 2){ //移动发生在规定范围内
24                     rotateCamera(Input.GetAxis("Mouse X") * 10
                                                        //根据触控点的位移转动摄像机
25                        , Input.GetAxis("Mouse Y") * 10);}}
26             else if (FirstTouch == 1){                  //判断第一个触控点功能为控制转向
27                  if (t0.phase == TouchPhase.Moved       //第一触控点发生移动
28                     && t0.position.x > Screen.width / 2){ //移动发生在规定范围内
29                     rotateCamera(t0.deltaPosition.x * 2, //根据触控点的位移转动摄像机
30                        t0.deltaPosition.y * 2);}}}
31         else if(Input.touchCount==0){                         //如果没有触控点
32              FirstTouch=-1;                                   //则第一触控点的功能置为-1
33              isWalkTouch=false;                               //行走标志位置 false
34              isMoveTouch=false;}}                             //转向标志位置 false
```

- 第 1～8 行判断当前的触控点数，如果只有一个，获取该点并判断该点的位置；如果满足控制行走的条件，则设置该点的功能为控制行走，并将控制行走的标志位置为 true，将控制转向的标志位置为 false。
- 第 9～17 行中，如果满足转向的条件，则将该点的功能设置为控制转向，并设置相应的标志位。同时根据移动和转向的标志位判断当前点的作用；如果为控制转向，则调用实现转向的方法根据触控点的位移实现摄像机的转动。
- 第 18～30 行中，如果当前情况下有两个触控点，则判断第一放在屏幕上的触控点的功能，找到控制摄像机转动的触控点，根据该点的位移调用摄像机转动的方法实现摄像机的转动。
- 第 31～34 行中，当屏幕上没有触控点时，则初始化所有标志位，设置第一触控点的功能为未知以及行走和转向的标志位为 false。

（6）下面将会介绍摄像机如何实现自动跟随目标人物移动，并且实现摄像机与人物之间不被遮挡和避免摄像机看到墙的外面。具体代码如下。

代码位置：见随书源代码/第 6 章目录下的 HaiDaoWeiJi/Assets/Script/ MyFollow.cs。

```
1      void LateUpdate(){
2          if (!Target)return;                           //判断是否有跟随的目标
3          this.transform.position                       //根据目标的位置判断摄像机的位置
4              =Target.transform.position+ new Vector3(Angle_X,height,Angle_Z);
5          this.transform.LookAt(Target.position         //计算摄像机的朝向
6              + new Vector3(LookAtPoint_X, LookAtPoint_Y, LookAtPoint_Z));
7          Vector3 HeroCenterPoint = new Vector3(        //计算人物的中心点
8              Target.transform.position.x, Target.transform.position.y +1.5f, Target
               .transform.position.z);
9          if (Physics.Raycast( HeroCenterPoint, //从中心点发出一条射线，检测摄像机是否被遮挡
10                 this.transform.position - HeroCenterPoint,out RHit,
11                 Vector3.Distance(this.transform.position, HeroCenterPoint))){
12             this.transform.position = RHit.point;   //如果被遮挡，将摄像机移动到不被遮挡的位置
13             if (Physics.Raycast(                //从摄像机向右发出一条射线，防止看到墙外面
14                 this.transform.position - (this.transform.right*0.1f),
15                 this.transform.right,out RHit,0.5f)){
16                 this.transform.position =       //保持摄像机与墙的距离
17                  RHit.point - (this.transform.right * 0.4f);}
18             ... //此处省略一些相似的代码，有兴趣的读者可以自行查看源代码}
19         if (Physics.Raycast(this.transform.position,
                                                   //在摄像机不被遮挡的情况下，修正摄像机位置
20                 this.transform.right,out RHit,0.4f)){
21             this.transform.position =           //保持摄像机与墙的距离
22                RHit.point - (this.transform.right * 0.4f);}
23       ... //此处省略一些相似的代码，有兴趣的读者可以自行查看源代码}
```

- 第 1～8 行计算摄像机的位置和朝向，设置人物中心点。
- 第 9～18 行由人物向摄像机发出一条射线，检测在人物与摄像机之间是否有遮挡，如果被遮挡，将摄像机移动到不被遮挡的位置，并从摄像机分别向上、向左、向右发出射线检测墙的位置，根据墙的位置对摄像机的位置进行修正，避免看到墙的外面。
- 第 19～23 行中，在人物不被遮挡时，摄像机依然可能会看到墙的外面，所以当不被遮挡时，依然要对墙的位置进行检测，并对摄像机进行修正。

（7）下面将介绍实现摄像机转动的方法，在转动的过程中同时要计算摄像机的观察点的位置，并且规定摄像机的可视范围，避免出现太远或太近的视角，影响游戏的可玩性。下面将对这一部分代码进行详细说明。

代码位置：见随书源代码/第 6 章目录下的 HaiDaoWeiJi/Assets/Script/ MyFollow.cs。

```
1      void rotateCamera(float deltaX,float deltaY){  //实现摄像机转动的方法
2          float Mouse_X = deltaX/5;                  //设置摄像机转动的灵敏度
3          float Mouse_Y = deltaY/5;                  //设置摄像机转动的灵敏度
4          CurrentAngle = ((CurrentAngle - 2 * Mouse_X) + 360f) % 360f;
                                                      //计算当前的摄像机的角度
5          Angle_X = distance * Mathf.Cos((CurrentAngle - 60) / 180 * Mathf.PI);
                                                      //计算摄像机 X 坐标
6          Angle_Z = distance * Mathf.Sin((CurrentAngle - 60) / 180 * Mathf.PI);
                                                      //计算摄像机 Z 坐标
7          LookAtPoint_X = Mathf.Cos((CurrentAngle + 60) / 180 * Mathf.PI);//计算目标点 X 坐标
8          LookAtPoint_Z = Mathf.Sin((CurrentAngle + 60) / 180 * Mathf.PI);//计算目标点 Z 坐标
9          LookAtPoint_Y += Mouse_Y * 0.1f;            //计算目标点 Y 坐标
10         if (LookAtPoint_Y > 2f){                   //规定摄像机观察范围的最高点
11             LookAtPoint_Y -= Mouse_Y * 0.1f;       //误差修正
12             height -= Mouse_Y * 0.1f;              //降低摄像机的高度
13             if (height < 0.5){                     //规定摄像机的最低高度
14                 height += Mouse_Y * 0.1f;}}        //误差修正
15         if (LookAtPoint_Y < 0f){                   //规定摄像机观察范围的最低点
16             LookAtPoint_Y -= Mouse_Y * 0.1f;       //误差修正
17             height -= Mouse_Y * 0.1f;              //升高摄像机的高度
18             if (height > 3){                       //规定摄像机的最大高度
19                 height += Mouse_Y * 0.1f;}}}       //误差修正
```

- 第 1～3 行转动摄像机的方法有两个参数，分别为触控点在屏幕 x 轴和 y 轴的位移量，直接使用该数据会导致摄像机转动太快，所以这里我们将这两个变量等比例缩放，降低摄像机的灵敏度。
- 第 4～9 行为计算有关摄像机转动所需要的变量，包括摄像机的当前角度，根据 x 轴的位移量实现摄像机横向的转动。再根据该角度计算摄像机位置的 x，z 坐标以及摄像机所要朝向的目标点的坐标，根据 y 轴的位移量实现摄像机纵向的转动。
- 第 10～19 行对摄像机的观察范围进行规定，避免摄像机出现太高或者太低的问题。

6.6.4 游戏提示界面的搭建及脚本开发

本节将介绍游戏提示界面的搭建以及控制其显示的脚本开发，游戏提示界面主要用于提示玩家如何对游戏进行操作。提示界面在关卡二场景中也会使用到，在本关卡中主要用于提示基本的移动和转向以及如何与电脑互动。关卡二场景中主要用于提示如何切换状态以及开枪和奔跑的功能。

（1）创建一个容器对象，命名为“Tip1”，修改其背景为全透明，在容器中创建两个文本控件和 5 个 RawImage 控件，导入相应的图片资源挂载到相应的控件上，修改文本控件为对应的文本，并修改其属性与屏幕自适应，搭建好的提示界面的效果如图 6-81 所示。

（2）使用同样的方法建立本关卡中的第二个提示界面，如图 6-82 所示。在关卡二场景中依然使用到了提示界面，由于开发过程比较简单，而且大同小异，所以在关卡二场景的介绍中我们将不再对这一部分内容进行介绍，感兴趣的读者可以自行到随书附带中查找学习。

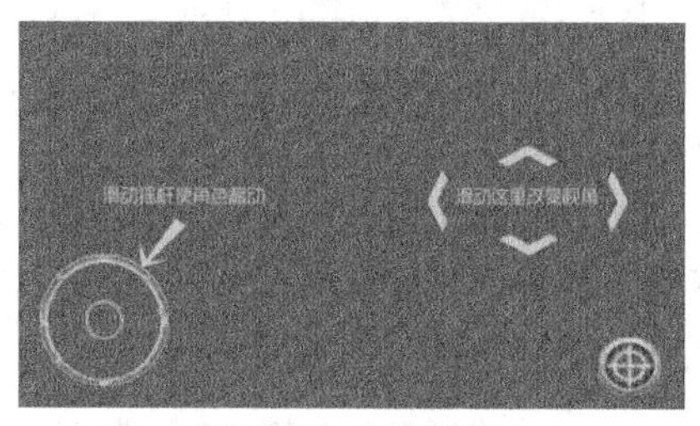

▲图 6-81　提示界面一

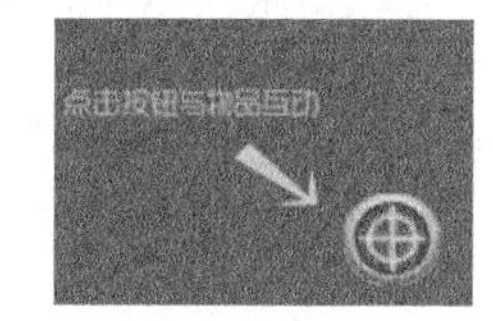

▲图 6-82　提示界面二

（3）下面将对提示界面的代码实现进行详细介绍，各个提示界面的显示和关闭方式并不相同，提示界面一是由时间控制，其次则要玩家主动触发，具体代码如下所示。

代码位置：见随书源代码/第 6 章目录下的 HaiDaoWeiJi/Assets/Script/ Tips.cs。

```
1     void Update () {
2         if (Constant.PassName[Constant.currentPass] == "Terr_House"){ //判断当前关卡
3             if (isTip1){                                      //是否开始显示提示界面 1
4                 timeflag += Time.deltaTime;                   //时间控制提示界面的显示时间
5                 if (timeflag >= 0.5f&& timeflag < 6){//当时间大于 0.5 小于 6 时显示提示界面 1
6                     this.transform.FindChild("Tip1")
7                         .gameObject.SetActive(true);} //设置提示界面 1 为显示状态
8                 if (timeflag >= 6){                           //当时间大于 6 时结束显示提示界面 1
9                     Hero.GetComponent<Task>().TaskStart(0);  //开始 0 号任务
10                    this.transform.FindChild("Tip1")          //设置提示界面 1 为隐藏状态
11                        .gameObject.SetActive(false);
12                    isTip1 = false;}}                         //停止显示提示界面 1
13            this.transform.FindChild("Tip2")                  //tip2 界面的显示不由时间控制
14                .gameObject.SetActive(isTip2);}
15        else{isTip1 = false;                                  //取消显示提示界面 1
16            isTip2 = false;}                                  //取消显示提示界面 2
17        if (Constant.PassName[Constant.currentPass] == "Terr_Beach"){//判断当前关卡
18            this.transform.FindChild("Tip3")                         //显示提示界面 3
19                .gameObject.SetActive(isTip3);
20            this.transform.FindChild("Tip4")                         //显示提示界面 4
21                .gameObject.SetActive(isTip4);}
```

```
22          else{isTip3 = false;                          //取消显示提示界面 3
23              isTip4 = false;}}                         //取消显示提示界面 4
24      public void showTip1(bool isShow){                //其他脚本中设置提示界面 1 状态的方法
25          isTip1 = isShow;}                             //将界面 1 状态置为想要的状态
26      …//此处省略一些相似的代码，有兴趣的读者可以自行查看源代码
```

- 第 1～16 行为判断当前的关卡，如果显示提示界面 1 的关卡，则判断界面 1 的标志位，当标志位为 true 时，开始计时显示提示界面 1，显示 6 秒后开始 0 号任务，关闭提示界面。
- 第 17～23 行为判断当前的关卡是否要显示提示界面 3 和提示界面 4 的关卡，如果是，则按提示界面的状态对其进行显示；如果不是，则要显示提示界面的关卡，将所有的标志位置为 false。
- 第 24～26 行是为其他脚本提供的一些公共方法，利用这些方法可以在其他脚本中实现对提示界面的控制，降低代码的复杂度。

6.6.5　任务系统和触发器的搭建及脚本开发

本节将对任务系统的开发以及任务触发器的搭建进行详细介绍。任务提示 UI 界面的开发与前面 UI 界面的开发方式有所不同，主要使用了代码的形式进行开发。下面将对任务界面及任务触发器的搭建进行详细介绍。

（1）在介绍任务提示界面的之前先介绍任务触发器的搭建。首先在需要建立任务触发器的地方建立一个空物体，并以相应的任务命名，如本关卡中第一个任务为“下雨了，请迅速回到房子里”，此任务是整个游戏的第 0 号任务，这时就应该在房子的门口处建立一个空物体，命名为“Task_0_Trigger”。

（2）单击空物体，在“Inspector”面板中单击“Add Component”按钮→“Physics” →“Box Collider”添加碰撞器，并修改其位置和大小，选中“Is Trigger”属性，如图 6-83 所示，此时碰撞器不在发生碰撞，变成了用于任务检测的触发器。

（3）下面开始介绍任务功能的代码实现，任务功能的实现相对复杂，首先介绍任务提示界面的搭建。任务提示界面是由代码开发的 UI 界面，主要用于提示任务的开始和完成，并对任务的内容进行介绍，其效果如图 6-84 所示。具体任务提示界面实现代码如下。

▲图 6-83　触发器属性

▲图 6-84　任务界面效果图

代码位置：见随书源代码/第 6 章目录下的 HaiDaoWeiJi/Assets/Script/ UIControl.cs。

```
1     if (isShowTask){                                    //是否显示任务界面
2         if (TaskShowTime <= timeFlag){                  //判断显示的时间
3             myGUIStyle.fontSize = Mathf.RoundToInt(28 * Screen.height / 600);
                                                          //计算字体大小
4             myGUIStyle.alignment = TextAnchor.MiddleLeft;          //设置字体位置
5             myGUIStyle.normal.background = TaskBackGround;         //设置任务界面背景
6             myGUIStyle.normal.textColor = this.taskColor;          //设置字体颜色
7             myGUIStyle.contentOffset = new Vector2(10 * Screen.width / 1280, 0);
                                                                     //设置边界空白
8             TaskShowTime += Time.deltaTime;                        //开始计时
9             GUI.Label(                                             //创建一个标签
10                new Rect(                                          //创建一个 Rect
11                    Screen.width - (Screen.width / 4),             //设置界面位置 X
12                    Screen.height / 3,                             //设置界面位置 Y
13                    Screen.width / 4,                              //设置界面宽度
14                    Screen.height / 5),                            //设置界面高度
```

```
15              TaskShowContent,                                      //设置显示内容
16              myGUIStyle);}                                         //设置界面样式
17      else{TaskShowTime = 0;                                        //计数时间置 0
18          isShowTask = false;                                       //关闭任务提示
19          timeFlag = 0;}}                                           //显示时间置 0
```

- 第 1～8 行中如果要显示任务界面，设置字体的大小、位置和颜色，设置人物界面的背景图片，并设置边界控制字体显示在合适的位置，开始计时计算现实的时间。
- 第 9～16 行用于创建任务提示界面，设置其显示位置、宽度和高度，设置要显示的任务内容，应用创建的界面样式。
- 第 17～19 行中，当到达显示时间时，将计时器和要显示的时间置为 0，关闭任务界面的显示。

（4）下面将对任务的功能实现进行详细介绍，每个关卡中包含不同的任务，所以在每一关的开始都要对任务进行初始化，并根据关卡判断任务的开始和完成，具体代码如下所示。

代码位置：见随书源代码/第 6 章目录下的 HaiDaoWeiJi/Assets/Script/ Task.cs。

```
1     void Awake(){                                           //在此方法中初始化任务状态
2         switch (Constant.currentPass){                      //判断当前的关卡
3             case Constant.Terr_HouseID:                     //找到对应关卡
4                 Constant.TaskStatus[0] = 0;                 //将所有任务置为未开始状态
5                 Constant.TaskStatus[1] = 0;                 //将所有任务置为未开始状态
6                 Constant.CurrentTask = -1;                  //设置当前任务为前一个任务
7                 break;
8             ...//此处省略一些相似的代码，有兴趣的读者可以自行查看源代码
9     void Start(){
10        switch (Constant.currentPass){                      //判断当前关卡
11            case Constant.Terr_HouseID:                     //找到对应的关卡
12                myCanvas.GetComponent<Tips>().showTip1(true);//实现各个关卡中相应的动作
13                break;
14            ...//此处省略一些相似的代码，有兴趣的读者可以自行查看源代码
15    void Update(){                                          //在此方法中检测任务状态
16        if (Constant.TaskStatus[0] == 2){                   //当 0 号任务完成时
17            timeflag += Time.deltaTime;                     //开始计时
18            if (timeflag >= 3){                             //3 秒后自动开始下一个任务
19                timeflag = 0f;                              //计时器置 0
20                Constant.TaskStatus[0] = 3;                 //关闭 0 号任务
21                TaskStart(1);}}                             //开始下一个任务
22        ...//此处省略一些相似的代码，有兴趣的读者可以自行查看源代码
```

- 第 1～8 行初始化各个关卡中的任务状态，根据当前所在的关卡将此关卡中的所有任务都设置为未开始的状态，并将游戏一开始时的当前任务设置为此关卡第一个任务的前一个任务。
- 第 9～14 行根据当前的关卡初始化该关卡中与任务相关的其他游戏对象，实现任务的开始等。
- 第 15～22 行实时监测相应关卡中任务的完成情况。当一些特定的任务完成时开始计时，3 秒后自动开始下一个任务。其他任务则由相关游戏对象控制开始和结束。

（5）下面将介绍任务开始和完成的方法实现，当任务开始或者完成时都要向玩家进行提示，所以此时要使用到前面介绍的人物提示界面，并根据当前要开始和完成的人物对提示的内容进行设置。详细代码如下。

代码位置：见随书源代码/第 6 章目录下的 HaiDaoWeiJi/Assets/Script/ Task.cs。

```
1     public void TaskDone(int taskNum){                      //此方法用于完成任务
2         if (taskNum == Constant.CurrentTask                 //对要完成的关卡进行检测
3             && Constant.TaskStatus[taskNum] == 1){
4             if (taskNum != 15){                             //判断不是最后一个任务
5                 if (taskNum == 12){                         //第 12 号任务完成时
6                     myCanvas.GetComponent<UIControl>()           //显示 12 号任务对应的信息
7                         .TaskShow("  主控室门\n  已可以打开", 5, new Color(0f, 1f, 0f));}
8                 else{                                            //不是 12 号任务
9                     myCanvas.GetComponent<UIControl>()           //完成时显示任务完成
10                        .TaskShow("  任务完成", 5, new Color(0f, 1f, 0f));}}
11            Constant.TaskStatus[taskNum] = 2;}}                  //设置当前任务完成
12    public void TaskStart(int taskNum){                          //此任务用于开始任务
13        if ((taskNum - 1) == Constant.CurrentTask                //对要开始关卡进行检测
```

```
14            && Constant.TaskStatus[taskNum] == 0){
15            Constant.TaskStatus[taskNum] = 1;                  //检测通过设置该任务开始
16            Constant.CurrentTask++;                            //当前任务变为要开始的任务
17            myCanvas.GetComponent<UIControl>()                 //显示新任务及任务内容
18                .TaskShow("  新任务:\n" + Constant.TaskContent[taskNum], 20, new Color
(0,1f,1f));}}
```

- 第 1～11 行中，当任务完成时，调用此方法用于完成正在进行的任务，判断要完成的任务是否为当前任务并且是否正在进行，如果满足条件，则调用 TaskShow 方法显示任务完成界面，并根据不同的任务显示不同的信息。
- 第 12～18 行中，当任务开始时调用该方法用于开始下一个任务，判断要开始的任务是当前任务的下一个任务且下一任务尚未开始，则设置要开始的任务的状态为正在进行，当前任务为开始的任务，显示新任务界面显示任务的内容。

（6）下面介绍任务触发器的功能实现，一些任务的开始和结束需要由创建在场景中的任务触发器进行控制，当游戏的人物触碰人物触发器时，执行对应触发器的方法从而实现任务的开始和完成，详细代码如下。

代码位置：见随书源代码/第 6 章目录下的 HaiDaoWeiJi/Assets/Script/ TaskTrigger.cs。

```
1     void OnTriggerEnter(Collider collider){                      //当进入触发器
2         if (this.gameObject.name == "Task_0_Trigger"             //判断该触发器的名称
3             &&collider.gameObject.name == "Hero"){               //判断进入对象的名称
4             Hero.GetComponent<Task>().TaskDone(0);               //完成 0 号任务
5             other.transform.FindChild("Rain").gameObject.SetActive(false);
                                                                   //关闭下雨粒子系统
6             other.GetComponent<AudioSource>().volume = 0.2f;} //设置下雨声音变小
7         if (this.gameObject.name == "Task_4_StartTrigger"        //判断触发器的名称
8             && collider.gameObject.name == "Hero"                //判断进入对象的名称
9             &&Constant.TaskStatus[3]==2){                        //判断当前任务状态
10            Hero.GetComponent<Task>().TaskStart(4);             //开始下一个任务
11            other.transform.FindChild("WOLF").gameObject.SetActive(true);
                                                                  //显示任务所需怪物
12            other.transform.FindChild("WOLF1").gameObject.SetActive(true);
                                                                  //显示任务所需怪物
13            other.transform.FindChild("WOLF2").gameObject.SetActive(true);}
                                                                  //显示任务所需怪物
14        ...//此处省略一些相似的代码，有兴趣的读者可以自行查看源代码}
```

- 第 1～6 行中，当人物与任务触发器发生碰撞时会调用 OnTriggerEnter 方法，并判断触发器的名称，根据触发器的名称完成对应的任务，关卡中人物进入房子中时会触碰 0 号任务的触发器，此时完成 0 号任务，关闭下雨粒子系统，降低下雨的音效。
- 第 7～14 行是任务 4 的开始触发器，当任务碰撞该触发器时，4 号任务开始，并初始化与 4 号任务有关的游戏对象。

6.6.6　准星和准星提示信息的搭建及脚本开发

下面将介绍准星和准星上方提示信息的搭建过程以及脚本实现，准星的作用不仅仅用于瞄准，还用于选择物体进行互动，例如找到线索时将准星对准线索，就可以在准星上方显示提示信息。提示信息用于提示用户当前可用操作。下面进行详细介绍。

（1）准星和提示信息主要是使用代码进行开发的 UI，准星用于瞄准进行射击同时还用于选择物体进行互动，当选中物体时会在准星的上方显示提示信息，提示当前按下主控制按钮时会发生的动作，如图 6-85 和图 6-86 所示。下面将开始介绍实现准星以及提示信息的脚本代码。

（2）下面开始介绍准星及其提示信息的功能实现，首先介绍如何实现准星对目标物体的检测，通过对目标物体的检测判断目标物体的作用，再根据其作用显示不同的提示信息，并对主控制按钮的功能进行变化，准星检测的实现代码如下。

▲图 6-85　查看线索

▲图 6-86　与 NPC 对话

代码位置：见随书源代码/第 6 章目录下的 HaiDaoWeiJi/Assets/Script/ UIControl.cs。

```
1     cameraRay = mainCamera.ScreenPointToRay(           //从摄像机射出一条射线
2         new Vector3(Screen.width/ 2, Screen.height / 2, 0));
3     if (Physics.Raycast(cameraRay, out cameraHit,4f     //监测碰撞，开启 things 物品层
4         ,1 << (LayerMask.NameToLayer("things")))){
5         if (cameraHit.transform.tag == "PC"){            //如果检测到标签为 PC 的游戏对象
6             if (Constant.currentPass == Constant.Terr_HouseID){ //判断当前关卡
7                 isShowTip2 = Constant.TaskStatus[1] == 1 ? true : false;//判断 Tip2 状态
8                 if (isShowTip2){                                  //是否显示 Tip2
9                     this.GetComponent<Tips>().showTip2(true);   //调用方法显示 Tip2
10                    Hero.GetComponent<Task>().TaskDone(1);            //完成 1 号任务
11                    EventFlag = 2;}                           //设置事件标志位为 2，即工作
12                else{                                         //如果不显示 Tip2 界面
13                    if (Constant.TaskStatus[1] == 2){         //判断 1 号任务的状态
14                        EventFlag = 2;}}}                     //设置事件标志位为 2，即工作
15            else if (Constant.currentPass == Constant.Terr_FactoryID){ //判断当前关卡
16                EventFlag = 2;}}                              //设置事件标志位为 2
17        else if(cameraHit.transform.tag == "things"){         //检测对象标签
18            EventFlag = 1;}                                   //设置事件标志位为 1
19        else if (cameraHit.transform.tag == "NPC"){           //检测对象标签
20            EventFlag = 4;}}                                  //设置事件标志位为 4
21    else{                                                     //如果没有检测到游戏对象
22        if (isEquipFlag){                                     //在装备武器的状态下
23            EventFlag = 0;}                                   //设置事件标志位为 0，即射击
24        else{EventFlag = 3;}}                                 //设置事件标志位为 3，即奔跑
25    …//此处省略一些相似的代码，有兴趣的读者可以自行查看源代码
```

- 第 1～4 行从屏幕的中心店发射出一条射线，进行碰撞检测，只打开 things 物品层防止其他游戏对象的干扰。
- 第 5～14 行当检测到标签为“PC”的游戏对象时，判断当前关卡针对不同的关卡实现不同的功能，在关卡一中，当准星对准电脑时会完成 1 号任务并显示提示信息。在所有关卡中都会设置主控制按钮的事件标志位为 2，改变主控制按钮的功能。
- 第 15～25 行对不同的游戏对象会有不同的事件，不同的事件使用不同事件标志位表示。0 表示人物开始射击，1 表示查看线索，2 表示查看电脑，3 表示人物开始奔跑，4 表示与 NPC 对话。

（3）下面介绍准星及其提示信息的 UI 搭建，准星的搭建相对简单，将中心放在屏幕的中心即可。对于提示信息，根据上一节中检测到的物品的功能，改变提示信息的内容，如查看线索时提示信息为“查看”，当没有检测信息时提示信息将不显示。详细代码如下。

代码位置：见随书源代码/第 6 章目录下的 HaiDaoWeiJi/Assets/Script/ UIControl.cs。

```
1     if (!isEmailCG && isGUI && !Constant.isGameDone){   //判断是否符合显示准星的条件
2         switch (EventFlag){                             //判断事件标志位
3             case 1:                                     //与线索等物品进行互动
4             case 2:                                     //与电脑进行互动
5                 myGUIStyle.fontSize = Mathf.RoundToInt(28 * Screen.height / 800);
                                                          //设置字体大小
6                 myGUIStyle.alignment = TextAnchor.MiddleCenter;    //设置字体位置
7                 myGUIStyle.normal.background = null;               //设置背景图片
8                 myGUIStyle.normal.textColor = new Color(0.7f,0.7f,0.7f); //设置字体颜色
9                 myGUIStyle.contentOffset = new Vector2(0, 0);          //设置边界空白
```

```
10                if (Constant.currentPass != Constant.Terr_FactoryID){ //判断当前关卡
11                    GUI.Label(                                    //创建一个标签
12                        new Rect(                                 //创建 Rect 对象
13                            Screen.width / 2 - (Screen.height / 20), //设置界面位置 X
14                            Screen.height / 2 - (Screen.height * 3 / 40),
                                                                  //设置界面位置 Y
15                            Screen.height / 10,                   //设置宽度
16                            Screen.height / 20),                  //设置高度
17                            "查看", myGUIStyle);}                 //设置内容和格式
18            ... //此处省略一些相似的代码，有兴趣的读者可以自行查看源代码}
19        GUI.DrawTexture(                                          //创建一个图片
20            new Rect(                                             //创建 Rect 对象
21                Screen.width / 2 - (Screen.height / 40),          //设置界面位置 X
22                Screen.height / 2 - (Screen.height / 40),         //设置界面位置 Y
23                Screen.height / 20,                               //设置宽度
24                Screen.height / 20),                              //设置高度
25            ZX_img);                                              //设置图片资源
```

- 第 1～17 行在满足相应的条件时，判断相应的事件标志位对准星上方的提示信息进行修改，设置提示信息的格式，如当事件标志位为 2 时，修改提示信息为“查看”，提示玩家此时可以与电脑进行互动。
- 第 19～25 行在屏幕中心创建一个准星，使准星的中心处于屏幕的中心。

（4）前面的内容中经常会使用到主控制按钮，主控制按钮不仅用于进行射击和使人物奔跑，当与物品或者 NPC 进行互动时依然要使用到此按钮，此按钮有两种状态需要监听，即按下和抬起。下面将对主按钮功能的实现方法进行详细的介绍。

代码位置：见随书源代码/第 6 章目录下的 HaiDaoWeiJi/Assets/Script/ UIControl.cs。

```
1     void playAnim(){                                          //当按下时执行的方法
2         switch(EventFlag){                                    //判断事件标志位
3             case 0:                                           //0 表示开始射击
4                 Hero.gameObject.GetComponent<Hero>().HeroShot(true);//执行开始射击的方法
5                 Tip4Close();                                  //关闭提示界面 4
6                 break;
7             case 1:                                           //1 表示查看线索
8                 playSound(2);                                 //播放查看线索的声音
9                 this.transform.FindChild("Clue").gameObject.SetActive(true);
                                                                //显示线索界面
10                break;
11    ... //此处省略一些相似的代码，有兴趣的读者可以自行查看源代码}
12    void stopAnim(){                                          //松开时执行的方法
13        switch (EventFlag){                                   //判断事件标志位
14            case 0:                                           //0 表示停止射击
15                Hero.gameObject.GetComponent<Hero>().HeroShot(false); //执行停止射击的方法
16                break;
17            case 3:                                           //3 表示停止奔跑
18                Hero.gameObject.GetComponent<HeroWalk>().HeroRun(false);
                                                                //执行停止奔跑方法
19                break;}}
```

- 第 1～11 行是当单击主控制按钮时调用的方法，根据事件标志位做出不同的动作，当标志位为 0 时开始射击，关闭提示界面 4。当标志位为 1 时，开始查看线索。
- 第 12～19 行是当放开主控制按钮时调用的方法，同样也根据不同的标志位产生不同的效果。当标志位为 0 时停止射击，为 1 时停止奔跑。

6.6.7　邮件界面的搭建及其功能的脚本开发

下面介绍邮件和线索界面的开发，当玩家完成与电脑互动的任务以后，触发一小段的 CG 动画弹出邮件界面。邮件界面的主要作用是向玩家展示本游戏的游戏背景。下面将详细介绍其开发过程。

（1）邮件界面系统主要由 UGUI 开发，创建一个 panel，命名为“Email”，将其背景设置为全透明，在“Email”容器中创建一个 RawImage 控件，导入背景图片并挂载到该控件上，设置其属性如图 6-87 所示。创建一个 Text 控件显示游戏的背景介绍，命名为“EmailContent”，设置其属

性如图 6-88 所示。

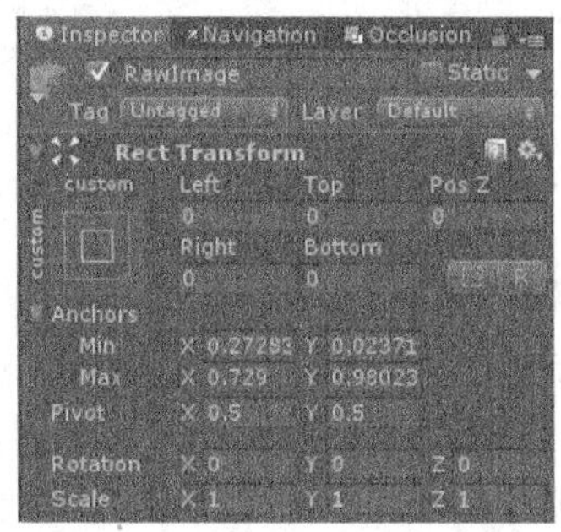

▲图 6-87 RawImage 控件属性

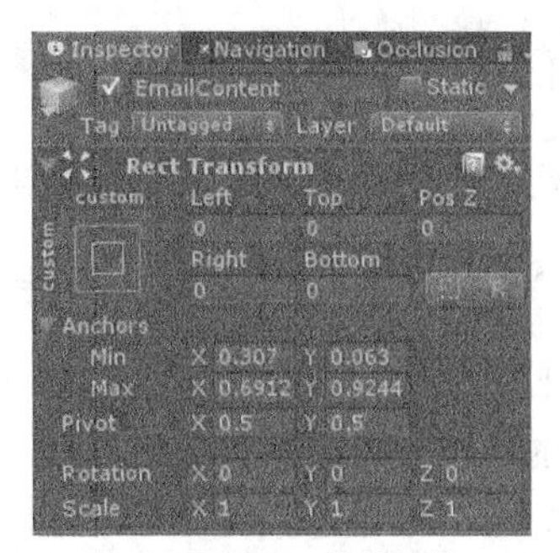

▲图 6-88 Text 控件属性

（2）创建一个按钮，命名为“Close”，设置其背景为全透明，修改其文本为“Close>>”，此按钮的作用为关闭邮件界面，按钮的属性如图 6-89 所示。在按钮 Button 组件中可以为按钮添加监听，如图 6-90 所示，将按钮按下时所要执行的代码所在的对象拖动到“On Click”属性框中并选择相应的方法。

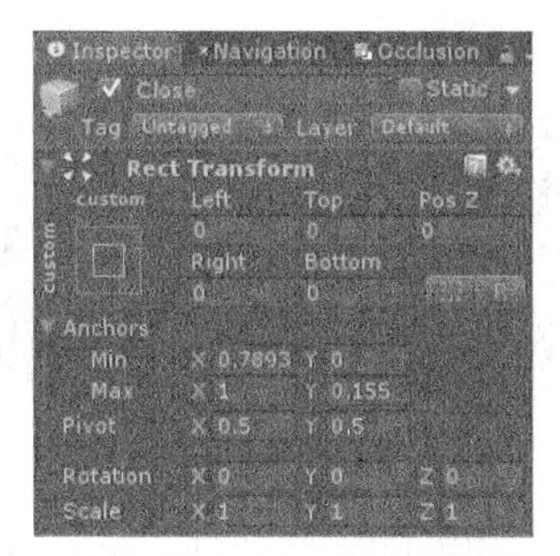

▲图 6-89 RawImage 控件属性

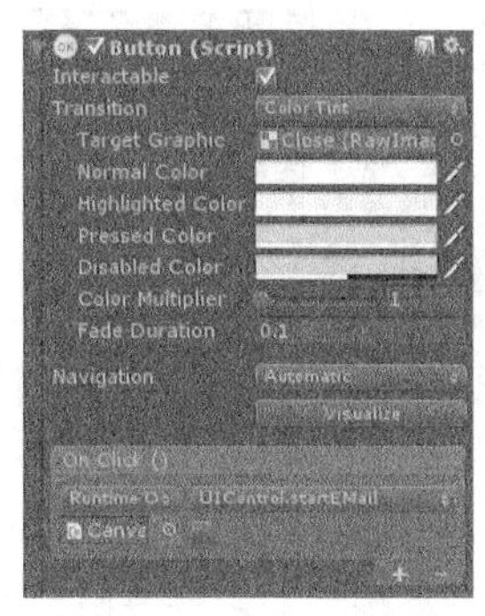

▲图 6-90 Text 控件属性

（3）下面开始介绍查看邮件功能的代码实现。单击主控制按钮与电脑进行互动，播放一小段 CG 后自动显示查看邮件界面，单击“关闭”按钮邮件关闭本关卡结束。下面是控制邮件界面显示的详细代码实现。

代码位置：见随书源代码/第 6 章目录下的 HaiDaoWeiJi/Assets/Script/ UIControl.cs。

```
1     public void startEMail(bool isEMail){                       //控制邮件界面的方法
2         this.transform.FindChild("Email").gameObject.SetActive(isEMail);//设置邮件界面状态
3         if (isEMail){                                           //如果要显示邮件界面
4             this.transform.FindChild("Email").FindChild("RawImage") //显示背景图片
5                 .GetComponent<UnityEngine.UI.RawImage>().CrossFadeAlpha(1, 1, true);
6             this.transform.FindChild("Email").FindChild("EmailContent") //显示文字内容
7                 .GetComponent<UnityEngine.UI.Text>().CrossFadeAlpha(1, 1, true);
8             this.transform.FindChild("Email").FindChild("Close")    //显示按钮
9                 .GetComponent<UnityEngine.UI.RawImage>().CrossFadeAlpha(1, 1, true);
10            this.transform.FindChild("Email").FindChild("Close")   //显示按钮文字
11                .FindChild("btText").GetComponent<UnityEngine.UI.Text>().
                  CrossFadeAlpha(1, 1, true);}
12        else{isCGOver = true;                                        //判断 CG 结束
13            timeFlag = 0f;                                           //计时器置 0
14            Hero.gameObject.GetComponent<CGControl2>().enabled = false;}}
                                                                       //取消控制 CG 脚本
```

说明 StartEMail 方法主要控制邮件界面的显示，当要显示邮件界面时，设置邮件界面对象为 true，显示邮件界面中的背景图片，文字内容，按钮以及按钮上的文字；当取消邮件显示时，设置 CG 播放结束，计时器置 0，并将控制播放查看邮件的脚本取消。

6.7 其他游戏场景

下面将介绍其他游戏场景中一些特殊功能的实现。

6.7.1 游戏 CG 功能的实现及脚本开发

单击新游戏时，游戏会自动开始播放一段 CG 动画对游戏的背景故事进行大致的介绍。下面将对 CG 动画的实现进行详细的介绍。前面说过关卡三场景不仅是游戏场景还是 CG 动画的主要场景，这两部分由一个特殊的脚本进行控制，接下来将对 CG 部分的搭建过程进行介绍。

（1）导入 CG 动画所需的所有模型，将其放置在相应的位置，并为各个模型创建想要的动画系统。在场景中添加粒子系统以及天气等特效，同时为 CG 动画添加合适的背景音乐。创建一个 Canvas 画布，命名为“CGCanvas”。创建一个 Text 控件作为字幕显示 CG 动画的旁白，其属性如图 6-91 所示。

（2）在创建一个 RawImage 控件，设置其属性如图 6-92 所示。此控件主要用于在 CG 播放的过程中切换镜头时实现过渡效果，避免屏幕闪烁。

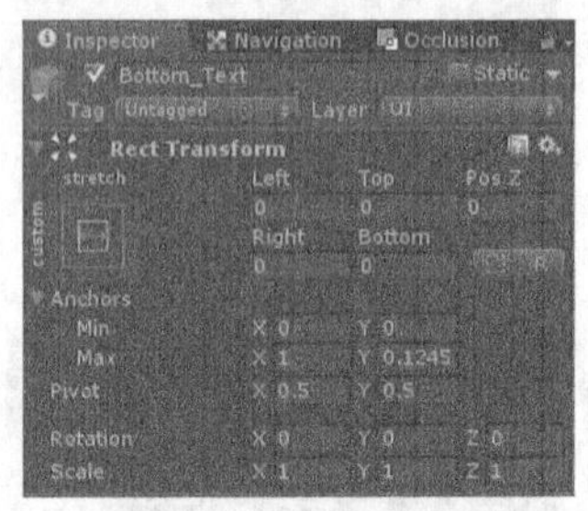

▲图 6-91　字幕属性

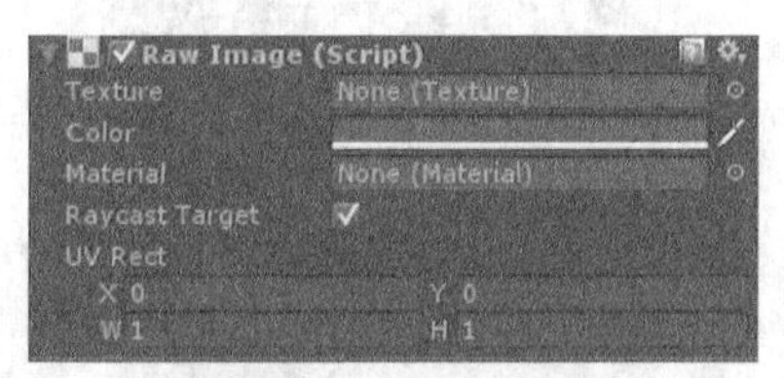

▲图 6-92　RawImage 属性

（3）下面开始介绍关卡三场景中控制判断当前关卡功能的脚本，创建一个 C#脚本，命名为“TownControl.cs”，根据常量类中变量 isCG 判断当前是否播放过 CG 动画，并销毁当前状态下无关的游戏对象，详细代码如下。

代码位置：见随书源代码/第 6 章目录下的 HaiDaoWeiJi/Assets/Script/ TownControl.cs。

```
1       void Start () {
2           if (Constant.isCG){                                  //判断是否播放过 CG
3               Destroy(Normal);                                 //销毁 CG 正常小镇场景
4               Destroy(Rabbit);                                 //销毁 CG 中的兔子场景
5               Destroy(CGCanvas);                               //销毁 CG 的 UI 界面
6               Destroy(Disaster);                               //销毁 CG 中灾难后场景
7               Hero.SetActive(true);                            //初始化游戏主人物
8               GameCanvas.SetActive(true);                      //初始化游戏 UI 界面
9               GameDisaster.SetActive(true);                    //初始化游戏灾难场景
10              Map.SetActive(true);                             //初始化小地图
11              joyStick.SetActive(true);                        //初始化虚拟摇杆
12              this.GetComponent<CGControl>().enabled = false;  //关闭控制 CG 的脚本
13              this.GetComponent<MyFollow>().enabled = true;}   //打开摄像机跟随脚本
14          else{                                                //如果没有播放过 CG
15              Destroy(Hero);                                   //销毁主人物对象
16              Destroy(GameCanvas);                             //销毁游戏 UI
17              Destroy(GameDisaster);                           //销毁游戏灾难场景
18              Destroy(Map);                                    //销毁小地图
19              CGCanvas.SetActive(true);                        //初始化 CG 的 UI 界面
20              this.GetComponent<CGControl>().enabled = true;   //打开 CG 控制脚本
21              this.GetComponent<MyFollow>().enabled = false;}} //关闭摄像机跟随脚本
```

❑ 第 1～13 行判断当前场景的作用，在播放过 CG 的状态下，当前场景用于进行游戏，销毁与进行游戏无关的游戏对象，初始化游戏进行所需要的游戏对象，打开跟随脚本关闭 CG

控制脚本开始游戏。

- 第 14～21 行当前场景用于播放 CG，销毁与 CG 播放无关的游戏对象，初始化 CG 的 UI 界面，关闭跟随脚本，打开 CG 控制脚本开始播放 CG

（4）创建一个 C#脚本，命名为“CGControl”。此脚本主要用于控制 CG 的播放，按照时间的顺序改变摄像机的位置和角度，在场景中的不同地点控制不同的模型，播放不同的动画，并控制旁白字幕的显示，以叙事的方式讲述本游戏的背景。由于这一部分代码冗长但相对简单，所以不再进行详细介绍。请感兴趣的读者自行到随书中源代码/第 6 章目录下的 HaiDaoWeiJi/Assets/Script/CGControl.cs 查看源代码。

6.7.2 血条和小地图功能及脚本开发

本小节中将会对血条和小地图功能进行详细介绍。关卡二场景中在 UI 界面里又加入了两种新的功能，一个是人物的血量，用于显示人物的血量，方便玩家对自身状态做出判断。另一种是小地图功能，在小地图中将会显示，周围地形和怪物的位置，方便玩家了解周围环境。

（1）在 UI 画布对象 Canvas 中创建一个 RawImage 对象，命名为“Panel_HP”作为血量界面的容器，修改其属性如图 6-93 所示。导入准备好的人物血量轮廓图片挂载到“Panel_HP”对象的“RawImage”组件中，同时单击“Add Component”按钮→“UI”→“Mask”添加 Mask 组件，如图 6-94 所示。

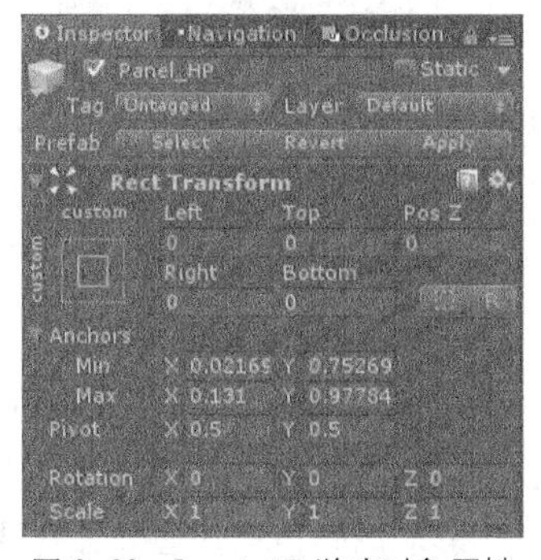

▲图 6-93　Panel_HP 游戏对象属性

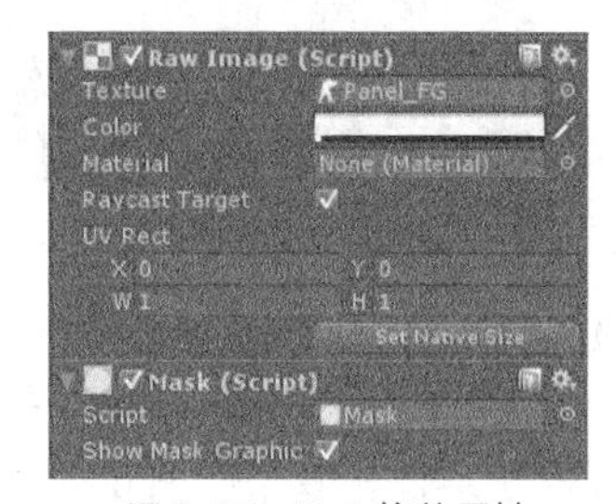

▲图 6-94　Mask 控件属性

（2）为“Panel_HP”创建两个子 RawImage 对象，分别命名为“HP”和“HP_FG”，注意两个对象的顺序，“HP”要在“HP_FG”之前。导入准备好的人物血量的前景图片挂载到“HP_FG”对象上同时修改“HP”对象的属性，如图 6-95 所示，最终的血量的效果，如图 6-96 所示。

（3）血量功能的代码实现非常简单，根据人物的血量对“HP”对象的高度进行修改即可实现人物血量的增加和减少。在这里不再对代码进行介绍，感兴趣的同学可以到随书中源代码/第 6 章目录下的 HaiDaoWeiJi/Assets/Script/ UIControl.cs 中查看源代码。

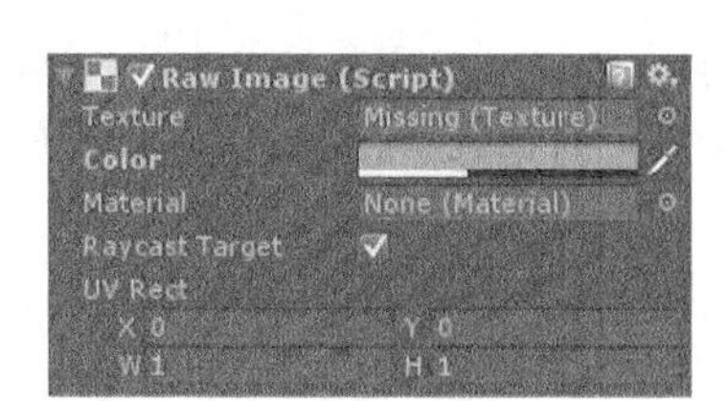

▲图 6-95　RawImage 控件属性

▲图 6-96　血量效果图

（4）下面开始介绍小地图功能的搭建过程。首先来介绍小地图的实现原理，小地图的实现分为两个部分，一部分为模拟地图，另一部分为 UI 显示。模拟地图就是将真实的地形制作成纹理图片，将其等比例缩小到一个 Plane 对象上，同时也等比例的将真实的人物位置等比例的缩放到模拟地图中。

（5）UI 显示部分就是将模拟地图作为小地图显示在 UI 界面上，这里利用到了 RenderTexture 对象，可以将摄像机中看到内容以图片的形式挂载到 RawImage，并显示在 UI 界面中，最后小地图的效果如图 6-97 所示。下面将对小地图的具体搭建过程进行详细介绍。

（6）在“Hierarchy”面板中单击“Create”按钮创建一个新对象，命名为“Map”。在“Map”中创建一个 Plane 对象命名为“TerrPlane”用于显示地形纹理，再创建一个 Plane 对象命名为“MapPlane”用于显示小地图的纹理。

（7）在“TerrPlane”中创建一个 Sphere 对象用于表示小地图中的人物，命名为“HeroSphere”。在“HeroSphere”中创建一个 Camera 对象实现对人物对象的跟随效果。同时在 camera 对象中创建一个 SpotLight 对象照亮小地图中想要被看到的部分。

（8）以上就是模拟地图部分的基本组成，在个别关卡中还会包括一些其他游戏对象要显示在小地图上。以关卡二场景为例，将船显示在小地图上在“Map”对象中创建一个 RawImage 对象并命名为“BoatPlane”并将表示船的纹理图片挂载到此对象上，模拟地图部分的组成如图 6-98 所示。

▲图 6-97　小地图效果图

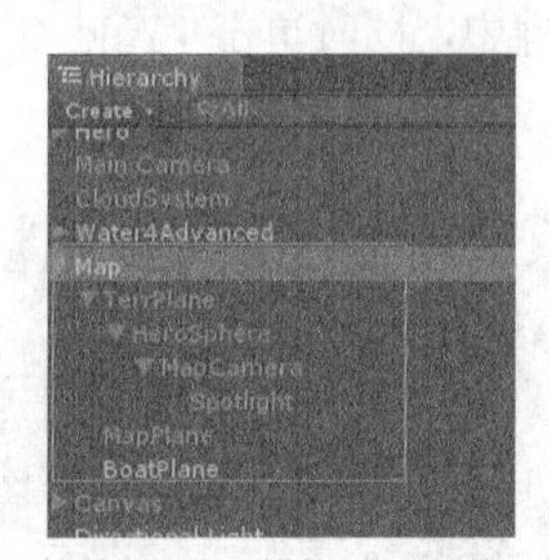

▲图 6-98　模拟地图组成

（9）下面介绍小地图 UI 显示部分的搭建过程，在 Canvas 中创建一个 Panel 对象命名为“Map_UI”。UI 显示部分由 3 部分组成，打开按钮、关闭按钮和小地图。单击“打开”按钮时显示“关闭”按钮和小地图，效果如图 6-99 所示。单击“关闭”按钮时小地图消失显示“打开”按钮，效果如图 6-100 所示。

▲图 6-99　打开小地图时

▲图 6-100　关闭小地图时

（10）首先介绍“打开”按钮的搭建过程，在“Map_UI”对象中创建一个 Button 对象，命名为“Panel_Button_Open”，并为其创建 3 个子对象，分别为两个 RawImage 对象和一个 Text 对象。修改其属性使 3 个子对象处于屏幕中合适的位置。

（11）“关闭”按钮相对简单，创建一个 Button 对象，修改其名称为“Panel_Button_Close”，并为其创建一个 RawImage 子对象，用于显示按钮图片。同样修改其属性使其显示在合适的位置。最后将“Panel_Button_Close”对象设置为不可用，因为在游戏开始时不需要显示“关闭”按钮。

（12）在“Map_UI”中创建一个 Panel，命名为“Panel_Map”，修改其属性如图 6-101 所示。为其创建子游戏对象，“Map_UI”的结构如图 6-102 所示，“Map_Background”是小地图的背景图片，“ImageMask”用于规定小地图的显示形状，“MapImage”用于显示小地图。

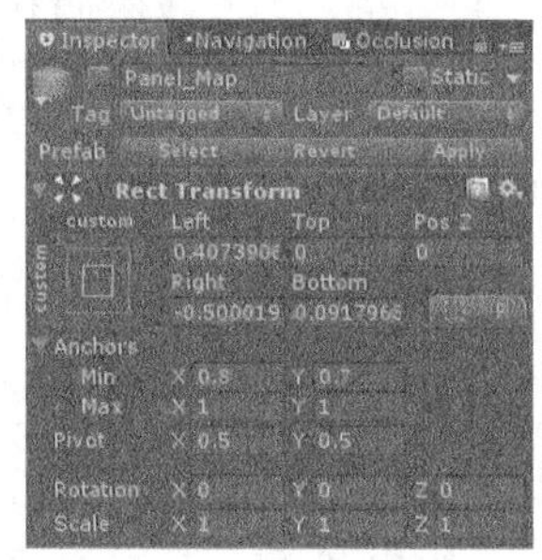

▲图 6-101 “Panel_Map”属性

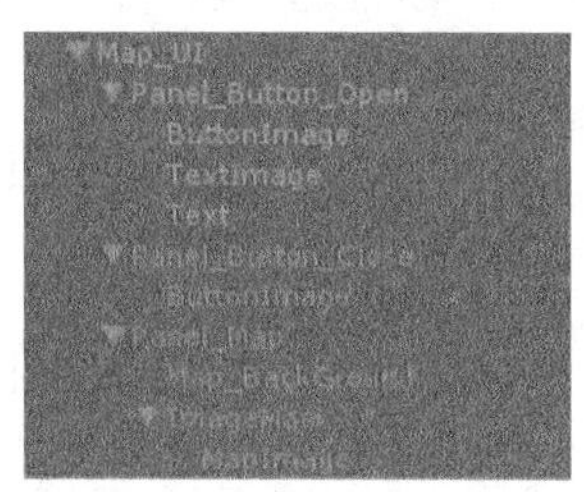

▲图 6-102 “Map_UI”结构

（13）在“Project”面板中单击“Create”按钮创建 Render Texture，命名为“MapCameraRender Texture”。单击模拟地图中的“MapCamera”对象，将刚创建的 Render Texture 对象拖动到 Camera 组件的 Target Texture 属性框中，如图 6-103 所示，再将其挂载到“MapImage”对象中，如图 6-104 所示。

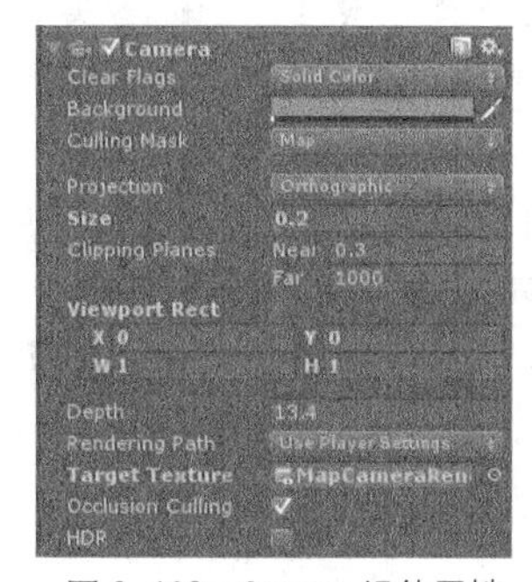

▲图 6-103 Camera 组件属性

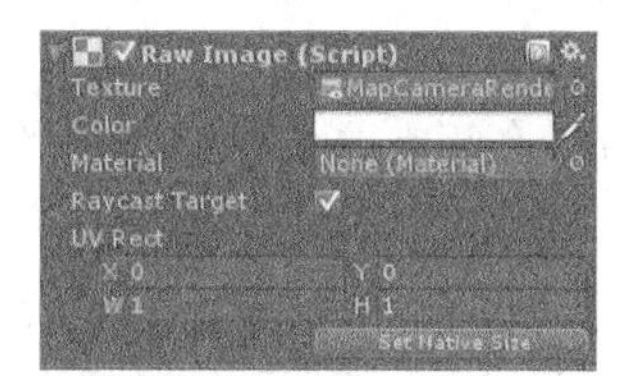

▲图 6-104 RawImage 组件属性

（14）下面将对小地图功能的代码实现进行详细介绍。模拟地图部分的控制代码实现了将实际地图中的人物和怪物等的位置等比例的缩放到小地图中，并实时更新每个物体在小地图中的位置。下面将对这一部分代码进行详细介绍。

代码位置：见随书源代码/第 6 章目录下的 HaiDaoWeiJi/Assets/Script/ MapControl.cs。

```
1     void Update () {
2         ColorAlpha += ColorAlphaFlag;                    //Alpha 颜色通道值自加
3         if (ColorAlpha >= 1f){                           //变为不透明时
4             ColorAlphaFlag = -0.02f;}                    //Alpha 值开始自减
5         if (ColorAlpha <= 0f){                           //变为全透明时
6             ColorAlphaFlag = 0.02f;}                     //Alpha 值开始自加
7         HeroSphere.transform.position                    //计算人物在小地图中位置
8             = new Vector3((Hero.transform.position.x / 50f) - 5f,
9                     this.transform.position.y,
10                    (Hero.transform.position.z / 50f) - 5f);
11        HeroSphere.transform.forward                    //计算小地图中人物朝向
12            = new Vector3(MainCamera.transform.forward.x,
13                    HeroSphere.transform.forward.y,
14                    MainCamera.transform.forward.z);
15        for (int i = 0; i < Monster.Length; i++){ //初始化怪物在地图中的状态
16            if (Monster[i].gameObject && Monster[i].gameObject.activeSelf){
                                                      //判断怪物状态
17                MonsterSphere[i].SetActive(true); //初始化表示怪物的球
18                MonsterSphere[i].transform.position = new Vector3( //计算怪物球的位置
19                            (Monster[i].transform.position.x / 50f) - 5f,
20                            this.transform.position.y,
21                            (Monster[i].transform.position.z / 50f) - 5f);
```

```
22                 MonsterSphere[i].GetComponent<Renderer>()    //设置怪物球的颜色
23                     .material.color = new Color(1, 0, 0, ColorAlpha);}
24             else{MonsterSphere[i].SetActive(false);}}         //销毁怪物球
25         for (int i = 0; i < Others.Length; i++){              //初始化其他游戏对象的状态
26             if (Others[i].gameObject && Others[i].gameObject.activeSelf) {
                                                                  //判断其他游戏对象状态
27                 OthersInMap[i].SetActive(true);               //初始化其他物体的表示
28                 OthersInMap[i].transform.position             //计算其他物体的位置
29                     = new Vector3((Others[i].transform.position.x / 50f) - 5f,
30                         this.transform.position.y + 0.01f,
31                         (Others[i].transform.position.z / 50f) - 5f);
32                 OthersInMap[i].transform.forward              //计算其他物体的朝向
33                     = new Vector3(Others[i].transform.forward.x,
34                         Others[i].transform.forward.y,
35                         Others[i].transform.forward.z);
36                 if (!OthersInMap[i].name.Equals("BoatPlane")){ //如果不是关卡二场景中的船
37                     OthersInMap[i].GetComponent<Renderer>()   //设置其他物体的颜色
38                         .material.color = new Color(0, 1, 0, ColorAlpha);}}
39             else{OthersInMap[i].SetActive(false);}}}           //销毁其他物体的地图表示
```

- 第 1～6 行计算 Alpha 颜色通道的值，使其值在 0～1 进行线性变化，实现小地图中表示怪物或者人物的球实现呼吸的效果。
- 第 7～14 行计算人物在小地图中的位置和朝向。
- 第 15～24 行初始化表示怪物的球在小地图中的状态，根据怪物的真实状态，等比例的计算怪物在小地图中的位置。当怪物不可见时销毁在小地图中表示怪物的球。
- 第 25～39 行在一些关卡中小地图中显示一些其他的游戏对象，例如关卡二场景中的船和关卡三场景中的 NPC，同样也要对这些对象进行初始化，计算其在小地图中的位置和朝向，并在不可见时销毁其在小地图中的表示对象。

（15）下面开始介绍小地图 UI 界面部分的控制代码。这一部分的代码主要实现了控制小地图的“打开”和“关闭”，详细代码如下。

代码位置：见随书源代码/第 6 章目录下的 HaiDaoWeiJi/Assets/Script/ MapUIControl.cs。

```
1      public void OnMapButtonCloseClick(){                       //单击"关闭"按钮
2          if (isMap){                                            //判断小地图状态
3              this.transform.parent.GetComponent<UIControl>().playSound(1);//播放关闭声音
4              isMap = false;                                     //置状态为"关闭"
5              Panel_Map.SetActive(false);                        //隐藏小地图
6              Panel_Button_Close.SetActive(false);               //隐藏"关闭"按钮
7              Panel_Button_Open.SetActive(true);}}               //显示"打开"按钮
8      public void OnMapButtonOpenClick(){                        //单击"打开"按钮
9          if (!isMap){                                           //判断小地图状态
10             this.transform.parent.GetComponent<UIControl>().playSound(1);
                                                                  //播放打开声音
11             isMap = true;                                      //置状态为"打开"
12             Panel_Map.SetActive(true);                         //显示小地图
13             Panel_Button_Close.SetActive(true);                //显示"关闭"按钮
14             Panel_Button_Open.SetActive(false);}}              //隐藏"打开"按钮
```

- 第 1～7 行是当单击“关闭”按钮时要执行的方法，用于判断小地图是否打开，若打开，则关闭小地图，显示打开小地图的按钮。
- 第 8～14 行是当单击“打开”按钮要执行的方法，用于判断小地图是否关闭，若“关闭”则打开小地图，显示关闭小地图的按钮。

6.7.3　怪物的创建及脚本开发

下面介绍本游戏中怪物的实现过程以及脚本开发。怪物包括僵尸和狼两种，开发过程非常相似，这里我们以“僵尸”为例进行介绍，“狼”的开发过程不再进行详细介绍，感兴趣的同学可以到随书中查看开发过程。

（1）将“僵尸”的模型导入，并将其拖动到场景中。导入僵尸相关动画并创建僵尸的动画控制器，命名为“Zombie”，其中动画之间的关系如图 6-105 所示，将动画控制器挂载到僵尸模型上，实现僵尸行走、攻击等各种动作。

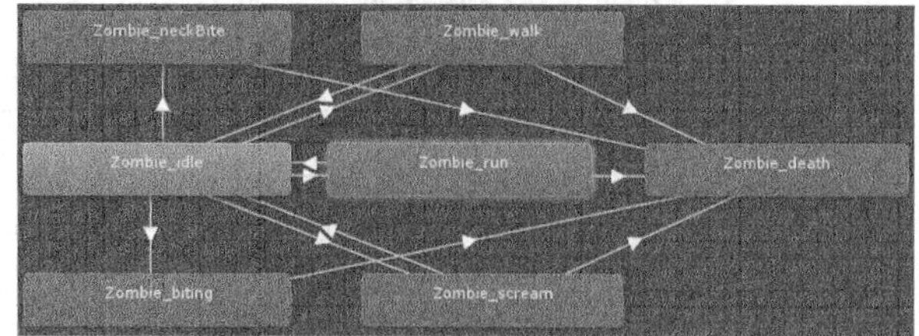

▲图 6-105　“Zombie”动画关系图

（2）单击“Add Component”按钮→“Physics”→“Rigidbody”，为僵尸模型添加刚体，修改其属性如图 6-106 所示。为僵尸添加刚体与碰撞器共同作用，可以避免僵尸在移动过程中，与周围环境模型之间发生穿透的问题。

（3）单击“Add Component”按钮→“Physics”→“Capsule Collider”，为僵尸添加胶囊碰撞器，并修改其属性如图 6-107 所示。该碰撞器用于检测与周围环境的碰撞。找到僵尸身体各个部分的骨骼，分别添加 Box Collider 盒子碰撞器，并调整大小与僵尸身体等大。该碰撞器用于检测是否被击中。

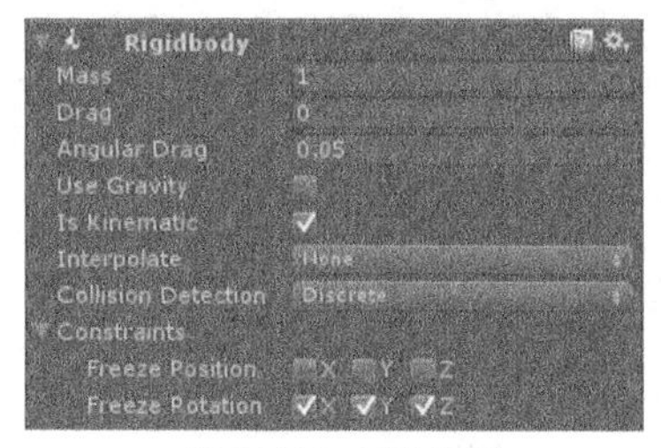

▲图 6-106　刚体属性

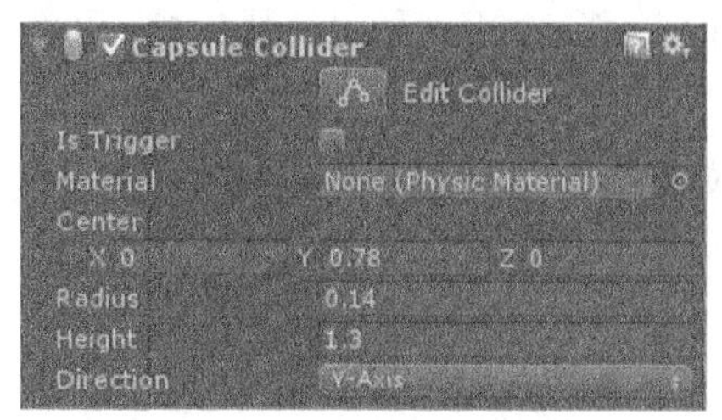

▲图 6-107　胶囊碰撞器属性

（4）下面介绍僵尸自动寻路功能的实现，这里使用到了 Unity 中自带的导航网格 Navigation 系统。将僵尸要行走的地面选中并设置为静态，如图 6-108 所示，选中“Terr_Town_Ground”，在“Inspector”面板中单击 Static 后面的小三角按钮选中“Navigation Static”。

（5）单击工具栏中“Window”→“Navigation”，打开“Navigation”面板，单击面板中的“Bake”按钮修改其属性如图 6-109 所示，单击最下面的“Bake”按钮对场景进行烘焙，单击“Clear”按钮可以清除烘焙数据。烘焙完成后，烘焙好的地面会变为蓝色，此时导航网格创建完成。

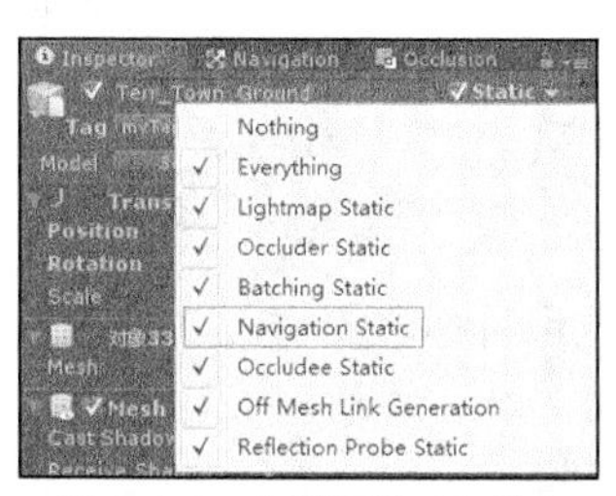

▲图 6-108　将地面设置为静态

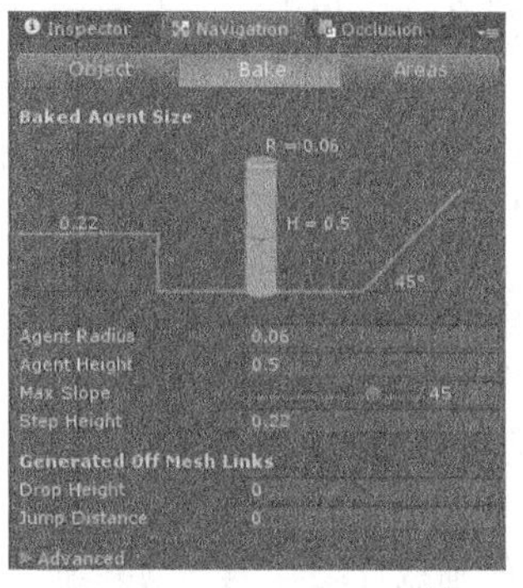

▲图 6-109　Navigation 属性

（6）单击僵尸模型，在“Inspector”面板中单击“Add Component”按钮→“Navigation”→“Nav Mesh Agent”，为僵尸添加寻路组件，修改其属性如图 6-110 所示，此时利用代码就可以实现僵尸的自动寻路功能。

（7）下面介绍僵尸血条的实现方法，创建一个 Canvas 画布，命名为“MonsterCanvas”，修改其属性如图 6-111 所示。将其拖动作为僵尸模型的子物体，实现血条跟随僵尸移动。在“MonsterCanvas”中创建两个子物体，分别命名为“HP”和“MonsterBlood_Forward”用于显示血量和血条的前景样式。

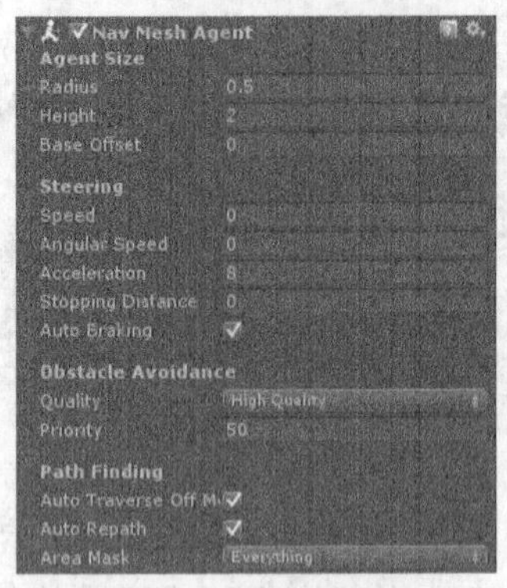

▲图 6-110　寻路组件属性

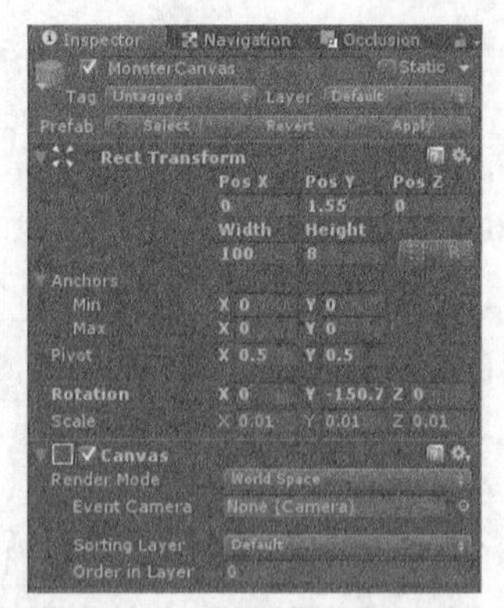

▲图 6-111　MonsterCanvas 属性

（8）下面介绍怪物各功能的脚本实现，当人物与怪物的距离足够接近时，会被怪物发现，怪物开始向人物移动，因为使用到导航网格系统怪物会一直向人物的位置移动，当到达一定的距离，怪物会对人物进行攻击，详细代码如下。

代码位置：见随书源代码/第 6 章目录下的 HaiDaoWeiJi/Assets/Script/ Zombie.cs。

```
1      distance = Vector2.Distance(                        //计算人物与怪物的距离
2          new Vector2(this.transform.position.x,this.transform.position.z),
3          new Vector2(Target.transform.position.x,Target.transform.position.z));
4      Vector3 lookAtPoint                                 //计算怪物的朝向点
5          = new Vector3(Target.transform.position.x,
6              this.transform.position.y,
7              Target.transform.position.z);
8      if (distance <= 20f && distance > 1f){              //判断怪物与人物之间的距离
9          zombieAnimator.SetFloat("run", 1f);             //播放怪物奔跑的动画
10         zombieAnimator.SetFloat("Attack", -1f);         //停止攻击
11         this.transform.FindChild("MonsterCanvas")       //显示怪物的血条
12             .gameObject.SetActive(true);
13         isFoundTarget = true;}                          //设置怪物发现目标
14     if (distance <= 1f){                                //当怪物与人物的距离小于 1
15         zombieAnimator.SetFloat("Attack", 1f);          //怪物开始攻击
16         this.transform.LookAt(lookAtPoint);}            //怪物始终看着目标
17     if (distance <= 0.5f){                              //当怪物与人物的距离小于 0.5
18         zombieAnimator.SetFloat("run", -1f);            //怪物停止奔跑
19         this.transform.LookAt(lookAtPoint);}            //怪物始终看着目标
20     if (isFoundTarget){                                 //如果发现目标
21         zombieAgent.SetDestination(Target.transform.position);
                                                           //启用导航网格使怪物向人物移动
22         this.transform.LookAt(lookAtPoint);}            //设置怪物的朝向
23     else{                                               //未发现目标时
24         timeFlag += Time.deltaTime;                     //开启计时器
25         if (timeFlag >= 4f){                            //每 4 秒一次
26             timeFlag = 0f;                              //置计时器为 0
27             PlaySound(Random.Range(0, 4));}}            //随机播放怪物音效
```

- 第 1～7 行计算怪物与人物之间的距离和怪物发现目标时的朝向。
- 第 8～13 行中，当怪物与人物之间距离小于 20 并大于 1 时，怪物发现目标，显示自身血条，开始播放怪物奔跑的动画。
- 第 14～19 行中，当距离小于 1 时，开始攻击人物；当距离小于 0.5 时，怪物停止奔跑，此过程中怪物始终朝向人物。
- 第 20～27 行中，如果发现目标，启用导航网格使怪物向人物移动，并设置怪物一直朝向人物的方向。如果没有发现目标怪物，则每 4 秒随机播放一种怪物的呻吟声音。

（9）下面介绍当怪物被击中时的代码实现。怪物被击中分为击中头部和身体两种情况，当击中头部时，怪物立即死亡；当击中身体时，怪物会减少一定的血量并开始向人物移动。下面是两种情况的详细代码。

代码位置：见随书源代码/第 6 章目录下的 HaiDaoWeiJi/Assets/Script/ Zombie.cs。

```
1      public void HeadBeHit(){                                  //当头被击中
2          this.transform.FindChild("MonsterCanvas")             //显示怪物的血条
3              .gameObject.SetActive(true);
4          MonsterHP = 0f;                                       //怪物血量置 0
5          if (!isDead){                                         //判断怪物的死亡状态
6              dead();}}                                         //执行怪物死亡的方法
7      public void BodyBeHit(){                                  //当怪物身体被击中
8          zombieAnimator.SetFloat("behit", 1f);                 //播放被击中的动画
9          if (!isFoundTarget){                                  //判断是否发现目标
10             zombieAnimator.SetFloat("run", 1f);               //使怪物跑向目标
11             this.transform.FindChild("MonsterCanvas")         //显示怪物血条
12                 .gameObject.SetActive(true);
13             this.isFoundTarget = true;}                       //设置怪物发现目标
14         this.isHit = true;                                    //设置被击中标志位为 true
15         if (!isDead){                                         //判断死亡状态
16             MonsterHP -= 20f;                                 //减少 20 血量
17             if (MonsterHP <= 0f){                             //当血量减少到 0 时
18                 dead();}}}                                    //执行怪物死亡方法
```

- 第 1～6 行中，当怪物被击中头部时，显示血条，血量置为 0，怪物直接死亡。
- 第 7～18 行中，当怪物被击中身体时，播放怪物被击中的动画，如果怪物处于未发现目标的状态，设置怪物发现目标，开始向目标奔跑，并显示怪物血条。同时判断怪物的死亡状态，在未死亡的状态下每被击中一次，减少 20 血量直到怪物死亡。

（10）下面介绍怪物血条功能的代码实现。根据怪物种类的不同，执行不同的方法获取当前怪物的血量，并根据血量改变血条的长度，详细代码如下。

代码位置：见随书源代码/第 6 章目录下的 HaiDaoWeiJi/Assets/Script/ monster_UI.cs。

```
1      void Update () {
2          this.transform.forward = mainCamera.transform.forward;//设置血条始终与屏幕平行
3          if (this.GetComponentInParent<wolf>()){                      //判断怪物是否为狼
4              Monster_HP =                                             //得到当前怪物的血量
5                  this.GetComponentInParent<wolf>().getMonsterHP();}
6          if (this.GetComponentInParent<Zombie>()){                    //判断怪物是否是僵尸
7              Monster_HP =                                             //得到当前怪物的血量
8                  this.GetComponentInParent<Zombie>().getMonsterHP();}
9          if (this.transform.FindChild("HP")){               //判断显示血量对象是否可用
10             this.transform.FindChild("HP").transform.localScale  //根据怪物血量改变血条大小
11                 = new Vector3(Monster_HP / 100, 1, 1);}}
```

- 第 1～8 行根据当前怪物的种类，执行不同的方法获取当前怪物的血量。
- 第 9～11 行判断当前显示血量的对象是否可用，如果可用，根据获取的血量改变该对象的大小，实现怪物血条的显示。

6.7.4 船和直升飞机的搭建及脚本开发

下面开始介绍本游戏中涉及的道具的搭建方法和脚本实现。关卡二场景开始时，游戏人物乘坐一条小船来到小岛上。小船实现了在水面上移动的功能，同时当到达指定位置时自动停下。关卡五场景中最后人物乘坐直升飞机安全离开小岛，游戏结束。下面将对小船和直升飞机的开发过程进行详细介绍。

（1）下面介绍船的搭建过程。将船模型导入并拖动到场景中，修改其属性使其处于合适的位置、方向以及合适的大小。在船的周围添加碰撞器，防止人物走到船的外面，并在船的底部添加碰撞器修改作为地面，使人物保持在船上。搭建完成后的效果如图 6-112 所示。

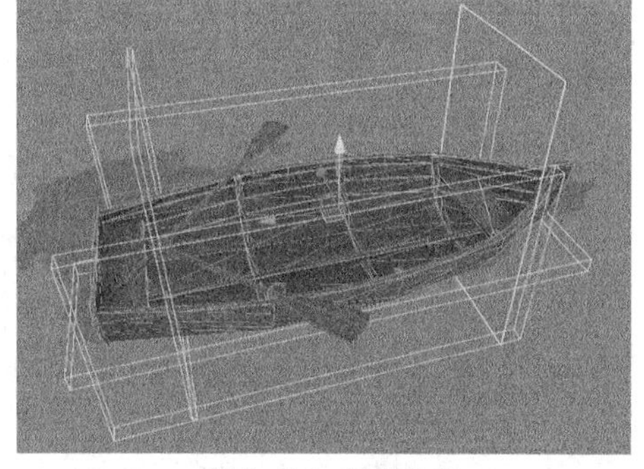

▲图 6-112　船的效果

（2）下面介绍船的相关功能的脚本实现。创建一个 C#脚本，命名为“Boat”。此脚本实现了船的移动，并判断是否到达指定位置以及到达指定位置后使船停下，并初始化人物的位置，详细代码如下。

代码位置：见随书源代码/第 6 章目录下的 HaiDaoWeiJi/Assets/Script/ Boat.cs。

```
1      void Update (){
2          ... //此处省略一些简单的代码，有兴趣的读者可以自行查看源代码
3          if (Constant.TaskStatus[2] == 2){          //当 2 号任务完成时船开始向前走
4              this.transform.Translate(new Vector3(0, 0, -0.02f)); //船向前走
5              Hero.transform.position += new Vector3(0, 0, 0.02f);}//人物也跟着向前移动
6          if (this.transform.position.z > 231f && isBoat){            //判断船的位置
7              isBoat = false;                        //置船的标志位为 false,使船停止
8              Canvas.transform.FindChild("BackGround")          //屏幕变黑
9                  .GetComponent<UnityEngine.UI.RawImage>().CrossFadeAlpha(1, 0.2f, true);}
10         if (!isBoat){                                          //判断船的状态
11             timeFlag += Time.deltaTime;                        //计时开始
12             if (timeFlag >= 0.3){                              //0.3 秒以后
13                 Hero.transform.position = new Vector3(267.86f, 0.5f, 230.2f);
                                                                  //初始化人的位置
14                 Hero.GetComponent<Task>().TaskStart(3);        //开始任务 3
15                 Canvas.transform.FindChild("BackGround")       //屏幕变亮
16                     .GetComponent<UnityEngine.UI.RawImage>().
                       CrossFadeAlpha(0, 0.2f, true);
17                 this.GetComponent<Boat>().enabled = false;}}}  //关闭船的脚本
```

- 第 1～9 行当完成 2 号任务时，船和人物开始在海洋中向前移动，判断船到达指定位置时，设置船的标志位为 false，并使屏幕变黑。
- 第 10～17 行，当船的标志位变为 false 时，开始计时 0.3 秒后初始化人物的位置到指定的位置，使屏幕变亮，关闭船的脚本使船停下。

（3）下面介绍直升飞机的搭建过程，导入模型修改其属性，使其处于合适的位置、方向和大小。直升机的搭建的主要部分是飞机降落时扬起尘土的粒子系统的搭建。创建一个粒子系统，命名为“disert”，修改其属性如图 6-113 所示，导入纹理贴图挂载到粒子系统上。

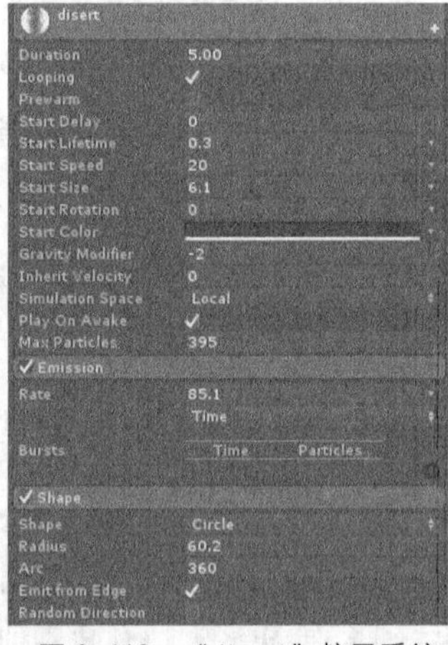

▲图 6-113　“disert”粒子系统

（4）在“disert”下创建一个子粒子系统，命名为“out”，修改其属性如图 6-114 所示，同样将纹理贴图挂载到此粒子系统中，扬尘的粒子系统就搭建完成了。此时只需要利用代码编写，当直升飞机下降到一定高度时使粒子系统开始播放即可，效果如图 6-115 所示。

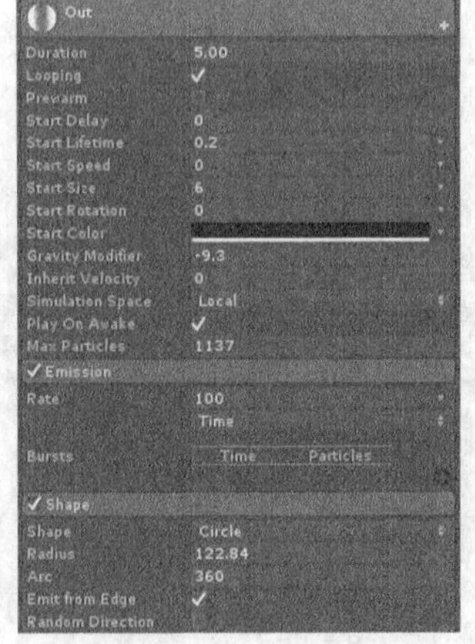

▲图 6-114　“out”粒子系统

▲图 6-115　直升飞机效果

（5）下面介绍直升飞机相关功能的脚本实现。创建一个 C#脚本，命名为“Helicopter”，在此脚本中主要实现了直升飞机降落和起飞，对地面的高度的检测实现扬尘粒子系统的播放、机翼和尾翼的旋转等功能。下面将对这一部分主要功能的代码进行详细介绍。

代码位置：见随书源代码/第 6 章目录下的 HaiDaoWeiJi/Assets/Script/ Helicopter.cs。

```
1      if (Constant.TaskStatus[14] == 2                    //判断当前任务的完成情况
2          && Constant.TaskStatus[15] == 0){
3          mainCamera.transform.LookAt(this.transform.position); //设置摄像机看着直升飞机
4          Vector3 CenterPoint =                                //创建直升飞机中心点
5              new Vector3(this.transform.position.x,
6                  this.transform.position.y, this.transform.position.z);
7          if (Physics.Raycast(CenterPoint,                 //从中心点向下发出一条射线
8              Vector3.down, out RHit, 10)){
9              if (RHit.collider.CompareTag("myTerrain")){  //如果是在 terrain 上
10                 this.transform.FindChild("disert").gameObject.SetActive(true);
                                                              //初始化粒子系统
11                 this.transform.FindChild("disert").position     //设置粒子系统位置
12                     = new Vector3(this.transform.position.x,
13                         RHit.point.y, this.transform.position.z);
14                 if (this.transform.position.y - RHit.point.y > 1.5){
                                                             //判断飞机与地面的高度
15                     this.transform.Translate(new Vector3(0, -2f * Time.deltaTime, 0));}
                                                             //飞机降落
16                 else{                                     //高度小于 1.5 时
17                     canvas.SetActive(true);               //显示游戏 UI
18                     canvas.transform.FindChild("BackGround") //背景图片置为全透明
19                         .GetComponent<UnityEngine.UI.RawImage>().CrossFadeAlpha(0,
                           0, true);
20                     joystick.SetActive(true);             //初始化虚拟摇杆
21                     hero.GetComponent<Hero>().setEquiped(0); //设置人物非装备状态
22                     hero.SetActive(true);                 //初始化人物
23                     mainCamera.GetComponent<MyFollow>().enabled = true; //打开跟随脚本
24                     hero.GetComponent<Task>().TaskStart(15); //开始 15 号任务
25                     Task_15_Trigger.SetActive(true);}}}   //打开 15 号人物的触发器
26         else{                                             //检测不到地面时
27             this.transform.Translate(new Vector3(0, -2f * Time.deltaTime, 0));
                                                             //飞机一直下降
28           this.transform.FindChild("disert").gameObject.SetActive(false);}}
                                                             //关闭粒子系统
29         …//此处省略了一些代码，有兴趣的读者可以自行查看源代码
```

- 第 1～6 行中，当完成 14 号任务时，使摄像机看着直升飞机，飞机开始下降。创建飞机的中心点。
- 第 7～13 行中，从飞机的中心点向下发射一条射线检测地面，如果检测到地面，初始化粒子系统到地面上，并开始播放粒子系统。
- 第 14～15 行判断飞机与地面的高度，当飞机高度大于 1.5 时，飞机一直下降。
- 第 16～25 行中，当飞机高度小于 1.5 时还原游戏人物视角，初始化游戏相关的各个游戏物体，开始第 15 号任务并打开 15 号人物的触发器。
- 第 26～29 行中，当射线检测不到地面时，飞机一直下降，并关闭粒子系统。

6.8 游戏的优化与改进

至此，本案例的开发部分已经介绍完毕。本游戏基于 Unity 3D 平台开发，使用 C#作为游戏脚本的开发语言，运行于 Android 平台。很明显本游戏并不能说是很精致，需要提高的地方还有很多，经过笔者的总结，本游戏还有以下几点需要改进。

1. 游戏界面的改进

本游戏开发过程中，由于对一些美工软件的使用不熟练，游戏 UI 界面的资源都是一些比较

简单的图片资源，达不到更加华丽的效果，读者可以更换更加精美的 UI 资源。游戏中较少使用到着色器，使用到的着色器也比较简单，所以读者可以选择更好的着色器为游戏添彩。

2. 游戏性能的进一步优化

游戏的优化是一项很繁重的任务，虽然本游戏已经做了一部分优化，但是在运行的过程中依然达不到优异的运行速度，虽然在一些性能较好的移动手持数字终端上可以流畅地运行，但是在一些较低端的机器上并不能达到理想的运行效果，还需要更加深入的优化。

3. 优化游戏模型

本游戏的模型均是由开发者使用 3ds Max 等建模软件进行制作，所以一些模型中应该有的优化都没有做到，比如将模型的贴图合并，对模型进行合理分组以及减少一些模型中重复的点面等。读者可以对模型做出进一步优化，减少游戏渲染的负担，达到更加流畅的运行效果。

4. 优化细节处理

细节决定成败，本游戏中虽然已经做了一些细节上的优化处理，但是依然有很多地方需要进行优化。比如声音远近的效果虽然已经实现，但是缺乏一种真实感，还有下雨时地面上水的效果等，都可以进一步实现，使模拟现实世界达到一种更加真实的效果。

5. 光照处理

本游戏中使用了大量的光照，而且大部分是实时光照，较少使用烘焙贴图或者着色器，实时光照消耗了大量的系统资源，拖慢了游戏运行的速度。所以光照效果还可以进一步烘焙优化，取缔一些没必要的光源从而提高运行的速度。

6. 人物动画优化

本游戏中的动画均来自于网络，并由开发人员在相应的编辑软件中进行剪辑得到，所以模型动画看起来可能会有一些不协调甚至有些变形，读者可以对动画进行进一步的编辑或者更换更加规范的动画，使游戏看起来更加的美观，提高游戏的可玩性。

第7章　休闲体育类游戏——指尖网球

随着手持式终端的快速推广与发展，人们开始逐渐习惯于在手持设备上寻求乐趣，加之一系列 3D 游戏引擎对手持设备的支持，使得移动终端的游戏场景变得非常生动而且逼真，因此通过移动终端对现实的模拟得以实现。

本章的游戏“指尖网球”模拟的是真实的网球游戏，是一款使用 Unity 游戏引擎开发制作的基于 Android 平台，可在手机或者平板电脑上运行的休闲体育类游戏。接下来，将对游戏的背景和功能，以及开发的流程逐一进行介绍。

7.1 游戏背景和功能概述

这一节中，主要介绍本游戏的背景和游戏功能，让读者了解该类型的游戏特色，并且对本游戏的开发有一个整体的认知，同时快速理解本游戏的开发技术。希望通过本节的学习，读者能对本游戏所达到的效果和所实现的功能有一个更为直观的了解。

7.1.1 游戏背景简介

休闲体育类游戏是一种让玩家可以参与专业的体育运动项目的电子游戏。在现代都市紧张的生活步调下，人们越来越青睐于在休闲游戏中舒缓身心上的压力，而休闲体育类型的游戏使得人们可以在一个真实体育世界中游戏，也因此逐渐被人们所认可。当下非常流行的网球类休闲体育游戏有《虚拟网球》《真实网球》等，如图 7-1 和图 7-2 所示。

▲图 7-1　《虚拟网球》

▲图 7-2　《真实网球》

《指尖网球》是一款类似虚拟网/球的体育竞技类游戏。玩家在游戏中控制的一名网球运动员，玩家对球的方向要有很好的掌握，球的运动方向取决于玩家手指的滑动方向。要适当地做出预判，以便更好地接到对手的击球，同时让自己不会在接球过程中遇到问题。

本游戏是使用当前流行的 Unity 游戏开发引擎，并借助 Unity 最新推出的 uGUI 系统，结合智能手机的触摸技术打造的一款 3D 手机游戏。玩家通过单击屏幕控制球员的左右移动，确定罚球位置后，通过做出滑动的手势将球发出。

7.1.2　游戏功能简介

下面对该游戏的主要功能进行简单的介绍。

（1）单击设备桌面上的游戏图标运行游戏，首先进入的是欢迎界面，如图 7-3 所示。随后进入的是本游戏的主菜单界面，主菜单界面的背景采用的是本游戏的游戏场景，从这里可以通过单击不同的功能按钮切换到不同的操作界面，如图 7-4 所示。

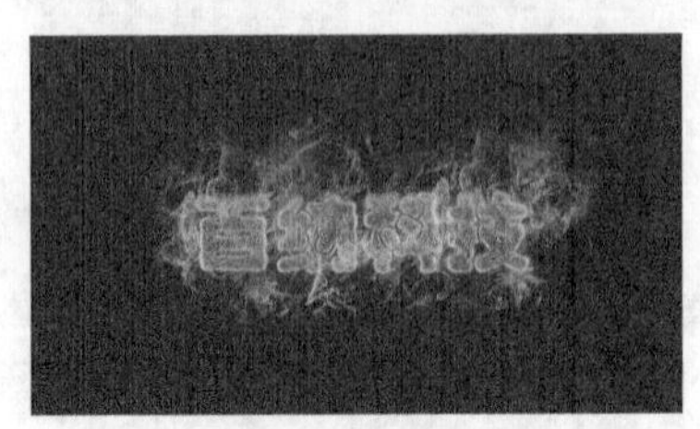

▲图 7-3　欢迎界面

▲图 7-4　主菜单界面

（2）主菜单中，单击屏幕中间的“开始”按钮，进入游戏的模式选择界面，如图 7-5 所示。单击屏幕上的“单人游戏”按钮，进入选人界面，如图 7-6 所示。在分别选择己方运动员和对方运动员后，单击界面右下角的按钮进入加载界面，如图 7-7 所示。

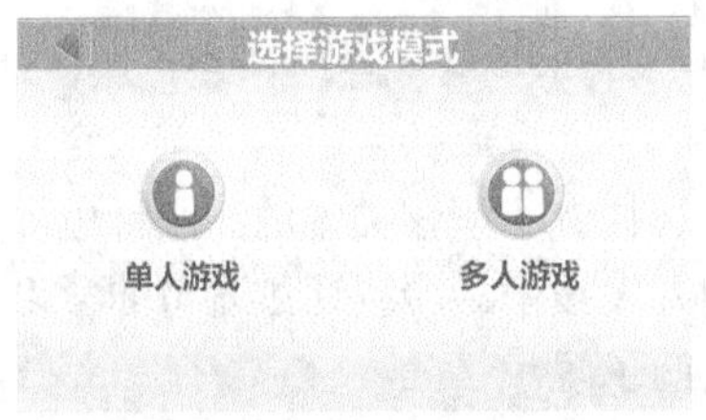

▲图 7-5　模式选择界面

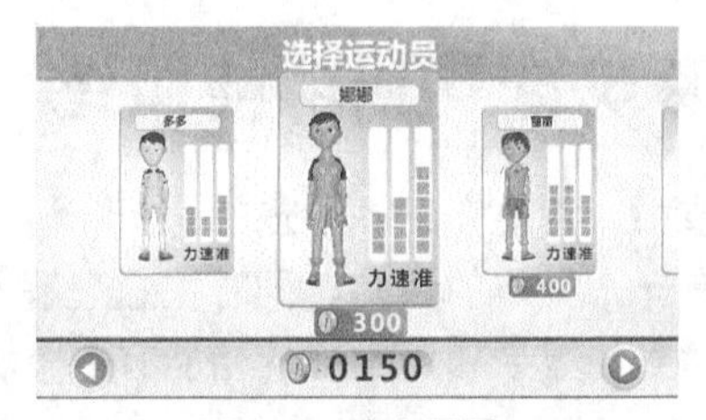

▲图 7-6　选人界面

（3）经过加载界面进入到游戏场景，游戏正式开始，如图 7-8 所示。游戏界面的右上角为“暂停”按钮，屏幕左下角为玩家所选的运动员的头像和当前比赛分数，屏幕右上角为对方玩家所选择的运动员头像和当前比赛分数。

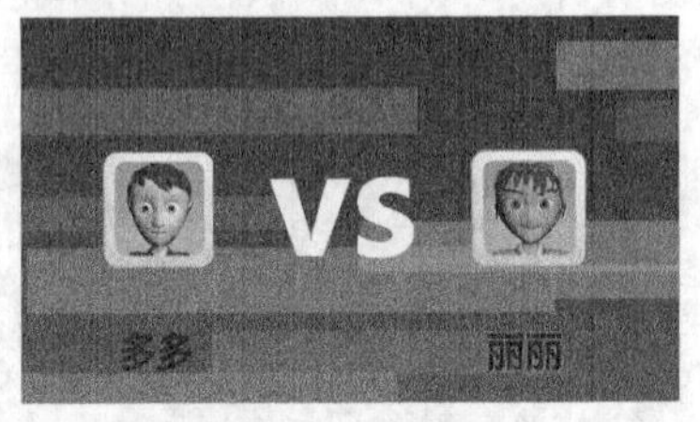

▲图 7-7　加载界面

▲图 7-8　游戏界面

（4）按下“暂停”按钮后，游戏暂停，并弹出暂停界面，如图 7-9 所示。暂停界面上面的按钮所对应的功能分别为：退出游戏、音乐开关、音效开关、重新开始和回到游戏。对于具有开关性质按钮来说，蓝色代表打开状态，红色代表关闭状态。

（5）单击模式选择界面上的“双人游戏”按钮，弹出设置 IP 界面，如图 7-10 所示。输入所使用的服务器的 IP 值后，单击“确定”按钮，进入选人界面，在选定运动员后，将处于等待对手选择运动员的状态，如图 7-11 所示。在对手选定运动员后，同时进入游戏。

（6）进入游戏后，首先通过单击屏幕两侧来调整运动员的发球位置，在确定位置后，单击屏幕就会出现动态的力度条，如图 7-12 所示。当力度条移动到合适的位置后，在屏幕上朝一方向滑动 ，运动员就会将球朝该方向发出，游戏开始。

▲图 7-9 暂停界面

▲图 7-10 设置 IP 界面

▲图 7-11 等待对手界面

▲图 7-12 调整力度界面

（7）主菜单中，单击屏幕下方的“选项”按钮，进入游戏的选项界面，如图 7-13 所示。在选项界面下，可设置背景音乐以及游戏的打开或关闭。在主菜单中，单击屏幕下方的“关于”按钮，进入游戏的关于界面，如图 7-14 所示。在此界面下可查看游戏开发方信息。

▲图 7-13 选项界面

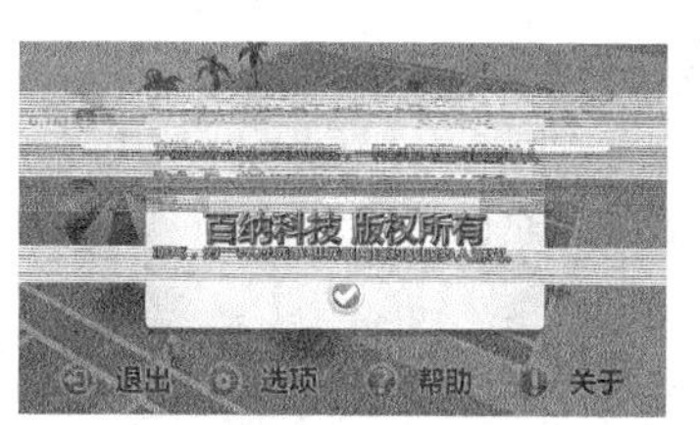

▲图 7-14 关于界面

（8）主菜单中，单击屏幕下方的“帮助”按钮，进入游戏的帮助界面，如图 7-15 所示。在帮助界面下，玩家可通过单击屏幕两侧的按钮来切换内容，根据文字说明快速了解游戏的操作方法。单击屏幕下方的“退出”按钮，如图 7-16 所示，选择确定即可退出游戏。

▲图 7-15 帮助界面

▲图 7-16 退出界面

7.2 游戏的策划及准备工作

本节主要介绍本游戏的策划及正式开发前的一些准备工作。游戏的开发需要做的准备工作，大体上包括游戏策划、美工需求和音乐等。游戏开发前的充分准备，可以保证开发人员有一个顺畅的开发流程，保证开发顺利进行。

7.2.1 游戏的策划

本小节将对本游戏的策划进行简单的介绍，通过介绍，读者将对本游戏的基本开发流程和方法有一个基本的了解。在实际的游戏开发过程中，还需更细致、更具体、更全面。

1. 游戏类型

本游戏是使用 Unity 游戏开发引擎作为开发工具，并且以 C#脚本作为开发语言开发的一款休闲体育类游戏。在本款游戏中，大量使用粒子系统、拖尾渲染器、物体碰撞的计算，以及真实网球音效。因此，使得游戏中的画面及特效显得十分逼真。

2. 运行目标平台

本例运行平台为 Android 4.0 或者更高的版本。

3. 目标受众

由于本游戏属于休闲体育类游戏，又包含了竞技的元素，所以游戏的爱好者都可以通过本游戏来体验不用风格的网球游戏。

4. 操作方式

在游戏中玩家控制一名网球运动员，发球时通过单击屏幕来操控运动员左右移动，在确定发球位置后，快速单击屏幕以显示力度条，在力度条上升到合适的位置时，快速滑动屏幕，即可完成发球，球的运动方向取决于玩家手指的滑动方向。

5. 呈现技术

本游戏采用 Unity 游戏开发引擎制作。游戏场景具有很强的的立体感和逼真的光影效果以及真实的物理碰撞，同时在绘制方面使用了着色器技术，配合粒子系统和精美的模型，玩家将在游戏中获得绚丽真实的视觉体验。

7.2.2 使用 Unity 开发游戏前的准备工作

本小节将介绍一些游戏开发前的准备工作，包括图片、声音、模型等资源的选择与制作。其详细步骤如下。

（1）下面介绍的是本游戏中所用到的纹理图片的资源，将所有按钮图片资源全部放在项目文件 Assets\Textures 文件夹下。详细情况如表 7-1 所示。

表 7-1 游戏中的纹理资源

图 片 名	大小（KB）	像素（W×H）	用 途
r1.png	20	128×128	头像 1
r2png	21	128×128	头像 2
r3.png	21	128×128	头像 3
r4.png	20	128×128	头像 4
rj1.png	31	128×128	金框头像 1
rj2.png	31	128×128	金框头像 2
rj3.png	32	128×128	金框头像 3
rj4.png	30	128×128	金框头像 4
BallTennis_A_D.png	8.80	24×24	网球贴图
boy_2.png	731	690×690	男运动员模型贴图
boy_3.png	745	690×690	男运动员模型贴图
girl_1.png	597	238×85	女运动员模型贴图
girl_2.png	719	1024×512	女运动员模型贴图
girl_3.png	703	283×85	女运动员模型贴图

续表

图　片　名	大小（KB）	像素（W×H）	用　　途
xuanming1.png	3.59	106×53	运动员名称 1
xuanming2.png	3.51	96×46	运动员名称 2
xuanming3.png	3.14	96×46	运动员名称 3
xuanming4.png	3.28	106×53	运动员名称 4
ming1.png	4.63	256×128	人物名称 1
ming2.png	6.16	256×128	人物名称 2
ming3.png	6.39	256×128	人物名称 3
ming4.png	4.67	256×128	人物名称 4
Crayon_mod_ship_hovercraft.png	356	512×512	气垫船贴图
Crayon_mod_ship_Jetski.png	351	283×85	快艇贴图
Crayon_mod_ship_kayak.png	81.8	512×256	摩托艇贴图
Crayon_mod_ship_Hokulea.png	101	256×256	木筏贴图
youximing.png	12	134×134	游戏名称贴图
houzi3.png	294	512×512	猴子贴图
bangzhu.png	15.2	255×80	帮助按钮贴图
guanyv.png	19.1	255×80	关于按钮贴图
tuichuanniu.png	15.2	255×80	退出按钮贴图
xuanxiang.png	19.1	255×80	选项按钮贴图
zailaiyiju.png	12.8	450×128	再来一句按钮贴图
icon.png	152	1280×723	游戏图标

（2）本游戏中添加了声音，这样使游戏更加真实。其中需要将声音资源放在项目目录中的 Assets/ yinxiao 文件夹下，详细情况如表 7-2 所示。

表 7-2　声音资源列表

文　件　名	大小（KB）	格　　式	用　　途
bounce	37	wav	击球音效
micek-sit1	1354	wav	撞击地面音效
LTT20070428	534	wav	暴力球击球音效
JGL_H02-jgl01	13	wav	背景音乐
xys20070525	64	mp3	海鸥鸣叫声

（3）本游戏用的 3D 模型是通过 3ds Max 生成的 FBX 文件，然后导入 Unity 的。而生成的 FBX 文件需要放在项目目录中的 Assets/Mesh 文件夹下，详细情况如表 7-3 所示。

表 7-3　模型文件清单

文　件　名	大小（KB）	格　　式	用　　途
Crayon_mod_ship_Hokulea	52	OBJ	木筏模型
Crayon_mod_ship_hovercraft_A	96	OBJ	气垫船模型
Crayon_mod_ship_Jetski	83	OBJ	快艇模型
Crayon_mod_ship_kayak	29	OBJ	摩托艇模型
Crow	297	FBX	飞鸟模型
donghua1	3725	FBX	击球动作 1 模型

续表

文 件 名	大小（KB）	格 式	用 途
donghua2	4938	FBX	击球动作 2 模型
donghua3	5274	FBX	击球动作 3 模型
donghua4	3955	FBX	击球动作 4 模型
houzi	1574	FBX	猴子模型模型
houzi1	1819	FBX	猴子动作 1 模型
houzi2	2250	FBX	猴子动作 2 模型
s11	81	FBX	裁判席模型
s22	50	FBX	休息座模型
san	3430	FBX	遮阳伞模型
san1	3430	FBX	带动画遮阳伞 1 模型
san2	3430	FBX	带动画遮阳伞 2 模型
shu	3654	FBX	椰子树模型
shudong1	3654	FBX	带动画椰子模型树
yinxiang1	67	FBX	音箱模型

7.3 游戏的架构

本节将简单介绍一下游戏的架构，读者可以进一步了解游戏的开发思路，对整个开发过程也会更加熟悉。

7.3.1 各个场景简介

Unity 游戏开发中，场景开发是开发游戏的主要工作。游戏中的主要功能都是在各个场景中实现的。每个场景包含了多个游戏对象，其中某些对象还被附加了特定功能的脚本。本游戏包含了 4 个场景，接下来对这几个场景中重要游戏对象上挂载的脚本进行简要的介绍。

1. 主菜单界面

主菜单界面是游戏中所有关卡和所有与菜单界面有关的相关界面的中转站。本游戏中的主菜单界面的主要功能均通过 Unity 新开发的 UI 系统进行实现。在该场景中可以通过单击按钮进入其他界面，如选人界面、设置界面、关于界面、帮助界面等。

2. 单人模式游戏场景

单人模式游戏场景是本游戏最重要的场景之一，也是本游戏的开发重点。该场景中有多个游戏对象，主要包括主摄像机、网球场、树、海滩等模型或场景对象。本游戏将人物游戏对象制作成了预制件，通过选人结果动态生成人物游戏。该场景中所包含的脚本如图 7-17 所示。

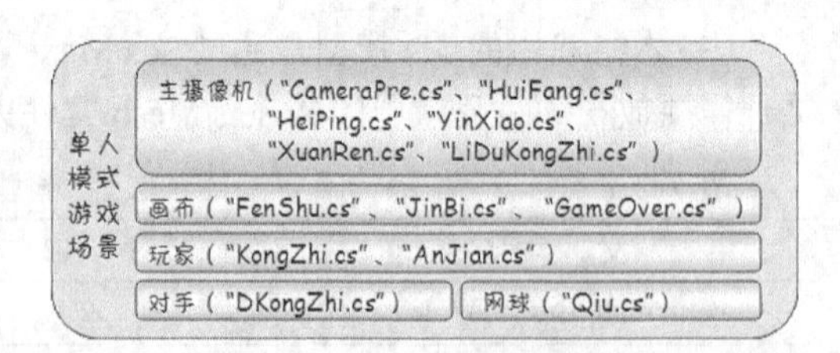

▲图 7-17 单人模式场景框架

3. 网络模式游戏场景

网络模式游戏场景也是本游戏最重要的场景之一。该场景通过从服务器发来的数据来控制场景中的人物对象和网球对象。该场景和单人模式游戏场景基本相同，也有和单人模式游戏场景几乎相同的游戏对象。该场景中所包含脚本如图 7-18 所示。

4. 加载场景

加载场景用于实现游戏场景的异步加载。场景中包含主摄像机“MainCamera”和用于搭建加载界面的 UI 对象，其功能是实现异步加载其他游戏场景，可以让玩家看到动态的加载界面。该场景中所包含的脚本如图 7-19 所示。

▲图 7-18　网络模式场景框架

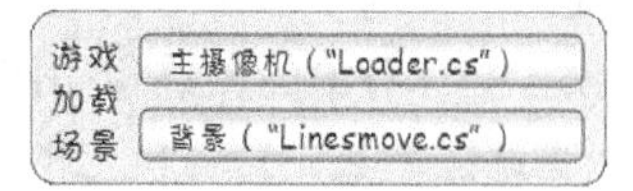

▲图 7-19　加载场景框架

7.3.2 游戏架构简介

这一节将介绍游戏的整体架构。本游戏中使用了很多脚本，接下来将按照程序运行的顺序介绍脚本的作用以及游戏的整体框架，具体步骤如下。

（1）单击游戏图标进入游戏后，经过加载界面，来到游戏的主菜单场景“UI”，主菜单场景的主摄像机被激活。此界面是用 Unity 自带的 UI 系统编写而成，UI 控件与控件之间可以进行嵌套，父控件可以包含子控件，子控件又可以进一步包含子控件。

（2）单击屏幕中间的“开始”按钮，触发挂载在“开始”按钮上的“AnNiu.cs”脚本里的 jianTing 方法会弹出游戏的模式选择界面，在模式选择界面下有两个选择按钮，分别为“单人游戏”和“多人游戏”。单击“单人游戏”按钮，通过启用“XuanRenAnNiu.cs”脚本就会弹出选人界面。

（3）在选人界面中通过单击“购买”按钮，通过挂载在“Xuanren”对象上的“GaoMai.cs”脚本来购买人物角色。当玩家滑动屏幕时，通过“XuanHuaDong.cs”来选择人物角色。单击屏幕右下方的“确认”按钮，确认选择人物并且进入选择对手角色界面。

（4）在选择对手角色界面，单击屏幕右下方的“确认”按钮进入加载界面，加载场景的主摄像机被激活，通过挂载在主摄像机上的“Loader.cs”脚本来显示加载界面并且加载单人模式游戏场景。游戏场景的主摄像机被激活，通过挂载在主摄像机上的“XuanRen.cs”脚本来创建人物。

（5）进入单人模式游戏场景后，通过单击屏幕来左右移动人物，确认人物位置后通过滑动屏幕来发球。通过挂载在人物对象上的“KongZhi.cs”脚本来计算球飞行的轨迹。通过挂载在网球对象上的“Qiu.cs”脚本来实时计算球的位置。

（6）当玩家单击右上角的“暂停”按钮时，触发挂载在暂停按钮上的“AnNiu.cs”脚本里的 jianTing 方法来暂停游戏，并且会显示出“暂停界面”功能面板。该面板包含了退出游戏、音乐开关、音效开关、重新开始、回到游戏等选项。

（7）游戏进行过程中通过挂载在人物对象上的“KongZhi.cs”脚本来控制人物角色对象的位置和动作，通过挂载在对手角色对象上的“DKongZhi.cs”脚本来控制对手角色对象的位置和动作。玩家输球后，通过挂载在主摄像机上的“HuiFang.cs”脚本来实现游戏回放。

（8）对手输球后，通过挂载在主摄像机上的“HeiPing.cs”脚本来开始下一局游戏。如果玩家或者对手有一方比分为 2 时游戏结束，这时通过挂载在“Camera”上的“XianShiGameOver.cs”脚本来显示游戏结束界面。

（9）进入游戏结束界面后，通过“GameOver.cs”脚本来实现金币飞过界面的效果。通过挂载在“Camera”上的“GameOverRen.cs”脚本来创建游戏结束界面中的人物对象。通过单击屏幕中的“退出”按钮回到主菜单界面。

（10）在模式选择界面中单击“多人游戏”按钮，通过 “XuanRenAnNiu.cs”脚本就会弹出设置 IP 界面。在设置 IP 界面中输入服务器 IP 后单击“连接”按钮，触发挂载在连接按钮上的“AnNiu.cs”脚本里的 jianTing 方法来连接服务器。

（11）成功连接服务器后进入选择人物界面，单击屏幕右下方的“确认”按钮，确认选择人物并且等待对手确认选择人物对象。双方都确认选择人物对象后同时进入加载场景，通过加载界面进入网络模式游戏场景。

（12）在网络模式游戏场景中通过“ConnectSocket.cs”脚本来接受服务器发来的数据，通过挂载在主摄像机上的“WanKongZhi.cs”脚本来分析服务器发来的数据，并通过这些数据来控制两个人物对象和网球对象的位置和动作。

（13）通过挂载在主摄像机上的“SendAnimMSG.cs”脚本来向服务器发送玩家操控指令。如果玩家中有任何一方比分为 2 时游戏结束，这时通过挂载在“Camera”上的“XianShiGameOver.cs”脚本来显示游戏结束界面。

（14）游戏结束界面中通过单击屏幕中的“退出”按钮回到主菜单界面。在主菜单界面中单击“关于”按钮，触发挂载在关于按钮上的“AnNiu.cs”脚本里的 jianTing 方法来显示关于界面。单击“帮助”按钮，触发挂载在帮组按钮上的“AnNiu.cs”脚本里的 jianTing 方法来显示帮助界面。

7.4 主菜单场景

从本节开始将依次介绍本游戏中各个场景的开发，首先介绍的是本案例中的主菜单场景，该场景在游戏开始时呈现，控制所有界面之间的跳转，同时也可以在其他场景中跳转到主菜单场景。

7.4.1　场景的搭建及其相关设置

此处的场景的搭建主要是针对游戏灯光和基础界面等因素的设置。通过本节的学习，读者将会了解到如何构建出一个基本的游戏场景界面。由于本场景是游戏中创建的第一个场景，所有步骤均有详细介绍，下面的场景搭建中省略了部分重复步骤，读者应注意。接下来将具体介绍场景的搭建步骤。

（1）新建一个场景，步骤为单击“File”选项中的“New Scene”选项，如图 7-20 所示。单击“File”选项中的“Save Scene”选项，在保存对话框中添加场景名为“UI”，作为主菜单场景，用于显示主菜单界面。

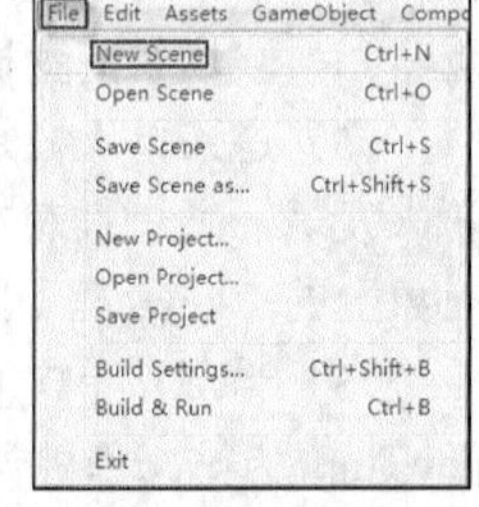

▲图 7-20　新建场景

（2）导入资源。将本游戏所要用到的资源分类整理好，然后将分类好的资源都复制到项目文件夹下的“Assets”文件夹下，所放位置在前面的介绍中提过，读者可参看本章 7.2.2 部分的相关内容。

（3）然后设置环境光和创建光源。具体步骤为单击“Edit”→“Scene Render Settings”，然后选择 Ambient 选项为“Color”，单击属性查看器中的“Ambient Color”，选择白色，如图 7-21 所示。选择“GameObject”→“Light”→“Directional Light”后会自动创建一个定向光源，如图 7-22 所示。

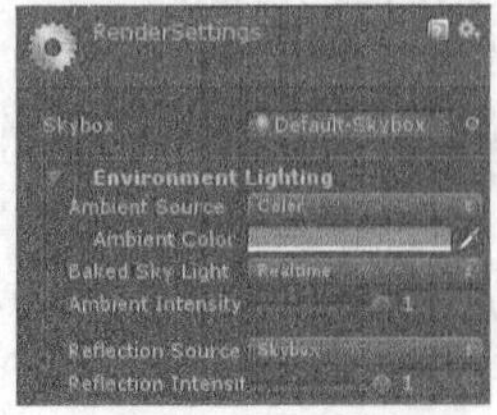

▲图 7-21　设置环境光

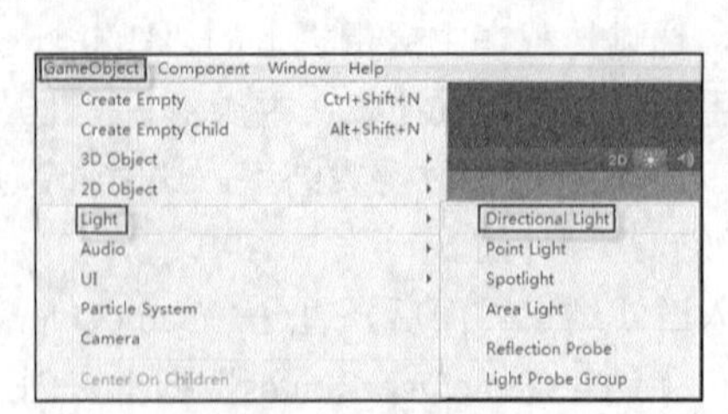

▲图 7-22　创建定向光

（4）在场景中摆放模型。在本游戏中场景中需要的模型，如网球场、树木、伞等资源已经放在对应的文件夹下，读者可以参看第 7.2.2 节的相关内容。

（5）创建主菜单界面。创建一个 Canvas 对象，具体步骤为“GameObject”→“UI”→“Canvas”。在“Canvas”对象中创建 5 个按钮对象，具体步骤为“GameObject”→“UI”→“Button”，如图 7-23 所示，分别将 5 个 Button 对象的“Text”子对象删除。

（6）将 5 个 Button 对象分别命名为“bangzhu”“kaishiyouxi”“duishu”“xuanxiang”和“guanyu”，分别设置 5 个按钮的位置和大小，将 4 个菜单按钮放在主菜单界面的下方，将“开始”游戏按钮放在主菜单界面的中间。

（7）设置 5 个 Button 对象的“Image”组件的“Source Image”属性，将“Assets/Textures”文件夹下的对应的图片资源拖曳到“Source Image”属性框中，如图 7-24 所示。具体资源位置参见 7.2.2 节的相关内容。

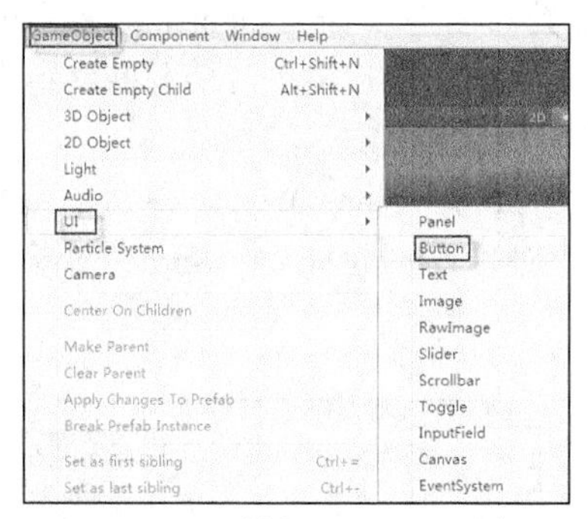

▲图 7-23 创建“Button”对象

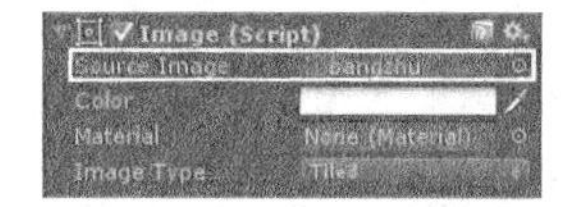

▲图 7-24 设置“Source Image”属性

（8）创建两个 Image 对象。具体步骤为“GameObject”→“UI”→“Image”，如图 7-25 所示，然后分别重命名为“xiaban”和“mingzi”，将“Assets/Textures”文件夹下的对应的图片资源拖曳到“Source Image”属性框中。

（9）分别设置两个 Image 对象的位置和大小，将“xiaban”对象放在主菜单界面的下方，将“mingzi”对象放在主菜单界面中间上方。“xiaban”对象用于确定 4 个菜单按钮的位置，“mingzi”对象用于显示游戏名字。主菜单界面的对象结构如图 7-26 所示。

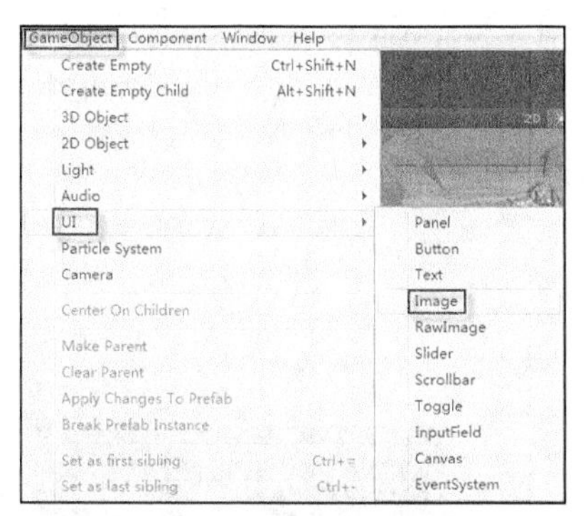

▲图 7-25 创建“Image”对象

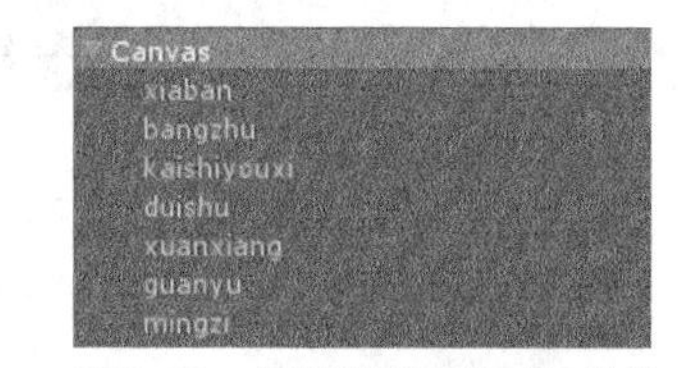

▲图 7-26 主菜单界面的对象结构

（10）创建主菜单界面图标。创建一个 Canvas 对象，在“Canvas”对象中创建 3 个 Image 对象用于显示按钮图标，3 个 Image 对象分别重命名为“duichul”“bangzhul”和“guanyul”。将 3 个按钮图标分别放在 3 个菜单按钮中间。主菜单界面图标的对象结构如图 7-27 所示。

（11）创建一个 Image 对象。该对象主要用于使屏幕变黑。创建一个 Canvas 对象，在“Canvas”

对象中创建一个 Image 对象并命名为“hei”，设置“hei”对象的位置和大小使其可以完全覆盖屏幕。将一张黑色图片资源拖曳到“Source Image”属性框中。

（12）创建选项界面。创建一个 Canvas 对象并命名为“xuanxiangban”，在“xuanxiangban”对象中创建 3 个 Image 对象和 3 个按钮对象，将“Assets/Textures”文件夹下的对应的图片资源拖曳到对应“Source Image”属性框中。选项界面的对象结构如图 7-28 所示。

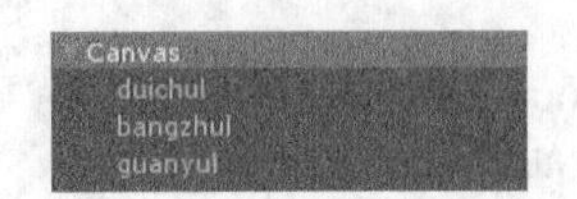

▲图 7-27　主菜单界面图标的对象结构

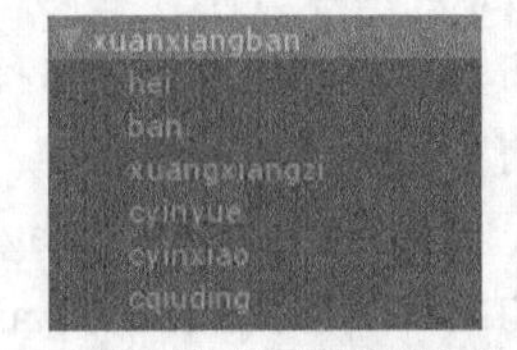

▲图 7-28　选项界面的对象结构

（13）创建选项界面图标。创建一个 Canvas 对象并命名为“xuanxiangbanzi”，在“xuanxiangbanzi”对象中创建 3 个 Image 对象，将“Assets/Textures”文件夹下对应的图片资源拖曳到对应的“Source Image”属性框中。选项界面图标的对象结构如图 7-29 所示。

（14）创建帮助界面。创建一个空对象，具体步骤为“GameObject”→“Create Empty”，然后命名为“bangzhuchangj”。在“bangzhuchangj”对象中创建 6 个 Sprite 对象，具体步骤为“GameObject”→“2D Object”→“Sprite”，如图 7-30 所示。

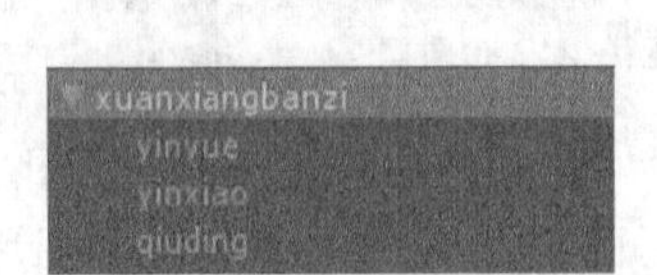

▲图 7-29　选项界面图标的对象结构

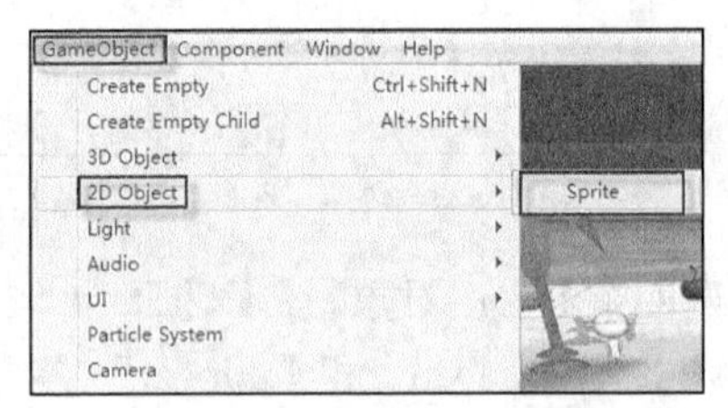

▲图 7-30　选项界面的对象结构

（15）将创建的 Sprite 对象分别命名为“ban”“xuanze”“bangzhufanhui”“zuoannuo”“youannuo”。为“bangzhufanhui”“zuoannuo”“youannuo”对象添加 Box Collider 组件，具体步骤为“Component”→“Physics”→“Box Collider”，如图 7-31 所示。

（16）设置 6 个 Sprite 对象的“Sprite Renderer”组件的“Sprite”属性，将“Assets/Textures”文件夹下的对应的图片资源拖曳到“Sprite”属性框中，如图 7-32 所示。在“bangzhuchangj”对象中创建一个 Plane 对象。

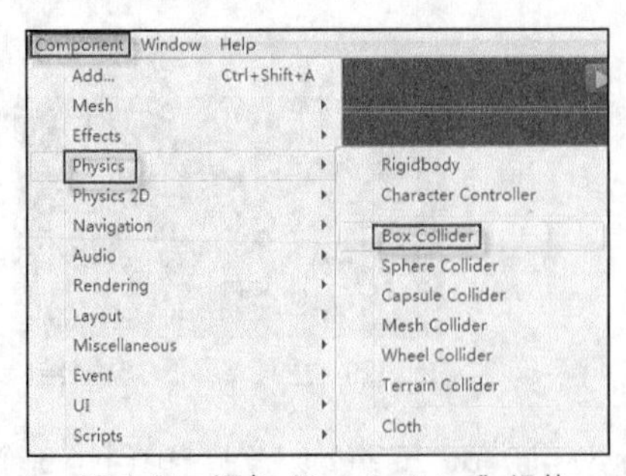

▲图 7-31　添加“Box Collider”组件

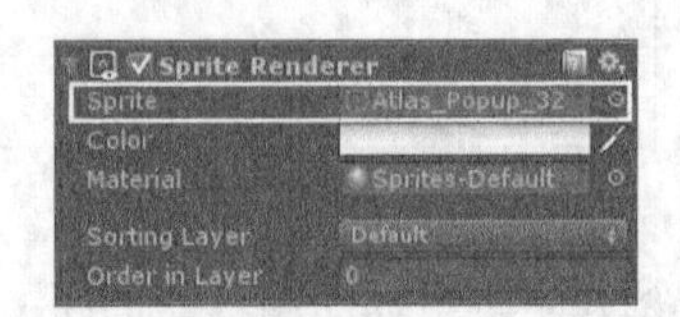

▲图 7-32　设置“Sprite”属性

（17）为 Plane 对象添加纹理图，将“Assets/Textures”文件夹下的“bangzhutupian”图片拖曳到“Plane”对象上。设置“Plane”对象的着色器的参数，具体参数设置如图 7-33 所示。设置“Plane”

对象的位置和大小，具体参数如图 7-34 所示。

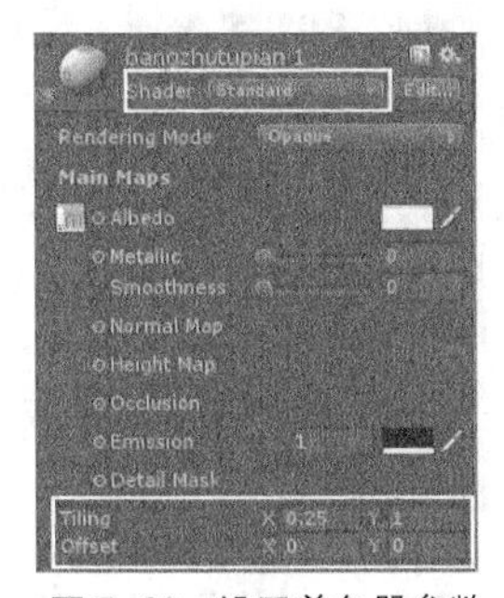

▲图 7-33 设置着色器参数

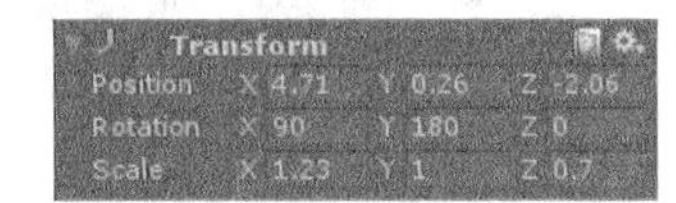

▲图 7-34 设置“Plane”对象的位置和大小

（18）创建关于界面。创建一个 Canvas 对象并命名为“guanyuban”，在“guanyuban”对象中创建 3 个 Image 对象和一个按钮对象，将“Assets/Textures”文件夹下的对应的图片资源拖曳到对应的“Source Image”属性框中。关于界面的对象结构如图 7-35 所示。

（19）创建关于界面图标。创建一个 Canvas 对象并命名为“guanyubanzi”，在“guanyubanzi”对象中创建一个 Image 对象，将“Assets/Textures”文件夹下的对应的图片资源拖曳到对应的“Source Image”属性框中。关于界面图标的对象结构如图 7-36 所示。

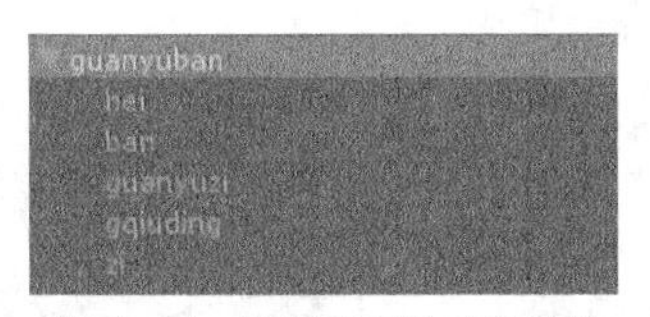

▲图 7-35 关于界面的对象结构

▲图 7-36 关于界面图标的对象结构

（20）创建确认退出游戏界面。创建一个 Canvas 对象并命名为“dishi”，在“dishi”对象中创建 4 个 Image 对象和两个按钮对象，将“Assets/Textures”文件夹下的对应的图片资源拖曳到对应的“Source Image”属性框中。确认退出游戏界面的对象结构如图 7-37 所示。

（21）创建确认退出游戏界面图标。创建一个 Canvas 对象并命名为“dishizi”，在“dishizi”对象中创建两个 Image 对象，将“Assets/Textures”文件夹下的对应的图片资源拖曳到对应“Source Image”属性框中。确认退出游戏界面图标的对象结构如图 7-38 所示。

▲图 7-37 确认退出游戏界面的对象结构

▲图 7-38 确认退出游戏界面图标的对象结构

（22）创建选择游戏模式界面。创建一个空对象，然后命名为“XuanMoshi”。在“XuanMoshi”对象中创建 10 个 Sprite 对象，然后分别对这 10 个 Sprite 对象进行重命名，具体命名如图 7-39 所示。为“danren”“duoren”“moshifanhui”对象添加 Box Collider 组件。

（23）创建设置 IP 界面。创建一个 Canvas 对象并命名为“shezhiip”，在“shezhiip”对象中创建 13 个按钮、3 个 Image 对象和 1 个 Text 对象，将“Assets/Textures”文件夹下的对应的图片资源拖曳到对应“Source Image”属性框中。设置 IP 界面的对象结构如图 7-40 所示。

（24）创建选择运动员界面。创建一个空对象，然后命名为“Xuanren”。在“Xuanren”对象中创建 6 个 Sprite 对象，然后分别对这 6 个 Sprite 对象进行重命名，具体命名如图 7-41 所示。然后在“xuanren1”对象中创建 17 个 Sprite 对象，如图 7-42 所示。

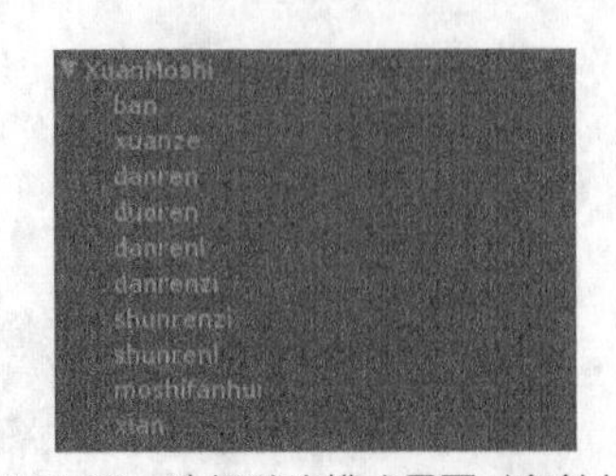

▲图 7-39　选择游戏模式界面对象结构

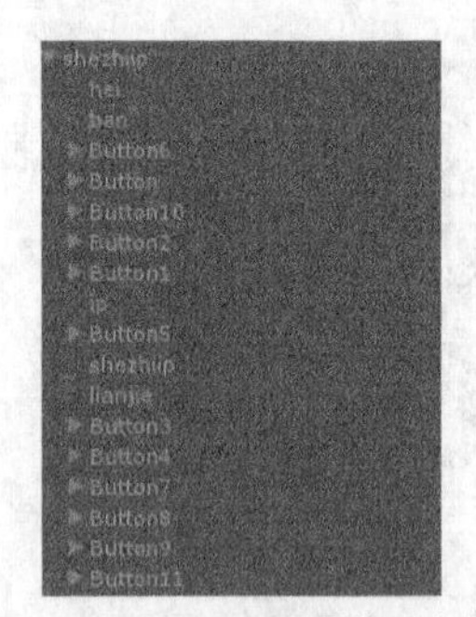

▲图 7-40　设置 IP 界面的对象结构

（25）创建选择对手界面。创建选择对手界面的具体步骤和创建选择运动员界面的步骤基本相同，读者可以参考上面创建选择运动员界面的步骤进行创建，这里不再赘述，选择对手界面的对象结构如图 7-43 所示。

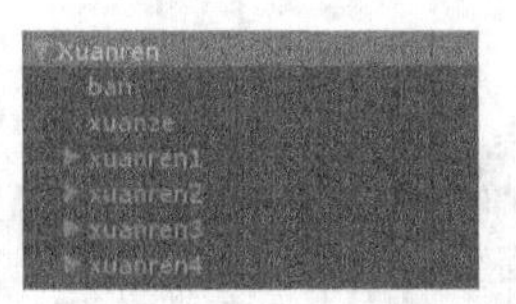

▲图 7-41　选择游戏模式界面对象结构

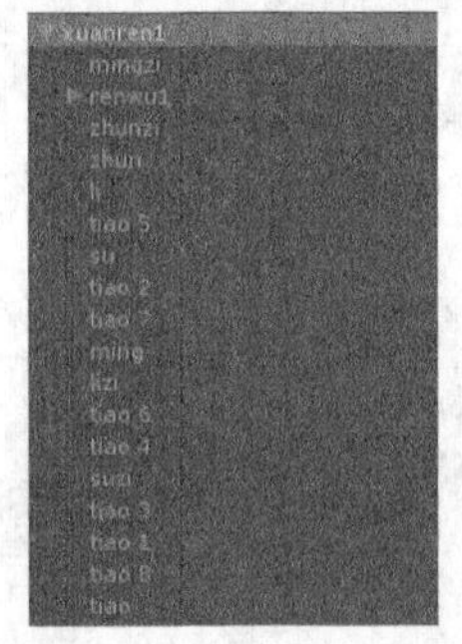

▲图 7-42　设置 IP 界面的对象结构

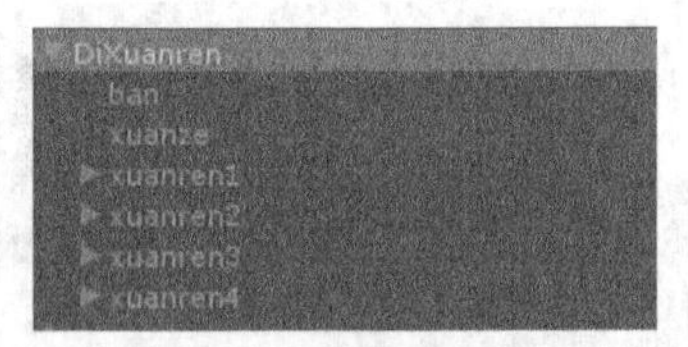

▲图 7-43　选择对手界面的对象结构

7.4.2　各对象的脚本开发及相关设置

本小节将要介绍各对象的脚本开发及相关设置，实现各个界面的呈现和界面之间的跳转，具体步骤如下。

（1）创建主摄像机对象。单击“GameObject”→“Camera”，创建一个摄像机对象并命名为“Camera”。设置“Camera”对象的位置和方向，具体参数如图 7-44 所示。设置摄像机参数，具体参数如图 7-45 所示。

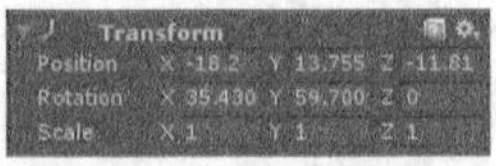

▲图 7-44　“Camera”对象的位置和方向

（2）在“Assets”文件夹中单击鼠标右键，在弹出的菜单中选择“Create”→“Folder”，新建文件夹。重命名为“Scripts”。在“Scripts”文件夹中，单击鼠标右键，在弹出的菜单中选择“Create”→“C# Script”创建脚本，命名为“YinXiao.cs”，如图 7-46 所示。

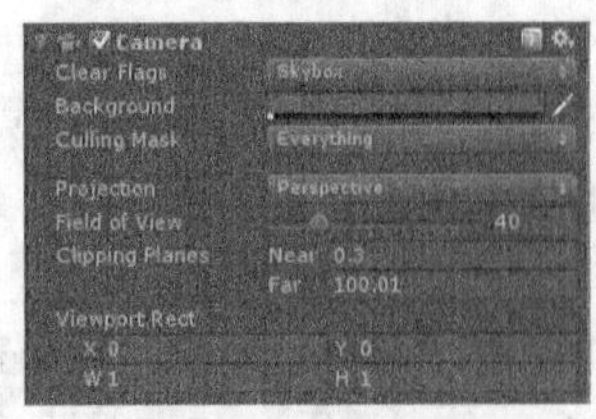

▲图 7-45　摄像机参数

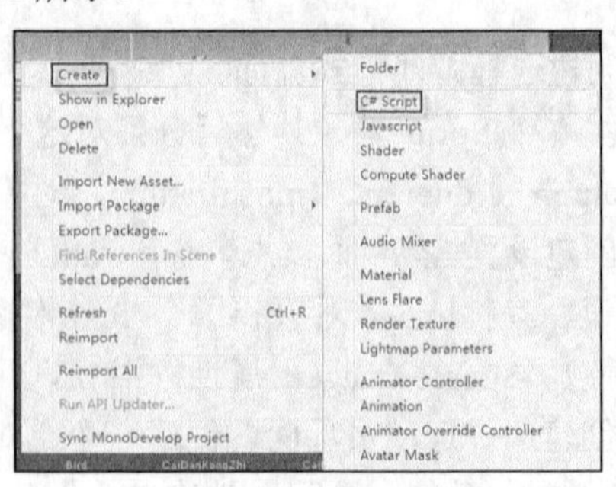

▲图 7-46　创建脚本

（3）双击脚本，进入“MonoDevelop”编辑器中，开始“YinXiao.cs”脚本的编写。该脚本主要用于控制主菜单场景中的音效，脚本代码如下。

代码位置：见随书源代码/第 7 章目录下的 TennisGame/Assets/Scripts/YinXiao.cs。

```
1      using UnityEngine;
2      using System.Collections;
3      public class YinXiao : MonoBehaviour {
4        public AudioSource yinXiang                  //声明声音源变量
5        void Start () {
6          Time.timeScale = 1;                        //开始游戏
7        }
8        void Update (){
9          if (JingTai.yinYue){                       //如果开启音乐
10           yinXiang.volume = 0.3f;                  //设置音量为 0.3
11         }else{
12         yinXiang.volume = 0f;                      //设置音量为 0
13     }}}
```

- 第 3～7 行的主要功能是变量声明和初始化游戏参数，主要声明了声音源变量。在开发环境下的属性查看器中可以为各个参数指定资源或者取值。
- 第 8～13 行实现了 Update 方法的重写，该方法系统每帧调用一次，主要功能是控制主菜单场景中的背景音乐开关，通过音量来关闭背景音乐。

（4）前面介绍了“YinXiao.cs”的开发，接下来新建脚本，并将脚本命名为“ChuShiHua”。该脚本主要用于当加载游戏时初始化游戏里的一些参数。脚本编写完毕之后，将此脚本拖曳到“Camera”上，具体代码如下。

代码位置：见随书源代码/第 7 章目录下的 TennisGame/Assets/Scripts/ChuShiHua.cs。

```
1      using UnityEngine;
2      using System.Collections;
3      public class ChuShiHua : MonoBehaviour {
4        void Start () {
5        int m1 = PlayerPrefs.GetInt("m1");              //获取人物 1 是否购买数据
6        if (m1 == 1){                                    //如果数据为 1
7          JingTai.isMai[0] = true;                       //人物 1 已经购买
8        }
9        ...//此处省略人物 2 和人物 3 判断是否已购买的代码，有兴趣的读者可以自行查看源代码
10       int d=PlayerPrefs.GetInt("di");                 //获取游戏是否是第一次运行标志位
11       if (d == 0){                                    //如果游戏是第一次运行
12         JingTai.jinBi = 500;                          //设置初始金币数为 500
13         PlayerPrefs.SetInt("jinbi", 500);             //记录金币数
14         PlayerPrefs.SetInt("di", 1);                  //记录游戏运行一次
15       }else{
16         JingTai.jinBi = PlayerPrefs.GetInt("jinbi");    //获取金币数
17     }}}
```

- 第 4～9 行的主要功能是确认人物 1、人物 2 和人物 3 是否已购买。通过获取人物 1、人物 2 和人物 3 是否购买的数据，如果数据为 1，则表示人物 1 已经购买。
- 第 10～16 行的主要功能是初始化金币数。通过获取游戏是否是第一次运行标志位，来判断游戏是否是第一次运行。如果游戏是第一次运行，则设置初始金币数为 500，否则通过获取金币数来定初始金币数。

（5）前面介绍了“ChuShiHua.cs”的开发，接下来新建脚本，并将脚本命名为“ZiShiYingXia”。该脚本的主要功能是为菜单按钮实现屏幕自适应。脚本编写完毕之后，将此脚本拖曳到主菜单界面上的菜单按钮对象上，具体代码如下。

代码位置：见随书源代码/第 7 章目录下的 TennisGame/Assets/Scripts/ZiShiYingXia.cs。

```
1      using UnityEngine;
2      using System.Collections;
3      public class ZiShiYingXia : MonoBehaviour {
4        RectTransform rect;                     //游戏对象位置和大小变量
5        float screenX;                          //屏幕的宽度
```

```
6      float screenY;                          //屏幕的长度
7      float screenXX=960f;                    //标准屏幕宽度
8      float screenYY=540f;                    //标准屏幕长度
9      public RectTransform xiaBan;            //菜单按钮位置
10     void Start () {
11       rect = this.GetComponent<RectTransform>();    //获取游戏对象的位置和大小
12     }
13     void Update () {
14       screenX = Screen.width / screenXX;            //获取屏幕与标准屏幕的宽度比例
15       screenY = Screen.height / screenYY;           //获取屏幕与标准屏幕的长度比例
16       screenXX = Screen.width;                      //获取屏幕宽度
17       screenYY = Screen.height;                     //获取屏幕长度
18       Vector3 te = rect.localScale;                 //获取游戏对象缩放比
19       te.x = te.x * screenX;                        //设置 x 轴缩放比
20       te.y = te.y * screenX;                        //设置 y 轴缩放比
21       te.z = te.z * screenX;                        //设置 z 轴缩放比
22       rect.localScale = te;                         //设置游戏对象缩放比
23       Vector3 te1 = rect.localPosition;             //获取游戏对象位置
24       te1.x = te1.x * screenX;                      //设置 x 轴位置
25       if (this.name == "xiaban"){                   //如果游戏对象名字为"xiaban"
26         te1.y = te1.y * screenY - (te.y / screenX * screenY - te.y) * rect.
           sizeDelta.y / 2;//设置 y 轴位置
27       }else{
28         if (Application.loadedLevelName == "UI"){   //如果游戏场景为"UI"
29           te1.y = xiaBan.localPosition.y + Screen.height / 35f;    //设置 y 轴位置
30         }else{
31           te1.y = xiaBan.localPosition.y;           //设置 y 轴位置
32       }}
33       rect.localPosition = te1;                     //设置游戏对象位置
34   }}
```

- 第 4～9 行的主要功能是变量声明，主要声明了游戏对象位置和大小变量、屏幕的长度、宽度和菜单按钮位置等变量。在开发环境下的属性查看器中可以为各个参数指定资源或者取值。
- 第 10～12 行实现了 Start 方法的重写。该方法在脚本加载时执行，主要功能是在初始化场景的时候获取游戏对象的位置和大小。
- 第 14～17 行的主要功能是获取屏幕与标准屏幕的宽度和长度的比例，以及获取屏幕的宽度和长度。通过获取屏幕的宽度和长度来计算菜单按钮的位置和大小，使菜单按钮可以在不同屏幕分辨率下实现自适应。
- 第 18～22 行的主要功能是获取游戏对象缩放比，然后通过屏幕的宽度和长度来计算游戏对象在自适应状态下的缩放比来设置游戏对象的缩放比。
- 第 23～33 行的主要功能是设置游戏对象的位置。通过获取游戏对象位置，然后根据"xiaban"对象的 y 轴坐标来确定游戏对象的 y 轴坐标。

（6）前面介绍了"ZiShiYingXia.cs"的开发，接下来新建脚本，并将脚本命名为"XuanRenAnNiu"。该脚本的主要功能是实现选择人物界面和选择对手界面中的按钮的功能。脚本编写完毕之后，将此脚本拖曳到"Main Camera"对象上，具体代码如下。

代码位置：见随书源代码/第 7 章目录下的 TennisGame/Assets/Scripts/XuanRenAnNiu.cs。

```
1    using UnityEngine;
2    using System.Collections;
3    public class XuanRenAnNiu : MonoBehaviour {
4      ...//此处省略了一些声明游戏对象的引用的代码，有兴趣的读者可以自行查看源代码
5      Vector2 offset;                         //纹理偏移量
6      bool zuo,you;                           //向左向右移动标志位
7      float teLong;                           //记录移动距离的变量
8      float yuanLong;                         //记录移动完成时位置变量
9      void Start () {
10       offset = new Vector2(0f,0f);          //初始化纹理偏移量
11       bangZhuBan.GetComponent<MeshRenderer>().material.SetTextureOffset
12       ("_MainTex", offset);                 //设置帮助板对象的纹理偏移量
13     }
14     void Update () {
```

```
15          if (JingTai.wangLuo){              //如果游戏模式为网络模式
16            fanHui.SetActive(false);         //关闭返回按钮
17          }
18          if (Input.touchCount != 0){        //如果触摸点数量不等于 0
19            Touch touch = Input.touches[0];          //获取第一个触摸点
20            if (touch.phase == TouchPhase.Ended){ //如果触摸事件结束
21              Ray ray = Camera.main.ScreenPointToRay(touch.position);
                                                       //获取从触摸点发出的射线
22              RaycastHit hit;                        //定义光线投射碰撞结构
23              if (Physics.Raycast(ray, out hit)){ //获取光线投射碰撞结构
24                ...//此处省略了实现按钮监听的代码，在下面将详细介绍
25          }}}
26          yiDong();                                  //帮助板对象纹理移动
27      }}
```

- 第 4～8 行的主要功能是变量声明，主要声明了游戏对象的引用以及纹理偏移量、向左向右移动标志位等变量。在开发环境下的属性查看器中可以为各个参数指定资源或者取值。
- 第 9～13 行实现了 Start 方法的重写。该方法在脚本加载时执行，主要功能是在初始化场景的时候初始化纹理偏移量以及设置帮助板对象的纹理偏移量。
- 第 14～17 行的主要功能是如果游戏模式为网络模式，则关闭返回按钮。如果玩家选择的是网络模式，则通过关闭返回按钮的方式来取消返回功能。
- 第 18～25 行的主要功能是实现按钮功能。通过获取触摸点，然后通过从触摸点发出的射线来获取光线投射碰撞结构，从结构体中获取触摸到的按钮对象名。

（7）“XuanRenAnNiu.cs”脚本中通过从触摸点发出的射线来获取光线投射碰撞结构，从结构体中获取触摸到的按钮对象名来判断玩家触摸到哪个按钮，据此执行相应的按钮功能。执行相应的按钮功能的代码如下。

代码位置：见随书源代码/第 7 章目录下的 TennisGame/Assets/Scripts/XuanRenAnNiu.cs。

```
1       if (hit.transform.gameObject.name == queDing.name){       //确认购买按钮
2         ...//此处省略了执行确认购买按钮的代码，有兴趣的读者可以自行查看源代码
3       }else if (hit.transform.gameObject.name == xuXiao.name){ //取消购买按钮
4         queRenBan.SetActive(false);                            //关闭取消购买面板
5         XuanHuaDong x=(XuanHuaDong)ban.GetComponent<XuanHuaDong>();//获取 XuanHuaDong 组件
6         x.enabled = true;                              //启用“XuanHuaDong”脚本组件
7         GaoMai g = (GaoMai)ban.GetComponent<GaoMai>();   //获取“GaoMai”组件
8         g.enabled = true;                              //启用“GaoMai”脚本组件
9       }else if (hit.transform.gameObject.name == cuoWu2.name){  //选择相同人物错误按钮
10        cuoWuBan2.SetActive(false);                   //关闭错误界面
11        XuanHuaDong x=(XuanHuaDong)diBan.GetComponent<XuanHuaDong>();//获取XuanHuaDong 组件
12        x.enabled = true;                             //启用“XuanHuaDong”脚本组件
13      }else if (hit.transform.gameObject.name == wanSheng.name){      //选择人物确认按钮
14        ...//此处省略了执行选择人物确认按钮的代码，有兴趣的读者可以自行查看源代码
15      }else if (hit.transform.gameObject.name == fanHui.name){  //选择人物返回按钮
16        ...//此处省略了执行选择人物返回按钮的代码，有兴趣的读者可以自行查看源代码
17      }else if (hit.transform.gameObject.name == diFanHui.name){ //选择对手返回按钮
18        JingTai.diRenID = JingTai.xuanRen;                      //设置选人 ID
19        XuanBianHei x = (XuanBianHei)hei.GetComponent<XuanBianHei>(); //获取XuanBianHei 组件
20        x.kai1 = true;                                 //设置“kai1”标志位为 true
21      }else if (hit.transform.gameObject.name == diQueDing.name){  //选择对手确认按钮
22        ...//此处省略了执行选择对手确认按钮的代码，有兴趣的读者可以自行查看源代码
23      }else if (hit.transform.gameObject.name == shuangRen.name){  //双人模式按钮
24        IPBan.SetActive(true);                         //开启设置 IP 面板
25        IPBan1.SetActive(true);                        //开启设置 IP 图标面板
26        JingTai.wangLuo = true;                        //设置网络模式标志位为“true”
27        this.enabled = false;                          //关闭本脚本
28      }else if (hit.transform.gameObject.name == zuoAnNiu.name&&!zuo&&!you){
                                                         //向左移动按钮
29        zuo = true;                                    //向左移动标志位设为“true”
30        yuanLong = offset.x;                           //记录纹理偏移量 x 轴
31      }else if (hit.transform.gameObject.name == youAnNiu.name && !zuo && !you) {
                                                         //向右移动按钮
32        you = true;                                    //向右移动标志位设为“true”
33        yuanLong = offset.x;                           //记录纹理偏移量 x 轴
34      }
```

- 第1～8行的主要功能是执行按下确认购买按钮和取消购买按钮的事件。此处省略了执行确认购买按钮的代码，有兴趣的读者可以自行查看源代码。
- 第9～14行的主要功能是执行按下选择相同人物错误按钮和选择人物确认按钮的事件。此处省略了执行选择人物确认按钮的代码，有兴趣的读者可以自行查看源代码。
- 第15～20行的主要功能是执行按下选择人物返回按钮和选择对手返回按钮的事件。此处省略了执行选择人物返回按钮的代码，有兴趣的读者可以自行查看源代码。
- 第21～27行的主要功能是执行按下选择对手确认按钮和选择双人模式按钮的事件。此处省略了执行选择对手确认按钮的代码，有兴趣的读者可以自行查看源代码。
- 第28～33行的主要功能是执行按下向左移动按钮和向右移动按钮的事件。通过向左移动标志位设为"true"来实现向左移动，通过向右移动标志位设为"true"来实现向右移动。

（8）前面介绍了"XuanRenAnNiu.cs"的开发，接下来新建脚本，并将脚本命名为"LoadKongZhi"。该脚本的主要功能是为加载场景设置需要加载的场景名。脚本编写完毕之后，将此脚本拖曳到"Main Camera"对象上，具体代码如下。

代码位置：见随书源代码/第7章目录下的 TennisGame/Assets/Scripts/LoadKongZhi.cs。

```
1    using UnityEngine;
2    using System.Collections;
3    public class LoadKongZhi:MonoBehaviour{
4      void Update () {
5        if (GameData.zhi == 11){                   //如果需要加载游戏场景
6          GameData.zhi = 0;                        //标志位归零
7          if (JingTai.kongZhiRen){                 //如果玩家控制的是 1 号人物
8            JingTai.loadScene ="ren1";             //设置加载游戏场景名为 1 号游戏场景
9            Application.LoadLevel("loading");  //加载加载场景
10         }else{
11           JingTai.loadScene = "ren2";            //设置加载游戏场景名为 2 号游戏场景
12           Application.LoadLevel("loading");  //加载加载场景
13   }}}}
```

- 第4～9行的主要功能是如果需要加载游戏场景，则标志位归零。如果玩家控制的是1号人物，则设置加载游戏场景名为1号游戏场景，然后加载加载场景。
- 第10～13行的主要功能是如果玩家控制的是2号人物，则设置加载游戏场景名为2号游戏场景，然后加载加载场景。

（9）创建人物对象。将模型"renwu1.fbx"拖动到场景中，并命名为"renwu1"。设置"renwu1"对象的位置和大小，具体参数如图7-47所示。为"renwu1"对象指定纹理图，将"Assets/Textures"文件夹下的"boy_2. png"图片资源拖曳到"renwu1"对象上。

（10）创建"renwu1"对象的动画控制器。在"Assets/AnimatorControllers"文件夹中单击鼠标右键，在弹出的菜单中选择"Create"→"Animator Controller"创建动画控制器，如图7-48所示，然后重命名为"kongzhi.controller"。

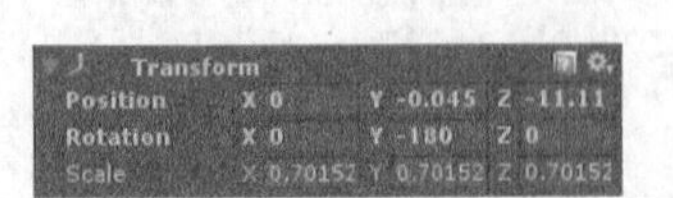

▲图7-47　设置"renwu1"对象的位置和大小

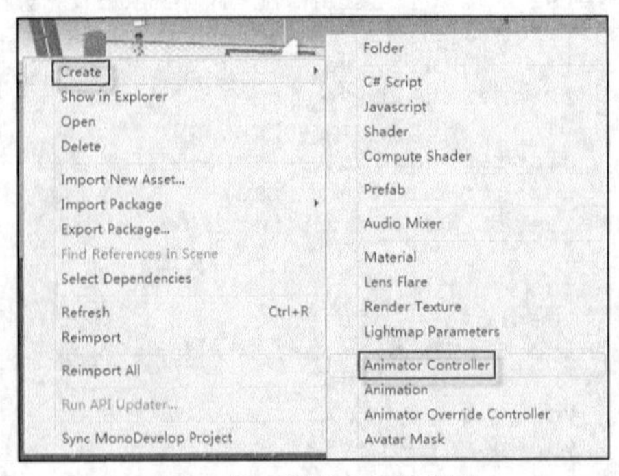

▲图7-48　创建动画控制器

（11）双击“kongzhi.controller”动画控制器，打开动画控制器编辑窗口，如图 7-49 所示。将需要的动画片段拖曳到动画控制器编辑窗口，右击动画片段，在弹出的菜单中选择“Make Transition”，如图 7-50 所示，然后引出一条线来连接需要连接的动画片段。

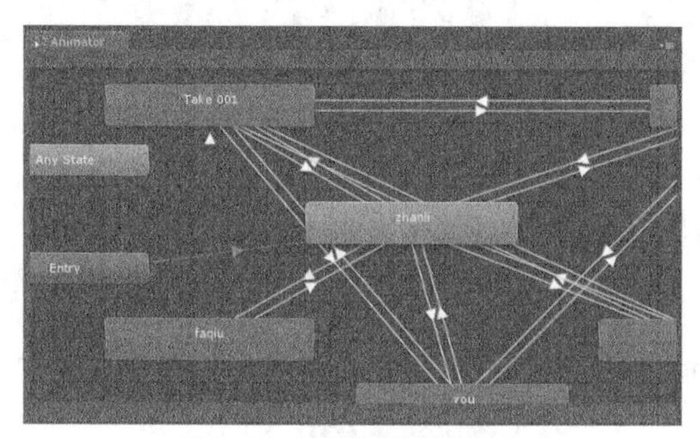

▲图 7-49　动画控制器编辑窗口

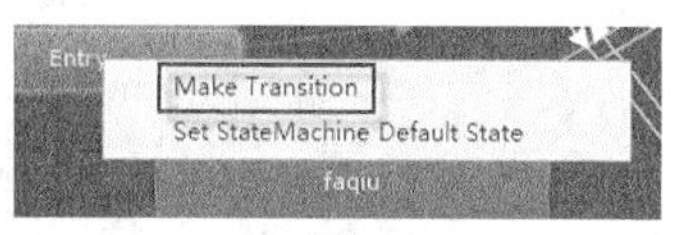

▲图 7-50　选择“Make Transition”

（12）单击连接动画片段的线段上的箭头来设置动画播放触发标志，如图 7-51 所示。单击加号添加动画播放触发标志。动画控制器编辑完成后将“kongzhi.controller”文件拖曳到“renwu1”对象的“Animator”组件的“Controller”属性框中，如图 7-52 所示。

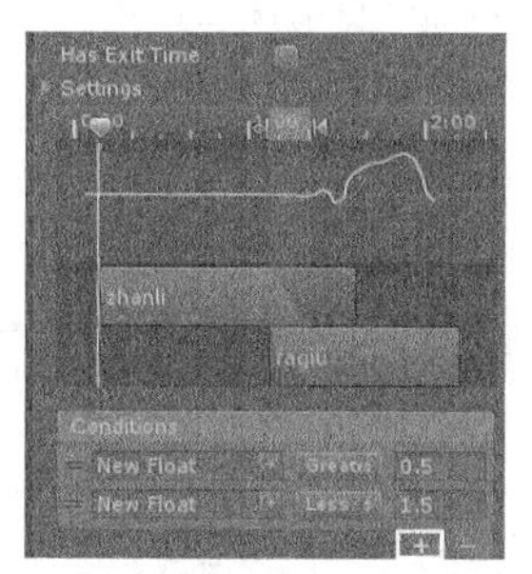

▲图 7-51　设置动画播放触发标志

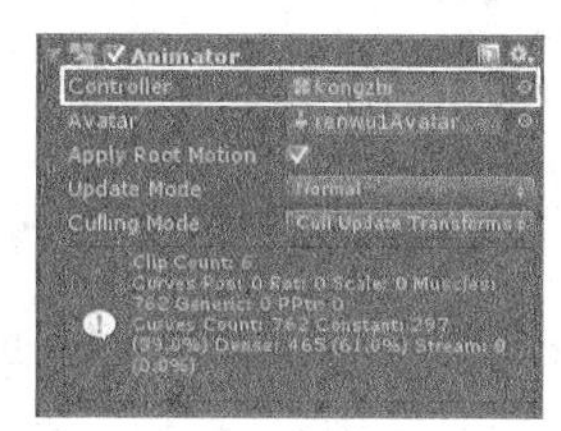

▲图 7-52　“renwu1”对象的“Animator”组件

（13）前面介绍了动画控制器的创建，接下来新建脚本，并将脚本命名为“CaiDanRenKongZhi”。该脚本的主要功能是控制人物对象的动作、移动和打球。脚本编写完毕之后，将此脚本拖曳到“renwu1”对象上，具体代码如下。

代码位置：见随书源代码/第 7 章目录下的 TennisGame/Assets/Scripts/CaiDanRenKongZhi.cs。

```
1     using UnityEngine;
2     using System.Collections;
3     public class CaiDanRenKongZhi : MonoBehaviour {
4       Animator tee;                                    //动画控制器组件
5       GameObject qiu;                                  //网球对象
6       float time = 0f;                                 //用于记录时间
7       GameObject diRen;                                //对手角色对象
8       float qiuSuDu;                                   //球的速度
9       GameObject tuiWei;                               //拖尾渲染器对象
10      GameObject baoTuiWei;                            //暴力球拖尾对象
11      void Start (){
12        qiu = GameObject.Find("qiu");                  //获取球对象
13        diRen = GameObject.Find("diren");              //获取对手角色
14        tuiWei = GameObject.Find("ball 12");           //获取拖尾渲染器对象
15        baoTuiWei = GameObject.Find("ball 13");        //获取暴力球拖尾对象
16        tee = this.GetComponent<Animator>();           //获取动画控制器组件
17        JingTai.da = true;                             //初始化打球标志位
18        JingTai.renDa = true;                          //初始化人物打球标志位
19      }
20      void Update () {
21        if (!JingTai.renDa && (JingTai.fei || JingTai.peng || JingTai.shu)
          && !JingTai.isPai){                                         //如果球正在飞
```

```
22            time += Time.deltaTime;                //用于记录的时间不断增加
23          }else{
24            time = 0f;                             //用于记录的时间归零
25          }
26          if (time <= JingTai.paoTime && (!JingTai.renDa && (JingTai.fei || JingTai.peng) &&
27          !JingTai.isPai) && JingTai.isDao){       //如果人物需要移动
28            tee.SetFloat("New Float", -1f);        //播放人物移动动画
29            Vector3 te = transform.position;       //获取人物位置
30            te = te + JingTai.rSpeed * JingTai.renSpeed * Time.deltaTime;
                                                     //计算人物移动距离
31            transform.position = te;               //设置人物移动后的位置
32          }else if (time > JingTai.paoTime && (!JingTai.renDa &&
            (JingTai.fei || JingTai.peng) &&
33           !JingTai.isPai) && JingTai.isDao){      //如果人物不需要移动
34            tee.SetFloat("New Float", 0f);         //播放人物站立动画
35          }
36          if (time >= (JingTai.useTime3 + JingTai.useTime - 0.2f) &&
            (JingTai.fei || JingTai.peng ||
37          JingTai.shu) && JingTai.isDao){          //如果需要接球
38            if (!JingTai.isPai){                   //如果还没有打球
39              if (!JingTai.chuJie){                //如果球没有出界
40                tee.SetFloat("New Float", 2f);     //播放打球动画
41              }else{
42                tee.SetFloat("New Float", 0f);     //播放人物站立动画
43              }
44              JingTai.isPai = true;                //人物打球完成
45          }}
46          if (JingTai.da && JingTai.renDa){        //如果人物打球
47            JingTai.kongPai = true;                //空拍标志位设为“true”
48            JingTai.isPai = false;                 //打球完成标志位设为“false”
49            JingTai.da = false;                    //人物打球标志位设为“false”
50            setPosition();                         //计算落球点位置
51            isPeng();                              //计算人物是否能打到球
52            JingTai.fei = true;                    //球飞标志位设为“true”
53        }}
54        ...//此处省略了计算球飞抛物线轨迹的代码，在下面将详细介绍
55      }
```

- 第 4～10 行的主要功能是变量声明，主要声明了动画控制器组件、网球对象和对手角色对象等变量。在开发环境下的属性查看器中可以为各个参数指定资源或者取值。
- 第 11～19 行实现了 Start 方法的重写。该方法在脚本加载时执行，主要功能是在初始化场景的时候获取各个游戏对象以及初始化一些标志位。
- 第 21～25 行的主要功能是记录球的飞行时间。如果球正在飞，则用于记录的时间不断增加，否则用于记录的时间归零。
- 第 26～31 行的主要功能是使人物移动到指定位置。如果人物需要移动，则播放人物移动动画，并且不断改变人物对象位置。
- 第 32～35 行的主要功能是使人物站立在原地。如果人物不需要移动，则播放人物移动动画，并且使人物位置不改变。
- 第 36～45 行的主要功能是人物接球。如果需要接球并且球没有出界，则播放打球动画。如果球出界了，则播放人物站立动画。然后将人物打球完成标志位设为“true”。
- 第 46～52 行的主要功能是如果人物打球，则空拍标志位设为“true”，并且打球完成标志位设为“false”以及人物打球标志位设为“false”，然后计算落球点位置以及人物是否能打到球。将球飞标志位设为“true”。
- 第 53～55 行的主要功能是计算球飞抛物线轨迹。此处省略了计算球飞抛物线轨迹的具体代码，下面将详细介绍。

（14）“CaiDanRenKongZhi.cs”脚本中通过 setPosition 方法来计算球飞行的抛物线轨迹，通过 isPeng 方法来计算球碰撞地面的位置，在 qiuHigt 方法中计算落球点位置，在方法中计算球飞的最高高度。这些方法的具体代码如下。

代码位置：见随书源代码/第 7 章目录下的 TennisGame/Assets/Scripts/CaiDanRenKongZhi.cs。

```
1      public void setPosition(){
2        JingTai.kaiShi = qiu.transform.position;     //获取球飞行开始位置
3        float z1 = this.transform.position.z;        //获取人物位置 z 坐标
4        if (this.transform.position.z < 0f){         //如果人物位置 z 坐标小于 0
5          dianPosition();                            //计算落球点位置坐标
6          float z2 = JingTai.jieShou.z;              //获取落球点位置 z 坐标
7          float s = this.transform.position.x - JingTai.jieShou.x; //计算击球点到落球点的距离
8          float x = z1 * s / (z1 - z2);              //计算球飞行中间位置 x 轴坐标
9          Vector3 te1 = new Vector3(this.transform.position.x - x, qiuHigt(), 0f);
                                                     //计算出球飞行中间位置
10         JingTai.zhongJian = te1;                  //设置球飞行中间位置
11       }
12       isPao();                                    //计算是否打出暴力球
13       JingTai.useTime = Mathf.Sqrt(((JingTai.jieShou.x - JingTai.kaiShi.x) *
14       (JingTai.jieShou.x - JingTai.kaiShi.x)) + ((JingTai.jieShou.z - JingTai.kaiShi.z) *
15       (JingTai.jieShou.z - JingTai.kaiShi.z))) / qiuSuDu;  //计算球飞行时间
16       JingTai.speedX = (JingTai.jieShou.x - JingTai.kaiShi.x) / JingTai.useTime;
                                                               //球在 x 轴的飞行速度
17       JingTai.speedZ = (JingTai.jieShou.z - JingTai.kaiShi.z) / JingTai.useTime;
                                                               //球在 z 轴的飞行速度
18       JingTai.useTime1 = Mathf.Abs(JingTai.kaiShi.z / JingTai.speedZ); //球飞第一段所用时间
19       JingTai.useTime2 = Mathf.Abs(JingTai.jieShou.z / JingTai.speedZ); //球飞第二段所用时间
20       float h1 = JingTai.zhongJian.y - JingTai.kaiShi.y;  //中间位置到开始位置的高度差
21       float h2 = JingTai.jieShou.y - JingTai.zhongJian.y; //结束位置到中间位置的高度差
22       JingTai.a = (h1 * JingTai.useTime2 - h2 * JingTai.useTime1) / (-0.5f *
         JingTai.useTime1 *
23       JingTai.useTime1 * JingTai.useTime2 - 0.5f * JingTai.useTime2 * JingTai.useTime2 *
24       JingTai.useTime1);                                    //计算出球飞行重力加速度
25       JingTai.speedY1 = (h1 - 0.5f * JingTai.a * JingTai.useTime1 * JingTai.useTime1) /
26       JingTai.useTime1;                                     //球开始位置 y 轴速度
27       JingTai.speedY2 = (JingTai.speedY1 + JingTai.a * JingTai.useTime) / 1.8f;
                                                     //球结束位置 y 轴速度
28       if (JingTai.speedY2 * JingTai.speedY2 + 2f * JingTai.a1 *
29       JingTai.higt >= 0f){                        //如果球落地后弹起高度大于人物的高度
30         JingTai.useTime3 = (JingTai.speedY2 + Mathf.Sqrt(JingTai.speedY2 *
           JingTai.speedY2 + 2f *
31         JingTai.a1 * JingTai.higt)) / JingTai.a1; //计算球落地后弹起飞行时间
32       }else{
33         JingTai.useTime3 = 0.2f;                  //设置球落地后弹起飞行时间
34     }}
35     public void isPeng(){
36       float tex = JingTai.speedX * JingTai.useTime3 + JingTai.jieShou.x;
                                                     //计算击球点位置 x 坐标
37       float tez = JingTai.speedZ * JingTai.useTime3 + JingTai.jieShou.z;
                                                     //计算击球点位置 z 坐标
38       if (this.transform.position.z < 0f){        //如果人物位置 z 坐标小于 0
39         JingTai.pengPosition = new Vector3(tex + 0.3f, JingTai.higt, tez);
                                                     //设置击球点位置
40       }else{
41         JingTai.pengPosition = new Vector3(tex - 0.3f, JingTai.higt, tez);
                                                     //设置击球点位置
42       }
43       Vector3 te = diRen.transform.position;      //获取对手位置
44       JingTai.juLu = Mathf.Sqrt((te.x - JingTai.pengPosition.x) * (te.x - JingTai.
         pengPosition.x) + (te.z -
45       JingTai.pengPosition.z) * (te.z - JingTai.pengPosition.z)); //计算击球点与对手的距离
46       ...//此处省略了计算对手是否能成功击球的代码，有兴趣的读者可以自行查看源代码
47     }
48     void dianPosition(){
49       ...//此处省略了计算落球点位置的代码，有兴趣的读者可以自行查看源代码
50     }
51     float qiuHigt(){
52       float higth = 0f;                           //声明球飞高度变量
53       JingTai.chuWang = false;                    //球没有触网
54       float juLu = Mathf.Sqrt((JingTai.jieShou.x - JingTai.kaiShi.x) * (JingTai.
         jieShou.x - JingTai.kaiShi.x) + (
55       JingTai.jieShou.z - JingTai.kaiShi.z) * (JingTai.jieShou.z - JingTai.kaiShi.
         z));//计算击球点与对手的距离
56       higth = (juLu - 6f) * 1.7f / 14f + 1.3f;      //计算球飞高度
57       return higth;                                 //返回球飞高度
```

```
58      }
59      void isPao(){
60        ...//此处省略了计算是否能打出暴力球的代码，有兴趣的读者可以自行查看源代码
61      }
```

- 第 2～10 行的主要功能是设置球飞行中间位置。通过获取球飞行开始位置和人物位置 z 坐标来计算击球点到落球点的距离，然后计算出球飞行中间位置。
- 第 12～17 行的主要功能是计算是否打出暴力球以及球飞行时间。通过击球点到落球点的距离以及球飞行速度来计算球飞行时间，然后计算出球飞行 x 轴速度和 z 轴速度。
- 第 18～24 行的主要功能是计算球飞行各个阶段时间以及球飞行重力加速度。通过计算出中间位置到开始位置的高度差以及结束位置到中间位置的高度差，来计算球飞行各个阶段时间，以及球飞行重力加速度。
- 第 25～33 行的主要功能是计算球落地后弹起飞行时间。通过计算球开始位置 y 轴速度以及球结束位置 y 轴速度来确定球落地后弹起高度是否大于人物的高度，如果球落地后，弹起高度大于人物的高度，则计算球落地后弹起飞行时间。
- 第 35～41 行的主要功能是计算击球点位置。通过计算击球点位置 x 坐标和 z 坐标以及计算击球点高度来计算击球点位置。
- 第 43～46 行的主要功能是计算对手是否能成功击球。通过获取对手位置以及计算击球点与对手的距离来判断对手是否能成功击球。此处省略了计算对手是否能成功击球的代码，有兴趣的读者可以自行查看中的源代码。
- 第 48～50 行的主要功能是计算落球点位置。此处省略了计算落球点位置的代码，有兴趣的读者可以自行查看中的源代码。
- 第 51～57 行的主要功能是计算球飞高度。首先声明球飞高度变量，然后计算击球点与对手的距离，通过距离来计算球飞高度，最后返回球飞高度。
- 第 59～61 行的主要功能是计算是否能打出暴力球。此处省略了计算是否能打出暴力球的代码，有兴趣的读者可以自行查看中的源代码。

（15）创建对手角色对象。具体创建和设置步骤与创建人物对象步骤基本相同，这里不再赘述。创建“CaiDanKongZhi.cs”脚本，该脚步与上面介绍的“CaiDanRenKongZhi.cs”脚本大致相同，主要功能为控制对手角色对象，这里不再赘述。

（16）创建网球对象。将“qiu.fbx”模型拖动到场景中，并命名为“qiu”。设置“qiu”对象的位置和大小，具体参数如图 7-53 所示。为“qiu”对象指定纹理图，将“Assets/Textures”文件夹下的“BallTennis_A_D. png”图片资源拖曳到“qiu”对象上。

（17）前面介绍了网球对象的创建，接下来新建脚本，并将脚本命名为“CaiDanQiu.cs”。该脚本的主要功能是控制球的位置，如果球到达击球位置后，则击球。脚本编写完毕之后，将此脚本拖曳到“qiu”对象上，具体代码如下。

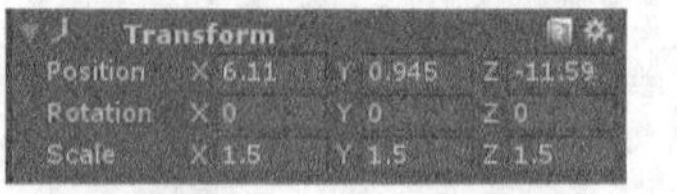

▲图 7-53　设置“qiu”对象的位置和大小

代码位置：见随书源代码/第 7 章目录下的 TennisGame/Assets/Scripts/CaiDanQiu.cs。

```
1      using UnityEngine;
2      using System.Collections;
3      public class CaiDanQiu : MonoBehaviour {
4        GameObject ren;                         //人物对象
5        public GameObject tuiWei;               //拖尾渲染器对象
6        public GameObject baoTuiWei;            //暴力球拖尾对象
7        public GameObject liZi;                 //粒子对象
8        void Start (){
9          ren = GameObject.Find("renwu1");            //获取人物对象
10         Vector3 te = ren.transform.position;        //获取人物位置
11         this.transform.position = new Vector3(te.x, te.y + 1f, te.z + 1f);
                                                       //设置球开始位置
12       }
```

```
13      void Update () {
14        if (JingTai.fei){                              //如果球正在飞行
15          JingTai.ftime += Time.deltaTime;             //用于记录球飞过程的时间不断增加
16        }
17        if (JingTai.ftime <= JingTai.useTime && JingTai.fei){     //如果球正在飞行
18          float x = JingTai.kaiShi.x + JingTai.speedX * JingTai.ftime; //计算球位置 x 坐标
19          float z = JingTai.kaiShi.z + JingTai.speedZ * JingTai.ftime; //计算球位置 z 坐标
20          float y = JingTai.speedY1 * JingTai.ftime + 0.5f * JingTai.a * JingTai.ftime *
21          JingTai.ftime + JingTai.kaiShi.y;                   //计算球位置 y 坐标
22          Vector3 te = new Vector3(x, y, z);                  //创建球位置对象
23          this.transform.position = te;                       //设置球位置对象
24        }else if (JingTai.ftime > JingTai.useTime && JingTai.fei){  //如果球落地
25          this.transform.position = JingTai.jieShou;                //获取球落地位置
26          JingTai.fei = false;                                      //球飞标志位设为"false"
27          JingTai.ftime = 0f;                                       //用于记录球飞的时间归零
28          JingTai.peng = true;                                      //球落地标志位设为"true"
29          Instantiate(liZi, new Vector3(transform.position.x, 0.07f,
            transform.position.z),
30          Quaternion.identity);                            //实例化粒子对象
31        }
32        if (JingTai.peng){                                 //如果球碰撞地面
33          JingTai.ptime += Time.deltaTime;                 //用于记录球弹起后的时间不断增加
34        }
35        if (JingTai.peng && JingTai.ptime <= JingTai.useTime3){ //如果球碰撞地面弹起后
36          float x = JingTai.jieShou.x + JingTai.speedX * JingTai.ptime; //计算球位置 x 坐标
37          float z = JingTai.jieShou.z + JingTai.speedZ * JingTai.ptime; //计算球位置 z 坐标
38          float y = (-JingTai.speedY2) * JingTai.ptime + 0.5f * JingTai.a1 * J
39          ingTai.ptime * JingTai.ptime + JingTai.jieShou.y;   //计算球位置 z 坐标
40          Vector3 te = new Vector3(x, y, z);                    //创建球位置对象
41          this.transform.position = te;                         //设置球位置
42        }else if (JingTai.ptime > JingTai.useTime3 && JingTai.peng){
                                                          //如果球到达击球位置
43          JingTai.peng = false;                         //球落地标志位设为"false"
44          JingTai.ptime = 0f;                           //用于记录球弹起后的时间归零
45          JingTai.da = true;                            //击球标志位设为"true"
46          JingTai.renDa = !JingTai.renDa;               //换人击球
47    }}}
```

- 第 4～10 行的主要功能是变量声明，主要声明了人物对象、拖尾渲染器对象和粒子对象等变量。在开发环境下的属性查看器中可以为各个参数指定资源或者取值。
- 第 8～12 行实现了 Start 方法的重写。该方法在脚本加载时执行，主要功能是在初始化场景的时候获取各个游戏对象以及初始化球的位置。
- 第 13～21 行的主要功能是如果球正在飞行，则用于记录球飞过程的时间不断增加。计算球位置的 x 坐标、y 坐标以及 z 坐标。
- 第 22～27 行的主要功能是设置球位置对象以及用于记录球飞的时间归零。如果球落地，则获取球落地位置，并且球飞标志位设为“false”。
- 第 28～34 行的主要功能是球落地标志位设为“true”以及实例化粒子对象，并且用于记录球弹起后的时间不断增加。
- 第 35～41 行的主要功能是设置球的位置。如果球碰撞地面弹起后，则计算球位置的 x 坐标、z 坐标和 y 坐标，然后创建球位置对象设置球位置。
- 第 42～46 行的主要功能是球到达击球位置后击球。如果球到达击球位置，则球落地标志位设为“false”，并且用于记录球弹起后的时间归零。

（18）创建背景音乐。为“Camera”对象添加声音监听器，具体步骤为“Component”→“Audio”→“Audio Listener”，如图 7-54 所示。为“yinxiang”对象添加声音源，具体步骤为“Component”→“Audio”→“Audio Source”。

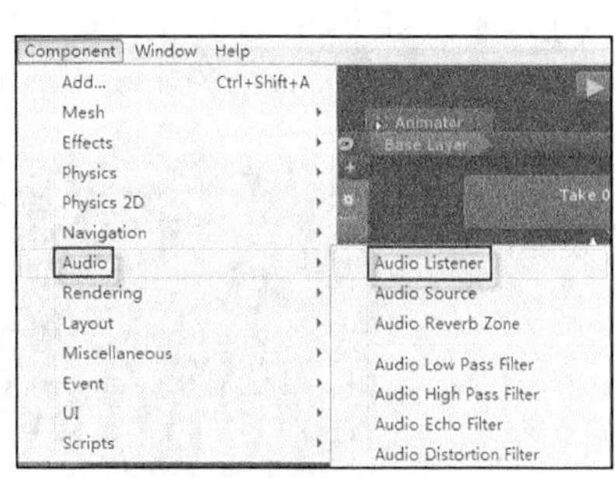

▲图 7-54 添加声音监听器

7.5 单人模式游戏场景

本节将介绍单人模式游戏场景，单人模式游戏场景是本游戏的中心场景之一，其他场景都是为此场景服务的，游戏场景的开发对于此游戏的可玩性有至关重要的作用。下面将对此场景的开发进行详细介绍。

7.5.1　场景搭建

搭建游戏界面的场景，步骤比较繁琐，通过此游戏界面的开发，读者可以熟练地掌握基础知识，同时也会积累一些开发技巧和开发细节。接下来对游戏界面的开发进行详细介绍。

（1）创建一个“TennisGame”场景，具体步骤参考主菜单界面开发的相应步骤，此处不再赘述。需要的音效与图片资源已经放在对应文件夹下，读者可参看第 7.2.2 节的相关内容。设置环境光和创建光源、在场景中摆放模型等，具体步骤参考主菜单界面开发的相应步骤，此处不再赘述。

（2）创建游戏场景分数板界面。创建一个 Canvas 对象，并命名为“Canvas1”，在“Canvas1”对象中创建 11 个 Image 对象用于显示分数，创建 1 个 Button 对象用于显示暂停按钮。游戏场景分数板界面的对象结构如图 7-55 所示。

（3）设置 11 个 Image 对象和 1 个 Button 对象的“Image”组件的“Source Image”属性，将“Assets/Textures”文件夹下的对应的图片资源拖曳到“Source Image”属性框中。具体资源位置参见第 7.2.2 节的相关内容。

（4）在“Canvas1”对象中创建一个“Slider”对象。具体步骤为“GameObject”→“UI”→“Slider”，如图 7-56 所示。设置“Slider”对象的位置和大小，具体参数如图 7-57 所示。设置“Slider”对象的子对象的“Image”组件的“Source Image”属性。

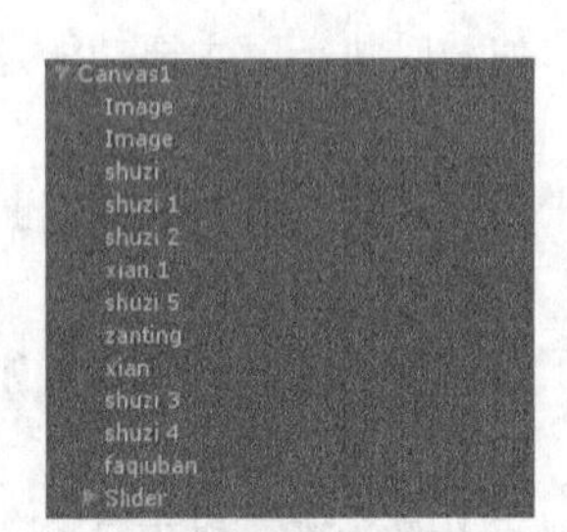

▲图 7-55　游戏场景分数板界面的对象结构

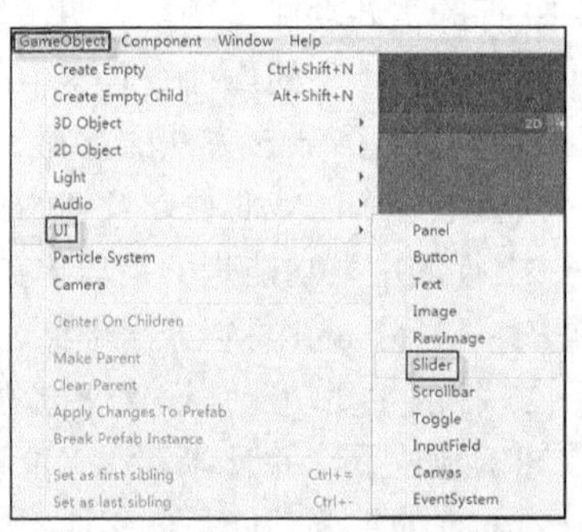

▲图 7-56　创建“Slider”对象

（5）创建暂停界面。创建一个 Canvas 对象，在“Canvas”对象中创建 3 个 Image 对象和 5 个按钮对象，将“Assets/Textures”文件夹下的对应的图片资源拖曳到对应“Source Image”属性框中。暂停界面的对象结构如图 7-58 所示。

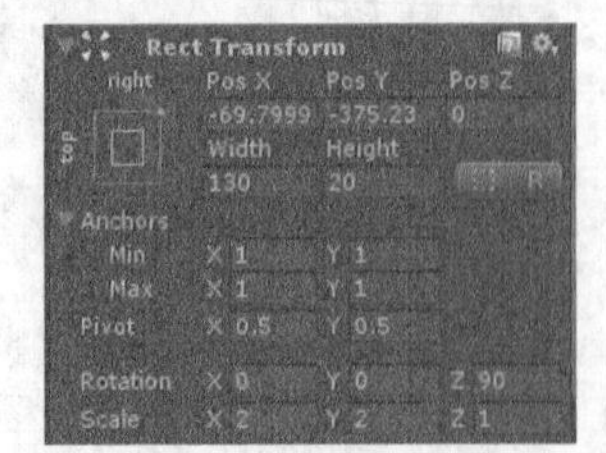

▲图 7-57　设置“Slider”对象的位置和大小

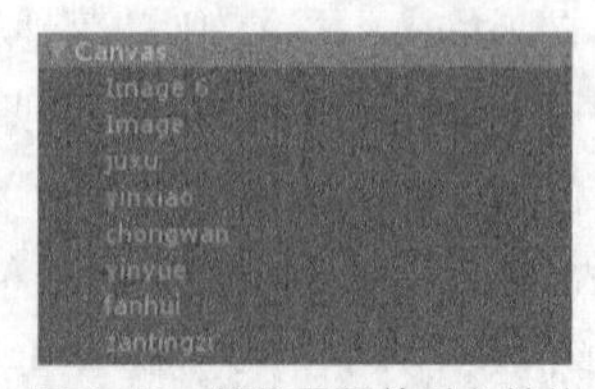

▲图 7-58　暂停界面的对象结构

（6）创建暂停界面图标。创建一个 Canvas 对象，在“Canvas”对象中创建 5 个 Image 对象，将“Assets/Textures”文件夹下的对应的图片资源拖曳到对应“Source Image”属性框中。暂停界面图标的对象结构如图 7-59 所示。

（7）创建一个 Image 对象。该对象主要用于使屏幕变黑。创建一个 Canvas 对象，在“Canvas”对象中创建一个 Image 对象，设置“Image”对象的位置和大小使其可以完全覆盖屏幕。将一张黑色图片资源拖曳到“Source Image”属性框中。

（8）创建游戏结束界面。创建一个 Canvas 对象，在“Canvas”对象中创建 7 个 Image 对象和两个按钮对象，将“Assets/Textures”文件夹下的对应的图片资源拖到对应“Source Image”属性框中。游戏结束界面的对象结构如图 7-60 所示。

（9）创建游戏结束界面图标。创建一个 Canvas 对象，在“Canvas”对象中创建 25 个 Image 对象，将“Assets/Textures”文件夹下的对应的图片资源拖曳到对应“Source Image”属性框中。游戏结束界面图标的对象结构如图 7-61 所示。

▲图 7-59 暂停界面图标的对象结构

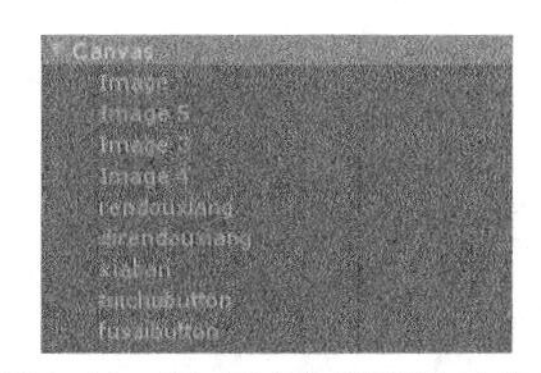

▲图 7-60 游戏结束界面的对象结构

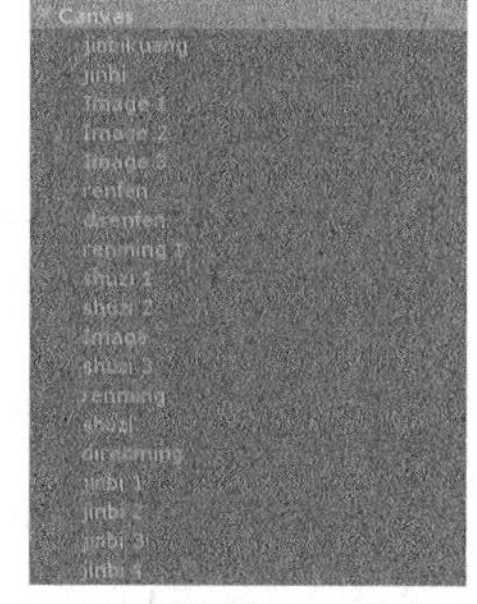

▲图 7-61 游戏结束界面图标的对象结构

7.5.2 各对象的脚本开发及相关设置

本小节将介绍各对象的脚本开发及相关设置，主要有摄像机对象、网球对象、人物对象预制件和对手对象预制件的创建和相关脚本的开发，具体步骤如下。

（1）新建脚本，并将脚本命名为“XuanRen.cs”。该脚本主要功能为在游戏场景初始化过程中实例化玩家控制的人物对象和对手角色对象。脚本编写完毕之后，将此脚本拖到“Main Camera”上，具体代码如下。

代码位置：见随书源代码/第 7 章目录下的 TennisGame/Assets/Scripts/XuanRen.cs。

```
1      using UnityEngine;
2      using UnityEngine.UI;
3      using System.Collections;
4      public class XuanRen : MonoBehaviour {
5        public GameObject[] ren;                                           //人物对象
6        public GameObject[] diRen;                                         //对手角色对象
7        public Image renXiang;                                             //人物头像图片
8        public Image diRenXiang;                                           //对象角色头像图片
9        public Sprite[] douXiang;                                          //头像图片
10       void Awake(){
11         GameObject te = Instantiate(ren[JingTai.renID]) as GameObject; //实例化人物对象
12         te.name = "renwu1";                                   //设置人物对象名为 “renwu1”
13         GameObject te1 = Instantiate(diRen[JingTai.diRenID]) as GameObject;
                                                                 //实例化对手对象
14         te1.name = "diren";                                   //设置对手对象名为 “diren”
15       }
16       void Start () {
17         ...//此处省略了初始化游戏参数的代码，有兴趣的读者可以自行查看源代码
18     }}
```

❑ 第 5～9 行的主要功能是变量声明，主要声明了人物对象和对手角色对象、人物头像和对

手头像图片等变量。在开发环境下的属性查看器中可以为各个参数指定资源或者取值。

- ❑ 第 10～14 行实现了 Awake 方法的重写。该方法在 Start 方法执行前执行，主要功能是在初始化场景的时候实例化人物对象以及对手对象。
- ❑ 第 16～18 行实现了 Start 方法的重写。该方法在场景加载时执行。此处省略了初始化游戏参数的代码，有兴趣的读者可以自行查看源代码。

（2）前面介绍了“XuanRen.cs”的开发，接下来新建脚本，并将脚本命名为“LiDuKongZhi.cs”。该脚本主要用于控制力度条和发球力度。脚本编写完毕之后，将此脚本拖曳到“Main Camera”上，具体代码如下。

代码位置：见随书源代码/第 7 章目录下的 TennisGame/Assets/Scripts/LiDuKongZhi.cs。

```
1      using UnityEngine;
2      using UnityEngine.UI;
3      using System.Collections;
4      public class LiDuKongZhi : MonoBehaviour {
5        public bool kaiShi;                                  //准备发球标志位
6        public float liDu = 0f;                              //力度
7        public GameObject liDuTiao;                          //力度条
8        bool jia = true;                                     //力度条是否增加
9        Slider s;                                            //滑动条组件
10       void Start () {
11         s= liDuTiao.GetComponent<Slider>();                //获取滑动条组件
12       }
13       void Update () {
14         if (kaiShi){                                       //如果准备发球
15           liDuTiao.SetActive(true);                        //显示力度条
16           if (liDu <= 0f){                                 //如果力度小于 0
17             jia = true;                                    //力度增加
18           }else if (liDu >= 5f){                           //如果力度大于 5
19             jia = false;                                   //力度减小
20           }
21           if (jia){                                        //如果力度需要增加
22             liDu += Time.deltaTime*5f;                     //力度不断增加
23           }else{
24             liDu -= Time.deltaTime * 5f;                   //力度不断减小
25           }
26           s.value = liDu;                                  //设置力度
27         }else{
28           liDuTiao.SetActive(false);                       //关闭力度条
29     }}}
```

- ❑ 第 5～9 行的主要功能是变量声明，主要声明了准备发球标志位、力度条以及滑动条组件等变量。在开发环境下的属性查看器中可以为各个参数指定资源或者取值。
- ❑ 第 10～12 行实现了 Start 方法的重写。该方法在场景加载时执行，主要功能是在场景加载时获取滑动条组件。
- ❑ 第 14～19 行的主要功能是判断力度是否需要增加。如果准备发球，则显示力度条。如果力度小于 0，则力度增加；如果力度大于 5，则力度减小。
- ❑ 第 21～28 行的主要功能是控制力度。如果力度需要增加，则力度不断增加；如果力度需要减小，则力度不断减小。设置力度，如果发球完成，则关闭力度条。

（3）前面介绍了“LiDuKongZhi.cs”的开发，接下来新建脚本，并将脚本命名为“ChongWan.cs”。该脚本主要用于当游戏重新开始时初始化游戏数据。脚本编写完毕之后，将此脚本拖曳到“Main Camera”上，具体代码如下。

代码位置：见随书源代码/第 7 章目录下的 TennisGame/Assets/Scripts/ChongWan.cs。

```
1      using UnityEngine;
2      using System.Collections;
3      public class ChongWan : MonoBehaviour {
4        Animator tee;                                        //动画控制器
```

```
5       GameObject diRen;                                          //对手角色对象
6       GameObject ren;                                            //人物对象
7       GameObject qiu;                                            //球对象
8       GameObject tuoWei;                                         //拖尾渲染器对象
9       GameObject baoTuiWei;                                      //暴力球拖尾渲染器对象
10      GameObject faQiuBan;                                       //发球板
11      void Start () {
12        faQiuBan = GameObject.Find("faqiuban");                  //获取发球板对象
13        ren = GameObject.Find("renwu1");                         //获取人物对象
14        diRen = GameObject.Find("diren");                        //获取对手对象
15        qiu = GameObject.Find("qiu");                            //获取球对象
16        tuoWei = GameObject.Find("ball 12");                     //获取拖尾渲染器对象
17        baoTuiWei = GameObject.Find("ball 13");                  //获取暴力球拖尾渲染器对象
18        tee = diRen.GetComponent<Animator>();                    //获取对手动画控制器
19        Camera.main.fieldOfView = 26.2733f;                      //设置摄像机远视距
20        transform.position = new Vector3(0f, 8.22f, -26f);       //设置摄像机位置
21        Vector3 rotation = new Vector3(18.05f, 0f, 0f);          //创建方向向量
22        Quaternion qu = Camera.main.transform.rotation;          //获取摄像机方向
23        qu.eulerAngles = rotation;                               //设置方向
24        Camera.main.transform.rotation = qu;                     //设置摄像机方向
25      }
26      void Update () {
27        if (JingTai.chongWan){                                   //如果需要重玩
28          chongWan();                                            //初始化游戏数据
29      }}
30      void chongWan(){
31        ...//此处省略了初始化游戏参数的代码，有兴趣的读者可以自行查看源代码
32        ren.transform.position = new Vector3(2.07f, 0f, -10f);       //设置人物位置
33        JingTai.renPosition = ren.transform.position;                //获取人物位置
34        diRen.transform.position = new Vector3(-1.89f, 0f, 10.91f); //设置对手位置
35        Vector3 te = ren.transform.position;                          //获取人物位置
36        qiu.transform.position = new Vector3(te.x + 0.07f, te.y + 1f, te.z + 0.46f);
                                                                        //设置球位置
37        tuoWei.GetComponent<TrailRenderer>().enabled = false;        //关闭拖尾渲染器
38        baoTuiWei.GetComponent<ParticleRenderer>().enabled = false; //关闭暴力球拖尾渲染器
39        JingTai.pao = 0f;
40        tee.SetFloat("New Float", 0f);                               //设置对手动作
41        Camera.main.fieldOfView = 26.2733f;                          //设置摄像机远视距
42        transform.position = new Vector3(0f, 8.22f, -26f);           //设置摄像机位置
43        Vector3 rotation = new Vector3(18.05f, 0f, 0f);              //创建方向向量
44        Quaternion qu = Camera.main.transform.rotation;              //获取摄像机方向
45        qu.eulerAngles = rotation;                                   //设置方向
46        Camera.main.transform.rotation = qu;                         //设置摄像机方向
47        JingTai.diRenPosition = diRen.transform.position;            //获取对手位置
48        JingTai.huiFang = false;                                     //关闭回放
49        faQiuBan.SetActive(true);                                    //开启发球板
50    }}
```

- 第 4～10 行的主要功能是变量声明，主要声明了动画控制器、对手角色对象和拖尾渲染器对象等变量。在开发环境下的属性查看器中可以为各个参数指定资源或者取值。
- 第 12～17 行的主要功能是获取游戏对象，主要获取了发球板对象、人物对象、对手对象、球对象以及拖尾渲染器对象和暴力球拖尾渲染器对象。
- 第 18～24 行的主要功能是设置摄像机的位置和方向。通过设置摄像机远视距以及设置摄像机位置来控制摄像机的视野。
- 第 26～29 行实现了 Update 方法的重写。该方法系统每帧调用一次，主要功能是如果需要重玩，则初始化游戏数据。
- 第 30～31 行的主要功能是初始化游戏参数。此处省略了初始化游戏参数的代码，有兴趣的读者可以自行查看源代码。
- 第 32～38 行的主要功能是设置对象的参数，主要设置了人物位置、对手位置、球位置以及关闭了拖尾渲染器和关闭暴力球拖尾渲染器。
- 第 40～49 行的主要功能是设置摄像机的位置和方向。首先设置对手动作，然后通过设置

摄像机远视距以及设置摄像机位置来控制摄像机的视野，最后关闭回放开启发球板。

（4）前面介绍了“ChongWan.cs”的开发，接下来新建脚本，并将脚本命名为“HuiFang.cs”。该脚本主要用于实现游戏结束进行回放功能。脚本编写完毕之后，将此脚本拖曳到“Main Camera”上，具体代码如下。

代码位置：见随书源代码/第 7 章目录下的 TennisGame/Assets/Scripts/HuiFang.cs。

```
1     using UnityEngine;
2     using UnityEngine.UI;
3     using System.Collections;
4     public class HuiFang : MonoBehaviour {
5       public GameObject[] guan;                                    //需要关闭的对象
6       public Image texture;                                        //黑色板
7       public GameObject came;                                      //摄像机对象
8       ...//此处省略了定义一些变量的代码，有兴趣的读者可以自行查看源代码
9       void Start () {
10        ren = GameObject.Find("renwu1");                           //获取人物对象
11        diRen = GameObject.Find("diren");                          //获取对手对象
12        tee = diRen.GetComponent<Animator>();                      //获取对手动画控制器
13        Color c = texture.color;                                   //获取黑色板颜色
14        c.a = 0f;                                                  //设置图片透明度
15        texture.color = c;                                         //设置黑色板颜色
16        x = new float[rect.Length];                                //创建数组
17        for (int i = 0; i < rect.Length; i++){
18          Vector3 te = rect[i].position;                           //获取标志板位置
19          x[i] = te.x;                                             //记录标志板位置
20      }}
21      void Update () {
22        ...//此处省略了实现 Update 方法的具体代码，下面将详细介绍
23      }
24      ...//此处省略了计算分数和控制标志板方法的具体代码，下面将详细介绍
25    }
```

- 第 5～8 行的主要功能是变量声明，主要声明了需要关闭的对象、黑色板以及摄像机对象等变量。此处省略了定义一些变量的代码，有兴趣的读者可以自行查看源代码。
- 第 9～19 行实现了 Start 方法的重写。该方法在场景加载时执行，主要功能是获取人物对象和对手对象以及对手动画控制器。设置图片透明度，获取标志板位置。
- 第 21～23 行实现了 Update 方法的重写，该方法系统每帧调用一次。主要功能是实现游戏回放。此处省略了实现 Update 方法的具体代码，下面将详细介绍。
- 第 24～25 行的主要功能是计算分数和控制标志板。此处省略了计算分数和控制标志板方法的具体代码，下面将详细介绍。

（5）“HuiFang.cs”脚本中通过系统调用 Update 方法来实现游戏结束进行回放功能。通过此方法获取游戏回放所需数据来设置摄像机、人物和网球对象的位置，屏幕变黑后处理这些数据来实现回放。Update 方法的具体代码如下。

代码位置：见随书源代码/第 7 章目录下的 TennisGame/Assets/Scripts/HuiFang.cs。

```
1     void Update () {
2       if (hei&&!kai){                                            //如果屏幕变黑
3         Vector3 te = JingTai.kaiShi;                             //获取球飞开始位置
4         te.y = -0.1f;                                            //设置球位置 y 坐标
5         qiu.transform.position = te;                             //设置球位置
6         kai = true;                                              //开始回放
7         if (isOver){                                             //如果回放完成
8           JingTai.chongWan = true;                               //游戏重玩
9           fenShu();                                              //计算分数
10        }else{
11          if (JingTai.chongFang == 3 || JingTai.chongFang == 2){ //如果需要回放
12            Camera.main.fieldOfView = 45f;                       //设置摄像机远视距
13            Camera.main.transform.position = new Vector3(-7.7f, 7.45f, JingTai.
              kaiShi.z);//设置摄像机位置
14            Vector3 rotation = new Vector3(51f, 90f, 0.7f);      //创建方向向量
```

```
15            Quaternion qu = Camera.main.transform.rotation;      //获取摄像机方向
16            qu.eulerAngles = rotation;                           //设置角度
17            Camera.main.transform.rotation = qu;                 //设置摄像机方向
18          }else{
19            Camera.main.fieldOfView = 27.33f;                    //设置摄像机远视距
20            Camera.main.transform.position = new Vector3(4f, 5.77f, -21.2f);
                                                                   //设置摄像机位置
21            Vector3 rotation = new Vector3(18.7f, -6.9f, 0f);    //创建方向向量
22            Quaternion qu = Camera.main.transform.rotation;      //获取摄像机方向
23            qu.eulerAngles = rotation;                           //设置角度
24            Camera.main.transform.rotation = qu;                 //设置摄像机方向
25            Vector3 roto = Camera.main.transform.eulerAngles;    //获取摄像机方向
26            Camera.main.transform.LookAt(qiu.transform);         //摄像机朝向球
27            Vector3 target = Camera.main.transform.eulerAngles;  //获取摄像机方向
28            roto.y = target.y;                                   //设置 y 轴
29            Camera.main.transform.eulerAngles = roto;            //设置摄像机方向
30          }
31          JingTai.huiFang = true;                          //回放标志位设为“true”
32          ...//此处省略了获取游戏回放所需数据的代码，有兴趣的读者可以自行查看源代码
33          JingTai.ftime = 0f;                              //用于记录球飞时间归零
34          JingTai.ptime = 0f;                              //用于记录球落地后时间归零
35      }}
36      if (JingTai.isChongFang && hei == false){            //如果需要重放且屏幕没有变黑
37        Color c = texture.color;                           //获取图片颜色
38        if (c.a <= 1){                                     //如果图片透明度小于 1
39          c.a += 1f * Time.deltaTime;                      //图片透明度不断增加
40          texture.color = c;                               //设置图片颜色
41          if (!isOver){                                    //如果游戏回放没有结束
42            chuXian();                                     //显示标志板
43        }}else{
44          hei = true;                                      //屏幕变黑
45      }}
46      ...//此处省略了屏幕变黑后处理数据的代码，有兴趣的读者可以自行查看源代码
47    }
```

- 第 2～9 行的主要功能是如果屏幕变黑，则获取球飞行的开始位置，设置球的位置。如果回放完成，则游戏重玩，调用计算分数的方法来计算分数。
- 第 11～17 行的主要功能是如果需要回放，则设置摄像机远视距以及设置摄像机位置。通过创建方向向量，获取摄像机方向，设置摄像机方向。
- 第 19～29 行的主要功能是设置摄像机远视距以及摄像机位置和摄像机方向。通过获取摄像机方向使摄像机朝向球来设置摄像机方向。
- 第 31～34 行的主要功能是获取游戏回放所需数据。此处省略了获取游戏回放所需数据的代码，有兴趣的读者可以自行查看源代码。
- 第 36-44 行的主要功能是如果需要重放且屏幕没有变黑，则获取图片颜色；如果图片透明度小于 1，则图片透明度不断增加。如果游戏回放没有结束，则显示标志板。
- 第 45-47 行的主要功能是屏幕变黑后处理数据。此处省略了屏幕变黑后处理数据的代码，有兴趣的读者可以自行查看源代码。

（6）“HuiFang.cs”脚本中通过 fenShu 方法、chuXian 方法和 huiXian 方法来计算分数和控制标志位显示和消失。当一局游戏结束后，通过调用这些方法来计算分数和控制标志位显示和消失等。这些方法的具体代码如下。

代码位置：见随书源代码/第 7 章目录下的 TennisGame/Assets/Scripts/HuiFang.cs。

```
1     void fenShu(){
2       if (JingTai.renFenShu == 0 || JingTai.renFenShu == 15){ //如果分数为 0 或 15
3         JingTai.renFenShu += 15;                              //分数加 15
4       }else if (JingTai.renFenShu == 30 || JingTai.renFenShu == 40 ||
5       JingTai.renFenShu == 50){                               //如果分数为 30、40 或 50
6         JingTai.renFenShu += 10;                              //分数加 10
7       }
8       if (JingTai.renFenShu == 50 && JingTai.diRenFenShu<40){
        //如果分数为 50 并且对手分数小于 40
```

```
9       JingTai.renFenShu = 0;                                  //分数归零
10      JingTai.diRenFenShu = 0;                                //对手分数归零
11      JingTai.renBiFen++;                                     //比分加 1
12    }
13    if (JingTai.renFenShu == 50 && JingTai.diRenFenShu ==50){
      //如果分数为 50 并且对手分数等于 50
14      ...//此处省略了初始化一些变量的代码，有兴趣的读者可以自行查看源代码
15      JingTai.diRenFenShu = 40;                               //对手分数为 40
16    }
17    if (JingTai.renBiFen == 2){                               //如果比分加 2
18      JingTai.isGameOver = true;                              //游戏结束
19      JingTai.isChongFang = false;                            //重放标志位设为“false”
20      for (int i = 0; i < rect.Length; i++){
21        Vector3 te = rect[i].position;                        //获取标志板位置
22        te.x = x[i];                                          //设置位置 x 坐标
23        rect[i].position = te;                                //设置标志板位置
24      }
25      JingTai.chongFang = 0;                                  //重放标志位归零
26      isOver = false;                                         //重放完成标志物设为“false”
27      this.gameObject.SetActive(false);                       //关闭该对象
28      came.SetActive(true);                                   //关闭摄像机
29      for (int i = 0; i < guan.Length; i++){
30        guan[i].SetActive(false);                             //关闭标志板
31  }}}
32  void chuXian(){
33    for (int i = 0; i < 7; i++){
34      Vector3 te = rect[i].position;                          //获取标志板位置
35      te.x += Time.deltaTime*1000f;                           //标志板位置 x 坐标不断增加
36      rect[i].position = te;                                  //设置标志板位置
37    }
38    for (int i = 7; i < rect.Length; i++){
39      Vector3 te = rect[i].position;                          //获取标志板位置
40      te.x -= Time.deltaTime * 1000f;                         //标志板位置 x 坐标不断减少
41      rect[i].position = te;                                  //设置标志板位置
42  }}
43  void huiXian(){
44    for (int i = 0; i < 7; i++){
45      Vector3 te = rect[i].position;                          //获取标志板位置
46      te.x -= Time.deltaTime * 1000f;                         //标志板位置 x 坐标不断减少
47      rect[i].position = te;                                  //设置标志板位置
48    }
49    for (int i = 7; i < rect.Length; i++){
50      Vector3 te = rect[i].position;                          //获取标志板位置
51      te.x += Time.deltaTime * 1000f;                         //标志板位置 x 坐标不断增加
52      rect[i].position = te;                                  //设置标志板位置
53  }}
```

- 第 2～6 行的主要功能是如果玩家分数为 0 或 15，则分数加 15。如果玩家分数为 30、40 或 50，则分数加 10。
- 第 8～12 行的主要功能是如果分数为 50 并且对手分数小于 40，则玩家分数归零，对手分数归零，然后玩家比分加 1。
- 第 13～16 行的主要功能是如果分数为 50 并且对手分数等于 50，则对手分数设为 40。此处省略了初始化一些变量的代码，有兴趣的读者可以自行查看源代码。
- 第 17～23 行的主要功能是如果玩家比分加 2，则游戏结束重放标志位设为“false”，并且获取标志板位置以及设置标志板位置。
- 第 25～30 行的主要功能是重放标志位归零，重放完成标志物设为“false”，同时关闭摄像机以及不再显示标志板。
- 第 33～41 行的主要功能是使标志板出现在屏幕上。通过使屏幕左侧标志板向右移动，屏幕右侧标志板向左移动来使标志板出现在屏幕上。
- 第 44～52 行的主要功能是使标志板消失在屏幕上。通过使屏幕右侧标志板向右移动，屏幕左侧标志板向左移动来使标志板消失在屏幕上。

（7）前面介绍了“HuiFang.cs”的开发，接下来新建脚本，并将脚本命名为“HeiPing.cs”。该脚本主要用于实现当一局游戏介绍时屏幕变黑。脚本编写完毕之后，将此脚本拖曳到“Main Camera”上，具体代码如下。

代码位置：见随书源代码/第7章目录下的 TennisGame/Assets/Scripts/HeiPing.cs。

```
1   using UnityEngine;
2   using UnityEngine.UI;
3   using System.Collections;
4   public class HeiPing : MonoBehaviour {
5     public GameObject[] guan;                        //需要关闭的对象
6     public GameObject came;                          //摄像机对象
7     public Image texture;                            //黑色板
8     ...//此处省略了定义一些变量的代码，有兴趣的读者可以自行查看源代码
9     void Start () {
10      x = new float[rect.Length];                    //创建数组
11      for (int i = 0; i < rect.Length; i++){
12      Vector3 te = rect[i].position;                 //获取标志板位置
13      x[i] = te.x;                                   //记录标志板位置
14    }}
15    void Update () {
16      if (hei && !kai){                              //如果屏幕变黑
17        JingTai.chongWan = true;                     //游戏重玩标志位设为“true”
18        kai = true;                                  //开始恢复
19        fenShu();                                    //计算分数
20      }
21      if (JingTai.isWan && hei == false){            //如果一局完成且屏幕没有变黑
22        Color c = texture.color;                     //获取图片颜色
23        if (c.a <= 1){                               //如果图片透明度小于1
24          c.a += 1f * Time.deltaTime;                //图片透明度不断增加
25          texture.color = c;                         //设置图片颜色
26          chuXian();                                 //显示标志板
27        }else{
28          hei = true;                                //屏幕变黑
29      }}
30      if (hei){                                      //如果屏幕已经变黑
31        Color c = texture.color;                     //获取图片颜色
32        if (c.a > 0){                                //如果图片透明度大于0
33          c.a -= 1f * Time.deltaTime;                //图片透明度不断减少
34          texture.color = c;                         //设置图片颜色
35          huiXian();                                 //使标志板消失
36        }else{
37          for (int i = 0; i < rect.Length; i++){
38            Vector3 te = rect[i].position;           //获取标志板位置
39            te.x = x[i];                             //设置位置x坐标
40            rect[i].position = te;                   //设置标志板位置
41          }
42          JingTai.isWan = false;                   //一局游戏完成标志位设为“false”
43          hei = false;                             //屏幕变黑标志位设为“false”
44          kai = false;                             //开始变黑标志位设为“false”
45    }}}
46    ...//此处省略了计算分数和控制标志板方法的具体代码，有兴趣的读者可以自行查看源代码
47  }
```

- 第5～8行的主要功能是变量声明，主要声明了需要关闭的对象、黑色板以及摄像机对象等变量。此处省略了定义一些变量的代码，有兴趣的读者可以自行查看源代码。
- 第9～13行实现了Start方法的重写。该方法在场景加载时执行，主要功能是创建数组，获取标志板位置以及记录标志板位置。
- 第16～19行的主要功能是如果屏幕变黑，则将游戏重玩标志位设为“true”，屏幕状态开始恢复，调用计算分数的方法来计算分数。
- 第21～28行的主要功能是如果一局完成且屏幕没有变黑，则获取图片颜色。如果图片透明度小于1，则图片透明度不断增加，设置图片颜色。
- 第30～35行的主要功能是如果屏幕已经变黑，则获取图片颜色。如果图片透明度大于0，

则图片透明度不断减少，设置图片颜色使标志板消失。

- 第 37～44 行的主要功能是获取标志板位置，设置标志板位置。将一局游戏完成标志位设为“false”，屏幕变黑标志位设为“false”以及开始变黑标志位设为“false”。
- 第 45～47 行的主要功能是计算分数和控制标志板。此处省略了计算分数和控制标志板方法的具体代码，有兴趣的读者可以自行查看源代码。

（8）创建网球对象。创建网球对象的具体步骤与主菜单场景中创建网球对象的步骤相同，这里不再赘述。新建脚本“Qiu.cs”。该脚本主要功能为控制球的位置。脚本编写完毕之后，将此脚本拖曳到“qiu”对象上，具体代码如下。

代码位置：见随书源代码/第 7 章目录下的 TennisGame/Assets/Scripts/Qiu.cs。

```
1     using UnityEngine;
2     using System.Collections;
3     public class Qiu : MonoBehaviour{
4       public GameObject faQiuBan;                              //发球板对象
5       Animator tee;                                            //人物动作控制器
6       GameObject ren;                                          //人物对象
7       GameObject diRen;                                        //对手角色对象
8       public AudioSource audioSource;                          //声音源对象
9       ...//此处省略了定义一些变量的代码，有兴趣的读者可以自行查看源代码
10      void Start(){
11        camera = GameObject.Find("Main Camera");               //获取摄像机对象
12        cameraPre = camera.GetComponent<CameraPre>();          //获取“CameraPre”脚本
13        ren = GameObject.Find("renwu1");                       //获取人物对象
14        diRen = GameObject.Find("diren");                      //获取对手角色对象
15        tee = diRen.GetComponent<Animator>();                  //获取对手动作控制器
16        Vector3 te = ren.transform.position;                   //获取人物位置
17        this.transform.position = new Vector3(te.x+0.07f, te.y + 1f, te.z + 0.46f);
                                                                 //设置球开始位置
18        audioSource = GetComponent<AudioSource>();             //获取声音源
19      }
20      void Update(){
21        ...//此处省略了实现 Update 方法的具体代码，下面将详细介绍
22      }
23      ...//此处省略了计算球飞抛物线轨迹的代码，在下面将详细介绍
24    }
```

- 第 5～9 行的主要功能是变量声明，主要声明了发球板对象、人物动作控制器和声音源对象等变量。此处省略了定义一些变量的代码，有兴趣的读者可以自行查看源代码。
- 第 10～19 行实现了 Start 方法的重写。该方法在场景加载时执行，主要功能是获取摄像机对象、人物对象、对手角色对象和对手动作控制器等对象。
- 第 20～22 行实现了 Update 方法的重写。该方法系统每帧调用一次，主要功能是控制网球的位置。此处省略了实现 Update 方法的具体代码，下面将详细介绍。
- 第 23～24 行的主要功能是计算球飞抛物线轨迹。此处省略了计算球飞抛物线轨迹的具体代码，下面将详细介绍。

（9）在“Qiu.cs”脚本中通过系统每帧回调一次 Update 方法来控制球在不同状态下的位置，主要包括控制网球飞行和球撞地后飞行。如果球触网，则用于记录球触网下落的时间不断增加并且获取球的位置，然后根据现在的位置来计算球下一帧的位置。Update 方法的具体代码如下。

代码位置：见随书源代码/第 7 章目录下的 TennisGame/Assets/Scripts/Qiu.cs。

```
1     void Update(){
2       if (!JingTai.wangLuo){                         //如果不是网络模式
3         if (JingTai.faQiu){                          //如果正在发球
4           faQiuBan.SetActive(false);                 //关闭发球板
5           JingTai.time += Time.deltaTime;            //用于记录发球的时间不断增加
6         }
7         ...//此处省略了发球的代码，有兴趣的读者可以自行查看源代码
8         if (JingTai.xiaLuo){                         //如果球触网
9           JingTai.ftime += Time.deltaTime;           //用于记录球触网下落的时间不断增加
```

```
10          Vector3 te = transform.position;                //获取球的位置
11          te.y = 0.5f * (-10f) * JingTai.ftime * JingTai.ftime + qiu_Y;
                                                            //计算球位置 y 坐标
12          if (!JingTai.renDa){                            //如果不是人击球
13            te.z = 0.19f;                                 //球位置 y 坐标为 0.19
14          }else{
15            te.z = -0.19f;                                //球位置 y 坐标为-0.19
16          }
17          transform.position = te;                        //设置球的位置
18          if (te.y < 0.15f){                              //如果球 y 坐标小于 0.15
19            te.y = 0.15f;                                 //设置球 y 坐标
20            transform.position = te;                      //设置球的位置
21            JingTai.xiaLuo = false;                       //球下落标志位设为"false"
22            if (!JingTai.renDa){                          //如果不是人击球
23              JingTai.chongFang = 2;                      //重放标志位设为 2
24              JingTai.isChongFang = true;                 //游戏重放
25            }else{
26              JingTai.isWan = true;                       //一局游戏完成
27        }}}
28        ...//此处省略了控制球飞的代码，有兴趣的读者可以自行查看源代码
29        if (JingTai.shu){
30          JingTai.stime += Time.deltaTime;                //用于记录球弹起后的时间不断增加
31        }
32        if (JingTai.shu && JingTai.stime < 1f){           //如果人输球
33          float x = JingTai.jieShou.x + JingTai.speedX * JingTai.stime;
                                                            //计算球位置 x 坐标
34          float z = JingTai.jieShou.z + JingTai.speedZ * JingTai.stime;
                                                            //计算球位置 z 坐标
35          float y = (-JingTai.speedY2) * JingTai.stime + 0.5f * JingTai.a1 *
            JingTai.stime *
36          JingTai.stime + JingTai.jieShou.y;              //计算球位置 y 坐标
37          Vector3 te = new Vector3(x, y, z);
38          this.transform.position = te;                   //设置球位置
39        }else if (JingTai.shu && JingTai.stime >= 0.5f && JingTai.
40        chongFang != 0){                                  //如果人输球并且时间大于 0.5
41          JingTai.shu = false;                            //人输标志位设为"false"
42          JingTai.stime = 0f;                             //时间归零
43          JingTai.isChongFang = true;                     //重放标志位设为"true"
44        }
45        if (JingTai.peng && JingTai.ptime <= JingTai.useTime3){   //球碰撞弹起后
46          float x = JingTai.jieShou.x + JingTai.speedX * JingTai.ptime; //计算球位置 x 坐标
47          float z = JingTai.jieShou.z + JingTai.speedZ * JingTai.ptime; //计算球位置 z 坐标
48          float y = (-JingTai.speedY2) * JingTai.ptime + 0.5f * JingTai.a1 *
            JingTai.ptime *
49          JingTai.ptime + JingTai.jieShou.y;          //计算球位置 y 坐标
50          Vector3 te = new Vector3(x, y, z);
51          this.transform.position = te;               //设置球位置
52        }
53        ...//此处省略了球撞地后飞行的代码，有兴趣的读者可以自行查看源代码
54    }}
```

- 第 2～7 行的主要功能是如果不是网络模式并且正在发球，则关闭发球板并且用于记录发球的时间不断增加。此处省略了发球的代码，有兴趣的读者可以自行查看源代码。
- 第 8～11 行的主要功能是如果球触网，则用于记录球触网下落的时间不断增加并且获取球的位置，然后根据现在的位置来计算球下一帧的位置。
- 第 12～17 行的主要功能是如果不是人击球，则球位置 y 坐标为 0.19，否则球位置 y 坐标为-0.19，然后设置球的位置。
- 第 18～26 行的主要功能是如果球 y 坐标小于 0.15，则设置球的位置并且球下落标志位设为“false”。如果不是人击球，则重放标志位设为 2，游戏重放。
- 第 28～31 行的主要功能是如果人输球，则用于记录球弹起后的时间不断增加。此处省略了控制球飞的代码，有兴趣的读者可以自行查看源代码。
- 第 32～38 行的主要功能是如果人输球，则通过现在球的位置计算球下一帧的位置 x 坐标、y 坐标以及 z 坐标，设置球位置。

- 第 39～44 行的主要功能是如果人输球并且时间大于 0.5，则将人输标志位设为“false”以及将用于记录球弹起后的时间归零，将重放标志位设为“true”。
- 第 45～53 行的主要功能是球碰撞弹起后，计算球位置 *x* 坐标、*y* 坐标以及 *z* 坐标，设置球位置。此处省略了球撞地后飞行的代码，有兴趣的读者可以自行查看源代码。

（10）在“Qiu.cs”脚本中通过 setPosition 方法来计算球飞行的抛物线轨迹，通过 isPeng 方法来计算球碰撞地面的位置，在 qiuHigt 方法中计算落球点位置，在方法中计算球飞的最高高度，这些方法的具体代码如下。

代码位置：见随书源代码/第 7 章目录下的 TennisGame/Assets/Scripts/Qiu.cs。

```
1     public void setPosition(){
2       JingTai.kaiShi = this.transform.position;      //获取球飞行开始位置
3       float z1 = this.transform.position.z;          //获取人物位置 z 坐标
4       if (this.transform.position.z < 0f){           //如果人物位置 z 坐标小于 0
5         dianPosition();                              //计算落球点位置坐标
6         float z2 = JingTai.jieShou.z;                //获取落球点位置 z 坐标
7         float s = this.transform.position.x - JingTai.jieShou.x; //计算击球点到落球点的距离
8         float x = z1 * s / (z1 - z2);                //计算球飞行中间位置 x 轴坐标
9         Vector3 te1 = new Vector3(this.transform.position.x - x, qiuHigt(), 0f);
                                                       //计算出球飞行中间位置
10        JingTai.zhongJian = te1;                     //设置球飞行中间位置
11      }
12      isPao();                                       //计算是否打出暴力球
13      JingTai.useTime = Mathf.Sqrt(((JingTai.jieShou.x - JingTai.kaiShi.x) *
14      (JingTai.jieShou.x - JingTai.kaiShi.x)) + ((JingTai.jieShou.z - JingTai.kaiShi.z) *
15      (JingTai.jieShou.z - JingTai.kaiShi.z))) / qiuSuDu;     //计算球飞行时间
16      JingTai.speedX = (JingTai.jieShou.x - JingTai.kaiShi.x) / JingTai.useTime;
                                                                 //球飞 x 轴速度
17      JingTai.speedZ = (JingTai.jieShou.z - JingTai.kaiShi.z) / JingTai.useTime;
                                                                 //球飞 z 轴速度
18      JingTai.useTime1 = Mathf.Abs(JingTai.kaiShi.z / JingTai.speedZ);//球飞第一段所用时间
19      JingTai.useTime2 = Mathf.Abs(JingTai.jieShou.z / JingTai.speedZ);
                                                                 //球飞第二段所用时间
20      float h1 = JingTai.zhongJian.y - JingTai.kaiShi.y; //中间位置到开始位置的高度差
21      float h2 = JingTai.jieShou.y - JingTai.zhongJian.y;//结束位置到中间位置的高度差
22      JingTai.a = (h1 * JingTai.useTime2 - h2 * JingTai.useTime1) / (-0.5f *
        JingTai.useTime1 *
23      JingTai.useTime1 * JingTai.useTime2 - 0.5f * JingTai.useTime2 * JingTai.useTime2 *
24      JingTai.useTime1);                                       //计算出球飞行重力加速度
25      JingTai.speedY1 = (h1 - 0.5f * JingTai.a * JingTai.useTime1 * JingTai.useTime1) /
26      JingTai.useTime1;                                        //球开始位置 y 轴速度
27      JingTai.speedY2 = (JingTai.speedY1 + JingTai.a * JingTai.useTime) / 1.8f;
                                                       //球结束位置 y 轴速度
28      if (JingTai.speedY2 * JingTai.speedY2 + 2f * JingTai.a1 *
29      JingTai.higt >= 0f){                           //如果球落地后弹起高度大于人物的高度
30        JingTai.useTime3 = (JingTai.speedY2 + Mathf.Sqrt(JingTai.speedY2 *
          JingTai.speedY2 + 2f *
31        JingTai.a1 * JingTai.higt)) / JingTai.a1;    //计算球落地后弹起飞行时间
32      }else{
33        JingTai.useTime3 = 0.2f;                     //设置球落地后弹起飞行时间
34    }}
35    public void isPeng(){
36      ...//此处省略了计算球碰撞到地面后球的位置的代码，有兴趣的读者可以自行查看源代码
37    }
38    void dianPosition(){
39      ...//此处省略了计算对手是否能成功击球的代码，有兴趣的读者可以自行查看源代码
40    }
41    float qiuHigt(){
42      float higth = 0f;                                       //声明球飞高度变量
43      float te = Random.Range(0f, 100f);
44      if (te < JingTai.renChuWang){                           //如果球没有触网
45        JingTai.chuWang = false;                              //球没有触网
46        float juLu=Mathf.Sqrt((JingTai.jieShou.x-JingTai.kaiShi.x)*(JingTai.
          jieShou.x-JingTai.kaiShi.x)+(
47        JingTai.jieShou.z - JingTai.kaiShi.z)*(JingTai.jieShou.z-JingTai.kaiShi.z));
          //计算击球点与对手的距离
```

```
48          higth = (juLu - 6f) * 1.7f / 14f + 1.3f;          //计算球飞高度
49        }else{
50          JingTai.chuWang = true;                            //球触网
51          higth = Random.Range(0.8f, 0.9f);                  //计算球飞高度
52        }
53        return higth;                                        //返回球飞高度
54      }
```

- ❑ 第 2～10 行的主要功能是设置球飞行的中间位置。通过获取球飞行开始位置和人物位置 z 坐标来计算击球点到落球点的距离，然后计算出球飞行的中间位置。
- ❑ 第 12～17 行的主要功能是计算是否打出暴力球以及球飞行时间。通过击球点到落球点的距离以及球飞行速度来计算球飞行时间，然后计算出球飞行 x 轴速度和 z 轴速度。
- ❑ 第 18～24 行的主要功能是计算球飞行各个阶段时间以及球飞行重力加速度。通过计算出中间位置到开始位置的高度差，以及结束位置到中间位置的高度差来，计算球飞行各个阶段时间，以及球飞行重力加速度。
- ❑ 第 25～33 行的主要功能是计算球落地后弹起飞行时间。通过计算球开始位置 y 轴速度以及球结束位置 y 轴速度来确定球落地后弹起的高度是否大于人物的高度，如果球落地后弹起高度大于人物的高度，则计算球落地后弹起飞行时间。
- ❑ 第 35～37 行的主要功能是计算击球点位置。此处省略了计算击球点位置的代码，有兴趣的读者可以自行查看源代码。
- ❑ 第 38～40 行的主要功能是计算对手是否能成功击球。通过获取对手位置以及计算击球点，与对手的距离来判断对手是否能成功击球。此处省略了计算对手是否能成功击球的代码，有兴趣的读者可以自行查看源代码。
- ❑ 第 42～48 行的主要功能是如果球没有触网，则将球触网标志位设为“false”，计算击球点与对手的距离，计算球飞高度。
- ❑ 第 49～54 行的主要功能是如果球触网，则将球触网标志位设为“true”，计算球飞高度、方法返回球飞高度。

（11）人物对象的创建。创建人物对象的具体步骤与主菜单场景中创建人物对象的步骤相同，这里不再赘述。新建脚本“KongZhi.cs”。该脚本主要功能为控制人物对象的动作和位置。脚本编写完毕之后，将此脚本拖曳到“renwu1”对象上，具体代码如下。

代码位置：见随书源代码/第 7 章目录下的 TennisGame/Assets/Scripts/KongZhi.cs。

```
1     using UnityEngine;
2     using System.Collections;
3     public class KongZhi : MonoBehaviour {
4       Animator te;                                                //动画控制器组件
5       GameObject qiu;                                             //网球对象
6       GameObject diRen;                                           //对手角色对象
7       ...//此处省略了定义一些变量的代码，有兴趣的读者可以自行查看源代码
8       void Start (){
9         camera = GameObject.Find("Main Camera");                  //获取摄像机对象
10        cameraPre = camera.GetComponent<CameraPre>();           //获取“CameraPre”脚本
11        qiu = GameObject.Find("qiu");                           //获取网球对象
12        diRen = GameObject.Find("diren");                       //获取对手角色对象
13        tuiWei = GameObject.Find("ball 12");                    //获取拖尾渲染器对象
14        baoTuiWei = GameObject.Find("ball 13");                 //获取暴力球拖尾渲染器对象
15        te = this.GetComponent<Animator>();                     //获取人物动画控制器
16        JingTai.renPosition = transform.position;               //获取人物位置
17        JingTai.diRenPosition = diRen.transform.position;  //获取对手角色位置
18      }
19      void Update (){
20        ...//此处省略了实现 Update 方法的具体代码，下面将详细介绍
21      }
22      ...//此处省略了计算球飞抛物线轨迹的代码，有兴趣的读者可以自行查看源代码
23    }
```

- 第 4～7 行的主要功能是变量声明，主要声明了动画控制器、对手角色对象和拖尾渲染器对象等变量。在开发环境下的属性查看器中可以为各个参数指定资源或者取值。
- 第 8～17 行的主要功能是获取游戏对象，主要获取了摄像机对象、人物对象、对手角色对象、网球对象以及拖尾渲染器对象和暴力球拖尾渲染器对象等。
- 第 19～21 行实现了 Update 方法的重写。该方法系统每帧调用一次，主要功能是控制人物动作和位置。此处省略了实现 Update 方法的具体代码，下面将详细介绍。
- 第 22～23 行的主要功能是计算球飞抛物线轨迹。此处省略了计算球飞抛物线轨迹的代码，有兴趣的读者可以自行查看源代码。

（12）在“KongZhi.cs”脚本中，通过系统调用 Update 方法来控制人物对象的动作和位置，主要功能是设置人物的动作以及位置，如果人需要发球，则播放人物击球的动作以及计算球的飞行路径。Update 方法的具体代码如下。

代码位置：见随书源代码/第 7 章目录下的 TennisGame/Assets/Scripts/KongZhi.cs。

```
1     void Update (){
2       te.SetFloat("New Float", JingTai.pao);                        //设置人物动作
3       JingTai.atime = time;                                         //获取时间
4       if (!JingTai.renDa && !JingTai.isPai && !JingTai.chuWang && !(!JingTai.diYiQi &&
5       JingTai.chongFang == 3 && JingTai.huiFang)){                  //如果球正在飞
6         time += Time.deltaTime;                                     //用于记录的时间不断增加
7       }else{
8         time = 0f;                                                  //用于记录的时间归零
9       }
10      if (time <=JingTai.paoTime&& (!JingTai.renDa && (JingTai.fei || JingTai.rpeng) &&
11      !JingTai.isPai) && JingTai.isDao){                           //如果人物需要移动
12        JingTai.pao = -1f;                                         //播放人物移动动画
13        Vector3 tee = transform.position;                          //获取人物位置
14        tee = tee + JingTai.rSpeed * JingTai.renSpeed * Time.deltaTime;
                                                                     //计算人物移动距离
15        transform.position = tee;                                  //设置人物移动后的位置
16        ...//此处省略了摄像机跟随人物移动的代码，有兴趣的读者可以自行查看源代码
17      }else if (time > JingTai.paoTime && (!JingTai.renDa && (JingTai.fei ||
        JingTai.rpeng) &&
18      !JingTai.isPai) && JingTai.isDao){                           //如果人物不需要移动
19        JingTai.pao = 0f;                                          //播放人物站立动画
20      }
21      if (time >= (JingTai.useTime3 + JingTai.useTime-0.1f) && JingTai.isDao){
                                                                     //如果需要接球
22        if (!JingTai.isPai){                                       //如果还没有打球
23          if (!JingTai.kongPai){                                   //如果球没有出界
24            JingTai.pao = 2f;                                      //播放打球动画
25          }else{
26            JingTai.pao = 0f;                                      //播放人物站立动画
27          }
28          JingTai.isPai = true;                                    //人物打球完成
29      }}
30      if (time > 0f && time < JingTai.useTime && !JingTai.isDao){ //如果人输球
31        JingTai.pao = -1f;                                                //播放人物移动动画
32        Vector3 tee = transform.position;                                 //获取人物位置
33        tee = tee + JingTai.rSpeed * JingTai.renSpeed * Time.deltaTime; //计算人物移动距离
34        transform.position = tee;                                 //设置人物移动后的位置
35        ...//此处省略了摄像机跟随人物移动的代码，有兴趣的读者可以自行查看源代码
36      }
37      if (time >= JingTai.useTime && !JingTai.isDao){            //如果球落地
38        JingTai.pao = 0f;                                         //播放人物站立动画
39      }
40      ...//此处省略了人物击球的代码，有兴趣的读者可以自行查看源代码
41    }
```

- 第 2～8 行的主要功能是记录球的飞行时间。如果球正在飞，则用于记录的时间不断增加，否则用于记录的时间归零。
- 第 10～16 行的主要功能是使人物移动到制定位置。如果人物需要移动，则播放人物移动

动画并且不断改变人物对象位置。此处省略了摄像机跟随人物移动的代码，有兴趣的读者可以自行查看源代码。

- 第 17～20 行的主要功能是使人物站立在原地。如果人物不需要移动，则播放人物站立动画并且使人物位置不改变。
- 第 21～28 行的主要功能是人物接球。如果需要接球并且球没有出界，则播放打球动画。如果球出界了，则播放人物站立动画。然后将人物打球完成标志位设为“true”。
- 第 30～35 行的主要功能是如果人输球，使人物移动到指定位置。如果人物需要移动，则播放人物移动动画并且不断改变人物对象位置。此处省略了摄像机跟随人物移动的代码，有兴趣的读者可以自行查看源代码。
- 第 37～41 行的主要功能是如果球落地，则播放人物站立动画。此处省略了人物击球的代码，有兴趣的读者可以自行查看源代码。

（13）前面介绍了“KongZhi.cs”的开发，接下来新建脚本，并将脚本命名为“AnJian”。该脚本的主要功能是实现滑动屏幕发球和击球。脚本编写完毕之后，将此脚本拖曳到“renwu1”对象上，具体代码如下。

代码位置：见随书源代码/第 7 章目录下的 TennisGame/Assets/Scripts/AnJian.cs。

```
1      using UnityEngine;
2      using System.Collections;
3      public class AnJian : MonoBehaviour {
4        ...//此处省略了定义一些变量的代码，有兴趣的读者可以自行查看源代码
5        void Start (){
6          qiu = GameObject.Find("qiu");                          //获取网球对象
7          camera = GameObject.Find("Main Camera");               //获取摄像机对象
8        }
9        void Update () {
10         ...//此处省略了用于记录的时间不断增加的代码，有兴趣的读者可以自行查看源代码
11         if (Input.touchCount != 0 && !(JingTai.isChongFang || JingTai.isWan ||
           JingTai.huiFang)&&
12         !JingTai.isZanTing){                                  //如果触摸点数不是 0
13           for (int i = 0; i < Input.touchCount; i++){
14             Touch touch = Input.touches[i];                   //获取触摸点
15             if (!(touch.position.x > Screen.width / 100 * 86f && touch.position.y >
16             Screen.height / 100 * 80f)&&!JingTai.isZanTing){ //如果触摸点位置在正确范围
17               if (touch.phase == TouchPhase.Began){             //如果触摸开始
18                 ...//此处省略了触摸发球的代码，有兴趣的读者可以自行查看源代码
19                 start = touch.position;                        //获取触摸开始位置
20                 if (JingTai.diYi){                             //如果第一次触摸
21                   kaiShi = true;                               //触摸时间开始增加
22                 }else{
23                   kaiShi = false;                              //触摸时间停止增加
24               }}
25               if (touch.phase == TouchPhase.Moved || touch.phase ==
26               TouchPhase.Stationary){                          //如果在触摸屏幕过程中
27                 if (JingTai.diYi){                             //如果第一次触摸
28                   if ((touch.position-start).magnitude<Screen.width/40f&&time>
                     0.2f){//触摸时间大于 0.2
29                     if (start.x < Screen.width / 2f){          //触摸点在屏幕左侧
30                       Vector3 te = transform.position;         //获取人物位置
31                       if (te.x > 0.5f){                        //如果人物位置 x 坐标大于 0.5
32                         te.x -= Time.deltaTime;                //人物向左移动
33                       }
34                       transform.position = te;                 //设置人物位置
35                       JingTai.renPosition = te;                //记录人物位置
36                       qiu.transform.position = new Vector3(te.x+0.07f, te.y+1f,
                         te.z+0.46f);//设置球开始位置
37                     }else if (start.x > Screen.width / 4f * 2f){  //触摸点在屏幕右侧
38                       Vector3 te = transform.position;             //获取人物位置
39                       if (te.x < 3.5f){                        //如果人物位置 x 坐标小于 3.5
40                         te.x += Time.deltaTime;                //人物向右移动
41                       }
42                       transform.position = te;                 //设置人物位置
```

```
43                    JingTai.renPosition = te;              //记录人物位置
44                    qiu.transform.position = new Vector3(te.x+0.07f, te.y+1f,
                      te.z+0.46f);//设置球开始位置
45                }}}}
46              if (touch.phase == TouchPhase.Ended){          //如果触摸完成
47                ...//此处省略了第一次触摸的完成的代码，有兴趣的读者可以自行查看源代码
48                end = touch.position;                        //获取触摸结束位置
49                cha = (end - start).normalized;              //计算触摸方向
50                JingTai.chuMo = cha;                         //记录触摸方向
51          }}}}
52          ...//此处省略了监听键盘按键的代码，有兴趣的读者可以自行查看中的源代码
53      }}
```

- 第 2～4 行的主要功能是变量声明。此处省略了定义一些变量的代码，有兴趣的读者可以自行查看源代码。
- 第 5～8 行实现了 Start 方法的重写。该方法在场景加载时调用，主要功能是获取网球对象和摄像机对象，以便下面的代码使用。
- 第 9～18 行的主要功能是获取触摸点。此处省略了用于记录的时间不断增加的代码，有兴趣的读者可以自行查看源代码。
- 第 19～24 行的主要功能是获取触摸开始位置。如果第一次触摸，则触摸时间开始增加，否则触摸时间停止增加。
- 第 25～33 行的主要功能是如果在触摸屏幕过程中，并且是第一次触摸，则获取人物位置。如果如果人物位置 x 坐标大于 0.5，则人物向左移动。
- 第 34～45 行的主要功能是设置人物位置并记录人物位置。如果触摸点在屏幕右侧，并且人物位置 x 坐标小于 3.5，则人物向右移动。
- 第 46～50 行的主要功能是，如果触摸完成，则获取触摸结束位置，计算触摸方向，记录触摸方向。此处省略了第一次触摸的完成的代码，有兴趣的读者可以自行查看源代码。
- 第 51～53 行的主要功能是通过键盘来控制人物发球。此处省略了监听键盘按键的代码，有兴趣的读者可以自行查看中的源代码。

（14）然后在资源面板单击“Creat”→“prefab”创建一个预制件，重命名为“renwu1”，将设置好的“renwu1”对象拖曳到 renwu1 预制件上，这样就能创建人物预制件了，如图 7-62 所示。然后删除游戏场景中的“renwu1”对象。

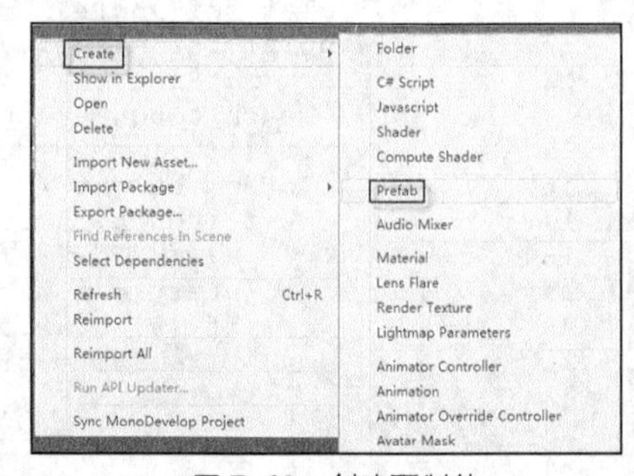

▲图 7-62 创建预制件

（15）将模型“renwu2.fbx”“renwu3.fbx”“renwu4.fbx”分别拖到场景中，然后进行与“renwu1”对象同样的设置，具体步骤参考上面的内容。然后分别创建人物预制件，分别命名为“renwu2”“renwu3”和“renwu4”。到此人物对象预制件的创建全部完成。

（16）对手角色对象的创建。创建对手角色对象的具体步骤与主菜单场景中创建对手角色对象的步骤相同，这里不再赘述。新建脚本“DKongZhi.cs”。该脚本的主要功能为控制对手角色对象的动作和位置。脚本编写完毕之后，将此脚本拖曳到“diren1”对象上，具体代码如下。

代码位置：见随书源代码/第 7 章目录下的 TennisGame/Assets/Scripts/DKongZhi.cs。

```
1     using UnityEngine;
2     using System.Collections;
3     public class DKongZhi : MonoBehaviour {
4       Animator tee;                                            //动画控制器组件
5       GameObject qiu;                                          //网球对象
6       GameObject ren;                                          //对手角色对象
7       ...//此处省略了定义一些变量的代码，有兴趣的读者可以自行查看源代码
8       void Start () {
9         camera = GameObject.Find("Main Camera");               //获取摄像机对象
```

```
10          cameraPre = camera.GetComponent<CameraPre>();    //获取"CameraPre"脚本
11          ren = GameObject.Find("renwu1");                 //获取人物对象
12          qiu = GameObject.Find("qiu");                    //获取网球对象
13          tuiWei = GameObject.Find("ball 12");             //获取拖尾渲染器对象
14          baoTuiWei = GameObject.Find("ball 13");          //获取暴力球拖尾渲染器对象
15          tee = this.GetComponent<Animator>();             //获取人物动画控制器
16        }
17        void Update () {
18          if (JingTai.renDa&&(JingTai.fei||JingTai.peng||JingTai.shu)&&!JingTai.
            isPai&&!JingTai.chuWang
19          && !((JingTai.chongFang == 2||JingTai.chongFang==1)&&JingTai.huiFang)){
                                                             //如果球正在飞
20            time += Time.deltaTime;                        //用于记录的时间不断增加
21          }else{
22            time = 0f;                                     //用于记录的时间归零
23          }
24          if (time <= JingTai.paoTime && (JingTai.renDa && (JingTai.fei || JingTai.
            peng) && !
25          JingTai.isPai) && JingTai.isDao&&!((JingTai.chongFang == 2 || JingTai.
26          chongFang == 1) && JingTai.huiFang)){            //如果人物需要移动
27            tee.SetFloat("New Float", -1f);                //播放人物移动动画
28            Vector3 te = transform.position;               //获取人物位置
29            te = te + JingTai.rSpeed * JingTai.renSpeed * Time.deltaTime;//计算人物移动距离
30            transform.position = te;                       //设置人物移动后的位置
31          }else if (time >JingTai.paoTime && (JingTai.renDa && (JingTai.fei ||
            JingTai.peng) &&
32          !JingTai.isPai) && JingTai.isDao){               //如果人物不需要移动
33            tee.SetFloat("New Float", 0f);                 //播放人物站立动画
34          }
35          if (time >= (JingTai.useTime3 + JingTai.useTime - 0.2f) && (JingTai.fei ||
36          JingTai.peng||JingTai.shu) && JingTai.isDao){    //如果需要接球
37            if (!JingTai.isPai){                           //如果还没有打球
38              if (!JingTai.chuJie){                        //如果球没有出界
39                tee.SetFloat("New Float", 2f);             //播放打球动画
40              }else{
41                tee.SetFloat("New Float", 0f);             //播放人物站立动画
42              }
43              JingTai.isPai = true;                        //人物打球完成
44          }}
45          if (time > 0f &&time<JingTai.useTime&& !JingTai.isDao){ //如果对手输球
46            tee.SetFloat("New Float", -1f);                        //播放人物移动动画
47            Vector3 te = transform.position;                       //获取人物位置
48            te = te + JingTai.rSpeed * JingTai.renSpeed * Time.deltaTime; //计算人物移动距离
49            transform.position = te;                               //设置人物移动后的位置
50          }
51          if (time >= JingTai.useTime && !JingTai.isDao){  //如果球落地
52            tee.SetFloat("New Float", 0f);                 //播放人物站立动画
53          }
54          ...//此处省略了人物击球的代码，有兴趣的读者可以自行查看源代码
55        }
56        ...//此处省略了计算球飞抛物线轨迹的代码，有兴趣的读者可以自行查看源代码
57      }
```

- 第 4～7 行的主要功能是变量声明，主要声明了动画控制器、对手角色对象和拖尾渲染器对象等变量。在开发环境下的属性查看器中可以为各个参数指定资源或者取值。
- 第 8～15 行的主要功能是获取游戏对象，主要获取了摄像机对象、人物对象、对手对象、球对象以及拖尾渲染器对象和暴力球拖尾渲染器对象等。
- 第 18～23 行的主要功能是记录球的飞行时间。如果球正在飞，则用于记录的时间不断增加，否则用于记录的时间归零。
- 第 24～30 行的主要功能是使人物移动到指定位置。如果人物需要移动，则播放人物移动动画并且不断改变人物对象位置。
- 第 31～34 行的主要功能是使人物站立在原地。如果人物不需要移动，则播放人物站立动画并且使人物位置不改变。

- 第 35～43 行的主要功能是人物接球。如果需要接球并且球没有出界，则播放打球动画。如果球出界了，则播放人物站立动画。然后将人物打球完成标志位设为“true”。
- 第 45～49 行的主要功能是如果对手输球，使人物移动到指定位置。如果人物需要移动，则播放人物移动动画，并且不断改变人物对象位置。
- 第 51～54 行的主要功能是如果球落地，则播放人物站立动画。此处省略了人物击球的代码，有兴趣的读者可以自行查看源代码。
- 第 55～57 行的主要功能是计算球飞抛物线轨迹。此处省略了计算球飞抛物线轨迹的代码，有兴趣的读者可以自行查看源代码。

（17）然后创建一个预制件，重命名为“diren1”，将设置好的“diren1”对象拖到 diren1 预制件上，这样就能创建人物预制件了。然后删除游戏场景中的“diren1”对象。

（18）将模型“renwu2.fbx”“renwu3.fbx”“renwu4.fbx”分别拖动到场景中，然后进行与“diren1”对象同样的设置，具体步骤参考上面的内容。然后分别创建人物预制件，分别命名为“diren2”“diren3”和“diren4”。到此对手角色对象预制件的创建全部完成。

（19）创建脚本并命名为“DouDongg.cs”。该脚本主要用于实现发球板上下抖动，通过获取发球板位置坐标和大小缩放比来计算下一帧的位置坐标和大小缩放比，脚本编写完毕之后，将此脚本拖曳到“faqiuban”对象上，具体代码如下。

代码位置：见随书源代码/第 7 章目录下的 TennisGame/Assets/Scripts/DouDongg.cs。

```
1      using UnityEngine;
2      using System.Collections;
3      public class DouDongg : MonoBehaviour {
4        RectTransform rect;                              //发球板位置组件
5        bool shangXia=true;                              //标志板上下移动标志位
6        void Start () {
7          rect = this.GetComponent<RectTransform>();     //获取发球板位置组件
8          Vector3 te = rect.localPosition;               //获取发球板位置坐标
9          te.y = -30f;                                   //设置发球板位置 y 轴坐标
10         rect.localPosition = te;                       //设置发球板位置坐标
11       }
12       void Update () {
13         Vector3 te = rect.localPosition;               //获取发球板位置坐标
14         Vector3 te1 = rect.localScale;                 //获取发球板大小缩放比
15         if (te.y < -70f){                              //如果发球板位置 y 坐标小于-70
16           shangXia = false;                            //发球板上下移动标志位设为“false”
17           te1.x = 0.45f;                               //设置发球板大小 x 轴缩放比
18           te1.y = 0.45f;                               //设置发球板大小 y 轴缩放比
19           rect.localScale = te1;                       //设置发球板大小缩放比
20         }
21         if (te.y > -30f){                              //如果发球板位置 y 坐标大于-30
22           shangXia = true;                             //发球板上下移动标志位设为“true”
23         }
24         if (shangXia){                                 //如果发球板需要向下移动
25           te.y -= Time.deltaTime * 100f;               //发球板位置 y 坐标不断变小
26           rect.localPosition = te;                     //设置发球板位置坐标
27           te1.x += Time.deltaTime*0.05f;               //发球板大小 x 轴缩放比不断增加
28           te1.y += Time.deltaTime * 0.05f;             //发球板大小 y 轴缩放比不断增加
29           rect.localScale = te1;                       //设置发球板大小缩放比
30         }
31         if (!shangXia){                                //如果发球板需要向上移动
32           te.y += Time.deltaTime * 200f;               //发球板位置 y 坐标不断变大
33           rect.localPosition = te;                     //设置发球板位置坐标
34           te1.x -= Time.deltaTime * 0.25f;             //发球板大小 x 轴缩放比不断减少
35           te1.y -= Time.deltaTime * 0.25f;             //发球板大小 y 轴缩放比不断减少
36           rect.localScale = te1;                       //设置发球板大小缩放比
37     }}}
```

- 第 4～5 行的主要功能是变量声明，主要声明了发球板位置组件和标志板上下移动标志位等变量。在开发环境下的属性查看器中可以为各个参数指定资源或者取值。

- 第 6～11 行实现了 Start 方法的重写。该方法在场景加载时调用，主要功能是获取发球板位置组件、获取发球板位置坐标，设置发球板位置坐标。
- 第 13～19 行的主要功能是获取发球板位置坐标和大小缩放比。如果发球板位置 y 坐标小于-70，则发球板上下移动标志位设为“false”，设置发球板大小缩放比。
- 第 21-29 行的主要功能是如果发球板位置 y 坐标大于−30，则发球板上下移动标志位设为“true”。如果发球板需要向下移动，则设置发球板位置坐标和大小缩放比。
- 第 31～37 行的主要功能是如果发球板需要向上移动，则发球板位置 y 坐标不断变大，设置发球板位置坐标，设置发球板大小缩放比。

（20）前面介绍了“DouDongg.cs”的开发，接下来新建脚本，并将脚本命名为“GameOver”。该脚本的主要功能是游戏结束后在游戏结束界面实现金币飞过屏幕的特效。脚本编写完毕之后，将此脚本拖曳到“Canvas”对象上，具体代码如下。

代码位置：见随书源代码/第 7 章目录下的 TennisGame/Assets/Scripts/GameOver.cs。

```
1     using UnityEngine;
2     using UnityEngine.UI;
3     using System.Collections;
4     public class GameOver : MonoBehaviour {
5       ...//此处省略了定义一些变量的代码，有兴趣的读者可以自行查看源代码
6       void Start () {
7         jiaGuo = new bool[10];                                          //创建数组
8         for (int i = 0; i < jinBiS.Length; i++){
9           Vector2 te = new Vector2((jinBi.localPosition.x - (-Screen.width / 2 - 40)) / 2f,(
10          jinBi.localPosition.y - (Screen.height / 2 + 40)) / 2f);  //创建金币位置
11          jinBiS[i].localPosition = new Vector3(-Screen.width / 2 - 40 - i * te.x / 10,
12          Screen.height / 2 + 40 - i * te.y / 10, 0f);              //设置金币位置
13      }}
14      void Update () {
15        if ((JingTai.renBiFen == 2&&JingTai.kongZhiRen)||(JingTai.diRenBiFen==2&&!
16        JingTai.kongZhiRen)){                              //如果玩家赢
17          time += Time.deltaTime;                          //用于记录的时间归零
18          if (time < 0.2f){                                //如果时间小于 0.2
19            for (int i = 0; i < jinBiS.Length; i++){
20              Vector2 te = new Vector2((jinBi.localPosition.x - (-Screen.width /
                2 - 40)) / 2f, (
21              jinBi.localPosition.y - (Screen.height / 2 + 40)) / 2f); //创建金币位置向量
22              jinBiS[i].localPosition = new Vector3(-Screen.width / 2 - 40 - i * te.x / 10,
23              Screen.height / 2 + 40 - i * te.y / 10, 0f);         //设置金币位置
24          }}else if (time >= 0.2f && time <= 2.4f){              //如果时间小于 2.4
25            Vector2 te = new Vector2((jinBi.localPosition.x - (-Screen.width / 2
              - 40)) / 1f, (
26            jinBi.localPosition.y - (Screen.height / 2 + 40)) / 1f); //创建金币位置向量
27            for (int i = 0; i < jinBiS.Length; i++){
28              if (!jiaGuo[i]){
29                jinBiS[i].localPosition = new Vector3(jinBiS[i].localPosition.x +
                  te.x * Time.deltaTime,
30                jinBiS[i].localPosition.y + te.y * Time.deltaTime, 0f); //设置金币位置
31                if (jinBiS[i].localPosition.x > jinBi.localPosition.x){
                                                            //如果金币位置大于金币板位置
32                  if ((JingTai.diRenBiFen == 0 && JingTai.kongZhiRen) || (JingTai.
                    renBiFen == 0 &&
33                  !JingTai.kongZhiRen)){                  //如果对手比分为 0
34                    JingTai.jinBi += 2;                   //金币数加 2
35                  }else{
36                    JingTai.jinBi += 1;                   //金币数加 1
37                  }
38                  PlayerPrefs.SetInt("jinbi", JingTai.jinBi);     //记录金币数
39                  jinBiS[i].gameObject.SetActive(false);         //关闭金币板
40                  jiaGuo[i] = true;                              //金币已经飞过
41        }}}}}
42        renFen.sprite = shuZi[JingTai.renBiFen];                 //设置人物分数图片
43        diRenFen.sprite = shuZi[JingTai.diRenBiFen];             //设置对手分数图片
44        if (JingTai.renBiFen == 2){                              //如果人物比分为 2
```

```
45          renDouXiang.sprite = renJinXiao[JingTai.renID];            //设置人物比分图片
46          diRenDouXiang.sprite = renXiao[JingTai.diRenID];           //设置对手比分图片
47        }else{
48          renDouXiang.sprite = renXiao[JingTai.renID];               //设置人物比分图片
49          diRenDouXiang.sprite = renJinXiao[JingTai.diRenID];        //设置对手比分图片
50        }
51        renMing1.sprite = renM[JingTai.renID];                       //设置人物名字图片
52        if (JingTai.kongZhiRen){                                     //如果玩家控制
53          renMing2.sprite = renM[JingTai.renID];                     //设置人物名字图片
54        }else{
55          renMing2.sprite = renM[JingTai.diRenID];                   //设置人物名字图片
56        }
57        diRenMing.sprite = renM[JingTai.diRenID];                    //设置对手名字图片
58    }}
```

- 第 4～5 行的主要功能是变量声明，主要声明了图片和 sprite 等变量。此处省略了定义一些变量的代码，有兴趣的读者可以自行查看源代码。
- 第 6～13 行实现了 Start 方法的重写。该方法在场景加载时调用，主要功能是创建数组、创建金币位置向量和设置金币位置。
- 第 15～23 行的主要功能是如果玩家赢，则用于记录的时间归零。如果时间小于 0.2，则创建金币位置向量，设置金币位置。
- 第 24～34 行的主要功能是如果时间小于 2.4，则创建金币位置向量，设置金币位置。如果金币位置大于金币板位置并且对手比分为 0，则金币数加 2。
- 第 35～40 行的主要功能是如果对手比分不为 0，则金币数加 1。记录金币数并且关闭金币板。将金币已经飞过标志位设为“true”。
- 第 42～50 行的主要功能是设置人物分数图片和对手分数图片。如果人物比分为 2，则设置人物比分图片和对手比分图片。
- 第 51～57 行的主要功能是设置人物名字图片。如果玩家控制，则设置人物名字图片为玩家人物图片，否则设置人物名字图片为对手人物图片，设置对手名字图片。

（21）前面介绍了“GameOver.cs”的开发，接下来新建脚本，并将脚本命名为“XianShiGameOver”。该脚本的主要功能是游戏结束后显示游戏结束界面。脚本编写完毕之后，将此脚本拖曳到“Camera”对象上，具体代码如下。

代码位置：见随书源代码/第 7 章目录下的 TennisGame/Assets/Scripts/XianShiGameOver.cs。

```
1     using UnityEngine;
2     using UnityEngine.UI;
3     using System.Collections;
4     public class XianShiGameOver : MonoBehaviour {
5       public GameObject[] kai;                              //需要开启的对象数组
6       public GameObject[] guan;                             //需要关闭的对象数组
7       public Image texture;                                 //屏幕变黑图片
8       void Start () {
9         guan[8] = GameObject.Find("renwu1");                //获取人物对象
10        guan[9] = GameObject.Find("diren");                 //获取对手对象
11      }
12      void Update () {
13        if (JingTai.isGameOver){                            //如果游戏结束
14          JingTai.isGameOver = false;                       //游戏结束标志位设为“false”
15          for (int i = 0; i < kai.Length; i++){
16            kai[i].SetActive(true);                         //遍历开启需要开启的对象
17          }
18          for (int i = 0; i < guan.Length; i++){
19            guan[i].SetActive(false);                       //遍历关闭需要关闭的对象
20          }
21          Color c = texture.color;                          //获取图片颜色
22          c.a = 0f;                                         //图片透明度设为 0
23          texture.color = c;                                //设置图片颜色
24    }}}
```

- 第 5～6 行的主要功能是变量声明，主要声明了需要开启的对象数组和需要关闭的对象数组等变量。在开发环境下的属性查看器中可以为各个参数指定资源或者取值。
- 第 8～11 行实现了 Start 方法的重写。该方法在场景加载时调用，主要功能是在场景加载时获取人物对象和对手对象。
- 第 12～17 行的主要功能是如果游戏结束，则将游戏结束标志位设为“false”，遍历需要开启的对象数组并开启这些对象。
- 第 18～23 行的主要功能是遍历需要关闭的对象数组并关闭这些对象。获取图片颜色，图片透明度设为 0，设置图片颜色。

（22）创建背景音乐。创建网球对象的具体步骤与主菜单场景中创建网球对象的步骤相同，这里不再赘述。创建游戏特效声音。为“qiu”对象添加声音源组件，设置声音源组件的参数，具体参数如图 7-63 所示。为“Swarm Orbit Center_sparrow”对象添加声音源组件，设置声音源组件的参数。

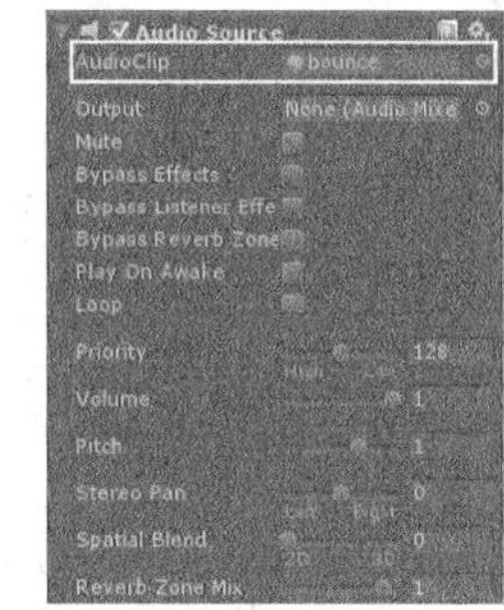

▲图 7-63　设置声音源组件的参数

7.6 网络模式游戏场景

本节将介绍网络模式游戏场景。网络模式游戏场景是本游戏的中心场景之一，其他场景都是为此场景服务的。游戏场景的开发对于此游戏的可玩性有至关重要的作用。下面将对此场景的开发进行详细介绍。

7.6.1　场景搭建

搭建游戏界面的场景，步骤比较繁琐，通过此游戏界面的开发，读者可以熟练地掌握基础知识，同时也会积累一些开发技巧和开发细节。接下来对游戏界面的开发进行详细介绍。

（1）创建一个“ren1”场景，具体步骤参考主菜单界面开发的相应步骤，此处不再赘述。需要的音效与图片资源已经放在对应文件夹下，读者可参看第 7.2.2 节的相关内容。

（2）设置环境光和创建光源、在场景中摆放模型、搭建 UI 界面等，具体步骤参考单人模式游戏场景搭建的相应步骤，此处不再赘述。至此，基本的场景搭建完毕。

7.6.2　各对象的脚本开发及相关设置

本小节将要介绍各对象的脚本开发及相关设置，主要有摄像机对象、网球对象、人物对象预制件和对手对象预制件的创建和相关脚本的开发。具体步骤如下。

（1）将上面开发好的“XuanRen.cs”和“YinXiao.cs”脚本拖曳到“Main Camera”上。新建脚本“SendAnimMSG.cs”，主要功能为向服务器端发送屏幕触摸指令。脚本编写完毕之后，将此脚本拖曳到“Main Camera”上，具体代码如下。

代码位置：见随书源代码/第 7 章目录下的 TennisGame/Assets/Scripts/SendAnimMSG.cs。

```
1     using UnityEngine;
2     using System.Collections;
3     using System.Net;
4     using System.Net.Sockets;
5     using System.Text;
6     public class SendAnimMSG: MonoBehaviour {
7       public static ConnectSocket mySocket;          //连接 Socket 对象
8       Vector2 start;                                 //屏幕滑动开始位置
9       Vector2 end;                                   //屏幕滑动结束位置
10      Vector2 cha;                                   //屏幕滑动距离向量
```

```
11      void Update(){
12        if (Input.touchCount!=0){                              //如果触摸点不为 0
13          Touch touch = Input.touches[0];                      //获取触摸点
14          if (JingTai.anXia){                                  //如果已经按下屏幕
15            JingTai.anXia = false;                             //按下屏幕标志位设为"false"
16          }else{
17            if (!(touch.position.x > Screen.width / 100 * 86f && touch.position.y
        > Screen.height / 100 * 80f)
18            && !JingTai.isZanTing){                  //如果触摸位置在正确范围并且游戏没有暂停
19              if (touch.phase == TouchPhase.Began){                //如果触摸开始
20                start = touch.position;                            //获取触摸开始位置
21              }
22              if (touch.phase == TouchPhase.Ended){                //如果触摸完成
23                end = touch.position;                              //获取触摸结束位置
24                cha = (end - start).normalized;                    //计算屏幕滑动距离向量
25                int s;                                             //玩家指令编号
26                if (JingTai.kongZhiRen){                           //如果玩家控制的人物为 1 号人物
27                  s = 1;                                           //玩家指令编号设为 1
28                }else{
29                  s = 2;                                           //玩家指令编号设为 2
30                }
31                byte[] x = ByteUtil.float2ByteArray(cha.x);
                  //将屏幕滑动距离向量 x 轴转为 byte[]
32                byte[] y = ByteUtil.float2ByteArray(cha.y);
                  //将屏幕滑动距离向量 y 轴转为 byte[]
33                byte[] n = ByteUtil.int2ByteArray(s);              //玩家指令编号转为 byte[]
34                byte[] sendMSG ={n[0],n[1],n[2],n[3],x[0],x[1],x[2],x[3],y[0],y[1],y
                  [2],y[3]};//创建指令比特串
35                mySocket.sendMSG(sendMSG);                         //向服务器发送指令
36    }}}}}}
```

- 第 7～10 行的主要功能是变量声明，主要声明了连接 Socket 对象、屏幕滑动开始位置、屏幕滑动结束位置等变量。在开发环境的属性查看器中可以为各个参数指定资源或者取值。
- 第 12～16 行的主要功能是如果触摸点不为 0，则获取触摸点。如果已经按下屏幕，则按下屏幕标志位设为"false"。
- 第 17～21 行的主要功能是如果触摸位置在正确范围内并且游戏没有暂停，则开始触摸监听。如果触摸开始，则获取触摸开始位置。
- 第 22～30 行的主要功能是如果触摸完成，则获取触摸结束位置，计算屏幕滑动距离向量。定义玩家指令编号变量，如果玩家控制的人物为 1 号人物，则玩家指令编号设为 1，否则玩家指令编号设为 2。
- 第 31～36 行的主要功能是将屏幕滑动距离向量 x 轴转为比特数组，将屏幕滑动距离向量 y 轴转为比特数组，创建指令比特串，向服务器发送指令。

（2）前面介绍了"SendAnimMSG.cs"的开发，接下来新建脚本，并将脚本命名为"WanKongZhi"。该脚本的主要功能是在网络模式中控制人物和网球的位置。脚本编写完毕之后，将此脚本拖曳到"Main Camera"对象上，具体代码如下。

代码位置：见随书源代码/第 7 章目录下的 TennisGame/Assets/Scripts/WanKongZhi.cs。

```
1     using UnityEngine;
2     using UnityEngine.UI;
3     ...//此处省略了命名空间的引入的代码，有兴趣的读者可以自行查看源代码
4     public class WanKongZhi : MonoBehaviour {
5       Animator rent;                                                   //人物动画控制器
6       Animator dit;                                                    //对手动画控制器
7       GameObject ren;                                                  //人物角色对象
8       GameObject diRen;                                                //对手角色对象
9       GameObject qiu;                                                  //网球对象
10      ...//此处省略了定义一些变量的代码，有兴趣的读者可以自行查看源代码
11      void Start () {
12        ren = GameObject.Find("renwu1");                               //获取人物对象
13        diRen = GameObject.Find("diren");                              //获取对手对象
14        qiu = GameObject.Find("qiu");                                  //获取网球对象
15        rent = ren.GetComponent<Animator>();                           //获取人物动画控制器组件
```

```
16          dit = diRen.GetComponent<Animator>();                    //获取对手动画控制器组件
17          shuZhi = GameObject.Find("sssss");
18        }
19        void Update () {
20          ...//此处省略了实现 Update 方法的具体代码，下面将详细介绍
21      }}
```

- 第 1～3 行的主要功能是引入命名空间。此处省略了命名空间的引入的代码，有兴趣的读者可以自行查看源代码。
- 第 5～10 行的主要功能是变量声明，主要声明了人物动画控制器、网球对象等变量。此处省略了定义一些变量的代码，有兴趣的读者可以自行查看源代码。
- 第 11～18 行实现了 Start 方法的重写。该方法在场景加载时调用，主要功能是获取人物对象、对手对象、网球对象等游戏对象。
- 第 19～21 行实现了 Update 方法的重写。该方法系统每帧调用一次，主要功能是控制网络游戏场景中的两个人物对象和网球对象的动作和位置。此处省略了实现 Update 方法的具体代码，下面将详细介绍。

（3）“WanKongZhi.cs”脚本中，通过系统调用 Update 方法来控制人物和网球对象的动作和位置。其主要功能为分析判断从服务器发来的数据，通过这些数据来控制人物和网球对象的动作和位置。Update 方法的具体代码如下。

代码位置：见随书源代码/第 7 章目录下的 TennisGame/Assets/Scripts/WanKongZhi.cs。

```
1       void Update () {
2         ...//此处省略了控制人物和网球对象的位置的代码，有兴趣的读者可以自行查看源代码
3         if (GameData.zhi == 4){                                    //如果开始击球并且为暴力球
4           tuiWei.GetComponent<TrailRenderer>().enabled = false;//关闭非暴力球拖尾渲染器
5           baoTuiWei.GetComponent<ParticleRenderer>().enabled = true; //开启暴力球拖尾渲染器
6           Quaternion q = new Quaternion();                              //创建四元数
7           q.eulerAngles = new Vector3(-90f, 0f, 0f);                    //设置四元数
8           Instantiate(baoLiZi,diRen.transform.position+new Vector3(0.04f,1.35f,1f),q);
                                                                        //创建击球粒子对象
9           GameData.zhi = 0;                                           //游戏控制指令归零
10          Qiu s = (Qiu)qiu.GetComponent<Qiu>();                       //获取“Qiu”脚本
11          s.audioSource.clip = s.audioBao1;                           //设置击球音效
12          s.audioSource.Play();                                       //播放击球音效
13        }
14        if (GameData.zhi == 5){                                  //如果开始击球并且为非暴力球
15          tuiWei.GetComponent<TrailRenderer>().enabled = true;   //开启非暴力球拖尾渲染器
16          baoTuiWei.GetComponent<ParticleRenderer>().enabled = false;//关闭暴力球拖尾渲染器
17          Instantiate(daLiZi, diRen.transform.position + new Vector3(0.04f, 1.35f, 1f),
18          Quaternion.identity);                              //创建非暴力球击球粒子对象
19          GameData.zhi = 0;                                  //游戏控制指令归零
20          Qiu s = (Qiu)qiu.GetComponent<Qiu>();              //获取“Qiu”脚本
21          s.audioSource.clip = s.audio2;                     //设置击球音效
22          s.audioSource.Play();                              //播放击球音效
23        }
24        if (GameData.zhi == 6){                              //如果球落地
25          tuiWei.GetComponent<TrailRenderer>().enabled = false; //关闭非暴力球拖尾渲染器
26          baoTuiWei.GetComponent<ParticleRenderer>().enabled = false; //关闭暴力球拖尾渲染器
27          GameData.zhi = 0;                                         //游戏控制指令归零
28        }
29        if (GameData.zhi == 7){                                     //如果球撞击地面
30          Qiu s = (Qiu)qiu.GetComponent<Qiu>();                     //获取“Qiu”脚本
31          s.audioSource.clip = s.audio1;                            //设置球撞击地面音效
32          s.audioSource.Play();                                     //播放球撞击地面音效
33          Instantiate(s.liZi, new Vector3(s.transform.position.x, 0.07f, s.transform
            .position.z),
34          Quaternion.identity);                               //创建球撞击地面粒子对象
35          GameData.zhi = 0;                                   //游戏控制指令归零
36        }
37        ...//此处省略了控制游戏结束的代码，有兴趣的读者可以自行查看源代码
38        if (GameData.zhi == 14){                                 //如果对手与服务器断开连接
39          Time.timeScale = 0;                        //游戏暂停
40          diDuanXinBan.SetActive(true);              //显示对手与服务器断开连接提示界面
41          diDuanXinBanZi.SetActive(true);            //显示界面图标
```

```
42          ConnectSocket.mySocket = null;                   //释放连接对象
43          GameData.zhi = 0;                                //游戏控制指令归零
44        }
45        if ((ConnectSocket.mySocket != null && !ConnectSocket.mySocket.Connected) ||
46        JingTai.duanXian){                                 //如果玩家与服务器断开连接
47          Time.timeScale = 0;                              //游戏暂停
48          duanXinBan.SetActive(true);                      //显示与服务器断开连接提示界面
49          duanXinBanZi.SetActive(true);                    //显示界面图标
50        }else{                                             //如果玩家与服务器正常连接
51          Time.timeScale = 1;                              //游戏正常进行
52          duanXinBan.SetActive(false);                     //不显示与服务器断开连接提示界面
53          duanXinBanZi.SetActive(false);                   //不显示界面图标
54      }}
```

- 第 1～2 行的主要功能是控制人物和网球对象的位置。此处省略了控制人物和网球对象的位置的代码，有兴趣的读者可以自行查看源代码。
- 第 3～12 行的主要功能是如果开始击球并且为暴力球，则关闭非暴力球拖尾渲染器，开启暴力球拖尾渲染器，创建击球粒子对象。获取“Qiu”脚本，设置击球音效并播放击球音效，游戏控制指令归零。
- 第 14～23 行的主要功能是如果开始击球并且为非暴力球，则开启非暴力球拖尾渲染器，关闭暴力球拖尾渲染器，创建非暴力球击球粒子对象。
- 第 24～28 行的主要功能是如果球落地，则关闭非暴力球拖尾渲染器，关闭暴力球拖尾渲染器，将游戏控制指令归零。
- 第 29～37 行的主要功能是如果球撞击地面，则获取“Qiu”脚本，设置球撞击地面音效并播放球撞击地面音效，创建球撞击地面粒子对象，游戏控制指令归零。此处省略了控制游戏结束的代码，有兴趣的读者可以自行查看源代码。
- 第 38～44 行的主要功能是如果对手与服务器断开连接，则游戏暂停，显示对手与服务器断开连接提示界面，释放连接对象，游戏控制指令归零。
- 第 45～54 行的主要功能是如果玩家与服务器断开连接，则游戏暂停，显示与服务器断开连接提示界面，显示界面图标。如果玩家与服务器正常连接，则游戏正常进行，不显示与服务器断开连接提示界面，不显示界面图标。

（4）前面介绍了“WanKongZhi.cs”的开发，接下来新建脚本，并将脚本命名为“ConnectSocket”。该脚本的主要功能是连接服务器并且从服务器接受数据，如果连接成功，则从服务器接受消息，将从服务器接受消息线程设为后台线程。具体代码如下。

代码位置：见随书源代码/第 7 章目录下的 TennisGame/Assets/Scripts/ConnectSocket.cs。

```
1       using UnityEngine;
2       using System.Collections;
3       ...//此处省略了命名空间的引入的代码，有兴趣的读者可以自行查看源代码
4       public class ConnectSocket{
5         public static Socket mySocket;                       //Socket 对象
6         private static ConnectSocket instance;               //连接 Socket 对象
7         Thread thread;                                       //服务器接收消息进程
8         IPAddress ip;                                        //服务器 IP 地址变量
9         IPEndPoint ipe;                                      //服务器端口变量
10        IAsyncResult result;                                 //异步连接成功回调结果
11        bool s=true;
12        public static ConnectSocket getSocketInstance(){      //获取实例化对象
13          instance = new ConnectSocket();                     //创建 Socket 对象
14          return instance;                                    //返回连接 Socket 对象
15        }
16        ConnectSocket(){                                      //构造器
17          s = true;
18          try{
19            mySocket = null;                                  //Socket 对象设为空
20            mySocket = new Socket(AddressFamily.InterNetwork, SocketType.
21            Stream, ProtocolType.Tcp);                        //获取 Socket 类型的数据
22            ip = IPAddress.Parse(JingTai.IP);                 //服务器 IP 地址
```

```
23          ipe = new IPEndPoint(ip, 2001);                //服务器端口
24          result = mySocket.BeginConnect(ipe, new AsyncCallback(connectCallBack),
25          mySocket);                                     //异步连接服务器连接成功回调结果
26        }
27        catch (Exception e){
28          Debug.Log(e.ToString());                       //打印错误信息
29        }
30        if (result != null){                             //如果异步连接服务器连接成功回调结果不为空
31          bool connectsucces = result.AsyncWaitHandle.WaitOne(5000, true); //超时检测
32        }
33        if (mySocket.Connected){                         //连接成功
34          thread = new Thread(new ThreadStart(getMSG)); //从服务器接受消息
35          thread.IsBackground = true;                    //将从服务器接受消息线程设为后台线程
36          thread.Start();                                //开始线程
37      }}
38      private void getMSG(){
39        ...//此处省略了从服务器接受数据的代码，下面将详细介绍
40      }
41      public void sendMSG(byte[] bytes){
42        ...//此处省略了向服务器发送信息的代码，下面将详细介绍
43    }}
```

- 第 1～3 行的主要功能是命名空间的引入，由于本类是自定义类而且用到了线程、网络、读取写入等知识的 API，所以将需要用到的名空间导入。
- 第 5～11 行的主要功能是变量声明，主要声明了连接 Socket 对象、服务器接收消息进程、服务器 IP 地址变量和异步连接成功回调结果。在开发环境下的属性查看器中可以为各个参数指定资源或者取值。
- 第 12～15 行的主要功能是创建获取实例化对象的方法，在方法中创建 Socket 对象，最后返回连接 Socket 对象。
- 第 19～25 行的主要功能是将 Socket 对象设为空，获取 Socket 类型的数据，设置服务器 IP 地址，设置服务器端口，返回异步连接服务器连接成功回调结果。
- 第 30～36 行的主要功能是如果异步连接服务器连接成功，回调结果不为空，则进行超时检测。如果连接成功，则从服务器接受消息，将从服务器接受消息线程设为后台线程。
- 第 38～40 行的主要功能是从服务器接受游戏数据。此处省略了从服务器接受数据的代码，下面将详细介绍。
- 第 41～43 行的主要功能是向服务器发送信息。通过调用该方法来向服务器发送玩家操纵指令。此处省略了向服务器发送信息的代码，下面将详细介绍。

（5）在“ConnectSocket.cs”脚本中，通过 getMSG 方法来从服务器接受游戏数据来控制场景中的人物和网球对象。getMSG 方法的具体代码如下。

代码位置：见随书源代码/第 7 章目录下的 TennisGame/Assets/Scripts/ConnectSocket.cs。

```
1     private void getMSG(){
2       while (s){                                       //如果进程正常进行
3         if (!mySocket.Connected){                      //断开连接
4           s = false;                                   //进程正常进行标志位设为“false”
5           mySocket.Close();                            //关闭与服务器的连接
6         }
7         try{
8           JingTai.duanXian = false;                    //断线标志位设为“false”
9           int packageLen = ReadInt();                  //接收数据长度值
10          byte[] bpackage = ReadPacket(packageLen);              /接收数据
11          splitBytes(bpackage);                                  //拆字符串
12        }catch (Exception e){
13          JingTai.duanXian = true;                               //断开与服务器的连接
14    }}}
15  int ReadInt(){
16    ...//此处省略了从服务器接收整数的代码，有兴趣的读者可以自行查看源代码
17  }
18  byte[] ReadPacket(int len){
19    ...//此处省略了从服务器接收指定长度数据的代码，有兴趣的读者可以自行查看源代码
20  }
```

- 第 2～6 行的主要功能是如果进程正常进行，则断开与服务器断开连接，进程正常进行标志位设为“false”，关闭与服务器的连接。
- 第 8～19 行的主要功能是接受数据。首先接收数据长度值，然后根据长度值从服务器接收指定长度的数据。具体接收指定长度的数据的方法在此处省略，有兴趣的读者可以自行查看源代码。

（6）在“ConnectSocket.cs”脚本中，通过 sendMSG 方法来向服务器发送玩家操纵指令。sendMSG 方法的具体代码如下。

代码位置：见随书源代码/第 7 章目录下的 TennisGame/Assets/Scripts/ConnectSocket.cs。

```
1     public void sendMSG(byte[] bytes){
2       if (mySocket==null||!mySocket.Connected){          //如果与服务器的连接已经断开
3         mySocket.Close();                                //关闭与服务器的连接
4         return;                                          //结束方法
5       }
6       try{
7         int length = bytes.Length;//获取要发送数据包的长度
8         byte[] blength = ByteUtil.int2ByteArray(length);      //转换为 byte[]数组
9         mySocket.Send(blength,SocketFlags.None);              //发数据包长度
10        mySocket.Send(bytes,SocketFlags.None);               //发数据包
11      }catch (Exception e){
12        Debug.Log(e.ToString());                             //打印异常栈
13    }}
```

- 第 2～5 行的主要功能是如果与服务器的连接已经断开，并且客户端与服务器的连接对象没有被释放，则关闭与服务器的连接，结束方法。
- 第 6～12 行的主要功能是发送信息，由脚本调用并将要发送的信息传入，依旧要按照协议先取出要发送数据包的长度转换成数据流进行发送，然后再发送实际数据包，这样做的好处是可以避免在网络传输过程中出现包的撕裂等现象导致收到的数据不全。

7.7　服务器端的开发

本小节将介绍服务器端的程序开发，服务器端程序主要用于在网络模式中连接客户端，并向客户端发送控制人物对象和网络对象的数据。在本节中，将对服务器端的开发进行进一步的介绍。

7.7.1　网络游戏架构简介

本小节介绍的是基于 Socket 套接字的网络游戏架构，核心思想是多个在线客户端同时向服务器端发送操控动作请求，由服务器端定时从动作队列读取一个动作并根据动作修改数据，向每一个在线客户端发送修改后的数据，保证了不同客户端之间数据的一致性。其架构如图 7-64 所示。

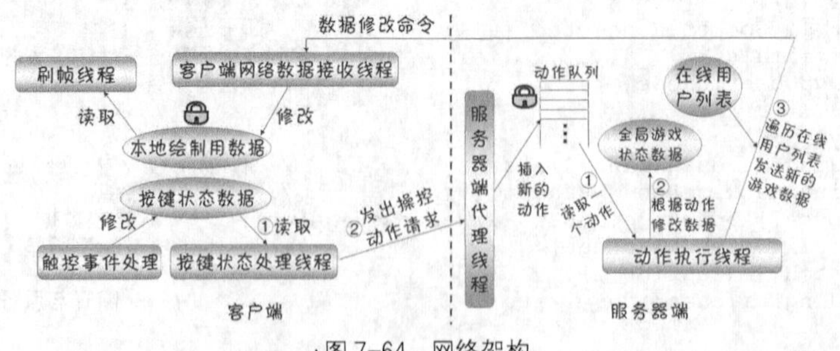

▲图 7-64　网络架构

> **说明**　本网络游戏架构同样适用于多个客户端同时在线操作，由于篇幅有限，笔者在这里仅展示了一个客户端与服务器的交互，读者也可以自行完善。

7.7.2 服务器端简介

服务器端的功能是根据客户端发送的操控动作请求执行相应的动作，并更新全局游戏状态数据，将更新后的数据通过流对象传送到客户端。游戏中的全局状态数据存储在服务器端且只被服务器端修改，保证了不同客户端之间画面的完整性和一致性。服务器端主要是由以下几部分组成。

1. 服务器主线程——ServerThread 类

ServerThread 类是服务器端最重要的主线程类，也是实现服务器功能的基础，主要功能是创建服务器并开放指定端口、监听端口并接收数据、启动动作执行线程和服务器端代理线程等。

2. 服务器代理线程——ServerAgentThread 类

ServerAgentThread 类是服务器端的代理线程类，主要功能是接收来自客户端的数据。接收数据时，先判断数据标识，然后进行数据处理。如果传送的是动作请求数据，则创建一个动作对象并将其添加进动作队列。

3. 动作执行线程——ActionThread 类

ActionThread 类是服务器端的动作执行线程类，主要负责以下 3 项工作：①定时从动作队列中读取一个动作对象（获取动作时，需要为动作队列加锁，保证动作队列在同一时刻只被一端操作）；②根据动作修改服务器端的全局游戏状态数据；③遍历用户列表并向每个用户发送新的游戏数据。

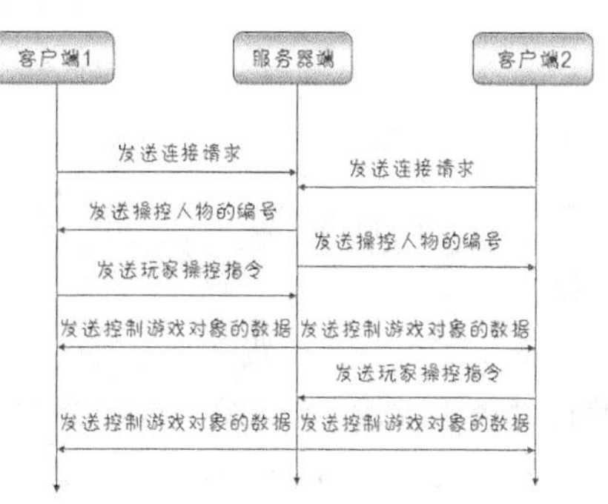

▲图 7-65　服务器端与客户端进行通信交互的示意图

7.7.3 服务器端的开发

下面将详细介绍服务器端的开发。服务器的作用是接收从若干个客户端传来的玩家操控指令信息，经过处理后再将统一的数据发回给客户端。图 7-65 是服务器端与客户端进行通信交互的示意图。

下面介绍服务器主线程 ServerThread 类，主要功能是创建服务器并开放指定端口、监听端口并接收数据、启动动作执行线程和服务器端代理线程。ServerThread 类的具体代码如下。

代码位置：见随书源代码/第 7 章目录下的 MyUnityServer/src/wbw/bn/ServerThread.java。

```
1     package wbw.bn;
2     import java.net.*;
3     import java.text.SimpleDateFormat;
4     import java.util.Date;
5     public class ServerThread extends Thread{
6       boolean flag = false;                          //服务器线程是否正常运行标志位
7       ServerSocket ss;                               //创建服务器监听端口
8       SimpleDateFormat df = new SimpleDateFormat("HH:mm:ss");//设置日期格式
9       public static void main(String args[]){
10        new ServerThread().start();                 //启动服务器线程
11      }
12      public void run(){
13        try{
14          ss=new ServerSocket(2001);                //创建服务器并开启 2001 端口
15          flag=true;                                //服务器线程是否正常运行标志位设为“true”
16          new ActionThread().start();               //启动动作执行线程
17        }catch(Exception e){
18          e.printStackTrace();                      //打印程序运行异常信息
19        }
20      while(flag){
21        try{
22          Socket sc = ss.accept();                  //接受端口号
```

```
23          new ServerAgentThread(sc).start();      //开启服务器代理线程
24          System.out.println("侦听并接受到此套接字的连接  "+df.format(new Date()));
25        }catch(Exception e){
26          e.printStackTrace();                    //打印程序运行异常信息
27    }}}}
```

- 第6～8行的主要功能是声明变量，主要声明了服务器线程是否正常运行标志位，创建服务器监听端口和设置日期格式等变量。
- 第9～11行为服务器端程序入口方法，服务器端程序从main方法启动，在该方法中启动了服务器线程与客户端进行通信。
- 第13～18行的主要功能为创建服务器并开启2001端口，将服务器线程是否正常运行标志位设为“true”并启动动作执行线程。如果程序运行出现异常，则打印异常信息。
- 第20～26行的主要功能是服务器端循环监听从客户端发来的连接请求。如果接收到客户端发来的连接请求，则开启服务器代理线程。

说明　服务器端的代码相当复杂，因为本书主要是讲Unity开发的，所以服务器端代码没有详细介绍。服务器端的代码可以由多种语言开发，在本案例中笔者使用了Java语言进行了服务器的开发，读者只要实现与客户端的数据交互协议可以用其他语言进行服务器端的开发，只不过Java语言的跨平台能力比较强，开发服务器端代码比较方便。

7.8 游戏加载场景

本小节将介绍游戏加载场景的开发。游戏加载场景介于主菜单场景和游戏场景之间，在玩家等待游戏场景载入时出现。该场景包含了玩家与对手的人物头像、人物姓名等信息。下面将对此场景的开发进行详细介绍。

7.8.1 场景搭建

搭建游戏界面的场景，步骤比较繁琐，通过此游戏界面的开发，读者可以熟练掌握基础知识，同时也会积累一些开发技巧和开发细节。接下来对游戏界面的开发进行详细介绍。

（1）创建一个“loading”场景，具体步骤参考主菜单界面开发的相应步骤，此处不再赘述。需要的音效与图片资源已经放在对应文件夹下，读者可参看第7.2.2节的相关内容。

（2）创建一个空对象，将其重命名为“beijing”，后面创建和背景相关的对象都设为其子对象。创建一个Sprite对象，将其重命名为“BackGround”，调整其大小使之充满屏幕，作为背景幕布。创建一个空对象，将其重命名为“Lines1”，如图7-66所示。创建一个Sprite对象，重命名为“LinePrefab”，将其制作成预制件，之后在场景中创建多个“LinePrefab”对象，调整它们的位置、尺寸和透明度，如图7-67所示。

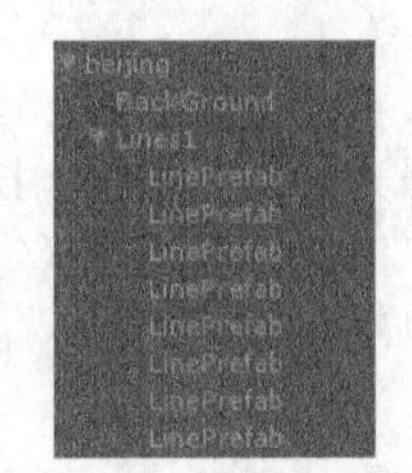

▲图7-66　背景对象结构

▲图7-67　背景变幻条搭建

7.8.2 各对象的脚本开发及相关设置

本小节将要介绍各对象的脚本开发及相关设置，主要有加载场景脚本和背景动态变幻的相关脚本的开发。具体步骤如下。

（1）新建脚本，将其重命名为“Linsmove.cs”。该脚本的主要功能是用于控制背景变换条的移动，首先储存预制件“Lines1”初始的位置，之后移动预制件，在预制件移动出屏幕后，将其恢复到初始的位置，重新开始移动。具体代码如下。

代码位置：见随书源代码/第7章目录下的 TennisGame/Assets/Scripts/Linsmove.cs。

```
1    using UnityEngine;
2    using System.Collections;
3    public class linsmove : MonoBehaviour {
4      protected Transform m_transform;              //Transform组件
5      public float speed = 0.5f;                    //背景移动速度
6      void Start (){
7        m_transform = this.transform;               //获取Transform组件
8      }
9      void Update (){
10       m_transform.Translate(Vector3.left * Time.deltaTime * speed); //使背景不断向左移动
11       if (m_transform.position.x < -345.1f){          //如果向左移动位置超过指定位置
12         m_transform.position = new Vector3(-273.4f, m_transform.position.y,
13         m_transform.position.z);                      //设置背景位置到指定位置
14   }}}
```

- 第4～8行的主要功能是变量声明和重写Start方法，主要声明了Transform组件、背景移动速度等变量。在初始化场景过程中获取Transform组件。
- 第9～14行实现了Update方法的重写。该方法系统每帧调用一次，主要功能是使背景不断向左移动，如果向左移动位置超过指定位置，则设置背景位置到指定位置。

（2）前面介绍了“Linsmove.cs”的开发。接下来新建脚本，并将脚本命名为“Loader”。该脚本的主要功能是，根据从主菜单界面获取的值来判断是应该加载单人模式游戏场景还是网络模式游戏场景。具体代码如下。

代码位置：见随书源代码/第7章目录下的 TennisGame/Assets/Scripts/Loader.cs。

```
1     using UnityEngine;
2     using System.Collections;
3     public class Loader : MonoBehaviour{
4       int n;                                     //用于记录场景运行帧数
5       public SpriteRenderer[] x;                 //SpriteRenderer组件数组
6       public Sprite[] xiang;                     //人物图片数组
7       public Sprite[] zi;                        //人物名字图片数组
8       void Start(){
9         x[0].sprite = xiang[JingTai.renID];      //设置玩家控制人物的头像图片
10        x[1].sprite = xiang[JingTai.diRenID];    //设置对手的头像图片
11        x[2].sprite = zi[JingTai.renID];         //设置玩家控制人物的名字图片
12        x[3].sprite = zi[JingTai.diRenID];       //设置对手的名字图片
13        n = 0;                                   //用于记录场景运行帧数归零
14      }
15      void Update(){
16        n++;                                     //帧数不断增加
17        if (n > 30){                             //如果帧数大于30
18          Application.LoadLevel(JingTai.loadScene);      //加载需要加载的游戏场景
19    }}}
```

- 第4～7行的主要功能是变量声明，主要声明用于记录场景运行帧数、SpriteRenderer组件数组、人物图片数组和人物名字图片数组等变量。
- 第8～13行实现了Start方法的重写。该方法在场景加载时调用，主要功能是初始化显示游戏加载界面的图片以及将用于记录场景运行帧数归零。
- 第15～19行实现了Update方法的重写。该方法系统每帧调用一次，主要功能是用于记录场景运行的帧数不断增加。如果帧数大于 30，则加载需要加载的游戏场景。

7.9 游戏的优化与改进

至此，本案例的开发部分已经介绍完毕。本游戏是基于 Unity 3D 平台开发的，笔者在开发的过程中，已经兼顾了游戏的可玩性、流畅性等方面的表现，并尽可能降低游戏的内存消耗量，但实际上它还存在如下的优化空间。

1. 游戏界面的改进

本游戏的场景搭建使用的图片已经相当绚丽，有兴趣的读者可以更换图片以达到更好的效果。另外，由于在 Unity 中有很多内建的着色器，本游戏使用的着色器有限，可能还有效果更佳的着色器，有兴趣的读者可以更改各个纹理材质的着色器，以改变渲染风格，进而得到很好的效果。

2. 游戏性能的进一步优化

虽然在游戏的开发中，已经对游戏的性能做了一部分优化工作，但是，游戏的开发仍然有待完善之处，比如游戏在性能优异的移动终端上可以比较完美地运行，但是在一些低端机器上的表现无法达到预期的效果，还需要进一步优化。

3. 优化游戏模型

本游戏所用的跑道模型部分是从网上下载的，然后使用 3ds Max 进行了简单的分组处理。由于是在网上免费下载的，模型存在以下缺陷：模型贴图没有合成一张图；模型没有进行合理的分组；模型中面的共用顶点没有进行融合。

4. 游戏动画的优化

本游戏所用的运动员、海鸥和陆地动物的骨骼动画是使用 3ds Max 制作的。在制作的过程中没有对动画进行复杂的调节，导致动画不是非常完美，还有一定的优化空间。有兴趣的读者可以对动画进行细致的调节，或者可以自己重新制作动画，进而得到更好的效果。

第8章　VR 休闲竞技类游戏——Q 赛车

随着手持式终端的快速推广与发展，人们逐渐习惯于在手持设备上寻求乐趣。一系列 3D 游戏引擎对手持设备的支持，使得移动终端的游戏场景变得非常生动而且逼真，因此通过移动终端对现实的模拟得以实现。

本章的游戏“Q 赛车”模拟的是卡通风格的赛车游戏，是一款使用 Unity 游戏引擎和虚拟现实技术开发制作的基于 Android 平台，可在手机或者平板电脑上运行的休闲体育类游戏。接下来，将对游戏的背景和功能，以及开发的流程逐一进行介绍。

8.1 游戏背景和功能概述

这一节将主要介绍本游戏的背景和游戏功能，方便读者了解该类型的游戏特色，并且对本游戏的开发有一个整体的认知，快速理解本游戏的开发技术，能对本游戏所达到的效果和所实现的功能有一个更为直观的了解。

8.1.1 游戏背景简介

休闲竞技类游戏是一款让玩家可以参与到休闲运动项目中的电子游戏。在现代都市紧张的生活步调下，人们越来越青睐于在休闲游戏中舒缓身心上的压力，而休闲竞技类型的游戏使得人们可以在一个虚拟世界中游戏，也因此逐渐被人们所认可。当下非常流行的赛车类休闲竞技游戏有《跑跑卡丁车》《激流快艇》等，如图 8-1 和图 8-2 所示。

▲图 8-1　《跑跑卡丁车》

▲图 8-2　《激流快艇》

“Q 赛车”是一款结合虚拟现实的休闲竞技类游戏。玩家在游戏中控制赛车前进和转向，赛车的运动方向取决于玩家手中蓝牙摇杆的滑动方向，要适当地做出预判，才能更好地实现转弯。

本游戏是使用当前最为流行的 Unity 游戏开发引擎，并借助 Unity 推出的 uGUI 系统，结合虚拟现实技术打造的一款 3D 手机游戏。有“单人闯关”和“多人在线”两种模式供玩家选择，可以在单机模式下自己闯关，也可以在联网模式下双人对战。

8.1.2 游戏功能简介

本小节将对该游戏的主要功能进行简单的介绍。

（1）单击设备桌面上的游戏图标运行游戏，首先进入的是 IP 设置界面，如图 8-3 所示。随后出现的是游戏的提示界面，如图 8-4 所示，玩家戴好 VR 头戴设备后，按下摇杆任意按钮（或者手指单击屏幕）进入游戏主菜单场景。

▲图 8-3　IP 设置界面

▲图 8-4　提示界面

（2）主菜单中，玩家通过头部转动控制场景中的光标来与 UI 主菜单交互，如图 8-5 所示，可以通过光标是否进入左右“箭头”按钮来选择游戏场景，当光标在“单人模式”按钮和“多人在线”按钮停留时间超过 3s 时，就会触发跳转场景（单人闯关）和连接服务器（多人在线）事件，如图 8-6 所示。

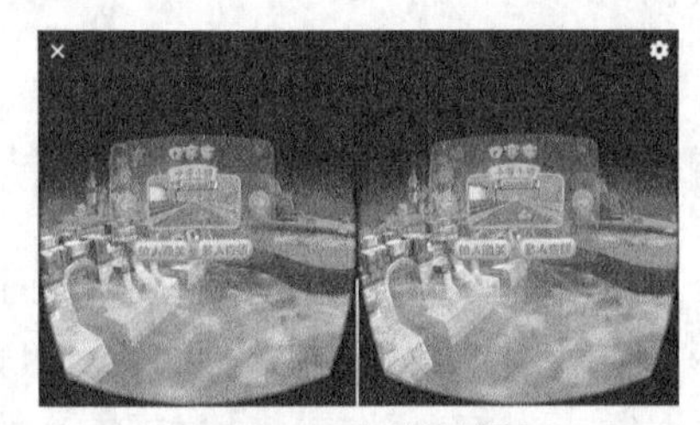

▲图 8-5　主菜单界面

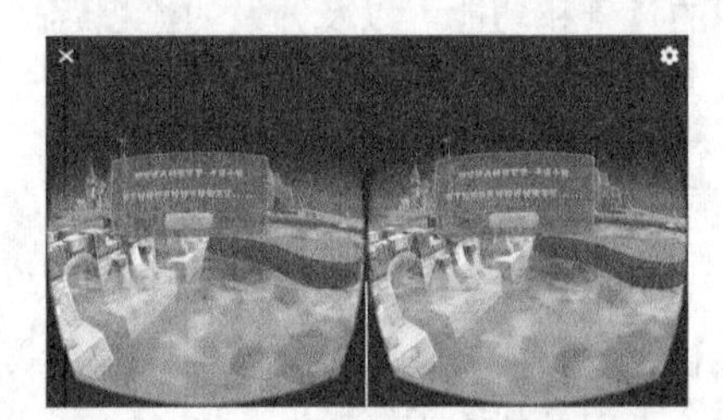

▲图 8-6　服务器连接界面

（3）头部控制光标在“单人闯关”按钮注视 3s 即切换到游戏场景，如图 8-7 所示。在游戏过程中如果玩家想要退出或者暂停，可以通过按下蓝牙摇杆任意键弹出暂停 UI 菜单，如图 8-8 所示。

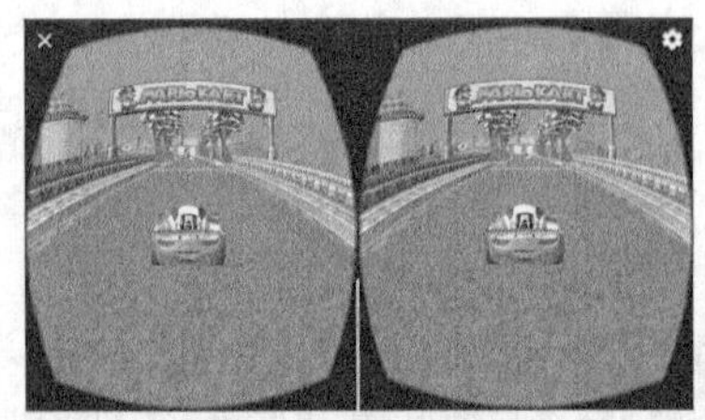

▲图 8-7　赛车场景

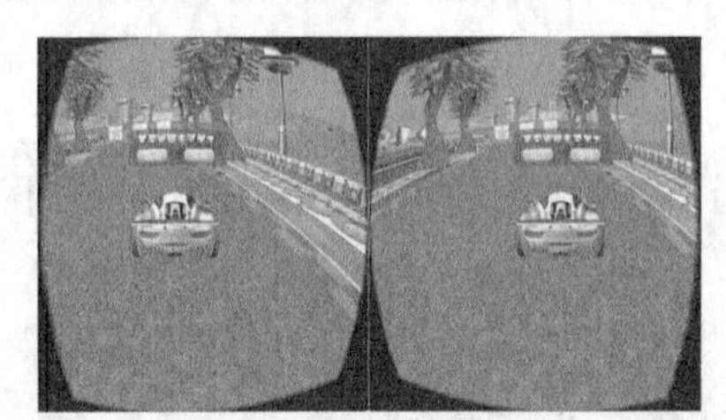

▲图 8-8　游戏暂停界面

（4）进入场景倒数“321”之后，玩家可以通过蓝牙摇杆控制赛车前进和转向，如图 8-9 所示；当玩家控制的赛车通过终点时会弹出输赢界面，与此同时 Gvr 的头部追踪打开，玩家可以通过头部控制场景中的光标与菜单交互，从而返回主菜单场景，如图 8-10 所示。

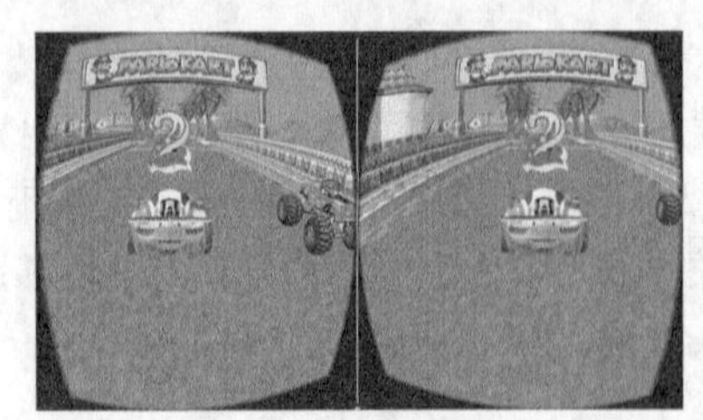

▲图 8-9　路点寻路

▲图 8-10　输赢界面

（5）在双人在线模式下，两个玩家连接上服务器之后，可以通过两个蓝牙摇杆分别控制各自的赛车。如图 8-11 所示，两个玩家分别将赛车的位置和朝向数据上传至服务器，然后接收对方赛车数据传递给各自场景中的对手赛车，玩家在跑道上可以收集金币，如图 8-12 所示。

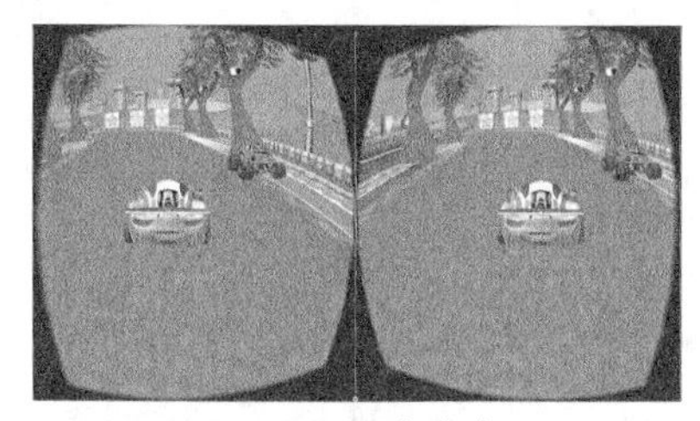

▲图 8-11　两辆赛车

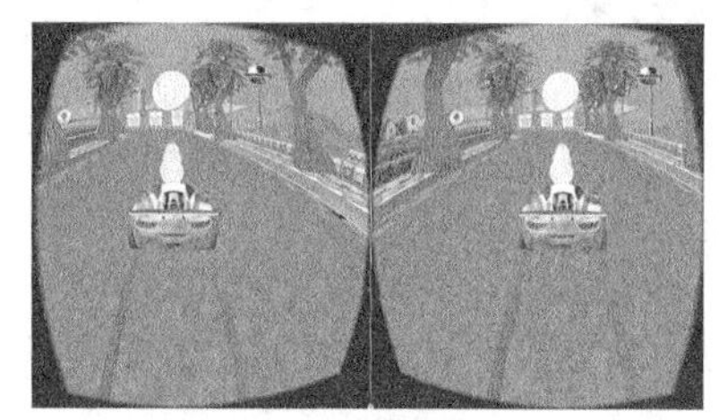

▲图 8-12　收集金币

（6）该游戏除了有单人闯关和双人在线两种模式之外，还有 3 个游戏场景可以选择，分别是“卡通小镇”“金字塔”“沙漠风暴”，如图 8-7、图 8-13 和图 8-14 所示。玩家可以在主菜单场景通过光标选择 3 个场景进行赛车游戏。

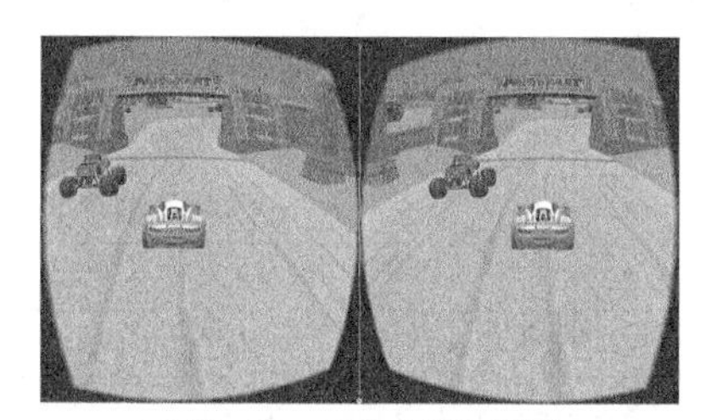

▲图 8-13　“金字塔”场景

▲图 8-14　“沙漠风暴”场景

8.2 游戏的策划及准备工作

本节主要介绍本游戏的策划及正式开发前的一些准备工作。准备工作大体上包括游戏策划、美工需求、音乐等。

8.2.1 游戏的策划

通过本小节的介绍，读者将对本游戏的基本开发流程和方法有一个基本的了解。在实际的游戏开发过程中，还需更细致、更具体、更全面的策划。

1. 游戏类型

本游戏是使用 Unity 游戏开发引擎作为开发工具，并且以 C#脚本作为开发语言开发的一款休闲竞技类游戏。在本款游戏中，大量使用拖尾渲染器、物体碰撞的计算，以及真实赛车音效。因此，游戏中的画面及特效显得十分逼真、绚丽。

2. 运行目标平台

本例运行平台为 Android 4.0 或者更高的版本。

3. 目标受众

本游戏属于休闲类游戏，又包含了竞技的元素，游戏场景真实，操作简单，节奏轻快，在咖啡厅等待朋友的人、在公交车站和地铁站候车的人等拥有大量碎片化时间的人都非常适合通过玩本游戏来消磨时间，愉悦心情。

4. 操作方式

在游戏中玩家通过蓝牙摇杆控制一辆赛车。如果是单人闯关模式，则场景中会有一辆通过 AI

寻路的赛车；如果是双人在线模式，则双方需要连接服务器，然后通过蓝牙摇杆控制各自的赛车前进和转向，用最短的时间通过终点的玩家获胜。

5. 呈现技术

本游戏采用 Unity 游戏开发引擎制作。虚拟现实技术的使用使游戏场景具有很强的立体感和逼真的效果，赛车具有仿真的物理碰撞感，同时配合粒子系统和精美的模型，玩家将在游戏中获得绚丽真实的视觉体验。

8.2.2 使用 Unity 开发游戏前的准备工作

本小节将介绍一些游戏开发前的准备工作，包括图片、声音、模型等资源的选择与制作，其详细步骤如下。

（1）首先介绍的是本游戏中所用到的纹理图片的资源，将所有按钮图片资源全部放在项目文件 Assets\Textures 文件夹下，详细情况如表 8-1 所示。

表 8-1　游戏中的纹理资源

图　片　名	大小/KB	像素（W×H）	用　途
menu.png	20	128×128	主菜单
lianjie.png	21	128×128	连接服务器菜单
left.png	21	128×128	左移
right.png	20	128×128	右移
scence-0.png	31	128×128	场景 0
scence-1.png	31	128×128	场景 1
scence-2.png	32	128×128	场景 2
n1.png	30	128×128	数字 1
n2.png	8.80	24×24	数字 2
n3.png	731	690×690	数字 3
danren.png	745	690×690	模式选择按钮
enter.png	597	238×85	进入主菜单确定按钮

（2）本游戏中添加了声音，这样使游戏更加真实。其中将声音资源放在项目目录中的 Assets/Audio 文件夹下，详细情况如表 8-2 所示。

表 8-2　声音资源列表

文　件　名	大小/KB	格　式	用　途
AccelerationHigh	37	wav	赛车加速音效
AccelerationLow	1354	wav	赛车引擎音效
DecelerationHigh	534	wav	赛车刹车音效

（3）本游戏用的 3D 模型是通过 3ds Max 生成的 FBX 文件，然后导入 Unity 中。而生成的 FBX 文件需要放在项目目录中的 Assets/Model 文件夹下，详细情况如表 8-3 所示。

表 8-3　模型文件清单

文　件　名	大小/KB	格　式	用　途
KTCar0	52	FBX	赛车 1 模型
KTCar1	96	FBX	赛车 2 船模型
XiaoZhen	83	FBX	卡通小镇场景模型

续表

文 件 名	大小/KB	格 式	用 途
ShaMo	29	FBX	金字塔场景模型
HuangMo	297	FBX	沙漠场景模型
JinBi	3725	FBX	金币模型

8.3 游戏的架构

在本小节中，将简单介绍游戏的架构。读者通过这一节的内容介绍，可以进一步了解游戏的开发思路，对整个开发过程也会更加熟悉。

8.3.1 各个场景的简介

Unity 游戏开发中，场景开发是开发游戏的主要工作。游戏中的主要功能都是在各个场景中实现的。每个场景包含了多个游戏对象，其中某些对象还被附加了特定功能的脚本。本游戏包含了 5 个场景，接下来对这 5 个场景中重要游戏对象上挂载的脚本进行简要的介绍。

1. IP 设置场景

IP 设置场景为游戏场景中玩家实现联网对战设置连接服务器所需要的 IP 地址。场景中包含主摄像机“MainCamera”和用于搭建 IP 设置界面的 UI 对象，其功能是实现输入用户 IP 地址并保存，单击确定后戴好 VR 头盔进入游戏场景。

2. 主菜单界面

主菜单界面是游戏中所有关卡和所有与菜单界面有关的相关界面的中转站。本游戏中的主菜单界面的主要功能均通过 Unity 自带的 UI 系统进行实现，在该场景中可以通过单击按钮进入连接服务器界面，选择游戏关卡和游戏模式。该场景中所包含的脚本如图 8-15 所示。

▲图 8-15 主菜单框架

3. 单人模式游戏场景

单人模式游戏场景是本游戏最重要的场景之一。该场景中有多个游戏对象，主要包括主摄像机、跑道、赛车、树、金币等模型或场景对象。本游戏将赛车游戏对象制作成了预制件，玩家通过蓝牙摇杆控制场景中的赛车前进和转向。该场景中所包含的脚本如图 8-16 所示。

4. 网络模式游戏场景

网络模式游戏场景也是本游戏最重要的场景之一。该场景通过服务器发来的数据控制场景中的赛车对象。该场景和单人模式游戏场景基本相同，也有和单人模式游戏场景几乎相同的游戏对象。该场景中所包含的脚本如图 8-17 所示。

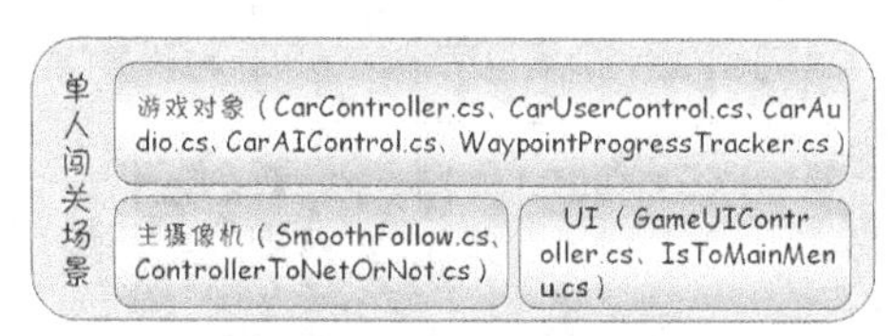

▲图 8-16 单人模式场景框架

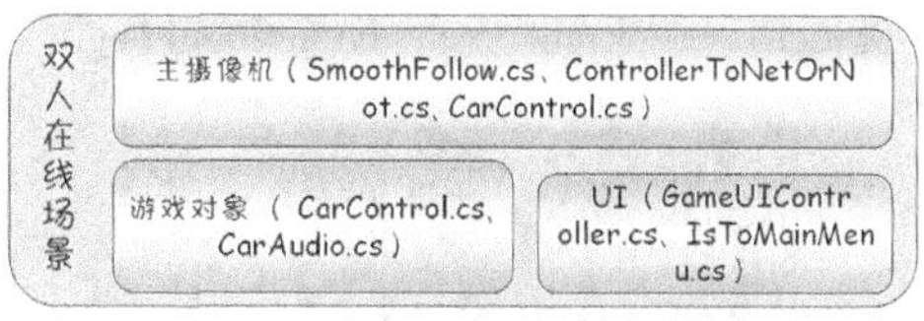

▲图 8-17 网络模式场景框架

8.3.2 游戏架构简介

这一节中将介绍游戏的整体架构。本游戏中使用了很多脚本，接下来将按照程序运行的顺序介绍脚本的作用以及游戏的整体框架，具体步骤如下。

（1）单击游戏图标进入游戏后，首先来到了游戏的 IP 设置场景“UI”，玩家输入准确的 IP 地址并保存后戴好 VR 头盔。此界面是用 Unity 自带的 UI 系统编写而成，UI 控件与控件之间可以进行嵌套，父控件可以包含子控件，子控件又可以进一步包含子控件。

（2）单击屏幕中间的“开始”按钮进入主菜单场景，触发挂载在摄像机上的“SaveIp.cs”脚本里 Update 方法的场景切换代码；进入主菜单场景后，分别有“单人闯关”和“多人在线”两种游戏模式和 3 个游戏场景；头部控制场景中的光标与菜单交互。

（3）通过头部移动使光标进入左右箭头时触发“UIController.cs”脚本中的 TransformScenceUI_Left 方法和 TransformScenceUI_Right 方法来切换选择场景 UI 图片，光标进入“单人闯关”按钮并注视 3s，触发 DR_Enter 进入场景；如果 3s 之内离开按钮，触发 DR_Exit 恢复设置。

（4）当头部控制光标进入“多人在线”按钮并注视 3s 后分别触发“UIController.cs”脚本中的 DuoR_Enter.cs 切换到连接服务器的 UI 设置界面，按下摇杆任意按键连接服务器并处于等待对方连接状态，双方都连接服务器后再次按下摇杆任意键即可进入场景开始游戏。

8.4 主菜单场景

本节开始将依次介绍本游戏中各个场景的开发，首先介绍的是本案例中的主菜单场景，该场景在游戏开始时呈现，控制所有界面之间的跳转，同时也可以在其他场景中跳转到主菜单场景，下面将对其进行详细介绍。

8.4.1 场景的搭建及其相关设置

此处场景的搭建主要是针对游戏灯光和基础界面等因素的设置。通过本节的学习，读者将会了解如何构建一个基本的游戏场景界面，由于本场景是游戏中创建的第一个场景，所有步骤均有详细介绍，下面的场景搭建中省略了部分重复步骤，读者应注意。接下来将具体介绍场景的搭建步骤。

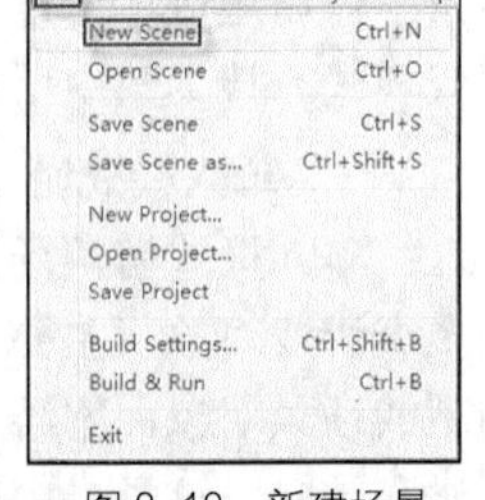

▲图 8-18　新建场景

（1）新建一个场景，步骤为单击“File”选项中的“New Scene”选项，如图 8-18 所示。单击“File”选项中的“Save Scene”选项，在“保存”对话框中添加场景名为“0_MainMenu”，作为主菜单场景。

（2）导入资源。将本游戏所要用到的资源分类整理好，然后将分类好的资源都复制到项目文件夹下的“Assets”文件夹下，所放位置在前面的介绍中提过，读者可参看第 8.2.2 节的相关内容。另外还需要导入 Google CardBoard SDK 支持 Unity VR 开发的插件 GoogleVRForUnity.unitypackage。

（3）设置环境光和创建光源。具体步骤为单击“Edit”→“Scene Render Settings”，然后选择 Ambient 选项为“Color”，单击属性查看器中的“Ambient Color”，选择白色，如图 8-19 所示。选择“GameObject”→“Light”→“Directional Light”后会自动创建一个定向光源，如图 8-20 所示。

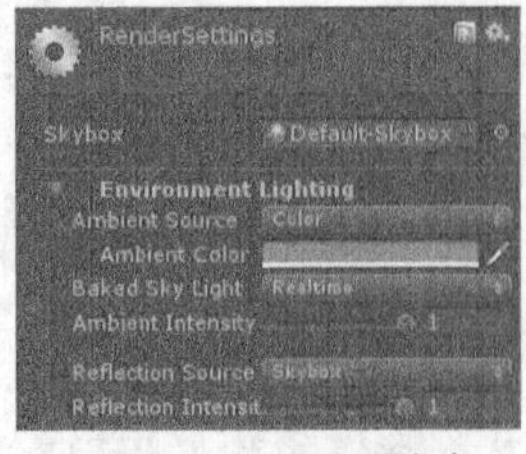

▲图 8-19　设置环境光

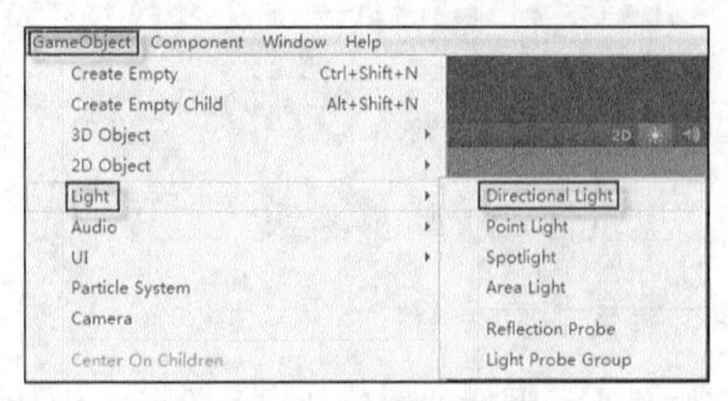

▲图 8-20　创建定向光

（4）在场景中摆放模型。在本游戏中场景中需要的模型如网球场，树木，伞等资源已经放在对应的文件夹下，读者可以参看第 8.2.2 节的相关内容。

（5）创建主菜单界面。创建一个 Canvas 对象，具体步骤为“GameObject”→“UI”→“Canvas”，如图 8-21 所示。在“Canvas”对象中创建四个对象，分别为“MainMenu”“TransformUI”“ ScenceList”“LianJie”，如图 8-22 所示。

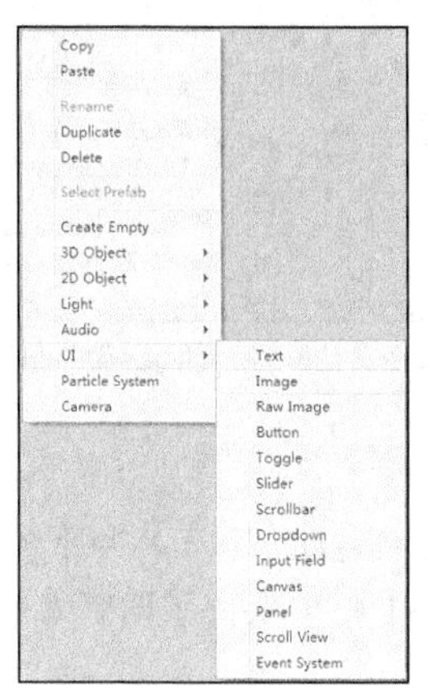

▲图 8-21 创建 UI 对象

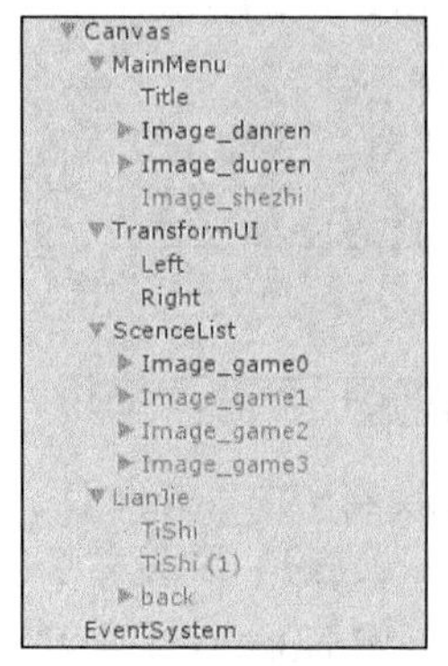

▲图 8-22 主菜单界面的对象结构

（6）创建完 UI 对象之后需要调整其位置。将需要挂载图片的 UI 控件挂载相应图片并调整其参数，如图 8-23 所示；修改 Button 和 Text 控件中的 Text 字符串并调整其大小、颜色、字体和粗细等，如图 8-24 所示。

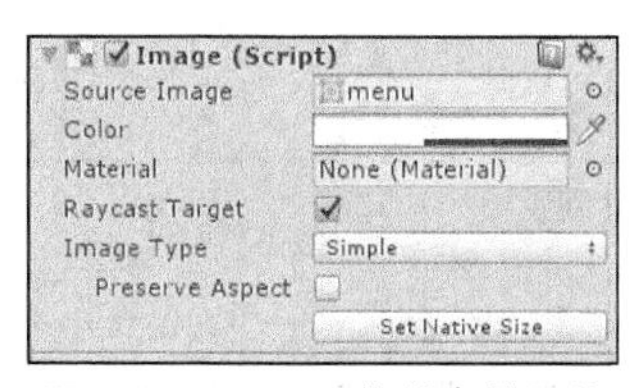

▲图 8-23 Image 控件参数调整

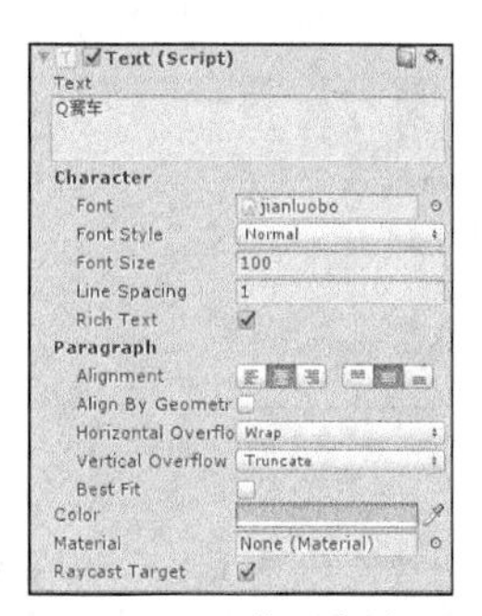

▲图 8-24 Text 控件参数调整

（7）UI 控件参数调整完之后需要将该场景转成 VR 模式。前面小节已经将 Google CardBoard SDK 中用于 Unity 开发虚拟现实的插件导入 Assets 文件夹下（具体详细步骤将在下面进行介绍），如图 8-25 所示；将 GvrViewerMain 和 GvrReticle 预制体添加到场景中，如图 8-26 所示。

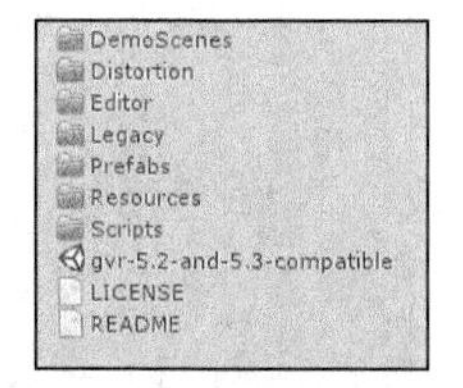

▲图 8-25 GoogleVR 文件夹目录

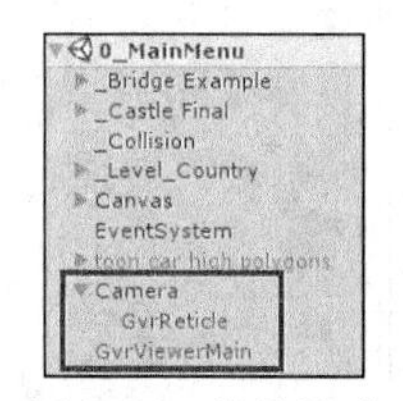

▲图 8-26 场景 VR 化

（8）接下来需要调整场景中 EventSystem 上挂载的一些用于管理以及触发场景中事件的组件，其中包括“EventSystem”“Gaze Input Module”“Touch Input Module”“Standalone Input Module”，如

图 8-27 所示，还需要给相机上添加 Physics Raycaster 组件以及 UIController 脚本，如图 8-28 所示。

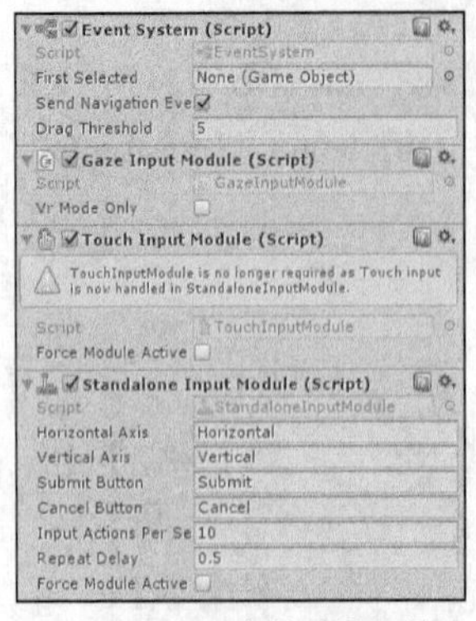

▲图 8-27　事件系统组件

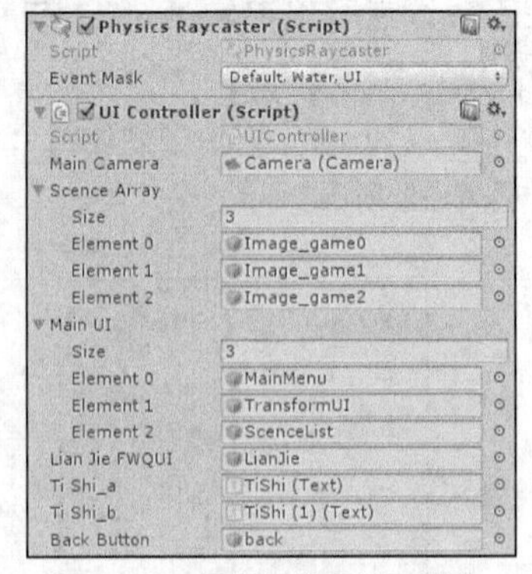

▲图 8-28　相机射线组件及脚本

8.4.2　Gvr Unity SDK 下载及使用介绍

Google 在虚拟现实初期首先发布了 Google CardBorad SDK 用于各种平台的 VR 开发，后来 Google 又推出了 DarDream，并发布了相关的 SDK。该 SDK 中保留了旧版本的 CardBoard SDK，因此读者可以使用其中的 Unity 插件开发 VR 项目。

（1）需要在谷歌公司官方网站下载 GVR Unity SDK，如图 8-29 所示。

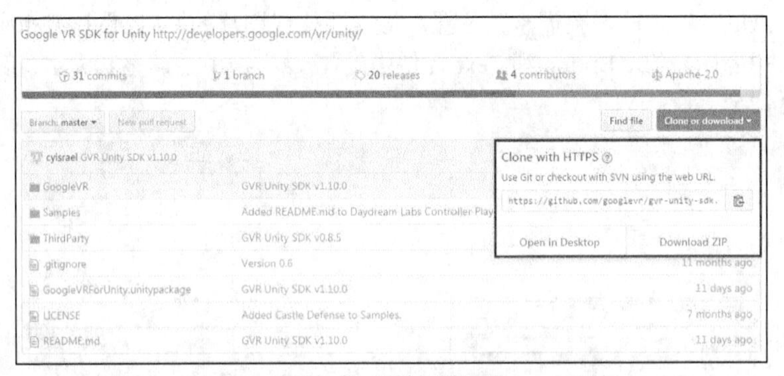

▲图 8-29　SDK 下载网页

（2）导入 SDK 软件包：“Assets”→“Import Package”→“Custom Package”。选择“GoogleVRForUnity unitypackage”下载软件包并单击“Open”。确保已勾选“Importing Package”对话框中的所有复选框，并单击“Import”，如图 8-30 所示。导入后文件夹结构如图 8-31 所示。

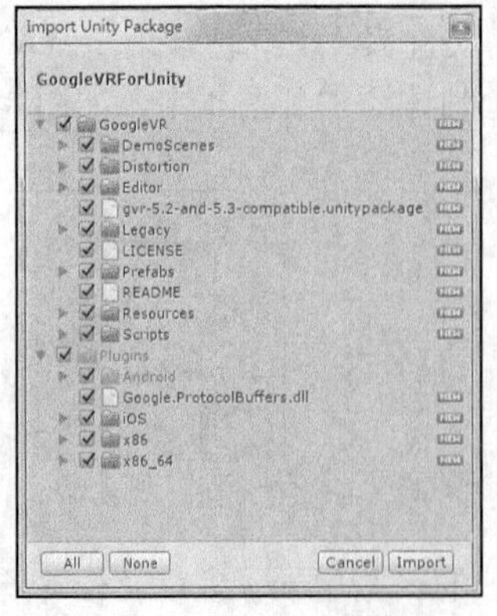

▲图 8-30　Importing Package

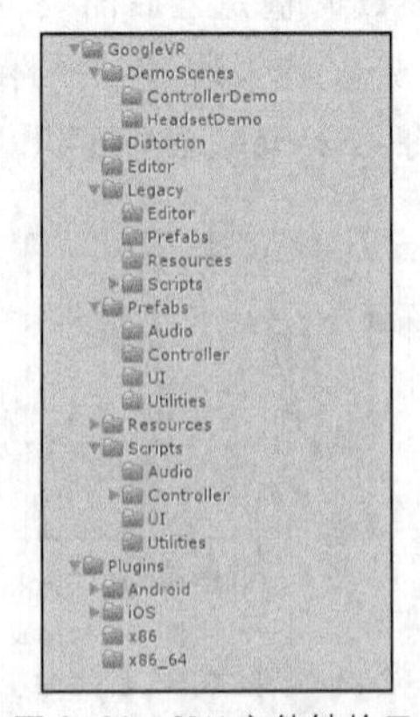

▲图 8-31　SDK 文件结构目录

（3）向场景中添加 VR 支持有两种方式：①通过预制件添加 VR；②通过脚本添加 VR。制作用于 Cardboard 的 VR 应用的一个主要区别是：能够让用户在现实中通过移动头部的方式移动摄像头。接下来将会介绍这两种方式开发 VR 模式的流程，在该软件中采用的是第一种方式。

- ❑ 通过预制件添加 VR：对于具有单摄像头的全新项目，可考虑使用一个 GvrViewerMain 预制件添加到场景中，如图 8-32 所示。此预制件包含完整的立体影像装置，以及标记为 MainCamera 的摄像头和一个用于控制 VR 模式的 GvrViewer 脚本的实例。
- ❑ 通过脚本添加 VR：向场景添加 VR 支持的最简单方法是将一个 GvrViewer 脚本附加到 Main Camera，如图 8-33 所示。单击 Play，您应该会看到立体影像，完整的立体影像（两只眼睛和一只脑袋）可在运行时生成。

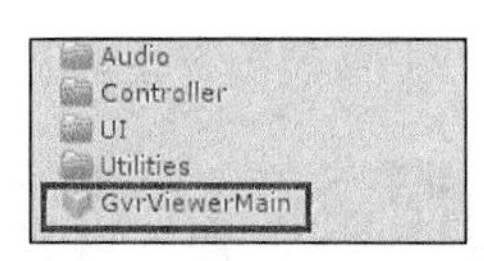

▲图 8-32　GvrViewerMain 位置

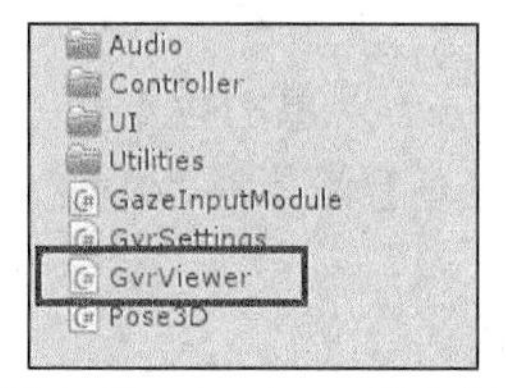

▲图 8-33　GvrViewer 脚本位置

（4）该项目中采用“通过预制件添加 VR”的方式将游戏场景添加 VR 支持，通过拖曳预制体——GvrViewerMain 到场景中，然后通过开发控制摄像机场景功能脚本，来实现在游戏场景中虚拟现实模式下场景的各种操作。

（5）导入该 SDK 插件之后，需要着重介绍的是如何控制场景中的摄像机跟随玩家头部姿态调整而实时变化，在“Inspector”面板中可以通过设置 GvrViewer 组件上的 VRModelEnabled 属性控制是否开启 VR 模式，如图 8-34 所示。当运行时在“Hierarchy”面板中实现 VR 模式的结构，如图 8-35 所示。

（6）当勾选 VR Mode Enabled 之后运行即可实现 VR 模式，玩家戴上 VR 头盔通过头部转动控制场景摄像机姿态调整，接下来将要介绍 GvrHead 脚本中用于控制场景中相机姿态调整的重要方法，该脚本同时也以组件的形式在运行时添加到主摄像机上，参数设置面板如图 8-36 所示。

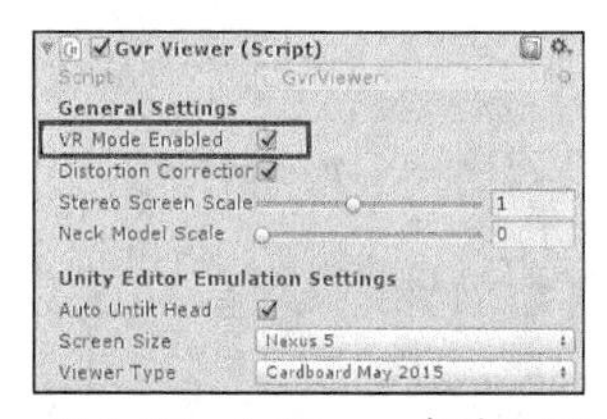

▲图 8-34　GvrViewer 参数设置

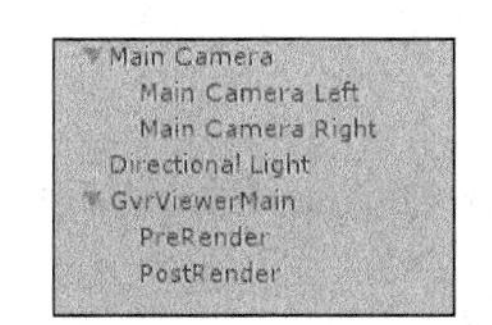

▲图 8-35　运行时实现 VR 结构

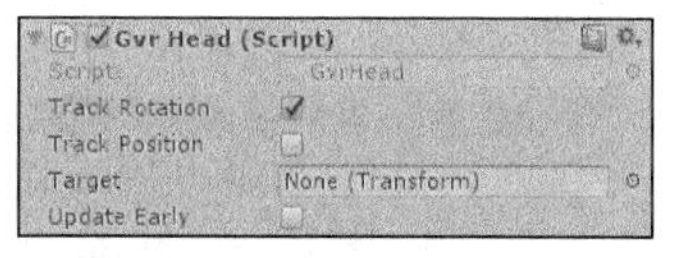

▲图 8-36　设置 GvrHead 参数

代码位置：见随书源代码/第 8 章目录下的 Q CarRacing/Assets/GoogleVR/Legacy/Scripts/GvrHead.cs。

```
1     private void UpdateHead() {                          //更新头部姿态方法
2      if (updated) {                                      //TrackRotation 是否勾选
3       return;}
4      updated = true;                                     //设置更新标志位
5      GvrViewer.Instance.UpdateState();                   //调用 GvrViewer 单例更新状态方法
6      if (trackRotation) {                                //更新旋转姿态
7        var rot = GvrViewer.Instance.HeadPose.Orientation;         //获取旋转四元数
8        if (target == null) {                             //没有设置目标
9        transform.localRotation = rot;                    //旋转摄像机
10       } else {
11        transform.rotation = target.rotation * rot;}}            //根据设置目标旋转
12     if (trackPosition) {                                        //更新位移姿态
13      Vector3 pos = GvrViewer.Instance.HeadPose.Position;        //获取位移
```

```
14      if (target == null) {                                   //没有设置目标
15        transform.localPosition = pos;                        //移动摄像机
16      } else {
17        transform.position = target.position + target.rotation * pos;}}//根据设置目标位移
```

说明 以上方法是SDK中用于根据头部姿态调整场景中主摄像机旋转和位移的方法，在本案例的开发中需要用到禁用头部追踪和设置目标对象两个功能，就是通过设置GvrHead组件上的TrackRotation和Target属性实现的。

8.4.3 脚本开发及相关设置

本小节将要介绍各对象的脚本开发及相关设置。实现各个界面的呈现和界面之间的跳转。具体步骤如下。

（1）设置“Camera”对象的位置和方向，具体参数如图 8-37 所示。设置摄像机参数，具体参数如图 8-38 所示，使场景运行时 VR 左右眼窗口能够正对主菜单，方便玩家与之交互。

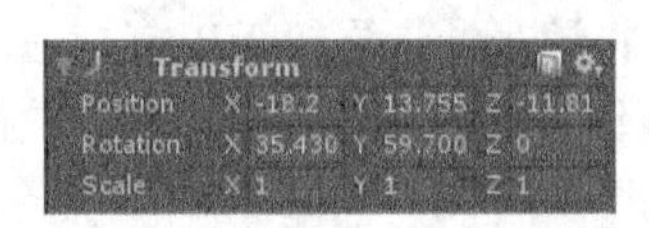

▲图 8-37 “Camera”对象的位置和方向

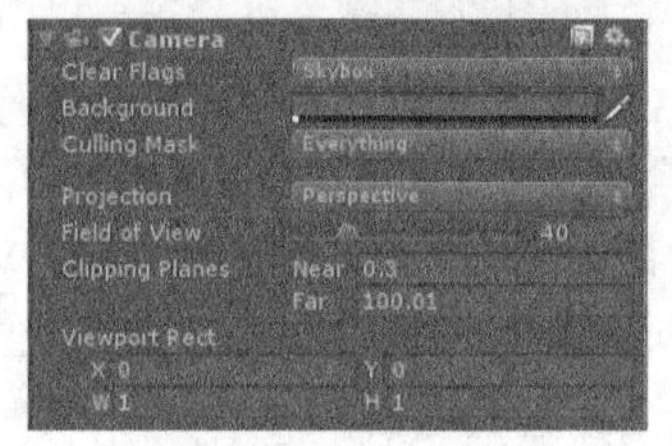

▲图 8-38 摄像机参数

（2）“Assets”文件夹中单击鼠标右键，在弹出的菜单中选择“Create”→“Folder”，新建文件夹，重命名为“Scripts”。在“Scripts”文件夹中，单击鼠标右键，在弹出的菜单中选择“Create”→“C# Script”，创建脚本，命名为“UIController.cs”，如图 8-39 所示。

（3）然后双击脚本，进入“VS2013”编辑器，开始“UIController.cs”脚本的编写。该脚本主要用于控制主菜单场景中用于切换场景以及连接服务器，脚本代码如下。

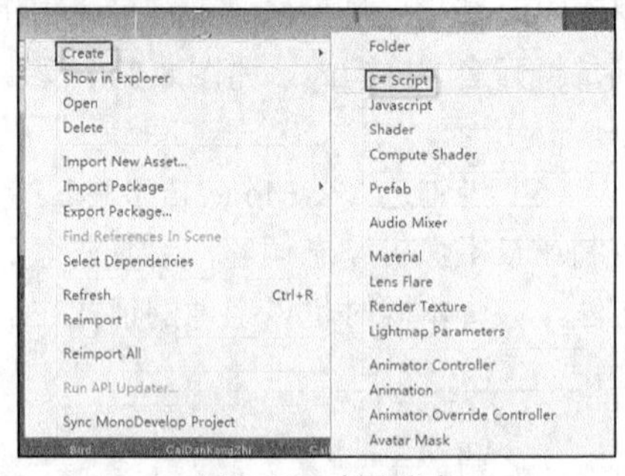

▲图 8-39 创建脚本

代码位置：见随书源代码/第 8 章目录下的 Q CarRacing/Assets/Scripts/UIController.cs。

```
1    public Camera MainCamera;                              //场景主摄像机
2    public GameObject[] ScenceArray;                       //场景 Image 数组
3    private int IndexActiveScence;                         //被激活场景 Image 索引
4    private float Time_PointerStay = 0;                    //记录光标注视按钮的时间
5    private int Partten = 0;                               //注视 3s 跳转以区分模式
6    public GameObject[] MainUI;                            //主菜单引用
7    public GameObject LianJieFWQUI;                        //连接服务器 UI 菜单
8    public Text TiShi_a;                                   //联网 UI 场景提示
9    public Text TiShi_b;                                   //联网 UI 状态提示
10   public GameObject BackButton;                          //返回按钮引用
11   private bool IsLJEnabled = false;                      //连接 UI 是否可见
12   private bool Back_temp = false;                        //控制 Back 按钮
13   private bool LianJie_temp = false;                     //连接服务器控制变量
14   private bool Ready_temp = true;                        //准备进入场景控制变量
```

- 第 1～10 行用于声明场景中主摄像机的引用、待切换场景的引用、被激活场景的引用、UI 控件的引用以及用于实现注视控件 3s 即可跳转场景的变量。
- 第 11～14 行中，当玩家需要联网时就会跳转到联网的 UI 控制界面，玩家使用摇杆按下任意键后即可连接服务器并处于游戏准备状态，这些变量就是用以控制玩家联网功能。

（4）上一小节讲解了 UIController.cs 脚本中声明的各种变量，接下来将要介绍的是该脚本中的回调方法以及 Awake、Start、Update、LateUpdate 中的功能代码，实现场景的切换、UI 控件的事件监听以及玩家服务器的连接，具体代码如下：

代码位置：见随书源代码/第 8 章目录下的 Q CarRacing/Assets/Scripts/UI/UIController.cs。

```
1    void Awake(){
2     GvrViewer.Instance.Recenter();}                          //给 Gvr 重新确定正方向
3    void Start(){
4     for(int i=0;i<ScenceArray.Length;i++){                   //循环判定当前激活的 Image
5      if(ScenceArray[i].gameObject.activeSelf){               //判断是否被激活
6       IndexActiveScence = i;}}                               //存储其索引
7      LianJie_temp = Constants.IsConnected;}                  //将服务器是否连接变量赋值
8    void Update(){
9     if(Time.time-Time_PointerStay>3){                        //注视 3s 后跳转场景
10     if(Partten==1){                                         //1 跳转单人闯关场景
11      StartSelectedScenceDR();                               //单人闯关跳转方法
12     }else if(Partten==2){                                   //2 跳转服务器连接 UI
13      LianJieUI();}}                                         //跳转服务器连接 UI
14     if(Back_temp){                                          //连接 UI 里面的返回按钮监听
15      LianJieFWQUI.gameObject.SetActive(false);              //激活服务器连接 UI
16      for (int j = 0; j < MainUI.Length;j++ ){               //循环主菜单中 UI 对象引用
17       MainUI[j].gameObject.SetActive(true);}                //将 UI 对象设置为可见
18      Back_temp = false;                                     //连接服务器 UI 上的返回变量置反
19      IsLJEnabled = false;}                                  //连接服务器界面控制变量设置反
20     if (!LianJie_temp&&IsLJEnabled&&Input.anyKeyDown &&    //按下任意键连接服务器
21     Input.GetAxis("Horizontal") == 0 && Input.GetAxis("Vertical") == 0){
22      if (Constants.IsConnected){
23       return;}                                              //如果已经连接服务器则返回
24      else {
25       SendAnimMSG.mySocket = ConnectSocket.getSocketInstance();//连接服务器并获取套接字
26       Constants.IsConnected = ConnectSocket.mySocket.Connected;
27      if (ConnectSocket.mySocket.Connected){
28       byte[] bconnect = Encoding.ASCII.GetBytes("<#CONNECT#>"); //定义发送字符串
29       SendAnimMSG.mySocket.sendMSG(bconnect);}                   //发送连接请求
30      if (ConnectSocket.mySocket.Connected){
31       byte[] queren = Encoding.ASCII.GetBytes("<#QUEREN#>");     //定义发送字符串
32       SendAnimMSG.mySocket.sendMSG(queren);}}                    //发送确认请求
33       TiShi_b.text = "服务器已连接准备进入游戏......";           //更改提示文本
34       BackButton.gameObject.SetActive(false);                //返回按钮设置为不可见
35       LianJie_temp = true;}                                  //控制只连接一次
36      if (Ready_temp && Constants.IsConnected && IsLJEnabled && //按下任意键处于准备状态
37       Input.anyKeyDown && Input.GetAxis("Horizontal") == 0 &&
38       Input.GetAxis("Vertical") == 0){
39      if (ConnectSocket.mySocket.Connected){
40       byte[] queren = Encoding.ASCII.GetBytes("<#QUEREN#>");    //定义发送字符串
41       SendAnimMSG.mySocket.sendMSG(queren);}                    //发送确认请求
42       TiShi_b.text = "等待对方确认进入游戏......";              //更改提示文本
43       BackButton.gameObject.SetActive(false);               //返回按钮设置为不可见
44       Ready_temp = true;}                                   //只连接一次
45      if (Constants.IsOK &&Constants.IsReady && IsLJEnabled){ //已经连接上了，处于准备状态
46       StartSelectedScenceDuoR();}}                          //切换场景方法
47   void LateUpdate(){
48    MainCamera.GetComponent<GvrHead>().trackRotation = true;}       //打开头部追踪
```

- 第 1～7 行负责在加载设置场景时进行初始化。首先需要将 Gvr 重新确定正方向，使用 Google 为 Unity 开发 VR 提供的 SDK 中的方法 Recenter；然后在 Start 方法中，判断场景中的 UI 主菜单上的场景图片浏览中的哪个场景图片被激活，并保存其引用用于切换到该场景。
- 第 8～13 行中，当玩家注视场景中的“单人闯关”或者“多人在线”按钮 3s 时，实现触发相应的事件代码。
- 第 14～46 行中，当为主菜单场景选择“多人在线”时玩家处于连接服务器状态，玩家按下蓝牙摇杆任意按钮时，首先连接服务器，然后处于等待进入游戏界面，等待对手按下蓝牙摇杆任意键，若双方均已连接服务器进入游戏场景开始游戏。

- 第 47～48 行用于打开 Gvr 头部追踪，使玩家可以在场景中通过头部转动来控制场景中的摄像机。

（5）下面将要介绍的是 UI 控件上需要挂载的监听方法的实现以及自定义的相关功能方法，具体代码如下。

代码位置：见随书源代码/第 8 章目录下的 Q CarRacing/Assets/Scripts/UI/UIController.cs

```
1    public void TransformScenceUI_Right(){                    //右按钮监听方法
2     if (IndexActiveScence < ScenceArray.Length-1) {          //索引小于数组长度
3      IndexActiveScence++;                                     //索引加 1
4      ScenceArray [IndexActiveScence-1].SetActive (false);//上一个场景图片设置为不可见
5      ScenceArray [IndexActiveScence].SetActive (true);      //当下场景图片设置为可见
6     } else if(IndexActiveScence>=ScenceArray.Length-1) { //索引大于数组长度
7      IndexActiveScence = ScenceArray.Length-1;              //索引减 1
8      ScenceArray [IndexActiveScence].SetActive (true);}}   //当下场景图片设置为可见
9    public void TransformScenceUI_Left(){                     //左按钮监听方法
10    if (IndexActiveScence > 0) {                             //索引大于 0
11     IndexActiveScence--;                                    //索引减 1
12     ScenceArray [IndexActiveScence+1].SetActive (false);//上一个场景图片设置为不可见
13     ScenceArray [IndexActiveScence].SetActive (true);      //当下场景图片设置为可见
14    } else if(IndexActiveScence<=0) {                        //索引小于 0
15     IndexActiveScence = 0;                                  //索引置 0
16     ScenceArray [IndexActiveScence].SetActive (true);}}   //当下场景图片设置为可见
17   public void DR_Enter() {                                   //光标进入“单人闯关”按钮
18    Time_PointerStay = Time.time;                            //记录时间
19    Partten = 1;}                                            //1 代表单人模式
20   public void DR_Exit(){                                     //光标离开“单人闯关”按钮
21    Time_PointerStay = 0;                                    //时间置 0
22    Partten = 0;}                                            //0 代表没有选中任何模式
23   public void DuoR_Enter(){                                  //光标进入“多人在线”按钮
24    Time_PointerStay = Time.time;                            //记录时间
25    Partten = 2;}                                            //2 代表多人在线
26   public void DuoR_Exit(){                                   //光标离开“多人在线”按钮
27    Time_PointerStay = 0;                                    //0 代表没有选中任何模式
28    Partten = 0;}                                            //时间置 0
29   public void StartSelectedScenceDR(){                       //单人模式切换场景
30    Constants.DRCG_DRZX = 1;
31    if (IndexActiveScence == 0){
32     SceneManager.LoadScene(2);}                             //卡通小镇场景
33    else if (IndexActiveScence == 1){
34     SceneManager.LoadScene(3);}                             //埃及金字塔场景
35    else if (IndexActiveScence == 2){
36     SceneManager.LoadScene(4);}}                            //荒漠场景
37   private void StartSelectedScenceDuoR(){                    //多人在线场景切换
38    Constants.DRCG_DRZX = 2;
39    if (IndexActiveScence == 0){
40     SceneManager.LoadScene(2);                              //卡通小镇场景
41    }else if (IndexActiveScence == 1){
42     SceneManager.LoadScene(3);                              //埃及金字塔场景
43    }else if (IndexActiveScence == 2){
44     SceneManager.LoadScene(4);}}                            //荒漠场景
45   private void LianJieUI(){                                  //弹出连接服务器场景
46    for (int i = 0; i < MainUI.Length;i++){
47     MainUI[i].gameObject.SetActive(false);}
48    LianJieFWQUI.gameObject.SetActive(true);
49    Constants.GoScenceIndex = IndexActiveScence;
50    TiShiUI();                                               //初始化文本信息
51    Partten = 0;                                             //必须置 0 恢复
52    IsLJEnabled = true;}
53   private void TiShiUI(){
54    if (Constants.GoScenceIndex == 0){
55     TiShi_a.text = "即将进入的场景是-卡通小镇";}             //卡通小镇场景
56    else if (Constants.GoScenceIndex == 1){
57     TiShi_a.text = "即将进入的场景是-金字塔";               //金字塔场景
58    }else if (Constants.GoScenceIndex == 2){
59     TiShi_a.text = "即将进入的场景是-荒漠";}                //荒漠场景
60    if (Constants.IsConnected){
61     TiShi_b.text = "等待对方确认进入游戏......";             //更改文本
62     BackButton.gameObject.SetActive(false);}                //返回按钮设置不可见
```

```
63      else{TiShi_b.text = "按下摇杆任意按钮连接服务器......";}} //更高文本信息
64    public void Back_Enter(){                                 //返回按钮监听方法
65      Back_temp = true;}
```

- 第 1～16 行为主菜单中选择场景用的左右按钮监听方法 TransformScenceUI_Right 和 TransformScenceUI_Left，当玩家控制光标指向左右按钮时就会触发这两个方法，用以切换图片并记录选择的场景信息。
- 第 17～28 行为实现玩家注视按钮超过 3s 时就会跳转场景或者切换 UI 界面的监听方法，当光标进入该按钮控件时会触发 XXX_Enter 方法，当光标离开按钮控件时会触发 XXX_Exit 方法，通过这两个监听方法的配合可以实现对于时间的控制，用以实现相应功能。
- 第 29～44 行为通过已经选择的场景索引切换到该场景，在 Unity 5.x 中用于切换场景的方法一律使用 ScenceManager.LoadScence，需要导入命名空间 UnityEngine.ScenceManager。
- 第 45～65 行的功能如下。当玩家选择“多人在线”时，首先需要连接服务器，然后才可以跳转到选择的游戏场景，在连接服务器的过程中，该场景会切换到连接服务器 UI，提示玩家选择的是哪个游戏场景，连接服务器的状态，双方是否都已处于准备状态等。

8.5 单人模式游戏场景

本节将介绍单人闯关模式游戏场景。单人闯关模式游戏场景是本游戏的核心场景，其他场景都与之类似，游戏场景的开发对于此游戏的可玩性有至关重要的作用。下面将对此场景的开发进行详细介绍。

8.5.1 场景搭建

搭建游戏界面的场景，步骤比较繁琐，通过此游戏界面的开发，读者可以熟练地掌握基础知识，同时也会积累一些开发技巧和开发细节。接下来对游戏界面的开发进行详细的介绍。

（1）创建一个“1_XiaoZhen”场景，具体步骤参考主菜单界面开发的相应步骤，此处不再赘述。需要的音效与图片资源已经放在对应文件夹下，读者可参见 8.2.2 节的相关内容。设置环境光、创建光源和在场景中摆放模型等具体步骤，请参考主菜单界面开发的相应步骤，此处不再赘述。

（2）创建游戏场景 UI。创建一个 Canvas 对象，在“Canvas”对象中创建 5 个 Image 对象用于显示背景图片，如图 8-40 所示，在 Win 对象下创建 4 个 Text 和两个 Image 控件，在 Back 对象下创建一个 Text 和两个 Button 控件，如图 8-41 所示。

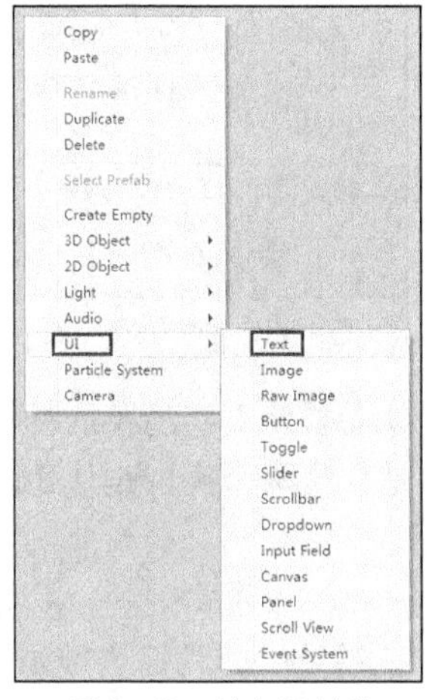

▲图 8-40　创建 UI 控件

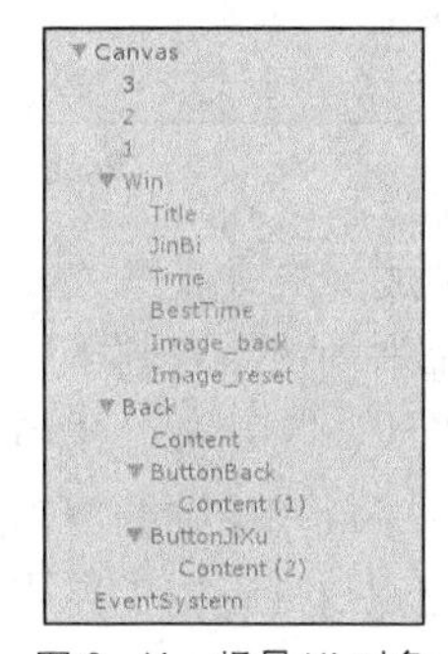

▲图 8-41　场景 UI 对象

（3）设置 7 个 Image 对象和两个 Button 对象的“Image”组件的“Source Image”属性，将“Assets/Textures/UI”文件夹下的对应的图片资源拖曳到“Source Image”属性框中，具体效果如图 8-42 和图 8-43 所示。具体资源位置参看第 8.2.2 节的相关内容。

▲图 8-42　倒数数字

▲图 8-43　场景 UI 输赢界面

（4）设置完 UI 后将场景需要的游戏模型资源导入场景，其中包括赛车模型、跑道模型、用于添加碰撞器的跑道模型（如图 8-44 所示）、金币以及树等场景资源，具体资源位置参见 8.2.2 节的相关内容。导入之后的结构如图 8-45 所示。

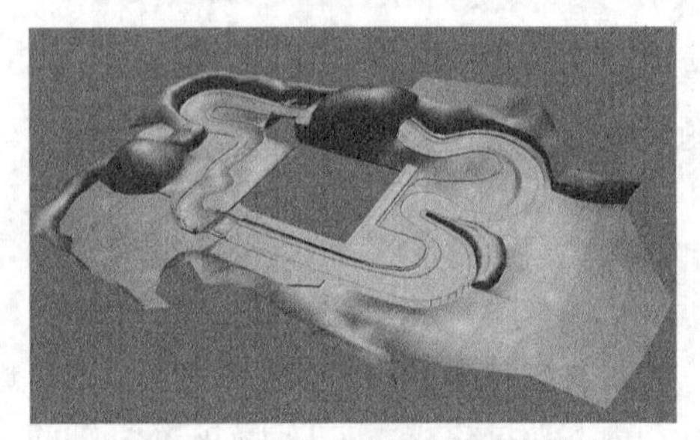

▲图 8-44　用于添加碰撞器的跑道模型

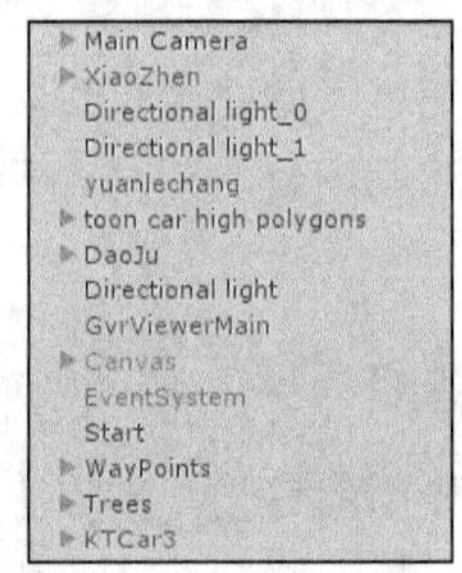

▲图 8-45　场景结构

（5）细心的读者可以观察到图 8-44 所示的图片并不是场景中的真实模型，在实际场景中通过设置 Inspector 上的 MeshRender 组件不被激活来节省计算资源，如图 8-46 所示；真正需要渲染绘制的场景需要和碰撞器跑道模型重合，前者没有网格碰撞器，后者需要添加网格碰撞器，如图 8-47 所示。

▲图 8-46　Mesh Render 组件

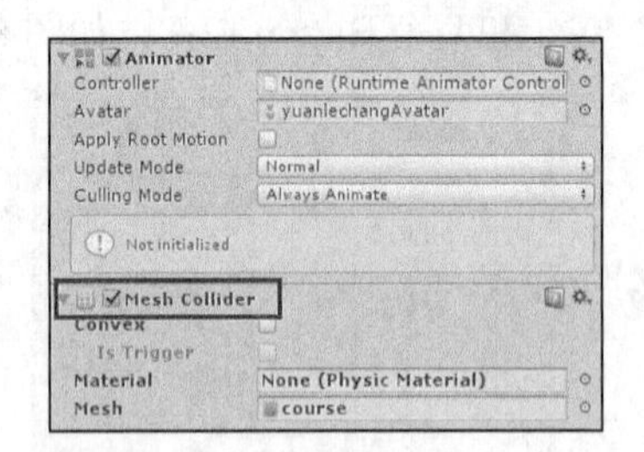

▲图 8-47　Mesh Collider 组件

（6）在设置完成网格碰撞器（MeshCollider）之后，就需要将真实渲染的场景模型和不渲染只使用其添加的碰撞器的模型对其手动设置，需要注意的是，这两个模型是从 3ds Max 中由同一个模型导出的，因此大小尺寸都是相同的，如图 8-48 所示。

（7）场景中除了玩家控制的赛车之外，还有一辆通过路点设置实现的 AI 寻路的赛车，该赛车需要根据预先在跑道上设置的路点来实现自动寻路，在场景中的具体位置如图 8-49 所示，在 Hierarchy 面板中路点目录如图 8-50 所示。

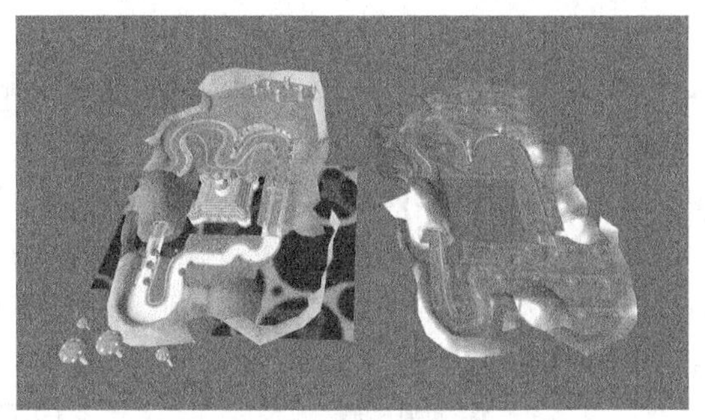

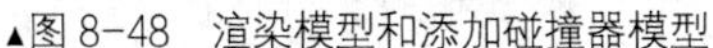

▲图 8-48 渲染模型和添加碰撞器模型

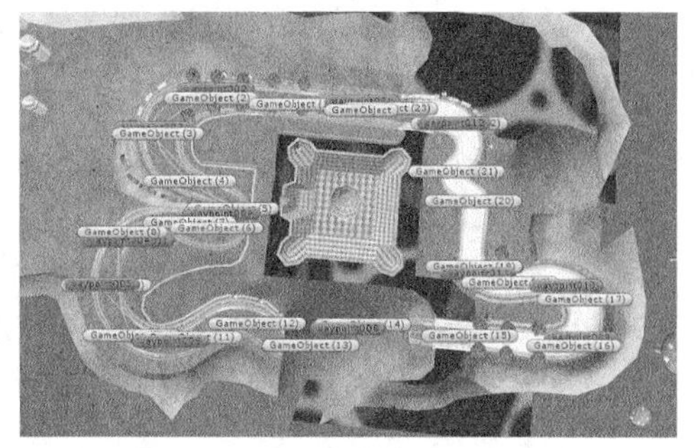

▲图 8-49 场景路点设置

（8）在外场景中还有树模型和金币模型，其中树模型添加碰撞器是有技巧的。由于赛车不会跳或者飞，因此只需要给树模型根部添加球形碰撞器即可，而且球形碰撞器的计算速度是最快的，如图 8-51 所示；金币只需要在场景中的适当位置摆放即可。

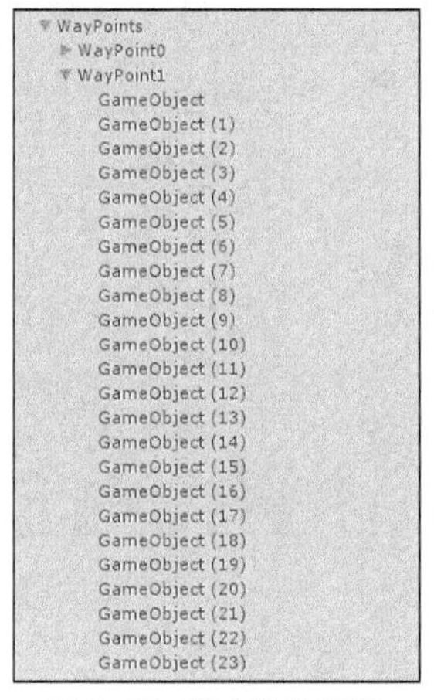

▲图 8-50 路点结构目录

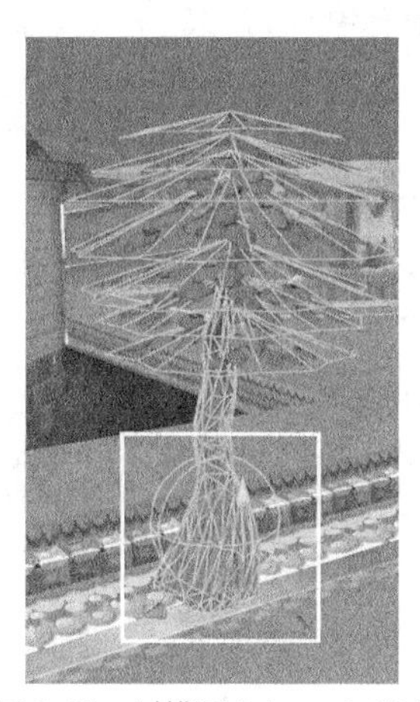

▲图 8-51 树模型 Sphere Collider

8.5.2 游戏场景的初始化脚本

本小节将介绍游戏场景的初始化脚本。该脚本在场景加载时首先执行，具体开发步骤如下。

进入游戏场景之后首先需要判断的是该场景是处于哪种模式（单人闯关和多人在线）中，然后根据不同模式打开或关闭相应的脚本并完成游戏场景的初始化。该脚本挂载在游戏场景的主摄像机下，具体开发步骤如下。

代码位置：见随书源代码/第 8 章目录下的 Q CarRacing/Assets/Scripts/ ControllerToConnectOrNot.cs。

```
1      public class ControllerToConnectOrNot : MonoBehaviour {
2       public GameObject WorldUI;                          //世界坐标中的 UI 菜单对象
3       public GameObject WorldUI_EvenetSystem;             //世界坐标中的事件系统对象
4       public GameObject GvrViewerMain;                    //Gvr 引用
5       public GameObject Car1;                             //客户端 1 的车
6       public GameObject Car2;                             //客户端 2 的车
7       void Awake(){
8        if(Constants.DRCG_DRZX==1){                        //1 代表单人模式
9         this.GetComponent<CarControll>().enabled = false; //禁用相机上的此脚本
10        Car1.GetComponent<CarUserControl>().enabled = true; //激活玩家控制赛车脚本
11        Car2.GetComponent<CarAIControl>().enabled = true;   //激活 AI 赛车脚本
12        Car2.GetComponent<WaypointProgressTracker>().enabled = true; //激活路点寻路脚本
13        WorldUI.gameObject.SetActive(true);                 //激活场景 UI
14        WorldUI_EvenetSystem.gameObject.SetActive(true);    //激活事件系统
15        GvrViewerMain.GetComponent<GvrViewer>().VRModeEnabled = true;//打开 VR 模式
16       }else if(Constants.DRCG_DRZX==2){                    //2 代表多人在线
```

```
17          this.GetComponent<CarControll>().enabled = true;      //激活联网赛车控制脚本
18          Car1.GetComponent<CarUserControl>().enabled = false;//禁用玩家控制赛车脚本
19          Car2.GetComponent<CarAIControl>().enabled = false;   //禁用 AI 赛车脚本
20          Car2.GetComponent<WaypointProgressTracker>().enabled = false; }}}//禁用路点寻路脚本
```

- 第 1～6 行为声明场景中的 UI 对象、事件系统对象、Gvr 引用以及客户端赛车对象等。
- 第 7～20 行为在不同模式下完成初始化，在单人模式下需要使用 CarUserController 脚本用以接收蓝牙摇杆数据控制赛车移动，激活 CarAIController 和 WaypointProgressTracker 脚本实现场景中赛车的自动寻路功能；在联网模式以上脚本都需要禁用，用户需要往服务器发数据并接收服务器数据，这时需要使用 CarControll 脚本。

8.5.3　赛车控制脚本及其相关设置

本小节将要讲解的是进入游戏场景之后，玩家是如何通过蓝牙摇杆控制赛车运动的，这涉及 Unity 自带的交通工具以及物理引擎的使用，是实现该游戏的核心脚本，也是重点难点所在，具体开发过程如下。

（1）场景中玩家控制的赛车需要挂载 CarController.cs 和 CarUserController.cs 脚本，并设置其相关参数，如图 8-52 所示，这些参数的设置是为了更好地配合物理引擎真实的模拟赛车的运动情况，其相关参数的具体值需要不断调整。

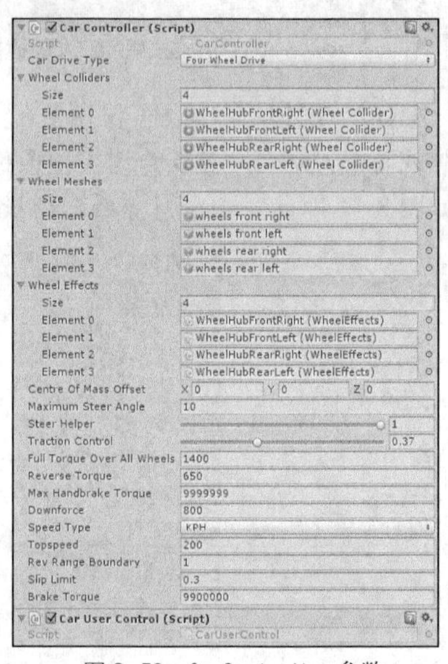

▲图 8-52　CarController 参数

（2）接下来将要介绍的是控制赛车移动的 Move 方法。当玩家通过蓝牙摇杆输入滑杆参数之后，参数值将会被最终传递到该方法中，然后实现赛车的前进、转向以及刹车功能。该方法在游戏的不同模式下多次被使用，具体代码如下。

代码位置：见随书源代码/第 8 章目录下的 Q CarRacing/Assets/Scripts/ CarControl.cs。

```
1      private void CalculateRevs(){                                      //计算反向信息
2          CalculateGearFactor();                                         //计算齿轮参数
3          var gearNumFactor = m_GearNum/(float) NoOfGears;               //计算齿轮数参数
4          var revsRangeMin = ULerp(0f, m_RevRangeBoundary, CurveFactor(gearNumFactor
       ));//反向最小值
5          var revsRangeMax = ULerp(m_RevRangeBoundary, 1f, gearNumFactor);//反向最大值
6          Revs = ULerp(revsRangeMin, revsRangeMax, m_GearFactor);}         //反向参数
7      public void Move(float steering, float accel, float footbrake, float handbrake
){                                                               //赛车移动和转向
8          for (int i = 0; i < 4; i++){                              //该循环实现车轮转动和位移
9              Quaternion quat;                                      //旋转四元数
10             Vector3 position;                                     //赛车车轮位置
11             m_WheelColliders[i]                                   //获取世界空间中车轮的姿态
12                  .GetWorldPose(out position, out quat);
13             m_WheelMeshes[i].transform.position = position;//将获取的位置赋值 WheelMesh
14             m_WheelMeshes[i].transform.rotation = quat;} //将获取的旋转赋值 WheelMesh
15         steering = Mathf.Clamp(steering, -1, 1);          //对输入值进行限制处理
16         AccelInput = accel = Mathf.Clamp(accel, 0, 1);    //加速输入数据
17         BrakeInput = footbrake = -1*Mathf.Clamp(footbrake, -1, 0); //加速的反向即是脚刹
18         handbrake = Mathf.Clamp(handbrake, 0, 1);         //刹车值
19         m_SteerAngle = steering*m_MaximumSteerAngle;      //旋转角度
20         m_WheelColliders[0].steerAngle = m_SteerAngle;    //左前轮转向
21         m_WheelColliders[1].steerAngle = m_SteerAngle;    //右前轮转向
22         SteerHelper();                                    //加速帮助方法
23         ApplyDrive(accel, footbrake);                     //驱动设置
24         CapSpeed();                                       //速度设置
25         if (handbrake > 0f){                              //刹车值大于 0
26             var hbTorque = handbrake*m_MaxHandbrakeTorque;   //处理刹车值
27             m_WheelColliders[2].brakeTorque = hbTorque;      //左后轮刹车
28             m_WheelColliders[3].brakeTorque = hbTorque;}}    //右后轮刹车
```

- 第1～6行为计算齿轮相关参数的方法，用于后面设置车轮旋转时使用。
- 第7～28行为控制赛车的前进以及转向和刹车的方法，该方法可以在其他类中调用，只需将摇杆参数输入到Move方法中即可，当玩家转向时，赛车的前轮以及两个车轮碰撞器都会相应转动，赛车前进时，根据驱动方式的不同赛车可以使用前轮、后轮以及四轮驱动，摇杆参数经过处理之后传递给相应的车轮，控制赛车移动。

（3）上面介绍了控制赛车移动的Move方法，接下来将要介绍的是玩家通过外设，即蓝牙摇杆输入参数来控制赛车移动。手机连接蓝牙摇杆之后进入游戏场景，玩家滑动摇杆即可控制赛车前进和转向，具体代码如下。

代码位置：见随书源代码/第8章目录下的Q CarRacing/Assets/Scripts/ CarUserControl.cs。

```
1     [RequireComponent(typeof (CarController))]           //添加组件 CarController
2     public class CarUserControl : MonoBehaviour{
3         private CarController m_Car;                     //赛车控制器
4         private void Awake(){
5             m_Car = GetComponent<CarController>();}      //获取 CarController 脚本组件
6         private void FixedUpdate(){
7             if(Constants.IsCarMove&&Constants.IsStop){ //控制车是否可以移动
8                 float h = CrossPlatformInputManager.GetAxis("Horizontal");
                                                          //外设输入控制转向
9                 float v = CrossPlatformInputManager.GetAxis("Vertical"); //控制加速
10                 #if !MOBILE_INPUT
11                     float handbrake = CrossPlatformInputManager.GetAxis("Jump");
                                                          //刹车输入
12                     m_Car.Move(h, v, v, handbrake);     //输入参数赛车移动
13                 #else
14                     m_Car.Move(h, v, v, 0f);            //输入参数赛车移动
15                 #endif}}}
```

> **说明** 该脚本中的赛车控制代码写在了FixedUpdate中，在Unity中涉及物理引擎的执行方法代码应该写在FixedUpdate里，通过CrossPlatformInputManager类的GetAxis方法接收蓝牙摇杆传递的数据参数，然后再将参数传递给Move方法控制赛车移动。

8.5.4 摄像机控制及暂停脚本开发

本节开始介绍摄像机控制和判断游戏暂停脚本的开发。其中利用到插值的方法实现了摄像机的平滑移动，单击摇杆的任意键，实现游戏的暂停功能。

（1）下面介绍摄像机跟随功能的详细实现过程，通过获取常量类中的变量的值检测当前客户端所控制的小车，并实现摄像机的跟随，具体代码如下。

代码位置：见随书源代码/第8章目录下的Q CarRacing/Assets/Scripts/ CameraFollowCSharp.cs。

```
1     public Transform Target;                              //摄像机跟随目标对象
2     public GameObject car1;                               //赛车 1
3     public GameObject car2;                               //赛车 2
4     void Start () {
5         selfTransform = GetComponent<Transform>();}       //获取摄像机 Transform 组件
6     void Update(){
7         bool temp=true;                                   //设置标志位
8         if(temp){
9             if (Constants.UserCarIndex == 1){             //客户端 1 控制的赛车
10                 Target = car1.transform;}                //相机跟随赛车 1
11             else if (Constants.UserCarIndex == 2){       //客户端 2 控制的赛车
12                 Target = car2.transform;}                ///相机跟随赛车 2
13             temp=false;}}                                //结束标志
14     void LateUpdate () {
15         if (!Target)return;                              //跟随目标为空则返回
16         float wantedRotationAngle = Target.eulerAngles.y;  //想要旋转的角度
17         float wantedHeight = Target.position.y + height;   //想要移动的高度
18         float currentRotationAngle = selfTransform.eulerAngles.y;  //当前的角度
19         float currentHeight = selfTransform.position.y;     //当前的高度
20         currentRotationAngle = Mathf.LerpAngle(             //插值实现角度的平滑过渡
```

```
21              currentRotationAngle, wantedRotationAngle, rotationDamping * Time.deltaTime);
22          currentHeight =                                              //插值实现高度的平滑过渡
23              Mathf.Lerp(currentHeight, wantedHeight, heightDamping * Time.deltaTime);
24          Quaternion currentRotation =                                 //当前相机旋转四元数
25              Quaternion.Euler(0, currentRotationAngle, 0);
26          selfTransform.position = Target.position;                    //初始化位置方便计算
27          selfTransform.position -=                                    //将摄像机平移到合适位置
28              currentRotation * Vector3.forward * distance;
29          Vector3 currentPosition = transform.position;                //获取当前坐标
30          currentPosition.y = currentHeight;                           //设置摄像机高度
31          selfTransform.position = currentPosition;                    //设置摄像机位置
32          selfTransform.LookAt(                                        //始终看着目标
33              Target.position + new Vector3(0, offsetHeight, 0));}
```

- 第 1～13 行声明赛车引用并判断赛车将要跟随的对象，当玩家在双人联网模式下时，双方需要找到各自控制的赛车，并将其设置为摄像机跟随对象；当两个玩家都连接上服务器之后，会返回给客户端编号，然后根据该编号确定该目标对象。
- 第 14～33 行为根据设置挂载在 Carmera 上 CameraFollowCSharp 脚本在编辑面板上的参数，可以通过 LateUpdate 函数中的代码将场景中的主摄像机平滑的移动到赛车的正后方（抬起一定角度），在游戏过程中主摄像机会实时跟随赛车的移动不断刷新位置，在 Unity 引擎中对于摄像机的相关操作一般都放在 LateUpdate 方法中，所以更新摄像机位置的执行代码都放在其中。

（2）下面介绍游戏暂停功能的实现过程。在玩家通过蓝牙摇杆控制场景中的赛车的游戏过程中，如果需要暂停或者退出游戏操作，玩家可以按下摇杆的任意键，实现游戏的暂停并显示游戏暂停界面，然后退出游戏或者返回该游戏。下面将介绍详细的实现过程。

代码位置：见随书源代码/第 8 章目录下的 Q CarRacing/Assets/Scripts/UI/ IsStopToMainMenu.cs。

```
1       public GameObject StopUI;                                   //弹出的暂停界面
2       public GameObject Back;                                     //返回按钮引用
3       public GameObject JiXu;                                     //继续按钮引用
4       private int temp = 0;                                       //临时变量控制菜单功能
5       private bool temp0 = false;                                 //临时变量控制摇杆按下次数
6       void Update () {
7           if ((!Constants.IsEnd)&&Constants.IsCarMove&&Input.anyKeyDown//按下摇杆任意键
8               && Input.GetAxis("Horizontal") == 0 && Input.GetAxis("Vertical") == 0){
9               StopUI.SetActive(true);                             //显示 UI 界面
10              Constants.IsStop = false;                           //停止标志位置为 false
11              temp0 = true;                                       //置为 false
12              if (temp == 1){
13                  SceneManager.LoadScene(1);                      //加载主菜单场景
14                  Constants.IsUIFollowCam = true;                 //使该场景中的 UI Canvas 跟随相机
15                  Constants.IsAICarMove = false;                  //AI 车移动的标志位置为 false
16                  Constants.IsCarMove = false;                    //车移动标志位置为 false
17                  Constants.IsStop = true;                        //停止标志位置为 true
18                  if (Constants.DRCG_DRZX == 2){                  //返回主菜单
19                      byte[] stop_BackToMenu = Encoding.ASCII.GetBytes("<#BackToMenu#>");
20                      SendAnimMSG.mySocket.sendMSG(stop_BackToMenu);//向服务器发送信息
21                      Constants.IsEnd = false;                    //游戏结束标志
22                      Constants.IsOK = false;                     //输赢标志
23                      Constants.WhoWin = 0;                       //谁先通过终点标志
24                      Constants.JBNumber = 0;                     //收集金币数量
25                      Constants.Stop_BackToMenu = false;}         //是否返回主菜单标志
26                        temp = 0;}
27              else if (temp == 2){                                //继续游戏
28                  Constants.IsStop = true;                        //是否暂停标志
29                  temp = 0;
30                  temp0 = false;
31                  StopUI.SetActive(false);                        //关闭 UI
32                  Back.GetComponent<Image>().color = new Color(1, 1, 1);
                                                                    //设置返回按钮的颜色
33                  JiXu.GetComponent<Image>().color = new Color(1, 1, 1);}}
                                                                    //设置继续按钮的颜色
34          if (temp0&& (Input.GetAxis("Horizontal") >= 0.6f          //选中返回按钮
35              || Input.GetAxis("Vertical") >= 0.6f)){
36              Back.GetComponent<Image>().color = new Color(1,0,0); //设置返回按钮的颜色
```

```
37              JiXu.GetComponent<Image>().color = new Color(1,1,1); //设置继续按钮的颜色
38              temp = 1;}
39          if (temp0 &&( Input.GetAxis("Horizontal") == -1          //选中继续按钮
40              || Input.GetAxis("Vertical") == -1)){
41              Back.GetComponent<Image>().color = new Color(1, 1, 1); //设置返回按钮的颜色
42              JiXu.GetComponent<Image>().color = new Color(1, 0, 0); //设置继续按钮的颜色
43              temp = 2;}}}
```

- 第 1～5 行用于声明暂停 UI 菜单对象、继续和返回 Button 对象以及控制摇杆按钮逻辑的标志等。
- 第 7～26 行中，当玩家按下摇杆上的任意键时，赛车停止运动，蓝牙摇杆滑杆对赛车不起作用，游戏场景中出现 UI 暂停菜单，如果 temp 变量为 1，则代表该游戏将彻底结束并返回游戏主菜单场景，退出场景时需要将各种游戏状态标志位进行设置。
- 第 27～33 行中，当玩家按下摇杆任意键，游戏场景中出现暂停界面时，如果 temp 变量为 0，则代表游戏将会返回游戏界面继续进行游戏，这时游戏暂停 UI 界面将会消失，蓝牙摇杆滑杆继续控制赛车前进和转向。
- 第 34～43 行中，通过蓝牙摇杆滑杆选择“返回”和“继续”按钮。当玩家选中某个按钮时，按钮颜色会发生变化以作区分，并设置功能标志位来决定当按下任意键时游戏是退出还是继续。

8.5.5 游戏输赢脚本开发

本节将要介绍的是当某个玩家率先通过终点时，场景中会跳出游戏输赢界面，提示玩家游戏结束并给出成绩，然后玩家可以通过光标选择返回主菜单场景。下面介绍具体开发过程。

（1）该脚本适用于“单人模式”和“多人在线”两种模式，当从主菜单进入该场景时，会首先给 Constants.DRCG_DRZX 赋值，如果为 1，则代表单人模式；如果为 2，则代表多人在线。当玩家控制赛车通过终点时，根据该值确定是否向服务器发送数据，具体代码如下。

代码位置：见随书源代码/第 8 章目录下的 Q CarRacing/Assets/Scripts/ZiDingYi/GameController.cs。

```
1    public WheelCollider FrontWheelCollider;              //赛车 1 的前轮碰撞器
2    public WheelCollider FrontWheelCollider_Two;          //赛车 2 的前轮碰撞器
3    private WheelHit hits;                                //获取的碰撞信息存储类
4    private bool IsCompleteTime_a = true;                 //游戏是否完成标志位
5    private bool IsCompleteTime_b = false;
6    private bool IsCompleteTime_a_Two = true;             //游戏是否完成标志位
7    private bool IsCompleteTime_b_Two = false;
8    private float BeginTime;                    //记录赛车第一次经过开始线时的时间，以此计算总时间
9    private float BeginTime_Two;
10   private float AtStartLineTime;      //跑车经过开始线时的时间
11   private float AtStartLineTime_Two;
12   private int TempNumCollider = 0;    //统计跑车与开始线碰撞次数
13   private int TempNumCollider_Two = 0;
14   private bool Temp = true;           //临时变量
15   private bool Temp_Two = true;
16   private int BiSaiQuanShu = 2;       //赛车在跑道上跑多少圈结束
17   public Image WinImage;              //赛车跑完后显示成绩界面
18   public Text Title;                  //UI 标题：你输了/你赢了
19   public Text Jinbi;                  //金币数 Text
20   public Text RaceSpendTime;          //比赛耗时 Text
21   public Camera MainCamera;           //主摄像机引用
22   public GameObject Car;              //赛车 1 引用
23   public GameObject Car1;             //赛车 2 引用
24   public GameObject GvrGB;            //获取 GvrHead 组件
```

说明 以上声明了该脚本中的对象引用和临时变量等，该脚本主要实现玩家游戏过程中金币收集数量的统计、赛车耗时计算，以及玩家通过终点的判断等功能，其中玩家是否通过终点需要通过判断赛车与终点（也是起点）的碰撞器的碰撞次数来决定，在确定玩家碰撞次数的过程中，需要用到多个 bool 变量的配合才能实现。

（2）上一小节介绍了该脚本中声明的对象引用以及控制跳转的 bool 变量，接下来将要介绍的是判断赛车是否通过终点的代码，以及在多人在线模式下如何处理当某个玩家通过终点时所触发的事件和向服务器发送的数据等，具体代码如下：

代码位置：见随书源代码/第 8 章目录下的 Q CarRacing/Assets/Scripts/ZiDingYi/GameController.cs。

```
1       void Awake(){
2           GvrGB.gameObject.SetActive(false);}                         //光标设置为不可见
3       void FixedUpdate(){
4           if (FrontWheelCollider.GetGroundHit (out hits)) { //判断谁先通过终点
5               if(hits.collider.name.Equals("Start")&&IsCompleteTime_a){
6                   IsCompleteTime_a = false;                        //设置临时变量
7                   IsCompleteTime_b = true;
8                   AtStartLineTime = Time.time;                     //每次经过开始线时的时间
9                   TempNumCollider++;                               //发生碰撞次数
10                  if(TempNumCollider==1){                          //第一次经过开始线时记录时间
11                      BeginTime = Time.time;}                      //开始时间
12                  if(TempNumCollider==BiSaiQuanShu){               //比赛结束，UI 出现
13                    if(Constants.DRCG_DRZX==2){                    //多人在线模式
14                        byte[] haveWiner =                         //发送给服务器数据
15                            Encoding.ASCII.GetBytes("<#HAVEWINER#>");
16                        SendAnimMSG.mySocket.sendMSG(haveWiner);
17                        byte[] WhoWin =                            //用于告知服务器谁赢了
18                        Encoding.ASCII.GetBytes("<8#>");
19                        SendAnimMSG.mySocket.sendMSG(WhoWin);//向服务器发送数据
20                    if(Constants.DRCG_DRZX==1){                    //单人模式
21                        IsCompleteTime_b = false;
22                        WinImage.gameObject.SetActive(true); //赛车跑过终点时出现UI 界面
23                        Title.text = "Game Over";                 //提示输赢
24                        Jinbi.text = "收集金币数：" + 20;          //设置收集金币数
25                        RaceSpendTime.text = "成绩：”              //设置赛车用时
26                        + (Time.time - BeginTime) + "第 XX 名";
27                        StartCoroutine(ReleaseGvrTrackRotation());}}}}//释放 Gvr 头部追踪
```

- 第 1～9 行用于将场景中的光标设置为不可见，因为游戏过程中 VR 头部追踪已经禁用，光标没有存在的意义，当玩家通过终点时头部追踪启用，这时需要设置光标为可见；然后需要通过车轮碰撞器检测该赛车是否与终点（也是起点）的碰撞器接触，如果记录下接触碰撞的次数并设置相关 bool 变量，用以控制逻辑关系。
- 第 10～19 行中，当玩家控制的赛车第一次通过起点时就开始记录时间，当玩家通过终点时使用 Time.time 获取的时间减去第一次记录下来的时间，就是玩家整个游戏过程中所使用的时间，然后将这个时间设置到 UI 的 Text 控件上去，玩家控制赛车通过终点之后会向服务器发送数据，告知已经有某个玩家通过终点，该游戏结束。
- 第 20～27 行中，在单人模式下（也就是非联网模式下）玩家通过终点时直接计算游戏耗时，并设置 UI 菜单可见，以及收集金币数量等内容。

（3）上一小节介绍的是在单人模式下玩家通过终点时的相关处理，接下来将要介绍的是多人在线模式下，又添加了一个玩家，也就是场景中添加了一辆赛车，这是通过终点时需要与服务器进行发送和接收数据的处理，具体代码如下。

代码位置：见随书源代码/第 8 章目录下的 Q CarRacing/Assets/Scripts/ZiDingYi/GameController.cs。

```
1       void FixedUpdate(){
2           ...//省略上文中的代码
3           if(Constants.DRCG_DRZX==2){                                     //多人在线模式
4               if (FrontWheelCollider_Two.GetGroundHit(out hits)){  //判断是否通过终点
5                   if (hits.collider.name.Equals("Start") && IsCompleteTime_a_Two){
6                       IsCompleteTime_a_Two = false;                          //设置标志位
7                       IsCompleteTime_b_Two = true;
8                       AtStartLineTime_Two = Time.time;      //每次经过开始线时的时间
9                       TempNumCollider_Two++;                 //发生碰撞次数
10                      if (TempNumCollider_Two == 1){       //第一次经过开始线时记录时间
11                          BeginTime_Two = Time.time;}      //记录开始时间
12                      if (TempNumCollider_Two == BiSaiQuanShu){      //已经跑完两圈
```

```
13                          byte[] haveWiner =                //发送给服务器数据告知比赛结束
14                              Encoding.ASCII.GetBytes("<#HAVEWINER#>");
15                          SendAnimMSG.mySocket.sendMSG(haveWiner);
16                          byte[] WhoWin =                   //用于告知服务器谁赢了
17                              Encoding.ASCII.GetBytes("<8>");
18                          SendAnimMSG.mySocket.sendMSG(WhoWin);}}}}
19          if(IsCompleteTime_b){
20              if(Time.time-AtStartLineTime>10){             //10s 之后为置反
21                  IsCompleteTime_a = true;}}
22          if (Constants.DRCG_DRZX == 2){                    //多人在线模式
23              if (IsCompleteTime_b_Two){
24                  if (Time.time - AtStartLineTime_Two > 10){    //10s 之后为置反
25                      IsCompleteTime_a_Two = true;}}}
26          if(Constants.DRCG_DRZX==2&&Temp&&Constants.IsEnd==true){//玩家通过终点
27              if (Constants.UserIndex == 1){                      //客户端 1 获胜
28                  WinControl();}
29              else if (Constants.UserIndex == 2){                 //客户端 2 获胜
30                  WinControll_Two();}
31                  Temp = false;}}                                 //控制变量置反
```

- 第 1～18 行是玩家控制赛车通过终点时的处理过程，与单人模式类似，也需要记录开始时间、与碰撞器接触的次数。不同的是需要向服务器发送数据，告知客户端某个玩家控制的赛车已经通过终点，游戏已经结束了，率先通过终点的客户端发送数据，然后根据服务器返回的数据判断谁输谁赢。
- 第 19～31 行中，首先设置标志位 bool 变量，然后客户端接收到服务器发送的数据，接下来根据客户端编号执行不同的方法代码，具体实现方法下面将会详细介绍。

（4）上一小节介绍了游戏处于多人在线模式下，玩家控制赛车经过终点时的处理方法。接下来将要介绍的是当客户端接收到服务器发送回的游戏结束的数据时，根据客户端编号的不同对每个客户端的处理也是不相同的，具体的代码如下。

代码位置：见随书源代码/第 8 章目录下的 Q CarRacing/Assets/Scripts/ZiDingYi/GameController.cs。

```
1      void WinControl(){
2          IsCompleteTime_b = false;                        //控制变量置反
3          WinImage.gameObject.SetActive(true);             //赛车跑过终点时出现 UI 界面
4          if (Constants.WhoWin == 1){                      //客户端 1 提示输赢
5              Title.text = "你赢了";}
6          else if (Constants.WhoWin == 2){                 //客户端 2 提示输赢
7              Title.text = "你输了";}
8          Jinbi.text = "收集金币数: " + Constants.JBNumber;          //设置收集金币数
9          RaceSpendTime.text = "成绩: " + (Time.time - BeginTime) ;//设置赛车用时
10         StartCoroutine(ReleaseGvrTrackRotation());}      //释放 Gvr 头部追踪
11     void WinControll_Two(){
12         IsCompleteTime_b_Two = false;                    //控制变量置反
13         WinImage.gameObject.SetActive(true);             //赛车跑过终点时出现 UI 界面
14         if(Constants.WhoWin==1){                         //客户端 1 提示输赢
15             Title.text = "你输了";
16         }else if(Constants.WhoWin==2){                   //客户端 2 提示输赢
17             Title.text = "你赢了";}
18         Jinbi.text = "收集金币数: " + Constants.JBNumber;           //设置收集金币数
19         RaceSpendTime.text = "成绩: " + (Time.time - BeginTime) ;   //设置赛车用时
20         StartCoroutine(ReleaseGvrTrackRotation());}                 //释放 Gvr 头部追踪
21     IEnumerator ReleaseGvrTrackRotation(){                          //释放头部追踪函数
22         yield return new WaitForSeconds (2);                        //等待协程 2s
23         MainCamera.GetComponent<SmoothFollowCSharp> ().enabled = false;//相机不再跟随赛车
24         if(Constants.DRCG_DRZX==1){                             //设置 GvrHead 的朝向目标
25             MainCamera.GetComponent<GvrHead>().target = Car.transform;}
26         else if (Constants.DRCG_DRZX == 2){                     //多人在线模式
27             if (Constants.UserIndex == 1){                      //客户端 1
28                 MainCamera.GetComponent<GvrHead>().target = Car.transform;}
29             else if (Constants.UserIndex == 2){                 //客户端 2
30                 MainCamera.GetComponent<GvrHead>().target = Car1.transform;}}
31         MainCamera.GetComponent<GvrHead> ().trackRotation = true;//释放头部追踪
32         Constants.IsUIFollowCam=false;                   //UI 菜单不再跟随相机移动
33         GvrGB.gameObject.SetActive(true);                //拾取光标设置为可见
```

```
34         Constants.IsAICarMove = false;                    //Car AI 停止移动
35         Constants.IsCarMove = false;}                     //摇杆不再控制赛车
```

- 第 1～20 行中，根据服务器发送回的数据，客户端做出不同的处理。如果客户端 1 首先经过终点，则调用 WinControl 方法；如果客户端 2 首先经过终点，则调用 WinControl_Tow 方法。两个方法中关于时间设置、金币数量都是类似的，这里就不再赘述。
- 第 21～35 行中，当玩家通过终点时需要释放 VR 头部追踪，并使用光标与场景中的菜单进行交互，这是一个协程方法。当方法执行时首先会等待 2s，而后主摄像机不再跟随赛车平滑位移。由于头部追踪的开启，玩家可以通过头部控制光标移动与 UI 菜单产生交互，另外该方法中还需要设置相关游戏状态变量。

8.5.6 游戏 UI 对象脚本开发

下面开始介绍游戏 UI 的脚本实现。本游戏中的 UI 包括游戏开始倒计时功能，返回主菜单功能等，UI 利用 Unity 引擎中的 UGUI 系统进行搭建，搭建过程不再详细叙述。下面介绍 UI 变量的初始化，以及倒计时功能，功能脚本的具体实现过程，请仔细阅读。

这里使用到了协程控制倒计时 UI 的显示，计时结束后设置外部设备可以控制赛车移动。

代码位置：见随书源代码/第 8 章目录下的 Q CarRacing/Assets/Scripts/ GameUIController.cs。

```
1     public Image[] ImageNumArray;                                //存放数字数组
2     private Transform myTransform;                               //自身坐标系引用
3     public Transform MainCamera;                                 //摄像机位置
4     public float fixedDepth=20;                                  //距离相机的远近
5     void Start () {
6         StartCoroutine (TransImageNum());                        //开启倒数 3-2-1 协程
7         myTransform = transform;}                                //获取 UI Canvas 自身坐标
8     void Update(){
9         if(Constants.IsUIFollowCam){                             //先要判断 UI Canvas 是否跟随相机
10            myTransform.forward = MainCamera.forward;//设置随摄像机转动而转动
11            myTransform.position = MainCamera.position  //设置位置跟随摄像机移动
12                + (MainCamera.forward * fixedDepth) + (new Vector3(0, 10, 0));
13        if(Constants.DRCG_DRZX==2          //如果中途有人暂停并返回主菜单，双方都要返回主菜单
14            &&Constants.Stop_BackToMenu){
15            BackToMainMenu();}}                                  //返回主菜单
16    IEnumerator TransImageNum(){                                 //通过协程倒数 3-2-1
17        yield return new WaitForSeconds(0.5f);                   //协程等待 0.5s
18        ImageNumArray [0].gameObject.SetActive (false); //隐藏数字
19        yield return new WaitForSeconds(1);                      //协程等待 1s
20        ImageNumArray [1].gameObject.SetActive (true);  //显示数字
21        yield return new WaitForSeconds(1);                      //协程等待 1s
22        ImageNumArray [1].gameObject.SetActive (false); //隐藏数字
23        yield return new WaitForSeconds(1);                      //协程等待 1s
24        ImageNumArray [2].gameObject.SetActive (true);  //显示数字
25        yield return new WaitForSeconds(1);                      //协程等待 1s
26        ImageNumArray [2].gameObject.SetActive (false); //隐藏数字
27        Constants.IsCarMove = true;                 //数字倒数完毕-外设输入可以控制赛车移动
28        Constants.IsAICarMove = true;}              //AI Move
```

- 第 1～7 行用于声明数字图片数组、主摄像机引用以及 UI 具体主摄像机的距离等，在 Start 方法中开启协程方法，通过控制数字图片是否可见来实现倒数效果。
- 第 8～15 行中，当玩家在游戏过程中需要用到菜单的时候，应该将 UI 菜单显示在主摄像机的正前方，这就需要 UI 画布实时跟随主摄像机移动，始终处于主摄像机的前方，这样在使用的时候只需要通过设置画布是否可见即可。
- 第 16～28 行中，在协程中每间隔一秒设置倒计时数字的显示和消失，显示完成后，设置外部设备可以控制赛车的移动。

8.5.7 游戏常量类脚本开发

接下来将要介绍的是游戏场景中的常量脚本 Constants.cs。该脚本中存储着控制场景周转的各

种静态数据，用于跳转及调度场景中的各种逻辑，具体代码如下。

代码位置：见随书源代码/第 8 章目录下的 Q CarRacing/Assets/Scripts/UI/ Constants.cs。

```
1      public class Constants : MonoBehaviour {
2       public static bool IsCarMove = false;  //控制 CarUserController 类中外设输入是否可用
3       public static bool IsUIFollowCam=true; //控制 GameUIController 类中的 UI 画布是否跟随摄像机
4       public static bool IsAICarMove = false;     //控制 AI Car 是否移动
5       public static int JBNumber = 0;             //本局比赛收集金币数量
6       public static int DRCG_DRZX = 0;            //1 单人闯关-2 多人在线
7       public static int GoScenceIndex=0;          //即将进入场景的索引
8       public static string IP = "10.16.189.97";   //IP 地址字符串
9       public static bool IsConnected = false;     //是否连接上服务器
10      public static bool IsReady = false;     //是否准备好游戏开始-退出该场景时置为 false
11      public static bool IsOK = false;        //游戏连接后客户端按下摇杆按钮才可以进入场景
12      public static int UserIndex = 0;        //用户在连接时服务器分配的编号
13      public static int UserCarIndex = 0;     //用户随机分配的赛车编号
14      public static float steering_USER_Send = 0;     //发往服务器数据
15      public static float accel_USER_Send = 0;
16      public static float steering_USER_Get = 0;      //接收服务器数据
17      public static float accel_USER_Get = 0;
18      public static Vector3 pos = new Vector3(0,0,0);//赛车位置
19      public static Vector3 fwd = new Vector3(0,0,0);//赛车朝向
20      public static bool IsEnd = false;               //判断比赛是否结束
21      public static int WhoWin = 0;                   //判断谁获胜
22      public static bool IsStop = true;               //控制暂停
23      public static bool Stop_BackToMenu = false;}    //控制暂停按钮是否显示
```

> **说明** 该脚本中的静态常量非常重要，不同场景中的数据交换，发往服务器的数据临时存储以及游戏过程中的相关逻辑操作等都需要这些静态常量的参与，其中 UserIndex、pos 及 fwd 分别是服务器分配给客户端的编号、客户端发往服务器的赛车位置、客户端发往服务器的赛车朝向。

8.6 网络模式游戏场景

本节将介绍多人在线游戏场景。多人在线游戏场景是本游戏的核心场景，其他场景都是与之类似，游戏场景的开发对于此游戏的可玩性有至关重要的作用。下面将对此场景的开发进行详细介绍。

8.6.1 场景搭建

搭建游戏界面的场景，步骤比较繁琐，通过此游戏界面的开发，读者可以熟练地掌握基础知识，同时也会积累一些开发技巧和开发细节。接下来对游戏界面的开发进行详细的介绍。

（1）创建一个“1_XiaoZhen”场景，具体步骤参考主菜单界面开发的相应步骤，此处不再赘述。需要的音效与图片资源已经放在对应文件夹下，读者可参见 8.2.2 节的相关内容。

（2）设置环境光和创建光源，在场景中摆放模型、搭建 UI 等，具体步骤参考单人模式游戏场景搭建的相应步骤，此处不再赘述。至此，基本的场景搭建完毕。

> **说明** 场景的搭建过程不涉及代码的开发，具体步骤与前面小节相同，读者可以自己体会。

8.6.2 脚本开发及相关设置

本小节将介绍各对象的脚本开发及相关设置，主要是摄像机对象、赛车对象相关脚本的开发以及客户端联网功能脚本。

（1）下面介绍在联网模式下发送赛车位置及朝向信息到服务器，并接收服务器发送的赛车位置及朝向信息，来实现双人在线功能，玩家可以在同一个场景中操控各自赛车，具体代码如下。

代码位置：见随书源代码/第 8 章目录下的 Q CarRacing/Assets/Scripts/UI/CarControll.cs。

```
1      public class CarControll : MonoBehaviour{
2       public GameObject UserCar1;                                      //客户端 1 分配的赛车
3       public GameObject UserCar2;                                      //客户端 2 分配的赛车
4       private CarController UCC1;                                      //赛车 1 控制器
5       private CarController UCC2;                                      //赛车 2 控制器
6       void Start(){
7        UCC1 = UserCar1.transform.GetComponent<CarController>();   //获取赛车 1 控制器
8        UCC2 = UserCar2.transform.GetComponent<CarController>();}  //获取赛车 1 控制器
9       void Update(){
10       bool tem=true;                                   //逻辑变量
11       if(tem){
12       if(Constants.UserCarIndex==1){                   //将客户端 1 的对手赛车不接受动力学模拟
13        UCC2.transform.GetComponent<Rigidbody>().isKinematic = true;
14       }else if(Constants.UserCarIndex==2){             //将客户端 1 的对手赛车不接受动力学模拟
15        UCC1.transform.GetComponent<Rigidbody>().isKinematic = true;}
16       tem = false;}
17      if (Constants.IsConnected&&Constants.IsStop){                  //用于向服务器发送数据
18      if (ConnectSocket.mySocket.Connected){
19       if(Constants.UserIndex==1){                                   //客户端 1 数据发送
20        byte[] X = ByteUtil.float2ByteArray(UCC1.transform.position.x); //赛车位置 x
21        byte[] Y = ByteUtil.float2ByteArray(UCC1.transform.position.y); //赛车位置 y
22        byte[] Z = ByteUtil.float2ByteArray(UCC1.transform.position.z); //赛车位置 z
23        byte[] fx = ByteUtil.float2ByteArray(UCC1.transform.forward.x);//赛车正方向 x
24        byte[] fy = ByteUtil.float2ByteArray(UCC1.transform.forward.y);//赛车正方向 y
25        byte[] fz = ByteUtil.float2ByteArray(UCC1.transform.forward.z);//赛车正方向 z
26        byte[] Pos = {                                          //将数据组装成 byte 数组
27         X[0],X[1],X[2],X[3],Y[0],Y[1],Y[2],Y[3],Z[0],Z[1],Z[2],Z[3],
28         fx[0],fx[1],fx[2],fx[3],fy[0],fy[1],fy[2],fy[3],fz[0],fz[1],fz[2],fz[3]};
29        SendAnimMSG.mySocket.sendMSG(Pos);                      //将数据发送至服务器
30       }else if (Constants.UserIndex == 2){                     //客户端 2 数据发送
31        byte[] X = ByteUtil.float2ByteArray(UCC2.transform.position.x);//赛车位置 x
32        byte[] Y = ByteUtil.float2ByteArray(UCC2.transform.position.y);//赛车位置 y
33        byte[] Z = ByteUtil.float2ByteArray(UCC2.transform.position.z);//赛车位置 z
34        byte[] fx = ByteUtil.float2ByteArray(UCC2.transform.forward.x);//赛车正方向 x
35        byte[] fy = ByteUtil.float2ByteArray(UCC2.transform.forward.y);//赛车正方向 y
36        byte[] fz = ByteUtil.float2ByteArray(UCC2.transform.forward.z);//赛车正方向 z
37        byte[] Pos = {                                          //将数据组装成 byte 数组
38         X[0],X[1],X[2],X[3],Y[0],Y[1],Y[2],Y[3],Z[0],Z[1],Z[2],Z[3],
39         fx[0],fx[1],fx[2],fx[3],fy[0],fy[1],fy[2],fy[3],fz[0],fz[1],fz[2],fz[3]};
40       SendAnimMSG.mySocket.sendMSG(Pos);}}}}                   //将数据发送至服务器
```

- 第 1～8 行用于声明两个客户端所使用的赛车以及赛车控制器，并在 Start 方法中获取挂载在赛车对象上的赛车控制器组件 CarController。
- 第 9～16 行用于将每个客户端玩家对手控制的赛车刚体（Rigidbody）组件上的是否接受动力学模拟（isKinematic）属性设置为 true，即不接受动力学模拟。因为赛车控制参数是接收服务器发送过来的数据，如果像玩家控制的赛车那样使用物理引擎使赛车前进或者转向，那么对手的赛车在该场景中会和对手场景中的赛车位置和朝向不同步。
- 第 17～40 行用于从客户端向服务器发送数据，分别将赛车的 Position 和 Forward 的 *x*、*y*、*z* 转化成比特数组，然后再组装起来发往服务器。

（2）下面介绍在场景中玩家如何通过蓝牙摇杆控制属于自己的赛车，如何实现对手控制的赛车在该场景中的同步，具体代码如下。

代码位置：见随书源代码/第 8 章目录下的 Q CarRacing/Assets/Scripts/CarControll.cs

```
1     void FixedUpdate(){
2      float d = CrossPlatformInputManager.GetAxis("Horizontal");  //控制转向
3      float a = CrossPlatformInputManager.GetAxis("Vertical");    //控制加速
4      if (Constants.IsCarMove&&Constants.IsStop){                 //控制车是否可以移动
5       if (Constants.UserIndex == 1){                      //客户端 1
6        UCC1.Move(d, a, a, 0);                             //控制客户端 1 赛车
7        UCC2.transform.position = Constants.pos;           //接收客户端 2 赛车位置
8        UCC2.transform.forward = Constants.fwd;}           //接收客户端 2 赛车正方向
9       else if (Constants.UserIndex == 2){                 //客户端 2
```

```
10        UCC1.transform.position = Constants.pos;           //接收客户端 1 赛车位置
11        UCC1.transform.forward = Constants.fwd;            //接收客户端 1 赛车正方向
12        UCC2.Move(d, a, a, 0);}}}}                         //控制客户端 2 赛车
```

说明：客户端玩家需要通过蓝牙摇杆控制赛车前进和转向，蓝牙摇杆的输入可以通过CrossPlatformInputManager类的GetAxis方法获取值，然后调用赛车控制器CarController中的Move方法实现赛车的运动，对手的赛车只需要将从服务器接收的位置和朝向赋值给对手赛车的Position和Forward即可。

（3）前面介绍了“CarControll.cs”的开发，接下来新建脚本，并将脚本命名为“ConnectSocket”。该脚本的主要功能是连接服务器并且从服务器接收数据。如果连接成功，则从服务器接受消息，将从服务器接收消息线程设为后台线程。具体代码如下。

代码位置：见随书源代码/第 8 章目录下的 TennisGame/Assets/Scripts/ConnectSocket.cs。

```
1      using UnityEngine;
2      using System.Collections;
3      ...//此处省略了命名空间的引入的代码，有兴趣的读者可以自行查看源代码
4      public class ConnectSocket{
5        public static Socket mySocket;                          //Socket 对象
6        private static ConnectSocket instance;                  //连接 Socket 对象
7        Thread thread;                                          //服务器接收消息进程
8        IPAddress ip;                                           //服务器 IP 地址变量
9        IPEndPoint ipe;                                         //服务器端口变量
10       IAsyncResult result;                                   //异步连接成功回调结果
11       bool s=true;
12       public static ConnectSocket getSocketInstance(){        //获取实例化对象
13         instance = new ConnectSocket();                       //创建 Socket 对象
14         return instance;                                      //返回连接 Socket 对象
15       }
16       ConnectSocket(){                                        //构造器
17         s = true;
18         try{
19           mySocket = null;                                    //Socket 对象设为空
20           mySocket = new Socket(AddressFamily.InterNetwork, SocketType.
21           Stream, ProtocolType.Tcp);                          //获取 Socket 类型的数据
22           ip = IPAddress.Parse(JingTai.IP);                   //服务器 IP 地址
23           ipe = new IPEndPoint(ip, 2001);                     //服务器端口
24           result = mySocket.BeginConnect(ipe, new AsyncCallback(connectCallBack),
25           mySocket);                           //异步连接服务器连接成功回调结果
26         }
27         catch (Exception e){
28           Debug.Log(e.ToString());             //打印错误信息
29         }
30         if (result != null){                   //如果异步连接服务器连接成功回调结果不为空
31           bool connectsucces = result.AsyncWaitHandle.WaitOne(5000, true);//超时检测
32         }
33         if (mySocket.Connected){                                //连接成功
34           thread = new Thread(new ThreadStart(getMSG));     //从服务器接收消息
35           thread.IsBackground = true;          //将从服务器接收消息线程设为后台线程
36           thread.Start();                      //开始线程
37       }}
38       private void getMSG(){
39         ...//此处省略了从服务器接收数据的代码，下面将详细介绍
40       }
41       public void sendMSG(byte[] bytes){
42         ...//此处省略了向服务器发送信息的代码，下面将详细介绍
43     }}
```

- 第 1～3 行的主要功能是命名空间的引入，由于本类是自定义类而且用到了线程、网络、读取写入等知识的 API，所以需要将要用到的名空间导入。
- 第 5～11 行的主要功能是变量声明，主要声明连接 Socket 对象、服务器接收消息进程、服务器 IP 地址变量和异步连接成功的回调结果。在开发环境下的属性查看器中可以为各个参数指定资源或者取值。

- 第 12～15 行的主要功能是创建获取实例化对象的方法，在方法中创建 Socket 对象，最后返回连接 Socket 对象。
- 第 19～25 行的主要功能是将 Socket 对象设为空，获取 Socket 类型的数据，设置服务器 IP 地址，设置服务器端口，返回异步连接服务器连接成功的回调结果。
- 第 30～36 行的主要功能是如果异步连接服务器连接成功回调结果不为空，则进行超时检测。如果连接成功，则从服务器接收消息，将从服务器接收消息线程设为后台线程。
- 第 38～40 行的主要功能是从服务器接受游戏数据。此处省略了从服务器接收数据的代码，下面将详细介绍。
- 第 41～43 行的主要功能是向服务器发送信息。通过调用该方法来向服务器发送玩家操纵指令。此处省略了向服务器发送信息的代码，下面将详细介绍。

（4）在“ConnectSocket.cs”脚本中，通过 getMSG 方法从服务器接收游戏数据来控制场景中的人物和网球对象，getMSG 方法的具体代码如下。

代码位置：见随书源代码/第 8 章目录下的 TennisGame/Assets/Scripts/ConnectSocket.cs。

```
1    private void getMSG(){
2      while (s){                                          //如果进程正常进行
3        if (!mySocket.Connected){                         //断开连接
4          s = false;                                      //进程正常进行标志位设为“false”
5          mySocket.Close();                               //关闭与服务器的连接
6        }
7        try{
8          JingTai.duanXian = false;                       //断线标志位设为“false”
9          byte[] bytesLen=new byte[4];                    //创建数组
10         mySocket.Receive(bytesLen);                     //接收长度
11         int length = ByteUtil.byteArray2Int(bytesLen,0);  //将bytesLen 转成 int 类型
12         byte[] bytes = new byte[length];                  //声明接收数组
13         int count = 0;                                    //计数器
14         while (count < length){                           //当收到长度小于 length
15           int tempLength = mySocket.Receive(bytes);       //接收数据
16           count += tempLength;                          //计数器记录接收到字节的数目
17         }
18         splitBytes(bytes);                              //拆字符串
19       }catch (Exception e){
20         JingTai.duanXian = true;                        //断开与服务器的连接
21   }}}
```

- 第 2～6 行的主要功能是如果进程正常进行，则与服务器断开连接，进程正常进行标志位设为“false”，关闭与服务器的连接。
- 第 8～13 行的主要功能是断线标志位设为“false”，创建数组用于储存接收长度数字。将 bytesLen 转成 int 类型，声明接收数组和计数器。
- 第 14～21 行的主要功能是当收到长度小于 length，则接收数据，计数器记录接收到字节的数目。调用拆字符串的方法来拆字符串。如果程序发生异常，则断开与服务器的连接。

（5）在“ConnectSocket.cs”脚本中，通过 sendMSG 方法来向服务器发送玩家操纵指令，sendMSG 方法的具体代码如下。

代码位置：见随书源代码/第 8 章目录下的 TennisGame/Assets/Scripts/ConnectSocket.cs。

```
1     public void sendMSG(byte[] bytes){
2       if (mySocket==null||!mySocket.Connected){        //如果与服务器的连接已经断开
3         mySocket.Close();                              //关闭与服务器的连接
4         return;                                        //结束方法
5       }
6       try{
7         int length = bytes.Length;                     //获取要发送数据包的长度
8         byte[] blength = ByteUtil.int2ByteArray(length); //转换为 byte[]数组
9         mySocket.Send(blength,SocketFlags.None);         //发数据包长度
10        mySocket.Send(bytes,SocketFlags.None);           //发数据包
11      }catch (Exception e){
```

```
12          Debug.Log(e.ToString());                          //打印异常栈
13      }}
```

- 第 2～5 行的主要功能是如果与服务器的连接已经断开，并且客户端与服务器的连接对象没有被释放，则关闭与服务器的连接，结束方法。
- 第 6～12 行的主要功能是发送信息。由脚本调用并将要发送的信息传入，依旧要按照协议先取出要发送数据包的长度转换成数据流进行发送，然后再发送实际数据包，这样做的好处是可以避免在网络传输过程中出现包的撕裂等现象导致收到的数据不全。

（6）上面讲解了从客户端向服务器发送数据的方法，接下来将要介绍的是如何将发送的数组转化成比特数组的形式，这是从浮点数类型转化成比特数组的静态工具方法，读者可以在其他类中直接使用 ByteUtil.XXX 调用即可，具体代码如下。

代码位置：见随书源代码/第 8 章目录下的 TennisGame/Assets/Scripts/UI/ ByteUtil.cs。

```
1      public static class ByteUtil{
2       public static int byteArray2Int(byte[] bt,int starIndex){     //byte 转 int
3        int i = System.BitConverter.ToInt32(bt, starIndex);
4        return i;}
5       public static byte[] int2ByteArray(int num){                  //int 转 byte
6        byte[] bt = System.BitConverter.GetBytes(num);
7        return bt;}
8       public static float byteArray2Float(byte[] bt, int starIndex) { //byte 转 float
9        float f = System.BitConverter.ToSingle(bt, starIndex);
10       return f;}
11      public static byte[] float2ByteArray(float f){                 //float 转 byte
12       byte[] bt = System.BitConverter.GetBytes(f);
13       return bt;}}
```

说明 这是自定义的静态工具方法，读者可以直接使用“类名.方法”调用处理发往服务器的数据，将数据转化成比特数组后发送至服务器；当从服务器接收到比特数组之后，还需要使用该类中的方法将其转化成 int 或者 float 类型。

8.7 服务器端的开发

服务器端的程序主要用于在网络模式中连接客户端，并向客户端发送控制人物对象和网络对象的数据。在本节中，将对服务器端的开发进行进一步的介绍。

8.7.1 网络游戏架构简介

本小节介绍的是基于套接字的网络游戏架构，核心思想是多个在线客户端同时向服务器端发送操控动作请求，由服务器端定时从动作队列读取一个动作并根据动作修改数据，向每一个在线客户端发送修改后的数据，保证了不同客户端之间数据的一致性。其架构如图 8-53 所示。

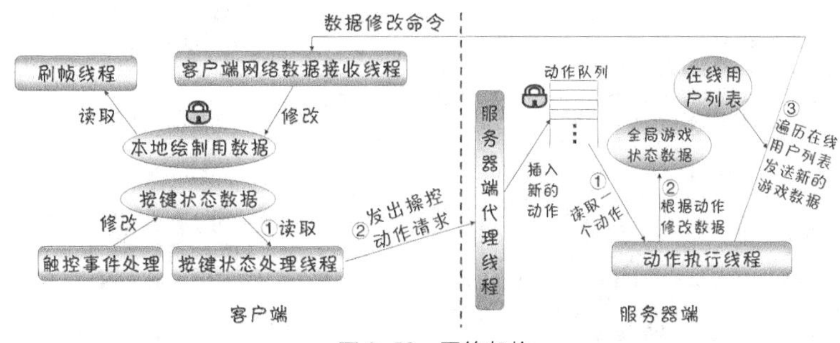

▲图 8-53 网络架构

说明　本网络游戏架构同样适用于多个客户端同时在线操作，由于篇幅有限，笔者在这里仅展示了一个客户端与服务器的交互，有能力的读者可以自行完善。

8.7.2　服务器端简介

服务器端的功能是根据客户端发送的操控动作请求执行相应动作，并更新全局游戏状态数据，将更新后的数据通过流对象传送到客户端。游戏中的全局状态数据存储在服务器端且只被服务器端修改，保证了不同客户端之间画面的完整性和一致性。服务器端主要是由以下几部分组成。

- 服务器主线程——ServerThread 类：ServerThread 类是服务器端最重要的主线程类，也是实现服务器功能的基础，主要功能是创建服务器并开放指定端口、监听端口并接收数据、启动动作执行线程和服务器端代理线程等。
- 服务器代理线程——ServerAgentThread 类：ServerAgentThread 类是服务器端的代理线程类，主要功能是接收来自客户端的数据。接收数据时，先判断数据标识，然后进行数据处理。如果传送的是动作请求数据，则创建一个动作对象并将其添加进动作队列。
- 动作执行线程——ActionThread 类：ActionThread 类是服务器端的动作执行线程类，主要负责以下 3 项工作：①定时从动作队列中读取一个动作对象（获取动作时，需要为动作队列加锁，保证动作队列在同一时刻只被一端操作）；②根据动作修改服务器端的全局游戏状态数据；③遍历用户列表并向每个用户发送新的游戏数据。

8.7.3　服务器端的开发

下面将详细介绍服务器端的开发。服务器的作用是接收从若干个客户端传来的玩家操控指令信息，经过处理后再将统一的数据发回给客户端。图 8-54 是服务器端与客户端进行通信交互的示意图。

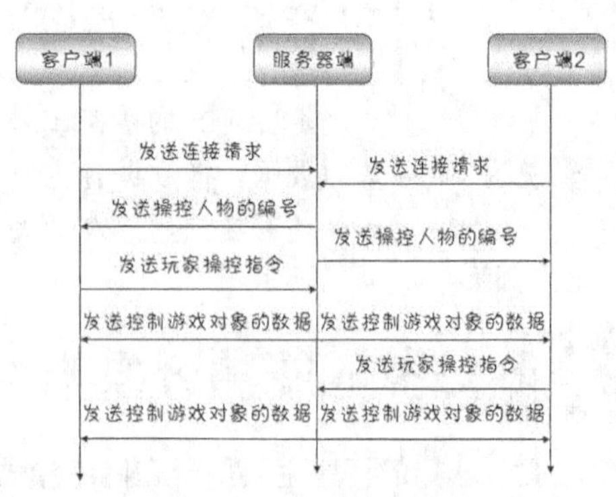

▲图 8-54　服务器端与客户端进行通信交互的示意图

（1）下面介绍服务器主线程 ServerThread 类，主要功能是创建服务器，开放指定端口、监听端口并接收数据、启动动作执行线程和服务器端代理线程，ServerThread 类的具体代码如下。

代码位置：见随书源代码/第 8 章目录下的 MyUnityServer/src/wbw/bn/ServerThread.java。

```
1     package wbw.bn;
2     import java.net.*;
3     import java.text.SimpleDateFormat;
4     import java.util.Date;
5     public class ServerThread extends Thread{
6       boolean flag = false;                          //服务器线程是否正常运行标志位
7       ServerSocket ss;                               //创建服务器监听端口
8       SimpleDateFormat df = new SimpleDateFormat("HH:mm:ss");//设置日期格式
9       public static void main(String args[]){
10        new ServerThread().start();                  //启动服务器线程
11      }
12      public void run(){
13        try{
14          ss=new ServerSocket(2001);                 //创建服务器并开启 2001 端口
15          flag=true;                                 //服务器线程是否正常运行标志位设为“true”
16          new ActionThread().start();                //启动动作执行线程
17        }catch(Exception e){
18          e.printStackTrace();                       //打印程序运行异常信息
19      }
```

```
20      while(flag){
21        try{
22          Socket sc = ss.accept();                          //接收端口号
23          new ServerAgentThread(sc).start();                //开启服务器代理线程
24          System.out.println("侦听并接收到此套接字的连接  "+df.format(new Date()));
25        }catch(Exception e){
26          e.printStackTrace();                              //打印程序运行异常信息
27    }}}}
```

- 第 6～8 行的主要功能是声明变量，主要声明了服务器线程是否正常运行标志位，创建服务器监听端口和设置日期格式等变量。
- 第 9～11 行是服务器端程序入口方法，服务器端程序从 main 方法启动，在该方法中启动了服务器线程来与客户端进行通信。
- 第 13～18 行的主要功能为创建服务器并开启 2001 端口，将服务器线程是否正常运行标志位设为“true”并启动动作执行线程。如果程序运行出现异常，则打印异常信息。
- 第 20～26 行的主要功能是服务器端循环监听从客户端发来的连接请求。如果接收到客户端发来的连接请求，则开启服务器代理线程。

说明 服务器端的代码相当复杂，因为本书主要是讲 Unity 开发的，所以服务器端代码没有详细介绍。服务器端的代码可以由多种语言开发，在本案例中笔者使用了 Java 语言进行了服务器的开发，读者只要实现与客户端的数据交互协议可以用其他语言进行服务器端的开发，只不过 Java 语言的跨平台能力比较强，开发服务器端代码比较方便。

（2）上面介绍了服务器主线程类，接下来将要介绍的是服务器代理线程类。该线程中对应客户端数量，与相应客户端处理数据接收和数据发送任务，是服务器的核心，具体代码如下。

代码位置：见随书源代码/第 8 章目录下的 MyUnityServer/src/wbw/bn/ServerAgentThread.java。

```
1     public class ServerAgentThread extends Thread{  //服务器代理线程
2      public static int count=0;                     //已连接客户端数量
3      public static int Startcount=0;                //已经连接且准备开始状态的客户端数量
4      static List<ServerAgentThread> ulist=new ArrayList<ServerAgentThread>();
                                                         //服务器代理线程
5      static Queue<Action> aq=new LinkedList<Action>(); //动作队列
6      Socket sc;                                        //套接字
7      DataInputStream din;                              //输入流
8      DataOutputStream dout;                            //输出流
9      static Object lock=new Object();
10     boolean flag =true;
11     int cliendNumber=0;                              //客户端编号
12     public static int countTemp=0;
13     public static int countTemp1=0;
14     public ServerAgentThread(Socket sc){             //根据客户端建立读写器
15      this.sc=sc;                                     //套接字
16      try{
17       din=new DataInputStream(sc.getInputStream());     //创建输入流
18       dout=new DataOutputStream(sc.getOutputStream());  //创建输出流
19      }catch(Exception e){
20       e.printStackTrace();}}
21     public void run(){                                  //接收数据包
22      while(true){
23       try{
24        if(din.available()==0){
25         continue;}
26       int packageLen=readInt();                         //接收数据包的长度
27       byte[] datapackage=readPackage(packageLen);       //接收数据包
28       splitPackage(datapackage);        //接收到后按照格式拆包-拆成具体实际可用的数据
29       }catch(Exception e){
30        e.printStackTrace();}}}
```

- ❑ 第 1～13 行用于声明客户端连接数量、服务器代理线程数量、动作队列以及连接使用的套接字和数据输入流和数据输出流等变量，其中动作队列代表客户端向服务器发送数据即请求动作的队列，该服务器连接上多少客户端就会有多少服务器代理线程。
- ❑ 第 14～30 行中，服务器代理线程的构造方法用于初始化，该线程的 run 方法用于接收从客户端发送至服务器的数据。接收数据时首先接收的是数据长度，然后再接收数据。客户端与服务器之间传送的数据都以 byte 数组的形式传递，这里接收的数据包长度就是 byte 数组长度，接收的数据就是 byte 数组的内容。

8.8 游戏的优化与改进

至此，本案例的开发部分已经介绍完毕。本游戏是基于 Unity 3D 平台开发的，笔者在开发的过程中，已经注意到游戏可玩性、流畅性等方面的表现，所以，尽可能降低游戏的内存消耗量。但实际上它还是有一定的优化空间。

1. 游戏界面的改进

本游戏的场景搭建使用的图片已经相当绚丽，有兴趣的读者可以更换图片以达到更好的效果。另外，由于在 Unity 中有很多内建的着色器，本游戏使用的着色器有限，可能还有效果更佳的着色器，有兴趣的读者可以更改各个纹理材质的着色器，以改变渲染风格，进而得到很好的效果。

2. 游戏性能的进一步优化

虽然在游戏的开发中，已经对游戏的性能优化做了一部分工作，但是，游戏的开发始终还是存在部分问题，游戏在性能优异的移动终端上，可以比较完美地运行，但是在一些低端机器上的表现没有达到预期的效果，还需要进一步优化。

3. 优化游戏模型

本游戏所用的跑道模型部分是从网上下载的，然后使用 3ds Max 进行了简单的分组处理。由于是在网上免费下载的，模型存在几点缺陷：模型贴图没有合成一张图，模型没有进行合理的分组，模型中面的共用顶点没有进行融合。

第9章　多人在线角色扮演游戏——英雄传说

游戏的发展依托于电子设备的发展，经历了从简单到复杂、从幼稚到成熟的变化过程。大型多人在线角色扮演游戏（MMORPG）作为比较后期出现的游戏种类，目前在各方面已经发展得较为完善。2004 年发售运营的《魔兽世界》就是一款相当优秀的并且极具有代表性的 MMORPG 类游戏的巅峰之作。

本书要以一款基于 Unity 3D 游戏引擎开发的多人在线角色扮演游戏（MMORPG）手机游戏——《英雄传说》为例，详细地介绍此类游戏的开发。通过本章的学习，读者将对使用 Unity 3D 游戏引擎开发 MMORPG 类游戏的流程有更深的了解。

9.1 游戏背景和功能概述

本节将对《英雄传说》的开发背景进行详细的介绍，并对其功能进行简要概述。读者通过对本节的学习，将会对本游戏的整体有一个简单的认知，明确本游戏的开发思路和直观了解本游戏所实现的功能和效果。

9.1.1　游戏背景简介

一般来说，MMORPG 类游戏会按照一定的故事情节叙述，游戏设计者也设计了一定的以游戏任务形式出现的情节线索，称为“主线任务”。玩家通过这些主线任务逐步了解游戏背景，并且 MMORPG 类游戏会提供与其他玩家互动的机会，具体表现在组队、好友、师徒、公会、结婚等系统。

自世界上第一款大型多人联机角色扮演游戏《凯斯迈之岛》于 1980 年诞生以来，MMORPG 类游戏在网络游戏中占据了相当大的比重，可谓是风光无限。这类游戏不仅为其制作公司带来了巨大的利润和声誉，而且也成为了无数游戏玩家日常生活中不可或缺的部分。

除此之外，MMORPG 类游戏大多发展在一个持续的虚拟世界中。玩家离开游戏之后，这个虚拟世界在网络游戏运营商提供的主机式服务器里继续存在，并且不断演进。较为流行的 MMORPG 类游戏有《魔兽世界》《怪物猎人 Online》等，如图 9-1 和图 9-2 所示。

▲图 9-1　《魔兽世界》

▲图 9-2　《怪物猎人 Online》

9.1.2　游戏功能简介

《英雄传说》是一款使用当前流行的 Unity 3D 开发工具开发的一款小型的 MMORPG 类游戏。

在游戏当中，玩家通过扮演一位英雄角色完成游戏任务，获得经验和金币，完善角色装备，提升角色能力。并且为提高玩家与玩家的合作性，玩家可以组队，凭借团队力量完成游戏中的任务。

下面将对该游戏的主要功能进行简单的介绍，包括游戏主要场景的展示以及游戏功能的展示。

（1）运行游戏，首先进入的是欢迎界面，如图 9-3 所示。经过欢迎界面后进入游戏的登录界面，登录界面是游戏的开始场景，如图 9-4 所示。玩家单击登录就会进入下一个登录信息输入界面。

▲图 9-3　欢迎界面

▲图 9-4　登录界面

（2）在登录信息输入界面中，输入服务器的 IP 地址以及用户名和密码方可进入游戏，如图 9-5 所示。若读者是第一次运行游戏，可以单击右下方的注册按钮注册一个新账号，如图 9-6 所示。需要说明的是，读者在开启了服务器之后，需要查询当前连接网络的 IP 地址，将 IP 地址填入相应位置。

▲图 9-5　信息输入界面

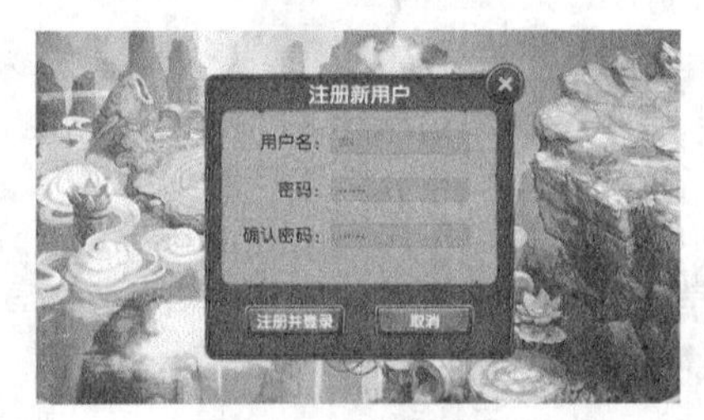

▲图 9-6　注册界面

（3）玩家账号信息注册或输入完成后，单击登录按钮，进入玩家信息确认界面，如图 9-7 所示。上方按钮为玩家的用户名，再次单击可以返回到之前界面更改玩家信息，单击进入游戏进入加载界面，如图 9-8 所示。

▲图 9-7　信息确认界面

▲图 9-8　加载界面

（4）加载完成后，进入游戏的角色选择界面，如图 9-9 所示。左边的游戏列表中显示着玩家已经创建好的角色，右边为角色形象展示。单击右下方的创建新角色按钮，可以创建新角色。在创建角色的时候可以查看右边职业详细属性，如图 9-10 所示。

（5）角色创建界面左侧可以选择角色的职业和性别，单击相应的按钮进行切换，如图 9-11 所示。本游戏提供了 4 种职业以及男女性别可供选择，并且不同职业和性别会在中间切换不同的形象展示。选择完成后需要输入角色名，玩家可手动输入符合规范的名字，或随机生成一个无重合的角色名。

（6）创建完成后，选择任意角色进入游戏的城镇场景中，如图 9-12 所示。场景界面的 2D 部分分为任务栏、玩家属性信息栏和功能按钮键 3 部分。单击副本按钮会进入副本的选择界面，副本选择界面显示不同关卡的信息，如图 9-13 所示。单击进入加载界面，如图 9-14 所示。

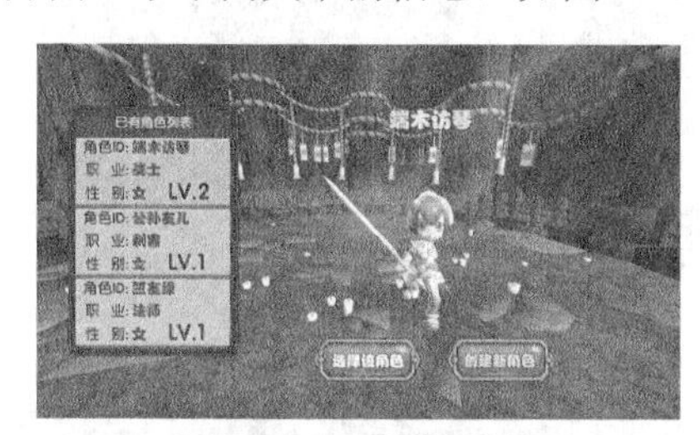

▲图 9-9　角色选择界面

▲图 9-10　创建角色界面

▲图 9-11　选择不同的职业

▲图 9-12　城镇场景

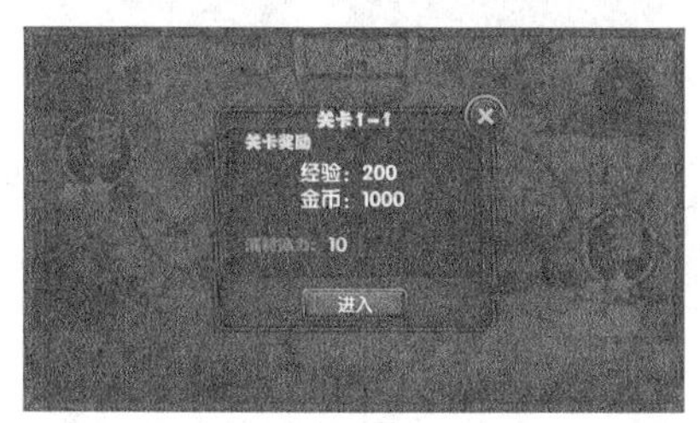

▲图 9-13　选关界面

▲图 9-14　加载界面

（7）加载完成后进入相应的游戏的副本场景中，如图 9-15 所示。在副本场景中，玩家可以使用摇杆控制角色的行走、攻击和施放技能。在城镇场景中单击店铺按钮打开商店界面，如图 9-16 所示。滑动界面会显示其他可选装备。

▲图 9-15　副本场景

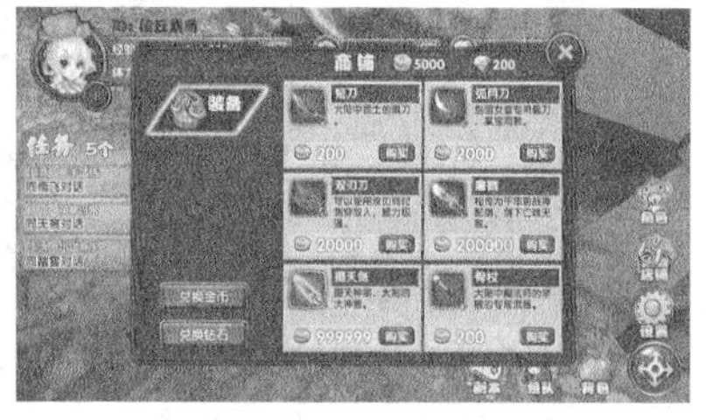

▲图 9-16　商店界面

（8）在商店中购买任意装备后，所购买的装备会收入到背包当中。在城镇界面中单击背包按钮打开背包界面，里边会显示所购买的装备，如图 9-17 所示。单击装备，选择穿戴装备后，会将装备穿戴到角色身上，单击角色按钮可查看角色各个部位装备情况，如图 9-18 所示。

（9）单击详细属性按钮，可以查看角色属性具体参数，包括等级、物理攻击、生命上限、体力、经验等等，如图 9-19 所示。单击“设置”按钮，弹出设置界面，包括游戏的音乐开关、音量调节以及退出游戏等功能，如图 9-20 所示。

（10）单击组队按钮，弹出组队界面，组队界面中会显示出当前在线的玩家信息以及当前队伍人数，如图 9-21 所示。勾选相应玩家，单击进入副本。被邀请的玩家会收到组队邀请提示，提示中显示邀请方玩家 ID，如图 9-22 所示。玩家可以选择接受或拒绝组队。

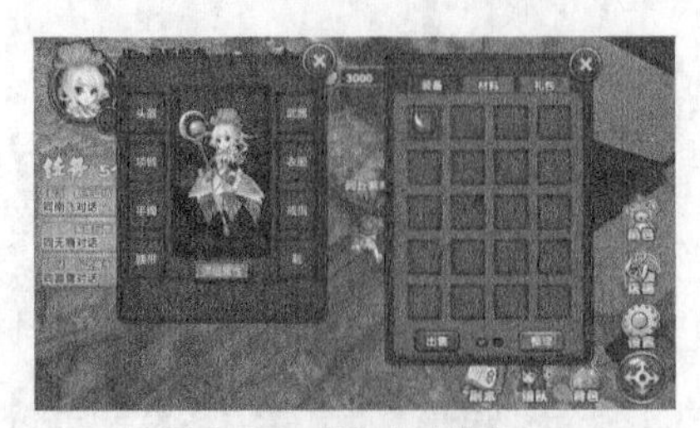

▲图 9-17　背包中的装备

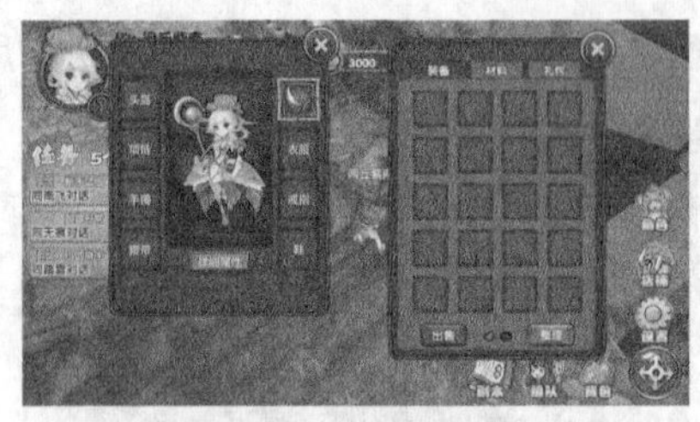

▲图 9-18　穿戴装备

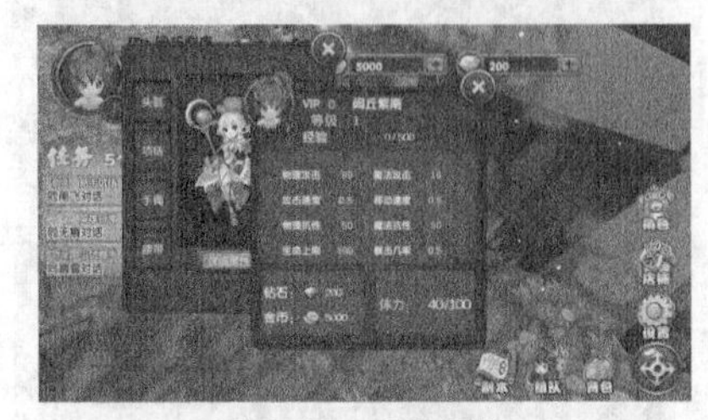

▲图 9-19　角色属性

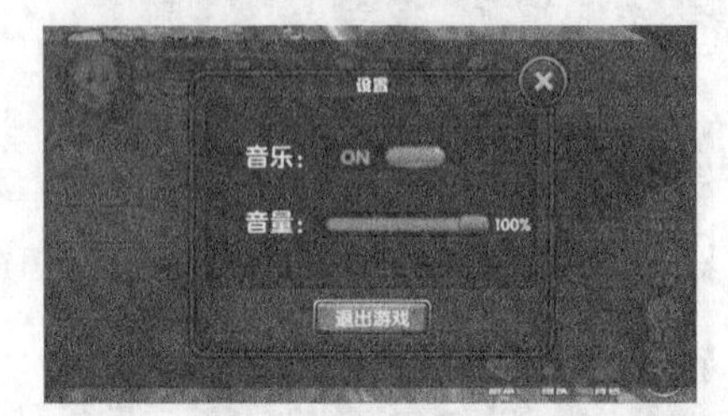

▲图 9-20　设置界面

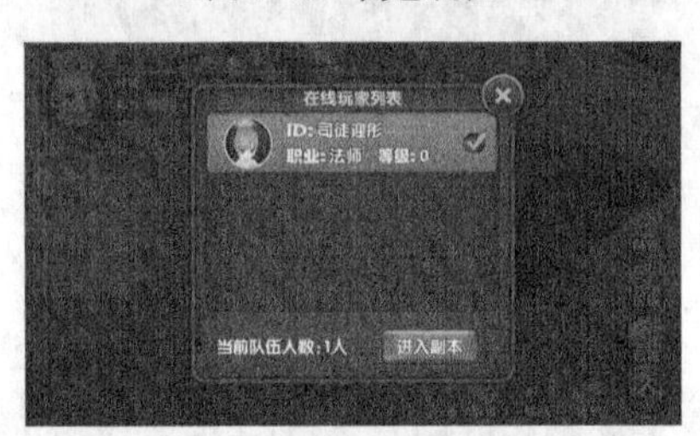

▲图 9-21　组队界面

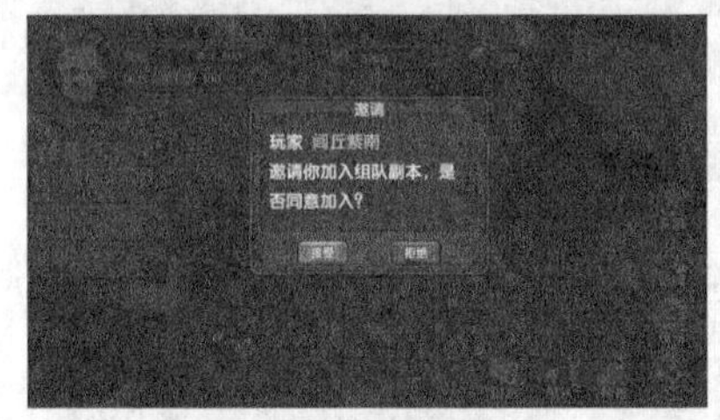

▲图 9-22　组队提示

（11）邀请组队的一方在邀请被确认后会弹出副本选择界面，玩家可以滑动屏幕选择游戏副本，如图 9-23 所示。单击进入副本后，进入游戏。本游戏实现了多玩家的位置、状态等实时更新，保证了多个玩家能够顺利地进行游戏，如图 9-24 所示。

▲图 9-23　选择副本

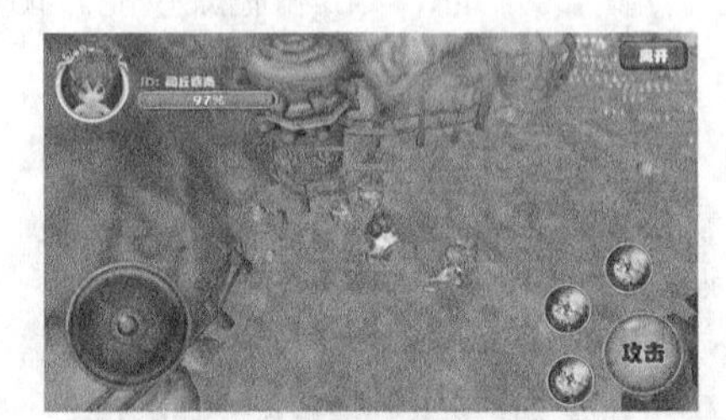

▲图 9-24　组队场景

9.2 游戏的策划及准备工作

本节主要对游戏的策划和开发前的一些准备工作进行介绍。在游戏的开发之前，准备工作做到详细、全面就可以起到事半功倍的效果。相关准备主要包括游戏主体的策划、美工、粒子系统及音效资源准备等。

9.2.1　游戏的策划

想要使游戏的开发更加顺利和有效率，首先需要做的工作就是将要开发的项目具体、细致和全面地策划一番，写出一个较为完善的游戏策划方案。游戏的策划包括游戏的各个方面，一般包括游戏类型、目标平台、目标受众、呈现技术等。本游戏的策划工作如下。

1. 游戏类型

本游戏是以 Unity 3D 游戏引擎作为开发工具，C#作为开发语言开发的一款大型多人在线角色扮演游戏。并且以中国古代武侠作为题材，可选职业有攻击型的剑客、法师、射手、刺客等。

2. 运行机制

游戏分为客户端和服务器两部分。在客户端，玩家通过网络连接登录服务器，进行游戏。而服务器端则保存玩家的资料。游戏的过程，玩家扮演的角色可以与其他玩家控制的角色进行实时互动。非玩家扮演的角色（即 NPC）在游戏中提供特殊的服务，包括提供任务、销售物品等。

3. 运行目标平台

运行平台为 Android 2.3.1 或者更高的版本。

4. 目标受众

本游戏画面精美，效果绚丽，以手持移动设备为载体，绝大部分安卓设备均可安装。游戏以中国古代武侠为题材，可以让玩家体验升级打怪的快感，尝试探索未知世界的新鲜，拥有旷世传奇的难忘，适合全年龄段人群进行游戏。

5. 操作方式

本游戏操作难度适中，玩家可以通过游戏中的虚拟摇杆来操纵角色进行移动，通过技能键施放技能等。在城镇中可以接受任务，按照任务中的剧情提示，独自或者组队挑战相应副本，获得经验和金钱，购买道具，提升等级。整体来说，游戏简单易操作。

6. 呈现技术

本游戏以 Unity 3D 游戏引擎为开发工具，使用粒子系统实现各种游戏的场景和技能特效，使用物理引擎模拟现实物体特性。并且使用 UGUI 绘制各个场景中的 2D 界面，游戏场景具有很强的画面感，风格唯美，场景绚丽。

9.2.2 游戏前的准备工作

本小节将对本游戏开发之前的准备工作，包括相关的图片、声音、模型等资源的选择与用途进行简单介绍。介绍完游戏开发需要的资源后，将进一步介绍游戏开发过程中数据库的设计和使用过程。

1. 资源文件

下面介绍游戏相关的资源文件，把相关的图片、声音、模型等资源的选择与用途进行简单介绍，介绍内容包括资源的资源名、大小、像素（格式）以及用途，并将各资源的存储位置进行整理。

（1）对本游戏中登录界面所用到的背景图片和按钮图片资源进行介绍，包括图片名、图片大小（KB）、图片像素（W×H）以及图片的用途，所有按钮图片资源全部放在项目文件 GameClient/Assets/Add1205/UISprite/001-startmenu/文件夹下。具体内容如表 9-1 所示。

表 9-1 登录界面中 UI 图片资源

图 片 名	大小（KB）	像素（W×H）	背 景
Bg.png	285.4	1920×1080	背景图片
Cloud1~Cloud2.png	28.7	256×128	背景中漂浮的云图片
Title_bg.png	34.0	512×256	游戏名称背景图片
Logo.png	285.4	512×256	游戏名称图片
Btn_bg.png	21.0	256×128	按钮背景图片
Btn_Exit. png	16.0	256×128	退出按钮图片
Bg_login.png	21.0	256×128	登录窗口背景图片

续表

图　片　名	大小（KB）	像素（W×H）	背　　景
Bg_Input.png	21.0	256×128	注册输入框背景图片
Btn_bg2.png	45.0	256×128	登录窗口按钮背景图片
Bg_ prompt.png	135.0	512×256	提示窗口背景图片

（2）对本游戏中角色选择场景中 UI 界面用到的背景图片和按钮图片进行详细介绍，包括图片名、图片大小（KB）、图片像素（W×H）以及这些图片的用途，所有按钮图片资源全部放在项目文件 Assets/Add1205/_CharacterSelect/文件夹下。具体内容如表 9-2 所示。

表 9-2　　角色选择场景中 UI 图片资源

图　片　名	大小（KB）	像素（W×H）	用　　途
Bg_Item.png	201.0	1080×512	角色列表背景图片
grid-item-bg.png	17.3	256×128	角色列表单行背景图片
Bg_crerole.png	28.7	256×128	选择角色场景按钮背景图片
Bg_pic1.png	37.2	128×128	创建角色场景图标背景图片
Occ1~Occ4.png	22.4	128×128	各职业图标图片
Bg_sex.png	45.3	128×128	性别切换按钮背景图片
Bg_info.png	134.5	1080×512	信息栏背景图片
Bg_title.png	33.4	512×256	信息栏背景顶端图片
Bg_mid.png	33.4	1024×512	信息栏背景中部图片
star-gold.png	33.4	256×256	五角星图片
Btn_back.jpg	13.4	256×128	返回按钮图片
Bg_Name_Input.png	53.4	256×128	角色名称输入框背景图片
Btn_random.png	13.7	128×128	随机按钮背景图片

（3）下面对本游戏中城镇场景中UI用到的资源图片进行详细介绍，包括图片名、图片大小(KB)、图片像素（W×H）以及这些图片的用途，所有按钮图片资源全部放在项目文件 Assets/Add1205/UISprite/NEW_UI 和 funcation-bar-icon 文件夹下，具体如表 9-3 和表 9-4 所示。

表 9-3　　城镇场景中的 UI 图片资源

图　片　名	大小（KB）	像素（W×H）	用　　途
Bg_roleinfo.png	117.0	512×256	角色个人信息框图片
pic_ Exp.png	1.1	128×64	经验值填充图片
pic_ stregth.png	1.1	128×64	体力值填充图片
Pic_plus.png	4.5	128×128	加号图片
Level_img.png	21.5	128×128	等级框图片
Bg_coin.png	1.1	128×128	金币栏背景图片
Coin.png	16.8	128×128	金币图标
Diamond.png	16.0	128×128	钻石图标
task-bg.png	201.0	1024×512	任务列表背景图片
Task.png	30.2	256×128	任务标题图片
arrows-left.png	27.5	128×128	任务栏推入推出按钮图片
bar-map.png	30.4	128×128	副本按钮图片
bar-team.png	30.4	128×128	组队按钮图片

续表

图 片 名	大小（KB）	像素（W×H）	用 途
bar-bag.png	30.4	128×128	背包按钮图片
bar-role.png	30.4	128×128	角色按钮图片
Btn_random.png	13.7	128×128	随机按钮背景图片
bg_roleItem.png	367.0	1024×512	角色信息面板背景图片
bg_info.png	21.1	128×128	装备位边框

表 9-4　城镇场景中的 UI 图片资源

图 片 名	大小（KB）	像素（W×H）	用 途
pic_role.png	202	1024×512	角色形象图片
btn_roleinfo.png	24.1	128×64	详细信息按钮背景图片
btn_close.png	17.5	128×128	角色信息面板关闭按钮图片
page_bg.png	27.9	128×64	背包栏背包格子背景图片
page_choose.png	24.9	128×64	背包栏已选中背包格子标记图片
bg_check.png	24.9	64×64	已选背包栏背景图片
checkmark.png	15.9	64×64	已选背包栏对勾标记
bg_shop.png	231.0	1024×512	商店面板背景图片
page-handler.png	17.2	256×128	商店面板装备栏背景图片
btn_Equip.png	22.6	128×128	装备栏图标
btn_bg2.png	45.0	256×128	装备面板按钮背景图片
btn_close2.png	16.1	128×128	装备面板关闭按钮背景图片
btn_bg3.png	20.4	256×128	选关界面按钮背景图片
bg_wait.png	217.0	1024×512	等待队长选关面板背景图片
npc1001.png~ npc1003.png	63.3	256×256	NPC 形象图片
RoleMessage.png	82.4	512×512	角色详细信息面板背景图片
Level_img.png	21.5	256×256	角色等级显示框
EquipDetail.png	83.5	1024×512	角色装备详细信息面板背景图片

（4）下面对本游戏中的副本场景中 2D UI 所用到的其他各个背景图片和纹理资源进行详细介绍，包括图片名、图片大小（KB）、图片像素（W×H）以及这些图片的用途，所有按钮图片资源全部放在项目文件 Assets/Textures/文件夹下。具体内容如表 9-5 所示。

表 9-5　副本场景中 UI 中的 UI 图片资源

图 片 名	大小（KB）	像素（W×H）	用 途
time.png	19.0	64×64	计时器沙漏形图标
btn_skill.png	43.1	128×128	技能按钮图片
btm_attack.png	41.6	256×256	攻击按钮图片
pic_knife.png	229.0	512×512	匕首图片
pic_shield.png	405.0	512×512	盾牌图片
Unique_Star.png	16.0	64×64	五角星图片
light-bg.png	42.2	256×256	光环效果图片
bg_top.png	18.9	512×256	横幅装饰图片
defeat-bg.png	18.6	512×256	水墨效果图片

续表

图　片　名	大小（KB）	像素（W×H）	用　　途
btn-effect.png	23.9	64×64	角色通过奖励经验图片
GI101.png 、 GI102.png 、GI103.png 和 GI104.png	7.2	64×64	角色通过奖励金币图片

（5）下面将对游戏中所用到的各种音效进行详细介绍，游戏音效包括背景音乐和技能音效，介绍内容包括文件名、文件大小（KB）、文件格式以及用途。将声音资源放在项目目录中的 Assets/Add1205/_Login 和 Assets/_Map/Resources/文件夹下，具体如表 9-6 所示。

表 9-6　声音资源列表

文件名	大小（KB）	格式	用　　途	文件名	大小（KB）	格式	用　　途
bgm_start.mp3	1030.0	Mp3	登录界面背景音乐	bgm_game.mp3	948.0	Mp3	城镇场景背景音乐
click.mp3	5.14	Mp3	单击按钮音效	loginbg.mp3	266.0	Mp3	副本场景背景音乐
A.mp3	3.7	Mp3	角色普通攻击音效	ass1.mp3	9.7	Mp3	刺客技能一音效
assstone.mp3	8.21	Mp3	刺客技能二音效	asswind.mp3	7.8	Mp3	刺客技能三音效
figBoom.mp3	8.6	Mp3	战士技能一音效	figFire.mp3	12.4	Mp3	战士技能二音效
figWind.mp3	10.1	Mp3	战士技能三音效	masHP.mp3	13.9	Mp3	法师技能一音效
masIce.mp3	15.6	Mp3	法师技能二音效	masLeidian.mp3	14.0	Mp3	法师技能三音效
shoFire.mp3	10.5	Mp3	射手技能一音效	shoA.mp3	7.6	Mp3	射手技能二音效
shoLight.mp3	5.3	Mp3	射手技能三音效				

（6）本游戏中所用到的 3D 模型是用 3d Max 生成的 FBX 文件导入的。下面将对其进行详细介绍，包括文件名、文件大小（KB）、文件格式以及用途。FBX 全部放在项目目录中的 Assets/Models/文件夹下。其详细情况如表 9-7 所示。

表 9-7　模型文件清单

文件名	大小（KB）	格式	用　　途	文件名	大小（KB）	格式	用　　途
1016.FBX	34.4	FBX	角色选择场景模型	1006.FBX	18.9	FBX	城镇场景模型
1005.FBX	9.2	FBX	副本一场景模型	1009.FBX	11.0	FBX	副本二场景模型
1012.FBX	13.0	FBX	副本三场景模型	1026.FBX	10.9	FBX	副本四场景模型
Assassin10.FBX	30.4	FBX	刺客男性角色模型	Assassin00.FBX	29.8	FBX	刺客女性角色模型
fighter10.FBX	30.3	FBX	战士男性角色模型	fighter00.FBX	30.3	FBX	战士女性角色模型
master10.FBX	30.3	FBX	法师男性角色模型	Master00.FBX	29.7	FBX	法师女性角色模型
shooter10.FBX	30.3	FBX	射手男性角色模型	Shooter00.FBX	30.3	FBX	射手女性角色模型

2. 数据库设计

数据库是网络游戏必不可少的一部分，游戏当中的数据都需要存放在数据库当中。在开发游戏之前，先对数据库进行合理地设计，会使开发变得相对简单。良好的数据库设计，还能缩短开发周期，达到事半功倍的效果。

本游戏的数据库中共有 10 张表，包括用户表、角色列表、角色技能列表、角色基础属性列表、装备列表、好友列表、副本列表、副本怪物信息表、怪物技能列表和路径列表。下面将以用户表、角色表、角色基础属性列表、装备列表为例进行介绍。

（1）用户表

用户表是数据库中所有表的基础，用来存储客户端玩家的信息。所有注册并登录过的玩家信息都将被记录在此表中。该表有 3 个字段，包含用户名（ID）、用户密码（password）以及该用户是否在线的标志位（IsOnline）。

（2）角色表

角色表用来存储用户所创建的所有角色的详细信息，包括其 ID、角色名以及角色属性。该表有 21 个字段，包含角色的 ID、用户名（user_name）、角色名（name）、性别（sex）、体力（power）、角色等级（level）、角色经验值（EXP）、物理攻击（AD）、法术强度（AP）等属性。

（3）角色基础属性列表

本游戏共有 4 种职业、8 个角色，每种职业都有各自的基础属性，这些信息都存储在角色基础属性列表。该表有 21 个字段，与角色表相对应，角色的 ID、用户名（user_name）、角色名（name）、性别（sex）、体力（power）、角色等级（level）、角色经验值（EXP）、物理攻击（AD）等属性。

（4）装备列表

装备列表用来存储游戏中英雄的装备信息。该表有 18 个字段，包括装备的（ID）、装备名称（name）、装备类型（type）、物理攻击（AD）、法术强度（AP）、装备图片（pic）、装备购买价格（price_buy）、装备出售价格（price_sell）、装备等级（grade）、装备描述（introduce）等属性。

3. 数据库表设计

上一小节介绍的是《英雄传说》游戏数据库的结构，接下来介绍的是数据库中相关表的具体属性和创建方法。由于篇幅有限，下面着重介绍用户表和角色表。其他表请读者结合随书中源代码/第 9 章/sql/rwdb.sql 阅读。

（1）用户表：用来存储客户端玩家的信息。该表有 3 个字段，包含用户名（id）、用户密码（password）以及该用户是否在线的标志位（IsOnline），详细情况如表 9-8 所示。

表 9-8　用户表

字段名称	数据类型	字段大小	是否为主键	说明
ID	varchar	16	是	用户名
password	varchar	16	否	用户密码
IsOnline	int	4	否	用户是否在线

（2）角色表：用来存储各用户所创建的英雄角色及其相关属性。该表有 27 个字段，包含角色的 ID、用户名（user_name）、角色名（name）、性别（sex）、体力（power）、角色等级（level）、角色经验值（EXP）、物理攻击（AD）、法术强度（AP）等属性，详细情况如表 9-9 所示。

表 9-9　角色表

字段名称	数据类型	字段大小	是否为主键	说明
ID	int	10	是	角色 ID
user_name	varchar	16	否	用户名
name	int	10	否	角色名
level	int	10	否	角色等级
EXP	int	10	否	角色经验
needEXP	int	10	否	升级所需经验
schedule	int	10	否	任务完成度

续表

字段名称	数据类型	字段大小	是否为主键	说明
AD	int	10	否	物理攻击
AP	int	10	否	法术强度
HP	int	10	否	增加血量值
attack	int	10	否	普通攻击伤害
attribute	int	10	否	属性
skill	int	10	否	技能
rolebase_ID	int	10	否	角色基础属性 ID
armor	int	10	否	护甲
sex	varchar	1	否	性别
skinID	vrchar	1	否	皮肤 ID
money	int	10	否	金币
power	int	10	否	体力
maxPower	int	10	否	最大体力值
diamond	int	10	否	钻石数

4. 使用 Navicat for MySQL 创建表并插入初始数据

本游戏的后台数据库采用的是 MySQL，开发时使用 Navicat for MySQL 实现对 MySQL 数据库的操作。Navicat for MySQL 的使用方法比较简单，本节将介绍如何使用其连接 MySQL 数据库并进行相关的初始化操作，具体步骤如下。

（1）开启软件，创建连接。设置连接名（密码可以不设置），如图 9-25 所示。

（2）建好连接后单击鼠标右键，选择打开连接。然后选择创建数据库，键入数据库名，默认数据库名，字符集选择“utf8--UTF-8 Unicode”，如图 9-26 所示。

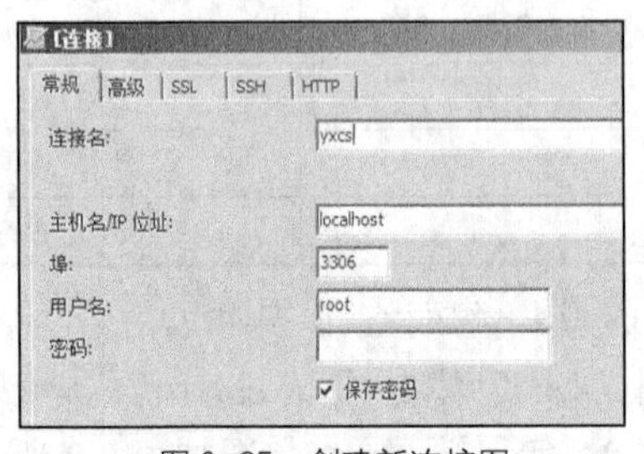

▲图 9-25 创建新连接图

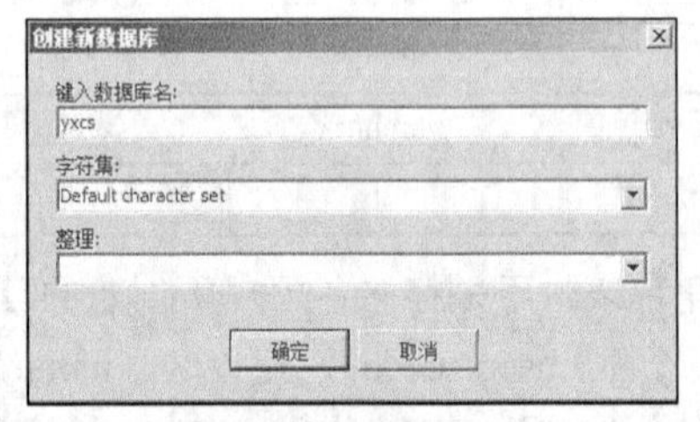

▲图 9-26 创建新数据库

（3）创建好 yxcs 数据库后，单击鼠标右键选择运行批次任务文件，找到随书中源代码/第 9 章目录下的/sql/yxcs.sql 脚本。单击此脚本开始运行，完成后关闭即可。

（4）此时再双击 yxcs 数据库，其中的所有表会呈现在右侧的子界面中，到这里所有的操作基本上就已经完成了，读者可以在 Navicat for MySQL 中观察游戏运行过程中数据库的变化，这样有利于读者理解过程。

> **说明** 在进行上述步骤之前，必须首先在机器上安装好 MySQL 数据库并启动数据库服务，同时还需要安装好 Navicat for MySQL 软件。由于本书不是专门讨论 MySQL 数据库的，因此，对于软件的安装与配置这里不做介绍，请读者自行参考其他资料或书籍。

本游戏的基本功能已经基本介绍完毕，在详细学习开发之前读者可以先自行运行一下，以加深体会，有如下几点需要注意。

- 首先要在自己的机器上安装配置好 MySQL 数据库，并创建好本案例所需的表。本案例中 MySQL 数据库是没有密码的，若读者需要有密码，则需要修改相关的代码来增加功能。
- 其次要将服务端项目导入 Eclipse 并运行，将客户端导入 Unity 中运行。
- 最后将该游戏安装包导出并安装到手机上。要特别注意的是，笔者提供的源代码中服务器的 IP 地址是笔者机器的，读者可以在运行前修改为读者运行服务器程序的机器的 IP。同时，还需要保证运行客户端的手机和运行服务器的机器网络是同一网络。

开发一款游戏需要做各个方面的工作，同样成功运行本案例也需要对各个方面的基本知识比较熟悉。如果读者对这些基本知识不太了解，请预先参考相关的书籍资料进行学习。由于本书着重于介绍客户端功能的开发，对这些基本知识不进行详细介绍。

9.3 游戏的架构

本节将对本游戏的整体架构以及游戏中的各个场景进行简单的介绍，读者通过本节的学习可以对本游戏的整体开发思路有一定的了解，并对本游戏的开发过程更加熟悉。

各个场景简介

Unity3D 游戏开发中，场景开发是游戏开发的主要工作。本游戏包含了登录场景、加载场景、角色选择场景、城镇场景以及 4 个副本场景，每个场景中都包含了多个游戏对象和脚本，接下来对这几个场景进行简要的介绍。

1. 登录场景

登录场景是游戏的开始，此界面的构成较为简单，仅由 2D 界面搭建而成。在该场景中可以登录游戏账号，进入到加载场景。登录场景由主摄像机和 Canvas 两部分组成，Canvas 又由 4 个 panel 组成，该场景中所包含的脚本如图 9-27 所示。

2. 角色选择场景

角色选择场景是游戏的中转场景。该场景中包含多个游戏对象，主要包括主摄像机、地形、游戏角色等模型或场景对象。玩家在此场景中可以选择已经创建好的角色或创建新的角色，通过此场景可以进入到城镇场景。该场景中所包含的脚本如图 9-28 所示。

▲图 9-27　登录场景框架

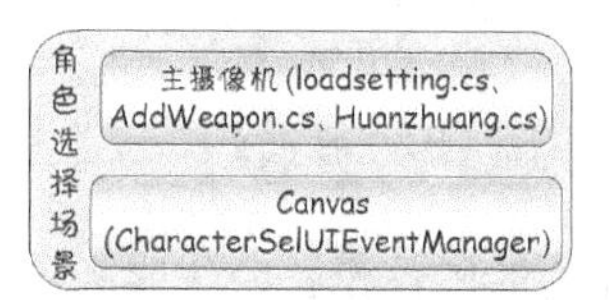

▲图 9-28　角色选择场景框架

3. 城镇场景

城镇场景是本游戏最重要的场景之一。该场景中包含多个游戏对象，主要包括主摄像机、地形、游戏角色等模型或场景对象。玩家的主要活动在此场景中完成，包括装备、组队、商店、副本选择等等，因此 UI 较为复杂。该场景中所包含脚本如图 9-29 所示。

▲图 9-29　城镇场景框架

4. 副本场景

副本场景是本游戏最重要的场景之一。该场景的主要功能除了角色和怪物的实例化、角色和怪物的动作、角色打怪、角色技能特效等功能的实现外，还包括成功通关或者以后的 2D 界面的加载。该场景中所包含的脚本如图 9-30 所示。

5. 加载场景

加载场景是游戏各个场景的中间场景，较为简单。其功能是实现异步加载其他游戏场景，并且随着加载完成度的进行，进度条会随之变化。该场景中所包含的脚本如图 9-31 所示。

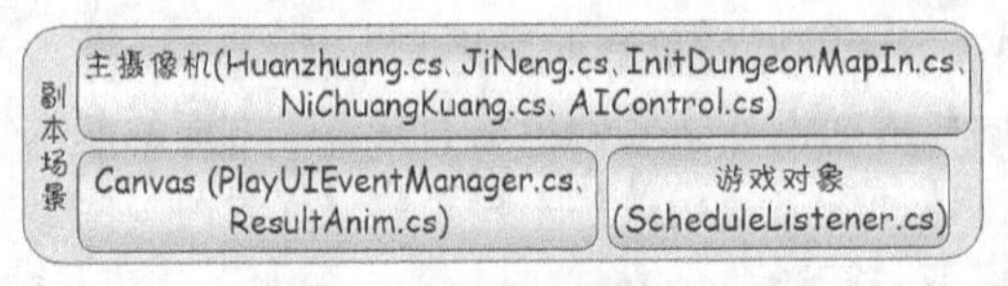

▲图 9-30　副本场景框架

▲图 9-31　加载场景框架

9.4 网络游戏服务器概述

本节主要将介绍什么是游戏服务器以及从宏观角度来介绍本书所使用的服务器的整体工作流程以及处理机制。读者在学习完本节后能够大体上厘清整个服务器的工作脉络，明白一个游戏服务器所需要实现的具体能力。读者能够在后面对服务器细节的学习中更加轻松。

9.4.1　什么是游戏服务器

服务器，也称为伺服器，是提供计算服务的设备。由于服务器需要响应服务请求，并进行处理，因此一般来说，服务器应具备承担服务并且有保障服务的能力。服务器的构成包括处理器、硬盘、内存、系统总线等，和通用的计算机架构类似，但是由于需要提供高可靠的服务，因此在处理能力、稳定性、可靠性、安全性、可扩展性、可管理性等方面要求较高，如图 9-32 和图 9-33 所示。

▲图 9-32　服务器 1

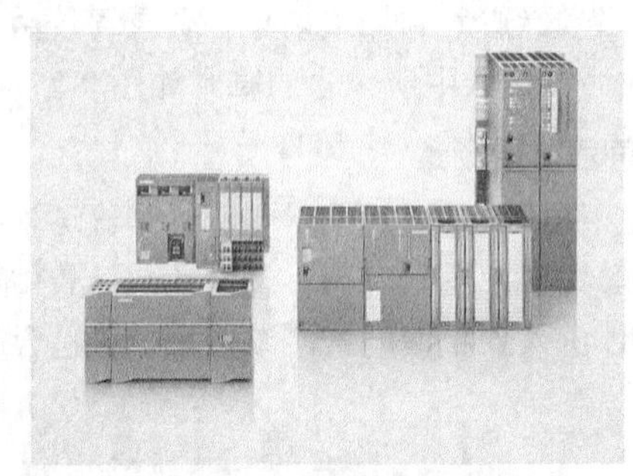

▲图 9-33　服务器 2

具备以上能力的硬件设备叫作服务器，一般大型 MMORPG 游戏的运营商都拥有大规模的服务器集群来应对全国几十万游戏用户的游戏需要。由于硬件条件的限制，本书中所使用到的服务器就是个人的 PC。

9.4.2　服务器结构

下面将详细地讲解本书中服务器编写时所遵循的服务器结构，本书中使用了当下使用十分广泛的 C/S 结构，即客户端和服务器结构。这是一种软件系统体系结构，通过它可以充分利用两端硬件环境的优势，将任务合理分配到 Client 端和 Server 端来实现，降低了系统的通信开销。

1. C/S 结构的工作模式

C/S 结构的基本原则是将计算机应用任务分解成多个子任务，由多台计算机分工完成，即采用“功能分布”原则，本书中将使用多个线程来完成多任务的处理。Client 程序的任务是将用户的要求提交给 Server 程序，再将 Server 程序返回的结果以特定的形式显示给用户，Server 程序的任务是接收客户程序提出的服务请求，进行相应的处理，再将结果返回给客户程序。C/S 结构示意图如图 9-34 所示。

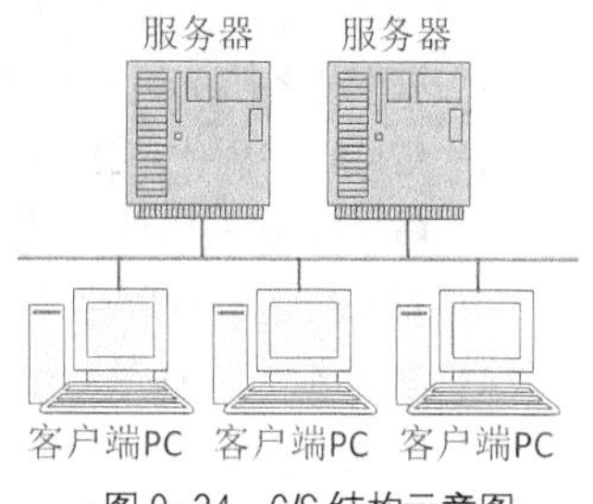

▲图 9-34 C/S 结构示意图

2. C/S 结构的优点

C/S 结构之所以能够在现在的软件开发领域备受欢迎，在于其十分合理的任务分配。C/S 结构的优点是能充分发挥客户端个人设备的处理能力，很多工作可以在客户端处理后再提交给服务器，这样做的优点就是客户端响应速度快，具体表现在以下几点。

（1）应用服务器运行数据负荷较轻。最简单的 C/S 结构的数据库应用由两部分组成，即客户应用程序和数据库服务器程序。两者可分别称为前台程序与后台程序。运行数据库服务器程序的机器，也称为应用服务器。一旦服务器程序被启动，就随时等待响应客户程序发来的请求。

（2）客户应用程序运行在用户自己的终端设备上，可称之为客户端。当需要对数据库中的数据进行任何操作时，客户端程序就自动地寻找服务器程序，并向其发出请求，服务器程序根据预定的规则做出应答，进行相应的任务处理、返回结果，这样能够使得服务器的运行负荷较轻。

（3）数据的储存管理功能较为透明。在数据库应用中，数据的储存管理功能，是由服务器程序和客户应用程序分别独立进行的，并且通常把那些不同的（不管是已知还是未知的）前台应用所不能违反的规则，在服务器程序中集中实现，例如访问者的权限。

3. C/S 结构的缺点

任何事物都具有其两面性，并不能够达到完美，所以 C/S 结构也有其所无法克服的缺点，具体表现在以下 3 点。

（1）传统的 C/S 结构虽然采用的是开放模式，但这只是系统开发一级的开放性，在特定的应用中无论是 Client 端还是 Server 端都还需要特定的软件支持。由于没能提供用户真正期望的开放环境，C/S 结构的软件需要针对不同的操作系统开发不同版本的软件。

（2）C/S 结构的劣势是高昂的维护成本且投资大（高昂的投资和维护成本）。首先，采用 C/S 结构，要选择适当的数据库平台来实现数据库数据的真正“统一”，使分布于两地的数据同步且完全交由数据库系统去管理，但逻辑上两地的操作者要直接访问同一个数据库才能有效实现。

（3）如果需要建立“实时”的数据同步，就必须在两地间建立实时的通信连接，保持两地的数据库服务器在线运行。网络管理工作人员既要对服务器维护管理，又要对客户端维护和管理，这需要高昂的投资和复杂的技术支持，维护成本很高，维护任务量大。

9.4.3 序列化协议简介

本小节将介绍在数据传输过程中所不可或缺的技术——数据序列化。这里将对市面上的多种数据序列化技术进行简要介绍，并在其后对本书中服务器所使用的序列化协议进行详细的介绍，并向读者讲述 Protocol Buffer 的使用方法。

1. 什么是数据序列化

序列化（Serialization）是指将对象的状态信息转换为可以存储或传输的形式的过程。在序列化期间，对象将其当前状态写入到临时或持久性存储区。以后，可以通过从存储区中读取反序列化对象的状态，重新创建该对象。序列化使其他代码可以查看或修改那些不序列化便无法访问的对象实例数据。

序列化分为两大部分：序列化和反序列化。序列化是这个过程的第一部分，将数据分解成字节流，以便存储在文件中或在网络上传输。反序列化就是打开字节流并重构对象。下面将对市面上主流的序列化技术进行简要介绍，具体内容如下。

- JSON 序列化：JSON（JavaScript Object Notation）是一种轻量级的数据交换格式。它基于 ECMAScript 的一个子集。JSON 采用完全独立于语言的文本格式。JSON 可以将 JavaScript 对象中表示的一组数据转换为字符串，然后在函数之间传递这个字符串，或者在异步应用程序中将字符串从客户端传递给服务器端程序。
- XML 序列化：XML 序列化仅将对象的公共字段和属性值序列化为 XML 流。XML 序列化不包括类型信息。XML 序列化中最主要的类是 XmlSerializer 类，它的最重要的方法是 Serialize 和 Deserialize 方法。XmlSerializer 创建 C#文件并将文件编译为.dll 文件，以执行此序列化。
- 二进制序列化：BinaryFormatter 可以非常有效地为对象生成简介的字节流，对于序列化，在.NET Framework 上被反序列化的对象不需要移植。在反序列化一个对象时不会调用构造参数。其 Serializable 属性不能够被继承，子类也必须手动添加。若一个对象中包含子对象，子对象也必须是 Serializable。

2. 序列化协议——Protocol Buffer

Protocol Buffer（简称 PB）是谷歌公司开发的一个开源的数据交换的格式，它独立于语言，独立于平台。谷歌公司官方提供了 3 种语言的实现：Java、C++和 Python，每一种实现都包含了相应语言的编译器以及库文件，额外语言的支持也有相关的专业人士对其进行开发。

它具有序列化数据时灵活、高效、自动的特点。类似 XML，不过它比 XML 更小、更快，也更简单。开发人员可以定义自己的数据结构，然后使用代码生成器生成的函数来读写这个数据结构，甚至可以在无需重新部署程序的情况下更新数据结构。作为一种效率和兼容性都很优秀的二进制数据传输格式，可以用于诸如网络传输、配置文件、数据存储等诸多领域。

9.4.4　Protocol Buffer 的使用

在本书中使用序列化技术主要是用于序列化游戏数据，以便其能够在服务器和客户端之间进行传输。例如登录时就需要将玩家输入的账号、密码放入到相应的消息体中，将其发送到服务器，服务器验证完成后又将登录的结果放入到相应的消息体中，返回给客户端。

下面对 Protocol Buffer 的使用进行全面介绍。读者在学习完成后能够熟练地使用 Protocol Buffer 来创建出自己需要的消息体。由于 Protocol Buffer 有易上手、自动化高的特点，因此它十分易学。

1. Protocol Buffer 文件的目录结构

本书中所使用的 Protocol Buffer 的文件在文件夹 protoc 中，打开 protoc 文件夹如图 9-35 所示。需要使用到的是 csharp 和 java 两个文件夹，这两个文件夹分别用来生成 C#和 Java 两个版本的 Msg 文件，C#版本的放在客户端中，而 Java 版本需要放置在服务器中。

打开 csharp 文件夹，如图 9-36 所示。Msg.cs 文件是开发人员使用工具生成的文件，其中的函数负责对在客户端和服务器两端传送的数据包进行相关操作，msg.proto 文件需要开发人员自己编写来定义所需要使用的数据包格式，build.bat 工具会根据 msg.proto 文件来自动生成相应的 Msg.cs 文件。

2. 编写.proto 文件——定义消息

首先需要创建扩展名为.proto 的文件，然后使用记事本打开本书中使用的 msg.proto 文件，如图 9-37 所示。其中，message 为消息的关键字，相当于 C#中的 class。CMsg 为消息体的名称，require 前缀表示该字段为必要字段，必须为其赋值。optional 字段表示可选，即使用该消息体时可以不为其赋值。

repeated 字段表示可以包含 0 或多个这样的数据。在每个信息中，都必须存在一个 require 类型的字段，如图 9-38 所示，而 optional 和 repeated 类型的字段可以存在，也可以不存在。每一句后面的数字表示不同的字段在序列化后的二进制数据中的布局位置，在编写时从 1 开始依次递增即可。

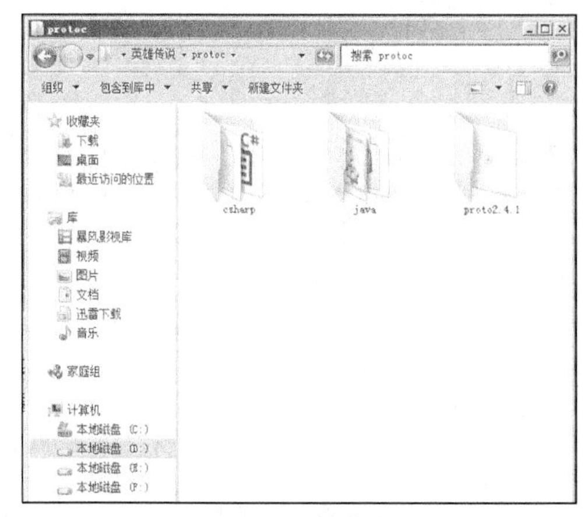

▲图 9-35　目录结构 1

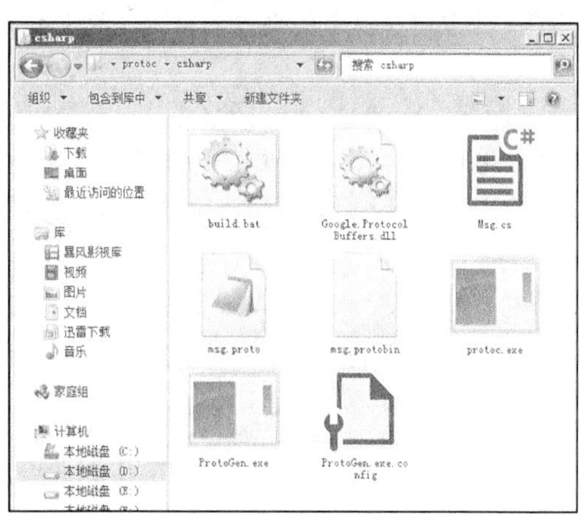

▲图 9-36　目录结构 2

```
package msginfo;
message CMsg
{
        required bytes msghead = 1;
        optional bytes msgbody = 2;
        repeated CMsgRoleinfo roleinfo = 3;
        repeated CMsgPos msgPos = 4;
        repeated CMsgMove msgMove=5;
        repeated CMsgRoleEquipment msgRoleEquipment=6;
}

message CMsgRoleinfo
{
                required int32 id = 1;
                optional string username = 2;
                optional string  name = 3;
                optional int32 level = 4;
                optional int32 exp = 5;
                optional int32 schedule = 6;
                optional int32 ad = 7;
                optional int32 ap = 8;
                optional int32 aspd = 9;
                optional int32 movespeed = 10;
```

▲图 9-37　msg.proto 文件

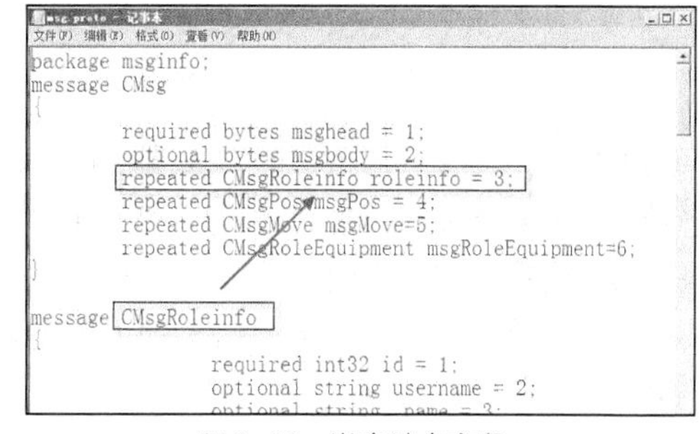

▲图 9-38　嵌套消息字段

3. 数据类型

编写.proto 文件时，也需要使用到各种数据类型。在 Protocol Buffer 中有其自己的一套数据类型标准，下面笔者将其与 Java 语言中的数据类型进行了对比，以便读者能够在学习过程中正确的使用。具体信息如表 9-10 所示。

表 9-10　数据类型对比

Protocol Buffer	Java	C++	Protocol Buffer	Java	C++
double	double	double	float	float	float
int32	int	int32	int64	long	int64
uint32	int	uint32	uint64	long	uint64
sint32	int	int32	sint64	long	int64
fixed32	int	uint32	fixed64	long	uint64
sfixed32	int	int32	sfixed64	long	int64
bool	boolean	bool	string	String	string
bytes	ByteString	string			

4. 嵌套消息字段

开发人员可以在同一个.proto 文件中定义多个 message，这样便可以很容易地实现嵌套消息的定义，如图 9-38 所示。CMsg 消息中就可以使用在后面定义好的 CMsgRoleinfo 消息，这样可以在一个消息体中包含大量的数据，从而在信息传递时能够满足需要。

9.4.5　游戏服务器的整体架构

本节将介绍本书中所使用的服务器的整体架构，这样能够让读者了解服务器整体的工作流程，使读者在后面学习服务器代码时会更加容易。整个服务器工作流程框架如图 9-39 所示，具体内容如下。

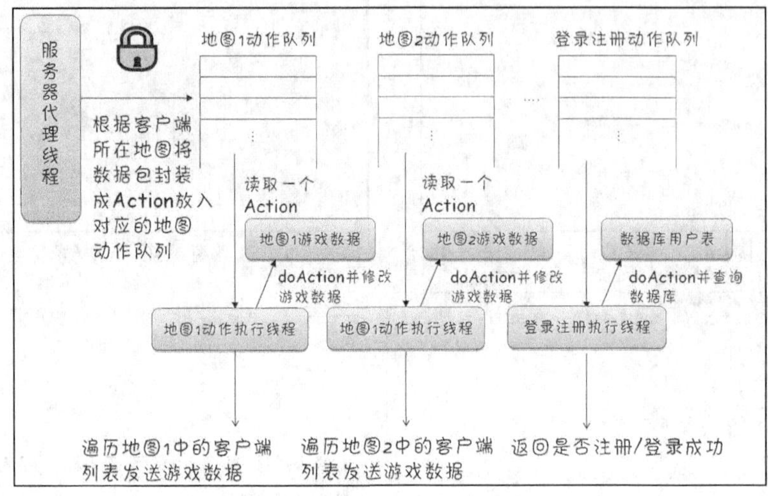

▲图 9-39　服务器工作流程框架

（1）每一个连接到服务器的客户端在服务器端都会为其开启一个服务器代理线程，用于负责这个客户端在服务器需要执行的一些操作。例如向客户端发送数据、读取从客户端发送过来的数据，然后会根据接收到的数据包中的操作码，来将其封装成对应的 Action 放入对应的动作队列中等待执行。

（2）本服务器中，关于数据处理的脚本的名称都统一为“**Action”，如图 9-40 所示。并根据操作码来区分所接受的数据包需要执行哪一个 Action 脚本来处理数据。操作码是用 int 型数据代表需要执行何种操作，在 OpCodeTable 中定义，所接收的数据包都需要包含相应的操作码，如图 9-41 所示。

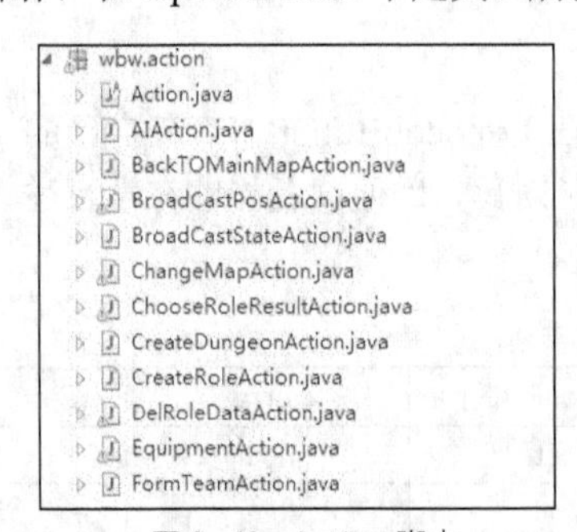

▲图 9-40　Action 脚本

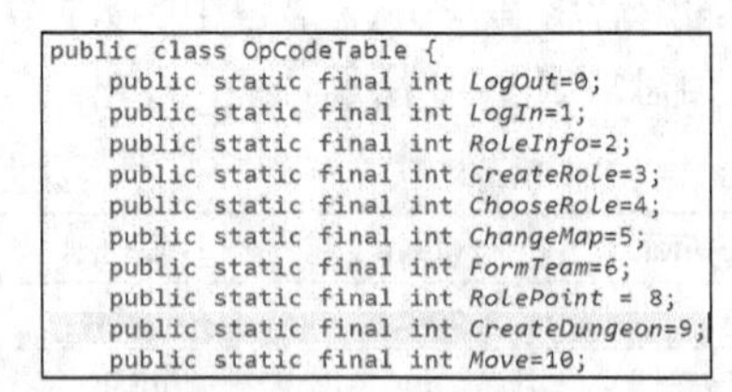

```
public class OpCodeTable {
    public static final int LogOut=0;
    public static final int LogIn=1;
    public static final int RoleInfo=2;
    public static final int CreateRole=3;
    public static final int ChooseRole=4;
    public static final int ChangeMap=5;
    public static final int FormTeam=6;
    public static final int RolePoint = 8;
    public static final int CreateDungeon=9;
    public static final int Move=10;
```

▲图 9-41　定义操作码

（3）玩家所处在的每一张地图都有其动作执行线程，主要负责将处于动作队列中的 Action 取出并执行相应的 Action 脚本，从而修改游戏数据。在数据修改完成后，又会自动将修改的结果返还给一个或多个在线客户端。

9.5　游戏服务器线程类详解

下面笔者将深入到代码层面来一步步地解释游戏服务器中与线程有关的类的具体内容。

9.5.1 服务器主线程类——ServerThread

ServerThread类是整个服务器的起始类，在Eclipse中运行服务器时，第一个需要执行的类就是它。它负责初始化服务器操作码的相关处理，以及开启服务器所需要运行的各种线程，如登录线程、选人线程、主场景线程等，具体代码如下。

代码位置：见随书源代码/第9章目录下的GameServer/src/wbw/server/ ServerThread.java。

```
1     ....../此处省略了一些导入相关类的代码，读者可自行查阅源代码
2     /*MMORPG服务器主线程*/
3     public class ServerThread extends Thread{
4       boolean flag=false;                          //负责是否开启对接入的客户端的监听
5       ServerSocket ss;                             //ServerSocket 负责接收客户连接请求
6       public static Object ulistLock;              //用于多线程的对象锁
7       public static List<ServerAgentThread> ulist=new ArrayList<ServerAgentThread>
        ();//全部在线列表
8       public static ServerThread serverThread=new ServerThread();
                                                    //创建静态的ServerThread对象
9       public Thread loginThread;                  //登录线程
10      public Thread chooseRoleThread;             //选人线程
11      public Thread mainMapThread;                //主地图线程
12      public Thread switchMainSceneThread;        //切换场景线程
13      public static void main(String args[]) {serverThread.start();} //开启线程
14      public void run(){
15        try{
16          ss=new ServerSocket(2015);              //监听服务器的2015端口
17          System.out.println("MMORPG Socket is listening on 2015");
18          flag=true;
19          OPCodeHandler.InitOPCodeWithActionMap();  //初始化OPCode与Action对应关系表
20          OPCodeHandler.InitSceneWithQueueMap();    //初始化当前场景的动作队列
21          OPCodeHandler.InitQueueWithLockMap();     //初始化相关线程所需要用到的锁
22          loginThread=new LogInThread();            //创建登录线程
23          loginThread.start();                      //开启登录线程
24          chooseRoleThread=new ChooseRoleThread();  //创建选人线程
25          chooseRoleThread.start();                 //开启选人线程
26          mainMapThread=new MainMapThread();        //创建主场景线程
27          mainMapThread.start();                    //开启主场景线程
28          switchMainSceneThread=new MainMapThread();//创建切换场景线程
29          switchMainSceneThread.start();            //开启切换场景线程
30      } catch(Exception e) {e.printStackTrace();}   //捕获异常
31      while(flag){
32        try{
33          Socket sc = ss.accept();                  //当客户端连入时，就创建socket对象
34          new ServerAgentThread(sc).start();        //创建相应的服务器代理线程并开启线程
35        }catch(Exception e){ e.printStackTrace();   //捕获异常
36    }}}}
```

- 第4～12行用来定义类中所需要使用到的标志位、SocketServer和其他需要使用的线程。
- 第13行是整个类的主函数，当程序运行时，主函数就是整个程序的入口，在该类的主函数中会开启一个线程，负责对整个服务器进行初始化。
- 第14～17行是通过SocketServer函数来监听服务器的2015端口，这个端口就是用来收发服务器运行时所需要处理的数据包，客户端也需要将数据包发送到服务器的2015端口。
- 第18～21行负责操作码相关操作的初始化，关于OpCodeHandler类中的内容会在后面进行详细的介绍。
- 第22～30行将会创建并开启多个线程，这些线程分别负责处理登录、选人、切换地图等动作。
- 第31～36行负责监听是否有客户端连接到服务器，如果有，那么就会为其创建一个服务器代理线程，并开启服务器代理线程。关于ServerAgentThread类中的内容会在后面详细介绍。

9.5.2 服务器代理线程类——ServerAgentThread

该类负责的任务较多，负责数据包的接收、发送以及判断客户端是否掉线。如果掉线，就会

执行相应的操作方法。由于该类较长，所以这里笔者会将该类分段进行讲解，具体内容如下。

（1）这里笔者将先讲解 ServerAgentThread 类的整体结构，大体上介绍 ServerAgentThread 类中的各个函数的相关功能，会省略方法中的具体细节代码，具体的细节代码读者将在后面一一进行讲述。ServerAgentThread 类的具体代码如下。

代码位置：见随书源代码/第 9 章目录下的 GameServer/src/wbw/server/ ServerAgentThread.java。

```
1    ......//此处省略了一些导入相关类的代码，读者可自行查阅源代码
2    public class ServerAgentThread extends Thread{
3      public Thread currentScene;                  //定义一个当前场景的线程
4      final int SLEEP=10;                          //休眠时长
5      Socket sc;                                   //Socket 是通信连接两端的收发器
6      DataInputStream din;                         //数据输入流
7      DataOutputStream dout;                       //数据输出流
8      boolean flag=true;                           //启动线程标志位
9      public ArrayList<ServerAgentThread> teamlist
10     =new ArrayList<ServerAgentThread>();     //组队队列，用于存放玩家当前队友的代理线程
11     public Queue<CMsg> sendMSGaq=new ConcurrentLinkedQueue<CMsg>(); //待发送队列
12     OPCodeHandler handler;                   //操作码处理类
13     Thread TSend=new Thread(){               //发送数据线程
14       public void run(){
15       ......//此处省略了具体实现代码，将在后面进行详细的讲解
16     };
17     public ServerAgentThread(Socket sc){                 //类的构造器
18      ......//此处省略了具体实现代码，将在后面进行详细的讲解
19     }
20     public void run(){                                   //读取传入数据
21      ......//此处省略了具体实现代码，将在后面进行详细的讲解
22     }
23     int readInt(){                                       //该方法会返回数据包的长度
24       ......//此处省略了具体实现代码，将在后面进行详细的讲解
25     }
26     byte[] readBytes(int len){                  //读取指定数量的字节，返回字节数组
27       ......//此处省略了具体实现代码，将在后面进行详细的讲解
28     }
29     public void AgentChangeSceneThread(Thread thread){    //切换当前客户端所属的线程
30       this.currentScene=thread;
31     }
32     public void SendMSG(byte[] bpackage){               //给自身客户端发送数据
33      ......//此处省略了具体实现代码，将在后面进行详细的讲解
34     }
35     void LostConnection(){                              //掉线
36      ......//此处省略了具体实现代码，将在后面进行详细的讲解
37   }}
```

- 第 3～12 行定义了当前场景的线程、休眠时间、输入输出流、组队队列、待发送队列、操作码处理类等变量。
- 第 13～16 行是一个数据包发送线程，它会一直检测待发送队列中是否有数据包需要发送，如果有，就会通过 SendMSG 方法将数据包发送出去。
- 第 17～19 行是该类的构造函数，使用时需要为其传递一个 socket 实例。该函数负责获取 socket 的输入/输出流，以及启动数据包发送线程等功能。
- 第 20～22 行中，run 函数负责读取数据包，判断输入流中是否有数据，如果有就会调用 readInt 和 readBytes 函数来读取数据包，最后使用 dataUnpackage 函数对数据包进行拆包。
- 第 23～28 行负责从输入流中读取相应的字节数据，readInt 函数负责读取数据包的超度，readBytes 函数负责根据给定的数据包长度来读取相应长度的字节数据。
- 第 32～37 行中，SendMSG 函数负责向输入流中写入需要发送的数据包，如果无法发送，那么就会调用 LostConnection 函数来执行客户端掉线的相关操作。

（2）这里将讲解 ServerAgentThread 类中 TSend 线程的具体内容，该线程主要负责发送已经存在在待发送队列中的数据包，具体代码如下。

代码位置：见随书源代码/第 9 章目录下的 GameServer/src/wbw/server/ ServerAgentThread.java。

```
1     Thread TSend=new Thread(){                              //发送数据线程
2       public void run(){
3       while(flag){
4         try { CMsg c=sendMSGaq.poll();                      //从待发送队列中取出一数据包
6           if(c!=null){ SendMSG(c.toByteArray());            //通过 SendMSG 方法将字节数组发送出去
8           }else{ Thread.sleep(SLEEP);                       //控制线程休眠
10        }} catch (Exception e) { e.printStackTrace();   //捕获异常
12    }} ;
```

说明　TSend 线程会在 Start 函数被调用后运行，其会一直从 sendMSGaq 队列（待发送队列）中弹出数据包，如果能够弹出数据包，那么就会调用 SendMSG 函数，将数据的字节数组发送出去。

（3）下面将讲解 ServerAgentThread 类的构造函数，ServerAgentThread 类的构造函数需要为其传递一个 Socket 实例，这样每一个客户端连接到服务器时，都能够为其创建一个服务器代理线程的对象。构造函数的具体代码如下。

代码位置：见随书源代码/第 9 章目录下的 GameServer/src/wbw/server/ ServerAgentThread.java。

```
1     public ServerAgentThread(Socket sc){                        //ServerAgentThread 类的构造器
2       this.sc=sc;                                               //获取客户端代理线程
3       try{
4         din=new DataInputStream(sc.getInputStream());   //获取 socket 的输入流
5         dout= new DataOutputStream(sc.getOutputStream());     //获取 socket 的输出流
6         ServerThread.ulist.add(this);//将当前的服务器代理线程放到 ServerThread 的用户列表中
7         AgentChangeSceneThread(ServerThread.serverThread.loginThread);
8         System.out.println("将连入客户端的代理放入队列 ulist...队列长度: "+ServerThread.ulist.
size());
9         TSend.start();                                              //开启线程
10        handler=new OPCodeHandler();                                //实例化 OPCodeHandler 对象
11      }catch(Exception e){ e.printStackTrace();                     //捕获异常
12    }}
```

说明　当创建 ServerAgentThread 的对象时就会调用其构造函数。该构造函数负责获取输入/输出流用于传递数据包，以及整理当前玩家的队友的代理线程。

（4）下面将讲解 ServerAgentThread 类的 run 函数。当调用 ServerAgentThread 类的 Start 函数后就会执行 run 函数内的代码。该函数内主要负责从输入流中读取需要的数据包。具体代码如下。

代码位置：见随书源代码/第 9 章目录下的 GameServer/src/wbw/server/ ServerAgentThread.java。

```
1     public void run(){                                        //读取传入数据
2       while(flag){
3         try{
4           if(din.available()>0){                              //判断输入流中是否有数据
5             int packageLen=readInt();                         //读取数据包的长度
6             byte[] bpackage=readBytes(packageLen);    //按照数据包的长度来读取整个数据包
7             handler.dataUnpackage(this,currentScene,bpackage);  //调用工具类进行拆包
8           }else{ Thread.sleep(SLEEP);                         //控制线程的休眠
10        }}catch(Exception e){ e.printStackTrace();}   //捕获异常
13        try{
14          din.close();                                        //读取完成后关闭输入流
15          dout.close();                                       //读取完成后关闭输出流
16        }catch(Exception e){ e.printStackTrace();     //捕获异常
18    }}
```

说明　run 函数会一直判断在输入流中是否有数据需要被接收，如果有就会首先调用 readInt 函数来获取数据包的长度，然后通过 readBytes 函数来获取指定长度的字节数据，当数据全部接收完毕后调用 dataUnpackage 函数解包，dataUnpackage 函数会在后面进行详细讲解，最后关闭输入/输出流。

（5）下面将讲解两个辅助函数，分别为 readInt 和 readBytes 函数。这两个函数都是在输入流中读取数据，不同的是，readInt 函数用来读取数据包的长度，而 readBytes 函数负责根据获取的数据包长度来读取整个数据包，具体代码如下。

代码位置：见随书源代码/第 9 章目录下的 GameServer/src/wbw/server/ ServerAgentThread.java。

```
1     int readInt(){                              //该方法会返回数据包的长度
2       byte[] bint=readBytes(4);                 //首先在读取数据包的前 4 个字节，即数据包的长度
3       return ByteUtil.byteArray2Int(bint);  //调用相关的方法来将字节数组转化成整形数据
4     }
5     byte[] readBytes(int len){                  //给定该方法一个长度，就会读出相应长度的字节数组
6       byte[] bPackage=new byte[len];            //创建相应长度的字节数组
7       try {
8         int status=din.read(bPackage,0,len);    //读取 0 到 len 的字节数据放入 bPackage 数组中
9         while(status!=len){                     //status 是实际读取的字节数
10          byte[] tempPackage=new byte[len-status];   //再次创建一个字节数组
11          int tempcount=din.read(tempPackage,0,tempPackage.length);//再次读取字节数据
12          if(tempcount>0){                         //判断是否读取到了数据
13            for(int i=0;i<tempcount;i++){          //使用 for 循环添加字节数据
14              bPackage[status+i]=tempPackage[i];   //将字节数据添加到 bPackage 数组
15          }}
16          status+=tempcount;                       //重置当前读取到的字节数
17      }} catch (IOException e) { e.printStackTrace();}     //捕获异常
20      return bPackage;                                      //返回所读取到的字节数组
21    }
```

> **说明**　这两个函数中最重要的便是 readBytes 函数，使用该函数需要指定一个长度去读取数据。read 函数会返回实际读取的字节数，可以通过其判断数据包是否读取完全，因为由于互联网数据传输并不稳定，会发生丢包的现象，其中的 while 循环就是根据实际读取的字节数来判断是否读取完全，如果实际读取字节数与先前获取的数据包长度不一致，就会持续地去接收数据，直到接收完毕并返回数据包。

（6）下面将介绍 SendMSG 和 LostConnection 两个函数，这两个函数的功能各不相同。其中 SendMSG 函数负责将需要发送的数据包写入到输出流中并发送出去，而 LostConnection 函数负责当玩家离线之后需要执行的一系列操作，具体代码如下。

代码位置：见随书源代码/第 9 章目录下的 GameServer/src/wbw/server/ ServerAgentThread.java。

```
1      public void SendMSG(byte[] bpackage){                          //给自身客户端发送数据
2        try {
3          this.dout.write(ByteUtil.int2ByteArray( bpackage.length)); //向输出流中写入字节数组
4          this.dout.write(bpackage);                                  //向输出流中写入字节数据
5          this.dout.flush();                                          //清空缓冲区数据
6        } catch (IOException e) {
7          System.out.println("客户端已经断开 无法发送");
8          LostConnection();        //如果数据无法发送就调用 LostConnection 方法来执行相关操作
9          e.printStackTrace();                                        //捕获异常
10     }}
11     void LostConnection(){                                          //掉线
12       LogOutAction loa=new LogOutAction(this);     // LogOutAction 对象负责处理掉线动作
13       if(this.currentScene.getClass()==MainMapThread.class){ //判断当前用户所在的线程
14         ((MainMapThread)this.currentScene).AddAction(loa); //向主场景动作队列中添加 Action
15       }else if(this.currentScene.getClass()==DungeonMapThread.class){
16         ((DungeonMapThread)this.currentScene).AddAction(loa);
                                             //向副本场景动作队列中添加 Action
17       }else if(this.currentScene.getClass()==LogInThread.class){
18         ((LogInThread)this.currentScene).AddAction(loa); //向登录线程动作队列中添加 Action
19       }else if(this.currentScene.getClass()==ChooseRoleThread.class){
20         ((ChooseRoleThread)this.currentScene).AddAction(loa);
                                             //向选择角色线程动作队列中添加 Action
21       } flag=false;
22     }
```

- 第 3～5 行会将函数接收到的字节数组写入到输入流中并发送。

- 第 6～10 行当数据无法发送时就会抛出异常，一般情况下是因为客户端已经掉线了。常使用 catch 来捕获异常，并在其中调用 LostConnection 函数来执行相关的操作。
- 第 12～22 行会创建 LogOutAction 对象，LogOutAction 类中的代码主要功能是当玩家掉线之后需要进行的一系列操作，该类会在后面进行详细的讲解。判断当前角色的服务器代理线程在那个场景中，并向该场景的动作队列中添加 LogOutAction 对象。

9.5.3 操作码处理类——OPCodeHandler

OPCodeHandler 类主要负责对服务器中的操作码进行管理以及对数据包进行拆包。在该服务器中，服务器是通过判断操作码来决定对数据进行何种操作，所以发送和接收的数据包中都需要包含操作码。例如，玩家登录时向服务器发送的数据包中就会包含登录操作码，服务器拆包后会根据操作码来执行对应的 Action 类。由于该类较长，所以这里笔者会将该类分段进行讲解，具体内容如下。

（1）这里首先讲解 OPCodeHandler 类的整体结构，大体上介绍 OPCodeHandler 类中的各个函数的相关功能，会省略方法中的具体实现代码，具体的细节代码读者将在后面一一进行讲述。OPCodeHandler 类的具体代码如下。

代码位置：见随书源代码/第 9 章目录下的 GameServer/src/wbw/server/ OpCodeHandler.java。

```
1      ......//此处省略了一些导入相关类的代码，读者可自行查阅源代码
2      /*拆数据包并根据包头生成对应的 Action 并加入队列*/
3      public class OPCodeHandler {
4        static Map<Integer,Class<?>> mOPCodeWithAction=
5          new HashMap<Integer,Class<?>>();              //OPCode 与 Action 对应关系表
6        static Map<Class<?>,Queue<Action>> mSceneWithQueue=
7          new HashMap<Class<?>,Queue<Action>>();        //线程与相应的动作队列对应关系表
8        static Map<Class<?>,Object> mQueueWithLock=
9          new HashMap<Class<?>,Object>();               //线程与对象锁的对应关系表
10       static void InitOPCodeWithActionMap(){          //初始化 OPCode 与 Action 对应关系表
11         mOPCodeWithAction.put(OpCodeTable.LogOut,LogOutAction.class);
12         mOPCodeWithAction.put(OpCodeTable.LogIn,LogInAction.class);
13         mOPCodeWithAction.put(OpCodeTable.RoleInfo,RoleInfoAction.class);
14         mOPCodeWithAction.put(OpCodeTable.CreateRole,CreateRoleAction.class);
15       }
16       static void InitSceneWithQueueMap(){            //将 Agent 放入那个线程的消息队列中
17         mSceneWithQueue.put(LogInThread.class, LogInThread.aq); //加入登录线程、登录队列
18         mSceneWithQueue.put(ChooseRoleThread.class, ChooseRoleThread.aq);
19         mSceneWithQueue.put(MainMapThread.class, MainMapThread.aq);
20       }
21       static void InitQueueWithLockMap(){             //将不同线程与其对应的对象锁放入 map 中
22         mQueueWithLock.put(LogInThread.class, LogInThread.loginQueuelock);
23         mQueueWithLock.put(ChooseRoleThread.class, ChooseRoleThread.chooseRoleQueuelock);
24         mQueueWithLock.put(MainMapThread.class, MainMapThread.mainMapQueuelock);
25       }
26       public void dataUnpackage(ServerAgentThread sa,Thread currentScene,byte[]
         datapackage){
27         ......//此处省略了具体实现代码，将在后面进行详细的讲解
28     }}
```

- 第 4～9 行定义了 3 个 map，分别是 OPCode 与 Action 对应关系表、线程与相应的动作队列对应关系表、线程与对象锁的对应关系表。
- 第 10～15 行中，InitOPCodeWithActionMap 函数用来初始化 OPCode 与 Action 的对应关系，当从数据包中拆解出来操作码后，可根据 mOPCodeWithAction 表来找出相应的 Action 类。
- 第 16～25 行分别用来初始化其他两个 Map 中的内容，用来放置线程与其相应的动作队列，以及在各个线程会使用到的对象锁。
- 第 26～28 行是拆包方法，该方法会从数据包中拆解出所需要的数据，并根据所拆解出来的操作码来进一步执行相关的操作。该方法的具体细节将在后面进行详细的讲解。

（2）这里将讲解 OPCodeHandler 类中 dataUnpackage 函数的具体内容。该方法主要负责拆解

服务器所接收到的数据包，然后根据拆解出来的操作码封装成对应的 Action，并放入相应线程的动作队列中等待被执行，具体代码如下。

代码位置：见随书源代码/第 9 章目录下的 GameServer/src/wbw/server/ OpCodeHandler.java。

```
1    public void dataUnpackage(ServerAgentThread sa,Thread currentScene,byte[] datapackage){
2      //拆包方法负责将数据包进行拆解
3      CMsgHead chead;                                          //定义消息头
4      try {
5        CMsg cmsg=CMsg.parseFrom(datapackage);                 //使用 parseFrom 函数进行拆包
6        chead = CMsgHead.parseFrom(cmsg.getMsghead());         //获取数据包中的包头
7        int operationCode=chead.getOperationcode();            //解析包头获得操作码
8        if(mOPCodeWithAction.containsKey(operationCode)){ //表中包含对应的操作码
9         Class<?> cAction=mOPCodeWithAction.get(operationCode); //根据操作码取出对应的Action
10        Constructor<?> actionCon=cAction.getConstructor(ServerAgentThread.class,CMsg.class);
11          //使用 getConstructor 函数来返回 Action 的公共构造函数对象
12          Action a=(Action)actionCon.newInstance(sa,cmsg);      //封装好一个 Action
13          if(currentScene.getClass()==DungeonMapThread.class){//如果当前客户端在副本中
14            DungeonMapThread dmt=(DungeonMapThread) currentScene;    //获取副本线程
15            dmt.AddAction(a);          //将封装好的 Action 放入副本线程的动作队列中等待操作
16          }else if(currentScene.getClass()==LogInThread.class){//如果当前客户端在登录界面
17            LogInThread lit=(LogInThread)currentScene;          //获取登录线程
18             lit.AddAction(a);          //将封装好的 Action 放入登录线程的动作队列中等待操作
19     }} catch (Exception e) { e.printStackTrace();             //捕获异常
20   }}
```

- 第 5～7 行中，使用 protobuf 的函数来拆解数据包，取出包头，获取数据包中的操作码。其中 parseFrom 和 getOperationcode 函数都是通过 protobuf 中的 Build 文件自动生成的。本服务器将 Build 生成的 Msg 文件放置在了项目的工程文件。
- 第 8～12 行会在前面的 OPCode 与 Action 对应关系表中查找是否存在从数据包中得到的操作码。如果存在就会得到与之对应的 Action 类的构造函数对象，并实例化一个 Aciton 对象。
- 第 13～18 行会判断当前玩家处于哪个线程之中，并将封装好的 Action 对象放入到当前线程的动作队列之中，最后 Action 对象会在当前的线程中被取出并执行。

9.5.4　登录和选人线程类——LogInThread 和 ChooseRoleThread

LogInThread 和 ChooseRoleThread 这两个类主要负责处理玩家在登录界面和选人界面的一系列动作，由于这两个类中的内容极其相似，且代码简单，这里笔者会将两个类放在一起进行讲解，各个类的具体内容如下。

（1）当玩家登录游戏时，就会将包含有账号和密码的数据包发送到服务器，然后服务器在拆包完成后会将对应的 LogInAciton 放入到 LogInThread 的动作队列中并执行，具体代码如下。

代码位置：见随书源代码/第 9 章目录下的 GameServer/src/wbw/ thread / LogInThread.java。

```
1    ......//此处省略了一些导入相关类的代码，读者可自行查阅源代码
2    /*获取登录*/
3    public class LogInThread extends Thread{
4      public static Object loginQueuelock="o";                    //对象锁
5      public static Queue<Action> aq=new LinkedList<Action>(); //登录消息队列
6      static final int SLEEP=5;                                   //线程休眠时间
7      boolean flag=true;                                          //开启循环标志位
8      public void run(){
9        while(flag){ Action a =null;                              //创建一个 Action 对象
10         try{
11           if(aq.size()==0){ Thread.sleep(SLEEP);continue;}//没有消息,线程休眠后继续
12           synchronized(loginQueuelock){ a=aq.poll();}  //加锁,在队列中取一个 Action
13           CMsg c=(CMsg)a.doAction();   //执行 Action 中的 doAction 方法并返回一个数据包
14           if(a!=null&&c!=null){
15             if(a.targetAgent!=null&&a.targetAgent.size()!=0){ //如果需要发送的客户端有多个
16               for(ServerAgentThread s:a.targetAgent){        //遍历所有的代理线程
17               s.sendMSGaq.offer(c);                   //向代理线程的发送队列中添加数据包
```

```
18              }}else{ a.sa.sendMSGaq.offer(c);    //否则就仅发送给自身
19            }} System.out.println("已经发送+      LogInThread");
20          }catch(Exception e){ e.printStackTrace();  //捕获异常
21      }}}
22      public void AddAction(Action action){
23        synchronized(loginQueuelock){ aq.offer(action);//加锁，向消息队列中添加 Action
24    }}}
```

- 第 4～5 行定义了用于线程的对象锁和动作队列，在多线程编程中，锁是很重要的一个环节。为了防止一个物体被两个进程同时访问，在访问物体时都需要先将其上锁，该类就是从这个动作队列中取出 Action，从而进行下一步的操作。
- 第 9～12 行中，线程会一直判断动作队列中是否有 Action，如果有 Action，那么就需要会将这个 Aciton 取出来。
- 第 13～21 行中，首先会执行取出的 Action 中的 doAction，在执行完成后会根据当前 Action 是否需要发送给多个客户端执行对应操作。如果需要，就将需要返回的数据包放入到每一个客户端的待发送队列中等待发送；否则，就仅发送给自身。
- 第 22～24 行用于添加 Action 方法，调用该方法时会将传递过来的 Action 放入到该类中的动作队列中等待获取并执行。

（2）当玩家进入到游戏界面之后，会需要选择游戏人物，当玩家选择一个游戏人物之后就会发送一个数据包，其中包括所选人物的 ID 等多种信息，这个数据包就会被 ChooseRoleThread 线程所获取，并根据数据包中的信息将所选人物的角色信息返回给客户端。具体代码如下。

代码位置：见随书源代码/第 9 章目录下的 GameServer/src/wbw/ thread / ChooseRoleThread.java。

```
1     ......//此处省略了一些导入相关类的代码，读者可自行查阅源代码
2     public class ChooseRoleThread extends Thread{
3       public static Object chooseRoleQueuelock="c";             //对象锁
4       public static Queue<Action> aq=new LinkedList<Action>();  //选人动作队列
5       public boolean flag=true;                                 //开启循环标志位
6       final int SLEEP=5;                                        //线程休眠时间
7       public void run(){
8         while(flag){ Action a=null;
9           synchronized(chooseRoleQueuelock){ a=aq.poll();}    //加锁，弹出 Action
10          if(a!=null){ a.sa.sendMSGaq.offer((CMsg) a.doAction()); //弹出就执行 doAction 方法
11            System.out.println("已经发送+        ChooseRoleThread");
12          }else{ try {
13              if(aq.size()==0){ Thread.sleep(SLEEP);      //队列中没有 Action，线程休眠
14            }} catch (InterruptedException e) { e.printStackTrace();    //捕获异常
15      }}}}
16      public void AddAction(Action action){
17        synchronized(chooseRoleQueuelock){ aq.offer(action); //加锁，向队列中添加 Action
18    }}}
```

- 第 3～6 行定义了用于线程的对象锁和动作队列，在多线程编程中，锁是很重要的一个环节，为了防止一个物体被两个进程同时访问，在访问物体时都需要先将其上锁，该类就是从这个动作队列中取出 Action，从而进行下一步的操作。
- 第 8～15 行线程会一直判断动作队列中是否有 Action 的存在，如果有 Action 存在，那么就需要会讲这个 Aciton 弹出来。取出后会执行 Action 中的 doAction 方法，因为选人时仅自己可见，所以这里选人结束后返回的数据包，不会发送给其他客户端。
- 第 16～18 行用于添加 Action 方法，调用该方法时会将传递过来的 Action 放入到该类中的动作队列中等待获取并执行。

9.5.5　游戏主场景线程类——MainMapThread

MainMapThread 类只负责游戏主场景中各个角色位置的刷新，即当游戏主场景中有两个人物时，其中一个玩家移动自己的角色时，会将终点发送给服务器，然后通过 Lua 运行器来计算出运

动路径点，最后服务器会将这些数据传递给场景中的其他玩家来实现角色的移动。具体代码如下。

代码位置：见随书源代码/第 9 章目录下的 GameServer/src/wbw/ thread / MainMapThread.java。

```
1    ......//此处省略了一些导入相关类的代码，读者可自行查阅源代码
2    public class MainMapThread extends Thread{
3      public static Object mainMapQueuelock="m";                   //锁
4      public static Queue<Action> aq=new LinkedList<Action>();     //动作队列
5      public static Map<Integer, float[]> RolePosMap =
6      new HashMap<Integer, float[]>();                              //存储角色位置信息
7      public static LuaLauncher mainLuaLauncher;                    //Lua 运行器
8      public MainMapThread(){                                       //类构造函数
9        mainLuaLauncher = new LuaLauncher
10       ("Lua/MainScenePath.lua", "PathMap");               //创建 LuaLauncher 对象
11       mainLuaLauncher.start();                            //启动 Lua 运行器
12     }
13     public void run(){
14       while(flag){ Action a =null;
15         try{
16           synchronized(mainMapQueuelock){ a=aq.poll();} //加锁，从动作队列中取出 Action
17           if(a != null){                                 //判断当前是否有 Action
18             CMsg cmsg=(CMsg) a.doAction();               //执行对应的 doAction 方法
19              if(a!=null&&cmsg!=null){                    //判断是否返回数据包
20               if(a.targetAgent!=null && a.targetAgent.size()!=0){
                                                          //判断是否需要发送给其他客户端
21                 for(ServerAgentThread s:a.targetAgent){ //遍历所有的代理线程
22                   s.sendMSGaq.offer(cmsg);           //将数据包放入代理线程的发送队列中
23              }}else if(a.sa!=null){ a.sa.sendMSGaq.offer(cmsg); //将数据包发送给自己
24            }}}else{ Thread.sleep(SLEEP);    }                     //线程休眠
25          float[][] roleMap = mainLuaLauncher.popResult(); //获取角色 ID 和 x、z 坐标
26          if(roleMap != null && roleMap.length != 0){  //判断是否有数据
27            for(int i = 0; i < roleMap.length; i++){   //开启循环
28              MainMapThread.RolePosMap.put((int) roleMap[i][0],
29              new float[]{roleMap[i][1], roleMap[i][2]}); //取出数据放到 RolePosMap 中
30            }
31            CMsg.Builder cmsg = CMsg.newBuilder();        //构建数据包
32            CMsgHead head = CMsgHead.newBuilder().
33            setOperationcode(ResultCodeTable.RolePos).build(); //将操作码添加到包头之中
34            cmsg.setMsghead(head.toByteString());         //构建数据包包头
35            for(int i = 0; i < roleMap.length; i++){      //开启循环
36              CMsgPos.Builder cmp = CMsgPos.newBuilder(); //定义角色位置消息
37              cmp.setId((int)roleMap[i][0]);                //设置移动的角色的 ID
38              cmp.setOp(3);                                 //设置操作码
39              cmp.setX(roleMap[i][1]);                      //设置 x 坐标值
40              cmp.setY(roleMap[i][2]);                      //设置 y 坐标值
41              cmp.setIsCross(0);                            //设置人物是否需要寻路
42              cmsg.addMsgPos(cmp);                  //将角色位置消息添加到数据包中
43            }
44            Iterator<Entry<Integer,ServerAgentThread>> rolesIterator =
45            MainMap.mAgent.entrySet().iterator(); //获取迭代器并遍历 map 中所有的键值对
46            while(rolesIterator.hasNext()){               //遍历每一个代理线程
47              rolesIterator.next().getValue().sendMSGaq
48              .add(cmsg.build());                 //向代理线程的待发送队列中添加数据包
49        }}}catch(Exception e){ e.printStackTrace();      //捕获异常
50     }}}
51     public void AddAction(Action a){                   //向动作队列中添加一个 Action
52       synchronized(mainMapQueuelock){ aq.offer(a); //加锁
53   }}}
```

- 第 3～7 行定义了对象锁、动作队列和用来存储角色位置信息的 map 和 lua 运行器。客户端人物角色的移动计算都是通过服务器中相应的 Lua 脚本来计算完成的，所以这里需要使用到 Lua 运行器来计算角色的移动路径。关于 Lua 部分的内容会在后面的章节中进行详细介绍。
- 第 9～12 行是该类的构造函数，在这里会启动 Lua 运行器来开始计算角色的移动路径。
- 第 13～23 行中会判断当前动作队列中是否有 Action，如果有就取出 Action，并执行其对应的 doAction 方法，将执行完成后需要返回的数据包发送给客户端。
- 第 25～30 行首先会通过 Lua 运行器来得到与角色移动的所有有关数据，然后将这些数据

取出并放置在 RolePosMap 中，通过 Lua 运行器的计算能够得到移动的角色 ID，以及角色在场景中的 x 坐标和 y 坐标值。

- 第 31～34 行开始构建需要返回给各个客户端的数据包，首先会将操作码放入到数据包的包头中。由于是角色移动，所以使用的是 ResultCodeTable 类中的 RolePos 操作码，它表示数据包中的数据与角色移动有关，ResultCodeTable 类中还有其他功能的操作码，读者可自行查看。
- 第 35～43 行用于向 CMsgPos 消息体中添加所需要的数据信息，其中包括人物 ID 操作码，x 和 y 的坐标值等。关于 CMsgPos 消息体的定义是在 Msg.proto 文件中完成的，有兴趣的读者可以查看这个文件的内容。
- 第 44～50 行中通过获取 map 数据结构的迭代器来遍历 map 中所有的键值对，也就是查找场景中所有玩家的服务器代理线程，然后向所有的代理线程一次发送这个数据包。
- 第 51～53 行中的 AddAction 函数负责向当前的动作队列中添加 Action 供线程查找使用。

9.5.6 副本线程类——DungeonMapThread

DungeonMapThread 类可以说是服务器端类中较为复杂的一个，其中涉及的内容和函数众多，在这笔者将该类分开讲解。首先会介绍该类的整体架构，然后再对其中重要的函数逐个进行介绍。DungeonMapThread 类负责副本中人物的移动等功能的实现，具体内容如下。

（1）首先是类的整体架构。由于该类主要负责整个副本的正常运作，所以内容较多，这里先不对类中众多的函数进行详细的介绍，重要函数会在后面一一进行详解，这里大体上介绍下各个函数的主要功能。具体代码如下。

代码位置：见随书源代码/第 9 章目录下的 GameServer/src/wbw/thread/ DungeonMapThread.java。

```
1     ......//此处省略了一些导入相关类的代码，读者可自行查阅源代码
2     public class DungeonMapThread extends Thread{
3     //创建 map 用来放置服务器代理线程和角色 Id
4       public Map<ServerAgentThread,Integer> mPlayer=
5       new HashMap<ServerAgentThread,Integer>(); //创建 map 用来放置代理线程和角色 ID
6       public Map<Integer,OnLineRole> mRole=
7       new HashMap<Integer,OnLineRole>();        //创建 map 用来放置角色 ID 和当前角色对象
8       public Queue<Action> aq=new LinkedList<Action>();                //动作队列
9       public Object lock=new Object();                                 //对象锁
10      public boolean threadflag=true;                                  //线程开启标志位
11      int SLEEP=(int)(1 / 60.0f * 1000);                               //线程休眠时间
12      long startTime=0;                                                //记录当前系统时间
13      public boolean broadCastFlag=false;                              //开启广播标志位
14      public LuaLauncher AILauncher =
15      new LuaLauncher("Lua/AI.lua");        //连接 AI 计算器，用于怪物的生成与 AI 的计算
16      private int timer_PushPos = 0;        //发送给 Lua 计算器角色位置信息的间隔时间
17      private boolean gameOver = false;     //判断游戏是否结束
18      private boolean isAIInit = false;     //是否需要初始化 AI
19      public int mapID=-1;                  //地图 ID
20      public DungeonMapThread(){            //副本线程构造器
21        AILauncher.start();                 //启动 AI 计算器
22      }
23      public void RemovePlayer(ServerAgentThread s){            //删除一个玩家
24        ......//此处省略了具体实现代码，将在后面进行详细的讲解
25      }
26      public void AddPlayer(int roleID,ServerAgentThread sa){//添加一个玩家
27        ......//此处省略了具体实现代码，将在后面进行详细的讲解
28      }
29      public void run(){                                        //执行 action
30        ......//此处省略了具体实现代码，将在后面进行详细的讲解
31      }
32      void aiInit(){                                            //初始化 AI
33       ......//此处省略了具体实现代码，将在后面进行详细的讲解
34      }
35      void pushPos(){                           //将玩家位置信息传递给 AI 计算器
36        ......//此处省略了具体实现代码，将在后面进行详细的讲解
37      }
```

```
38        void control(){                                           //AI 计算器回馈方法
39          ......//此处省略了具体实现代码，将在后面进行详细的讲解
40        }
41        void BroadCastPOSAndDir(DungeonMapThread dmt){   //广播操控信息
42          ......//此处省略了具体实现代码，实现方法很简单，有兴趣的读者可以自行查看源代码
43        }
44        public OnLineRole getOnLineRoleByID(int id){      //根据角色 ID 获取在线角色信息
45          ......//此处省略了具体实现代码，实现方法很简单，有兴趣的读者可以自行查看源代码
46        }
47        public ArrayList<OnLineRole> GetAllRoles(){       //获取所有的 OnLineRole
48          ......//此处省略了具体实现代码，实现方法很简单，有兴趣的读者可以自行查看源代码
49        }
50        public ArrayList<ServerAgentThread> GetAllAgent(){    //获取所有的客户端代理线程
51          ......//此处省略了具体实现代码，实现方法很简单，有兴趣的读者可以自行查看源代码
52        }
53        public int GetIDbyAgent(ServerAgentThread sa){   //通过代理线程获取相应的角色 ID
54          ......//此处省略了具体实现代码，实现方法很简单，有兴趣的读者可以自行查看源代码
55        }
56        public void AddAction(Action a){                  //向动作队列中添加 Action
57          ......//此处省略了具体实现代码，实现方法很简单，有兴趣的读者可以自行查看源代码
58        }
```

- 第 4～20 是对本类使用的相关变量的声明。
- 第 20～22 行是 DungeonMapThread 类的构造函数，当 DungeonMapThread 类被实例化之后就会首先调用该构造函数，负责启动 AI 计算器。
- 第 23～25 行的 RemovePlayer 函数用来移除已经离开副本的游戏角色。该功能的具体实现细节将在后面进行详细讲解。
- 第 26～28 行的 AddPlayer 函数是用来向副本中添加需要进入的游戏角色。该功能的具体实现细节将在后面进行详细讲解。
- 第 29～31 行中的 run 函数是线程主要运行的函数，其中的代码负责执行当前动作队列中的 Action，如果有 Action 就会取出并执行其 doAction 方法，并将返回的数据包发送给多个客户端。
- 第 32～34 行中的 aiInit 主要用来初始化 AI 计算器，在该函数中会将副本中人物的状态、技能等信息传递给 AI 计算器用于游戏计算。该功能的具体实现细节将在后面进行详细讲解。
- 第 35～37 行中的 pushPos 函数主要负责将当前玩家的位置信息传递给 AI 计算器，以完成其中所需要的功能实现。该功能的具体实现细节将在后面进行详细讲解。
- 第 38～40 行中的 control 函数主要负责将 AI 计算器计算完成的结果打包成数据包，并将其发送给副本中其他的服务器代理线程。该功能的具体实现细节将在后面进行详细的讲解。
- 第 40～58 行主要是对在线角色列表、服务器代理线程列表的一些操作，其实现方法十分简单，由于篇幅原因这里就不再赘述，有兴趣的读者可以自行查看源代码。

（2）接下来介绍 RemovePlayer 函数。该函数主要负责将已经离开副本的游戏角色从副本线程中消除掉，对 mPlayer 和 mRole 列表进行操作，也就是移除服务器代理线程和在线游戏角色信息等数据。具体代码如下。

代码位置：见随书源代码/第 9 章目录下的 GameServer/src/wbw/thread/ DungeonMapThread.java。

```
public void RemovePlayer(ServerAgentThread s){          //删除一个玩家
    if(mPlayer.containsKey(s)){                         //判断是否有当前的服务器代理线程
      int id=mPlayer.get(s);                            //获取角色 ID
      if(mRole.containsKey(id)){                        //判断是否有相应的在线角色对象
       mRole.remove(id);                                //根据 ID 来删除在线角色对象
      } mPlayer.remove(s);                              //移除当前服务器代理线程
}}
```

说明　其中使用 containsKey 函数来判断 mPlayer 中是否存在获取的服务器代理线程，如果存在就通过使用服务器代理线程来进一步获取游戏角色 ID，最后分别在 mPlayer 和 mRole 两个列表中将相应的数据全部删除。

（3）接下来介绍 AddPlayer 函数。该函数主要负责将需要添加到副本中的游戏角色添加到副本线程中，对 mPlayer 和 mRole 列表进行操作，也就是添加服务器代理线程和在线游戏角色信息等数据，具体的代码如下。

代码位置：见随书源代码/第 9 章目录下的 GameServer/src/wbw/thread/ DungeonMapThread.java。

```
1    public void AddPlayer(int roleID,ServerAgentThread sa){      //添加一个玩家
2      if(!mPlayer.containsKey(roleID)){         //根据角色 ID 来判断是否有相应的服务器代理线程
3        mPlayer.put(sa,roleID);                 //如果没有就添加
4      }
5      if(!mRole.containsKey(roleID)){           //根据角色 ID 判断是否有相应的在线角色对象
6        OnLineRole r=MainMap.getInstanceByID(roleID);    //获取当前在线角色对象
7        if(r==null) return;                     //如果没有实例就返回
8        mRole.put(roleID, r);                   //将其放入到 mRole 列表之中
9    }}
```

> **说明** 其中使用 containsKey 函数来判断 mPlayer 中是否存在获取的服务器代理线程，如果不存在就向 mPlayer 中添加相应的服务器代理线程，再使用 containsKey 函数来判断 mRole 中是否存在获取的角色 ID，如果不存在就向 mRole 中添加相应的在线角色信息。

（4）下面将介绍线程需要运行的 run 函数。当线程被激活时，run 函数就会被循环调用直到线程终结。该函数负责初始化 AI 计算器，调用 aiInit 函数将角色信息传递给 AI 计算器，判断 AI 计算器何时停止运行，执行动作队列中的 Action 对象，然后将返回的数据包发送给多个服务器代理线程。具体代码如下。

代码位置：见随书源代码/第 9 章目录下的 GameServer/src/wbw/thread/ DungeonMapThread.java。

```
1     public void run(){                              //执行 action
2       int timer = 240;                              //定义初始化时间间隔
3       while(threadflag){                            //开启循环
4         if(timer > 0){ timer--;                     //如果时间没到，timer 减少
5         }else if(timer == 0){                       //每 240 毫秒初始化一次 AI
6           aiInit();                                 //初始化 AI，将人物数据添加到计算器中
7           timer--;                                  //继续减少 timer
8         }
9         BroadCastPOSAndDir(this);                   //广播角色位置信息
10        Action a =null;
11        try{
12          if(aq.size()==0){ Thread.sleep(SLEEP);      //队列中没有消息，线程休眠
13            if(mPlayer.size()==0&&mRole.size()==0){   //判断当前副本中是否还有游戏角色
14              System.out.println("副本已经没人了 销毁副本");
15              threadflag=false;                       //停止循环
16              AILauncher.isRun = false;               //AI 计算器停止运行
17            } continue;}
18          synchronized(lock){ a=aq.poll();}           //加锁，取出一个 Action
19          CMsg c=(CMsg)a.doAction();                  //执行相应的 doAction 方法
20          if(a!=null&&c!=null){                       //判断是否有数据包需要被返回
21            if(a.targetAgent!=null&&a.targetAgent.size()!=0){ //判断是否发送给多个客户端
22              for(ServerAgentThread s:a.targetAgent){         //遍历每一个代理线程
23                s.sendMSGaq.offer(c);    //遍历所有服务器代理线程，将数据包加入待发送队列
24            }}else if(a.sa!=null){ a.sa.sendMSGaq.offer(c);    //仅发送给自身客户端
25        }}}catch(Exception e){ e.printStackTrace();RemovePlayer(a.sa);} //移除角色
26        control();                                    //AI 计算线程向客户端发送数据
27    }}
```

- 第 2～9 行主要负责调用 aiInit 函数，从而向 AI 计算器中添加在副本中的游戏角色信息，其中包括位置、技能、状态等信息，使 AI 计算器能够完成相应的计算等功能。
- 第 13～17 行只负责检测当前副本中是否还存在着游戏玩家，如果没有玩家存在，那么就会自动去停止 AI 计算器的运行。
- 第 18～26 行主要负责读取当前动作队列中的 Action 对象，并执行其 doAction 方法，最后将执行完成后返回的数据包发送给多个服务器代理线程。

（5）接下来将介绍 aiInit 函数。该函数负责初始化 AI 计算器，其中会首先获取当前进入副本

的游戏角色数量，然后根据数量将各个角色的状态、位置、技能等信息传递给 AI 计算器，以使 AI 计算器能够正确地计算角色伤害、技能判定等数据。具体代码如下。

代码位置：见随书源代码/第 9 章目录下的 GameServer/src/wbw/thread/ DungeonMapThread.java。

```
1   void aiInit(){
2     int enterCode = 1;                                   //初始化数据操作码，加入副本
3     int roleCountCode = 8;                               //初始化数据操作码，总人数
4     float[] roleCountAction = {roleCountCode, mRole.size()};
                                                           //创建数组放置事件代码和游戏人数
5     AILauncher.pushAction(roleCountAction);              //传递当前副本人数
6     Iterator<Entry<Integer, OnLineRole>> playerIter =         //获取 mRole 的迭代器
7     mRole.entrySet().iterator();                         //遍历需要传递给副本的各玩家信息
8     while(playerIter.hasNext()){                         //遍历所有的角色数据
9       OnLineRole currentRole = playerIter.next().getValue()      //获取在线角色对象;
10      AILauncher.pushAction(new float[]{                //向 AI 计算器中添加角色各种信息
11        enterCode, currentRole.ID, currentRole.HP, currentRole.AD, currentRole.AP,
12        currentRole.armor, currentRole.magicresistance, //包括事件码、人物 ID、血量等参数
13        currentRole.skill1_ID, currentRole.skill2_ID, currentRole.skill3_ID
14  });}}
```

- 第 2～5 行初始化操作码，并将当前场景中的人物数量与操作码 roleCountCode 一同放入到 roleCountAction 数组中，最后将其传递给 AI 计算器。
- 第 6～9 行通过获取 map 的迭代器来遍历出当前所有的在线角色，并获取在线角色对象。
- 第 10～14 行通过使用 pushAction 函数来向 AI 计算器中添加角色的各种信息，其中包括操作码、角色 ID、当前血量、人物的 AD、AP、技能等数据。

（6）下面介绍 pushPos 函数。这个函数的功能较为简单，只需要向 AI 计算器中添加游戏角色的位置坐标。因为 Unity 中竖直朝上的是 y 轴，而本游戏中人物角色并不会在 y 轴方向产生移动，所以函数中我们仅仅向 AI 计算器中传递了 x 轴和 y 轴坐标值，具体代码如下。

代码位置：见随书源代码/第 9 章目录下的 GameServer/src/wbw/thread/ DungeonMapThread.java。

```
1   void pushPos(){                                         //将玩家位置信息传递给 AI 计算器
2     int posCode = 6;                                      //初始化操作码，位置
3     Set<Entry<Integer, OnLineRole>> roleSet = mRole.entrySet();
4     Iterator<Entry<Integer, OnLineRole>> roleIter =
5     roleSet.iterator();          //获取迭代器遍历 map 中所有的键值对，即获取所有的在线角色信息
6     while(roleIter.hasNext()){                            //遍历所有的数据
7       OnLineRole current = roleIter.next().getValue(); //获取当前 OnLineRole 对象
8       float[] action =                          //获取角色的 ID，x 坐标和 y 坐标的数值
9       new float[]{posCode, current.ID, current.posX, current.posY};
10       this.AILauncher.pushAction(action);      //将数据发送给 AI 计算器
11  }}
```

说明：函数中定义位置操作码为 6，然后通过获取 map 的迭代器来遍历 mRole 中所有的键值，这样就能够获取所有的在线角色 ID，最后将操作码，角色 ID 以及位置坐标统一通过 pushAction 函数来发送已完成一系列的计算给 AI 计算器。

（7）最后将介绍 control 函数。这个函数的功能较为复杂，因为 control 函数中处理的是 AI 计算器计算完成后的结果数据，control 函数需要将这些数据发送给各个在线的服务器代理线程，并且在副本成功通关之后对各个玩家发放奖励。具体代码如下。

代码位置：见随书源代码/第 9 章目录下的 GameServer/src/wbw/thread/ DungeonMapThread.java。

```
1    void control(){                                        //AI 计算器回馈方法
2      if(!isAIInit && mapID != -1 && AILauncher != null){
3      //判断当前是否初始化了 AI，是否有地图 ID，Ai 计算器是否存在
4        int aiInitCode = 0;                                //定义事件码
5        AILauncher.pushAction(new float[]{aiInitCode, mapID});//向 AI 计算器发送地图 ID
6        isAIInit = true;                                   //AI 初始化标志位置为 true
7      }
8      float[][] result = AILauncher.popResult();           //将 AI 计算所得的结果分发给客户端
9      if(result != null && result.length > 0){            //如果有结果被返回
```

```
10        CMsg.Builder msg = CMsg.newBuilder();          //构建数据包
11        CMsgHead head = CMsgHead.newBuilder()          //构建数据包的包头
12        .setOperationcode(OpCodeTable.AI).build();  //设置数据包的包头，将操作码放入其中
13        msg.setMsghead(head.toByteString());           //构建数据包的包头
14        CMsgAI.Builder ai = CMsgAI.newBuilder();       //构建 CMsgAI 消息体
15        for(int i = 0; i < result.length; i++){        //遍历返回的所有数据
16          CMsgAIControl.Builder aicontrol = CMsgAIControl.newBuilder();//构建消息体
17          for(int j = 0; j < result[i].length; j++){     aicontrol.addAiCell(result
[i][j]);}                                                //向消息体中添加数据
18          ai.addAiControl(aicontrol);                  //将消息体进行嵌套
19        }
20        msg.setMsgbody(ai.build().toByteString());  //将 ai 放到数据包的包体之中
21        Iterator<ServerAgentThread> agents =  mPlayer.keySet().iterator();
22        while(agents.hasNext()){                       //遍历所有在线的服务器代理线程
23          agents.next().sendMSGaq.add(msg.build()); //将数据包放到其待发送队列中
24        }}
25        if(!AILauncher.isRun && !gameOver){    //判断 AI 计算器是否正在运行，游戏是否结束
26          gameOver = true;                             //游戏结束标志位置为 true
27          int reward = 9;                              //初始化操作码，奖励
28          CMsg.Builder msg = CMsg.newBuilder();        //构建数据包
29          CMsgHead head = CMsgHead.newBuilder()        //构建数据包的包头
30          .setOperationcode(OpCodeTable.AI).build();//定义数据包的包头，并将操作码放入其中
31          msg.setMsghead(head.toByteString());         //构建数据包的包头
32          CMsgAI.Builder ai = CMsgAI.newBuilder();   //定义 CMsgAI 消息体
33           Iterator<ServerAgentThread> agents = mPlayer.keySet().iterator();
34          while(agents.hasNext()){                     //遍历所有的服务器代理线程
35            CMsgAIControl.Builder overControl = CMsgAIControl.newBuilder(); //定义消息体
36            overControl.addAiCell(-1);                 //添加事件代号，事件代号在客户端
37            overControl.addAiCell(1);                  // AIControl 脚本中定义
38            ai.addAiControl(overControl);              //将消息体进行嵌套
39            float[] gameOverResult = new float[]{reward,100, 1000,
40           (int) (Math.random() * 100)};               //游戏奖励结算，其中包括经验、金币
41            CMsgAIControl.Builder aicontrol = CMsgAIControl.newBuilder();
42            for(int i = 0; i < gameOverResult.length; i++){     //开启循环
43              aicontrol.addAiCell(gameOverResult[i]); //将数组中的数据添加到 aicontrol 中
44            }
45            ai.addAiControl(aicontrol);                //将消息体进行嵌套
46            msg.setMsgbody(ai.build().toByteString());//将 AI 消息体放入数据包的包体之中
47            agents.next().sendMSGaq.add(msg.build());//向所有的服务器代理线程发送数据包
48    }}}
```

- 第 2～7 行用来判断 AI 计算器是否正在运行，如果没有运行就向其传递当前副本的地图 ID。
- 第 8～19 行首先通过 AILauncher 的 popResult 函数来获取 AI 计算机计算的结果。如果有数据被返回，就将其中的数据放入到 CMsgAIControl 消息体中构建成数据包，其中各个消息体的定义读者可以查看 msg.proto 文件。
- 第 20～24 行将 CMsgAI 消息体添加到数据包的包体之中，然后遍历所有当前在线的服务器代理线程，并将数据包放入到代理线程的待发送队列中。
- 第 25～40 行判断游戏是否结束，如果游戏结束就构建数据包。首先向包头中添加操作码 OpCodeTable.AI，并遍历所有的服务器代理线程，在消息体 CMsgAIControl 中添加通关奖励，其中包括金币和经验。
- 第 41～45 行再次定义一个 CMsgAIControl 消息体，向其中添加相关的事件代号，事件代号在客户端的 AIControl 脚本中定义完成，然后再创建一个 CMsgAIControl 消息体，并向其中添加游戏结束的奖励数据如经验和金钱。第 3 个随机数是装备，这里没有用到。
- 第 46～48 行构建数据包的包体并添加到数据包中，最后将数据包发送给所有的服务器代理线程。

9.6 游戏服务器动作类详解

本节将开始着重介绍服务器中关于游戏相关功能的逻辑实现，即服务器端的各种 Action 类。

9.6.1　所有动作的父类——Action

在前面的学习中，应该能够经常看见类中有对 Aciton 对象的处理，前面所说的 Action 仅仅是泛指，在服务器运行过程中处理的 Action 对象都不尽相同，但是所有 Action 类都有其唯一的父类——Action。当读者尝试编写动作类时，都需要继承“Action”父类，具体代码如下。

代码位置：见随书源代码/第 9 章目录下的 GameServer/src/wbw/action/Action.java。

```
1    ......//此处省略了一些导入相关类的代码，读者可自行查阅源代码
2    /*所有 Action 的抽象父类*/
3    /*所有自己写的 Action 都要继承该父类   并重写  其中的 doAction 方法*/
4    public abstract class Action {
5      public ArrayList<ServerAgentThread> targetAgent; //要发送的客户端列表
6      public ServerAgentThread sa;                   //获取该 Action 的服务器代理线程
7      public abstract Object doAction();             //定义抽象方法
8    }
```

> **说明**　自己编写的动作类（**Action.java）都需要继承该父类，并重写其中的 doAction 方法，doAction 方法在前面的介绍中也能经常看到，在后面具体的动作类中会详细地介绍，而 targetAgent 参数的使用与否取决于该 Action 执行完毕后返回的数据包是否需要发送给过个客户端。

9.6.2　登录动作类——LogInAction

LogInAction 类主要负责判断从客户端发送过来的账号和密码是否需要注册，如果不是注册就判断数据库中是否有当前账户并根据判断结果来返回登录结果，不同的登录结果使用不同的操作码来表示。如果需要注册也会判断当前是否有该账户，并根据不同的注册结果返回操作码，具体代码如下。

代码位置：见随书源代码/第 9 章目录下的 GameServer/src/wbw/action/LogInAction.java。

```
1      public class LogInAction extends Action {
2        String name;                                       //登录账号
3        String password;                                   //登录密码
4        boolean isRegister;                                //判断是否是注册
5        public LogInAction(ServerAgentThread sa, CMsg cmsg) throws Exception{
6          CMsgLogin clogin=CMsgLogin.parseFrom(cmsg.getMsgbody());      //拆解数据包
7          this.sa=sa;                                      //获取服务器代理线程
8          this.isRegister=clogin.getIsRegister(); //获取注册判定标志位
9          this.name=clogin.getName();              //获取登录账号
10         this.password=clogin.getPassword();      //获取登录密码
11       }
12       public CMsg doAction(){                           //动作执行方法
13         CMsg cmsg;
14         CMsgHead chead=CMsgHead.newBuilder().setOperationcode
15         (ResultCodeTable.LogInResult).build(); //构建数据包的包头，操作码位登录结果操作码
16         CMsgResultCode cresult;                         //定义 CMsgResultCode 消息体
17         int result=-1;
18         long t=System.currentTimeMillis();              //获取系统当前时间
19         if(!isRegister){                                //判断是否是注册
20           List<Map<String, Object>> rs = DbUtil.
21           Select(TableName.USER, "ID", name);   //查找 USER 表中是否有相应角色
22           if(rs.size() == 0){                           //没有返回结果表示用户不存在
23             System.out.println("用户不存在");      //返回结果，未找到用户
24             result=ResultCodeTable.LOGIN_RESULT.Login_NotFoundUser.getValue();
25           }else if(!rs.get(0).get("password").toString().equals(password)){
                                                           //判断密码是否正确
26             System.out.println("密码错误"+rs.get(0).get("password").toString()+"    "
               +password);
27             result=ResultCodeTable.LOGIN_RESULT.Login_WrongPassword.getValue();
28           }else{
29             System.out.println("密码正确");      //返回结果，登录成功
30             result=ResultCodeTable.LOGIN_RESULT.Login_Succeed.getValue();
31         }}else{                                          //注册请求
```

```
32          List<Map<String, Object>> rs =
33          DbUtil.Select(TableName.USER, "ID", name);      //查找 USER 表中是否有相应角色
34          if(rs.size() > 0){
35            System.out.println("该用户已被注册");           //返回结果，该用户已被注册
36            result=ResultCodeTable.LOGIN_RESULT.Login_AlreadyBeenUsed.getValue();
37          }else{                                          //向数据库中添加账号和密码
38            int regist = DbUtil.Insert(TableName.USER, "ID", name, "password", password);
39            if(regist == 0){
40              System.out.println("注册失败");              //返回结果，注册失败
41              result=ResultCodeTable.LOGIN_RESULT.Login_RegisterFailed.getValue();
42            }else{
43              System.out.println("注册成功");              //返回结果，注册成功
44              result=ResultCodeTable.LOGIN_RESULT.Login_RegisterSucceed.getValue();
45        }}}
46        System.out.println("发送注册结果"+result);
47        cresult=CMsgResultCode.newBuilder().setResult(result).build();
                                                          //构建 CMsgResultCode
48        cmsg=CMsg.newBuilder().setMsghead
49        (chead.toByteString()).setMsgbody(cresult.toByteString()).build();
                                                          //构建数据包
50        System.out.println("LogInAction 处理时间: " + (System.currentTimeMillis()-t));
51        return cmsg;                                    //返回数据包
52    }}
```

- 第 2～3 行定义了两个 String 类型和一个 Boolean 类型的变量，分别用来存储从客户端发送过来的游戏账号、登录密码和注册判断标志位。
- 第 5～11 行是 LoginInAction 类的构造函数，其中使用 CMsgLogin 消息体的 parseFrom 函数来对数据包进行拆包，从中获取游戏账号、登录密码等信息。
- 第 13～18 行构建最后需要返回的数据包。首先将操作码添加进包头之中，因为处理的是登录信息，所以操作码为 LogInResult，定义 CMsgResultCode 消息体，在后面的处理过程中会向其中添加登录结果操作码——result。
- 第 19～32 行用来判断客户端是否能够登录。首先根据账号名称来判断数据库 USER 表中是否存在该账户，如果存在该账户，再进一步判断账号和密码是否匹配，最后根据不同的判断结果来为 result 变量赋予不同的数值，表达不同的含义。
- 第 32～46 行用来判断用户是否可以注册成功。首先根据账号名称来判断数据库 USER 表中是否存在该账户，如果不存在便会向数据库中添加当前账户，最后根据不同的判断结果来为 result 变量赋予不同的数值，表达不同的含义。
- 第 18～52 行开始数据包包体的构建，向 CMsgResultCode 消息体中添加 result 变量，最后将数据包构建完成并返回数据包 cmsg。

9.6.3 创建角色动作类——CreateRoleAction

CreateRoleAction 类负责玩家在客户端创建游戏角色时，服务器会根据人物类型将 ROLEBASE 表中的相应数据添加到 ROLE 表中，创建玩家需要的人物角色。数据库数据添加完毕后，会将角色 ID 放入数据包中并返回给客户端。具体代码如下。

代码位置：见随书源代码/第 9 章目录下的 GameServer/src/wbw/action/ CreateRoleAction.java。

```
1     ......//此处省略了一些导入相关类的代码，读者可自行查阅源代码
2     public class CreateRoleAction extends Action{
3       int iRoleType;                                  //职业
4       int sexID;                                      //性别
5       String username;                                //用户名称
6       String rolename;                                //角色名称
7       public CreateRoleAction(ServerAgentThread sa,CMsg cmsg) throws Exception{
8         CMsgCreateRole ccr=CMsgCreateRole.parseFrom(cmsg.getMsgbody()); //拆解数据包
9         this.sa=sa;                                   //获取服务器代理线程
10        this.iRoleType=ccr.getRoleType();             //获取职业
11        this.username=ccr.getUsername();              //获取用户名称
```

```
12        this.rolename=ccr.getRolename();                    //获取角色名称
13        this.sexID=ccr.getSexID();                          //获取角色性别
14        System.out.println("调用构造器 CreateRoleAction 创建人物类型: "+iRoleType);
15      }
16      public CMsg doAction(){                               //获取人物的基础数值
17        List<Map<String, Object>> rs=DbUtil.Select(TableName.ROLEBASE,"ID", ""+iRoleType);
18        int result=0;                                       //创建结果操作码
19        int id=0;                                           //定义人物 ID
20        if(rs.size()!=0){                                   //如果获取到相关数据
21          String ad=rs.get(0).get("AD").toString(); //获取角色 AD 数值
22          String ap=rs.get(0).get("AP").toString(); //获取角色 AP 数值
23          String hp=rs.get(0).get("HP").toString(); //获取角色 HP 数值
24          ......//此处省略了其他任务属性的获取，有兴趣的读者可以自行查看源代码
25          id=DbUtil.SelectMax(TableName.ROLE, "ID")+1;      //设置角色 ID
26          result=DbUtil.Insert(TableName.ROLE,              //向角色表中添加角色数据
27            "ID",id+"","user_name",username,"name",rolename,"level",1+"",
28            ......//此处省略了其他任务属性的赋值，有兴趣的读者可以自行查看源代码
29        );}
30        System.out.println("注册完毕.!!    "+result);        //注册完成后构建数据包
31        CMsgCreateResult cmrc=CMsgCreateResult.newBuilder().setResult(result).
          setRoleID(id).build();
32        CMsgHead chead=CMsgHead.newBuilder().setOperationcode(ResultCodeTable.
          CreateRole).build();
33        CMsg cmsg=CMsg.newBuilder()                         //返回创建结果以及角色 ID
34          .setMsghead(chead.toByteString())                 //向数据包中添加包头
35          .setMsgbody(cmrc.toByteString())                  //向数据包中添加包体
36          .build();
37        return cmsg;                                        //返回数据包
38    }}
```

- 第 3～6 行定义了两个 int 类型和两个 String 类型的变量，分别用来存储从客户端发送过来的需要被创建的角色类型、性别、账户名称和角色名称。
- 第 7～15 行是 CreateRoleAction 类的构造器，在构造器中，通过 CMsgCreateRole 消息体的 parseFrom 函数来拆解数据包，获取其中的各个数据。
- 第 17～29 行首先根据获取的角色类型，在 ROLEBASE 表中查找相关角色的数据，ROLEBASE 表中存储的是游戏中所有可创建角色的基础数值，并将得到的所有数据添加到 ROLE 表之中，ROLE 表中存储的是所有已经被创建的角色的各项数据。
- 第 31～37 行开始构建需要被返回的数据包，将创建角色的结果以及角色 ID 添加到数据包中，最后将 cmsg 数据包返回。

9.6.4　选择角色动作类——ChooseRoleResultAction

ChooseRoleResultAction 类负责当玩家在客户端选人界面中选定好需要使用的人物角色之后，获取该角色的角色 ID，并根据这个角色 ID 创建一个在线角色对象，并将其与客户端服务线程一同添加到游戏的主场景中。具体代码如下。

代码位置：见随书源代码/第 9 章目录下的 GameServer/src/wbw/action/ ChooseRoleResultAction.java。

```
1     ......//此处省略了一些导入相关类的代码，读者可自行查阅源代码
2     //选人结果 Action
3     //功能为将玩家选中的角色根据数据库中的数据生成一个 OnlineRole 对象方便管理
4     //并且将该客户端以及 OnlineRole 对象放入该放的队列中
5     public class ChooseRoleResultAction extends Action {
6       int roleID;                                         //角色 ID
7       CMsgRoleinfo crc;                                   //消息体，用于存储人物信息
8       public ChooseRoleResultAction(ServerAgentThread sa, CMsg cmsg) throws Exception {
9         CMsgPlayerIndex cpi = CMsgPlayerIndex.parseFrom(cmsg.getMsgbody());
10        this.sa = sa;                                     //获取服务器代理线程
11        this.roleID = cpi.getPlayerIndex();               //获取选中的人的角色 ID
12      }
13      public CMsg doAction() {                            //doAction 方法
14        int result = 0;                                   //结果事件码
15        List<Map<String, Object>> rs =
```

```
16          DbUtil.Select(TableName.ROLE, "ID", "" + roleID);  //获取人物的基础数值
17          if (!rs.isEmpty()) {                               //如果获取到相关数据
18            result = 1;                                      //添加成功
19            OnLineRole r = OnLineRole.getRoleObject(rs.get(0)); //生成 OnLineRole 对象
20            MainMap.AddRole(r);                          //向主城中添加一个角色
21            MainMap.AddAgent(roleID, sa);                //添加 Agent
22            sa.RoleID = roleID;                          //更改 Agent 中的 ID 字段 方便以后用
23            GameData.AddRole(roleID, r);                 //添加角色
24            crc = CMsgRoleinfo.newBuilder().setId(r.ID).setAd(r.AD).setMoney(r.money)
25              .setExp(r.EXP).setPower(r.power).setLevel(r.level).setNeedExp(r.needExp)
26              .setDiamond(r.diamond).setName(r.name).setSex(r.sex).build();
27          }
28          sa.AgentChangeSceneThread(ServerThread.serverThread.mainMapThread);
                                                           //切换到主城地图
29          CMsgHead chead = CMsgHead.newBuilder()         //构建数据包的包头
30            .setOperationcode(ResultCodeTable.ChooseRole).build();//添加 ChooseRole 操作码
31          CMsg cmsg = CMsg.newBuilder().setMsghead(chead.toByteString()) //构建数据包
32           .setMsgbody(crc.toByteString()).build();      //添加包体
33          return cmsg;                                   //返回数据包
34      }}
```

- 第 6～12 行在 ChooseRoleResultAction 类的构造器中通过 CMsgPlayerIndex 消息体的 parseFrom 函数来拆解数据包，得到需要的角色 ID。
- 第 18～22 行通过获取的人物 ID 从 ROLE 表中获取相关的角色信息，然后生成 OnLineRole 对象，并与服务器代理线程添加到主场景中，其中 MainMap 类就是用来存储主场景中的角色信息和服务器代理线程。
- 第 24～26 行开始构建 CMsgRoleinfo 消息体，其中包含了角色 ID、AD、金钱数量、角色等级、经验、钻石等角色信息。
- 第 29～33 行将包头和包体添加到数据包内，将构建完成的数据包 cmsg 返回。

9.6.5　更新角色信息动作类——UpdateRoleDataAction

UpdateRoleDataAction 类主要负责游戏角色信息的更新。比如玩家使用钻石购买了金币，使用金币购买的道具，玩家进入副本所消耗的体力，副本通关完成后获得的奖励，这些情况下都需要对当前玩家的角色数据进行更新。具体代码如下。

代码位置：见随书源代码/第 9 章目录下的 GameServer/src/wbw/action/ UpdateRoleDataAction.java。

```
1     ......//此处省略了一些导入相关类的代码，读者可自行查阅源代码
2     public class UpdateRoleDataAction extends Action {
3       int ID;                                            //角色 ID
4       int exp;                                           //经验
5       int power;                                         //体力
6       int money;                                         //金币
7       OnLineRole r;                                      //在线角色对象
8       public UpdateRoleDataAction(ServerAgentThread sa, CMsg cmsg) throws Exception{
9         CMsgRoleinfo cr=CMsgRoleinfo.parseFrom(cmsg.getMsgbody());
10        this.sa=sa;                                      //获取服务器代理线程
11        this.ID=cr.getId();                              //获取角色 ID
12        this.exp=cr.getExp();                            //获取经验
13        this.power=cr.getPower();                        //获取体力
14        this.money=cr.getMoney();                        //获取金币
15      }
16      public CMsg doAction(){
17        List<Map<String, Object>> rs=DbUtil.Select(TableName.ROLE,"ID", ""+ID);
                                                           //获取人物的数值
18        if(!rs.isEmpty()){                               //如果获取到相关数据
19          r=OnLineRole.getRoleObject(rs.get(0));         //创建在线角色对象
20          ID=r.ID;                                       //获取角色 ID
21          exp+=r.EXP;                                    //获取角色经验
22          if(exp>r.needExp){                             //判断当前经验是否大于升级经验
23            exp-=r.needExp;                              //留下多出的经验
24            r.level+=1;                                  //人物等级加一
25            r.needExp+=500;                              //下一级升级所需要的经验增加 500
```

```
26          }power-=r.power;                              //减少体力
27          if(power<=0){power=0;}                        //防止体力为负
28          money+=r.money;                               //增加金币
29        }
30        DbUtil.execuUpdate("Update  "+TableName.ROLE+" set  EXP="+exp+"
31          ,power="+power+" ,money="+money+" ,needExp=  //更新经验、体力、金钱等参数
32          "+r.needExp+" ,level="+r.level+" where ID="+ID); //更新角色信息
33        List<Map<String, Object>> rss =
34        DbUtil.Select(TableName.ROLE, "ID", "" + ID); //获取角色相关数值
35        r = OnLineRole.getRoleObject(rss.get(0));      //获取在线角色对象
36        CMsgRoleinfo crc = CMsgRoleinfo.newBuilder().setId(r.ID).
                                                       //向 CMsgRoleinfo 消息体中加数据
37          setAd(r.AD).setMoney(r.money).setExp(r.EXP).setPower(r.power)
38          .setLevel(r.level).setNeedExp(r.needExp).setDiamond(r.diamond).build();
39        CMsgHead chead = CMsgHead.newBuilder().        //构建数据包报头
40          setOperationcode(ResultCodeTable.ChooseRole).build();
41        CMsg cmsg = CMsg.newBuilder().setMsghead(chead.toByteString()).
42          setMsgbody(crc.toByteString()).build();      //构建数据包添加包头包体
43        return cmsg;                                   //返回数据包
44    }}
```

- 第 3～14 行首先定义了相关的变量，然后通过使用 UpdateRoleDataAction 类的构造器，获取数据包，并通过使用 CMsgRoleinfo 消息体的 parseFrom 函数来拆解数据包，从中获取到需要更新数据的角色 ID 以及体力、经验、金币等信息。
- 第 16～29 行首先在 ROLE 表中获取角色的数据，然后创建 OnLineRole 角色对象，将体力、经验、金币等重新计算。
- 第 30～38 行通过 execuUpdate 方法来执行 SQL 语句，将 ROLE 表中的数据全部更新，并再次通过 Select 函数获取表中的角色信息，并将其放入到 CMsgRoleinfo 消息体中。
- 第 39～44 行开始构建数据包，首先构建数据包的包头，将操作码 ChooseRole 添加进去，然后 CMsgRoleinfo 消息体作为数据包的包体将它们构建成数据包 cmsg，最后返回此数据包。

9.6.6　返回主城动作类——BackTOMainMapAction

该类主要在玩家控制角色从副本返回主城时被调用，其功能主要负责将需要返回主城的角色在服务器端对应的在线角色对象和服务器代理线程加入到主场景线程之中，并将该角色相关的信息在副本中移除，最后返回一个数据包。具体代码如下。

代码位置：见随书源代码/第 9 章目录下的 GameServer/src/wbw/action/ BackTOMainMapAction.java。

```
1     ......//此处省略了一些导入相关类的代码，读者可自行查阅源代码
2     //某个客户端从地下城返回主城触发的 Action
3     public class BackTOMainMapAction extends Action{
4       int roleID;                                            //角色 ID
5       public BackTOMainMapAction(ServerAgentThread sa , CMsg cmsg) throws Exception{
6         this.sa=sa;                                          //获取客户端代理
7         CMsgPlayerIndex cpi = CMsgPlayerIndex.
8         parseFrom(cmsg.getMsgbody());                        //解析客户端发的数据包
9         roleID=cpi.getPlayerIndex();                         //获取要返回的客户端的 ID
10        System.out.println("生成了一个 BackTOMainMapAction");
11      }
12      @Override
13      public CMsg doAction() {
14        DungeonMapThread dmt=
15        (DungeonMapThread)sa.currentScene;           //获取当前客户端所在的副本线程
16        OnLineRole r =dmt.getOnLineRoleByID(roleID);//获取客户端代理对应的 OnLineRole 对象
17        MainMap.AddAgent(roleID, sa);                //向主地图中加入 Agent
18        MainMap.AddRole(r);                          //向主地图中加入 OnLineRole 对象
19        MainMapThread mmt=(MainMapThread)ServerThread
20        .serverThread.mainMapThread;                 //获取主城线程的引用
21        sa.AgentChangeSceneThread(mmt);              //将角色放入主城线程中
22        dmt.RemovePlayer(sa);                        //将该客户单从副本中删除
23        CMsgResultCode crc=CMsgResultCode.newBuilder().setResult(1).build();
24        CMsgHead chead = CMsgHead.newBuilder()     //构建数据包的包头
```

```
25          .setOperationcode(OpCodeTable.BackToMainMap).build();     //添加操作码
26          CMsg cmsg=CMsg.newBuilder().setMsghead(chead.toByteString())
27          .setMsgbody(crc.toByteString()).build();  //构建数据包 代表跳转成功
28          return cmsg;                              //返回数据包
29      }}
```

- 第4～11行通过BackTOMainMapAction类的构造器来获取需要移动的客户端ID。首先是使用CMsgPlayerIndex消息体的parseFrom函数来拆解数据包，通过getPlayerIndex函数来获取从副本返回主场景的客户端ID。
- 第14～18行会首先获取当前客户端所在的副本线程，并获取当前客户端代理对应的OnLineRole对象，将OnLineRole对象和客户端代理线程放入到主地图中。
- 第19～22行首先获取主场景线程，并在主场景线程中添加相应的服务器代理线程，最后将副本线程中与角色相关的信息移除。
- 第23～29行开始构建需要返回的数据包，将操作码BackToMainMap放入到包头之中，在包体中添加结果操作码1，最后将其构建完成的数据包返回。

9.6.7 同步动画动作类——BroadCastStateAction

BroadCastStateAction类主要负责在多人同时游戏时，将其中一个角色所播放的动画同步到与其相关的每一个客户端上。这样当一个玩家在自己的终端上单击技能按钮播放技能动画之后，其他与其在同一个副本的玩家的终端上也能看到技能释放。具体代码如下。

代码位置：见随书源代码/第9章目录下的GameServer/src/wbw/action/ BroadCastStateAction.java。

```
1       ......//此处省略了一些导入相关类的代码，读者可自行查阅源代码
2       public class BroadCastStateAction extends Action{
3         int roleID;                                          //角色ID
4         float animID;                                        //动画ID
5         CMsg cmsg;                                           //数据包
6         public BroadCastStateAction(ServerAgentThread sa,CMsg cmsg) throws Exception{
7           this.sa=sa;                                        //获取代理线程
8           targetAgent=new ArrayList<ServerAgentThread>(); //待发送列表
9           this.cmsg=cmsg;                                     //获取数据包
10        }
11        @Override                                             //重写标识
12        public CMsg doAction() {                              //doAction执行逻辑操作
13          if(sa.currentScene.getClass()!=DungeonMapThread.class){ //判断当前是否在副本线程中
14            return null;        //当前客户端不在副本中就不广播（因为在主城中没法放技能）
15          }
16          DungeonMapThread dmt=(DungeonMapThread)sa.currentScene;  //获取当前副本线程
17          targetAgent=dmt.GetAllAgent();                          //获取所有的代理线程
18          return cmsg;                                            //返回数据包
19      }}
```

> **说明** 在各个客户端上同步每个人的动画状态，每个玩家需要释放技能时先将请求发送给服务器，然后服务器将“**客户端将要释放**技能广播给每个在副本中的客户端”。当客户端收到该消息后同时开始播放技能动画（包括要放技能的人本身）。该数据包本身不需要解析出来，只需要把数据包（CMsg）转发给每个需要接受的客户端即可。

9.6.8 创建副本动作类——CreateDungeonAction

游戏中当玩家选定副本后会调用CreateDungeonAction类，主要负责将小队中所有的游戏成员集体进行线程的切换，将服务器代理线程从主场景线程中移动到副本线程中。具体代码如下，最后构建数据包，并向客户端返回副本的创建结果。

代码位置：见随书源代码/第9章目录下的GameServer/src/wbw/action/ CreateDungeonAction.java。

```
1       ......//此处省略了一些导入相关类的代码，读者可自行查阅源代码
2       //创建一个副本线程 并将玩家从主地图删除的同时放入副本线程中
```

```
3    public class CreateDungeonAction extends Action{
4      Map<Integer,ServerAgentThread> mteam=new HashMap<Integer,ServerAgentThread>();
5      List<CMsgRoleinfo> rolesInfo;                          //每个小队成员的信息
6      int mapID;                                             //地图 ID
7      public CreateDungeonAction(ServerAgentThread sa,CMsg cmsg) throws Exception{
8        this.sa=sa;                                          //获取代理线程
9        rolesInfo=cmsg.getRoleinfoList();                    //发来的组队角色信息
10       targetAgent=new ArrayList<ServerAgentThread>();      //实例化回发列表
11     }
12     @Override                                              //重写标识
13     public CMsg doAction() {                               //doAction 方法执行逻辑操作
14       DungeonMapThread dmt=new  DungeonMapThread();     //创建一个副本（本质是一个线程）
15       dmt.start();                                         //开启副本线程
16       for(CMsgRoleinfo cr : rolesInfo){                    //遍历小队中所有玩家
17         int id=cr.getId();                                 //获取 ID
18         mapID=cr.getMapID();                               //获取地图 ID
19         ServerAgentThread s=MainMap
20        .getAgentInstanceByID(id);  //从主城的在线玩家列表中取出角色 ID 对应的 Agent
21         if(s!=null){                   //判断是否获取到代理线程
22          mteam.put(id, s);             //将小队成员放入一个列表中
23          targetAgent.add(s);           //添加这个客户端到待发送列表
24          dmt.AddPlayer(id, s);         //在副本中添加一个客户端
25       }}
26       dmt.mapID=mapID;                 //记录地图 ID
27       Iterator<Entry<Integer, ServerAgentThread>> iter = mteam.entrySet().iterator();
28       while(iter.hasNext()){           //遍历所有小队成员
29         Entry<Integer, ServerAgentThread> e=iter.next();
30         ServerAgentThread s= e.getValue();      //获取代理线程
31         int id= e.getKey();            //获取 ID
32         s.AgentChangeSceneThread(dmt);       //把每一个队员切换到上面创建出的副本线程中
33         MainMap.RemoveAgent(s);              //将小队成员从主城中移除
34         MainMapThread mmt=(MainMapThread)
35         ServerThread.serverThread.mainMapThread;             //获取主城线程的引用
36         LeaveMapAction lma=new LeaveMapAction(id,mmt);     //宣布有人离开了
37         mmt.AddAction(lma);                  //添加 action 到主地图的 action 队列
38       }
39       CMsgHead chead=CMsgHead.newBuilder()   //构建数据包的包头
40         .setOperationcode(ResultCodeTable.CreateDungeon).build(); //向其中添加操作码
41       CMsgResultCode crc=CMsgResultCode.newBuilder().setResult(mapID).build();
                                                                      //构建消息体
42       CMsg cmsg=CMsg.newBuilder().setMsghead(chead.toByteString())
43         .setMsgbody(crc.toByteString()).build();            //构建数据包添加包头、包体
44       return cmsg;                                          //返回数据包
45   }}
```

- 第 4～6 行定义相关变量存储在同一小队的所有角色的服务器代理线程、角色信息以及地图 ID。
- 第 7～11 行是 CreateDungeonAction 类的构造器，用来获取服务器代理线程、同一小队所有的角色信息以及实例化回发列表。
- 第 14～25 行首先会创建一个副本，也就是副本线程，然后开始遍历在同一个小队中的所有在线角色对象，将每一个角色的 ID、服务器代理线程都添加到相关的列表中，方便后面操作。
- 第 27～38 行记录地图 ID 之后，获取 mteam 的迭代器，并开始遍历其中所有的键值对，获取所有的服务器代理线程，然后将这些线程加入到副本线程中，并从主场景线程中移除。
- 第 39～45 行中，当所有任务完成后开始构建需要返回的数据包，将操作码 CreateDungeon 添加到数据包的包头之中，将需要切换的副本地图 ID 添加到 CMsgResultCode 消息体中，发送给客户端。

9.7 登录场景及加载场景的搭建

从本节开始将依次介绍本游戏中各个场景的开发，首先介绍的是本案例中的登录界面以及加

载界面的搭建。当游戏中任意场景之间进行跳转时，首先会加载加载场景，然后再跳转到所需要的场景中，下面将对其进行详细介绍。

9.7.1 登录场景的搭建及相关设置

此处场景的搭建主要是用户登录游戏时的相关设置，该场景包括4个面板即开始界面、登录界面、注册界面和提示界面。通过本节学习，读者将会了解到如何构建出一个基本的游戏场景界面。作为第一个场景。所有步骤均有详细介绍，其后的场景搭建中省略了部分重复步骤。具体步骤如下。

（1）在新建的游戏项目中单击菜单“File”→“New Scene”，如图9-42所示。单击“File”选项中的“Save Scene”选项或者利用快捷键“Ctrl+S”保存场景，将其命名为“01-start_menu”。选中“Main Camera”游戏对象，右击→“Create empty”，创建一个子对象并重命名为“AudioSource”。

（2）选中“AudioSource”游戏对象，单击“Component”→“Audio”→“Audio Source”，为其添加Audio Source组件，将事先准备的“bgm_start.mp3”背景音乐拖曳到“AudioClip”上，并勾选该组件中的“Loop”选项，使其循环播放，如图9-43所示。

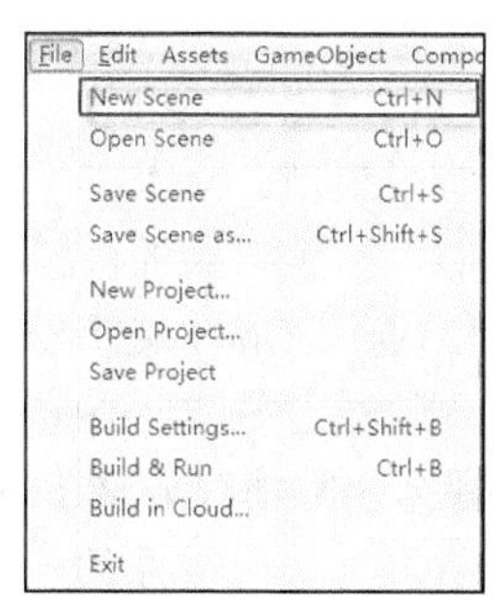

▲图9-42　新建游戏场景

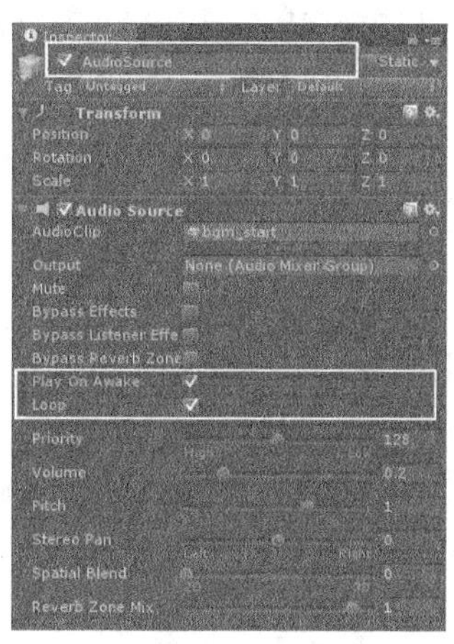

▲图9-43　添加Audio Source组件

（3）单击“GameObject”→“UI”→“Canvas”菜单，创建整个UI的画布。选中该游戏对象，单击“Component”→“UI”→“Image”选项，如图9-44所示。为其添加Image子对象，并重命名为“bg”作为整个界面的背景图。将事先准备的背景图片拖曳到Image组件下的Source Image中。

（4）为使得背景更加的丰富，作者为其添加了动态的云朵。选中bg游戏对象，为其创建两个子对象并分别添加Image组件，按照步骤三将云朵图片挂载到Image组件下的Source Image中，适当调整其位置，将这两个游戏对象分别命名为“clound1”和“clound2”。整体效果如图9-45所示。

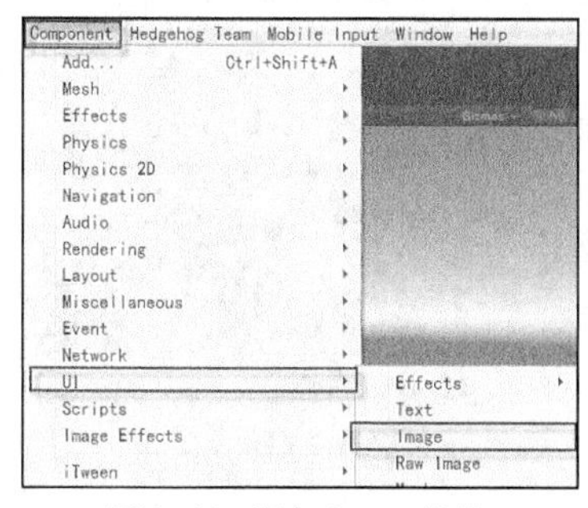

▲图9-44　添加Image组件

▲图9-45　背景整体效果图

（5）接下来就让云朵运动起来。选中游戏资源列表中的Assets，右击→“Create”→“Folder”，创建一个文件夹，并重命名为“Add1205”。在该文件夹下再新建一个名为“_Login”的文件夹，该文件夹中包含登录界面所需的资源。右击→“Create”→“C# Script”，创建一个名为“CloudMove”的脚本。具体代码如下。

代码位置：见随书源代码/第 9 章目录下的 GameClient/Assets/Add1205/_Login/ CloudMove.cs。

```
1    using UnityEngine;
2    using System.Collections;
3    public class CloudMove : MonoBehaviour{
4      public float speed = 20;                              //定义云朵运动速度变量
5      private Transform m_transform;                        //声明表示云朵游戏对象的变量
6      private Vector3 startPos;                             //声明云朵开始的位置变量
7      private int screen_w;                                 //声明表示屏幕宽度的变量
8      void Start(){                                         //重写 Start 方法
9        m_transform = this.transform;
10       startPos = m_transform.position;          //将云朵位置变量初始化
11       screen_w = Screen.width;                  //获取屏幕宽度值并将其赋给宽度变量
12     }
13     void Update(){                              //重写 Update 方法
14       m_transform.position = new Vector3(m_transform.position.x +Time.deltaTime * speed,
15       m_transform.position.y, m_transform.position.z); //在 Update 方法中实时更新云朵的位置
16       if (m_transform.position.x > screen_w * 2){     //当图片位置超过屏幕宽度的二倍时
17       m_transform.position = startPos;               //将图片的位置进行更新
18   }}}
```

- 第 3～7 行声明脚本中将使用的变量，分别是速度变量、开始位置变量以及屏幕宽度等变量。
- 第 8～12 行是对 Start 方法的重写，该方法在脚本加载时被调用，一般用于变量的初始化。获取云朵的当前坐标，并将其赋给前面声明的位置变量。
- 第 13～15 行根据定义的速度变量对云朵的位置进行实时更新。
- 第 16～18 行判断当云朵的位置超过屏幕宽度的两倍时，重置云朵的位置。

（6）脚本编写完成后，利用 Ctrl+S 快捷键对其进行保存。返回 Unity 编辑器，将该脚本挂载到“clound1”和“clound2”游戏对象上，如图 9-46 所示。可以通过修改 Speed 变量的值来控制云朵图片运动的快慢，笔者将其调整为 40 和 60，读者可以根据实际情况调整该数值的大小。

（7）接下来就是各个面板的搭建。本场景一共包含 4 个界面，每个界面的开发过程都大同小异，笔者只介绍开始界面的开发。有兴趣的读者可以去尝试搭建另外 3 个界面。首先介绍游戏的开始界面。如图 9-47 所示，具体的搭建步骤如下。

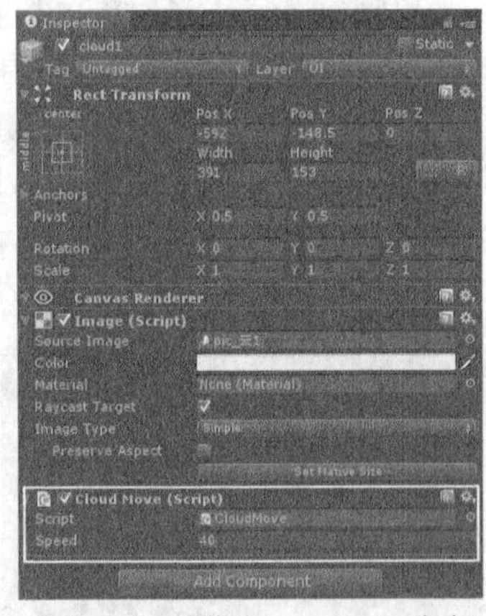

▲图 9-46　挂载 Clound Movie 脚本

▲图 9-47　游戏开始界面

（8）整个开始界面不需额外的背景图。选中 Canvas 游戏对象，为其创建一个游戏子对象并重命名为“begin-panel”，通过“Scene”面板或者修改该对象“Rect Transform”组件中的“Width”和“Height”数值来调整该对象的大小，如图 9-48 所示。

（9）读者通过观察可以发现，在开始界面最上方有一个游戏标志，其下方分别是“单击登录”按钮和“进入游戏”按钮，左上角是游戏退出按钮。选中 begin-panel 游戏对象，单击右键→“UI”→“Image”创建一个子对象并重命名为“logo”，并按照该步骤为 logo 添加一个名为“Image”的游戏对象。

（10）选中 logo 游戏对象，将事先准备好的深色图片拖曳到 Image 组件下的 Source Image 选项中。以同样的方法将“英雄传说”的图片标志拖曳到 Image 对象中的 Source Image 选项上。调整这两个游戏对象的位置，使其位于这个游戏背景图片的中间。如图 9-49 所示。

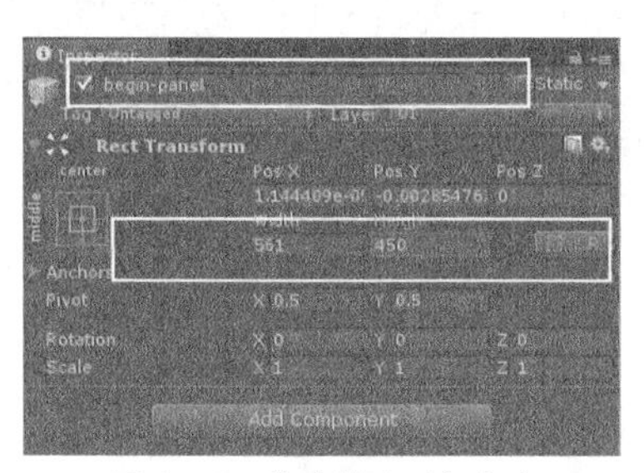
▲图 9-48　修改游戏对象大小

▲图 9-49　修改游戏对象位置

（11）“单击登录”按钮和“进入游戏”按钮的创建方法一致，在这里只介绍前一个按钮的开发流程。在 Canvas 游戏对象下面创建一个 Image 对象并重命名为“username”。为使该按钮在单击时产生效果，为其添加 Button 组件，并将深蓝色的图片拖到 Image 组件下的 Source Image 中，如图 9-50 所示。

（12）选中 username 游戏对象，为其创建一个 Text 游戏对象，作为按钮名称的显示对象。在其“Text”组件下的“Text”文本框中输入“单击登录”字样。Font 采用导入的名为方正粗圆简体的动态字体，并将改字体大小调整为 23。如图 9-51 所示。

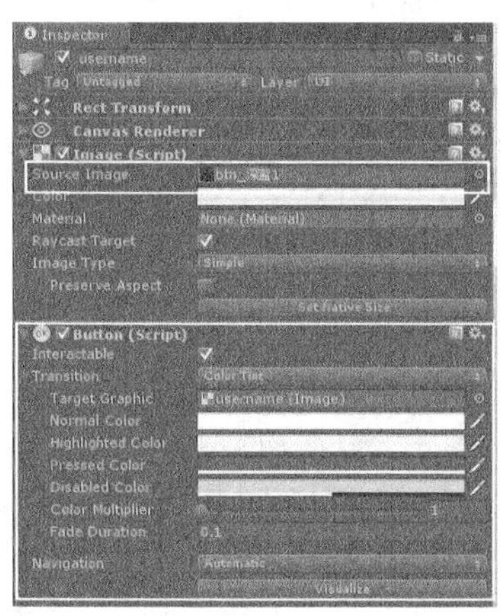
▲图 9-50　添加 Button 组件

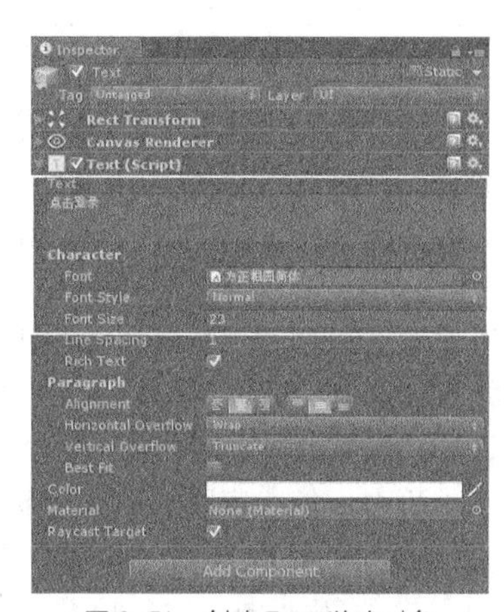
▲图 9-51　创建 Text 游戏对象

（13）重复上述部分步骤完成“进入游戏”以及关闭按钮的开发。在整个界面搭建完成后，就剩下按钮功能的实现，这些需要脚本控制。在“_Login”文件夹中新建一个名为“LoginUIEventManager”的脚本，该脚本实现了“01-start_menu”整个场景所有界面按钮的功能。具体代码如下。

代码位置：见随书源代码/第 9 章 GameClient/Assets/Add1205/_Login/ LoginUIEventManager.cs。

```
1      ....../*此处省略了一些导入相关类的代码，读者可自行查阅源代码*/
2      public class LoginUIEventManager : MonoBehaviour{
3        public AudioSource audio;                              //单击按钮的声音变量
4        public GameObject begin_panel;                         //开始界面的游戏变量
```

```
5       public GameObject login_panel;                          //定义游戏登录界面的变量
6       private ConnectServer cs;                               //连接服务变量
7       public Text txt_begin_username;                         //声明开始界面的有户名变量
8       …../*此处省略一些默认设置的代码，有兴趣的读者可以自行查看源代码*/
9       void Start(){//将所有的panel置为true，这样会执行各自面板挂载脚本的Start()方法，初始化变量
10        begin_panel.SetActive(true);
11        login_panel.SetActive(false);      //将暂时所不需要的panel 的 Active 置为 false
12        isConnect = false;                 //将是否连接上变量置为 false
13        EventDispatcher.Instance().RegistEventListener("EventWithValue", LoginResult);
14        input_login_ip.text = PlayerPrefs.GetString("ip");    //获取存取的 IP 地址
15        input_login_username.text = PlayerPrefs.GetString("username");
                                                              //获取存取的用户名和密码
16        input_login_passwd.text = PlayerPrefs.GetString("passwd"); //使其显示在登录面板中
17        txt_begin_entergame.color = Color.gray;             //将进入游戏文本设置为灰色
18        btn_quitGame.onClick.AddListener(OnQuitGame_BtnClick);//为退出游戏按钮注册监听
19        ……/*此处省略一些默认设置的代码，有兴趣的读者可以自行查看源代码*/
20        }
21        void Update(){
22          EventDispatcher.Instance().OnTick();              //启动事件派发
23        }
24        void InitButtonList(){
25          ……/*此处省略了对该方法的编写，在下面将详细介绍*/
26        }
27        void InitInputFieldList(){
28          ……/*此处省略了对该方法的编写，在下面将详细介绍*/
29        }
30        void OnBegin_Username_BtnClick(GameObject go){
31          ……/*此处省略了对该方法的编写，在下面将详细介绍*/
32        }
33        void OnBegin_Entergame_BtnClick(GameObject go){
34          ……/*此处省略了对该方法的编写，在下面将详细介绍*/
35        }
36        void OnLogin_Login_BtnClick(GameObject go){
37          ……/*此处省略了对该方法的编写，在下面将详细介绍*/
38        }
39        void OnLogin_Registe_BtnClick(GameObject go){
40          ……/*此处省略了对该方法的编写，在下面将详细介绍*/
41        }
42        void OnLogin_Close_BtnClick(GameObject go){
43          ……/*此处省略了对该方法的编写，在下面将详细介绍*/
44        }
45        void OnRegiste_Registe_BtnClick(GameObject go){
46          ……/*此处省略了对该方法的编写，在下面将详细介绍*/
47        }
48        void LoginResult(EventBase e) {
49          ……/*此处省略了对该方法的编写，在下面将详细介绍*/
50      }}
```

- 第 1～7 行为代码的变量声明，包括开始按钮变量、开始界面等变量。
- 第 8～11 行将开始面板置为可见，登录面板置为不可见。
- 第 12～17 行根据输入框中的内容对脚本中的变量进行赋值初始化。
- 第 18～20 行对场景中的退出游戏按钮进行注册监听。
- 第 21～23 行对 Update 方法进行了重写，使其不停地启动事件派发。
- 第 24～29 行实现“InitButtonList”和“InitInputFieldList”方法。根据场景中游戏对象列表的组件类型分别对带有 Button 和 InputFieldList 组件的游戏对象进行初始化。
- 第 30～38 行定义了一些控制面板显示与否的方法，此处省略了具体代码，在下面将详细介绍。
- 第 39～50 行是面板中一些按钮被单击后的调用方法，以及在收到登录结果后的处理方法。

（14）“loginUIEventManager.cs”脚本中定义的“InitButtonList”和“InitInputFieldList”方法是根据场景中游戏对象列表的组件类型，分别对带有 Button 和 InputFieldList 组件的游戏对象进行初始化。具体代码如下。

代码位置：见随书源代码/第 9 章目录下的 GameClient/Assets/Add1205/_Login/ LoginUIEventManager.cs。

```
1     void InitButtonList(){//Button 组件初始化
2       Button[] btnlist = this.GetComponentsInChildren<Button>();
                                                    //获取所有 Button 组件存放到数组
3       for (int i = 0; i < btnlist.Length; i++){      //遍历数组，给每个按钮添加功能
4       Button item = btnlist[i];
5       if (item.name == "username"){                 //当按钮的名字为 username 时
6         btn_begin_username = item;                  //为该游戏对象添加按钮的单击方法
7         EventTriggerListener.Get(btn_begin_usename.gaeObject).onClick =
          OBegin_Username_BtnClick;
8       }
9       ....../*此处省略一些默认设置的代码，有兴趣的读者可以自行查看源代码*/
10    }}
11    void InitInputFieldList(){                         //InputField 组件初始化
12      InputField[] inputfieldlist = this.GetComponentsInChildren<InputField>();
13      for (int i = 0; i < inputfieldlist.Length; i++){
      //遍历数组，给每个 InputField 进行初始化
14        InputField item = inputfieldlist[i];
15        if (item.name == "login-ip-input"){          //当变量名为 login-ip-input
16          input_login_ip = item;                     //为前面声明的变量赋值
17        }
18        ....../*此处省略一些默认设置的代码，有兴趣的读者可以自行查看源代码*/
19    }}
20    void OnBegin_Entergame_BtnClick(GameObject go){ //单击“进入游戏按钮”进入游戏界面
21      PlaySound(clip_button);                      //播放单击按钮音效
22      if (isConnect){                              //当客户端连接到服务器时
23        GameData.username = PlayerPrefs.GetString("username");  //获取当前用户的名称
24        GameData.targetSceneName = "02-character_selest";  //对 GameDate 数据进行修改
25        Application.LoadLevel("00-loadScene");            //加载设置的加载场景
26      }else{ DialogShow("请先登录！");
27    }}
28    void ConnectServerFunction(){                         //建立与服务器的连接
29      string ip = input_login_ip.text;                    //对 IP 变量进行赋值
30      cs = ConnectServer.getSocketInstance();             //调用连接服务器方法
31    }
32    void OnLogInButtonClick(string name, string passwd){  //登录按钮单击监听
33      if (cs == null || !ConnectServer.connectSucceed){   //当客户端没有连接上服务器
34        ConnectServerFunction();                          //连接服务器
35      }
36        PlayerPrefs.SetString("username", name);          //对当前用户名进行保存
37        PlayerPrefs.SetString("passwd", passwd);          //对当前密码进行保存
38        string[] args = { "false", name, passwd };        //将用户信息做成数组
39        cs.AddPackage(OPCodeTable.Login, args);           //将数据进行打包
40    }
```

- 第 1～10 行定义了一个 Button 类型的数组，对游戏对象列表中带有 Button 组件的对象进行实例化。这样就省去了开发人员将按钮挨个拖曳到脚本中声明变量上的麻烦。
- 第 11～19 行是对 InputField 的初始化。同样是声明该类型的数组，对数组进行遍历并且逐个初始化。由于篇幅限制，省略了部分代码，有兴趣的读者可以自行查看源代码。
- 第 20～28 行定义了是否可以进入游戏的判断方法。若客户端已连接到服务器，则对全局数据的用户名进行修改，并且加载相应的场景名称，否则直接弹出提示对话框。
- 第 29～32 行获取输入框中输入的 IP 地址，并通过相应的方法进行服务器连接。
- 第 33～36 行定义了单击登录按钮后所调用的方法，当未曾连接服务器时，则对服务器进行连接。
- 第 37～40 行则是对当前的用户名和密码进行保存，并将用户信息打包上传至服务器进行处理。

（15）“loginUIEventManager.cs”脚本中定义的控制面板显示的方法，其具体代码如下。这些脚本代码用来控制某个界面的显示与隐藏，还有在用户进行登录与注册时的一些简单信息的判断，比较复杂的登录判断在服务器代码中。

代码位置：见随书源代码/第 9 章目录下的 GameClient/Assets/Add1205/_Login/ LoginUIEventManager.cs。

```
1    void OnBegin_Username_BtnClick(GameObject go){        //跳转到登录面板
2      PlaySound(clip_button);
3      StartCoroutine(HideGameObject(begin_panel, 0.17f));//利用协程在 0.17 秒后隐藏开始面板
4      StartCoroutine(ShowGameObject(login_panel, 0.17f)); //利用协程在 0.17 秒后显示登录面板
5    }
6    void OnQuitGame_BtnClick(){Application.Quit();}       //在单击退出游戏按钮调用的方法
7    void OnLogin_Login_BtnClick(GameObject go){            //登录申请的一些简单判断
8      PlaySound(clip_button);
9      string ip = input_login_ip.text;                 //对 IP 变量根据输入框中的内容进行赋值
10     string username = input_login_username.text; //对 username 和 passwd 变量进行赋值
11     string passwd = input_login_passwd.text;
12     PlayerPrefs.SetString("ip", ip);                 //对 IP 地址进行保存
13     if (ip == "" | username == "" | passwd == ""){ //若用户名和密码都为空
14       DialogShow("登录信息不完整！");                   //弹出提示框
15     }else{
16       PlayerPrefs.SetString("ip", ip);                 //对当前的 IP 地址进行保存
17       OnLogInButtonClick(username, passwd);           //调用登录按钮方法
18   }}
19   void OnRegiste_Registe_BtnClick(GameObject go){  //注册用户申请
20     PlaySound(clip_button);                          //播放按钮单击音效
21     string username = input_registe_username.text; //对用户名变量进行初始化
22     string passwd = input_registe_passwd.text;      //对密码和重复密码变量进行初始化
23     string repasswd = input_registe_re_passwd.text;
24     if (username == "" | passwd == "" | repasswd == ""){      //若 3 项中有一项为空
25     }else if (passwd.Length < 6){                             //当密码小于 6 位
26       DialogShow("密码必须大于 6 位！");
27     }else if (passwd != repasswd){                       //若输入的密码两次不同时
28       DialogShow("两次输入密码不相同！");                  //弹出提示框
29     }else{                                                //输入所有的情况都满足
30       PlayerPrefs.SetString("username", username);       //对用户的用户名进行保存
31       PlayerPrefs.SetString("passwd", passwd);           //对用户的密码进行保存
32       OnRgisterButtonClick(username, passwd);
33   }}
```

- 第 1～5 行定义了开始面板的跳转方法，利用 Unity 的协程调用相关方法，隐藏开始面板的同时显示登录面板。
- 第 6 行定义了退出游戏的方法，在单击退出游戏按钮时调用其方法退出游戏。
- 第 7～18 行是对游戏用户登录时一些简单的判断，对用户名以及密码进行判断。若其中一项为空，则弹出提示信息，否则记录用户的相关信息并登录游戏。
- 第 19～28 行是对用户注册信息的简单判断。当用户名、用户密码、重复密码有一个为空时，则弹出提示信息。
- 第 29～33 行中，若用户注册的信息满足相关条件，就对用户信息进行记录，并调用用户注册的相关方法进行注册。

（16）在“LoginUIEventManager.cs”脚本中定义了按钮被按下时调用的处理方法，以及获取用户登录或者注册信息传至服务器时所返回的登录结果信息，根据服务器返回的信息在客户端进行处理。具体代码如下。

代码位置：见随书源代码/第 9 章目录下的 GameClient/Assets/Add1205/_Login/ LoginUIEventManager.cs。

```
1    void DialogShow(string tip){                     //显示提示框，随机改变提示文字
2      PlaySound(clip_close);                         //播放按钮被按下时的声音
3      dialog_panel.SetActive(true);                  //显示提示面板
4      txt_dialog_tip.text = tip;
5    }
6    void OnDialog_Close_BtnClick(GameObject go){       //关闭提示框的方法
7      PlaySound(clip_close);                             //播放按钮被按下时的声音
8      StartCoroutine(HideGameObject(dialog_panel, 0.17f)); //在 0.17s 之后隐藏登录面板
9    }
10   IEnumerator HideGameObject(GameObject go, float duration){  //隐藏任意面板的方法
11     yield return new WaitForSeconds(duration);       //等待固定的时间数
12     go.SetActive(false);                             //将该游戏对象置为不可见
13   }
```

```
14    void LoginResult(EventBase e)    {                //收到登录结果后的处理方法
15      EventWithValue ev = e as EventWithValue;        //获取 EventBase
16      int loginresult = (int)ev.eventValue1;          //获取登录结果
17      switch (loginresult){                           //对返回的操作码进行检测
18        case (int)Login_Result.Login_Succeed:         //登录成功
19          isConnect = true;                           //将连接上的变量置为 true
20          GameData.username = input_login_username.text;     //修改全局变量的用户名
21          txt_begin_username.text = input_login_username.text;
22          StartCoroutine(HideGameObject(login_panel, 0.17f));
                                                        //利用协程在 0.17s 后隐藏登录面板
23          StartCoroutine(ShowGameObject(begin_panel, 0.17f));
                                                        //利用协程在 0.17s 后显示开始面板
24          txt_begin_entergame.color = Color.white;    //将颜色修改为白色
25        break;
26          case (int)Login_Result.Login_Failed:        //登录失败
27          isConnect = false;                          //将连接变量置为 false
28          DialogShow("登录失败，重新登录！");            //在提示面板提示相关信息
29        break;
30        case (int)Login_Result.Login_NotFoundUser:    //未注册的用户
31          isConnect = false;                          //将连接变量置为 false
32          DialogShow("未注册的用户！");                 //在提示面板提示相关信息
33        break;
34        case (int)Login_Result.Login_WrongPassword:   //密码错
35          DialogShow("密码错误！");
36        break;
37        case (int)Login_Result.Login_AlreadyBeenUsed: //该用户名已被注册
38          DialogShow("该用户名已被注册！");              //在提示面板提示相关信息
39        break;
40        case (int)Login_Result.Login_RegisterSucceed: //注册成功
41          isConnect = true;                           //跳转回主界面，等待进入游戏。
42          GameData.username = input_login_username.text;     //修改用户名的全局数据
43          txt_begin_username.text = input_registe_username.text;//修改开始面板的用户名
44          StartCoroutine(HideGameObject(registe_panel, 0.17f));
                                                        //利用协程在 0.17s 后隐藏注册面板
45          StartCoroutine(ShowGameObject(begin_panel, 0.17f));
46        break;
47        case (int)Login_Result.Login_RegisterFailed:  //注册失败
48          DialogShow("注册失败，重新注册！");            //在提示面板提示相关信息
49        break;
50    }}
```

- 第 1～5 行定义了提示信息框的方法，传送给该方法一个字符串，替换提示面板的提示信息。
- 第 6～9 行定义了关闭提示框的方法，播放关闭音效并隐藏提示面板。
- 第 10～13 定义了隐藏任意面板的方法，传给该方法一个界面游戏对象，在等待固定时间后隐藏传过来的界面。
- 第 14～25 是对收到服务器传送至客户端的登录结果时处理方法。当用户登录成功后，将连接至服务器的判断变量置为 true，并对用户的全局数据进行修改。
- 第 26～29 行中，当用户登录失败后弹出提示面板，并将连接至服务器的判断变量置为 false。
- 第 30～39 行则是对用户名称是否已被注册或者用户密码是否正确情况的判断。
- 第 40～46 行是对用户注册成功后的处理方法，跳转回主界面显示用户名，等待进入游戏。
- 第 47～50 行定义了用户注册失败的相关处理方法，弹出提示信息对用户进行提示。

（17）合适的游戏背景音乐可以为游戏添加色彩，但是无论是哪个场景的背景音乐都应该与游戏中的设置同步。相关脚本对登录场景的声音进行控制的办法是新建名为“LoadSetting”的 C#脚本，代码如下。需要读者注意的是，将该脚本编写完成后需将其挂载到登录场景中的 MainCamera 上。

代码位置：见随书源代码/第 9 章目录下的 GameClient/Assets/_Setting/ LoadSetting.cs。

```
1     using UnityEngine;
2     using System.Collections;
3     public class LoadSetting : MonoBehaviour{
4       public AudioSource click_sound;          //声明 AudioSource 类型变量作为单击音乐
5       public AudioSource bg_sound;             //声明 AudioSource 类型变量作为背景音乐
```

```
6      private float isOn;                        //定义 Toggle 开关与否的变量
7      private float volume;                      //定义游戏的声音变量
8      void Start(){
9        isOn = PlayerPrefs.GetFloat("soundoff");     //获取游戏存储的变量值
10       volume = PlayerPrefs.GetFloat("volume");    //获取声音变量值
11       if (bg_sound){                              //如果背景音乐声音源存在
12         bg_sound.volume = volume;                 //将当前的音量变为所设置的音量
13         if (isOn == 1){                           //当 ison 变量为 1 时
14           bg_sound.playOnAwake = true;            //将进入场景就播放声音置为 true
15           bg_sound.Play();                        //播放声音
16         }else{
17           bg_sound.playOnAwake = false;           //将进入场景就播放声音置为 false
18           bg_sound.Stop();                        //否则停止声音的播放
19       }}
20       if (click_sound){                           //如果音效声音源存在
21         if (isOn == 1){ click_sound.volume = volume;     //改变游戏音乐的音量
22         }else{ click_sound.volume = 0;            //停止播放声音
23   }}}}
```

- 第 1～7 行定义了一些变量，其中包括单击音效、游戏背景音乐以及音量大小变量。
- 第 8～15 行重写了 Start 方法，获取游戏设置中存储的状态值。若是可以播放游戏音乐，则立即同步游戏音量进行播放。
- 第 16～19 行表示若不可以播放游戏音乐，则直接停止。
- 第 20～23 行是对音效音量大小的判断，与游戏背景音乐的判断相同。

9.7.2　加载界面场景的搭建

本款游戏中有一些游戏场景内容十分丰富，加载起来会非常缓慢。这时就需要添加加载界面来缩短场景的加载时间。笔者采用的是异步加载方法，单独开发游戏加载场景，由于该场景的内容很少，所以加载起来就特别迅速。该场景的搭建步骤如下。

（1）新建一个游戏场景并保存为“00-loadScene”作为加载场景。在该场景中新建一个 Canvas 作为整个加载界面的画布，为其创建一个 Image 游戏子对象并重命名为“LoadScene”，将加载界面的背景图片拖曳到 Image 组件下的 Source Image 选项中，所有加载界面的内容都在该游戏对象下。

（2）在该游戏对象下创建游戏标志并调整其位置为加载背景的右上角，并在其下方新建一个带有数值的游戏进度条，用来记录游戏场景的加载进度。游戏对象列表的父子关系如图 9-52 所示，游戏加载背景效果如图 9-53 所示。新建名为“LoadScene”的脚本控制场景的异步加载功能，具体代码如下。

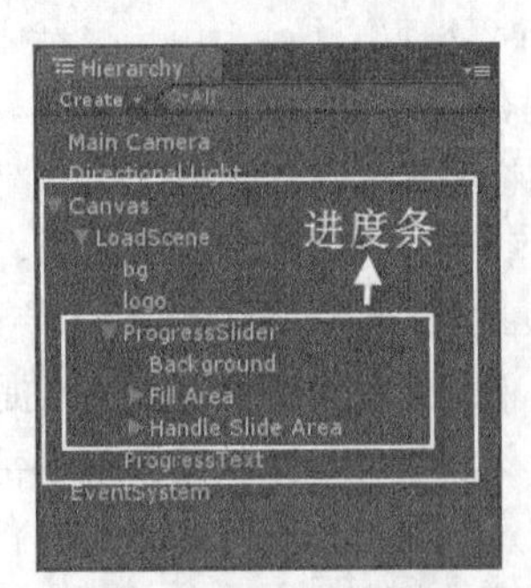

▲图 9-52　加载界面的游戏对象列表

▲图 9-53　加载界面的效果图

代码位置：见随书源代码/第 9 章目录下的 GameClient/Assets/_Loading / LoadScene.cs。

```
1    ……/*此处省略了一些导入相关类的代码，读者可自行查阅源代码*/
2    public class LoadScene : MonoBehaviour{
3      private AsyncOperation async;              //声明异步对象
4      public Image bg;                           //声明游戏背景图片的变量
5      public Slider progress_slider;             //声明 Slider 类型的进度条变量
```

```
6       public Text progress_text;                          //进度条的进度文本
7       public Sprite bg0;                                  //定义 4 种不同类型的游戏背景图片
8       public Sprite bg1;
9       private float timer;                                //声明时间进度的变量
10      private int max;                                    //定义最大的值变量
11      private string targetSceneId;                       //定义游戏场景的 ID 变量
12      void Start(){
13        targetSceneId = GameData.targetSceneName;         //利用全局变量对 ID 进行初始化
14        switch (targetSceneId) {                          //不同场景加载不同的图片背景
15          case "01-start_menu": bg.sprite = bg0; break; //当 ID 为开始场景时修改加载背景图片
16          case "02-character_selest": bg.sprite = bg1; break;
                                                          //当 ID 为选入场景时修改加载背景图片
17          case "03-main": bg.sprite = bg2; break;       //当 ID 为主场景时修改加载背景图片
18          default: bg.sprite = bg3; break;              //当为默认情况时
19        }
20        timer = 0;                                      //对 timer 变量进行赋值
21        max = Random.Range(89, 97);                     //获取 89～97 的随机数赋给 max 变量
22        StartCoroutine(loadScene());                    //通过一个随机数控制之前进度条走向
23      }
24      void Update(){
25        if (timer * 100 <= max){                        //逐步的增加进度条到设置值
26          timer += Time.deltaTime;
27        }else if (async != null && async.progress * 100 > max) { //进度条大于设置值时
28          timer = async.progress;        //当实时的同步数据进度已大于设置的数据，实时同步
29        }
30        if (timer * 100 >= 99) {
31          progress_slider.value = 1;                    //将场景中的进度条设为满格
32          progress_text.text = "99%";                   //将进度条的文本设置为固定数值
33        }else {                                         //输出为%形式的格式
34          progress_slider.value = timer;                //修改进度条的 value 值
35          progress_text.text = (int)(timer * 100) + "%";     //进度文本以百分号格式输出
36      }}
37      IEnumerator loadScene(){                          //异步加载方法
38      async = Application.LoadLevelAsync(targetSceneId);     //异步加载获取变量
39      yield return null;
40      yield return async;                                    //返回异步加载对象
41    }}
```

- 第 1～11 行定义了一些变量，其中包括 Image 类型的游戏背景图片变量，以及进度条变量和 4 种不同的图片变量。在不同情况下可以更改加载背景的图片。
- 第 13～14 行利用全局变量对目标场景变量进行初始化，当目标场景为选择人物场景时，更改加载界面的背景图。
- 第 15～19 行分别是对于不同的场景更改加载界面的背景图。
- 第 20～23 行获取 89～97 的随机数赋给 max 变量，以此来控制之前进度条的走向。
- 第 24～36 行重写 Update 方法，对于进度条数值当前的大小与 max 变量数值大小的不同关系进行相应的处理，并在加载界面上进行显示。
- 第 37～41 行定义了异步加载的方法，利用协程对目标场景进行异步加载，从而实现场景异步加载功能的实现。

9.8 客户端与服务器的连接

客户端程序和服务器之间通信是网络传输层的问题，在传输层上主要就是两种数据包。本款游戏采用的是 TCP 可靠连接。本书中使用了当下使用十分广泛的 C/S 服务器结构，即客户端和服务器结构。下面笔者将详细介绍客户端连接服务器的步骤。

（1）客户端向服务器发送一些请求，而服务器对这些请求进行处理并将处理结果返回值客户端，然后客户端对数据进行修改。客户端与服务端通信时需要两者对接，所以笔者声明了一些常量来表示操作码，新建一名为“OPCodeTable”脚本，具体代码如下。

代码位置：见随书代码/第 9 章目录下的 GameClient/Assets/Scripts/ConnectScript/ GameData.cs。

```
1      ....../*此处省略了一些导入相关类的代码，读者可自行查阅源代码*/
2      public class OPCodeTable{
3        public const int LogOut = 0;                              //玩家登录失败的常量
4        public const int Login = 1;                               //玩家登录成功的常量
5        public const int GetPlayersInfo = 2;                      //获取玩家信息的常量
6        public const int CreateRole = 3;                          //创建角色的常量
7        public const int ChooseRole = 4;                          //玩家选择角色的常量
8        public const int ChangeMap = 5;                           //玩家选择地图的常量
9        public const int FormTeam = 6;                            //组队申请的操作码常量
10       public const int GetTargetInfo = 7;                       //获取目标信息常量
11       public const int RolePos = 8;                             //定义人物位置
12       public const int CreateDungeon = 9;                       //进入游戏副本的常量
13       public const int Move = 10;                               //玩家是否正在移动的常量
14       public const int FormTeamResult = 11;                     //组队结果常量
15       public const int GetDungeonMapRoles = 12;                 //获取副本中的角色列表
16       public const int BroadCastState = 13;                     //玩家攻击的状态变量
17       public const int PingTest = 14;                           //打印 Ping 值
18       public const int GetRoleEquipment = 15;                   //获取角色装备的常量
19       public const int EquipmentChange = 16;                    //玩家装备改变时的常量
20       public const int LeaveMap = 17;                           //声明等级地图的常量
21       public const int BackToMainMap = 18;                      //返回主场景的常量
22       public const int UpdateRoleData = 19;                     //更新人物角色信息常量
23       public const int AI = 50;                                 //人工智能 AI 的常量
24     }
25     public class OPCodeEquipment{                               //定义物品操作类
26       public static int GET = 1;                                //获取物品
27       public static int DESTROY = 2;                            //撤销物品的购买
28       public static int BUY = 3;                                //购买物品
29       public static int SELL = 4;                               //卖物品的静态常量
30     }
```

说明　这些常量都是用来表示客户端与服务端通信时所需对接的操作码，并且笔者还定义购买物品的操作类，可以比较直接地获取玩家对物品的操作状态。

（2）客户端接收到从服务器传过来操作码会对游戏中的信息进行修改，其中有一些变量的改变对所有相关内容都会有影响，所以笔者定义了一些全局变量。新建一名为“GameData”的脚本用来存储这些全局变量，具体代码如下。

代码位置：见随书代码/第 9 章目录下的 GameClient/Assets/Scripts/ConnectScript/ GameData.cs。

```
1      ....../*此处省略了一些导入相关类的代码，读者可自行查阅源代码*/
2      public class GameData{                                      //游戏中的全局数据
3      public static string username = "yoyoo";                    //表示玩家名称变量
4      public static string ip = "";                               //声明当前的 IP 值
5      public static int roleID = -1;                              //从服务器创建的角色的 ID 号
6      public static ArrayList TeamList = new ArrayList();         //声明组对列表变量
7      public static Role self;                                    //声明代表玩家自己的全局变量
8      public static int VITUpper = 100;                           //表示人物角色的体力值
9      public static string rolename="";                           //声明玩家的角色名称
10     public static string targetSceneName;                       //代表目标场景的名称
11     public static EquipItem CRItem;                             //定义装备的 Item 变量
12     public static bool isOnTaskPath;                            //表示是否在与 NPC 对话
13     public static Task currentTask;                             //表示当前的对话变量
14     public static int RewardExp;                                //表示玩家奖励经验的值
15     public static int RewardGold;                               //表示玩家奖励金币数量
16     public static bool isHaveRoleData=false;                    //是否有玩家角色的信息
17     public static string name;                                  //声明玩家性别变量
18     public static int exp;                                      //声明玩家血量的变量
19     public static int needexp;                                  //表示玩家升级所需经验
20     public static int power;                                    //表示玩家的体力值
21     public static int money;                                    //声明玩家金币变量
22     public static int dimonad;                                  //表示玩家的砖石数量
23     public static int level;                                    //玩家的等级
24     public enum RoleType{                                       //对已有人物角色的枚举
25        dz = 0,                                                  //表示刺客的枚举变量
26        zs = 1,                                                  //表示战士的枚举变量
```

```
27        fs = 2,                                          //表示法师的枚举变量
28        lr = 3                                           //表示射手的枚举变量
29     }
```

说明　定义的全局变量可以达到通过修改部分数据而影响整个游戏效果，可以提高开发效率，但是在维护起来就比较麻烦，开发人员需要慎用。

（3）客户端需要将数据包打包发送至服务器，数据包是由包头和包体构成，包头就是前面定义的数据常量，而包体则是向服务器发送的具体数据内容。笔者利用的是 Socket 实现客户端与服务端的数据通信，新建一名为“ConnectSever”的脚本实现该功能，具体代码如下。

代码位置：见随书代码/第 9 章目录下的 GameClient/Assets/Scripts/ConnectScript/ ConnectServer.cs。

```
1      ....../*此处省略了一些导入相关类的代码，读者可自行查阅源代码*/
2      delegate void OPCodeCallBack(CMsg cmsg);
3      public class ConnectServer{
4        public static bool connectSucceed = false;            //判断是否连接成功
5        private bool getMSGFlag = true;                       //获取信息标志位
6        private bool bpackageHandleFlag = true;               //打包处理标志位
7        private bool sendMSGFlag = true;                      //发送信息标志位
8        private Socket mySocket;                              //Socket 实例
9        private static ConnectServer cs;                      //ConnectServer 静态实例
10       public static System.Object datalock=new System.Object();     //对象锁
11       public static System.Object packagelock = new System.Object();
12       Thread getMSGThread;                                 //获取消息线程
13       Thread bpackageHandlerThread;                        //打包处理线程
14       Thread sendMSGThread;                                //发送数据线程
15       Queue<byte[]> bpackageQ =new Queue<byte[]>();        //数据包对列
16       Queue<byte[]> bpackageSend = new Queue<byte[]>();
         //等待发送的数据包队列，操作码与回调方法
17       static Dictionary<int, OPCodeCallBack> mOPCdeCallBack = new Dictionary
18         <int, OPCodeCallBack>();     //声明 Dictionary 变量存放操作码和回调方法
19       private OPCodeWithCMsgBody createPackage =
20         OPCodeWithCMsgBody.getInstance();                 //用于打包数据
21       private System.Object bpackageSendLock = new System.Object();     //对象锁
22       public static ConnectServer getSocketInstance(){     //获取 Socket 实例
23         if (cs == null|| !connectSucceed){         //如果没有创建对象或者没有连接成功
24           getSocketInstance(PlayerPrefs.GetString("ip"));
           //调用 getSocketInstance 函数传递 IP 地址
25         } return cs;      }                               //返回实例
26       public static ConnectServer getSocketInstance(string ip){//用于连接指定 IP 的服务器
27         if(cs==null|| !connectSucceed){     //如果没有连接
28           cs=new ConnectServer(ip);          //创建 ConnectServer 实例，并传递服务器 IP 地址
29         } return cs;      }                  //返回实例
30         ConnectServer(string userIP){        //连接服务器的最终办法
31           mySocket = new Socket(AddressFamily.InterNetwork,
32           SocketType.Stream,ProtocolType.Tcp);            //获取 Socket 实例
33           IPAddress ip = IPAddress.Parse(userIP);         //解析 IP 地址
34           IPEndPoint ipe = new IPEndPoint(ip,2015);       //设置结束点，参数一为 IP 地址
35           IAsyncResult result = mySocket.BeginConnect(ipe,new AsyncCallback(ConnectCallBack),
36           mySocket);       //参数一为结束点，参数二为连接成功后的回调方法，参数三为 Socket 实例
37           bool connectsuccess = result.AsyncWaitHandle.
38             WaitOne(5000,true);                           //获取服务器是否连接成功
39           if (connectsuccess){                            //连接成功
40             getMSGThread = new Thread(new ThreadStart(GetMSGThread));//获取接收数据包线程
41             getMSGThread.IsBackground = true;             //程序在后台运行
42             getMSGThread.Start();                         //启动线程，获取处理数据包线程
43             bpackageHandlerThread = new Thread(new ThreadStart(BpackageHandlerThread));
44             bpackageHandlerThread.IsBackground = true;    //程序在后台运行
45             bpackageHandlerThread.Start();                //启动线程
46             sendMSGThread= new Thread(new ThreadStart(SendMSGThread));//获取发送数据包线程
47             sendMSGThread.IsBackground = true;            //程序在后台运行
48             sendMSGThread.Start();                        //启动线程
49             connectSucceed = true;                        //连接成功标志位置为 true
50             InitMOPCodeCallBack();                        //初始化操作码与回调方法的关系
51           }else { connectSucceed = false;                 //连接成功标志位置为 false
52     }}}
```

- 第 1～10 行声明是否连接到服务器和发送信息的标志位，以及连接服务器的静态实例。
- 第 11～20 行定义了获取消息线程、发送数据包线程和打包处理线程，并且还定义了操作码与回调方法关系的方法。
- 第 21～29 行表示当没有创建连服服务器对象或者没有连接成功时，传递 IP 地址连接到服务器。
- 第 30～36 行是连接服务器的最终方法，获取 Socket 实例，解析 IP 地址并且设置结束点。
- 第 37～42 行接收服务器是否连接成功的 bool 值，若是连接成功，则启动接收数据包线程。
- 第 43～45 行使得程序在后台运行，并且启动数据打包处理线程。
- 第 46～50 行获取发送数据包线程，使程序在后台运行启动该线程，并将是否连接到服务器的标志位置为 true 的同时初始化操作码与回调方法的关系。
- 第 51～52 行中，当客户端连接服务器失败时将连接成功标志位置为 false。

（4）客户端与服务器通信过程中，在客户端接收到服务器返回的操作码时，会调用相应的方法去处理相关事件，笔者单独定义了一个方法实现该功能。前面提到客户端有接收数据包线程、处理数据包线程、发送数据包线程，其方法的定义也在 ConnectServer 脚本中，具体代码如下。

代码位置：见随书代码/第 9 章目录下的 GameClient/Assets/Scripts/ConnectScript/ ConnectServer.cs。

```
1     static void InitMOPCodeCallBack(){
2       OPCodeHandler cpch = new OPCodeHandler();           //登录失败后调用的方法
3       mOPCodeCallBack.Add(OPCodeTable.LogOut, new OPCodeCallBack(cpch.LogOutResult));
4       mOPCodeCallBack.Add(OPCodeTable.Login, new OPCodeCallBack(cpch.LoginResult));
5       ....../*此处省略了一些设置的相关代码，读者可自行查阅源代码*/
6     }
7     private void GetMSGThread(){                         //接收数据包线程
8       while (getMSGFlag){
9         if (!mySocket.Connected){ break;}                //判断现在是否连接
10        int packageLen = ReadInt();                      //获取数据包的长度
11        byte[] bpackage = ReadPacket(packageLen);        //根据长度获取整个数据包
12        lock(packagelock){ bpackageQ.Enqueue(bpackage);  //将收到的数据包放入队列
13    }}}
14    private void BpackageHandlerThread(){                //处理数据包的线程
15      while (bpackageHandleFlag){
16        if (bpackageQ.Count > 0){                        //如果有数据包待处理
17          byte[] bpackage;                               //创建字节数组
18          lock (packagelock){                            //为该队列加锁
19            bpackage= bpackageQ.Dequeue();               //取出队列第一个对象
20          } UnPacket(bpackage);                          //调用 UnPacket 拆解数据包
21        }else{Thread.Sleep(10);}}}                       //线程休眠
22    void SendMSGThread() {                               //发送数据包线程
23      while (sendMSGFlag) {
24        if (bpackageSend.Count > 0) {                    //如果待发送队列中存在数据包
25          byte[] bpackage;                               //创建字节数组
26          lock (bpackageSendLock) {                      //对该队列进行加锁
27          bpackage = bpackageSend.Dequeue();             //取出队列第一个对象
28          } SendMSG(bpackage);                           //发送数据包
29        }else{ Thread.Sleep(10);}}}                      //线程休眠
30      public void Close() {                              //关闭 Socket 函数
31        CMsgHead chead = CMsgHead.CreateBuilder().SetOperationcode(
32          OPCodeTable.LogOut).Build();                   //构建数据包头
33        CMsgPlayerIndex cpi = CMsgPlayerIndex.CreateBuilder().SetPlayerIndex(
34          GameData.roleID).Build();                      //构建数据包体
35        CMsgc=CMsg.CreateBuilder().SetMsghead(chead.ToByteString()).SetMsgbody(cpi.
36        ToByteString()).Build();                         //构建数据包
37        cs.SendMSG(c.ToByteArray());                     //发送数据包
38        getMSGFlag = false;                              //不再接收数据
39        mySocket.Close();                                //关闭 Socket
40        getMSGThread.Abort();                            //关闭获取数据包线程
41        bpackageHandleFlag = false;                      //不再处理数据包
42        bpackageHandlerThread.Abort();                   //关闭数据包处理线程
43        sendMSGThread.Abort();                           //关闭数据包发送线程
44        sendMSGFlag = false;                             //不再发送数据包
45    }
```

- 第 1～6 行定义了客户端接收到返回的操作码所调用的相关方法，其中包括登录失败后所调用方法、登录成功后所调用的方法等。
- 第 7～9 行定义了接收数据包线程的相关方法，当没有连接上时，直接返回。
- 第 10～13 行获取数据包长度，并且将根据该长度获取到的整个数据包放入队列。
- 第 14～21 行定了处理数据包线程的方法，若还有数据包待处理，则直接对队列加锁，取出队列中第一个对象，利用 Unpackage 方法拆包。
- 第 22～29 行定义了发送数据包线程，若队列中有待发送的数据包为其加锁，取出第一个对象将其发送至服务器。
- 第 30～37 行定义了关闭 Socket 的方法，构建数据包头和包体将其发送至服务器表示不再接收数据。
- 第 38～45 行关闭 Socket，关闭数据包处理等线程，并且不再发送数据包。

（5）客户端与服务端是通过传送数据包进行通信的，因此涉及从数据包中读取数据、将数据进行打包以及向服务器发送数据包的方法，具体代码如下。将数据包打包后传至服务器，进过服务器修改之后传给客户端，调用相应的方法从数据包中读取数据。

代码位置：见随书代码/第 9 章目录下的 GameClient/Assets/Scripts/ConnectScript/ ConnectServer.cs。

```
1      int ReadInt() {                                        //读取数据包的长度
2        byte[] bint = ReadPacket(4);                         //读取字节流的前四个字节
3        return ByteUtil.byteArray2Int(bint, 0);              //将其转换成十进制数返回
4      }
5      byte[] ReadPacket(int len) {                           //根据数据包长度来接收整个数据包
6        byte[] bpacket = new byte[len];                      //创建相应长度的字节数组
7        int count = mySocket.Receive(bpacket);               //开始接收字节流并返回实际接收字节数
8        while (count < len) {                                //如果数据包接收不完全
9          byte[] temppacket = new byte[len - count];         //创建相应长度的字节数组
10         int tempcount = mySocket.Receive(temppacket);          //再次接受并返回实际接收字节数
11         if (tempcount > 0) {                                   //如果接收到了字节
12           for (int i = 0; i < tempcount; i++) {
13             bpacket[count + i] = temppacket[i];//将字节添加到 temppacket 字节数组中
14         }}
15         count += tempcount;                              //修改当前实际接收字节数
16       }
17       return bpacket;                                    //返回接收到的字节数组
18     }
19     void UnPacket(byte[] bpackage){                      //解析对应的数据包 并通过委托回调处理方法
20       try{
21         CMsg cmsg = CMsg.ParseFrom(bpackage);  //拆解数据包
22         CMsgHead mHead = CMsgHead.ParseFrom(cmsg.Msghead); //获取包头
23         if (mHead.HasOperationcode){                         //判断是否存在操作码
24           int opCode = mHead.Operationcode;
25           Debug.Log("取出一个数据包...操作码:  "+ opCode);
26           OPCodeCallBack opccb = mOPCodeCallBack[opCode];  //根据操作码选择对应的方法
27           opccb.Invoke(cmsg);
28         }
29       }catch (Exception e){ Debug.Log(e.ToString());}} //捕获异常
30     public void AddPackage(int opcode, object args){    //添加一个待发送的数据包
31       byte[] b = createPackage.MakePackage(opcode, args); //将操作码和数据 args 打包成数据包
32       if (b == null) { return; }                          //若数据包为空则直接返回
33         lock (bpackageSendLock){ bpackageSend.Enqueue(b); } //向待发送队列中添加该数据包
34     void SendMSG(byte[] packet){                              //向服务器发送消息
35       if (!mySocket.Connected){ Debug.Log("break connect");} //如果没有连接，打印错误信息
36         try{
37           byte[] msg = new byte[4 + packet.Length];           //构建字节数组
38           ByteUtil.int2ByteArray(packet.Length).CopyTo(msg, 0);
                                                         //将数据包长度转换字节添加到数据包
39           packet.CopyTo(msg, 4);                          //从第 4 个字节之后添加数据包字节数组
40           mySocket.Send(msg, SocketFlags.None);        //将数据包发送出去
41         }catch (Exception e){ Debug.Log(e.ToString());                //捕获异常
42     }}
```

- 第 1～4 行通过读取字节流的前 4 个字节并将其转换为十进制而得到数据包的长度大小。

- 第 5～7 行表示根据数据包的长度来接收整个数据包的内容，并返回接收到的字节数。
- 第 8～18 行中，当接收到的数据包不完全时，重新对接收数据包，并且将该数据包返回。
- 第 19～28 行定义了拆数据包的方法，提取出操作码和数据。
- 第 29～30 行利用 try-catch 来捕获异常。
- 第 31～33 行定义了 AddPackage 方法，根据操作码和数据打包并将其添加到待发送队列中。
- 第 34～36 行定义了 SendMSG 方法，表示客户端向服务器发送数据包的方法。
- 第 37～42 行表示将数据包长度转换成字节添加到数据包中，在第 4 个字节后就想数据包中添加数据内容，并将该数据包发送出去。

（6）细心的读者会发现本款游戏中采用多线程对数据进行处理，因为 Unity 中主线程的数据不允许子线程修改的，所以将子线程的数据缓存起来，让主线程获取该数据并对场景中的内容进行更新。新建一个名为“OpCodeHandler”的脚本，具体代码如下。

代码位置：见随书代码/第 9 章目录下的 GameClient/Assets/Scripts/ConnectScript/ OpCodeHandler.cs。

```
1     ......//此处省略了一些导入相关类的代码，读者可自行查阅源代码
2     //接收数据并解析 然后封装成 Event 派发
3     public class OPCodeHandler{
4       public void LogOutResult(CMsg cmsg){                 //接收退出结果
5         CMsgRoleinfo cri = CMsgRoleinfo.ParseFrom(cmsg.Msgbody);     //拆解数据包
6         int roleID = cri.Id;                               //获取人物 ID
7         EventWithValue ev = new
8         EventWithValue("LogOut", roleID);                  //将角色 ID 放入到 EventWithValue 中
9         EventDispatcher.Instance().DispatchEvent<EventWithValue>(ev); //派发EventWithValue
10      }
11      public void LoginResult(CMsg cmsg){                  //接收登录结果
12        Debug.Log("成功调用了登录方法");
13        CMsgResultCode rc = CMsgResultCode
14        .ParseFrom(cmsg.Msgbody);                          //通过 ParseFrom 拆解数据包
15        int loginresult = rc.Result;                       //获取登录结果编号
16        EventWithValue ev = new EventWithValue
17        ("EventWithValue", loginresult);                   //将角色 ID 放入到 EventWithValue 中
18        EventDispatcher.Instance().DispatchEvent<EventWithValue>(ev);     //派发
19      }
20      public void RoleInfo(CMsg cmsg){                     //获取场景中所有的角色信息
21        Debug.Log("角色数量: " + cmsg.RoleinfoCount);
22        IList<CMsgRoleinfo> lri = cmsg.RoleinfoList;  //获取角色列表
23        Role[] rs = new Role[cmsg.RoleinfoCount];       //创建于 Role 数组长度为角色的数量
24        int index = 0;
25        foreach (CMsgRoleinfo cri in lri){                  //遍历角色列表中每个角色的消息体
26          rs[index] = new Role(cri.Id, cri.Name, cri.Username, cri.Sex,
27          cri.SkinID, cri.Rolebaseid, new Vector2(cri.X, cri.Y),cri.Level);
28          index++;           //获取每个角色的 ID,名称,用户名，性别，技能 ID，角色位置等数据
29        }
30        RoleInfoEvent rie = new RoleInfoEvent("RoleInfoEvent", rs);
31        EventDispatcher.Instance().DispatchEvent<RoleInfoEvent>(rie);       //派发
32      }
33      ......//此处省略了其他相同类型的函数，有兴趣的读者可以自行查看源代码
34    }
```

- 第 1～6 行定义了接收到登录失败操作码后的处理方法，对数据包进行拆解获取人物角色的 ID。
- 第 7～10 行定义了 EventWithValue 变量，将人物角色 ID 放在该事件当中，并对该事件进行派发。
- 第 11～19 行接收到登录成功操作码后的处理方法，拆解数据包获取人物 ID 号。
- 第 20～24 行定义了获取场景中所有角色的信息，定义 Role 类型的数组用来存放角色信息。
- 第 25～34 行遍历 Role 类型的数组，获取每个角色的 ID、用户名等信息，并对其进行派发。

（7）数据包由包头和包体组成，每个数据包也对应着不同的操作码。在发送数据包之前，首先要创建数据包，将不同的操作码与数据包封装在一起，便于服务端对数据的接收和修改。新建

一名为“OPCodeWithCMsgBody”的脚本，具体代码如下。

代码位置：见随书代码/第 9 章目录下的 GameClient/Assets/Scripts/ConnectScript/ OPCodeWithCMsgBody.cs。

```
1      ....../此处省略了一些导入相关类的代码，读者可自行查阅源代码
2      //根据操作码制作不同的数据包用来发送
3      delegate byte[] CreatePackage(object args,int opcode);    //构造 CMsg 的方法
4      public class OPCodeWithCMsgBody {
5        static OPCodeWithCMsgBody opcodeWithCMsgBody; //定义该类的静态实例
6        Dictionary<int, CreatePackage> mCreatePackage =
7        new Dictionary<int, CreatePackage>();          //设置操作码和相关的数据包的关系
8        OPCodeWithCMsgBody(){                          // OPCodeWithCMsgBody 脚本构造器
9          InitMCreatePackage();                        //初始化操作码与不同数据包的关系
10       }
11       public static OPCodeWithCMsgBody getInstance(){  //获取该脚本的实例
12         if (opcodeWithCMsgBody == null){               //如果对象为空
13           opcodeWithCMsgBody = new OPCodeWithCMsgBody();  //实例化对象
14         }
15         return opcodeWithCMsgBody;                        //返回对象
16       }
17       public byte[] MakePackage(int opcode,object args){  //制作数据包并返回
18         if (mCreatePackage.ContainsKey(opcode)){
19         //查找 mCreatePackage 中是否包含传进来的操作码
20           Debug.Log("将要创建的数据包操作码为"+ opcode);
21           return mCreatePackage[opcode].Invoke(args,opcode);    //执行相应的回调方法
22         return null;
23       }
24       void InitMCreatePackage(){
25         mCreatePackage.Add
26         (OPCodeTable.LogOut, PlayerIndex);    //LogOut 操作码与 PlayerIndex 函数对应
27         mCreatePackage.Add
28         (OPCodeTable.Login, Login);           //Login 操作码与 Login 函数对应
29         mCreatePackage.Add
30         (OPCodeTable.GetPlayersInfo, ClientInfo);  //GetPlayerInfo 与 ClientInfo 函数对应
31         ....../此处省略了其他相同类型语句，有兴趣的读者可以自行查看源代码
32     }}
```

- 第 1～7 行定义了构建 CMsg 的方法，并通过 Dictionary 设置操作码和相关数据包的关系。
- 第 8～10 行调用 InitMCreatePackage 方法，初始化操作码与数据包的关系。
- 第 11～16 行定义了获取该脚本实例方法，如果该对象为空则实例化对象，并将其返回。
- 第 17～23 行定义了 MakePackage 方法，是否包含操作码而执行相应的回调方法。
- 第 24～32 行表示初始化创建数据包方法，将操作码和相应的处理方法封装在一起。由于篇幅限制，笔者只介绍了一部分方法，有兴趣的读者可以自行查看随书中的源代码。

9.9 选人场景的搭建

本小节笔者将详细介绍该款游戏中选择人物角色场景的搭建以及相关功能的开发。

9.9.1 选人 3D 场景的搭建

本场景中包含 3D 游戏场景的搭建以及 UI 界面的开发两部分，首先介绍的是 3D 游戏场景的搭建。新建一个名为“02-character_select”的场景，从项目资源列表中将所需的 FBX 文件拖曳到 Scene 面板中，摆放到合适的位置。效果如图 9-54 所示。

（1）为了游戏对象列表更加美观，笔者将所有 3D 场景中的游戏对象放在一个父对象下，方便了游戏对象的管理，如图 9-55 所示。这是一个开发人员所应拥有的良好习惯。为了增加人物的神秘感，笔者还增加了由粒子系统制作的烟雾效果，如图 9-56 和图 9-57 所示。

（2）本款游戏提供了 4 种职业的游戏人物角色，分别是战士、法师、射手以及刺客，而每种人物

角色又分为男、女两种，一共需要 8 种人物模型。玩家在选择人物的同时还可创建属于自己的人物角色，将这 8 种人物模型分别摆放在选择人物位置和创建人物位置，如图 9-58 和图 9-59 所示。

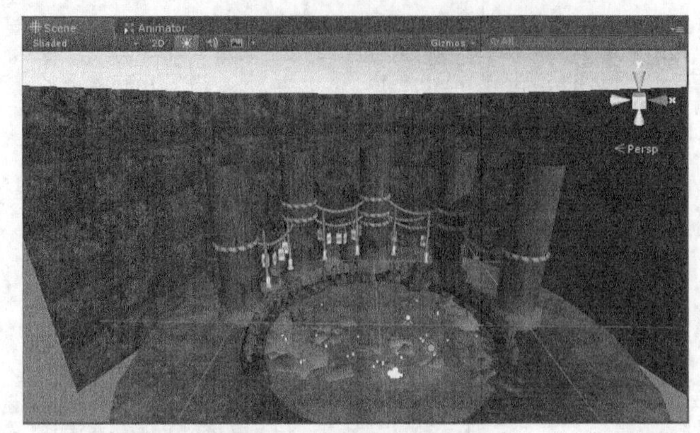

▲图 9-54　选人场景效果图

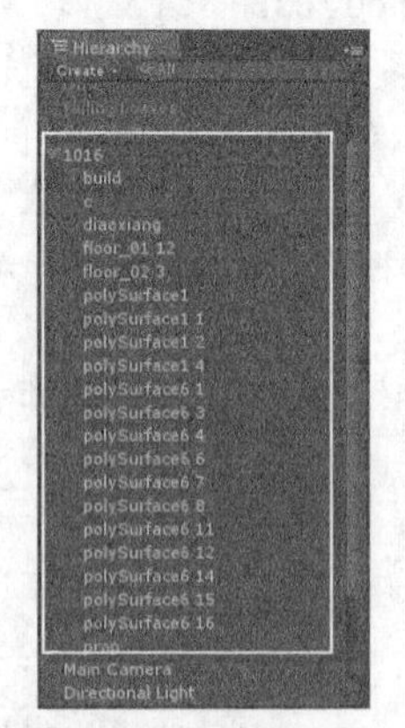

▲图 9-55　游戏对象列表

▲图 9-56　场景中的阳光效果

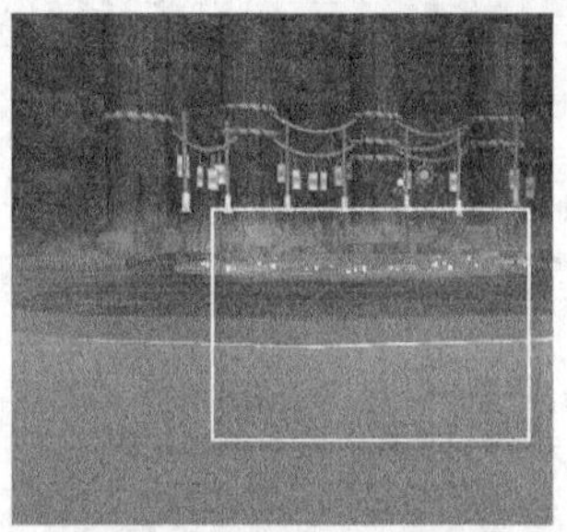

▲图 9-57　场景中的烟雾效果

▲图 9-58　人物模型位置

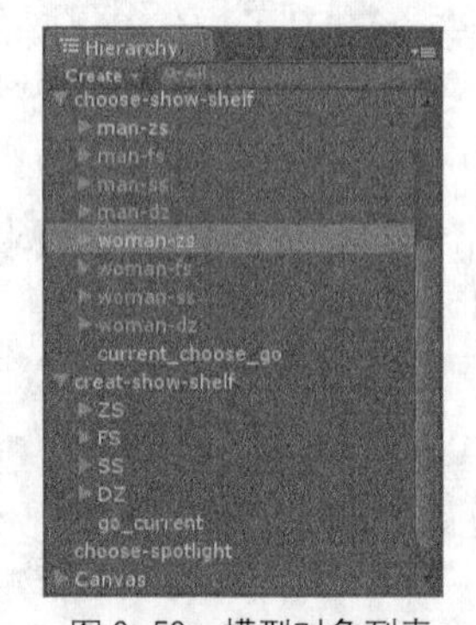

▲图 9-59　模型对象列表

（3）无论是哪个位置的人物模型默认的性别都是男性，在创建或者选择人物时可以随时更改性别。不同性别的人物模型拥有不同的声音以及口号，在选择不同人物时会播放其台词。因此需要专门的脚本来控制声音的播放，具体代码如下。编写完成后将该脚本挂载到 choose-show-shelf 游戏对象上即可，并将对应的游戏资源拖曳到相应的变量上。

代码位置：见源代码/第 9 章目录下的 GameClient/Assets/_Loading/Add1205/_CharacterSelect/ShowChooseCharacter.cs。

```
1      using UnityEngine;
2      using System.Collections;
3      public class ShowChooseCharacter : MonoBehaviour{
4        public static ShowChooseCharacter _instance;
5        public Camera mainCamera;                          //声明场景中主摄像机变量
```

```
6         public AudioSource audio;                      //定义场景中的 AudioSource 变量
7         public AudioClip zs_man;                       //定义男战士的音频剪辑
8         public AudioClip fs_man;                       //定义男法师的音频剪辑
9         public static Vector3 old_pos;
10        public GameObject current_choose_go;           //声明玩家当前所选择的游戏对象变量
11        public GameObject go_zs;                       //定义男战士的角色变量
12        public GameObject go_fs;                       //定义女战士的角色变量
13        ....../*此处省略一些默认设置的代码，有兴趣的读者可以自行查看源代码*/
14        void Start(){
15          _instance = this;                            //获取实例
16          old_pos = mainCamera.transform.position;     //记录当前摄像机的位置
17          current_choose_go = go_zs;                   //当前的角色默认的是男战士
18          go_fs.SetActive(false);                      //将法师角色模型设为不可见
19          go_ss.SetActive(false);                      //将射手角色模型设为不可见
20          ....../*此处省略一些默认设置的代码，有兴趣的读者可以自行查看源代码*/
21        }
22        public void OnChooseChanged(Role r){
23          current_choose_go.SetActive(false);          //将当前人物角色模型设为不可见
24          if (r.sex == 0){                             //当玩家所选择的角色性别为男性时
25            switch (r.roleType){                       //遍历人物角色的职业类型
26              case (int)GameData.RoleType.zs:          //若职业类型是战士
27                current_choose_go = go_zs;             //将当前的人物角色替换为战士
28                audio.Stop();                          //停止播放当前的声音
29                if (PlayerPrefs.GetFloat("soundoff") == 1) {
30                  audio.PlayOneShot(zs_man); }         //播放战士的台词
31            break;
32            ....../*此处省略一些默认设置的代码，有兴趣的读者可以自行查看源代码*/
33          }
34          current_choose_go.SetActive(true);           //将当前的人物角色设置为可见
35          current_choose_go.GetComponentInChildren<Animator>().SetFloat(
36            "ren", 2f);                                //播放人物角色动画
37      }}}
```

- 第 1～8 行定义了一些变量，其中包括场景中主摄像机的变量，还有 8 种人物角色的台词。
- 第 9～13 声明了被玩家选中的当前的角色以及 8 种不同人物模型的角色变量。
- 第 14～21 行重写了 Start 方法，设置当前的人物角色模型为男战士，并且将其他的人物角色设置为不可见。
- 第 22～33 行表示的是玩家选择的当前人物角色发生变化时，播放玩家所选中的当前的人物声音。
- 第 34～37 行设置的是将当前人物角色对象设置为 true，并且播放相应的人物动画。

（4）上一个脚本中提到了每个人物在被选中时会播放相应的骨骼动画，其实无论是哪个角色人物都有对应的 7 种动画类型，分别是站立、移动、3 种技能动画、一种普通攻击动画以及最后的死亡动画，笔者将详细介绍动画的创建及播放控制。

（5）Unity 游戏开发引擎采用动画状态机来控制某个角色复杂的骨骼动画。本款游戏一共有 8 个人物角色模型，但是添加骨骼动画状态机的步骤都是相同的。笔者以男战士为例讲解该内容。在游戏对象列表中选中 choose-show-shelf 游戏对象下的 fighter6，如图 9-60 所示。

（6）单击“Component”→“Miscellaneous”→“Animator”，为其添加“Animator”组件，如图 9-61 所示。人物模型带有动画，所以要为它添加动画控制器。在项目资源列表中右击→“Create”→“Animator Controller”，如图 9-62 所示。重命名为“nandao”，将其拖到“fighter6”的属性列表中“Animator”的“Controller”上。

（7）双击人物控制器“nandao”，进入“Animator”编辑界面，右击→“Create State”→“Empty”，单击新出现的“New State”，在其属性面板中将该状态的名称修改为“0stand”，表示人物站立时的状态动画，将事先准备好的“stand”动画拖入“Motion”右框中，如图 9-63 所示。

（8）选中 0stand，右击，选中“Set as Layer Default State”，将该状态作为人物默认的状态动画，如图 9-64 所示，默认状态会变成橘黄色。按照步骤（8）再次新建一个名为“1move”的“state”，并将“move”动画拖入“Motion”右框中。

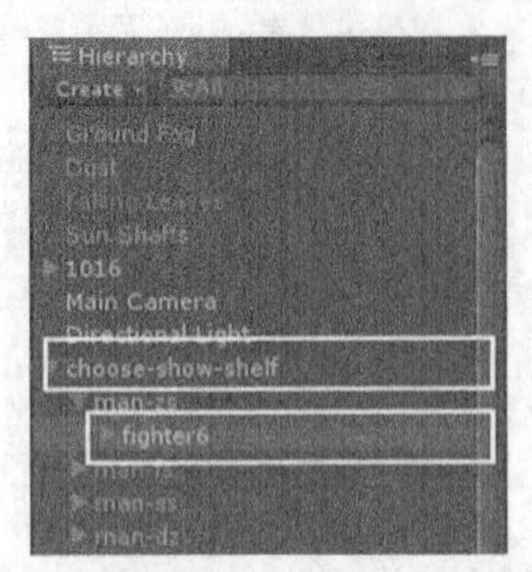

▲图 9-60　选中 fighter6 游戏对象

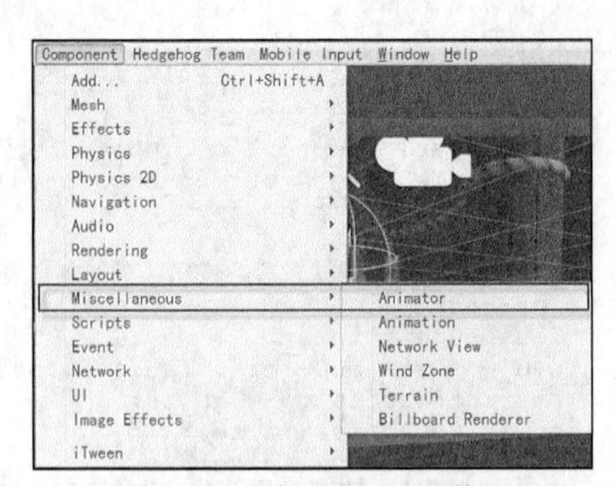

▲图 9-61　添加 Animator 组件

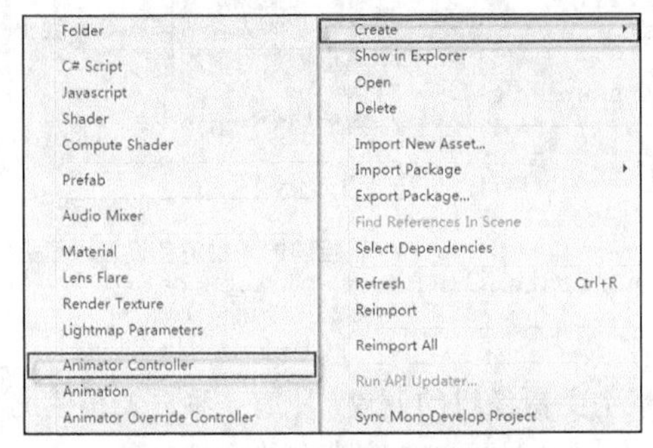

▲图 9-62　动画控制器

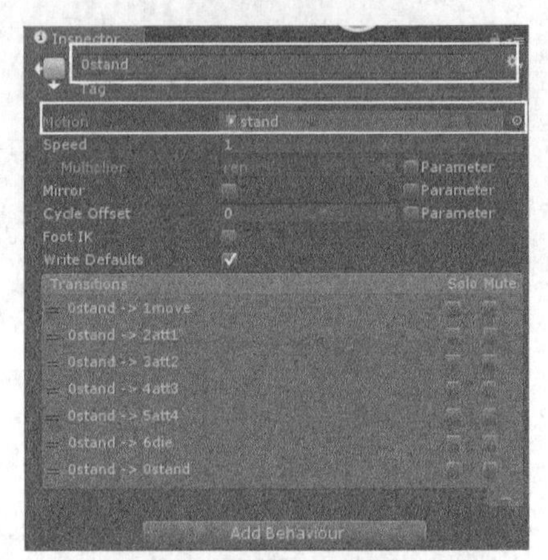

▲图 9-63　修改 state 名称

（9）每个人物角色一共有 8 个状态的动画，这就需要每个动画之间进行连接。选中 0stand 状态，右击鼠标，选择“Make Transition”，出现一个带箭头的直线连接到 1move 状态上，同时也可以将箭头连接到同一个状态机上，表示该动画状态可以循环播放，如图 9-65 所示。

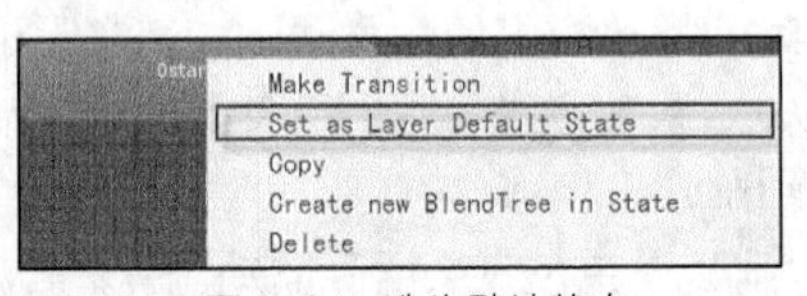

▲图 9-64　选为默认状态

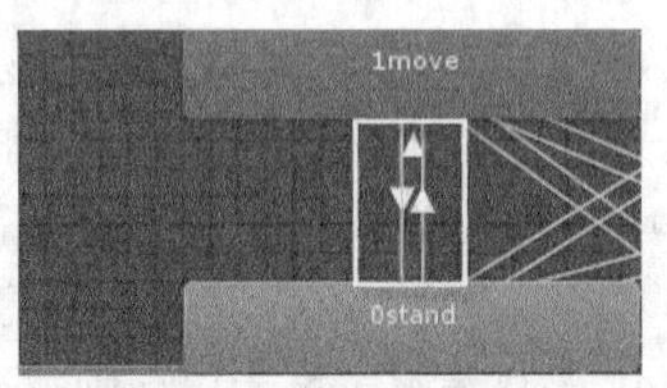

▲图 9-65　添加 Transition

（10）根据步骤（8）和步骤（9），将该人物角色剩余的其他动画状态全部添加到动画状态机上。添加效果如图 9-66 所示。动画状态添加完成后，需要动画播放控制标志位来控制动画之间的切换。在 Animator 的左上角有一个 Parameter 参数，在这里可以设置标志位，并对标志位进行参数的设置。

（11）单击“Parameter”参数下面的“+”添加控制标志位，开发人员可以为其取任意类型的名字，但建议取 float 类型的名字，这样可以设置多个动画控制标志位，如图 9-67 所示。单击两个 state 之间的任意箭头，会看到动画控制参数，如图 9-68 所示。

（12）完成动画控制器的创建后，在箭头之间的参数中，可以写任意的数字去控制动画的播放。除此之外，开发人员还可以在脚本中控制动画的切换。通过特定的动画控制标志位的名称，以及相关参数即可实现切换动画的功能，读者可以参考 ShowChooseCharacter.cs 脚本中的代码。

（13）在玩家创建人物角色时，所选中的人物角色会凸显出来，如图 9-69 所示。这时就需要特定的脚本去实现该功能。右击，选择“Create”→“C# Script”，创建一个名为“ShowCharacter”

的脚本，具体代码如下。编写完成后将其挂载到 creat-show-shelf 游戏对象上，并将所对应的资源拖曳到相应的脚本变量中。

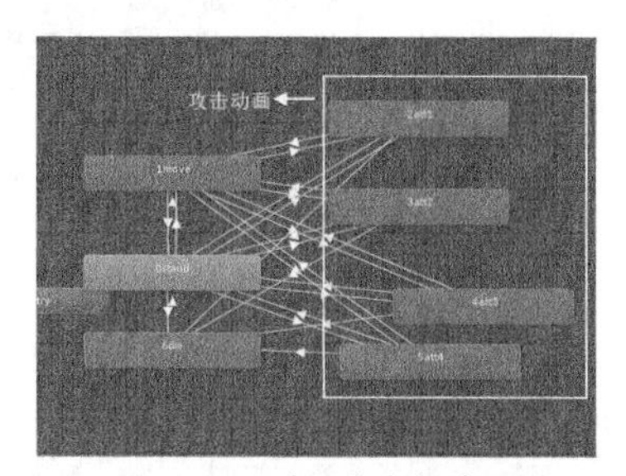

▲图 9-66 动画状态机效果

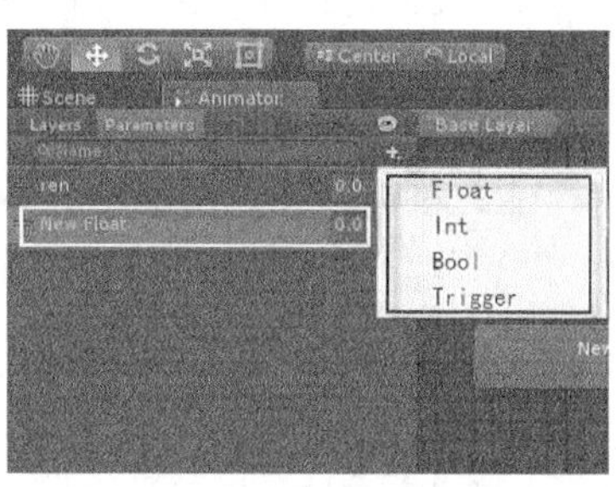

▲图 9-67 添加播放控制标志位

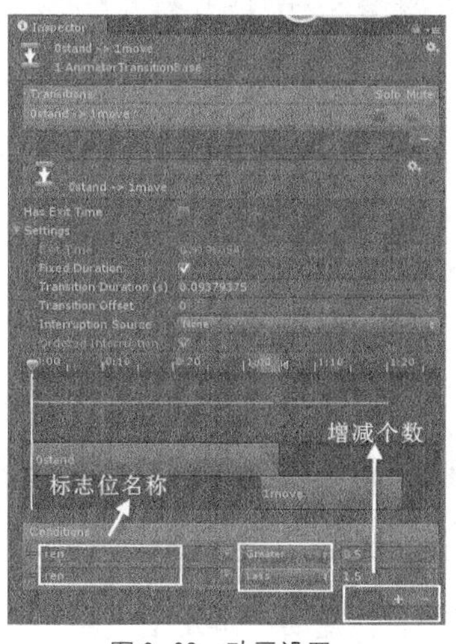

▲图 9-68 动画设置

▲图 9-69 人物凸显效果

代码位置：见随书源代码/第 9 章目录下的 GameClient/Assets/Add1205/_CharacterSelect/Show Character.cs。

```
1     using UnityEngine;
2     using System.Collections;
3     public class ShowCharacter : MonoBehaviour{
4       public static ShowCharacter _instance;     //定义该类的实例变量
5       public GameObject camera;                  //声明摄像机的游戏对象
6       public Vector3 camera_pos;                 //声明三维向量记录摄像机的位置
7       public AudioSource audio;                  //定义 AudioSource 变量代表角色的声音
8       public AudioClip zs_man;                   //定义男战士的台词声音
9       public AudioClip fs_man;                   //定义男法师的台词声音
10      public GameObject go_current_choose;       //声明游戏对象变量记录当前选择的人物对象
11      public GameObject ZS_group;                //声明战士的游戏对象变量
12      public GameObject go_zs;                   //声明男战士的游戏对象变量
13      public GameObject go_zs_woman;             //声明女战士的游戏对象变量
14      ……/*此处省略一些默认设置的代码，有兴趣的读者可以自行查看源代码*/
15      void Start(){                              //重写 Start 方法
16        _instance = this;
17        isMan = true;                            //默认的是选中男性
18        OnCareerChanged(0);                      //默认为战士组被选中
19      }
20      public void OnCareerChanged(int index){    //定义当所选人物发生变化时的方法
21        if (index == currrent_career_code){ return;} //若所选人角色为当前角色而不做处理
22        currrent_career_code = index;                 //改变当前角色变量的值
23        Hashtable args = new Hashtable();             //创建 Hashtable 变量用来存放位置
24        switch (index){
25          case 0:
26            go_current_choose.transform.localPosition = old_pos; //将当前的人物角色位置复原
27            old_pos = ZS_group.transform.localPosition;         //记录战士组的位置
28            go_current_choose = ZS_group;
```

```
29          go_current_choose.transform.localPosition = new Vector3(
30            old_pos.x, old_pos.y, old_pos.z - 0.3f);     //修改当前被选中角色的位置
31          go_current_choose.GetComponentInChildren<Animator>().
32            SetFloat("ren", 2f);                              //播放动画
33          args.Add("position", new Vector3(go_current_choose.transform.position.x,
34          camera.transform.position.y, camera.transform.position.z));
                                                       //将当前摄像机的位置记录
35          args.Add("time", 1f);
36          iTween.MoveTo(camera, args);           //将摄像机经过特定的时间移动到某一位置
37          if (isMan) {                           //当所选角色为男性时
38            audio.Stop();                        //停止播放正在播放的声音
39            audio.PlayOneShot(zs_man);           //播放所选择的角色台词
40            }else{
41              audio.Stop();
42              audio.PlayOneShot(zs_woman);       //否则播放女性台词
43            }
44          break;
45          ……/*此处省略一些默认设置的代码，有兴趣的读者可以自行查看源代码*/
46      }}
47    public void OnSexChanged(bool isMan){        //性别发生变化时调用的方法
48      if (isMan){                                //为女性时显示所有的女性角色
49        go_zs.gameObject.SetActive(false);       //将男性角色置为不可见
50        go_zs_woman.gameObject.SetActive(true);    //将女性角色置为可见
51      }else {                                      //当所选为男性时
52        go_zs.gameObject.SetActive(true);          //将男性角色置为可见
53        go_zs_woman.gameObject.SetActive(false); //女性置为不可见
54        ……/*此处省略一些默认设置的代码，有兴趣的读者可以自行查看源代码*/
55  }}}
```

- 第 1～7 行定义了一些变量，其中包括场景中主摄像机的变量和场景中角色声音的 AudioSource 变量。
- 第 8～14 行则是部分角色的游戏对象变量，其中包含战士组游戏对象变量以及男女战士各自的游戏变量，省略的部分代码读者可以自行查阅岁数。
- 第 15～19 行重写了 Start 方法，人物角色性别设置为男性，默认男战士被选中。
- 第 20～21 行中，当人物角色选择未发生变化时，直接返回不作处理。
- 第 22～23 行改变当前人物角色职业的索引值，并定义一个 Hashtable 变量用来存储位置信息。
- 第 24～36 行则是整个人物角色和摄像机移动的主要代码，首先将当前所选择的人物角色位置复原，并记录下一个所选择角色的位置信息。将所选择的人物角色向前凸显出来，同时也利用 iTween 改变摄像机的位置。
- 第 37～40 行表示的是当创建的人物角色为男性时，播放该男性职业的台词。
- 第 41～46 行表示的是当创建的人物角色为女性时，播放该女性职业的台词。
- 第 47～55 行定义了当角色性别发生变化时所调用的方法，当为男性时则把所有的男性角色置为可见，所有的女性角色置为不可见，反之亦然。

9.9.2 UI 界面的开发

本小节主要讲解 UI 的开发，选择人物界面所涉及的功能较为复杂，由于篇幅限制，笔者将主要讲解相关功能的开发，UI 搭建的相关内容都大同小异，读者可以参考前面的章节内容。

（1）该 UI 包括选择人物界面和创建人物角色界面，选择人物的界面较为简单，只包含两个 Button 和一个滚动视图（ScrollView）。滚动视图用来存放当前玩家所拥有的所有角色列表，该界面的效果如图 9-70 所示。

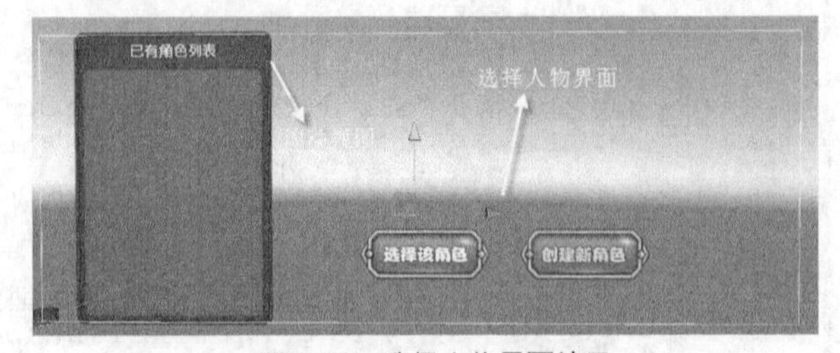

▲图 9-70　选择人物界面效果

（2）为 choose-character 游戏对象下新

建名为“character-list”的 Image 类型的对象。滚动视图中内容只在试图内部显示，需要添加 Mask 组件进行遮罩处理。为 character-list 添加名为 mask 的子对象，为其添加 Mask 组件的同时添加 Scroll Rect 组件，以实现视图滚动效果，分别如图 9-71 和图 9-72 所示。

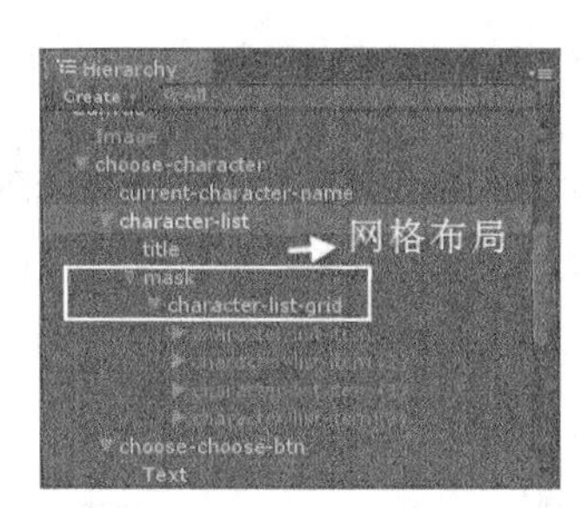

▲图 9-71　滚动视图游戏对象列表

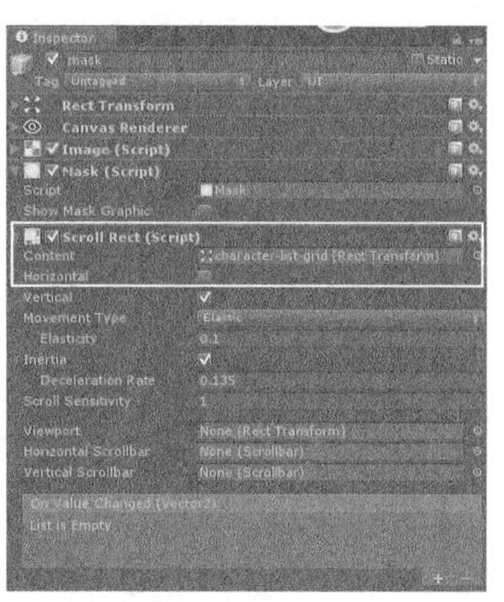

▲图 9-72　添加 Mask 和 Scroll Rect 组件

（3）为 mask 添加名为“character-list-grid”的子对象，为使得滚动视图内的所有内容有序排列，为该容器添加网格布局组件，如图 9-73 所示，并设置每个 Cell 的长度和宽度，如图 9-74 所示。这样一来，所有视图内的内容将按照所设置的大小有序排列。

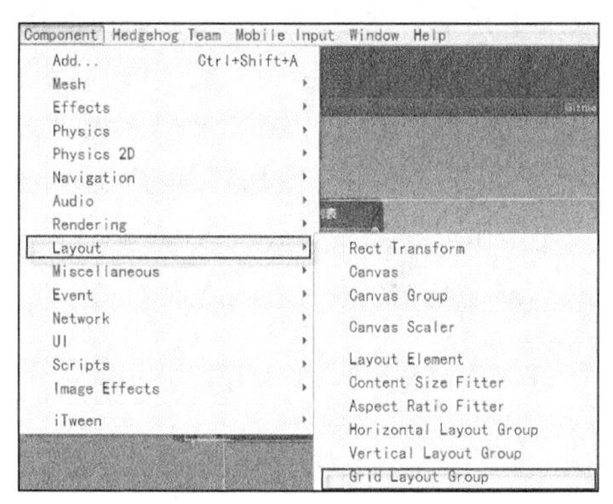

▲图 9-73　添加网格布局组件

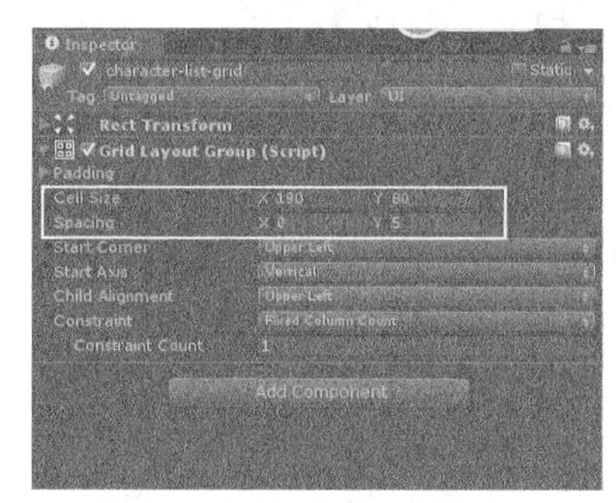

▲图 9-74　设置网格布局参数

（4）选择人物界面接搭建完成了。其相关功能的实现笔者将在后面详细讲解，而创建人物界面则比较复杂，如图 9-75 所示。在该界面中玩家可以选择不同类型的角色，在面板右侧可以查看该角色的详细信息，还可以为所选择的角色创建随机名称。

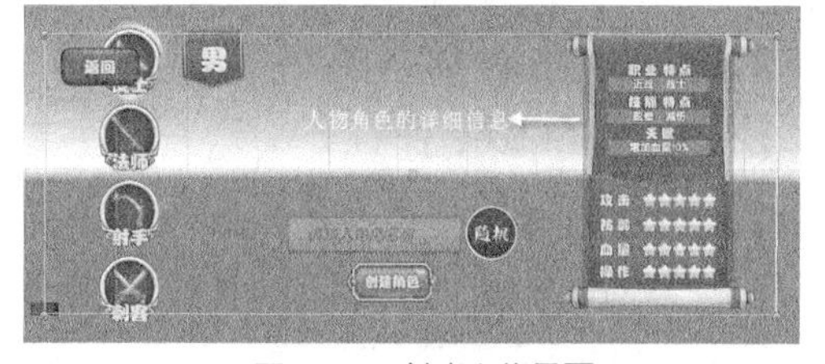

▲图 9-75　创建人物界面

（5）按照图 9-75 搭建创建人物角色界面，笔者将不再重复讲述。接下来将介绍为角色取随机名字这一小功能的开发。在游戏资源列表中有一个名为“随机名字”的 Text 文件，里面的每个姓氏和名字都用“|”分开，而姓氏和名字之间用“@”分开。新建名为“RandomNameCreater”的脚本，并在编写完成后将其挂载到 Canvas 游戏对象上，具体代码如下。

代码位置：见随书源代码/第 9 章目录下的 GameClient/Assets/Add1205/_CharacterSelect/RandomNameCreater.cs。

```
1      using UnityEngine;
2      using System.Collections;
3      public class RandomNameCreater : MonoBehaviour{
4        public static RandomNameCreater _instance;  //定义本类的实例变量
5        public TextAsset NameSet;                    //定义 Text 的变量
6        string[] first_names;                        //声明姓氏的数组
7        string[] last_names;                         //声明名字的数组
8        void Start() {
9          _instance = this;
10         readInfo();                          //调用 readInfo 方法，对姓氏和名字进行分割
11       }
12       void readInfo() {                      //定义分割姓氏和名字的方法
13         if (NameSet) {
14           string[] str = NameSet.ToString().Split('@');//以"@"将文档分为两部分
15           first_names = str[0].ToString().Split('|'); //前一部分是姓氏，分割后存放到数组
16           last_names = str[1].ToString().Split('|');  //后一部分是名字，分割后存放到数组
17       }}
18       public string getRandomName() {
19         string name = "";
20         int i = Random.Range(0, first_names.Length);  //随机一个姓氏
21         int j = Random.Range(0, last_names.Length);   //随机一个名字
22         name = first_names[i] + last_names[j];        //姓氏+名字
23         return name;                                  //返回名称
24     }}
```

- 第 1～7 行声明 Text 文档变量，定义了姓氏数组和名字数组。
- 第 8～11 行重写了 Start 方法，并且调用姓氏和名字的分割方法。
- 第 12～17 行定义了分割方法，从 Text 文档中将姓氏和名字分别存放在两个数组中。
- 第 18～24 行定义生成名字的方法，在两个数组中任意给两个索引，根据其所对应的内容组成一个完整的名字。

（6）随机取名的功能介绍完成后，就剩下选择人物功能的介绍了。新建一个名为“CharacterSelUIEventManager”的脚本，双击打开 C#编辑器，代码如下。编写完成后将其挂载到 Canvas 游戏对象上。由于该代码较长，所以笔者将其分为几段进行介绍。

代码位置：见随书源代码/第 9 章目录下的 GameClient/Assets/Add1205/_CharacterSelect/CharacterSelUIEventManager.cs。

```
1      ....../*此处省略了一些导入相关类的代码，读者可自行查阅随书附带中的源代码*/
2      public class CharacterSelUIEventManager : MonoBehaviour{
3        public static CharacterSelUIEventManager _instance;
4        public GameObject choose_show_shelf;               //选人展示台
5        public GameObject role_item;                       //玩家拥有游戏角色列表预制件
6        public RectTransform role_item_grid;
7        private int currentRoleType = 0;                   //当前角色职业类型
8        ....../*此处省略一些默认设置的代码，有兴趣的读者可以自行查看源代码*/
9       void Start(){
10         _instance = this;
11         panel_choose.SetActive(true);            //显示角色选择界面
12         panel_creat.SetActive(true);             //显示角色创建界面，使得初始化完成
13         InitUI();                                //UI 初始化
14         panel_creat.SetActive(false);            //关闭角色创建界面
15         isMan = true;                            //角色默认性别为男
16         OnAbilityStarValueChanged(3, 2, 4, 5);   //初始化人物介绍 UI 的各个特色的星星数量
17         cs.AddPackage(OPCodeTable.GetPlayersInfo, arg);//将当前的玩家信息打包传至服务器
18         EventDispatcher.Instance().RegistEventListener(
19           "RoleInfoEvent", InitRolesInfo);            //对事件添加监听方法
20         EventDispatcher.Instance().RegistEventListener(
21           "CreateRoleResult", GetCreateRoleResult);   //创建结果
22       }
23       void Update(){                                  //重写 Update 方法
24         EventDispatcher.Instance().OnTick();          //启动事件派发
25     }}
```

- ❑ 第 1～8 行定义了一些变量，主要是场景中的游戏对象，比如有选择人物角色界面、角色列表预制件以及当前角色的职业类型等。
- ❑ 第 9～13 行重写了 Start 方法，将选择人物界面和创建角色界面置为可见，使得其初始化完成，并且调用 InitUI 方法用来初始化界面中的 Button、Text 以及 InputField 等游戏对象。
- ❑ 第 14～17 行在创建界面初始化完成后将其设置为不可见，并将当前玩家的信息打包传至服务器。由于篇幅限制，读者可以参考随书的源代码。
- ❑ 第 18～22 行利用事件派发类对事件添加监听方法。
- ❑ 第 23～25 行重写 Update 方法，启动事件派发方法。

（7）由于在创建人物角色界面有很多的组件，所以在初始化 UI 的方法中会比较繁琐，会有 Button、Text 以及 InputField 的初始化。下列代码中只是粗略的介绍了大致思路，详细的源代码请参考随书，具体代码如下。

代码位置：见随书源代码/第 9 章目录下的 GameClient/Assets/Add1205/_CharacterSelect/ Character SelUIEventManager.cs。

```
1       void InitUI(){
2         Toggle[] _toggles = this.GetComponentsInChildren<Toggle>();
3         for (int i = 0; i < _toggles.Length; i++) {
4           if (_toggles[i].name == "Toggle (0)"){
5             ability_star[0, 0] = _toggles[i];              //将人物属性利用数组存储起来
6           }
7           ....../*此处省略一些默认设置的代码，有兴趣的读者可以自行查看源代码*/
8         }
9         Toggle[] _tog = this.GetComponentsInChildren<Toggle>();
10        for (int i = 0; i < _tog.Length; i++) {          //对带有开关组件的对象进行遍历
11          if (_tog[i].name == "zs-btn") {                //当该游戏对象名为战士时
12            tog_zs = _tog[i];                            //对战士是否被选中的开关
13          }
14          ....../*此处省略一些默认设置的代码，有兴趣的读者可以自行查看源代码*/
15        }
16        Button[] _btn = this.GetComponentsInChildren<Button>();
17        for (int i = 0; i < _btn.Length; i++) {
18          if (_btn[i].name == "choose-choose-btn") {  //选择人物界面选择该角色按钮
19            btn_choose_choose = _btn[i];               //对选择按钮进行注册监听方法
20            EventTriggerListener.Get(btn_choose_choose.gameObject).onClick =
              OnChooseChooseClick;
21        }}
22        Text[] _txt = this.GetComponentsInChildren<Text>(); //获取带有 Text 组件的所有游戏对象
23        for (int i = 0; i < _txt.Length; i++) {        //开启循环
24          if (_txt[i].name == "career-txt"){           //当游戏对象名称为 career-txt 时
25            txt_career = _txt[i];
26          }
27          ....../*此处省略一些默认设置的代码，有兴趣的读者可以自行查看源代码*/
28        }
29        InputField[] _inpield = this.GetComponentsInChildren<InputField>();
          //获取有 InputField 游戏对象
30        for (int i = 0; i < _inputfield.Length; i++) {    //对带有输入框的对象进行遍历
31          if (_inputfield[i].name == "name-inputfield") {
32            input_rondam_name = _inputfield[i];           //对名称变量进行赋值
33          }
34        ....../*此处省略一些默认设置的代码，有兴趣的读者可以自行查看源代码*/
35      }}
36      public void OnChooseChooseClick(GameObject go){      //选中已有角色，进入游戏
37        ....../*此处省略一些默认设置的代码，有兴趣的读者可以自行查看源代码*/
38      }
```

- ❑ 第 1～8 行获取场景中带有 Toggle 组件的游戏对象，将其利用 Toggle 类型的数组存储起来。
- ❑ 第 9～15 行定义的是战士 Toggle 是否被打开，因为在创建人物界面会有 4 种类型的角色供玩家挑选，每个职业都是一个 Toggle，被选中则认为该 Toggle 被打开。
- ❑ 第 16～21 行获取场景中带有 Button 组件的游戏对象，利用 EventTriggerListener 为每个按钮注册监听方法。

- 第 22～28 行获取场景中带有 Text 组件的游戏对象，这样在脚本中可以随时修改该文本中的内容。
- 第 29～35 行获取场景中带有 InputField 组件的游戏对象，对前面声明的变量进行初始化。
- 第 36～38 行定义了选择人物界面的“选择该角色”按钮的调用方法，脚本中有很多类似这种方法的声明，笔者将在下面详细讲解。

（8）在前面的代码片段中定义了好多方法，这些方法主要是将创建人物界面的人物属性信息显示出来，包括每个人物角色的属性值（用星星的数量来表示）以及选择人物的职业按钮，其相关功能都是在下列脚本中具体方法中实现的，具体代码如下。

代码位置：见随书源代码/第 9 章目录下的 GameClient/Assets/Add1205/_CharacterSelect/ CharacterSelUIEventManager.cs。

```
1      public void OnAbilityStarValueChanged(int attack, int defense, int blood, int
control) {
2        bool[,] isLight = new bool[4, 5];                //定义该 Toggle 是否打开的 bool 型数组
3        for (int i = 0; i < 5; i++) {
4          if (i < attack) {                              //当索引小于给定的值时
5            isLight[0, i] = true;                        //利用 for 循环将给星星的 Toggle 打开
6          }
7          ....../*此处省略一些默认设置的代码，有兴趣的读者可以自行查看源代码*/
8        }
9        for (int i = 0; i < 4; i++) {
10         for (int j = 0; j < 5; j++) {               //将所有星星的开关按照中间值赋值
11           ability_star[i, j].isOn = isLight[i, j];
12       }}}
13     private void InitRolesInfo(EventBase eb){       //加载从服务器获取的当前用户已有角色列表
14       RoleInfoEvent rie = eb as RoleInfoEvent;
15       int roleCount = rie.eventValues.Length;       //获取当前返回的角色列表信息
16       if (roleCount == 0) { return;}                //没有已有角色
17       int grid_height = roleCount * 85;             //根据返回的角色个数设置人物列表的长度
18       role_item_grid.sizeDelta = new Vector2(role_item_grid.sizeDelta.x, grid_height);
19       for (int i = 0; i < roleCount; i++) {         //网格布局自动排列
20         Role r = rie.eventValues[i];                //游戏角色
21         CreatRoleItem(r);                           //实例化玩家每个游戏角色列表
22       }
23       if (rie.eventValues[0]!=null){ OnRoleItemClick(rie.eventValues[0]);}
                                                       //默认选中第一个角色
24       ShowChooseCharacter._instance.OnChooseChanged(rie.eventValues[0]); //展示第一个角色
25       txt_current_name.text = rie.eventValues[0].name.ToString();    //修改当前的名称
26     }
27     private void CreatRoleItem(Role r){                        //实例化角色列表的 Item
28       GameObject go = GameObject.Instantiate(role_item) as GameObject; //初始化样例式列表
29       go.transform.SetParent(role_item_grid, false);  //实例化 Item 对象
30       go.layer = role_item_grid.gameObject.layer;      //修改游戏对象的层
31       go.GetComponent<Button>().onClick.AddListener(
32       delegate{this.OnRoleItemClick(r); });            //对每个列表进行事件监听
33       string career;                                   //获取职业
34       switch (r.roleType){                             //对人物角色的职业进行遍历
35         case (int)GameData.RoleType.zs:
36         career = "战士";                               //修改显示面板的职业名称
37       break;
38       ....../*此处省略一些默认设置的代码，有兴趣的读者可以自行查看源代码*/
39       }                                       //按照预制件的格式将所有信息显示在 item 中
40       go.GetComponent<CharacterListItemContaoller>().setInfo(r.name, career, sex,
         r.Level.ToString());
41     }
```

- 第 1～8 行定义了改变选择人物界面的人物属性的星星数量的方法，利用 for 循环，当索引小于给定的值时，将其 Toggle 是否打开的状态记录下来。
- 第 9～12 行将前面记录的星星的状态赋值给另一数组，将该星星的状态初始化并显示在界面中。
- 第 13～16 行定义加载从服务器获取当前用户已有角色列表的方法，若是新玩家没有人物

角色，则直接返回，不做任何处理。

- 第17～22行根据返回的角色个数，得出选择界面的玩家所有的人物列表的长度，由于在界面中设置的排列顺序是网格布局，所以其下的Item会自动排列。
- 第23～26行默认选中的是列表中的第一个角色，并且将第一个人物角色的名字显示在屏幕中央。
- 第27～32行定义的是实例化角色列表对象的方法，并对按钮进行注册监听。
- 第33～41行将所获取的人物角色的内容，按照预制件的格式将每一项显示在Item中即可。

（9）在将UI界面搭建完成后，创建人物以及选择人物的功能基本实现了。但是细心的读者发现，无论是哪个人物角色手上都没有武器。新建一个名为“HuanZhuang”的脚本，双击进入脚本编辑器，具体代码如下。脚本编写完成后将其挂载到选人场景的Main Camera上即可。

代码位置：见随书源代码/第9章目录下的GameClient/Assets/Add1205/_CharacterSelect/ CharacterSelUIEventManager.cs。

```
1     using UnityEngine;
2     using System.Collections;
3     public class HuanZhuang : MonoBehaviour{
4       public GameObject[][][] jueSe = new GameObject[2][][];  //性别、职业、武器标号
5       public GameObject[][] nan=new GameObject[4][];          //定义男性人物角色游戏对象
6       public GameObject[][] nv = new GameObject[4][];         //定义女性人物角色对象
7       public GameObject[] gong;                               //定义武器弓箭的游戏对象
8       public GameObject[] zhang;                              //定义武器
9       public GameObject[] dao;                                //定义武器刀的游戏对象变量
10      ……/*此处省略一些默认设置的代码，有兴趣的读者可以自行查看源代码*/
11      void Awake(){
12        nan[0] = nanAssassins;                               //对男性人物角色初始化
13        nv[0] = nvAssassins;                                 //对女性人物角色初始化
14      }
15      void Update (){                                        //重写Update方法
16        if (Input.GetKeyDown(KeyCode.Alpha8)){
17          Controller.ren=huanZhuang(Controller.ren, 6);      //调用换装的方法
18      }}
19      public void huanGong(GameObject game, int i){          //人物角色换弓箭的方法
20        GameObject RHAND = game.transform.FindChild("Bip01/Bip01 Pelvis/
21          Bip01 Spine/Bip01 Spine1/Bip01 Neck/Bip01 L Clavicle/Bip01 L UpperArm/
22          Bip01 L Forearm/Bip01 L Hand").gameObject;         //根据名称找到人物角色的手
23        GameObject b = Instantiate(gong[i]) as GameObject; //对传过来的第N个武器进行切换
24        b.transform.SetParent(RHAND.transform);               //找到武器的游戏父对象（右手）
25        b.transform.localPosition = new Vector3(-0.058f, -0.011f, -0.012f);
                                                        //相对父对象的位置信息
26        Quaternion q = b.transform.localRotation;     //利用四元数记录武器的旋转状态
27        q.eulerAngles = new Vector3(10f, 359.67f, 87.70001f);
28        b.transform.localRotation = q;                //将记录的选装状态赋予为角色
29        b.transform.localScale = new Vector3(1f, 1f, 1f);
30        b.name = "wuqi";                              //将该子对象命名为武器
31      }
32       ……/*此处省略一些默认设置的代码，有兴趣的读者可以自行查看源代码*/
33      public void huanWuQi(GameObject jueSe, int i) {       //装备武器
34        switch (jueSe.GetComponent<ShuXing>().zhiYe) {      //当前角色职业以及其武器的编号
35          case 0:
36            huanJian(jueSe, i);                             //调用huanjian方法
37        break;
38        ……/*此处省略一些默认设置的代码，有兴趣的读者可以自行查看源代码*/
39      }}
40      public GameObject instantiateRen(int ID, int xingBie,int zhiYe,int i,
        Vector3 position){//生成角色
41        GameObject ren = Instantiate(jueSe[xingBie][zhiYe][i]) as GameObject;
                                                              //对人物进行初始化
42        ren.GetComponent<ShuXing>().xingBie = xingBie;    //对人物属性进行初始化
43        ren.GetComponent<ShuXing>().zhiYe = zhiYe;        //对职业进行初始化
44        ren.GetComponent<ShuXing>().ID = ID;              //对人物ID进行初始化
45        ren.layer = 8;
46        ren.tag = zhiYe.ToString();                       //将职业名称字符串化
47        ren.transform.position = position;                //更新人物的具体位置
```

```
48          ren.transform.localScale = new Vector3(1.75f, 1.75f, 1.75f);
49          return ren;                                          //返回人物角色变量
50      }}
```

- 第 1～10 行定义一些变量，包括人物角色游戏对象数组和武器游戏对象数组变量。
- 第 11～14 行重写 Awake 方法，对人物角色进行初始化。
- 第 15～20 行重写了 Update 方法，对默认的人物角色进行初始化。
- 第 21～32 行定义了人物角色换弓箭的方法，找到并设置人物角色的右手为武器的父对象，用四元数记录武器的旋转状态，之后调整武器与右手的位置关系。
- 第 33～39 行是装备武器方法，根据职业以及武器编号的信息为人物添加武器。
- 第 40～50 行是生成人物角色的方法，根据人物属性信息对人物进行初始化，并更新人物的位置。

9.10 主城场景的搭建开发

将登录场景和选人场景的搭建及开发讲解完成后，就轮到了主城场景的开发。在该场景中玩家可以和 NPC（非玩家控制角色）进行对话，还可以和队友组队刷副本，完成相关任务后得到相应的金币和经验奖励。该场景的开发步骤如下。

9.10.1 主城中角色移动及 NPC 功能的开发

本场景中包含 3D 游戏场景的搭建以及 UI 界面的开发两部分，首先介绍的是 3D 游戏场景的搭建，步骤如下。新建一个名为“03-main”的场景，从项目资源列表中将所需的 FBX 文件拖曳到 Scene 面板中，摆放到合适的位置。效果如图 9-76 所示，游戏对象列表如图 9-77 所示，具体内容如下。

▲图 9-76　主城 3D 场景搭建效果

▲图 9-77　NPC 游戏对象列表

（1）在将 3D 场景搭建完成后，就是根据服务器传过来的数据实例化人物角色，并且可以控制该人物在创场景中任意走动。在主城场景中可以实例化每个角色人物，还可以进行组队，所以新建一个名为“MainMapEventReceive”的脚本专门用来管理主城场景中的事件处理。部分代码如下。

代码位置：见随书源代码/第 9 章目录下的 GameClient/Assets/Scripts/UIScript/MainMapEventReceive.cs。

```
1     /*此处省略了一些导入相关类的代码，读者可自行查阅随书附带中的源代码*/
2     public class MainMapEventReceive : MonoBehaviour {
3       ……/*此处省略一些默认设置的代码，有兴趣的读者可以自行查看源代码*/
4       void Start (){                              //重写 Start 方法并监听该事件
5         EventDispatcher.Instance().RegistEventListener("MainMapRoleInfo", GetRoleInfo);
6         ……/*此处省略一些默认设置的代码，有兴趣的读者可以自行查看源代码*/
7       }
8       void GetRoleInfo(EventBase eb){                               //实例化玩家
```

```
9         RoleInfoEvent rie = eb as RoleInfoEvent;                    //定义事件变量
10        for (int i = 0; i < rie.eventValues.Length; i++){       //遍历收到的人物信息
11          if (!JieSe.roleData.ContainsKey(rie.eventValues[i].ID)){ //当前没有该玩家
12            Role role = new Role();                  //定义 Role 变量，用来实例化人物角色
13            GameObject camera = Camera.main.gameObject;     //声明场景中的主摄像机变量
14            role.sex = rie.eventValues[i].sex;     //根据收到的信息对人物角色进行修改
15            role.skinID = rie.eventValues[i].skinID;
16            role.roleType = rie.eventValues[i].roleType;    //将人物角色职业更新
17            role.gameObject = camera.GetComponent<HuanZhuang>().     //接收服务器信息
18            instantiateRen(rie.eventValues[i].ID, role.sex, role.roleType, role.skinID,
19            new Vector3(rie.eventValues[i].initPos.x,       //调用方法进行实例化
20            getY(rie.eventValues[i].initPos), rie.eventValues[i].initPos.y));
                                                              //实例化人物角色
21            camera.GetComponent<HuanZhuang>().huanWuQi(role.gameObject, 0);
22            role.ID = rie.eventValues[i].ID;          //为人物添加武器更新人物 ID 信息
23            role.name = rie.eventValues[i].name;         //更新人物名字信息
24            role.user_name = rie.eventValues[i].user_name;
25            JieSe.roleData.Add(rie.eventValues[i].ID, role);
                                                   //将人物角色 ID 与其 Role 绑定在一起
26            if (role.ID == GameData.roleID){       //自己控制的角色
27            Controller.ren = role.gameObject;
28            GameData.rolename = role.name;         //修改全局变量的角色名称
29            MainUIEventManager._instance.text_username.text = role.name;
                                                   //修改 UI 界面玩家名称
30            GameData.self = role;
31            MainUIEventManager._instance.InitPortrait(); //修改 UI 界面的人物头像
32            continue;
33          }                                                 //将人物信息也显示在组队面板中
34          MatchUIEventManager._instance.InstanceOneRole(role);
35      }}}}
```

- 第 1～7 行重写 Start 方法，利用事件处理从服务器接收到的信息，并对其添加监听方法。
- 第 8～16 行中，根据接收到的服务器信息对人物角色的 ID 号以及职业信息进行更新。
- 第 17～21 行对调用 huanzhuang 脚本中的 instantiateRen 方法初始化人物角色，笔者在前面章节中已详细将结果该方法，读者可以参考前面的内容。
- 第 22～25 行对人物角色剩余的信息进行更新。
- 第 26～33 行中，当该人物为玩家所控制的人物角色时，对部分全局变量进行修改，并且更换 UI 界面的人物头像信息。
- 第 34～35 行将人物角色信息添加到组队面板中。

（2）在主城中实例化人物角色后，就应该控制其在场景中进行移动。当玩家单击的是主城中的地面时，则人物可以直接运动到该点，若单击的是主城当中的建筑物人物时，则不可以移动到该点。新建一名为“MainScenePath”脚本来实现该功能，代码如下。编写完成后将其挂载到主城场景中的摄像机上即可。

代码位置：见随书源代码/第 9 章目录下的 GameClient/Assets/Scripts/Path/MainScenePath.cs。

```
1      /*此处省略了一些导入相关类的代码，读者可自行查阅源代码*/
2      enum PathOpCode {
3        Enter = 1, Exit = 2, Path = 3                    //定义枚举类型变量
4      }
5      public class MainScenePath : MonoBehaviour{
6        private Dictionary<int, Transform> roles = new Dictionary<int, Transform>();
7        public GameObject effect_click_prefab;          //在单击之后的“单击效果”圆圈花瓣
8        ……/*此处省略一些默认设置的代码，有兴趣的读者可以自行查看源代码*/
9        void Start (){
10         cs = ConnectServer.getSocketInstance();        //对 RolePosEvent 添加事件监听方法
11         EventDispatcher.Instance().RegistEventListener("RolePosEvent", RolePath);
12         float[] enterData = {(int)PathOpCode.Enter,GameData.roleID,-8.6f,2.37f,0};
                                                          //封装数据
13         cs.AddPackage(OPCodeTable.RolePos, enterData); //将路径的起点和终点打包传送至服务器
14       }
15       void Update () {
16         EventDispatcher.Instance().OnTick();          //对多线程的事件分发进行实时监测
```

```
17          if (Input.GetMouseButtonDown(0)) {
18            if (CheckGuiRaycastObjects()) { return; }    //检测 UGUI 的事件穿透问题
19              Ray r = Camera.main.ScreenPointToRay(Input.mousePosition);//声明 Ray 变量
20              RaycastHit hit = new RaycastHit(); //声明 RaycastHit 变量用来记录所碰撞物体
21              if (Physics.Raycast(r, out hit, 100)){
22                Vector3 hitPoint = hit.point;      //利用三维向量记录射线所碰到的点
23                Instantiate(effect_click_prefab, hitPoint, Quaternion.identity);
                                                     //初始化屏幕单击效果
24                float[]data={(int)PathOpCode.Path,,hit.point.x,sCross(GameData.
                  roleID, hit.point) };
25                cs.AddPackage(OPCodeTable.RolePos, data);//将单击的位置信息上传至服务器
26        }}}
27        int isCross(int ID, Vector3 position){           //检测人物是否可以去到单击到的位置
28          Vector3 position1 = position;                   //获取鼠标单击到的位置
29          Role role = JieSe.roleData[ID];                 //获取参数传进来的人物 ID
30          Vector3 position2 = role.gameObject.transform.position; //获取当前人物角色的位置
31          Ray r = new Ray(position1, (position2 - position1).normalized);
32          RaycastHit[] ray = Physics.RaycastAll(r, (position2 - position1).magnitude,1<<2);
33          for (int i = 0; i < ray.Length; i++){ //将碰撞到的物体放进 RaycastHit 结构体中
34            if (ray[i].collider.gameObject == collider){
35              return 1;                         //1 表示为周围环境的碰撞器
36          }}
37          return 0;                             //0 表示是地面上的点
38        }
39        void RolePath(EventBase e) {            //对人物角色路径事件的监听方法
40          RolePosEvent rpe = e as RolePosEvent;
41          float[][] data = rpe.eventValues;     //将返回的数据放进数组中存储
42          for (int i = 0; i < data.Length; i++) {  //对事件信息进行遍历
43            Role role = JieSe.roleData[(int)data[i][0]];
44            role.yiDong = true;                    //获取事件中的信息
45            role.qiShi=new Vector2(role.gameObject.transform.position.x,
46            role.gameObject.transform.position.z);
47            role.jieShu = new Vector2(data[i][1], data[i][2]); //修改人物的起始和终点位置
48        }}
49        bool CheckGuiRaycastObjects(){                      //用来检测解决 UGUI 单击穿透问题
50          PointerEventData eventData = new PointerEventData(eventsystem);
51          eventData.pressPosition = Input.mousePosition;  //触发器触发（按下的）位置
52          eventData.position = Input.mousePosition;     //当前触发（碰触或者鼠标）器的位置
53          List<RaycastResult> list = new List<RaycastResult>();
54          graphicRaycaster.Raycast(eventData, list);
55          return list.Count > 0;                       //返回 list 是否为零的信息
56        }}
```

- 第 1～4 行枚举了 3 种枚举类型变量，用来判断路径的编码状态。
- 第 5～8 行声明了一些变量，这其中包括待实例化的地面单击效果以及主场景中的环境碰撞器。
- 第 9～14 行对 RolePosEvent 事件添加监听方法，将人物角色的起点和终点打包传送至服务器。
- 第 15～26 行重写 Update 方法，对多线程的事件分发进行实时监测。当单击的是 UI 界面上的内容时需要进行 UGUI 的事件穿透判断。将人物的起点、终点以及人物角色是否可以通过的 bool 值打包上传至服务器。
- 第 27～38 行定义判断人物角色是否可以达到终点的方法，通过 RaycastHit 用来记录 Ray 碰撞到的所有物体，对 RaycastHit 结构体进行遍历，当碰撞到的为主城环境的碰撞器时返回数值 1 表示不可以通过，否则返回数值 0，表示人物可以通过。
- 第 39～48 行定义 RolePosEvent 事件的监听方法，对接收到的事件信息进行遍历，并修改人物角色的起点和终点值。
- 第 49～56 行定义用来判断 UGUI 的单击穿透问题，这样一来在单击 UI 时就不会穿透到 3D 世界当中。

（3）在服务器端判断人物是否可以到达终点时并将信息返回至客户端。客户端将人物角色的

起点和终点更新后就可以移动到终点位置了。编写一个名为“JieSe”的脚本用来控制人物角色的移动，代码如下，编写完成后将其挂载到主摄像机上即可。

代码位置：见随书源代码/第 9 章目录下的 GameClient/Assets/Scripts/ Player / JieSe.cs。

```
1     /*此处省略了一些导入相关类的代码，读者可自行查阅源代码*/
2     public class JieSe : MonoBehaviour {
3       public static Dictionary<int, Role> roleData = new Dictionary<int, Role>();
                                                //将人物 ID 与角色封装一起
4       float suDu = 5f;                        //定义初始速度
5       void Start (){roleData.Clear();}        //删除角色信息
6       public static void removeAllRoles(){ roleData.Clear();}   //删除角色信息
7       void Update (){
8         foreach (var val in roleData){                       //遍历服务器返回的信息
9           if (val.Value.yiDong){
10            Vector3 vSuDu = new Vector3();
11            Role ren = new Role();                          //定义人物角色变量
12            roleData.TryGetValue(val.Key, out ren);         //获取与 Key 关联的指定的值
13            float time = (ren.jieShu - ren.qiShi).magnitude / suDu; //获取人物的行走时间
14            vSuDu.x = (ren.jieShu - ren.qiShi).x / time;    //获取 x 轴上的速度
15            vSuDu.y = 0f;
16            vSuDu.z = (ren.jieShu - ren.qiShi).y / time;    //计算 z 轴上的速度
17            ren.gameObject.GetComponent<CharacterCotroller>().SimpleMove
18            (newVector3(vSuDu.x,0f, suDu.z));               //忽略 Y 轴速度，以该速度移动
19            ren.gameObject.transform.LookAt(new Vector3(ren.jieShu.x, ren.gameObject.
20            transform.position.y, ren.jieShu.y));     //将人物的方向与整体速度的方向一致
21            ren.qiShi.x = ren.gameObject.transform.position.x;  //实时改变人物的位置
22            ren.qiShi.y = ren.gameObject.transform.position.z;
23            ren.gameObject.GetComponent<Animator>().SetFloat("ren", 1f);//移动的动画播放
24            if ((ren.jieShu - ren.qiShi).magnitude < 0.1f){  //当起点和终点距离较近时
25              ren.yiDong = false;                           //人物角色不移动
26              ren.gameObject.GetComponent<Animator>().SetFloat("ren", 0f);
                                                              //播放人物站立动画
27      }}}}}
```

- 第 1～4 行定义 Dictionary 变量将人物 ID 与角色封装在一起，并声明人物的初始速度、
- 第 5 行重写 Start 方法，删除人物角色信息。
- 第 6 行定义了移除所有角色的方法，将整个角色信息删除。
- 第 7～16 行根据起点和终点的距离以及速度获取人物移动的时间。再根据三维向量中的 x 轴的距离除以时间，则可得到人物在 x 轴的运动速度，同理可得 z 轴的速度。
- 第 17～21 行表示人物运动过程中将人物的朝向盒其整体的速度方向一致，并播放相应的动画。并且实时改变人物的位置。
- 第 22～27 行中，若起点和终点的距离较小，则不进行移动，播放人物站立的动画。

（4）本款游戏一共有 3 个 NPC，在游戏组成对象列表中新建一个游戏对象并重命名为“NpcManager”，将每个 NPC 游戏对象新建成 NpcManager 的子对象。在将 NPC 人物模型摆放完成后，新建一名为“NpcManager”的脚本用来控制玩家与其的对话，代码如下。

代码位置：见随书源代码/第 9 章目录下的 GameClient/Assets/ _NPC/ NpcManager.cs。

```
1     ....../*此处省略了一些导入相关类的代码，读者可自行查阅源代码*/
2     public class NpcManager : MonoBehaviour{
3       public static NpcManager _instance;
4       public GameObject[] npcPointArray;      //声明表示场景的 NPC 的游戏变量
5       private Dictionary<int, GameObject> npcDict = new Dictionary<int, GameObject>();
6       public TextAsset xml;                   //声明表示对话内容的 TextAsset 变量
7       void Awake() {                          //重写 Awake 方法
8         _instance = this;                     //获取实例
9         Init();                               //调用方法将场景中的 NPC 添加到 Dictionary 中
10      }
11      void Init(){                            //定义 Init 方法
12        foreach (GameObject go in npcPointArray){
13          int id = int.Parse(go.name.Substring(0, 4));    //将游戏对象名称转换成 ID 号
14          npcDict.Add(id, go);                //遍历游戏对象数组
15      }}
```

```
16      public GameObject GetNpcById(int id){
17        GameObject go = null;                           //声明空的游戏对象变量
18        npcDict.TryGetValue(id, out go);                //通过 ID 从 Dictionary 获取 NPC
19        return go;                                      //返回游戏对象
20      }
21      public string getTalkById(int ID){                //通过 ID 获取对话内容
22        XmlDocument mDocuemnt = new XmlDocument();    //实例化对象
23        mDocuemnt.LoadXml(this.xml.text);             //加载 XML 文本
24        XmlElement mElement = mDocuemnt.DocumentElement;      //获取根节点
25        XmlNodeList mNodeList = mElement.SelectNodes("/Dialogs/D" + ID); //读取节点值
26        string str = mNodeList[0].InnerText;          //获取对话内容
27        return str;                                   //返回对话
28    }}
```

- 第 1～6 行定义一些变量，其中包括 NPC 角色变量、用来存放人物 ID 和游戏对象的 Dictionary 变量以及 XML 文件变量。
- 第 7～10 行重写 Awake 方法，并且调用 Init 方法将场景中的 NPC 添加到 Dictionary 变量中。
- 第 11～15 行定义 Init 方法，对游戏对象（NPC）类型数组进行遍历，并将其对应 ID 存放在 Dictionary 中。
- 第 16～20 行定义根据 NPC 的 ID 获取其人物角色对象的方法。
- 第 21～28 行定义通过 ID 获取对话内容的方法，加载 XML 文件通过获取节点值而得到人物的对话内容，并返回所有对话内容。

（5）代码编写完成后将其挂载到 NPCManager 游戏对象上，通过上述代码只可以从 XML 文件中根据 ID 获取对话内容，而不能控制对话内容的显示。下面创建一个名为“NpcUIEventManager”的脚本来控制对话面板的显示与切换，代码如下。

代码位置：见随书源代码/第 9 章目录下的 GameClient/Assets/_NPC/ NpcUIEventManager.cs。

```
1     /*此处省略了一些导入相关类的代码，读者可自行查阅源代码*/
2     public class NpcUIEventManager : MonoBehaviour{
3       public static NpcUIEventManager _instance;               //声明该类的实例变量
4       public GameObject NpcPanel;                              //声明 NPC 对话面板变量
5       public Image NpcHeadIcon;                                //对话面板的 NPC 头像
6       public Text NpcTalk;                                     //对话面板中 NPC 的对话内容
7       private string[] talkArray;                    //定义 string 类型的数组存放对话内容
8       private int talkIndex;                         //从 xml 文件中加载的内容的索引值
9       private bool isNpcTurn;                        //用来判断对话是否轮到 Role
10      ……/*此处省略一些默认设置的代码，有兴趣的读者可以自行查看源代码*/
11      void Start() {                                //重写 Start 方法
12        _instance = this;
13        talkIndex = 0;                              //将索引值初始化为零
14        RolePanel.SetActive(false);                 //将玩家角色对话面板置为不可见
15        NpcPanel.SetActive(true);                   //将 NPC 对话面板可见
16        this.gameObject.SetActive(false);           //将背景面板置为不可见
17      }
18      public void InitTalk(Role role, Task task){             //初始化对话方法
19        switch (role.sex) {                                   //判断角色性别
20          case 0:                                             //若为男性时
21            switch (role.roleType) {
22              case 0:                                         //当职业为战士时，换为战士的头像
23                RoleHeadIcon.sprite = Resources.Load<Sprite>("man-dz");
24              break;
25              ……/*此处省略一些默认设置的代码，有兴趣的读者可以自行查看源代码*/
26        }}
27        string currentTalk = NpcManager._instance.getTalkById(task.NPC_talk_id1);
                                                                //根据 ID 获取对话
28        NpcHeadIcon.sprite = Resources.Load<Sprite>("npc"+task.NPC_id1);
                                                                //修改 NPC 的头像
29        talkArray = currentTalk.Split('/');                   //将对话内容用'/'符号分开
30        talkIndex = 0;                                        //索引置为归零
31        OnNextBtnClick();                                     //调用该方法显示 NPC 对话面板
32      }
```

```
33      public void NpcTurn(){                              //轮到 NPC 调用的方法
34        RolePanel.SetActive(false);                       //将人物角色对话面板置为不可见
35        NpcPanel.SetActive(true);                         //将 NPC 对话面板置为可见
36        NpcTalk.text = talkArray[talkIndex];              //更新 NPC 的对话内容
37        talkIndex++;                                      // talkIndex 自加 1
38      }
39      public void OnNextBtnClick(){                       //在对话面板单击屏幕所调用的方法
40        if (talkIndex < talkArray.Length) {
41          if (isNpcTurn) {                                //当轮到角色时
42            RoleTurn();                                   //调用显示角色对话方法
43            isNpcTurn = !isNpcTurn;                       //标志位置反
44          }else{
45            NpcTurn();                                    //调用显示 NPC 对话方法
46            isNpcTurn = !isNpcTurn;                       //将 isNPCTurn 置反
47        }}else{
48          talkIndex = 0;                                  //将索引值置为零
49          TaskManager._instance.OnAcceptTask();           //调用对话完成方法
50          PanelManager._instanse.npc_dialog_panel.SetActive(false); //将对话面板置为不可见
51      }}}
```

- 第 1～6 行声明 NPC 对话面板游戏变量、对话面板中的 NPC 头像变量以及对话内容 Text 型变量。
- 第 7～10 行定义 string 类型的数组用来存放从 XML 文件中加载的对话内容，并且声明了一个 bool 值变量用来判断是否可以显示玩家对话面板。
- 第 11～17 行重写 Start 方法，直接显示 NPC 对话面板，并将背景面板置为不可见。
- 第 18～26 根据玩家性别以及职业类型更换对话面板的玩家头像。
- 第 27～32 行利用 Resource.load 动态加载 NPC 的头像图片，并将加载的对话内容按照“/”符号分割开来，依次记录在 string 类型数组中。
- 第 33～38 行定义是否轮到显示 NPC 对话面板的方法，将 NPC 对画面板置为可见并更新其对话内容。
- 第 38～47 行定义了在对话面板中单击屏幕所调用的方法，当轮到玩家显示对话面板时，直接调用玩家显示面板方法，并将标志位置反。
- 第 48～51 行表示索引值超过 string 数组的长度时，调用对话完成方法并将对话面板置为不可见。

9.10.2 主城场景 UI 的开发

主城场景中最复杂的就是 UI 功能的开发，在主城场景中可以了解角色属性信息、在店铺中购买装备以及组队进副本刷怪。由于篇幅限制，在这里不再讲解 UI 的搭建，仅介绍相关功能的开发，UI 的搭建效果如图 9-78 所示。

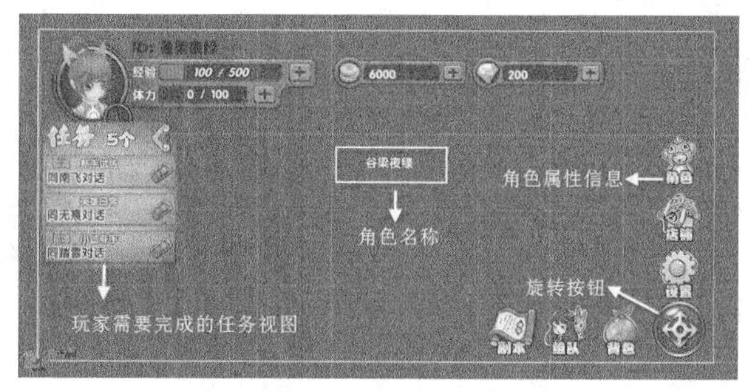

▲图 9-78 主城场景 UI 效果图

（1）在效果图的左方是一个玩家需要完成的任务列表，玩家需要完成列表中的所有任务。该列表实际上是一个 ScrollView（滚动视图），有关滚动视图的开发已在 9.6.2 节中详细讲解过，这里不再赘述。这里将重点讲解旋转按钮功能的开发。

（2）在旋转按钮打开时会有其他按钮队列弹出，如图 9-79 所示。旋转按钮关闭时按钮队列会收缩起来，如图 9-80 所示。该功能的实现是依靠 iTween 插件来实现的，读者可以上网搜索下载并导入进项目中，具体的代码实现如下所示。

▲图 9-79　按钮打开状态

▲图 9-80　按钮关闭状态

代码位置：见随书源代码/第 9 章目录下的 GameClient/Assets/ MainUIEventManager.cs。

```
1      /*此处省略了一些导入相关类的代码，读者可自行查阅源代码*/
2      public class MainUIEventManager : MonoBehaviour{
3        public static MainUIEventManager _instance;
4        public Button btn_zoom;                              //收缩键
5        public GameObject horizontal_bar;                    //水平的按钮队列游戏对象
6        public GameObject vertical_bar;                      //垂直的按钮队列变量
7        private Vector3 horizontal_bar_pos;                  //记录水平按钮队列的位置
8        private Vector3 vertical_bar_pos;
9        private bool isFuncationOpen = true;                 //判断功能栏的状态
10       public float m_ScreenWidth = 1280;                   //定义标准屏幕分辨率
11       public float m_ScreenHeight = 720;
12       public float m_scaleWidth;                           //定义缩放系数
13       public float m_scaleHeight;
14       ……/*此处省略一些默认设置的代码，有兴趣的读者可以自行查看源代码*/
15       void Start(){
16         m_scaleWidth = (float)Screen.width / m_ScreenWidth;    //计算缩放系数
17         m_scaleHeight = (float)Screen.height / m_ScreenHeight;
18         horizontal_bar_pos = horizontal_bar.transform.position; //保存面板坐标
19         vertical_bar_pos = vertical_bar.transform.position;
20       }
21       void InitButtonList(){
22         Button[] btnlist = this.GetComponentsInChildren<Button>();
                                                             //获取所有 Button 组件存放到数组
23         for (int i = 0; i < btnlist.Length; i++) {        //遍历数组，给每个按钮添加功能
24           Button item = btnlist[i];
25           if (item.name == "zoom"){
26             btn_zoom = item;                              //为该按钮注册监听
27             EventTriggerListener.Get(btn_zoom.gameObject).onClick = OnZoomClick;
28       ……/*此处省略一些默认设置的代码，有兴趣的读者可以自行查看源代码*/
29       }}}
30       private void OnZoomClick(GameObject go){            //伸缩功能面板
31         Vector3 pos = Vector3.zero;
32         if(isFuncationOpen){                              //关闭功能栏
33           pos = horizontal_bar_pos;                       //利用 pos 记录按钮队列的位置
34           iTween.MoveTo(horizontal_bar, new Vector3(pos.x +
35            m_scaleWidth * 390, pos.y, pos.z), 1.0f);
36           pos = vertical_bar_pos;                 //利用 iTween 的 MoveTo 方法将按钮收缩
37           iTween.MoveTo(vertical_bar, new Vector3(pos.x, pos.y - m_scaleHeight *
             400, pos.z), 1.0f);
38           isFuncationOpen = !isFuncationOpen;
39         }else{                                            //打开功能栏
40           iTween.MoveTo(horizontal_bar, horizontal_bar_pos, 1.0f); //将按钮队列弹出来
41           iTween.MoveTo(vertical_bar, vertical_bar_pos, 1.0f);
42           isFuncationOpen = !isFuncationOpen;                         //置反标志位
43       }}}
```

❑ 第 1～8 行声明水平按钮队列和垂直按钮队列的游戏对象变量，以及记录这两个队列位置的中间变量。

- 第 9～14 行定义标准屏幕分辨率以及屏幕的缩放系数，用来对按钮队列进行缩放及弹出。
- 第 15～20 行重写了 Start 方法，根据当前屏幕计算缩放系数，并且获取按钮队列的位置中间变量进行初始化。
- 第 21～29 行定义初始化 Button 的方法，获取场景中所有带有 Button 组件的游戏对象，并利用 EventTriggerListener 分别为其添加监听方法。
- 第 30～38 行定义伸缩方法，根据声明的 bool 型变量，利用 iTween 插件将按钮队列收缩起来。
- 第 39～43 行表示的是将按钮队列弹出来。

说明 上面这段代码是 MainUIEventManager.cs 脚本中的一部分，为使读者对旋转按钮功能的开发了解更加清楚，笔者将关于这部分的代码摘选了出来。

（3）在整个主城场景的 UI 界面中，同样有很多的 Button、Text 以及 InputField 等组件。有关 UI 界面组件初始化与前面的方法相同，由于篇幅限制，在这里不再赘述。有关注册监听 Button 的相关方法，读者可以查阅 MainUIEventManager.cs 脚本。

（4）在旋转按钮弹出来之后，会有 6 个按钮弹出。每个按钮都有其不同的功能，包括角色按钮控制着人物角色属性面板的显示与隐藏、店铺按钮可以使玩家在店铺中购买所需的装备，以及设置按钮可以控制音量的大小等，这里将重点讲解店铺面板，如图 9-81 和图 9-82 所示。

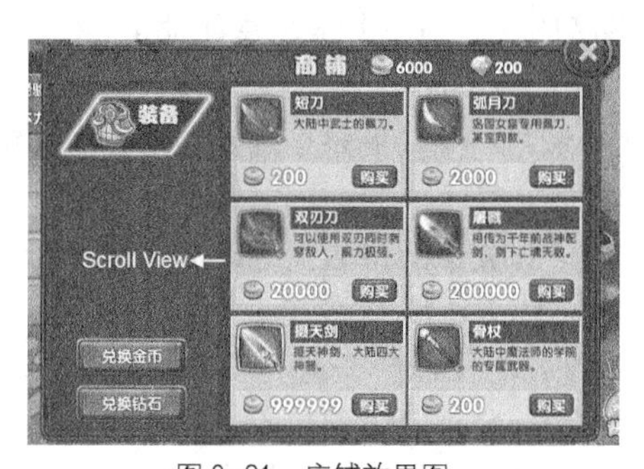

▲图 9-81　店铺效果图

▲图 9-82　游戏对象列表

（5）店铺列表右侧滚动视图的大小是根据所获取的装备的数量，以及每个 Item 之间的间距所共同决定的，而该列表中的商品内容，也是从本地的数据库中加载所得。新建名为"ShopUIEventManager"的脚本，代码如下。编写完成后将其挂载到 ShopPanel 上即可。

代码位置：见随书源代码/第 9 章目录下的 GameClient/Assets/Add1205/_Shop/ ShopUIEventManager.cs。

```
1      /*此处省略了一些导入相关类的代码，读者可自行查阅源代码*/
2      public class ShopUIEventManager : MonoBehaviour{
3        public static ShopUIEventManager _instance;
4        public RectTransform equip_grid;                  //装备栏
5        private Dictionary<ShopItem, int> equip_dic = new Dictionary<ShopItem, int>();
                                                           //装备字典
6        public GameObject itemPrefab;                     //Item 预制件
7        public int item_Padding = 5;                      //Item 之间的距离
8        public int item_Height = 100;                     //Item 的高
9        ……/*此处省略一些默认设置的代码，有兴趣的读者可以自行查看源代码*/
10       void Start(){                                    //重写 Start 方法
11         _instance = this;
12         equip_grid.pivot = new Vector2(0, 1);          //轴心设为左上角
13         InitEquipPanel();                              //初始化装备商品栏
14       }
15       void Update(){ShowCoinAndDiamond();}             //调用该方法显示砖石和金币数量
16       public void ShowCoinAndDiamond(){                //定义显示金币和砖石的方法
17         diamond_num.text =GameData.dimonad.ToString();          //显示砖石的数量
18         coin_num.text = GameData.money.ToString();     //将金币数量的数值显示在 UI 界面中
```

```
19        }
20        void InitEquipPanel() {                                     //初始化装备商品栏
21          List<Product> list = ShopManager._instance.getEquipList();
22          int grid_height = (21 + 1) / 2 * (item_Height + item_Padding); //定义商品栏的高度
23          equip_grid.sizeDelta = new Vector2(equip_grid.sizeDelta.x, grid_height);
                                                   //设定商品栏的大小
24          for (int i = 0; i < 20; i++){          //对当前的列表大小进行遍历
25            GameObject go = AddChild(equip_grid, itemPrefab);    //为 Item 添加父子关系
26            ShopItem item = go.GetComponent<ShopItem>();
27            item.OnInfoChanged(list[i]);         //对 Item 进行实例化
28            equip_dic.Add(item, list[i]._id);    //将该子对象添加到装备面板中
29        }}
30        public GameObject AddChild(Transform parent, GameObject item_prefab) {
31          GameObject go = GameObject.Instantiate(item_prefab) as GameObject;
                                                   //实例化 Item 对象
32          if (go != null && parent != null){     //当 Item 存在时
33            go.transform.SetParent(parent, false);      //设置父子对象关系
34            go.layer = parent.gameObject.layer;         //设置对象层级
35          } return go;     }                            //返回子游戏对象
36        public void ShowDialog(Product prob) {          //显示确认购买面板
37          dialog_panel.SetActive(true);                 //提示面板置为可见
38          BuyDialog bd = dialog_panel.GetComponent<BuyDialog>() as BuyDialog;
                                                          //获取 BuyDialog 脚本
39          bd.ShowDetail(prob);                          //显示提示面板
40      }}
```

- 第 1～9 声明了一些变量，其中包括 Item 的预制件变量，每个 Item 上下左右之间的间距变量以及装备栏游戏对象的变量。
- 第 10～14 行重写 Start 方法，设置装备栏的轴心为左上角，并且对其进行初始化。
- 第 15 行重写 Update 方法，显示砖石和金币的数量。
- 第 16～19 行定义了显示金币和砖石的方法，将全局变量中的整型值转换成字符串类型显示在 UI 界面上。
- 第 20～29 行定义了初始化装备栏的方法，根据 Item 的数量以及其之间的间距共同决定整个滚动视图的大小，并将 Item 变为装备栏的子对象。
- 第 30～35 行表示的是添加子对象的方法，将父对象变量和子对象传过来利用 SetParent 方法建立父子关系，并且将父子的 layer 统一化。
- 第 36～40 行定义了展示弹出购买面板的方法，将其提示面板置为可见。

说明　由于篇幅限制，笔者没有将主城场景 UI 界面功能的实现讲解完全，但是有些功能的实现大同小异，有兴趣的读者可以参考随书的源代码。

9.10.3 组队功能的实现

多人在线角色扮演游戏（MMORPG）需要玩家之间进行组队行动，比如去副本打怪刷金币等。本款游戏同样也实现了该功能，一方可以选择在线玩家发出组队邀请，接收到邀请的玩家可以选择拒绝，也可以选择接受，如图 9-83 和图 9-84 所示，控制代码如下。

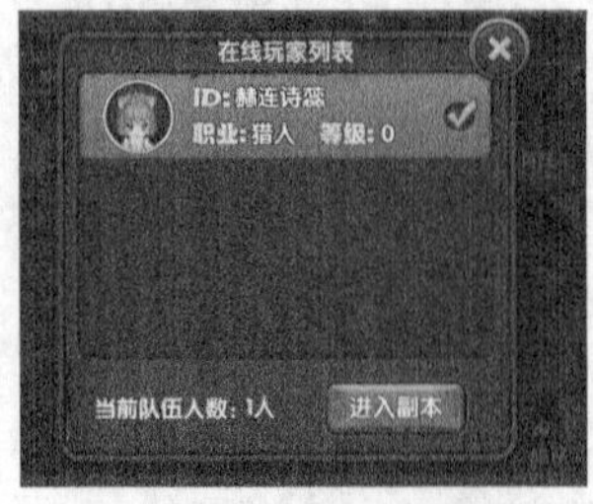

▲图 9-83　邀请玩家面板

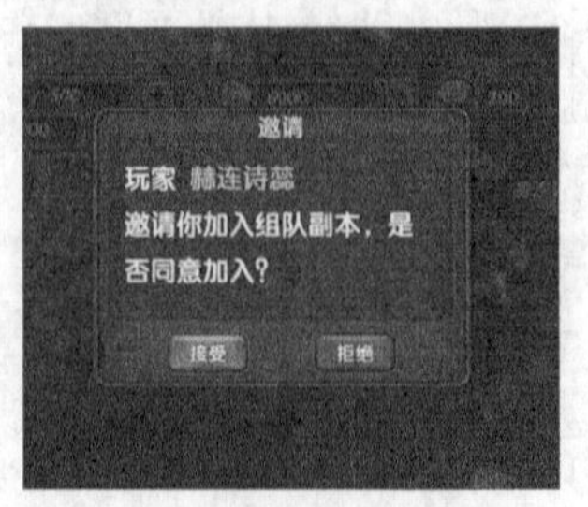

▲图 9-84　接受或者拒绝邀请

代码位置：见随书源代码/第 9 章目录下的 GameClient/Assets/Scripts/UIScript/MainMapUI.cs。

```
1     /*此处省略了一些导入相关类的代码，读者可自行查阅源代码*/
2     public class MainMapUI : MonoBehaviour {
3       public static MainMapUI mmui;
4       public GameObject ResultUI;                     //弹出的组队面板变量
5       public Button bOK;                              //确定组队的按钮
6       public Button bGoDungeon;                       //转去副本的按钮
7       ……/*此处省略一些默认设置的代码，有兴趣的读者可以自行查看源代码*/
8       void Start () {
9         GameData.TeamList.Clear();                    //将组队列表队列清空
10        GameData.TeamList.Add(GameData.roleID);       //把自己添加到组队列表
11        mmui = this;
12        cs = ConnectServer.getSocketInstance();       //连接到服务器
13        int arg=(int)GameData.MapID.MainMap;
14        cs.AddPackage(OPCodeTable.ChangeMap,arg);     //请求获取当前场景所有在线角色的信息
15        ……/*此处省略一些默认设置的代码，有兴趣的读者可以自行查看源代码*/
16      }
17      public void OnLineRoleButtonClick(int roleID){   //单击组队按钮
18        if (roleID==GameData.roleID){return;}          //如果申请组队目标是自己
19        string[] args = { roleID + "" ,GameData.roleID+""};
20        cs.AddPackage(OPCodeTable.FormTeam, args);     //将组队信息打包上传至服务器
21      }
22      public void OnGoDungeonButtonClick(int mapID){   //定义转去地下城的在按钮方法
23        object[] oarg = GameData.TeamList.ToArray();   //发数据包
24        int[] arg = new int[oarg.Length+1];          //定义整形数组
25        nt index = 0;                                //声明值为零的索引
26        foreach (object a in oarg){                  //对列表中的元素进行遍历
27          arg[index] =int.Parse(a.ToString());       //将 a 转换为 int 类型，放入到数组中
28          index++;                                   //index 索引自加 1
29        }
30        arg[index] = mapID;                          //将副本场景的 ID 放进包中
31        cs.AddPackage(OPCodeTable.CreateDungeon, arg); //将所有信息上传至服务器
32      }
33      public void OnConsentBtnClick() {                  //自己 ID，来源 ID，是否同意
34        string[] arg = { GameData.roleID + "", MainMapManager.
          FormeTeamOriginRoleID + "", "true" };
35        cs.AddPackage(OPCodeTable.FormTeamResult, arg); //将其打包上传至服务器
36        ResultUI.SetActive(false);                       //将组队邀请面板置为不可见
37        MainMapManager.FormeTeamOriginRoleID = -1;     //重置 FormeTeamOriginRoleID
38    }}
```

- 第 1～7 声明了一些变量，其中包括组队邀请面板变量，同意组队按钮变量以及跳转到副本的按钮变量。
- 第 8～16 行重写 Start 方法，对变量进行初始化，连接到服务器并获取所有在线的角色信息。
- 第 17～21 行定义了单击组队按钮的方法，如果组队人是自己则直接返回不做任何处理，否则直接将组队信息打包上传至服务器。
- 第 22～32 行定义了转去副本的方法，对在线角色列表进行遍历同时将副本的 ID 存放至信息包中，利用 AddPackage 方法将信息上传至服务器。
- 第 33～38 行定义同意组队按钮的方法，将人物角色的 ID 以及是否同意的信息上传至服务器，并且将组队邀请面板置为不可见。

前面的脚本是实现从服务器获取所有的在线玩家，并且发出组队邀请的功能。有关客户端好友的列表的大小是根据所有在线玩家的数量而设置的，以及等待玩家同意的等待界面的切换等，这一类型的开发笔者在前面也讲解过，有兴趣的读者可以参考前面的内容。

9.11 副本场景功能的开发

本款游戏有 4 个副本供玩家选择，每个副本的场景都不尽相同。笔者利用插件 EasyTouch 来实现人物在副本场景中的移动，无论是哪个场景中怪物的出现原理都相同，在后面的章节中将会

详细地讲解。本节将着重讲解副本中相关功能的开发，部分副本场景如图 9-85 所示。

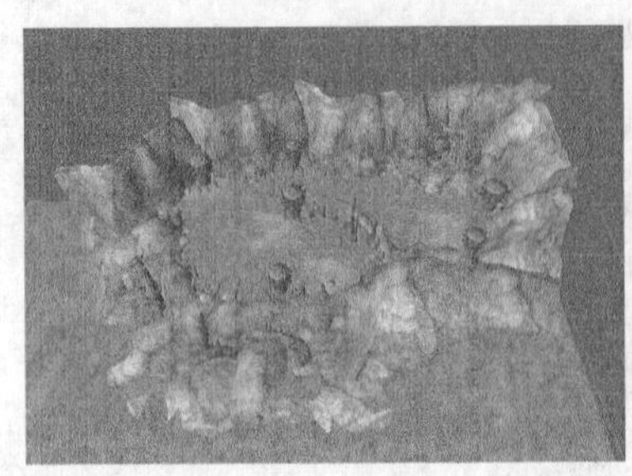

▲图 9-85　副本场景

（1）由于 4 个副本场景中主要功能的实现大同小异，所以笔者以副本场景“1005”为例，讲解其相关功能的开发。将游戏资源列表中的游戏模型拖入 Scene 面板中，摆放好其位置，最终该副本场景的搭建效果如图 9-86 所示。

▲图 9-86　1005 场景搭建效果图

（2）在副本打怪物时，人物可以释放技能对怪物造成伤害。每个角色分别有 3 个冷却技能和一个普通攻击的技能。笔者新建一个名为“JiNeng”的脚本用来控制这些技能的释放以及技能的冷却，代码如下。编写完成后将其挂载到场景中的主摄像机上即可。

代码位置：见随书源代码/第 9 章目录下的 GameClient/Assets/Scripts/Player/JiNeng.cs。

```
1      using UnityEngine;
2      using System.Collections;
3      public class JiNeng : MonoBehaviour {                    //人物释放技能的脚本
4        public GameObject[] liZi;                              //技能的储存数组
5        private ConnectServer cs;                              //连接服务器的对象
6        void Start (){cs = ConnectServer.getSocketInstance();}  //连接到服务器
7        public void iniLiZi(GameObject ren, int i, Vector3 position){
                                                          //初始化释放技能，i 为技能的 ID
8          if (i == 24){                                  //除射手外的角色的普通攻击
9            GameObject te = new GameObject(); //普通攻击不需生成粒子系统，te 是普通攻击技能对象
10           te.transform.SetParent(ren.transform);       //设置 te 的父对象
11           te.transform.localPosition = position;
             //将普通攻击的游戏对象的旋转角度与人物保持一致
12           te.transform.rotation = ren.transform.rotation;      //设置 te 的朝向
13           te.transform.SetParent(null);                        //设置父对象为空
14           int id = ren.GetComponent<ShuXing>().ID;             //人物 ID
15           int tp = i; //每个人物都有 3 个冷却技能一个普通攻击技能，该技能为冷却技能的 ID
16           Vector2 p = new Vector2(te.transform.position.x, te.transform.position.z);
                                                                  //位置
17           Vector3 t = gameObject.transform.rotation * Vector3.forward;
                                                                  //获取游戏对象的朝向
18           Vector2 v = new Vector2(t.x, t.z);                   //用来记录方向
19           int castSkill = 4;                                   //普通攻击的 ID 号
20           float[][] msg = new float[1][];
21           msg[0] = new float[] { castSkill, tp, p.x, p.y, v.x, v.y };
22           cs.AddPackage(OPCodeTable.AI, msg);   //将技能号以及其位置信息打包上传至服务器
23           Object.Destroy(te);                           //销毁普通攻击游戏对象
24         }else if (i == 25){                             //射手攻击的普通技能以及粒子系统的销毁
25           GameObject te = Instantiate(liZi[6]) as GameObject; //声明射手普通攻击的游戏变量
26           te.transform.SetParent(ren.transform);  //设置为人物游戏对象的子对象
27           te.transform.localPosition = position;  //记录其位置状态
28           te.transform.rotation = ren.transform.rotation;  //记录其旋转状态
29           te.transform.SetParent(null);                //将其父对象设置为空
30           ……/*此处省略一些默认设置的代码，有兴趣的读者可以自行查看源代码*/
31         }else{                                         //所有人物的冷却技能处理方法
32           GameObject te = Instantiate(liZi[i]) as GameObject;     //获取游戏对象
```

```
33          te.transform.SetParent(ren.transform);       //设置该技能为人物对象的子对象
34          te.transform.localPosition = position;       //修改其位置信息
35          te.transform.rotation = ren.transform.rotation;    //设置朝向
36          te.transform.SetParent(null);                //将其父对象设置为空
37          int id = ren.GetComponent<ShuXing>().ID;     //人物 ID
38          int tp = i;                                  //技能 ID
39          Vector2 p = new Vector2(te.transform.position.x,te.transform.position.z);
                                                         //位置
40          Vector3 t = gameObject.transform.rotation * Vector3.forward;
                                                         //获取游戏对象的朝向
41          Vector2 v = new Vector2(t.x, t.z);           //方向
42          int castSkill = 4;                           //普通攻击的 ID 号
43          float[][] msg = new float[1][];              //设置 float 数组用于存放数据
44          msg[0] = new float[] { castSkill, tp, p.x, p.y, v.x, v.y };   //组装数据包
45          cs.AddPackage(OPCodeTable.AI, msg);          //将技能号以及位置信息上传至服务器
46    }}}
```

- 第 1～5 行声明存储技能对象的数组以及连接服务器的变量。
- 第 6 行重写 Start 方法，调用连接服务器方法连接上服务器。
- 第 7～13 行定义除去射手之外的其他角色的普通攻击方法，将普通攻击变量设置为人物角色变量的子对象，并将其位置信息与父对象保持一致。
- 第 14～23 行记录人物的 ID 号以及普通工具的 ID 号，将普通攻击的位置信息和 ID 号打包上传至服务器。
- 第 24～31 行定义了射手的普通攻击的方法，同样也是记录位置信息和 ID 号并上传至服务器。
- 第 32～37 行实例化攻击技能的粒子系统，将其设置为人物角色对象的子对象。
- 第 38～46 行将该技能的 ID 号、位置信息以及旋转状态上传至服务器。

（3）无论是哪个场景中都会有 UI 界面用来实现必要的功能，几乎所有 UI 界面的搭建都大同小异。副本场景主界面的 UI 效果如图 9-87 所示、游戏对象列表如图 9-88 所示。该 UI 界面的主要功能就是人物技能的释放与冷却，相关脚本已在前面详解过。

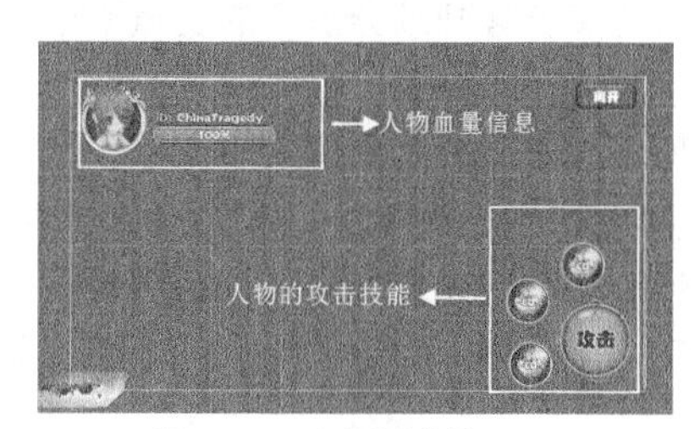

▲图 9-87 主界面的效果图

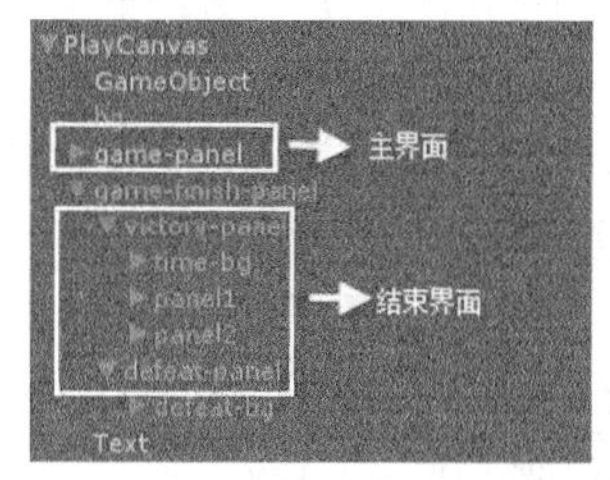

▲图 9-88 游戏组成对象列表

（4）在玩家将副本中的怪物杀完或者是被怪物杀死之后会有游戏结束界面弹出，如图 9-89 所示。若是人物完成任务，界面一短暂停留后会自动滑动到界面二。所以新建一名为“ResultAnim”的脚本用来控制该界面的显示与滑动，代码如下。

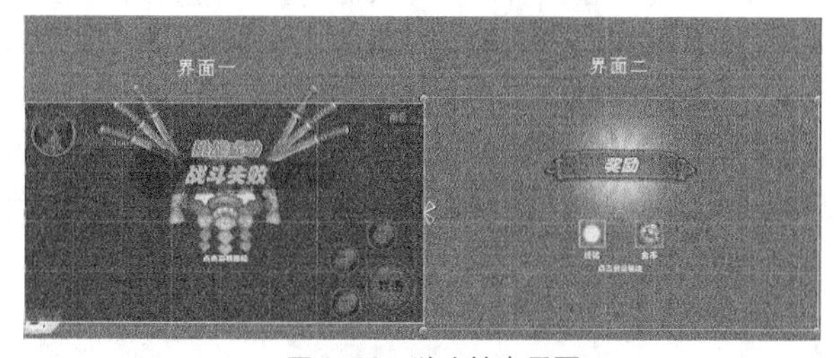

▲图 9-89 游戏结束界面

代码位置：见随书源代码/第 9 章目录下的 GameClient/Assets/Add1205/_GameResult/ ResultAnim.cs。

```
1     ....../*此处省略了一些导入相关类的代码，读者可自行查阅源代码*/
2     public class ResultAnim : MonoBehaviour{
3       ConnectServer cs;                                  //定义 ConnectServer 变量
4       public static ResultAnim _instance;                //定义该类的静态实例
5       public GameObject easyTouchHnadlerGo;              //定义 EasyTouch 摇杆变量
6       private float m_ScreenWidth = 1280;                //定义标准屏幕横向分辨率
```

```
7      private float m_ScreenHeight = 720;                   //定义标准屏幕纵向分辨率
8      private float m_scaleWidth;                           //定义宽度缩放系数
9      private float m_scaleHeight;                          //定义高度缩放系数
10     ……/*此处省略一些默认设置的代码，有兴趣的读者可以自行查看源代码*/
11     void Start(){
12       cs = ConnectServer.getSocketInstance();            //连接服务器
13       _instance = this;                                  //获取实例
14       screen_w = Screen.width;                           //获取屏幕的宽度
15       screen_h = Screen.height;                          //获取屏幕的高度
16       m_scaleWidth = (float)Screen.width / m_ScreenWidth;      //计算缩放系数
17       m_scaleHeight = (float)Screen.height / m_ScreenHeight;
18       ……/*此处省略一些默认设置的代码，有兴趣的读者可以自行查看源代码*/
19     }
20     void Update(){                                       //重写 Update 方法
21       if (Input.GetKeyDown(KeyCode.R)){PlayVictoryAnim(3);}
                                                            //调用胜利界面动画的初始化方法
22       else if (Input.GetKeyDown(KeyCode.V)){Victory(3, 100);}     //显示胜利界面
23       else if (Input.GetKeyDown(KeyCode.D)){Defeat();}        //显示任务失败界面
24       light_eft.transform.Rotate(Vector3.forward, Time.deltaTime * 20);
25       if (isCut) {                                      //奖励界面的“灯光”不停地旋转
26         timer += Time.deltaTime;                        //时间累加
27         if (timer > cut_delay) {                        //固定时间后
28           panel_vic_2.SetActive(true);                  //将胜利界面面板二置为可见
29           iTween.MoveTo(panel_vic_1.gameObject, new Vector3(-screen_w / 2,
             vic1_pos.y, 0), 0.6f);
30           iTween.MoveTo(panel_vic_2.gameObject, new Vector3(screen_w / 2,
             vic2_pos.y, 0), 0.6f);
31           isCut = false;            //利用 iTween 插件对胜利界面的两个面板进行移动
32           timer = 0;                //重置 timer 变量为 0
33     }}}
34     ……/*此处省略一些默认设置的代码，有兴趣的读者可以自行查看源代码*/
35     public void OnTouchScreen(){                            //单击屏幕继续方法
36     cs = ConnectServer.getSocketInstance();                 //连接服务器方法
37     int roleID = GameData.roleID;                           //获取角色 ID
38     cs.AddPackage(OPCodeTable.BackToMainMap,roleID); //将返回主菜单的信息上传至服务器
39   }}
```

- 第 1～10 行声明了一些脚本变量，其中包括定义屏幕基准分辨率的变量、屏幕缩放比系数变量以及客户端连接到服务器的变量。
- 第 11～14 行重写 Start 方法，根据当前屏幕获取屏幕分辨率的大小。
- 第 15～19 行根据当前屏幕分辨率和定义的屏幕基准分辨计算出屏幕的缩放系数。
- 第 20～24 行重写了 Update 方法，在不同情况下显示不同的游戏结束界面。
- 第 25～29 行代表的是奖励界面“灯光”不停地旋转，并且在固定时间后，将胜利面板二置为可见。
- 第 30～34 行利用 iTween 插件对胜利界面的两个不同的面板进行移动。
- 第 35～39 行定义了屏幕继续的方法，连接至服务器并且记录当前人物角色的 ID 号将其信息打包上传至服务器。

（5）副本场景中怪物的生成、怪物对人物角色的伤害、人物角色对怪物的伤害以及人物技能的伤害范围都在 Lua 脚本中设置，有关其内容将在后面章节详解。由于篇幅限制，副本的部分简单的功能笔者没有进行详细的讲解，有兴趣的读者可以参考随书中的项目。

9.12 自动寻路系统

游戏当中的日常操作包括副本、任务等都需要进行移动角色，通过玩家自己寻找目标位置是相当繁琐并且不现实，这就需要进行自动寻路系统的开发。自动寻路系统是一个游戏里的一项智能功能，玩家在单击某一个位置或者一个 NPC 时，会马上通过最快捷的移动路线将玩家角色送至指定的位置。

玩家在对角色进行移动的时候，移动的位置可以是任意的。一般的思路就是首先判断角色当

前位置（即位置 1）和玩家想要去的位置（即位置 2）之间是否存在障碍物。如图 9-90 所示，位置 1 和位置 2 之间没有障碍物，这样角色就可以沿着直线位移到想要去的位置。

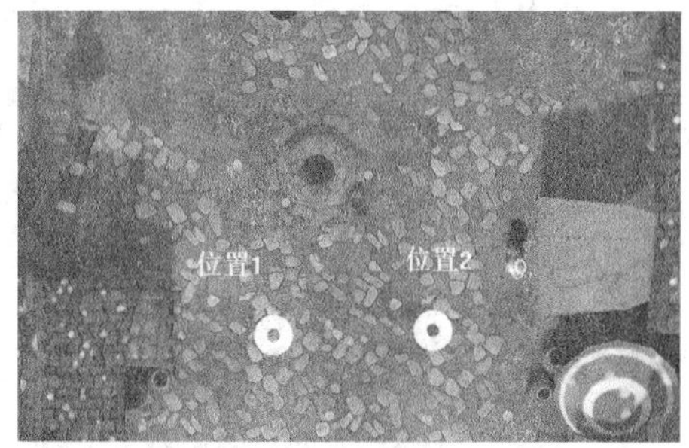

▲图 9-90 两地点之间无障碍物

但是如果位置 1 和位置 2 之间存在障碍物，如图 9-91 所示，通过直接移动位置的思路就无法完成。这就需要通过其他的路径到达位置 2，就好比没有直达车的时候可以换乘其他的车辆。这样寻找其他路径的功能是无法直接实现的，就需要人为开发。

本游戏的自动寻路系统开发是通过 Lua 脚本语言实现的，基本原理是将场景中的大部分点进行标记，然后将这些标记点之间进行连线，成为玩家角色寻路时可以走的路径，如图 9-92 所示。在玩家角色进行寻路的时候，通过已经记录好的路径选择合适的路径，可以实现自动寻路的功能。

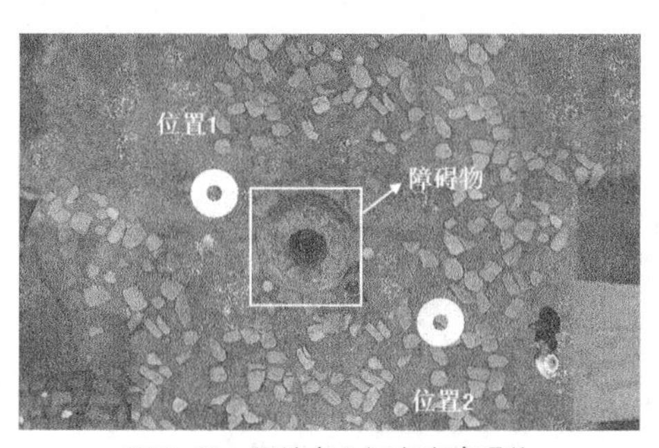

▲图 9-91 两地点之间存在障碍物

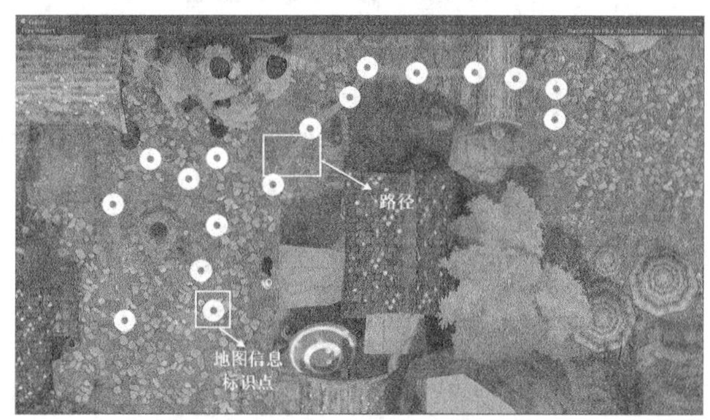

▲图 9-92 自动寻路路径

9.12.1 地图信息标记点

下面将要介绍地图信息标记点，地图信息标记点是指用点进行标记地图上的角色可以移动到的位置，将各个点的坐标记录在表中，然后将各个点依次相连组成路径，也记录在表中，如图 9-93 和图 9-94 所示。通过这些记录好的路径信息选择合适的路径移动。

```
point = {
{x=-26.15973,y=24.75018},
{x=-24.04964,y=26.03459},
{x=-21.84781,y=26.27924},
{x=-19.61539,y=26.21807},
{x=-19.61539,y=23.83275},
{x=-19.61539,y=21.6615},
{x=-20.93037,y=20.28535},
{x=-23.19337,y=20.71349},
{x=-24.84475,y=22.42603},
{x=-23.07105,y=23.95508},
{x=-21.6949,y=22.05905},
{x=-21.23619,y=24.68902},
{x=-24.63437,y=24.08383},
{x=-17.78634,y=24.21715},
{x=-15.12579,y=24.12541},
```

▲图 9-93 标记点坐标

```
line = {

L1_1={1,length=0.0},
L2_1={2,1,length=2.47026},
L3_1={3,2,1,length=4.685644},
L4_1={4,3,2,1,length=6.918898},
L5_1={5,12,10,13,1,length=7.04246},
L6_1={6,11,10,13,1,length=7.693141},
L7_1={7,8,9,1,length=7.352555},
L8_1={8,9,1,length=5.0494137},
L9_1={9,1,length=2.670374},
L10_1={10,13,1,length=3.233176},
L11_1={11,10,13,1,length=5.5759706},
L12_1={12,10,13,1,length=5.209383},
L13_1={13,1,length=1.664557},
L14_1={14,5,12,10,13,1,length=8.911471},
L15_1={15,14,5,12,10,13,1,length=11.573603},
```

▲图 9-94 路径信息

> **说明** 地图信息标记点组成的路径表将地图的各个位置都进行了记录在 txt 文件上，在使用的时候调用的路径其实就是读取表中的文本信息来进行移动。本游戏的地图信息被做成了 Lua 脚本，文件路径为 GameServer/Lua/PathMap.Lua。

地图信息标记点和路径的坐标看起来十分复杂并且数据庞大，但是其实是用一个脚本来生成的，下面介绍数据生成的方法。在客户端项目的城镇场景中的摄像机上挂有一个名为“JiaDian”的脚本（源代码路径为 GameClient\Assets\XuanLu\JiaDian.cs），将其挂载到要寻路场景的摄像机上。

挂载到场景摄像机上，首先将摄像机的投影模式设置为平行投影，如图 9-95 所示。然后将摄像机上其他的所有脚本都 Remove 掉或者勾掉脚本，使摄像机上只留这一个脚本起作用，然后将 Xuanlu 文件夹下的模型挂载到脚本上的相应位置，如图 9-96 所示。

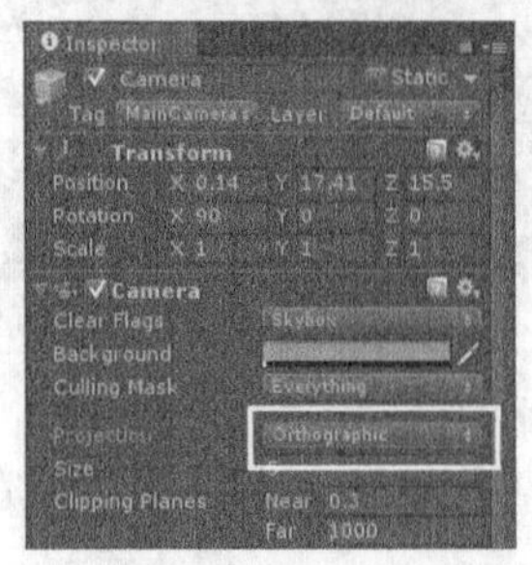

▲图 9-95　摄像机投影方式

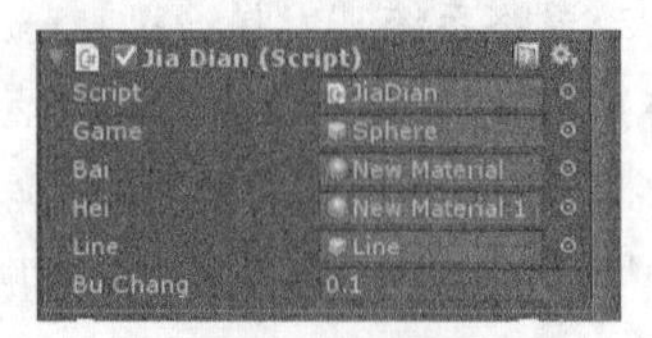

▲图 9-96　脚本参数

脚本挂载完成后，运行项目。通过“W”“S”“A”“D”键进行前后左右移动，“J”“U”键进行放大和缩小。然后需要用鼠标在地图上点出标记点，标记点要尽量均匀地覆盖地图上大部分可移动区域，并且不要重叠，如图 9-97 和图 9-98 所示。

▲图 9-97　标记点注意事项一

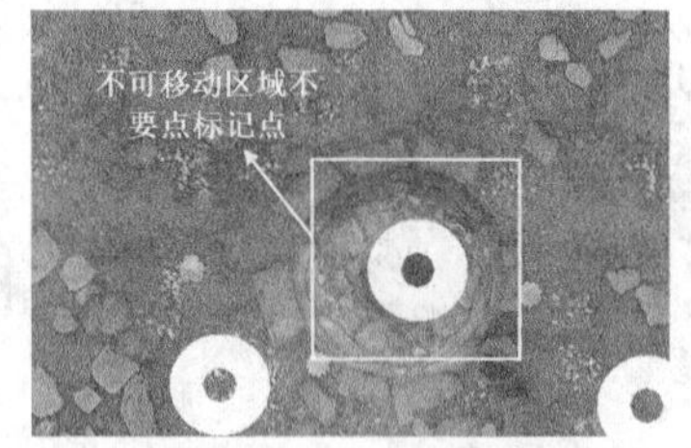

▲图 9-98　标记点注意事项二

标记点全部点完以后，按“C”键开始对标记点进行连线。单击两个想要连接的标记点就可以完成连线，连线时需要注意线可以任意连接，一个点可以与其他多个点相连，线之间可以交叉，但是要将所有的标记点都要直接或者间接连接上，不要留下孤立的点，如图 9-99 所示。

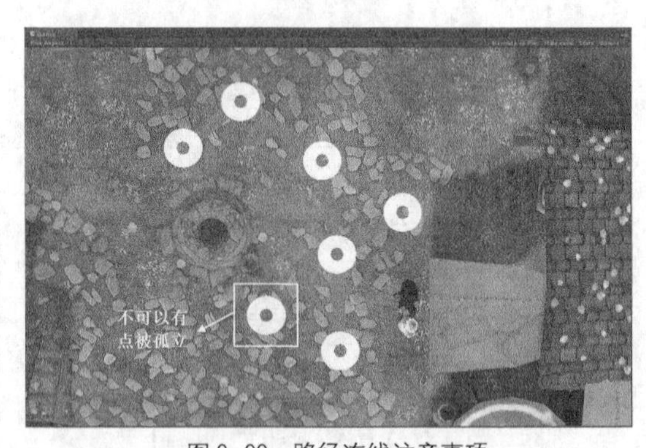

▲图 9-99　路径连线注意事项

路径连接完成以后按“B”键，就能完成对标记点和路径信息的采集，采集完成后的信息会以 txt 文件的方式保存在游戏项目的根目录下，如图 9-100 所示。打开 txt 文件，上面记录了标记点的信息和路径信息，如图 9-101 所示。

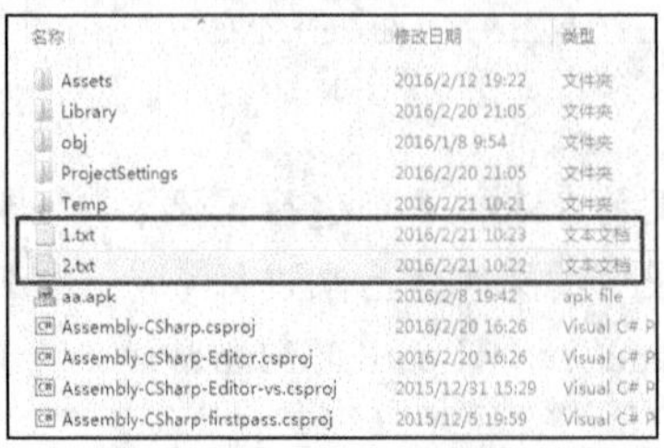

▲图 9-100　生成文件位置

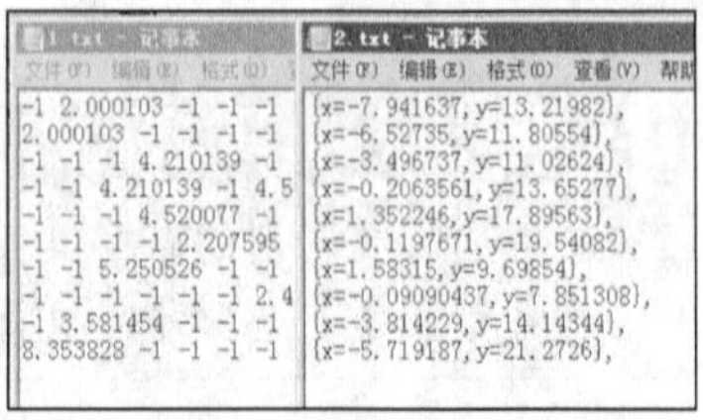

▲图 9-101　文件信息

9.12.2 自动寻路代码

下面要介绍将地图信息加以运用的自动寻路的功能代码。本游戏的寻路分为两部分：城镇场景中的玩家角色寻路和副本中的怪物寻路。下面先介绍副本中的怪物寻路，具体内容如下。

（1）下面实现游戏副本中怪物的自动寻路。作为一款刷怪升级类游戏，富有挑战性的副本是游戏最大的乐趣所在，在这款游戏的副本中加入了各种类型的怪物，这些怪物会自动侦测副本中玩家的位置，追踪玩家并对其造成伤害，脚本的具体代码如下。

代码位置：见随书源代码/第 9 章目录下的 GameServer/Lua/MonPath.Lua。

```
1     if _G.RequireLuas ~= nil then                        //如果外部脚本未被导入
2       for _,v in ipairs(_G.RequireLuas) do               //遍历所有的外部脚本
3         require(v);                                      //导入外部脚本
4       end
5     end
6     require("Util");                     //导入 Util 工具脚本
7     minDis = 0.1;                        //怪物与目标的最小距离，当小于该距离时认为已经与目标接触
8     minDisP = minDis * minDis;           //计算最小距离的平方
9     chaseDis = 16;                       //怪物与目标的可追捕距离，当小于该距离时怪物会追捕目标
10    monster = {};                        //怪物线程集合
11    function Start()
12    end
13    function Update()
14      while true do                      //开启循环
15        if _G.action ~= nil then         //玩家有移动行为，重新计算怪物跟随目标
16          role = {x = _G.action[2], y = _G.action[3]}; //获得角色位置
17          for _,v in ipairs(mon) do                    //遍历怪物线程
18            local roletov = getlenp(role, v);          //计算怪物与角色距离
19            if roletov < chaseDis and roletov > minDis then //如果目标在怪物攻击范围内
20              v.target = {x = role.x, y = role.y}        //确定该角色为目标角色
21              local s=search(v);                         //确定怪物的值
22              local t=search(role);                      //确定目标角色的值
23              v.line = line["L"..s.."_"..t];             //寻找合适的路线
24              v.index=1;                                 //重置信息标记计数点
25              v.movetarget = point[v.line[v.index]];     //确定下一个要移动到的点
26            end
27          end
28          _G.action=nil;                                 //清空脚本
29        end
30        r = {};                                          //寻路结果集合
31        ……//[[此处省略了怪物移动的详细内容，将在下面进行详细的介绍]]//
32        coroutine.yield(r);
33      end
34    end
35    local function searchMon(args)                       //寻找对象所在的点的值
36      r = {};                                            //清空寻路结果集合
36    end
```

- 第 1～6 行的主要功能是导入脚本所需的外部脚本，包括导入了相对应的地图数据和工具脚本 Util.Lua。工具脚本 Util 中编写了大量的用于数学计算的方法，导入后可以直接调用。
- 第 7～10 是对变量的声明，包括怪物与目标的最小距离，怪物与目标的可追捕距离以及怪物线程的集合等。
- 第 15～29 行的主要功能是使怪物能够跟随移动的目标。当玩家进行移动时，会获取玩家的位置，然后通过计算怪物与玩家的距离来判断是否需要怪物移动。若怪物需要移动，就遍历路线表，找到合适路线进行移动。
- 第 35～36 行用于寻找出对象所在点的值。根据对象所在的点的位置来计算出移动的路线。

（2）怪物自动寻路代码中由于篇幅问题省略了怪物移动方法的详细内容，下面将详细地介绍怪物移动的方法，具体代码如下。

代码位置：见随书源代码/第 9 章目录下的 GameServer/Lua/MonPath.Lua。

```
1     for i,v in ipairs(mon) do                      //遍历怪物线程
2       if v.target ~= nil then                      //对有目标的怪物进行移动
```

```
3          currentL = getlenp(v, v.movetarget);      //计算当前位置与角色的距离
4          if currentL < minDisP then                //在怪物攻击范围内
5            if v.line == nil then                   //怪物没有获得路线
6              v.x = v.target.x;                     //移动到目标位置，获取 x 坐标
7              v.y = v.target.y;                     //移动到目标位置，获取 y 坐标
8              v.target = nil;                       //清空目标
9              v.movetarget = nil;                   //清空下一个移动点
10         elseif table.getn(v.line) == v.index then     //已走完寻路集合内的所有点
11           v.movetarget = v.target;                    //下次移动到目标处
12           v.line = nil;                               //清空路线
13         else               //寻路集合内的点还没走完，需要将当前移动目标修改为下一个移动点
14           v.index = v.index + 1;                      //移动到下一个移动点
15           v.movetarget = point[v.line[v.index]];      //确定下一个一移动点
16         end
17       end
18     xscale, yscale = normalize(v, v.movetarget);      //计算怪物移动速度
19       v.x = v.x + xscale * v.speed;                   //计算怪物 x 轴方向上的移速
20       v.y = v.y + yscale * v.speed;                   //计算怪物 y 轴方向上的移速
21     end
```

- 第 2～9 行的主要功能是将目标在攻击范围内但没有获得移动路线的怪物移动到目标角色处，将目标角色的坐标赋给怪物，使怪物直接移动到目标角色的位置。移动完成后，清空目标和下一个移动点。
- 第 10～12 行的主要功能是当怪物已经走完寻路集合内的所有点时，使怪物直接移动到目标角色处，并清空路线。
- 第 13～17 行的主要功能是当寻路集合还没有走完时，为怪物找寻下一个移动点。怪物会不断按照路线上的移动点移动，直到所有的移动点都走完。
- 第 18～21 行的主要功能是计算怪物的移动速度。通过实时计算怪物的速度可以使怪物根据移动中距离目标角色或下一个移动点的距离来调整自己的移动速度。

（3）副本中的怪物的寻路相对起来较为简单，下面需要实现的是城镇场景中的寻路。由于城镇场景中并没有添加摇杆系统，所以需要实现玩家触摸屏幕位置，角色会立即走向当前标记的位置。这部分的实现与上述寻路系统类似，具体代码如下。

代码位置：见随书源代码/第 9 章目录下的 GameServer/Lua/MainScenePath.Lua。

```
1     if _G.RequireLuas ~= nil then                  //如果外部脚本未被导入
2       for _,v in ipairs(_G.RequireLuas) do         //遍历所有的外部脚本
3         require(v);                                //导入外部脚本
4       end
5     end
6     require("Util");                               //导入 Util 工具脚本
7     if _G.ScaleTime ~= nil then                    //脚本相邻两次被调用的时间间隔不为 0
8       scaleTime = _G.ScaleTime;                    //脚本相邻两次被调用的时间间隔
9     end
10    local PathOpCode = {Enter = 1, Exit = 2, Path = 3}
11                          //声明事件代号，包括进入对应 1，退出对应 2，寻路对应 3
12    local operaThreadArray = {};                  //声明需要进行操作的对象集合
13    local targetArray = {};                       //声明角色当前目标点
14    local pathResult = {};                        //声明寻路结果储存表
15    function  Start()
16    end
17    function  Update()
18      while true do                   //开启循环
19        pathResult = {};              //对寻路结果进行重置
20        if _G.action ~= nil then //_G.action[1]为事件代号，1 玩家进入，2 玩家离开，3 玩家移动
21          local action = _G.action;          //取出外部传入的参数
22          _G.action = nil;            //删除源数据
23          coroutine.yield("opera"..action[1]);
24          if action[1] == PathOpCode.Enter then //进入事件：操作码、ID、初始 X、初始 Y
25            local operaThread = coroutine.create(function()//每一个寻路对象都是一个线程
26              ……//[[此处省略了自动寻路的详细内容，将在下面进行详细的介绍]]//
27            end);
28            if operaThread ~= nil then          //如果还有需要操作的对象
```

```
29                 table.insert(operaThreadArray, operaThread);
                                                          //将新加入的对象线程添加到线程集
30             end
31           elseif action[1] == PathOpCode.Exit then      //进行退出操作
32             operaThreadArray["Role"..action[2]] = nil; //将指定线程从线程集中删除
33           elseif action[1] == PathOpCode.Path then      //进行寻路操作
34             roleId = action[2];                         //将寻路目标点添加到目标集
35             targetArray["Role"..roleId]={x=action[3],y=action[4], isCross=action[5]};
36           end
37         end
38         for i,v in ipairs(operaThreadArray) do          //依次启动所有线程
39           coroutine.resume(v);                          //返回结果
40         end
41         coroutine.yield(pathResult);                    //返回最终结果
42       end
43     end
```

- 第 1～8 行的主要功能是导入脚本所需的外部脚本，包括导入了相对应的地图数据和工具脚本 Util.Lua。工具脚本 Util 中编写了大量的用于数学计算的方法，导入后可以直接调用。
- 第 10～14 行是对所需变量的声明，包括事件代号、需要进行操作的对象集合、角色当前目标点和寻路结果储存表。其中事件代号的作用是用来判断接收的数据是来自于哪种事件。
- 第 19～23 的主要功能是为自动寻路的结果进行重置，并将外部不为空参数接收，使下面进行操作的数据均为有效数据，并删除数据源。
- 第 24～30 行是对进入事件的操作，此处由于篇幅问题省略，将在下面进行详细介绍，并且将需要操作的对象添加到线程集当中。
- 第 31～36 行的主要功能是实现退出操作和寻路操作。当玩家退出时，将退出玩家的 ID 加入到了指定线程集中删除。当玩家要进行寻路时，将寻路目标点加入到了目标集合，包括玩家 ID、位置等信息。
- 第 38～43 行的主要功能是依次启动所以线程。每一个寻路对象都是一个线程，上述操作将所有玩家寻路的信息加入到寻路线程，在这里将所有线程启动，最后返回最终的线程结果。

（4）玩家自动寻路代码中由于篇幅问题省略了自动寻路方法的详细内容，下面将详细介绍自动寻路方法，首先是所需变量的声明，由于自动寻路的过程较为复杂，所需变量也较为复杂，下面是变量的声明和对每个变量用途的介绍，具体代码如下。

代码位置：见随书源代码/第 9 章目录下的 GameServer/Lua/MainScenePath.Lua。

```
1     local id = action[2];          //玩家 ID
2     local pathLine = nil;          //移动到目的地所需要走过的点集合
3     local pathIndex = 1;           //点集合的索引下标，线程根据索引下标来标识当前的移动目标
4     local timer = 0;               //时间计数器，用于进行时间的计算
5     local timeLength = 0;          //时间步长，当时间计数器到达该步长时，则对象已到达当前目标点
6     local target = nil;            //最终目标点
7     local isPath = 0;               //是否进行寻路操作，0 为不寻路，1 为进行寻路
8     local beginPos = {x = action[3], y = action[4]}; //记录每次移动时起始点坐标
9     local speed = 5;                                  //移动速度
10    local currentTarget = nil;                        //当前阶段的移动目标点坐标
```

说明 此段代码对实现自动寻路所需的变量进行了声明，包括玩家 ID、移动路径所需标记点的集合、点集合的索引下标、时间计数器、时间步长、最终目标点等。

（5）下面介绍自动寻路的详细代码。自动寻路是通过判断目标点与角色之间是否需要进行寻路，若需要计算两者之间的距离，然后寻找离角色和目标点最近的标记点，再通过标记点的集合的索引来从路径表中寻找最合适的路径，具体代码如下。

代码位置：见随书源代码/第 9 章目录下的 GameServer/Lua/MainScenePath.Lua。

```
1     while true do
2       if targetArray["Role"..id] ~= nil then             //检测到有新的移动目标
```

```
3         if isPath == 1 and currentTarget ~= nil then  //当前需要进行寻路，并且具有目标点
4           local timePro = timer / timeLength;          //计算当前移动距离的百分比
5           currentTarget = {x = (currentTarget.x-beginPos.x)*timePro+beginPos.x,
6             y = (currentTarget.y-beginPos.y)*timePro+beginPos.y};
              //重新计算当前移动目标点坐标
7           beginPos = {x = currentTarget.x, y = currentTarget.y}; //重新计算起始点坐标
8         end
9         local s = search(beginPos);                     //离起始点最近的目标点
10        target = targetArray["Role"..id];              //获取最终目标点
11        local t = search(target);                      //离最终目标最近的目标点
12        pathLine = line["L"..s.."_"..t];
          //得到起始点到目标点的路径集合，该集合存储了标识点的索引下标
13        targetArray["Role"..id] = nil;                 //清空目标队列
14        timer = 0;                                     //清空时间计数器
15        timeLength = 0;                                //清空时间步长
16        isPath = 1;                                    //进行寻路
17        coroutine.yield("isCross"..target.isCross);
18        if target.isCross == 0 then                    //玩家与目标点之间存在障碍物
19          pathIndex = table.getn(pathLine);            //获取点集合个数
20        else
21          pathIndex = 0;                               //不使用点到点的寻路方式
22        end
23      end
24      if isPath == 1 then                              //开始寻路
25        if timer > timeLength or timer == timeLength then  //时间计数器触发事件
26          if currentTarget ~= nil then                       //当前有目标
27            beginPos = {x = currentTarget.x, y = currentTarget.y}; //获取起始点位置
28          end
29          if pathIndex == -1 then                            //到达最终目标点
30            isPath = 0;                                      //结束本阶段的寻路
31          elseif pathLine[pathIndex + 1] == nil the          //到达路径集合最后一个点
32            pathIndex = -1;                                  //返回最终目标点
33            currentTarget = target;                          //重新设置当前目标
34            timeLength = getlen(beginPos, currentTarget) / speed     //计算时间步长
35            table.insert(pathResult, {id, currentTarget.x, currentTarget.y});
36          else                                              //到达任一非终点目标点
37            pathIndex = pathIndex + 1;                      //目标点索引加 1
38            currentTarget = point[pathLine[pathIndex]]; //将下一目标点设置为当前目标
39            timeLength = getlen(beginPos, currentTarget) / speed;     //计算时间步长
40            table.insert(pathResult, {id, currentTarget.x, currentTarget.y});
41          end
42          timer = 0;                                        //重置时间计数器
43        end
44        timer = timer + scaleTime;                          //重新计算事件计数器
45      end
46      coroutine.yield();
47    end
```

- 第 2～8 行的主要功能是对需要寻路并且具有目标点的对象坐标的计算。当对象正在进行前一个阶段寻路操作，则计算出当前对象的位置，并将该位置设为本次寻路的起始点。
- 第 9～16 行的主要功能是计算出对象需要走的路径。首先分别获取了离起始点和最终目标最近的两个点，然后通过这两个点来找到对象需要走的路径，将目标队列、时间计数器、时间步长等清空，准备进行下一次寻路。
- 第 18～22 行是对寻路方式的判定。当角色与目标点之间没有障碍物时，采用直接直线移动到目标点的方法。当角色与目标点之间存在障碍物，无法直接移动时，将采用点到点的方法，按照路径表中查询到的路径进行一步一步地移动。
- 第 24～30 行是对当前存在目标和到达最终目标点的事件实现，这两种情况较为简单。当玩家开始寻路并且已经具有目标的时候，获取了目标的起始位置以备用。当玩家到达最终目标点时，直接结束本阶段的寻路。
- 第 31～41 行是对到达路径集合中任意一个非终点的点和最后一个点的事件的实现。前者需要将重新设置当前目标并计算时间步长，然后将数据返回。后者需要将目标索引加 1，并将下一目标点设置为当前目标，最后将数据返回。
- 第 42～47 行对时间计数器进行了重置，并将时间设置为下一次脚本调用的时间，自动寻

路工作完成，等待下一步操作指示。

9.12.3 Java 与 Lua 的交互

上面已经将地图寻路系统介绍完毕，接下来说明 Lua 脚本是如何起作用的。Lua 是一个嵌入式的语言，这也就是说，Lua 不仅可以独立运行，并且能够嵌入其他应用。本游戏的客户端联网功能是通过 Java 语言实现的，客户端是使用 C#语言编写的，这就需要能够将 Lua 脚本与其他的语言进行转换并传递。

为了实现这一功能，这里采用的是 Lua 状态机，状态机能把两种语言的对象相互转换。Lualauncher 脚本是 Lua 脚本的控制器，负责将 Lua 脚本中的信息，比如在 9.7.1 节中介绍的地图信息，传递给服务器。LuaLuncher 脚本被打包到 src 文件夹下的 com.game.Lua 包中，如图 9-102 所示，具体内容如下。

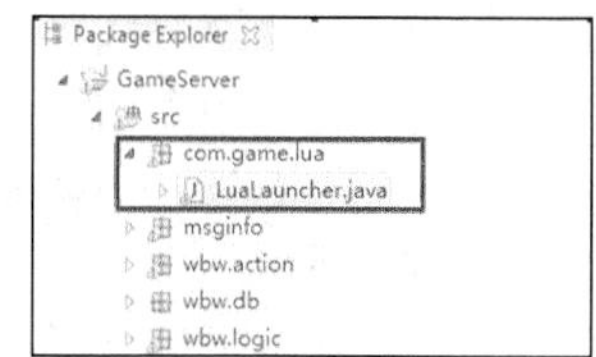

▲图 9-102 Lua 脚本启动器

（1）LuaLauncher 脚本用于启动一个同时包含“Start”“Update”“Destroy” 3 个方法的 Lua 脚本，并且 3 个方法分别在开始时调用、每个时间帧调用和结束时调用。下面开始介绍 Lualauncher 脚本的编写，具体代码如下。

代码位置：见随书源代码/第 9 章目录下的 GameServer/src/com/game/Lua/Lualauncher.java。

```
1     package com.game.Lua;
2       ....../*此处省略了一些导入相关类的代码，读者可自行查阅源代码*/
3     public class LuaLauncher extends Thread{
4       private LuaState L = null;                                 //脚本控制器
5       public boolean isRun = true;                               //是否刷新脚本
6       private float scaleTime = 1.0f / 60.0f * 1000f;            //Update 每秒调用 60 次
7       private Queue<float[][]> resultQueue = new ConcurrentLinkedQueue<float[][]>();
                                                                   //运行结果队列
8       private Queue<float[]> actionQueue = new ConcurrentLinkedQueue<float[]>();
                                                                   //计算数据队列
9       public static void main(String args[]){
10        final LuaLauncher ll = new LuaLauncher("Lua/MainScenePath.Lua", "PathMap");
                                                                   //创建一个构造器对象
11
12        ll.start();                                              //开启线程
13        Thread t = new Thread(                                   //创建 Tread 线程
14          new Runnable(){                                        //实现 Runnable 接口
15            public void run(){
16              ll.pushAction(new float[]{1, 1, -4.5f, 6.2f}); //添加地图信息
17              ll.pushAction(new float[]{3, 1, -4.5f, 0f});   //添加地图信息
18              while(true){
19                float[][] map = ll.popResult();                  //获取地图信息
20                  try { Thread.sleep(1000);}                     //线程休眠
21                  catch (InterruptedException e) { e.printStackTrace(); //获取异常
22        }}}}); t.start();}                                           //开启线程
23      public LuaLauncher(String mainLuaPath, String...requireLuas){    //构造器
24        ......//此处省略了 LuaLauncher 构造器的详细内容，将在下面进行详细的介绍
25      }
26      public void pushAction(float[] vector){                     //向地图添加角色信息
27        if(L == null){                                            //如果为空
28          System.out.println("The LuaState is null, Cannot push data to Lua!");
                                                       //打印提示信息
29          return;                                    //返回
30        } actionQueue.add(vector);     }             //插入传入值
31      public float[][] popResult(){                  //获取结果，若当前队列为空，则返回 null
32        return resultQueue.poll();                   //获取队列结果
33      }
34      public boolean isEmpty(){return resultQueue.isEmpty();} //判断是否为空，清空结果队列
35      @Override
36      public void run(){                             //重写 run 方法
37        ......//此处省略了 LuaLauncher 构造器的详细内容，将在下面进行详细的介绍
38    }}
```

- 第 1～2 行的主要功能是将脚本打包到 com.game.Lua 包中，并导入脚本所需的基础包。

- 第 3～8 行的主要功能是对相关变量的声明，包括用来转换自动寻路的 Lua 脚本和网络开发的 Java 脚本，并传递两者参数的 Lua 状态机，是否刷新脚本的标志位，脚本调用间隔的常量以及结果对了和数据队列。
- 第 10～22 行的主要功能是创建线程并开启线程。首先创建了一个构造器对象，并开启了 Lua 控制器线程。然后新建了一个线程，在线程中添加了地图的信息，通过结果队列获取了地图信息，最后将线程休眠。
- 第 23～25 行是对 Lua 状态机的构造器的编写，此处由于篇幅关系，将在下面进行详细介绍。
- 第 26～30 行是对 pushAction 方法的编写。该方法的主要功能是向地图中添加角色信息，通过调用“PushAction”向 Lua 脚本传递一个 Number 数组。首先对传入的二维数组进行了判断，若为无效的二维数组，就会打印提示信息。然后将二维数组的信息插入了初始数据队列。
- 第 31～34 行的是获取结果和判断对象是否为空的两个方法。该方法都用于处理地图信息的数据队列。并且通过调用“PopResult”获取 Lua 脚本的运行结果，该结果以 float 数组的形式保存，若当前没有可用结果，则返回 null。
- 第 35～38 行的主要功能是对 run 方法的重写，此处由于篇幅关系，将在下面进行详细介绍。

（2）下面介绍省略的 Lualauncher 构造器的详细内容，构造器的主要功能是设置脚本的 package.path 变量，使 Lua 编译器能够从本项目中用于存放 Lua 脚本的文件夹中查找外置脚本，调用构造器时需设置主 Lua 脚本路径和名称，若需要可设置多个外置脚本，外置脚本只需声明脚本名称。具体代码如下。

代码位置：见随书源代码/第 9 章目录下的 GameServer/src/com/game/Lua/Lualauncher.java。

```
1    public LuaLauncher(String mainLuaPath, String...requireLuas){ //构造器
2      System.loadLibrary("Lua5.1");                              //加载 Lua5.1 库
3      this.L = LuaStateFactory.newLuaState();
4      L.openLibs();                                              //读入 Lua 脚本
5      L.getGlobal("package");                         //把全局变量 package 的值压栈
6      L.getField(-1, "path");                         //获取路径值
7      String curpath = L.toString(-1);                //路径转为字符串
8      curpath += ";" + System.getProperty("user.dir")  + "\\Lua\\?.Lua;";//获取路径
9      L.pop(1);                                       //返回路径值
10     L.pushString(curpath);                         //当前路径压栈
11     L.setField(-2, "path");                        //读入路径
12     L.pop(1);                                      //返回路径值
13     L.newTable();                          //创建一个空表以存放地图名，并传入状态机
14     for(int i = 0; i < requireLuas.length; i++){   //遍历所有的所需的外部脚本
15       L.pushString(requireLuas[i]);                //脚本压栈
16       L.rawSetI(-2, i + 1);
17     }
18     L.setGlobal("RequireLuas");                    //从栈中弹出 RequireLuas 变量的值
19     L.pop(L.getTop());                             //返回变量值
20     L.pushNumber(scaleTime / 1000f);         //向脚本传递 Update 方法的调用时间间隔
21     L.setGlobal("ScaleTime");                //ScaleTime 变量出栈
22     L.pop(L.getTop());                       //返回变量值
23     L.LdoFile(mainLuaPath);                  //加载 Lua 脚本
24   }
```

- 第 2～12 行首先加载了脚本所需的 Lua 的库，并获取了 Lua 状态机。然后开始读入脚本，并把 package 变量值和路径值压栈。接着开始返回路径，首先找到当前的路径，将路径压栈并读入路径，最后返回路径的值。
- 第 13～19 行的主要功能是获取地图信息。首先创建了一个空表，然后遍历了所需的 Lua 脚本的信息，最后获取地图信息并传入创建的空表中。
- 第 20～24 行的主要功能是传递调用 Update 方法时的时间间隔，然后将时间间隔返回，最后加载 Lua 脚本“mainLuaPath.Lua”。

（3）下面介绍省略的 run 方法的详细内容。run 方法的主要功能是运行了 Start、Update 和

Destroy 方法。这 3 个方法分别在开始时调用、每个时间帧调用、结束时调用。Update 方法中将进行脚本的传参和返回，Destroy 方法结束脚本并关闭状态机，具体代码如下。

代码位置：见随书源代码/第 9 章目录下的/GameServer/src/com/game/Lua/Lualauncher.java。

```
1     public void run(){
2       L.getField(LuaState.LUA_GLOBALSINDEX, "Start");     //运行 start 方法
3       L.call(0, 1);//第一个参数表示将向该方法传递的变量个数，第二个参数表示该方法将返回的结果个数
4       L.pop(1);                                           //返回结果
5       L.getField(LuaState.LUA_GLOBALSINDEX, "Update");    //运行 Update 方法
6       while(isRun){                                       //刷新脚本
7         L.getGlobal("action");                            //把全局变量 action 的值压栈
8         if(!L.isTable(-1)){                               //是否结束该脚本，如果否
9           L.pop(1);                                       //返回 action 变量的值
10          float[] temp =  actionQueue.poll();             //获取数据队列顶端元素
11          if(temp != null){                               //向脚本传递初始数据
12            L.newTable();                                 //创建一个空表
13            for(int i = 0; i < temp.length; i++){         //遍历数据数组
14              L.pushNumber(temp[i]);                      //把数据压栈
15              L.rawSetI(-2,  i + 1);
16            }
17            L.setGlobal("action");                        //从栈中弹出 action 变量的值
18            L.resume(1);              //唤醒 update 方法，括号内参数表示法调用的参数个数
19          }else{
20            L.resume(0);              //唤醒 update 方法，无调用参数
21        }}else{                       //是否结束该脚本，如果是
22          L.pop(1);                   //返回 action 变量的值
23          L.resume(0);                //唤醒 update 方法，无调用参数
24        }
25        if(!L.isTable(L.getTop())){ //判断栈顶元素是否为表，如果不是
26          String console = L.toString(L.getTop());    //以字符串形式获取栈顶元素
27          if(console != null){                        //如果不为空
28            System.out.println("脚本返回非表结构结果:" + console);
29          }
30          L.pop(L.getTop());                          //返回栈顶元素
31        }else{                                        //栈顶元素为表
32          float[][] result = new float[L.LgetN(-1)][];
            //将怪物在地图中的位置以二维数组的形式返回
33          for(int i = 0; i < result.length; i++){       //遍历位置信息数组
34            L.rawGetI(-1, i + 1);
35            result[i] = new float[L.LgetN(-1)];         //将结果以二维数组形式返回
36            for(int j = 0; j < result[i].length; j++){ //遍历二维数组
37              L.rawGetI(-1, j + 1);
38              result[i][j] = (float) L.toNumber(-1);    //将位置以 Number 形式获取
39              L.pop(1);                                 //返回结果
40            }
41            L.pop(1);                                   //返回地图信息
42          }
43          if(result.length > 0){                        //返回结果有效
44            if(result[0][0] == -1){           //约定当 Lua 返回-1 时，停止 Lua 脚本的运行
45              isRun = false;                  //停止运行脚本
46            }else{ resultQueue.add(result);   //所有的结果都存储在结果队列中
47        }}}
48        try { Thread.sleep((long) scaleTime);//线程休眠
49        }catch (InterruptedException e) { e.printStackTrace();}}//抛出异常
50      L.getField(LuaState.LUA_GLOBALSINDEX, "Destroy");          //运行 Destroy 方法
51      L.call(0, 1);                                              //返回一个结果
52      L.pop(L.getTop());                                         //返回栈顶元素
53      L.close();                                                 //关闭状态机
54    }
```

- 第 2～5 的主要功能是运行 start 和 Update 方法，将结果返回。通过调用 start 方法触发该启动器。
- 第 6～24 行首先获取全局变量 action，并判断是否结束脚本，如果否，返回 action 的值。然后获取将数据队列顶端数据表，并传入一个创建的空表中，最后将数据压栈，并唤醒 Update 方法，将数据返回。Lua 脚本中一旦返回以–1 开头的 table 数据，则表示该脚本将自动结束，并运行 Destroy 函数。
- 第 25～30 行的主要功能是判断栈顶数据是否为表，若不是，将以字符串形式获取栈顶数

据，然后返回，并打印提示信息。

- 第 31～42 行的主要功能是如果栈顶元素为表，获取怪物位置信息并赋值给二维数组，然后遍历二维数组信息，将位置信息以 Number 形式获取，最后返回结果。
- 第 43～47 的主要功能是对返回结果是否做出有效的判断，如果返回结果有效，停止运行 Lua 脚本；如果无效，将结果储存在结果队列当中。
- 第 48～54 行的主要功能是将线程休眠，运行 destroy 方法，并将结果返回栈顶，最后关闭状态。

9.13 游戏 AI 开发

在多人网游的开发中，游戏的 AI 开发是相当重要的一部分，不仅是游戏中智能的一种表现，而且可以提升游戏挑战机制。游戏开发者通过开发一个系统来控制怪物，为玩家提供挑战。本游戏的 AI 部分是由 Lua 脚本实现的，下面开始对游戏中的 AI 部分进行介绍。

游戏中的逻辑都通过事件来完成，包括怪物出生、攻击、位置、死亡，玩家的生成、攻击、技能回调以及游戏的进入、退出、通关等。并且根据事件操作的不同，分为服务器发给客户端和客户端发给服务器两种类型。

9.13.1 服务器端 AI 开发

服务器和客户端通过事件来串联出整个游戏的 AI 结构，然后通过客户端控制 AI 的代码，告诉服务器何时调用哪个事件。在本游戏中，怪物的出生、攻击、死亡等都写在服务器端。下面先介绍服务器端的有关 AI 开发的代码。

服务器端的 AI 开发是用 Lua 脚本语言实现的，并且全部编写在服务器端的 Lua 文件夹下，如图 9-103 所示。服务器端的代码分为怪物地图、角色技能等信息表和逻辑代码两部分。下面将分别介绍这两部分的作用。

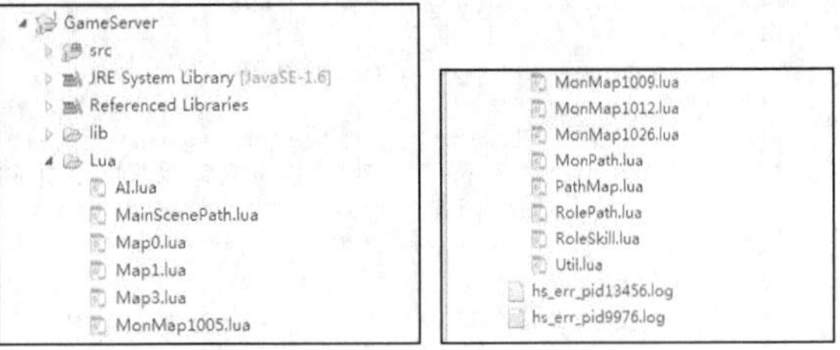

▲图 9-103　服务器端 AI 代码的结构

Lua 语言十分简洁，学习难度小，并且小巧灵活，使用 Lua 语言可以大大降低副本逻辑与服务器逻辑的耦合度。当副本中的内容需要改变时，开发人员只需要修改 Lua 部分的相关代码即可，不需要担心影响服务器的正常运行。这里需要读者有一定的 Lua 语言的基础，才能够透彻地了解这一部分代码。

1. 怪物信息表

AI 开发的准备工作将所需信息记录在表中。本游戏中信息表分为怪物地图信息表和角色技能信息表，读者可以查看随书中的源代码。首先介绍怪物地图信息表，每一个副本对应一个怪物地图信息表，每个怪物地图信息表都记录了地图中出生的怪物的 ID、坐标、血量和攻击力等，如图 9-104 所示。

```
MonMap1005.lua
Mons = {
        {
            {id = 10086, typeid = 5, x = -13.66, y = -0.68, speed = 40, scope = 0.5, HP = 10, AD = 0.25, AP = 0, AR = 0.1, MR = 0.1, CD = 0.5},
            {id = 20086, typeid = 5, x = -12.38, y = 1.1, speed = 40, scope = 0.5, HP = 10, AD = 0.25, AP = 0, AR = 0.1, MR = 0.1, CD = 0.5},
            {id = 30086, typeid = 5, x = -10.32, y = 2.4, speed = 40, scope = 0.5, HP = 10, AD = 0.25, AP = 0, AR = 0.1, MR = 0.1, CD = 0.5},
            {id = 40086, typeid = 5, x = -13.13, y = -2.99, speed = 40, scope = 0.5, HP = 10, AD = 0.25, AP = 0, AR = 0.1, MR = 0.1, CD = 0.5},
            {id = 50086, typeid = 5, x = -11.74, y = -4.63, speed = 40, scope = 0.5, HP = 10, AD = 0.25, AP = 0, AR = 0.1, MR = 0.1, CD = 0.5},
            {id = 60086, typeid = 5, x = -9.68, y = -5.67, speed = 40, scope = 0.5, HP = 10, AD = 0.25, AP = 0, AR = 0.1, MR = 0.1, CD = 0.5},
            {id = 70086, typeid = 5, x = -8.54, y = 2.79, speed = 40, scope = 0.5, HP = 10, AD = 0.25, AP = 0, AR = 0.1, MR = 0.1, CD = 0.5},
            {id = 80086, typeid = 5, x = -7.83, y = -5.31, speed = 40, scope = 0.5, HP = 10, AD = 0.25, AP = 0, AR = 0.1, MR = 0.1, CD = 0.5},
            {id = 90086, typeid = 5, x = -6.19, y = -4.47, speed = 40, scope = 0.5, HP = 10, AD = 0.25, AP = 0, AR = 0.1, MR = 0.1, CD = 0.5},
        },
        {
            {id = 10, typeid = 6, x = 23.07, y = 2.66, speed = 40, scope = 0.5, HP = 10, AD = 0.25, AP = 0, AR = 0.1, MR = 0.1, CD = 0.5},
            {id = 11, typeid = 6, x = 20.27, y = 3.88, speed = 40, scope = 0.5, HP = 10, AD = 0.25, AP = 0, AR = 0.1, MR = 0.1, CD = 0.5},
            {id = 12, typeid = 6, x = 24.34, y = 0.38, speed = 40, scope = 0.5, HP = 10, AD = 0.25, AP = 0, AR = 0.1, MR = 0.1, CD = 0.5},
            {id = 13, typeid = 6, x = 23.61, y = -2.23, speed = 40, scope = 0.5, HP = 10, AD = 0.25, AP = 0, AR = 0.1, MR = 0.1, CD = 0.5},
            {id = 14, typeid = 6, x = 21.48, y = -3.97, speed = 40, scope = 0.5, HP = 10, AD = 0.25, AP = 0, AR = 0.1, MR = 0.1, CD = 0.5},
            {id = 15, typeid = 6, x = 18.95, y = -4.01, speed = 40, scope = 0.5, HP = 10, AD = 0.25, AP = 0, AR = 0.1, MR = 0.1, CD = 0.5},
        },
};

BornPos = {x = -39.4, y = 0.54};
--192.168.43.160
```

▲图 9-104　怪物地图信息表

角色技能信息表负责记录角色的技能信息。角色的技能按照技能形状的作用范围分成了长方形技能、圆形技能和全屏技能 3 种。首先将 3 种技能进行编号，由于长方形技能需要记录长和宽，圆形技能需要记录半径，所以每种技能的参数个数也有所不同，如图 9-105 所示。

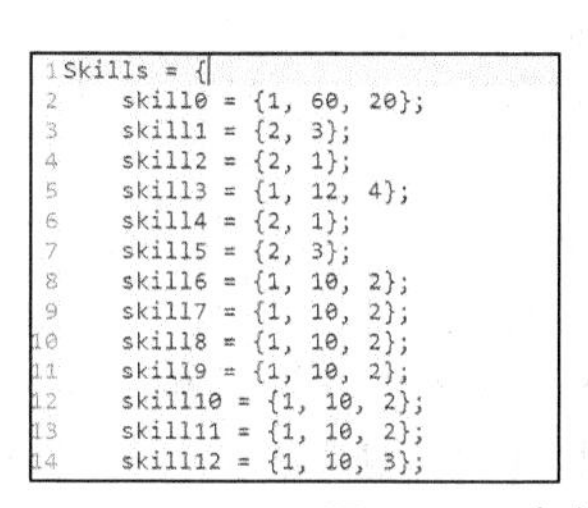

```
1 Skills = {
2     skill0 = {1, 60, 20};
3     skill1 = {2, 3};
4     skill2 = {2, 1};
5     skill3 = {1, 12, 4};
6     skill4 = {2, 1};
7     skill5 = {2, 3};
8     skill6 = {1, 10, 2};
9     skill7 = {1, 10, 2};
10    skill8 = {1, 10, 2};
11    skill9 = {1, 10, 2};
12    skill10 = {1, 10, 2};
13    skill11 = {1, 10, 2};
14    skill12 = {1, 10, 3};
15    skill13 = {1, 4, 10};
16    skill14 = {1, 10, 4};
17    skill15 = {1, 10, 3};
18    skill16 = {1, 4, 10};
19    skill17 = {1, 10, 4};
20    skill18 = {1, 4, 10};
21    skill19 = {2, 2};
22    skill20 = {3};
23    skill21 = {1, 4, 10};
24    skill22 = {2, 3};
25    skill23 = {3};
26    skill24 = {2, 1};
27    skill25 = {1, 10, 2};
28 };
```

▲图 9-105 角色技能信息表

> **说明** 技能编号是指按照技能的施法范围和施法形状，将长方形技能设为 1，圆形技能设为 2，全屏技能设置为 3，便于根据判断技能类型获取技能数据。

2. 副本怪物 AI 脚本

下面介绍逻辑代码的编写。本游戏的副本相关的逻辑实现是在服务器端编写的，包括怪物的生成、攻击、跟随和副本进度等。首先介绍外部脚本的导入、集合变量声明等开始副本的准备工作，具体内容如下。

（1）下面介绍副本准备工作，其中包括对副本中怪物、角色、技能的处理以及当前副本进度的判断，因为在游戏中，副本中的各项功能的实现都是用服务器端的 Lua 脚本完成的，读者可以使用 LuaStudio、Sublime Text 等编辑器查看这一部分，否则中文注释部分会产生乱码，具体代码如下。

代码位置：见随书源代码/第 9 章目录下的 GameServer/Lua/AI.Lua。

```
1     if _G.RequireLuas ~= nil then                        //如果外部脚本未被导入
2       for _,v in ipairs(_G.RequireLuas) do               //遍历所有的外部脚本
3         require(v);                                      //导入外部脚本
4       end
5     end
6     if _G.ScaleTime ~= nil then                  //脚本相邻两次被调用的时间间隔不为 0
7       scaleTime = _G.ScaleTime;                  //脚本相邻两次被调用的时间间隔
8     end
9     require("Util");                             //导入 Util 脚本
10    require("RoleSkill");                        //导入 RoleSkill 脚本
11    local shcedule = 1;                          //当前副本的进度
12    local mon_Threads = {};                      //存储怪物线程集合
13    local role_Threads = {};                     //存储角色线程集合
14    local skill_Box = {};                        //长方形技能集合
15    local skill_Round = {};                      //圆形技能集合
16    local skill_Full = {};                       //全图技能集合
17    function Start()
18    end
19    function Update()
20      result = {};                               //事件结果集合
21      local roles = {};                          //场景角色集合
22      local OutAICode = {                        //服务器 TO 客户端
23         //[[声明 AI 事件的代号，每一个代号对应一种事件，包括怪物攻击状态、位置、置空状态、
24         当前血量、怪物朝向指定玩家、死亡、出生、游戏结束、当前怪物全被消灭、通关奖励]]//
25        EnterFight = 1, Position = 2, Idle = 3, CurrentHP = 4, Target = 5,
26          Die = 6, Born = 7, GameOver = -1, CurrentOver = 8};
27      local InAICode = {                         //客户端 TO 服务器
28          //[[声明 AI 事件的代号，每一个代号对应一种事件，包括地图数据导入、进入游戏、退出游戏、
29          攻击、技能回调、场景加载完毕、移动、玩家准备进度、玩家数]]--
30        Init = 0, Enter = 1, Exit = 2, Attack = 3, CastSkill = 4, Ready = 5,
31         Move = 6, ReadySchedule = 7, RoleCount = 8};
32      local current_Mons = {};                   //根据进度获取当前区域内怪物的信息
33      local recheck_Target = 0;                  //是否搜索目标
34      local currentReady = 0;                    //当前已加载完成的玩家数量
35      local waitflag = 1;
36        //开始时会进行一定时间的等待，直到所有成场景后才开玩家都加载完始进行计算
37      local roleCount = 0;                       //场景中角色数量
38      local readyFightCount = 0;                 //当前进入战斗区域的玩家数量
39      local readNext = 0;                        //是否读入并生成当前区域的怪物
```

```
40      local role_Functions = {};                //客户端发送过来的数据处理函数
41      role_Functions["Fun"..InAICode.Init] = function(action)     //导入地图信息
42      local mapID = action[2];                  //获取地图 ID
43      require("MonMap"..mapID);                 //导入所需地图数据
44      coroutine.yield("include MonMap"..mapID);
45    end
```

- 第 1～10 行导入了脚本所需的外部脚本。本脚本所需的外部脚本包括工具脚本 Util 和 RoleSkill 等。Util 脚本中包含了大量的工具方法，比如计算两点间距离，查找最接近的坐标点，获取距离最近的游戏玩家对象等。读者在日后的开发中也可以作为工具脚本使用。
- 第 11～16 行定义了脚本所需的集合变量，包括当前的副本进度、存储怪物线程的集合、存储角色线程的集合以及角色不同技能的集合。
- 第 19～31 行的主要功能是重写 Update 方法。首先声明了事件结果合集和场景角色合集，然后按照服务器到客户端和客户端到服务器来分别声明了对应 AI 事件的代号，包括怪物攻击、位置、血量、死亡和出生等，以及数据导入、进入游戏、退出游戏等。
- 第 32～39 行的主要功能是游戏功能实现的相关准备，包括获取进度、是否完成目标的搜索、获取当前已完成加载的玩家数量、获取玩家是否加载完成标志位、获取当前场景中角色数量以及当前是否进入战斗。
- 第 40～45 行的主要功能是获取客户端发来的处理函数，然后导入副本所需的地图信息并获取地图 ID，根据地图 ID 导入所需的地图的详细数据。

（2）接下来将要介绍的是游戏主要功能的实现，包括对各个玩家场景的加载、玩家的坐标更新以及玩家角色技能回调的方法。在上面的内容中介绍的技能是按照施法范围分成长方形、圆形、全屏技能，所以在这里也将按照技能类型来分类操作，具体代码如下。

代码位置：见随书源代码/第 9 章目录下的 GameServer/Lua/AI.Lua。

```
1     role_Functions["Fun"..InAICode.RoleCount] = function(action)   //玩家数量事件
2       roleCount = action[2];                                      //获得游戏玩家的数量
3     end
4     role_Functions["Fun"..InAICode.Ready] = function(action)   //玩家场景加载完毕
5       currentReady = currentReady + 1;                        //当前已加载完成玩家加 1
6     end
7     role_Functions["Fun"..InAICode.ReadySchedule] = function(action)
8         //玩家进入一个战斗区域，当副本中所有的玩家都进入到该区域时，将触发区域内的怪物
9       if action[2] == 0 then                                  //退出战斗区域
10        readyFightCount = readyFightCount - 1;               //场景中角色数量减 1
11      elseif action[2] == 1 then                             //进入战斗区域
12        readyFightCount = readyFightCount + 1;               //场景中角色数量加 1
13      end
14      if readyFightCount == roleCount then        //如果当前场景中的玩家全部进入战斗区域
15        readNext = 1;                             //读入并生成当前区域的怪物
16      end
17    end
18    role_Functions["Fun"..InAICode.Move] = function(action) //玩家移动方法
19      if roles["Role"..action[2]] ~= nil then              //如果玩家不为空
20        if roles["Role"..action[2]].x ~= action[3] or roles["Role"..action[2]].y ~
          = action[4] then
21              //如果角色位置不在玩家指定的位置
22          roles["Role"..action[2]].x = action[3];          //给玩家位置坐标的 x 值赋值
23          roles["Role"..action[2]].y = action[4];          //给玩家位置坐标的 y 值赋值
24          roles["Role"..action[2]].move = 1;               //玩家正在移动
25        end
26      end
27    end
28    role_Functions["Fun"..InAICode.CastSkill] = function(action)  //玩家施放技能回调方法
29      local skillData = Skills["skill"..action[2]];              //获取技能形状 ID
30      if skillData[1] == 1 then                                  //长方形技能
31        local p1, p2, p3, p4 = boxGetPoint({
32          x = action[3], y = action[4]}, {x = action[5], y = action[6]},
            skillData[2], skillData[3]);
```

```
33          --角色位置 x 坐标、y 坐标、施放位置与角色位置差值的 x 值、y 值、技能范围的长、技能范围的宽
34          table.insert(skill_Box, {p1, p2, p3, p4});
35        elseif skillData[1] == 2 then                          //圆形技能
36          table.insert(skill_Round, {action[3], action[4], skillData[2]}); //返回技能数据
37        elseif skillData[1] == 3 then                          //全屏技能
38          table.insert(skill_Full, {action[3]});               //返回技能数据
39        end
40      end
```

- ❑ 第 1～6 行的主要功能是实现了两个方法，首先获取了玩家的数量，然后等待场景加载完成后，增加已经加载完成的玩家数量。
- ❑ 第 7～17 行的主要功能是管理地图的进度，包括当玩家进入时，生成玩家；当玩家退出时，销毁退出玩家，以及当玩家全部进入区域并且完成加载以后，读入怪物数据生成并激活怪物。此方法保证了玩家挑战副本的正常进行。
- ❑ 第 18～27 行的主要功能是控制玩家的移动，包括当角色存在时，给角色的位置赋值。赋值完成后，激活玩家，使玩家移动。此方法是实时调用，保证了玩家能够流畅并准确地移动角色。
- ❑ 第 28～40 行的主要功能是玩家施放技能的回调方法。各个职业的技能按照形状分成 3 种，包括长方形、圆形和全屏技能。首先获取了技能的形状 ID，然后根据不同形状获取了技能的形状参数，分别插入到不同的技能集合中。

（3）下面介绍怪物的 AI 处理是较为重要的一部分，需要单独的脚本实现。由于每一个怪物都有自己的攻击目标，此段代码能够使怪物准确地确定目标，并且朝向目标移动，具体代码如下。

代码位置：见随书源代码/第 9 章目录下的 GameServer/Lua/AI.Lua。

```
1     local function mon_Function(mon)                          //怪物 AI 处理函数
2     local target_Role = nil;                                  //攻击目标
3     local move_Timer = 0;                                     //此次已经移动的距离花费时间
4     local move_TimeL = 0;                                     //此次移动所需总时间
5     local lastX = self_mon.x;                                 //上一次静止位置 x 坐标
6     local lastY = self_mon.y;                                 //上一次静止位置 y 坐标
7     local run = 1;
8     ......//[[此处省略了对部分变量的声明，读者可以查看随书中的源代码]]//
9     while run == 1 do                                         //开启循环
10      if hasTarget == 0 or recheck_Target == 1 then           //没有目标，搜索目标
11        target_Role = getMinRole(self_mon, roles);            //获取目标角色
12        table.insert(result, {OutAICode.Target, target_Role.id, self_mon.id});
                                                                //确定目标
13        hasTarget = 1;                                        //存在目标
14      end
15      if hasTarget == 1 and target_Role.move == 1 and move_TimeL ~= 0 then
16                                                    //目标存在且正在移动，怪物正在移动
17        local moveScale = move_Timer / move_TimeL;  //计算已经移动距离的百分比
18        self_mon.x = (self_mon.x - lastX) * moveScale + lastX;  //计算怪物位置的 x 坐标
19        self_mon.y = (self_mon.y - lastY) * moveScale + lastY;  //计算怪物位置的 y 坐标
20        move_Timer = 0;                                       //已经移动时间置 0
21        move_TimeL = 0;                                       //下次移动所需时间置 0
22      end
```

- ❑ 第 1～8 行是对游戏中一些变量的声明，包括怪物的攻击目标、移动花费的时间、上一次静止的坐标以及是否处在运动状态的标示位，并对各个变量进行了初始的赋值。
- ❑ 第 9～14 行对怪物是否有目标对象进行了判定，如果怪物没有攻击对象，就获取角色对象，然后向表中插入对象 ID 以及怪物 ID，并将存在目标标志位置为 1。
- ❑ 第 15～22 行的主要功能是针对移动中的目标来计算怪物的位置，首先计算出此次移动的百分比，通过百分比算出怪物的位置，然后将移动时间置 0。

（4）怪物能够确定目标并朝向目标移动的工作完成后，使怪物能够攻击目标是下一步要完成的工作。这需要判断怪物的攻击范围，当目标在攻击范围内时，可直接攻击；若在范围外，就需要怪物继续移动。具体代码如下。

代码位置：见随书源代码/第 9 章目录下的 GameServer/Lua/AI.Lua。

```
1        local fartorole = getlenp({x=self_mon.x, y=self_mon.y}, target_Role);
                                                    //计算怪物到目标角色的距离
2        if move_Timer < move_TimeL or move_Timer == move_TimeL then//正在进行移动
3          move_Timer = move_Timer + scaleTime;         //更新已经移动的距离花费时间
4          coroutine.yield("move");
5        elseif fartorole < self_mon.scope * self_mon.scope and hasTarget == 1 and
         attacking == 0 then
6                                                   //怪物有攻击目标且在攻击范围之内
7          coroutine.yield(fartorole..":::"..self_mon.scope * self_mon.scope);
8          attacking = 1                            //开始进行攻击
9          table.insert(result, {OutAICode.EnterFight, self_mon.id}); //开始播放攻击动画
10         target_Role.HP = target_Role.HP - self_mon.AD;  //怪物攻击目标角色伤害计算
11          table.insert(result, {OutAICode.CurrentHP, 1, target_Role.id, target_
            Role.HP});                                          //回发目标角色的 HP
12       elseif fartorole > self_mon.scope * self_mon.scope then  //目标在怪物的攻击范围之外
13         local vectorX, vectorY, far = normalize(self_mon, target_Role);
                                                            //开始执行移动操作
14         if far > self_mon.scope and far < 10000 then         //如果角色在场景中
15           far = far - self_mon.scope + 0.01;                 //计算怪物需要移动的距离
16           lastX = self_mon.x;                    //当前位置 x 坐标赋给上一次静止位置
17           lastY = self_mon.y;                    //当前位置 y 坐标赋给上一次静止位置
18           self_mon.x = self_mon.x + vectorX * far + math.random(0, self_mon.scope * 2);
19           self_mon.y = self_mon.y + vectorY * far + math.random(0, self_mon.scope * 2);
20                                                  //重新计算怪物的位置
21           move_Timer = 0;                        //已经花费的移动时间置 0
22           move_TimeL = far / self_mon.speed;
23           table.insert(result, {OutAICode.Position, self_mon.id, self_mon.x,
             self_mon.y}); //刷新位置
24         end
25       end
26       if attacking == 1 then                     //正在播放攻击动画
27         timer = timer + scaleTime;               //计算时间
28       if timer > self_mon.CD then                //动画播放结束
29         attacking = 0;                           //停止攻击
30         timer = 0;                               //时间置 0
31       end
32     end
```

- 第 1～12 行的主要功能是对怪物攻击的操作，首先计算怪物到目标的距离，并使怪物移动。当目标在怪物的攻击范围内时，播放怪物的攻击动画，并且计算目标在受到怪物攻击以后的血量，最后回发怪物血量。
- 第 13～26 行的主要功能是对目标在怪物攻击范围之外时的操作。首先获得了怪物和目标对象以及两者之间的距离，然后将此时的位置赋给上次的静止位置，开始移动。并且实时计算怪物的位置，不断地刷新怪物位置。
- 第 27～33 行的主要功能是控制怪物攻击动画的播放和停止。当怪物在攻击目标时会计算着攻击的时间，当动画播放结束后，将攻击标志位置 0，时间置 0。

（5）除了怪物的攻击和移动之外，怪物的死亡也是怪物相关事件之一。无论是怪物还是玩家角色，在其死亡时都要移除对象，保证游戏的真实性，也能够节约游戏的内存。并且玩家技能的伤害计算也要通过联网发送给所有玩家，进行实时计算。具体代码如下。

代码位置：见随书源代码/第 9 章目录下的 GameServer/Lua/AI.Lua。

```
1      while run == 1 do                                     //开启循环
2        if target_Role.HP < 0 or target_Role.HP == 0 then //攻击目标死亡
3          table.insert(result, {OutAICode.Die, 1, target_Role.id});  //插入死亡角色 ID
4          if table.concat(target_Role) then               //将已死亡的玩家从玩家列表中剔除
5            for j,w in ipairs(roles) do                   //遍历角色信息
6              if target_Role == w then                    //如果是目标对象
7                table.remove(roles, j);                   //在表中移除角色信息
8              end
9            end
10         end
11         target_Role = nil;                               //目标角色置空
```

```
12          hasTarget = 0;                        //标志位置为 0
13          if table.getn(roles) == 0 then        //获取当前玩家数量，数量为 0 时则游戏结束
14            table.insert(result, {OutAICode.GameOver, 0});
              //返回 AI 结束消息，脚本和启动器都将结束运行
15            run = 0;                            //停止循环
16          end
17        end
18        for _,v in ipairs(skill_Box) do         //遍历长方形技能
19          if boxSolu(self_mon, v[1], v[2], v[3], v[4]) == 1 then  //怪物被技能打中
20            self_mon.HP = self_mon.HP - 3;      //角色技能伤害计算
21            table.insert(result, {OutAICode.CurrentHP, 0, self_mon.id, self_mon.HP});
                                                  //回发怪物血量
22          end
23        end
24        for _,v in ipairs(skill_Round) do       //遍历圆形技能
25          if getlenp({x = v[1], y = v[2]}, self_mon) < v[3] * v[3] then
                                                  //怪物被技能打中
26            self_mon.HP = self_mon.HP - 3;      //角色技能伤害计算
27            table.insert(result, {OutAICode.CurrentHP, 0, self_mon.id, self_mon.HP});
                                                  //回发怪物血量
28          end
29          coroutine.yield(getlenp({x = v[1], y = v[2]}, self_mon).."::"..v[3] * v[3]);
30        end
31        for _,v in ipairs(skill_Full) do        //遍历全屏技能
32          for _,w in ipairs(roles) do           //遍历场景中所有角色
33            w.HP = w.HP + 10;                   //场景中所以角色血量增加
34            table.insert(result, {OutAICode.CurrentHP, 1, w.id, w.HP}); //回发角色血量
35          end
36        end
37        if self_mon.HP < 0 or self_mon.HP == 0 then           //怪物死亡
38          run = 0;                                            //停止行动
39          table.insert(result, {OutAICode.Die, 0, self_mon.id});  //回发死亡怪物 ID
40        end
41        coroutine.yield();
42      end
```

- 第 1～17 行的主要功能是移除死亡的目标角色。当目标的血量低于 0 时，判定角色死亡。并将死亡角色的 ID 从玩家列表中剔除，插入死亡列表中。然后获取当前玩家数量，若当前玩家全部死亡，游戏结束。
- 第 18～25 行的主要功能是遍历所有的长方形技能。判定怪物是否被长方形技能打中，如果打中，计算怪物所受伤害，最后回发怪物血量。
- 第 26～30 行的主要功能是遍历所有的圆形技能。判定怪物是否被圆形技能打中，如果打中，计算怪物所受伤害，最后回发怪物血量。
- 第 31～36 行的主要功能是遍历所有的全屏技能。判定怪物是否被全屏技能打中，如果打中，计算怪物所受伤害，最后回发怪物血量。
- 第 37～42 行的主要功能是对死亡怪物的处理。当怪物血量低于 0 时，判定怪物死亡，然后停止怪物的行动，再回发死亡怪物的 ID。

（6）上面介绍了怪物死亡和玩家伤害计算的部分，接下来要介绍的是有关副本区域结束的开发部分。当区域中的怪物被清理以后，要读取下一区域怪物。如果副本进度已经走完，就要弹出通关提示。这一功能实现的具体代码如下。

代码位置：见随书源代码/第 9 章目录下的 GameServer/Lua/AI.Lua。

```
1       while true do                             //开启循环
2         if table.getn(mon_Threads) == 0 then    //当前区域内的怪物被清理干净
3           if shcedule > 2 then                  //副本已经打完，游戏结束
4             table.insert(result, {OutAICode.GameOver, 1});     //回发结果
5           elseif readNext == 1 then             //读入并生成当前场景的怪物
6             readNext = 0;                       //停止读入怪物
7             current_Mons = Mons[shcedule];      //读取下一区域内的怪物
8             shcedule = shcedule + 1;            //副本进度加 1
9             for i,v in ipairs(current_Mons) do  //遍历场景中的怪物
```

```
10              table.insert(result, {OutAICode.Born, v.id, v.typeid, v.x, v.y, v.HP});
                                                                    //回发出生怪物信息
11              local current_Mon = coroutine.create(mon_Function);//获取当前场景中的怪物
12              coroutine.yield(coroutine.resume(current_Mon, v));
13              mon_Static = nil;                             //怪物开始行动
14              table.insert(mon_Threads, current_Mon);      //将该怪物添加到怪物线程集合
15            end
16          end
17        end
18        if _G.action ~= nil then                           //收到从客户端发送过来的操作
19          role_Functions["Fun".._G.action[1]](_G.action);          //获取操作
20          _G.action = nil;                                 //清空操作变量
21        end
22        local monRemoveList = {};                          //死亡怪物列表
23        for _,v in ipairs(mon_Threads) do                 //遍历整个怪物列表，并轮流启动它们
24          if coroutine.status(v) == "dead" then            //如果怪物死亡
25            table.insert(monRemoveList, v);                //将死亡怪物加入列表
26          else
27            coroutine.yield(coroutine.resume(v));
28          end
29        end30       for _,v in ipairs(monRemoveList) do    //遍历死亡怪物列表
31          for i,_ in ipairs(mon_Threads) do                //遍历整个怪物线程，并轮流启动它们
32            if mon_Threads[i] == v then                    //如果是死亡怪物
33              table.remove(mon_Threads, i);                //移除死亡怪物
34            end
35          end
36          if table.getn(mon_Threads) == 0 then             //如果怪物线程中怪物全部死亡
37            table.insert(result, {OutAICode.CurrentOver, 1});     //游戏结束
38          end
39        end
40        for _,v in pairs(roles) do                         //遍历玩家
41          v.move = 0;                                      //移动标志位置 0
42        end
43        skill_Box = {};                                    //清空长方形技能集合
44        skill_Round = {};                                  //清空圆形技能集合
45        skill_Full = {};                                   //清空全屏技能集合
46        coroutine.yield(result);                           //返回结果集
47        result = {};                                       //清空事件结果集合
48      end
```

- 第 2～4 行的主要作用是当当前区域中的怪物被清理完时，判断副本进度是否完成，若完成，则执行游戏结束事件。
- 第 5～14 行的主要功能是若副本进度没有完成，读入下一区域的怪物，然后副本进度加 1，准备生成下一区域的怪物。首先遍历场景中的怪物，并回发每个怪物的信息。获取即将生成的怪物，再将每个怪物添加到怪物线程。
- 第 18～21 行的主要功能是接收从客户端发送过来的操作。
- 第 22～38 行是对怪物死亡列表的操作。首先遍历怪物线程，如果发现怪物死亡，就将死亡怪物加入到死亡怪物列表。然后遍历死亡怪物列表，将死亡怪物从怪物线程中移除。如果怪物线程中的怪物全部死亡，执行游戏结束事件。
- 第 40～48 行的主要功能是对游戏结束后的玩家角色的操作。当游戏结束后，将所有玩家的移动标志位置 0，使玩家静止。然后清空玩家角色的所有类型的技能的集合和时间结果集合，游戏结束。

9.13.2　客户端 AI 开发

下面来介绍客户端的关于 AI 部分的代码。由于游戏的 AI 部分是通过服务器端和客户端的代码来配合统一工作的，所以客户端代码与服务器代码其实是一一对应，并且对服务器端没有完成的工作进行了补充，具体内容如下。

（1）声明变量，这里回到生命副本中怪物所涉及的各个属性，其中包括血量、ID、是否死亡、

是否移动等变量。脚本的具体代码如下。

代码位置：见随书源代码/第 9 章目录下的 GameClient/Assets/Scripts/ConnectScript/Monster.cs。

```
1    public class Monster {
2      public float HP_Born;                          //怪物出生时的血量
3      public int ID;                                 //怪物 ID
4      public GameObject gameObject;                  //副本中实例化生成的怪物对象
5      public GameObject target;                      //怪物的目标角色，怪物会朝向其移动并攻击
6      public bool gg=false;                          //怪物是否死亡
7      public float HP;                               //怪物当前血量
8      public GameObject niChengBan;                  //怪物头上悬浮的血条
9      public bool yiDong;                            //怪物是否移动
10     public Vector2 qiShi;                          //怪物移动过程的起始坐标
11     public Vector2 jieShu;                         //怪物移动过程的终止坐标
12     public Vector2 initPos;                        //怪物的位置
13   }
```

说明 生成怪物对象要通过这个单独编写的怪物类，怪物类声明了怪物的属性，包括血量、ID、目标角色、死亡、位置等。

（2）下面介绍的是 AI 控制部分的代码，此部分代码与服务器端的代码是相对应的。首先进行事件代号的声明，然后在 Start 方法中连接数据库，注册好事件监听。当服务器端调用某一事件时，在客户端进行相对应的代码。具体代码如下。

代码位置：见随书源代码/第 9 章目录下的 GameClient/Assets/Scripts/AI/AIControl.cs。

```
1     public class AIControl : MonoBehaviour{
2       public static Dictionary<int, Monster> monsterData = new Dictionary<int, Monster>();
3                                                         //获取数据包数据
4       float suDu = 4f;                                  //声明速度常量
5       public GameObject[] mosters;                      //声明对象数组
6       public static CRRole _instance;
7       enum OutAICode{                                   //服务器 TO 客户端
8         /*声明 AI 事件的代号，每一个代号对应一种事件，包括怪物攻击状态、位置、置空状态、
9           怪物朝向指定玩家、死亡、出生、游戏结束、当前怪物全被消灭、通关奖励*/
10        EnterFight = 1, Position = 2, Idle = 3, CurrentHP = 4, Target = 5,
11          Die = 6, Born = 7, GameOver = -1, CurrentOver = 8, Reward = 9
12      }
13      enum InAICode{                                  //客户端 TO 服务器
14        /*声明 AI 事件的代号，每一个代号对应一种事件，包括客户端加入、退出、攻击、技能回调、
15          场景加载完毕、移动、玩家准备进度、玩家数*/
16        Enter = 1, Exit = 2, Attack = 3, CastSkill = 4, Ready = 5, Move = 6,
17        ReadySchedule = 7, RoleCount = 8
18      }
19      ConnectServer cs;                               //声明脚本变量
20      void Start(){                                   //重新 Start 方法
21        monsterData.Clear();                          //清除数据包里的数据
22        cs = ConnectServer.getSocketInstance();       //获取 Socket 实例
23        float[][] msg = new float[1][];               //定义数组
24        msg[0] = new float[] { (int)InAICode.Ready };  //添加游戏事件代码
25        cs.AddPackage(OPCodeTable.AI, msg);             //封装数据包
26        EventDispatcher.Instance().RegistEventListener("AIEvent",
27          AICallBack);                    //注册监听 AIEvent 事件，调用 AICallBack 方法
28      }
29      void Update(){                      //重写 Update 方法
30        ....../*此处省略了 Update 方法的详细内容，将在下面进行详细的介绍*/
31      }
32      void AICallBack(EventBase e){     //事件回调方法
33        AIEvent ae = e as AIEvent;      //声明一个 AIEvent 对象
34        float[][] receive = (float[][])ae.eventValue;     //获取 AI 事件信息
35        for (int i = 0; i < receive.Length; i++){         //遍历事件信息
36          float[] control = receive[i];                   //获取 AI 事件
37          switch ((int)control[0]){                       //判断事件代号
38            ....../*此处省略了事件回调方法的详细内容，将在下面进行详细的介绍*/
39    }}}
```

- 第 2～6 行的主要功能是获取所需的数据包，并声明一些变量，包括对象数组、CRRole 类实例化对象等。
- 第 7～18 行是 AI 事件代号的声明，这与服务器端的代号相对应。同样分为服务器到客户端和客户端到服务器两种，包括怪物攻击、位置、出生、死亡、游戏结束以及玩家进入游戏、退出、加载完毕、移动和技能回调方法等。
- 第 20～27 行是对 Start 方法的重写，主要功能是封装游戏数据，把数据包发送到服务器，并监听从服务器返回的数据包。
- 第 28～30 行是对 Update 方法的重写，由于篇幅关系将在下面进行详细介绍。
- 第 31～39 行是事件回调方法的编写，事件触发后通过事件回调方法来触发不同的反应。此方法首先声明一个事件对象，然后通过二维数组获取事件信息。声明 switch 语句根据不同的事件代号来对不同的事件进行不同的反应。

（3）接下来是对省略部分 Update 方法进行详细的介绍。此部分用于计算怪物的移动速度以及攻击目标角色等，包括生成怪物、计算怪物移动速度的 *x*、*y*、*z* 分量以及怪物攻击动画的播放等，具体代码如下。

代码位置：见随书源代码/第 9 章目录下的 GameClient/Assets/Scripts/AI/AIControl.cs。

```
1      void Update(){
2        foreach (var val in monsterData){                    //遍历数据包
3          Monster mon = new Monster();                       //生成怪物对象
4          monsterData.TryGetValue(val.Key, out mon);         //判断表中是否存在该对象
5          if (!mon.gg){                                      //如果怪物没有死亡
6            mon.gameObject.transform.LookAt(mon.target.transform.position);
                                                              //使怪物朝向目标角色
7            if (val.Value.yiDong){                           //如果怪物移动
8              Vector3 vSuDu = new Vector3();                 //声明速度矢量
9              Monster ren = new Monster();                   //生成怪物对象
10             monsterData.TryGetValue(val.Key, out ren); //获取怪物数据
11             float time = (ren.jieShu - ren.qiShi
12              ).magnitude / suDu;            //计算人物从起始位置到终止位置所需的时间
13             vSuDu.x = (ren.jieShu - ren.qiShi).x / time;   //计算怪物速度的 x 分量
14             vSuDu.y = 0f;                                  //计算怪物速度的 y 分量
15             vSuDu.z = (ren.jieShu - ren.qiShi).y / time;   //计算怪物速度的 z 分量
16             ren.gameObject.GetComponent<CharacterController>().SimpleMove(
17               new Vector3(vSuDu.x, 0f, vSuDu.z));          //移动怪物对象
18             ren.gameObject.transform.LookAt(new Vector3(ren.jieShu.x,
19               ren.gameObject.transform.position.y, ren.jieShu.y)); //控制怪物移动朝向
20             ren.qiShi.x = ren.gameObject.transform.position.x; //重新赋值起始位置
21             ren.qiShi.y = ren.gameObject.transform.position.z;
22             ren.gameObject.GetComponent<Animator>().SetInteger("guaiwu", 1); //播放动画
23             if ((ren.jieShu - ren.qiShi).magnitude < 0.1f){
               //如果起始位置和终止位置距离小于 0.1
24               ren.yiDong = false;                          //不移动怪物
25               ren.gameObject.GetComponent<Animator>().SetInteger("guaiwu", 0);
                                                              //不播放动画
26     }}}}}
```

- 第 2～6 行的主要功能是获取怪物数据，然后遍历数据包，生成场景中的怪物对象。并且判断怪物是否死亡，若怪物未死亡，使怪物一直朝向目标角色。
- 第 7～19 行的主要功能是计算人物的移动速度，首先声明怪物的速度矢量，根据起始位置和移动时间计算出怪物的速度，然后移动怪物，并在移动过程中使怪物保持朝向目标角色。此处需要计算出速度在坐标轴的分量，才能使用向量移动怪物。
- 第 20～22 行的主要功能是在怪物移动完成后，重新赋值怪物起始位置，为下一次移动做准备。并播放怪物的移动动画。
- 第 23～26 行中，通过判定怪物与目标角色的距离来保证怪物具有一定的攻击范围。当怪物移动到距目标角色 0.1 单位时，静止并停止播放移动动画。

（4）下面是关于事件回调方法的详细介绍。游戏中的大部分机制都是通过事件完成的，而事件如何完成，都是通过事件回调方法里的内容实现。事件回调方法将通过 3 部分来讲解，具体代码如下。

代码位置：见随书源代码/第 9 章目录下的 GameClient/Assets/Scripts/AI/AIControl.cs。

```
1     case (int)OutAICode.Born:                              //怪物出生
2       int id_Born = (int)control[1];                       //获取怪物 ID
3       int typeid = (int)control[2];                        //获取怪物类型
4       Vector2 pos_Born = new Vector2(control[3], control[4]);  //获取怪物出生位置
5       float HP_Born = control[5];                              //获取怪物出生血量
6       if (!monsterData.ContainsKey(id_Born)){              //如果数据包中不存在怪物 ID 的键值
7         Monster role = new Monster();                      //创建一个怪物角色
8         role.gameObject = Instantiate(mosters[typeid]) as GameObject; //实例化怪物
9         role.gameObject.transform.position = new Vector3(pos_Born.x, getY(pos_Born),
          pos_Born.y);
10                                                           //设置怪物的位置
11        role.gameObject.transform.localScale = new Vector3(1.5f, 1.5f, 1.5f);
                                                             //设置怪物的朝向
12        role.ID = id_Born;                                 //设置怪物 ID
13        role.HP_Born = HP_Born;                            //设置怪物初始血量
14        role.HP = HP_Born;                                 //设置怪物当前血量
15        monsterData.Add(id_Born, role);                    //将怪物数据传入数据包
16      }
17      break;
18    case (int)OutAICode.CurrentHP:                     //玩家或怪物的血量
19      if (control[1] == 1){                            //判断对象是玩家还是怪物，如果是玩家
20        int id_HP_Role = (int)control[2];              //获取玩家 ID
21        float hp = control[3];                         //获取玩家血量
22        if (id_HP_Role == GameData.roleID){            //判断收到的数据包是否为当前玩家的数据包
23          PlayUIEventManager._instance.setBlood(
24            (float)(hp / CRRole._instance.jHP)); //如果是，设置当前玩家血条血量显示
25      }}
26      else if (control[1] == 0){                         //判断对象是玩家还是怪物，如果是怪物
27        int id_HP_Mon = (int)control[2];                 //获取怪物 ID
28        float hp = control[3];                           //获取怪物血量
29        if (monsterData.ContainsKey(id_HP_Mon)){ //判断收到的数据包是否为本对象的数据包
30            Monster role = monsterData[id_HP_Mon];   //如果是，获取当前怪物的数据
31            role.HP = hp;                            //设置当前怪物的血量
32        }}
33        break;
```

- 第 1～5 行的主要功能是对怪物出生事件所需变量的声明，获取了怪物 ID、怪物类型、怪物出生位置、怪物出生血量等。
- 第 6～16 行是对怪物出生时的属性的设置。首先创建怪物对象，然后分别设置了怪物的位置、怪物的朝向、怪物 ID、初始血量和当前血量，将设置好的怪物传入了数据队列当中，准备生成怪物。
- 第 19～25 行是对玩家血量的计算。首先获取了玩家的 ID 和玩家的血量，然后判断当前收到的数据是否为当前玩家的数据。如果不是会跳过数据包，给下一个玩家；如果是，就将数据接收显示在血量条中。
- 第 26～33 行是对怪物血量的计算。首先获取了怪物 ID 和怪物血量，然后判断收到的数据包是否为当前怪物的数据。如果不是会跳过数据包，给下一个怪物；如果是，就将数据接收。

（5）接下来要介绍的是关于怪物死亡事件、怪物攻击状态、空状态、怪物位置和怪物目标的详细介绍。这一部分是将每一种事件分为一种情况，不同的情况进行不同的操作，具体代码如下。

代码位置：见随书源代码/第 9 章目录下的 GameClient/Assets/Scripts/AI/AIControl.cs。

```
1     case (int)OutAICode.Die:              //怪物或玩家死亡
2       if (control[1] == 1){               //判断对象是玩家还是怪物，如果是玩家
3         int id_Die_Role = (int)control[2];          //获取当前玩家 ID
```

```
4          Role role = InitDungeonMap.roleData[id_Die_Role];     //获取玩家对象
5          role.gameObject.GetComponent<Animator>().SetFloat(
6            "ren", 6f);                                //修改玩家角色动画的过渡参数，播放死亡动画
7        }
8        else if (control[1] == 0){                     //判断对象是玩家还是怪物，如果是怪物
9          int id_Die_Mon = (int)control[2];            //获取怪物 ID
10         Monster rrr = monsterData[id_Die_Mon];   //获取怪物对象
11         rrr.gameObject.GetComponent<Animator>().SetInteger(
12           "guaiwu", 3);                                //修改怪物角色动画的过渡参数，播放死亡动画
13         rrr.gg = true;                                 //怪物死亡标志位置为 true
14         UnityEngine.Object.Destroy(rrr.gameObject, 2f);  //销毁死亡怪物对象
15         UnityEngine.Object.Destroy(rrr.niChengBan, 0f);  //销毁死亡怪物血条
16       }
17       break;
18     case (int)OutAICode.EnterFight:                           //怪物攻击状态
19       int id_Enter = (int)control[1];                         //获取怪物 ID
20       Monster rr = monsterData[id_Enter];                     //获取怪物对象
21       rr.gameObject.GetComponent<Animator>().SetInteger(
22         "guaiwu", 2);                                //修改怪物角色动画的过渡参数，播放攻击动画
23       break;
24     case (int)OutAICode.Idle:                        //置空状态
25       break;
26     case (int)OutAICode.Position:                    //位置
27       int id_Pos_Mon = (int)control[1];              //获取怪物 ID
28       Vector2 pos = new Vector2(control[2], control[3]);        //获取位置
29       Monster r = monsterData[id_Pos_Mon];                      //获取怪物对象
30       r.yiDong = true;                                          //移动标志位设为 true
31       r.qiShi = new Vector2(r.gameObject.transform.position.x,
32         r.gameObject.transform.position.z);                     //设置起始位置
33       r.jieShu = pos;                                           //设置结束位置
34       break;
35     case (int)OutAICode.Target:                                 //怪物一直朝向指定玩家
36       int id_Target_Role = (int)control[1];                     //获取要朝向的玩家 ID
37       int id_Target_Mon = (int)control[2];                      //获取怪物 ID
38       Role ren = InitDungeonMap.roleData[id_Target_Role];       //获取要朝向的玩家数据
39       Monster mon = monsterData[id_Target_Mon];                 //获取怪物
40       mon.target = ren.gameObject;                              //将玩家设置为怪物的朝向
41       break;
```

- 第 2～17 行是玩家和怪物死亡事件。当玩家死亡时，获取玩家 ID 并播放死亡动画。当怪物死亡时，首先获取怪物 ID 和怪物对象，并播放怪物死亡动画。然后将怪物死亡标志位置为 true，最后销毁怪物对象和怪物血条。
- 第 18～23 行是怪物进入攻击状态的事件。首先获取了怪物 ID 和怪物对象，然后播放怪物的攻击动画。
- 第 24～25 行是置空事件，怪物不需要做出任何动作和反应，处于完全闲置的状态。
- 第 26～34 行是怪物的位置事件。首先获取怪物 ID、怪物位置和怪物对象，然后设置好怪物的起始和终止位置，用来传送给服务器
- 第 35～41 行是怪物朝向事件。游戏的设定是，在一般情况下怪物将一直朝向首次发现的玩家。在这里首先获取了目标角色的 ID 及数据，然后获取了怪物 ID，并将怪物的目标对象设置成游戏中实例化的角色对象。

（6）下面是事件回调方法的最后一部分，关于区域通关、游戏通关以及通过奖励事件的介绍，包括玩家经验值的奖励、玩家金币的奖励、体力值的计算、胜利界面和失败界面的激活并将上述奖励上传，具体代码如下。

代码位置：见随书源代码/第 9 章目录下的 GameClient/Assets/Scripts/AI/AIControl.cs。

```
1     case (int)OutAICode.CurrentOver:                   //当前区域怪物是否全部被消灭
2       ScheduleListener.kai = true;                     //通关标志位设为 true
3       break;
4     case (int)OutAICode.GameOver:                      //游戏结束
5       int overCode = (int)control[1];                  //获取游戏结束代号
6       if (overCode == 1){                              //判断游戏胜利还是失败，如果游戏胜利
```

```
7          GameData.exp+=200;                          //奖励玩家经验值
8          if (GameData.exp >= GameData.needexp){      //如果玩家经验值达到下一次升级所需经验值
9            GameData.exp -= GameData.needexp;         //计算玩家升级后的经验值
10           GameData.needexp += 500;
11         }
12         GameData.money+=1000;                       //奖励玩家金币
13         GameData.power-=10;                         //扣除玩家体力值
14         PlayUIEventManager._instance.resultPanel.SetActive(true); //游戏结束界面激活
15         PlayUIEventManager._instance.resultPanel.
16           GetComponent<ResultAnim>().Victory(3);//胜利界面激活
17       }
18       else if (overCode == 0){                      //判断游戏胜利还是失败，如果游戏失败
19         PlayUIEventManag4er._instance.resultPanel.SetActive(true); //游戏结束界面激活
20         PlayUIEventManager._instance.resultPanel.
21           GetComponent<ResultAnim>().Defeat();   //失败界面激活
22       }
23       break;
24     case (int)OutAICode.Reward:                     //通关奖励
25       int EXP = (int)control[1];                    //获取玩家经验值
26       int gold = (int)control[2];                   //获取玩家金币
27       GameData.RewardExp=EXP;                       //将经验值上传
28       GameData.RewardGold=gold;                     //将金币上传
29       break;
30     default:
31       break;
```

- 第1～3行是当前区域通关事件，即当前区域怪物全部被消灭。区域通关事件与游戏结束事件并不相同，所以区域通关才可判断是否游戏结束。当当前区域的怪物全部被清空时，触发此事件，将通关的标志位设为true，通知服务器区域通关。
- 第4～23行是游戏结束事件。当游戏结束时，要判断是玩家胜利还是玩家失败。如果玩家胜利，不仅要激活胜利通关界面，还要对玩家进行通关奖励，包括经验奖励和金币奖励。如果玩家失败，仅激活失败界面。
- 第24～29行是通关奖励事件。当玩家成功通关时，需要获取玩家的服务器端的经验和金币值，在客户端加上奖励的经验和金币，然后再上传回服务器。

（7）代码编写完成后，需要挂载到每个副本场景中的主摄像机上，即场景1005、1009、1012、1024四个场景的摄像机，如图9-106所示。然后在面板中找到AIControl脚本，进行对象的挂载。根据在客户端中已经编辑好的怪物表中怪物的个数，副本中本脚本共需挂载32个怪物对象，如图9-107所示。

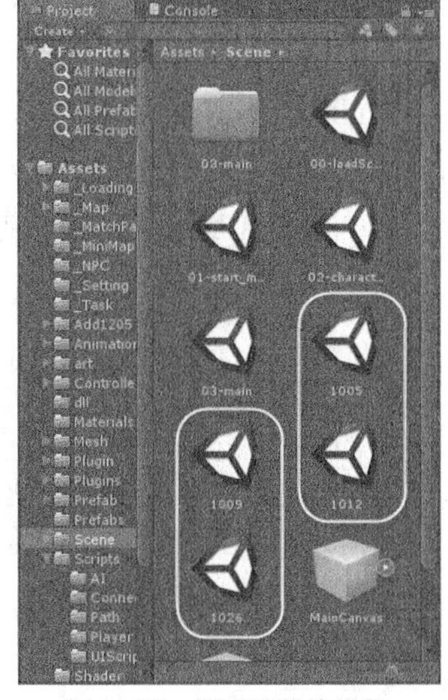

▲图9-106　所需挂载的场景

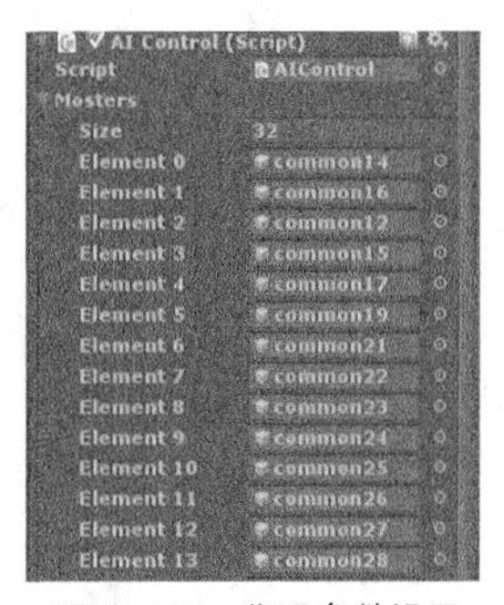

▲图9-107　代码参数设置

说明　自动寻路和游戏AI开发都使用了Lua语言实现的，部分读者可能对此不是很了解，可以把这部分内容当作一个“黑盒”修改部分的内容加以使用。由于本书讲解的是Unity游戏开发，对此介绍较为笼统，有兴趣的读者可以查阅Lua程序设计的相关书籍。

9.14 游戏的优化与改进

至此，本案例的开发部分已经介绍完毕。本游戏基于 Unity 3D 平台开发，使用 C#作为游戏脚本的开发语言，笔者在开发过程中，已经注意到游戏性能方面的表现，所以，很注意降低游戏的内存消耗量。但实际上还是有一定的优化空间。

1. 游戏界面的改进

本游戏的场景搭建使用的图片已经相当华丽，有兴趣的读者可以更换图片以达到更换的效果。另外，由于在 Unity 中有很多内建的着色器，可以使用效果更佳的着色器，有兴趣的读者可以更改各个纹理材质的着色器，以改变渲染风格，进而得到很好的效果。

2. 游戏性能的进一步优化

虽然在游戏的开发中，已经对游戏的性能优化做了一部分工作，但是，本游戏的开发中存在的某些未知的错误在所难免，在性能比较优异的移动手持数字终端上，可以更加完美地运行，但是在一些低端机器上的表现则未必能够达到预期的效果，还需要进一步优化。

3. 优化游戏模型

本游戏所用的地图中的各部分模型均由开发者使用 3ds Max 进行制作。由于是开发者自己制作，模型中可能存在几点缺陷：模型贴图没有合成一张图、模型没有进行合理的分组、模型中面的共用顶点没有进行融合等。

4. 角色技能伤害

本款游戏在 Lua 脚本中设置人物角色技能对怪物的伤害，虽然经过笔者的测试，但部分技能的伤害范围仍然需要调整，以达到更加精确的范围。

5. 优化细节处理

虽然已经对此游戏做了很多细节上的处理与优化，但还是有些地方的细节需要优化。比如角色移动速度、各种声音效果等，都可以调节各个参数，使其模拟现实世界更加逼真。

6. 人物动画优化

本游戏中，游戏人物动画均为笔者在 3ds Max 中自己剪辑，其中动画部分会有些许的不协调、不规范，一些地方的动画并没有添加完整。读者可以自己搜集、制作更好的动画资源，使得游戏中人物的动作更加协调、流畅，提升游戏性。

9.15 本章小结

本章着重地介绍了游戏服务器以及客户端逻辑的开发。学习完本章后，读者能够了解游戏的客户端的开发流程，包括服务器的编写、客户端场景的搭建、自动寻路系统的开发和 AI 部分的开发等。由于篇幅的原因，部分脚本可能未能足够详细介绍，有兴趣的读者可以查看随书中的源代码。